屋面工程技术手册

沈春林◎主编

U0325711

中国建材工业出版社

图书在版编目（CIP）数据

屋面工程技术手册／沈春林主编．—北京：中国
建材工业出版社，2018.5
　　ISBN 978-7-5160-2180-4

　　Ⅰ．①屋…　Ⅱ．①沈…　Ⅲ．①屋面工程-技术手册
Ⅳ．①TU765-62

中国版本图书馆 CIP 数据核字（2018）第 047079 号

内　容　简　介

　　本书以《屋面工程技术规范》（GB 50345—2012）、《屋面工程质量验收规范》（GB 50207—2012）等一系列有关屋面工程技术的国家和行业标准为依据，在详细介绍屋面工程材料、屋面防排水、屋面保温隔热等工程的设计和施工的基础上，围绕建筑防水屋面、保温屋面、种植屋面、坡屋面、金属屋面和采光顶等各种类型屋面的不同设计施工要求，分别就材料选择、设计原则、施工方法以及屋面渗漏治理等内容做了较为详尽的介绍。

　　本书可供从事屋面工程设计、材料选购、施工、工程质量验收和监理的工程技术人员阅读。

屋面工程技术手册

主编　沈春林

出版发行：中国建材工业出版社

地　　址：北京市海淀区三里河路 1 号

邮　　编：100044

经　　销：全国各地新华书店

印　　刷：北京雁林吉兆印刷有限公司

开　　本：889mm×1194mm　1/16

印　　张：40.5　彩色：0.5

字　　数：1000 千字

版　　次：2018 年 5 月第 1 版

印　　次：2018 年 5 月第 1 次

定　　价：128.00 元

本社网址：www.jccbs.com　　微信公众号：zgjcgycbs

本书如出现印装质量问题，由我社市场营销部负责调换。联系电话：（010）88386906

《屋面工程技术手册》编写人员名单

主　　编：沈春林

副 主 编：李　芳　　朱晓华　　苏立荣　　王玉峰　　康杰分

　　　　　高　岩　　刘爱燕　　吕传奎　　霍祖政　　何　宾

　　　　　刘中富　　宋红恩　　骆翔宇　　林德殿　　王荣博

　　　　　陈乐舟　　刘冠麟　　宫　安　　马　静　　冯　永

　　　　　孟宪龙

编　　委：杨炳元　　褚建军　　徐铭强　　邱钰明　　王立国

　　　　　张　梅　　俞岳峰　　陈森森　　周建国　　王福州

　　　　　岑　英　　薛玉梅　　程文涛　　季静静　　邵增峰

　　　　　卫向阳　　徐海鹰　　刘振平　　刘少东　　李　崇

　　　　　吴　冬　　高德财　　丁培祥　　赖伟彬　　朱清岩

　　　　　郑艺斌　　韩惠林　　李文国　　蒋飞益　　范德顺

　　　　　杨　鑫　　辛海洋　　金光日　　王志强　　范德胜

随着 GB 50345—2012《屋面工程技术规范》、GB 50207—2012《屋面工程质量验收规范》、GB 50693—2011《坡屋面工程技术规范》、JGJ/T 53—2011《房屋渗漏修缮技术规程》、JGJ 155—2013《种植屋面工程技术规程》、JGJ 230—2010《倒置式屋面工程技术规程》、JGJ 255—2012《采光顶与金属屋面技术规程》、JGJ/T 316—2013《单层防水卷材屋面工程技术规程》等一系列有关屋面工程技术国家和行业标准的相继发布，为了更好地贯彻执行新规范，中国建材工业出版社建筑防水编辑部组织相关人员，依据这一系列新发布和修订的国家和行业标准以及近年来国内外有关专家对屋面工程研究的新成果，并结合工作中的实际情况编写了《屋面工程技术手册》一书。

本手册在详细介绍屋面工程材料、屋面工程设计，屋面防排水和保温工程的基础上，围绕建筑平屋面、坡屋面、单层卷材防水屋面、倒置式屋面、种植屋面、金属屋面以及采光顶等各种类型屋面，就材料的选择、设计原则、施工方法以及屋面渗漏治理等内容做了较为详尽的介绍，内容系统全面、新颖翔实，适合从事屋面工程设计，材料选购、施工、工程质量验收、工程监理的工程技术人员阅读参考。

　　笔者在编写本书的过程中，参考了许多专家、学者的专著、论述、相关的标准、标准图集、产品资料、工具书等，并得到了许多单位和同仁的支持和帮助，在此对有关的作者、编者致以诚挚的谢意，并衷心希望能继续得到各位同仁广泛的帮助和指正。

　　参加本书编写的人员有沈春林、李芳、朱晓华、苏立荣、王玉峰、康杰分、高岩、刘爱燕、吕传奎、霍祖政、何宾、刘中富、宋红恩、骆翔宇、林德殿、王荣博、陈乐舟、刘冠麟、宫安、马静、冯永等，并由中国硅酸盐学会房建材料分会防水保温材料专业委员会主任、苏州中材非矿院有限公司防水材料设计研究所所长、教授级高级工程师沈春林同志任主编并定稿总成。由于编者所掌握的资料和信息不够全面，加之水平有限，书中难免存在一些不足之处，敬请读者批评指正。

沈春林

2018.3

CONTENTS

目 录

Chapter 05　第5章　屋面排水 ·················· 293

Chapter 06　第6章　屋面保温 ·················· 364

Chapter 07　第7章

种植屋面 ·· 421

Chapter **10** 第10章 **屋面渗漏修缮技术** ······················ 610

第1章 概 论

随着建筑科学技术的快速发展，建筑物和构筑物正在向高、向深两个方向发展，就空间的利用和开发而言，随着设施的不断增多，规模的不断扩大，对屋面的功能要求也随之越来越高。

1.1 屋顶和屋面的概念

一般的民用建筑主要由基础、墙和柱、楼地面、楼梯、屋顶、门窗等六大主要部分以及烟道、阳台、雨篷、台阶等许多特有的构件所组成。房屋建筑的基本构造组成如图 1-1 所示。

屋顶又称屋盖，是由顶棚、支承结构和屋面等部件组成，覆盖在房屋顶部，具有建筑围护结构、承重结构和装饰性结构性质的一类部件的总称。屋顶一般有平屋顶、坡屋顶和异型屋顶等多种形式。

顶棚是指屋顶底部的表面层，其可分为直接抹灰式顶棚和悬吊式顶棚，其可使建筑物室内上部空间平整，起着保温、隔热、装饰、反射光线、改善音质等作用；支承结构是由木材、钢材、钢筋混凝土等材料制成的桁架等结构构成，位于屋顶中间的支承构件；屋面是指建筑物屋顶的表面，一般是由结构层、找坡层、找平层、保温层、隔热层、防水层、隔离层、保护层等构造层次以及屋面排水系统、避雷系统等组成的。各种不同类型的屋面，其构造层次的组合是不尽相同的，见表 3-2。

屋顶作为房屋顶部的围护结构，起房屋顶部与外界的分隔作用，抵御自然界中雨、雪、风的侵袭和太阳辐射等对建筑物顶层房间的影响，并对房屋顶部

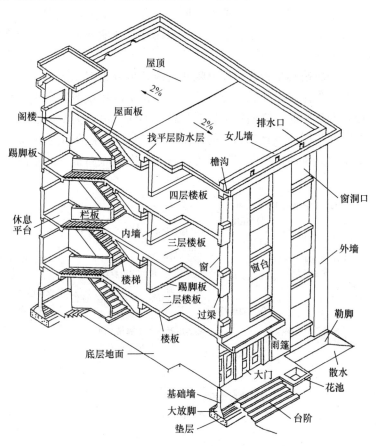

图 1-1 建筑物的基本构造组成

起保温、隔热的作用，为建筑物提供了适宜的内部空间环境和相应的使用功能；屋顶作为房屋顶部的承重结构，其承受建筑物顶部施工和使用期间的各种荷载，并将这些荷载传给墙和柱。屋顶承重结构是由用以承受各种屋面作用的屋面板（屋面的结构层）以及檩条、屋面梁或梁架等支承结构所组成的，或是由拱、网架、薄壳和悬索等大跨空间构件与支承边缘构件所组成的。屋顶作为房屋顶部的装饰性结构，其屋顶形式对房屋的外形起着塑造作用，屋顶的形式多种多样，平屋顶有挑檐、包檐等形式；坡屋面则有单坡、双坡、四坡等形式，可根据审美的要求设计。因此，屋顶不仅必须满足抵御外界侵蚀、防水、保温、隔热以及形象美观等方面的要求，而且还应具有足够的强度和刚度，其中防水、保温、隔热是屋顶的基本功能。

1.2 屋面的类型和基本构造层次

1.2.1 屋面的类型

由于屋面的使用功能、屋面材料、承重结构形式和建筑造型的不同，屋面可分为平屋面、坡屋面和异型屋面。当屋面坡度小于 3% 时，称为平屋面；当屋面坡度大于 3% 时，则称为坡屋面。平屋面的常见坡度为 2%～3%，主要具是构造简单、节约材料、屋面便于利用等优点，同时也存在造型单一的缺点。平屋面是我国一般建筑工程中最常见的屋面形式之一；坡屋面在我国有着悠久的历史，由于其造型丰富多彩，并能就地取材，至今仍旧广泛应用；异型屋面是多以薄壳结构、悬索结构以及网架结构等作为屋顶承重结构的屋面，如双曲拱屋面、球形网壳屋面等，这类屋面的结构受力合理，能充分发挥材料的力学性能，但其施工复杂、造价高，常应用于大跨度的大型公共建筑中。

平屋面按其使用功能的不同，可分为非上人屋面和上人屋面。上人屋面视用途不同，还可在防水层上再做饰面层，如整浇混凝土、水泥砂浆抹面或铺贴各类装饰板材，上人屋面有停车或停机屋面、运动场所屋面、屋顶花园等形式。

屋面按其是否具有保温隔热功能，可分为保温隔热屋面和非保温隔热屋面。保温隔热屋面还可进一步细分为保温屋面和隔热屋面，将防止室内热量散发出来的称为保温屋面，将防止室外热量进入室内的称为隔热屋面。屋面根据保温材料的不同，可分为单一保温屋面和夹芯保温屋面。单一保温屋面是指保温层已与屋面板合二为一的保温屋面，如加气混凝土屋面板；夹芯保温屋面是指保温层在屋面之内的保温屋面。屋面根据保温层设置在屋面板上或屋面板下的不同位置，可分为外保温屋面和内保温屋面，内保温屋面是指保温层在屋面板之下的保温屋面，外保温屋面是指保温层在屋面板之上的保温屋面，目前我国绝大多数屋面（包括上人屋面和非上人屋面）均为外保温屋面。外保温屋面的保温层一般设置于防水层下面，称为正置式（也称顺置式）屋面，如将保温层设置在防水层上面，则称为倒置式屋面。隔热屋面可归纳为架空隔热屋面、蓄水隔热屋面、种植隔热屋面等类别。保温隔热屋面种类众多，每一大类中又可按其使用材料、构造做法的不同分成多种形式。

屋面按其所采用的防水材料材性的不同，可分为刚性防水屋面和柔性防水屋面；按其所采用的防水材料品种不同，可分为卷材防水屋面、涂膜防水屋面、复合防水屋面、金属屋面、采光顶、瓦材屋面（水泥瓦屋面、烧结瓦屋面、油毡瓦屋面）等。平屋面一般多采用卷材防水屋面、涂膜防水屋面、复合防水屋面等，坡屋面主要采用瓦材屋面、金属屋面等。

屋面的分类参见图 1-2。

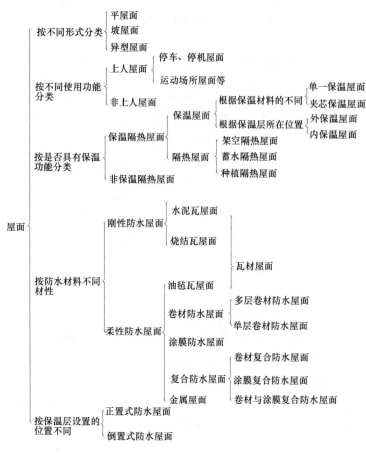

图 1-2 屋面的分类

1.2.2　屋面的基本构造层次

1. 平屋面的基本构造层次

平屋面的构造较为简单，其屋顶可以用作活动场所，但因其坡度较小，排水慢，屋面易积水，容易发生渗漏，故平屋面的防水处理需要精心设计，精心施工。

平屋面的泛水坡坡度一般为 2%～3%，其可以采用结构找坡或建筑找坡的办法来解决流水坡度的问题。结构找坡是在结构施工时将屋脊线处的标高提高，檐口标高不变，从而使安装的屋顶楼面由屋脊向檐口倾斜，形成坡度。建筑找坡是用轻质建筑材料在屋脊处铺高，檐口处铺低，形成坡度。

平屋面的构造可根据设计及使用要求而有所不同，其基本构造为：结构层（基层，即楼板或屋面板）、找坡层、找平层、隔汽层、保温层、防水层、隔离层、保护层等。使用及设计时应根据房屋的性质选用其层次进行组合而做成屋面构造。例如，北方住宅的屋面构造一般是由结构层、找坡层、找平层、隔汽层、保温层、找平层、防水层、保护层等组成的；而南方住宅的屋面构造一般是由结构层、找坡层、找平层、保温层、防水层、保护层、隔热架空层等组成的。

平屋面一般的构造做法如图 1-3 所示。

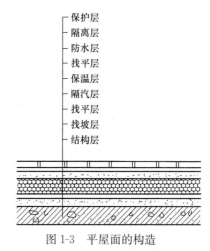

图 1-3　平屋面的构造

2. 坡屋面的基本构造层次

当坡屋面坡度较小时，如单层工业厂房是由屋架形成的坡度在 15% 以内的，基层为大型屋面板的结构，可以同平屋面一样做法。

当屋面坡度较大时，如采用木屋架的硬山搁檩房，当坡度大于 15% 时，其屋面防水采用不同材料的瓦屋面构造，如平瓦屋面，其坡度一般为 40%，构造层（基层）为钢筋混凝土屋架（或木屋架），由钢筋混凝土预制檩条（或木檩条）、望板、油毡、顺水条、挂瓦条、平瓦组成该类屋盖构造，参见图 1-4；又如，小青瓦屋面，其坡度一般为 40%～50%，结构层可以为硬山搁檩，由檩条、椽子、望板（或望砖）、麦草泥、小青瓦铺盖组成其屋盖构造，参见图 1-5。

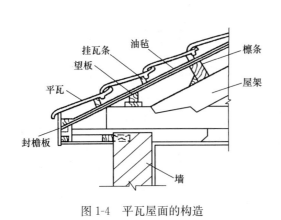

图 1-4　平瓦屋面的构造

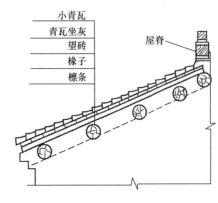

图 1-5　小青瓦屋面的构造

1.3　屋面工程的概念

屋面工程是建筑工程的一个分部工程，是指屋面结构层以上的屋面各构造层次的施工内容。其包括了屋面的基层和保护层，保温与隔热、防水与密封、瓦面与板面以及屋面的细部构造等组成的房屋顶部的设计和施工。屋面工程各子分部工程和分项工程的划分应符合表 1-1 的要求。广义上的屋面工程还包括了屋面雨水排水系统的设计和施工，屋面使用面层的设计和施工等众多的内容。

表 1-1 屋面工程各子分部工程和分项工程的划分 GB 50207—2012

分部工程	子分部工程	分项工程
屋面工程	基层与保护层	找坡层，找平层，隔汽层，隔离层，保护层
	保温与隔热	板状材料保温层，纤维材料保温层，喷涂硬泡聚氨酯保温层，现浇泡沫混凝土保温层，种植隔热层，架空隔热层，蓄水隔热层
	防水与密封	卷材防水层，涂膜防水层，复合防水层，接缝密封防水层
	瓦面与板面	烧结瓦和混凝土瓦铺装，沥青瓦铺装，金属板铺装，玻璃采光顶铺装
	细部构造	檐口，檐沟和天沟，女儿墙和山墙，水落口，变形缝，伸出屋面管道，屋面出入口，反梁过水孔，设施基座，屋脊，屋顶窗

　　屋面工程施工质量的优劣将直接关系到建筑物的使用寿命，尤其是屋面的防水和保温功能在建筑功能中占有十分重要的地位，其技术亦随之日益显示出重要性。

第2章 屋面工程的主要材料

屋面工程的主要材料有屋面防水材料、屋面保温隔热材料等多个大类。屋面工程材料品种繁多,功能有别,施工工艺不一,有关屋面工程的设计、施工、质量检验和工程监理等相关工程技术人员应广泛了解其品种和质量信息,检查材料的各项技术性能指标,避免使用劣质产品。

2.1 工程技术规范对屋面工程材料的要求

2.1.1 《屋面工程质量验收规范》对屋面工程材料提出的要求

《屋面工程质量验收规范》(GB 50207—2012)对屋面材料提出的要求如下:

(1)屋面防水材料进场检验项目应符合表2-1的规定;现行屋面防水材料标准应按表2-2选用。

(2)屋面保温材料进场检验项目应符合表2-3的规定;现行屋面保温材料标准应按表2-4选用。

表2-1 屋面防水材料进场检验项目 GB 50207—2012

序号	防水材料名称	现场抽样数量	外观质量检验	物理性能检验
1	高聚物改性沥青防水卷材	大于1000卷抽5卷,每500～1000卷抽4卷,100～499卷抽3卷,100卷以下抽2卷,进行规格尺寸和外观质量检验。在外观质量检验合格的卷材中,任取1卷做物理性能检验	表面平整,边缘整齐,无孔洞、无缺边、无裂口、胎基未浸透,矿物粒料粒度,每卷卷材的接头	可溶物含量、拉力、最大拉力时延伸率、耐热度、低温柔度、不透水性
2	合成高分子防水卷材		表面平整,边缘整齐,无气泡、无裂纹、无粘结疤痕,每卷卷材的接头	断裂拉伸强度、扯断伸长率、低温弯折性、不透水性
3	高聚物改性沥青防水涂料	每10t为一批,不足10t的按一批抽样	水乳型:无色差、无凝胶、无结块、无明显沥青丝;溶剂型:黑色黏稠状,细腻、均匀胶状液体	固体含量、耐热性、低温柔性、不透水性、断裂伸长率或抗裂性
4	合成高分子防水涂料		反应固化型:均匀黏稠状,无凝胶、无结块;挥发固化型:经搅拌后无结块,呈均匀状态	固体含量、拉伸强度、断裂伸长率、低温柔性、不透水性
5	聚合物水泥防水涂料		液体组分:无杂质、无凝胶的均匀乳液;固体组分:无杂质、无结块的粉末	固体含量、拉伸强度、断裂伸长率、低温柔性、不透水性

序号	防水材料名称	现场抽样数量	外观质量检验	物理性能检验
6	胎体增强材料	每 3000m² 为一批，不足3000m² 的按一批抽样	表面平整，边缘整齐，无折痕、无孔洞、无污迹	拉力、延伸率
7	沥青基防水卷材用基层处理剂	每 5t 为一批，不足 5t 的按一批抽样	均匀液体，无结块、无凝胶	固体含量、耐热性、低温柔性、剥离强度
8	高分子胶粘剂		均匀液体，无杂质、无分散颗粒或凝胶	剥离强度、浸水 168h 后的剥离强度保持率
9	改性沥青胶粘剂		均匀液体，无结块、无凝胶	剥离强度
10	合成橡胶胶粘带	每 1000m 为一批，不足1000m 的按一批抽样	表面平整，无固块、无杂物、无孔洞、无外伤及色差	剥离强度、浸水 168h 后的剥离强度保持率
11	改性石油沥青密封材料	每 1t 为一批，不足 1t 的按一批抽样	黑色均匀膏状，无结块和未浸透的填料	耐热性、低温柔性、拉伸粘结性、施工度
12	合成高分子密封材料		均匀膏状物或黏稠液体，无结皮、无凝胶或不易分散的固体团状	拉伸模量、断裂伸长率、定伸粘结性
13	烧结瓦、混凝土瓦	同一批至少抽一次	边缘整齐，表面光滑，不得有分层、裂纹、露砂等缺陷	抗渗性、抗冻性、吸水率
14	玻纤胎沥青瓦		边缘整齐，切槽清晰，厚薄均匀，表面无孔洞、无碎伤、无裂纹、无皱折及起泡	可溶物含量、拉力、耐热度、柔度、不透水性、叠层剥离强度
15	彩色涂层钢板及钢带	同牌号、同规格、同镀层重量、同涂层厚度、同涂料种类和颜色为一批	钢板表面不应有气泡、缩孔、漏涂等缺陷	屈服强度、抗拉强度、断后伸长率、镀层重量、涂层厚度

表 2-2　现行屋面防水材料标准　GB 50207—2012

类　　别	标准名称	标准编号
改性沥青防水卷材	1. 弹性体改性沥青防水卷材	GB 18242
	2. 塑性体改性沥青防水卷材	GB 18243
	3. 改性沥青聚乙烯胎防水卷材	GB 18967
	4. 带自粘层的防水卷材	GB/T 23260
	5. 自粘聚合物改性沥青防水卷材	GB 23441
合成高分子防水卷材	1. 聚氯乙烯（PVC）防水卷材	GB 12952
	2. 氯化聚乙烯防水卷材	GB 12953
	3. 高分子防水材料 第1部分：片材	GB 18173.1
防水涂料	1. 聚氨酯防水涂料	GB/T 19250
	2. 聚合物水泥防水涂料	GB/T 23445
	3. 水乳型沥青防水涂料	JC/T 408
	4. 聚合物乳液建筑防水涂料	JC/T 864

续表

类　别	标准名称	标准编号
密封材料	1. 硅酮和改性硅酮建筑密封胶	GB/T 14683
	2. 建筑用硅酮结构密封胶	GB 16776
	3. 建筑防水沥青嵌缝油膏	JC/T 207
	4. 聚氨酯建筑密封胶	JC/T 482
	5. 聚硫建筑密封胶	JC/T 483
	6. 中空玻璃用弹性密封胶	GB/T 29755
	7. 混凝土建筑接缝用密封胶	JC/T 881
	8. 幕墙玻璃接缝用密封胶	JC/T 882
	9. 金属板用建筑密封胶	JC/T 884
瓦	1. 玻纤胎沥青瓦	GB/T 20474
	2. 烧结瓦	GB/T 21149
	3. 混凝土瓦	JC/T 746
配套材料	1. 高分子防水卷材胶粘剂	JC/T 863
	2. 丁基橡胶防水密封胶粘带	JC/T 942
	3. 坡屋面用防水材料　聚合物改性沥青防水垫层	JC/T 1067
	4. 坡屋面用防水材料　自粘聚合物沥青防水垫层	JC/T 1068
	5. 沥青基防水卷材用基层处理剂	JC/T 1069
	6. 自粘聚合物沥青泛水带	JC/T 1070
	7. 种植屋面用耐根穿刺防水卷材	JC/T 1075

表 2-3　屋面保温材料进场检验项目　GB 50207—2012

序号	材料名称	组批及抽样	外观质量检验	物理性能检验
1	模塑聚苯乙烯泡沫塑料	同规格按 100m³ 为一批，不足 100m³ 的按一批计。在每批产品中随机抽取 20 块进行规格尺寸和外观质量检验。从规格尺寸和外观质量检验合格的产品中，随机取样进行物理性能检验	色泽均匀，阻燃型应掺有颜色的颗粒；表面平整，无明显收缩变形和膨胀变形；熔结良好；无明显油渍和杂质	表观密度、压缩强度、导热系数、燃烧性能
2	挤塑聚苯乙烯泡沫塑料	同类型、同规格按 50m³ 为一批，不足 50m³ 的按一批计。在每批产品中随机抽取 10 块进行规格尺寸和外观质量检验。从规格尺寸和外观质量检验合格的产品中，随机取样进行物理性能检验	表面平整，无夹杂物，颜色均匀；无明显起泡、无裂口、无变形	压缩强度、导热系数、燃烧性能
3	硬质聚氨酯泡沫塑料	同原料、同配方、同工艺条件按 50m³ 为一批，不足 50m³ 的按一批计。在每批产品中随机抽取 10 块进行规格尺寸和外观质量检验。从规格尺寸和外观质量检验合格的产品中，随机取样进行物理性能检验	表面平整，无严重凹凸不平	表观密度、压缩强度、导热系数、燃烧性能
4	泡沫玻璃绝热制品	同品种、同规格按 250 件为一批，不足 250 件的按一批计。在每批产品中随机抽取 6 个包装箱，每箱各抽 1 块进行规格尺寸和外观质量检验。从规格尺寸和外观质量检验合格的产品中，随机取样进行物理性能检验	垂直度，最大弯曲度，无缺棱、无缺角、无孔洞、无裂纹	表观密度、抗压强度、导热系数、燃烧性能

序号	材料名称	组批及抽样	外观质量检验	物理性能检验
5	膨胀珍珠岩制品（憎水型）	同品种、同规格按 2000 块为一批，不足 2000 块的按一批计。 在每批产品中随机抽取 10 块进行规格尺寸和外观质量检验。从规格尺寸和外观质量检验合格的产品中，随机取样进行物理性能检验	弯曲度，无缺棱、无掉角、无裂纹	表观密度、抗压强度、导热系数、燃烧性能
6	加气混凝土砌块	同品种、同规格、同等级按 200m³ 为一批，不足 200m³ 的按一批计。	缺棱掉角；裂纹、爆裂、粘膜和损坏深度；表面疏松、层裂；表面油污	干密度、抗压强度、导热系数、燃烧性能
7	泡沫混凝土砌块	在每批产品中随机抽取 50 块进行规格尺寸和外观质量检验。从规格尺寸和外观质量检验合格的产品中，随机取样进行物理性能检验	缺棱掉角；平面弯曲；裂纹、黏膜和损坏深度，表面酥松、层裂；表面油污	干密度、抗压强度、导热系数、燃烧性能
8	玻璃棉、岩棉、矿渣棉制品	同原料、同工艺、同品种、同规格按 1000m² 为一批，不足 1000m² 的按一批计。 在每批产品中随机抽取 6 个包装箱或卷进行规格尺寸和外观质量检验。从规格尺寸和外观质量检验合格的产品中，抽取 1 个包装箱或卷进行物理性能检验	表面平整，无伤痕、无污迹、无破损，覆层与基材粘贴	表观密度、导热系数、燃烧性能
9	金属面绝热夹芯板	同原料、同工艺、同厚度按 150 块为一批，不足 150 块的按一批计。 在每批产品中随机抽取 5 块进行规格尺寸和外观质量检验。从规格尺寸和外观质量检验合格的产品中，随机抽取 3 块进行物理性能检验	表面平整，无明显凹凸、无翘曲、无变形，切口平直、切面整齐，无毛刺；芯板切面整齐，无剥落	剥离性能、抗弯承载力、防火性能

表 2-4　现行屋面保温材料标准　GB 50207—2012

类　　别	标准名称	标准编号
聚苯乙烯泡沫塑料	1. 绝热用模塑聚苯乙烯泡沫塑料	GB/T 10801.1
	2. 绝热用挤塑聚苯乙烯泡沫塑料（XPS）	GB/T 10801.2
硬质聚氨酯泡沫塑料	1. 建筑绝热用硬质聚氨酯泡沫塑料	GB/T 21558
	2. 喷涂聚氨酯硬泡体保温材料	JC/T 998
无机硬质绝热制品	1. 膨胀珍珠岩绝热制品（憎水型）	GB/T 10303
	2. 蒸压加气混凝土砌块	GB 11968
	3. 泡沫玻璃绝热制品	JC/T 647
	4. 泡沫混凝土砌块	JC/T 1062
纤维保温材料	1. 建筑绝热用玻璃棉制品	GB/T 17795
	2. 建筑用岩棉、矿渣棉绝热制品	GB/T 19686
金属面绝热夹芯板	建筑用金属面绝热夹芯板	GB/T 23932

2.1.2　《屋面工程技术规范》对屋面工程材料提出的要求

《屋面工程技术规范》（GB 50345—2012）对屋面工程用防水及保温材料提出的要求如下：

1. 防水材料的主要性能指标

高聚物改性沥青防水卷材的主要性能指标应符合表 2-5 的要求；合成高分子防水卷材的主要性能指标应符合表 2-6 的要求；基层处理剂、胶粘剂、胶粘带的主要性能指标应符合表 2-7 的要求。

表 2-5　高聚物改性沥青防水卷材主要性能指标　GB 50345—2012

项　目	指　标				
	聚酯毡胎体	玻纤毡胎体	聚乙烯胎体	自粘聚酯胎体	自粘无胎体
可溶物含量（g/m²）	3mm 厚≥2100 4mm 厚≥2900	—		2mm 厚≥1300 3mm 厚≥2100	—
拉力（N/50mm）	≥500	纵向≥350	≥200	2mm 厚≥350 3mm 厚≥450	≥150
延伸率（%）	最大拉力时 SBS≥30 APP≥25	—	断裂时≥120	最大拉力时≥30	最大拉力时≥200
耐热度（℃，2h）	SBS 卷材 90，APP 卷材 110，无滑动、流淌、滴落		PEE 卷材 90，无流淌、起泡	70，无滑动、流淌、滴落	70，滑动不超过 2mm
低温柔性（℃）	SBS 卷材−20；APP 卷材−7；PEE 卷材−20		−20		
不透水性　压力（MPa）	≥0.3	≥0.2	≥0.4	≥0.3	≥0.2
不透水性　保持时间（min）	≥30			≥120	

注：SBS 卷材为弹性体改性沥青防水卷材；APP 卷材为塑性体改性沥青防水卷材；PEE 卷材为改性沥青聚乙烯胎防水卷材。

表 2-6　合成高分子防水卷材主要性能指标　GB 50345—2012

项　目		指　标			
		硫化橡胶类	非硫化橡胶类	树脂类	树脂类（复合片）
断裂拉伸强度（MPa）		≥6	≥3	≥10	≥60 N/10mm
扯断伸长率（%）		≥400	≥200	≥200	≥400
低温弯折（℃）		−30	−20	−25	−20
不透水性	压力（MPa）	≥0.3	≥0.2	≥0.3	≥0.3
不透水性	保持时间（min）	≥30			
加热收缩率（%）		＜1.2	＜2.0	≤2.0	≤2.0
热老化保持率（80℃×168h，%）	断裂拉伸强度	≥80		≥85	≥80
热老化保持率（80℃×168h，%）	扯断伸长率	≥70		≥80	≥70

表 2-7　基层处理剂、胶粘剂、胶粘带主要性能指标　GB 50345—2012

项　目	指　标			
	沥青基防水卷材用基层处理剂	改性沥青胶粘剂	高分子胶粘剂	双面胶粘带
剥离强度（N/10mm）	≥8	≥8	≥15	≥6

续表

项　目	指标			
	沥青基防水卷材用基层处理剂	改性沥青胶粘剂	高分子胶粘剂	双面胶粘带
浸水168h剥离强度保持率（%）	≥8N/10mm	≥8N/10mm	70	70
固体含量（%）	水性≥40 溶剂性≥30	—	—	—
耐热性	80℃无流淌	80℃无流淌	—	—
低温柔性	0℃无裂纹	0℃无裂纹	—	—

高聚物改性沥青防水涂料的主要性能指标应符合表2-8的要求；合成高分子防水涂料（反应型固化）的主要性能指标应符合表2-9的要求；合成高分子防水涂料（挥发固化型）的主要性能指标应符合表2-10的要求；聚合物水泥防水涂料的主要性能指标应符合表2-11的要求；聚合物水泥防水胶结材料的主要性能指标应符合表2-12的要求；胎体增强材料的主要性能指标应符合表2-13的要求。

表2-8　高聚物改性沥青防水涂料主要性能指标　GB 50345—2012

项　目		指　标	
		水乳型	溶剂型
固体含量（%）		≥45	≥48
耐热性（80℃，5h）		无流淌、起泡、滑动	
低温柔性（℃，2h）		−15，无裂纹	−15，无裂纹
不透水性	压力（MPa）	≥0.1	≥0.2
	保持时间（min）	≥30	≥30
断裂伸长率（%）		≥600	—
抗裂性（mm）		—	基层裂缝0.3，涂膜无裂纹

表2-9　合成高分子防水涂料（反应型固化）主要性能指标　GB 50345—2012

项　目		指　标	
		Ⅰ类	Ⅱ类
固体含量（%）		单组分≥80；多组分≥92	
拉伸强度（MPa）		单组分，多组分≥1.9	单组分，多组分≥2.45
断裂伸长率（%）		单组分≥550；多组分≥450	单组分，多组分≥450
低温柔性（℃，2h）		单组分−40；多组分−35，无裂纹	
不透水性	压力（MPa）	≥0.3	
	保持时间（min）	≥30	

注：产品按拉伸性能分Ⅰ类和Ⅱ类。

表2-10　合成高分子防水涂料（挥发固化型）主要性能指标　GB 50345—2012

项　目		指　标
固体含量（%）		≥65
拉伸强度（MPa）		≥1.5
断裂伸长率（%）		≥300
低温柔性（℃，2h）		−20，无裂纹
不透水性	压力（MPa）	≥0.3
	保持时间（min）	≥30

表 2-11　聚合物水泥防水涂料主要性能指标　GB 50345—2012

项　目		指　标
固体含量（%）		≥70
拉伸强度（MPa）		≥1.2
断裂伸长率（%）		≥200
低温柔性（℃，2h）		—10，无裂纹
不透水性	压力（MPa）	≥0.3
	保持时间（min）	≥30

表 2-12　聚合物水泥防水胶结材料主要性能指标　GB 50354—2012

项　目		指　标
与水泥基层的拉伸粘结强度（MPa）	常温 7d	≥0.6
	耐水	≥0.4
	耐冻融	≥0.4
可操作时间（h）		≥2
抗渗性能（MPa，7d）	抗渗性	≥1.0
抗压强度（MPa）		≥9
柔韧性（28d）	抗压强度/抗折强度	≤3
剪切状态下的粘合性（N/mm，常温）	卷材与卷材	≥2.0
	卷材与基底	≥1.8

表 2-13　胎体增强材料主要性能指标　GB 50345—2012

项　目		指　标	
		聚酯无纺布	化纤无纺布
外观		均匀，无团状，平整无皱折	
拉力（N/50mm）	纵向	≥150	≥45
	横向	≥100	≥35
延伸率（%）	纵向	≥10	≥20
	横向	≥20	≥25

改性石油沥青密封材料的主要性能指标应符合表 2-14 的要求；合成高分子密封材料的主要性能指标应符合表 2-15 的要求。

烧结瓦的主要性能指标应符合表 2-16 的要求；混凝土瓦的主要性能指标应符合表 2-17 的要求；沥青瓦的主要性能指标应符合 2-18 的要求。

防水透汽膜的主要性能指标应符合表 2-19 的要求。

表 2-14　改性石油沥青密封材料主要性能指标　GB 50345—2012

项　目		指　标	
		Ⅰ类	Ⅱ类
耐热性	温度（℃）	70	80
	下垂值（mm）	≤4.0	
低温柔性	温度（℃）	—20	—10
	粘结状态	无裂纹和剥离现象	
拉伸粘结性（%）		≥125	
浸水后拉伸粘结性（%）		125	
挥发性（%）		≤2.8	
施工度（mm）		≥22.0	≥20.0

注：产品按耐热度和低温柔性分为Ⅰ类和Ⅱ类。

表 2-15　合成高分子密封材料主要性能指标　GB 50345—2012

项　目		指　标						
		25LM	25HM	20LM	20HM	12.5E	12.5P	7.5P
拉伸模量（MPa）	23℃	≤0.4 和 ≤0.6	>0.4 或 >0.6	≤0.4 和 ≤0.6	>0.4 或 >0.6	—		
	−20℃							
定伸粘结性		无破坏					—	
浸水后定伸粘结性		无破坏					—	
热压冷拉后粘结性		无破坏					—	
拉伸压缩后粘结性		—					无破坏	
断裂伸长率（%）		—					≥100	≥20
浸水后断裂伸长率（%）		—					≥100	≥20

注：产品按位移能力分为 25、20、12.5、7.5 四个级别；25 级和 20 级密封材料按伸拉模量分为低模量（LM）和高模量（HM）两个次级别；12.5 级密封材料按弹性恢复率分为弹性（E）和塑性（P）两个次级别。

表 2-16　烧结瓦主要性能指标　GB 50345—2012

项　目	指　标	
	有釉类	无釉类
抗弯曲性能（N）	平瓦 1200，波形瓦 1600	
抗冻性能（15 次冻融循环）	无剥落、掉角、掉棱及裂纹增加现象	
耐急冷急热性（10 次急冷急热循环）	无炸裂、剥落及裂纹延长现象	
吸水率（浸水 24h,%）	≤10	≤18
抗渗性能（3h）	—	背面无水滴

表 2-17　混凝土瓦主要性能指标　GB 50345—2012

项　目	指　标			
	波形瓦		平板瓦	
	覆盖宽度 ≥300mm	覆盖宽度 ≤200mm	覆盖宽度 ≥300mm	覆盖宽度 ≤200mm
承载力标准值（N）	1200	900	1000	800
抗冻性（25 次冻融循环）	外观质量合格，承载力仍不小于标准值			
吸水率（浸水 24h,%）	≤10			
抗渗性能（24h）	背面无水滴			

表 2-18　沥青瓦主要性能指标　GB 50345—2012

项　目		指　标
可溶物含量（g/m²）		平瓦≥1000；叠瓦≥1800
拉力（N/50mm）	纵向	≥500
	横向	≥400
耐热度（℃）		90，无流淌、滑动、滴落、气泡
柔度（℃）		10，无裂纹
撕裂强度（N）		≥9
不透水性（0.1MPa，30min）		不透水

项 目		指 标
人工气候老化（720h）	外观	无气泡、渗油、裂纹
	柔度	10℃无裂纹
自粘胶耐热度	50℃	发粘
	70℃	滑动≤2mm
叠层剥离强度（N）		≥20

表 2-19　防水透汽膜主要性能指标　GB 50345—2012

项 目		指 标	
		Ⅰ类	Ⅱ类
水蒸气透过量［g/（m²·24h），23℃］		≥1000	
不透水性（mm，2h）		≥1000	
最大拉力（N/50mm）		≥100	≥250
断裂伸长率（%）		≥35	≥10
撕裂性能（N，钉杆法）		≥40	
热老化（80℃，168h）	拉力保持率（%）	≥80	
	断裂伸长率保持率（%）		
	水蒸气透过量保持率（%）		

2. 保温材料的主要性能指标

板状保温材料的主要性能指标应符合表 2-20 的要求；纤维保温材料的主要性能指标应符合表 2-21 的要求；喷涂硬泡聚氨酯的主要性能指标应符合表 2-22 的要求；现浇泡沫混凝土的主要性能指标应符合表 2-23 的要求；金属面绝热夹芯板的主要性能指标应符合表 2-24 的要求。

表 2-20　板状保温材料主要性能指标　GB 50345—2012

项 目	指 标						
	聚苯乙烯泡沫塑料		硬质聚氨酯泡沫塑料	泡沫玻璃	憎水型膨胀珍珠岩	加气混凝土	泡沫混凝土
	挤塑	模塑					
表观密度或干密度（kg/m³）	—	≥20	≥30	≤200	≤350	≤425	≤530
压缩强度（kPa）	≥150	≥100	≥120	—	—	—	—
抗压强度（MPa）	—	—	—	≥0.4	≥0.3	≥1.0	≥0.5
导热系数［W/（m·K）］	≤0.030	≤0.041	≤0.024	≤0.070	≤0.087	≤0.120	≤0.120
尺寸稳定性(70℃，48h，%)	≤2.0	≤3.0	≤2.0	—	—	—	—
水蒸气渗透系数［ng/（Pa·m·s）］	≤3.5	≤4.5	≤6.5	—	—	—	—
吸水率（V/V，%）	≤1.5	≤4.0	≤4.0	≤0.5	—	—	—
燃烧性能	不低于B₂级			A 级			

表 2-21　纤维保温材料主要性能指标　GB 50345—2012

项 目	指 标			
	岩棉、矿渣棉板	岩棉、矿渣棉毡	玻璃棉板	玻璃棉毡
表观密度（kg/m³）	≥40	≥40	≥24	≥10
导热系数［W/（m·K）］	≤0.040	≤0.040	≤0.043	≤0.050
燃烧性能	A 级			

表 2-22 喷涂硬泡聚氨酯主要性能指标 GB 50345—2012

项 目	指 标
表观密度（kg/m³）	≥35
导热系数［W/(m·K)］	≤0.024
压缩强度（kPa）	≥150
尺寸稳定性（70℃，48h，%）	≤1
闭孔率（%）	≥92
水蒸气渗透系数［ng/(Pa·m·s)］	≤5
吸水率（V/V，%）	≤3
燃烧性能	不低于 B_2 级

表 2-23 现浇泡沫混凝土主要性能指标 GB 50345—2012

项 目	指 标
干密度（kg/m³）	≤600
导热系数［W/(m·K)］	≤0.14
抗压强度（MPa）	≥0.5
吸水率（%）	≤20
燃烧性能	A 级

表 2-24 金属面绝热夹芯板主要性能指标 GB 50345—2012

项 目	指 标				
	模塑聚苯乙烯夹芯板	挤塑聚苯乙烯夹芯板	硬质聚氨酯夹芯板	岩棉、矿渣棉夹芯板	玻璃棉夹芯板
传热系数［W/(m²·K)］	≤0.68	≤0.63	≤0.45	≤0.85	≤0.90
粘结强度（MPa）	≥0.10	≥0.10	≥0.10	≥0.06	≥0.03
金属面材厚度	彩色涂层钢板基板≥0.5mm，压型钢板≥0.5mm				
芯材密度（kg/m³）	≥18	—	≥38	≥100	≥64
剥离性能	粘结在金属面材上的芯材应均匀分布，并且每个剥离面的粘结面积不应小于85%				
抗弯承载力	夹芯板挠度为支座间距的1/200时，均布荷载不应小于0.5kN/m²				
防火性能	芯材燃烧性能按《建筑材料及制品燃烧性能分级》（GB 8624）的有关规定分级。岩棉、矿渣棉夹芯板，当夹芯板厚度小于或等于80mm时，耐火极限应大于或等于30min；当夹芯板厚度大于80mm时，耐火极限应大于或等于60min				

2.2 屋面防水材料

屋面防水材料是指应用于建（构）筑物屋面的，起着防潮、防渗、防漏，保护其不受水侵蚀破坏作用的一类建筑功能材料。

建筑防水材料一般可分为柔性防水材料和刚性防水材料。柔性防水材料主要有建筑防水卷材、建筑防水涂料、建筑防水密封材料等制品；刚性防水材料主要有防水混凝土、防水砂浆、烧结瓦、混凝土瓦等制品。

2.2.1 建筑防水卷材

2.2.1.1 防水卷材的概念、分类和性能

以原纸、纤维毡、纤维布、金属箔、塑料膜、纺织物等材料中的一种或数种复合为胎基，浸涂石油沥青、煤沥青、高聚物改性沥青制成的或以合成高分子材料为基料加入助剂及填充剂经过多种工艺加工而成的长条片状成卷供应并起防水作用的产品称为防水卷材。

防水卷材在我国建筑防水材料的应用中处于主导地位，在建筑防水工程的实践中起着重要的作用，广泛应用于建筑物地上、地下和其他特殊构筑物的防水，是一种面广量大的防水材料。

建筑防水卷材目前的规格品种已由20世纪50年代单一的沥青油毡发展到具有不同物理性能的几十种高、中档新型防水卷材。常用的防水卷材按照材料的组成不同，一般可分为沥青防水卷材、合成高分子防水卷材两大系列，此外，还有柔性聚合物水泥防水卷材、金属防水卷材等大类产品。建筑防水卷材的分类详见图4-2。

建筑防水卷材按其施工工艺的不同可分为两大类施工法，其一为热施工法，包括热玛琦脂黏结法、热熔法、热风焊接法等；其二为冷施工法，包括冷粘结法、自粘法、机械固定法等。这些不同的施工法均有各自的适用范围，大体来说，冷施工法可应用于大多数合成高分子防水卷材的粘贴，具有一定的优越性。

为了满足防水工程的要求，防水卷材必须具备以下性能：

（1）耐水性。在水的作用和被水浸润后，其性能基本不变，在水的压力下具有不透水性。

（2）温度稳定性。在高温下不流淌、不起泡、不滑动，低温下不脆裂的性能。亦可认为是在一定温度变化下保持原有性能的能力。

（3）机械强度、延伸性和抗断裂性。在承受建筑结构允许范围内，荷载应力和变形条件下不断裂的性能。

（4）柔韧性。对于防水材料，特别要求具有低温柔性，保证易于施工、不脆裂。

（5）大气稳定性。在阳光、热、氧气及其他化学侵蚀介质、微生物侵蚀介质等因素的长期综合作用下抵抗老化、侵蚀的能力。

各类防水卷材的特点及适用范围参见表2-25。

表2-25 各类防水卷材的特点及适用范围

卷材类别	卷材名称	特点	适用范围	施工工艺
沥青防水卷材	石油沥青纸胎防水卷材	我国传统的防水材料，目前在屋面工程中仍占主导地位。低温柔性差，防水层耐用年限较短，但价格较低	三毡四油、二毡三油叠层铺设的屋面工程	热玛琦脂冷玛琦脂粘贴施工
	石油沥青玻璃布胎防水卷材	拉伸强度高，胎体不易腐烂，材料柔性好，耐久性比纸胎卷材提高一倍以上	多用作纸胎油毡的增强附加层和突出部位的防水层	热玛琦脂冷玛琦脂粘贴施工
	石油沥青玻纤毡胎防水卷材	有良好的耐水性、耐腐蚀性和耐久性，柔性也优于纸胎沥青卷材	常用作屋面或地下防水工程	热玛琦脂冷玛琦脂粘贴施工
	石油沥青麻布胎防水卷材	拉伸强度高、耐水性好，但胎体材料易腐烂	常用作屋面增强附加层	热玛琦脂冷玛琦脂粘贴施工
	石油沥青铝箔胎防水卷材	有很高的阻隔蒸汽的渗透能力，防水功能好，且具有一定的拉伸强度	与带孔玻纤毡配合或单独使用，宜用于隔汽层	热玛琦脂粘贴

卷材类别	卷材名称	特 点	适用范围	施工工艺
高聚物改性沥青防水卷材	SBS改性沥青防水卷材	耐高、低温性能有明显提高，卷材的弹性和耐疲劳性明显改善	单层铺设的屋面防水工程或复合使用	冷施工或热熔铺贴
	APP改性沥青防水卷材	具有良好的强度、延伸性、耐热性、耐紫外线照射及耐老化性能，耐低温性能稍低于SBS改性沥青防水卷材	单层铺设，适用于紫外线辐射强烈及炎热地区屋面使用	热熔法或冷粘法铺设
	PVC改性焦油防水卷材	有良好的耐热及耐低温性能，最低开卷温度为−18℃	有利于在冬期负温度下施工	可热作业，亦可冷作业
	再生胶改性沥青防水卷材	有一定的延伸性，且低温柔性较好，有一定的防腐蚀能力，价格低廉，属低档防水卷材	变形较大或档次较低的屋面防水工程	热沥青粘贴
	废橡胶粉改性沥青防水卷材	比普通石油沥青纸胎油毡的拉伸强度、低温柔性均明显改善	叠层使用于一般屋面防水工程，宜在寒冷地区使用	热沥青粘贴
合成高分子防水卷材	三元乙丙橡胶防水卷材	防水性能优异、耐候性好、耐臭氧性、耐化学腐蚀性、弹性和拉伸强度大，对基层变形开裂的适应性强，质量小，使用温度范围宽，寿命长，但价格高，粘结材料尚需配套完善	屋面防水技术要求较高、防水层耐用年限要求长的工业与民用建筑，单层或复合使用	冷粘法或自粘法
	丁基橡胶防水卷材	有较好的耐候性、拉伸强度和伸长率，耐低温性能稍低于三元乙丙橡胶防水卷材	单层或复合使用于要求较高的屋面防水工程	冷粘法施工
	氯化聚乙烯防水卷材	具有良好的耐候、耐臭氧、耐热老化、耐油、耐化学腐蚀及抗撕裂的性能	单层或复合使用，宜用于紫外线强的炎热地区	冷粘法施工
	氯磺化聚乙烯防水卷材	伸长率较长、弹性较好，对基层变形开裂的适应性较强，耐高、低温性能好，耐腐蚀性能优良，有很好的难燃性	适用于有腐蚀介质影响及在寒冷地区的屋面工程	冷粘法施工
	聚氯乙烯防水卷材	具有较高的拉伸强度和撕裂强度，伸长率较大，耐老化性能好，原材料丰富，价格便宜，容易粘结	单层或复合使用于外露或有保护层的屋面防水	冷粘法或热风焊接法施工
	氯化聚乙烯-橡胶共混防水卷材	不但具有氯化聚乙烯特有的高强度和优异的耐臭氧、耐老化性能，而且具有橡胶特有的高弹性、高延伸性以及良好的低温柔性	单层或复合使用，尤宜用于寒冷地区或变形较大的屋面	冷粘法施工
	三元乙丙橡胶-聚乙烯共混防水卷材	热塑性弹性材料，有良好的耐臭氧和耐老化性能，使用寿命长，低温柔性好，可在负温条件下施工	单层或复合使用于外露防水屋面，宜在寒冷地区使用	冷粘法施工

2.2.1.2　建筑防水卷材的环境标志产品技术要求

《环境标志产品技术要求　防水卷材》（HJ 455—2009）对防水卷材提出了如下技术要求：

1. 基本要求

（1）产品质量应符合各自产品质量标准的要求。

（2）产品生产企业污染物排放应符合国家或地方规定的污染物排放标准的要求。

2. 技术内容

（1）产品中不得人为添加表 2-26 中所列的物质。

表 2-26　防水卷材产品中不得人为添加的物质　HJ 455—2009

类别	物质
持续性有机污染物	多溴联苯（PBB）、多溴联苯醚（PBDE）
邻苯二甲酸酯类	邻苯二甲酸二辛酯（DOP）、邻苯二甲酸二正丁酯（DBP）

（2）改性沥青类防水卷材中不应使用煤沥青作原材料。

（3）产品使用的矿物油中芳香烃的质量分数应小于 3%。

（4）产品中可溶性重金属的含量应符合表 2-27 要求。

表 2-27　防水卷材产品中可溶性重金属的含量限值（mg/kg）　HJ 455—2009

重金属种类		限值
可溶性铅（Pb）	≤	10
可溶性镉（Cb）	≤	10
可溶性铬（Cr）	≤	10
可溶性汞（Hg）	≤	10

（5）产品说明书中应注明以下内容：

1）产品使用过程中宜使用液化气、乙醇为燃料或电加热进行焊接。

2）改性沥青类防水卷材使用热熔法施工时材料表面温度不宜高于 200℃。

（6）企业应建立符合《化学品安全技术说明书内容和项目顺序》GB/T 16483—2008 要求的原料安全数据单（MSDS），并可向使用方提供。

《环境标志产品技术要求　防水卷材》（HJ 455—2009）适用于改性沥青类防水卷材、高分子防水卷材、膨润土防水毡，不适用于石油沥青纸胎油毡、沥青复合胎柔性防水卷材、聚氯乙烯防水卷材。

2.2.1.3　高聚物改性沥青防水卷材

高聚物改性沥青防水卷材简称改性沥青防水卷材，俗称改性沥青油毡，是以玻纤毡、聚酯毡、黄麻布、聚乙烯膜、聚酯无纺布、金属箔或两种材料复合为胎基，以掺量不少于 10% 的合成高分子聚合物改性沥青、氧化沥青为浸涂材料，以粉状、片状、粒状矿质材料、合成高分子薄膜、金属膜为覆面材料制成的可卷曲的一类片状防水材料。

高聚物改性沥青防水卷材的特点主要是利用高聚物的优良特性，改善了石油沥青的热淌冷脆，从而提高了普通沥青防水卷材的技术性能。

高分子聚合物改性沥青防水卷材一般可分为弹性体聚合物改性沥青防水卷材、塑性体聚合物改性沥青防水卷材、橡塑共混体聚合物改性沥青防水卷材三大类，各类可再按聚合物改性体做进一步的分类，如弹性体聚合物改性沥青防水卷材可进一步分为 SBS 改性沥青防水卷材、SBR 改性沥青防水卷材、再生胶改性沥青防水卷材等。此外，还可以根据卷材有无胎体材料分为有胎防水卷材、无胎防水卷材两大类。

高聚物改性沥青防水卷材目前国内广泛应用的主要品种的分类参见图 2-1。

高聚物改性沥青防水卷材根据其应用的范围不同，可分为普通改性沥青防水卷材和特种改性沥青防水卷材。普通改性沥青防水卷材根据其是否具有自粘功能可分为常规型防水卷材和自粘型防水卷材。常规型防水卷材可根据其所采用的改性剂材质的不同，可分为 SBS 改性沥青防水卷材、APP 改性沥青防水卷材、SBR 改性沥青防水卷材、胶粉改性沥青防水卷材、再生胶油毡等多个大类品种，各大类品种还可依据其采用的胎基材料的不同，进一步分为聚酯胎防水卷材、玻纤胎防水卷材、玻纤增强聚酯胎防水卷材、聚乙烯胎防水卷材等品种；自粘型防水卷材根据其采用的自粘材料的不同，可分为带自粘层的防水卷材、自粘聚合物改性沥青防水卷材等，然后根据胎基材质的不同，进一步分为无胎防水卷材、聚

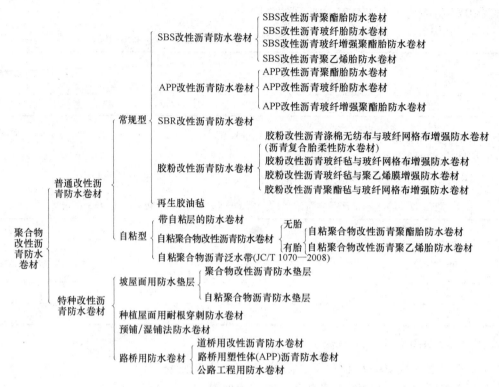

图 2-1 聚合物改性沥青防水卷材的分类

酯胎防水卷材、聚乙烯胎防水卷材等类别。特种改性沥青防水卷材可根据其特殊的使用功能做进一步的分类，如坡屋面用防水垫层、路桥用防水卷材、预铺/湿铺法防水卷材等。

1. 弹性体改性沥青防水卷材

弹性体改性沥青防水卷材简称 SBS 防水卷材，是以聚酯胎、玻纤胎、玻纤增强聚酯胎为胎基，以苯乙烯-丁二烯-苯乙烯（SBS）热塑性弹性体作石油沥青改性剂，两面覆以隔离材料所制成的防水卷材。其产品已发布了《弹性体改性沥青防水卷材》（GB 18242—2008）。

弹性体改性沥青防水卷材主要适用于工业和民用建筑的屋面和地下防水工程。玻纤增强聚酯毡防水卷材可应用于机械固定单层防水，但其需通过抗风荷载试验；玻纤毡防水卷材适用于多层防水中的底层防水；外露使用时可采用上表面隔离材料为不透明的矿物粒料的防水卷材，地下工程防水可采用表面隔离材料为细砂（粒径不超过 0.60mm 的矿物颗粒）的防水卷材。

SBS 改性沥青防水卷材属弹性体沥青防水卷材中有代表性的品种。此产品的特点是综合性能强，具有良好的耐高温和耐低温以及耐老化性能，施工方便。本品在石油中加入 10%～15% 的 SBS 热塑性弹性体（苯乙烯-丁二烯-苯乙烯嵌段共聚物），可使卷材兼有橡胶和塑料的双重特性，在常温环境下具有橡胶状弹性，在高温环境下又像塑料那样具有熔融流动特性。SBS 是塑料、沥青等脆性材料的增韧剂，经过 SBS 这种热塑性弹性体材料改性的沥青用作防水卷材的浸涂层，可提高防水卷材的弹性和耐疲劳性，延长防水卷材的使用寿命，从而增强了防水卷材的综合性能。将本品加热到 90℃，2h 后观察，卷材表面仍不起泡、不流淌，当温度降至 −75℃ 时，卷材仍具有一定的柔软性，−50℃ 以下仍然具有防水功能，所以此类产品所具有的优异的耐高、低温性能，特别适宜在严寒地区使用，也可以用于高温地区，此类产品拉伸强度高、延伸率大、自重小、耐老化、施工方法简便，既可以采用热熔工艺施工，又可用于冷粘结施工。

（1）产品的分类和标记。产品按其胎基可分为聚酯毡（PY）、玻纤毡（G）、玻纤增强聚酯毡（PYG）；按其上表面隔离材料可分为聚乙烯膜（PE）、细砂（S）、矿物粒料（M）；按其下表面隔离材料可分为细砂（S）、聚乙烯膜（PE）；按其材料性能可分为Ⅰ型和Ⅱ型。

产品规格为：

卷材公称宽度为 1000mm；

聚酯毡卷材公称厚度为 3mm、4mm、5mm；

玻纤毡卷材公称厚度为 3mm、4mm；

玻纤增强聚酯毡卷材公称厚度为 5mm；

每卷卷材公称面积为 $7.5m^2$、$10m^2$、$15m^2$。

产品按其名称、型号、胎基、上表面材料、下表面材料、厚度、面积和标准编号顺序标记。

示例：$10m^2$ 面积、3mm 厚，上表面材料为矿物粒料，下表面材料为聚乙烯膜，聚酯毡 I 型弹性体改性沥青防水卷材标记为：

SBS I PY M PE 3 10 GB 18242—2008

（2）原材料要求。

1）改性沥青。改性沥青宜符合 GB/T 26528 的规定。

2）胎基。

① 胎基仅采用聚酯毡、玻纤毡、玻纤增强聚酯毡。

② 采用聚酯毡与玻纤毡作胎基应符合《沥青防水卷材用胎基》（GB/T 18840—2002）的规定。玻纤增强聚酯毡的规格与性能应满足按本标准生产防水卷材的要求。

3）表面隔离材料。表面隔离材料不得采用聚酯膜（PET）和耐高温聚乙烯膜。

（3）产品要求。

1）单位面积质量、面积及厚度。单位面积质量、面积及厚度应符合表 2-28 的规定。

表 2-28　弹性体改性沥青防水卷材单位面积质量、面积及厚度　GB 18242—2008

规格（公称厚度）(mm)		3			4			5		
上表面材料		PE	S	M	PE	S	M	PE	S	M
下表面材料		PE	PE、S		PE	PS、S		PE	PE、S	
面积 (m^2/卷)	公称面积	10、15			10、7.5			7.5		
	偏差	±0.10			±0.10			±0.10		
单位面积质量（kg/m^2）≥		3.3	3.5	4.0	4.3	4.5	5.0	5.3	5.5	6.0
厚度 (mm)	平均值 ≥	3.0			4.0			5.0		
	最小单值	2.7			3.7			4.7		

2）外观。

① 成卷卷材应卷紧卷齐，端面里进外出不得超过 10mm。

② 成卷卷材在 4～50℃任一产品温度下展开，在距卷芯 1000mm 长度外不应有 10mm 以上的裂纹或粘结。

③ 胎基应浸透，不应有未被浸渍处。

④ 卷材表面应平整，不允许有孔洞、缺边、裂口、疙瘩，矿物粒料粒度应均匀一致并紧密地黏附于卷材表面。

⑤ 每卷卷材接头处不应超过一个，较短的一段长度不应少于 1000mm，接头应剪切整齐，并加长 150mm。

3）材料性能。材料性能应符合表 2-29 的规定。

表 2-29　弹性体改性沥青防水卷材的材料性能　GB 18242—2008

序号	项目			指标				
				I		II		
				PY	G	PY	G	PYG
1	可溶物含量（g/m²）　≥		3mm	2100			—	
			4mm	2900			—	
			5mm	3500				
			试验现象	—	胎基不燃	—	胎基不燃	—
2	耐热性		℃	90		105		
			mm　≤	2				
			试验现象	无流淌、滴落				
3	低温柔性（℃）			−20		−25		
				无裂缝				
4	不透水性（30min）			0.3MPa	0.2MPa	0.3MPa		
5	拉力	最大峰拉力（N/50mm）　≥		500	350	800	500	900
		次高峰拉力（N/50mm）　≥		—	—	—	—	800
		试验现象		拉伸过程中，试件中部无沥青涂盖层开裂或与胎基分离现象				
6	延伸率	最大峰时延伸率（%）　≥		30		40		—
		第二峰时延伸率（%）　≥		—		—		15
7	浸水后质量增加（%）　≤	PE、S		1.0				
		M		2.0				
8	热老化	拉力保持率（%）　≥		90				
		延伸率保持率（%）　≥		80				
		低温柔性（℃）		−15		−20		
				无裂缝				
		尺寸变化率（%）　≤		0.7	—	0.7	—	0.3
		质量损失（%）　≤		1.0				
9	渗油性	张数　≤		2				
10	接缝剥离强度（N/mm）　≥			1.5				
11	钉杆撕裂强度ª（N）　≥			—				300
12	矿物粒料黏附性ᵇ（g）　≤			2.0				
13	卷材下表面沥青涂盖层厚度ᶜ（mm）　≥			1.0				
14	人工气候加速老化	外观		无滑动、流淌、滴落				
		拉力保持率（%）　≥		80				
		低温柔性（℃）		−15		−20		
				无裂缝				

a　仅适用于单层机械固定施工方式卷材。

b　仅适用于矿物粒料表面的卷材。

c　仅适用于热熔施工的卷材。

2. 塑性体改性沥青防水卷材

塑性体改性沥青防水卷材是以聚酯毡、玻纤毡、玻纤增强聚酯毡为胎基，以无规聚丙烯（APP）或聚烯烃类聚合物（APAO、APO 等）作石油沥青改性剂，两面覆以隔离材料所制成的一类防水卷材，简称 APP 防水卷材。其产品已发布了国家标准《塑性体改性沥青防水卷材》（GB 18243—2008）。

塑性体改性沥青防水卷材适用于工业与民用建筑的屋面和地下防水工程。玻纤增强聚酯毡卷材可应用于机械固定单层防水，但其需要通过抗风荷载试验；玻纤毡卷材适用于多层防水中的底层防水；外露使用应采用上表面隔离材料为不透明的矿物粒料的防水卷材；地下工程的防水应采用表面隔离材料为细砂的防水卷材。

APP 改性沥青防水卷材的特点是：分子结构稳定，老化期长，具有良好的耐热性，拉伸强度高，伸长率大，施工简便且无污染。APP 是生产聚丙烯的副产品，其在改性沥青中呈网状结构，与石油沥青有良好的互溶性，将沥青包在网中。APP 分子结构为饱和态，故其具有非常好的稳定性，在受到高温以及阳光照射后，分子结构不会重新排列，老化期长，在一般情况下，APP 改性沥青的老化期在 20 年以上。加入量为 30%～35% 的 APP 改性沥青防水卷材，其温度适应范围为 −15～130℃，尤其是耐紫外线能力比其他改性沥青防水卷材都强，非常适宜在有强烈阳光照射的炎热地区使用。APP 改性沥青复合在具有良好物理性能的聚酯毡或玻纤毡上面，制成的防水卷材具有良好的拉伸强度和延伸率，本产品具有良好的憎水性和粘结性，既可以采用冷粘法工艺施工，又可以采用热熔法工艺施工，且无污染，可在混凝土板、塑料板、木板、金属板等基面上施工。

（1）产品的分类和标记。产品按其胎基可分为聚酯毡（PY）、玻纤毡（G）、玻纤增强聚酯毡（PYG）；按其上表面隔离材料可分为聚乙烯膜（PE）、细砂（S）、矿物粒料（M），按其下表面隔离材料可分为细砂（S）、聚乙烯膜（PE）；按其材料性能可分为Ⅰ型和Ⅱ型。

产品规格为：

卷材公称宽度为 1000mm；

聚酯毡卷材公称厚度为 3mm、4mm、5mm；

玻纤毡卷材公称厚度为 3mm、4mm；

玻纤增强聚酯毡卷材公称厚度为 5mm；

每卷卷材公称面积为 7.5m²、10m²、15m²。

产品按其名称、型号、胎基、上表面材料，下表面材料、厚度、面积和标准编号顺序标记。

示例：10m² 面积、3mm 厚，上表面材料为矿物粒料，下表面材料为聚乙烯膜，聚酯毡Ⅰ型塑性体改性沥青防水卷材标记为：APP Ⅰ PY M PE 3　10 GB 18243—2008。

（2）原材料要求。

1）改性沥青。改性沥青应符合 GB/T 26510 的规定。

2）胎基。

① 胎基仅采用聚酯毡、玻纤毡、玻纤增强聚酯毡。

② 采用聚酯毡与玻纤毡作胎基应符合《沥青防水卷材用胎基》（GB/T 18840—2002）的规定。玻纤增强聚酯毡的规格与性能应满足按本标准生产防水卷材的要求。

3）表面隔离材料。表面隔离材料不得采用聚酯膜（PET）和耐高温聚乙烯膜。

（3）产品要求。

1）单位面积质量、面积及厚度。单位面积质量、面积及厚度应符合表 2-30 的规定。

表 2-30　塑性体改性沥青防水卷材单位面积质量、面积及厚度　GB 18243—2008

规格（公称厚度）（mm）	3			4			5		
上表面材料	PE	S	M	PE	S	M	PE	S	M

续表

规格（公称厚度）(mm)		3			4			5		
下表面材料		PE	PE、S		PE	PS、S		PE	PE、S	
面积 (m²/卷)	公称面积	10、15			10、7.5			7.5		
	偏差	±0.10			±0.10			±0.10		
单位面积质量（kg/m²） ≥		3.3	3.5	4.0	4.3	4.5	5.0	5.3	5.5	6.0
厚度 (mm)	平均值 ≥	3.0			4.0			5.0		
	最小单值	2.7			3.7			4.7		

2）外观。

① 成卷卷材应卷紧卷齐，端面里进外出不得超过 10mm。

② 成卷卷材在 4～60℃任一产品温度下展开，在距卷芯 1000mm 长度外不应有 10mm 以上的裂纹或粘结。

③ 胎基应浸透，不应有未被浸渍处。

④ 卷材表面应平整，不允许有孔洞、缺边、裂口、疙瘩，矿物粒料粒度应均匀一致并紧密地黏附于卷材表面。

⑤ 每卷卷材接头处不应超过一个，较短的一段长度不应少于 1000mm，接头应剪切整齐，并加长 150mm。

3）材料性能。材料性能应符合表 2-31 的要求。

表 2-31　塑性体改性沥青防水卷材的材料性能　GB 18243—2008

序号	项目			指标				
				I		II		
				PY	G	PY	G	PYG
1	可溶物含量（g/m²） ≥		3mm	2100				—
			4mm	2900				—
			5mm	3500				
			试验现象	—	胎基不燃	—	胎基不燃	—
2	耐热性		℃	110		130		
			mm ≤	2				
			试验现象	无流淌、滴落				
3	低温柔性（℃）			−7		−15		
				无裂缝				
4	不透水性（30min，MPa）			0.3	0.2	0.3		
5	拉力	最大峰拉力（N/50mm） ≥		500	350	800	500	900
		次高峰拉力（N/50mm） ≥		—	—	—	—	800
		试验现象		拉伸过程中，试件中部无沥青涂盖层开裂或与胎基分离现象				
6	延伸率	最大峰时延伸率（%） ≥		25		40		
		第二峰时延伸率（%） ≥						15
7	浸水后质量增加（%） ≤	PE、S		1.0				
		M		2.0				

序号	项目			指标				
				I		II		
				PY	G	PY	G	PYG
8	热老化	拉力保持率（%）	≥	90				
		延伸率保持率（%）	≥	80				
		低温柔性（℃）		−2		−10		
				无裂缝				
		尺寸变化率（%）	≤	0.7	—	0.7	—	0.3
		质量损失（%）	≤	1.0				
9	接缝剥离强度（N/mm）		≥	1.0				
10	钉杆撕裂强度a（N）		≥					300
11	矿物粒料黏附性b（g）		≤	2.0				
12	卷材下表面沥青涂盖层厚度c（mm）		≥	1.0				
13	人工气候加速老化	外观		无滑动、流淌、滴落				
		拉力保持率（%）	≥	80				
		低温柔性（℃）		−2		−10		
				无裂缝				

a 仅适用于单层机械固定施工方式卷材。

b 仅适用于矿物粒料表面的卷材。

c 仅适用于热熔施工的卷材。

3. 改性沥青聚乙烯胎防水卷材

改性沥青聚乙烯胎防水卷材是指以高密度聚乙烯膜为胎基，改性沥青或自粘沥青为涂盖层，表面覆盖隔离材料或防粘材料而制成的一类防水卷材。改性沥青聚乙烯胎防水卷材适用于非外露的建筑与基础设施的防水工程。此产品已发布了国家标准《改性沥青聚乙烯胎防水卷材》（GB 18967—2009）。

（1）产品的分类、规格和标记。产品按其施工工艺可分为热熔型（标记：T）和自黏型（标记：S）两类。热熔型产品按其改性剂的成分可分为改性氧化沥青防水卷材（标记：O）、丁苯橡胶改性氧化沥青防水卷材（标记：M）、高聚物改性沥青防水卷材（标记：P）、高聚物改性沥青耐根穿刺防水卷材（标记：R）等四类。改性氧化沥青防水卷材是指用添加改性剂的沥青氧化后制成的一类防水卷材；丁苯橡胶改性氧化沥青防水卷材是指用丁苯橡胶和树脂将氧化沥青改性后制成的一类防水卷材；高聚物改性沥青防水卷材是指用苯乙烯-丁二烯-苯乙烯（SBS）等高聚物将沥青改性后制成的一类防水卷材；高聚物改性沥青耐根穿刺防水卷材是指以高密度聚乙烯膜（标记：E）为胎基、上下表面覆以高聚物改性沥青，并以聚乙烯膜为隔离材料而制成的具有耐根穿刺功能的一类防水卷材。自粘型防水卷材是指以高密度聚乙烯膜为胎基，上下表面为自粘聚合物改性沥青，表面覆盖防粘材料而制成的一类防水卷材。改性沥青聚乙烯胎防水卷材的分类参见图2-2。

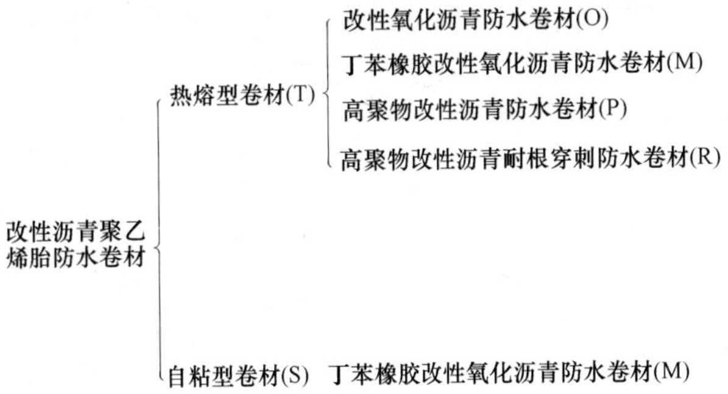

热熔型卷材的上下表面隔离材料为聚乙烯膜（标记：E），自粘型卷材的上下表面隔离材料为防粘材料。

产品的厚度：热熔型产品为3.0mm、4.0mm，其中耐根穿刺卷材为4.0mm；自粘型产品为2.0mm、3.0mm。产品的公称宽度为

图 2-2 改性沥青聚乙烯胎防水卷材的分类

1000mm、1100mm；产品的公称面积：每卷面积为 10m²、11m²。生产其他规格的卷材，可由供需双方协商确定。

产品的标记方法按施工工艺、产品类型、胎体、上表面覆盖材料、厚度和标准号顺序进行标记。例如，3.0mm 厚的热熔型聚乙烯胎聚乙烯膜覆面高聚物改性沥青防水卷材，其标记为：TPEE 3 GB 18967—2009。

（2）产品的技术要求。改性沥青聚乙烯胎防水卷材产品的技术要求如下：

1）单位面积质量及规格尺寸应符合表 2-32 的规定。

表 2-32　单位面积质量及规格尺寸　GB 18967—2009

公称厚度（mm）			2	3	4
单位面积质量（kg/m²）		≥	2.1	3.1	4.2
每卷面积偏差（m²）			±0.2		
厚度（mm）	平均值	≥	2.0	3.0	4.0
	最小单值	≥	1.8	2.7	3.7

2）产品的外观要求：成卷卷材应卷紧卷齐，端面里进外出不得超过 20mm；成卷卷材在 4～45℃任一产品温度下展开，在距卷芯 1000mm 长度外不应有裂纹或长度 10mm 以上的粘结；卷材表面应平整，不允许有孔洞、缺边和裂口、疙瘩或任何其他能观察到的缺陷存在；每卷卷材的接头处不应超过一个，较短的一段长度不应少于 1000mm，接头应剪切整齐，并加长 150mm。

3）产品的物理力学性能应符合表 2-33 的要求。高聚物改性沥青耐根穿刺防水卷材（R）的性能除了应符合表 2-33 的要求外，其耐根穿刺与耐霉菌腐蚀性能还应符合《种植屋面用耐根穿刺防水卷材》（JC/T 1075—2008）的要求。

表 2-33　改性沥青聚乙烯胎防水卷材产品物理力学性能　GB 18967—2009

序号	项目			技术指标				
				T				S
				O	M	P	R	M
1	不透水性			0.4MPa，30min 不透水				
2	耐热性（℃）			90				70
				无流淌、无起泡				无流淌、无起泡
3	低温柔性（℃）			−5	−10	−20	−20	−20
				无裂纹				
4	拉伸性能	拉力（N/50mm）≥	纵向	200			400	200
			横向					
		断裂延伸率（%）≥	纵向	120				
			横向					
5	尺寸稳定性	℃		90				70
		% ≤		2.5				
6	卷材下表面沥青涂盖层厚度（mm）		≥	1.0				—
7	剥离强度（N/mm）≥	卷材与卷材						1.0
		卷材与铝板						1.5
8	钉杆水密性			通过				
9	持粘性（min）		≥	15				
10	自粘沥青再剥离强度（与铝板）（N/mm）		≥	1.5				
11	热空气老化	纵向拉力（N/50mm）≥		200			400	200
		纵向断裂延伸率（%）≥		120				
		低温柔性（℃）		5	0	−10	−10	−10
				无裂纹				

4. 带自粘层的防水卷材

带自粘层的防水卷材是指卷材表面覆以自粘层的、冷施工的一类改性沥青或合成高分子防水卷材。此类产品已发布了国家标准《带自粘层的防水卷材》(GB/T 23260—2009)。

(1) 产品的分类和标记。带自粘层的防水卷材根据其材质的不同,可分为高聚物改性沥青防水卷材和合成高分子防水卷材等类型。

产品名称为:带自粘层的＋主体材料防水卷材产品名称。按本标准名称、主体材料标准标记方法和本标准编号顺序进行标记。示例如下:

1) 规格为3mm矿物料面聚酯胎Ⅰ型,10m² 的带自粘层的弹性体改性沥青防水卷材的标记为:带自粘层 SBS Ⅰ PY M 3 10 GB 18242—GB/T 23260—2009。

2) 长度20m、宽度2.1m、厚度1.2mm Ⅱ型 L类聚氯乙烯防水卷材的标记为:常自粘层 PVC 卷材 L Ⅱ 1.2/20×2.1 GB 12952—GB/T 23260—2009(注:非沥青基防水卷材规格中的厚度为主体材料厚度)。

(2) 产品的技术要求。带自粘层的防水卷材应符合主体材料相关现行产品标准的要求,参见表2-34,其中受自粘层影响性能的补充说明见表2-35。

产品的自粘层的物理力学性能应符合表2-36的规定。

表2-34 部分相关主体材料产品标准

序号	标准名称	备 注
1	GB 12952 聚氯乙烯(PVC)防水卷材	见 2.2.1.4 节 2
2	GB 12953 氯化聚乙烯防水卷材	见 2.2.1.4 节 3
3	GB 18173.1 高分子防水材料 第1部分:片材	见 2.2.1.4 节 1
4	GB 18242 弹性体改性沥青防水卷材	见 2.2.1.3 节 1
5	GB 18243 塑性体改性沥青防水卷材	见 2.2.1.3 节 2
6	GB 18967 改性沥青聚乙烯胎防水卷材	见 2.2.1.3 节 3
7	JC/T 1076 胶粉改性沥青玻纤毡与玻纤网格布增强防水卷材	
8	JC/T 1077 胶粉改性沥青玻纤毡与聚乙烯膜增强防水卷材	
9	JC/T 1078 胶粉改性沥青聚酯毡与玻纤网格布增强防水卷材	

表2-35 受自粘层影响性能的补充说明 GB/T 23260—2009

序号	受自粘层影响项目	补充说明
1	厚度	沥青基防水卷材的厚度包括自粘层厚度 非沥青基防水卷材的厚度不包括自粘层厚度,且自粘层厚度不小于 0.4mm
2	卷重、单位面积质量	卷重、单位面积质量包括自粘层
3	拉伸强度、撕裂强度	对于根据厚度计算强度的试验项目,厚度测量不包括自粘层
4	延伸率	以主体材料延伸率作为试验结果,不考虑自粘层延伸率
5	耐热性/耐热度	带自粘层的沥青基防水卷材的自粘面耐热性(度)指标按表2-36要求,非自粘面按相关产品标准执行
6	尺寸稳定性、加热伸缩量、老化试验	对于由于加热引起的自粘层外观变化在试验结果中不报告
7	低温柔性/低温弯折性	试验要求的厚度包括产品自粘层的厚度

表 2-36　卷材自粘层物理力学性能　GB/T 23260—2009

序号	项　目		指　标
1	剥离强度（N/mm）	卷材与卷材	≥1.0
		卷材与铝板	≥1.5
2	浸水后剥离强度（N/mm）		≥1.5
3	热老化后剥离强度（N/mm）		≥1.5
4	自粘面耐热性		70℃，2h 无流淌
5	持粘性（min）		≥15

5. 自粘聚合物改性沥青防水卷材

自粘聚合物改性沥青防水卷材是指以自粘聚合物改性沥青为基料，非外露使用的无胎基或者采用聚酯胎基增强的一类本体自粘防水卷材，此类产品简称自粘卷材，有别于仅在表面覆以自粘层的聚合物改性沥青防水卷材。此类产品已发布了国家标准《自粘聚合物改性沥青防水卷材》（GB 23441—2009）。

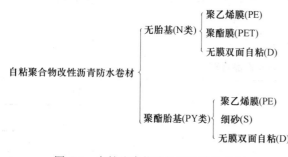

图 2-3　自粘聚合物改性沥青防水卷材

（1）产品的分类、规格和标记。此类产品按其有无胎基增强可分为无胎基（N 类）自粘聚合物改性沥青防水卷材、聚酯胎基（PY 类）自粘聚合物改性沥青防水卷材。N 类按其上表面材料的不同可分为聚乙烯膜（PE）、聚酯膜（PET）、无膜双面自粘（D）；PY 类按其上表面材料的不同可分为聚乙烯膜（PE）、细砂（S）、无膜双面自粘（D）。产品按其性能可分为 Ⅰ 型和 Ⅱ 型。卷材厚度为 20mm 的 PY 类只有 Ⅰ 型，其他规格可由供需双方商定。自粘聚合物改性沥青防水卷材的分类参见图 2-3。

产品按其产品名称、类、型、上表面材料、厚度、面积、标准编号顺序标记。例如，20m²、2.0mm 聚乙烯膜面 Ⅰ 型 N 类自粘聚合物改性沥青防水卷材的标记为：自粘卷材 N Ⅰ PE 2.0 20 GB 23441—2009。

（2）产品的技术要求。

1）面积、单位面积质量、厚度。面积不小于产品面积标记值的 99%；N 类单位面积质量、厚度应符合表 2-37 的规定，PY 类单位面积质量、厚度应符合表 2-38 的规定。由供需双方商定的规格，N 类的厚度不得小于 1.2mm，PY 类的厚度不得小于 2.0mm。

表 2-37　N 类单位面积质量、厚度　GB 23441—2009

厚度规格（mm）		1.2	1.5	2.0
上表面材料		PE、PET、D	PE、PET、D	PE、PET、D
单位面积质量（kg/m²）　≥		1.2	1.5	2.0
厚度（mm）	平均值　≥	1.2	1.5	2.0
	最小单值	1.0	1.3	1.7

表 2-38　PY 类单位面积质量、厚度　GB 23441—2009

厚度规格（mm）		2.0		3.0		4.0	
上表面材料		PE、D	S	PE、D	S	PE、D	S
单位面积质量（kg/m²）　≥		2.1	2.2	3.1	3.2	4.1	4.2
厚度（mm）	平均值　≥	2.0		3.0		4.0	
	最小单值	1.8		2.7		3.7	

2）外观。成卷卷材应卷紧卷齐，端面里进外出不得超过 20mm。成卷卷材在 4～45℃ 任一产品温度下展开，在距卷芯 100mm 长度外不应有裂纹或长度 10mm 以上的粘结。PY 类产品的胎基应浸透，不应有未被浸渍的浅色条纹。卷材表面应平整，不允许有孔洞、结块、气泡、缺边和裂口，上表面为细砂的，细砂应均匀一致并紧密地粘附于卷材表面。每卷卷材接头不应超过一个，较短的一段长度不应少于 1000mm，接头应剪切整齐，并加长 150mm。

3）物理力学性能。N 类卷材的物理力学性能应符合表 2-39 的规定；PY 类卷材的物理力学性能应符合表 2-40 的规定。

表 2-39　N 类卷材物理力学性能　GB 23441—2009

序号	项目			指标				
				PE		PET		D
				I	II	I	II	
1	拉伸性能	拉力（N/50mm）	≥	150	200	150	200	—
		最大拉力时延伸率（%）	≥	200		30		—
		沥青断裂延伸率（%）	≥	250		150		450
		拉伸时现象		拉伸过程中，在膜断裂前无沥青涂盖层与膜分离现象				—
2	钉杆撕裂强度（N）		≥	60	110	30	40	—
3	耐热性			70℃滑动不超过 2mm				
4	低温柔性（℃）			−20	−30	−20	−30	−20
				无裂纹				
5	不透水性			0.2MPa，120min 不透水				—
6	剥离强度（N/mm）　≥	卷材与卷材		1.0				
		卷材与铝板		1.5				
7	钉杆水密性			通过				
8	渗油性（张数）		≤	2				
9	持粘性（min）		≥	20				
10	热老化	拉力保持率（%）	≥	80				
		最大拉力时延伸率（%）　≥		200		30		400（沥青层断裂延伸率）
		低温柔性（℃）		−18	−28	−18	−28	−18
				无裂纹				
		剥离强度（卷材与铝板）（N/mm）　≥		1.5				
11	热稳定性	外观		无起鼓、皱折、滑动、流淌				
		尺寸变化（%）	≤	2				

表 2-40　PY 类卷材物理力学性能　GB 23441—2009

序号	项目			指标	
				I	II
1	可溶物含量（g/m²）	≥	2.0mm	1300	—
			3.0mm	2100	
			4.0mm	2900	

续表

序号	项 目			指　标	
				I	II
2	拉伸性能	拉力（N/50mm）　≥	2.0mm	350	—
			3.0mm	450	600
			4.0mm	450	800
		最大拉力时延伸率（%）　≥		30	40
3	耐热性			70℃无滑动、流淌、滴落	
4	低温柔性（℃）			−20	−30
				无裂纹	
5	不透水性			0.3MPa，120min不透水	
6	剥离强度（N/mm）　≥	卷材与卷材		1.0	
		卷材与铝板		1.5	
7	钉杆水密性			通过	
8	渗油性（张数）　≤			2	
9	持粘性（min）　≥			15	
10	热老化	最大拉力时延伸率（%）　≥		30	40
		低温柔性（℃）		−18	−28
				无裂纹	
		剥离强度（卷材与铝板）（N/mm）　≥		1.5	
		尺寸稳定性（%）　≤		1.5	1.0
11	自粘沥青再剥离强度（N/mm）　≥			1.5	

6. 预铺/湿铺防水卷材

预铺/湿铺防水卷材是指采用后浇混凝土或水泥砂浆拌合物粘结的一类防水卷材。产品按其施工方式分为预铺防水卷材（Y）和湿铺防水卷材（W），预铺防水卷材用于地下防水等工程，其可直接与后浇结构混凝土拌合物粘结；湿铺防水卷材用于非外露防水工程，采用水泥砂浆拌合物使其与基层粘结，卷材之间宜采用自粘搭接。此类产品已发布了国家标准《预铺/湿铺防水卷材》（GB/T 23457—2009）。

（1）产品的分类、规格和标记。预铺/湿铺防水卷材根据其主体材料的不同，可分为沥青基聚酯胎防水卷材（PY类）和高分子防水卷材（P类）。产品按其粘结表面可分为单面粘结（S）和双面黏结（D），其中沥青基聚酯胎防水卷材（PY类）产品宜为双面粘结。湿铺防水卷材按其性能可分为I型和II型。预铺/湿铺防水卷材的分类参见图2-4。

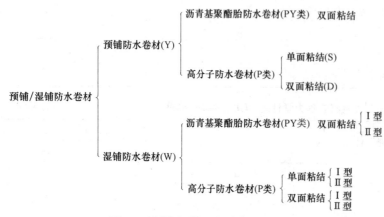

图2-4　预铺/湿铺防水卷材的分类

预铺防水卷材产品的厚度规格如下：

P类：高分子主体材料厚度为：0.7mm、1.2mm、1.5mm，对应的卷材全厚度为1.2mm、1.7mm、2.0mm。

PY类：4.0mm。

湿铺防水卷材产品的厚度规格如下：

P类（卷材全厚度）：1.2mm、1.5mm、2.0mm。

PY 类：3.0mm、4.0mm。

产品按其施工方法、类、型、粘结表面、主体材料厚度/全厚度、面积、标准编号顺序标记。例如，20m²、3.0mm 双面粘结Ⅰ型沥青基聚酯胎湿铺防水卷材标记为：W PY Ⅰ D 3.0mm 20m²—GB/T 23457—2009。

（2）产品的技术要求。

1）面积、单位面积质量、厚度。面积不小于产品面积标记值的 99%。PY 类产品单位面积质量、厚度应符合表 2-41 的规定；P 类预铺产品高分子主体材料的厚度、卷材全厚度平均值都应不小于规定值，P 类湿铺产品的卷材全厚度平均值不小于规定值。

表 2-41　PY 类产品单位面积质量、厚度　GB/T 23457—2009

项目			规格（mm）	
			3.0	4.0
单位面积质量（kg/m²）		≥	3.1	4.1
厚度（mm）	平均值	≥	3.0	4.0
	最小单值		2.7	3.7

其他规格可由供需双方商定，但预铺 P 类产品高分子主体材料厚度不得小于 0.7mm，卷材全厚度不小于 1.2mm，预铺 PY 类产品厚度不得小于 4.0mm。湿铺 P 类产品全厚度不得小于 1.2mm，湿铺 PY 类产品厚度不得小于 3.0mm。

2）外观。成卷卷材应卷紧卷齐，端面里进外出不得超过 20mm。成卷卷材在 4~45℃任一产品温度下展开，在距卷芯 1000mm 长度外不应有裂纹或 10mm 以上的粘结。PY 类产品的胎基应浸透，不应有未被浸渍的条纹。卷材表面应平整，不允许有孔洞、结块、气泡、缺边和裂口。每卷卷材接头处不应超过一个，较短的一段长度不应少于 1000mm，接头应剪切整齐，并加长 150mm。

3）物理力学性能。预铺防水卷材的物理力学性能应符合表 2-42 的规定；湿铺防水卷材的物理力学性能应符合表 2-43 的规定。

表 2-42　预铺防水卷材物理力学性能　GB/T 23457—2009

序号	项目			指标	
				P	PY
1	可溶物含量（g/m²）		≥	—	2900
2	拉伸性能	拉力（N/50mm）	≥	500	800
		膜断裂伸长率（%）	≥	400	—
		最大拉力时伸长率（%）	≥	—	40
3	钉杆撕裂强度（N）		≥	400	200
4	冲击性能			直径（10±0.1）mm，无渗漏	
5	静态荷载			20kg，无渗漏	
6	耐热性			70℃，2h 无位移、流淌、滴落	
7	低温弯折性			−25℃，无裂纹	—
8	低温柔性			—	−25℃，无裂纹
9	渗油性（张数）		≤	—	2
10	防窜水性			0.6MPa，不窜水	

序号	项目		指标	
			P	PY
11	与后浇混凝土剥离强度（N/mm）≥	无处理	2.0	
		水泥粉污染表面	1.5	
		泥砂污染表面	1.5	
		紫外线老化	1.5	
		热老化	1.5	
12	与后浇混凝土浸水后剥离强度（N/mm） ≥		1.5	
13	热老化（70℃，168h）	拉力保持率（%） ≥	90	
		伸长率保持率（%） ≥	80	
		低温弯折性	−23℃，无裂纹	—
		低温柔性	—	−23℃，无裂纹
14	热稳定性	外观	无起皱、滑动、流淌	
		尺寸变化（%） ≤	2.0	

表 2-43　湿铺防水卷材物理力学性能　GB/T 23457—2009

序号	项目			指标			
				P		PY	
				Ⅰ	Ⅱ	Ⅰ	Ⅱ
1	可溶物含量（g/m²） ≥		3.0mm	—		2100	
			4.0mm			2900	
2	拉伸性能	拉力（N/50mm） ≥		150	200	400	600
		最大拉力时伸长率（%） ≥		30	150	30	40
3	撕裂强度（N） ≥			12	25	180	300
4	耐热性			70℃，2h无位移、流淌、滴落			
5	低温柔性（℃）			−15	−25	−15	−25
				无裂纹			
6	不透水性			0.3MPa，120min 不透水			
7	卷材与卷材剥离强度（N/mm） ≥	无处理		1.0			
		热处理		1.0			
8	渗油性（张数） ≤			2			
9	持粘性（min） ≥			15			
10	与水泥砂浆剥离强度（N/mm） ≥	无处理		2.0			
		热老化		1.5			
11	与水泥砂浆浸水后剥离强度（N/mm） ≥			1.5			
12	热老化（70℃，168h）	拉力保持率（%） ≥		90			
		伸长率保持率（%） ≥		80			
		低温柔性（℃）		−13	−23	−13	−23
				无裂纹			
13	热稳定性	外观		无起鼓、滑动、流淌			
		尺寸变化（%） ≤		2.0			

7. 聚合物改性沥青防水垫层

该产品是指适用于坡屋面建筑工程中各种瓦材及其他屋面材料下面的聚合物改性沥青防水垫层（简称改性垫层）。该产品已发布了建材行业标准《坡屋面用防水材料 聚合物改性沥青防水垫层》（JC/T 1067—2008）。

（1）产品的分类、规格和标记。改性垫层的上表面材料一般为聚乙烯膜（PE）、细砂（S）、铝箔（AL）等，增强胎基为聚酯毡（PY）、玻纤毡（G）。也可按生产商要求采用其他类型的上表面材料。

产品宽度规格为1m，其他宽度规格由供需双方商定；厚度规格为：1.2mm、2.0mm。

产品按产品主体材料名称、胎基、上表面材料、厚度、宽度、长度和标准编号顺序进行标记。例如，SBS改性沥青聚酯胎细砂面、2mm厚、1m宽、20m长的防水垫层标记为：SBS改性聚合物改性沥青防水垫层 PY-S-2mm×1m×20m-JC/T 1067—2008。

（2）技术要求。

1）一般要求。改性垫层产品表面应有防滑功能，有利于人员安全施工。

2）尺寸偏差。

宽度允许偏差：生产商规定值±3%。

面积允许偏差：不小于生产商规定值的99%。

改性垫层的厚度应符合表2-44的规定。

表2-44　改性垫层的厚度及单位面积质量　JC/T 1067—2008

公称厚度（mm）			1.2				2.0		
上表面材料		PE	S	AL	其他	PE	S	AL	其他
单位面积质量（kg/m²）	≥	1.2	1.3	1.2	1.2	2.0	2.1	2.0	2.0
最小厚度（mm）	≥	1.2	1.3	1.2	1.2	2.0	2.1	2.0	2.0

3）外观。

① 垫层应边缘整齐，表面应平整，无裂纹、缺口、机械损伤、疙瘩、气泡、孔洞、粘着等可见缺陷。

② 成卷垫层在5～45℃的任一产品温度下，应易于展开，无裂纹或粘结。

③ 每卷接头处不应超过1个，接头应剪切整齐，并加长150mm作为搭接。

4）单位面积质量。改性垫层的单位面积质量应符合表2-44的规定。

5）改性垫层的物理力学性能。改性垫层的物理力学性能应符合表2-45的规定。

表2-45　改性垫层的物理力学性能　JC/T 1067—2008

序号	项目			指标	
				PY	G
1	可溶物含量（g/m²）	≥	1.2mm	700	
			2.0mm	1200	
2	拉力（N/50mm）		≥	300	200
3	延伸率（%）		≥	20	—
4	耐热度（℃）			90	
5	低温柔度（℃）			−15	

续表

序号	项目		指标	
			PY	G
6	不透水性		0.1MPa，30min 不透水	
7	钉杆撕裂强度（N） ≥		50	
8	热老化	外观	无裂纹	
		延伸率保持率（%） ≥	85	
		低温柔度（℃）	—10	

8. 自粘聚合物沥青防水垫层

该产品是指适用于坡屋面建筑工程中各种瓦材及其他屋面材料下面的自粘聚合物沥青防水垫层（简称自粘垫层）。该产品已发布了建材行业标准《坡屋面用防水材料　自粘聚合物沥青防水垫层》（JC/T 1068—2008）。

（1）产品的分类、规格和标记。产品所用沥青完全为自粘聚合物沥青。自粘垫层的上表面材料一般为聚乙烯膜（PE）、聚酯膜（PET）、铝箔（AL）等，无内部增强胎基，自粘垫层也可以按生产商要求采用其他类型的上表面材料。

产品宽度规格为 1m，其他宽度规格由供需双方商定；厚度规格不小于 0.8mm。

产品按其主体材料名称、胎基、上表面材料、厚度、宽度、长度和标准编号顺序进行标记。例如，自粘聚合物沥青 PE 膜面、1.2mm 厚、1m 宽、20m 长的防水垫层标记为：自粘聚合物沥青防水垫层 PE-1.2mm×1m×20m-JC/T 1068—2008。

（2）技术要求。

1）一般要求。自粘垫层产品表面应有防滑功能，有利于人员安全施工。

2）尺寸偏差。

宽度允许偏差：生产商规定值±3%。

面积允许偏差：不小于生产商规定值的 99%。

厚度应不小于 0.8mm，厚度平均值不小于生产商规定值。

3）外观。

① 垫层应边缘整齐，表面应平整，无裂纹、缺口、机械损伤、疙瘩、气泡、孔洞、粘着等可见缺陷。

② 成卷垫层在 5~45℃的任一产品温度下，应易于展开，无裂纹或粘结。

③ 每卷接头处不应超过 1 个，接头应剪切整齐，并加长 150mm 作为搭接。

4）自粘垫层的物理力学性能。自粘垫层的物理力学性能应符合表 2-46 的规定。

表 2-46　自粘垫层物理力学性能　JC/T 1068—2008

序号	项目			指标
1	拉力（N/25mm） ≥			70
2	断裂延伸率（%） ≥			200
3	低温柔度[a]（℃）			—20
4	耐热度（70℃）		滑动（mm） ≤	2
5	剥离强度	垫层与铝板（N/mm） ≥	23℃	1.5
			5℃[b]	1.0
		垫层与垫层（N/mm） ≥		1.2

序号	项目		指标
6	钉杆撕裂强度（N） ≥		40
7	紫外线处理	外观	无起皱和裂纹
		剥离强度（垫层与铝板）（N/mm） ≥	1.0
8	钉杆水密性		无渗水
9	热老化	拉力保持率（%） ≥	70
		断裂延伸率保持率（%） ≥	70
		低温柔度[a]（℃）	−15
10	持粘力（min） ≥		15

a 根据需要，供需双方可以商定更低的温度。

b 仅适用于低温季节施工供需双方要求时。

9. 自粘聚合物沥青泛水带

自粘聚合物沥青泛水带是指适用于建筑工程节点部位的自粘聚合物沥青泛水材料。产品已发布了建材行业标准《自粘聚合物沥青泛水带》（JC/T 1070—2008）。

（1）产品的分类、规格和标记。产品所用沥青完全为自粘聚合物沥青，产品的上表面材料为聚乙烯膜（PE）、聚酯膜（PET）、铝箔（AL）、无纺布（NW）等。也可按生产商要求采用其他类型的上表面材料。

产品按其名称、上表面材料、厚度、宽度和标准编号顺序进行标记。例如，自粘聚合物沥青泛水带、聚酯膜面 0.7mm 厚、30mm 宽、20m 长标记为：泛水带 PET-0.7mm × 30mm × 20m-JC/T 1070—2008。

（2）技术要求。

1）厚度、宽度及长度。

厚度平均值不小于生产商规定值，生产商规定值厚度应不小于 0.6mm。

宽度允许偏差：生产商规定值±5%。

长度允许偏差：大于生产商规定值的 99%。

2）外观。

① 泛水带应边缘整齐，表面应平整，无裂纹、缺口、机械损伤、疙瘩、气泡、孔洞、粘着等可见缺陷。

② 成卷泛水带在 5～45℃的任一产品温度下，应易于展开，无粘结。

③ 每卷接头处不应超过 1 个，接头应剪切整齐，并加长 150mm 作为搭接。

3）泛水带的物理力学性能。泛水带的物理力学性能应符合表 2-47 的规定。

表 2-47 泛水带的物理力学性能　JC/T 1070—2008

序号	项目			指标
1	拉力（N/25mm） ≥			60
2	断裂延伸率（%） ≥			200
3	低温柔度[a]（℃）			−20
4	耐热度（75℃）		滑动（mm）≤	2
5	剥离强度	泛水带与铝板（N/mm） ≥	23℃	1.5
			5℃[b]	1.0
		泛水带与泛水带（N/mm） ≥		1.0

序号	项目			指标
6	紫外线处理	外观		无起皱和裂纹
		剥离强度（泛水带与铝板）（N/mm）	≥	1.0
7	抗渗性			1500mm 水柱无渗水
8	热老化	拉力保持率（%）	≥	70
		断裂延伸率保持率（%）	≥	70
		低温柔度ᵃ（℃）		—15
9	持粘力（min）		≥	15

a 根据需要，供需双方可以商定更低的温度。

b 仅适用于低温季节施工供需双方要求时。

10. 种植屋面用耐根穿刺防水卷材

种植屋面用耐根穿刺防水卷材是一类适用于种植屋面的具有耐根穿刺能力的防水卷材。此类产品已发布了建材行业标准《种植屋面用耐根穿刺防水卷材》（JC/T 1075—2008）。

（1）产品的分类和标记。种植屋面用耐根穿刺防水卷材根据其材质的不同，可分为改性沥青类（B）、塑料类（P）、橡胶类（R）。

产品的标记由耐根穿刺加原标准标记和 JC/T 1075 标准号组成。例如，4mm Ⅱ 型弹性体改性沥青（SBS）聚酯胎（PY）砂面种植屋面用耐根穿刺防水卷材的标记为：耐根穿刺 SBS Ⅱ PY S 4 JC/T 1075—2008。

（2）产品的技术要求。

1）一般要求。种植屋面用耐根穿刺防水卷材的生产与使用不应对人体、生物与环境造成有害的影响，所涉及与使用有关的安全与环保要求，应符合我国相关国家标准和规范的规定。

2）厚度。改性沥青类防水卷材的厚度不小于 4.0mm，塑料、橡胶类防水卷材不小于 1.2mm。

3）基本性能。种植屋面用耐根穿刺防水卷材的基本性能包括人工气候加速老化，应符合相应的国家标准和行业标准中的相关要求，表 2-48 列出了现行国家标准中的相关要求。种植屋面用耐根穿刺防水卷材的应用性能指标应符合表 2-49 的要求。

表 2-48　现行国家标准及相关要求

序号	标准名称	要求	备注
1	GB 18242　弹性体改性沥青防水卷材	Ⅱ型全部要求	见 2.2.1.3 节 1
2	GB 18243　塑性体改性沥青防水卷材	Ⅱ型全部要求	见 2.2.1.3 节 2
3	GB 18967　改性沥青聚乙烯胎防水卷材	全部要求	见 2.2.1.3 节 3
4	GB 12952　聚氯乙烯防水卷材	全部要求	见 2.2.1.4 节 2
5	GB 18173.1　高分子防水材料　第 1 部分：片材	全部要求	见 2.2.1.4 节 1

表 2-49　应用性能　JC/T 1075—2008

序号	项目		技术指标
1	耐根穿刺性能		通过
2	耐霉菌腐蚀性	防霉等级	0 级或 1 级
		拉力保持率（%）　≥	80
3	尺寸变化率（%）　≤		1.0

11. 沥青基防水卷材用基层处理剂

沥青基防水卷材施工配套使用的基层处理剂俗称底涂料或冷底子油，此类材料现已发布了建材行业标准《沥青基防水卷材用基层处理剂》（JC/T 1069—2008）。沥青基防水卷材用基层处理剂按其性质可分为水性（W）和溶剂型（S）。

产品按名称、类型、有害物质含量等级和标准号顺序标记。例如，有害物质含量为 B 级的水性 SBS 改性沥青基层处理剂的标记为：SBS 改性沥青基层处理剂 W B JC/T 1069—2008。

产品的技术性能要求如下：

（1）产品的有害物质含量不应高于 JC 1066 标准中 B 级要求。

（2）外观为均匀、无结块、无凝胶的液体。

（3）物理性能应符合表 2-50 的规定。

表 2-50　基层处理剂的物理性能　JC/T 1069—2008

项　目		技术指标	
		W	S
黏度（mPa·s）		规定值±3%	
表干时间（h）	≤	4	2
固体含量（%）	≥	40	30
剥离强度[a]（N/mm）	≥	0.8	
浸水后剥离强度[a]（N/mm）	≥	0.8	
耐热性		80℃无流淌	
低温柔性		0℃无裂纹	
灰分（%）	≤	5	

a　剥离强度应注明采用的防水卷材类型。

2.2.1.4　合成高分子防水卷材

合成高分子防水卷材亦称高分子防水片材，是以合成橡胶、合成树脂或二者的共混体为基料，加入适量的化学助剂、填充剂等，采用混炼、塑炼、压延或挤出成型、硫化、定型等橡胶或塑料的加工工艺所制成的无胎加筋或不加筋的弹性或塑性的片状可卷曲的一类建筑防水材料。

合成高分子防水卷材在我国整个防水材料工业中处于发展、上升阶段，仅次于聚合物改性沥青防水卷材，其生产工艺、产品品种、生产技术装备、应用技术和应用领域正在不断提高和完善、发展之中。

合成高分子防水卷材具有以下特点：

（1）拉伸强度高。合成高分子防水卷材的拉伸强度都在 3MPa 以上，最高的拉伸强度可达 10MPa 左右，可以满足施工和应用的实际要求。

（2）断裂伸长率大。合成高分子防水卷材的伸长率都在 100% 以上，最高达 500% 左右，可以适应建筑工程防水基层伸缩或开裂变形的需要，确保防水质量。

（3）撕裂强度好。合成高分子防水卷材的撕裂强度都在 25kN/m 以上。

（4）耐热性能好。合成高分子防水卷材一般都在 100℃ 以上的温度条件下，不会流淌和产生集中性气泡。

（5）低温柔性好。一般都在 −20℃ 以下，如三元乙丙橡胶防水卷材的低温柔性在 −45℃ 以下，因此，选用高分子防水卷材可在低温条件下施工，可延长冬期施工的周期，提高施工效率。

（6）耐腐蚀性能好，合成高分子防水卷材具有耐臭氧、耐紫外线、耐气候等性能，耐老化性能好，延长了防水耐用年限。

（7）施工工序简易。合成高分子防水卷材适用于单层、冷粘法铺贴，具有工序简易、操作方便等特点，克服了传统沥青卷材的多叠层、支锅熬沥青、烟熏火燎热施工等缺点，减少了施工环境污染，降低了施工劳动强度，提高了施工效率。

许多橡胶和塑料都可以用来制造高分子卷材，且还可以采用两种以上材料来制造防水卷材，因而合成高分子防水卷材的品种也是多种多样的。

合成高分子防水卷材按其是否具有特种性能可分为普通合成高分子防水卷材和特种合成高分子防水卷材；按其是否具有自粘功能可分为常规型和自粘型；按其基料不同可分为橡胶类、树脂类、橡胶（橡塑）共混类，然后可再进一步细分；按其加工工艺不同可分为橡胶类、塑料类，橡胶类还可进一步分为硫化型和非硫化型；按其是否增强和复合可分为均质片、复合片和点（条）粘片。合成高分子防水卷材的分类参见图 2-5。

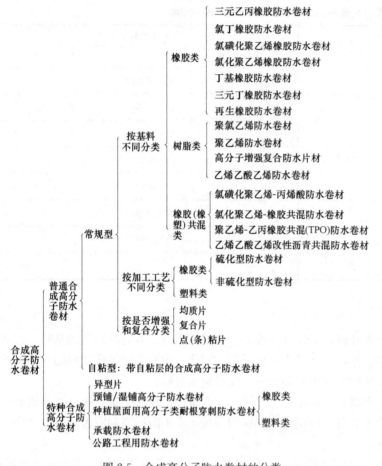

图 2-5 合成高分子防水卷材的分类

1. 高分子防水片材

高分子防水片材是指以高分子材料为主材料，以挤出或压延等方法生产，用于各类工程防水、防渗、防潮、隔气、防污染、排水等的均质片材（均质片）、复合片材（复合片）、异型片材（异型片）、自粘片材（自粘片）、点（条）粘片材［点（条）粘片］等。均质片是指以高分子合成材料为主要材料，各部位截面结构一致的一类防水片材；复合片是指以高分子合成材料为主要材料，复合织物等保护或增强层，以改变其尺寸稳定性和力学特性，各部位截面结构一致的一类防水片材；自粘片是指在高分子片材表面复合一层自粘材料和隔离保护层，以改善或提高其与基层的粘结性能，各部位截面结构一致的一类防水片材；异型片是指以高分子合成材料为主要材料，经特殊工艺加工成表面为连续凸凹壳体或特定几何形状的一类防（排）水片材；点（条）粘片是指均质片与织物等保护层多点（条）粘结在一起，粘结点（条）在

规定的区域内均匀分布，利用粘结点（条）的间距，使其具有切向排水功能的一类防水片材。高分子防水片材产品现已发布了国家标准《高分子防水材料 第 1 部分：片材》（GB 18173.1—2012）。

高分子防水片材的分类参见表 2-51。产品应按类型代号、材质（简称或代号）、规格（长度×宽度×厚度）、异型片材加入壳体高度的顺序进行标记，并可根据需要增加标记内容。其标记示例如下：

均质片：长度为 20.0m、宽度为 1.0m、厚度为 1.2mm 的硫化型三元乙丙橡胶（EPDM）片材的标记为：JL 1-EPDM-20.0m×1.0m×1.2mm。

异型片：长度为 20.0m、宽度为 2.0m、厚度为 0.8mm、壳体高度为 8mm 的高密度聚乙烯防排水片材的标记为：YS-HDPE-20.0m×2.0m×0.8mm×8mm。

表 2-51　片材的分类　GB 18173.1—2012

分　类		代号	主要原材料
均质片	硫化橡胶类	JL1	三元乙丙橡胶
		JL2	橡塑共混
		JL3	氯丁橡胶、氯磺化聚乙烯、氯化聚乙烯等
	非硫化橡胶类	JF1	三元乙丙橡胶
		JF2	橡塑共混
		JF3	氯化聚乙烯
	树脂类	JS1	聚氯乙烯等
		JS2	乙烯醋酸乙烯共聚物、聚乙烯等
		JS3	乙烯醋酸乙烯共聚物与改性沥青共混等
复合片	硫化橡胶类	FL	（三元乙丙、丁基、氯丁橡胶、氯磺化聚乙烯等）/织物
	非硫化橡胶类	FF	（氯化聚乙烯、三元乙丙、丁基、氯丁橡胶、氯磺化聚乙烯等）/织物
	树脂类	FS1	聚氯乙烯/织物
		FS2	（聚乙烯、乙烯醋酸乙烯共聚物等）/织物
自粘片	硫化橡胶类	ZJL1	三元乙丙/自粘料
		ZJL2	橡塑共混/自粘料
		ZJL3	（氯丁橡胶、氯磺化聚乙烯、氯化聚乙烯等）/自粘料
		ZFL	（三元乙丙、丁基、氯丁橡胶、氯磺化聚乙烯等）/织物/自粘料
	非硫化橡胶类	ZJF1	三元乙丙/自粘料
		ZJF2	橡塑共混/自粘料
		ZJF3	氯化聚乙烯/自粘料
		ZFF	（氯化聚乙烯、三元乙丙、丁基、氯丁橡胶、氯磺化聚乙烯等）/织物/自粘料
	树脂类	ZJS1	聚氯乙烯/自粘料
		ZJS2	（乙烯醋酸乙烯共聚物、聚乙烯等）/自粘料
		ZJS3	乙烯醋酸乙烯共聚物与改性沥青共混等/自粘料
		ZFS1	聚氯乙烯/织物/自粘料
		ZFS2	（聚乙烯、乙烯醋酸乙烯共聚物等）/织物/自粘料
异型片	树脂类（防排水保护板）	YS	高密度聚乙烯、改性聚丙烯、高抗冲聚苯乙烯等
点（条）粘片	树脂类	DS1/TS1	聚氯乙烯/织物
		DS2/TS2	（乙烯醋酸乙烯共聚物、聚乙烯等）/织物
		DS3/TS3	乙烯醋酸乙烯共聚物与改性沥青共混物等/织物

片材的规格尺寸及允许偏差分别见表 2-52 及表 2-53，特殊规格由供需双方商定。

表 2-52　片材的规格尺寸　GB 18173.1—2012

项　目	厚度（mm）	宽度（m）	长度（m）
橡胶类	1.0, 1.2, 1.5, 1.8, 2.0	1.0, 1.1, 1.2	≥20[a]
树脂类	>0.5	1.0, 1.2, 1.5, 2.0, 2.5, 3.0, 4.0, 6.0	

a　橡胶类片材在每卷 20m 长度中允许有一处接头，且最小块长度应不小于 3m，并应加长 15cm 备作搭接；树脂类片材在每卷至少 20m 长度内不允许有接头；自粘片材及异型片材每卷 10m 长度内不允许有接头。

表 2-53　片材的允许偏差　GB 18173.1—2012

项　目	厚　度		宽　度	长　度
允许偏差	<1.0mm	≥1.0mm	±1%	不允许出现负值
	±10%	±5%		

片材的外观质量要求：①片材表面应平整，不能有影响使用性能的杂质、机械损伤、折痕及异常粘着等缺陷。②在不影响使用的条件下，片材表面的缺陷应符合以下规定：凹痕深度：橡胶类片材不得超过片材厚度的 20%，树脂类片材不得超过 5%；气泡深度：橡胶类不得超过片材厚度的 20%，每 1m² 内气泡面积不得超过 7mm²，树脂类片材不允许有。③异型片表面应边缘整齐，无裂纹、孔洞、粘连、气泡、疤痕及其他机械损伤缺陷。

片材的物理性能要求：①均质片的物理性能应符合表 2-54 的规定。②复合片的物理性能应符合表 2-55 的规定。对于聚酯胎上涂覆三元乙丙橡胶的 FF 类片材，拉断伸长率（纵/横）指标不得小于 100%，其他性能指标应符合表 2-55 的规定；对于总厚度小于 1.0mm 的 FS2 类复合片材，拉伸强度（纵/横）指标常温（23℃）时不得小于 50N/cm，高温（60℃）时不得小于 30N/cm，拉断伸长率（纵/横）指标常温（23℃）时不得小于 100%，低温（-20℃）时不得小于 80%，其他性能应符合表 2-55 规定值要求。③自粘片的主体材料应符合表 2-54、表 2-55 中相关类别的要求，自粘层性能应符合表 2-56 的规定。④异型片的物理性能应符合表 2-57 的规定。⑤点（条）粘片的主体材料应符合表 2-54 中相关类别的要求，粘结部位的物理性能应符合表 2-58 的规定。

表 2-54　均质片的物理性能　GB 18173.1—2012

项　目		指　标								
		硫化橡胶类			非硫化橡胶类			树脂类		
		JL1	JL2	JL3	JF1	JF2	JF3	JS1	JS2	JS3
拉伸强度(MPa)	常温(23℃) ≥	7.5	6.0	6.0	4.0	3.0	5.0	10	16	14
	高温(60℃) ≥	2.3	2.1	1.8	0.8	0.4	1.0	4	6	5
拉断伸长率(%)	常温(23℃) ≥	450	400	300	400	200	200	200	550	500
	低温(-20℃) ≥	200	200	170	200	100	100	—	350	300
撕裂强度(kN/m) ≥		25	24	23	18	10	10	40	60	60
不透水性(30min)		0.3MPa无渗漏	0.3MPa无渗漏	0.2MPa无渗漏	0.3MPa无渗漏	0.2MPa无渗漏	0.2MPa无渗漏	0.3MPa无渗漏	0.3MPa无渗漏	0.3MPa无渗漏
低温弯折		-40℃无裂纹	-30℃无裂纹	-30℃无裂纹	-30℃无裂纹	-20℃无裂纹	-20℃无裂纹	-20℃无裂纹	-35℃无裂纹	-35℃无裂纹
加热伸缩量(mm)	延伸 ≤	2	2	2	2	4	4	2	2	2
	收缩 ≤	4	4	4	4	6	10	6	6	6
热空气老化(80℃×168h)	拉伸强度保持率(%) ≥	80	80	80	90	60	80	80	80	80
	拉断伸长率保持率(%) ≥	70	70	70	70	70	70	70	70	70
耐碱性[饱和Ca(OH)₂溶液,23℃×168h]	拉伸强度保持率(%) ≥	80	80	80	80	70	70	80	80	80
	拉断伸长率保持率(%) ≥	80	80	80	90	80	70	80	90	90

续表

项　目		指　标								
		硫化橡胶类			非硫化橡胶类			树脂类		
		JL1	JL2	JL3	JF1	JF2	JF3	JS1	JS2	JS3
臭氧老化 (40℃×168h)	伸长率40%， 500×10⁻⁸	无裂纹	—	—	无裂纹	—	—	—	—	—
	伸长率20%， 200×10⁻⁸	—	无裂纹	—	—	—	—	—	—	—
	伸长率20%， 100×10⁻⁸	—	—	无裂纹	—	无裂纹	无裂纹	—	—	—
人工气候老化	拉伸强度保持 率(%) ≥	80	80	80	80	70	80	80	80	80
	拉断伸长率保持 率(%) ≥	70	70	70	70	70	70	70	70	70
粘结剥离强度 (片材与片材)	标准试验条件 (N/mm) ≥	1.5								
	浸水保持率 (23℃×168h,%) ≥	70								

注：1. 人工气候老化和粘结剥离强度为推荐项目。
　　2. 非外露使用可以不考核臭氧老化、人工气候老化、加热伸缩量、60℃拉伸强度性能。

表 2-55　复合片的物理性能　GB 18173. 1—2012

项　目			指　标			
			硫化橡 胶类 (FL)	非硫化橡 胶类 (FF)	树脂类	
					FS1	FS2
拉伸强度(N/cm)	常温(23℃)	≥	80	60	100	60
	高温(60℃)	≥	30	20	40	30
拉断伸长率(%)	常温(23℃)	≥	300	250	150	400
	低温(−20℃)	≥	150	50	—	300
撕裂强度(N)		≥	40	20	20	50
不透水性(0.3MPa，30min)			无渗漏	无渗漏	无渗漏	无渗漏
低温弯折			−35℃ 无裂纹	−20℃ 无裂纹	−30℃ 无裂纹	−20℃ 无裂纹
加热伸缩量(mm)	延伸	≤	2	2	2	2
	收缩	≤	4	4	2	4
热空气老化 (80℃×168h)	拉伸强度保持率(%)	≥	80	80	80	80
	拉断伸长率保持率(%)	≥	70	70	70	70
耐碱性[饱和 Ca(OH)₂ 溶液， 23℃×168h]	拉伸强度保持率(%)	≥	80	60	80	80
	拉断伸长率保持率(%)	≥	80	60	80	80
臭氧老化(40℃×168h)，200×10⁻⁸，伸长率20%			无裂纹	无裂纹	—	—
人工气候老化	拉伸强度保持率(%)	≥	80	70	80	80
	拉断伸长率保持率(%)	≥	70	70	70	70
粘结剥离强度 (片材与片材)	标准试验条件(N/mm)	≥	1.5	1.5	1.5	1.5
	浸水保持率(23℃×168h,%)	≥	70			70
复合强度(FS2 型表层与芯层)(MPa)		≥				0.8

注：1. 人工气候老化和粘结剥离强度为推荐项目。
　　2. 非外露使用可以不考核臭氧老化、人工气候老化、加热伸缩量、高温(60℃)拉伸强度性能。

表 2-56　自粘层性能　GB 18173.1—2012

项　目				指　标
低温弯折				−25℃无裂纹
持粘性（min）			≥	20
剥离强度 （N/mm）	标准试验条件	片材与片材	≥	0.8
		片材与铝板	≥	1.0
		片材与水泥砂浆板	≥	1.0
	热空气老化后 （80℃×168h）	片材与片材	≥	1.0
		片材与铝板	≥	1.2
		片材与水泥砂浆板	≥	1.2

表 2-57　异型片的物理性能　GB 18173.1—2012

项　目			指　标		
			膜片厚度 <0.8mm	膜片厚度 0.8～1.0mm	膜片厚度 ≥1.0mm
拉伸强度（N/cm）		≥	40	56	72
拉断伸长率（%）		≥	25	35	50
抗压性能	抗压强度（kPa）	≥	100	150	300
	壳体高度压缩50%后外观		无破损		
排水截面面积（cm²）		≥	30		
热空气老化 （80℃×168h）	拉伸强度保持率（%）	≥	80		
	拉断伸长率保持率（%）	≥	70		
耐减性［饱和 Ca(OH)₂ 溶液，23℃×168h］	拉伸强度保持率（%）	≥	80		
	拉断伸长率保持率（%）	≥	80		

注：壳体形状和高度无具体要求，但性能指标须满足本表规定。

表 2-58　点（条）粘片粘结部位的物理性能　GB 18173.1—2012

项　目		指　标		
		DS1/TS1	DS2/TS2	DS3/TS3
常温（23℃）拉伸强度（N/cm）	≥	100	60	
常温（23℃）拉断伸长率（%）	≥	150	400	
剥离强度（N/mm）	≥	1		

2. 聚氯乙烯（PVC）防水卷材

聚氯乙烯（PVC）防水卷材是指适用于建筑防水工程的，以聚氯乙烯（PVC）树脂为主要原料，经捏合、塑化、挤出压延、整形、冷却、检验、分类、包装等工序加工而制成的，可卷曲的一类片状防水材料。产品按其组成分为均质卷材（代号为 H）、带纤维背衬卷材（代号为 L）、织物内增强卷材（代号为 P）、玻璃纤维内增强卷材（代号为 G）、玻璃纤维内增强带纤维背衬卷材（代号为 GL）。均质的聚氯乙烯防水卷材是指不采用内增强材料或背衬材料的一类聚氯乙烯防水卷材；带纤维背衬的聚氯乙烯防水卷材是指采用织物如聚酯无纺布等复合在卷材下表面的一类聚氯乙烯防水卷材；织物内增强的聚氯乙烯防水卷材是指采用聚酯或玻纤网格布在卷材中间增强的一类聚氯乙烯防水卷材；玻璃纤维内增强的聚氯乙烯防水卷材是指在卷材中加入短切玻璃纤维或玻璃纤维无纺布，对拉伸性能等力学性能无明显影响，仅能提高产品尺寸稳定性的一类聚氯乙烯防水卷材；玻璃纤维内增强带纤维背衬的聚氯乙烯防水卷材是指在卷材中加入短切玻璃纤维或玻璃纤维无纺布，并用织物如聚酯无纺布等复合在卷材下表面的一类聚氯乙烯防水卷材。聚氯乙烯（PVC）防水卷材产品现已发布了国家标准《聚氯乙烯（PVC）防水卷材》GB 12952—2011。

聚氯乙烯（PVC）防水卷材的规格：公称长度规格为：15m、20m、25m；公称宽度规格为：1.00m、2.00m；厚度规格为：1.20mm、1.50mm、1.80mm、2.00mm。其他规格可由供需双方商定。

聚氯乙烯（PVC）防水卷材按产品名称、是否外露使用、类型、厚度、长度、宽度和标准号顺序进行标记。例如，长度20m、宽度2.00m、厚度1.50mm、L类外露使用聚氯乙烯防水卷材的标记为：PVC卷材 外露 L 1.50mm/20m×2.00m GB 12952—2011。

聚氯乙烯（PVC）防水卷材的尺寸偏差：长度、宽度应不小于规格值的99.5%；厚度不应小于1.20mm，厚度允许偏差和最小单值见表2-59。

表2-59 厚度允许偏差和最小单值 GB 12952—2011

厚度（mm）	允许偏差（%）	最小单值（mm）
1.20	−5，+10	1.05
1.50		1.35
1.80		1.65
2.00		1.85

聚氯乙烯（PVC）防水卷材的外观质量要求：卷材的接头不应多于一处，其中较短的一段长度不应小于1.5m，接头应剪切整齐，并应加长150mm；卷材表面应平整，边缘整齐，无裂纹、孔洞、粘结、气泡和疤痕。

聚氯乙烯（PVC）防水卷材的材料性能指标应符合表2-60的规定。

表2-60 聚氯乙烯（PVC）防水卷材的材料性能指标 GB 12952—2011

序号	项目				指标				
					H	L	P	G	GL
1	中间胎基上面树脂层厚度(mm)			≥	—			0.40	
2	拉伸性能	最大拉力(N/cm)		≥	—	120	250	—	120
		拉伸强度(MPa)		≥	10.0	—	—	10.0	—
		最大拉力时伸长率(%)		≥	—		15		
		断裂伸长率(%)		≥	200	150	—	200	100
3	热处理尺寸变化率(%)			≤	2.0	1.0	0.5	0.1	0.1
4	低温弯折性				−25℃无裂纹				
5	不透水性				0.3MPa，2h不透水				
6	抗冲击性能				0.5kg·m，不渗水				
7	抗静态荷载[a]				—		20kg 不渗水		
8	接缝剥离强度(N/mm)			≥	4.0 或卷材破坏			3.0	
9	直角撕裂强度(N/mm)			≥	50	—		50	
10	梯形撕裂强度(N)			≥	—	150	250		220
11	吸水率(70℃，168h,%)	浸水后		≤	4.0				
		晾置后		≥	−0.40				
12	热老化（80℃）	时间(h)			672				
		外观			无起泡、裂纹、分层、粘结和孔洞				
		最大拉力保持率(%)		≥	—	85	85		85
		拉伸强度保持率(%)		≥	85			85	
		最大拉力时伸长率保持率(%)		≥	—		80		
		断裂伸长率保持率(%)		≥	80	80	—	80	80
		低温弯折性			−20℃无裂纹				

序号	项目			指　标				
				H	L	P	G	GL
13	耐化学性	外观		无起泡、裂纹、分层、粘结和孔洞				
		最大拉力保持率（%）	≥	—	85	85	—	85
		拉伸强度保持率（%）	≥	85	—	—	85	—
		最大拉力时伸长率保持率（%）	≥	—	—	80	—	—
		断裂伸长率保持率（%）	≥	—	80	—	80	80
		低温弯折性		—20℃无裂纹				
14	人工气候加速老化c	时间（h）		1500b				
		外观		无起泡、裂纹、分层、粘结和孔洞				
		最大拉力保持率（%）	≥	—	85	85	—	85
		拉伸强度保持率（%）	≥	85	—	—	85	—
		最大拉力时伸长率保持率（%）	≥	—	—	80	—	—
		断裂伸长率保持率（%）	≥	—	80	—	80	80
		低温弯折性		—20℃无裂纹				

a　抗静态荷载仅对用于压铺屋面的卷材要求。

b　单层卷材屋面使用产品的人工气候加速老化时间为2500h。

c　非外露使用的卷材不要求测定人工气候加速老化。

聚氯乙烯（PVC）防水卷材的抗风揭能力要求：采用机械固定方法施工的单层屋面卷材，其抗风揭能力的模拟风压等级应不低于4.3kPa（90psf）。

3. 氯化聚乙烯防水卷材

氯化聚乙烯防水卷材是指适用于建筑防水工程的，以含氯量为30%～40%的氯化聚乙烯树脂为主要原料，掺入适量的化学助剂和大量的填充材料，采用塑料或橡胶的加工工艺，经过捏和、塑炼、压延、卷曲、检验、分卷、包装等工序，加工制成的弹塑性防水卷材。其产品包括无复合层、用纤维单面复合及织物内增强的氯化聚乙烯防水卷材。这类卷材由于具有热塑性弹性体的优良性能，加之原材料来源丰富，价格较低，生产工艺较简单，施工方便，故发展迅速，目前在国内属中高档防水卷材。其产品已发布了国家标准《氯化聚乙烯防水卷材》（GB 12953—2003）。

（1）产品的规格分类和标记。产品按照有无复合层进行分类，无复合层的为N类，用纤维单面复合的为L类，织物内增强的为W类。每类产品按理化性能分为Ⅰ型和Ⅱ型。

卷材长度规格为10m、15m、20m；厚度规格为1.2mm、1.5mm、2.0mm；其他长度、厚度规格可由供需双方商定，但厚度规格不得低于1.2mm。

产品按其产品名称（代号CPE卷材）、外露或非外露使用、类、型、厚度、长×宽、标准号的顺序进行标记。例如，长度20m、宽度1.2m、厚度1.5mmⅡ型L类外露使用的氯化聚乙烯防水卷材的标记为：CPE卷材　外露 LⅡ 1.5/20×1.2 GB 12953—2003。

（2）技术要求。

1）尺寸偏差。卷材的长度、宽度不小于规定值的99.5%，厚度的允许偏差和最小单值见表2-61。

表2-61　厚度的允许偏差和最小单值（mm）　　GB 12953—2003

厚　度	允许偏差	最小单值
1.2	±0.10	1.00
1.5	±0.15	1.30
2.0	±0.20	1.70

2）外观。卷材的外观要求：接头不多于一处，其中较短的一段长度不少于 1.5m，接头应剪切整齐，并加长 150mm。卷材的表面应平整，边缘整齐，无裂纹、孔洞和粘结，不应有明显的气泡、疤痕。

3）理化性能要求。N 类无复合层卷材的理化性能应符合表 2-62 的规定；L 类纤维单面复合及 W 类织物内增强卷材的理化性能应符合表 2-63 的规定。

表 2-62　氯化聚乙烯 N 类卷材理化性能　GB 12953—2003

序号	项　目			Ⅰ 型	Ⅱ 型
1	拉伸强度（MPa）		≥	5.0	8.0
2	断裂伸长率（%）		≥	200	300
3	热处理尺寸变化率（%）		≤	3.0	纵向 2.5 横向 1.5
4	低温弯折性			−20℃无裂性	−25℃无裂纹
5	抗穿孔性			不渗水	
6	不透水性			不透水	
7	剪切状态下的粘合性（N/mm）		≥	3.0 或卷材破坏	
8	热老化处理	外观		无起泡、裂纹、粘结与孔洞	
		拉伸强度变化率（%）		+50 −20	±20
		断裂伸长率变化率（%）		+50 −30	±20
		低温弯折性		−15℃无裂纹	−20℃无裂纹
9	耐化学侵蚀	拉伸强度变化率（%）		±30	±20
		断裂伸长率变化率（%）		±30	±20
		低温弯折性		−15℃无裂纹	−20℃无裂纹
10	人工气候加速老化	拉伸强度变化率（%）		+50 −20	±20
		断裂伸长率变化率（%）		+50 −30	±20
		低温弯折性		−15℃无裂纹	−20℃无裂纹

注：非外露使用可以不考核人工气候加速老化性能。

表 2-63　氯化聚乙烯 L 类及 W 类理化性能　GB 12953—2003

序号	项　目			Ⅰ 型	Ⅱ 型
1	拉力（N/cm）		≥	70	120
2	断裂伸长率（%）		≥	125	250
3	热处理尺寸变化率（%）		≤	1.0	
4	低温弯折性			−20℃无裂纹	−25℃无裂纹
5	抗穿孔性			不渗水	
6	不透水性			不透水	
7	剪切状态下的粘合性（N/mm）	L 类	≥	3.0 或卷材破坏	
		W 类		6.0 或卷材破坏	

序号	项目			Ⅰ型	Ⅱ型
8	热老化处理	外观		无起泡、裂纹、粘结与孔洞	
		拉力(N/cm)	≥	55	100
		断裂伸长率(%)	≥	100	200
		低温弯折性		−15℃无裂纹	−20℃无裂纹
9	耐化学侵蚀	拉力(N/cm)	≥	55	100
		断裂伸长率(%)	≥	100	200
		低温弯折性		−15℃无裂纹	−20℃无裂纹
10	人工气候加速老化	拉力(N/cm)	≥	55	100
		断裂伸长率(%)	≥	100	200
		低温弯折性		−15℃无裂纹	−20℃无裂纹

注：非外露使用可以不考核人工气候加速老化性能。

4. 带自粘层的合成高分子防水卷材

在表面覆以自粘层的冷施工的一类防水卷材称为带自粘层的防水卷材，根据其材质的不同，可分为带自粘层的聚合物改性沥青防水卷材和带自粘层的合成高分子防水卷材。此类产品已发布了《带自粘层的防水卷材》(GB/T 23260—2009)。带自粘层的合成高分子防水卷材的产品分类和标记、产品的技术要求等详见 2.2.1.3 节 4。

5. 热塑性聚烯烃（TPO）防水卷材

热塑性聚烯烃（TPO）防水卷材是指适用于建筑工程的，以乙烯和 α-烯烃的聚合物为主要原料制成的一类防水卷材。其按产品的组成可分为均质卷材（代号为 H）、带纤维背衬卷材（代号为 L）、织物内增强卷材（代号为 P）。均质热塑性聚烯烃防水卷材是指不采用内增强材料或背衬材料的一类热塑性聚烯烃防水卷材；带纤维背衬的热塑性聚烯烃防水卷材是指采用织物（如聚酯无纺布等）复合在卷材下表面的一类热塑性聚烯烃防水卷材；织物内增强的热塑性聚烯烃防水卷材是指采用聚酯或玻纤网格布在卷材中间增强的一类热塑性聚烯烃防水卷材。此类产品现已发布了国家标准《热塑性聚烯烃（TPO）防水卷材》(GB 27789—2011)。

产品的技术性能要求如下：

(1) 产品的规格：公称长度规格为 15m、20m、25m；公称宽度规格为 1.00m、2.00m；厚度规格为 1.20mm、1.50mm、1.80mm、2.00mm。其他规格可由供需双方商定。

(2) 长度、宽度应不小于规格值的 99.5%；厚度不应小于 1.20mm，厚度的允许偏差和最小单值要求同聚氯乙烯防水卷材，见表 2-59。

(3) 产品的外观质量要求：卷材的接头不应多于一处，其中较短的一段长度不少于 1.5m，接头应剪切整齐，并加长 150mm；卷材的表面应平整，边缘整齐，无裂纹、孔洞、粘结、气泡和疤痕，卷材耐候面（上表面）宜为浅色。

(4) 产品的材料性能指标符合表 2-64 的要求。

(5) 采用机械固定方法施工的单层屋面卷材的抗风揭能力的模拟风压等级应不低于 4.3kPa (90psf)。

表 2-64　热塑性聚烯烃（TPO）防水卷材材料性能指标　GB 27789—2011

序号	项目		指标		
			H	L	P
1	中间胎基上面树脂层厚度(mm)	≥	—		0.40

序号	项 目			指　标		
				H	L	P
2	拉伸性能	最大拉力(N/cm)	≥	—	200	250
		拉伸强度(MPa)	≥	12.0	—	—
		最大拉力时伸长率(%)	≥	—	—	15
		断裂伸长率(%)	≥	500	250	—
3	热处理尺寸变化率(%)		≤	2.0	1.0	0.5
4	低温弯折性			−40℃无裂纹		
5	不透水性			0.3MPa，2h不透水		
6	抗冲击性能			0.5kg·m，不渗水		
7	抗静态荷载[a]			—	20kg不渗水	
8	接缝剥离强度(N/mm)		≥	4.0 或 卷材破坏	3.0	
9	直角撕裂强度(N/mm)		≥	60	—	—
10	梯形撕裂强度(N)		≥	—	250	450
11	吸水率(70℃，168h,%)		≤	4.0		
12	热老化 (115℃)	时间(h)		672		
		外观		无起泡、裂纹、分层、粘结和孔洞		
		最大拉力保持率(%)	≥	—	90	90
		拉伸强度保持率(%)	≥	90	—	—
		最大拉力时伸长率保持率(%)	≥	—	—	90
		断裂伸长率保持率(%)	≥	90	90	—
		低温弯折性		−40℃无裂纹		
13	耐化学性	外观		无起泡、裂纹、分层、粘结和孔洞		
		最大拉力保持率(%)	≥	—	90	90
		拉伸强度保持率(%)	≥	90	—	—
		最大拉力时伸长率保持率(%)	≥	—	—	90
		断裂伸长率保持率(%)	≥	90	90	—
		低温弯折性		−40℃无裂纹		
14	人工气候 加速老化	时间(h)		1500[b]		
		外观		无起泡、裂纹、分层、粘结和孔洞		
		最大拉力保持率(%)	≥	—	90	90
		拉伸强度保持率(%)	≥	90	—	—
		最大拉力时伸长率保持率(%)	≥	—	—	90
		断裂伸长率保持率(%)	≥	90	90	—
		低温弯折性		−40℃无裂纹		

a　抗静态荷载仅对用于压铺屋面的卷材要求。

b　单层卷材屋面使用产品的人工气候加速老化时间为2500h。

6. 特种合成高分子防水卷材

特种合成高分子防水卷材是指具有某些特种性能的一类防水卷材。

（1）预铺/湿铺高分子防水卷材。预铺/湿铺高分子防水卷材是指采用后浇混凝土或水泥砂浆拌合物粘结的一类防水卷材，根据其主体材料的不同，可分为沥青基聚酯胎防水卷材和高分子防水卷材。此类产品已发布了国家标准《预铺/湿铺防水卷材》（GB/T 23457—2009）。预铺/湿铺高分子防水卷材的产品分类、规格、标记、技术要求等详见 2.2.1.3 节 6。

（2）种植屋面用高分子类耐根穿刺防水卷材。种植屋面用高分子类耐根穿刺防水卷材是一类适用于种植屋面的具有耐根穿刺能力的防水卷材，根据其材质的不同可分为改性沥青类、塑料类和橡胶类（高分子类）。此类产品已发布了建材行业标准《种植屋面用耐根穿刺防水卷材》（JC/T 1075—2008）。种植屋面用塑料类和橡胶类（高分子类）耐根穿刺防水卷材的产品分类、标记、技术要求等详见 2.2.1.3 节 10。

7. 高分子防水卷材胶粘剂

高分子防水卷材胶粘剂是指以合成弹性体为基料冷粘结的一类高分子防水卷材胶粘剂。此类产品现已发布了建材行业标准《高分子防水卷材胶粘剂》（JC/T 863—2011）。

高分子防水卷材胶粘剂按其组分的不同，可分为单组分（Ⅰ）和双组分（Ⅱ）两个类型；按其用途的不同，可分为基底胶（J）和搭接胶（D）两个品种，基底胶是用于卷材与基层粘结的一类胶粘剂，搭接胶是用于卷材与卷材接缝搭接的一类胶粘剂。

高分子防水卷材胶粘剂按产品名称、标准编号、类型、品种的顺序进行标记。例如，符合 JC/T 863—2011，聚氯乙烯防水卷材用，单组分的基底胶粘剂应标记为：聚氯乙烯防水卷材胶粘剂 JC/T 863—2011-I-J。

产品的一般要求：产品的生产和使用不应对人体、生物与环境造成有害的影响，所涉及与使用有关的安全和环保要求应符合国家现行有关标准和规范的规定。试验用防水卷材的质量应符合相应标准的要求。

产品的技术要求：卷材胶粘剂的外观：经搅拌应为均匀液体，无分散颗粒或凝胶；卷材胶粘剂的物理力学性能应符合表 2-65 的规定。

表 2-65　高分子防水卷材胶粘剂的物理力学性能　JC/T 863—2011

序号	项　目				技术指标	
					基底胶（J）	搭接胶（D）
1	黏度（Pa·s）				规定值[a]±20%	
2	不挥发物含量（%）				规定值[a]±2	
3	适用期[b]/min			≥	180	
4	剪切状态下的粘合性	卷材-卷材	标准试验条件（N/mm）	≥	—	3.0 或卷材破坏
			热处理后保持率（%，80℃，168h）	≥	—	70
			碱处理后保持率[%，10%Ca(OH)₂，168h]	≥	—	70
		卷材-基底	标准试验条件（N/mm）	≥	2.5	—
			热处理后保持率（%，80℃，168h）	≥	70	—
			碱处理后保持率[%，10%Ca(OH)₂，168h]	≥	70	—
5	剥离强度	卷材-卷材	标准试验条件（N/mm）	≥	—	1.5
			浸水后保持率（%，168h）	≥	—	70

a　规定值是指企业标准、产品说明书或供需双方商定的指标量值。

b　适用期仅用于双组分产品，指标也可由供需双方协商确定。

2.2.2 建筑防水涂料

2.2.2.1 建筑防水涂料概述

1. 建筑防水涂料的概念及分类

建筑防水涂料简称防水涂料，一般是由沥青、合成高分子聚合物、合成高分子聚合物与沥青、合成高分子聚合物与水泥或以无机复合材料等为主要成膜物质，掺入适量的颜料、助剂、溶剂等加工制成的溶剂型、水乳型或反应型的，在常温下呈无固定形状的黏稠状液态或可液化的固体粉末状态的高分子合成材料。它是单独或与胎体增强材料复合，分层涂刷或喷涂在需要进行防水处理的基层表面上，通过溶剂的挥发或水分的蒸发或反应固化后可形成一个连续、无缝、整体且具有一定厚度的、坚韧的、能满足工业与民用建筑的屋面、地下室、厕浴、厨房间以及外墙等部位的防水渗漏要求的一类材料的总称。

防水涂料的分类参见图 4-65。

防水涂料按其成膜物质可分为沥青类、高聚物改性沥青（亦称橡胶沥青类）、合成高分子类（又可再分为合成树脂类、合成橡胶类）、无机类、聚合物水泥类等五大类；按其涂料状态与形式，大致可以分为溶剂型、反应型、乳液型三大类型。

2. 建筑防水涂料的性能特点和应用范围

（1）建筑防水涂料的性能特点。乳液型、溶剂型和反应型等三类防水涂料的主要性能特点如下：

乳液型防水涂料通过水蒸发，高分子材料经过固体微粒靠近、接触、变形等过程而成膜，涂层干燥较慢，一次成膜的致密性较溶剂型防水涂料低。施工较安全，操作简单，不污染环境，可在较为潮湿的基面上施工，一般不宜在 5℃ 以下的气温环境下施工，生产成本亦较低，涂料贮存期一般不宜超过半年，产品无毒，不燃，生产、贮存及使用均比较安全。

溶剂型防水涂料通过溶剂的挥发，经过高分子材料的分子链接触、搭接等过程而成膜，涂层干燥快，结膜较薄而致密。涂料中的溶剂苯有毒，对环境有污染，人体亦易受到侵害，施工时，应具备良好的通风环境，以保证人身的安全。涂料贮存的稳定性较好，应密封贮存，产品易燃、易爆、有毒，在生产、运输、贮存和施工时均应注意安全、防水。

反应型防水涂料通过液态的高分子聚合物与固化剂等辅助材料发生化学反应而成膜，可一次性结成致密的、较厚的涂膜，几乎无收缩。施工时，需在施工现场按规定的配合比进行准确配料，搅拌应均匀，方可保证施工质量，产品价格较贵。双组分涂料的每组分均需分别桶装、密封存放，产品有异味，生产、运输、贮存和施工时均应注意安全、防火。

（2）建筑防水涂料的应用范围

涂膜防水是由各类防水涂料经重复多遍地涂刷在找平层上，达到一定厚度静置固化后所形成的无接缝、整体性好的涂膜作防水层。

地下工程涂料防水层所采用的涂料包括无机防水涂料、有机防水涂料、聚合物水泥防水涂料。无机防水涂料可选用水泥基防水涂料、水泥基渗透结晶型防水涂料，有机防水涂料可选用反应型、水乳型等防水涂料。无机防水涂料宜应用于结构主体的背水面，有机防水涂料宜应用于结构主体的迎水面，如用于背水面的有机防水涂料应具有较高的抗渗性，且与基层有较强的粘结性。水泥基防水涂料的厚度宜为 1.5～2.0mm；水泥基渗透结晶型防水涂料的厚度不应小于 0.8mm；有机防水涂料可根据材料的性能，其厚度宜为 1.2～2.0mm。

涂膜防水屋面工程应采用的防水涂料为高分子聚合物改性沥青防水涂料、合成高分子防水涂料（反应固化型、挥发固化型、聚合物水泥涂料）等。屋面防水工程根据建筑物的性质、重要程度、使用功能要求以及防水层合理使用年限，按不同等级进行设防，Ⅰ级防水设三道或三道以上的防水设防，合成高分子防水涂料可作为其中的一道设防，其涂膜厚度不应小于 1.5mm；Ⅱ级防水设二道设防，防水涂料可作为其中的一道设防，可选用的防水涂料有合成高分子防水涂料、高聚物改性沥青防水涂料等，合成高分子防水涂料涂膜厚度不应小于 1.5mm，高聚物改性沥青防水涂料涂膜厚度不应小于 3mm；Ⅲ级防水设一道设防，防水涂料可单独一道进行设防，可选用的防水涂料有合成高分子防水涂料、高聚物改性沥青防水涂料等，合成高分子防水涂料涂膜厚度不应小于 2mm，高聚物改性沥青防水涂料涂膜厚度不应小于 3mm；Ⅳ级防水设防设一道防水，高聚物改性沥青防水涂料可单独一道进行设防，其厚度不应小于 2mm。

由于涂膜防水层的整体性好，对建筑物的细部构造、防水节点和任何不规则的部位均可形成无接缝的防水层，且施工方便，如涂膜和卷材等材料作复合防水层，充分发挥其整体性好的特性，将取得良好的防水效果。

2.2.2.2 建筑防水涂料环境保护的技术要求

1. 建筑防水涂料的环境标志产品技术要求

《环境标志产品技术要求 防水涂料》（HJ 457—2009）对防水涂料提出了如下技术要求：

（1）基本要求。

1）产品质量应符合各自产品质量标准的要求。

2）产品生产企业污染物排放应符合国家或地方规定的污染物排放标准的要求。

（2）技术内容。

1）产品中不得人为添加表 2-66 中所列的物质。

表 2-66 产品中不得人为添加物质 HJ 457—2009

类 别	物 质
乙二醇醚及其酯类	乙二醇甲醚、乙二醇甲醚醋酸酯、乙二醇乙醚、乙二醇乙醚醋酸酯、二乙二醇丁醚醋酸酯
邻苯二甲酸酯类	邻苯二甲酸二辛酯（DOP）、邻苯二甲酸二正丁酯（DBP）
二元胺	乙二胺、丙二胺、丁二胺、己二胺
表面活性剂	烷基酚聚氧乙烯醚（APEO）、支链十二烷基苯磺酸钠（ABS）
酮类	3,5,5-三甲基-2 环己烯基-1-酮（异佛尔酮）
有机溶剂	二氯甲烷、二氯乙烷、三氯甲烷、三氯乙烷、四氯化碳、正己烷

2）产品中有害物质限值应满足表 2-67 和表 2-68 的要求。

表 2-67 挥发固化型防水涂料中有害物质限值 HJ 457—2009

项 目		双组分聚合物水泥防水涂料		单组分丙烯酸酯聚合物乳液防水涂料
		液料	粉料	
VOC(g/L)	≤	10	—	10
内照射指数	≤		0.6	
外照射指数	≤	—	0.6	—
可溶性铅(Pb)(mg/kg)	≤	90		90
可溶性镉(Cd)(mg/kg)	≤	75		75
可溶性铬(Cr)(mg/kg)	≤	60		60
可溶性汞(Hg)(mg/kg)	≤	60		60
甲醛(mg/kg^{-1})	≤	100		100

表 2-68 反应固化型防水涂料中有害物质限值 HJ 457—2009

项 目		环氧防水涂料	聚脲防水涂料	聚氨酯防水涂料	
				单组分	双组分
VOC(g/kg)	≤	150	50	100	
苯(g/kg)	≤			0.5	

项　目		环氧防水涂料	聚脲防水涂料	聚氨酯防水涂料	
				单组分	双组分
苯类溶剂(g/kg)	≤	80	50	80	
可溶性铅(Pb)(mg/kg)	≤	90			
可溶性镉(Cd)(mg/kg)	≤	75			
可溶性铬(Cr)(mg/kg)	≤	60			
可溶性汞(Hg)(mg/kg)	≤	60			
固化剂中游离甲苯二异氰酸酯(TDI)(%)	≤	—	0.5	—	0.5

3）企业应建立符合《化学品安全技术说明书　内容和项目顺序》（GB 16483—2008）要求的原料安全数据单（MSDS），并可向使用方提供。

《环境标志产品技术要求　防水涂料》（HJ 457—2009）适用于挥发固化型防水涂料（双组分聚合物水泥防水涂料、单组分丙烯酸酯聚合物乳液防水涂料）和反应固化型防水涂料（聚氨酯防水涂料、改性环氧防水涂料、聚脲防水涂料），不适用于煤焦油聚氨酯防水涂料。

2. 建筑防水涂料中有害物质含量

建筑防水涂料按其性质分为水性、反应型、溶剂型等三类，表 2-69 给出了现有产品的分类示例。建筑防水涂料按有害物质含量分为 A 级和 B 级。

表 2-69　防水涂料性质分类示例　JC 1066—2008

分类	产品示例
水性	水乳型沥青基防水涂料、水性有机硅防水剂、水性防水剂、聚合物水泥防水涂料、聚合物乳液防水涂料（含丙烯酸、乙烯醋酸乙烯等）、水乳型硅橡胶防水涂料、聚合物水泥防水砂浆等
反应型	聚氨酯防水涂料（含单组分、水固化、双组分等）、聚脲防水涂料、环氧树脂改性防水涂料、反应型聚合物水泥防水涂料等
溶剂型	溶剂型沥青基防水涂料、溶剂型防水剂、溶剂型基层处理剂等

《建筑防水涂料中有害物质限量》（JC 1066—2008）对建筑防水涂料提出了如下技术要求：

（1）水性建筑防水涂料中有害物质含量应符合表 2-70 的要求。

表 2-70　水性建筑防水涂料中有害物质含量　JC 1066—2008

序号	项　目			含量	
				A	B
1	挥发性有机化合物(VOC)g/L		≤	80	120
2	游离甲醛(mg/kg)		≤	100	200
3	苯、甲苯、乙苯和二甲苯总和(mg/kg)		≤	300	
4	氨(mg/kg)		≤	500	1000
5	可溶性重金属[a](mg/kg)	铅(Pb)	≤	90	
		镉(Cd)		75	
		铬(Cr)		60	
		汞(Hg)		60	

[a]　无色、白色、黑色防水涂料不需测定可溶性重金属。

（2）反应型建筑防水涂料中有害物质含量应符合表 2-71 的要求。

表 2-71　反应型建筑防水涂料中有害物质含量　JC 1066—2008

序号	项 目		含量	
			A	B
1	挥发性有机化合物(VOC)(g/L)	≤	50	200
2	苯(mg/kg)	≤	200	
3	甲苯＋乙苯＋二甲苯(g/kg)	≤	1.0	5.0
4	苯酚(mg/kg)	≤	200	500
5	蒽(mg/kg)	≤	10	100
6	萘(mg/kg)	≤	200	500
7	游离 TDIª(g/kg)	≤	3	7
8	可溶性重金属ᵇ(mg/kg)	≤	铅(Pb)	90
			镉(Cd)	75
			铬(Cr)	60
			汞(Hg)	60

a　仅适用于聚氨酯类防水涂料。
b　无色、白色、黑色防水涂料不需测定可溶性重金属。

（3）溶剂型建筑防水涂料中有害物质含量应符合表 2-72 的要求。

表 2-72　溶剂型建筑防水涂料中有害物质含量　JC 1066—2008

序号	项 目		含量
			B
1	挥发性有机化合物(VOC)(g/L)	≤	750
2	苯(g/kg)	≤	2.0
3	甲苯＋乙苯＋二甲苯(g/kg)	≤	400
4	苯酚(mg/kg)	≤	500
5	蒽(mg/kg)	≤	100
6	萘(mg/kg)	≤	500
7	可溶性重金属ª(mg/kg)	≤	铅(Pb)　90
			镉(Cd)　75
			铬(Cr)　60
			汞(Hg)　60

a　无色、白色、黑色防水涂料不需测定可溶性重金属。

2.2.2.3　高聚物改性沥青防水涂料

高聚物改性沥青防水涂料一般是以沥青为基料，用合成高分子聚合物对其进行改性，配制而成的溶剂型或水乳型涂膜防水材料。

高聚物改性沥青防水涂料按其成分可分为溶剂型高聚物改性沥青防水涂料、水乳型高聚物改性沥青防水涂料两大类型。

1. 溶剂型高聚物改性沥青防水涂料

溶剂型高聚物改性沥青防水涂料是以橡胶、树脂改性沥青为基料，经溶剂溶解配制而成的黑色黏稠状、细腻而均匀胶状液体的一种防水涂料。产品具有良好的粘结性、抗裂性、柔韧性和耐高、低温性能。

溶剂型高聚物改性沥青防水涂料根据其改性剂的类别可分为溶剂型橡胶改性沥青防水涂料和溶剂型树脂改性沥青防水涂料两大类。

2. 水乳型高聚物改性沥青防水涂料

水乳型高聚物改性沥青防水涂料是指以水为介质，采用化学乳化剂和（或）矿物乳化剂制得的一类沥青基防水涂料。此类产品已发布了建材行业标准《水乳型沥青防水涂料》（JC/T 408—2005）。

产品按其性能分为 H 型和 L 型两类。

产品按其类型和标准号顺序标记。例如，H 型水乳型沥青防水涂料标记为：水乳型沥青防水涂料 H JC/T 408—2005。

产品的外观要求：样品搅拌后均匀无色差，无凝胶、结块、明显沥青丝。

产品的物理力学性能应满足表 2-73 的要求。

表 2-73　水乳型高聚物改性沥青防水涂料的物理力学性能　JC/T 408—2005

项　目		L	H
固体含量(%)	≥	45	
耐热度(℃)		80±2	110±2
		无流淌、滑动、滴落	
不透水性		0.10MPa，30min 无渗水	
粘结强度(MPa)	≥	0.30	
表干时间(h)	≤	8	
实干时间(h)	≤	24	
低温柔度a(℃)	标准条件	−15	0
	碱处理	−10	5
	热处理		
	紫外线处理		
断裂绅长率(%)　≥	标准条件	600	
	碱处理		
	热处理		
	紫外线处理		

a　供需双方可以商定温度更低的低温柔度指标。

2.2.2.4　合成高分子防水涂料

合成高分子防水涂料是以合成橡胶或合成树脂为主要成膜物质，加入其他辅助材料而配制成的单组分或多组分的一类防水涂膜材料。合成高分子防水涂料的种类繁多，在通常情况下，一般都按其化学成分进行命名，如聚氨酯防水涂料、聚合物乳液建筑防水涂料、聚合物水泥防水涂料等。合成高分子防水涂料按其形态的不同，可分为乳液型、溶剂型和反应型等三类；按其包装形式的不同，可分为单组分、多组分等类型。

1. 聚氨酯防水涂料

聚氨酯（PU）防水涂料也称聚氨酯涂膜防水材料，是一类以聚氨酯树脂为主要成膜物质的高分子防水涂料。

聚氨酯防水涂料是由异氰酸酯基（—NCO）的聚氨酯预聚体和含有多羟基（—OH）或胺基（—NH_2）的固化剂以及其他助剂的混合物按照一定比例混合所形成的一种反应型涂膜防水材料。此类涂料产品现已发布了适用于工程防水的国家标准《聚氨酯防水涂料》（GB/T 19250—2013）。

聚氨酯防水涂料产品按其组分的不同，可分为单组分（S）和多组分（M）两种；按其基本性能的不同，可分为Ⅰ型、Ⅱ型和Ⅲ型；按其是否曝露使用，可分为外露（E）和非外露（N）两种；按其有害物质限量，可分为 A 类和 B 类。

聚氨酯防水涂料Ⅰ型产品可用于工业与民用建筑工程；Ⅱ型产品可用于桥梁等非直接通行部位；Ⅲ型产品可用于桥梁、停车场、上人屋面等外露通行部位。

室内、隧道等密闭空间宜选用有害物质限量 A 类的产品，施工与使用应注意通风。

聚氨酯防水涂料按其产品名称、组分、基本性能、是否曝露、有害物质限量和标准号的顺序进行标记。例如，A 类Ⅲ型外露单组分聚氨酯防水涂料标记为：PU 防水涂料 S Ⅲ EA GB/T 19250—2013。

聚氨酯防水涂料的技术性能要求如下：

（1）产品的一般要求。产品的生产和应用不应对人体、生物与环境造成有害的影响，所涉及与使用有关的安全与环保要求，应符合我国的相关国家标准和规范的规定。

（2）产品的外观为均匀黏稠体，无凝胶、结块。

（3）产品的基本性能应符合表 2-74 的规定。

表 2-74　聚氨酯防水涂料的基本性能　GB/T 19250—2013

序号	项　　目			技术指标		
				Ⅰ	Ⅱ	Ⅲ
1	固体含量(%)　≥		单组分	85.0		
			多组分	92.0		
2	表示时间(h)　　　　　　　　　　≤			12		
3	实干时间(h)　　　　　　　　　　≤			24		
4	流平性a			20min 时，无明显齿痕		
5	拉伸强度(MPa)　　　　　　　　≥			2.00	6.00	12.0
6	断裂伸长率(%)　　　　　　　　≥			500	450	250
7	撕裂强度(N/mm)　　　　　　　≥			15	30	40
8	低温弯折性			−35℃，无裂纹		
9	不透水性			0.3MPa，120min，不透水		
10	加热伸缩率(%)			−4.0～+1.0		
11	粘结强度(MPa)　　　　　　　　≥			1.0		
12	吸水率(%)　　　　　　　　　　≤			5.0		
13	定伸时老化		加热老化	无裂纹及变形		
			人工气候老化	无裂纹及变形		
14	热处理 (80℃，168h)		拉伸强度保持率(%)	80～150		
			断裂伸长率(%)　　　≥	450	400	200
			低温弯折性	−30℃，无裂纹		
15	碱处理 [0.1%NaOH＋饱和 Ca(OH)₂ 溶液，168h]		拉伸强度保持率(%)	80～150		
			断裂伸长率(%)　　　≥	450	400	200
			低温弯折性	−30℃，无裂纹		
16	酸处理 (2%H₂SO₄ 溶液，168h)		拉伸强度保持率(%)	80～150		
			断裂伸长率(%)　　　≥	450	400	200
			低温弯折性	−30℃，无裂纹		
17	人工气候老化b (1000h)		拉伸强度保持率(%)	80～150		
			断裂伸长率(%)　　　≥	450	400	200
			低温弯折性	−30℃，无裂纹		
18	燃烧性能b			B₂-E(点火 15s，燃烧 20s，Fs≤150mm，无燃烧滴落物引燃滤纸)		

　a　该项性能不适用于单组分和喷涂施工的产品。流平性时间也可根据工程要求和施工环境由供需双方商定并在订货合同与产品包装上明示。

　b　仅外露产品要求测定。

（4）产品的可选性能应符合表 2-75 的规定，根据产品应用的工程或环境条件由供需双方商定选用，并在订货合同与产品包装上明示。

表 2-75　聚氨酯防水涂料的可选性能　GB/T 19250—2013

序号	项　目		技术指标	应用的工程条件
1	硬度（邵 AM）	≥	60	上人屋面、停车场等外露通行部位
2	耐磨性（750g，500r），mg	≤	50	上人屋面、停车场等外露通行部位
3	耐冲击性（kg·m）	≥	1.0	上人屋面、停车场等外露通行部位
4	接缝动态变形能力（10000 次）		无裂纹	桥梁、桥面等动态变形部位

（5）聚氨酯防水涂料中的有害物质含量应符合表 2-76 的规定。

表 2-76　聚氨酯防水涂料中的有害物质限量　GB/T 19250—2013

序号	项　目		有害物质限量	
			A 类	B 类
1	挥发性有机化合物（VOC）（g/L）	≤	50	200
2	苯（mg/kg）	≤	200	
3	甲苯＋乙苯＋二甲苯（g/kg）	≤	1.0	5.0
4	苯酚（mg/kg）	≤	100	100
5	蒽（mg/kg）	≤	10	10
6	萘（mg/kg）	≤	200	200
7	游离 TDI（g/kg）	≤	3	7
8	可溶性重金属（mg/kg）a	≤	铅（Pb）	90
			镉（Cd）	75
			铬（Cr）	60
			汞（Hg）	60

a　可选项目，由供需双方商定。

2. 聚合物乳液建筑防水涂料

聚合物乳液建筑防水涂料是指以各类聚合物乳液为主要原料，加入其他添加剂而制得的一类单组分水乳型防水涂料，此类涂料以丙烯酸酯聚合物乳液防水涂料为代表。聚合物乳液建筑防水涂料现已发布了建材行业标准《聚合物乳液建筑防水涂料》（JC/T 864—2008）。此类产品可在屋面、墙面、室内等非长期浸水环境下的建筑防水工程中使用，若用于地下及其他建筑防水工程，其技术性能还应符合相关技术规程的规定。

（1）产品的分类和标记。产品按其物理性能分为Ⅰ类和Ⅱ类，Ⅰ类产品不用于外露场合。

产品按其名称、分类、标准编号的顺序进行标记。例如，Ⅰ类聚合物乳液建筑防水涂料标记为：聚合物乳液建筑防水涂料 Ⅰ JC/T 864—2008。

（2）产品的技术要求。产品的外观要求：涂料经搅拌后无结块，呈均匀状态。

产品的物理力学性能应符合表 2-77 的规定。

表 2-77　聚合物乳液建筑防水涂料的物理力学性能　JC/T 864—2008

序号	试验项目		指标	
			Ⅰ	Ⅱ
1	拉伸强度（MPa）	≥	1.0	1.5
2	断裂延伸率（%）	≥	300	
3	低温柔性，绕 ϕ10mm，棒弯 180°		−10℃，无裂纹	−20℃，无裂纹
4	不透水性（0.3MPa，30min）		不透水	
5	固体含量（%）	≥	65	

序号	试验项目			指标	
				Ⅰ	Ⅱ
6	干燥时间(h)	表干时间	≤	4	
		实干时间	≤	8	
7	处理后的拉伸强度保持率(%)	加热处理	≥	80	
		碱处理	≥	60	
		酸处理	≥	40	
		人工气候老化处理[a]		—	80~150
8	处理后的断裂延伸率(%)	加热处理	≥	200	
		碱处理	≥		
		酸处理	≥		
		人工气候老化处理[a]	≥	—	200
9	加热伸缩率(%)	伸长	≤	1.0	
		缩短	≤	1.0	

a 仅用于外露使用产品。

3. 聚合物水泥防水涂料

聚合物水泥防水涂料简称 JS 防水涂料，是指以丙烯酸酯、乙烯-乙酸乙烯酯等聚合物乳液和水泥为主要原料，加入填料及其他助剂配制而成，经水分挥发和水泥水化反应固化成膜的一类双组分水性防水涂料。此类产品现已发布了国家标准《聚合物水泥防水涂料》(GB/T 23445—2009)。

(1) 产品的分类和标记。聚合物水泥防水涂料产品按其物理力学性能分为Ⅰ型、Ⅱ型和Ⅲ型，Ⅰ型适用于活动量较大的基层，Ⅱ型和Ⅲ型适用于活动量较小的基层。

产品按其名称、类型、标准号顺序进行标记。例如，Ⅰ型聚合物水泥防水涂料标记为：JS 防水涂料Ⅰ GB/T 23445—2009。

(2) 产品的技术要求。产品的一般要求：不应对人体与环境造成有害的影响，所涉及与使用有关的安全和环保要求应符合相关国家标准和规范的规定，产品中有害物质含量应符合（表 2-74 中 A 级的要求）。

产品的外观要求是产品的两组分经分别搅拌后，其液体组分应为无杂质、无凝胶的均匀乳液；其固体组分应为无杂质、无结块的粉末。产品的物理力学性能应符合表 2-78 的要求。

表 2-78　聚合物水泥防水涂料的物理力学性能　GB/T 23445—2009

序号	试验项目			技术指标		
				Ⅰ型	Ⅱ型	Ⅲ型
1	固体含量(%)		≥	70	70	70
2	拉伸强度	无处理(MPa)	≥	1.2	1.8	1.8
		加热处理后保持率(%)	≥	80	80	80
		碱处理后保持率(%)	≥	60	70	70
		浸水处理后保持率(%)	≥	60	70	70
		紫外线处理后保持率(%)	≥	80	—	—
3	断裂伸长率(%)	无处理	≥	200	80	30
		加热处理	≥	150	65	20
		碱处理	≥	150	65	20
		浸水处理	≥	150	65	20
		紫外线处理	≥	150	—	—

序号	试验项目			技术指标		
				Ⅰ型	Ⅱ型	Ⅲ型
4	低温柔性(φ10mm棒)			−10℃ 无裂纹	—	—
5	粘结强度(MPa)	无处理	≥	0.5	0.7	1.0
		潮湿基层	≥	0.5	0.7	1.0
		碱处理	≥	0.5	0.7	1.0
		浸水处理	≥	0.5	0.7	1.0
6	不透水性(0.3MPa,30min)			不透水	不透水	不透水
7	抗渗性(砂浆背水面)(MPa)		≥	—	0.6	0.8

产品的自闭性为可选项目,指标由供需双方商定。自闭性是指防水涂膜在水的作用下,经物理和化学反应使涂膜裂缝自行愈合、封闭的性能,以规定条件下涂膜裂缝自封闭的时间表示。

2.2.3 建筑防水密封材料

2.2.3.1 建筑防水密封材料概述

1. 建筑防水密封材料的概念及分类

凡是采用一种装置或材料来填充缝隙、密封接触部位,防止其内部气体或液体的泄漏、外部灰尘、水气的侵入以及机械振动冲击损伤或达到隔声、隔热作用的统称为密封。

建筑防水密封材料是指能够承受接缝位移以达到气密、水密目的而嵌入建筑接缝中的一类材料,广义上的密封材料还包括嵌缝膏。嵌缝膏是指由油脂、合成树脂等与矿物填充材料混合制成的,表面形成硬化膜而内部硬化缓慢的一类密封材料。

建筑防水密封材料品种繁多,组成复杂,性状各异,故其有多种不同的分类方法。

建筑防水密封材料按其形态可分为预制密封材料和密封胶(密封膏)等两大类。预制密封材料是指预先成形的,具有一定形状和尺寸的密封材料;密封胶是指以非成形状态嵌入接缝中,通过与接缝表面粘结而密封接缝的溶剂型、乳液型、化学反应型的黏稠状的一类密封材料,其包括弹性和非弹性的密封胶、密封腻子和液体状的密封垫料等品种,广义上的密封胶还包括嵌缝材料(指采用填充挤压等方法将缝隙密封并具有不透水性的一类材料)。

建筑防水密封材料按其基料的不同可分为油基及高聚物改性沥青基建筑防水密封材料和合成高分子建筑防水密封材料。油基及高聚物改性沥青基建筑防水密封材料主要有沥青玛𧏖脂、建筑防水沥青嵌缝油膏、建筑门窗用油灰等类型的产品;合成高分子建筑防水密封材料主要有硅酮建筑密封胶、聚氨酯建筑密封胶、聚硫建筑密封胶、丙烯酸酯建筑密封胶等类型的产品。

建筑防水密封材料按其产品的用途可分为混凝土建筑接缝用密封胶、幕墙玻璃接缝用密封胶、彩色涂层钢板用建筑密封胶、石材用建筑密封胶、建筑用防霉密封胶、道桥用嵌缝密封胶、中空玻璃用弹性密封胶、中空玻璃用丁基热熔密封胶、建筑窗用弹性密封胶、水泥混凝土路面嵌缝密封材料等。

建筑防水密封材料按其材性可分为弹性密封材料和塑性密封材料两大类。弹性密封材料是嵌入接缝后呈现明显弹性,当接缝位移时,在密封材料中引起的残余应力几乎与应变量成正比的密封材料;塑性密封材料是嵌入接缝后呈现明显塑性,当接缝位移时,在密封材料中引起的残余应力迅速消失的密封材料。

建筑防水密封材料按其固化机理可分为溶剂型密封材料、乳液型密封材料、化学反应型密封材料等类别。溶剂型密封材料是通过溶剂挥发而固化的密封材料;乳液型密封材料是以水为介质,通过水蒸发而固化的密封材料;化学反应型密封材料是通过化学反应而固化的密封材料。

建筑防水密封材料按其结构粘结作用可分为结构型密封材料和非结构型密封材料。结构型密封材料

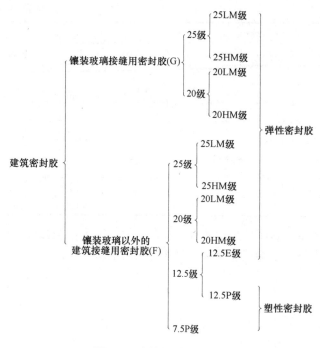

图 2-6　建筑密封胶的分级

是在受力（包括静态或动态负荷）构件接缝中起结构粘结作用的密封材料；非结构型密封材料是在非受力构件接缝中不起结构粘结作用的密封材料。

建筑防水密封材料还可按其流动性分为自流平型密封材料和非下垂型密封材料；按其施工期可分为全年用、夏季用以及冬季用等三类；按其组分、包装形式、使用方法可分为单组分密封材料、多组分密封材料以及加热型密封材料（热熔性密封材料）。

2. 建筑密封胶的分级和要求

建筑密封胶根据其性能及应用进行分类和分级，现已发布了国家标准《建筑密封胶分级和要求》（GB/T 22083—2008），并给出了不同级别的要求和相应的试验方法。

（1）建筑密封胶的分级。建筑密封胶的分级见图 2-6。

1）按密封胶的用途可分为镶装玻璃接缝用密封胶（G 类）、镶装玻璃以外的建筑接缝用密封胶（F 类）等两类。

2）按其满足接缝密封功能的位移能力进行分级，见表 2-79；高位移能力弹性密封胶根据其在接缝中的位移能力进行分级，其推荐级别见表 2-80。

表 2-79　密封胶级别　GB/T 22083—2008

级　别[a]	试验拉压幅度（%）	位移能力[b]（%）
25	±25	25.0
20	±20	20.0
12.5	±12.5	12.5
7.5	±7.5	7.5

a　25 级和 20 级适用于 G 类和 F 类密封胶，12.5 级和 7.5 级仅适用于 F 类密封胶。

b　在设计接缝时，为了正确解释和应用密封胶的位移能力，应当考虑相关标准与有关文件。

表 2-80　高位移能力弹性密封胶级别　GB/T 22083—2008

级　别	试验拉压幅度（%）	位移能力（%）
100/50	＋100/－50	100/50
50	±50	50
35	±35	35

3）25 级和 20 级密封胶按其拉伸模量可进一步划分次级别为低模量（代号 LM）、高模量（代号 HM）等两类。如果拉伸模量测试值超过下述一个或两个试验温度下的规定值，该密封胶应分级为"高模量"：在 23℃时规定值为 0.4MPa，在 －20℃时规定值为 0.6MPa，见表 2-81 和表 2-82。拉伸模量应取三个测试值的平均值并修约至一位小数。

表 2-81　镶装玻璃用密封胶（G 类）要求　GB/T 22083—2008

性　能	指标				试验方法
	25LM	25HM	20LM	20HM	
弹性恢复率（%）	≥60	≥60	≥60	≥60	GB/T 13477.17

性　能		指　标				试验方法
		25LM	25HM	20LM	20HM	
拉伸粘结性	拉伸模量（MPa）23℃ −20℃下	≤0.4 和 ≤0.6	>0.4 或 >0.6	≤0.4 和 ≤0.6	>0.4 或 >0.6	GB/T 13477.8
定伸粘结性		无破坏	无破坏	无破坏	无破坏	GB/T 13477.10
冷拉-热压后粘结性		无破坏	无破坏	无破坏	无破坏	GB/T 13477.13
经过热、透过玻璃的人工光源和水曝露后粘结性[a]		无破坏	无破坏	无破坏	无破坏	GB/T 13477.15—2002
浸水后定伸粘结性		无破坏	无破坏	无破坏	无破坏	GB/T 13477.11
压缩特性		报告	报告	报告	报告	GB/T 13477.16
体积损失（%）		≤10	≤10	≤10	≤10	GB/T 13477.19
流动性[b]（mm）		≤3	≤3	≤3	≤3	GB/T 13477.6

"无破坏"按 GB/T 22083—2008 第 7 章确定

a 所用标准曝露条件见 GB/T 13477.15—2002 的 9.2.1 或 9.2.2。

b 采用 U 形阳极氧化铝槽，宽 20mm、深 10mm，试验温度 50℃±2℃和 5℃±2℃，按步骤 A 和 B 试验。如果流动值超过 3mm，试验可重复一次。

表 2-82　建筑接缝用密封胶（F 类）要求　GB/T 22083—2008

性　能		指　标							试验方法
		25LM	25HM	20LM	20HM	12.5E	12.5P	7.5P	
弹性恢复率（%）		≥70	≥70	≥60	≥40	≥40	<40	<40	GB/T 13477.17
拉伸粘结性	拉伸模量（MPa）23℃下 −20℃下	≤0.4 和 ≤0.6	>0.4 或 >0.6	≤0.4 和 ≤0.6	>0.4 或 >0.6	—	—	—	GB/T 13477.8
	断裂伸长率（%）23℃下	—	—	—	—	—	≥100	≥25	
定伸粘结性		无破坏	无破坏	无破坏	无破坏	无破坏	—	—	GB/T 13477.10
冷拉-热压后粘结性		无破坏	无破坏	无破坏	无破坏	无破坏	—	—	GB/T 13477.13
同一温度下拉伸-压缩循环后粘结性		—	—	—	—	—	无破坏	无破坏	GB/T 13477.12
浸水后定伸粘结性		无破坏	无破坏	无破坏	无破坏	无破坏	—	—	GB/T 13477.11
浸水后拉伸粘结性，断裂伸长率（23℃下,%）		—	—	—	—	—	≥100	≥25	GB/T 13477.9
体积损失（%）		≤10[a]	≤10[a]	≤10[a]	≤10[a]	≤25	≤25	≤25	GB/T 13477.19
流动性[b]（mm）		≤3	≤3	≤3	≤3	≤3	≤3	≤3	GB/T 13477.6

"无破坏"按 GB/T 22083—2008 第 7 章确定

a 对水乳型密封胶，最大值为 25%。

b 采用 U 形阳级氧化铝槽，宽 20mm、深 10mm，试验温度 50℃±2℃和 5℃±2℃。按步骤 A 和 B 试验，如果流动值超过 3mm，试验可重复一次。

4）12.5 级密封胶按其弹性恢复率可分级为弹性恢复率大于或等于 40%，代号 E（弹性）；弹性恢复率小于 40%，代号 P（塑性）等两类。

5）25 级、20 级和 12.5E 级密封胶称为弹性密封胶；12.5P 级和 7.5P 级密封胶称为塑性密封胶。

（2）不同级别密封胶的要求。G 类和 F 类密封胶的要求见表 2-81 和表 2-82，其试验条件见表 2-83。

表 2-83　F 类和 G 类密封胶的试验条件（%）　　GB/T 22083—2008

项目	试验方法	级　别						
		25LM	25HM	20LM	20HM	12.5E	12.5P	7.5P
伸长率[a]	GB/T 13477.8 GB/T 13477.10 GB/T 13477.11 GB/T 13477.15—2002 GB/T 13477.17	100	100	60	60	60	60	25
幅度	GB/T 13477.12 GB/T 13477.13	±25	±25	±20	±20	±12.5	±12.5	±7.5
压缩率	GB/T 13477.16	25	25	20	20	—	—	—

a　伸长率为相对原始宽度的比例，即伸长率（%）=［（最终宽度－原始宽度）/原始宽度］×100。

高位移能力弹性密封胶 G 类和 F 类产品的要求见表 2-84，其试验条件见表 2-85。

表 2-84　高位移能力弹性密封胶 G 类和 F 类产品的要求　　GB/T 22083—2008

性　能	指　标			试验方法
	100/50	50	35	
弹性恢复率（%）	≥70	≥70	≥70	GB/T 13477.17
定伸粘结性	无破坏	无破坏	无破坏	GB/T 13477.10
冷拉-热压后粘结性	无破坏	无破坏	无破坏	GB/T 13477.13
经过热、透过玻璃的人工光源和水曝露后粘结性[a]	无破坏	无破坏	无破坏	GB/T 13477.15—2002
浸水后定伸粘结性	无破坏	无破坏	无破坏	GB/T 13477.11
体积损失（%）	≤10	≤10	≤10	GB/T 13477.19
流动性[b]（mm）	≤3	≤3	≤3	GB/T 13477.6

a　仅 G 类产品测试此项性能，所用标准曝露条件见 GB/T 13477.15—2002 的 9.2.1 或 9.2.2。

b　采用 U 形阳极氧化铝槽，宽 20mm、深 10mm，试验温度℃50±2℃和 5℃±2℃，按 GB/T 13477.6—2002 的 6.1.2 试验，如果流动值超过 3mm，试验可重复一次。

表 2-85　高位移能力弹性密封胶 G 类和 F 类产品的试验条件（%）　　GB/T 22083—2008

性　能	试验方法	级　别		
		100/50	50	35
伸长率[a]	GB/T 13477.10 GB/T 13477.11 GB/T 13477.15—2002 GB/T 13477.17	100	100	100
幅度	GB/T 13477.13	+100/−50	±50	±35

a　伸长率为相对原始宽度的比例，即伸长率（%）=［（最终宽度－原始宽度）/原始宽度］×100。

3. 防水密封材料的性能

防水密封材料应具有能与缝隙、接头等凹凸不平的表面通过受压变型或流动润湿而紧密接触或粘结并能占据一定空间而不下垂，达到水密、气密的性能。为了确保接头和缝隙的水密、气密性能，防水密封材料必须具备下列性能要求：

（1）防水密封材料的材料性能。防水密封材料配制的原材料必须是非渗透性的材料，即不透水、不透气的材料。

传统的防水嵌缝密封材料常使用油灰和玛琋脂，随着高分子合成材料工业的发展，许多高分子合成材料已被用作嵌缝密封材料，除橡胶尤其是合成橡胶外，常用来配制密封材料的还有氯乙烯、聚乙烯、环氧、聚异丁烯等树脂。这些材料是具有柔软、耐水和耐候性好，粘合力强的非渗透性材料。

采用橡胶和树脂等合成高分子掺合物来制作密封材料是一个有前途且发展迅速的应用方向。

（2）防水密封材料的物理性能。

1）良好的耐活动性。能随接缝运动和接缝处出现的运动速率变形，并经循环反复变形后能充分恢复其原有性能和形状，不断裂、不剥落，使构件与构件形成完整的防水体系，即材料必须具有抗下垂性、伸缩性、粘结性。

① 流变性。常用的密封胶通常有自流平型和非下垂型之分，前者在施用后表面可自然流平，后者有时类似膏状，不能流平，填嵌于垂直面接缝等部位，不产生下垂、塌落，并能保持一定的形状。真正的液态密封胶，其黏度不超过 500Pa·s，超过这个黏度值，胶液类似油灰状或浆糊状。

② 机械性能。密封胶的重要机械性能主要有强度、伸长率、压缩性、弹性模数、撕裂和耐疲劳性等。

根据使用情况的不同，有的密封胶强度要求不高，有的则反之，要求具有像某些结构胶那样大的剪切拉伸和剥离强度。用于接缝的密封胶，其接缝的体积膨胀与压缩变形对密封膏影响很大，当接缝体积变小时，密封胶受到挤压，当接缝体积增大时，密封胶则被拉伸。如图 2-7 所示，密封胶的机械性能受到接缝的宽度、深度、缩胀程度以及环境温度的影响。在密封胶众多的机械性能中，定伸应力是一个极为重要的物理机械性能指标。在密封胶使用中，尤其是在接缝密封及需要阻尼防振的部位密封中，一般要求较低的定伸应力。例如，中空玻璃构件的粘结及密封所作用的内层丁基密封胶和外层硫化型密封胶（如聚硫、硅橡胶、聚氨酯等密封胶）都具有较低的定伸应力，以便吸收由于各种原因在中空玻璃上所产生的应力，避免因应力集中使玻璃破碎。表 2-86 列出了密封胶的定伸应力。

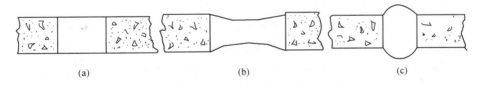

(a)　　　　　　　　　　(b)　　　　　　　　　　(c)

图 2-7　对接接缝伸缩体积变化对密封胶的影响

（a）原形；（b）接缝体积增大，密封胶被拉伸；（c）接缝体积缩小，密封胶被压缩

表 2-86　拉伸试验所测得密封胶定伸应力

密封胶类型	密封胶定伸应力（MPa）	
	50%伸长，开始后 30s	50%伸长，开始后 5min
硅橡胶	1.26～5.01	0.63～1.26
双组分聚硫橡胶	0.79	0.13～0.20
单组分聚硫橡胶	0.63	0.13
非坍塌双组分聚氨酯	1.0	0.63
丙烯酸	0.13	0.013
氯磺化聚乙烯	0.025	0.0032

磨损和机械磨耗对密封胶有明显影响，柔性密封胶，尤其是聚氨酯、氯丁橡胶都具有良好的耐磨性。

③ 粘结性。在密封胶的特性中，粘结性是一个十分重要的性能。影响粘结性的主要因素包括密封胶与被粘表面之间的相互作用，被粘表面形状、平滑度以及所使用的底胶。粘结性还受接缝设计、材料以及与密封胶相关的环境因素的影响。

通常，密封胶经受不起外部的强应力作用，密封胶的定伸应力随湿度而变化。湿气的变化所形成的应力正像外部应力那样大。当密封胶用于一个动密封接缝时，在接缝的底部应加上防粘结保护层，以防粘结并避免应力过大。

④ 动态环境。快速应力变化会引起经常受振动的密封胶产生疲劳破坏。在动态负荷情况下，一般应首先选择柔软性的密封胶。

2）良好的耐候性。

在室外，长期经受日光、雨雪等恶劣环境因素的影响，应仍能确保原有性能并起到防水密封功能，即材料具有耐候性、耐热性、耐寒性、耐水性、耐化学药品性以及外观色泽稳定性。

① 耐候性。在室外工作条件下，密封胶根据其使用场所的不同，应具有不同程度的耐水、耐热、耐冷、耐紫外线和耐阳光照射等性能。在工业领域，密封材料必须耐酸雾；在海洋方面，又必须耐盐雾。紫外光对某些密封胶具有较大的破坏作用，通过加速寿命试验可测出紫外光的作用。聚硫密封胶对热敏感，聚氨酯对水敏感，硅橡胶则既耐水又耐热。

② 使用温度和压力范围。密封胶应具有较宽的使用温度和压力范围。抗压性主要取决于密封胶的强度和接缝设计。

耐温度性能应考虑两个因素：可能得到的温度极限和温度升降的范围和周期频率。温度以不同的方式对不同密封胶发生影响。某些密封胶会失去强度但仍保持柔软性，另一些会发脆，还有的密封胶会在高温下完全分解。还应考虑的一些其他因素有热收缩、伸长、模数的变化及弯曲疲劳。

硅橡胶可制成最好的耐高温密封胶，可长时间在 205℃ 下使用，短时间使用温度可达 260℃，氟硅橡胶可在 260℃ 下连续使用。用重铬酸盐或二氧化锰硫化的聚硫密封胶可经受 107℃ 高温；三元共聚丙烯酸可耐 175℃；丙烯酸胶乳类则只能耐 73℃。

耐热试验可参照 ASTM D573 进行。

③ 相容性和渗透性。可以配合出能耐任何化学试剂腐蚀的密封胶。由于其他条件对密封膏的影响，因而一个密封胶的配合应兼顾各个方面。化学药品能引起密封胶分解、收缩、膨胀、变脆，或使其变成渗透的。例如，某些密封胶可吸收少量湿气，从而引起密封胶耐老化性能及耐化学腐蚀性能发生变化；然而，另一些单组分密封胶则要求吸收湿气才能交联硫化反应。如果一个密封胶透气性差，在接缝中就会残留所隔绝的气体。一个密封胶的湿气透过率数值大小取决于配方中聚合物、填充剂、增塑剂的选择。密封胶的耐油、耐水和耐化学药品试验方法可按 ASTM D471 进行。测定湿-蒸气透过性可按 ASTM E-96 进行。

④ 外观色泽稳定性。如果对密封胶的颜色有一定要求，应选择硫化反应后呈理想颜色或能调色的材料。加速老化可测定使用期间颜色的保持性。如果要在密封胶表面涂刷油漆，那么密封胶的颜色应与涂层颜色相适应。

⑤ 耐火焰和耐毒性。在防火场合要求使用具有阻燃性能的密封胶；与食品接触的密封胶则应符合食品卫生和药品卫生的有关规定。

（3）防水密封材料的施工性能。防水密封胶的施工性能相当重要，主要有硫化特性、操作特性、施工方法、被密封基材的表面处理和维修性能等几种特性。

1）硫化特性。密封胶的硫化特性包括硫化时间、温湿度控制。对于非硬化型密封胶，这些因素不是关键问题。大多数硫化型弹性密封胶的硫化时间较长，但大多数密封胶在几分钟到 24h 内就能失粘而凝固。密封胶硫化时间长，生产效率降低，尤其在电子工业等流水线操作时，硫化时间过长，则将严重影响流水线的进度；但硫化时间过短会缩短密封胶的贮存期，同时给生产过程带来问题。

非硫化型密封胶在使用前后保持相同黏度而不发生化学变化，为便于使用，有时也采用一些溶剂，其固化周期取决于溶剂挥发速度，其间，黏度发生变化但密封膏不变硬。

热塑性树脂密封胶可溶于溶剂中，也可制成水剂乳液，还可用增塑剂改性，有时还要加入填料及补强剂。它们全都是热软化型，在硬化期间不发生化学变化。

硬化型密封胶有单、双组分两种，单组分密封胶有些以水（湿）气作催化剂（如聚硫、聚氨酯），在湿气存在下通过化学变化而交联，有些密封胶需加热，以加速硫化。一般密封胶在仅有 20％相对湿度的空气中就可以硫化。在一定的范围内，增加湿度可缩短硫化时间。双组分密封胶一经与硫化剂及促进剂混合，在室温下就发生硫化。某些双组分配合还须加热。

溶剂挥发型密封胶（如丁基密封胶、丙烯酸密封胶）含有大量溶剂，在固化时首先使溶剂挥发，但不发生化学反应。在设计接缝时，应考虑到溶剂挥发及因溶剂挥发引起的密封胶收缩等问题。

水乳型密封胶（乳液丙烯酸）无论是室温还是高温，只有当水分挥发后才开始凝固。

2）操作特性。密封胶的操作特性包括密封膏的形式、黏度、必要的预加工等。

双组分密封胶要求混合简便，并可用手工或自动化设备施工。密封胶一般都有一个使用期限，通过配方调整，可以使密封胶的活性期符合操作要求，某些双组分密封胶经与硫化剂混合后，应贮存在低温冷冻条件下，以延长其贮存期。

密封胶的黏度对使用工艺有明显影响，黏度高的密封膏难以施工，因而会影响施工进度和施工质量，可通过调整配方（如加入溶剂或稀释剂）调整其黏度，但在施工现场不能做如此的处理。稀释的密封胶可提高使用性，但会引起另外的问题（如流淌）。在垂直表面上施工的密封胶不能坍塌，则要求黏度稍高，且有触变性。触变性密封胶可用于垂直表面。通常油灰或糊状密封胶也可能具有液态的稠度，但不坍塌。

非触变性密封胶是自流平的，施工后可以流动到一定的水平。

3）施工方法

密封胶大多呈液态，以糊膏或油灰状供应，其施工方法有：涂刷或滚涂，用油灰刀或刮板等进行刮涂以及用嵌缝的挤压枪挤压。刷、刮、挤这三种方法都要求操作者具有一定的操作技术水平，特别是在关键部位使用时，嵌缝技术能直接影响到密封接缝的质量。

4）基材的表面处理

许多密封胶都要求对其密封基材的表面进行处理，一般基材表面处理只要求除尘、去油污和湿气即可；关键部位，尤其是那些既要求密封又要求粘结的地方，对基材表面处理要求较高。某些密封胶还要求使用底涂胶。

5）维修性能

在密封胶正常使用期间，要求有一种能修补密封胶的材料。有些密封胶，尤其是非硬化型密封胶容易拆除并可重复使用。但有的密封膏，尤其是某些塑料或弹性体基材，一经破坏就很难修复，但大多数弹性密封胶自身可相互粘结而不失去应有的强力性能。

2.2.3.2　建筑防水密封胶

建筑防水密封胶（密封膏）是指以非成形状态嵌入接缝中，通过与接缝表面粘结而密封接缝的一类密封材料。

1. 建筑防水沥青嵌缝油膏

沥青类嵌缝材料是以石油沥青为基料，加入改性材料（如橡胶、树脂等）、稀释剂、填料等配制而成的一类黑色膏状嵌缝材料。沥青基密封胶有热熔型、溶剂型和水乳型等三种类型。按施工类型的不同，热溶型沥青类嵌缝材料可分为热施工型和冷施工型，溶剂型和水乳型沥青类嵌缝材料均可采用冷施工。冷施工型建筑防水沥青嵌缝油膏现已发布了建材行业标准《建筑防水沥青嵌缝油膏》（JC/T 207—2011）。

产品按其耐热性和低温柔性可分为 702 和 801 两个标号。

产品外观应为黑色均匀膏状，无结块和未浸透的填料。产品的物理力学性能应符合表 2-87 的规定。

表 2-87　建筑防水沥青嵌缝油膏的物理力学性能　JC/T 207—2011

序号	项　目			技术指标	
				702	801
1	密度（g/cm³）			规定值±0.1	
2	施工度（mm）		≥	22.0	22.0
3	耐热性	温度（℃）		70	80
		下垂值（mm）	≤	4.0	
4	低温柔性	温度（℃）		−20	−10
		粘结状况		无裂纹和剥离现象	
5	拉伸粘结性（%）		≥	125	
6	浸水后拉伸粘结性（%）		≥	125	
7	渗出性	渗出幅度（mm）	≤	5	
		渗出张数（张）	≤	4	
8	挥发性（%）		≤	2.8	

注：规定值由厂方提供或供需双方商定。

2. 硅酮和改性硅酮建筑密封胶

硅酮建筑密封胶是以聚硅氧烷为主要成分、室温固化的单组分和多组分密封胶，按固化体系分为酸性和中性；改性硅酮建筑密封胶是以端硅烷基聚醚为主要成分、室温固化的单组分和多组分密封胶。《硅酮和改性硅酮建筑密封胶》（GB/T 14683—2017）适用于普通装饰装修和建筑幕墙非结构性装配用硅酮建筑密封胶以及建筑接缝和干缩位移接缝用改性硅酮建筑密封胶。

（1）产品分类和标记。产品按组分分为单组分（Ⅰ）和多组分（Ⅱ）两个类型。硅酮建筑密封胶按用途分为三类：F类，建筑接缝用；Gn类，普通装饰装修镶装玻璃用，不适用于中空玻璃；Gw类，建筑幕墙非结构性装配用，不适用于中空玻璃。改性硅酮建筑密封胶按用途分为两类：F类，建筑接缝用；R类，干缩位移接缝用，常见于装配式预制混凝土外挂墙板接缝。

产品按位移能力进行分级，见表 2-88。按产品的拉伸模量可分为高模量（HM）和低模量（LM）两个次级别。

表 2-88　密封胶级别　GB/T 14683—2017

级别	试验拉压幅度（%）	位移能力（%）
50	±50	50.0
35	±35	35.0
25	±25	25.0
20	±20	20.0

硅酮建筑密封胶标记为 SR，改性硅酮建筑密封胶标记为 MS。产品按名称、标准编号、类型、级别、次级别顺序标记。示例：符合 GB/T 14683 的单组分、镶装玻璃用、25 级、高模量的硅酮建筑密封胶标记为：硅酮建筑密封胶（SR）GB/T 14683—I-Gn-25HM。

（2）产品技术要求。产品应为细腻、均匀膏状物，不应有气泡、结皮或凝胶。硅酮建筑密封胶（SR）的理化性能应符合表 2-89 规定。改性硅酮建筑密封胶（MS）的理化性能应符合表 2-90 规定。

表 2-89　硅酮建筑密封胶（SR）的理化性能　GB/T 14683—2017

序号	项目	技术指标							
		50LM	50HM	35LM	35HM	25LM	25HM	20LM	20HM
1	密度（g/cm³）	规定值±0.1							

续表

序号	项目		技术指标							
			50LM	50HM	35LM	35HM	25LM	25HM	20LM	20HM
2	下垂度（mm）		≤3							
3	表干时间[a]（h）		≤3							
4	挤出性（mL/min）		≥150							
5	适用期[b]		供需双方商定							
6	弹性恢复率（%）		≥80							
7	拉伸模量（MPa）	23℃	≤0.4 和 ≤0.6	>0.4 或 >0.6	≤0.4 和 ≤0.6	>0.4 或 >0.6	≤0.4 和 ≤0.6	>0.4 或 >0.6	≤0.4 和 ≤0.6	>0.4 或 >0.6
		−20℃								
8	定伸粘结性		无破坏							
9	浸水后定伸粘结性		无破坏							
10	拉伸-热压后粘结性		无破坏							
11	紫外线辐照后粘结性[c]		无破坏							
12	浸水光照后粘结性[d]		无破坏							
13	质量损失率（%）		≤8							
14	烷烃增塑剂[e]		不得检出							

a 允许采用供需双方商定的其他指标值。

b 仅适用于多组分产品。

c 仅适用于 Gn 类产品。

d 仅适用于 Gw 类产品。

e 仅适用于 Gw 类产品。

表 2-90　改性硅酮建筑密封胶（MS）的理化性能　　GB/T 14683—2017

序号	项目		技术指标				
			25LM	25HM	20LM	20HM	20LM-R
1	密度（g/cm³）		规定值±0.1				
2	下垂度（mm）		≤3				
3	表干时间（h）		≤24				
4	挤出性[a]（mL/min）		≥150				
5	适用期[b]（min）		≥30				
6	弹性恢复率（%）		≥70	≥70	≥60	≥60	—
7	定伸永久变形（%）		—				>50
8	拉伸模量（MPa）	23℃	≤0.4 和 ≤0.6	>0.4 或 >0.6	≤0.4 和 ≤0.6	>0.4 或 >0.6	≤0.4 和 ≤0.6
		−20℃					
9	定伸粘结性		无破坏				
10	浸水后定伸粘结性		无破坏				
11	拉伸-热压后粘结性		无破坏				
12	质量损失率（%）		≤5				

a 仅适用于单组分产品。

b 仅适用于多组分产品；允许采用供需双方商定的其他指标值。

3. 建筑用硅酮结构密封胶

建筑用硅酮结构密封胶是以聚硅氧烷为主要成分，在受力（包括静态或动态负荷）构件接缝中起结构粘结作用的一类密封材料。

我国已发布了适用于建筑幕墙及其他结构粘结装配用的《建筑用硅酮结构密封胶》（GB 16776—2005）。

（1）产品的分类和标记。产品按其组成不同，可分为单组分和双组分两类，分别用数字"1"和"2"表示。

产品按其适用的基材不同，可分为金属（M）、玻璃（G）、其他（Q），括号内的字母表示其代号。产品可按其型别、适用基材类别、产品标准号顺序进行标记。例如，适用于金属、玻璃的双组分硅酮结构胶标记为：2 M G GB 16776—2005。

（2）技术要求。产品的外观应为细腻、均匀膏状物，无气泡、结块、凝胶、结皮，无不易分散的析出物。

双组分产品两组分的颜色应有明显区别。

产品的物理力学性能应符合表 2-91 的规定。

表 2-91　建筑用硅酮结构密封胶的物理力学性能　GB 16776—2005

序号	项　目			技术指标
1	下垂度	垂直放置（mm）		≤3
		水平放置		不变形
2	挤出性[a]（s）			≤10
3	适用期[b]（min）			≥20
4	表干时间（h）			≤3
5	硬度（Shore A）			20～60
6	拉伸粘结性	拉伸粘结强度（MPa）	23℃	≥0.60
			90℃	≥0.45
			−30℃	≥0.45
			浸水后	≥0.45
			水-紫外线光照后	≥0.45
		粘结破坏面积（%）		≤5
		23℃时最大拉伸强度时伸长率（%）		≥100
7	热老化	热失重（%）		≤10
		龟裂		无
		粉化		无

a　仅适用于单组分产品。

b　仅适用于双组分产品。

（3）硅酮结构胶与结构装配系统用附件的相容性应符合《建筑用硅酮结构密封胶》（GB 16776—2005）附录 A 的规定，硅酮结构胶与实际工程用基材的粘结性应符合《建筑用硅酮结构密封胶》（GB 16776—2005）附录 B 的规定。

（4）报告 23℃时伸长率为 10%、20% 及 40% 时的模量。

4. 聚氨酯建筑密封胶

聚氨酯建筑密封胶是指以氨基甲酸酯聚合物为主要成分的一类单组分和多组分建筑密封胶。此类产品现已发布了建材行业标准《聚氨酯建筑密封胶》（JC/T 482—2003）。

（1）产品的分类和标记。产品按其包装形式可分为单组分（Ⅰ）和多组分（Ⅱ）两个品种。产品按流动性可分为非下垂型（N）和自流平型（L）两个类型。

产品按位移能力分为 25、20 两个级别，参见表 2-88 产品按拉伸模量分为高模量（HM）和低模量（LM）两个次级别。

产品按名称、品种、类型、级别、次级别、标准号的顺序进行标记。例如，25 级低模量单组分非下垂型聚氨酯建筑密封胶标记为：聚氨酯建筑密封胶 Ⅰ N 25 LM JC/T 482—2003。

（2）技术要求。产品的外观应为细腻、均匀膏状物或黏稠液，不应有气泡。

产品的颜色与供需双方商定的样品相比，不得有明显差异。多组分产品各组分的颜色间应有明显差异。

产品的物理力学性能应符合表 2-92 的规定。

表 2-92　聚氨酯建筑密封胶的物理力学性能　JC/T 482—2003

试　验　项　目		技　术　指　标		
		20HM	25LM	20LM
密度（g/cm³）		规定值±0.1		
流动性	下垂度（N 型）(mm)	≤3		
	流平性（L 型）	光滑平整		
表干时间(h)		≤24		
挤出性①（mL/min）		≥80		
适用期②(h)		≥1		
弹性恢复率(%)		≥70		
拉伸模量(MPa)	23℃	>0.4 或>0.6		≤0.4
	−20℃			和≤0.6
定伸粘结性		无破坏		
浸水后定伸粘结性		无破坏		
冷拉-热压后粘结性		无破坏		
质量损失率(%)		≤7		

① 此项仅适用于单组分产品。

② 此项仅适用于多组分产品，允许采用供需双方商定的其他指标值。

5. 聚硫建筑密封胶

聚硫建筑密封胶是由液体聚硫橡胶为基料的室温硫化的一类双组分建筑密封胶。此类产品已发布了应用于建筑工程接缝的建材行业标准《聚硫建筑密封胶》（JC/T 483—2006）。

（1）产品的分类和标记。产品按流动性能可分为非下垂型（N）和自流平型（L）两个类型。产品按位移能力分为 25、20 两个级别，参见表 2-88。产品按拉伸模量分为高模量（HM）和低模量（LM）两个次级别。

产品按名称、类型、级别、次级别、标准号顺序进行标记。例如，25 级低模量非下垂型聚硫建筑密封胶标记为：聚硫建筑密封胶 N 25 LM JC/T 483—2006。

（2）产品的技术要求。产品的外观应为均匀膏状物，无结皮结块，组分间颜色应有明显差别。

产品的颜色与供需双方商定的样品相比，不得有明显差异。

产品的物理力学性能应符合表 2-93 的规定。

表 2-93　聚硫建筑密封胶的物理力学性能　JC/T 483—2006

序号	项　目		技术指标		
			20HM	25LM	20LM
1	密度(g/cm³)		规定值±0.1		
2	流动性	下垂度（N 型）(mm)	≤3		
		流平性（L 型）	光滑平整		
3	表干时间(h)		≤24		
4	适用期(h)		≥2		
5	弹性恢复率(%)		≥70		
6	拉伸模量(MPa)	23℃	>0.4 或>0.6		≤0.4 和≤0.6
		−20℃			
7	定伸粘结性		无破坏		
8	浸水后定伸粘结性		无破坏		
9	冷拉-热压后粘结性		无破坏		
10	质量损失率(%)		≤5		

注：适用期允许采用供需双方商定的其他指标值。

6. 中空玻璃用弹性密封胶

中空玻璃用弹性密封胶是指应用于中空玻璃单道或第二道密封用两组分聚硫类密封胶和第二道密封用硅酮类密封胶。

中空玻璃用弹性密封胶要求其具有高粘结性、抗湿气渗透、耐湿热，长期紫外光照下在玻璃中空内不发雾，组分比例和黏度应满足机械混胶注胶施工等特点。目前能满足要求的产品主要是抗水蒸气渗透的双组分聚硫密封胶，随着玻璃幕墙结构节能要求的提高，所用中空玻璃日渐增多，特别强调玻璃结构粘结的安全、耐久性，开始将硅酮密封胶用作中空玻璃结构的第二道密封，但由于其耐湿气渗透性较差，故不允许其单道使用，必须有丁基嵌缝膏为第一道密封，以阻挡湿气渗透。

中空玻璃用弹性密封胶已发布了国家标准《中空玻璃用弹性密封胶》（GB/T 29755—2013）。

（1）产品的分类和标记。产品按密封胶的聚合物种类分为聚硫（PS）、硅酮（SR）、聚氨酯（PU）等密封胶。

产品按下列顺序标记：密封胶名称、聚合物种类、标准编号。示例：聚硫中空玻璃密封胶标记为：中空玻璃密封胶 PS GB/T 29755—2013。

（2）产品的技术要求。密封胶应为细腻、均匀膏状物或黏稠体，不应有气泡、结皮或凝胶。各组分的颜色宜有明显差异。密封胶的物理力学性能应符合表 2-94 的规定。

表 2-94　中空玻璃用弹性密封胶物理力学性能　GB/T 29755—2013

序号	项目			指标
1	密度（g/cm³）	A组分		规定值±0.1
		B组分		规定值±0.1
2	下垂度	垂直（mm）	≤	3
		水平		不变形
3	表干时间（h）		≤	2
4	适用期ᵃ（min）		≥	20
5	硬度（Shore A）			30~60
6	弹性恢复率（%）		≥	80
7	拉伸粘结性	拉伸粘结强度（MPa）	≥	0.60
		最大拉伸强度时伸长率（%）	≥	50
		粘结破坏面积（%）	≤	10
8	定伸粘结性			无破坏
9	水-紫外线处理后拉伸粘结性	拉伸粘结强度（MPa）	≥	0.45
		最大拉伸强度时伸长率（%）	≥	40
		粘结破坏面积（%）	≤	30
10	热空气老化后拉伸粘结性	拉伸粘结强度（MPa）	≥	0.60
		最大拉伸强度时伸长率（%）	≥	40
		粘结破坏面积（%）	≤	30
11	热失重（%）		≤	6.0
12	水蒸气透过率［g/（m²·d）］			报告值

注：中空玻璃用第二道密封胶使用时关注与相接触材料的相容性或粘结性，相接触材料包括一道密封胶、中空玻璃单元接缝密封胶、间隔条、密闭垫块等，试验参考 GB 16776—2005 和 GB 24266—2009 相应规定。

a　适用期也可由供需双方商定。

7. 幕墙玻璃接缝用密封胶

幕墙玻璃接缝用密封胶是指适用于玻璃幕墙工程中嵌填玻璃与玻璃接缝的硅酮耐候密封胶。其产品已发布了行业标准《幕墙玻璃接缝用密封胶》（JC/T 882—2001），玻璃与铝等金属材料接缝的耐候密封胶也参照此标准采用，该标准不适用于玻璃幕墙工程中结构性装配用的密封胶。

（1）产品的分类和标记。产品分为单组分（Ⅰ）和多组分（Ⅱ）两个品种。

产品按位移能力分为 25、20 两个级别。

产品按拉伸模量分为低模量（LM）和高模量（HM）两个级别。

25 级、20 级密封胶为弹性密封胶。

产品名称、品种、级别、次级别、标准号顺序标记。标记示例：

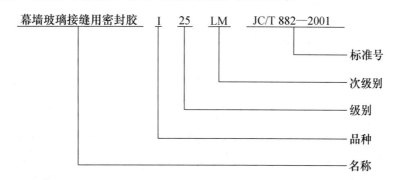

（2）产品的技术要求。产品的外观应为细腻、均匀膏状物，不应有气泡、结皮或凝胶。

产品的颜色与供需双方商定的样品相比，不得有明显差异。多组分密封胶各组分的颜色应有明显差异。

产品的适用期指标由供需双方商定。

产品的物理力学性能应符合表 2-95。

表 2-95　幕墙玻璃接缝用密封胶的物理力学性能　JC/T 882—2001

序号	项　目		技　术　指　标			
			25LM	25HM	20LM	20HM
1	下垂度（mm）	垂直	≤3			
		水平	无变形			
2	挤出性（mL/min）		≥80			
3	表干时间（h）		≤3			
4	弹性恢复率（%）		≥80			
5	拉伸模量（MPa）	标准条件	≤0.4 和 ≤0.6	>0.4 或 >0.6	≤0.4 和 ≤0.6	>0.4 或 >0.6
		−20℃				
6	定伸粘结性		无破坏			
7	热压-冷拉后粘结性		无破坏			
8	浸水光照后定伸粘结性		无破坏			
9	质量损失率（%）		≤10			

8. 金属板用建筑密封胶

金属板用建筑密封胶是指适用于金属板接缝用中性建筑密封胶。此类产品已发布了建材行业标准《金属板用建筑密封胶》（JC/T 884—2016）。

产品按其基础聚合物种类分为硅酮（SR）、改性硅酮（MS）、聚氨酯（PU）、聚硫（PS）等；按其组分分为单组分（Ⅰ）和双组分（Ⅱ）。

产品按其位移能力可分为 12.5 级、20 级、25 级，12.5 级、20 级、25 级别产品的试验拉压幅度，位移能力见表 2-80。产品的次级别按 GB/T 22083—2008 进行分类，LM、HM、E 为弹性密封胶。

产品按产品名称、标准编号、组分、聚合物种类、级别、次级别顺序标记。例如，单组分高模量 25 级位移能力的硅酮金属板密封胶标记为：金属板密封胶 JC/T 884—2016 Ⅰ SR 25HM。

产品的技术要求如下：

外观：密封胶应为细腻、均匀膏状物或黏稠体，不应有气泡、结块、结皮或凝胶，无不易分散的析出物。双组分密封胶的各组分的颜色应有明显差异，产品的颜色也可由供需双方商定，产品的颜色与供需双方商定的样品相比，不应有明显差异。

物理力学性能：①金属板用密封胶的物理力学性能应符合表 2-96 的规定；②双组分密封胶的适用期由供需双方商定；③金属板用密封胶与工程用金属板基材剥离粘结性应符合表 2-97 的规定；④需要时污染性由供需双方商定，试件应无变色、流淌和粘结破坏。

表 2-96　金属板用密封胶的物理力学性能　JC/T 884—2016

序号	项　目		技术指标				
			25LM	25HM	20LM	20HM	12.5E
1	下垂度	垂直（mm）	≤3				
		水平	无变形				
2	表干时间（h）		≤3				
3	挤出性（mL/min）		≥80				
4	弹性恢复率（%）		≥70		≥60		≥40
5	拉伸模量（MPa）	23℃ −20℃	≤0.4 和 ≤0.6	>0.4 或 >0.6	≤0.4 和 ≤0.6	>0.4 或 >0.6	— —
6	定伸粘结性		无破坏				
7	冷拉-热压后粘结性		无破坏				
8	浸水后定伸粘结性		无破坏				
9	质量损失（%）		≤7.0				

表 2-97　金属板用密封胶与工程用金属板基材剥离粘结性　JC/T 884—2016

序号	项　目		技术指标
1	剥离粘结性	剥离强度（N/mm）	≥1.0
		粘结破坏面积（%）	≤25

2.2.3.3　建筑预制密封材料

建筑预制密封材料是指预先成型的具有一定形状和尺寸的密封材料。

建筑工程各种接缝（如构件接缝、门窗框密封伸缩缝、沉降缝等）常用的预制防水密封材料的品种和规格很多，主要有止水带、密封垫等。

预制密封材料习惯上可分为刚性和柔性两大类。大多数刚性预制密封材料是由金属制成的，如金属止水带、防雨披水板等；柔性预制密封材料一般是采用天然橡胶或合成橡胶、聚氯乙烯之类材料制成的，用于止水带、密封垫和其他各种密封目的。

预制密封材料的共同特点是：

（1）具有良好的弹塑性和强度，不至于因构件的变形、振动发生脆裂和脱落，并且有防水、耐热、耐低温性能。

（2）具有优良的压缩变形性能及回复性能。

（3）密封性能好，而且持久。

（4）一般由工厂制造成型，尺寸精度高。

1. 高分子防水材料止水带

止水带又名封缝带，是处理建筑物或地下构筑物接缝用的一种条带状防水密封材料。此类产品现已发布了国家标准《高分子防水材料　第 2 部分：止水带》（GB 18173.2—2014），该标准适用于全部或部分浇捣于混凝土中或外贴于混凝土表面的橡胶止水带、遇水膨胀橡胶复合止水带、具有钢边的橡胶止水带以及沉管隧道接头缝用橡胶止水带和橡胶复合止水带（简称止水带）。

（1）产品的分类和标记。产品按其用途的不同，可分为变形缝用止水带（用 B 表示）、施工缝用止水带（用 S 表示）、沉管隧道接头缝用止水带（用 J 表示），沉管隧道接头缝用止水带又可进一步分为可卸式止水带（用 JX 表示）和压缩式止水带（用 JY 表示）；按其结构形式的不同，可分为普通止水带（用 P 表示）、复合止水带（用 F 表示），复合止水带又可进一步分为与钢边复合的止水带（用 FG 表示）、与遇水膨胀橡胶复合的止水带（用 FP 表示）、与帘布复合的止水带（用 FL 表示）。

产品应按用途、结构、宽度、厚度顺序标记。例如，宽度为 300mm、厚度为 8mm 施工缝用与钢边复合的止水带标记为：S-FG-300×8。

（2）产品的技术要求。

1）尺寸公差。止水带的结构示意图如图 2-8 所示，其尺寸公差见表 2-98。

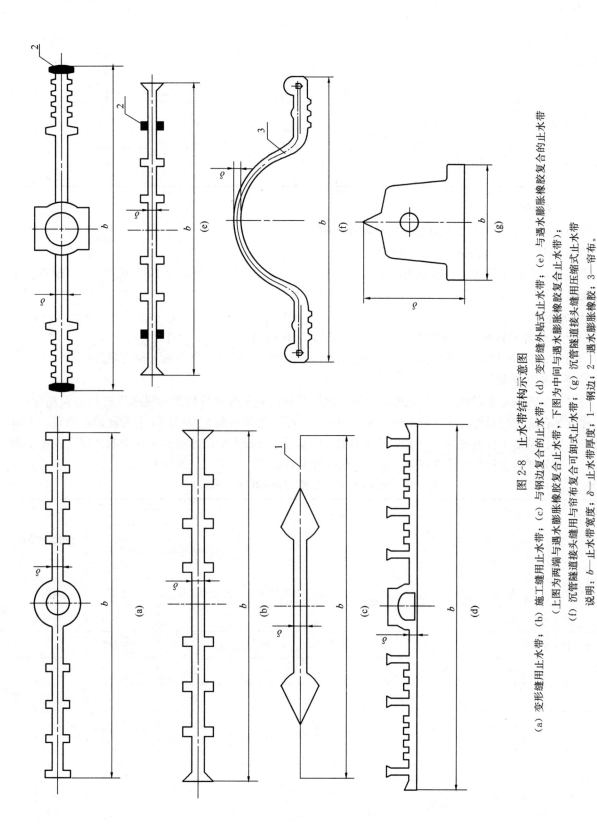

图 2-8 止水带结构示意图

（a）变形缝用止水带；（b）施工缝用止水带；（c）与钢边复合的止水带；（d）变形缝外贴式止水带；（e）与遇水膨胀橡胶复合的止水带（上图为两端与遇水膨胀橡胶复合止水带，下图为中间与遇水膨胀橡胶复合止水带）；（f）沉管隧道接头缝用与帘布复合可卸式止水带；（g）沉管隧道接头缝用压缩式止水带；1—钢边；2—遇水膨胀橡胶；3—帘布。

说明：b—止水带宽度；δ—止水带厚度；1—钢边；2—遇水膨胀橡胶；3—帘布。

表 2-98　止水带的尺寸公差　GB 18173.2—2014

产品类型：B 类、S 类、JX 类止水带

项　目	厚度 δ（mm）				宽度 b（%）
	4≤δ≤6	6<δ≤10	10<δ≤20	δ>20	
极限偏差	+1.00 0	+1.30 0	+2.00 0	+10% 0	±3

产品类型：JY 类止水带

项　目	厚度 δ（mm）			宽度 b（%）	
	δ≤160	160<δ≤300	δ>300	<300	≥300
极限偏差	±1.50	±2.00	±2.50	±2	±2.5

2）外观质量。

① 止水带中心孔偏差不允许超过壁厚设计值的 1/3。

② 止水带表面不允许有开裂、海绵状等缺陷。

③ 在 1m 长度范围内，止水带表面深度不大于 2mm、面积不大于 $10mm^2$ 的凹痕、气泡、杂质、明疤等缺陷不得超过 3 处。

3）物理性能。

① 止水带橡胶材料的物理性能要求和相应的试验方法应符合表 2-99 的规定。

② 止水带接头部位的拉伸强度指标应不低于表 2-99 规定的 80%（现场施工接头除外）。

2.遇水膨胀橡胶

遇水膨胀橡胶是指以水溶性聚氨酯预聚体、丙烯酸钠高分子吸水性树脂等吸水性材料与天然橡胶、氯丁橡胶等合成橡胶制得的遇水膨胀性防水橡胶一类产品。此类材料主要应用于各种隧道、顶管、人防等地下工程、基础工程的接缝、防水密封和船舶、机车等工业设备的防水密封。此类制品现已发布了国家标准《高分子防水材料　第 3 部分　遇水膨胀橡胶》（GB/T 18173.3—2014）。

表 2-99　止水带的物理性能　GB 18173.2—2014

序号	项　目		指标			适用试验条目
			B、S	J		
				JX	JX	
1	硬度（邵尔 A）（度）		60±5	60±5	40～70[a]	5.3.2
2	拉伸强度（MPa）　≥		10	16	16	5.3.3
3	拉断伸长率（%）　≥		380	400	400	5.3.3
4	压缩永久变形（%）	70℃×24h，25%　≤	35	30	30	5.3.4
		23℃×168h，25%　≤	20	20	15	
5	撕裂强度（kN/m）　≥		30	30	20	5.3.5
6	脆性温度（℃）　≤		−45	−40	−50	5.3.6
7	热空气老化 （70℃×168h）	硬度变化（邵尔 A）（度）　≤	+8	+6	+10	5.3.7
		拉伸强度（MPa）　≥	9	13	13	
		拉断伸长率（%）　≥	300	320	300	
8	臭氧老化 [50×10⁻⁸，20%，（40±2）℃×48h]		无裂纹			5.3.8

序号	项目	指标			适用试验条目
		B、S	J		
			JX	JX	
9	橡胶与金属粘合[b]	橡胶间破坏	—	—	5.3.9
10	橡胶与帘布粘合强度[c] （N/mm） ≥	—	5	—	5.3.10

注：遇水膨胀橡胶复合止水带中的遇水膨胀橡胶部分按 GB/T 18173.3 的规定执行。若有其他特殊需要，可由供需双方协议适当增加检验项目。

a 该橡胶硬度范围为推荐值，供不同沉管隧道工程 JY 类止水带设计参考使用。

b 橡胶与金属粘合项仅适用于与钢边复合的止水带。

c 橡胶与帘布粘合项仅适用于与帘布复合的 JX 类止水带。

（1）产品的分类和标记。遇水膨胀橡胶产品按其工艺的不同，可分为制品型（用 PZ 表示）、腻子型（用 PN 表示）；按其在静态蒸馏水中的体积膨胀倍率（%），可分为：制品型有≥150%、≥250%、≥400%、≥600% 等几类，腻子型有≥150%、≥220%、≥300% 等几类；按其截面形状不同，可分为圆形（用 Y 表示）、矩形（用 J 表示）、椭圆形（用 T 表示）、其他形状（用 Q 表示）。

产品按类型-体积膨胀倍率、截面形状-规格、标准号顺序标记。例如，宽度为 30mm、厚度为 20mm 的矩形制品型遇水膨胀橡胶，体积膨胀倍率≥400%，标记为：PZ-400 J-30mm×20mm GB 18173.3—2014。

（2）产品的技术要求。

1）制品型尺寸公差。遇水膨胀橡胶的断面结构示意图如图 2-9 所示，制品型遇水膨胀橡胶尺寸公差应符合表 2-100 的规定。

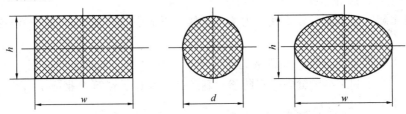

图 2-9　遇水膨胀橡胶的断面结构示意图

表 2-100　遇水膨胀橡胶尺寸公差（mm）GB/T 18173.3-2014

规格尺寸	≤5	>5～10	>10～30	>30～60	>60～150	>150
极限偏差	±0.5	±1.0	+1.5 1.0	+3.0 −2.0	+4.0 −3.0	+4% −3%

注：其他规格制品尺寸公差由供需双方协商确定。

2）制品型外观质量。每米遇水膨胀橡胶表面允许有深度不大于 2mm、面积不大于 16mm^2 的凹痕、气泡、杂质、明疤等缺陷不超过 4 处。

3）物理性能。

① 制品型遇水膨胀橡胶胶料的物理性能及相应的试验方法应符合表 2-101 的规定。

表 2-101　制品型遇水膨胀橡胶胶料物理性能　GB/T 18173.3—2014

项目	指标				适用试验条目
	PZ-150	PZ-250	PZ-400	PZ-600	
硬度（邵尔 A）（度）	42±10		45±10	48±10	6.3.2

续表

项 目		指 标				适用试验条目
		PZ-150	PZ-250	PZ-400	PZ-600	
拉伸强度（MPa）	≥	3.5		3		6.3.3
拉断伸长率（%）	≥	−450		350		
体积膨胀倍率（%）	≥	150	250	400	600	6.3.4
反复浸水试验	拉伸强度（MPa） ≥	3		2		6.3.5
	拉断伸长率（%） ≥	350		250		
	体积膨胀倍率（%） ≥	150	250	300	500	
低温弯折（−20℃×2h）		无裂纹				6.3.6

注：成品切片测试拉伸强度、拉断伸长率应达到本标准的 80%；接头部位的拉伸强度、拉断伸长率应达到本标准的 50%。

② 腻子型遇水膨胀橡胶的物理性能及相应的试验方法应符合表 2-102 的规定。

表 2-102　腻子型遇水膨胀橡胶的物理性能　GB/T 18173.3—2014

项 目		指 标			适用试验条目
		PN-150	PN-220	PN-300	
体积膨胀倍率a（%）	≥	150	220	300	6.3.4
高温流淌性（80℃×5h）		无流淌	无流淌	无流淌	6.3.7
低温试验（−20℃×2h）		无脆裂	无脆裂	无脆裂	6.3.8

a　检验结果应注明试验方法。

3. 膨润土橡胶遇水膨胀止水条

膨润土橡胶遇水膨胀止水条是以膨润土为主要原料，添加橡胶及其他助剂。经混炼加工而成的有一定形状的制品形条。

膨润土橡胶遇水膨胀止水条是一种新型的建筑防水密封材料。本品主要应用于各种建筑物、构筑物、隧道、地下工程及水利工程的缝隙止水防渗。其产品已发布了建筑工业行业标准《膨润土橡胶遇水膨胀止水条》（JG/T 141—2001）。

（1）产品的分类和标记。

1）产品的分类。膨润土橡胶遇水膨胀止水条根据产品特性可分为普通型及缓膨型。

2）代号。

① 名称代号。

膨润土　　B（Bentonite）

止水　　　W（Weterstops）

② 特性代号。

普通型　　C（Common）

缓膨型　　S（Slow-swelling）

③ 主参数代号。以吸水膨胀倍率达 200%～250% 时所需不同时间为主参数，见表 2-103。

表 2-103　膨润土橡胶遇水膨胀止水条的主参数代号　JG/T 141—2001

主参数代号	4	24	48	72	96	120	144
吸水膨胀倍率达 200%～250% 时所需时间（h）	4	24	48	72	96	120	144

3）标记。标记方法如下：

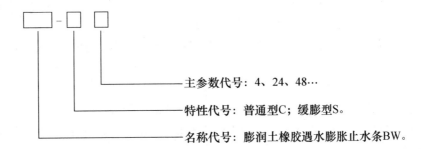

主参数代号：4、24、48…

特性代号：普通型C；缓膨型S。

名称代号：膨润土橡胶遇水膨胀止水条BW。

例如，普通型膨润土橡胶遇水膨胀止水条，吸水膨胀倍率达200％～250％时所需时间为4h。标记为：BW-C4。

又如，缓膨型膨润土橡胶遇水膨胀止水条，吸水膨胀倍率达200％～250％时所需时间为120h。标记为：BW-S120。

（2）技术要求。

1）产品的外观为柔软有一定弹性匀质的条状物，色泽均匀，无明显凹凸等缺陷。

2）产品的常用规格尺寸见表2-104。

表 2-104　常用规格尺寸（mm）JG/T 141—2001

长度	宽度	厚度
10000	20	10
10000	30	10
5000	30	20

规格尺寸偏差：长度为规定值的±1％；宽度及厚度为规定值的±10％。

其他特殊规格尺寸由供需双方商定。

3）产品的技术指标应符合表2-105的规定。

表 2-105　膨润土橡胶遇水膨胀止水条技术指标　JG/T 141—2001

项　目			技　术　指　标	
			普通型（C）	缓膨型（S）
抗水压力（MPa）		≥	1.5	2.5
规定时间吸水膨胀倍率（％）		4h	200～250	—
		24h		
		48h		
		72h	—	200～250
		96h		
		120h		
		144h		
最大吸水膨胀倍率（％）		≥	400	300
密度（g/cm³）			1.6±0.1	1.4±0.1
耐热性	80℃，2h		无流淌	
低温柔性	−20℃，2h绕φ20mm圆棒		无裂纹	
耐水性	浸泡24h		不呈泥浆状	—
	浸泡240h		—	整体膨胀无碎块

4. 丁基橡胶防水密封胶粘带

丁基橡胶防水密封胶粘带简称丁基胶粘带，是以饱和聚异丁烯橡胶、丁基橡胶、卤化丁基橡胶等为主要原料制成的，具有粘结密封功能的弹塑性单面或双面，适用于高分子防水卷材、金属板屋面等建筑防水工程中接缝密封用的卷状胶粘带。该产品已发布了行业标准《丁基橡胶防水密封胶粘带》（JC/T 942—2004）。

（1）产品的分类和标记。

1）产品按粘结面分为：单面胶粘带，代号1；双面胶粘带，代号2。

2）单面胶粘带产品按覆面材料分为：单面无纺布覆面材料，代号1W；单面铝箔覆面材料，代号1L；单面其他覆面材料，代号1Q。

3）产品按用途分为：高分子防水卷材用，代号R；金属板屋面用，代号M。

注：双面胶粘带不宜外露使用。

4）产品规格通常为：厚度：1.0mm、1.5mm、2.0mm；宽度：15mm、20mm、30mm、40mm、50mm、60mm、80mm、100mm；长度：10m、15m、20m。

其他规格可由供需双方商定。

5）产品标记。产品按名称、粘结面、覆面材料、用途、规格（厚度-宽度-长度）、标准号顺序标记。

例如，厚度1.0mm、宽度30mm、长度20m金属板屋面用双面丁基橡胶防水密封胶粘带标记为：丁基橡胶防水密封胶粘带2M 1.0-30-20 JC/T 942—2004。

（2）产品的技术要求。

1）外观。丁基胶粘带应卷紧卷齐，在5～35℃环境温度下易于展开，开卷时无破损、粘连或脱落现象。

丁基胶粘带表面应平整，无团块、杂物、空洞、外伤及色差。

丁基胶粘带的颜色与供需双方商定的样品颜色相比，无明显差异。

2）尺寸偏差。丁基胶粘带的尺寸偏差应符合表2-106的规定。

表2-106　丁基胶粘带的尺寸偏差　JC/T 942—2004

厚度（mm）		宽度（mm）		长度（m）	
规格	允许偏差	规格	允许偏差	规格	允许偏差
1.0	±10%	15 20 30 40 50 60 80 100	±5%	10 15 20	不允许有负偏差
1.5					
2.0					

3）理化性能。丁基胶粘带的理化性能应符合表2-107的规定。表中彩钢板全称为彩色涂层钢板。

表2-107　丁基胶粘带的理化性能　JC/T 942—2004

试验项目			技术指标
1. 持粘性（min）		≥	20
2. 耐热性（80℃，2h）			无流淌、龟裂、变形
3. 低温柔性（−40℃）			无裂纹
4. 剪切状态下的粘合性[a]（N/mm）	防水卷材	≥	2.0

续表

试验项目			技术指标
5. 剥离强度ᵇ（N/mm）	防水卷材	≥	0.4
	水泥砂浆板	≥	0.6
	彩钢板	≥	
6. 剥离强度保持率ᵇ（%）	热处理（80℃，168h）	防水卷材 ≥	80
		水泥砂浆板 ≥	
		彩钢板 ≥	
	碱处理（饱和氢氧化钙溶液，168h）	防水卷材 ≥	80
		水泥砂浆板 ≥	
		彩钢板 ≥	
	浸水处理（168h）	防水卷材 ≥	80
		水泥砂浆板 ≥	
		彩钢板 ≥	

a 第 4 项仅测试双面胶粘带。

b 第 5 和第 6 项中，测试 R 类试样时采用防水卷材和水泥砂浆板基材，测试 M 类试样时采用彩钢板基材。

2.2.4 瓦材

瓦材是建筑物的传统屋面防水工程所采用的一类防水材料，其包括玻纤胎沥青瓦、烧结瓦、混凝土瓦等多种。在屋面工程防水技术中，采用瓦材进行排水，在我国具有悠久的历史，在现代建筑工程中，瓦材进行防排水的技术措施仍被广泛地采用。瓦材按其材性的不同可分为柔性和刚性两大类，柔性的有玻纤胎沥青瓦，刚性的有烧结瓦、混凝土瓦等制品。

1. 玻纤胎沥青瓦

玻纤胎沥青瓦简称沥青瓦，是以玻纤胎为胎基，以石油沥青为主要原料、加入矿物填料作浸涂材料，上表面覆以矿物粒（片）料作保护材料，采用搭接法工艺铺设施工的一类应用于坡屋面的，集防水、装饰双重功能于一体的一类柔性瓦状防水片材。玻纤胎沥青瓦产品现已发布国家标准《玻纤胎沥青瓦》（GB/T 20474—2015）。

（1）产品的分类，规格和标记。玻纤胎沥青瓦按其产品的形式不同，可分为平面沥青瓦（P）和叠合沥青瓦（L）等两种形式。平面沥青瓦是以玻纤胎为胎基，采用沥青材料浸渍涂盖之后，表面覆以保护隔离材料，并且外表面平整的一类沥青瓦，其俗称平瓦；叠合沥青瓦是采用玻纤胎为胎基生产的，在其实际使用的外露面的部分区域，采用沥青粘合了一层或多层沥青瓦材料而形成叠合状的一类沥青瓦，其俗称叠瓦。

产品的规格：长度推荐尺寸为 1000mm，宽度推荐尺寸为 333mm。

产品按标准号、产品名称和产品形式顺序标记。例如，平瓦玻纤胎沥青瓦标记为：GB/T 20474—2016 沥青瓦 P。

（2）产品的技术要求。

1）原材料。

① 在浸渍、涂盖、叠合过程中，使用的石油沥青应满足产品的耐久性要求，在使用过程中不应有轻油成分渗出。

② 所有使用胎基为采用纵向加筋或不加筋的低碱玻纤毡，应符合现行国家标准《沥青防水卷材用胎基》（GB/T 18840）的要求，胎基单位面积质量不小于 90g/m²。不应采用带玻纤网格布复合的胎基。

③ 上表面材料应为矿物粒（片）料，应符合现行行业标准《沥青瓦用彩砂》（JC/T 1071）的规定。

④ 沥青瓦表面采用的沥青自粘胶在使用过程中应能将其相互锁合粘结，不产生流淌。

2）要求。

① 规格尺寸、单位面积质量

a. 长度尺寸偏差为±3mm，宽度尺寸偏差为+5mm、-3mm。

b. 切口深度不大于（沥青瓦宽度-43）/2（mm）。

c. 沥青瓦单位面积质量不小于3.6kg/m²，厚度不小于2.6mm。

② 外观。

a. 沥青瓦在10~45℃时，应易于分开，不得产生脆裂和破坏沥青瓦表面的粘结。胎基应被沥青完全浸透，表面不应有胎基外露，叠瓦的层间应用沥青材料粘结在一起。

b. 表面材料应连续均匀地粘结在沥青表面，以达到紧密覆盖的效果。矿物粒（片）料应均匀，嵌入沥青的矿物粒（片）料不应对胎基造成损伤。

c. 沥青瓦表面应有沥青自粘胶和保护带。

d. 沥青瓦表面应无可见的缺陷，如孔洞、未切齐的边、裂口、裂纹、凹坑和起鼓。

③ 物理力学性能。沥青瓦的物理力学性能应符合表2-108的规定。

表 2-108　沥青瓦的物理力学性能　GB/T 20474—2015

序号	项　目			指　标	
				P	L
1	可溶物含量（g/m²）		≥	800	1500
2	胎基			胎基燃烧后完整	
3	拉力（N/50mm）	纵向	≥	600	
		横向	≥	400	
4	耐热度（90℃）			无流淌、滑动、滴落、气泡	
5	柔度ᵃ（10℃）			无裂纹	
6	撕裂强度（N）		≥	9	
7	不透水性（2mH₂O，24h）			不透水	
8	耐钉子拔出性能（N）		≥	75	
9	矿物料黏附性（g）		≤	1.0	
10	自粘胶耐热度	50℃		发粘	
		75℃		滑动≤2mm	
11	叠层剥离强度（N）		≥	—	20
12	人工气候加速老化	外观		无气泡、渗油、裂纹	
		色差（ΔE）	≤	3	
		柔度（12℃）		无裂纹	
13	燃烧性能			B₂-E 通过	
14	抗风揭性能（97km/h）			通过	

　a　根据使用环境和用户要求，生产企业可以生产比标准规定柔度温度更低的产品，并应在产品订购合同中注明。

2. 烧结瓦

烧结瓦是指由黏土或其他无机非金属原料经成型、烧结等工艺处理，用于建筑物屋面覆盖及装饰用的板状或块状烧结制品的一类防水材料。此类产品现已发布了国家标准《烧结瓦》（GB/T 21149—2007）。

烧结瓦通常根据形状、表面状态以及吸水率的不同来进行分类和具体产品的命名。烧结瓦根据其形状的不同，可分为平瓦、脊瓦、三曲瓦、双筒瓦、鱼鳞瓦、牛舌瓦、板瓦、筒瓦、滴水瓦、沟头瓦、J形瓦、S形瓦、波形瓦和其他异型瓦及其配件、饰件；根据表面状态的不同，可分为有釉（含表面经加工处理形成装饰薄膜层）瓦和无釉瓦；根据吸水率的不同，可分为Ⅰ类瓦、Ⅱ类瓦、Ⅲ类瓦、青瓦。青瓦是指在还原气氛中烧成的青灰色的一类烧结瓦。

烧结瓦的通常规格及主要结构尺寸见表2-109；瓦与瓦之间以及瓦和配件、饰件搭配使用时应保证搭接合适；对以拉挂为主铺设的瓦，应有1～2个孔，能有效拉挂的孔有1个以上，钉孔或钢丝孔铺设后不能漏水；瓦的正面或背面可以有以加固、挡水等为目的的加强筋、凹凸纹等；需要粘结的部位不得附着大量釉，以致妨碍粘结。

表 2-109　烧结瓦的通常规格及主要结构尺寸（mm）GB/T 21149—2007

产品类别	规格	基 本 尺 寸							
平瓦	400×240～ 360×220	厚度	瓦槽深度	边筋高度	搭接部分长度		瓦　爪		
					头尾	内外槽	压制瓦	挤出瓦	后爪有效高度
		10～20	≥10	≥3	50～70	25～40	具有4个瓦爪	保证2个后爪	≥5
脊瓦	$L \geqslant 300$ $b \geqslant 180$	h	l_1				d		h_1
		10～20	25～35				$>b/4$		≥5
三曲瓦、双筒瓦、鱼鳞瓦、牛舌瓦	300×200～ 150×150	8～12	同一品种、规格瓦的曲度或弧度应保持基本一致						
板瓦、筒瓦、滴水瓦、沟头瓦	430×350～ 110×50	8～16							
J形瓦、S形瓦	320×320～ 250×250	12～20	谷深$c \geqslant 35$，头尾搭接部分长度50～70，左右搭接部分长度30～50						
波形瓦	420×330	12～20	瓦脊高度≤35，头尾搭接部分长度30～70，内外槽搭接部分长度25～40						

相同品种、物理性能合格的产品，根据尺寸偏差和外观质量分为优等品（A）和合格品（C）等两个等级。

瓦的产品标记按产品品种、等级、规格和标准编号顺序编写。例如，外形尺寸305mm×205mm、合格品、Ⅲ类有釉平瓦标记为：釉平瓦 Ⅲ C 305×205 GB/T 21449—2007。

烧结瓦产品的技术要求如下：

（1）烧结瓦产品的尺寸允许偏差应符合表2-110的规定。

表 2-110　尺寸允许偏差（mm）　GB/T 21149—2007

外形尺寸范围	优等品	合格品
$L(b) \geqslant 350$	±4	±6
$250 \leqslant L(b) < 350$	±3	±5
$200 \leqslant L(b) < 250$	±2	±4
$L(b) < 200$	±1	±3

（2）烧结瓦产品的外观质量：①表面质量应符合表2-111的规定；②最大允许变形应符合表2-112的规定；③裂纹长度允许范围应符合表2-113的规定；④磕碰、釉粘的允许范围应符合表2-114的规定；⑤石灰爆裂允许范围应符合表2-115的规定；⑥各等级的瓦均不允许有欠火、分层缺陷存在。

表 2-111　表面质量　GB/T 21149—2007

缺陷项目		优等品	合格品
有釉类瓦	无釉类瓦		
缺釉、斑点、落脏、棕眼、熔洞、图案缺陷、烟熏、釉缕、釉泡、釉裂	斑点、起包、熔洞、麻面、图案缺陷、烟熏	距1m处目测不明显	距2m处目测不明显
色差、光泽差	色差	距2m处目测不明显	

表 2-112　最大允许变形（mm）GB/T 21149—2007

产　品　类　别			优等品	合格品
平瓦、波形瓦		≤	3	4
三曲瓦、双筒瓦、鱼鳞瓦、牛舌瓦		≤	2	3
脊瓦、板瓦、筒瓦、滴水瓦、沟头瓦、J形瓦、S形瓦　≤	最大外形尺寸	L≥350	5	7
		250<L<350	4	6
		L≤250	3	5

表 2-113　裂纹长度允许范围（mm）　GB 21149—2007

产品类别	裂纹分类	优等品	合格品
平瓦、波形瓦	未搭接部分的贯穿裂纹	不允许	
	边筋断裂	不允许	
	搭接部分的贯穿裂纹	不允许	不得延伸至搭接部分的1/2处
	非贯穿裂纹	不允许	≤30
脊瓦	未搭接部分的贯穿裂纹	不允许	
	搭接部分的贯穿裂纹	不允许	不得延伸至搭接部分的1/2处
	非贯穿裂纹	不允许	≤30
三曲瓦、双筒瓦、鱼鳞瓦、牛舌瓦	贯穿裂纹	不允许	
	非贯穿裂纹	不允许	不得超过对应边长的6%
板瓦、筒瓦、滴水瓦、沟头瓦、J形瓦、S形瓦	未搭接部分的贯穿裂纹	不允许	
	搭接部分的贯穿裂纹	不允许	
	非贯穿裂纹	不允许	≤30

表 2-114　磕碰、釉粘的允许范围（mm）GB/T 21149—2007

产品类别	破坏部位	优等品	合格品
平瓦、脊瓦、板瓦、筒瓦、滴水瓦、沟头瓦、J形瓦、S形瓦、波形瓦	可见面	不允许	破坏尺寸不得同时大于10×10
	隐蔽面	破坏尺寸不得同时大于12×12	破坏尺寸不得同时大于18×18
三曲瓦、双筒瓦、鱼鳞瓦、牛舌瓦	正面	不允许	
	背面	破坏尺寸不得同时大于5×5	破坏尺寸不得同时大于10×10
平瓦、波形瓦	边筋	不允许	
	后爪	不允许	

表 2-115　石灰爆裂允许范围 GB/T 21149—2007

缺陷项目	优等品	合格品
石灰爆裂	不允许	破坏尺寸不大于5（mm）

（3）烧结瓦产品的物理性能要求如下：

1）抗弯曲性能。平瓦、脊瓦、板瓦、筒瓦、滴水瓦、沟头瓦类弯曲破坏荷重不小于1200N，其中青瓦类的弯曲破坏荷重不小于 850N；J 形瓦、S 形瓦、波形瓦类的弯曲破坏荷重不小于 1600N；三曲瓦、双筒瓦、鱼鳞瓦、牛舌瓦类的弯曲强度不小于 8.0MPa。

2）抗冻性能。经 15 次冻融循环不出现剥落、掉角、掉棱及裂纹增加现象。

3）耐急冷急热性。经 10 次急冷急热循环不出现炸裂、剥落及裂纹延长现象。此项要求只适用于有釉瓦类。

4）吸水率。Ⅰ类瓦不大于 6.0%，Ⅱ类瓦大于 6.0%且不大于 10.0%，Ⅲ类瓦大于 10.0%且不大于 18.0%，青瓦类不大于 21.0%。

5）抗渗性能。经 3h 瓦背面无水滴产生。此项要求只适用于无釉瓦类，若其吸水率不大于 10.0%，取消抗渗性能要求，否则必须进行抗渗试验并符合本条规定。

（4）其他异型瓦类和配件的技术要求参照上述要求执行。

3. 混凝土瓦

混凝土瓦是指由水泥、细集料和水等为主要原材料经拌和、挤压、静压成型或其他成型方法制成的，用于坡屋面的一类混凝土屋面瓦及与其配合使用的混凝土配件瓦的统称。此类产品现已发布了建材行业标准《混凝土瓦》（JC/T 746—2007）。

（1）混凝土瓦的分类、规格和标记。混凝土瓦可分为混凝土屋面瓦及混凝土配件瓦，混凝土屋面瓦又可分为混凝土波形屋面瓦和混凝土平板屋面瓦。混凝土屋面瓦简称屋面瓦，是指由混凝土制成的，铺设于坡屋面与配件瓦等共同完成瓦屋面功能的一类建筑制品。混凝土波形屋面瓦简称波形瓦，是指断面为波形状，铺设于坡屋面的一类瓦材。混凝土平板屋面瓦简称平板瓦，是指断面边缘成直线形状，铺于坡屋面的一类瓦材。混凝土配件瓦简称配件瓦，是指由混凝土制成的，铺设于坡屋面特定部位、满足瓦屋面特殊功能的，配合屋面完成瓦屋面功能的一类建筑制品。混凝土配件瓦包括：四向脊顶瓦、三向脊顶瓦、脊瓦、花脊瓦、单向脊瓦、斜脊封头瓦、平脊封头瓦、檐口瓦、檐口封瓦、檐口顶瓦、排水沟瓦、通风瓦、通风管瓦等。

混凝土瓦可以是本色的、着色的或者表面经过处理的。混凝土本色瓦简称素瓦，是指未添加任何着色剂制成的一类混凝土瓦材。混凝土彩色瓦简称彩瓦，是指由混凝土材料并添加着色剂等生产的整体着色的或由水泥及着色剂等材料制成的彩色料浆喷涂在瓦坯体表面，以及将涂料喷涂在瓦体表面等工艺生产的一类混凝土瓦材。

规格特异的、非普通混凝土原材料生产的、《混凝土瓦》（JC/T 746—2007）技术指标及检验方法未涵盖的混凝土瓦，称为特殊性能混凝土瓦。

各种类型的混凝土瓦英文缩略语如下：

CT——混凝土瓦；

CRT——混凝土屋面瓦；

CRWT——混凝土波形屋面瓦；

CRFT——混凝土平板屋面瓦；

CFT——混凝土配件瓦；

CST——混凝土脊瓦；

CUFT——混凝土单向脊瓦；

CTST——混凝土三向脊顶瓦脊；

CFDT——混凝土四向脊顶瓦；

CFRT——混凝土平脊封头瓦；

CSRT——混凝土斜脊封头瓦；

CDFT——混凝土花脊瓦；

CCT——混凝土檐口瓦；

CCST——混凝土檐口封瓦；

CCTT——混凝土檐口顶瓦；

CVT——混凝土通风瓦；

CVPT——混凝土通风管瓦；

CDT——混凝土排水沟瓦。

混凝土瓦的规格以长×宽的尺寸（mm）表示（注：混凝土瓦外形正面投影非矩形者，规格应选择两条边乘积能代表其面积者来表示。如正面投影为直角梯形者，以直角边长×腰中心线长表示）。

混凝土屋面瓦按分类、规格及标准编号的顺序进行标记。例如，混凝土波形屋面瓦、规格430mm×320mm的标记为：CRWT 430×320 JC/T 746—2007（可以在标记中加入商品名称）。

（2）混凝土瓦的技术性能要求。

1）混凝土瓦所采用的原材料均应符合以下的产品标准：水泥应符合 GB 175、GB/T 2015 及 JC/T 870 的规定；集料应符合 GB/T 14684 的规定；当采用硬质密实的工业废渣作为集料时，不得对混凝土瓦的品质产生有害的影响，相应的技术要求应符合 YB/T 4178—2008 的规定；粉煤灰应符合 GB/T 1596 的规定；水应符合 JGJ 63 的规定；外加剂应符合 GB 8076 的规定；颜料应符合 JC/T 539 的规定；涂料应具有良好的耐热、耐腐蚀、耐酸、耐盐类等性能。

2）混凝土瓦的外形应符合以下规定：①混凝土瓦应瓦型清晰、边缘规整、屋面瓦应瓦爪齐全；②混凝土瓦若有固定孔，其布置要确保屋面瓦或配件瓦与挂瓦条的连接安全可靠，固定孔的布置和结构应保证不影响混凝土瓦正常的使用功能；③在遮盖宽度范围内，单色混凝土瓦应无明显色泽差别，多色混凝土瓦的色泽由供需双方商定。

3）混凝土瓦的外观质量应符合表 2-116 的规定；尺寸允许偏差应符合表 2-117 的规定。

表 2-116　外观质量　JC/T 746—2007

序号	项　目	单位	指　标
1	掉角：在瓦正表面的角两边的破坏尺寸	mm	均不得大于 8
2	瓦爪残缺	—	允许一爪有缺，但小于爪高的 1/3
3	边筋残缺：边筋短缺、断裂	—	不允许
4	擦边长度	mm	不得超过 30（在瓦正表面上造成的破坏宽度小于 5mm 者不计）
5	裂纹	—	不允许
6	分层	—	不允许
7	涂层	—	瓦表面涂层完好

表 2-117　尺寸允许偏差（mm）JC/T 746—2007

序号	项　目	指　标
1	长度偏差绝对值	≤4
2	宽度偏差绝对值	≤3
3	方正度	≤4
4	平面性	≤3

4）混凝土瓦的物理力学性能应符合以下规定：①混凝土瓦的质量标准差应不大于 180g。②混凝土屋面瓦的承载力不得小于承载力标准值，其承载力标准值应符合表 2-118 的规定；混凝土配件瓦的承载力不作具体要求。③混凝土彩色瓦经耐热性能检验后，其表面涂层应完好。④混凝土瓦的吸水率应不大于 10.0%。⑤混凝土瓦经抗渗性能检验后，瓦的背面不得出现水滴现象。⑥混凝土屋面瓦经抗冻性能检验后，其承载力仍不小于承载力标准值。同时，外观质量应符合表 2-116 的规定。⑦利用工业废渣生产的混凝土瓦，其放射性核素限量应符合 GB 6566 的规定。

表 2-118　混凝土屋面瓦的承载力标准值（N）JC/T 746—2007

项　目	波形屋面瓦						平板屋面瓦		
瓦脊高度 d（mm）	$d>20$			$d\leqslant 20$			—		
遮盖宽度 b_1（mm）	$b_1\geqslant 300$	$b_1\leqslant 200$	$200<b_1<300$	$b_1\geqslant 300$	$b_1\leqslant 200$	$200<b_1<300$	$b_1\geqslant 300$	$b_1\leqslant 200$	$200<b_1<300$
承载力标准值 F_c	1800	1200	$6b_1$	1200	900	$3b_1+300$	1000	800	$2b_1+400$

5）特殊性能混凝土瓦的技术指标及检验方法由供需双方商定。

2.3　屋面保温隔热材料

屋面保温隔热材料是指应用于建（构）筑物屋面的，起着减少屋面热交换作用的一类建筑功能材料。

建筑保温隔热材料一般为轻质、疏松、多孔或纤维材料，应用于屋面工程的保温隔热材料品种繁多，按其材料的性质可分为有机保温材料、无机保温材料和复合保温材料，按其材料的形状可分为松散状保温材料、板状保温材料和整体现浇保温材料。

松散状保温材料常用的有膨胀珍珠岩、膨胀蛭石、岩棉、矿棉、玻璃棉、炉渣等；板（块）状保温材料有模塑聚苯乙烯泡沫塑料、挤塑聚苯乙烯泡沫塑料、蒸压加气混凝土砌块、泡沫混凝土板、膨胀珍珠岩板、膨胀蛭石板、矿棉板、泡沫玻璃板、硬质聚氨酯泡沫塑料板、岩棉板、酚醛树脂板等；整体现浇保温材料有喷涂聚氨酯硬泡体保温材料、泡沫混凝土等。

1. 膨胀珍珠岩绝热制品（憎水型）

膨胀珍珠岩绝热制品已发布了国家标准《膨胀珍珠岩绝热制品》（GB/T 10303—2015）。此标准适用于以膨胀珍珠岩为主要成分、掺加适量的胶粘剂制成的绝热制品。

产品按密度分为 200 号、250 号；按用途分为建筑用膨胀珍珠岩绝热制品（用 J 表示）和设备及管道、工业窑炉用膨胀珍珠岩绝热制品（用 S 表示）；按制品外形分为平板（用 P 表示）、弧形板（用 H 表示）和管壳（用 G 表示）；按有无憎水性分为普通型和憎水型（用 Z 表示）。憎水型产品中添加憎水剂，降低了产品的亲水性能。《屋面工程质量验收规范》（GB 50207—2012）规定选用的膨胀珍珠岩绝热制品（憎水型）即为此类产品。

产品标记的顺序为产品名称、密度、形状、用途、憎水性、长度×宽度（内径）×厚度、标准号。示例：长为 600mm、宽为 300mm、厚为 50mm、密度为 200 号的建筑物用憎水型平板标记为：膨胀珍珠岩绝热制品 200PJZ 600×300×50 GB/T 10303—2015。

外观质量及尺寸允许偏差应符合表 2-119 的要求。

表 2-119　外观质量及尺寸允许偏差　GB/T 10303—2015

项目		指标	
		平板	弧形板、管壳
外观质量	垂直度偏差（mm）	$\leqslant 2$	$\leqslant 5$
	合缝间隙（mm）		$\leqslant 2$
	弯曲（mm）	$\leqslant 3$	$\leqslant 3$
	裂纹	不允许	
	缺棱掉角	不允许有三个方向投影尺寸的最小值大于 2mm 的棱损伤和最小值大于 4mm 的角损伤	

项目		指标	
		平板	弧形板、管壳
尺寸允许偏差	长度（mm）	±3	±3
	宽度（mm）	±3	±3
	内径（mm）	—	+3 +1
	厚度（mm）	+3 −1	+3 −1

物理性能应符合表 2-120 的要求。憎水型产品的憎水率应不小于 98%。燃烧性能级别应达到 GB 8624—2012 中规定的 A（A1）级。

表 2-120 物理性能要求　GB/T 10303—2015

项目		指标	
		200 号	250 号
密度（kg/m³）		≤200	≤250
导热系数 [W/（m·K）]	25℃±2℃	≤0.065	≤0.070
	350℃±5℃①	≤0.11	≤0.12
抗压强度（MPa）		≥0.35	≥0.45
抗折强度（MPa）		≥0.20	≥0.25
质量含水率（%）		≤4	

① S 类产品要求此项

2. 绝热用模塑聚苯乙烯泡沫塑料

绝热用模塑聚苯乙烯泡沫塑料现已发布了《绝热用模塑聚苯乙烯泡沫塑料》（GB/T 10801.1—2002）。此标准适用于可发性聚苯乙烯珠粒经加热预发泡后，在模具中加热成型而制得的具有闭孔结构的使用温度不超过 75℃的聚苯乙烯泡沫塑料板材，也适用于大块板材切割而成的材料。

绝热用模塑聚苯乙烯泡沫塑料按其密度的不同分为Ⅰ类、Ⅱ类、Ⅲ类、Ⅳ类、Ⅴ类、Ⅵ类，其密度范围见表 2-121；还分为阻燃型和普通型。

表 2-121　绝热用模塑聚苯乙烯泡沫塑料密度范围（kg/m²）　GB/T 10801.1—2002

类　别	密度范围
Ⅰ	≥15～<20
Ⅱ	≥20～<30
Ⅲ	≥30～<40
Ⅳ	≥40～<50
Ⅴ	≥50～<60
Ⅵ	≥60

绝热用模塑聚苯乙烯泡沫塑料的技术性能要求如下：

（1）规格尺寸由供需双方商定，允许偏差应符合表 2-122 的规定。

表 2-122　规格尺寸和允许偏差（mm）　GB/T 10801.1—2002

长度、宽度尺寸	允许偏差	厚度尺寸	允许偏差	对角线尺寸	对角线差
<1000	±5	<50	±2	<1000	5
1000～2000	±8	50～75	±3	1000～2000	7
>2000～4000	±10	>75～100	±4	>2000～4000	13
>4000	正偏差不限，－10	>100	供需双方决定	>4000	15

（2）外观要求如下：

1）色泽：均匀，阻燃型应掺有颜色的颗粒，以示区别。

2）外形：表面平整，无明显收缩变形和膨胀变形。

3）熔结：熔结良好。

4）杂质：无明显油渍和杂质。

（3）物理机械性能应符合表 2-123 的要求。

表 2-123　物理机械性能　GB/T 10801.1—2002

项　　目		单位	性能指标					
			Ⅰ	Ⅱ	Ⅲ	Ⅳ	Ⅴ	Ⅵ
表观密度	不小于	kg/m³	15.0	20.0	30.0	40.0	50.0	60.0
压缩强度	不小于	kPa	60	100	150	200	300	400
导热系数	不大于	W/(m·K)	0.041			0.039		
尺寸稳定性	不大于	%	4	3	2	2	2	1
水蒸气透过系数	不大于	ng/(Pa·m·s)	6	4.5	4.5	4	3	2
吸水率（体积分数）	不大于	%	6	4	2			
熔结性[1]	断裂弯曲负荷 不小于	N	15	25	35	60	90	120
	弯曲变形 不小于	mm	20			—		
燃烧性能[2]	氧指数 不小于	%	30					
	燃烧分级		达到 B₂ 级					

1）断裂弯曲负荷或弯曲变形有一项能符合指标要求即为合格。

2）普通型聚苯乙烯泡沫塑料板材不要求。

3. 绝热用挤塑聚苯乙烯泡沫塑料（XPS）

挤塑聚苯乙烯泡沫塑料是指以聚苯乙烯树脂或其共聚物为主要成分，添加少量添加剂，通过加热挤塑成型而制得的具有闭孔结构的硬质泡沫塑料。此类产品现已发布了《绝热用挤塑聚苯乙烯泡沫塑料（XPS）》（GB/T 10801.2—2002）。此标准适用于使用温度不超过 75℃的绝热用挤塑聚苯乙烯泡沫塑料，也适用于带有塑料、箔片贴面以及带有表面涂层的绝热用挤塑聚苯乙烯泡沫塑料。

绝热用挤塑聚苯乙烯泡沫塑料（XPS）按其制品边缘结构分为 SS 平头型产品、SL 型产品（搭接）、TG 型产品（榫槽）、RC 型产品（雨槽）等四种类型，见图 2-10。制品按其压缩强度（P）和表皮分为：①×150-P≥150kPa，带表皮；②×200-P≥200kPa，带表皮；③×250-P≥250kPa，带表皮；④×300-P≥300kPa，带表皮；⑤×350-P≥350kPa，带表皮；⑥×

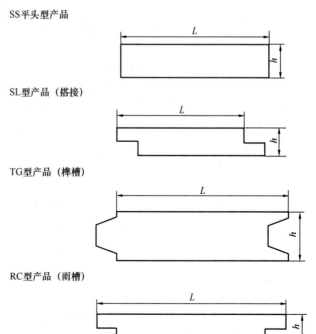

图 2-10　绝热用挤塑聚苯乙烯泡沫塑料的类型

400-P≥400kPa，带表皮；⑦×450-P≥450kPa，带表皮；⑧×500-P≥500kPa，带表皮；⑨W200-P≥200kPa，不带表皮；⑩W300-P≥430kPa，不带表皮。其他表面结构的产品，由供需双方商定。

产品按产品名称、类别、边缘结构形式、长度×宽度×厚度、标准号的顺序标记，其中边缘结构形式的表示方法为：SS表示四边平头，SL表示两长边搭接，TG表示两长边为榫槽型，RC表示两长边为雨槽型。若需四边搭接、四边榫槽或四边雨槽型，须特殊说明。例如，类别为×250、边缘结构为两长边搭接，长度1200mm、宽度600mm、厚度50mm的挤出聚苯乙烯板标记为：XPS-X250-SL-1200×600×50-GB/T 10801.2—2002。

挤塑聚苯乙烯泡沫塑料保温板的主要性能应符合《绝热用挤塑聚苯乙烯泡沫塑料（XPS）》（GB/T 10801.2—2002）的有关规定：

（1）产品的主要规格尺寸见表2-124，其他规格由供需双方商定，但允许偏差应符合表2-125的规定。

表2-124　规格尺寸（mm）　GB/T 10801.2—2002

长度	宽度	厚度
L		h
1200，1250，2450，2500	600，900，1200	20，25，30，40，50，75，100

表2-125　允许偏差（mm）　GB/T 10801.2—2002

长度和宽度（L）		厚度（h）		对角线差（T）	
尺寸	允许偏差	尺寸	允许偏差	尺寸	允许偏差
$L<1000$	±5	$h<50$	±2	$T<1000$	5
$1000≤L<2000$	±7.5	$h≥50$	±3	$1000≤T<2000$	7
$L≥2000$	10			$T≥2000$	13

（2）产品的外观质量。产品表面应平整、无杂物、颜色均匀，不应有明显影响使用的可见缺陷，如起泡、裂口、变形等。

（3）产品的物理机械性能应符合表2-126的规定。

表2-126　物理机械性能　GB/T 10801.2—2002

项目		单位	性能指标									
			带表皮								不带表皮	
			X150	X200	X250	X300	X350	X400	X450	X500	W200	W300
压缩强度		kPa	≥150	≥200	≥250	≥300	≥350	≥400	≥450	≥500	≥200	≥300
吸水率（浸水96h）		%（体积分数）	≤1.5		≤1.0						≤2.0	≤1.5
透湿系数(23℃±1℃，RH50%±5%)		ng/(m·s·Pa)	≤3.5		≤3.0			≤2.0			≤3.5	≤3.0
绝热性能	热阻　厚度25mm时平均温度：10℃ 25℃	(m²·K)/W			≥0.89 ≥0.83			≥0.93 ≥0.86			≥0.76 ≥0.71	≥0.83 ≥0.78
	导热系数　平均温度：10℃ 25℃	W/(m·K)			≤0.028 ≤0.030			≤0.027 ≤0.029			≤0.033 ≤0.035	≤0.030 ≤0.032
尺寸稳定性 (70℃±2℃，48h)		%	≤2.0		≤1.5			≤1.0			≤2.0	≤1.5

（4）产品的燃烧性能按 GB/T 8626 进行检验，按 GB 8624 分级应达到 B₂ 级。

4. 蒸压加气混凝土砌块

蒸压加气混凝土砌块产品现已发布了《蒸压加气混凝土砌块》（GB 11968—2006）。此标准适用于民用和工业建筑物承重和非承重墙体及保温隔热使用的蒸压加气混凝土砌块（代号为 ACB）。

产品的规格尺寸见表 2-127；砌块按强度和干密度进行分级，其强度分为 A1.0、A2.0、A2.5、A3.5、A5.0、A7.5、A10 等七个级别，其干密度分为 B03、B04、B05、B06、B07、B08 等六个级别；砌块按其尺寸偏差与外观质量、干密度、抗压强度和抗冻性分为优等品（A）、合格品（B）等两个等级。

表 2-127　蒸压加气混凝土砌块的规格尺寸（mm）GB 11968—2006

长度（L）	宽度（B）	高度（H）
600	100，120，125，150，180，200，240，250，300	200，240，250，300

注：如需要其他规格，可由供需双方协商解决。

砌块产品标记示例如下：强度级别为 A3.5、干密度级别为 B05、优等品、规格尺寸为 600mm×200mm×250mm 的蒸压加气混凝土砌块，标记为：ACB A3.5 B05 600×200×250A GB 11968。

砌块的原材料要求：水泥应符合 GB 175 的规定；生石灰应符合 JC/T 621 的规定；粉煤灰应符合 JC/T 409 的规定；砂应符合 JC/T 622 的规定；铝粉应符合 JC/T 407 的规定；石膏、外加剂应符合相应标准的规定；掺用工业废渣时，废渣的放射性水平应符合 GB 6566 的规定。

砌块的技术性能要求：①砌块的尺寸允许偏差和外观质量应符合表 2-128 的规定；②砌块的立方体抗压强度应符合表 2-129 的规定；③砌块的干密度应符合表 2-130 的规定；④砌块的强度级别应符合表 2-131 的规定；⑤砌块的干燥收缩、抗冻性和导热系数（干态）应符合表 2-132 的规定。

表 2-128　砌块的尺寸偏差和外观质量　GB 11968—2006

项　目			指　标	
			优等品（A）	合格品（B）
尺寸允许偏差（mm）	长度	L	±3	±4
	宽度	B	±1	±2
	高度	H	±1	±2
缺棱掉角	最小尺寸（mm）	不得大于	0	30
	最大尺寸（mm）	不得大于	0	70
	大于以上尺寸的缺棱掉角个数（个）	不多于	0	2
裂纹长度	贯穿一棱两面的裂纹长度不得大于裂纹所在面的裂纹方向尺寸总和的		0	1/3
	任一面上的裂纹长度不得大于裂纹方向尺寸的		0	1/2
	大于以上尺寸的裂纹条数（条）	不多于	0	2
爆裂、粘模和损坏深度（mm）		不得大于	10	30
平面弯曲			不允许	
表面疏松、层裂			不允许	
表面油污			不允许	

表 2-129 砌块的立方体抗压强度（MPa） GB 11968—2006

强度级别	立方体抗压强度	
	平均值,不小于	单组最小值,不小于
A1.0	1.0	0.8
A2.0	2.0	1.6
A2.5	2.5	2.0
A3.5	3.5	2.8
A5.0	5.0	4.0
A7.5	7.5	6.0
A10.0	10.0	8.0

表 2-130 砌块的干密度（kg/m³） GB 11968—2006

干密度级别			B03	B04	B05	B06	B07	B08
干密度	优等品（A）	≤	300	400	500	600	700	800
	合格品（B）	≤	325	425	525	625	725	825

表 2-131 砌块的强度级别 GB 11968—2006

干密度级别		B03	B04	B05	B06	B07	B08
强度级别	优等品（A）	A1.0	A2.0	A3.5	A5.0	A7.5	A10.0
	合格品（B）			A2.5	A3.5	A5.0	A7.5

表 2-132 砌块的干燥收缩、抗冻性和导热系数（干态） GB 11968—2006

干密度级别				B03	B04	B05	B06	B07	B08
干燥收缩值[a]	标准法(mm/m)		≤	0.50					
	快速法(mm/m)		≤	0.80					
抗冻性	质量损失率(%)		≤	5.0					
	冻后强度(MPa)	优等品(A)	≥	0.8	1.6	2.8	4.0	6.0	8.0
		合格品(B)				2.0	2.8	4.0	6.0
导热系数(干态)[W/(m·K)]			≤	0.10	0.12	0.14	0.16	0.18	0.20

a 规定采用标准法、快速法测定砌块干燥收缩值,若测定结果发生矛盾不能判定,则以标准法测定的结果为准。

5. 建筑绝热用玻璃棉制品

建筑绝热用玻璃棉制品现已发布了《建筑绝热用玻璃棉制品》（GB/T 17795—2008）。此标准不适用于建筑设备（如管道设备、加热设备）用玻璃棉制品,也不适用于工业设备及管道用玻璃棉制品。

建筑绝热用玻璃棉制品按其包装方式的不同,可分为压缩包装制品和非压缩包装制品等两类；按其制品形态的不同,可分为玻璃棉板和玻璃棉毡等两类；按其制品外覆层的不同,可分为无外覆层制品、具有反射面的外覆层制品、具有非反射面的外覆层制品等三类；具有非反射面的外覆层制品按其外覆层的不同,又可进一步分为抗水蒸气渗透的外覆层（如 PVC 聚丙烯等）和非抗水蒸气渗透的外覆层等两类。反射面外覆层是指对外界辐射热量具有反射功能的一类外覆层材料,其发射率一般不大于 0.03。抗水蒸气渗透外覆层是指具有阻隔水蒸气渗透功能的一类外覆层材料,其透湿系数一般不大于 $5.7 \times 10^{-11} \text{kg}/(\text{Pa} \cdot \text{s} \cdot \text{m}^2)$。

产品按产品名称、热阻 R（外覆层）、密度、尺寸（长度×宽度×厚度）、标准号的顺序标记。例如,①热阻 R 为 1.5m²·K/W、带铝箔外覆层、密度为 16kg/m³,长度×宽度×厚度为 1200mm×

600mm×50mm 的玻璃棉毡，其标记为：玻璃棉毡 R1.5（铝箔）16K 1200×600×50 GB/T 17795—2008；②热阻 R 为 1.3m² · K/W、无外覆层、密度为 48kg/m³、长度×宽度×厚度为 1200mm×600mm×40mm 的玻璃棉板，其标记为：玻璃棉板 R1.3 48K 1200×600×40 GB/T 17795—2008。注：热阻 R 之后无"（ ）"表示产品无外覆层。

产品的一般要求：①原棉应符合 GB/T 13350 中 2 号棉的相应规定；②外覆层及其胶粘剂应符合防霉要求。

产品的特殊要求如下：

（1）制品的外观质量要求表面平整，不得有妨碍使用的伤痕、污迹、破损，外覆层及基材的粘贴应平整、牢固。

（2）制品的规格尺寸及允许偏差应符合 GB/T 13350 的规定；压缩包装的卷毡，在松包并经翻转放置 4h 后，制品的规格尺寸及允许偏差应符合 GB/T 13350 的规定。

（3）制品的导热系数及热阻应符合表 2-133 的规定，其他规格的导热系数指标按标称密度以内差法确定，热阻值不得低于标称值的 95%。

表 2-133 建筑绝热用玻璃棉制品的导热系数、热阻、密度及允许偏差 GB/T 17795—2008

产品名称	常用厚度（mm）	导热系数（试验平均温度 25℃±5℃）[W/（m·K）]，不大于	热阻 R（试验平均温度 25℃±5℃）（m²·K/W），不小于	密度及允许偏差（kg/m³）	
毡	50	0.050	0.95	10	不允许负偏差
	75		1.43	12	
	100		1.90		
	50	0.045	1.06	14	不允许负偏差
	75		1.58	16	
	100		2.11		
	25	0.043	0.55	20	不允许负偏差
	40		0.88	24	
	50		1.10		
	25	0.040	0.59	32	+3 −2
	40		0.95		
	50		1.19		
	25	0.037	0.64	40	±4
	40		1.03		
	50		1.28		
	25	0.034	0.70	48	±4
	40		1.12		
	50		1.40		
板	25	0.043	0.55	24	±2
	40		0.88		
	50		1.10		
	25	0.040	0.59	32	+3 −2
	40		0.95		
	50		0.19		

产品名称	常用厚度 （mm）	导热系数 （试验平均温度 25℃±5℃） [W/（m·K）]， 不大于	热阻 R （试验平均温度 25℃±5℃） （m²·K/W）， 不小于	密度及允许偏差 （kg/m³）	
板	25 40 50	0.037	0.64 1.03 1.28	40	±4
	25 40 50	0.034	0.70 1.12 1.40	48	±4
	25	0.033	0.72	64 80 96	±6

注：表中的导热系数及热阻的要求是针对制品，而密度是指去除外覆层的制品。

（4）制品的常用密度及允许偏差见表 2-133。

（5）对于无外覆层的玻璃棉制品，其燃烧性能应不低于 GB 8624—2006 中的 A 级；对于带有外覆层的玻璃棉制品，其燃烧性能应视其使用部位，由供需双方商定。

（6）对金属的腐蚀性：①用于覆盖奥氏体不锈钢时，其浸出液离子含量应符合 GB/T 17393 的要求；②用于覆盖铝、铜、钢材时，采用 90% 置信度的秩和检验法，对照样的秩和应不小于 21。

（7）甲醛释放量应达到 GB 18580 中的 E₁ 级，甲醛释放量应不大于 1.5mg/L。

（8）对于装卸、运输和安装施工，产品应有足够的强度，按规定条件试验时 1min 不断裂。当制品长度小于 10m 或制品带有外覆层时对该项性能不作要求。

6. 建筑用岩棉绝热制品

建筑用岩棉绝热制品现已发布了国家标准《建筑用岩棉绝热制品》（GB/T 19686—2015）。此标准适用于在建筑物围护结构上使用的岩棉制品，也适用于在具有保温功能上的建筑构件和地板使用的岩棉制品。

岩棉绝热制品按用途分为屋面和地板用、幕墙用、金属面夹心板用、钢结构和内保温用；按形式分为板、毡和条。

产品标记由产品名称、标准号和产品技术特征三部分组成。产品名称应包括产品用途。产品的技术特征包括：密度，单位为 kg/m³；尺寸，长度×宽度×厚度，长度、宽度、厚度的单位均为 mm；其他标记，放在尺寸后面的括号内，如标称导热系数、制造商标记、外覆层等。

示例：密度为 80kg/m³，长度、宽度和厚度分别为 10000mm、1200mm、50mm，带铝箔外覆层的钢结构用岩棉毡标记为：钢结构用岩棉毡 GB/T 19686 80－10000×1200×50（铝箔）。

外观要求：树脂分布均匀，表面平整，不得有妨碍使用的伤痕、污迹、破损；若存在外覆层，外覆层与基材的粘结应平整牢固。制品的基本物理性能应符合表 2-134 的要求。屋面和地板用岩棉制品尺寸允许偏差与密度允许偏差应符合表 2-135 的要求。屋面和地板用岩棉制品力学性能应符合表 2-136 的要求，用于填充的岩棉制品不做要求。全浸体积吸水率应不大于 5.0%，短期吸水量应不大于 0.5kg/m³。

表 2-134　基本物理性能要求　GB/T 19686—2015

纤维平均直径 （μm）	渣球含量 （粒径大于 0.25mm） （%）	酸度系数	导热系数 （平均温度 25℃） [W/（m·K）]		燃烧性能	质量吸湿率 （%）	憎水率 （%）	放射性核素	
			板	条				I_{Ra}	I_r
≤6.0	≤7.0	≥1.6	≤0.040	≤0.048	A 级	≤0.5	≥98.0	≤1.0	≤1.0

表 2-135　屋面和地板用岩棉制品尺寸允许偏差与密度允许偏差　GB/T 19686—2015

长度允许偏差 (mm)		宽度允许偏差 (mm)	厚度允许偏差 (mm)		密度允许偏差 (%)	
板	毡		板	毡	密度≥80kg/m³	密度<80kg/m³
+10 −3	正偏差不限 −3	+5 −3	+3 −3	不允许负偏差	±10	±15

表 2-136　屋面和地板用岩棉板力学性能要求　GB/T 19686—2015

类型	压缩强度 kPa	点载荷 N
屋面和地板（高强型）	≥80	≥700
屋面和地板（首层）	≥60	≥500
屋面和地板（非首层）	≥40	≥200

7. 建筑绝热用硬质聚氨酯泡沫塑料

建筑绝热用硬质聚氨酯泡沫塑料产品现已发布《建筑绝热用硬质聚氨酯泡沫塑料》（GB/T 21558—2008）。

产品按其用途分为三类，Ⅰ类：适用于无承载要求的场合；Ⅱ类：适用于有一定承载要求，且有抗高温和抗压缩蠕变要求的场合，此类产品也可以用于Ⅰ类产品的应用领域；Ⅲ类：适用于有更高承载要求，且有抗压、抗压缩蠕变要求的场合，此类产品也可以用于Ⅰ类和Ⅱ类产品的应用领域。产品按其燃烧性能，根据 GB 8624—2006 的规定，分为 B 级、C 级、D 级、E 级、F 级。

产品的技术性能要求如下：

（1）板材产品长度和宽度极限偏差应符合表 2-137 的要求。

表 2-137　长度和宽度极限偏差（mm）　GB/T 21558—2008

长度或宽度	极限偏差[a]	对角线差[b]
<1000	±8	≤5
≥1000	±10	≤5

a　其他极限偏差要求，由供需双方协商。

b　是基于板材的长宽面。

（2）板材产品厚度极限偏差应符合表 2-138 的要求。

表 2-138　厚度极限偏差（mm）　GB/T 21558—2008

厚　　度	极限偏差[a]
≤50	±2
50～100	±3
>100	供需双方协商

a　其他极限偏差要求，由供需双方协商。

（3）板材产品表面基本平整，无严重凹凸不平。

（4）板材产品的物理力学性能应符合表 2-139 的要求。

表 2-139　物理力学性能　GB/T 21558—2008

项　目		单位	性能指标		
			Ⅰ类	Ⅱ类	Ⅲ类
芯密度	≥	kg/m³	25	30	35

续表

项 目		单位	性能指标		
			Ⅰ类	Ⅱ类	Ⅲ类
压缩强度或形变10％压缩应力 ≥		kPa	80	120	180
导热系数					
初期导热系数					
平均温度（10℃，28d）或	≤	W/（m·K）		0.022	0.022
平均温度（23℃，28d）	≤	W/（m·K）	0.026	0.024	0.024
长期热阻（180d）	≥	（m²·K）/W	供需双方协商	供需双方协商	供需双方协商
尺寸（长、宽、高）稳定性					
高温（70℃，48h）	≤	％	3.0	2.0	2.0
低温（-30，48h）	≤		2.5	1.5	1.5
压缩蠕变					
80℃，20kPa，48h	≤	％		5	
70℃，40kPa，7d	≤		—		5
水蒸气透过系数（23℃，相对湿度梯度0～50％）	≤	ng/（Pa·m·s）	6.5	6.5	6.5
吸水率	≤	％	4	4	3

（5）燃烧性能应符合应用领域的相关法规和规范要求，燃烧性能应达到所标明的燃烧性能等级。

8. 建筑用金属面绝热夹芯板

夹芯板是指由双金属面和粘结于两金属面之间的绝热芯材组成的自支撑的一类复合板材。适用于工厂化生产的工业与民用建筑外墙、隔墙、屋面、天花板的夹芯板现已发布了国家标准《建筑用金属面绝热夹芯板》（GB/T 23932—2009），其他夹芯板也可参照此标准使用。

（1）产品的分类与标记。产品按材芯的不同，可分为聚苯乙烯夹芯板，硬质聚氨酯夹芯板，岩棉、矿渣棉夹芯板，玻璃棉夹芯板等四类。金属面聚苯乙烯夹芯板是指以聚苯乙烯泡沫塑料（EPS、XPS）为芯材的一类夹芯板制品；金属面硬质聚氨酯夹芯板是指以硬质聚氨酯泡沫塑料为芯材的一类夹芯板制品；金属面岩棉、矿渣棉夹芯板是指以岩棉带或矿渣棉带为芯材的一类夹芯板制品；金属面玻璃棉夹芯板是指以玻璃棉带为芯材的一类夹芯板制品。产品按其用途的不同，可分为墙板、屋面板等两类。

产品按金属面材代号、芯材代号、用途、燃烧性能分级、耐火极限、规格（长×宽×高）、标准号的顺序标记。其中：

S——彩色涂层钢板；

EPS——模塑聚苯乙烯泡沫塑料；

XPS——挤塑聚苯乙烯泡沫塑料；

PU——硬质聚氨酯泡沫塑料；

RW——岩棉；

SW——矿渣棉；

GW——玻璃棉；

W——墙板；

R——屋面板。

长度、宽度和厚度以mm为单位，其中夹芯板的厚度以最薄处为准；耐火极限以min为单位。

例如，长度为4000mm、宽度为1000mm、厚度为50mm，燃烧性能分级为A₂级，耐火极限为

60min，用作墙板的岩棉夹芯板，标记为：S-RW-W-A₂-60-4000×1000×50-GB/T 23932—2009。

（2）原材料要求。

1）金属面材：①彩色涂层钢板应符合 GB/T 12754，其中基板公称厚度不得小于 0.5mm；②压型钢板应符合 GB/T 12755 的要求，其中板的公称厚度不得小于 0.5mm；③其他金属面材应符合相关标准的规定。

2）芯材：①聚苯乙烯泡沫塑料：EPS 应符合 GB/T 10801.1 的规定，其中 EPS 为阻燃型，并且密度不得小于 18kg/m³，导热系数不得大于 0.038W/（m·K），XPS 应符合 GB/T 10801.2 的规定；②硬质聚氨酯泡沫塑料应符合 GB/T 21558 的规定，其中物理力学性能应符合 Ⅱ 类的规定，并且密度不得小于 38kg/m³；③岩棉、矿渣棉除热荷重收缩温度外，应符合 GB/T 11835 的规定，密度应大于或等于 100kg/m³；④玻璃棉除热荷重收缩温度外，应符合 GB/T 13350 的规定，并且密度不得小于 64kg/m³。

3）粘结剂：应符合相关标准的规定。

（3）产品的技术性能要求。

1）外观质量应符合表 2-140 的规定。

表 2-140　外观质量　GB/T 23932—2009

项目	要　　求
板面	板面平整；无明显凹凸、翘曲、变形；表面清洁、色泽均匀；无胶痕、油污；无明显划痕、磕碰、伤痕等
切口	切口平直、切面整齐、无毛刺、面材与芯材之间粘结牢固、芯材密实
芯板	芯板切面应整齐，无大块剥落，块与块之间接缝无明显间隙

2）产品的主要规格尺寸见表 2-141；产品的尺寸允许偏差应符合表 2-142 的规定。

表 2-141　规格尺寸（mm）　GB/T 23932—2009

项　　目		聚苯乙烯夹芯板		硬质聚氨酯夹芯板	岩棉、矿渣棉夹芯板	玻璃棉夹芯板
		EPS	XPS			
厚度		50	50	50	50	50
		75	75	75	80	80
		100	100	100	100	100
		150			120	120
		200			150	150
宽度		900～1200				
长度		≤12000				

注：其他规格由供需双方商定。

表 2-142　尺寸允许偏差　GB/T 23932—2009

项目		尺寸（mm）	允许偏差
厚度		≤100	±2mm
		>100	±2%
宽度		900～1200	±2mm
长度		≤3000	±5mm
		>3000	±10mm
对角线差	长度	≤3000	≤4mm
	长度	>3000	≤6mm

3）产品的物理性能要求。

① 传热系数应符合表 2-143 的要求。

表 2-143　传热系数　GB/T 23932—2009

名　称		标称厚度 (mm)	传热系数 U [W/ (m² · K)]， $\leqslant$
聚苯乙烯夹芯板	EPS	50	0.68
		75	0.47
		100	0.36
		150	0.24
		200	0.18
	XPS	50	0.63
		75	0.44
		100	0.33
硬质聚氨酯夹芯板	PU	50	0.45
		75	0.30
		100	0.23
岩棉、矿渣棉夹芯板	RW/SW	50	0.85
		80	0.56
		100	0.46
		120	0.38
		150	0.31
玻璃棉夹芯板	GW	50	0.90
		80	0.59
		100	0.48
		120	0.41
		150	0.33

注：其他规格可由供需双方商定，其传热系数指标按标称厚度以内差法确定。

② 粘结性能：a. 粘结强度应符合表 2-144 的规定；b. 剥离性能：粘结在金属面材上的芯材应均匀分布，并且每个剥离面的粘结面积应不小于 85%。

表 2-144　粘结强度（MPa）　GB/T 23932—2009

类别	聚苯乙烯夹芯板		硬质聚氨酯夹芯板	岩棉、矿渣棉夹芯板	玻璃棉夹芯板
	EPS	XPS			
粘结强度　$\geqslant$	0.10	0.10	0.10	0.06	0.03

（4）抗弯承载力：夹芯板为屋面板，夹芯板挠度为 $l_0/200$（l_0 为 3500mm）时，均布荷载应不小于 0.5kN/m²；夹芯板为墙板，夹芯板挠度为 $l_0/150$（l_0 为 3500mm）时，均布荷载应不小于 0.5kN/m²。当有下列情况之一时，应符合相关结构设计规范的规定：① l_0 大于 3500mm；②屋面坡度小于 1/20；③夹芯板作为承重结构件使用时。《建筑用金属面绝热夹芯板》（GB/T 23932—2009）的附录 A 可作为挠度设计的参考。

（5）防火性能：a. 燃烧性能按照 GB 8624—2006 分级；b. 耐火极限：岩棉、矿渣棉夹芯板，当夹芯板厚度小于或等于 80mm 时，耐火极限应大于 30min，当夹芯板厚度大于 80mm 时，耐火极限应大于或等于 60min。

9. 泡沫玻璃绝热制品

泡沫玻璃是指由熔融玻璃风或玻璃岩粉制成的，以封闭气孔结构为主的一类硬质绝热材料。使用温度范围为 77～673K（－196～400℃）。工业绝热、建筑绝热等领域使用的具有封闭气孔结构的泡沫玻璃绝热制品现已发布了建材行业标准《泡沫玻璃绝热制品》（JC/T 647—2014）。

（1）分类和标记。按制品的密度分为Ⅰ型、Ⅱ型、Ⅲ型和Ⅳ型四个型号，具体分类见表 2-145。

表 2-145　型号及密度　JC/T 647—2014

型　　号	密度（kg/m³）
Ⅰ型	98～140
Ⅱ型	141～160
Ⅲ型	161～180
Ⅳ型	≥181

按制品的外形分为平板（用 P 表示）、管壳（用 G 表示）和弧形板（用 H 表示）；按制品的用途分为工业用泡沫玻璃绝热制品（用 GY 表示）、建筑用泡沫玻璃绝热制品（用 JZ 表示）。

产品标记由产品名称、标准号和产品技术特征（产品用途、外形、型号、密度、尺寸）三部分组成。示例：长为 500mm、宽为 400mm、厚为 100mm，密度为 120kg/m³ 的建筑用Ⅰ型平板泡沫玻璃制品标记为：泡沫玻璃制品 JC/T 647 JZPⅠ120－500×400×100。

（2）尺寸及其允许偏差。平板尺寸及其允许偏差应符合表 2-146 的要求，其他尺寸可由供需双方协商决定，其尺寸允许偏差仍应符合表 2-146 的要求。

表 2-146　平板尺寸及其允许偏差（mm）JC/T 647—2014

项　　目		尺寸允许偏差	
		GY	JZ
长度 l	$l \geqslant 300$	±3	
	$l < 300$	±2	
密度 b	$300 \leqslant b \leqslant 450$	±3	
	$150 \leqslant b < 300$	±2	
厚度 h	$70 \leqslant h \leqslant 150$	±3.0	0～3.0
	$25 \leqslant h < 70$	±2.0	0～2.0

管壳和弧形板尺寸及其允许偏差应符合表 2-147 的要求。其他尺寸可由供需双方协商决定，其尺寸允许偏差仍应符合表 2-147 的要求。管壳偏心度应不大于 3.0mm 或者壁厚的 5%，取两者的较大值。

表 2-147　管壳和弧形板尺寸及其允许偏差（mm）JC/T 647—2014

项　　目		尺寸允许偏差
长度 l	$300 \leqslant l \leqslant 600$	±3
厚度 h	$25 \leqslant h \leqslant 120$	±3
内径 d	$57 \leqslant d \leqslant 480$	+2～+4
	$d > 480$	+2～+5

（3）外观质量。平板的垂直度偏差应不大于 3mm，管壳和弧形板的垂直度偏差应不大于 5mm。

平板、管壳和弧形板的弯曲应不大于 3mm。

外观缺陷应符合表 2-148 的规定。

表 2-148　制品的外观缺陷　JC/T 647—2014

缺陷	规　　定	技术指标
缺棱	长度＞20mm 或深度＞10mm，每个制品允许个数	不允许
	长度≤20mm 且深度≤10mm（深度小于 5mm 的缺棱不计），每个制品允许个数	1
缺角	长度、宽度＞20mm 或深度＞10mm，每个制品允许个数	不允许
	长度、宽度≤20mm 且深度≤10mm（深度小于 5mm 的缺角不计），每个制品允许个数	1
裂缝[a]	贯穿制品的裂纹及长度大于边长 1/3 的裂纹，每个制品允许个数	不允许
	长度小于边长 1/3 的裂纹，每个制品允许个数	1
孔洞	直径超过 10mm 同时深度超过 10mm 的不均匀孔洞，每个制品两个最大表面允许个数	不允许
	直径不大于 10mm 同时深度不大于 10mm 的不均匀孔洞（直径不大于 5mm 的不均匀孔洞不计），每个制品两个最大表面允许个数	16

a　裂纹为在长度、宽度、厚度三个方向投影尺寸的最大值。

（4）建筑用泡沫玻璃制品的物理性能。建筑用泡沫玻璃制品的物理性能应符合 2-149 的规定。

表 2-149　建筑用泡沫玻璃制品的物理性能 JC/T 647—2014

项目		Ⅰ 型	Ⅱ 型	Ⅲ 型	Ⅳ 型
		性能指标			
密度允许偏差（％）		±5			
导热系数［平均温度（25±2)℃］/［W/（m·K）]		≤0.045	≤0.058	≤0.062	≤0.068
抗压强度（MPa）		≥0.50	≥0.50	≥0.60	≥0.80
抗折强度（MPa）		≥0.40	≥0.50	≥0.60	≥0.80
透湿系数［ng/（Pa·s·m）]		≤0.007		≤0.050	
垂直于板面方向的抗拉强度（MPa）		≥0.12			
尺寸稳定性（70±2)℃，48h/（％）	长度方向	≤0.3			
	宽度方向				
	厚度方向				
吸水量（kg/m²）		≤0.3			
耐碱性[a]（kg/m²）		≤0.5			

a　外墙保温时有此要求。

（5）特定要求。用于覆盖奥氏体不锈钢时，其浸出液 pH 和可溶出离子含量应符合 GB/T 17393 的要求。

有要求时，应进行最高使用温度的评估。试验给定的热面温度应为生产厂对最高使用温度的声称值。在该热面温度下，任何时刻试样内部温度不应超过热面温度，且试验后试样应无裂纹，试样表面的翘曲应不大于 3mm。

有要求时，应进行耐酸性试验，试验后试样耐酸性应不低于 96.0％。

有要求时，应进行抗热震性试验，试样经 3 次试验后，不得有裂纹、剥落、断裂等破损现象。

用于严寒地区和寒冷地区墙体保温时，应进行抗冻性试验。试样经 15 次冻融循环后，质量损失率应不大于 5％，抗压强度损失率应不大于 25％。

有要求时，应进行燃烧性能试验。制品的燃烧性能应符合 GB 8624—2012 中不燃材料 A（A1）级的要求。

10. 喷涂聚氨酯硬泡体保温材料

喷涂聚氨酯硬泡体保温材料（SPF）是指以异氰酸酯、多元醇（组合聚醚或聚酯）为主要原料，加入添加剂组成的双组分，经现场喷涂施工的具有绝热和防水功能的一类硬质泡沫塑料。适用于现场喷涂法施工的聚氨酯硬泡体非外露保温材料现已发布了建材行业标准《喷涂聚氨酯硬泡体保温材料》（JC/T 998—2006）。

产品按其使用部位的不同可分为Ⅰ型（用于墙体）和Ⅱ型（用于屋面）等两大类，其中用于屋面的Ⅱ型产品又可进一步分为Ⅱ-A（用于非上人屋面）和Ⅱ-B（用于上人屋面）等两类。

产品按其名称、类别、标准号的顺序进行标记。例如，Ⅰ型喷涂聚氨酯硬泡体保温材料，标记为：SPE Ⅰ JC/T 998—2006。

产品的技术性能要求：物理力学性能应符合表 2-150 的要求；燃烧性能按 GB 8624 分级应达到 B_2 级。

表 2-150　物理力学性能　JC/T 998—2006

项次	项　　目		指　　标		
			Ⅰ	Ⅱ-A	Ⅱ-B
1	密度(kg/m³)	≥	30	35	50
2	导热系数[W/(m·K)]	≤	0.024		
3	粘结强度(kPa)	≥	100		
4	尺寸变化率(70℃×48h,%)	≤	1		
5	抗压强度(kPa)	≥	150	200	300
6	拉伸强度(kPa)	≥	250	—	—
7	断裂伸长率(%)	≥	10		
8	闭孔率(%)	≥	92		95
9	吸水率(%)	≤	3		
10	水蒸气透过率[ng/(Pa·m·s)]	≤	5		
11	抗渗性(mm,1000mmH₂O×24h 静水压)	≤	5		

11. 泡沫混凝土砌块

泡沫混凝土砌块是指用物理方法将泡沫剂水溶液制备成泡沫，再将泡沫加入由水泥基胶凝材料、集料、掺合料、外加剂和水等制成的料浆中，经混合搅拌、浇筑成型、自然或蒸汽养护而成的轻质多孔混凝土砌块。其也称发泡混凝土砌块。适用于工业与民用建筑物墙体和屋面及保温隔热使用的泡沫混凝土砌块（代号为 FCB）现已发布了建材行业标准《泡沫混凝土砌块》（JC/T 1062—2007）。

（1）产品的规格、分级和标记。

砌块的规格尺寸见表 2-151，其他规格尺寸由供需双方协商确定。

表 2-151　砌块的规格尺寸（mm）　JC/T 1062—2007

长度	宽度	高度
400、600	100、150、200、250	200、300

产品按其砌块立方体抗压强度分为 A0.5、A1.0、A1.5、A2.5、A3.5、A5.0、A7.5 等七个等级；按其砌块干表观密度分为 B03、B04、B05、B06、B07、B08、B09、B10 等八个等级；按其砌块尺寸偏差和外观质量分为一等品（B）和合格品（C）等两个等级。

产品按产品代号、强度等级、密度等级、规格尺寸、质量等级、标准编号的顺序进行产品标记。例如，强度等级为 A3.5、密度等级为 B08、规格尺寸为 600mm×250mm×200mm，质量等级为一等品的泡沫混凝土砌块，标记为：FCB A3.5 B08 600×250×200B JC/T 1062—2007。

（2）产品的原材料要求。

1）水泥：应符合 GB 175 和 JC 933 的规定。

2）集料：①轻集料应符合 GB/T 17431.1 的规定；②膨胀珍珠岩应符合 JC/T 209 的规定；③砂应符合 GB/T 14684 的规定；④膨胀聚苯乙烯泡沫颗粒：堆积密度 8.0～21.0kg/m³，粒径（5mm 筛孔筛余）不超过 5%。

3）掺合料：①粉煤灰应符合 GB/T 1596 的规定；②磨细矿渣粉应符合 GB/T 18046 的规定；③生石灰应符合 JC/T 621 的规定；④采用其他活性矿物粉料作掺合料时，应符合国家相关标准规范的要求；⑤掺加工业废渣时，废渣的放射性水平应符合 GB 6566 的规定。

4）外加剂：应符合 GB 8076 的规定。

5）泡沫剂：利用泡沫剂制备的泡沫应具有良好的稳定性，并且气孔孔径大小均匀。

6）水：应符合 JCJ 63 的规定。

（3）产品的技术性能要求。

1）尺寸允许偏差应符合表 2-152 的规定。

2）外观质量应符合表 2-153 的规定。

3）立方体抗压强度应符合表 2-154 的规定。

表 2-152　尺寸允许偏差（mm）　JC/T 1062—2007

项　目	指　标	
	一等品（B）	合格品（C）
长度	±4	±6
宽度	±3	+3/−4
高度	±3	+3/−4

表 2-153　外观质量　JC/T 1062—2007

项　目			指　标	
			一等品（B）	合格品（C）
缺棱掉角	最小尺寸（mm）	不大于	30	30
	最大尺寸（mm）	不大于	70	70
	大于以上尺寸的缺棱掉角个数（个）	不多于	1	2
平面弯曲（mm）		不得大于	3	5
裂纹	贯穿一棱两面的裂纹长度不大于裂纹所在面的裂纹方向尺寸总和的		1/3	1/3
	任一面上的裂纹长度不得大于裂纹方向尺寸的		1/3	1/2
	大于以上尺寸的裂纹条数（条）	不多于	0	2
粘模和损坏深度（mm）		不大于	20	30
表面疏松、层裂			不允许	
表面油污			不允许	

表 2-154　立方体抗压强度（MPa）　JC/T 1062—2007

强度等级	立方体抗压强度	
	平均值，不小于	单组最小值，不小于
A0.5	0.5	0.4
A1.0	1.0	0.8
A1.5	1.5	1.2
A2.5	2.5	2.0
A3.5	3.5	2.8
A5.0	5.0	4.0
A7.5	7.5	6.0

4）密度等级应符合表 2-155 的规定。

5）干燥收缩值和导热系数应符合表 2-156 的规定。

6）根据工程需要或环境条件，需要抗冻性的场合，其产品抗冻性应符合表 2-157 的要求。

7）碳化系数应不小于 0.80。

表 2-155　密度等级（kg/m³）　JC/T 1062—2007

密度等级		B03	B04	B05	B06	B07	B08	B09	B10
干表观密度	≤	330	430	530	630	730	830	930	1030

表 2-156　干燥收缩值和导热系数　JC/T 1062—2007

密度等级		B03	B04	B05	B06	B07	B08	B09	B10
干燥收缩值（快速法）（mm/m）	≤	—				0.90			
导热系数（干态）[W/（m·K）]	≤	0.08	0.10	0.12	0.14	0.18	0.21	0.24	0.27

表 2-157　抗冻性（%）　JC/T 1062—2007

使用条件	抗冻指标	质量损失率，不大于	强度损失率，不大于
夏热冬暖地区	F_{15}	5	20
夏热冬冷地区	F_{25}		
寒冷地区	F_{35}		
严寒地区	F_{50}		

第3章 屋面工程的设计

为了保证屋面工程的质量，国家已发布了《屋面工程技术规范》（GB 50345—2012）、《屋面工程质量验收规范》（GB 50207—2012）、《坡屋面工程技术规范》（GB 50693—2011）、《种植屋面工程技术规程》（JGJ 155—2013）、《倒置式屋面工程技术规程》（JGJ 230—2010）、《采光顶与金属屋面技术规程》（JGJ 255—2012）、《单层防水卷材屋面工程技术规程》（JGJ/T 316—2013）、《房屋渗漏修缮技术规程》（JGJ/T 53—2011）等国家和行业标准。这些规范明确规定了各类建筑物的屋面防水等级、防水层耐用年限、防水层选用材料和设防要求、施工技术，对各类屋面的材料要求以及各子分部、分项工程质量验收分别做出了一系列规定。

3.1 屋面工程的类别及设计施工的基本规定

3.1.1 屋面防水工程的类别

屋面防水工程按采用材料不同，可分为柔性防水和刚性防水两大类，其分类见表3-1。

表3-1 屋面防水的分类

柔性防水	卷材防水	高聚物改性沥青防水卷材 合成高分子防水卷材
	涂膜防水	高聚物改性沥青防水涂料 合成高分子防水涂料
刚性防水	烧结瓦、水泥瓦防水	小青瓦、琉璃瓦、黏土瓦、水泥平瓦

3.1.2 屋面工程设计施工的基本规定

（1）屋面工程应根据工程的特点、地区的自然条件等，按照屋面防水等级的设防要求，进行屋面构造设计，重要部位应有节点详图，屋面保温层的厚度应通过计算确定。屋面工程应符合下列基本要求：①具有良好的排水功能和阻止水侵入建筑物内的作用；②冬季保温减少建筑物的热损失和防止结露，夏季隔热降低建筑物对太阳辐射热的吸收；③适应主体结构的受力变形和温差变形，承受风、雪荷载的作用而不产生破坏；④具有阻止火势蔓延的性能；⑤满足建筑外形美观和使用的要求。

（2）屋面的基本构造层次宜符合表3-2的要求，设计人员可根据建筑物的性质、使用功能、气候条件等因素进行组合。

表3-2 屋面的基本构造层次 GB 50345—2012

屋面类型	基本构造层次（自上而下）
卷材、涂膜屋面	保护层、隔离层、防水层、找平层、保温层、找平层、找坡层、结构层
	保护层、保温层、防水层、找平层、找坡层、结构层
	种植隔热层、保护层、耐根穿刺防水层、防水层、找平层、保温层、找平层、找坡层、结构层
	架空隔热层、防水层、找平层、保温层、找平层、找坡层、结构层
	蓄水隔热层、隔离层、防水层、找平层、保温层、找平层、找坡层、结构层

屋面类型	基本构造层次（自上而下）
瓦屋面	块瓦、挂瓦条、顺水条、持钉层、防水层或防水垫层、保温层、结构层
	沥青瓦、持钉层、防水层或防水垫层、保温层、结构层
金属板屋面	压型金属板、防水垫层、保温层、承托网、支承结构
	上层压型金属板、防水垫层、保温层、底层压型金属板、支承结构
	金属面绝热夹芯板、支承结构
玻璃采光顶	玻璃面板、金属框架、支承结构
	玻璃面板、点支承装置、支承结构

注：1. 表中结构层包括混凝土基层和木基层；防水层包括卷材和涂膜防水层；保护层包括块体材料、水泥砂浆、细石混凝土保护层。

2. 有隔汽要求的屋面，应在保温层与结构层之间设隔汽层。

（3）屋面工程的设计应遵照"保证功能、构造合理、防排结合、优选用材、美观耐用"的原则。

（4）屋面工程的设计和施工应遵守国家有关环境保护、建筑节能和防火安全等有关的规定，并应制定相应的措施。

（5）屋面工程所用防水、保温材料应符合有关环境保护的规定，不得使用国家明令禁止及淘汰的材料。

（6）屋面防水工程应根据建筑物的类别、重要程度、使用功能要求确定防水等级，并应按相应等级进行防水设防；对防水有特殊要求的建筑屋面，应进行专项防水设计。屋面防水等级和设防要求应符合表 3-3 的规定。

表 3-3　屋面防水等级和设防要求　GB 50345—2012

防水等级	建筑类别	设防要求
Ⅰ级	重要建筑和高层建筑	两道防水设防
Ⅱ级	一般建筑	一道防水设防

（7）建筑屋面的传热系数和热惰性指标，均应符合现行国家标准《民用建筑热工设计规范》（GB 50176）、《公共建筑节能设计标准》（GB 50189），现行行业标准《严寒和寒冷地区居住建筑节能设计标准》（JGJ 26）、《夏热冬暖地区居住建筑节能设计标准》（JGJ 75）和《夏热冬冷地区居住建筑节能设计标准》（JGJ 134）的有关规定。

（8）屋面工程所用材料的燃烧性能和耐火极限，应符合现行国家标准《建筑设计防火规范》（GB 50016）的有关规定。

（9）屋面工程的防雷设计，应符合现行国家标准《建筑物防雷设计规范》（GB 50057）的有关规定。金属板屋面和玻璃采光顶的防雷设计尚应符合下列规定：①金属板屋面和玻璃采光顶的防雷体系应和主体结构的防雷体系有可靠的连接；②金属板屋面应按现行国家标准《建筑物防雷设计规范》（GB 50057）的有关规定，采取防直击雷、防雷电感应和防雷电波侵入的措施；③金属板屋面和玻璃采光顶按滚球法计算，且不在建筑物接闪器保护范围之内时，应按现行国家标准《建筑物防雷设计规范》（GB 50057）的有关规定装设接闪器，并应与建筑物防雷引下线可靠连接。

（10）屋面工程施工应遵照"按图施工、材料检验、工序检查、过程控制、质量验收"的原则。

（11）屋面防水工程的施工单位应取得建筑防水和保温工程相应等级的资质证书；作业人员应持证上岗。

（12）屋面工程施工前应通过图纸会审，施工单位应掌握施工图中的细部构造及其技术要求；施工单位应编制屋面工程专项施工方案，并应经监理单位或建设单位审查确认后执行。

（13）施工单位应建立、健全施工质量的检验制度，严格工序管理，做好隐蔽工程的质量检查和记录。

（14）屋面工程所用的防水、保温材料应有产品合格证书和性能检测报告，材料的品种、规格、性能等必须符合国家现行产品标准和设计要求。产品质量应由经过省级以上建设行政主管部门对其资质认可和质量技术监督部门对其计量认证的质量检测单位进行检测。

（15）屋面工程施工时，应建立各道工序的自检、交接检和专职人员检查的"三检"制度，并应有完整的检查记录。每道工序施工完成后，应经监理单位或建设单位检查验收，并应在合格后再进行下道工序的施工。

（16）当进行下道工序或相邻工程施工时，应对屋面已完成的部分采取保护措施。伸出屋面的管道、设备或预埋件等，应在保温层和防水层施工前安设完毕。屋面保温层和防水层完工后，不得进行凿孔、打洞或重物冲击等有损屋面的作业。

（17）屋面防水工程完工后，应进行观感质量检查和雨后观察或淋水、蓄水试验，不得有渗漏和积水现象。

（18）屋面工程各分项工程宜按屋面面积每 $500\sim1000m^2$ 划分为一个检验批，不足 $500m^2$ 应按一个检验批；每个检验批的抽检数量应按 GB 50207—2012 的规定执行。

（19）屋面工程中推广应用的新技术，应经过科技成果鉴定、评估或新产品、新技术鉴定，并应按有关规定实施。

（20）屋面工程应建立管理、维修、保养制度；屋面排水系统应保持畅通，应防止水落口、檐沟、天沟、堵塞和积水。

（21）屋面工程施工的防火安全应符合下列规定：①可燃类防水、保温材料进场后，应远离火源，露天堆放时，应采用不燃材料进行完全覆盖；②防火隔离带施工应与保温材料施工同步进行；③不得直接在可燃类防水、保温材料上进行热熔法或热粘法施工；④喷涂硬泡聚氨酯作业时，应避开高温环境，施工工艺、工具及服装等应采取防静电措施；⑤施工作业区应配备消防灭火器材；⑥对火源、热源等火灾危险源应加强管理；⑦若在屋面上进行焊接、钻孔等施工作业，其周围环境应采取防火安全措施。

（22）屋面工程施工必须符合下列安全规定：①严禁在雨天、雪天和五级风及其以上时施工；②屋面周边和预留孔洞部位，必须按临边、洞口防护规定设置安全护栏和安全网；③屋面坡度大于30％时，应采取防滑措施；④施工人员应穿防滑鞋，特殊情况下无可靠安全措施时，操作人员必须系好安全带并扣好保险钩。

3.2 屋面工程的设计要点

3.2.1 屋面工程设计的内容

屋面工程设计应包括以下内容：①屋面防水等级和设防要求；②屋面构造设计；③屋面排水设计；④找坡方式和选用找坡材料；⑤防水层选用的材料、厚度、规格及其主要性能；⑥保温层选用的材料、厚度、燃烧性能及其主要性能；⑦接缝密封防水选用的材料及其主要性能。

3.2.2 屋面防水工程设计的一般规定

屋面防水工程设计的一般规定如下：
（1）屋面工程所使用的防水材料在下列情况下应具有相容性：①卷材或涂料与基层处理剂；②卷材

与胶粘剂或胶粘带；③卷材与卷材复合使用；④卷材与涂料复合使用；⑤密封材料与接缝基材。

（2）屋面防水层设计应采取下列技术措施：①卷材防水层易拉裂部位，宜选用空铺、点粘、条粘或机械固定等施工方法；②结构易发生较大变形、易渗漏和损坏的部位，应设置卷材或涂膜附加层；③在坡度较大和垂直面上粘贴防水卷材时，宜采用机械固定和对固定点进行密封的方法；④卷材或涂膜防水层上应设置保护层；⑤在刚性保护层与卷材、涂膜防水层之间应设置隔离层。

（3）防水材料的选择应符合下列要求：①外露使用的防水层，应选用耐紫外线、耐老化、耐候性好的防水材料；②上人屋面，应选用耐霉变、拉伸强度高的防水材料；③长期处于潮湿环境的屋面，应选用耐腐蚀、耐霉变、耐穿刺、耐长期水浸等性能的防水材料；④薄壳、装配式结构、钢结构及大跨度建筑屋面，应选用耐候性好、适应变形能力强的防水材料；⑤倒置式屋面，应选用适应变形能力强、接缝密封保证率高的防水材料；⑥坡屋面，应选用与基层粘结力强、感温性小的防水材料；⑦屋面接缝密封防水，应选用与基材粘结力强、耐候性好、适应位移能力强的密封材料；⑧基层处理剂、胶粘剂和涂料，应符合现行行业标准《建筑防水涂料中有害物质限量》（JC 1066）的有关规定。

（4）屋面工程用防水及保温材料标准，应符合表2-2和表2-4的要求。屋面工程采用的防水材料应符合环境保护要求。

3.2.3　国家建筑标准设计图集列出的屋面构造做法

部分国家建筑标准设计图集列出的各类屋面构造做法如下：

1.《平屋面建筑构造》

《国家建筑标准设计图集：平屋面建筑构造》（12J201）适用于屋面排水坡度为2％～5％，屋面结构层为钢筋混凝土的平屋面。各类平屋面的适用范围及构造代号见表3-4；卷材、涂膜防水平屋面的构造做法见表3-5；倒置式平屋面的构造做法见表3-6；架空屋面的构造做法见表3-7；种植平屋面的构造做法见表3-8；蓄水屋面的构造做法见表3-9；停车屋面的构造做法见表3-10。

表3-4　各类平屋面的适用范围及构造代号　12J201

序号	平屋面类别	适用地区	屋面坡度（％）	屋面结构层	代号
1	卷材、涂膜防水平屋面（正置式）	全国各地	2～5	钢筋混凝土	A
2	倒置式平屋面	除严寒地区外	3	钢筋混凝土	B
3	架空屋面	需要采取隔热措施地区	2～5	钢筋混凝土	C
4	种植平屋面	需要采取隔热措施地区	1～2	钢筋混凝土	D
5	蓄水屋面	除寒冷地区、地震设防区和振动较大的建筑以外	0.5	钢筋混凝土	E
6	停车屋面	全国各地屋顶停车场	2～3	钢筋混凝土	F

表3-5　卷材、涂膜防水平屋面构造做法　12J201

构造编号	简　图	屋面构造	备注
A1	 无保温上人屋面	1. 40厚C20细石混凝土保护层，配φ6或冷拔φ4的Ⅰ级钢，双向@150，钢筋网片绑扎或点焊（设分格缝） 2. 10厚低强度等级砂浆隔离层 3. 防水卷材或涂膜层 4. 20厚1∶3水泥砂浆找平层 5. 最薄30厚LC5.0轻集料混凝土2％找坡层 6. 钢筋混凝土屋面板	防水层做法见表3-11、表3-12防水做法选用表

构造编号	简 图	屋面构造	备注
A2	有保温上人屋面	1. 40厚C20细石混凝土保护层，配φ6或冷拔φ4的Ⅰ级钢，双向@150，钢筋网片绑扎或点焊（设分格缝） 2. 10厚低强度等级砂浆隔离层 3. 防水卷材或涂膜层 4. 20厚1∶3水泥砂浆找平层 5. 最薄30厚LC5.0轻集料混凝土2%找坡层 6. 保温层 7. 钢筋混凝土屋面板	防水层做法见表 3-11、表 3-12防水做法选用表
A3	有保温上人屋面	1. 40厚C20细石混凝土保护层，配φ6或冷拔φ4的Ⅰ级钢，双向@150，钢筋网片绑扎或点焊（设分格缝） 2. 10厚低强度等级砂浆隔离层 3. 防水卷材或涂膜层 4. 20厚1∶3水泥砂浆找平层 5. 保温层 6. 最薄30厚LC5.0轻集料混凝土2%找坡层 7. 钢筋混凝土屋面板	防水层做法见表 3-11、表 3-12防水做法选用表
A4	无保温上人屋面	1. 防滑地砖，防水砂浆勾缝 2. 20厚聚合物砂浆铺卧 3. 10厚低强度等级砂浆隔离层 4. 防水卷材或涂膜层 5. 20厚1∶3水泥砂浆找平层 6. 最薄30厚LC5.0轻集料混凝土2%找坡层 7. 钢筋混凝土屋面板	1. 地砖种类、规格及厚度见工程设计 2. 防水层做法见表 3-11、表 3-12 防水做法选用表
A5	有保温上人屋面	1. 防滑地砖，防水砂浆勾缝 2. 20厚聚合物砂浆铺卧 3. 10厚低强度等级砂浆隔离层 4. 防水卷材或涂膜层 5. 20厚1∶3水泥砂浆找平层 6. 最薄30厚LC5.0轻集料混凝土2%找坡层 7. 保温层 8. 钢筋混凝土屋面板	1. 地砖种类、规格及厚度见工程设计 2. 防水层做法见表 3-11、表 3-12防水做法选用表

续表

构造编号	简　图	屋面构造	备注
A6	 有保温上人屋面	1. 防滑地砖，防水砂浆勾缝 2. 20 厚聚合物砂浆铺卧 3. 10 厚低强度等级砂浆隔离层 4. 防水卷材或涂膜层 5. 20 厚 1：3 水泥砂浆找平层 6. 保温层 7. 最薄 30 厚 LC5.0 轻集料混凝土 2％找坡层 8. 钢筋混凝土屋面板	1. 地砖种类、规格及厚度见工程设计 2. 防水层做法见表 3-11、表 3-12 防水做法选用表
A7	 无保温上人屋面	1. 490×490×40，C25 细石混凝土预制板，双向 4φ6 2. 20 厚聚合物砂浆铺卧 3. 10 厚低强度等级砂浆隔离层 4. 防水卷材或涂膜层 5. 20 厚 1：3 水泥砂浆找平层 6. 最薄 30 厚 LC5.0 轻集料混凝土 2％找坡层 7. 钢筋混凝土屋面板	防水层做法见表 3-11、表 3-12 防水做法选用表
A8	 有保温上人屋面	1. 490×490×40，C25 细石混凝土预制板，双向 4φ6 2. 20 厚聚合物砂浆铺卧 3. 10 厚低强度等级砂浆隔离层 4. 防水卷材或涂膜层 5. 20 厚 1：3 水泥砂浆找平层 6. 最薄 30 厚 LC5.0 轻集料混凝土 2％找坡层 7. 保温层 8. 钢筋混凝土屋面板	防水层做法见表 3-11、表 3-12 防水做法选用表
A9	 有保温上人屋面	1. 490×490×40，C25 细石混凝土预制板，双向 4φ6 2. 20 厚聚合物砂浆铺卧 3. 10 厚低强度等级砂浆隔离层 4. 防水卷材或涂膜层 5. 20 厚 1：3 水泥砂浆找平层 6. 保温层 7. 最薄 30 厚 LC5.0 轻集料混凝土 2％找坡层 8. 钢筋混凝土屋面板	防水层做法见表 3-11、表 3-12 防水做法选用表
A10	 无保温不上人屋面	1. 390×390×40，预制块 2. 20 厚聚合物砂浆铺卧 3. 10 厚低强度等级砂浆隔离层 4. 防水卷材或涂膜层 5. 20 厚 1：3 水泥砂浆找平层 6. 最薄 30 厚 LC5.0 轻集料混凝土 2％找坡层 7. 钢筋混凝土屋面板	防水层做法见表 3-11、表 3-12 防水做法选用表

构造编号	简　图	屋面构造	备注
A11	 有保温不上人屋面	1. 390×390×40，预制块 2. 20厚聚合物砂浆铺卧 3. 10厚低强度等级砂浆隔离层 4. 防水卷材或涂膜层 5. 20厚1：3水泥砂浆找平层 6. 最薄30厚LC5.0轻集料混凝土2‰找坡层 7. 保温层 8. 钢筋混凝土屋面板	防水层做法见表3-11、表3-12防水做法选用表
A12	 有保温不上人屋面	1. 390×390×40，预制块 2. 20厚聚合物砂浆铺卧 3. 10厚低强度等级砂浆隔离层 4. 防水卷材或涂膜层 5. 20厚1：3水泥砂浆找平层 6. 保温层 7. 最薄30厚LC5.0轻集料混凝土2‰找坡层 8. 钢筋混凝土屋面板	防水层做法见表3-11、表3-12防水做法选用表
A13	 无保温不上人屋面	1. 50厚直径10～30卵石保护层 2. 防水卷材或涂膜层 3. 20厚1：3水泥砂浆找平层 4. 最薄30厚LC5.0轻集料混凝土2‰找坡层 5. 钢筋混凝土屋面板	防水层做法见表3-11、表3 12防水做法选用表
A14	 有保温不上人屋面	1. 50厚直径10～30卵石保护层 2. 防水卷材或涂膜层 3. 20厚1：3水泥砂浆找平层 4. 最薄30厚LC5.0轻集料混凝土2‰找坡层 5. 保温层 6. 钢筋混凝土屋面板	防水层做法见表3-11、表3-12防水做法选用表
A15	 有保温不上人屋面	1. 50厚直径10～30卵石保护层 2. 防水卷材或涂膜层 3. 20厚1：3水泥砂浆找平层 4. 保温层 5. 最薄30厚LC5.0轻集料混凝土2‰找坡层 6. 钢筋混凝土屋面板	防水层做法见表3-11、表3-12防水做法选用表

续表

构造编号	简　图	屋面构造	备注
A16	无保温不上人屋面	1. 浅色涂料保护层 2. 防水卷材或涂膜层 3. 20厚1：3水泥砂浆找平层 4. 最薄30厚LC5.0轻集料混凝土2％找坡层 5. 钢筋混凝土屋面板	防水层做法见表3-11、表3-12防水做法选用表
A17	有保温不上人屋面	1. 浅色涂料保护层 2. 防水卷材或涂膜层 3. 20厚1：3水泥砂浆找平层 4. 最薄30厚LC5.0轻集料混凝土2％找坡层 5. 保温层 6. 钢筋混凝土屋面板	防水层做法见表3-11、表3-12防水做法选用表
A18	有保温不上人屋面	1. 浅色涂料保护层 2. 防水卷材或涂膜层 3. 20厚1：3水泥砂浆找平层 4. 保温层 5. 最薄30厚LC5.0轻集料混凝土2％找坡层 6. 钢筋混凝土屋面板	防水层做法见表3-11、表3-12防水做法选用表
A19	有保温隔汽上人屋面	1. 40厚C20细石混凝土保护层，配φ6或冷拔φ4的Ⅰ级钢，双向@150（设分格缝） 2. 10厚低强度等级砂浆隔离层 3. 防水卷材或涂膜层 4. 20厚1：3水泥砂浆找平层 5. 最薄30厚LC5.0轻集料混凝土2％找坡层 6. 保温层 7. 隔汽层 8. 20厚1：3水泥砂浆找平层 9. 钢筋混凝土屋面板	1. 防水层做法见表3-11、表3-12防水做法选用表 2. 隔汽层可参见图集12J201说明和附录选用表
A20	有保温隔汽上人屋面	1. 40厚C20细石混凝土保护层，配φ6或冷拔φ4的Ⅰ级钢，双向@150（设分格缝） 2. 10厚低强度等级砂浆隔离层 3. 防水卷材或涂膜层 4. 20厚1：3水泥砂浆找平层 5. 保温层 6. 最薄30厚LC5.0轻集料混凝土2％找坡层 7. 隔汽层 8. 20厚1：3水泥砂浆找平层 9. 钢筋混凝土屋面板	1. 防水层做法见表3-11、表3-12防水做法选用表 2. 隔汽层可参见图集12J201说明和附录选用表

构造编号	简　图	屋面构造	备注
A21	有保温隔汽上人屋面	1. 防滑地砖，防水砂浆勾缝 2. 20 厚聚合物砂浆铺卧 3. 10 厚低强度等级砂浆隔离层 4. 防水卷材或涂膜层 5. 20 厚 1∶3 水泥砂浆找平层 6. 最薄 30 厚 LC5.0 轻集料混凝土 2‰ 找坡层 7. 保温层 8. 隔汽层 9. 20 厚 1∶3 水泥砂浆找平层 10. 钢筋混凝土屋面板	1. 地砖种类、规格及厚度见工程设计 2. 防水层做法见表 3-11、表 3-12 防水做法选用表
A22	有保温隔汽上人屋面	1. 防滑地砖，防水砂浆勾缝 2. 20 厚聚合物砂浆铺卧 3. 10 厚低强度等级砂浆隔离层 4. 防水卷材或涂膜层 5. 20 厚 1∶3 水泥砂浆找平层 6. 保温层 7. 最薄 30 厚 LC5.0 轻集料混凝土 2‰ 找坡层 8. 隔汽层 9. 20 厚 1∶3 水泥砂浆找平层 10. 钢筋混凝土屋面板	1. 地砖种类、规格及厚度见工程设计 2. 防水层做法见表 3-11、表 3-12 防水做法选用表
A23	有保温隔汽上人屋面	1. 490×490×40，C25 细石混凝土预制板，双向 4φ6 2. 20 厚聚合物砂浆铺卧 3. 10 厚低强度等级砂浆隔离层 4. 防水卷材或涂膜层 5. 20 厚 1∶3 水泥砂浆找平层 6. 最薄 30 厚 LC5.0 轻集料混凝土 2‰ 找坡层 7. 保温层 8. 隔汽层 9. 20 厚 1∶3 水泥砂浆找平层 10. 钢筋混凝土屋面板	1. 防水层做法见表 3-11、表 3-12 防水做法选用表 2. 隔汽层可参见图集 12J201 说明和附录选用表
A24	有保温隔汽上人屋面	1. 490×490×40，C25 细石混凝土预制板，双向 4φ6 2. 20 厚聚合物砂浆铺卧 3. 10 厚低强度等级砂浆隔离层 4. 防水卷材或涂膜层 5. 20 厚 1∶3 水泥砂浆找平层 6. 保温层 7. 最薄 30 厚 LC5.0 轻集料混凝土 2‰ 找坡层 8. 隔汽层 9. 20 厚 1∶3 水泥砂浆找平层 10. 钢筋混凝土屋面板	1. 防水层做法见表 3-11、表 3-12 防水做法选用表 2. 隔汽层可参见图集 12J201 说明和附录选用表

注：1. 钢筋混凝土屋面板若结构找坡，则建筑找坡层取消。

　　2. 保温层材料的选用参见表 3-13、表 3-14。

表 3-6　倒置式平屋面构造做法　12J201

构造编号	简　图	屋面构造	备注
B1	有保温上人屋面	1. 40厚C20细石混凝土保护层，配ϕ6或冷拔ϕ4的Ⅰ级钢，双向@150，钢筋网片绑扎或点焊（设分格缝） 2. 10厚低强度等级砂浆隔离层 3. 保温层 4. 防水卷材层 5. 20厚1：3水泥砂浆找平层 6. 最薄30厚LC5.0轻集料混凝土2％找坡层 7. 钢筋混凝土屋面板	防水层做法见表3-11、表3-12防水做法选用表
B2	有保温上人屋面	1. 防滑地砖，防水砂浆勾缝 2. 20厚聚合物砂浆铺卧 3. 10厚低强度等级砂浆隔离层 4. 保温层 5. 防水卷材层 6. 20厚1：3水泥砂浆找平层 7. 最薄30厚LC5.0轻集料混凝土2％找坡层 8. 钢筋混凝土屋面板	1. 地砖种类、规格及厚度见工程设计 2. 防水层做法见表3-11、表3-12防水做法选用表
B3	有保温上人屋面	1. 490×490×40，C25细石混凝土预制板，双向4ϕ6 2. 20厚聚合物砂浆铺卧 3. 10厚低强度等级砂浆隔离层 4. 保温层 5. 防水卷材层 6. 20厚1：3水泥砂浆找平层 7. 最薄30厚LC5.0轻集料混凝土2％找坡层 8. 钢筋混凝土屋面板	防水层做法见表3-11、表3-12防水做法选用表
B4	有保温不上人屋面	1. 390×390×40，素水泥预制块 2. 20厚聚合物砂浆铺卧 3. 10厚低强度等级砂浆隔离层 4. 保温层 5. 防水卷材层 6. 20厚1：3水泥砂浆找平层 7. 最薄30厚LC5.0轻集料混凝土2％找坡层 8. 钢筋混凝土屋面板	防水层做法见表3-11、表3-12防水做法选用表
B5	有保温不上人屋面	1. 50厚直径10~30卵石保护层 2. 干铺无纺聚酯纤维布一层 3. 10厚低强度等级砂浆隔离层 4. 保温层 5. 防水卷材层 6. 20厚1：3水泥砂浆找平层 7. 最薄30厚LC5.0轻集料混凝土2％找坡层 8. 钢筋混凝土屋面板	防水层做法见表3-11、表3-12防水做法选用表
B6	有保温不上人屋面	1. 涂料粒料保护层 2. 20厚1：3水泥砂浆找平层 3. 保温层 4. 防水卷材层 5. 20厚1：3水泥砂浆找平层 6. 最薄30厚LC5.0轻集料混凝土2％找坡层 7. 钢筋混凝土屋面板	防水层做法见表3-11、表3-12防水做法选用表

构造编号	简　图	屋面构造	备注
B7	有保温上人屋面	1. 人造草皮（或化纤地毯）专用胶粘结，在人造草皮中填充石英砂（橡胶粒）保护 2. 40厚C20细石混凝土保护层，配φ6或冷拔φ4的Ⅰ级钢，双向@150，钢筋网片绑扎或点焊（设分格缝） 3. 10厚低强度等级砂浆隔离层 4. 保温层 5. 防水卷材层 6. 20厚1:3水泥砂浆找平层 7. 最薄30厚LC5.0轻集料混凝土2‰找坡层 8. 钢筋混凝土屋面板	防水层做法见表3-11、表3-12防水做法选用表

注：1. 钢筋混凝土屋面板若结构找坡，则建筑找坡层取消。
　　2. 保温层材料的选用详见表3-13。

表 3-7　架空屋面的构造做法　12J201

构造编号	简　图	构造做法	备注
C1	无保温层	1. 配筋C25细石混凝土预制板600×600×35（不上人）、600×600×50（上人） 2. 190×120×190(h) C20细石混凝土砌块，支墩中距600，用M5水泥混合砂浆砌筑 3. 20厚1:3水泥砂浆保护层 4. 防水层 5. 20厚1:3水泥砂浆找平层 6. 最薄30厚LC5.0轻集料混凝土2‰找坡层 7. 钢筋混凝土屋面板	1. 细石混凝土预制板见图3-1 2. 防水层做法见表3-11、表3-12防水做法选用表
C2	无保温层	1. 配筋C25细石混凝土预制板600×600×35（不上人）、600×600×50（上人） 2. 190×120×190(h) C20细石混凝土砌块，支墩中距600，用M5水泥混合砂浆砌筑 3. 20厚1:3水泥砂浆保护层 4. 防水层 5. 20厚1:3水泥砂浆找平层 6. 最薄30厚LC5.0轻集料混凝土2‰找坡层 7. 保温层 8. 钢筋混凝土屋面板	1. 细石混凝土预制板见图3-1 2. 防水层做法见表3-11、表3-12防水做法选用表
C3	无保温层	1. 配筋C25细石混凝土预制板600×600×35（不上人）、600×600×50（上人） 2. 240×120×240(180)砖墩，中距600，用M5水泥混合砂浆砌筑 3. 20厚1:3水泥砂浆保护层 4. 防水层 5. 20厚1:3水泥砂浆找平层 6. 最薄30厚LC5.0轻集料混凝土2‰找坡层 7. 钢筋混凝土屋面板	1. 细石混凝土预制板见图3-1 2. 防水层做法见表3-11、表3-12防水做法选用表

续表

构造编号	简　图	构造做法	备注
C4	有保温层	1. 配筋 C25 细石混凝土预制板 （1）600×600×35（不上人） （2）600×600×50（上人） 2. 240×120×240（180）砖墩，中距 600，用 M5 水泥混合砂浆砌筑 3. 20 厚 1∶3 水泥砂浆保护层 4. 防水层 5. 20 厚 1∶3 水泥砂浆找平层 6. 最薄 30 厚 LC5.0 轻集料混凝土 2‰找坡层 7. 保温层 8. 钢筋混凝土屋面板	1. 细石混凝土预制板见图 3-1 2. 防水层做法见表 3-11、表 3-12 防水做法选用表
C5	无保温层	1. 500×500×200 纤维水泥架空板凳 2. 在架空板凳根部用建筑胶粘贴 10 厚 160×160 纤维水泥板双向中距 500 3. 20 厚 1∶3 水泥砂浆保护层 4. 防水层 5. 20 厚 1∶3 水泥砂浆找平层 6. 最薄 30 厚 LC5.0 轻集料混凝土 2‰找坡层 7. 钢筋混凝土屋面板	防水层做法见表 3-11、表 3-12 防水做法选用表
C6	有保温层	1. 500×500×200 纤维水泥架空板凳 2. 在架空板凳根部用建筑胶粘贴 10 厚 160×160 纤维水泥板双向中距 500 3. 20 厚 1∶3 水泥砂浆保护层 4. 防水层 5. 20 厚 1∶3 水泥砂浆找平层 6. 最薄 30 厚 LC5.0 轻集料混凝土 2‰找坡层 7. 保温层 8. 钢筋混凝土屋面板	防水层做法见表 3-11、表 3-12 防水做法选用表
C7		1、2. 同 C1 3. 20 厚 1∶3 水泥砂浆保护层 4. 塑料膜隔离层 5. 保温层 6. 防水层 7. 20 厚 1∶3 水泥砂浆找平层 8. 最薄 30 厚 LC5.0 轻集料混凝土 2‰找坡层 9. 钢筋混凝土屋面板	1. 用于倒置式架空屋面 2. 细石混凝土预制板见图 3-1 3. 防水层做法见表 3-11、表 3-12 防水做法选用表 4. 隔离层也可选用土工布或卷材

构造编号	简　图	构造做法	备注
C8	无保温层	1、2. 同 C3 3. 20 厚 1∶3 水泥砂浆保护层 4. 塑料膜隔离层 5. 保温层 6. 防水层 7. 20 厚 1∶3 水泥砂浆找平层 8. 最薄 30 厚 LC5.0 轻集料混凝土 2‰ 找坡层 9. 钢筋混凝土屋面板	1. 用于倒置式架空屋面 2. 细石混凝土预制板见图 3-1 3. 防水层做法见表 3-11、表 3-12 防水做法选用表 4. 隔离层也可选用土工布或卷材
C9		1、2. 同 C5 3. 20 厚 1∶3 水泥砂浆保护层 4. 塑料膜隔离层 5. 保温层 6. 防水层 7. 20 厚 1∶3 水泥砂浆找平层 8. 最薄 30 厚 LC5.0 轻集料混凝土 2‰ 找坡层 9. 钢筋混凝土屋面板	1. 细石混凝土预制板见图 3-1 2. 防水层做法见表 3-11、表 3-12 防水做法选用表 3. 隔离层也可选用土工布或卷材

注：1. 钢筋混凝土屋面板若结构找坡，则建筑找坡层取消。
　　2. 保温层材料的选用详见表 3-13。

表 3-8　种植平屋面构造做法　12J201

构造编号	简　图	构造做法	备注
D1	无保温层	1. 植被层 2. 种植土厚度按工程设计 3. 土工布过滤层 4. 20 高凹凸型排（蓄）水板 5. 20 厚 1∶3 水泥砂浆保护层 6. 耐根穿刺防水层 7. 普通防水层 8. 20 厚 1∶3 水泥砂浆找平层 9. 最薄 30 厚 LC5.0 轻集料混凝土 2‰ 找坡层 10. 钢筋混凝土屋面板	防水层做法见表 3-11、表 3-12 防水做法选用表
D2	有保温层	1. 植被层 2. 种植土厚度按工程设计 3. 土工布过滤层 4. 20 高凹凸型排（蓄）水板 5. 20 厚 1∶3 水泥砂浆保护层 6. 耐根穿刺防水层 7. 普通防水层 8. 20 厚 1∶3 水泥砂浆找平层 9. 最薄 30 厚 LC5.0 轻集料混凝土 2‰ 找坡层 10. 保温层 11. 钢筋混凝土屋面板	防水层做法见表 3-11、表 3-12 防水做法选用表

续表

构造编号	简　图	构造做法	备注
D3	 无保温层	1. 植被层 2. 种植土厚度按工程设计 3. 土工布过滤层 4. 网状交织排（蓄）水层 5. 20厚1：3水泥砂浆保护层 6. 耐根穿刺防水层 7. 普通防水层 8. 20厚1：3水泥砂浆找平层 9. 最薄30厚LC5.0轻集料混凝土2％找坡层 10. 钢筋混凝土屋面板	1. 防水层做法见表3-11、表3-12防水做法选用表 2. 网状交织排（蓄）水板表面的孔率不小于95％
D4	 有保温层	1. 植被层 2. 种植土厚度按工程设计 3. 土工布过滤层 4. 网状交织排（蓄）水层 5. 20厚1：3水泥砂浆保护层 6. 耐根穿刺防水层 7. 普通防水层 8. 20厚1：3水泥砂浆找平层 9. 最薄30厚LC5.0轻集料混凝土2％找坡层 10. 保温层 11. 钢筋混凝土屋面板	1. 防水层做法见表3-11、表3-12防水做法选用表 2. 网状交织排（蓄）水板表面的孔率不小于95％
D5	 无保温层	1. 植被层 2. 种植土厚度按工程设计 3. 土工布过滤层 4. 100～150厚陶粒排（蓄）水层 5. 20厚1：3水泥砂浆保护层 6. 耐根穿刺防水层 7. 普通防水层 8. 20厚1：3水泥砂浆找平层 9. 最薄30厚LC5.0轻集料混凝土2％找坡层 10. 钢筋混凝土屋面板	1. 防水层做法见表3-11、表3-12防水做法选用表 2. 陶粒粒径不小于25 3. 如果当地没有陶粒供应，也可改用卵石（粒径20～40）厚度80

构造编号	简　图	构造做法	备注
D6	有保温层	1. 植被层 2. 种植土厚度按工程设计 3. 土工布过滤层 4. 100～150 厚陶粒排（蓄）水层 5. 20 厚 1∶3 水泥砂浆保护层 6. 耐根穿刺防水层 7. 普通防水层 8. 20 厚 1∶3 水泥砂浆找平层 9. 最薄 30 厚 LC5.0 轻集料混凝土 2‰找坡层 10. 保温层 11. 钢筋混凝土屋面板	1. 防水层做法见表 3-11、表 3-12 防水做法选用表 　2. 陶粒粒径不小于 25 　3. 如果当地没有陶粒供应，也可改用卵石（粒径 20～40）厚度 80
D7	无保温层	1. 植被层 2. 种植土厚度按工程设计 3. 土工布过滤层 4. 20 高凹凸型排（蓄）水板 5. 20 厚 1∶3 水泥砂浆保护层 6. 耐根穿刺防水层 7. 20 厚 1∶3 水泥砂浆找平层 8. 最薄 30 厚 LC5.0 轻集料混凝土 2‰找坡层 9. ≥250 厚现浇钢筋防水混凝土结构层	1. 适用于地下室顶板高于周界时的种植屋面 　2. 地下室顶板与周界地面相连时，可不设计排水板
D8	有保温层	1. 植被层 2. 种植土厚度按工程设计 3. 土工布过滤层 4. 20 高凹凸型排（蓄）水板 5. 20 厚 1∶3 水泥砂浆保护层 6. 耐根穿刺防水层 7. 20 厚 1∶3 水泥砂浆找平层 8. 最薄 30 厚 LC5.0 轻集料混凝土 2‰找坡层 9. 保温层 10. ≥250 厚现浇钢筋防水混凝土结构层	1. 适用于地下室顶板高于周界时的种植屋面 　2. 地下室顶板与周界地面相连时，可不设计排水板

续表

构造编号	简　图	构造做法	备注
D9	 无保温层	1. 植被层 2. 草毯厚度按工程设计 3. 保湿过滤层 4. 20 高凹凸型排（蓄）水板 5. 20 厚 1：3 水泥砂浆保护层 6. 耐根穿刺防水层 7. 普通防水层 8. 20 厚 1：3 水泥砂浆找平层 9. 最薄 30 厚 LC5.0 轻集料混凝土 2％找坡层 10. 钢筋混凝土屋面板	防水层做法见表 3-11、表 3-12 防水做法选用表
D10	 有保温层	1. 植被层 2. 草毯厚度按工程设计 3. 保湿过滤层 4. 20 高凹凸型排（蓄）水板 5. 20 厚 1：3 水泥砂浆保护层 6. 耐根穿刺防水层 7. 普通防水层 8. 20 厚 1：3 水泥砂浆找平层 9. 最薄 30 厚 LC5.0 轻集料混凝土 2％找坡层 10. 保温层 11. 钢筋混凝土屋面板	防水层做法见表 3-11、表 3-12 防水做法选用表
D11	 无保温层	1. 植被层 2. 草毯厚度按工程设计 3. 保湿过滤层 4. 网状交织排（蓄）水层 5. 20 厚 1：3 水泥砂浆保护层 6. 耐根穿刺防水层 7. 普通防水层 8. 20 厚 1：3 水泥砂浆找平层 9. 最薄 30 厚 LC5.0 轻集料混凝土 2％找坡层 10. 钢筋混凝土屋面板	1. 防水层做法见表 3-11、表 3-12 防水做法选用表 2. 网状交织排（蓄）水板表面的孔率不小于 95％
D12	 有保温层	1. 植被层 2. 草毯厚度按工程设计 3. 保湿过滤层 4. 网状交织排（蓄）水层 5. 20 厚 1：3 水泥砂浆保护层 6. 耐根穿刺防水层 7. 普通防水层 8. 20 厚 1：3 水泥砂浆找平层 9. 最薄 30 厚 LC5.0 轻集料混凝土 2％找坡层 10. 保温层 11. 钢筋混凝土屋面板	1. 防水层做法见表 3-11、表 3-12 防水做法选用表 2. 网状交织排（蓄）水板表面的孔率不小于 95％

注：1. 钢筋混凝土屋面板若结构找坡，则建筑找坡层取消。

2. 保温层材料的选用参见表 3-13～表 3-15。

表 3-9　蓄水屋面构造做法　12J201

构造编号	简　图	构造做法	备注
E1	无保温层	1. 蓄水 150～200 2. 20 厚防水砂浆抹面 3. 60 厚钢筋混凝土水泥 4. 10 厚低强度等级砂浆隔离层 5. 15 厚聚合物水泥砂浆 6. 最薄 30 厚 LC5.0 轻集料混凝土 0.5% 找坡层 7. 钢筋混凝土屋面板	—
E2	有保温层	1. 蓄水 150～200 2. 20 厚防水砂浆抹面 3. 60 厚钢筋混凝土水泥 4. 10 厚低强度等级砂浆隔离层 5. 15 厚聚合物水泥砂浆 6. 最薄 30 厚 LC5.0 轻集料混凝土 0.5% 找坡层 7. 保温或隔热层 8. 钢筋混凝土屋面板	—
E3	无保温层	1. 蓄水 150～200 2. 20 厚防水砂浆抹面 3. 60 厚钢筋混凝土水泥 4. 10 厚低强度等级砂浆隔离层 5. 防水层 6. 20 厚 1:3 水泥砂浆找平层 7. 最薄 30 厚 LC5.0 轻集料混凝土 0.5% 找坡层 8. 钢筋混凝土屋面板	防水层做法见表 3-11、表 3-12 防水做法选用表
E4	有保温层	1. 蓄水 150～200 2. 20 厚防水砂浆抹面 3. 60 厚钢筋混凝土水泥 4. 10 厚低强度等级砂浆隔离层 5. 防水层 6. 20 厚 1:3 水泥砂浆找平层 7. 最薄 30 厚 LC5.0 轻集料混凝土 0.5% 找坡层 8. 保温层 9. 钢筋混凝土屋面板	防水层做法见表 3-11、表 3-12 防水做法选用表

续表

构造编号	简　图	构造做法	备注
E5	 无保温层	1. 150~200 厚蓄水加蛭石 2. 40 厚卵石层（粒径 20~40） 3. 60 厚钢筋混凝土水泥 4. 10 厚低强度等级砂浆隔离层 5. 防水层 6. 20 厚 1:3 水泥砂浆找平层 7. 最薄 30 厚 LC5.0 轻集料混凝土 0.5% 找坡层 8. 钢筋混凝土屋面板	1. 无土栽培种植屋面 2. 防水层做法见表 3-11、表 3-12 防水做法选用表
E6	 有保温层	1. 150~200 厚蓄水加蛭石 2. 40 厚卵石层（粒径 20~40） 3. 60 厚钢筋混凝土水泥 4. 10 厚低强度等级砂浆隔离层 5. 防水层 6. 20 厚 1:3 水泥砂浆找平层 7. 最薄 30 厚 LC5.0 轻集料混凝土 0.5% 找坡层 8. 保温层 9. 钢筋混凝土屋面板	1. 无土栽培种植屋面 2. 防水层做法见表 3-11、表 3-12 防水做法选用表

注：1. 钢筋混凝土屋面板若结构找坡，则建筑找坡层取消。
　　2. 保温层材料的选用参见表 3-13、表 3-16。

表 3-10　停车屋面构造做法　12J201

构造编号	简　图	屋面构造	备注
F1	 无保温小型车停车屋面	1. 100 厚种草土，表面嵌入 70 厚塑料种草箅子 2. 土工布过滤层 3. 18 高塑料板排水层，凸点向上 4. 40 厚 C20 细石混凝土保护层 5. 10 厚低强度等级砂浆隔离层 6. 防水层 7. 20 厚 1:3 水泥砂浆找平层 8. 最薄 30 厚 LC5.0 轻集料混凝土 2% 找坡层 9. 钢筋混凝土屋面板	防水层做法见表 3-11、表 3-12 防水做法选用表

构造编号	简　图	屋面构造	备注
F2	 有保温小型车停车屋面	1. 100 厚种草土，表面嵌入 70 厚塑料种草算子 2. 土工布过滤层 3. 18 高塑料板排水层，凸点向上 4. 保温层 5. 40 厚 C20 细石混凝土保护层 6. 10 厚低强度等级砂浆隔离层 7. 防水层 8. 20 厚 1：3 水泥砂浆找平层 9. 最薄 30 厚 LC5.0 轻集料混凝土 2% 找坡层 10. 钢筋混凝土屋面板	防水层做法见表 3-11、表 3-12 防水做法选用表
F3	 无保温小型车停车屋面	1. 100 厚 400×400 C20 铺路预制混凝土块，粗砂填缝或 80 厚 C20 混凝土随打随抹，内配 ϕ10@200 双向，分缝 12 宽，双向@3000，粗砂填缝 2. 30 厚粗砂垫层 3. 聚酯无纺布隔离层 4. 防水层 5. 20 厚 1：3 水泥砂浆找平层 6. 最薄 30 厚 LC5.0 轻集料混凝土 2% 找坡层 7. 钢筋混凝土屋面板	防水层做法见表 3-11、表 3-12 防水做法选用表
F4	 有保温小型车停车屋面	1. 100 厚 400×400 C20 铺路预制混凝土块，粗砂填缝或 80 厚 C20 混凝土随打随抹，内配 ϕ10@200 双向，分缝 12 宽，双向@3000，粗砂填缝 2. 30 厚粗砂垫层 3. 聚酯无纺布隔离层 4. 防水层 5. 20 厚 1：3 水泥砂浆找平层 6. 保温层 7. 最薄 30 厚 LC5.0 轻集料混凝土 2% 找坡层 8. 钢筋混凝土屋面板	防水层做法见表 3-11、表 3-12 防水做法选用表
F5	 无保温小型车停车屋面	1. 120 厚 C20 混凝土随打随抹，内配 ϕ10@200 双向，分缝 12 宽，双向@3000，粗砂填缝 2. 10 厚低强度等级砂浆隔离层 3. 防水层 4. 20 厚 1：3 水泥砂浆找平层 5. 最薄 30 厚 LC5.0 轻集料混凝土 2% 找坡层 6. 钢筋混凝土屋面板	防水层做法见表 3-11、表 3-12 防水做法选用表

续表

构造编号	简　图	屋面构造	备注
F6	有保温小型车停车屋面	1. 120 厚 C20 混凝土随打随抹，内配 φ10@200 双向，分缝 12 宽，双向@3000，粗砂填缝 2. 10 厚低强度等级砂浆隔离层 3. 防水层 4. 20 厚 1：3 水泥砂浆找平层 5. 保温层 6. 最薄 30 厚 LC5.0 轻集料混凝土 2％找坡层 7. 钢筋混凝土屋面板	防水层做法见表 3-11、表 3-12 防水做法选用表
F7	内保温小型车停车屋面	1. 100 厚 400×400 C20 铺路预制混凝土块，粗砂填缝或 80 厚 C20 混凝土随打随抹，内配 φ10@200 双向，分缝 12 宽，双向@3000，粗砂填缝 2. 30 厚粗砂垫层 3. 聚酯无纺布隔离层 4. 防水层 5. 20 厚 1：3 水泥砂浆找平层 6. 最薄 30 厚 LC5.0 轻集料混凝土 2％找坡层 7. 钢筋混凝土屋面板 8. 贴保温材料	防水层做法见表 3-11、表 3-12 防水做法选用表
F8	内保温小型车停车屋面	1. 120 厚 C20 混凝土随打随抹，内配 φ10@200 双向，分缝 12 宽，双向@3000，粗砂填缝 2. 10 厚低强度等级砂浆隔离层 3. 防水层 4. 20 厚 1：3 水泥砂浆找平层 5. 最薄 30 厚 LC5.0 轻集料混凝土 2％找坡层 6. 钢筋混凝土屋面板 7. 贴保温材料	防水层做法见表 3-11、表 3-12 防水做法选用表

注：1. 钢筋混凝土屋面板若结构找坡，则建筑找坡层取消。

　　2. 保温层材料的选用详见表 3-13。

常用Ⅰ级设防防水层做法的选用见表 3-11；常用Ⅱ级设防防水层做法的选用见表 3-12。

屋面保温材料主要性能指标和代号参见表 3-13；架空屋面所用细石混凝土预制板参见图 3-1；常用平屋面保温层厚度及性能见表 3-14；常用种植平屋面保温层厚度及性能见表 3-15；常用蓄水屋面保温层厚度及性能见表 3-16。

表 3-11　常用 I 级设防防水层做法选用表　12J201

序号	I级设防防水层构造做法	备注	序号	I级设防防水层构造做法	备注
1	1.2+1.2厚双层三元乙丙橡胶防水卷材		14	3.0厚双胎基湿铺/预铺自粘防水卷材 2.0厚双面自粘聚合物改性沥青防水卷材	两道不同卷材
2	1.2+1.2厚双层氯化聚乙烯橡胶共混防水卷材		15	3.0厚APP改性沥青防水卷材 1.5厚双面自粘型防水卷材	
3	1.2+1.2厚双层聚氯乙烯（PVC）卷材	两道相同卷材	16	1.2厚三元乙丙橡胶防水卷材 1.5厚聚氨酯防水涂料	
4	2.0+2.0厚双层改性沥青防水卷材		17	1.2厚氯化聚乙烯橡胶共混防水卷材 1.5厚聚氨酯防水涂料	
5	3.0+3.0厚双层SBS或APP改性沥青防水卷材		18	1.2厚三元乙丙橡胶防水卷材 1.5厚聚合物水泥防水涂料	
6	3.0+3.0厚双胎基湿铺/预铺自粘防水卷材		19	3厚SBS改性沥青防水卷材 2厚高聚物改性沥青防水涂料	卷材与涂料组合（复合防水）
7	1.2厚三元乙丙橡胶防水卷材 3.0厚自粘聚合物改性沥青防水卷材（聚酯胎）		20	3厚APP改性沥青防水卷材 2厚高聚物改性沥青防水涂料	
8	1.2厚氯化聚乙烯橡胶共混防水卷材 3.0厚自粘聚合物改性沥青防水卷材（聚酯胎）		21	1.2厚合成高分子防水卷材 1.5厚喷涂速凝橡胶沥青防水涂料	
9	1.2厚氯化聚乙烯橡胶共混防水卷材 1.5厚自粘橡胶沥青防水卷材		22	0.7厚聚乙烯丙纶复合防水卷材或3.0厚SBS改性沥青防水卷材 1.5厚橡化沥青非固化防水涂料	
10	3.0厚SBS改性沥青防水卷材 1.5厚自粘型防水卷材	两道不同卷材	23	1.0厚合成高分子防水卷材或1.2厚三元乙丙橡胶防水卷材 1.5厚橡化沥青非固化防水涂料	
11	1.2厚聚氯乙烯两纶复合防水卷材 1.5厚双面自粘型防水卷材				
12	2.0厚改性沥青聚乙烯胎防水卷材 1.5厚自粘聚合物改性沥青防水卷材（聚酯胎）				
13	1.5厚金属高分子复合防水卷材 1.2厚聚乙烯涤纶复合防水卷材				

注：本表仅提供了常用的防水材料，设计人员还可根据工程实际情况另行选用其他防水层做法。

表3-12 常用Ⅱ级设防防水层做法选用表 12J201

序号	Ⅱ级设防防水层构造做法	备注	序号	Ⅱ级设防防水层构造做法	备注
1	1.5厚三元乙丙橡胶防水卷材		17	2.0厚橡化沥青非固化防水涂料	
2	1.5厚氯化聚乙烯橡胶共混防水卷材		18	2.0厚喷涂速凝橡胶沥青防水涂料	一道卷材或涂料需加保护层
3	1.5厚聚氯乙烯（PVC）卷材		19	3.0厚SBS改性沥青防水涂料	
4	4.0厚SBS改性沥青防水卷材		20	3.0厚氯丁橡胶改性沥青防水涂料	
5	4.0厚APP改性沥青防水卷材	一道卷材	21	2.0厚改性沥青聚乙烯胎防水卷材	
6	1.5厚氯丁橡胶防水卷材		22	1.5厚聚合物水泥基防水涂料	
7	3.0厚铝箔或粒石覆面聚酯胎自粘防水卷材			0.7厚聚乙烯丙纶防水卷材	
8	3.0厚改性沥青聚乙烯胎防水卷材			1.3厚聚合物水泥防水胶结材料	
9	4.0厚双胎基湿铺／预铺自粘防水卷材		23	1.0厚三元乙丙橡胶防水卷材	
10	3.0厚自粘聚合物改性沥青防水卷材（聚酯胎）			1.0厚聚氨酯防水涂料	复合防水
11	3.0厚自粘橡胶沥青防水卷材		24	1.5厚金属高分子复合防水卷材	
12	4.0厚改性沥青聚乙烯胎防水卷材	一道卷材或涂料需加保护层		1.5厚聚合物水泥防水胶结材料	
13	2.0厚聚氨酯防水涂料		25	0.7厚聚乙烯丙纶复合防水卷材	
14	2.0厚硅橡胶防水涂料			1.2厚橡化沥青非固化防水涂料	
15	2.0厚聚合物水泥防水涂料		26	1.0厚合成高分子防水卷材	
16	2.0厚乳液型丙烯酸防水涂料			1.2厚橡化沥青非固化防水涂料	

注：本表仅提供了常用的防水材料，设计人员还可根据工程实际情况另行选用其他防水层做法。

表 3-13　屋面保温材料主要性能指标和代号　12J201

保温材料代号	保温材料名称	表面密度（kg/m³）	抗压强度（压缩强度）[MPa(kPa)]	导热系数[W/(m·K)]	水蒸气渗透系数[ng/Pa·m·s]	吸水率(V/V,%)	燃烧性能分级
a	加气混凝土砌块	≤425	≥1.0	≤0.120	—	—	A
b	泡沫混凝土砌块	≤530	≥0.5	≤0.120	—	—	A
c	模塑聚苯乙烯泡沫塑料	≥20	(≥100)	≤0.041	≤4.5	≤4.0	B2
d	挤塑聚苯乙烯泡沫塑料	≥30	(≥150)	≤0.030	≤3.5	≤1.5	B2
e	喷涂硬泡聚氨酯	≥35	(≥150)	≤0.024	≤5.0	≤3.0	B2
f	硬质聚氨酯泡沫塑料	≥30	(≥120)	≤0.024	≤6.5	≤4.0	B2
g	岩棉板	≥40	—	≤0.040	—	—	A
h	玻璃棉板	≥24	—	≤0.043	—	—	A
j	泡沫玻璃制品	≤200	≥0.4	≤0.070	—	≤0.5	A
k	膨胀珍珠岩制品	≤350	≥0.3	≤0.087	—	—	A

注：表中数据摘自《屋面工程技术规范》（GB 50345—2012）。

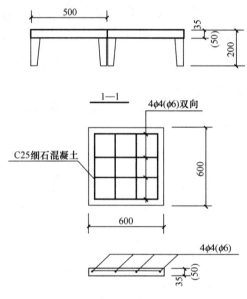

图 3-1　细石混凝土预制板

2.《坡屋面建筑构造（一）》

《国家建筑标准设计图集　坡屋面建筑构造（一）》（09J202-1）适用于屋面基层为现浇钢筋混凝土板和木望板的（其他基层也可参考）瓦屋面、防水卷材坡屋面和种植坡屋面建筑。瓦屋面的适用坡度参见表 3-17；坡屋面构造代号参见表 3-18；平瓦屋面构造做法见表 3-19；小青瓦屋面构造做法见表 3-20；筒瓦屋面构造做法见表 3-21；沥青瓦屋面构造做法见表 3-22。波形瓦可分为沥青波形瓦、树脂波形瓦、纤维水泥波形瓦、聚氯乙烯塑料波形瓦、玻纤增强聚酯波形瓦等五类，其中树脂波形瓦又可进一步分为合成树脂波形瓦和氟塑树脂波形瓦等两种。沥青波形瓦屋面构造做法见表 3-23；树脂波形瓦屋面（合成树脂波形瓦屋面、氟塑树脂波形瓦屋面）构造做法见表 3-24；纤维水泥波形瓦屋面、聚氯乙烯塑料波形瓦屋面、玻纤增强聚酯波形瓦屋面构造做法见表 3-25；防水卷材坡屋面构造做法见表 3-26；种植坡屋面构造做法见表 3-27。

表3-14 常用平屋面保温层厚度及性能表 12J201

平屋面构造做法示例

层号	构造层	λ	S	R	D
①	40厚C20细石混凝土保护层	$\lambda_1=1.74$	$S_1=17.2$	$R_1=0.023$	$D_1=0.395$
②	10厚低强度等级砂浆隔离层	$\lambda_2=0.93$	$S_2=11.37$	$R_2=0.011$	$D_2=0.122$
③	防水卷材或涂膜层	—	—	—	—
④	20厚1:3水泥砂浆找平层	$\lambda_4=0.93$	$S_4=11.37$	$R_4=0.022$	$D_4=0.245$
⑤	保温层δ厚	（见下表）	（见下表）	（见下表）	（见下表）
⑥	最薄30厚LC5.0轻集料混凝土2%找坡层	$\lambda_6=0.45$	$S_6=7.5$	$R_6=0.178$	$D_6=1.333$
⑦	100厚钢筋混凝土屋面板	$\lambda_7=1.74$	$S_7=17.2$	$R_7=0.057$	$D_7=0.989$

保温层：EPS板（模型聚苯乙烯泡沫塑料板） $\lambda_5=0.05$, $S_5=0.43$ 燃烧性能 B2级

保温层厚度 δ (mm)	屋面总厚度 (mm)	热惰性指标 D值	热阻 R [(m²·K)/W]	传热系数 K [W/(m²·K)]
30	280	3.34	0.89	0.96
40	290	3.43	1.09	0.81
55	305	3.56	1.39	0.72
60	310	3.60	1.58	0.67
70	320	3.69	1.69	0.59
80	330	3.77	1.89	0.49
90	340	3.86	2.09	0.45
110	360	4.03	2.49	0.38
130	380	4.20	2.89	0.33
160	410	4.46	3.49	0.27
180	430	4.63	3.89	0.25
230	480	5.06	4.89	0.20

保温层：XPS板（挤塑聚苯乙烯泡沫塑料板） $\lambda_5=0.036$, $S_5=0.38$ 燃烧性能 B2级

保温层厚度 δ (mm)	屋面总厚度 (mm)	热惰性指标 D值	热阻 R [(m²·K)/W]	传热系数 K [W/(m²·K)]
25	275	3.35	0.99	0.88
30	280	3.40	1.24	0.78
40	290	3.51	1.40	0.64
55	305	3.66	1.82	0.51
60	310	3.72	1.96	0.47
65	315	3.77	2.10	0.45
75	325	3.88	2.37	0.40
90	340	4.03	2.79	0.34
105	355	4.19	3.21	0.30
120	370	4.35	3.62	0.26
130	380	4.46	3.90	0.25
160	410	4.77	4.74	0.20

保温层：PU（硬质聚氨酯泡沫塑料） $\lambda_5=0.028$, $S_5=0.30$ 燃烧性能 B2级

保温层厚度 δ (mm)	屋面总厚度 (mm)	热惰性指标 D值	热阻 R [(m²·K)/W]	传热系数 K [W/(m²·K)]
20	270	3.30	1.01	0.87
25	275	3.35	1.18	0.75
35	285	3.46	1.54	0.59
40	290	3.51	1.72	0.53
45	295	3.57	1.90	0.49
50	300	3.62	2.08	0.45
60	310	3.73	2.43	0.39
70	320	3.83	2.79	0.34
80	330	3.94	3.15	0.30
90	340	4.05	3.51	0.27
100	350	4.16	3.86	0.25
125	375	4.42	4.76	0.20

续表

平屋面构造做法示例

① 40厚C20细石混凝土保护层
② 10厚低强度等级砂浆隔离层
③ 防水卷材或涂膜层
④ 20厚1:3水泥砂浆找平层
⑤ 保温层δ厚
⑥ 最薄30厚LC5.0轻集料混凝土2%找坡层
⑦ 100厚钢筋混凝土层面板

	λ	R	S	D
①	$\lambda_1=1.74$	$R_1=0.023$	$S_1=17.2$	$D_1=0.395$
②	$\lambda_2=0.93$	$R_2=0.011$	$S_2=11.37$	$D_2=0.122$
③	—	—	—	—
④	$\lambda_4=0.93$	$R_4=0.022$	$S_4=11.37$	$D_4=0.245$
⑤	(见下表)	(见下表)	(见下表)	(见下表)
⑥	$\lambda_6=0.45$	$R_6=0.178$	$S_6=7.5$	$D_6=1.333$
⑦	$\lambda_7=1.74$	$R_7=0.057$	$S_7=17.2$	$D_7=0.989$

保温层：硬泡发泡聚氨酯 $\lambda_5=0.03$ $S_5=0.3$ 燃烧性能B2级

保温层厚度 δ (mm)	屋面总厚度 (mm)	热惰性指标 D值	热阻 R [(m²·K)/W]	传热系数 K [W/(m²·K)]
20	270	3.28	0.96	0.99
30	280	3.38	1.29	0.69
40	290	3.48	1.62	0.56
50	300	3.58	1.96	0.47
60	310	3.68	2.29	0.41
70	320	3.78	2.62	0.36
80	330	3.88	2.96	0.32
90	340	3.98	3.29	0.29
105	355	4.13	3.79	0.25
120	370	4.28	4.29	0.23
130	380	4.38	4.62	0.21
140	390	4.48	4.96	0.20

保温层：岩棉、玻璃棉 $\lambda_5=0.065$ $S_5=0.59$ 燃烧性能A级

保温层厚度 δ (mm)	屋面总厚度 (mm)	热惰性指标 D值	热阻 R [(m²·K)/W]	传热系数 K [W/(m²·K)]
40	290	3.45	0.91	0.95
50	300	3.54	1.06	0.83
60	310	3.63	1.21	0.73
70	320	3.72	1.37	0.66
80	330	3.81	1.52	0.60
105	355	4.04	1.91	0.49
120	370	4.17	2.14	0.44
150	400	4.45	2.60	0.36
180	430	4.72	3.06	0.31
200	450	4.90	3.37	0.28
235	485	5.22	3.91	0.25
300	550	5.81	4.91	0.20

保温层：陶瓷纤维真空保温板 $\lambda_5=0.007$ $S_5=0.65$ 燃烧性能A级

保温层厚度 δ (mm)	屋面总厚度 (mm)	热惰性指标 D值	热阻 R [(m²·K)/W]	传热系数 K [W/(m²·K)]
10	260	4.01	1.72	0.53
15	255	4.48	2.43	0.39
20	270	4.94	3.15	0.30
25	275	5.41	3.86	0.25
30	280	5.87	4.58	0.21
35	285	6.33	5.29	0.18
40	290	6.80	6.01	0.16
45	295	7.26	6.72	0.15
50	300	7.73	7.43	0.13
55	305	8.19	8.15	0.12
60	310	8.66	8.86	0.11
65	315	9.12	9.58	0.10

续表

编号	构造层	λ	S	R	D
①	40厚C20细石混凝土保护层	$\lambda_1=1.74$	$S_1=17.2$	$R_1=0.023$	$D_1=0.395$
②	10厚低强度等级砂浆隔离层	$\lambda_2=0.93$	$S_2=11.37$	$R_2=0.011$	$D_2=0.122$
③	防水卷材或涂膜层	—	—	—	—
④	20厚1:3水泥砂浆找平层	$\lambda_4=0.93$	$S_4=11.37$	$R_4=0.022$	$D_4=0.245$
⑤	保温层δ厚	(见下表)	(见下表)	(见下表)	(见下表)
⑥	最薄30厚LC5.0轻集料混凝土2%找坡层	$\lambda_6=0.45$	$S_6=7.5$	$R_6=0.178$	$D_6=1.333$
⑦	100厚钢筋混凝土屋面板	$\lambda_7=1.74$	$S_7=17.2$	$R_7=0.057$	$D_7=0.989$

平屋面构造做法示例

保温层:泡沫玻璃板（Ⅰ型） $\lambda_5=0.044$ $S_5=0.9$
燃烧性能 A 级

保温层厚度 δ (mm)	屋面总厚度 (mm)	热惰性指标 D值	热阻 R [(m²·K)/W]	传热系数 K [W/(m²·K)]
30	280	3.70	0.97	0.89
40	290	3.90	1.20	0.74
50	300	4.11	1.43	0.63
60	310	4.31	1.65	0.55
70	320	4.52	1.88	0.49
80	330	4.72	2.11	0.44
90	340	4.92	2.34	0.40
100	350	5.13	2.56	0.37
110	360	5.33	2.79	0.34
130	380	5.74	3.25	0.29
160	410	6.36	3.93	0.25
200	450	7.17	4.84	0.20

保温层:泡沫玻璃板（Ⅱ型） $\lambda_5=0.052$ $S_5=0.9$
燃烧性能 A 级

保温层厚度 δ (mm)	屋面总厚度 (mm)	热惰性指标 D值	热阻 R [(m²·K)/W]	传热系数 K [W/(m²·K)]
30	280	3.60	0.87	0.98
40	290	3.78	1.06	0.83
50	300	3.95	1.25	0.71
60	310	4.12	1.44	0.63
70	320	4.30	1.64	0.56
80	330	4.47	1.83	0.51
90	340	4.64	2.02	0.46
110	360	4.99	2.41	0.39
130	380	5.33	2.79	0.34
150	400	5.68	3.18	0.30
190	440	6.37	3.94	0.24
240	490	7.24	4.91	0.20

保温层:泡沫玻璃板（Ⅲ型） $\lambda_5=0.060$ $S_5=0.9$
燃烧性能 A 级

保温层厚度 δ (mm)	屋面总厚度 (mm)	热惰性指标 D值	热阻 R [(m²·K)/W]	传热系数 K [W/(m²·K)]
40	290	3.68	0.96	0.90
50	300	3.83	1.12	0.78
60	310	3.98	1.29	0.69
70	320	4.13	1.46	0.62
80	330	4.28	1.62	0.56
90	340	4.43	1.79	0.52
100	350	4.58	1.96	0.47
120	370	4.88	2.29	0.41
150	400	5.33	2.79	0.34
200	450	6.08	3.62	0.26
210	460	6.23	3.79	0.25
270	520	7.13	4.79	0.20

续表

平屋面构造做法示例

	构造层	λ	S	R	D
①	40厚C20细石混凝土保护层	$\lambda_1=1.74$	$S_1=17.2$	$R_1=0.023$	$D_1=0.395$
②	10厚低强度等级砂浆隔离层	$\lambda_2=0.93$	$S_2=11.37$	$R_2=0.011$	$D_2=0.122$
③	防水卷材或涂膜层	—	—	—	—
④	20厚1:3水泥砂浆找平层	$\lambda_3=0.93$	$S_3=11.37$	$R_3=0.022$	$D_3=0.245$
⑤	保温层δ厚	(见下表)	(见下表)	(见下表)	(见下表)
⑥	最薄30厚LC5.0轻集料混凝土2%找坡层	$\lambda_6=0.45$	$S_6=7.5$	$R_6=0.178$	$D_6=1.333$
⑦	100厚钢筋混凝土层面板	$\lambda_7=1.74$	$S_7=17.2$	$R_7=0.057$	$D_7=0.989$

保温层：膨胀珍珠岩 $\lambda_5=0.113$ $S_5=2.08$ 燃烧性能A级

保温层厚度δ(mm)	屋面总厚度(mm)	热惰性指标D值	热阻R[(m²·K)/W]	传热系数K[W/(m²·K)]
65	315	4.28	0.87	0.98
80	330	4.56	1.00	0.87
100	350	4.92	1.18	0.75
120	370	5.29	1.35	0.67
150	400	5.85	1.62	0.57
180	430	6.40	1.88	0.49
200	450	6.77	2.06	0.45
230	480	7.32	2.33	0.40
270	520	8.05	2.68	0.35
330	580	9.16	3.21	0.30
400	650	10.45	3.83	0.25
520	770	12.66	4.89	0.20

保温层：泡沫混凝土砌块 $\lambda_5=0.12$ $S_5=1.94$ 燃烧性能A级

保温层厚度δ(mm)	屋面总厚度(mm)	热惰性指标D值	热阻R[(m²·K)/W]	传热系数K[W/(m²·K)]
60	310	4.25	0.89	0.96
80	330	4.64	1.09	0.81
100	350	5.02	1.29	0.69
120	370	5.41	1.49	0.61
140	390	5.80	1.69	0.54
160	410	6.19	1.89	0.49
180	430	6.58	2.09	0.45
200	450	6.96	2.29	0.41
250	500	7.93	2.79	0.34
300	550	8.30	3.29	0.29
350	600	9.38	3.79	0.25
450	710	11.81	4.79	0.20

保温层：蒸压加气混凝土砌块 $\lambda_5=0.12$ $S_5=2.81$ 燃烧性能A级

保温层厚度δ(mm)	屋面总厚度(mm)	热惰性指标D值	热阻R[(m²·K)/W]	传热系数K[W/(m²·K)]
150	400	6.60	1.54	0.59
175	425	7.18	1.75	0.53
200	450	7.77	1.96	0.47
225	475	8.35	2.17	0.43
250	500	8.94	2.37	0.40
275	525	9.52	2.58	0.37
300	550	10.11	2.79	0.34

注：1. 构造做法选自表3-5卷材、涂膜防水屋面做法A3。
2. 找坡层厚度按80厚取值计算。

表3-15 常用种植屋面保温层厚度及性能表 12J201

平屋面构造做法示例

构造层	λ	S	R	D
① 种植土厚度（本表计算厚度取200厚）	$\lambda_1=0.76$	$S_1=9.37$	$R_1=0.26$	$D_1=2.44$
② 土工布过滤层	—	—	—	—
③ 20高凹凸型排（蓄）水板	—	—	—	—
④ 20厚1:3水泥砂浆保护层	$\lambda_4=0.93$	$S_4=11.37$	$R_4=0.022$	$D_4=0.245$
⑤ 耐根穿刺防水层	—	—	—	—
⑥ 普通防水层（Ⅰ级防水设防）	—	—	—	—
⑦ 20厚1:3水泥砂浆找平层	$\lambda_7=0.93$	$S_7=11.37$	$R_7=0.022$	$D_7=0.245$
⑧ 最薄30厚LC5.0轻集料混凝土2%找坡层	$\lambda_8=0.45$	$S_8=7.5$	$R_8=0.178$	$D_8=1.333$
⑨ 保温层δ厚	（见下表）	（见下表）	（见下表）	（见下表）
⑩ 100厚钢筋混凝土屋面板	$\lambda_{10}=1.74$	$S_{10}=17.2$	$R_{10}=0.057$	$D_{10}=0.989$

保温层：EPS板（模塑聚苯乙烯泡塑料板） $\lambda_9=0.05$ $S_9=0.43$ 燃烧性能B2级

保温层厚度 δ(mm)	屋面总厚度 (mm)	热惰性指标 D值	热阻 R [(m²·K)/W]	传热系数 K [W/(m²·K)]
30	470	5.51	1.14	0.79
40	480	5.60	1.34	0.67
50	490	5.68	1.54	0.59
65	505	5.81	1.84	0.50
80	520	5.94	2.14	0.44
90	530	6.03	2.34	0.40
110	550	6.20	2.74	0.35
130	570	6.37	3.14	0.30
165	605	6.67	3.84	0.25
215	655	7.10	4.84	0.20

保温层：XPS板（挤塑聚苯乙烯泡沫塑料板） $\lambda_9=0.036$ $S_9=0.38$ 燃烧性能B2级

保温层厚度 δ(mm)	屋面总厚度 (mm)	热惰性指标 D值	热阻 R [(m²·K)/W]	传热系数 K [W/(m²·K)]
20	460	5.46	1.09	0.80
30	470	5.57	1.37	0.66
40	480	5.67	1.65	0.56
50	490	5.78	1.93	0.48
55	495	5.83	2.07	0.45
65	505	5.94	2.34	0.40
80	520	6.10	2.76	0.34
95	535	6.25	3.18	0.30
120	560	6.52	3.87	0.25
150	590	6.84	4.71	0.21

保温层：PU（硬质聚氨酯泡沫塑料） $\lambda_9=0.028$ $S_9=0.30$ 燃烧性能B2级

保温层厚度 δ(mm)	屋面总厚度 (mm)	热惰性指标 D值	热阻 R [(m²·K)/W]	传热系数 K [W/(m²·K)]
20	460	5.47	1.25	0.71
25	465	5.52	1.43	0.63
30	470	5.57	1.61	0.57
35	475	5.63	1.79	0.52
40	480	5.68	1.97	0.47
50	490	5.79	2.32	0.40
60	500	5.89	2.68	0.35
75	515	6.06	3.22	0.30
95	535	6.27	3.93	0.24
120	560	6.54	4.82	0.20

续表

平屋面构造做法示例

编号	构造层	λ	R	S	D
①	种植土厚度（本表计算厚度取200厚）	$\lambda_1=0.76$	$R_1=0.26$	$S_1=9.37$	$D_1=2.44$
②	土工布过滤层	—	—	—	—
③	20高凹凸型排（蓄）水板	—	—	—	—
④	20厚1:3水泥砂浆保护层	$\lambda_4=0.93$	$R_4=0.022$	$S_4=11.37$	$D_4=0.245$
⑤	耐根穿刺防水层	—	—	—	—
⑥	普通防水层（Ⅰ级防水设防）	—	—	—	—
⑦	20厚1:3水泥砂浆找平层	$\lambda_7=0.93$	$R_7=0.022$	$S_7=11.37$	$D_7=0.245$
⑧	最薄30厚LC5.0轻集料混凝土2%找坡层	$\lambda_8=0.45$	$R_8=0.178$	$S_8=7.5$	$D_8=1.333$
⑨	保温层δ厚	$\lambda_9=$（见下表）	（见下表）	（见下表）	（见下表）
⑩	100厚钢筋混凝土屋面板	$\lambda_{10}=1.74$	$R_{10}=0.057$	$S_{10}=17.2$	$D_{10}=0.989$

保温层：泡沫玻璃板（Ⅱ型） $\lambda_9=0.052$　$S_9=0.9$
燃烧性能A级

保温层厚度 δ(mm)	屋面总厚度(mm)	热惰性指标 D值	热阻 R [(m²·K)/W]	传热系数 K [W/(m²·K)]
30	470	5.77	1.12	0.79
40	480	5.94	1.31	0.69
50	490	6.12	1.50	0.61
70	510	6.46	1.89	0.49
90	530	6.81	2.27	0.41
110	550	7.16	2.65	0.36
130	570	7.50	3.04	0.31
150	590	7.85	3.42	0.28
170	610	8.19	3.81	0.25
220	660	9.06	4.77	0.20

保温层：憎水膨胀珍珠岩板 $\lambda_9=0.113$　$S_9=2.08$
燃烧性能A级

保温层厚度 δ(mm)	屋面总厚度(mm)	热惰性指标 D值	热阻 R [(m²·K)/W]	传热系数 K [W/(m²·K)]
60	500	6.36	1.07	0.82
80	520	6.72	1.25	0.72
110	550	7.28	1.51	0.60
130	570	7.64	1.69	0.54
150	590	8.01	1.87	0.50
200	640	8.93	2.31	0.41
250	690	9.85	2.75	0.34
300	740	10.77	3.19	0.30
380	820	12.25	3.90	0.25
500	940	14.46	4.96	0.20

保温层：蒸压加气混凝土砌块 $\lambda_9=0.12$　$S_9=2.81$
燃烧性能A级

保温层厚度 δ(mm)	屋面总厚度(mm)	热惰性指标 D值	热阻 R [(m²·K)/W]	传热系数 K [W/(m²·K)]
150	590	8.76	1.79	0.52
175	615	9.35	2.00	0.47
200	640	9.94	2.21	0.42
225	665	10.52	2.41	0.39
250	690	11.11	2.62	0.36
275	715	11.69	2.83	0.34
300	740	12.28	3.04	0.31

注：1. 构造做法选自表3-8种植屋面做法D₂。
2. 找坡层厚度按80厚取值计算。

表3-16　常用蓄水屋面保温层厚度及性能表　12J201

平屋面构造做法示例

构造层	λ	S	R	D
① 20厚防水砂浆抹面	$\lambda_1=0.93$	$S_1=11.37$	$R_1=0.022$	$D_1=0.245$
② 60厚钢筋混凝土水池	$\lambda_2=1.74$	$S_2=17.2$	$R_2=0.034$	$D_2=0.593$
③ 10厚低强度等级砂浆隔离层	$\lambda_3=0.93$	$S_3=11.37$	$R_3=0.011$	$D_3=0.122$
④ 防水层	—	—	—	—
⑤ 20厚1:3水泥砂浆找平层	$\lambda_5=0.93$	$S_5=11.37$	$R_5=0.022$	$D_5=0.245$
⑥ 最薄30厚LC5.0轻集料混凝土0.5%找坡层	$\lambda_6=0.45$	$S_6=7.5$	$R_6=0.100$	$D_6=0.75$
⑦ 保温层δ厚	(见下表)	(见下表)	(见下表)	(见下表)
⑧ 100厚钢筋混凝土屋面板	$\lambda_8=1.74$	$S_8=17.2$	$R_8=0.057$	$D_8=0.989$

保温层：EPS板（模塑聚苯乙烯泡沫塑料板）　$\lambda_7=0.05$　$S_7=0.43$　燃烧性能B2级

保温层厚度δ(mm)	屋面总厚度(mm)	热惰性指标D值	热阻R [(m²·K)/W]	传热系数K [W/(m²·K)]
20	275	3.12	1.05	0.84
30	285	3.20	1.25	0.72
35	290	3.25	1.35	0.67

保温层：泡沫玻璃板（Ⅱ型）　$\lambda_7=0.052$　$S_7=0.9$

保温层厚度δ(mm)	屋面总厚度(mm)	热惰性指标D值	热阻R [(m²·K)/W]	传热系数K [W/(m²·K)]
30	270	3.46	1.05	0.83
40	280	3.64	1.24	0.72
50	290	3.81	1.44	0.63

保温层：XPS板（挤塑聚苯乙烯泡沫塑料板）　$\lambda_7=0.036$　$S_7=2.38$　燃烧性能B2级

保温层厚度δ(mm)	屋面总厚度(mm)	热惰性指标D值	热阻R [(m²·K)/W]	传热系数K [W/(m²·K)]
20	275	3.16	1.20	0.74
25	280	3.21	1.34	0.67
30	285	3.26	1.48	0.61

保温层：憎水膨胀珍珠岩板　$\lambda_7=0.113$　$S_7=2.08$　燃烧性能A级

保温层厚度δ(mm)	屋面总厚度(mm)	热惰性指标D值	热阻R [(m²·K)/W]	传热系数K [W/(m²·K)]
30	285	3.50	0.91	0.94
50	305	3.86	1.09	0.81
80	335	4.42	1.35	0.66

保温层：PU（硬质聚氨酯泡沫塑料）　$\lambda_7=0.028$　$S_7=0.30$　燃烧性能B2级

保温层厚度δ(mm)	屋面总厚度(mm)	热惰性指标D值	热阻R [(m²·K)/W]	传热系数K [W/(m²·K)]
20	275	3.16	1.36	0.66
25	280	3.21	1.54	0.59
30	285	3.27	1.72	0.54

保温层：蒸压加气混凝土砌块　$\lambda_7=0.12$　$S_7=2.81$　燃烧性能A级

保温层厚度δ(mm)	屋面总厚度(mm)	热惰性指标D值	热阻R [(m²·K)/W]	传热系数K [W/(m²·K)]
100	355	4.78	1.53	0.59
150	405	5.71	1.97	0.47
200	455	6.63	2.42	0.39

注：1. 构造做法选自表3-9蓄水屋面构造做法E4。
2. 蓄水屋面计算热阻时，增加0.4（m²·K）/W当量热阻附加值。

表 3-17　瓦屋面的适用坡度　09J202-1

瓦屋面的类别	适用坡度		
	％	角度	高跨比
块瓦屋面	≥30	≥16.7°	≥1∶3.33
沥青瓦屋面	≥20	≥11.3°	≥1∶5
波形瓦屋面	≥20	≥11.3°	≥1∶5

表 3-18　坡屋面的构造代号　09J202-1

坡屋面的类别			屋面构造代号
块瓦屋面	平瓦屋面		Ka
	小青瓦屋面、筒瓦屋面		Kb
沥青瓦屋面			L
波形瓦屋面	沥青波形瓦屋面		Pa
	树脂波形瓦屋面	合成树脂波形瓦屋面	Pb
		氟塑树脂波形瓦屋面	Pc
	纤维水泥波形瓦屋面		Pd
	聚氯乙烯塑料波形瓦屋面		Pe
	玻纤增强聚酯波形瓦屋面		Pf
防水卷材坡屋面			F
种植坡屋面			Z

表 3-19　平瓦屋面构造做法　09J202-1

构造编号	简　图	屋面构造	备注
Ka1	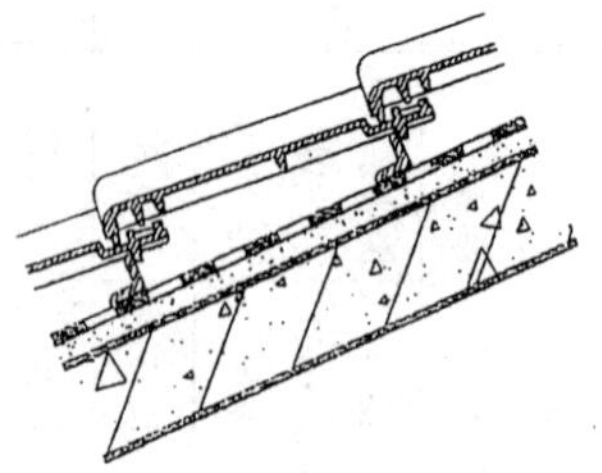	1. 平瓦 2. 挂瓦条 L30×4，中距按瓦材规格 3. 顺水条－25×5，中距 600 4. 防水垫层 5. 1∶3 水泥砂浆找平层厚 15 6. 钢筋混凝土屋面板	1. 屋面防水等级为一级 2. 屋面无保温隔热层
Ka2			1. 屋面防水等级为二级 2. 屋面无保温隔热层
Ka3	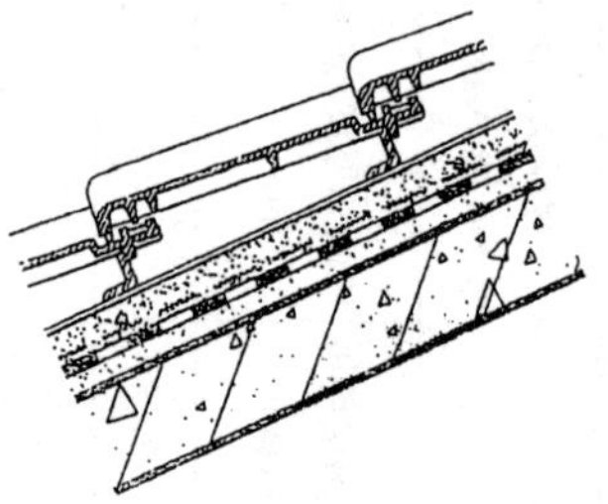	1. 平瓦 2. 挂瓦条 L30×4，中距按瓦材规格 3. 顺水条－25×5，中距 600 4. C20 细石混凝土找平层，厚 40(配 φ4@150×150 钢筋网) 5. 防水垫层 6. 1∶3 水泥砂浆找平层，厚 15 7. 钢筋混凝土屋面板	1. 屋面防水等级为一级 2. 屋面无保温隔热层
Ka4			1. 屋面防水等级为二级 2. 屋面无保温隔热层

续表

构造编号	简 图	屋面构造	备注
K_a5		1. 平瓦 2. 挂瓦条 L30×4，中距按瓦材规格 3. 顺水条－25×5，中距 600 4. C20 细石混凝土找平层，厚40（配 ϕ4@150×150 钢筋网）	1. 屋面防水等级为一级 2. 屋面有保温隔热层
K_a6		5. 防水垫层 6. 1:3 水泥砂浆找平层，厚15 7. 保温或隔热层，厚δ 8. 钢筋混凝土屋面板	1. 屋面防水等级为二级 2. 屋面有保温隔热层
K_a7		1. 平瓦 2. 挂瓦条 L30×4，中距按瓦材规格 3. 顺水条－25×5，中距 600 4. C20 细石混凝土找平层，厚40（配 ϕ4@150×150 钢筋网） 5. 保温或隔热层，厚δ	1. 屋面防水等级为一级 2. 屋面有保温隔热层
K_a8		6. 防水垫层 7. 1:3 水泥砂浆找平层，厚15 8. 钢筋混凝土屋面板	1. 屋面防水等级为二级 2. 屋面有保温隔热层
K_a9		1. 平瓦 2. 挂瓦条 30×30（h），中距按瓦材规格 3. 顺水条 30×30（h），@500 4. C20 细石混凝土找平层，厚40（配 ϕ4@150×150 钢筋网）	1. 屋面防水等级为一级 2. 屋面无保温隔热层
K_a10		5. 防水垫层 6. 1:3 水泥砂浆找平层，厚15 7. 钢筋混凝土屋面板	1. 屋面防水等级为二级 2. 屋面无保温隔热层
K_a11		1. 平瓦 2. 挂瓦条 30×30（h），中距按瓦材规格 3. 顺水条 30×30（h），@500 4. 防水垫层 5. 1:3 水泥砂浆找平层，厚15 6. 钢筋混凝土屋面板	1. 屋面防水等级为一级 2. 屋面有保温隔热层
K_a12		7. 带石膏板的保温或隔热层，厚δ	1. 屋面防水等级为二级 2. 屋面有保温隔热层
K_a13		1. 平瓦 2. 挂瓦条 30×30（h），中距按瓦材规格 3. 顺水条 30×30（h），@500 4. C20 细石混凝土找平层，厚40（配 ϕ4@150×150 钢筋网） 5. 防水垫层	1. 屋面防水等级为一级 2. 屋面有保温隔热层
K_a14		6. 1:3 水泥砂浆找平层，厚15 7. 保温或隔热层，厚δ 8. 钢筋混凝土屋面板	1. 屋面防水等级为二级 2. 屋面有保温隔热层

构造编号	简　图	屋面构造	备注
K_a15		1. 平瓦 2. 挂瓦条 30×30（h），中距按瓦材规格 3. 顺水条 30×30（h），@500 4. C20 细石混凝土找平层，厚40（配φ4@150×150 钢筋网）	1. 屋面防水等级为一级 2. 屋面有保温隔热层
K_a16		5. 保温或隔热层，厚δ 6. 防水垫层 7. 1：3 水泥砂浆找平层，厚15 8. 钢筋混凝土屋面板	1. 屋面防水等级为二级 2. 屋面有保温隔热层
K_a17		1. 平瓦 2. 挂瓦条 30×30（h），中距按瓦材规格 3. 铝箔复合隔热防水垫层满铺 4. 顺水条 30×30（h），@500 5. 1：3 水泥砂浆找平层，厚20 6. 钢筋混凝土屋面板	1. 屋面防水等级为一级 2. 屋面无保温隔热层
K_a18			1. 屋面防水等级为二级 2. 屋面无保温隔热层
K_a19		1. 平瓦 2. 挂瓦条 30×30（h），中距按瓦材规格 3. 铝箔复合隔热防水垫层满铺 4. 顺水条 30×30（h），@500用专用钉固定于持钉层，木条间嵌30厚聚苯板或挤塑板 5. 保温或隔热层，厚δ 6. 防水垫层 7. 1：3 水泥砂浆找平层，厚15 8. 钢筋混凝土屋面板	1. 屋面防水等级为一级 2. 屋面有保温隔热层
K_a20			1. 屋面防水等级为二级 2. 屋面有保温隔热层
K_a21		1. 平瓦 2. 挂瓦条 30×30（h），中距按瓦材规格 3. 波形沥青板通风防水垫层，厚2.4 4. 钢筋混凝土屋面板	1. 不用顺水条 2. 屋面防水等级为一级 3. 屋面无保温隔热层
K_a22		1. 平瓦 2. 挂瓦条 30×30（h），中距按瓦材规格 3. 波形沥青板通风防水垫层，厚2.4 4. 保温或隔热层，厚δ 5. 钢筋混凝土屋面板	1. 不用顺水条 2. 屋面防水等级为一级 3. 屋面有保温隔热层

构造编号	简 图	屋面构造	备注
Kₐ23		1. 平瓦 2. 挂瓦条 30×30 (h)，中距按瓦材规格 3. 透汽防水垫层 4. 顺水条 30×30 (h)，@500 5. 钢筋混凝土屋面板	1. 屋面防水等级为一级 2. 屋面无保温隔热层
Kₐ24			1. 屋面防水等级为二级 2. 屋面无保温隔热层
Kₐ25		1. 平瓦 2. 挂瓦条 30×30 (h)，中距按瓦材规格 3. 透汽防水垫层 4. 顺水条 30×30 (h)，@500 5. 1：3 水泥砂浆找平层，厚 20 6. 钢筋混凝土屋面板	1. 屋面防水等级为一级 2. 屋面无保温隔热层
Kₐ26			1. 屋面防水等级为二级 2. 屋面无保温隔热层
Kₐ27		1. 平瓦 2. 挂瓦条 30×30 (h)，中距按瓦材规格 3. 透汽防水垫层 4. 顺水条 30×30 (h)，@500 5. C20 细石混凝土找平层，厚 40(配 $\phi4@150 \times 150$ 钢筋网) 6. 保温或隔热层，厚 δ 7. 钢筋混凝土屋面板	1. 屋面防水等级为一级 2. 屋面有保温隔热层
Kₐ28			1. 屋面防水等级为二级 2. 屋面有保温隔热层
Kₐ29		1. 平瓦 2. 挂瓦条 30×30 (h)，中距按瓦材规格 3. 波形沥青板通风防水垫层，厚 2.4 4. 木望板，厚 20 5. 钢木复合檩条	1. 不用顺水条 2. 屋面防水等级为一级 3. 屋面无保温隔热层

构造编号	简 图	屋面构造	备注
K_a30		1. 平瓦 2. 木挂瓦条 30×30（h） 3. 木顺水条 30×30（h），@500 4. 防水垫层 5. 木望板，厚20 6. 钢木复合檩条	1. 屋面防水等级为一级 2. 屋面无保温隔热层
K_a31			1. 屋面防水等级为二级 2. 屋面无保温隔热层
K_a32		1. 平瓦 2. 木挂瓦条 30×30（h） 3. 木顺水条 30×30（h），@500 4. 防水垫层 5. 木望板，厚20 6. 保温或隔热层，厚δ 7. 承托网 8. 钢木复合檩条	1. 屋面防水等级为一级 2. 屋面有保温隔热层
K_a33			1. 屋面防水等级为二级 2. 屋面有保温隔热层

表 3-20 小青瓦屋面构造做法 09J202-1

构造编号	简 图	屋面构造	备注
K_b1		1. 小青瓦 2. 1∶1∶4 水泥白灰砂浆加水泥重的 3％麻刀卧浆，最薄处 20 3. 30 厚 1∶3 水泥砂浆，满铺钢丝网，用螺钉固定（防下滑） 4. 36×8 压毡条，中距 500 5. 防水垫层 6. 木望板，厚 20	1. 屋面防水等级为一级 2. 屋面无保温隔热层
K_b2			1. 屋面防水等级为二级 2. 屋面无保温隔热层
K_b3		1. 小青瓦 2. 1∶1∶4 水泥白灰砂浆加水泥重的 3％麻刀卧浆，最薄处 20 3. 30 厚 1∶3 水泥砂浆，满铺钢丝网，用螺钉固定（防下滑） 4. 36×8 压毡条，中距 500 5. 防水垫层 6. 木望板，厚 20 7. 木条间填保温层，厚δ 8. 承托网	1. 屋面防水等级为一级 2. 屋面有保温隔热层
K_b4			1. 屋面防水等级为二级 2. 屋面有保温隔热层

构造编号	简　图	屋面构造	备注
K$_b$5		1. 小青瓦 2. 1∶1∶4 水泥白灰砂浆加水泥重的 3% 麻刀卧浆，最薄处 20 3. 30 厚 1∶3 水泥砂浆，满铺钢丝网，用 18 号镀锌钢丝绑扎并与屋面板预埋的 φ10 钢筋头绑牢 4. 防水垫层 5. 1∶3 水泥砂浆找平层，厚 15 6. 钢筋混凝土屋面板	1. 屋面防水等级为一级 2. 屋面无保温隔热层
K$_b$6			1. 屋面防水等级为二级 2. 屋面无保温隔热层
K$_b$7		1. 小青瓦 2. 1∶1∶4 水泥白灰砂浆加水泥重的 3% 麻刀卧浆，最薄处 20 3. 30 厚 1∶3 水泥砂浆，满铺钢丝网，用 18 号镀锌钢丝绑扎并与屋面板预埋的 φ10 钢筋头绑牢 4. 防水垫层 5. 1∶3 水泥砂浆找平层，厚 15 6. 保温或隔热层，厚 δ 7. 钢筋混凝土屋面板	1. 屋面防水等级为一级 2. 屋面有保温隔热层
K$_b$8			1. 屋面防水等级为二级 2. 屋面有保温隔热层
K$_b$9		1. 小青瓦 2. 1∶1∶4 水泥白灰砂浆加水泥重的 3% 麻刀卧浆，最薄处 20 3. 30 厚 1∶3 水泥砂浆，满铺钢丝网，用 18 号镀锌钢丝绑扎并与屋面板预埋的 φ10 钢筋头绑牢 4. 保温或隔热层，厚 δ 5. 防水垫层 6. 1∶3 水泥砂浆找平层，厚 15 7. 钢筋混凝土屋面板	1. 屋面防水等级为一级 2. 屋面有保温隔热层
K$_b$10			1. 屋面防水等级为二级 2. 屋面有保温隔热层

表 3-21　筒瓦屋面构造做法　09J202-1

构造编号	简　图	屋面构造	备注
K_b11		1. 筒瓦 2. 1:1:4 水泥白灰砂浆加水泥重的 3% 麻刀卧浆，最薄处 20 3. 30 厚 1:3 水泥砂浆，满铺钢丝网，用螺钉固定（防下滑） 4. 36×8 压毡条，中距 500 5. 防水垫层 6. 木望板，厚 20	1. 屋面防水等级为一级 2. 屋面无保温隔热层
K_b12			1. 屋面防水等级为二级 2. 屋面无保温隔热层
K_b13		1. 筒瓦 2. 1:1:4 水泥白灰砂浆加水泥重的 3% 麻刀卧浆，最薄处 20 3. 30 厚 1:3 水泥砂浆，满铺钢丝网，用螺钉固定（防下滑） 4. 36×8 压毡条，中距 500 5. 防水垫层 6. 木望板，厚 20 7. 木条间填保温层，厚δ 8. 承托网	1. 屋面防水等级为一级 2. 屋面有保温隔热层
K_b14			1. 屋面防水等级为二级 2. 屋面有保温隔热层
K_b15		1. 筒瓦 2. 1:1:4 水泥白灰砂浆加水泥重的 3% 麻刀卧浆，最薄处 20 3. 30 厚 1:3 水泥砂浆，满铺钢丝网，用 18 号镀锌钢丝绑扎并与屋面板预埋的 φ10 钢筋头绑牢 4. 防水垫层 5. 1:3 水泥砂浆找平层，厚 15 6. 钢筋混凝土屋面板	1. 屋面防水等级为一级 2. 屋面无保温隔热层
K_b16			1. 屋面防水等级为二级 2. 屋面无保温隔热层
K_b17		1. 筒瓦 2. 1:1:4 水泥白灰砂浆加水泥重的 3% 麻刀卧浆，最薄处 20 3. 30 厚 1:3 水泥砂浆，满铺钢丝网，用 18 号镀锌钢丝绑扎并与屋面板预埋的 φ10 钢筋头绑牢 4. 防水垫层 5. 1:3 水泥砂浆找平层，厚 15 6. 保温或隔热层，厚δ 7. 钢筋混凝土屋面板	1. 屋面防水等级为一级 2. 屋面有保温隔热层
K_b18			1. 屋面防水等级为二级 2. 屋面有保温隔热层

构造编号	简　图	屋面构造	备注
K_b19		1. 筒瓦 2. 1∶1∶4 水泥白灰砂浆加水泥重的 3‰麻刀卧浆，最薄处 20 3. 30 厚 1∶3 水泥砂浆，满铺钢丝网，用 18 号镀锌钢丝绑扎并与屋面板预埋的 ϕ10 钢筋头绑牢 4. 保温或隔热层，厚 δ 5. 防水垫层 6. 1∶3 水泥砂浆找平层，厚 15 7. 钢筋混凝土屋面板	1. 屋面防水等级为一级 2. 屋面有保温隔热层
K_b20			1. 屋面防水等级为二级 2. 屋面有保温隔热层

注：筒瓦分为陶瓦和琉璃瓦，由工程设计选定，筒瓦的配套瓦由生产厂家提供。

表 3-22　沥青瓦屋面构造做法　09J202-1

构造编号	简　图	屋面构造	备注
L1		1. 沥青瓦 2. 防水垫层 3. 1∶3 水泥砂浆找平层，厚 20 4. 钢筋混凝土屋面板	1. 屋面防水等级为一级 2. 屋面无保温隔热层
L2			1. 屋面防水等级为二级 2. 屋面无保温隔热层
L3		1. 沥青瓦 2. 防水垫层 3. C20 细石混凝土找平层，厚 40(配 ϕ4@150×150 钢筋网) 4. 钢筋混凝土屋面板	1. 屋面防水等级为一级 2. 屋面无保温隔热层
L4			1. 屋面防水等级为二级 2. 屋面无保温隔热层
L5		1. 沥青瓦 2. 防水垫层 3. C20 细石混凝土找平层，厚 40(配 ϕ4@150×150 钢筋网) 4. 保温或隔热层，厚 δ 5. 钢筋混凝土屋面板	1. 屋面防水等级为一级 2. 屋面有保温隔热层
L6			1. 屋面防水等级为二级 2. 屋面有保温隔热层

构造编号	简　图	屋面构造	备注
L7		1. 沥青瓦 2. C20 细石混凝土找平层，厚 40（配 ϕ4@150×150 钢筋网） 3. 防水垫层 4. 1∶3 水泥砂浆找平层，厚 20 5. 保温或隔热层，厚 δ 6. 钢筋混凝土屋面板	1. 屋面防水等级为一级 2. 屋面有保温隔热层
L8			1. 屋面防水等级为二级 2. 屋面有保温隔热层
L9		1. 沥青瓦 2. C20 细石混凝土找平层，厚 40（配 ϕ4@150×150 钢筋网） 3. 保温或隔热层，厚 δ 4. 防水垫层 5. 1∶3 水泥砂浆找平层，厚 20 6. 钢筋混凝土屋面板	1. 屋面防水等级为一级 2. 屋面有保温隔热层
L10			1. 屋面防水等级为二级 2. 屋面有保温隔热层
L11		1. 沥青瓦 2. 防水垫层 3. 木望板，厚 20 4. 钢木复合檩条	1. 屋面防水等级为一级 2. 屋面无保温隔热层
L12			1. 屋面防水等级为二级 2. 屋面无保温隔热层
L13		1. 沥青瓦 2. 防水垫层 3. 木望板，厚 20 4. 保温或隔热层，厚 δ 5. 承托网 6. 钢木复合檩条	1. 屋面防水等级为一级 2. 屋面有保温隔热层
L14			1. 屋面防水等级为二级 2. 屋面有保温隔热层

常用坡屋面保温层厚度及热工性能参见表 3-28。

表 3-23　沥青波形瓦屋面构造做法　09J202-1

构造编号	简　图	构造做法	备注
P$_a$1		1. 沥青波形瓦，用专用混凝土结构钉固定于细石混凝土层上 2. 35 厚 C20 细石混凝土（内配 ϕ4@150×150 钢筋网与屋面板预埋 ϕ10 钢筋头绑牢） 3. 防水垫层 4. 1：3 水泥砂浆找平层，厚 20 5. 钢筋混凝土屋面板，预埋 ϕ10 钢筋头双向间距 900，伸出屋面防水垫层 30	1. 屋面防水等级为二级 2. 屋面无保温隔热层
P$_a$2		1. 沥青波形瓦，用专用木结构钉固定于木条上 2. 40 厚 C20 细石混凝土（内配 ϕ4@150×150 钢筋网与屋面板预埋 ϕ10 钢筋头绑牢，并将 30×30 木条，中距≤620 与钢筋网绑扎在一起） 3. 防水垫层 4. 1：3 水泥砂浆找平层，厚 20 5. 钢筋混凝土屋面板，预埋 ϕ10 钢筋头双向间距 900，伸出屋面防水垫层 30	1. 屋面防水等级为二级 2. 屋面无保温隔热层
P$_a$3		1. 沥青波形瓦，用专用混凝土结构钉固定于细石混凝土层上 2. 35 厚 C20 细石混凝土（内配 ϕ4@150×150 钢筋网与屋面板预埋 ϕ10 钢筋头绑牢） 3. 防水垫层 4. 1：3 水泥砂浆找平层，厚 20 5. 保温或隔热层，厚 δ 6. 钢筋混凝土屋面板，预埋 ϕ10 钢筋头双向间距 900，伸出屋面防水垫层 30	1. 屋面防水等级为二级 2. 屋面有保温隔热层
P$_a$4		1. 沥青波形瓦，用专用混凝土结构钉固定于细石混凝土层上 2. 防水垫层 3. 35 厚 C20 细石混凝土（内配 ϕ4@150×150 钢筋网与屋面板预埋 ϕ10 钢筋头绑牢） 4. 保温或隔热层，厚 δ 5. 钢筋混凝土屋面板，预埋 ϕ10 钢筋头双向间距 900，伸出屋面保温隔热层 30	1. 屋面防水等级为二级 2. 屋面有保温隔热层

构造编号	简　图	构造做法	备注
P$_a$5		1. 沥青波形瓦，用专用混凝土结构钉固定于细石混凝土层上 2. 35 厚 C20 细石混凝土（内配 ϕ4@150×150 钢筋网与屋面板预埋 ϕ10 钢筋头绑牢） 3. 保温或隔热层，厚 δ 4. 防水垫层 5. 1∶3 水泥砂浆找平层，厚 20 6. 钢筋混凝土屋面板，预埋 ϕ10 钢筋头双向间距 900，伸出屋面保温隔热层 30	1. 屋面防水等级为二级 2. 屋面有保温隔热层
P$_a$6		1. 沥青波形瓦，用专用木结构钉固定于木条上 2. 40 厚 C20 细石混凝土（内配 ϕ4@150×150 钢筋网与屋面板预埋 ϕ10 钢筋头绑牢，并将 30×30 木条，中距≤620 与钢筋网绑扎在一起） 3. 防水垫层 4. 1∶3 水泥砂浆找平层，厚 20 5. 保温或隔热层，厚 δ 6. 钢筋混凝土屋面板，预埋 ϕ10 钢筋头双向间距 900，伸出屋面防水垫层 30	1. 屋面防水等级为二级 2. 屋面有保温隔热层
P$_a$7		1. 沥青波形瓦，用专用木结构钉固定于木条上 2. 40 厚 C20 细石混凝土（内配 ϕ4@150×150 钢筋网与屋面板预埋 ϕ10 钢筋头绑牢，并将 30×30 木条，中距≤620 与钢筋网绑扎在一起） 3. 保温或隔热层，厚 δ 4. 防水垫层 5. 1∶3 水泥砂浆找平层，厚 20 6. 钢筋混凝土屋面板，预埋 ϕ10 钢筋头双向间距 900，伸出屋面保温隔热层 30	1. 屋面防水等级为二级 2. 屋面有保温隔热层
P$_a$8		1. 沥青波形瓦 2. 防水垫层 3. 木望板，厚 25	屋面防水等级为二级

构造编号	简　图	构造做法	备注
P_a9		1. 沥青波形瓦 2. 防水垫层 3. 木望板，厚25 4. 保温或隔热层，厚δ 5. 承托网	1. 屋面防水等级为二级 2. 屋面有保温隔热层

注：1. 当主瓦板长为 2m 时，木条间距≤600。当切割使用时，木条间距按工程设计，但也应满足≤600 的要求。

　　2. 檩条规格保温隔热层材料及厚度 δ 由项目设计确定。

表 3-24　树脂波形瓦屋面构造做法　09J202-1

构造编号	简　图	构造做法	备注
P_b1 P_c1		1. P_b 合成树脂波形瓦 　　P_c 氟塑树脂波形瓦 2. 木挂瓦条 30×30，中距 660 3. 木顺水条 30×30，中距 500 4. 防水垫层 5. 1：3 水泥砂浆找平层，厚 20 6. 钢筋混凝土屋面板	1. 屋面防水等级为二级 2. 屋面无保温隔热层
P_b2 P_c2		1. P_b 合成树脂波形瓦 　　P_c 氟塑树脂波形瓦 2. 挂瓦条 C 型钢 100×50×20×3，中距 660 3. 顺水条 ϕ8 钢筋，中距 500 4. 防水垫层 5. 1：3 水泥砂浆找平层，厚 20 6. 钢筋混凝土屋面板	1. 屋面防水等级为二级 2. 屋面无保温隔热层
P_b3 P_c3		1. P_b 合成树脂波形瓦 　　P_c 氟塑树脂波形瓦 2. 木挂瓦条 30×30，中距 660 3. 木顺水条 30×30，中距 500 4. C20 细石混凝土找平层，厚 35(配 ϕ4@150×150 钢筋网) 5. 防水垫层 6. 1：3 水泥砂浆找平层，厚 20 7. 保温或隔热层，厚 δ 8. 钢筋混凝土屋面板，预埋 ϕ10 钢筋头双向间距 900，伸出屋面防水垫层 30	1. 屋面防水等级为二级 2. 屋面有保温隔热层

构造编号	简　图	构造做法	备注
P$_b$4 P$_c$4		1. P$_b$ 合成树脂波形瓦 　　P$_c$ 氟塑树脂波形瓦 2. 挂瓦条 C 型钢 $100 \times 50 \times 20 \times 30$，中距 660 3. 顺水条 $\phi 8$ 钢筋，中距 500 4. C20 细石混凝土找平层，厚 35（配 $\phi 4@150 \times 150$ 钢筋网） 5. 防水垫层 6. 1：3 水泥砂浆找平层，厚 20 7. 保温或隔热层，厚 δ 8. 钢筋混凝土屋面板，预埋 $\phi 10$ 钢筋头双向间距 900，伸出屋面防水垫层 30	1. 屋面防水等级为二级 2. 屋面有保温隔热层
P$_b$5 P$_c$5		1. P$_b$ 合成树脂波形瓦 　　P$_c$ 氟塑树脂波形瓦 2. 木挂瓦条 30×30，中距 660 3. 木顺水条 30×30，中距 500 4. C20 细石混凝土找平层，厚 35（配 $\phi 4@150 \times 150$ 钢筋网） 5. 保温或隔热层，厚 δ 6. 防水垫层 7. 1：3 水泥砂浆找平层，厚 20 8. 钢筋混凝土屋面板，预埋 $\phi 10$ 钢筋头双向间距 900，伸出屋面保温隔热层 30	1. 屋面防水等级为二级 2. 屋面有保温隔热层
P$_b$6 P$_c$6		1. P$_b$ 合成树脂波形瓦 　　P$_c$ 氟塑树脂波形瓦 2. 挂瓦条 C 型钢 $100 \times 50 \times 20 \times 30$，中距 660 3. 顺水条 $\phi 8$ 钢筋，中距 500 4. C20 细石混凝土找平层，厚 35（配 $\phi 4@150 \times 150$ 钢筋网） 5. 保温或隔热层，厚 δ 6. 防水垫层 7. 1：3 水泥砂浆找平层，厚 20 8. 钢筋混凝土屋面板，预埋 $\phi 10$ 钢筋头双向间距 900，伸出屋面保温隔热层 30	1. 屋面防水等级为二级 2. 屋面有保温隔热层
P$_b$7 P$_c$7		1. P$_b$ 合成树脂波形瓦 　　P$_c$ 氟塑树脂波形瓦 2. 防水垫层 3. 木望板，厚 25	1. 屋面防水等级为二级 2. 屋面无保温隔热层

构造编号	简　图	构造做法	备注
P_b8 P_c8		1. P_b 合成树脂波形瓦 　 P_c 氟塑树脂波形瓦 2. 防水垫层 3. 木望板，厚25 4. 保温或隔热层，厚δ 5. 承托网	1. 屋面防水等级为二级 2. 屋面有保温隔热层

表 3-25　水泥、塑料、聚酯波形瓦屋面构造做法　09J202-1

构造编号	简　图	构造做法	备注
P_d1 P_e1 P_f1		1. P_d 纤维水泥波形瓦 　 P_e 聚氯乙烯塑料波形瓦 　 P_f 玻纤增强聚酯波形瓦 2. 防水垫层 3. 木望板，厚25 4. 木条（50×30） 5. 钢檩条	1. 屋面防水等级为二级 2. 屋面无保温隔热层
P_d2 P_e2 P_f2		1. P_d 纤维水泥波形瓦 　 P_e 聚氯乙烯塑料波形瓦 　 P_f 玻纤增强聚酯波形瓦 2. 防水垫层 3. 木望板，厚25 4. 保温或隔热层，厚δ 5. 承托网 6. 钢檩条	1. 屋面防水等级为二级 2. 屋面有保温隔热层
P_d3 P_e3 P_f3		1. P_d 纤维水泥波形瓦 　 P_e 聚氯乙烯塑料波形瓦 　 P_f 玻纤增强聚酯波形瓦 2. 钢檩条	1. 屋面无防水等级要求 2. 适用平改坡
P_d4 P_e4 P_f4		1. P_d 纤维水泥波形瓦 　 P_e 聚氯乙烯塑料波形瓦 　 P_f 玻纤增强聚酯波形瓦 2. 钢木复合檩条	1. 屋面无防水等级要求 2. 适用平改坡

表 3-26　防水卷材坡屋面构造做法　09J202-1

构造编号	简　图	屋面构造	备注
F1		1. 瓦楞装饰条 2. 防水卷材 3. 1：2.5 水泥砂浆找平层，厚 20 4. 钢筋混凝土屋面板	1. 屋面防水等级为一级 2. 屋面无保温隔热层
F2			1. 屋面防水等级为二级 2. 屋面无保温隔热层
F3		1. 瓦楞装饰条 2. 防水卷材 3. C20 细石混凝土找平层厚 40（配 φ4@150×150 钢筋网） 4. 钢筋混凝土屋面板	1. 屋面防水等级为一级 2. 屋面无保温隔热层
F4			1. 屋面防水等级为二级 2. 屋面无保温隔热层
F5		1. 瓦楞装饰条 2. 防水卷材 3. C20 细石混凝土找平层厚 40（配 φ4@150×150 钢筋网） 4. 保温或隔热层，厚 δ 5. 钢筋混凝土屋面板	1. 屋面防水等级为一级 2. 屋面有保温隔热层
F6			1. 屋面防水等级为二级 2. 屋面有保温隔热层
F7		1. 瓦楞装饰条 2. 防水卷材（浅色） 3. 保温或隔热层，厚 δ 4. 钢筋混凝土屋面板	1. 屋面防水等级为一级 2. 屋面有保温隔热层
F8			1. 屋面防水等级为二级 2. 屋面有保温隔热层

注：1. 对于屋顶基层采用耐火极限不小于 1.00h 的不燃烧体的建筑，其屋顶的保温材料不应低于 B2 级；其他情况，保温材料的燃烧性能不应低于 B1 级。屋顶防水层或可燃保温层应采用不燃材料进行覆盖。
　　2. 根据屋面防火要求，F5、F6 的保温或隔热层可选 B1 级材料；F7、F8 的保温或隔热层应选 A 级材料。

表 3-27　种植坡屋面构造做法　09J202-1

构造编号	屋面名称	简图及构造做法
Z1	保温隔热屋面	
Z2	无保温隔热屋面	

注：种植坡屋面（PVC 系统）做法根据上海海纳尔屋面系统安装工程有限公司提供的技术资料编制。

表 3-28　常用坡屋面保温层厚度及热工性能表　09J202-1

平瓦屋面构造做法示例

层号	构造层次	λ	S	R	D
①	平瓦	—	—	—	—
②	挂瓦条及顺水条	—	—	—	—
③	40厚C20细石混凝土找平层	$\lambda_3=1.74$	$S_3=17.2$	$R_3=0.02$	$D_3=0.34$
④	防水垫层	—	—	—	—
⑤	20厚1:3水泥砂浆找平层	$\lambda_5=0.93$	$S_5=11.37$	$R_5=0.022$	$D_5=0.245$
⑥	保温层δ厚	（见下表）	（见下表）	（见下表）	（见下表）
⑦	100厚钢筋混凝土面板	$\lambda_7=1.74$	$S_7=17.2$	$R_7=0.057$	$D_7=0.989$

保温层：EPS板（模塑聚苯乙烯泡沫塑料板）　$\lambda_6=0.05$　$S_6=0.43$
燃烧性能 B2级

保温层厚度 δ(mm)	热惰性指标 D值	热阻 R [(m²·K)/W]	传热系数 K [W/(m²·K)]
45	1.72	0.98	0.89
55	1.80	1.18	0.75
60	1.85	1.28	0.70
75	1.97	1.58	0.58
80	2.01	1.68	0.55
90	2.10	1.88	0.49
100	2.19	2.08	0.45
115	2.32	2.38	0.40
130	2.45	2.68	0.35
160	2.71	3.28	0.29
190	2.96	3.88	0.25
240	3.40	4.88	0.20

保温层：XPS板（挤塑聚苯乙烯泡沫塑料板）　$\lambda_6=0.036$　$S_6=0.38$
燃烧性能 B2级

保温层厚度 δ(mm)	热惰性指标 D值	热阻 R [(m²·K)/W]	传热系数 K [W/(m²·K)]
30	1.65	0.91	0.94
35	1.70	1.05	0.83
45	1.80	1.33	0.68
55	1.91	1.61	0.57
60	1.96	1.74	0.53
65	2.02	1.88	0.49
75	2.12	2.16	0.43
85	2.23	2.44	0.39
95	2.33	2.72	0.35
115	2.54	3.27	0.29
135	2.75	3.83	0.25
170	3.12	4.80	0.20

保温层：PU（硬质聚氨酯泡沫塑料）　$\lambda_6=0.028$　$S_6=0.30$
燃烧性能 B2级

保温层厚度 δ(mm)	热惰性指标 D值	热阻 R [(m²·K)/W]	传热系数 K [W/(m²·K)]
25	1.60	0.97	0.89
30	1.65	1.15	0.77
35	1.70	1.33	0.68
40	1.76	1.51	0.60
45	1.81	1.68	0.55
50	1.87	1.86	0.50
60	1.97	2.22	0.42
65	2.03	2.40	0.39
75	2.13	2.76	0.34
90	2.29	3.29	0.29
105	2.45	3.83	0.25
135	2.78	4.90	0.20

续表

平瓦屋面构造示例

①	平瓦	—	—	—	—
②	挂瓦条及顺水条	—	—	—	—
③	40厚C20细石混凝土找平层	$\lambda_3=1.74$	$S_3=17.2$	$R_3=0.02$	$D_3=0.34$
④	防水垫层	—	—	—	—
⑤	20厚1:3水泥砂浆找平层	$\lambda_5=0.93$	$S_5=11.37$	$R_5=0.022$	$D_5=0.245$
⑥	保温层δ厚	(见下表)	(见下表)	(见下表)	(见下表)
⑦	100厚钢筋混凝土面层板	$\lambda_7=1.74$	$S_7=17.2$	$R_7=0.057$	$D_7=0.989$

保温层:泡沫玻璃板 $\lambda_6=0.074$ $S_6=0.90$
燃烧性能A级

保温层厚度δ(mm)	热惰性指标D值	热阻R[(m²·K)/W]	传热系数K[W/(m²·K)]
60	2.06	0.89	0.96
70	2.18	1.02	0.85
80	2.30	1.16	0.76
90	2.42	1.29	0.69
110	2.67	1.56	0.58
130	2.91	1.83	0.50
150	3.15	2.10	0.44
170	3.40	2.37	0.40
195	3.70	2.71	0.35
230	4.13	3.19	0.30
280	4.73	3.86	0.25
350	5.59	4.81	0.20

保温层:憎水膨胀珍珠岩板 $\lambda_6=0.113$ $S_6=2.08$
燃烧性能A级

保温层厚度δ(mm)	热惰性指标D值	热阻R[(m²·K)/W]	传热系数K[W/(m²·K)]
90	2.99	0.87	0.98
100	3.17	0.96	0.90
120	3.54	1.14	0.78
140	3.91	1.32	0.68
165	4.37	1.54	0.59
200	5.01	1.85	0.50
230	5.56	2.11	0.44
260	6.12	2.38	0.40
300	6.85	2.73	0.35
350	7.77	3.17	0.30
420	9.06	3.79	0.25
530	11.09	4.77	0.20

保温层:蒸压加气混凝土块(B05) $\lambda_6=0.24$ $S_6=3.92$
燃烧性能A级

保温层厚度δ(mm)	热惰性指标D值	热阻R[(m²·K)/W]	传热系数K[W/(m²·K)]
150	3.78	0.70	1.17
175	4.19	0.81	1.05
200	4.60	0.91	0.94
225	5.00	1.02	0.86
250	5.41	1.12	0.79
275	5.82	1.22	0.73
300	6.23	1.33	0.68

注：构造做法见表3-19平瓦屋面构造做法Ka13，其他瓦屋面可以参考使用。

3. 《单层防水卷材屋面建筑构造（一） 金属屋面》

《国家建筑标准设计图集：单层防水卷材屋面建筑构造（一） 金属屋面》（15J207-1）适用于坡度大于 1% 的，以压型钢板、夹芯板为承重层的，防水等级为Ⅰ级、Ⅱ级的，采用外露使用单层防水卷材的，钢基板的屋面系统，以及屋面上的种植做法和既有压型钢板屋面的单层防水卷材改造维修的做法。本图集适用于新建、改建、扩建的民用及工业建筑的单层防水卷材金属屋面工程的设计、施工及质量验收。单层防水卷材金属屋面的系统构造由下至上依次为承重层、隔汽层、保温隔热层、覆盖层、防水层、附加层，其配置方式见表 3-29。

表 3-29 单层防水卷材金属屋面的系统配置表 15J207-1

构造层	设置要求	固定方法	材 料
承重层	必须设置	机械固定	≥0.75mm 厚压型钢板
隔汽层	必须设置	空铺、机械固定	聚乙烯、聚丙烯、复合铝箔
保温隔热层	必须设置	机械固定	A 级：岩棉板、泡沫玻璃板 B₁ 级：聚异氰脲酸酯板、挤塑聚苯板、硬泡聚氨酯板
覆盖层	选择设置	机械固定	耐火石膏板、玻镁防火板、水泥加压板
防水层	必须设置	机械固定、粘结	高分子防水卷材、改性沥青防水卷材
附加层	选择设置	空铺、粘结、承重构件穿出屋面固定	种植屋面、太阳能屋面、金属装饰板等其他装饰层

单层防水卷材金属屋面的构造做法见表 3-30。

表 3-30 单层防水卷材金属屋面的构造做法 15J207-1

构造编号	简 图	构造做法	备注
W1a	 机械固定法 1	1. 防水卷材通过垫片及螺钉（D2）固定于压型钢板上（搭接处热风焊接） 2. 保温隔热层，用带垫片及螺钉（D5）或套管及螺钉（D6）固定于压型钢板上 3. 隔汽层 4. 压型钢板 5. 屋面檩条	1. 防水卷材的选用见表 3-31 机械固定法选用的卷材 2. 保温隔热材料为燃烧性能为 A 级的纤维材料 3. 保温隔热层厚度由工程确定
W1b	 机械固定法 1	1. 防水卷材通过垫片及螺钉（D2）固定于压型钢板上（搭接处热风焊接） 2. ≥10mm 防火覆盖板，用垫片及螺钉（D2）固定于压型钢板上 3. 保温隔热层 4. 隔汽层 5. 压型钢板 6. 屋面檩条	1. 防水卷材的选用见表 3-31 机械固定法选用的卷材 2. 保温隔热材料燃烧性能为 B₁ 级 3. 保温隔热层厚度由工程确定

续表

构造编号	简　图	构造做法	备注
W1c	机械固定法 1	1. 防水卷材通过垫片及螺钉（D2）固定于压型钢板上（搭接处热风焊接） 2. 保温隔热层，用带垫片及螺钉（D5）固定于压型钢板上或使用胶粘剂铺贴于压型钢板上 3. 压型钢板 4. 屋面檩条	1. 防水卷材的选用见表3-31机械固定法选用的卷材 2. 保温隔热材料为燃烧性能为 A 级的泡沫玻璃 3. 保温隔热层厚度由工程确定
W2a	机械固定法 2	1. 防水卷材采用电磁焊接与垫片固定（搭接处热风焊接） 2. 表面与卷材同质涂层的焊接垫片（焊接垫片的直径≥75mm）用螺钉（D4）固定于压型钢板上 3. 保温隔热层，用垫片及螺钉（D5）或套管及螺钉（D6）固定于压型钢板上 4. 隔汽层 5. 压型钢板 6. 屋面檩条	1. 选用 TPO、PVC 内增强型防水卷材 2. 保温隔热材料为燃烧性能为 A 级的纤维材料 3. 保温隔热层厚度由工程确定
W2b	机械固定法 2	1. 防水卷材采用电磁焊接与垫片固定（搭接处热风焊接） 2. 表面与卷材同质涂层的焊接垫片（焊接垫片的直径≥75mm）用螺钉（D4）固定于压型钢板上 3. ≥10mm 防火覆盖板，用垫片及螺钉（D2）固定于压型钢板上 4. 保温隔热层 5. 隔汽层 6. 压型钢板 7. 屋面檩条	1. 选用 TPO、PVC 内增强型防水卷材 2. 保温隔热材料为燃烧性能为 B₁ 级 3. 保温隔热层厚度由工程确定
W2c	机械固定法 2	1. 防水卷材采用电磁焊接与垫片固定（搭接处热风焊接） 2. 表面与卷材同质涂层的焊接垫片（焊接垫片的直径≥75mm）用螺钉（D4）固定于压型钢板上 3. 保温隔热层，用带垫片及螺钉（D5）固定于压型钢板上或使用胶粘剂铺贴于压型钢板上 4. 压型钢板 5. 屋面檩条	1. 选用 TPO、PVC 内增强型防水卷材 2. 保温隔热材料为燃烧性能为 A 级的泡沫玻璃 3. 保温隔热层厚度由工程确定

构造编号	简　图	构造做法	备注
W3a	机械固定法 3	1. 防水卷材粘结于固定条带（卷材搭接处用专用搭接带及搭接底涂粘结） 2. 增强型固定条用压条及螺钉（D3）固定于压型钢板上 3. 保温隔热层用垫片及螺钉（D5）或套管及螺钉（D6）固定于压型钢板上 4. 隔汽层 5. 压型钢板 6. 屋面檩条	1. 选用三元乙丙（EPDM）内增强型防水卷材 2. 保温隔热材料为燃烧性能为 A 级的纤维材料 3. 保温隔热层厚度由工程确定
W3b	机械固定法 3	1. 防水卷材粘结于固定条带（卷材搭接处用专用搭接带及搭接底涂粘结） 2. 增强型固定条用压条及螺钉（D3）固定于压型钢板上 3. ≥10mm 防火覆盖板，用垫片及螺钉（D2）固定于压型钢板上 4. 保温隔热层 5. 隔汽层 6. 压型钢板 7. 屋面檩条	1. 选用三元乙丙（EPDM）内增强型防水卷材 2. 保温隔热材料为燃烧性能为 B₁ 级 3. 保温隔热层厚度由工程确定
W3c	机械固定法 3	1. 防水卷材粘结于固定条带（卷材搭接处用专用搭接带及搭接底涂粘结） 2. 增强型固定条用压条及螺钉（D3）固定于压型钢板上 3. 保温隔热层，用带垫片及螺钉（D5）固定于压型钢板上或使用胶粘剂铺贴于压型钢板上 4. 压型钢板 5. 屋面檩条	1. 选用三元乙丙（EPDM）内增强型防水卷材 2. 保温隔热材料为燃烧性能 A 级的泡沫玻璃 3. 保温隔热层厚度由工程确定
W4a	粘结法	1. 防水卷材采用专用胶粘剂粘在粘结基板上（搭接处热风焊接） 2. ≥6mm 粘结基板，用垫片及螺钉（D2）固定于压型钢板上，钉距经计算确定（应满足抗风揭要求） 3. 保温隔热层 4. 隔汽层 5. 压型钢板 6. 屋面檩条	1. 选用聚氯乙烯（PVC）L 型、GL 型，热塑性聚烯烃（TPO），三元乙丙（EPDM）防水卷材 2. 保温隔热材料为燃烧性能为 A 级的纤维材料 3. 保温隔热层厚度由工程确定

构造编号	简　图	构造做法	备注
W4b	粘结法	1. 防水卷材采用专用胶粘剂粘在防火覆盖板上（搭接处热风焊接） 2. ≥10mm防火覆盖板，用垫片及螺钉（D2）固定于压型钢板上，钉距经计算确定（应满足抗风揭要求） 3. 保温隔热层 4. 隔汽层 5. 压型钢板 6. 屋面檩条	1. 选用聚氯乙烯（PVC）L型、GL型，热塑性聚烯烃（TPO），三元乙丙（EPDM）防水卷材 2. 保温隔热材料为燃烧性能为B₁级 3. 保温隔热层厚度由工程确定
W4c	粘结法	1. 防水卷材采用专用胶粘剂粘在保温隔热板上（搭接处热风焊接） 2. 保温隔热层，用带垫片及螺钉（D5）固定于压型钢板上或使用胶粘剂铺贴于压型钢板上 3. 保温隔热层 4. 压型钢板 5. 屋面檩条	1. 选用聚氯乙烯（PVC）L型、GL型，热塑性聚烯烃（TPO），三元乙丙（EPDM）防水卷材 2. 保温隔热材料为燃烧性能为A级的泡沫玻璃 3. 保温隔热层厚度由工程确定
W5a W5b	机械固定方法1	1. 防水卷材用垫片及螺钉（D2）固定于夹芯板上（搭接处热风焊接） 2. 夹芯板，用垫片及螺钉（D2）固定于檩条上 3. 屋面檩条	1. 防水卷材的选用见表3-31机械固定法选用的卷材 2. 夹芯板波形向下铺设 3. 夹芯板厚度由工程确定 4. W5a为双层压型钢板夹芯板，W5b为上表面为保护层、下表面为压型钢板的夹芯板 5. 夹芯板芯材燃烧性能为A级
W6a W6b	机械固定方法2	1. 防水卷材采用电磁焊接与垫片固定（搭接处热风焊接） 2. 表面与卷材同质涂层的焊接垫片（焊接垫片的直径≥75mm）用螺钉（D4）固定于夹芯板上 3. 夹芯板，用垫片及螺钉（D2）固定于檩条上 4. 屋面檩条	1. 选用TPO、PVC内增强型防水卷材 2. 夹芯板波形向下铺设 3. 夹芯板厚度由工程确定 4. W6a为双层压型钢板夹芯板，W6b为上表面为保护层、下表面为压型钢板的夹芯板 5. 夹芯板芯材燃烧性能为A级

构造编号	简　图	构造做法	备注
W7a W7b	机械固定方法 3	1. 防水卷材粘结于固定条带（卷材搭接处用专用搭接带及搭接底涂粘结） 2. 增强型固定条用压条及螺钉（D3）固定于夹芯板上 3. 夹芯板，用垫片及螺钉（D2）固定于檩条上 4. 屋面檩条	1. 选用三元乙丙（EP-DM）内增强型防水卷材 2. 夹芯板波形向下铺设 3. 夹芯板厚度由工程确定 4. W7a 为双层压型钢板夹芯板，W7b 为上表面为保护层、下表面为压型钢板的夹芯板 5. 夹芯板芯材燃烧性能为A 级
W8a W8b W8c W8d	W8a：机械固定法 1 W8b：机械固定法 2 W8c：机械固定法 3 W8d：粘结法	1. 防水卷材通过垫片及螺钉（D2）固定于单层夹芯板上（搭接处热风焊接） 2. ≥10mm 防火覆盖板，用垫片及螺钉（D2）固定于单层夹芯板上 3. 夹芯板，用垫片及螺钉（D2）固定于檩条上 4. 屋面檩条	1. 防水卷材的选用见表 3-31 机械固定法与粘结法选用的卷材 2. 夹芯板波形向下铺设 3. 夹芯板厚度由工程确定 4. 夹芯板芯材燃烧性能为A 级
W9	有保温隔热层种植屋面	1. 植被层 2. 100～300 厚种植土 3. 200g/m² 无纺布过滤层 4. 10～15 高凹凸型排（蓄）水板 5. 300g/m² 无纺布保护层 6. 耐根穿刺型防水卷材 7. 保温层，用垫片及螺钉（D5）或套管及螺钉（D6）固定于压型钢板上 8. 隔汽层 9. 压型钢板厚度≥0.75 10. 屋面檩条	种植屋面材料选用及详细构造详见《种植屋面建筑构造》（14J206）
W10	无保温隔热层种植屋面	1. 植被层 2. 100～300 厚种植土 3. 200g/m² 无纺布过滤层 4. 10～15 高凹凸型排（蓄）水板 5. 300g/m² 无纺布保护层 6. 耐根穿刺型防水卷材 7. 波谷填充垫块 8. 隔汽层 9. 压型钢板厚度≥0.75 10. 屋面檩条	种植屋面材料选用及详细构造详见《种植屋面建筑构造》（14J206）

续表

构造编号	简　图	构造做法	备注
W11a1 W11a2 W11a3	 附加卷材 既有屋面维修	1. 防水卷材通过垫片及螺钉（D2）固定于压型钢板上（搭接处热风焊接） 2. 保温隔热层，用垫片及螺钉（D5）或套管及螺钉（D6）固定于原有压型钢板上 3. 隔汽层 4. 原有压型钢板屋面（上部系统满足抗风揭计算的固定件宜固定在檩条上）	1. 保温隔热材料燃烧性能为 A 级 2. 原有压型钢板应通过拉拔试验和承载力验算 W11a1 为机械固定法 1 W11a2 为机械固定法 2 W11a3 为机械固定法 3
W11b1 W11b2 W11b3	 附加卷材 既有屋面维修	1. 防水卷材通过垫片及螺钉（D2）固定于压型钢板上（搭接处热风焊接） 2. 防水覆盖板，用垫片及螺钉（D2）固定于压型钢板上 3. 保温隔热层用垫片及螺钉（D5）或套管及螺钉（D6）固定于原有压型钢板上 4. 隔汽层 5. 原有压型钢板屋面（上部系统满足抗风揭计算的固定件宜固定在檩条上）	1. 保温隔热材料燃烧性能为 B₁ 级 2. 原有压型钢板应通过拉拔试验和承载力验算 W11a1 为机械固定法 1 W11a2 为机械固定法 2 W11a3 为机械固定法 3

注：1. 单层防水卷材金属屋面的防火设计应符合《建筑设计防火规范》（GB 50016—2014）的有关规定。

2. 夹芯板以上各层固定在夹芯板下板上，下板厚≥0.75mm。

3. 既有屋面维修应先对原有屋面结构进行评估鉴定，若金属板能够满足单层防水卷材屋面的荷载要求，方可进行改造施工。

单层防水卷材金属屋面防水卷材材料的选用详见表 3-31；保温隔热材料的选用详见表 3-32；隔汽材料的选用见表 3-33；复合型聚丙烯膜的指标应符合表 3-34 的要求；覆盖板的选用见表 3-35；覆盖板种类及主要性能指标见表 3-36。

常用压型钢板板型见表 3-37；常用夹芯板板型见表 3-38；屋面固定件的选用见表 3-39；用于承重层的固定及其他系统构造层固定于承重层上的螺钉规格见表 3-40；垫片、压条、套管规格及用途见表 3-41。

表3-31 单层防水卷材金属屋面防水卷材材料选用表 15J207-1

防水等级	编号	防水材料种类	机械固定法	粘结法	备注
I 级防水	I F1-1	1.5厚(2.0厚)聚氯乙烯(PVC)防水卷材 L型(背衬型)	×	●	1. 种植屋面应选用具有耐根穿刺性能的防水卷材。 2. I F1、I F2( )中卷材厚度( )为种植屋面选用的耐根穿刺防水卷材厚度。 3. 粘结法包括现场涂装装胶粘剂的满粘法和自粘性防水卷材的施工方法。
	I F1-2	1.5厚(2.0厚)聚氯乙烯(PVC)防水卷材 P型(织物内增强型)	●	×	
	I F1-3	1.5厚(2.0厚)聚氯乙烯(PVC)防水卷材 GL型(玻璃纤维内增强、背衬型)	×	●	
	I F2-1	1.5厚(2.0厚)热塑性聚烯烃(TPO)防水卷材 H型(匀质型)	×	○	
	I F2-2	1.5厚(2.0厚)热塑性聚烯烃(TPO)防水卷材 L型(纤维背衬型)	×	●	
	I F2-3	1.5厚(2.0厚)热塑性聚烯烃(TPO)防水卷材 P型(织物内增强型)	●	○	
	I F3-1	1.5厚 三元乙丙橡胶(EPDM)防水卷材 无增强型	○	●	
	I F3-2	1.5厚 三元乙丙橡胶(EPDM)防水卷材 内增强型	●	●	
	I F3-3	1.5厚 三元乙丙橡胶(EPDM)防水卷材 背衬型	●	●	
	I F4	5.0厚 弹性体改性沥青(SBS)防水卷材 PYG型(玻纤增强聚酯毡胎基)	●	×	
	I F5	5.0厚 塑性体改性沥青(APP)防水卷材 PYG型(玻纤增强聚酯毡胎基)	●	×	
II 级防水	II F1-1	1.2厚 聚氯乙烯(PVC)防水卷材 L型(背衬型)	×	●	
	II F1-2	1.2厚 聚氯乙烯(PVC)防水卷材 P型(织物内增强型)	●	×	
	II F1-3	1.2厚 聚氯乙烯(PVC)防水卷材 GL型(玻璃纤维内增强、背衬型)	×	●	
	II F2-1	1.2厚 热塑性聚烯烃(TPO)防水卷材 H型(匀质型)	×	○	
	II F2-2	1.2厚 热塑性聚烯烃(TPO)防水卷材 L型(纤维背衬型)	×	●	
	II F2-3	1.2厚 热塑性聚烯烃(TPO)防水卷材 P型(织物内增强型)	●	○	
	II F3-1	1.2厚 三元乙丙橡胶(EPDM)防水卷材 无增强型	○	●	
	II F3-2	1.2厚 三元乙丙橡胶(EPDM)防水卷材 内增强型	●	●	
	II F3-3	1.2厚 三元乙丙橡胶(EPDM)防水卷材 背衬型	●	●	
	II F4	4.0厚 弹性体改性沥青(SBS)防水卷材 PYG型(玻纤增强聚酯毡胎基)	●	×	
	II F5	4.0厚 塑性体改性沥青(APP)防水卷材 PYG型(玻纤增强聚酯毡胎基)	●	×	

注：本表根据《单层防水卷材屋面工程技术规程》(JGJ/T 316—2013)编制。

●—宜选。○—可选。×—不选。

表3-32 保温隔热材料选用表 15J207-1

编号	材料种类	燃烧性能	厚度(mm)	压缩强度 kPa	压缩强度 压缩比10%(kPa)	导热系数 W/(m·K)	导热系数 平均温度(25℃±2℃)[W/(m·K⁻¹)]	尺寸稳定性 长度、宽度和厚度的相对变化率(%) (70℃、48h)(%)
B1	岩棉板	A级	≥50	—	≥60	—	≤0.040	≤1.0
B2	泡沫玻璃保温板	A级	≥40	≥400	—	—	≤0.046	≤0.3
B3	硬质聚氨酯泡沫塑料保温板	B₁级	≥30	≥120	—	≤0.024	—	≤2.0
B4	硬质泡沫聚异氰脲酸酯保温板	B₁级	≥30	≥150	—	≤0.029	—	≤5.0
B5	挤塑聚苯乙烯泡沫塑料板	B₁级	≥30	≥250	—	≤0.030	—	≤2.0

注：1. 本表根据《单层防水卷材屋面工程技术规程》(JGJ/T 316—2013)编制。

2. 保温隔热板的其他指标应符合本图集附录B的要求。

表 3-33　隔汽材料选用表　15J207-1

编号	材料种类	水蒸气透过量 [g/(m²·24h)]	厚度（mm）
G1	聚乙烯膜	≤25	≥0.3
G2	聚丙烯膜	≤25	≥0.3
G3	复合金属铝箔	≤25	≥0.1
G4	复合型聚丙烯膜	≤10	≥0.25

注：1. 本表部分内容根据《单层防水卷材屋面工程技术规程》（JGJ/T 316—2013）编制。

　　2. 复合型聚丙烯膜的指标应符合表 3-34 复合型聚丙烯隔汽材料主要性能指标的要求。

表 3-34　复合型聚丙烯隔汽材料的主要性能指标　15J207-1

项目	透水蒸气性 [g/(m²·24h)]	不透水性 (mm，2h)	钉杆撕裂强度（N）		拉伸强度（N/50mm）	
指标	≤10	≥500	纵向	≥200	纵向	≥180
			横向	≥200	横向	≥150

表 3-35　覆盖板选用表　15J207-1

分类	编号	材料种类	厚度（mm）	备　注
防火覆盖板	R1	耐火石膏板	≥10	材料应满足施工维修荷载及安全固定的要求
	R2	玻镁防火板	≥10	
	R3	水泥加压板	≥10	
粘结基板	R4	水泥加压板	≥6	
	R5	石膏板	≥6	

注：本表防火覆盖板内容根据《单层防水卷材屋面工程技术规程》（JGJ/T 316—2013）编制。

表 3-36　覆盖板种类及主要性能指标　15J207-1

覆盖板种类	厚度 (mm)	密度 (kg/m³)	抗折强度 (MPa)	断裂荷载（N）		湿胀率（%）
				纵向	横向	
石膏板	9.5	≥1000	—	≥400	≥160	
	12			≥520	≥200	
玻镁防火板	6≤e≤10	1200～1000	≥15	—	—	≤0.6
水泥加压板	≥6	1500～1750	≥15	—	—	≤0.2

表 3-37　常用压型钢板板型表　15J207-1

序号	板型	压型钢板截面形状	有效宽度 (mm)	展开宽度 (mm)	板厚 (mm)	截面惯性矩 (cm⁴/m)	截面模量 (cm³/m)
1	YX38 −152 −914	914　152　38	914	1250	0.75	20.42	10.97
					0.9	26.84	13.34
					1.0	38.45	18.00
					1.2	50.46	22.32

序号	板型	压型钢板截面形状	有效宽度（mm）	展开宽度（mm）	板厚（mm）	截面惯性矩（cm⁴/m）	截面模量（cm³/m）

序号	板型	压型钢板截面形状	有效宽度 (mm)	展开宽度 (mm)	板厚 (mm)	截面惯性矩 (cm^4/m)	截面模量 (cm^3/m)
2	YX51 —240 —720	720；240 240 240；51；120 147.5 92.5	720	1000	0.8	51.64	16.55
					0.9	58.10	18.62
					1.0	64.55	20.69
					1.2	77.46	24.83
3	YX51 —305 —915	127 178；51；23；63 127；305 305 305；915	915	1250	0.75	51.90	16.02
					0.9	63.50	21.34
					1.0	82.10	28.76
					1.2	102.70	36.02
4	YX75 —200 —600	200；75；60；600	600	1000	0.8	91.62	23.46
					1.0	119.38	30.61
					1.2	142.01	36.98
5	YX35 —152 —914	914；152；35	914	1250	0.8	22.55	10.54
					1.0	28.19	13.11
					1.2	33.84	15.67
6	YX35 —125 —750	750；125；35	750	1000	0.8	19.11	10.61
					1.0	23.89	13.27
					1.2	28.67	15.92
7	YX38 —150 —900	38；150 150 150 150 150 150；900	900	1250	0.8	27.61	11.50
					1.0	34.52	14.38
					1.2	41.44	17.26
8	YX76 —305 —915	76；305 305 305；915	915	1250	0.8	112.51	28.13
					1.0	140.66	35.16
					1.2	168.83	42.21

表3-38　常用夹芯板板型表　15J207-1

序号	板型	夹芯板截面形状	板厚S (mm)	支撑条件	荷载 (kN/m²)／檩距 (m) 0.6	0.8	1.0	1.2	1.5	2.0	2.5	传热系数 [W/(m²·℃)]	备注
1	JYJB39 −500 −1000	(截面形状图)	75	简支	5.80	4.96	4.64	4.17	3.64	3.22	2.90	0.27	1. 夹芯板波形向下铺装。 2. 下部钢板应≥0.75mm厚。 当上部为保护层时，荷载及檩距应由供应商提供。
				连续	6.54	5.59	5.06	4.59	4.17	3.53	3.22		
			100	简支	6.33	5.38	5.10	4.50	3.95	3.53	3.20	0.21	
				连续	7.17	6.00	5.45	5.00	4.59	3.85	3.53		
2	JYB31.5 −333.3 −1000	(截面形状图)	75	简支	4.11	3.68	3.33	3.00	2.60	2.33	2.12	0.406	
				连续	4.60	4.11	3.72	3.36	2.91	2.60	2.37		
			100	简支	4.45	3.98	3.61	3.25	2.82	2.52	2.30	0.329	
				连续	4.98	4.45	4.08	3.63	3.15	2.82	2.57		
3	JBB42 −333.3 −1000	(截面形状图)	50	连续	5.30	4.60	4.10	3.75	3.35	2.90	2.60	0.36	
				简支	4.75	4.10	3.65	3.35	3.00	2.60	2.30		
			75	连续	6.05	5.15	4.65	4.35	3.85	3.25	2.95	0.26	
				简支	5.35	4.60	4.25	3.85	3.35	2.95	2.65		
			100	连续	7.05	6.05	5.45	4.95	4.45	3.80	3.45	0.20	
				简支	6.20	5.40	4.90	4.45	3.95	3.45	3.05		
4	JYB42 −333.3 −1000	(截面形状图)	50	连续	4.56	3.95	3.53	3.22	2.88	2.50	2.23	0.71	
				简支	4.03	3.53	3.16	2.84	2.58	2.23	2.00		
			80	连续	5.31	4.60	4.10	3.72	3.96	2.91	2.60	0.47	
				简支	4.75	4.11	3.68	3.33	3.00	2.60	2.33		
			100	连续	5.75	4.98	4.45	4.08	3.63	3.15	2.82	0.39	
				简支	5.14	4.45	3.98	3.61	3.25	2.82	2.52		

表 3-39　屋面固定件选用表　15J207-1

分类	D1	D2	D3
	压条及螺钉	垫片及螺钉	压条及螺钉
用途	适用于机械固定法中边、角、局部加强的卷材固定	1. 适用于机械固定法中卷材点式固定 2. 防火覆盖板、粘结覆盖板、夹芯板等硬质面层的固定	适用于机械固定法 3 中的卷材固定
图示	三维图示 （镀铝锌钢板） 立面图示	三维图示 （镀铝锌钢板） 立面图示	三维图示 （专用固定条带、镀铝锌钢板） 立面图示

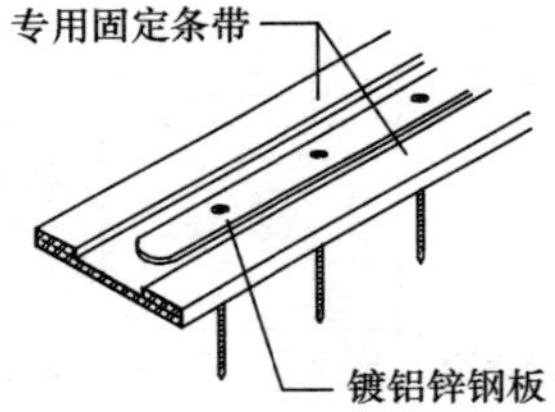

分类	D4	D5	D6
	垫片及螺钉	垫片及螺钉	套管及螺钉
用途	适用于机械固定法 2 中卷材电磁焊接固定	适用于保温隔热材料的固定 （保温隔热材料硬度较高）	适用于保温隔热材料的固定 （保温隔热材料较厚或防热桥构造）
图示	三维图示 （PVC或TPO涂层、镀铝锌钢板） 立面图示	三维图示 （镀铝锌钢板） 立面图示	三维图示 （改性聚丙烯或尼龙） 立面图示

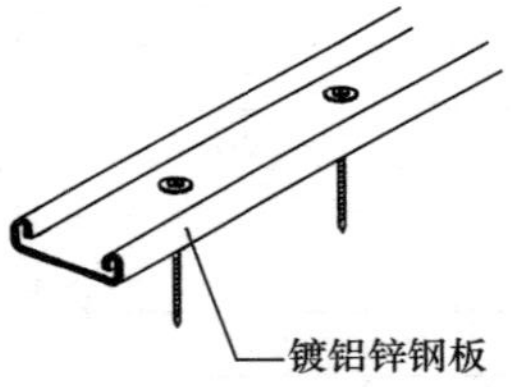

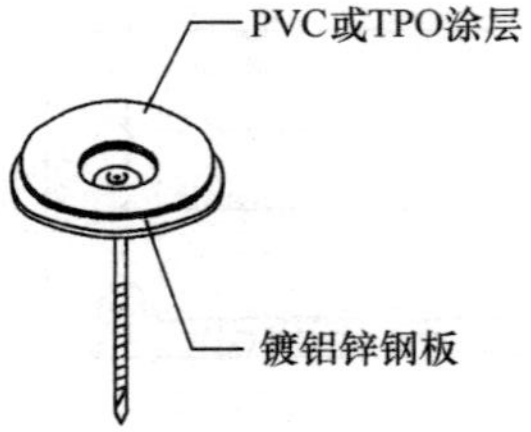

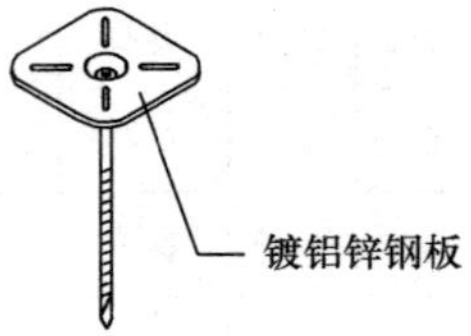

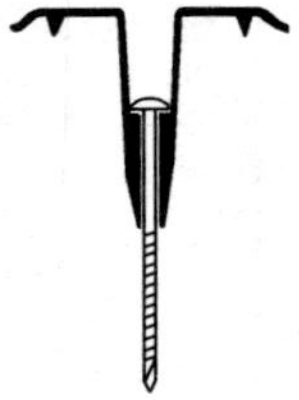

注：垫片形式为示意，以厂家提供配套型号为准（样式参见本图集附录D）。

表 3-40　螺钉规格表　15J207-1

用　途	材质	使用环境	直径（mm）	长度范围（mm）
固定承重层用螺钉	硬化碳钢	一般环境	5.5	32，38，45，50，65，75，100，125
	不锈钢	腐蚀环境	6.3	
固定系统用螺钉（保温隔热层、覆盖层、防水层）	硬化碳钢	一般环境	6.3	32，50，65，75，90，100，120，140，160，180，200，230，250
	不锈钢	腐蚀环境		

表 3-41　垫片、压条、套管规格及用途　15J207-1

名称	材　质	尺寸（mm）		厚度（mm）	用　途
垫片	镀锌钢板、镀铝锌钢板	82×40		1.0	固定防水卷材
		70×70，φ60，82×40		1.0	固定保温隔热板、覆盖板
压条	铝合金	20×2000		2.0	防水层收边固定
	镀锌钢板	25×2000		1.0	防水层加强抗风固定
套管	改性聚丙烯、尼龙	盘面	42×75，φ75	2.25	固定软质保温板
		套管直径	15.6～16		
		长度范围	35，65，85，105，125，135，165		

4.《种植屋面建筑构造》

《国家建筑标准设计图集：种植屋面建筑构造》(14J206) 适用于坡度为 $2\%\sim10\%$ 的钢筋混凝土基板平屋面、坡度为 $10\%\sim50\%$ 的钢筋混凝土坡屋面、坡度为 $3\%\sim20\%$ 的钢基板屋面，坡度为 $1\%\sim2\%$ 的地下建筑顶板屋面的，新建、改建、扩建的民用及工业建筑屋面的绿化工程和地下建筑顶板的绿化工程的设计和施工。种植屋面由上到下的基本构造层依次为植被层、种植土、过滤层、排（蓄）水层、保护层、隔离层、耐根穿刺防水层、普通防水层、找平层、找坡层、保温隔热层、屋面板。可根据气候特点、屋面形式、植物种类，增减屋面的构造层次。种植屋面按其种植的类型可分为简单式种植、花园式种植和容器式种植等三种。

种植平屋面的构造做法见表 3-42。

表 3-42　种植平屋面构造做法　14J206

构造编号	简　图	构造做法	备　注
ZW1	无保温（隔热）层	1. 植被层 2. 100～300 厚种植土 3. 150～200g/m² 无纺布过滤层 4. 10～20 高凹凸型排（蓄）水板 5. 土工布或聚酯无纺布保护层，单位面积质量≥300g/m² 6. 耐根穿刺复合防水层 7. 20 厚 1:3 水泥砂浆找平层 8. 最薄 30 厚 LC5.0 轻集料混凝土或泡沫混凝土 2% 找坡层 9. 钢筋混凝土屋面板	1. 耐根穿刺复合防水层的选用见表 3-48 2. 植被层选用草坪、地被、小灌木

构造编号	简 图	构造做法	备 注
ZW2	有保温（隔热）层	1. 植被层 2. 100～300 厚种植土 3. 150～200g/m² 无纺布过滤层 4. 10～20 高凹凸型排（蓄）水板 5. 土工布或聚酯无纺布保护层，单位面积质量≥300g/m² 6. 耐根穿刺复合防水层 7. 20 厚 1：3 水泥砂浆找平层 8. 最薄 30 厚 LC5.0 轻集料混凝土或泡沫混凝土 2% 找坡层 9. 保温（隔热）层 10. 钢筋混凝土屋面板	1. 耐根穿刺复合防水层的选用见表 3-48 2. 植被层选用草坪、地被、小灌木
ZW3	无保温（隔热）层	1. 植被层 2. 100～300 厚种植土 3. 150～200g/m² 无纺布过滤层 4. 10～20 高凹凸型排（蓄）水板 5. 20 厚 1：3 水泥砂浆保护层 6. 隔离层 7. 耐根穿刺复合防水层 8. 20 厚 1：3 水泥砂浆找平层 9. 最薄 30 厚 LC5.0 轻集料混凝土或泡沫混凝土 2% 找坡层 10. 钢筋混凝土屋面板	1. 耐根穿刺复合防水层的选用见表 3-48 2. 植被层选用草坪、地被、小灌木
ZW4	有保温（隔热）层	1. 植被层 2. 100～300 厚种植土 3. 150～200g/m² 无纺布过滤层 4. 10～20 高凹凸型排（蓄）水板 5. 20 厚 1：3 水泥砂浆保护层 6. 隔离层 7. 耐根穿刺复合防水层 8. 20 厚 1：3 水泥砂浆找平层 9. 最薄 30 厚 LC5.0 轻集料混凝土或泡沫混凝土 2% 找坡层 10. 保温（隔热）层 11. 钢筋混凝土屋面板	1. 耐根穿刺复合防水层的选用见表 3-48 2. 植被层选用草坪、地被、小灌木
ZW5	无保温（隔热）层	1. 植被层 2. 300～600 厚种植土 3. ≥200g/m² 无纺布过滤层 4. ≥25 高凹凸型排（蓄）水板 5. 40 厚 C20 细石混凝土保护层 6. 隔离层 7. 耐根穿刺复合防水层 8. 20 厚 1：3 水泥砂浆找平层 9. 最薄 30 厚 LC5.0 轻集料混凝土或泡沫混凝土 2% 找坡层 10. 钢筋混凝土屋面板	1. 耐根穿刺复合防水层材料的选用及做法见表 3-48 2. 隔离层材料的选用及做法见表 3-49 3. 植被层可选用草坪、地被、小灌木、大灌木、小乔木；当种植大乔木时，应有局部加高种植土高度的措施

续表

构造编号	简 图	构造做法	备 注
ZW6	有保温（隔热）层	1. 植被层 2. 300～600厚种植土 3. ≥200g/m² 无纺布过滤层 4. ≥25高凹凸型排（蓄）水板 5. 40厚C20细石混凝土保护层 6. 隔离层 7. 耐根穿刺复合防水层 8. 20厚1:3水泥砂浆找平层 9. 最薄30厚LC5.0轻集料混凝土或泡沫混凝土2%找坡层 10. 保温（隔热）层 11. 钢筋混凝土屋面板	1. 耐根穿刺复合防水层材料的选用及做法见表3-48 2. 隔离层材料的选用及做法见表3-49 3. 植被层可选用草坪、地被、小灌木、大灌木、小乔木；当种植大乔木时，应有局部加高种植土高度的措施
ZW7	无保温（隔热）层	1. 植被层 2. 300～600厚种植土 3. ≥200g/m² 无纺布过滤层 4. 10～20厚网状交织排水板 5. 40厚C20细石混凝土保护层 6. 隔离层 7. 耐根穿刺复合防水层 8. 20厚1:3水泥砂浆找平层 9. 最薄30厚LC5.0轻集料混凝土或泡沫混凝土2%找坡层 10. 钢筋混凝土屋面板	1. 耐根穿刺复合防水层材料的选用及做法见表3-48 2. 隔离层材料的选用及做法见表3-49 3. 植被层可选用草坪、地被、小灌木、大灌木、小乔木；当种植大乔木时，应有局部加高种植土高度的措施
ZW8	有保温（隔热）层	1. 植被层 2. 300～600厚种植土 3. ≥200g/m² 无纺布过滤层 4. 10～20厚网状交织排水板 5. 40厚C20细石混凝土保护层 6. 隔离层 7. 耐根穿刺复合防水层 8. 20厚1:3水泥砂浆找平层 9. 最薄30厚LC5.0轻集料混凝土或泡沫混凝土2%找坡层 10. 保温（隔热）层 11. 钢筋混凝土屋面板	1. 耐根穿刺复合防水层材料的选用及做法见表3-48 2. 隔离层材料的选用及做法见表3-49 3. 植被层可选用草坪、地被、小灌木、大灌木、小乔木；当种植大乔木时，应有局部加高种植土高度的措施

构造编号	简　图	构造做法	备　注
ZW9	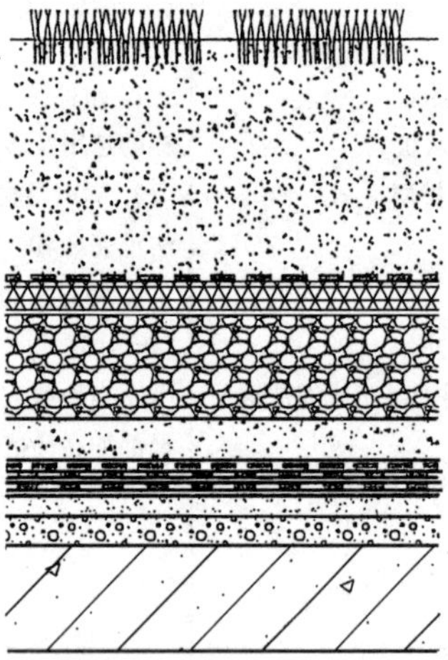 无保温（隔热）层	1. 植被层 2. 300～600 厚种植土 3. ≥200g/m² 无纺布过滤层 4. 10～20 厚网状交织排水板 5. 100 厚级配碎石或卵石或陶粒 6. 40 厚 C20 细石混凝土保护层 7. 隔离层 8. 耐根穿刺复合防水层 9. 20 厚 1∶3 水泥砂浆找平层 10. 最薄 30 厚 LC5.0 轻集料混凝土或泡沫混凝土 2％找坡层 11. 钢筋混凝土屋面板	1. 耐根穿刺复合防水层材料的选用及做法见表 3-48 2. 隔离层材料的选用及做法见表 3-49 3. 植被层可选用草坪、地被、小灌木、大灌木、小乔木；当种植大乔木时，应有局部加高种植土高度的措施
ZW10	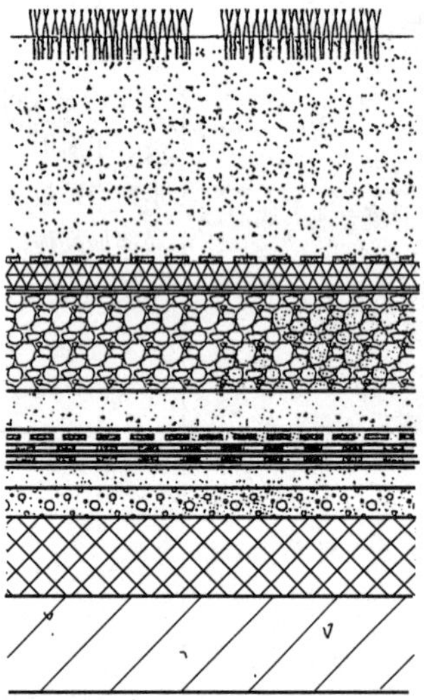 有保温（隔热）层	1. 植被层 2. 300～600 厚种植土 3. ≥200g/m² 无纺布过滤层 4. 10～20 厚网状交织排水板 5. 100 厚级配碎石或卵石或陶粒 6. 40 厚 C20 细石混凝土保护层 7. 隔离层 8. 耐根穿刺复合防水层 9. 普通防水层 10. 20 厚 1∶3 水泥砂浆找平层 11. 最薄 30 厚 LC5.0 轻集料混凝土或泡沫混凝土 2％找坡层 12. 保温（隔热）层 13. 钢筋混凝土屋面板	1. 耐根穿刺复合防水层材料的选用及做法见表 3-48 2. 隔离层材料的选用及做法见表 3-49 3. 植被层可选用草坪、地被、小灌木、大灌木、小乔木；当种植大乔木时，应有局部加高种植土高度的措施

种植坡屋面构造做法见表 3-43；

钢基板种植屋面构造做法见表 3-44；

容器种植屋面构造做法见表 3-45；

地下建筑顶板种植构造做法见表 3-46；

既有建筑屋面种植改造构造做法见表 3-47。

种植屋面常用耐根穿刺复合防水层的选用见表 3-48；种植屋面隔离层材料做法的选用见表 3-49；种植屋面排（蓄）水层材料做法的选用见表 3-50；钢基板种植屋面常用单层防水层的选用见表 3-51。

表 3-43　种植坡屋面构造做法　14J206

构造编号	简　图	构造做法	备　注
PW1	无保温（隔热）层 屋面坡度 10%～20%	1. 植被层 2. 100～300 厚种植土 3. 150～200g/m² 无纺布过滤层 4. 10～20 高凹凸型排（蓄）水板 5. 300g/m² 土工布保护层 6. 耐根穿刺复合防水层 7. 20 厚 1:3 水泥砂浆找平层 8. 钢筋混凝土屋面板	1. 耐根穿刺复合防水层的选用见表 3-48 2. 植被层选用草坪、地被植物 3. 凹凸型排（蓄）水板的选用见表 3-50
PW2	有保温（隔热）层 屋面坡度 10%～20%	1. 植被层 2. 100～300 厚种植土 3. 150～200g/m² 无纺布过滤层 4. 10～20 高凹凸型排（蓄）水板 5. 300g/m² 土工布保护层 6. 耐根穿刺复合防水层 7. 20 厚 1:3 水泥砂浆找平层 8. 保温（隔热）层 9. 钢筋混凝土屋面板	1. 耐根穿刺复合防水层的选用见表 3-48 2. 植被层选用草坪、地被植物 3. 凹凸型排（蓄）水板的选用见表 3-50
PW3	无保温（隔热）层 屋面坡度 10%～20%	1. 植被层 2. 100～300 厚种植土 3. 150～200g/m² 无纺布过滤层 4. 10～20 高凹凸型排（蓄）水板 5. 20 厚 1:3 水泥砂浆保护层 6. 隔离层 7. 耐根穿刺复合防水层 8. 20 厚 1:3 水泥砂浆找平层 9. 钢筋混凝土屋面板	1. 耐根穿刺复合防水层的选用见表 3-48 2. 植被层选用草坪、地被植物 3. 凹凸型排（蓄）水板的选用见表 3-50
PW4	有保温（隔热）层 屋面坡度 10%～20%	1. 植被层 2. 100～300 厚种植土 3. 150～200g/m² 无纺布过滤层 4. 10～20 高凹凸型排（蓄）水板 5. 20 厚 1:3 水泥砂浆保护层 6. 隔离层 7. 耐根穿刺复合防水层 8. 20 厚 1:3 水泥砂浆找平层 9. 保温（隔热）层 10. 钢筋混凝土屋面板	1. 耐根穿刺复合防水层的选用见表 3-48 2. 植被层选用草坪、地被植物 3. 凹凸型排（蓄）水板的选用见表 3-50

构造编号	简　图	构造做法	备　注
PW5	无保温（隔热）层 屋面坡度 20％～50％	1. 植被层 2. 100～300 厚种植土 3. 150～200g/m² 无纺布过滤层 4. 10～20 高凹凸型排（蓄）水板 5. 与防水层相同材质的挡土板可焊接 6. 耐根穿刺防水层 7. 20 厚 1：3 水泥砂浆找平层 8. 钢筋混凝土屋面板	1. 耐根穿刺复合防水层的选用见表 3-48 2. 植被层选用草坪、地被植物 3. 凹凸型排（蓄）水板的选用见表 3-50
PW6	有保温（隔热）层 屋面坡度 20％～50％	1. 植被层 2. 100～300 厚种植土 3. 150～200g/m² 无纺布过滤层 4. 10～20 高凹凸型排（蓄）水板 5. 与防水层相同材质的挡土板可焊接 6. 耐根穿刺防水层 7. 20 厚 1：3 水泥砂浆找平层 8. 保温（隔热）层 9. 钢筋混凝土屋面板	1. 耐根穿刺复合防水层的选用见表 3-48 2. 植被层选用草坪、地被植物 3. 凹凸型排（蓄）水板的选用见表 3-50 4. 植被层选用草坪、地被
PW7	无保温（隔热）层 屋面坡度 20％～50％	1. 植被层 2. 100～300 厚种植土 3. 150～200g/m² 无纺布过滤层 4. 10～20 高凹凸型排（蓄）水板 5. 挡土板用 φ1.6 镀锌钢丝与拉结带绑扎固定 6. 40 厚细石钢筋混凝土保护层 7. 隔离层 8. 耐根穿刺复合防水层 9. 20 厚 1：3 水泥砂浆找平层 10. 钢筋混凝土屋面板	1. 耐根穿刺复合防水层的选用见表 3-48 2. 植被层选用草坪、地被植物 3. 凹凸型排（蓄）水板的选用见表 3-50 4. 拉结带见图集 14J206 3-5 页扁钢为—30×4。
PW8	有保温（隔热）层 屋面坡度 20％～50％	1. 植被层 2. 100～300 厚种植土 3. 150～200g/m² 无纺布过滤层 4. 10～20 高凹凸型排（蓄）水板 5. 挡土板用 φ1.6 镀锌钢丝与拉结带绑扎固定 6. 40 厚细石钢筋混凝土保护层 7. 隔离层 8. 耐根穿刺复合防水层 9. 20 厚 1：3 水泥砂浆找平层 10. 保温（隔热）层 11. 钢筋混凝土屋面板	1. 耐根穿刺复合防水层的选用见表 3-48 2. 植被层选用草坪、地被植物 3. 凹凸型排（蓄）水板的选用见表 3-50 4. 拉结带见图集 14J206 3-5 页扁钢为—30×40。

注：1. 种植土厚度按工程设计，挡土板高度应根据种植土厚度选型，高度宜低于土厚 10mm。

　　2. 耐根穿刺复合防水卷材可焊接卷材：PVC、TPO 等。

表 3-44 **钢基板种植屋面构造做法** 14J206

构造编号	简　图	构造做法	备　注
PW9	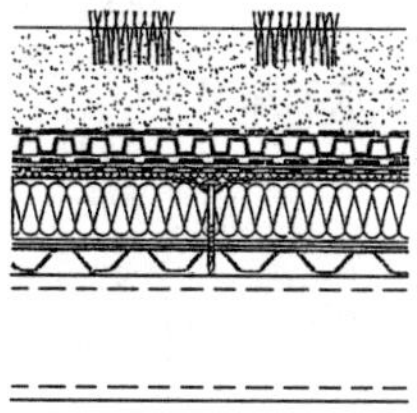 有保温（隔热）层	1. 植被层 2. 100～300 厚种植土 3. 200g/m² 无纺布过滤层 4. 10～15 高凹凸型排（蓄）水板 5. 300g/m² 无纺布保护层 6. 耐根穿刺防水层 7. 保温层 8. 0.3 厚聚酯膜隔汽层 9. 专用压型钢板，厚度≥0.75 10. 屋面檩条	1. 植被层选用草坪、地被、小灌木 2. 防水层材料的选用见表 3-51 3. 凹凸型排（蓄）水板的选用见表 3-50
PW10	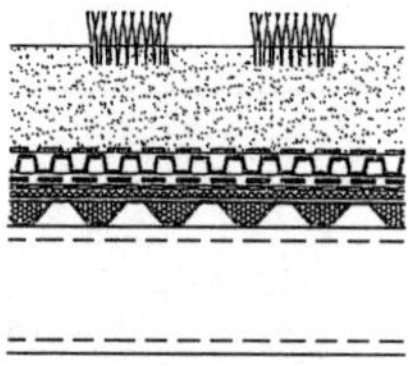 无保温（隔热）层 既有屋面改造	1. 植被层 2. 100～300 厚种植土 3. 200g/m² 无纺布过滤层 4. 凹凸型排（蓄）水板 5. 300g/m² 无纺布保护层 6. 耐根穿刺防水层，采用机械固定在钢基板上 7. 隔汽层 8. 专用压型钢板，厚度≥0.75，波谷填充垫块（或原有屋面基板） 9. 屋面檩条	1. 本做法为既有钢基板屋面改造种植屋面做法，不考虑原有屋面保温等情况 2. 当原有屋面改造时，压型钢板应经鉴定，并应具有相应的承载能力 3. 防水层材料的选用见表 3-51 4. 凹凸型排（蓄）水板的选用见表 3-50 5. 植被层选用草坪、地被、小灌木

表 3-45 **容器种植屋面构造做法** 14J206

构造编号	简　图	构造做法	备　注
RW1	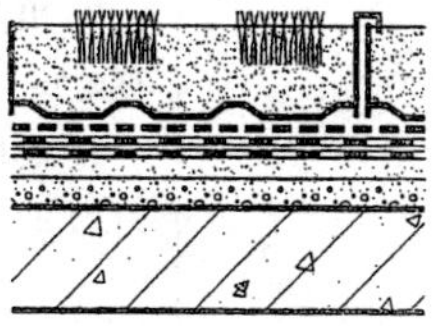 无保温（隔热）层 坡度 2%～10%	1. 平式种植容器 2. 300g/m² 土工布保护层 3. 耐根穿刺复合防水层 4. 20 厚 1：3 水泥砂浆找平层 5. 最薄 30 厚 LC5.0 轻集料混凝土或泡沫混凝土 2% 找坡层（当结构找坡时无此层） 6. 钢筋混凝土屋面板	1. 植被层选用草坪、地被植物 2. 耐根穿刺复合防水层材料的选用及做法见表 3-48

163

构造编号	简　图	构造做法	备　注
RW2	 有保温（隔热）层 坡度 2%～10%	1. 平式种植容器 2. 300g/m² 土工布保护层 3. 耐根穿刺复合防水层 4. 20 厚 1：3 水泥砂浆找平层 5. 最薄 30 厚 LC5.0 轻集料混凝土或泡沫混凝土 2% 找坡层（当结构找坡时无此层） 6. 保温（隔热）层 7. 钢筋混凝土屋面板	1. 植被层选用草坪、地被植物 2. 耐根穿刺复合防水层材料的选用及做法见表 3-48
RW3	 无保温（隔热）层 坡度 2%～10%	1. 平式种植容器 2. 20 厚 1：3 水泥砂浆保护层 3. 隔离层 4. 耐根穿刺复合防水层 5. 20 厚 1：3 水泥砂浆找平层 6. 最薄 30 厚 LC5.0 轻集料混凝土或泡沫混凝土 2% 找坡层（当结构找坡时无此层） 7. 钢筋混凝土屋面板	1. 植被层选用草坪、地被植物 2. 耐根穿刺复合防水层材料的选用及做法见表 3-48 3. 隔离层材料的选用及做法见表 3-49
RW4	 有保温（隔热）层 坡度 2%～10%	1. 平式种植容器 2. 20 厚 1：3 水泥砂浆保护层 3. 隔离层 4. 耐根穿刺复合防水层 5. 20 厚 1：3 水泥砂浆找平层 6. 最薄 30 厚 LC5.0 轻集料混凝土或泡沫混凝土 2% 找坡层（当结构找坡时无此层） 7. 保温（隔热）层 8. 钢筋混凝土屋面板	1. 植被层选用草坪、地被植物 2. 耐根穿刺复合防水层材料的选用及做法见表 3-48 3. 隔离层材料的选用及做法见表 3-49
RW5	 无保温（隔热）层 坡度 10%～20%	1. 平式种植容器 2. 300g/m² 土工布保护层 3. 耐根穿刺复合防水层 4. 20 厚 1：3 水泥砂浆找平层 5. 钢筋混凝土屋面板	1. 植被层选用草坪、地被植物 2. 耐根穿刺复合防水层材料的选用及做法见表 3-48

续表

构造编号	简 图	构造做法	备 注
RW6	有保温（隔热）层 坡度 10%～20%	1. 平式种植容器 2. 300g/m² 土工布保护层 3. 耐根穿刺复合防水层 4. 20 厚 1：3 水泥砂浆找平层 5. 保温（隔热）层 6. 钢筋混凝土屋面板	1. 植被层选用草坪、地被植物 2. 耐根穿刺复合防水层材料的选用及做法见表 3-48
RW7	挡土隔板 无保温（隔热）层 坡度 20%～50%	1. 坡式种植容器 2. 40 厚钢筋细石混凝土保护层 3. 隔离层 4. 耐根穿刺复合防水层 5. 20 厚 1：3 水泥砂浆找平层 6. 钢筋混凝土屋面板	1. 植被层选用草坪、地被植物 2. 耐根穿刺复合防水层材料的选用及做法见表 3-48 3. 隔离层材料的选用及做法见表 3-49
RW8	挡土隔板 有保温（隔热）层 坡度 20%～50%	1. 坡式种植容器 2. 40 厚钢筋细石混凝土保护层 3. 隔离层 4. 耐根穿刺复合防水层 5. 20 厚 1：3 水泥砂浆找平层 6. 保温（隔热）层 7. 钢筋混凝土屋面板	1. 植被层选用草坪、地被植物 2. 耐根穿刺复合防水层材料的选用及做法见表 3-48 3. 隔离层材料的选用及做法见表 3-49
RW9	有保温（隔热）层 坡度 3%～20%	1. 平式种植容器 2. 300g/m² 土工布保护层 3. 耐根穿刺单层防水层 4. 保温层 5. 0.3 厚聚酯膜隔汽层 6. 专用压型钢板，厚度≥0.75 7. 屋面檩条	1. 植被层选用草坪、地被植物 2. 耐根穿刺复合防水层材料的选用及做法见表 3-48

注：当屋面坡度超过 3%，或找坡荷载过大时，宜为结构找坡，并在构造做法中取消找坡层。

表 3-46　地下建筑顶板种植构造做法　14J206

构造编号	简　图	构造做法	备　注
DZ1	无保温（隔热）层	1. 植被层 2. 300～1200 厚种植土 3. 200g/m² 无纺布过滤层 4. 凹凸型排（蓄）水板 5. 70 厚 C20 细石混凝土保护层 6. 隔离层 7. 耐根穿刺复合防水层 8. 找平层 9. 找坡层（1%～2%） 10. 防水混凝土地下建筑顶板	1. 种植土厚度为 300～600 时，凹凸型排（蓄）水板厚度为 20～30 2. 种植土厚度为 600～1200 时，凹凸型排（蓄）水板厚度为 30～40
DZ2	有保温（隔热）层	1. 植被层 2. 300～1200 厚种植土 3. 200g/m² 无纺布过滤层 4. 凹凸型排（蓄）水板 5. 70 厚 C20 细石混凝土保护层 6. 隔离层 7. 耐根穿刺复合防水层 8. 找平层 9. 找坡层（1%～2%） 10. 保温层 11. 防水混凝土地下建筑顶板	1. 种植土厚度为 300～600 时，凹凸型排（蓄）水板厚度为 20～30 2. 种植土厚度为 600～1200 时，凹凸型排（蓄）水板厚度为 30～40
DZ3	无保温（隔热）层	1. 植被层 2. 900～2000 厚种植土 3. 100 厚洁净细砂 4. 200g/m² 无纺布过滤层 5. 网状交织排水板 6. 级配碎石或卵石或陶粒排水层 7. 70 厚 C20 细石混凝土保护层 8. 隔离层 9. 耐根穿刺复合防水层 10. 找平层 11. 找坡层（1%～2%） 12. 防水混凝土地下建筑顶板	1. 种植土厚度为 900～1500 时，级配碎石或卵石或陶粒厚度为 100～300 2. 种植土厚度为 1500～2000 时，级配碎石或卵石或陶粒厚度＞300

构造编号	简　图	构造做法	备　注
DZ4	 有保温（隔热）层	1. 植被层 2. 900~2000 厚种植土 3. 100 厚洁净细砂 4. 200g/m² 无纺布过滤层 5. 网状交织排水板 6. 级配碎石或卵石或陶粒排水层 7. 70 厚 C20 细石混凝土保护层 8. 隔离层 9. 耐根穿刺复合防水层 10. 找平层 11. 找坡层（1%~2%） 12. 保温层 13. 防水混凝土地下建筑顶板	1. 种植土厚度为 900~1500 时，级配碎石或卵石或陶粒厚度为 100~300 2. 种植土厚度为 1500~2000 时，级配碎石或卵石或陶粒厚度>300
DZ5	 深覆土无保温层	1. 植被层 2. >2000 厚种植土 3. 70 厚 C20 细石混凝土保护层 4. 隔离层 5. 耐根穿刺复合防水层 6. 找平层 7. 防水混凝土地下建筑顶板	种植土应分层设置。地表采用改良土或田园土，种植土应满足种植植物相应厚度需求，向下分别逐层铺设细砂、粗砂，保证排水通畅
DZ6	 隐蔽式消防车道	1. 植被层 2. 3000 厚种植土 3. 200g/m² 无纺布过滤层 4. 网状交织排水板 5. 100~300 厚级配碎石或卵石或陶粒排水层 6. 200 厚 C25 混凝土配筋路面 7. 100 厚 C15 混凝土垫层 8. 回填土夯实，压实系数>0.93（回填土厚度按工程设计） 9. 70 厚细石混凝土保护层 10. 隔离层 11. 耐根穿刺复合防水层 12. 找平层 13. 找坡层（1%~2%） 14. 保温层（按工程要求设置） 15. 防水混凝土地下建筑顶板	1. 种植土厚度为 900~1500 时，级配碎石或卵石或陶粒厚度为 100~300 2. 种植土厚度为 1500~2000 时，级配碎石或卵石或陶粒厚度>300

构造编号	简　图	构造做法	备　注
DZ7	 停车场绿化嵌草砖	1. 80 厚嵌草砖 2. 30 厚黄土粗砂垫层铺平 3. 150 厚碎石垫层碾压密实 4. 级配砂石碾压密实，压实系数＞0.93 5. 70 厚 C20 细石混凝土保护层 6. 隔离层 7. 耐根穿刺复合防水层 8. 找平层 9. 找坡层（1%～2%） 10. 保温层（按工程要求设置） 11. 防水混凝土地下建筑顶板	级配砂石厚度按工程设计

注：1. 耐根穿刺复合防水层的选用见表 3-48；隔离层材料的选用及做法见表 3-49。

　　2. 配碎石、卵石排水层的选用见表 3-50。

　　3. 70 厚 C20 细石混凝土保护层可按工程设计配筋。

　　4. 当结构找坡或有可靠排水措施时可不设找坡层。

表 3-47　既有建筑屋面种植改造构造做法　14J206

构造编号	简　图	构造做法	备　注
GW1	 保温层满足节能设计要求，防水层失效简单式种植	1. 植被层 2. 100～300 厚种植土 3. 150～200g/m² 无纺布过滤层 4. 15～20 高凹凸型排（蓄）水层 5. 300g/m² 土工布保护层 6. 耐根穿刺复合防水层 拆除防水层后的原屋面构造（表面清理并涂刷基层处理剂）	1. 拆除失效防水层 2. 耐根穿刺复合防水层材料的选用见表 3-48 3. 植被层选用草坪、地被类植物
GW2	 保温层满足节能设计要求，防水层失效简单式种植	1. 植被层 2. 100～300 厚种植土 3. 150～200g/m² 无纺布过滤层 4. 15～20 高凹凸型排（蓄）水层 5. 20 厚 1:3 水泥砂浆保护层 6. 隔离层 7. 耐根穿刺复合防水层 拆除防水层后的原屋面构造（表面清理并涂刷基层处理剂）	1. 拆除失效防水层 2. 耐根穿刺复合防水层材料的选用见表 3-48 3. 隔离层材料的选用及做法见表 3-49 4. 植被层选用草坪、地被类植物

续表

构造编号	简　图	构造做法	备　注
GW3	此层以上为改造做法 防水层有效，保温层不满足节能设计要求简单式种植	1. 植被层 2. 100～300厚种植土 3. 150～200g/m² 无纺布过滤层 4. 15～20高凹凸型排（蓄）水层 5. 300g/m² 土工布保护层 6. 耐根穿刺防水层 7. 找平层 8. 保温层 9. 30厚1：3水泥砂浆隔离层 原屋面各层构造（表面清理并涂刷基层处理剂）	1. 新旧保温层、防水层共同作用 2. 耐根穿刺防水层材料的选用见表3-48 3. 植被层选用草坪、地被类植物
GW4	此层以上为改造做法 防水层有效，保温层不满足节能设计要求简单式种植	1. 植被层 2. 100～300厚种植土 3. 150～200g/m² 无纺布过滤层 4. 15～20高凹凸型排（蓄）水层 5. 20厚1：3水泥砂浆保护层 6. 隔离层 7. 耐根穿刺防水层 8. 找平层 9. 保温层 10. 30厚1：3水泥砂浆隔离层 原屋面各层构造（表面清理并涂刷基层处理剂）	1. 新旧保温层、防水层共同作用 2. 耐根穿刺防水层材料的选用见表3-48 3. 隔离层材料的选用及做法见表3-49 4. 植被层选用草坪、地被类植物
GW5	此层以上为改造做法 保温层满足节能设计要求，防水层失效容器种植	1. 种植容器 2. 300g/m² 土工布保护层 3. 耐根穿刺复合防水层 拆除防水层后的原屋面构造（表面清理并涂刷基层处理剂）	1. 拆除失效防水层 2. 原屋面拆除防水层后应满足改造后屋面排水，且表面平整 3. 耐根穿刺复合防水层材料的选用见表3-48 4. 植被层选用草坪、地被类植物
GW6	此层以上为改造做法 保温层满足节能设计要求，防水层失效容器种植	1. 种植容器 2. 20厚1：3水泥砂浆保护层 3. 隔离层 4. 耐根穿刺复合防水层 拆除防水层后的原屋面构造（表面清理并涂刷基层处理剂）	1. 拆除失效防水层 2. 原屋面拆除防水层后应满足改造后屋面排水，且表面平整 3. 耐根穿刺复合防水层材料的选用见表3-48 4. 隔离层材料的选用及做法见表3-49 5. 植被层选用草坪、地被类植物

表 3-48 种植屋面常用耐根穿刺复合防水层选用表 14J206

编号	普通防水卷材、防水涂料防水层	编号	耐根穿刺防水层	相容的普通防水层
F1	4.0 厚改性沥青防水卷材	N1	4.0 厚弹性体（SBS）改性沥青防水卷材（含化学阻根剂）	F1、F2、F11
F2	3.0 厚自粘型聚合物改性沥青防水卷材	N2	4.0 厚弹性体（APP）改性沥青防水卷材（含化学阻根剂）	
F3	1.5 厚三元乙丙橡胶防水卷材	N3	1.2 厚聚氯乙烯（PVC）防水卷材	F4、F6、F8、F12
F4	1.5 厚聚氯乙烯（PVC）防水卷材	N4	1.2 厚热塑性聚烯烃（TPO）防水卷材	F3、F5、F6、F8、F9、F12
F5	1.5 厚热塑性聚烯烃（TPO）防水卷材	N5	1.2 厚三元乙丙橡胶防水卷材	
F6	聚乙烯丙纶复合防水卷材：0.7 厚聚乙烯丙纶卷材＋1.3 厚聚合物水泥胶粘剂	N6	2.0 厚喷涂聚脲防水涂料	F5、F6、F8、F9、F12
		N7	4.0 厚自粘型聚合物改性沥青防水卷材	F1、F2、F8、F10、F12
F7	2.0 厚聚氨酯防水涂料	N8	聚乙烯丙纶复合防水卷材：0.7 厚聚乙烯丙纶卷材＋1.3 厚聚合物水泥胶粘剂（聚乙烯丙纶防水卷材和聚合物水泥胶粘剂复合耐根穿刺防水材料应采用双层卷材复合作为一道耐根穿刺防水层）	F6、F8、F9、F10、F12
F8	2.0 厚Ⅱ型聚合物水泥防水涂料			
F9	2.0 厚聚脲防水涂料			
F10	2.0 厚喷涂速凝橡胶沥青防水涂料	注：1. 一级防水等级耐根穿刺复合防水层应选用一道普通防水层及一道耐根穿刺防水层，如 N1＋F1。		
F11	3.0 厚高聚物改性沥青防水涂料	2. 本表给出的普通防水材料与耐根穿刺防水材料为两者材质相容性的防水层做法，可直接复合使用。如两者不相容者，可在两者之间设置一道 30 厚水泥砂浆隔离层或其他有效隔离措施。		
F12	30 厚Ⅲ型硬质发泡聚氨酯防水保温一体化			

表 3-49 隔离层材料做法选用表 14J206

编号	材料做法	适用范围
G1	0.4 厚聚乙烯膜	水泥砂浆保护层
G2	3 厚发泡聚乙烯膜	
G3	200g/m² 聚酯无纺布	
G4	石油沥青卷材一层	
G5	10 厚黏土砂浆，石灰膏：砂：黏土＝1:2.4:3.6	细石混凝土保护层
G6	10 厚石灰砂浆，石灰膏：砂＝1:4	
G7	5 厚掺有纤维的石灰砂浆	

表 3-50 排（蓄）水层材料做法选用表 14J206

编号	材料做法	技术指标	
P1	凹凸型排（蓄）水板	压缩率为 20% 时最大强度（kPa）	≥150
		纵向通水量（侧压力 150kPa）（cm³/s）	≥10
P2	网状交织型排水板	抗压强度（kN/m²）	≥50
		表面开孔率（%）	≥95
		通水量（cm³/s）	≥380
P3	级配碎石	粒径宜 10～25mm，铺设厚度≥100mm	
P4	卵石	粒径宜 25～40mm，铺设厚度≥100mm	
P5	陶粒	粒径宜 10～25mm，铺设厚度≥100mm	

表 3-51　钢基板种植屋面常用单层防水层选用表　14J206

编号	耐根穿刺防水卷材
N9	1.5 厚聚氯乙烯（PVC）防水卷材（热风焊接）
N10	1.5 厚热塑性聚烯烃（TPO）防水卷材（热风焊接）
N11	1.5 厚三元乙丙橡胶防水卷材
N12	5.0 厚弹性体（SBS）改性沥青防水卷材
N13	5.0 厚塑性体（APP）改性沥青防水卷材

注：此表仅适用于钢基板种植屋面。

3.2.4　屋面各构造层次的设计

屋面的基本构造层次参见表 3-2。

1. 结构层的设计

结构层的强度、刚度与抗裂性应遵守有关结构设计规范，并应充分考虑防水设计的要求，使之具有足够的刚度和必要的整体性。对于地震区的建筑物及有较大振动的建筑，还应根据地震烈度及振动的大小，采用适当的加固措施。

在强度计算时，应充分考虑各种荷载组合引起的不利因素，如防水层的定期返修，保温层及渗漏引起的超重，长期积灰、积雪未能及时清除时。

结构层的刚度大小，对屋面防水层的影响很大。为此，在设计时应采取以下措施：

（1）在有条件时，屋面结构层宜采用整浇钢筋混凝土结构，以确保必要的刚度。

（2）当采用预制装配式屋盖时，施工图上应明确提出对预制板的焊接、锚固、拉结、嵌缝、坐灰等有关要求。其中预制板的板缝应用 C20 以上的细石混凝土嵌填密实，并宜掺加微膨胀剂。

（3）结构层为装配式钢筋混凝土板时，应用强度等级不小于 C20 的细石混凝土将板缝灌填密实。板缝宽度大于 40mm 或上窄下宽的板缝（如檐口板与天沟侧壁的板缝），应在缝中设置 $\phi 12 \sim 4mm$ 的构造钢筋。板端缝应进行密封处理（注：无保温层的屋面，板侧缝也宜进行密封处理）。

（4）对于开间、跨度大的结构，宜在结构上面加做配筋混凝土整浇层，以提高结构板面的整体刚度。

（5）当采用拱形屋架时，为使屋架端部的屋面坡度不致过大，设计时，宜采取措施将屋架上弦两端局部加高，以使屋面板的最大坡度不大于 25%。

（6）对于平屋面，排水坡度最好用结构层本身来形成坡度的办法（即结构找坡），以使保温层或找平层的厚度取得一致。

2. 找坡层的设计

混凝土结构层宜采用结构找坡，其坡度不应小于 3%，当采用材料找坡时，宜采用质量小、吸水率低和有一定强度的材料，其坡度宜为 2%。

3. 找平层的设计

卷材、涂膜是防水层的基层，应设找平层。找平层设计是否合理，施工质量是否符合要求，对确保防水层的质量影响极大。

（1）适用于防水层的基层，采用水泥砂浆、细石混凝土的整体找平层。

（2）找平层的厚度和技术要求应符合表 4-2 的规定。

（3）找平层的基层采用装配式钢筋混凝土板时，应符合下列规定：

1）板端、侧峰应用细石混凝土灌缝，其强度等级不低于 C20。

2）板缝宽度大于 40mm 或上窄下宽时，板缝内应设置构造钢筋。

3）板端缝应进行密封处理。

（4）找平层的排水坡度应符合设计要求。平屋面采用结构找坡不应小于3%，采用材料找坡宜为2%，天沟、檐沟纵向找坡不应小于1%，沟底水落差不得超过200mm。

（5）基层与凸出屋面结构（女儿墙、山墙、天窗壁、变形缝、烟囱等）的交接处和基层的转角处，找平层均应做成弧形，圆弧半径应符合表4-3的要求。内部排水的水落口周围，找平层应做成略低的凹坑。

（6）保温层上的找平层应留设分格缝，缝宽宜为5～20mm，分格缝内宜嵌填密封材料。分隔缝应留设在板端缝处，其纵横缝的最大间距：水泥砂浆或细石混凝土找平层不宜大于6m。

4. 保温层和隔热层的设计

有关保温隔热层的设计详见第6章。

5. 防水层的设计

防水层是指能够隔绝水而不使水向建筑物内部渗透的一类构造层。

（1）卷材、涂膜屋面的防水等级和防水做法应符合表3-52的规定。

表3-52　卷材、涂膜屋面的防水等级和防水做法　GB 50345—2012

防水等级	防水做法
Ⅰ级	卷材防水层和卷材防水层、卷材防水层和涂膜防水层、复合防水层
Ⅱ级	卷材防水层、涂膜防水层、复合防水层

注：在Ⅰ级屋面防水做法中，防水层仅作单层卷材时，应符合有关单层防水卷材屋面技术的规定。

（2）屋面工程选用的防水材料应符合下列要求：①图纸应标明防水材料的品种、型号、规格，其主要物理性能应符合《屋面工程技术规范》对该材料质量指标的规定；②在选择屋面防水材料、防水涂料和防水密封材料时，则应依据《屋面工程技术规范》设计要点的相关内容来选定；③在选择屋面防水材料时，应考虑施工环境的条件和工艺的可操作性。

（3）在下列情况中，不得作为屋面的一道防水设防：①混凝土结构层；②Ⅰ型喷涂硬质聚氨酯泡沫塑料保温层；③装饰瓦以及不搭接瓦的屋面；④隔汽层；⑤卷材或涂膜厚度不符合GB 50345—2012规范规定的防水层；⑥细石混凝土层。

（4）防水层的材料厚度。一种防水材料能够独立成为防水层的称为一道。如采用多层沥青防水卷材的防水层（三毡四油）称为一道卷材防水。根据建筑物重要程度采用多道防水设防，即指不同类别的防水材料复合使用。这样可以做到各道防水设防互补，增加防水安全度，满足防水层耐用年限的要求。值得重视的是，在多道防水设防时，其中每道卷材防水层及其胶粘剂的厚度和重量，对保证防水层的质量与耐用年限至关重要。涂膜防水层应以厚度表示，不得用涂刷的遍数表示。特别当采用涂膜防水作为一道防水设防时，有些涂料就需涂刷2～3遍，甚至更多遍，才能形成防水层。因而涂膜防水层以尽量采用厚度涂料为宜，这样既可减少工序，又可易于保证涂膜的厚度。为此，对屋面防水层采用的各类防水材料，无论是否复合使用，在设计时都应对其厚度做出规定。防水层厚度的选用详见有关各章。

（5）高低跨屋面设计应符合下列规定：①高低跨度变形缝处的防水处理，应采用有足够变形能力的材料和构造措施；②高跨屋面为无组织排水时，其低跨屋面受水冲刷的部位，应加铺一层卷材附加层，上铺300～500mm宽的C20混凝土板材加强保护；③高跨屋面为有组织排水时，水落管下应加设水簸箕。

（6）附加层是指在易渗漏及易破损的部位设置的一类防水卷材或防水涂膜加强层。建筑防水工程附加层的设计应符合下列规定：①檐沟、天沟与屋面交接处、屋面平面与立面交接处，以及水落口、伸出屋面管道根部等部位，应设置卷材或涂膜附加层；②屋面找平层分格缝等部位，宜设置卷材空铺附加层，其空铺宽度不宜小于100mm；③附加层最小厚度应符合表3-53的规定。

表 3-53　附加层最小厚度　GB 50345—2012

附加层材料	最小厚度（mm）
合成高分子防水卷材	1.2
高聚物改性沥青防水卷材（聚酯胎）	3.0
合成高分子防水涂料、聚合物水泥防水涂料	1.5
高聚物改性沥青防水涂料	2.0

注：涂膜附加层应夹铺胎体增强材料。

（7）瓦材、金属板材下面应设置起防水、防潮作用的防水垫层构造层。

6. 隔汽层的设计

隔汽层是阻止室内水蒸气渗透到保温层内的一类构造层。当严寒及寒冷地区屋面结构冷凝界面内侧实际具有的蒸汽渗透阻小于所需值，或其他地区室内湿汽有可能透过屋面结构层进入保温层时，应设置隔汽层。设置隔汽层的目的是，阻隔室内湿汽通过结构层进入保温层。因为如果湿汽滞留在保温层的空隙中，遇冷将结露为冷凝水，从而增大了保温层的含水率，降低了保温效果；当气温升高时，保温层中的水分受热后变为水蒸气，将导致防水层起鼓。隔汽层应沿墙面向上铺设，并与屋面的防水层相连接，形成全封闭的整体。为此，在进行隔汽层设计时，要掌握以下几点：

（1）设置原则。

1）在纬度 40°以北地区，且室内空气湿度大于 75% 时，保温层屋面应设置隔汽层。或其他地区室内空气湿度常年大于 80% 时，若采用吸湿性保温材料作保温层，亦应选用气密性好的防水卷材或防水涂料作隔汽层。

2）其他地区室内空气湿度常年大于 80% 时，保温屋面应设置隔汽层。

3）有恒温、恒湿要求的建筑物屋面应设置隔汽层。

4）根据《民用建筑热工设计规范》（GB 50176—2016），对屋面结构进行防潮验算后，确认必须设置隔汽层的有关建筑。

（2）设计措施。

1）隔汽层的位置应设在结构层上、保温层下，即两者之间。

2）隔汽层应选用水密性、气密性好的防水材料。可采用各类防水卷材铺贴，但不宜用气密性不好的水乳型薄质涂料，具体做法应视材料的蒸汽渗透阻通过计算确定。

3）当采用沥青基防水涂料作隔汽层时，其耐热度应比室内或室外的最高温度高出 20~25℃。

4）屋面泛水处，隔汽层应沿周边墙面向上连续铺设，高出保温层上表面不得小于 150mm，以便严密封闭保温层。

5）对于卷材防水屋面，为使保温材料达到设计要求的含水率（或干密度），在设计中应采取与室外空气相通的排湿措施。

7. 隔离层的设计

隔离层是指消除相邻两种材料之间黏结力、机械咬合力、化学反应等不利影响的一类构造层。设置隔离层的目的是减少结构层与防水层、柔性防水层与刚性保护层之间的黏结力，使各层之间的变形互不影响。如卷材、涂膜防水层上设置块体材料或水泥砂浆、细石混凝土保护层时，应在二者之间设置隔离层。

隔离层可采用干铺塑料膜、土工布或卷材，也可采用铺抹低强度等级的砂浆。隔离层材料的适用范围和技术要求宜符合表 3-54 的规定。

8. 保护层的设计

保护层是指对防水层或保温层起到防护作用的一类构造层。保护层的设计要点如下：

（1）在卷材、涂膜等柔性防水层上，必须设置保护层，以延长防水层的使用年限。架空屋面、倒置式屋面上的柔性防水层上面可以不做保护层。

表 3-54　隔离层材料的适用范围和技术要求　GB 50345—2012

隔离层材料	适用范围	技术要求
塑料膜	块体材料、水泥砂浆保护层	0.4mm 厚聚乙烯膜或 3mm 厚发泡聚乙烯膜
土工布	块体材料、水泥砂浆保护层	200g/m² 聚酯无纺布
卷材	块体材料、水泥砂浆保护层	石油沥青卷材一层
低强度等级砂浆	细石混凝土保护层	10mm 厚黏土砂浆，石灰膏：砂：黏土＝1：2.4：3.6
		10mm 厚石灰砂浆，石灰膏：砂＝1：4
		5mm 厚掺有纤维的石灰砂浆

（2）保护层可采用浅色涂料、铝箔、矿物粒料、水泥砂浆、块体材料以及细石混凝土等材料，其中水泥砂浆、细石混凝土保护层应设置分隔缝。上人屋面的保护层可采用细石混凝土、块体材料等材料，不上人屋面的保护层则可采用浅色涂料、铝箔、矿物粒料、水泥砂浆等材料。保护层材料的适用范围和技术要求应符合表 3-55 的规定，各类保护层的优缺点及适用范围见表 3-56。

表 3-55　保护层材料的适用范围和技术要求　GB 50345—2012

保护层材料	适用范围	技术要求
浅色涂料	不上人屋面	丙烯酸系反射涂料
铝箔	不上人屋面	0.05mm 厚铝箔反射膜
矿物粒料	不上人屋面	不透明的矿物粒料
水泥砂浆	不上人屋面	20mm 厚：2.5 或 M15 水泥砂浆
块体材料	上人屋面	地砖或 30mm 厚 C20 细石混凝土预制块
细石混凝土	上人屋面	40mm 厚 C20 细石混凝土或 50mm 厚 C20 细石混凝土内配 φ4@100 双向钢筋网片

表 3-56　各类保护层的优缺点及适用范围

名称	缺点	优点	适用范围	具体要求
涂膜保护层	寿命不长，每 3～5 年需再涂刷一次，耐穿刺和抗外力破坏能力低	施工方便，造价便宜，质量小	常用于不上人屋面	涂料材性应与防水层的材性相容
反射膜保护层	寿命较短，一般为 6～8 年，有碍视觉和导航	质量小，反射阳光和抗臭氧性能好	用于不上人屋面和大跨度屋面	有铝箔膜、镀铝膜和反射涂膜三种
粒料保护层	施工繁琐，粘结不牢，易脱落，使保护效果降低	传统做法，材料易得，保护效果较好	多用于工业与民用建筑的高聚物改性沥青卷材，石油沥青卷材屋面及涂膜屋面	细砂：用于涂膜屋面或冷玛琋脂 屋面绿豆砂：热玛琋脂卷材屋面 石碴：工厂在加工改性沥青卷材时黏附
蛭石、云母保护层	强度低，不能上人踩踏，容易被水冲刷	有一定反射隔热作用，工艺简单，易于修理	只能用于不上人屋面	用冷玛琋脂或胶粘剂粘结
卵石保护层	增加了屋面荷载	工艺简单，易于施工和修理	用于有女儿墙的空铺卷材屋面，不宜用于大跨度或坡度较大或有振动的屋面	用 φ20～30mm 卵石铺 30～50mm 厚
块料保护层	荷载较大，造价高，施工较麻烦	保护效果显著，可长达 10～20 年，耐穿刺能力强	用于上人屋面，但不宜用于大跨度屋面	与防水层间应设隔离层，块料间应进行嵌缝处理

名称	缺点	优点	适用范围	具体要求
水泥砂浆保护层	增加了现场湿作业，延长了工期，表面易开裂	保护效果较好，材料容易解决，成本相对较低	上人屋面和不上人屋面均适应，不宜用于大跨度屋面	厚 15～25mm（上人屋面应加厚），表面设分格缝，间距 1～1.5mm
细石混凝土保护层	荷载大，造价高，维修困难	保护效果良好，耐穿刺性能强，可与刚性防水层合二为一变为一道防水层，一举两得	不能用于大跨度屋面	设隔离层，浇筑 30～60mm 厚的细石混凝土，分隔缝间距不大于 6m

（3）采用块体材料做保护层时，宜设分格缝，其纵横间距不宜大于 10m，分格缝宽度宜为 20mm，并应用密封材料嵌填。

（4）采用水泥砂浆做保护层时，表面应抹平压光，并应设表面分格缝，分格面积宜为 1m²。

（5）采用细石混凝土做保护层时，表面应抹平压光，并应设分格缝，其纵横间距不应大于 6m，分格缝宽度宜为 10～20mm，并应采用密封材料嵌填。

（6）采用浅色涂料做保护层时，应与防水层粘结牢固，厚薄应均匀，不得漏涂。

（7）块体材料、水泥砂浆、细石混凝土保护层与女儿墙或山墙之间，应预留宽度为 30mm 的缝隙，缝内宜填塞聚苯乙烯泡沫塑料，并应采用密封材料嵌填。

（8）需经常维护的设施周围和屋面出入口至设施之间的人行道，应铺设块体材料或细石混凝土保护层。

3.2.5　屋面细部构造的设计

屋面防水层细部构造的特点是：节点部位大多数是外在变形集中产生的地方，其容易产生开裂；节点部位大部分比较复杂，施工操作技术要求高；节点部位最容易受到损坏，是防水工程的薄弱环节。

屋面防水层细部构造处理得合理与否是防水工程的关键所在，因此必须进行防水构造设计，重要的部位必须有详图。实践证明，大量的渗漏均是由节点部位引起的，因此必须要进行屋面防水节点大样设计或编制防水工程施工图集。

节点部位不仅变形集中，形状复杂，而且施工面狭小、工作环境恶劣，操作困难，以卷材防水层为例，其卷材厚且硬、剪口多，加之重叠层次多，故细部构造是防水设计的重点和难点。屋面细部构造应包括檐口、檐沟和天沟、女儿墙和山墙、水落口、变形缝、伸出屋面管道、屋面出入口、反梁过水孔、设施基座、屋脊、屋顶窗等部位。

3.2.5.1　细部构造防水设计的原则

屋面工程细部构造防水设计的原则如下：

（1）屋面可能存在的变形很多，如结构变形、温差变形、干缩变形和振动变形等，这些变形一般首先影响节点，因此，在设计时，应充分考虑变形的因素，努力使节点的设防能满足基层变形的需要，应在设防、构造、选材等多方面进行考虑。如在平面和立面的交角处进行设防时，首先应增设附加增强层，构造上应采用空铺法施工，选材上应采用高强度、高弹性、高延伸性材料；又如，水落口、出屋面管道等部位及其周围，应采取密封材料嵌缝、涂料密封和附加增强层等方法处理。

（2）为了确保节点防水的质量，细部构造设计应做到多道设防、复合用材、连续密封、局部增强，并应满足使用功能、温差变形、施工环境条件和可操作性等要求。充分利用各种不同材性材料的特点，遵循材料防水和构造防水相结合、刚性防水和柔性防水相结合、柔性密封和防排相结合的原则，采用卷材、防水涂料、密封材料、刚性防水材料等多道设防（包括设置附加增强层），优势互补，即根据不同节点的具体情况，在底层做涂膜防水，以适应复杂的表面无接缝，在其上再做卷材防水层，利用卷材较高的强度及较好的延伸性，在面层做刚性保护层，起到防老化、耐穿刺作用。使节点部位的防水性能优于大面积部位的防水性能，从而提高整体防水能力。

（3）保证节点设防的耐久性不低于整体防水的耐久性，每一个建筑物节点都有其共性和不同点，应针对各自的使用条件和特点予以设计。

（4）细部构造中容易形成热桥的部位均应进行保温处理。

（5）檐口、檐沟外侧下端以及女儿墙压顶内侧下端等部位均应做滴水处理，其滴水槽宽度和深度不宜小于 10mm。

（6）细部构造所采用的密封材料的选择应符合 4.5.2 节的相关规定。

3.2.5.2　细部构造防水设计的要点

1. 檐口

檐口防水设计的要点如下：

（1）檐口部位的卷材防水层的收头和滴水是檐口防水处理的关键。采用空铺、点粘、条粘工艺粘贴的卷材，其在檐口端部 800mm 范围内均应满粘，卷材防水层收头压入找平层的凹槽内，采用金属压条钉压牢固，并应采用密封材料进行密封处理，其钉距宜为 500～800mm，以防卷材防水层的收头翘边或被风揭起；从防水层收头向外的檐口上端、外檐至檐口的下部，均应采用聚合物水泥砂浆铺抹，以提高檐口的防水能力；檐口做法属于无组织排水，檐口雨水的冲刷量大，为了防止雨水沿檐口下端流向外墙，檐口下端应同时做鹰嘴和滴水槽（图 3-2）。

（2）由于涂膜防水层与基层的粘结性较好，故涂膜防水屋面檐口的涂膜收头，可以采用防水涂料进行多遍涂刷，以提高防水层的耐雨水冲刷能力，为了防止防水层收头翘边或被风揭起，檐口下端应做鹰嘴和滴水槽（图 3-3）。

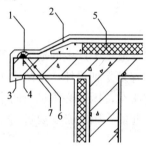 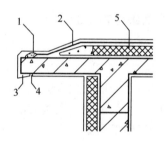

图 3-2　卷材防水屋面檐口　　　　　　　图 3-3　涂膜防水屋面檐口

1—密封材料；2—卷材防水层；3—鹰嘴；4—滴水槽；　　1—涂料多遍涂刷；2—涂膜防水层；

5—保温层；6—金属压条；7—水泥钉　　　　　　　3—鹰嘴；4—滴水槽；5—保温层

（3）瓦屋面下部的防水层或防水垫层可设置在保温层的上面或下面，并应做到檐口的端部。烧结瓦、混凝土瓦屋面的瓦头挑出檐口的长度宜为 50～70mm，以防雨水流淌到封檐板上（图 3-4、图 3-5）；沥青瓦屋面的瓦头挑出檐口的长度宜为 10～20mm，应沿檐口铺设金属滴水板，金属滴水板应固定在基层上，且伸入沥青瓦下宽度不应小于 80mm，向下延伸长度不应小于 60mm（图 3-6），主要是有利于排水。

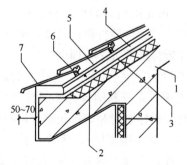 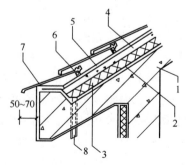

图 3-4　烧结瓦、混凝土瓦屋面檐口（一）　　　　图 3-5　烧结瓦、混凝土瓦屋面檐口（二）

1—结构层；2—保温层；3—防水层或防水　　　　　1—结构层；2—防水层或防水垫层；3—保温层；

垫层；4—持钉层；5—顺水条；6—挂瓦条；　　　　4—持钉层；5—顺水条；6—挂瓦条；7—烧结瓦

7—烧结瓦或混凝土瓦　　　　　　　　　　　　　或混凝土瓦；8—泄水管

（4）为了防止雨水从金属屋面板与外墙的缝隙进入室内，金属板屋面檐口挑出端面的长度不应小于200mm，屋面板与墙板交接处应设置金属封檐板和压条（图3-7）。

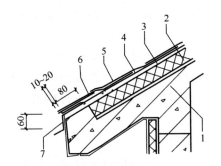

图3-6　沥青瓦屋面檐口
1—结构层；2—保温层；3—持钉层；
4—防水层或防水垫层；5—沥青瓦；
6—起始层沥青瓦；7—金属滴水板

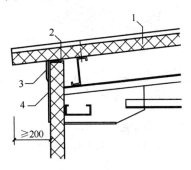

图3-7　金属板屋面檐口
1—金属板；2—通长密封条；
3—金属压条；4—金属封檐板

2. 檐沟和天沟

檐沟和天沟是排水最集中的部位，其防水设计的要点如下：

（1）卷材或涂膜防水屋面檐沟的构造见图3-8。卷材或涂膜防水屋面檐沟和天沟的防水构造应符合下列规定：①檐沟和天沟防水层下应增设附加层，附加层伸入屋面的宽度不应小于250mm；②檐沟防水层和附加层应由沟底翻上至外侧顶部，卷材收头应采用金属压条钉压，并应采用密封材料封严，涂膜收头应采用防水涂料多遍涂刷；③檐沟外侧下端应做鹰嘴或滴水槽；④檐沟外侧高于屋面结构板时，应设置溢水口。

（2）烧结瓦、混凝土瓦屋面檐沟的构造参见图3-9。烧结瓦、混凝土瓦屋面檐沟和天沟的防水构造应符合下列规定：①檐沟和天沟防水层下应增设附加层，附加层伸入屋面的宽度不应小于500mm；②檐沟和天沟防水层伸入瓦内的宽度不应小于150mm，并应与屋面防水层或防水垫层顺流水方向搭接；③檐沟防水层和附加层应由沟底翻上至外侧顶部，卷材收头应采用金属压条钉压，并应采用密封材料封严，涂膜收头应用防水涂料多遍涂刷；④烧结瓦、混凝土瓦伸入檐沟、天沟内的长度宜为50～70mm。

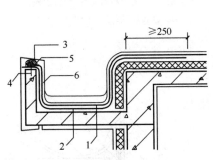

图3-8　卷材或涂膜防水屋面檐沟
1—防水层；2—附加层；3—密封材料；
4—水泥钉；5—金属压条；6—保护层

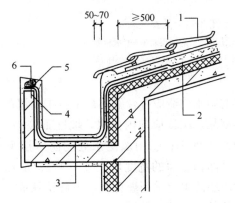

图3-9　烧结瓦、混凝土瓦屋面檐沟
1—烧结瓦或混凝土瓦；2—防水层或防水垫层；3—附加层；
4—水泥钉；5—金属压条；6—密封材料

（3）沥青瓦屋面檐沟和天沟的防水构造应符合下列规定：①檐沟防水层下应增设附加层，附加层伸入屋面的宽度不应小于500mm；②檐沟防水层伸入瓦内的宽度不应小于150mm，并应与屋面防水层或防水垫层顺流水方向搭接；③檐沟防水层和附加层应由沟底翻上至外侧顶部，卷材收头应用金属压条钉

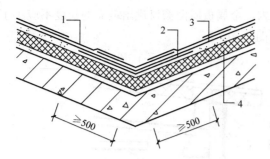

图 3-10 沥青瓦屋面天沟
1—沥青瓦；2—附加层；3—防水层或防水
垫层；4—保温层

压，并采用密封材料封严，涂膜收头则应采用防水涂料多遍涂刷；④沥青瓦伸入檐沟内的长度宜为 10～20mm；⑤天沟采用搭接式或编织式铺设时，沥青瓦下应增设不小于 1000mm 宽的附加层（图 3-10）；⑥天沟采用敞开式铺设时，在防水层或防水垫层上应铺设厚度不小于 0.45mm 的防锈金属板材，沥青瓦与金属板材应顺流水方向搭接，其搭接缝应采用沥青基胶结材料进行粘结，搭接宽度不应小于 100mm。

3. 女儿墙和山墙

（1）女儿墙的防水构造应符合下列要求：①女儿墙的压顶可采用混凝土或金属制品，压顶向内排水坡度不应小于 5%，压顶内侧下端应做滴水处理；②女儿墙泛水处的防水层下应增设附加层，附加层在平面和立面的宽度均不应小于 250mm；③低女儿墙泛水处的防水层可直接铺贴或涂刷至压顶下，卷材收头应采用金属压条钉压固定，并应采用密封材料封严；涂膜收头应用防水涂料多遍涂刷（图 3-11）；④高女儿墙泛水处的防水层泛水高度不应小于 250mm，防水层收头应符合低女儿墙泛水处防水层的规定，泛水上部的墙体应做防水处理（图 3-12）；⑤女儿墙泛水处的防水层表面，宜涂刷浅色涂料或浇筑细石混凝土保护层。

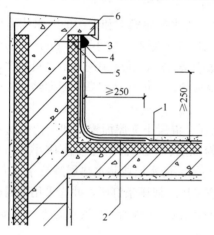

图 3-11 低女儿墙
1—防水层；2—附加层；3—密封材料；
4—金属压条；5—水泥钉；6—压顶

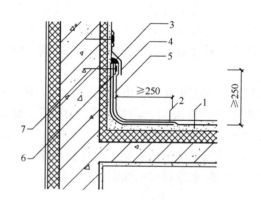

图 3-12 高女儿墙
1—防水层；2—附加层；3—密封材料；4—金属盖板；
5—保护层；6—金属压条；7—水泥钉

（2）山墙的防水构造应符合下列规定：①山墙的压顶可采用混凝土或金属制品，压顶应向内排水，坡度不应小于 5%，压顶内侧下端应做滴水处理；②山墙泛水处的防水层下应增设附加层，附加层在平面和立面的宽度均不应小于 250mm；③烧结瓦、混凝土瓦屋面山墙泛水应采用聚合物水泥砂浆抹成，侧面瓦伸入泛水的宽度不应小于 50mm（图 3-13）；④沥青瓦屋面山墙泛水应采用沥青基胶粘材料满粘一层沥青瓦片，防水层和沥青瓦收头应用金属压条钉压固定，并应采用密封材料封严（图 3-14）；⑤金属板屋面山墙泛水应铺钉厚度不小于 0.45mm 的金属泛水板，并应顺流水方向搭接；金属泛水板与墙体的搭接高度不应小于 250mm，与压型金属板的搭盖宽度宜为 1～2 波，并应在波峰处采用拉铆钉连接（图 3-15）。

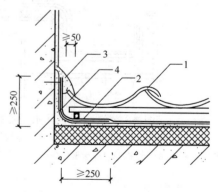

图 3-13 烧结瓦、混凝土瓦屋面山墙
1—烧结瓦或混凝土瓦；2—防水层或防水垫层；
3—聚合物水泥砂浆；4—附加层

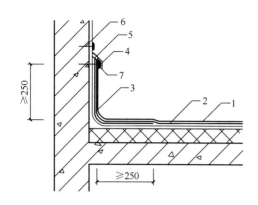

图 3-14　沥青瓦屋面山墙

1—沥青瓦；2—防水层或防水垫层；3—附加层；4—金属
盖板；5—密封材料；6—水泥钉；7—金属压条

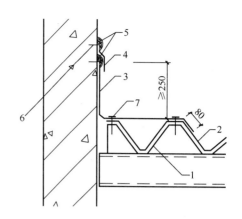

图 3-15　压型金属板屋面山墙

1—固定支架；2—压型金属板；3—金属泛水板；4—金属
盖板；5—密封材料；6—水泥钉；7—拉铆钉

4. 水落口

（1）重力流排水的水落口可分直式和横式两种（图 3-16、图 3-17），其防水构造应符合下列规定：①水落口可采用塑料或金属制品，水落口的金属配件均应做防锈处理；②水落口杯应牢固地固定在承重结构上，其埋设标高应根据附加层的厚度及排水坡度加大的尺寸确定；③水落口周围直径 500mm 范围内坡度不应小于 5%，防水层下应增设涂膜附加层；④防水层和附加层伸入水落口杯内不应小于 50mm，并应粘结牢固。

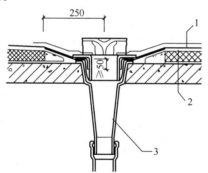

图 3-16　直式水落口

1—防水层；2—附加层；3—水落斗

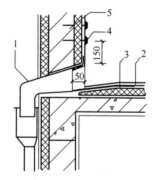

图 3-17　横式水落口

1—水落斗；2—防水层；3—附加层；
4—密封材料；5—水泥钉

（2）虹吸式排水具有排水速度快、汇水面积大的特点，水落口部位的防水构造和部件都有相应的系统要求，防水构造应进行专项设计。

5. 变形缝

变形缝分为等高变形缝和高低跨变形缝。变形缝的防水构造应能保证防水设防具有足够的适应变形而不破坏的能力。变形缝的防水构造应符合下列规定：

（1）变形缝泛水处的防水层下应增设附加层，附加层在平面和立面的宽度不应小于 250mm，防水层应铺贴或涂刷至泛水墙的顶部。

（2）变形缝内应预填不燃的保温材料，其上部应采用防水卷材封盖，并放置衬垫材料，再在其上干铺一层卷材。

（3）等高变形缝顶部宜加盖钢筋混凝土或金属盖板加以保护（图 3-18）；高低跨变形缝在立墙泛水处，应采用有足够变形能力的材料和构造做密封处理（图 3-19），高低跨变形缝的附加层和防水层在高跨墙上的收头应固定牢固、密封严密，然后再在上部用固定牢固的金属盖板保护。

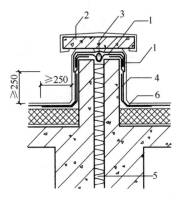

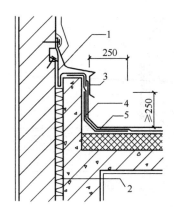

图 3-18　等高变形缝
1—卷材封盖；2—混凝土盖板；3—衬垫材料；
4—附加层；5—不燃保温材料；6—防水层

图 3-19　高低跨变形缝
1—卷材封盖；2—不燃保温材料；3—金属
盖板；4—附加层；5—防水层

6.伸出屋面的管道

（1）伸出屋面管道（图 3-20）的防水构造应符合下列规定：①管道周围的找平层应抹出高度不小于 30mm 的排水坡；②管道泛水处的防水层下应增设附加层，附加层在平面和立面的宽度均不应小于 250mm；③管道泛水处的防水层泛水高度不应小于 250mm；④卷材收头应用金属箍紧固和密封材料封严，涂膜收头应用防水涂料多遍涂刷。

（2）烧结瓦、混凝土瓦屋面烟囱（图 3-21）的防水构造应符合下列规定：①烟囱泛水处的防水层或防水垫层下应增设附加层，附加层在平面和立面的宽度不应小于 250mm；②屋面烟囱泛水应采用聚合物水泥砂浆抹成；③烟囱与屋面的交接处，应在迎水面中部抹出分水线，并应高出两侧各 30mm。

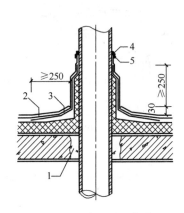

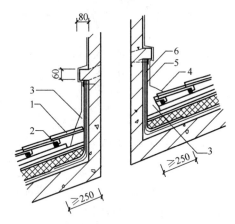

图 3-20　伸出屋面管道
1—细石混凝土；2—卷材防水层；3—附加层；
4—密封材料；5—金属箍

图 3-21　烧结瓦、混凝土瓦屋面烟囱
1—烧结瓦或混凝土瓦；2—挂瓦条；3—聚合物水泥砂浆；4—分水线；5—防水层或防水垫层；6—附加层

7.屋面出入口

屋面出入口的设计要点如下：

（1）屋面垂直出入口泛水处应增设附加层，附加层在平面和立面上的宽度均不应小于 250mm，防水层的收头应在混凝土压顶圈下（图 3-22）。

（2）屋面水平出入口泛水处应增设附加层和护墙，附加层在平面上的宽度不应小于 250mm，防水层的收头应压在混凝土踏步下（图 3-23）。

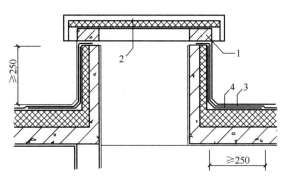

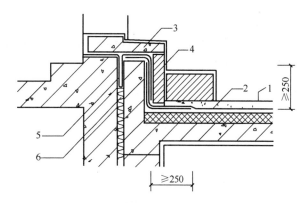

图 3-22　垂直出入口
1—混凝土压顶圈；2—上人孔盖；
3—防水层；4—附加层

图 3-23　水平出入口
1—防水层；2—附加层；3—踏步；4—护墙；
5—防水卷材封盖；6—不燃保温材料

8. 反梁过水孔

反梁过水孔的构造设计应符合下列规定：

（1）应根据排水坡度留设反梁过水孔，图纸应注明孔底标高。

（2）反梁过水孔宜采用预埋管道，其管径不得小于 75mm。

（3）过水孔可采用防水涂料、密封材料防水，预埋管道两端周围与混凝土接触处应留凹槽，并应用密封材料封严。

9. 设施基座

设施基座与结构层相连时，防水层应包裹在设施基座的上部，并应在地脚螺栓周围做密封处理。

在防水层上放置设施时，防水层下应增设卷材附加层，必要时应在其上浇筑细石混凝土，其厚度不应小于 50mm。

10. 屋脊

屋脊的防水构造设计要点如下：

（1）烧结瓦、混凝土瓦屋面的屋脊处应增设宽度不小于 250mm 的卷材附加层，脊瓦下端距坡面瓦的高度不宜大于 80mm，脊瓦在两坡面瓦上的搭盖宽度，每边不应小于 40mm，脊瓦与坡瓦面之间的缝隙应采用聚合物水泥砂浆填实抹平（图 3-24）。

（2）沥青瓦屋面的屋脊处应增设宽度不小于 250mm 的卷材附加层。脊瓦在两坡面瓦上的搭盖宽度，每边不应小于 150mm（图 3-25）。

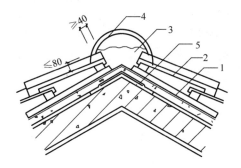

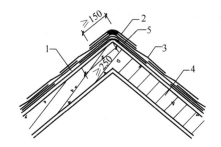

图 3-24　烧结瓦、混凝土瓦屋面屋脊
1—防水层或防水垫层；2—烧结瓦或混凝土瓦；
3—聚合物水泥砂浆；4—脊瓦；5—附加层

图 3-25　沥青瓦屋面屋脊
1—防水层或防水垫层；2—脊瓦；3—沥青瓦；
4—结构层；5—附加层

（3）金属板屋面的屋脊盖板在两坡面金属板上的搭盖宽度每边不应小于 250mm，屋面板端头应设置挡水板和堵头板（图 3-26）。

11. 屋顶窗

（1）烧结瓦、混凝土瓦与屋顶窗的交接处应采用金属排水板，窗框固定铁脚、窗口附加防水卷材、支瓦条等连接（图 3-27）。

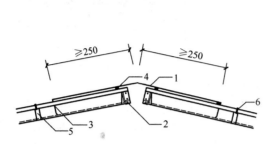

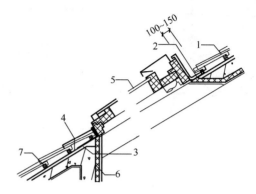

图 3-26　金属板屋面屋脊

1—屋脊盖板；2—堵头板；3—挡水板；4—密封材料；

5—固定支架；6—固定螺栓

图 3-27　烧结瓦、混凝土瓦屋面屋顶窗

1—烧结瓦或混凝土瓦；2—金属排水板；

3—窗口附加防水卷材；4—防水层或防水

垫层；5—屋顶窗；6—保温层；7—支瓦条

（2）沥青瓦屋面与屋顶窗的交接处应采用金属排水板、窗框固定铁脚、窗口附加防水卷材等与结构层连接（图 3-28）。

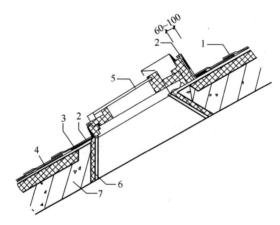

图 3-28　沥青瓦屋面屋顶窗

1—沥青瓦；2—金属排水板；3—窗口附加防水卷材；4—防水层或防水垫层；5—屋顶窗；6—保温层；7—结构层

第4章 屋面防水

屋面的防水功能主要是依靠选择合理的屋面防水材料和与之相适应的排水坡度，经过构造设计和精心施工而达到的。屋面防水一方面应按照屋面防水材料的不同要求，设置合理的排水坡度，使得降于屋面的雨水能因势利导地迅速排离屋面，另一方面应利用屋面防水材料在上下、左右的相互搭接，形成一个封闭的防水覆盖层，以防雨水侵入屋顶下面。"导"和"堵"是相互关联、相辅相成的，由于各种防水材料的特点和铺设条件的不同，其处理方法也随之不同。

平屋面的坡度较小，排水相对缓慢，因此应加强面层的防水构造处理。平屋面一般应选用防水性能好且单块面积较大的防水材料，并采取有效的接缝处理措施来增强屋面的抗渗能力。屋面根据其防水材料性质的不同，可分为卷材防水屋面、涂膜防水屋面、复合防水屋面以及屋面接缝密封防水。

4.1 卷材防水屋面

卷材防水屋面是指在屋面基层上粘贴防水卷材而使屋面具有防水功能的一类屋面。卷材防水屋面是屋面防水的一种主要方法，尤其是在工业和民用建筑中应用十分广泛。卷材防水屋面属于柔性防水屋面性质，具有质量小、防水功能好的优点，尤其是防水层的柔韧性好，能适应一定程度的结构振动和胀缩变形。卷材防水屋面适用于防水等级为Ⅰ～Ⅱ级的屋面防水，其典型的防水构造层次见图4-1，其具体的构造层次则应根据设计要求而确定。

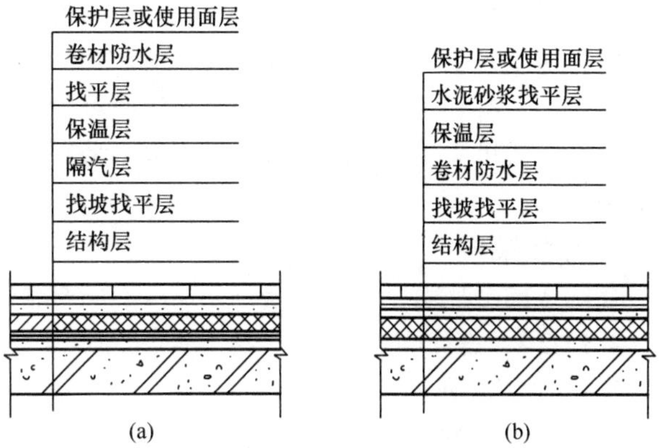

图 4-1 卷材防水屋面构造层次示意图
(a) 正置式屋面；(b) 倒置式屋面

4.1.1 卷材防水屋面的设计

4.1.1.1 设计原则

1. 以防为主、防排结合

排水是屋面防水的一个重要内容，对于平屋顶，应以防为主，但亦应尽快将水排走，减轻防水层的负担，避免屋面较长时间积水。这就要求合理设计屋面及天沟的排水坡度和排水路线、排水管的管径及数量。

2. 按级设防，满足设防要求

屋面工程应根据建筑物的性质、重要程度、使用功能要求以及防水层的耐用年限等，选用不同的防水卷材和构造层次，以满足设防要求，保证防水可靠。

3. 适当考虑施工因素

屋面防水工程的质量取决于材料、设计、施工等诸多因素，而其中施工因素的影响最不易确定。尤其是当前，我国防水施工仍以手工操作为主，操作人员的技术水平、心理素质以及工艺的繁杂难易程度均会对施工造成相当大的影响。因此，一个好的设计，必须适当考虑施工因素，尽量采用简单的构造，选用施工方便的材料或提高设防能力和防水安全储备，弥补施工可能产生的缺陷。

目前，防水材料对人体和环境的污染都较大，相当一部分产品有一定毒性。因此，设计时应尽可能正确地选材，以减少对人体和环境的影响。

4.1.1.2 设计程序

首先应收集相关的资料，进行广泛的调查研究，在对国家经济政策、建设条件（气温、风力、风向、降雨雪量等）、环境条件（防腐、防火要求等）、设计条件（建筑物的等级、用途、使用要求、耐用年限、基础类型、结构特征、屋面基层的组成及性质），以及材料供应、工程造价、消防要求、对人体及环境的污染限制要求、施工水平等进行综合考虑的前提下，确定设防方案与等级，进而进行防水构造形式、层次、材料等的选择，最后进行细部处理研究，绘制节点大样图，提出相应的技术措施及技术要点，经过审批，正式出施工图。在设计过程中，应注意吸取过去防水工程的经验教训，以期提高设计水平。

4.1.1.3 设计应采取的措施

1. 分仓脱离、刚柔结合

为避免因结构基层变形而拉裂防水层，应在基层（刚性层）预先留置分格缝，使变形集中于分格缝，再对分格缝进行处理，这就是分仓脱离。同时，为防止刚性保护层与柔性防水层之间由于变形相互制约而产生裂缝，应在两者之间增设隔离层。

2. 多道设防

理论上，单道防水是可以满足防水工程要求的。但事实上，考虑到材料、设计、施工中诸多因素的影响而产生的偏差，有必要采取多道设防。对应于不同的防水等级的屋面或节点部位，采取不同的设防措施。

3. 复合防水

复合防水是采用不同材料的防水材料，利用各自的特点组成独立承担防水能力的层次。采用多种材料复合使用，有利于充分发挥各种材料的优点而抑制其缺点，提高整体防水能力。对于多道设防的卷材防水屋面，既可采用不同的多道卷材，也可采用卷材、涂膜、刚性防水复合使用，但选择的各层材料材性必须相容。

4. 加强保护

在防水层上加做保护层，能充分发挥不同材料的特性，大大延长柔性防水层的寿命。

4.1.1.4 设计要点

1. 防水等级划分

屋面防水等级和设防要求见表 3-3。

2. 防水设防

屋面防水等级采用Ⅰ级的多道设防时，可采用多道卷材设防，也可以采用卷材、涂膜复合使用。

3. 卷材的选用

（1）防水卷材可选用合成高分子防水卷材和高聚物改性沥青防水卷材，其外观质量和品种、规格应符合国家现行有关材料标准的规定。

（2）应根据当地历年最高气温、最低气温、屋面坡度和使用条件等因素，选择耐热度和柔性相适应的卷材。

（3）应根据地基变形程度、结构形式、当地年温差、日温差和振动等因素，选择拉伸性能相适宜的卷材。

（4）应根据屋面防水卷材的暴露程度，选择耐紫外线、耐穿刺、热老化保持率或耐霉烂性能相适应的卷材。在南方，经常处于背阴处或附近有腐蚀介质存在的环境中，应注意选择耐腐蚀性能好的卷材。

（5）多道防水或采用多种防水材料复合时，应注意各层材料材性的彼此匹配和结合。应将高性能、耐老化、耐穿刺的防水材料放在上部，而将对基层变形适应性能好的材料放在下部。这样，既充分发挥各种不同材料的功能，又彼此取长补短。目前许多工程采用先做一层防水涂膜，再在其上做防水卷材的做法，就是基于这一点。

（6）自粘橡胶沥青防水卷材和自粘聚酯胎改性沥青防水卷材（铝箔覆面除外），不得用于外露的防水层。

（7）种植隔热屋面的防水层应选择耐根穿刺防水卷材。

（8）为确保防水工程质量，除考虑材质材性外，还应按防水设防等级正确选用防水卷材的厚度，每道卷材防水层最小厚度应符合表 4-1 的规定。

表 4-1　每道卷材防水层最小厚度（mm）　GB 50345—2012

防水等级	合成高分子防水卷材	高聚物改性沥青防水卷材		
		聚酯胎、玻纤胎、聚乙烯胎	自粘聚酯胎	自粘无胎
Ⅰ级	1.2	3.0	2.0	1.5
Ⅱ级	1.5	4.0	3.0	2.0

4. 卷材防水屋面的层次组合

屋面工程有结构层、找平层、隔汽层、找坡层、保温隔热层、防水层、隔离层、保护层等层次。根据屋面的使用要求及所采用的材料，可以选择上述其中的一些层次进行组合。

（1）结构层。结构层起承重作用，多采用整体现浇钢筋混凝土板。根据屋面的形式（平屋面或坡屋面）而确定设计荷载，选择结构载面，要求具有足够的刚度和整体性。当采用预制钢筋混凝土屋面板时，应在设计中对预制板的焊接、锚固、拉结嵌缝和坐浆提出明确的要求。装配式钢筋混凝土板，可采用强度等级不小于 C20 的细石混凝土灌缝，灌缝的细石混凝土宜掺微膨胀剂；当屋面板板缝宽度大于 40mm 或上窄下宽时，板缝内应设置构造钢筋；当大开间、大跨度时，还应在屋面板上加做配筋整浇层，以提高整体性。

（2）找坡层。找坡层即找出屋面的坡度以便排水，否则，排水不畅易积水，造成屋面渗漏。平屋面找坡层一般有两种方法：结构找坡和材料找坡。结构找坡是由屋面梁女儿墙形成排水坡度的，要求坡度宜为 3%；材料找坡是由轻质材料或保温层形成坡度的，要求坡度宜为 2%；平屋面宜用结构找坡，同时，天沟、檐沟纵向坡度不小于 1%，沟底水落差不得超过 200mm，且天沟、檐沟排水不得流经变形缝和防火墙。目前，由于各种因素，不论是材料找坡或者结构找坡的平屋面，还是天沟、檐沟的纵向坡度，往往都偏小，设计者应引起注意。

跨度大于 18m 的屋面，应采用结构找坡。无保温层的屋面，板端缝应用空铺覆加层或卷材直接空铺处理，空铺宽度为 200～300mm。

（3）找平层。找平层的排水坡度和平整度对卷材防水屋面是至关重要的。排水坡度应符合设计要求。当采用满铺法施工时，要求找平层不得有疏松、起砂、起皮现象；找平层必须具有足够的强度。此外，找平层还要避免产生裂缝，目前常用掺微膨胀剂的细石混凝土，以提高找平层的抗裂性。

找平层直接铺抹在结构层上或保温层、找坡层上。前者，只要结构层表面平整，就可以设计得薄些；后者，直接铺抹在松散的保温层或材料找坡层上，就要设计得厚些，并且要求有较高的强度。

找平层按其材料可分为水泥砂浆找平层、细石混凝土找平层、沥青砂浆找平层。其中水泥砂浆找平层要求配合比为 1：2.5（水泥：砂），并应掺减水剂、抗裂剂且覆盖洒水养护，以保证较高的强度、不起砂、不起皮以及表面光滑。沥青砂浆找平层固结快，一般适用于冬季或气候条件较差的地区。找平层的厚度及技术要求见表 4-2。

找平层表面应压实平整，采用水泥砂浆找平层时，水泥砂浆抹平收水后应二次抹平压光和充分养护，不得有疏松、起砂、起皮现象。

为了减少找平层的开裂，屋面找平层宜留设分格缝，分格缝应留设在板端缝处，其纵横缝的最大间距：找平层采用水泥砂浆或细石混凝土时，不宜大于 6m；找平层采用沥青砂浆时，不宜大于 4m。如分格缝兼作排汽屋面的排汽道时，可适当加宽，并应与保温层连通。

表 4-2　找平层厚度及技术要求　GB 50345—2012

找平层分类	适用的基层	厚度（mm）	技术要求
水泥砂浆	整体现浇混凝土板	15～20	1：2.5 水泥砂浆
	整体材料保温层	20～25	
细石混凝土	装配式混凝土板	30～35	C20 混凝土，宜加钢筋网片
	板状材料保温层		C20 混凝土

卷材防水层基层与凸出屋面结构（女儿墙、立墙、天窗壁、变形缝、烟囱等）的交接处，以及基层的转角处（水落口、檐口、天沟、檐沟、屋脊等），均应做成圆弧，且应整齐平顺。内部排水的水落口周围应做成略低的凹坑。找平层圆弧半径应根据卷材种类按表 4-3 选用。

表 4-3　找平层转角处圆弧最小半径　GB 50345—2012

卷材种类	圆弧半径（mm）
高聚物改性沥青防水卷材	50
合成高分子防水卷材	20

铺设屋面隔汽层或防水层前，基层必须干净、干燥。干燥程度的简易检验方法是：将 $1m^2$ 卷材平坦地平铺在找平层上，静置 3～4h 后掀开检查，找平层覆盖部位与卷材上未见水印，即可铺设隔汽层或防水层。

采用基层处理剂时，其配制与施工应符合下列规定：①基层处理剂的选择应与卷材的材性相容；②喷、涂基层处理剂前，应用毛刷对屋面节点、周边、转角等处先行涂刷；③基层处理剂可采用喷涂法或涂刷法施工。喷、涂应均匀一致，待其干燥后应及时铺贴卷材。

（4）隔汽层。隔汽层设置于找平层上面、保温层下面，目的是防止室内水蒸气渗透到保温层内，影响保温效果，或由于潮湿而使保温层上的卷材起鼓。

在纬度 40°以北地区且室内空气湿度大于 75%，或其他地区室内空气湿度常年大于 80% 时，保温屋面应设置隔汽层，且在屋面与墙面连接处，隔汽层应沿墙面向上连续铺放，高于保温层上表面 150mm，以达到严密封闭保温层，阻止室内水汽进入的目的。

（5）保温、隔热层。保温层的功能是防止室内热量流失，而隔热层的功能则是减少室外热量流向室内。因此，保温层一般设置在寒冷地区，隔热层一般设置在炎热地区。

（6）防水层。防水层主要起防止雨、雪、水向屋面渗漏的作用。卷材屋面防水层是由一幅幅防水卷材搭接而成的。为提高防水性能、耐久性能，弥补施工操作中的一些缺陷和搭接缝等薄弱部位，卷材防水层一般都采用多层做法。卷材层数应根据建筑物类型、防水使用要求、屋面坡度及当地气温等因素确定。

（7）隔离层。隔离层又称脱离层。其作用是减少防水层与其他层次之间的粘结力和摩擦力，以消除或减小其他层次的变形对防水层的影响。一般设在刚性保护层和卷材防水层之间，或倒置式屋面的卵石保护层与保温层之间。前者的材料一般为低等级砂浆、蛭石、云母粉、塑料薄膜、细砂、滑石粉、纸筋灰或干铺卷材等；后者的材料一般是一层耐穿刺、耐腐蚀的纤维织物。上人屋面选用块体或细石混凝土做面层时，其与防水层之间应做隔离层。

（8）保护层。在防水层上加做保护层，能大大延长其耐用年限。保护层的设计与防水层材料的性能及屋面的使用功能密切相关，详见表 4-4。

卷材防水屋面所设保护层，其保护层可采用与卷材性相容、粘结力强和耐风化的浅色涂料涂刷（如合成高分子卷材），或粘铁铝箔等。易积灰屋面宜采用 20mm 厚水泥砂浆、30mm 厚细石混凝土（宜掺微膨胀剂）或块材等刚性保护层。保护层与防水层之间的隔离层做法，与上人屋面相同。

表 4-4　保护层的类型、要求、特点及适用范围

名称	具体要求	特点	适用范围
涂膜保护层	在防水层上涂刷一层与卷材性相容、粘结力强而又耐风化的浅色涂料	质轻、价廉、施工简便，但寿命短、耐久性差（3～5年），抗外力冲击能力差	常用于非上人卷材防水屋面
金属膜保护层	在防水卷材上用胶粘剂铺贴一层镀铝膜，或者最上一层防水卷材直接用带铝箔覆面的防水卷材	质轻、反射热辐射、抗臭氧，但寿命较短（一般5～8年）	常用于非上人卷材防水屋面和大跨度屋面
粒料保护层	在用热玛琋脂粘结的沥青防水卷材上，铺贴一层粒径为3～5mm、色浅、耐风化和颗粒均匀的绿豆砂；在用冷玛琋脂粘结的沥青防水卷材上铺一层色浅、耐风化的细砂	传统做法，材料易得。但因是散状材料，施工烦琐，粘结不牢，易脱落	常用于一般工业与民用建筑的石油沥青卷材屋面和高聚物改性沥青卷材屋面
云母、蛭石保护层	用冷玛琋脂粘结的沥青防水卷材上，铺贴一层云母或蛭石等片状材料	有一定的反射作用，但强度低，易被雨水冲刷	只能用于冷玛琋脂粘结的沥青防水卷材屋面
水泥砂浆保护层	在防水层上加铺一层厚约20mm的水泥砂浆（上人屋面应加厚），应设表面分格缝，间距1～1.5m	价廉、效果较好，但可能延长工期。表面易开裂	常用于工业与民用建筑非大跨度的上人或不上人屋面
细石混凝土保护层	在防水层上做隔离层，然后再在其上浇筑一层厚度大于30mm的细石混凝土（宜掺撒膨胀剂），分格缝间距不大于6m	可与刚性防水层合二为一，与卷材构成复合防水，保护效果优良，耐外力冲击能力强，但荷载大，造价高，维修不便	不能用于大跨度屋面
块材保护层	在防水屋面上做隔离层，然后铺砌块材（水泥九格砖、异型地砖、瓷砖等），嵌缝	效果优良，耐久性好，耐穿刺，但荷载大，造价高，施工麻烦	用于非大跨度的上人屋面
卵石保护层	在防水层上铺30～50mm厚、φ20～30mm的卵石	工艺简单，易于维修，但荷载较大	用于有女儿墙的空铺卷材屋面（不宜用于大跨度屋面或坡度较大或有振动的屋面）

　　由热玛琋脂粘结的沥青防水卷材保护层，可选用粒径为3～5mm、色浅、耐风化和颗粒均匀的绿豆砂；由冷玛琋脂粘结的沥青防水卷材保护层，可选用云母或蛭石等片状材料。

　　在卷材本身已粘结板岩片或铝箔等保护层，以及架空隔热屋面或倒置式屋面的卷材防水层上，可不做保护层。

　　防水屋面上的设施，当其基座与结构层相连时，防水层宜包裹设施基座上部，并在地脚螺栓周围做密封处理。若在防水层上设置设施，设施下部的防水层应做附加增强层，必要时应在其上浇筑细石混凝土，其厚度应大于50mm。

　　5.卷材防水层的设计

　　（1）卷材铺贴的方法。卷材防水层铺贴的方法有满粘法、空铺法、条粘法、点粘法以及机械固定法，见表4-5。

表 4-5　卷材防水层铺贴方法及适用条件

铺贴方法		做法	优缺点	适用条件
满粘法		又称全粘法,是一种传统的施工方法,热熔法、冷粘法、自粘法等均采用全粘法施工	当用于三毡四油沥青防水卷材施工时,每层均有一定厚度的玛瑞脂满粘,可提高防水性能　但若找平层湿度较大或屋面变形较大时,防水层易起鼓、开裂	适用于屋面面积较小,屋面结构变形较小,找平层干燥条件
空铺法		卷材与基层仅在四周一定宽度内粘贴,其余部位不粘贴,铺贴时应在檐口、屋脊和屋面转角处及凸出屋面的连接处,卷材与找平层应满粘贴,其粘贴宽度不得小于800mm,卷材与卷材搭接缝应满粘,叠层铺贴时,卷材与卷材之间应满粘	能减小基层变形对防水层的影响,有利于解决防水层起鼓、开裂问题　但防水层由于与基层不粘结,一旦渗漏,水会在防水层下窜流而不易找到漏点	适用于基层易变形和湿度大,找平层水蒸气难以由排汽道排入大气的屋面,或用于埋压法施工的屋面　沿海大风地区不宜采用(防水层易被大风掀起)
条粘法		卷材与基层采用条状粘结,每幅卷材与基层粘结面不少于 2 条,每条宽度不少于 150mm　卷材与卷材搭接缝应满粘,叠层铺贴也应满粘	由于卷材与基层有一部分不粘结,故增大了防水层适应基层的变形能力,有利于防止卷材起鼓、开裂　操作比较复杂,部分地方减少一油,影响防水功能	适用于采用留槽排汽不能解决卷材防水层开裂和起鼓的无保温层屋面;或温差较大,基层又十分潮湿的排汽屋面
点粘法		卷材与基层采用点状粘结,要求每 1m² 至少有 5 个粘结点,每点面积不小于 100mm×100mm,卷材与卷材搭接应满粘。防水层周边一定范围内也应与基层满粘。当第一层采用打孔卷材时,也属于点粘　点粘面积,必要时应该根据当地风力大小,经计算后确定	增大了防水层适应基层变形能力,有利于解决防水层起鼓、开裂问题　操作比较复杂　当第一层采用打孔卷材时,仅可用与卷材多叠层铺贴施工	适用于采用留槽排汽不能可靠解决防水层开裂和起鼓的无保温层屋面;或温差较大,基层又十分潮湿的排汽屋面
机械固定法	机械钉压法	采用镀锌钢钉或钢钉等固定卷材防水层	—	多用于木基层上铺设高聚物改性沥青卷材
	压埋法	卷材与基层大部分不粘结,上面采用卵石等压埋,但搭接缝及周边要全粘	—	用于空铺法,倒置屋面

注:无论采用空铺法、条粘法还是点粘法,施工时都必须注意:距屋面周边 800mm 内的防水层应满粘,保证防水层四周与基层粘结牢固;卷材与卷材之间应满粘,保证搭接严密。

常有大风吹袭地区的屋面,卷材宜采用满粘法施工。防水层采取满粘法施工时,找平层的分格缝处宜空铺,空铺的宽度宜为 100mm。

卷材防水层上有重物覆盖或基层变形较大时,应优先采用空铺法、点粘法、条粘法或机械固定法,但距屋面周边 800mm 内以及叠层铺贴的隔层卷材之间应满铺。

承受较大振动荷载的厂房屋面,基层易开裂且开裂也较宽,应采用空铺法施工,但必须有足够的压重或机械固定;跨度大于 18m 的无保温层的屋面,板端缝应采用空铺附加层或卷材直接空铺处理,空铺宽度宜为 200~300mm。

一般无大风地区的平屋面,宜采用点粘法、条粘法或空铺法施工。

屋面的女儿墙、出檐、孔洞四周、出屋面管根部等部位均应采用满粘法施工。

当屋面面积较小,结构稳定,基层不易变形且选用高强度、高延伸的卷材做防水层时,可以采用满粘法铺贴卷材。

卷材屋面的坡度不宜超过 25%,当坡度超过 25%时,应采取防止卷材下滑的措施。

（2）卷材铺贴的方向。卷材铺贴的方向应符合下列规定：①屋面坡度小于 3% 时，卷材应平行屋脊铺贴；②屋面坡度为 3%～15% 时，卷材可平行或垂直屋脊铺贴；③屋面坡度大于 15% 或屋面受振动时，沥青防水卷材应垂直屋脊铺贴，高聚物改性沥青防水卷材和合成高分子防水卷材可平行或垂直屋脊铺贴；④上下层卷材不得相互垂直铺贴；⑤屋面防水层施工时，应先做好节点、附加层和屋面等排水比较集中部位的处理，然后由屋面最低处向上进行。铺贴天沟、檐沟卷材时，宜顺天沟、檐沟方向，减少卷材的搭接。

（3）卷材的搭接。铺贴卷材应采用搭接法。平行于屋脊的搭接缝应顺流水方向搭接；垂直于屋脊的搭接缝应顺年最大频率风向搭接。

叠层铺贴的各层卷材，在天沟与屋面的交接处，应采用叉接法搭接，搭接缝应错开；搭接缝宜留在屋面或天沟侧面，不宜留在沟底。

上下层及相邻两幅卷材的搭接缝应错开，各种卷材搭接宽度应符合表 4-6 的要求。

表 4-6　卷材搭接宽度（mm）　GB 50345—2012

卷材类别		搭接宽度
合成高分子防水卷材	胶粘剂	80
	胶粘带	50
	单缝焊	60，有效焊接宽度不小于 25
	双缝焊	80，有效焊接宽度 10×2＋空胶宽
高聚物改性沥青防水卷材	胶粘剂	100
	自粘	80

在铺贴卷材时，不得污染檐口的外侧和墙面。

（4）屋面设施的防水处理。屋面设施的防水处理应符合下列规定：①设施基座与结构层相连时，防水层应包裹设施基座的上部，并在地脚螺栓周围做密封处理；②在防水层上设置设施时，设施下部的防水层应做卷材增强层，必要时应在其上浇筑细石混凝土，其厚度部应小于 50mm；③需经常维护的设施周围和屋面出入口的设施之间的人行道应铺设刚性保护层。

6. 排汽屋面的设计

当屋面保温层和找平层干燥有困难时，为确保保温层的保温效果，预防卷材防水起鼓，应采用排汽屋面。

排汽屋面的排汽部分主要由彼此纵横连通的排汽道及与大气连通的排汽孔组成。沿着这些排汽道，通过排汽孔，将保温层或找平层内的水汽慢慢排出，使得保温层或找平层逐渐干燥，其水分不致外渗。

排汽屋面的设计应符合下列规定：

（1）排汽孔应设置在屋檐下或屋面排汽道交汇处，屋面面积每 36m² 宜设置一个排汽孔，排汽孔应与大气连通，应做防水处理。

（2）排汽屋面铺贴卷材时，为保证排汽畅顺，宜用条粘法、点粘法和空铺法。

（3）找平层设置的分格缝可兼作排汽道，此时分格缝可加宽为 20～40mm。

（4）排汽道应纵横贯通，其设置间距宜为 6m，并同与大气连通的排气管相通；排气管可设在檐口下或屋面排汽道交叉处。

（5）在保温层下也可铺设带支点的塑料板，通过空腔层排水、排汽。

7. 屋面排水的设计

屋面排水的设计详见第 5 章。

4.1.1.5　细部构造

卷材防水屋面的细部构造详见 3.2.5 节。

4.1.2 卷材防水层对材料的要求

4.1.2.1 防水卷材

1. 防水卷材的类别

用特制的纸胎或其他纤维纸胎及纺织物、浸透石油沥青、煤沥青及高聚物改性沥青制成的或以合成高分子材料为基料加入助剂及填充料，经过多种工艺加工而成的长条形片状成卷供应并起防水作用的产品称为防水卷材。

防水卷材按材料的组成不同，一般可分为沥青防水卷材、高聚物改性沥青防水卷材和合成高分子防水卷材三大系列，见图 4-2。

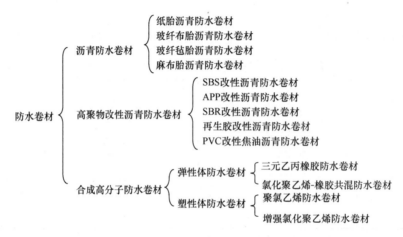

图 4-2　防水卷材的主要类型

2. 《屋面工程技术规范》（GB 50345—2012）对材料的要求

高聚物改性沥青防水卷材的主要性能指标应符合表 2-5 的要求；合成高分子防水卷材的主要性能指标应符合表 2-6 的要求。

3. 防水卷材的包装、贮运和保管

防水卷材产品的包装一般应以全柱包装为宜，包装上应有以下标志：生产厂名；商标；产品名称、标号、品种、制造日期及生产班次；标准编号；质量等级标志；保管与运输注意事项；生产许可证号。

防水卷材的贮运和保管应符合以下要求：

（1）由于卷材品种繁多，性能差异很大，但其外观可以完全一样，难以辨认，因此要求卷材必须按不同品种标号、规格、等级分别堆放，不得混杂在一起，以免在使用时误用而造成质量事故。

（2）卷材有一定的吸水性，但施工时表面则要求干燥，否则施工后可能出现起鼓和粘结不良现象，故应避免雨淋和受潮；各类卷材均怕火，故不能接近火源，以免变质和引起火灾，尤其是沥青防水卷材不得在高于 40℃ 的环境中贮存，否则易发生粘卷现象，影响质量。另外，由于卷材中空，横向受挤压，可能被压扁，开卷后不易展平铺贴于屋面，从而造成粘贴不实，影响工程质量。鉴于上述原因，卷材应贮存在阴凉通风的室内，避免雨淋、日晒和受潮，严禁接近火源。沥青防水卷材的贮存环境温度不高于 45℃，卷材宜直立堆放，其高度不宜超过两层，并不得倾斜或横压，短途运输平放不宜超过四层，长途敞运，并应加盖苫布。

（3）高聚物改性沥青防水卷材、合成高分子防水卷材均为高分子化学材料，都较容易受某些化学介质及溶剂的溶解和腐蚀，故这些卷材在贮运和保管中应避免与化学介质及有机溶剂等有害物质接触。

4. 卷材进场的抽样复验

卷材进场后，为保证防水工程的质量，应对其进行抽样复验，抽样复验的卷材应符合下列规定：

（1）同一品种、牌号和规格的卷材，抽验数量：大于 1000 卷，抽取 5 卷；500～1000 卷，抽取 4

卷；100～499 卷，抽取 3 卷；小于 100 卷，抽取 2 卷。

（2）将抽验的卷材开卷进行规格尺寸和外观质量检验，全部指标达到标准规定时即为合格，其中如有一项指标达不到要求，应在受检产品中另取相同数量的卷材进行复检，全部达到标准规定为合格。复检时仍有一项指标不合格，则判定该产品外观质量为不合格。

（3）进场的卷材外观质量应检验下列项目：

高聚物改性沥青防水卷材：表面平整、边缘整齐，无孔洞、缺边、裂口、胎基未浸透，矿物粒料粒度，每卷卷材的接头。

合成高分子防水卷材：表面平整、边缘整齐，无气泡、裂纹、粘结疤痕，每卷卷材的接头。

（4）在外观质量检验合格的卷材中，任取一卷做物理性能检验，若物理性能有一项指标不符合标准规定，应在受检产品中加倍取样进行该项复检，复检结果如仍不合格，则判定该产品外观质量为不合格。

（5）进场的卷材物理性能应检验下列项目：

高聚物改性沥青防水卷材：可溶物含量，拉力，最大拉力时延伸率，耐热度，低温柔度，不透水性。

合成高分子防水卷材：断裂拉伸强度，扯断伸长率，低温弯折性，不透水性。

4.1.2.2 基层处理剂和胶粘剂

基层处理剂是为了增强防水层与基层之间的粘结力，在防水层施工前，取出先涂刷在基层上的一类稀质涂料。常用的基层处理剂是指冷底子油、高聚物改性沥青防水卷材或高分子防水卷材配套的底胶，基层处理剂与卷材材性应具有相容性，以免其与卷材发生腐蚀或粘结不良。

1. 冷底子油

冷底子油的作用是增加基层与防水层的粘结力。

应用于屋面工程的冷底子油是由 10 号或 30 号石油沥青溶解于柴油、汽油、二甲苯或甲苯等溶剂中配制而成的一类溶剂。冷底子油涂刷在水泥砂浆/混凝土基层或金属配件的基层上，使之在基层表面与卷材沥青胶结料之间形成一层胶质薄膜，以此来提高其胶结性能。

在干燥的混凝土表面上打底，可用容易挥发的溶剂，如汽油和苯等；在新浇筑的混凝土表面打底，则应采用慢挥发的溶剂，如煤油、绿油、柴油等。

涂刷在水泥砂浆找平层上的慢挥发性冷底子油的干燥时间为 12～48h；快挥发性冷底子油的干燥时间为 5～10h。

冷底子油的配制及施工方法如下：

（1）先将沥青加热熔化，使其脱水不再起泡为止。将熔好的沥青倒入桶内冷却，达到一定温度后，将沥青慢慢成细流注入溶剂中，不断搅拌，直到溶解均匀为止。用汽油、沥青的温度应在 100℃ 左右；如改用柴油，沥青的温度应在 130℃ 左右。

（2）与上述方法一样，先熔化沥青，然后再倒入桶或壶中，待其冷却至上述温度后，将溶剂按配合比要求的数量分批注入溶液中，开始每次 2～3L，以后每次 5L 左右，边加边搅拌，直至加完，溶解均匀。

（3）先将沥青打成 5～10mm 大小的碎块，把它放入溶剂中，不断搅拌，直至沥青全部溶解均匀。在施工中，如用量较少，可采用这种方法配制，但此法的缺点是沥青中的杂质和水分都没有除掉，因此质量较差。

本品喷涂或刷涂均可。

冷底子油里底层沥青涂料，可用于粘贴油毡等卷材，或黏附沥青混凝土、沥青油膏、沥青胶粘剂的底层粘结材料。

2. 卷材基层处理剂（底胶）

应用于高聚物改性沥青防水卷材或高分子防水卷材的基层处理剂，一般采用合成高分子材料进行改性而成，基本上都由防水卷材生产厂家配套供应。

3. 胶粘剂

（1）沥青玛琋脂。沥青玛琋脂是由两种或三种牌号的沥青按照一定的配合比溶合，经熬制脱水后，加入粉状或纤维状或两者兼有的填充料（如滑石粉、云母粉、石棉粉、粉煤灰等）配制而成的黏稠状胶结材料。它与沥青密封胶性能相近，可用于粘贴防水卷材，也可用于嵌缝防水。

沥青玛琋脂又名沥青胶，一般在涂膏后不硬化、聚结或固化，但暴露于大气中表面结壳。玛琋脂中的载体包括干性或非干性油（包括含油树脂）、聚丁烯、聚异丁烯，低熔点沥青或以上几种材料复合，其中任何一种都可采用各种不同的填料，这些材料的有效拉伸-压缩范围约为±30%。

沥青玛琋脂可分冷沥青玛琋脂（又名冷沥青胶）和热沥青玛琋脂（又名热沥青胶）两种。两者又均包含石油沥青胶和煤沥青胶。石油沥青胶适用于粘结石油沥青类卷材，煤沥青胶适用于粘结煤沥青类卷材。

沥青玛琋脂具有耐热性、可塑性、粘结性等特性，便于施工涂刷。它的这些特性取决于沥青和填充剂的质量和配合比。采用不同品种的沥青或同一品种不同用量的沥青，配合不同填充剂可以制成许多标号的沥青玛琋脂，以满足各种不同的使用要求。

（2）沥青玛琋脂标号的选用及技术性能。粘贴各层卷材、绿豆砂保护层的沥青玛琋脂标号，应根据屋面的使用条件、坡度和当地历年极端最高气温，按表4-7的规定选用。

表 4-7 沥青玛琋脂选用标号

材料名称	屋面坡度（%）	历年极端最高气温（℃）	标　号
沥青玛琋脂	1～3	<38	S-60
		38～41	S-65
		41～45	S-70
	3～15	<38	S-60
		38～41	S-65
		41～45	S-70
	15～25	<38	S-60
		38～41	S-65
		41～45	S-70

注：1. 卷材层上有块体保护层或整体刚性保护层，沥青玛琋脂标号可按本表降低5号。

2. 屋面受其他热源影响（如高温车间等）或屋面坡度超过25%时，应将沥青玛琋脂的标号适当提高。

沥青玛琋脂的质量要求，应符合表4-8的规定。

表 4-8 沥青玛琋脂的质量要求

标号 指标名称	S-60	S-65	S-70	S-75	S-80	S-85
耐热度	用2mm厚的沥青玛琋脂粘合两张沥青油纸，于不低于下列温度（℃）中，1∶1坡度上停放5h的沥青玛琋脂不应流淌，油纸不应滑动：					
	60	65	70	75	80	85
柔韧性	涂在沥青油纸上的2mm厚的沥青玛琋脂层，在18℃±2℃时，围绕下列直径（mm）的圆棒，用2s的时间以均衡速度弯成半周，沥青玛琋脂不应有裂纹：					
	10	15	15	20	25	30
粘结力	用手将两张粘贴在一起的油纸慢慢地一次撕开，从油纸和沥青玛琋脂的粘贴面的任何一面撕开部分，应不大于粘贴面积的1/12					

（3）沥青玛琋脂的配制。沥青玛琋脂的配制应根据如下方法来选择原材料和确定配合比：

1）原材料的选择。配制沥青玛琋脂用的沥青，可采用 10 号、30 号的建筑石油沥青和 60 号甲、60 号乙的道路石油沥青或其熔合物。

在配制沥青玛琋脂的石油沥青中，可渗入 10％～25％的粉状填充料、5％～10％的纤维填充料。填充料宜采用滑石粉、板岩粉、石棉粉。填充料的含水率不宜大于 3％。粉状填充料应全部通过 0.20mm 孔径的筛子，其中大于 0.08mm 的颗粒不应超过 15％。

2）配合比的确定。选择沥青玛琋脂的配合成分时，应先选配具有所需软化点的一种沥青或两种沥青的熔合物。当采用两种沥青时，每种沥青的配合量宜按下式计算：

石油沥青熔合物

$$B_g = \frac{t - t_2}{t_1 - t_2} \times 100 \tag{4-1}$$

$$B_d = 100 - B_g \tag{4-2}$$

式中　B_g——熔合物中高软化点石油沥青含量（％）；

　　　B_d——熔合物中低软化点石油沥青含量（％）；

　　　t——熔合物所需的软化点（℃）；

　　　t_1——高软化点石油沥青的软化点（℃）；

　　　t_2——低软化点石油沥青的软化点（℃）。

沥青玛琋脂的配合比一般按照所要求的耐热度及沥青软化点来确定。通过试配并对耐热性、可塑性、粘结力等性能试验后再对配合比进行调整。调配的经验是：若耐热性不合格，可增加软化的沥青用量，可适当增加填充料、纤维状填充料的掺入量；如果可塑性不合格，在满足耐热的情况下，可以减少高软化点沥青的用量，增加低软化点沥青的用量，或掺入适量的桐油、棉籽油等植物油；如果粘结力不合格，可以改善沥青性质，调整或更换填充料品种及数量。应当强调的是，每次调整配合比后，均应重新进行耐热度、可塑性、粘结力检验，三项指标均合格后，方可作为施工配合比使用。

3）调制方法。将沥青放入火中熔化，应使其脱水并不再起沫为止。

当采用熔化的沥青配料时，可采用体积比；当采用块状沥青配料时，应采用质量比；当采用体积比配料时，熔化的沥青应用量勺配料，石油沥青的相对密度可按 1.00 计。

调制沥青玛琋脂时，应在沥青完全熔化和脱水后，再慢慢地加入填充物，同时不停地搅拌，直到均匀为止。填充料在掺入沥青前，应干燥并宜加热。

① 热沥青胶结材料熬制。按配合比准确称量所需材料，装入熔化锅中脱水，熔化后，边熬边搅使其升温均匀，直到沥青液表面清洁，不再起泡为止。也可将 250～300℃棒式（长脚）温度计插入锅中的油面下 10cm 左右，当温度升到表 4-9 规定时，即可加入填充料，并不停搅拌，直到均匀为止。

表 4-9　热沥青胶结材料加热和使用温度表

类　　别	加热温度（℃）	使用温度（℃）	说明
普通石油沥青或掺配建筑石油沥青的普通石油沥青胶结材料	≤280	≥240	加热时间 3～4h；宜当天用完
建筑石油沥青胶结材料	≤240	≥190	

② 冷玛琋脂配制。按要求配合比沥青胶结材料，加热熔化，冷却到 130～140℃后，加入稀释剂（轻柴油、绿油）进一步冷却到 70～80℃，再加入填充材料搅拌均匀，亦可先加填料后稀释剂。

（4）合成高分子卷材胶粘剂。用于粘贴卷材的胶粘剂可分为卷材与基层粘贴的胶粘剂及卷材与卷材搭接的胶粘剂。胶粘剂均由卷材生产厂家配套供应，常用合成分子卷材配套胶粘剂见表 4-10。

（5）粘结密封胶带。用于合成高分子卷材与卷材之间搭接粘结和封口粘结，分为双面胶带和单面胶带。

表 4-10　部分合成高分子卷材的胶粘剂

卷材名称	基层与卷材胶粘剂	卷材与卷材胶粘剂	表面保护层涂料
三元乙丙-丁基橡胶卷材	CX-404 胶	丁基粘结剂 A、B 组分（1∶1）	水乳型醋酸乙烯-丙烯酸酯共聚，油溶型乙丙橡胶和甲苯溶液
氯化聚乙烯卷材	BX-12 胶粘剂	BX-12 组分胶剂	水乳型醋酸乙烯-丙烯酸醋共混，油溶型乙丙橡胶和甲苯溶液
LYX-603 氯化聚乙烯卷材	LYX-603-3（3 号胶） 甲、乙组分	LYX-603-2 （2 号胶）	LYX-603-1 （1 号胶）
氯化聚乙烯卷材	FL-5 型（5～15℃时使用） FL-15 型（5～45℃时使用）	—	—

4. 基层处理剂的质量要求及贮运、保管

（1）基层处理剂的质量要求。基层处理剂、胶粘剂、胶粘带的主要性能指标应符合表 2-7 的要求。

聚合物水泥防水胶结材料的主要性能指标应符合表 2-12 的要求。

（2）卷材胶粘剂、胶粘带的贮运、保管。卷材胶粘剂、胶粘带的贮运、保管应符合下列规定：①不同品种、规格的胶粘剂和胶粘带，应分别用密封桶或纸箱包装；②卷材胶粘剂和胶粘带应贮存在阴凉通风的室内，严禁接近火源和热源。

（3）基层处理剂进场的抽样复验。

1）沥青基防水卷材用基层处理剂、高分子胶粘剂、改性沥青胶粘剂的现场抽样数量：每 5t 产品为一批，不足 5t 的按一批抽样；合成橡胶胶粘带的现场抽样数量：每 1000m 为一批，不足 1000m 的按一批抽样。

2）沥青基防水卷材用基层处理剂、改性沥青胶粘剂的外观质量应检验项目：均匀液体、无结块、无凝胶；高分子胶粘剂的外观质量应检验项目：均匀液体、无杂质、无分散颗粒或凝胶；合成橡胶胶粘带的外观质量应检验项目：表面平整、无固块、杂物、孔洞、外伤及色差。

3）沥青基防水卷材用基层处理剂的物理性能检验项目：固体含量、耐热性、低温柔性、剥离强度；高分子胶粘剂、合成橡胶胶粘带的物理性能检验项目：剥离强度、浸水 168h 后的剥离强度保持率；改性沥青胶粘剂的物理性能检验项目：剥离强度。

4.1.3　卷材防水屋面的施工

4.1.3.1　施工前的准备

1. 技术准备

技术准备主要包括图纸的熟悉、施工方案的讨论、对有关人员的技术交底、检验程序的确定以及施工记录填写等内容，具体要求参见表 4-11。

表 4-11　技术准备要求

项目	具体要求
熟悉图纸	目的：领会设计意图，解决可能出现的问题 内容：屋面构造、设防层次、采用材料、施工工艺及技术要求、节点构造等 对照施工图，认真分析和解决施工中可能出现的问题，使施工能顺利进行

续表

项目	具体要求
讨论施工方案	施工段的划分 施工顺序 施工进度 施工工艺及操作要点、细部节点的施工方法 质量标准及其保证措施 成品保护及安全注意事项等
技术交底	进一步对施工人员进行新材料、新工艺、新技术的介绍 结合现场实际向全体施工人员进行施工管理、施工技术、成品保护、防火防毒交底 明确每个人的岗位责任
检验程序	确定检验工艺、层次，见表4-12和表4-13 确定相应的检验内容、检验方法及记录
施工记录	工程基本状况：工程项目、地点、性质、结构、层数、建筑面积、屋面防水面积、设计单位、防水构造层次、防水层用材料等 施工状况：施工单位、负责人、施工日期、气候及环境条件、基层及相关层次的质量、防水层的材料及质量，所有的检验情况、材料用量及节点处理方法、有关的修整内容及措施等 工程检查与验收：中间检查与验收、完工后的蓄水检验、质量等级评定、有关质量问题及解决办法等

表 4-12 各类检查的目的要求

类别	检查人员	进行时间	目的和要求
自检	操作工人	在施工操作时或完成一道工序后	在施工操作中随时对照操作工艺、技术规程的要求进行质量检查。如有问题，应立即改正，并吸取教训。将质量问题消除在萌芽状态
互检	班组长或施工员	在施工操作时或完成一道工序后	克服自检时知识和技术水平的限制，检查更全面，同时也便于互相学习、交流经验
交接互检	班组长或施工员	本道工序开始前	为本道工序创造合格的施工条件，及时发现上道工序存在的问题，同时，也明确质量责任
专业检查	专业质检人员	每一分项工程或每一防水层次完成后	针对分项工程或防水层次的保证项目、检验项目和允许偏差项目的内容和要求，根据验收评定标准进行检查，并填写相应表格，同时检查原材料质量证明书、现场抽验复查资料、施工记录等。根据验收评定标准进行检查结果的统计分析、评定其等级

表 4-13 卷材屋面防水工程检查项目

部位	项目
结构层	平整度：若为预制结构则其安装的稳固性，板缝细石混凝土的嵌填密实度；出屋面管道、水落口杯、所有屋面的外伸物件是否连接牢固
找坡层	坡度、平整度
找平层	排水坡度，表面平整度，表面质量（起砂、起皮等），组成材料的配合比，分格缝的留设及处理，凸出屋面结构（女儿墙、立墙、天窗壁、变形缝、烟囱等）与基层的连接处以及基层的转角处（水落口、檐口、天沟、檐沟、屋脊等）的圆弧半径
防水层	是否渗漏、积水，防水层的厚度、层次，胶粘剂的涂刷厚度，卷材的搭接方向、顺序、宽度，粘结的牢固程序，密封的完好性，泛水、檐口、变形缝等的细部节点构造等

部位	项　目
保护层	松散材料保护层的粘结牢固性、覆盖均匀性，刚性整体保护层的厚度、强度、与防水层间的隔离层、表面分格缝的留设是否正确，刚性块体保护层铺砌平整性、勾缝的严密性以及分格缝的留设是否正确
隔离层	表面平整度、隔离有效性
材料	所有材料的质量证明文件及抽样复验报告

注：隔汽层、保温层、架空隔热层的检查项目参见有关章节。

2. 材料准备

材料准备包括以下内容：①进场的卷材及其配套材料均应有产品合格证书和性能检测报告，并符合现行国家产品标准和设计要求；②进场的防水卷材应按规定进行现场抽样复验，并提出复验报告，技术性能应符合要求；③防水材料的进场数量，能满足屋面防水工程的使用要求。

3. 现场条件准备

施工现场条件准备应符合以下要求：①现场贮料仓库符合要求，设施完善；②屋面上的各种预埋件、支座、伸出屋面管道、水落口等设施已安装就位；③找平层已检查验收，质量合格，含水率符合要求；④垂直和水平运输设施能满足使用要求，安全可靠；⑤消防设施齐全，安全设施可靠，劳保用品已能满足施工操作人员的需要；⑥气候条件能满足铺贴卷材的需要。防水卷材施工的气候条件见表4-14。

表 4-14　防水卷材施工的气候条件要求

项目	要　求
天气	雨、雪、冰冻天禁止施工 雾、霜天应待雾、霜退去，基层晒干后方可施工 施工中遇雨、雪时，为避免雨、雪水浸入防水层，应做好卷材周边的防护工作
风力	五级及其以上大风天气不得施工，风大，卷材不易展铺；大风刮起的砂粒会黏附在基层上，影响卷材的粘结；胶粘剂不易喷涂；操作人员也不安全
气温	气温高于35℃时，施工尽量避开中午，可早出工、晚收班 热熔法和焊接法施工环境温度不宜低于−10℃ 冷粘法和热粘法施工环境温度不宜低于5℃；自粘法施工环境温度不宜低于10℃，否则不宜施工

4. 施工机具准备

卷材防水屋面的施工机具，是根据防水卷材的品种和施工工艺的不同而选用不同的施工机具及防护用具。

高聚物改性沥青防水卷材施工常用机具见表4-15。

合成高分子防水卷材施工常用机具见表4-16。

表 4-15　高聚物改性沥青防水卷材施工常用机具

工具名称	规格	数量	用途
高压吹风机	300W	1	清理基层
小平铲	50～100mm	若干	
扫帚、钢丝刷	常用	若干	
铁桶、木棒	20L、1.2m	各1	搅拌、盛装底涂料
长柄滚刷	$\phi 60 \times 250$mm	5	涂刷底涂料
油漆刷	50～100mm	各5	

续表

工具名称	规格	数量	用途
裁剪刀、壁纸刀	常用	各5	裁剪卷材
盒尺、卷尺		各2	丈量工具
单筒、双筒热熔喷枪	专用工具	2~4	烘烤热熔卷材
移动式热熔群枪	专用工具	1~2	
喷灯	专用工具	2~4	
铁抹子	—	5	压实卷材搭接边及修补基层和处理卷材收头等
干粉灭火器	—	10	消防备用
手推车	—	2	搬运工具

表 4-16 合成高分子防水卷材冷粘法施工常用机具

名称	规格	数量	用途
小平铲	50~100mm	各2把	清扫基层，局部嵌填密封材料
扫帚	常用	8把	
钢丝刷	常用	3把	
吹风机	300W	1台	清理基层
铁抹子		2把	修补基层及末端收头抹平
电动搅拌器	300W	1台	搅拌胶粘剂
铁桶、油漆桶	20L、30L	2个、5个	盛装胶粘剂
皮卷尺、钢卷尺	50m、2m	1把、5盒	测量放线
剪刀		5把	裁剪划割、卷材
油漆刷	50~100mm	各5把	涂刷胶粘剂
长柄滚刷	$\phi60\times250$mm	10把/1000m²	涂刷胶粘剂，推挤已铺卷材内部的空气
橡皮刮板	厚5~7mm	5把	刮涂胶粘剂
木刮板	宽250~300mm	各5把	清除已铺卷材内部空气
手持压辊	$\phi40\times50$mm	10个	压实卷材搭接边
	$\phi40\times5$mm	5个	压实阴角卷材
铁压辊	$\phi200\times300$mm	2个	压实大面积卷材
铁管或木棍	$\phi30\times1500$mm	2根	铺层卷材
嵌缝枪		5个	嵌填密封材料
热风焊接机	4000W	1台	专用机具
热风焊接枪	2000W	2把	专用工具
称量器	50kg	1台	称量胶粘剂
安全绳		5条	防护用具

4.1.3.2 结构层的处理及找坡层和找平层的施工

1. 结构层的处理

屋面结构层要求表面清理干净，对于预制混凝土结构屋面板应有较好的刚度；对于现浇混凝土结构屋面板宜连续浇捣，不留施工缝，应振捣密实，表面平整。

安装屋面板时，要注意以下事项：①坐浆要平，搁置稳妥，不得翘动；②相邻屋面板高低差不大于10mm；③嵌填混凝土前，板缝内应清理干净，并应保持湿润；④上口宽不小于20mm，用C20以上细石混凝土嵌缝并捣实；⑤灌缝细石混凝土宜掺微膨胀剂；⑥当缝宽大于40mm或上窄下宽时，在板下吊模板，并补放钢筋，再浇筑细石混凝土，嵌填细石混凝土的强度等级不应低于C20，填缝高度宜低于板面10～20mm且应振捣密实和浇水养护；⑦屋面板不能三边支承。如板下有隔墙，隔墙顶和板底间有20mm左右的空隙，板端缝应按设计要求增加防裂的构造措施，在抹灰时应用疏松材料填充，避免隔墙处硬顶而使屋面板反翘。

2. 找坡层和找平层的施工

(1) 找坡层和找平层的施工性能要求。在结构层上面或保温层上面起到找平作用并作为防水层依附的层次，俗称找平层。是铺贴卷材防水层的基层，一般有水泥砂浆找平层、细石混凝土找平层等。找平层的厚度及技术要求参见表4-2。水泥砂浆找平层中宜掺膨胀剂。细石混凝土找平层尤其适用于松散保温层上，以增强找平层的刚度和强度。

找坡层和找平层的质量的好坏，将直接影响到防水层的质量，所以要求找坡层和找平层必须做到：

1) 找坡层和找平层的基层施工应符合以下规定：①应清理结构层、保温层上面的松散杂物，凸出基层表面的硬物应剔平扫净；②抹找坡层前，宜对基层洒水湿润；③凸出屋面的管道、支架等根部，应采用细石混凝土堵实和固定；④对不易与找平层结合的基层应做界面处理；⑤找坡层和找平层的施工环境温度不宜低于5℃。

2) 找坡层和找平层所采用的材料的质量和配合比应符合设计要求，并应做到计量准确和机械搅拌。

3) 找坡应按屋面排水方向和设计坡度要求进行，找坡层最薄处厚度不宜小于20mm。

4) 找坡材料应分层铺设和适当压实，表面宜平整和粗糙，并应适当浇水养护。

5) 屋面结构层为预制装配式混凝土板时，板缝应用C20细石混凝土嵌填密实，并宜掺加微膨胀剂；当板缝宽度大于40mm或上窄下宽时，板缝内应设置构造钢筋。

6) 找平层的强度、坡度和平整度对卷材防水层施工质量影响很大，因此必须压实平整，坚固、干净、干燥，找平层平整度用2m靠尺检查，最大空隙不应超过5mm，且每米长度内不允许多于1处，且要求平缓变化。混凝土或砂浆的配合比要准确，采用水泥砂浆找平层时，找平层应在水泥初凝前压实抹平，水泥砂浆终凝前完成收水，收水后表面应二次压光，并及时取出分格条，充分养护，养护时间不得少于7d。表面不得有疏松、起砂、开裂、起皮现象，否则，必须进行修补。

7) 坡度准确，排水流畅，排水坡度必须符合规范规定，平屋面防水技术以防为主，以排为辅，但要求将屋面雨水在一定时间内迅速排走，不得积水，这是减少渗漏的有效方法，所以要求屋面有一定排水坡度，找平层的坡度要求参见表4-17。

表 4-17　找平层的坡度要求

项目	平屋面		天沟、檐沟		雨水口周边 φ500 范围
	结构找坡	材料找坡	纵向	沟底水落差	
坡度要求	≥3%	≥2%	≥1%	≤200mm	≥5%

8) 为了避免或减少找平层开裂，找平层宜留设分格缝，缝宽5～20mm，缝中宜嵌密封材料。如分格缝兼作排汽道时，分格缝可适当加宽，并应与保温层连通。分格缝宜留在板端缝处，其纵横缝的最大间距：找平层采用水泥砂浆或细石混凝土时，不宜大于6m。

9) 为了避免或减少找平层开裂，还可在找平层的水泥砂浆或细石混凝土中掺加减水剂和微膨胀剂或抗裂纤维，尤其在不吸水保温层上（包括用塑料膜做隔离层）做找平层时，砂浆的稠度和细石混凝土的坍落度要低，否则，极易引起找平层的严重裂缝。

10) 屋面基层与女儿墙、立墙、天窗壁、烟囱、变形缝等凸出屋面结构的连接处，以及基层的转角处（各水落口、檐口、天沟、檐沟、屋脊等），是变形频繁、应力集中的部位，由此也会引起防水层被拉裂，因此，根据不同防水材料，对阴阳角的弧度做不同的要求。合成高分子卷材薄且柔软，弧度可小，沥青基卷材厚且硬，弧度要求大，找平层的转角弧度半径参见表4-3。

11）铺设防水层（或隔汽层）前，找平层必须干净、干燥。检验干燥程度的方法：将 1m² 卷材干铺在找平层上，静置 3～4h 后掀开，覆盖部位与卷材上未见水印者为合格。

12）基层处理剂（或称冷底子油）的选用应与卷材材性相容。基层处理剂可采用喷涂、刷涂施工，喷、刷应均匀，待第一遍干燥后再进行第二遍喷、刷，待最后一遍干燥后，方可铺贴卷材。喷、刷基层处理剂前，应先在屋面节点、拐角、周边等处进行喷、刷。

13）不同材料的防水层对找平层的各项性能要求是有不同侧重点的，有些要求必须严格执行，如达不到要求就会直接危害防水层的质量，造成对防水层的损害；有些要求则可以低些，有些则还可以不予要求，不同防水层对找平层的要求参见表 4-18。

表 4-18　不同防水层对找平层的要求

项　目	卷材防水层		涂膜防水层	密封材料
	实铺	点铺、空铺		
坡度	足够排水坡	足够排水坡	足够排水坡	无要求
强度	较好强度	一般要求	较好强度	坚硬整体
表面平整	不积水	不积水	严格要求不积水	一般要求
起砂起皮	不允许	少量允许	严禁出现	严禁出现
表面裂缝	少量允许	不限制	不允许	不允许
干净	一般要求	一般要求	一般要求	严格要求
干燥	干燥	干燥	干燥	严格干燥
光面或毛面	光面	均可	光面	光面
混凝土原表面	允许铺贴	允许铺贴	刮浆平整	表面处理

14）找平层的缺陷会直接危害防水层，有些还会造成渗漏。找平层的缺陷对防水层的影响参见表 4-19。

表 4-19　找平层的缺陷对防水层的影响

序号	找平层的缺陷	对防水层的危害
1	坡度不足或不平整而积水	长期积水，增加渗漏概率；使卷材、涂料、密封材料长期浸泡降低性能，在太阳或高温下水分蒸发，使防水层处于高热、高湿环境，并经常处于干湿交替环境，使防水层加速老化
2	强度差而疏松	使卷材或涂膜不能粘结，造成空鼓；使密封材料与基层不粘，立即造成渗漏
3	表面起砂、起皮，不干净	使卷材或涂膜不能粘结，造成空鼓；使密封材料与基层不粘，立即造成渗漏
4	不干燥，含水率高	使卷材或涂膜不能粘结，造成起鼓而破坏
5	开裂	会拉裂涂膜；会拉裂卷材或使卷材防水层产生高应力而加速老化

（2）水泥砂浆找平层施工。

1）材料及要求。

① 水泥。宜采用硅酸盐水泥、普通硅酸盐水泥，其强度等级不应小于 32.5 级。进场时应对其品种、强度等级、出厂日期等进行检查，并应对其强度、安全性及其他性能指标进行抽样复验。当在使用中对水泥质量有怀疑或水泥出厂超过三个月（快硬硅酸盐水泥超过一个月）时，应复查试验，并按复验结果使用。不同品种的水泥，不得混合使用。

② 砂。宜采用中砂和粗砂，含泥量应不超过设计规定。

③ 水。拌合用水宜采用饮用水。

2）施工操作要点。

① 基层清理。将结构层、保温层上表面的松散杂物清扫干净，凸出基层表面的灰渣等粘结杂物要铲平，不得影响找平层的有效厚度。

② 管根封堵。大面积做找平层前，应先将出屋面的管根、变形缝、屋面暖沟墙根部处理好。

③ 抹水泥砂浆找平层。

a. 洒水湿润。抹找平层水泥砂浆前，应适当洒水湿润基层表面，主要是利于基层与找平层的结合，但不可洒水过量，以免影响找平层表面的干燥，防水层施工后窝住水汽，使防水层产生空鼓，以洒水达到基层和找平层能牢固结合为度。

b. 贴点标高、冲筋。根据坡度要求，拉线找坡，一般按 1～2m 贴点标高（贴灰饼），铺抹找平砂浆时，先按流水方向以间距 1～2m 充筋，并设置找平层分格缝，宽度一般为 20mm，并且将缝与保温层连通，分格缝最大间距为 6m。

c. 铺装水泥砂浆。按分格块装灰、铺平、刮平，找坡后用木抹子搓平、铁抹子压光。待浮水消失后，以人踏上去有脚印但不下陷为度，再用铁抹子压第二遍即可交活。找平层水泥砂浆一般配合比为 1∶3，拌合稠度控制在 7cm。

d. 养护。找平层抹平、压实后 24h 可浇水养护，一般养护期为 7d，经干燥后铺设防水层。

3）注意事项。水泥砂浆找平层施工质量的主要要求是：表面平整、不起砂、不脱皮、不开裂，与基层粘结牢固，无松动现象。因此，找平层施工时，应注意下列问题：

① 用装配式混凝土屋面板做基层时，屋面板应安装牢固，做找平层前，基层表面应清扫干净并洒水湿润，以使找平层粘结牢固。

② 找平层表面必须平整，用 2m 长的直尺检查，找平层与直尺间的最大空隙不应超过 5mm，而且要求空隙变化平缓，在每米长度内不得多于一处。

③ 平屋面、檐口、天沟等处的找平层，必须按设计要求找准坡度，否则会造成排水不畅或积水，日久将使卷材腐烂，而导致渗漏水。

④ 卷材防水层如出现不规则拉裂，一般多是由于水泥砂浆找平层收缩裂缝而造成的。因此，找平层宜留分格缝，以便将裂缝集中到分格缝处，统一处理。分格缝宽一般为 20mm，其位置为留设在预制板支承端的拼缝处，纵横向的最大间距不大于 6m。分格缝处应附加 200～300mm 宽的油毡，用沥青胶结材料单边点贴覆盖。

⑤ 必须注意洒水养护，否则水分蒸发过快，干缩量增大，造成找平层龟裂和起砂，并降低强度。

⑥ 水泥砂浆找平层施工后养护不好，使找平层早期脱水；砂浆拌合加水过多，影响成品强度；抹压时机不对，过晚破坏了水泥硬化，过早踩踏破坏了表面养护硬度。施工中注意配合比，控制加水量，掌握抹压时间，成品不能过早上人。

⑦ 基层表面清理不干净，水泥砂浆找平层施工前未用水湿润好，造成空鼓；应重视基层清理，认真施工结合层工序，注意压实。由于砂子过细、水泥砂浆级配不好、找平层厚薄不均、养护不够，均可造成找平层开裂；注意使用符合要求的砂料，保温层平整度应严格控制，保证找平层的厚度基本一致，加强成品养护，防止表面开裂。

⑧ 保温层施工时须保证找坡泛水，抹找平层前应检查保温层坡度泛水是否符合要求，铺抹找平层应掌握坡向及厚度。

⑨砂浆找平层与女儿墙伸缩缝、天窗墙根的交接处的转角，必须抹成半径不小于 10cm 的圆弧，而且顺直，没有高低不平现象。

（3）细石混凝土找平层施工。细石混凝土刚性好、强度大，适用于基层较松软的保温层或结构层刚度差的装配式结构上。

1）材料及要求。

① 水泥。不低于 32.5 级的普通硅酸盐水泥。

② 砂。宜用中砂，含泥量不大于 3‰，不含有机杂物，级配要良好。

③ 石。用于细石混凝土找平层的石子，最大粒径不应大于 15mm。含泥量应不超过设计规定。

④ 水。拌合用水宜采用饮用水。当采用其他水源时，水质应符合现行国家标准《混凝土拌合用水标准》（JGJ 63）的规定。

2）施工操作要点。

① 基层处理。把沾在基层上的浮浆、落地灰等用錾子或钢丝刷清理掉，再用扫帚将浮土清扫干净。

② 找标高。根据水平标准线和设计厚度，在屋面墙柱上弹出找平层的标高控制线。按线拉水平线抹找平墩（60mm×60mm 见方，与找平层完成面同高，用同种细石混凝土），间距双向不大于 2m。有坡度要求的房间应按设计坡度要求拉线，抹出坡度墩。（如采用砂浆做平层时，还应充筋。）

③ 搅拌。混凝土的配合比应根据设计要求通过试验确定。投料必须严格过磅，精确控制配合比，每盘投料顺序为石子→水泥→砂→水。应严格控制用水量，搅拌要均匀，搅拌时间不少于 90s。细石混凝土采用机械搅拌。

④ 铺设。铺设前应将基底润湿，并在基底上刷一道素水泥浆或界面结合剂，随涂刷随将搅拌均匀的混凝土从远处退着往近处铺设。

⑤ 混凝土振捣。用铁锹铺混凝土，厚度略高于找平墩，随即用机械振捣器振捣，做到不漏振，确保混凝土密实。浇筑时混凝土的坍落度应控制在 10mm，振捣密实。

⑥ 找平。以屋面墙柱上的水平控制线和找平墩为标志，检查平整度，高的铲掉，凹处补平。用水平刮杠刮平，然后表面用木抹子搓平。有坡度要求的地面，应按设计要求的坡度做。

⑦ 养护。应在施工完成后 12h 左右覆盖和洒水养护，严禁上人，一般养护期不得少于 7d。

⑧ 冬期施工时，环境温度不得低于 5℃。如果在负温下施工，所掺抗冻剂必须经过实验室试验合格后方可使用。不宜采用氯盐、氨等作为抗冻剂，必须使用时掺量必须严格按照规范规定的控制量和配合比通知单的要求加入。

4.1.3.3 隔汽层和保温层的施工

隔汽层可以采用气密性能好的单层卷材或防水涂料。若采用卷材，可用空铺法施工，卷材的搭接宽度应大于 70cm；若采用沥青基防水涂料，其耐热度应比室内或室外的最高温度高出 20～25℃。

保温层有板材保温层和整体现浇保温层等两类。保温层的施工详见第 6 章。

4.1.3.4 卷材防水层的施工

1. 卷材防水层的施工工艺流程

卷材防水层的施工工艺流程参见图 4-3。

2. 基层处理剂的涂刷

涂刷基层处理剂前，首先检查基层的质量和干燥程度，并加以清扫，符合要求后才可进行。卷材防水层的基层应坚实、干净、平整，应无孔隙、起砂和裂缝。基层的干燥程度应根据所选用的防水卷材的特性确定。在大面积涂刷前，应用毛刷对屋面节点、周边、拐角等部位先行处理。

（1）冷底子油的涂刷。冷底子油作为基层处理剂，主要用于热粘贴铺设沥青卷材（油毡）。涂刷要薄而均匀，不得有空白、麻点、气泡，也可用机械喷涂。如果基层表面过于粗糙，宜先刷一遍慢挥发性冷底子油，待其表干后，再刷一遍快挥发性冷底子油。涂刷时间宜在铺贴油毡前 1～2h 进行，使油层干燥而又不沾染灰尘。

（2）基层处理剂的涂刷。铺贴高聚物改性沥青卷材和合成高分子卷材采用的基层处理剂的一般施工操作与冷底子油基本相同。采用基层处理剂时，其配制与施工应符合以下规定：基层处理剂应与卷材相容；其配合比应正确、搅拌应均匀；

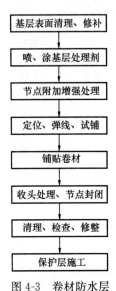

图 4-3 卷材防水层的施工工艺流程

基层表面清理、修补

↓

喷、涂基层处理剂

↓

节点附加增强处理

↓

定位、弹线、试铺

↓

铺贴卷材

↓

收头处理、节点封闭

↓

清理、检查、修整

↓

保护层施工

喷、涂基层处理剂之前，应先对屋面细部进行涂刷；基层处理剂可采用喷涂或涂刷施工工艺，喷涂和涂刷应均匀一致，干燥之后应及时进行卷材施工。一般气候条件下，基层处理剂干燥时间为 4h 左右。基层处理剂的品种要视卷材而定，不可错用。此外，施工时除应掌握其产品说明书的技术要求之外，还应注意下列问题：

1）施工时应将已配制好的或分桶包装的各组分按配合比搅拌均匀。

2）一次喷、涂的面积，根据基层处理剂干燥时间的长短和施工进度的快慢确定。面积过大，来不及铺贴卷材，时间过长易被风沙尘土污染或露水打湿；面积过小，影响下道工序的进行，拖延工期。

3）基层处理剂涂刷后宜在当天铺完防水层，但也要根据情况灵活确定。如多雨季节、工期紧张的情况下，可先涂好全部基层处理剂后再铺贴卷材，这样可防止雨水渗入找平层，而且基层处理剂干燥后的表面水分蒸发较快。

4）当喷、涂两遍基层处理剂时，第二遍喷、涂应在第一遍干燥后进行。待最后一遍基层处理剂干燥后，才能铺贴卷材。一般气候条件下，基层处理剂干燥时间为 1h 左右。

3. 卷材防水层的基本施工方法

卷材防水层的施工，其关键是：基层必须有足够的排水坡度，且干净、干燥；卷材之间的搭接缝必须耐久、可靠。在合理的使用年限内不得脱开，这是卷材防水的要害所在；卷材铺贴松紧应适度，尤其是高分子卷材后期的收缩大，铺贴时必须松而不皱，而改性沥青卷材则由于温感性强，故在铺贴时必须拉紧；卷材的端头以及卷材与涂膜的结合处，其固定和密封必须牢固严密；卷材在立面处和大坡度处应有防止下坠下滑的措施。为了实现落实这些保证质量的关键步骤，其施工工艺和施工技术是尤为重要的，必须严格遵守。

（1）卷材防水层的施工工艺

卷材防水层的施工方法可分为两大类，即热施工法和冷施工法。热施工法包括热玛琋脂粘贴法、热熔法、热风焊接法；冷施工法包括冷玛琋脂粘贴法、冷粘法、自粘法以及机械固定法。热施工法和冷施工法均有各自的使用范围，大体来讲，冷施工法可用于大多数合成高分子防水卷材的粘贴，其具有一定的优越性。

依据卷材防水层的施工方法，其常见的施工工艺有三类，参见表 4-20。施工时，则应根据不同的设计要求、选用的材料和工程的具体情况，选择合适的施工工艺。

表 4-20　卷材防水施工工艺和使用

工艺类别	名称	做法	适用范围
热施工工艺	热玛琋脂粘贴法	传统施工方法，边浇热玛琋脂边浇滚铺油毡，逐层铺贴	石油沥青油毡三毡四油（二毡三油）叠层铺贴
	热熔法	采用火焰加热器熔化热熔型防水卷材底部的热熔胶进行粘结	有底层热熔胶的高聚物改性沥青防水卷材
	热风焊接	采用热空气焊枪加热防水卷材搭接缝进行粘结	热塑性合成高分子防水卷材搭接缝焊接
冷施工工艺	冷玛琋脂粘贴法	采用工厂配制好的冷用沥青胶结材料，施工时不需加热，直接涂刮后粘贴油毡	石油沥青油毡三毡四油（二毡三油）叠层铺贴
	冷粘法	采用胶粘剂进行卷材与基层、卷材与卷材的粘结，不需要加热	合成高分子卷材、高聚物改性沥青防水卷材
	自粘法	采用带有自粘胶的防水卷材，不用热施工，也不需涂刷胶结材料，直接进行粘结	带有自粘胶的合成高分子防水卷材及高聚物改性沥青防水卷材
机械固定工艺	机械钉压法	采用镀锌钢钉或铜钉等固定卷材防水层	多用于木基层上铺设高聚物改性沥青卷材
	压埋法	卷材与基层大部分不粘结，上面采用卵石等压埋，但搭接缝及周边要全粘	用于空铺法、倒置屋面

（2）卷材的铺贴方法及粘贴的技术要求

1）卷材与基层的铺贴方法

卷材与基层的铺贴方法有满粘法、条粘法、点粘法、空铺法以及机械固定法等多种。在工程应用中根据建筑部位、使用条件、施工情况，可以采用其中一种或三种方法，通常都采用满粘法，而条粘法、点粘法和空铺法更适用于防水层上有重物覆盖或基层变形较大的场合，是一种克服基层变形拉裂卷材防水层的有效措施，设计中应明确规定，选择使用的工艺方法。卷材防水层的铺贴方法参见图4-4。

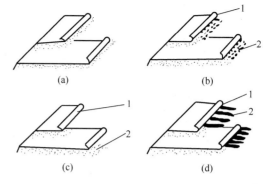

图4-4　卷材防水层的铺贴方法

（a）满粘法；（b）空铺法；（c）点粘法；（d）条粘法

1—首层卷材；2—胶结材料

①满粘法。满粘法施工卷材是传统的习惯做法，卷材满粘在砂浆基层上，可以防止大风掀起。为防风而满粘，大风作用在屋面上的负压力为80～100kgf[❶]/m²，合成高分子卷材采用胶粘剂粘合，粘结强度为10～50kgf/cm²，每1m²粘结力达百吨；防水涂料与砂浆基层粘结力为0.20～0.30kgf/cm²，每1m²粘结力达2000kgf以上，沥青卷材与基层的粘结力视与涂料相同。因此不上人屋面也不必满粘，只需点粘或条粘即可，也可以采用机械固定法或压重法。但女儿墙部位，距泛水边800mm处周围要满粘。

立面或大坡面铺贴卷材时应采用满粘法，并宜减少卷材短边搭接。

瓦屋面坡度大，黏土瓦或其他瓦都应做在满铺的防水层上，防水层必须牢牢粘结在望板上，防止下滑。

满粘法的缺点：砂浆基层干燥后收缩裂缝，屋面板也会收缩裂缝，人在屋面上走动也会加大裂缝宽度，地震区、室内锻锤、天车运行都会导致基层开裂和加大缝宽。基层裂缝容易把满粘的卷材拉断。这些现象屡见不鲜。

基层开裂时从零开始到3～5mm，甚至达到10mm。满粘的卷材在裂缝处也是从零开始延伸，以其延伸率适应裂缝发展。满粘法施工速度慢，工期长。

满粘法施工要求砂浆基层含水率低，为了等待基层干燥，需要拖延工期。特别是雨期施工，常因基层太潮湿，不能涂胶，一等再等。

防水设计时，要考虑满粘还是空铺，满粘后能否不被裂缝拉断，该选用哪种材料合适，选用的这种材料实剥宽度多大，能否满足裂缝需要的延伸，特别应该知道该材料能够承受的最大裂缝宽度值数。当预估裂缝宽度大于该材料最大承受的裂缝，就不能满粘，应降低粘结强度，或者改为点粘。常用防水材料的最大承受裂缝宽度见表4-21。

表4-21　几种常用防水材料的最大承受裂缝宽度

防水材料名称	材料厚度（mm）	抗拉强度（MPa）	粘结强度（MPa/10）	实剥宽度（cm）	延伸率（%）	最大承受裂缝（mm）
铝箔面油毡	3.2	1.0	0.04	21	2	0.42
APP改性沥青卷材	4	1.1	0.04	23	30	6.9
SBS改性沥青卷材	4	1.1	0.04	23	30	6.9
自粘结油毡	3	0.2	0.01	17	2	0.34
聚乙烯膜沥青卷材	4	0.07	0.04	1.6	300	4.9
再生胶油毡	1.2	0.96	1.0	0.96	120	1.2

❶　1kgf=9.80665N。

防水材料名称	材料厚度 (mm)	抗拉强度 (MPa)	粘结强度 (MPa/10)	实剥宽度 (cm)	延伸率 (%)	最大承受裂缝 (mm)
三元乙丙橡胶卷材	1.2	0.96	1.0	0.96	450	4.4
氯化聚乙烯卷材	1.2	0.96	1.0	0.96	200	2.0
氯化聚乙烯603(玻璃布加筋)	1.2	0.96	1.0	0.96	5	0.1
氯化聚乙烯橡胶共混	1.2	0.88	1.0	0.9	450	4.1
聚乙烯卷材	2	2.0	1.0	1.8	200	3.7
氯丁胶卷材	1.2	0.4	1.0	0.5	250	1.3
丁基胶卷材	1.2	0.36	1.0	0.47	250	1.2
氯磺化聚乙烯卷材	2	0.7	1.0	0.75	140	1.1
橡塑防水卷材	1.5	0.3	1.0	0.42	80	0.4
再生胶防水卷材	1.25	0.4	1.0	0.5	150	0.7
聚氨酯涂膜	2	0.5	0.5	0.6	450	2.6
硅橡胶涂膜	1.2	0.3	0.5	0.42	700	3.0
CB型丙烯酸酯涂料	1.2	0.1	0.5	0.25	868	2.2

表 4-21 列举部分常用材料,是使用第二剥离公式 $b = \frac{1}{6}\left(\frac{5R}{\sigma} + 1\right)$ 计算的。式中,R 为抗拉强度,σ 为粘结强度。设计人员选材时可以直接参考最后一项,根据最大承受裂缝宽度选择。

② 空铺法。空铺法是铺贴卷材防水层时,卷材与基层仅在四周一定宽度内粘结,其余部分不粘结的一种施工方法。卷材不粘结在基层上,只是浮铺在基层上面。

空铺法有下列优点:施工速度快,施工方便;卷材不受基层断裂的制约;卷材不因基层含水率高而拖延工期;空铺法施工,降低防水造价。

上人屋面因铺砌地砖,地砖足以压住卷材不被风吹揭,所以宜采用空铺法施工。地下室底板下的防水层,空铺最好。

卷材可以空铺,而防水涂料只能满粘,不能空铺。基层裂缝,涂膜极易拉断,造成渗漏,这是涂膜防水的一大缺点。补救措施:使用抗拉强度高的加筋材料,使防水涂膜抗拉强度大于粘结强度,在基层裂缝处出现剥离。传统的三毡四油做法,就是以强大的抗拉强度对抗基层裂缝,从而弥补自身无延伸率的缺点。

③ 条粘法、点粘法以及机械固定法。条粘法和点粘法是介于满粘法和空铺法之间的做法。

条粘法只在卷材长向搭边处和基层粘结。铺贴卷材时,卷材与基层粘结面不少于两条,每条宽度不小于 150mm;点粘法是在铺贴卷材时,卷材或打孔卷材与基层采用点状粘结的一种施工方法。每平方米粘结不少于 5 点,每点面积为 100mm×100mm。

无论采用空铺法、条粘法还是点粘法,施工时都必须注意:距屋面周边 800mm 内的防水层应满粘,保证防水层四周与基层粘结牢固;卷材与卷材之间应满粘,保证搭接严密。

机械固定法是用螺钉将卷材固定在屋面结构层上的做法。这种做法和点粘法相类似,施工复杂,造价略低,在东南沿海地区,台风多,风力大,不宜以点粘法和机械固定法施工卷材。

2) 卷材粘贴的技术要求。沥青防水卷材屋面,均是采用三毡四油或二毡三油叠层铺贴,用热玛瑞脂或冷玛瑞脂进行粘结,其粘结层厚度见表 4-22。高聚物改性沥青防水卷材屋面,一般为单层铺贴,随其施工工艺不同,有不同的粘结要求,见表 4-23;合成高分子防水卷材屋面一般均是单层铺贴,随其施工工艺不同,有不同的粘结要求,见表 4-24。

表 4-22　玛琋脂粘结层厚度

粘结部位	粘结层厚度（mm）	
	热玛琋脂	冷玛琋脂
卷材与基层粘结	1～1.5	0.5～1
卷材与卷材粘结	1～1.5	0.5～1
保护层粒料粘结	2～3	1～1.5

表 4-23　高聚物改性沥青防水卷材粘结技术要求

热熔法	冷粘法	自粘法
1. 幅宽内应均匀加热，熔融至呈光亮黑色为度 2. 不得过分加热，以免烧穿卷材 3. 热熔后立即滚铺 4. 滚压排气，使之平展、粘牢，不得皱折 5. 搭接部位溢出热熔胶后，随即刮封接口	1. 均匀涂刷胶粘剂，不漏底、不堆积 2. 根据胶粘剂性能及气温，控制涂胶后粘合的最佳时间 3. 滚压、排气、粘牢 4. 溢出的胶粘剂随即刮平封口	1. 基层表面应涂刷基层处理剂 2. 自粘胶底面的隔离纸应全部撕净 3. 滚压、排气、粘牢 4. 搭接部分用热风焊枪加热，溢出自粘胶随即刮平封口 5. 铺贴立面及大坡面时，应先加热后粘贴牢固

表 4-24　合成高分子防水卷材粘结技术要求

冷粘法	自粘法	热风焊接法
1. 在找平层上均匀涂刷基层处理剂 2. 在基层或基层和卷材底面涂刷配套的胶粘剂 3. 控制胶粘剂涂刷后的粘合时间 4. 粘合时不得用力拉伸卷材，避免卷材铺贴后处于受拉状态 5. 滚压、排气、粘牢 6. 清理干净卷材搭接缝处的搭接面，涂刷接缝专用配套胶粘剂，滚压、排气、粘牢	同高聚物改性沥青防水卷材的粘结方法和要求	1. 先将卷材结合面清洗干净 2. 卷材铺放平整顺直，搭接尺寸准确 3. 控制热风加热温度和时间 4. 滚压、排气、粘牢 5. 先焊长边搭接缝，后焊短边搭接缝

（3）卷材铺贴的操作方法

在屋面卷材防水工程中，施工是保证质量的关键，因此，其操作方法必须正确，如施工时卷材铺得不好，粘结不牢，势将导致鼓泡、漏水、流淌等不良的后果。常见的卷材铺贴操作方法，主要有浇油法、刷油法、刮油法、撒油法等多种。

1）浇油法。浇油法是我国采用较为普遍的一种操作方法，一般由三名施工人员组成一组，浇油、铺毡、滚压收边各一人。

① 浇油。浇油者手提油壶，在推毡人前方，向卷材的宽度方向呈蛇形浇油。要求浇油均匀，且不可浇得太多太长，以饱满为佳，参见图 4-5。

图 4-5　浇油法铺贴卷材

（a）卷材前沥青胶饱满，不易产生气泡；（b）卷材前沥青胶不饱满，容易产生气泡

② 铺毡。铺毡者大拇指朝上，双手卡住并紧压卷材，呈弓箭步立于卷材中间，眼睛盯着浇下的油，油浇到后，就用双手推着卷材向前滚进。滚进时，应使卷材前后稍加滚动，以便将沥青玛琋脂或沥青胶压匀并把多余的材料挤压出来，控制玛琋脂的厚度在1～1.5mm，最厚不超过2mm。要随时注意卷材画线的位置，避免发生卷材偏斜、扭曲、起鼓，并要双手推压均衡，以保证卷材铺得平直。铺毡者还要随身带好小刀，如发现卷材有起鼓或粘结不牢之处，立即刺破开口，用玛琋脂贴紧压实。

③ 滚压收边。为使卷材之间、卷材与基层之间能紧密地粘贴在一起，还需一人用质量为80～100kg的表面包有20～30mm厚胶皮的滚筒（图4-6），跟在铺毡者的后面向前慢慢滚压收边，滚筒应与铺毡者保持1m左右的距离，随铺随滚压，在滚压时，不能使滚筒来回拉动。对于卷材边缘挤出的玛琋脂，要用胶皮刮板刮去。不能有翘边现象，天沟、檐口、泛水及转角等处不能用滚筒滚压的地方，要用刮板仔细刮平压实。采用这种操作方法的优点是生产效率高、气泡少、粘贴密实；缺点是不易控制玛琋脂的厚度。此操作方法在实际使用时其效果不太理想。因为在屋面坡度较大时不适合采用滚筒滚压；坡度较平缓时采用也有一定的困难，这是因为基层不可能施工得很平整，其次滚筒使用后易沾上玛琋脂，导致滚压困难。可采用卷芯铺贴法，在铺贴时，先在卷材里面卷进重约5kg的钢棍子（或木棍子）（图4-7），借助棍子的压力，将多余的沥青玛琋脂挤出，从而使油毡铺贴平整，与基层粘结牢固。采用卷芯铺贴法效果较好。

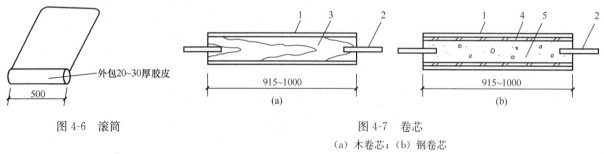

图 4-6　滚筒

图 4-7　卷芯

（a）木卷芯；（b）钢卷芯

1—5mm厚胶皮；2—ϕ12钢筋；3—ϕ100木棍；4—ϕ50钢管；5—混凝土

2）刷油法。此施工方法与浇油法不同之处是，将浇油改为用长柄刷蘸油涂刷，油层要求饱满均匀，厚薄一致，铺毡、滚压收边工序则与浇油法相同，滚压应及时，以防粘结不牢。采用此施工方法可节约玛琋脂，该施工法一般由四名施工人员组成，即刷油、铺贴、滚压、收边各一人。

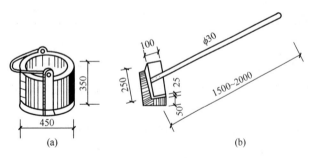

图 4-8　油桶及刷子

（a）油桶（装沥青胶用）；（b）长柄刷子（棕刷或帆布做成）

① 刷油。由一人用长柄刷蘸油（工具：油桶及刷子参见图4-8），将玛琋脂带到基层上。涂刷时人要站在油毡前面进行，使油浪饱满均匀。不可在冷底子油上揉刷，以免油凉或不起油浪。刷油宽度以30～50cm为宜，出油毡边不应大于5cm。

② 铺毡。铺毡施工人员应弓身前俯，双手紧压卷材，全身用力，随着刷油，稳稳地推压油浪。在铺毡中，应防止油毡松卷、推压无力，一旦松卷应重新卷紧。为防止卷材端头一段不易铺贴，可事先在油毡芯中卷进如图4-7的棍子，以增强其滚压力。

③ 滚压。紧跟铺贴后不超过2m进行滚动。用铁滚筒在卷材中间向两边缓缓滚压。滚压时，操作工人不得站在未冷却的卷材上，并要负责质量自检工作，如发现鼓泡，必须刺破排气，重新压实。

④ 收边。用胶皮刮板刮压卷材的两边，挤出多余的玛琋脂，赶出气泡，并将两边封死压平。如边部有皱折或翘边，须及时处理，防止堆积沥青疙瘩。

此施工方法的优点是油层薄而饱满，均匀一致，卷材平整压得实，节约沥青玛琋脂；缺点是刷油铺毡需有熟练的技术，沥青玛瑞脂要保持使用温度（190℃左右）有一定困难，当油温一低，油毡就会粘贴不牢，同样也会发生鼓泡。

3）刮油法。本施工方法是浇油法和刷油法两种施工方法的综合和改进，施工时需由三名施工人员组成，即浇油、刮油一人，铺贴、滚压收边各一人。

其操作要点是：第一人在前先用油壶浇油，随即手持长柄胶皮刮板（图 4-9）进行刮油；第二人紧跟着铺贴油毡；第三人进行滚压收边。由于长柄胶皮刮板在施工时刮油比较均匀饱满，故此法施工质量较好，工效高。

4）撒油法。以上三种铺贴方法均为满铺，还有一种是撒油法（包括点粘法、条粘法）。撒油法的特点是铺第一层卷材时，不满涂玛瑞脂，而是采用条刷、点刷、蛇形浇油（图 4-10），使第一层油毡与基层之间有相互串通的空隙，但在檐口、屋脊和屋面转角处至少应满刷 800mm 宽的玛瑞脂，使卷材牢固粘结在基层上。在铺第一层卷材后，第二、三层卷材仍采用满铺法。此法施工的短边搭接宽度为150mm，长边搭接宽度为 100mm。此法有利于防水层与基层（结构层）脱开，当基层发生变化时，防水层不受影响。

以上四种铺贴方法，均应严格控制沥青玛瑞脂铺贴厚度，同时在铺贴过程中，运到屋面的沥青玛瑞脂要派专人测温，不断进行搅拌，防止在油桶、油壶内发生沉淀。

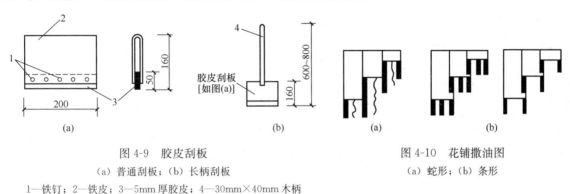

图 4-9　胶皮刮板
（a）普通刮板；（b）长柄刮板
1—铁钉；2—铁皮；3—5mm 厚胶皮；4—30mm×40mm 木柄

图 4-10　花铺撒油图
（a）蛇形；（b）条形

（4）铺贴卷材的操作工艺要求

铺贴卷材防水层的操作工艺要求，主要有卷材的铺贴顺序、卷材的铺贴方向和卷材间的搭接方法等。

1）卷材的铺贴顺序。

① 卷材铺贴应按"先高后低"的顺序施工，即高低跨屋面，后铺低跨屋面；同高度大面积的屋面，应先铺离上料点较远部位，后铺较近部位。这样操作和运料时，已完工的屋面防水层就不会被施工人员踩踏破坏。

② 卷材大面积铺贴前，应先做好细部构造节点密封处理、附加层和屋面排水较集中部位（屋面与水落口连接处、檐口、屋面转角处、板端缝等）的处理、分格缝的空铺条处理等，然后方可由屋面最低标高处向上施工。

③ 在相同高度的大面积屋面上铺贴卷材，要分成若干施工流水段。施工流水段分段的界线宜设在屋脊、天沟、变形缝等处。根据操作要求，再确定各施工流水段的先后次序。如在包括檐口在内的施工流水段中，应先贴檐口，再往上贴到屋脊或天窗的边墙；在包括天沟在内的施工流水段中，应先贴水落口，再向两边贴到分水岭并往上贴到屋脊或天窗的边墙，以减少搭接，参见图 4-11。在铺贴时，接缝应顺年最大频率风向（主导风向）搭接。

上述施工顺序的基本原则，适用于各种防水卷材、涂料等操作工艺。

2）卷材的铺贴方向。卷材的铺贴方向应根据屋面坡度防水卷材的种类和屋面是否有振动来确定。当屋面坡度小于 3％时，卷材宜平行于屋脊铺贴；屋面坡度为 3％～15％时，卷材可平行或垂直于屋脊

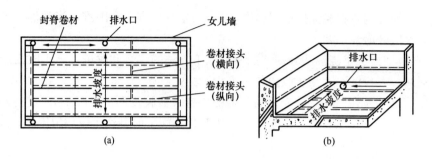

图 4-11　卷材配置示意图
(a) 平面图；(b) 剖视图

铺贴；屋面坡度大于 15％或受振动时，卷材应垂直于屋脊铺贴，高聚物改性沥青防水卷材和合成高分子卷材可根据屋面坡度、屋面有否受振动、防水层的粘结方式、粘结强度、是否机械固定等因素综合考虑采用平行或垂直屋脊铺贴。上下层卷材不得相互垂直铺贴。屋面坡度大于 25％时，卷材宜垂直屋脊方向铺贴，并应采取固定措施，固定点还应密封。檐沟、天沟卷材施工时，宜顺檐沟、天沟方向铺贴搭接缝，应顺水流方向。

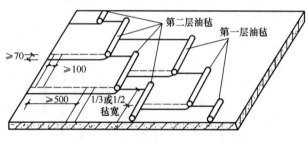

图 4-12　油毡平行屋脊铺贴搭接示意图

3) 卷材间的搭接方法和宽度要求。

① 搭接方法。铺贴卷材采用搭接方法，其搭接缝的技术要求如下：

a. 上下层卷材不得相互垂直铺贴。垂直铺贴的卷材重缝多，容易漏水。

b. 平行于屋脊的搭接缝应顺流水方向搭接；搭接缝宽度应符合表 4-6 的规定。垂直于屋脊的搭接缝应顺当地年最大频率风向搭接，如图4-12和图 4-13 所示。

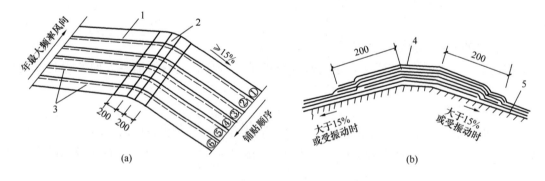

图 4-13　油毡垂直屋脊铺贴搭接示意图
(a) 平面；(b) 剖面

1—卷材；2—屋脊；3—顺风接槎；4—沥青油毡；5—找平层

c. 同一层相邻两幅卷材的短边搭接缝错开不应小于 500mm，以免多层接头重叠而使得卷材粘贴不平。

d. 叠层铺贴时，上下层卷材间的长边搭接缝应错开，且不应小于幅宽的 1/3，如图 4-14 所示。三层卷材铺设时，应使上下层的长边搭接缝错开 1/3 幅宽，如图 4-15 所示。

e. 垂直屋脊铺贴时，每幅卷材都应铺过屋脊不小于 200mm，屋脊处不得留设短边搭接缝。

f. 叠层铺设的各层卷材，在天沟与屋面的连接处应采取叉接法搭接，搭接缝应错开；接缝处宜留在屋面或天沟侧面，不宜留在沟底。

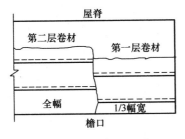

图 4-14 二层卷材铺贴

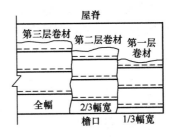

图 4-15 三层卷材铺贴

g. 在铺贴卷材时，不得污染檐口的外侧和墙面。

h. 高聚物改性沥青防水卷材和合成高分子防水卷材的搭接缝，宜用材料性能相容的密封材料封严。

② 搭接宽度。各种卷材的搭接宽度应符合表 4-6 的要求。

4. 高聚物改性沥青防水卷材的施工

高聚物改性沥青防水卷材的收头处理，水落口、天沟、檐沟、檐口等部位的施工，以及排汽屋面施工，均与沥青防水卷材施工相同。立面或大坡面铺贴高聚物改性沥青防水卷材时，应采用满粘法，并宜减少短边搭接。

（1）作业条件

1）施工前审核图纸，编制防水工程方案，并进行技术交底；屋面防水必须由专业队施工，持证上岗。

2）铺贴防水层的基层表面，应将尘土、杂物彻底清除干净。

3）基层坡度应符合设计要求，表面应顺平，阴阳角处应做成圆弧形，基层表面必须干燥，含水率应不大于 9%。

4）卷材及配套材料必须验收合格，规格、技术性能必须符合设计要求及标准的规定。存放易燃材料应避开火源。

5）高聚物改性沥青防水卷材，严禁在雨天、雪天施工；五级风及以上时不得施工；环境气温低于 5℃时不宜施工。施工中途下雨、下雪，应做好已铺卷材周边的防护工作。

注：热熔法施工环境气温不宜低于 −10℃。

（2）冷粘法施工

1）冷粘法施工的基本要求。冷粘法铺贴高聚物改性沥青防水卷材，是指用高聚物改性沥青胶粘剂或冷玛琋脂粘贴于涂有冷底子油的屋面基层上。

高聚物改性沥青防水卷材施工不同于沥青防水卷材多层做法，通常只是单层或多层设防，因此，每幅卷材铺贴必须位置准确，搭接宽度符合要求。其施工应符合以下要求：

①根据防水工程的具体情况，确定卷材的铺贴顺序和铺贴方向，并在基层上弹出基准线，然后沿基准线铺贴卷材。

②胶粘剂涂刷应均匀，不露底，不堆积。卷材空铺、点粘、条粘时，应按规定的位置及面积涂刷胶粘剂。应根据胶粘剂的性能与施工环境、气温等条件，控制胶粘剂涂刷与卷材铺贴的间隔时间。

③复杂部位如管根、水落口、烟囱底部等易发生渗漏的部位，可在其中心 200mm 左右范围先均匀涂刷一遍改性沥青胶粘剂，厚度为 1mm 左右；涂胶后随即粘贴一层聚酯纤维无纺布，并在无纺布上再涂刷一遍厚度为 1mm 左右的改性沥青胶粘剂，使其干燥后形成一层无接缝的整体防水涂膜增强层。

④铺贴卷材时应排除卷材下面的空气，并应辊压粘贴牢固；铺贴卷材时应平整顺直，搭接尺寸准确，不得扭曲、皱折。搭接部位的接缝应满涂胶粘剂，辊压粘贴牢固。

⑤铺贴卷材时，可按照卷材的配置方案，边涂刷胶粘剂，边滚铺卷材，在铺贴卷材时应及时排除卷材下面的空气，并辊压粘结牢固。

⑥搭接缝部位，最好采用热风焊机或火焰加热器（热熔焊接卷材的专用工具）或汽油喷灯加热，至

接缝卷材表面熔融至光亮黑色时，即可进行粘合（图 4-16 和图 4-17），封闭严密。采用冷粘法时，搭接缝口应用材性相容的密封材料封严，宽度不应小于 10mm。

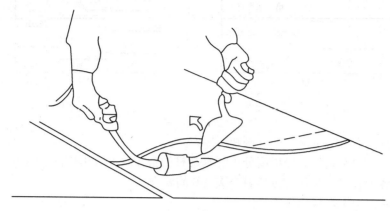

图 4-16 搭接缝熔焊粘结示意图

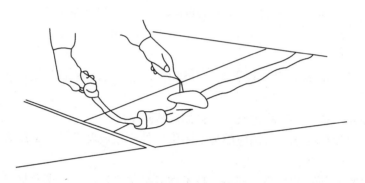

图 4-17 接缝熔焊粘结后处理方法
注：用火焰及抹子在接缝边缘上均匀地加热抹压一遍。

2）高聚物改性沥青防水卷材冷粘法施工的操作要点。高聚物改性沥青防水卷材冷粘法施工工艺流程参见图 4-18。

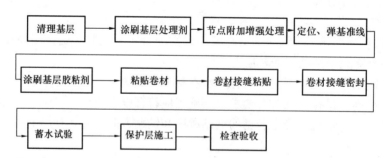

图 4-18 高聚物改性沥青防水卷材冷粘法施工工艺流程

①清理基层。剔除基层上的隆起异物，清除基层上的杂物，清扫干净尘土。

②涂刷基层处理剂。高聚物改性沥青防水卷材的基层处理剂可选用氯丁沥青胶乳、橡胶改性沥青溶液、沥青溶液等。将基层处理剂搅拌均匀，先行涂刷节点部位一遍，然后进行大面积涂刷，涂刷应均匀，不得过厚、过薄。一般涂刷 4h 左右，方可进行下道工序的施工。

③节点附加增强处理。在构造节点部位及周边扩大 200mm 范围内，均匀涂刷一层厚度不小于 1mm 的弹性沥青胶粘剂，随即粘贴一层聚酯纤维无纺布，并在布面上再涂一层厚 1mm 的胶粘剂，构造成无接缝的增强层。

④定位、弹基准线。同高分子卷材冷粘施工。

⑤涂刷基层胶粘剂。基层胶粘剂的涂刷可用胶皮刮板进行，要求涂刷在基层上，厚薄均匀，不漏底、不堆积，厚度约为 0.5mm。空铺法、条粘法、点粘法应按规定的位置和面积涂刷胶粘剂。

⑥粘贴卷材。胶粘剂涂刷后，根据其性能，控制其涂刷的间隔时间，一人在后均匀用力，推赶铺贴卷材，并注意排除卷材下面的空气，一人用手持压辊，滚压卷材面，使之与基层更好地粘结。

卷材与立面的粘贴，应从下面均匀用力往上推赶，使之粘结牢固。当气温较低时，可考虑用热熔法施工。

整个卷材的铺贴应平整顺直，不得扭曲、皱折等。

⑦卷材接缝粘结。卷材接缝处，应满涂胶粘剂（与基层胶粘剂同一品种），在合适的间隔时间后，使接缝处卷材粘结，并辊压之，溢出的胶粘剂随即刮平封口。

卷材与卷材搭接缝也可用热熔法粘结。

⑧卷材接缝密封。接缝口应用密封材料封严，宽度不小于 10mm。

⑨蓄水试验。

⑩保护层施工。屋面经蓄水试验合格后，放水待面层干燥，按设计构造图立即进行保护层施工，以免防水层受损。

如为上人屋面铺砌块材保护层，其块材下面的隔离层，可铺干砂 1~2mm。块材之间约 10mm 的缝隙用水泥砂浆灌实。铺设时拉通线，控制板面流水坡度、平整度，使缝隙整齐一致。每隔一定距离（面积不大于 100m²）及女儿墙周围设置伸缩缝。

如为不上人屋面，当使用配套银粉反光涂料时，涂刷前应将卷材表面清扫干净。

(3) 热粘法施工。采用热粘法铺贴高聚物改性沥青防水卷材应符合下列规定：

1) 熔化热熔型改性沥青胶结料时，宜采用专用的导热油炉加热，加热温度不应高于 200℃，使用温度不应低于 180℃。

2) 粘贴卷材的热熔型改性沥青胶结料厚度宜为 1~1.5mm。

3) 采用热熔型改性沥青胶结料铺贴卷材时，应随刮涂热熔改性沥青胶结料随滚铺卷材，并展平压实。

(4) 热熔法施工。热熔法铺贴采用火焰加热器加热熔化型防水卷材底层的热熔胶进行粘贴。热熔卷材是一种在工厂生产过程中底面就涂有一层软化点较高的改性沥青热熔胶的防水卷材。该施工方法常用于 SBS 改性沥青防水卷材、APP 改性沥青防水卷材等与基层的粘结施工。

1) 热熔法施工的基本要求。热熔法铺贴卷材应符合下列规定：

①火焰加热器的喷嘴距卷材面的距离应适中，幅宽内加热应均匀，应以卷材表面熔融至光亮黑色为度，不得过分加热卷材。厚度小于 3mm 的高聚物改性沥青防水卷材，严禁采用热熔法施工。

②卷材表面热熔后应立即滚铺卷材，滚铺时应排除卷材下面的空气，使之平展并粘贴牢固。

③搭接缝部位宜以溢出热熔的改性沥青胶结料为度，溢出的改性沥青胶结料宽度宜为 8mm 左右并均匀顺直为宜。当接缝处的卷材有矿物粒（片）料时，应采用火焰烘烤及清除干净后再进行热熔和接缝处理。

④铺贴卷材时应平整顺直，搭接尺寸准确，不得扭曲。

⑤采用条粘法时，每幅卷材与基层粘结面不应少于两条，每条宽度不应小于 150mm。

2) 热熔法的操作工艺。热熔法的操作工艺可分为滚铺法和展铺法两种。

①滚铺法的施工方法。

a. 固定端部卷材。把成卷的卷材抬至开始铺贴的位置，将卷材展开 1m 左右，对好长、短向的搭接缝，把展开的端部卷材由一名操作人员拉起（人站在卷材的正侧面），另一名操作人员持喷枪站在卷材的背面一侧（即待加热底面），慢慢旋开喷枪开关（不能太大），当听到燃料气嘴喷出的嘶嘶声，即可点燃火焰（点火时，人应站在喷头的侧后面，不可正对喷头），再调节开关，使火焰呈蓝色时即可进行操作。操作时，应先将喷枪火焰对准卷材与基面交接处，同时加热卷材底面粘胶层和基层。此时提卷材端头的操作人员把卷材稍微前倾，并且慢慢地放下卷材，平铺在规定的基层位置上（图 4-19），再由另一操作人员用手持压辊排气，并使卷材熔粘在基层。当熔贴卷材的端头只剩下 30cm 左右时，应把卷材末端翻放在隔热板上，而隔热板的位置则放在已熔贴好的卷材上面（图 4-20），最后用喷枪火焰分别加热余下卷材和基层表面，待加热充分后，再提起卷材粘贴于基层上予以固定。

图 4-19　热熔卷材端部粘贴

b. 卷材大面积铺贴。粘贴好端部卷材后，持枪人应站在卷材滚铺的前方，把喷枪对准卷材和基面的交接处，使之同时加热卷材和基面。条粘时只需加热两侧时，加热宽度各为 150mm 左右。此时推滚卷材的施工人员应蹲在已铺好的端部卷材上面，待卷材加热充分后就可缓缓地推压卷材，并随时注意卷材的搭接缝宽度。与此同时，另一人紧跟其后，用棉纱团从中间向两边抹压卷材，赶出气泡，并用抹刀将溢出的热熔胶刮压抹平。距熔粘位置 1～2m 处，另一人用压辊压实卷材（图 4-21）。

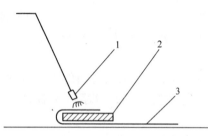

图 4-20　用隔热板加热卷材端头
1—喷枪；2—隔热板；3—卷材

②展铺法的施工方法。展铺法是先把卷材平展铺于基层表面，再沿边缘掀起卷材予以加热卷材底面和基层表面，然后将卷材粘贴于基层上的一种热熔法施工工艺。展铺法主要适用于条粘法铺贴卷材，其施工操作方法如下：

先把卷材展铺在待铺的基面上，对准搭接缝，按与滚铺法相同的方法熔贴好开始端部卷材。若整幅卷材不够平服，可把另一端（末端）卷材卷在一根 φ30mm×1500mm 的木棒上，由 2～3 人拉直整幅卷材，使之无皱折、波纹并能平服地与基层相贴为准。当卷材对准长边搭接缝的弹线位置后，由一施工人员站在末端卷材上面做临时固定，以防卷材回缩。拉直卷材的作用是防止卷材皱折及偏离搭接位置，而造成相邻两幅卷材搭接不均匀；同时也可使卷材尽量平服以少留空隙。

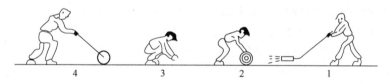

图 4-21　滚铺法铺贴热熔卷材
1—加热；2—滚铺；3—排汽、收边；4—压实

固定好末端后，从始端开始熔贴卷材。操作时，在距开始端约 1500mm 的地方，由手持喷枪的施工人员掀开卷材边缘约 200mm 高（其掀开高度应以喷枪头易于喷热侧边卷材的底面胶粘剂为准），再把喷枪头伸进侧边卷材底部，开大火焰，转动枪头，加热卷材宽约 200mm 左右的底面胶和基面，边加热边沿长向后退。另一人拿棉纱团，从卷材中间向两边赶出气泡，并将卷材抹压平整。最后一人紧随其后，及时用手持压辊压实两侧边卷材，并用抹刀将挤出的胶粘剂刮压平整（图 4-22）。当两侧卷材热熔粘贴只剩下末端 1000mm 长时，与滚铺法一样，熔贴好末端卷材。这样每幅卷材的长边、短边四周均能粘贴于屋面基层上。

③搭接缝的施工方法。热熔卷材表面一般都有一层防粘隔离层，如把它留在搭接缝间，则不利于搭接粘贴。因此，在热熔粘结搭接缝之前，应先将下一层卷材表面的防粘隔离层用喷枪熔烧掉，以利搭接缝粘结牢固。

操作时，由持喷枪的施工人员拿好烫板柄，把烫板沿搭接粉线向后移动，喷枪火焰随烫板一起移动，喷枪应紧靠烫板，并距卷材高 50～100mm，见图 4-23。喷枪移动速度要控制合适，以刚好熔去隔离层为准。在移动过程中，烫板和喷枪要密切配合，切忌火焰烧伤或烫损搭接处的相邻卷材面。另外，在加热时还应注意喷嘴不能触及卷材，否则极易损伤或戳破卷材。

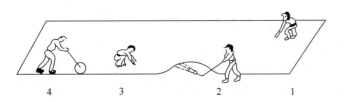

图 4-22　展铺法铺贴热熔卷材
1—临时固定；2—加热；3—排除气泡；4—滚压收边

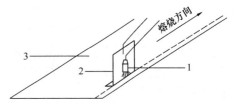

图 4-23　熔烧处理卷材上表面防粘隔离层
1—喷枪；2—烫板；3—已铺下层卷材

滚压时，待搭接缝口有热熔胶（胶粘剂）溢出，收边的施工人员趁热用棉纱团抹平卷材后，即可用抹灰刀把溢出的热熔胶刮平，沿边封严。

对于卷材短边搭接缝，还可用抹灰刀挑开，同时用汽油喷灯烘烤卷材搭接处（图 4-16），待加热至适当温度后，随即用抹灰刀将接缝处溢出的热熔胶刮平、封严（图 4-17），这同样会取得很好的效果。

3）高聚物改性沥青防水卷材热熔法施工的操作要点。高聚物改性沥青防水卷材热熔法施工工艺流程参见图 4-24。

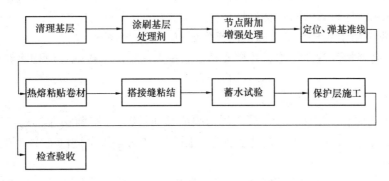

图 4-24　高聚物改性沥青防水卷材热熔法施工工艺流程

①清理基层。剔除基层上的隆起异物，彻底清扫、清除基层表面的灰尘。

②涂刷基层处理剂。基层处理剂采用溶剂型改性沥青防水涂料或橡胶改性沥青胶结料。将基层处理剂均匀涂刷在基层上，厚薄一致。

③节点附加增强处理。待基层处理剂干燥后，按设计节点构造图做好节点附加增强处理。

④定位、弹基准线。在基层上按规范要求，排布卷材，弹出基准线。

⑤热熔粘贴卷材。将卷材沥青膜底面朝下，对正粉线，用火焰喷枪对准卷材与基层的结合面，同时加热卷材与基层。喷枪头距加热面 50～100mm，当烘烤到沥青熔化，卷材底有光泽并发黑，有一薄的熔层时，即用胶皮压辊滚压密实。如此边烘烤边推压，当端头只剩下 300mm 左右时，将卷材翻放于隔热板上加热，如图 4-20 所示，同时加热基层表面，粘贴卷材并压实。

⑥搭接缝粘结。搭接缝粘结之前，先熔烧下层卷材上表面搭接宽度内的防粘隔离层。处理时，操作者一手持烫板，一手持喷枪，使喷枪靠近烫板并距卷材 50～100mm，边熔烧，边沿搭接线后退，见图 4-23。为防止火焰烧伤卷材其他部位，烫板与喷枪应同步移动。

处理完毕隔离层，即可进行接缝粘结，其操作方法与卷材和基层的粘结相同。

施工时应注意：在滚压时，以卷材边缘溢出少量的热熔胶为宜，溢出的热熔胶应用灰刀刮平，并沿边封严接缝口；烘烤时间不宜过长，以防沥青烧坏面层材料。

⑦整个防水层粘贴完毕后，所有搭接缝的边均应用密封材料予以严密的涂封。根据《屋面工程质量

验收规范》（GB 50207—2012）的规定，采用热熔法、冷粘法、自粘法工艺铺设的高聚物改性沥青防水卷材屋面，其"接缝口应用密封材料封严，宽度不应小于 10mm"。密封材料可用聚氯乙烯建筑防水接缝材料或建筑防水沥青嵌缝油膏，也可采用封口胶或冷玛琋脂。密封材料应在缝口抹平，使其形成明显的沥青条带。

⑧蓄水试验。防水层完工后，按卷材热玛琋脂粘结施工的相同要求做蓄水试验。

⑨保护层施工。蓄水试验合格后，按设计要求进行保护层施工。

（5）自粘法施工。自粘贴卷材施工法是指自粘型卷材的铺贴方法。施工的特点是不需涂刷胶粘剂。自粘型卷材在工厂生产过程中，在其底面涂上一层高性能的胶粘剂，胶粘剂表面敷有一层隔离纸。施工中剥去隔离纸，就可以直接铺贴。

自粘贴改性沥青卷材施工方法与自粘型高分子卷材施工方法相似。但对于搭接缝的处理，为了保证接缝粘结性能，搭接部位提倡用热风枪加热，尤其在温度较低时施工，这一措施更为必要。

1）自粘法施工的基本要求。自粘法铺贴卷材应符合下列规定：

①铺粘卷材前，基层表面应均匀涂刷基层处理剂，干燥后及时铺贴卷材。

②铺贴卷材时应将自粘胶底面的隔离纸完全撕净。

③铺贴卷材时应排除卷材下面的空气，并辊压粘贴牢固。

④铺贴的卷材应平整顺直，搭接尺寸应准确，不得扭曲、皱折。低温施工时，立面、大坡面及搭接部位宜采用热风机加热，加热后随即粘贴牢固。

⑤搭接缝口应采用材性相容的密封材料封严。

2）高聚物改性沥青防水卷材自粘法施工的操作要点。

①卷材滚铺时，高聚物改性沥青防水卷材要稍拉紧一点，不能太松弛。应排除卷材下面的空气，并辊压粘结牢固。

②搭接缝的粘贴。

a. 自粘型卷材上表面有一层防粘层（聚乙烯薄膜或其他材料），在铺贴卷材前，应将相邻卷材待搭接部位上表面的防粘层先熔化掉，使搭接缝能粘贴牢固。操作时，用手持汽油喷灯沿搭接粉线熔烧待搭接卷材表面的防粘层。

b. 粘结搭接缝时，应掀开搭接部位卷材，用偏头热风枪加热搭接卷材底面的胶粘剂并逐渐前移。另一人随其后，把加热后的搭接部位卷材用棉布由里向外予以排气，并抹压平整。最后紧随一人用手持压辊滚压搭接部位，使搭接缝密实。

c. 加热时应注意控制好加热温度，其控制标准为手持压辊压过搭接卷材后，使搭接边末端胶粘剂稍有外溢。

d. 搭接缝粘贴密实后，所有搭接缝均用密封材料封边，宽度应不小于 10mm。

e. 铺贴立面、大坡面卷材时，可采用加热方法使自粘卷材与基层粘结牢固，必要时还应加钉固定。

③应注意的质量问题。

a. 屋面不平整。找平层不平顺，造成积水，施工时应找好线，放好坡，找平层施工中应拉线检查。做到坡度符合要求，平整无积水。

b. 空鼓。铺贴卷材时基层不干燥，铺贴不认真，边角处易出现空鼓；铺贴卷材应掌握基层含水率，不符合要求不能铺贴卷材，同时铺贴时应平、实，压边紧密，粘结牢固。

c. 渗漏。多发生在细部位置。铺贴附加层时，从卷材剪配、粘贴操作，应使附加层紧贴到位，封严、压实，不得有翘边等现象。

5. 合成高分子防水卷材的施工

合成高分子卷材与沥青油毡相比，具有质量小，延伸率大，低温柔性好，色彩丰富，以及施工简便（冷施工）等特点，因此近几年合成高分子卷材得到很大发展，并在施工中得到广泛应用。

合成高分子防水卷材的水落口、天沟、檐沟、檐口及立面卷材收头等施工均与沥青防水卷材的施工相同，立面或大坡面铺贴合成高分子防水卷材与聚合物改性沥青防水卷材的施工相同。

（1）作业条件。

1）施工前审核图纸，编制屋面防水施工方案，并进行技术交底。屋面防水工程必须由专业施工队持证上岗。

2）铺贴防水层的基层必须施工完毕，并经养护、干燥，防水层施工前应将基层表面清除干净，同时进行基层验收，合格后方可进行防水层施工。

3）基层坡度应符合设计要求，不得有空鼓、开裂、起砂、脱皮等缺陷；基层含水率应不大于9%。

4）防水层施工按设计要求，准备好卷材及配套材料，存放和操作应远离火源，防止发生事故。

5）合成高分子防水卷材，严禁在雨天、雪天施工；五级风及其以上时不得施工；环境气温低于5℃时不宜施工。施工中途下雨、下雪，应做好已铺卷材周边的防护工作。（注：焊接法施工环境气温不宜低于-10℃。）

（2）冷粘法施工。合成高分子防水卷材大多可用于屋面单层防水，卷材的厚度宜为1.2～2mm。

冷粘贴施工是合成高分子卷材的主要施工方法。各种合成高分子卷材的冷粘贴施工，除由于配套胶粘剂引起的差异外，大致相同。

1）冷粘法施工的基本要求。冷粘法铺贴卷材应符合下列规定：

①基层胶粘剂可涂刷在基层或基层和卷材底面，涂刷应均匀，不露底，不堆积。卷材空铺、点粘、条粘时，应按规定的位置及面积涂刷胶粘剂。

②根据胶粘剂的性能，应控制胶粘剂涂刷与卷材铺贴的间隔时间。

③铺贴卷材不得皱折，也不得用力拉伸卷材，并应排除卷材下面的空气，辊压粘贴牢固。

④铺贴的卷材应平整顺直，搭接尺寸准确，不得扭曲。

⑤合成高分子防水卷材铺好压粘后，应将搭接部位的粘合面清理干净，并采用与卷材配套的接缝专用胶粘剂，在搭接缝粘合面上涂刷均匀，不露底，不堆积。根据专用胶粘剂的性能，应控制胶粘剂涂刷与黏合间隔时间，并排除缝间的空气，辊压粘贴牢固。

⑥搭接缝口应采用材性相容的密封材料封严。

⑦合成高分子防水卷材搭接部位采用胶粘带黏结时，粘合面应清理干净，必要时可涂刷与卷材及胶粘带材性相容的基层胶粘剂，撕去胶粘带隔离纸后应及时粘合接缝部位的卷材，并辊压粘牢。低温施工时，宜采用热风机加热，使其粘贴牢固、封闭严密。

2）冷粘法的操作工艺。在平面上铺贴卷材时，可采用抬铺法或滚铺法进行。

各种胶粘剂的性能和施工环境是各不相同的，有的可以在涂刷后立即粘贴卷材，有的则必须待溶剂挥发一部分后才能粘贴卷材，尤以后者居多，这就要求控制好胶粘剂涂刷与卷材铺贴的间隔时间。一般要求基层及卷材上涂刷的胶粘剂达到表干程度，其间隔时间与胶粘剂性能及气温、湿度、风力等因素均有关，通常为10～30min，施工时可凭经验确定，用指触不粘手时即可开始粘贴卷材。间隔时间的控制是冷粘贴施工的难点，这对粘结力和粘结的可靠性影响甚大。

①抬铺法。在涂布好胶粘剂的卷材两端各安排1人，拉直卷材，中间根据卷材的长度安排1～4人，同时将卷材沿长向对折，使涂布胶粘剂的一面向外，抬起卷材，将一边对准搭接缝处的粉线，再翻开上半部卷材铺在基层上，同时拉开卷材使之平服。操作过程中，对折、抬起卷材、对粉线、翻平卷材等工序，均应同时进行。

②滚铺法。将涂布完胶粘剂并达到要求干燥度的卷材用ϕ50～ϕ100mm的塑料管或原来用来装运卷材的筒芯重新成卷，使涂布胶粘剂的一面朝外，成卷时两端要平整，以保证铺贴时能对齐粉线，并要注意防止砂子、灰尘等杂物粘在卷材表面。成卷后用1根ϕ30～ϕ1500mm的钢管穿入中心的塑料管或筒芯内，由两人分别持钢管两端，抬起卷材的端头，对准粉线，固定在已铺好的卷材顶端搭接部位或基层面上，抬卷材两人同时匀速向前，展开卷材，并随时注意将卷材边缘对准粉线，同时应使卷材铺贴平整，直到铺完一幅卷材。铺贴合成高分子卷材要尽量保持其松弛状态，但不能有皱折。

每铺完一幅卷材，应立即用干净而松软的长柄压辊从卷材一端顺卷材横向顺序滚压一遍，彻底排除卷材粘结层间的空气。

排除空气后，平面部位卷材可用外包橡胶的大压辊（一般重 30～40kg）滚压，使其粘贴牢固。滚压应从中间向两侧移动，做到排气彻底。

平面、立面交接处，则先粘贴好平面，经过转角，由下往上粘贴卷材，粘贴时切勿拉紧，要轻轻沿转角压紧压实，再往上粘贴，同时排出空气，最后用手持压辊滚压密实，滚压时要从上往下进行。

3）合成高分子防水卷材冷粘法施工的操作要点。合成高分子防水卷材冷粘法施工工艺流程参见图 4-25。

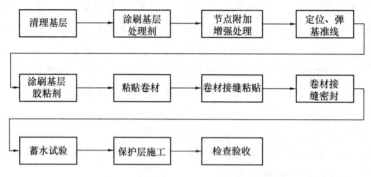

图 4-25　合成高分子防水卷材冷粘法施工工艺流程

①三元乙丙橡胶防水卷材的冷粘法施工。

a. 清理基层。

b. 涂刷基层处理剂。将聚氨酯底胶按甲料：乙料＝1：3 的比例（质量比）配合，搅拌均匀，用长柄刷涂刷在基层上。涂布量一般以 0.15～0.2kg/m² 为宜。底胶涂刷后 4h 以上才能进行下道工序施工。

c. 节点附加增强处理。阴阳角、排水口、管子根部周围等构造节点部位，加刷一遍聚氨酯防水涂料（按甲料：乙料＝1：1.5 的比例配制，搅拌均匀，涂刷宽度距节点中心不少于 200～250mm，厚约 2mm，固化时间不少于 24h）做加强层，然后铺贴一层卷材。天沟宜粘贴两层卷材。

d. 定位、弹基准线。按卷材排布配置，弹出定位和基准线。

e. 涂刷基层胶粘剂。基层胶粘剂使用 CX-404 胶。需将胶分别涂刷在基层及防水卷材的表面。基层按事先弹好的位置线用长柄滚刷涂刷，同时，将卷材平置于施工面旁边的基层上，用湿布除去卷材表面的浮灰，画出长边及短边各不涂胶的接合部位（满粘法不小于 80mm，其他不小于 100mm），然后在其表面均匀涂刷 CX-404 胶。涂刷时，按一个方向进行，厚薄均匀，不露底，不堆积。

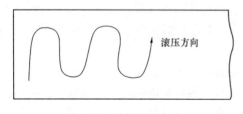

图 4-26　排气滚压方向

f. 粘贴卷材。基层及防水卷材分别涂胶后，晾干约 20min，手触不粘即可进行黏结。操作人员将刷好胶粘剂的卷材抬起，使刷胶面朝下；将始端粘贴在定位线部位，然后沿基准线向前粘贴。粘贴时，卷材不得拉伸。随即用胶辊用力向前、向两侧滚压（图 4-26）排除空气，使两者粘结牢固。

g. 卷材接缝粘贴。卷材接缝宽度范围内（80mm 或 100mm），使用丁基橡胶胶粘剂（按 A：B＝1：1 的比例配制，搅拌均匀），用油漆刷均匀涂刷在卷材接缝部位的两个粘结面上，涂胶后 20min 左右，指触不粘，随即进行粘贴。粘结从一端顺卷材长边方向至短边方向进行，用手持压辊滚压，使卷材粘牢。

h. 卷材接缝密封。卷材末端的接缝及收头处，可用聚氨酯密封胶或氯磺化聚乙烯密封膏嵌封严密，以防接缝、收头处剥落。

i. 蓄水试验。

j. 保护层施工。

②氯化聚乙烯防水卷材的冷粘法施工。

a. 基层处理。

b. 涂布 404 氯丁胶粘剂。在铺贴卷材前将 404 氯丁胶粘剂打开并搅拌均匀，将基层清理干净后即可涂刷施工。

在基层表面涂布 404 氯丁胶粘剂，在基层处理干燥后将杂物清除干净，用长柄刷蘸满 404 氯丁胶粘剂迅速而均匀地进行涂布施工，涂布时，不能在同一处反复多次涂刷，以免咬起胶块。

在卷材表面涂布 404 氯丁胶粘剂，将卷材展开摊铺在平整干净的基层上，用长柄滚刷蘸满 404 氯丁胶粘剂均匀涂布在卷材表面上，涂胶时，厚度一致，不允许有露底和凝聚胶块存在。一般待手感基本干燥后才能进行铺贴卷材的施工。

c. 铺贴卷材。应将卷材按长方向配置，尽量减少接头，从流水坡度的上坡开始弹出基准线，由两边向屋脊，按顺序铺贴，顺水接槎，最后用一条卷材封脊。铺贴卷材时不允许打折。

d. 排除空气。每铺完一张卷材后，应立即用干净而松软的长柄滚刷从卷材的一端开始朝卷材横向顺序用力滚压一遍，以便彻底排除卷材与基层间的空气。然后用手压滚按顺序认真滚一遍。

e. 末端收头处理。为防止卷材末端剥落或浸水，末端收头必须用密封材料封闭，当密封材料固化后，即可用掺有胶乳的水泥砂浆压缝封闭。

③聚氯乙烯（PVC）防水卷材的冷粘法施工。

a. 施工时气温宜在 5～35℃（特殊情况例外），施工人员以 3～5 人组成一组施工。做好基层处理工作。

b. PVC 卷材的材料铺贴程序基本上同沥青卷材，用 PVC 卷材做防水层一般采用一毡一油，在室内落水管的集水口、天沟等沥青特殊部位加铺一层卷材，或配套用氯丁橡胶防水涂料施工。

c. 卷材在铺贴前应先开卷并清除隔离物。

d. 卷材铺贴方向，应根据屋面坡度确定。铺贴时，应由檐口铺向屋脊，当屋面坡度大于 15% 时，卷材应垂直于屋脊铺贴（立铺），屋面坡度在 15% 以内，应尽可能采用平行于屋脊方向铺贴卷材，压边宽度为 40～60mm，接头宽度为 80～100mm，立铺时卷材应越过屋脊 200～300mm，屋脊上下不得留接缝。

e. 胶粘剂的涂刷。在已干燥的板面上，平均涂刷一层 0.8～1mm 厚胶粘剂，待内含溶剂挥发一部分，表面基本干燥后（约 20min，涂层越厚或气温越低，干燥时间越要长一点），方可铺贴卷材。

f. 手工铺贴卷材时，需用两手紧压卷材，向前滚进。推卷时，可前后滚动，使冷粘剂压匀，压卷用力应均匀一致，铺平铺直。

g. 在铺贴卷材的同时，用圆辊筒滚平压紧卷材，并注意排除气沟，消除皱纹。

h. 防水层施工质量的检查及修补。PVC 卷材铺贴完毕后，要对施工质量进行检查，它的检查方法同其他防水材料一样。由于采用单层防水，它的漏水点是较易发现的，修补方法也极简便，即在漏水点周围涂刷一点冷粘剂，剪一小块卷材铺贴即可，或用氯丁橡胶防水材料修补更为理想。

i. 防水层的保护。PVC 防水卷材的保护设施（包括刚性防水层或架空隔热层），宜在卷材铺贴 24h 后进行，如用砂浆作保护层，可在卷材上涂刷一层胶粘剂，均匀撒一层 3～5mm 厚粗砂，轻度拍实即可。

④氯化聚乙烯-橡胶共混防水卷材的冷粘法施工。

a. 基层处理。

b. 喷涂基层处理剂。喷涂时要特别注意薄厚均匀，不允许过厚过薄，否则都将影响施工质量。一般喷涂后干燥 12h（视温度、湿度而定），才能进行下道工艺的施工。阴阳角、排水口、管子根部的周围是容易发生渗漏的薄弱部位，为提高防水施工质量，对于以上部位更要严格检查，精心处理。

c. 涂布 BX-12 胶。在铺贴卷材时，将卷材展开摊铺在干净平整的基层上，用长柄滚刷蘸满已搅拌均匀的 BX-12 胶均匀涂布在卷材表面上，但接头部位的 100mm 不能涂胶，厚薄应均匀，不允许有露底和凝聚胶块存在。

在基层表面涂布 BX-12 胶：在基层处理干燥后，用滚刷蘸满 BX-12 胶迅速而均匀地进行涂布施工。涂布时不能在同一处反复多次涂刷，以免将基层处理剂"咬起"，从而影响施工质量。涂 BX-12 胶后，一般手感基本干燥后才能进行铺贴卷材的施工。

d. 铺贴卷材。

ⓐ应将卷材按长方向配置，尽量减少接头，从流水坡度的上坡开始，弹出基准线，由两边向屋脊，按顺序铺贴，顺水接槎，最后用一条卷材封脊。铺贴卷材时，不允许打折和拉伸卷材。

ⓑ排除空气：每当铺完一张卷材后，应立即用干净而松软的长柄滚刷从卷材的一端开始，卷材的横方向顺序用力地滚压一遍，以便彻底排除卷材与基层间的空气。

ⓒ把胶粘剂按一定配合比混合均匀，再用油漆刷均匀地涂刷在接缝部分的表面（卷材的接缝一般为100mm），待基本干燥后，即可进行粘结，而后用手持压辊按顺序认真滚压一遍。

ⓓ末端收头处理：为了防止卷材末端的剥落或渗水，末端收头必须用密封材料封闭。当密封材料固化后，即可用掺有胶乳的水泥砂浆压缝封闭。

ⓔ涂刷表面涂料：在卷材铺贴完毕，经过认真检查，确认完全合格后，将卷材表面的尘土杂物清扫干净，再用长柄滚刷均匀涂刷表面涂料。涂完表面涂料后，一般不要再在卷材表面走动，以免损坏防水卷材。

（3）自粘法施工。自粘法卷材施工是指自粘型卷材的铺贴方法，是合成高分子卷材的主要施工方法。

自粘型合成高分子防水卷材是在工厂生产过程中，在卷材底面涂敷一层自粘胶，自粘胶表面敷一层隔离纸，铺贴时只要撕下隔离纸，就可以直接粘贴于涂刷了基层处理剂的基层上。自粘型合成高分子防水卷材及聚合物改性沥青防水卷材解决了因涂刷胶粘剂不均匀而影响卷材铺贴的质量问题，并使卷材铺贴施工工艺简化，提高了施工效率。

1）自粘法施工的基本要求。合成高分子防水卷材自粘法施工的基本要求与高聚物改性沥青防水卷材自粘法施工的基本要求相同。

2）自粘法的操作工艺。自粘型卷材的粘结胶通常有高聚物改性沥青粘结胶、合成高分子粘结胶两种。施工一般采用满粘法铺贴，铺贴时为增加粘结强度，基层表面应涂刷基层处理剂；干燥后应及时铺贴卷材。卷材铺贴可采用滚铺法或抬铺法进行。

①滚铺法。当铺贴面积大、隔离纸容易掀剥时，则可采用滚铺法，即掀剥隔离纸与铺贴卷材同时进行。施工时不需打开整卷卷材，用一根钢管插入成筒卷材中心的芯筒，然后由两人各持钢管一端抬至待铺位置的起始端，并将卷材向前展出约500mm，由另一人掀剥此部分卷材的隔离纸，并将其卷到已用过的芯筒上。将已剥去隔离纸的卷材对准已弹好的粉线轻轻摆铺，再加以压实。起始端铺贴完成后，一人缓缓掀剥隔离纸卷入上述芯筒上，并向前移动，抬着卷材的两人同时沿基准粉线向前滚铺卷材。注意：抬卷材两人的移动速度要相同、协调。滚铺时，对自粘贴卷材要稍紧一些，不能太松弛。

铺完一幅卷材后，用长柄滚刷由起始端开始，彻底排除卷材下面的空气。然后再用大压辊或手持压辊将卷材压实，粘贴牢固。

②抬铺法。抬铺法是先将待铺卷材剪好，反铺于基层上，并剥去卷材的全部隔离纸后再铺贴卷材的方法。此法适用于较复杂的铺贴部位，或隔离纸不易剥离的场合。施工时按下列方法进行：首先根据基层形状裁剪卷材。裁剪时，将卷材铺展在待铺部位，实测基层尺寸（考虑搭接宽度）裁剪卷材。然后将剪好的卷材认真仔细地剥除隔离纸，用力要适度，已剥开的隔离纸与卷材宜成锐角，这样不易拉断隔离纸。如出现小片隔离纸粘连在卷材上，可用小刀仔细挑出，注意不能刺破卷材。实在无法剥离时，应用密封材料加以涂盖。全部隔离纸剥离完毕后，将卷材有胶面朝外，沿长向对折卷材。然后抬起并翻转卷材，使搭接边对准粉线，从短边搭接缝开始沿长向铺放好搭接缝侧的半幅卷材，然后再铺放另半幅。在铺放过程中，各操作人员要默契配合，铺贴的松紧度与滚铺法相同。铺放完毕后，再进行排气、辊压。

③立面和大坡面的铺贴。由于自粘型卷材与基层的粘结力相对较低，在立面和大坡面上，卷材容易产生下滑现象，因此在立面或大坡面上粘贴施工时，宜用手持式汽油喷枪将卷材底面的胶粘剂适当加热后再进行粘贴、排气和辊压。

④搭接缝的粘贴。自粘型卷材上表面常带有防粘层（聚乙烯膜或其他材料），在铺贴卷材前，应将相邻卷材待搭接部位上表面的防粘层先熔化掉，使搭接缝能粘结牢固。操作时，用手持汽油喷枪沿搭接缝粉线进行。

粘结搭接缝时，应掀开搭接部位卷材，宜用扁头热风枪加热卷材底面胶粘剂，加热后随即粘贴、排气、辊压，溢出的自粘胶随即刮平封口。

搭接缝粘贴密实后，所有接缝口均用密封材料封严，宽度不应小于10mm。

3）合成高分子防水卷材自粘法施工的操作要点。合成高分子防水卷材自粘法施工的操作工艺流程参见图4-27。

①清理基层。同其他施工方法。

②涂刷基层处理剂。基层处理剂可用稀释的乳化沥青或其他沥青基防水涂料。涂刷要薄而均匀，不漏刷、不凝滞。干燥6h后，即可铺贴防水卷材。

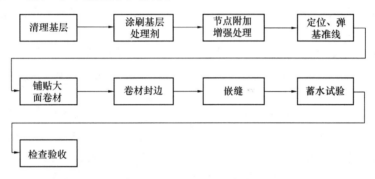

图4-27　合成高分子防水卷材自粘法施工工艺流程

③节点附加增强处理。按设计要求，在构造节点部位铺贴附加层或在做附加层之前，再涂刷一遍增强胶粘剂，再在此上做附加层。

④定位、弹基准线。按卷材排铺布置，弹出定位线、基准线。

⑤铺贴大面卷材。以自粘型彩色三元乙丙橡胶防水卷材为例，三人一组，一人撕纸，一人滚铺卷材，一人随后将卷材压实。铺贴卷材时，应按基准线的位置，缓缓剥开卷材背面的防粘隔离纸，将卷材直接粘贴于基层上，随撕隔离纸，随将卷材向前滚铺。铺贴卷材时，卷材应保持自然松弛状态，不得拉得过紧或过松，不得出现折皱，每当铺好一段卷材，应立即用胶皮压辊压实粘牢。

自粘型卷材铺贴方法如图4-28所示。

⑥卷材封边。自粘型彩色三元乙丙橡胶防水卷材的长、短向一边宽50～70mm不带自粘胶，故搭接接缝处需刷胶封边，以确保卷材搭接缝处能粘结牢固。施工时，将卷材搭接部位翻开，用油漆刷将CX-404胶均匀地涂刷在卷材接缝的两个粘结面上，涂胶20min后，指触不粘时，随即进行粘贴，粘结后用手持压辊仔细滚压密实，使之粘结牢固。

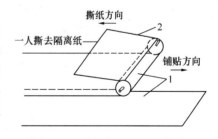

图4-28　自粘型卷材铺贴方法
1—卷材；2—隔离纸

⑦嵌缝。大面卷材铺贴完毕后，所有卷材接缝处，应用丙烯酸密封膏仔细嵌缝。嵌缝时，胶封不得宽窄不一，做到严实无疵。

⑧蓄水试验。

（4）焊接法和机械固定法的施工。热风焊接施工是指采用热空气加热热塑性卷材的粘合面进行卷材与卷材接缝粘结的施工方法，卷材与基层间可采用空铺、机械固定、胶粘剂粘结等方法。

热风焊接法一般适用热塑性合成高分子防水卷材的接缝施工。由于合成高分子卷材粘结性差，采用胶粘剂粘结可靠性差，所以在与基层粘结时，采用胶粘剂，而接缝处采用热风焊接，确保防水层搭接缝的可靠。目前国内用焊接法施工的合成高分子卷材有 PVC（聚氯乙烯）防水卷材、PE（聚乙烯）防水卷材、TPO 防水卷材。热风焊接合成高分子卷材施工除搭接缝外，其他要求与合成高分子卷材冷粘法完全一致。其搭接缝所采用的焊接方法有两种：一种为热熔焊接（热风焊接），即采用热风焊枪，电加热产生热气体由焊嘴喷出，将卷材表面熔化达到焊接熔合；另一种是溶剂焊（冷焊），即采用溶剂（如四氢呋喃）进行接合。接缝方式也有搭接和对接两种。目前我国大部分采用热风焊接搭接法。

施工时，将卷材展开铺放在需铺贴的位置，按弹线位置调整对齐，搭接宽度应准确，铺放平整顺直，不得皱折，然后将卷材向后一半对折，这时使用滚刷在屋面基层和卷材底面均匀涂刷胶粘剂（搭接缝焊接部位切勿涂胶），不应漏涂露底，亦不应堆积过厚，根据环境温度、湿度和压力，待胶粘剂溶剂挥发手触不粘时，即可将卷材铺放在屋面基层上，并使用压辊压实，排出卷材底空气。另一半卷材，重复上述工艺将卷材铺粘。

需进行机械固定的，则在搭接缝下幅卷材距边 30mm 处，按设计要求的间距用螺钉（带垫帽）钉于基层上，然后用上幅卷材覆盖焊接。

1) 焊接法和机械固定法铺设卷材施工的基本要求。焊接法和机械固定法铺设卷材应符合下列规定：

①对热塑性卷材的搭接缝可采用单缝焊或双缝焊，焊接应严密。

②焊接前，卷材应铺放平整、顺直，搭接尺寸应准确，焊接缝的结合面应清扫干净。

③应先焊长边搭接缝，后焊短边搭接缝；应控制加热温度和时间，焊接缝不得漏焊、跳焊或焊接不牢。

④卷材采用机械固定时，应符合以下要求：固定件应与结构层连接牢固，固定件间距应根据抗风揭试验和当地的使用环境与条件确定，并不宜大于 600mm。卷材防水层周边 800mm 范围内应满粘。卷材收头应采用金属压条钉压固定和密封处理。

2) 高密度聚乙烯（HDPE）卷材焊接施工要点。高密度聚乙烯（HDPE）卷材焊接施工的操作工艺流程参见图 4-29。

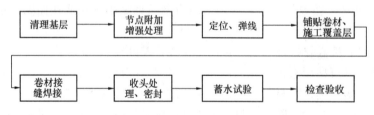

图 4-29　高密度聚乙烯卷材焊接施工工艺流程

①清理基层。一切易戳破卷材的尖锐物，应彻底清除干净。

②节点附加增强处理。对节点部位，预先剪裁卷材，首先焊接一层卷材。

③定位、弹线。高密度聚乙烯（HDPE）卷材宽度大（达 6.86m、10.50m）、长度长（55～381m），因而接缝较少，要求事先定出接缝的位置并弹出基准线。

④铺贴卷材、施工覆盖层。首先根据屋面尺寸，计算并剪裁好卷材，然后边铺卷材边在铺好的卷材上覆盖砂浆，但要留出焊接缝的位置。覆盖层用 1∶2.5 的水泥砂浆铺就，半硬性施工，一次压光，厚约 20mm，然后用 250mm 见方的分块器压槽，在槽内填干砂，并对覆盖层进行覆盖养护。

⑤卷材接缝焊接。整个屋面卷材铺设完毕后，将卷材焊缝处擦洗干净，用热风机将上、下两层卷材热粘，用砂轮打毛，然后用温控热焊机进行焊接。注意：在焊接过程中，不能粘污焊条。

⑥收头处理、密封。用水泥钉或膨胀螺栓固定铝合金压条压牢卷材收头，并用厚度不小于 5mm 的油膏层将其封严，然后用砂浆覆盖。如坡度较大，则应加设钢丝网后方可覆盖砂浆。

⑦蓄水试验。同其他施工方法。

6. 卷材防水屋面构造节点的防水做法

屋面节点卷材铺设见表 4-25。

表 4-25　屋面节点卷材铺设

节点内容	施 工 要 点
天沟、檐沟、水落口	1. 水落口与竖管承插处用密封材料嵌填密封 2. 水落口周围 500mm（直径）范围内涂刷厚度不小于 2mm 的防水涂料或密封材料作为附加层 3. 在水落口杯与基层接触预留的 20mm×20mm 凹槽中嵌填密封材料 4. 在天沟、檐沟转角处先用密封材料涂封，干燥后再增铺一层卷材或涂刷防水涂料作为附加层 5. 顺天沟流水方向从水落口向分水岭铺设卷材，随铺随用刮板由沟底中央向两侧刮压，排除气泡，粘贴密实。如有接缝，应用密封材料密封 6. 水落口杯处的各层卷材均应粘附在杯口上，用雨水罩的底盘将其压紧，底盘与卷材间满涂密封涂料，底盘周围用密封材料封填 7. 水落口处卷材剪裁方法见图 4-30
檐口	1. 将卷材端头裁齐压入凹槽内，用压条或带垫片的钉子固定 2. 钉帽及卷材端头用密封材料封固
泛水、收头	1. 在泛水处（屋面与立墙的转角部位）增铺一层卷材或涂刷一层防水涂料做附加层 2. 先铺平面卷材至转角处，留足立面卷材的长度，然后从下至上铺贴立面卷材，随铺随刮压 3. 收头处理 （1）若有预留凹槽，则将卷材端头裁齐压入凹槽，压条钉压，密封材料密封，水泥砂浆抹封凹槽。最大钉距不大于 900mm （2）若无预留凹槽，则用金属压条或带垫片的钉子将卷材端头固定在墙面上（钉距≤900mm），用密封材料封严，再钉压金属或合成高分子卷材条盖板，并用密封材料封严盖板与立墙交接处
出屋面管道	1. 在出屋面管道与基层交接处预留的 20mm×20mm 凹槽内嵌填密封材料 2. 管道四周除锈 3. 做附加增强层，或涂层或卷材 4. 铺设卷材防水层 5. 附加层及卷材防水层收头处用金属箍箍紧在管道上，并用密封材料封严 6. 附加层卷材剪裁方法见图 4-31
等高变形缝	1. 做好附加墙与屋面交接处泛水部位的附加层 2. 变形缝两侧的防水卷材铺贴至边缘 3. 在变形缝中填入沥青麻丝，然后在缝中嵌填直径略大于缝宽的聚苯乙烯泡沫塑料棒 4. 在变形缝上铺设盖缝卷材。卷材与附加墙顶面不粘贴，但延伸至立面上采用满粘法粘铺，且粘贴宽度不小于 100mm 5. 在附加墙上安放混凝土盖板
高低跨变形缝	1. 将低跨屋面防水层铺贴至附加墙顶面边缘 2. 将另一幅卷材上部用金属压条钉子固定于高跨墙面或其预留的凹槽内，用密封材料封固，再将卷材弯成 U 形放入变形缝中，另一端满粘于低跨屋面，与铺至附加墙顶的低跨屋面卷材搭接、密封 3. 用带垫片的钉子将金属或合成高分子盖板两端分别固定于高跨外墙面和低跨附加墙面上，并用密封材料封严
板缝缓冲层	在无保温层的装配式屋面的板端缝上空铺一宽 300mm 的卷材，卷材一边点粘于基层上。但在檐口处 500mm 内要粘贴牢固

节点内容	施　工　要　点
分格缝	1. 不兼作排汽道时，将分格缝两侧涂刷基层处理剂，嵌填密封材料 2. 兼作排汽道时，在其上铺贴一宽大于 200mm 的隔离纸（或塑料薄膜），注意不得堵塞排汽道
阴阳角	1. 涂刷基层处理剂后，在阴阳角处用密封膏涂封，距离为每边 100mm 2. 铺设卷材附加层，剪缝处用密封膏封固 3. 阴阳角处附加层卷材剪裁方法见图 4-32

图 4-30　水落口处卷材剪裁方法　　　　图 4-31　出屋面管道附加层卷材剪裁方法

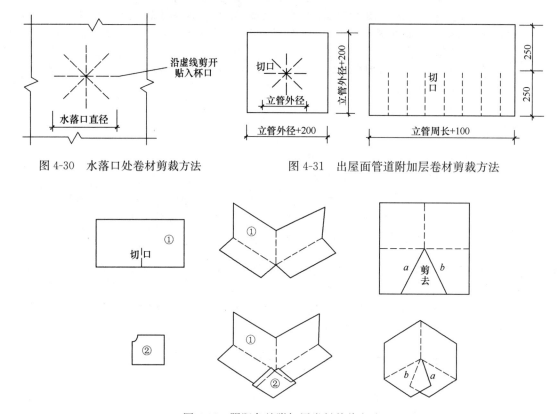

图 4-32　阴阳角处附加层卷材剪裁方法

7. 卷材防水屋面施工的注意事项

（1）雨天、雪天严禁进行卷材施工。五级风及其以上时不得施工。气温低于 0℃ 时不宜施工，如必须在负温下施工，应采取相应措施，以保证工程质量。热熔法施工时的气温不宜低于 −10℃。施工中途下雨、下雪，应做好已铺卷材四周的防护工作。

（2）夏期施工时，屋面如有露水潮湿，应待其干燥后方可铺贴卷材，并避免在高温烈日下施工。

（3）应采取措施保证沥青胶结材料的使用温度和各种胶粘剂配料称量的准确性。

（4）卷材防水层的找平层应符合质量要求，达到规定的干燥程度。

（5）在屋面拐角、天沟、水落口、屋脊、卷材搭接、收头等节点部位，必须仔细铺平、贴紧、压实、收头牢靠，符合设计要求和屋面工程技术规范等有关规定；在屋面拐角、天沟、水落口、屋脊等部位应加铺卷材附加层；水落口加雨水罩后，必须是天沟的最低部位，避免水落口周围存水。

（6）卷材铺贴时应避免过分拉紧和皱折，基层与卷材间排气要充分，向横向两侧排气后方可用辊子压实粘实。不允许有翘边、脱层现象。

（7）由于卷材和胶粘剂种类多，使用范围不同，盛装胶粘剂的桶应有明显标志，以免错用。

（8）为保证卷材搭接宽度和铺贴顺直，应严格按照基层所弹粉线进行。

4.1.3.5 隔离层和保护层的施工

在卷材防水层铺设完毕后，应对其进行雨后观察、淋水或蓄水试验，并应在检查合格后立即进行隔离层和保护层的施工，以便能及时保护防水层免受损伤。隔离层和保护层施工前应保证防水层或保温层的表面平整、干净，在隔离层和保护层施工时，应避免损坏防水层或保温层，隔离层和保护层的施工质量对延长防水层的使用年限有着很大的影响，故必须认真进行施工。

1. 隔离层的施工

防水层与上层混凝土保护层之间、保温层与上层混凝土保护层之间等处，应设置允许上下层之间有适当错动的隔离层，一般采用粘结力不强、便于滑动的材料（常用的隔离层材料有聚氯乙烯塑料薄膜、沥青卷材、土工膜、无纺聚酯纤维布等），施工时应确保层间的完全分离。

隔离层的施工要点如下：

（1）隔离层的施工环境温度应符合以下规定：①干铺塑料薄膜、沥青卷材、土工膜可在负温下施工；②铺抹低强度等级砂浆宜为5～35℃。

（2）隔离层材料的贮运、保管应符合以下规定：①塑料薄膜、卷材、土工布贮运时，应防止日晒、雨淋、重压；②塑料薄膜、卷材、土工布保管时，应保证室内干燥、通风；③塑料薄膜、卷材、土工布的保管环境应远离火源、热源。

（3）隔离层铺设前，应将基层表面的砂粒、硬块等杂物清扫干净，以防在铺贴时损伤隔离层，隔离层的铺设不得有破损和漏铺现象。

（4）隔离层采用干铺隔离材料一层，若干铺塑料薄膜、卷材、土工布，其搭接宽度不应小于50mm，铺设应连片平整，不得有皱折。若防水层带有高密度聚乙烯膜者，则可不再另设隔离层。

（5）采用低强度等级砂浆进行铺设时，其表面应平整、压实，不得有起壳和起砂等现象。

（6）隔离层材料的强度低，在隔离层继续施工时，要注意对隔离层加强保护，混凝土运输不能直接在隔离层表面进行，应采取垫板等措施。绑扎钢筋时，不得扎破表面，浇捣混凝土时则更不能振坏隔离层。

2. 保护层的施工

设置保护层的目的是保护防水层免受损坏，屋面保护层的材料和做法，应考虑防水材料的类型和屋面是否作为上人的活动空间。如为不上人屋面，防水层为高聚物改性沥青防水卷材或合成高分子防水卷材，则可采用铝银粉涂料，直接涂刷在卷材表面做保护层，也可采用铝箔、彩砂等材料做保护层（图4-33）。如为上人屋面，一般可在防水层上面浇筑30～50mm厚的细石混凝土保护层（每2m左右应设置分格缝，缝内用沥青胶嵌满）；也可采用水泥砂浆、沥青砂浆或干砂层铺设预制混凝土板或大阶砖、水泥花砖、缸砖等块体材料；另外，还可以采用与隔热层结合在一起的架空保护层（图4-34）。

图 4-33　不上人卷材防水屋面

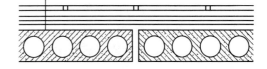

图 4-34　上人卷材防水屋面

保护层的施工要点如下：

(1) 保护层的施工环境温度。保护层的施工环境温度应符合以下规定：①块体材料干铺不宜低于一5℃，湿铺不宜低于5℃；②水泥砂浆及细石混凝土宜为5～35℃；③浅色涂料不宜低于5℃。

(2) 保护层材料的贮运、保管。保护层材料的贮运、保管应符合以下规定：①水泥贮运、保管时应采取防尘、防雨、防潮措施；②块体材料应按类别、规格分别堆放；③浅色涂料贮运、保管环境温度：反应型及水乳型不宜低于5℃，溶剂型不宜低于0℃；④溶剂型涂料保管环境应干燥、通风，并应远离火源和热源。

3. 坡度

块体材料、水泥砂浆、细石混凝土保护层表面的坡度应符合设计要求，不得有积水现象。

4. 浅色、反射涂料保护层的施工。

高聚物改性沥青防水卷材、合成高分子防水卷材防水层采用浅色涂料做保护层时，应待卷材铺贴完成并经检验合格，清扫干净后，方可进行涂刷，其涂层应与卷材粘结牢固，厚薄均匀，不得漏涂。

浅色、反射涂料常用的有铝基沥青悬浊液，丙烯酸浅色涂料中掺入铝料的反射涂料，反射涂料可在现场进行配制。一般卷材防水层应养护2d以上，涂膜防水层则应养护7d以上。两遍涂刷时，第二遍涂刷的方向应与第一遍垂直。由于浅色、反射涂料具有良好的阳光反射性，施工人员在阳光下作业时，则应避免强烈的反射光线刺伤眼睛。

浅色涂料保护层的施工应符合以下规定：

(1) 浅色涂料应与卷材、涂膜相容，材料用量应根据产品说明书的规定使用。

(2) 浅色涂料应多遍涂料，当防水层为涂膜时，应在涂膜固化后进行。

(3) 涂层应与防水层粘结牢固，厚薄应均匀，不得漏涂。

(4) 涂层表面应平整，不得流淌和堆积。

5. 细砂、云母及蛭石保护层的施工

细砂、云母及蛭石主要用于非上人屋面的沥青卷材防水层和涂膜防水层的保护层，使用前应先筛去粉料。再随刮涂冷玛琋脂随撒铺云母或蛭石。撒铺应均匀，不得露底，待溶液基本挥发后，再将多余的云母或蛭石清除。

用砂做保护层时，应采用天然水成砂，砂粒粒径不得大于涂层厚度的1/4。使用云母或蛭石时不受此限制，因为这些材料是片状的，质地较软。

当涂刷最后一道涂料时，应边涂刷边撒布细砂（或云母、蛭石），同时用软质的胶辊在保护层上反复轻轻滚压，务必使保护层牢固地粘结在涂层上。涂层干燥后，应扫除未粘结材料并堆集起来再用。如不清扫，日后雨水冲刷就会堵塞水落口，造成排水不畅。

6. 绿豆砂保护层的施工

绿豆砂保护层主要是在沥青卷材防水屋面中采用。绿豆砂材料价格低廉，对沥青卷材有一定的保护和降低辐射热的作用，因此在非上人沥青卷材屋面中应用广泛。

用绿豆砂做保护层时，随着卷材表面涂刷最后一道热沥青玛琋脂时，趁热撒铺土层粒径为3～5mm的热绿豆砂（或人工砂），绿豆砂应铺撒均匀，并滚压使其全部嵌入沥青玛琋脂中粘结牢固。绿豆砂应事先经过筛选，颗粒均匀，并用水冲洗干净。使用时，应在铁板上预先加热干燥（温度为130～150℃），以便与沥青玛琋脂牢固地结合在一起。

铺绿豆砂时，一人涂刷玛琋脂，另一个人趁热撒砂子，第三人用扫帚扫平或用刮板刮平。撒时要均匀，扫时要铺平，不能有重叠堆积现象，扫过后马上用软辊轻轻滚一遍，使砂粒一半嵌入玛琋脂内。滚压时不得用力过猛，以免刺破油毡。铺绿豆砂应沿屋脊方向，顺卷材的接缝全面向前推进。

由于绿豆砂颗粒较小，在大雨时容易被水冲刷掉，同时还易堵塞水落口，因此，在降雨量较大的地区宜采用粒径为6～10mm的小豆石，效果较好。未粘结的绿豆砂亦应清除。

7. 水泥砂浆保护层的施工

卷材防水层采用水泥砂浆保护层时，其表面应抹平压光，并应设表面分格缝，其分格面积宜为 $1m^2$。铺设水泥砂浆时，应随铺随拍实，并用刮尺找平，随即用直径为 $8\sim10mm$ 的钢筋或麻绳压出表面分格缝，间距不大于 $1m$。终凝前用铁抹子压光保护层。保护层表面应平整，不能出现抹子抹压的痕迹和凹凸不平的现象，排水坡度应符合设计要求。

为了保证立面水泥砂浆保护层粘结牢固，在立面防水层施工时，预先在防水层表面粘上砂粒或小豆石。若防水层为防水涂料，应在最后一道涂料涂刷时，边涂边撒布细砂，同时用软辊轻轻滚压使砂粒牢固地粘结在涂层上；若防水层为沥青或改性沥青防水卷材，可用喷灯将防水层表面烤热发软后，将细砂或豆石粘在防水层表面，再用压辊轻轻滚压，使之粘结牢固；若防水层为合成高分子防水卷材，可在其表面涂刷一层胶粘剂后粘上细砂，并轻轻压实。防水层养护完毕后，即可进行立面保护层的施工。

水泥砂浆保护层与防水层之间应设置隔离层，隔离层可采用石灰水等薄质低粘结力涂料。保护层用的水泥砂浆配合比一般为水泥：砂＝1：（2.5～3）（体积比），水泥砂浆保护层与女儿墙之间应预留宽度为 $30mm$ 的缝隙，并用密封材料嵌填严密。水泥砂浆表面应抹平压光，不得有裂纹、脱皮、麻面、起砂等缺陷。

8. 块体材料保护层的施工

采用块体材料做保护层时，其结合层宜采用砂或水泥砂浆。块体铺砌前，应根据排水坡度要求挂线，以满足排水要求，保护层铺砌的块体应横平竖直。

在砂结合层上下铺砌块体时，砂结合层应洒水压实，并用刮尺刮平，以满足块体铺设的平整度要求。块体应对接铺砌，缝隙宽度一般为 $10mm$ 左右。块体铺砌完成后，应适当洒水并轻轻拍平压实，以免产生翘角现象。板缝先用砂填至一半的高度，然后用 1：2 水泥砂浆勾成凹缝。为防止砂子流失，在保护层四周 $500mm$ 范围内，应改用低强度等级水泥砂浆做结合层。

采用水泥砂浆做结合层时，应先在防水层上做隔离层，预制块体应先浸水湿润并阴干。如板块尺寸较大，可将水泥砂浆刮在预制板块的粘结面上再进行摆铺。每块预制板块摆铺完后应立即挤压密实、平整，使块体与结合层之间不留空隙。铺砌工作应在水泥沙浆凝结前完成，块体间预留 $10mm$ 的缝隙，铺砌 $1\sim2d$ 后用 1：2 水泥砂浆勾成凹缝。

为了防止因热胀冷缩而造成块体拱起或板缝过大，块体保护层前 $100m^2$ 以内宜留设分格缝，其纵横间距不宜大于 $10m$，其分格缝的宽度不宜小于 $20mm$。缝内嵌填密封材料。

上人屋面的预制块体保护层，块体材料应按照楼地面工程质量要求选用，结合层应选用 1：2 水泥砂浆。

块体材料保护层与女儿墙之间应预留宽度为 $30mm$ 的缝隙，并用密封材料嵌填严密。

块体表面应洁净，色泽一致，无裂纹、掉角和缺棱等缺陷。

9. 细石混凝土保护层的施工

细石混凝土整浇保护层施工前，也应在防水层上铺设一层隔离层，并按设计要求支设好分格缝木板条或泡沫条，设计无要求时，留设的分格缝的纵横缝间距不宜大于 $6m$。分格缝宽度为 $10\sim20mm$。一个分格内的混凝土应尽可能连续浇筑，不留施工缝。当施工间隙超过时间规定时，应对接槎进行处理。混凝土应振捣密实，表面抹平压光，不得有裂纹、脱皮、麻面、起砂等缺陷。振捣宜采用铁辊滚压或人工拍实，不宜采用机械振捣，以免破坏防水层。振实后，随即用刮尺按排水坡度刮平，并在初凝前用木抹子提浆抹平，初凝后及时取出分格缝木模（泡沫条不用取出），终凝前用铁抹子压光。抹平压光时，不宜在表面掺加水泥砂浆或干灰，否则表层砂浆易产生裂缝与剥落现象。

若采用配筋细石混凝土做保护层，钢筋网片的位置设置在保护层中间偏上部位，在铺设钢筋网片时用砂浆垫块支垫。

细石混凝土保护层浇筑完后应及时进行养护，养护时间不应少于 $7d$。养护完毕后，将分格缝清理干净（泡沫条割去上部 $10mm$ 即可），嵌填密封材料。细石混凝土保护层与女儿墙之间应预留宽度为 $30mm$ 的缝隙，并用密封材料嵌填严密。

4.1.3.6 排汽层（排汽屋面）的施工

卷材防水屋面卷材如出现起鼓，随之则可引起防水层的开裂、破损，导致屋面渗漏水。这是卷材防水层的重要症害之一。水泥砂浆找平层或保温层材料尚未干燥就铺设卷材，从而使基层潮气密闭在卷材层下面。当受到阳光照射后（尤其在夏季），潮气蒸发不能排出，体积膨胀，压力上升，就可导致卷材起鼓；同时，在高温下，沥青胶结材料软化，粘结力降低，因此，在卷材粘结差的部位，一旦粘结力小于膨胀力，亦可产生卷材起鼓现象。

为了防止卷材屋面出现卷材鼓泡，最好等待基层干燥后再铺贴油毡。但绝对干燥的基层是没有的，特别是在雨季，基层往往难以达到所要求的干燥程度，而且保温屋面，因保温材料本身的含水率就较高（一般在20％左右），因此，为防止卷材起鼓，必须采取措施，将卷材下的潮气排走，方可避免破坏卷材与基层的粘结，而排汽层就是解决这个问题的一种比较可行的屋面形式。

排汽层又称排汽屋面或"呼吸屋面"，其机理是使保温层和找平层中的水分蒸发时，沿着排汽道排入大气中去，从而有效地避免卷材起鼓，同时还可以使保温层逐年干燥，达到设计要求的保温效果。

所谓排汽屋面，就是在铺贴第一层卷材时，采用条铺、花铺等方法使卷材与基层之间留有纵横相互贯通的空隙用作排汽道（图4-35），并在屋面或屋脊上设置一定的排汽孔与大气相通，这样就能使潮湿基层中的水分蒸发排出，防止了卷材起鼓。同时，对于保温屋面，还能使保温层含水率降低到自然风干状态下的含水率，从而大大提高了保温效果。

此外，由于排汽屋面采用了条铺、花铺等方法，减少了卷材与基层的粘结面积，从而也降低了平均粘结强度，增加了应变长度，可以避免卷材拉裂，还可以节约底层沥青胶结材料用量。

1. 排汽屋面的组成

排汽屋面一般由排汽道和排汽孔组成。

排汽屋面的做法有：①在基层上留槽排汽，既在保温层和找平层上留设排汽道，其位置一般与分格缝结合在一起，留设在支承板端缝及屋面坡面转折处，其做法参见图4-36；②

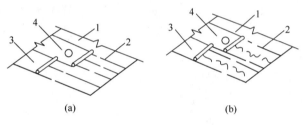

图4-35　排汽屋面油毡铺法
（a）条铺法；（b）花铺法
1—基层；2—沥青胶结材料；3—油毡；4—排汽孔

对于留排汽槽不能可靠地解决卷材鼓泡和拉裂的无保温屋面，或温差较大而基层上又十分潮湿的屋面，可采用空铺、条粘、点粘防水层，让湿气由卷材与基层间的空隙中排出；③采用带孔油毡、带楞油毡铺贴第一层，这种做法可使水蒸气通过基层与卷材间的空隙自由移动扩散，通过排汽孔排入大气中。

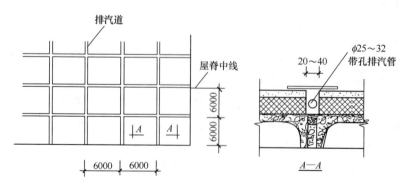

图4-36　排汽道做法

（1）排汽道的设置。排汽道间距一般为6m一道，并应在屋面上纵横贯通。在排汽道中要保证空气流畅，不得堵塞，特别要注意在铺贴卷材时，应避免玛琋脂流入排汽道中。在保温层的排汽道中可以填入透气性好的材料或埋设打孔的管径为25～32mm的塑料管。对于有保温层的排汽屋面，也可在找平层（保温层上的找平层）上留槽作排汽道。其具体做法是，在找平层上留出纵横贯通的沟槽，并单边点贴约300mm宽的干毡条，然后再满铺第一层卷材（图4-37），沟槽一定要与保温层相连通，以利保温层中的水汽蒸发排走。

当无保温层的屋面需要做排汽道时，排汽道可留置在找平层上，上面须用卷材封盖。

（2）排汽孔的设置。排汽孔的位置可随屋面形式而设置，表4-26介绍了5个位置，可供选用。

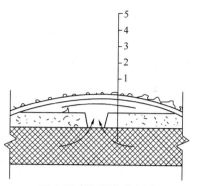

图4-37 排汽槽示意图
1—基层；2—保温层；3—找平层；
4—干毡条；5—防水层

表4-26 排汽孔的设置

序号	设 置 位 置	例 图
1	排汽管设在女儿墙下，外低内高，出墙30mm。这一位置不破坏防水层，又能排汽、排积水	
2	设在挑檐板下。这一位置方便施工，又利排汽和排除积水	
3	当屋面宽度大于18m时，在跨中应设一排汽孔。但是这些排汽孔要穿过防水层，其做法完全同穿屋面管道，施工复杂	
4	排汽孔伸向室内。适用于大型工业厂房、库房、住宅的楼梯间，排出的水汽并不影响室内使用	
5	排汽孔伸向天窗、变形缝中。大型工业厂房屋顶设若干天窗，排出的水汽随天窗的通风散失。厂房之间的变形缝也是排汽的地方，可以设较密的排汽孔，施工简便，不影响装修	

排汽孔的数量据基层的潮湿程度和屋面构造情况而定，一般以36m² 左右设置一个为宜。

常见的排汽孔做法有钢管、塑料管、薄钢板（白铁皮）等数种，钢管或塑料管的管径一般为 $\phi32$～

ϕ50mm，上部弯 180°半圆弯，既能排汽又能防止雨水进入管内。下部焊以带孔方板，以便找平层固定。在与保温层接触部分，应打成花孔，以便使潮气进入排汽孔排入大气中，参见图 4-38。

薄钢板排汽孔一般做成 ϕ50mm 的圆管，上部设挡雨帽，下部将薄钢板剪口弯成 90°，坐在找平层上固定，参见图 4-39。无保温层与有保温层排汽屋面的排汽孔做法参见图 4-40。

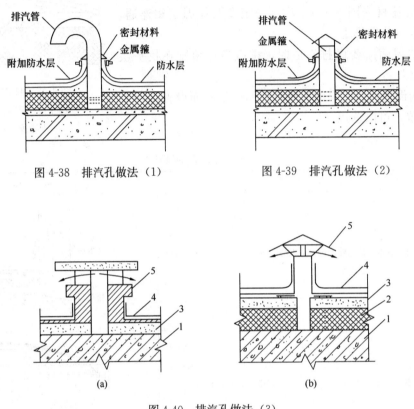

图 4-38　排汽孔做法（1）　　　　图 4-39　排汽孔做法（2）

图 4-40　排汽孔做法（3）
(a) 砖砌排汽孔；(b) 铁皮排汽孔
1—结构基层；2—保温层；3—找平层；4—防水层；5—排汽孔

排汽孔安设要固定牢靠、耐久，并要做好排汽孔根部的防水处理，以防雨水由根部渗入保温层。

2. 排汽屋面的施工

由于排汽屋面的底层卷材有一部分是不与基层粘贴的，这就使这一部分卷材防水层少涂刷了一道沥青胶结材料，因此其防水能力有所降低。此外，正因为这种屋面减少了底层油毡与基层的粘结面积，平均粘结强度也有所降低，所以使用排汽屋面时要考虑整个屋面抗抵风的吸力和在强风中不被掀起的实际状况，尤其在基本风压值大的沿海地区使用这种屋面，则更应注意。

采用条铺、花铺等方法铺贴第一层卷材时，为使底层卷材与基层有足够的粘结力，在檐口、屋脊和屋面的转角处凸出屋面的连接处，至少应有 800mm 宽的卷材涂满沥青胶结材料，并用冷底子油打底，将卷材牢固地粘贴在基层上。而且卷材的搭接宽度，长边不小于 100mm，短边不小于 150mm。第二层以上的卷材均用满涂沥青胶结材料的铺贴方法进行，这种排汽屋面，适用于基层潮湿而等待干燥有困难或日温差较大防水层有可能被拉裂的无保温层屋面。

排汽屋面通常做法是采用专用的底层材料铺贴。其中一种是用带砂砾的开孔卷材，孔径约 30mm，卷材底面黏附有粒径为 1.5mm 左右的粗砂，铺贴时，带砂砾的一面朝基层铺，铺好后，在其上面浇涂沥青胶结材料，并铺贴第二层通用卷材，由于沥青胶结材料仅通过孔洞与基层粘结，砂砾层间就形成了排汽道（图 4-41），再与排汽孔相互连通，即可排汽。另一种是用单面带棱卷材，采用条铺方法铺贴第一层卷材，铺贴时把带细棱的面朝基层，形成排汽道排汽

（图 4-42）。

常见的几类排汽屋面构造做法及适用范围参见表 4-27。

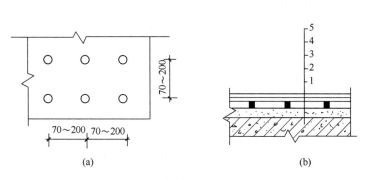

图 4-41　带孔油毡示意图
1—基层；2—找平层；3—排汽孔隙；4—带孔油毡；5—上层油毡

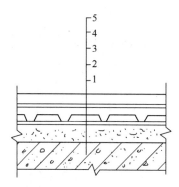

图 4-42　带棱油毡示意图
1—基层；2—找平层；3—排汽孔隙；
4—带棱油毡；5—上层油毡

表 4-27　排汽屋面构造做法及适用范围

序号	种类	构造做法	适用范围
1	保温层排汽屋面 找平层　点贴油毡条 保温层 排汽槽　屋面板 排汽孔	在保温层内与山墙平行，每隔 1.2～2.0m 预留 30～80mm 宽排汽槽，内填干保温材料碎块，或不填，其上单边点贴 20～30cm 宽干油毡条。在檐口处设排汽孔与大气连通。当屋面跨度在 6m 以上时，除檐口外，另在屋脊或中部设排汽干道和排汽孔、排汽帽或排汽窗，间距 6m。排汽孔以每 36m² 设置一个为宜，排汽道必须纵横贯通，不得堵塞，其上仍按一般方法满铺油，铺设卷材	当保温层含水率较大，干燥有困难，而又急需铺设屋面卷材时采用，以防卷材出现鼓泡
2	找平层排汽屋面 点贴油毡条　排汽槽 找平层 屋面板　保温层	在砂浆找平层内每隔 1.5～2.0m 留 3cm 宽的排汽槽与檐口排汽孔连通，跨度较大时，在屋脊部位增设排汽干道和排汽帽。无找平层的大型屋面板（仅局部找平），则在板接缝处做排汽槽和排汽孔，上层各层卷材铺贴采用满铺油法	当砂浆找平层含水率较大，或无砂浆找平层屋面，在阴雨季节施工板面干燥有困难，而急需铺设卷材时采用

续表

序号	种类	构造做法	适用范围
3	卷材排汽屋面 沥青胶 排汽帽 干油毡条或排汽道 空铺 沥青胶 空铺 找平层 底层卷材 点贴油毡条 底层卷材 排汽干道 屋面板 保温层	卷材采取垂直屋脊铺贴。底层卷材采用空铺、花铺、条铺或半铺的撒油油毡贴第一层卷材。空铺是在卷材一边宽20～30cm及檐口、屋面转角、屋脊凸出屋面的连接处30～50cm范围内满浇（刷）沥青胶与基层粘牢，利用卷材与基层之间的空隙做排汽支道，在屋脊部位沿屋脊在找平层内预留通长凹槽，其上干铺（一面点贴）一层30cm宽油毡条，或不做凹槽，仅加一油毡条带，作为防水层内的排汽干道，其每隔6m安排汽帽或排汽窗。当平行屋脊铺设时，则先在板端缝干铺一层30cm宽油毡条，然后再用撒油铺贴底层卷材，以沟通卷材排汽支道与屋脊干道的渠道，其上第二、三层卷材均按一般满铺油方法铺贴，卷材排汽屋面基层仍宜刷冷底子油一遍，为加快铺贴，亦可在水泥砂浆找平层凝固初期满喷一道冷底子油，干燥后立即铺贴卷材	用于潮湿基层上或变形较大的屋面上铺设卷材，以防卷材鼓泡和开裂
4	多孔油毡排汽屋面 干铺多孔油毡 点贴油毡条 面层卷材 排汽槽 找平层 保温层	在屋面基层上先干铺一层多孔卷材，再在其上满油实铺卷材一层，做一油一砂保护层即成。在满铺上层卷材时，沥青胶通过穿孔形成一个一个沥青胶铆钉，与基层均匀平整地粘牢（粘结面积可达到12%～15%，抗风吸力为450～490kPa），未粘结部分形成彼此连通的排汽道，与板缝或找平层上预设的排汽槽、排汽孔（帽）相连，与大气连通。而在屋面边缘尽端以及与天窗、天沟、女儿墙交接处，多孔卷材仍实铺20～30cm宽（此部分不穿孔）。其层仍宜刷冷底子油一遍。多孔卷材的孔径为20～30mm，纵横向孔中心距为100mm（每平方米80～100个），可切成小块使用，用同直径钢管加工成反刃刀口淬水，蘸上炼油打孔，每次打8～12层，下垫木板，或采用打孔机打孔	本法除防止油毡起鼓外，还增加油毡适应屋面变形能力。适于潮湿基层和振动及温度变形较大的屋面上铺贴卷材
5	架空找平层和双层屋面排汽屋面 砖或找平层 卷材 砖墩 预制板 防水层 屋面板 保温层 找平层	在屋面构造上设置架空的砖或预制板或双层屋面，以形成空气间层，并在女儿墙、檐口等处设排汽孔或在中部设排汽窗与外界大气连通	适于屋面上设有架空隔热层的屋面上铺贴卷材

序号	种类	构造做法	适用范围
6	呼吸层排汽屋面 	在保温层底部设置一层用铝、铂等金属材料制成的呼吸层(即压力平衡层)与外界大气连通,使保温层中水分能较快得到扩散	用于保温层含水率较大、干燥困难的基层上铺贴卷材

4.2 单层防水卷材屋面

单层防水卷材屋面是指采用单层防水卷材(如热塑性聚烯烃防水卷材、聚氯乙烯防水卷材、三元乙丙橡胶防水卷材、弹性体改性沥青防水卷材、塑性体改性沥青防水卷材等)与相关材料构成的,由屋面基层、找坡层、找平层、隔汽层、绝热层、防水层、压铺层、保护层等组成的,以机械固定法、满粘法或空铺压顶法工艺施工的,适用于防水等级为Ⅰ级和Ⅱ级的一类卷材防水屋面技术系统。此类卷材防水屋面系统已发布了《单层防水卷材屋面工程技术规程》(JGJ/T 316—2013)。

根据屋面形状的不同,单层防水卷材屋面可分为单层防水卷材平屋面和单层防水卷材坡屋面两大类。本节侧重介绍单层防水卷材平屋面技术,有关单层防水卷材坡屋面的设计、材料以及施工技术将在8.1.6节、8.2.6节和8.3.6节中做进一步介绍。

4.2.1 单层防水卷材屋面的设计

屋面工程设计要遵循"保障功能、构造合理、防排结合、优选用材、美观耐用"的原则。

单层防水卷材屋面工程应根据建筑物的建筑造型、使用功能和环境条件进行设计,应包括以下主要内容:①确定屋面防水等级和设防要求;②屋面构造设计;③确定屋面坡度;④屋面排水设计;⑤节点构造设计;⑥屋面工程的材料选择;⑦屋面工程的施工方法。

4.2.1.1 基本规定

(1)屋面工程应根据建筑物的性质、重要程度、地域环境和使用功能要求进行设计,防水等级依据屋面防水层设计使用年限分为Ⅰ级和Ⅱ级,并应符合表4-28的规定。表中防水层的设计使用年限分别定为20年和10年,其与《屋面工程技术规范》(GB 50345)和《坡屋面工程技术规范》(GB 50693)的防水等级划分相一致。工业建筑屋面根据业主使用要求,可由设计确定防水等级和防水层设计使用年限。单层防水卷材的最小厚度应符合表4-29的规定。

表 4-28 防水等级 JGJ/T 316—2013

项 目	屋面防水等级	
	Ⅰ级	Ⅱ级
防水层设计使用年限	≥20 年	≥10 年
适用范围	大型公共建筑、医院、学校等重要建筑屋面	一般屋面

注:工业建筑屋面的防水等级按使用要求确定。

表 4-29 单层防水卷材的最小厚度(mm) JGJ/T 316—2013

防水卷材名称	Ⅰ级	Ⅱ级
高分子防水卷材	1.5	1.2
弹性体改性沥青防水卷材、塑性体改性沥青防水卷材	5.0	4.0

（2）单层防水卷材屋面工程的坡度宜大于1‰，采用空铺压顶法施工的屋面，其坡度不应大于10%。

（3）单层防水卷材屋面工程的排水设计应符合现行国家标准《建筑给水排水设计规范》（GB 50015）的规定，并应符合以下规定：①多雨地区的屋面应采用有组织排水；②檐口高于6m时，应采用有组织排水；③高低跨屋面的水落管出水口处应采取防冲刷措施；④当屋面采用有组织排水时，其排水方式和水落管的数量应按现行国家标准GB 50015的有关规定确定。

（4）当采用机械固定法施工时，屋面基层应符合以下规定：①若为压型钢板的基层，其厚度不宜小于0.75mm，基板的最小厚度不应小于0.63mm，当基板厚度为0.63～0.75mm时，应通过固定钉拉拔试验；②若为钢筋混凝土板的基层，其厚度不应小于40mm，强度等级不应小于C20，并应通过固定钉拉拔试验；③若为木板的基层，其厚度不应小于25mm，并应通过固定钉拉拔试验。

（5）混凝土屋面的找坡层、找平层、保护层的设计、施工和质量验收应符合现行国家标准《屋面工程技术规范》（GB 50345）和《屋面工程质量验收规范》（GB 50207）的有关规定。压铺层与卷材防水层之间应设置保护层。

（6）单层防水卷材屋面构造层次的要求如下：

1）机械固定法施工的无不燃材料覆盖的屋面系统可包括结构层、隔汽层、绝热层、隔离层、防水层等构造层次，参见图4-43；有不燃材料覆盖的屋面系统则可包括结构层、隔汽层、绝热层、不燃材料覆盖层、防水层等构造层次，参见图4-44。可根据屋面形式、屋面结构层耐火极限和绝热层材料选择等情况，增减屋面的构造层次。

2）满粘法施工的屋面系统可包括结构层、隔汽层、绝热层、隔离层或不燃材料覆盖层、防水层等构造层次，参见图4-45。可根据屋面形式、屋面结构层耐火极限和绝热层材料选择等情况，增减屋面构造层次。

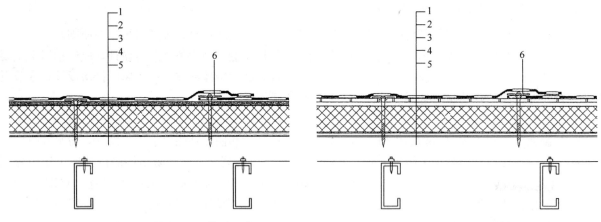

图4-43 无不燃材料覆盖的屋面构造层次
1—防水层；2—隔离层；3—绝热层；
4—隔汽层；5—结构层；6—固定件

图4-44 有不燃材料覆盖的屋面构造层次
1—防水层；2—不燃材料覆盖层；3—绝热层；
4—隔汽层；5—结构层；6—固定件

3）空铺压顶法施工的屋面系统可包括结构层、找平层、找坡层、隔汽层、绝热层、隔离层、防水层、保护层、压铺层等构造层次，参见图4-46。可根据屋面形式、屋面结构层耐火极限和绝热层材料选择等情况，增减屋面构造层次。

（7）屋面工程所使用的防水材料与基层及绝热层材料相互之间应有相容性，若防水材料与相邻材料不相容，应增铺与防水层相容的隔离材料。若采用背面覆盖无纺布的防水卷材，则可不增铺隔离材料。

（8）屋面的防火设计应符合现行国家标准《建筑设计防火规范》（GB 50016）的规定；屋面的防雷设施应符合现行国家标准《建筑物防雷设计规范》（GB 50057）的规定。

（9）屋面上应设置维修需要的安全防护设施。

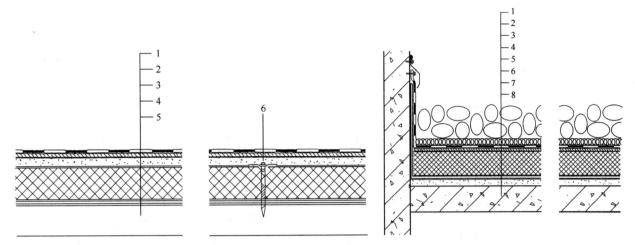

图 4-45　满粘法屋面构造层次
1—防水层；2—粘结基层；3—绝热层；
4—隔汽层；5—结构层；6—绝热层固定件

图 4-46　空铺压顶法屋面构造层次
1—压铺层；2—保护层；3—防水层；4—隔离层；
5—绝热层；6—隔汽层；7—找平层；8—结构层

4.2.1.2　风荷载设计

风荷载计算应根据工程所在地区的最大风力、建筑物高度、屋面坡度、基层状况、卷材性能、地面粗糙度、建筑环境和建筑形式等因素，按照现行国家标准《建筑结构荷载规范》（GB 50009）的有关规定进行。风荷载设计的要点如下：

（1）当防水卷材采用机械固定法工艺施工时，风荷载计算应符合以下规定：

1）固定件的承载能力设计值 w_g 不宜大于 600N/个；当 w_g 取值大于 600N/个时，应通过屋面系统抗风揭验证试验获得设计荷载取值。

2）单位长度固定件数量 n 应由式（4-3）来确定：

$$n = L \times w_d / w_g \qquad (4-3)$$

式中　n——单位长度上固定件数量（个/m）；

L——固定件排距（m）；

w_d——围护结构的风荷载设计值（N/m²）；

w_g——固定件承载能力设计值（N/个）。

3）固定件间距 S 由式（4-4）来确定：

$$S = 1/n \qquad (4-4)$$

式中　S——固定件间距（m/个）；

n——单位长度上固定件数量（个/m）。

4）封闭式矩形平面房屋的双坡屋面应按屋面的风压区域分布划分为屋脊区域（R_d）、中心区域（R_c）、周边区域（R_b）和角部区域（R_a），参见图 4-47（a）；封闭式矩形平面房屋的单坡屋面，其屋面的风压区域分布应划分为中心区域（R_c）、周边区域（R_b）和角部区域（R_a），参见图 4-47（b）；其中 E 应取高度 $2H$ 和迎风宽度 B 中较小者。

5）中心区域固定点行距应根据风荷载计算值确定；当基层为压型钢板时，固定点间距应根据压型钢板的波峰间距确定，且应为波峰间距的倍数。

6）加密区域的宽度应根据卷材的幅宽来确定，为卷材幅宽的倍数，当基层为压型钢板时，固定点间距应根据压型钢板的波峰间距确定，且应为波峰间距的倍数。

（2）当防水卷材采用机械固定法工艺和满粘法工艺施工时，应对设计选定的防水卷材、绝热材料和

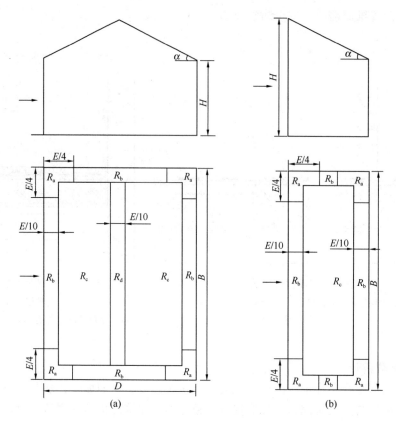

图 4-47　屋面区域划分

（a）封闭式矩形平面房屋的双坡屋面；（b）封闭式矩形平面房屋的单坡屋面

R_d——屋脊区域；R_c—中心区域；R_b—周边区域；R_a—角部区域；

H—高度；D—宽度；B—迎风宽度

固定件等所组成的屋面系统按现行行业标准《单层防水卷材屋面工程技术规程》（JGJ/T 316）附录 B 进行抗风揭试验，其试验结果应满足风荷载设计要求。抗风揭是指防止由风力产生的屋面向上荷载的措施。

4.2.1.3　隔汽层和绝热层的设计

（1）严寒及寒冷地区，当屋面结构冷凝界面内侧的实际水蒸气渗透但小于所需值，或其他地区建筑物室内的水蒸气有可能透过屋面结构层进入绝热层时，应设置隔汽层。当绝热层铺设在金属屋面承重基板上时，宜在绝热层下设置隔汽层。

（2）应根据气候环境、工程条件和热工要求，确定屋面绝热层的传热系数、热阻，选用相应的绝热材料。绝热材料的品种和规格应满足屋面工程的热阻要求，宜按现行国家标准《民用建筑热工设计规范》（GB 50176）、《严寒和寒冷地区居住建筑节能设计标准》（JGJ 26）、《夏热冬暖地区居住建筑节能设计标准》（JGJ 75）、《夏热冬冷地区居住建筑节能设计标准》（JGJ 134）、《公共建筑节能设计标准》（GB 50189）的相关规定执行。严寒和寒冷地区屋面的热桥部位，应按设计要求采取隔断热桥的措施。当屋面设置内檐沟、天沟时，应满足热工要求。

（3）当屋面基层为钢板或木板时，隔汽层和绝热层宜采用机械固定法施工。

（4）当防水卷材采用机械固定法工艺或满粘法工艺施工时，隔汽层和绝热层可采用机械固定法工艺或粘结方式施工；当防水卷材采用空铺压顶法工艺施工时，隔汽层和绝热层则可采用空铺、机械固定或粘结方式施工。

4.2.1.4　防水层的设计

防水层的设计要点如下：

（1）防水卷材可采用机械固定法、满粘法或空铺压顶法等施工。

（2）防水层设计应根据防水等级、建筑构造、基层条件、使用功能和环境条件等因素选择防水卷材的品种及施工方法。

（3）应根据基层条件及防水卷材的品种，选择下列相应的施工方法：①当绝热层采用固定件固定时，卷材宜选用机械固定法工艺进行施工；②当基层为水泥胶结材料找平层时，卷材宜采用满粘法施工；③防水卷材的品种根据相应的施工方法，宜按表 4-30 选择；④改性沥青防水卷材不得直接在绝热层表面采用热熔法或热沥青粘结方法固定。

表 4-30 防水卷材及相应施工方法 JGJ/T 316—2013

防水卷材	型　号	机械固定法	满粘法	空铺压顶法
聚氯乙烯防水卷材	H	×	×	○
	L	×	●	●
	P	●	×	○
	G	×	×	○
	GL	×	●	●
热塑性聚烯烃防水卷材	H	×	○	○
	L	×	●	●
	P	●	○	○
三元乙丙橡胶防水卷材	无增强	○	●	●
	内增强	●	○	○
弹性体改性沥青防水卷材	PYG	●	×	×
塑性体改性沥青防水卷材	PYG	●	×	×

注：●—宜选，○—可选，×—不选。

（4）单层防水卷材的搭接宽度应符合表 4-31 的规定。

表 4-31 单层防水卷材的搭接宽度（mm） JGJ/T 316—2013

防水卷材名称	搭接方式							
	机械固定法				满粘法		空铺压顶法	
	热风焊接		搭接胶带		热风焊接	搭接胶带	热风焊接	搭接胶带
	搭接处无固定件	搭接处有固定件	搭接处无固定件	搭接处有固定件				
高分子防水卷材	≥80且有效焊缝宽度≥25	≥120且有效焊缝宽度≥25	≥120且有效粘结宽度≥75	≥200且有效粘结宽度≥150	≥80且有效焊缝宽度≥25	≥80且有效粘结宽度≥75	≥80且有效焊缝宽度≥25	≥80且有效粘结宽度≥75
弹性体、塑性体改性沥青防水卷材	≥80且有效焊缝宽度≥40	≥120且有效焊缝宽度≥40	—	—	—	—	—	—

注：采用热风焊接双道焊缝搭接方式时，每条焊缝的有效焊接宽度不应小于 15mm。

（5）单层防水卷材屋面的施工方法可分为机械固定法、满粘法和空铺压顶法。机械固定法是指采用固定件将防水卷材固定在屋面基层上的一种施工方法；满粘法是指采用胶粘剂将防水卷材全部粘结在屋面基层上的一种施工方法；空铺压顶法是指将防水卷材空铺于屋面基层上，并在其上铺设压铺材料的一种施工方法。

机械固定法工艺包括点式固定、线性固定和无穿孔固定等方法，采用机械固定法施工应符合以下规定：

1）应根据设计所确定的间距布置固定件，若结构层为混凝土，则应先在混凝土结构层上进行钻孔，然后再固定防水卷材。固定件是指将防水卷材、相关的材料机械固定于屋面基层的部件，其包括固定钉、垫片、套管和压条等。

2）当采用点式固定法时，固定垫片内侧边缘距离卷材搭接线不应小于 50mm，外侧边缘距离卷材边缘不应小于 10mm（图 4-48）。采用点式固定方式，应考虑到垫片在防水卷材搭接处所占的位置以及焊机在焊接时占用的卷材宽度，防水卷材需设置 120mm 的搭接宽度，若覆盖固定件的卷材过宽，则可能导致剩余搭接部分过窄而无法进行焊接的操作。

3）当采用线性固定法时，防水卷材纵向搭接两道焊缝之间的空腔宽度不应小于 80mm（图 4-49）。采用线性固定方式，其位置和间距不受防水卷材幅宽的影响，可根据风荷载要求设置在任意波峰位置，通常在卷材搭接区域内无固定件，搭接宽度与短边搭接相同，均为 80mm。

4）无穿孔固定法应符合以下规定：①当三元乙丙橡胶防水卷材采用无穿孔固定法工艺时，用于机械固定的固定条带宽度不应小于 250mm，固定条带应选用自粘聚酯纤维内增强型产品。防水卷材和固定条带应采用搭接胶带连接，且有效搭接宽度不应小于 150mm（图 4-50）。②聚氯乙烯防水卷材、热塑性聚烯烃防水卷材与垫片的连接应采用焊接，焊接垫片的直径不应小于 15mm，表面应有与卷材同质的涂层（图 4-51）。

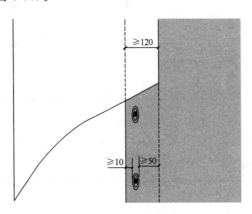

图 4-48　点式固定示意图

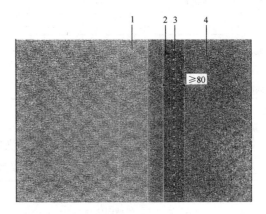

图 4-49　线性固定示意图
1—卷材搭接；2—卷材覆盖压条；3—压条；4—防水卷材

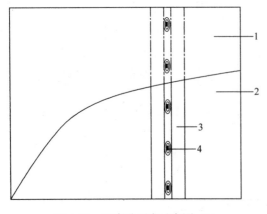

图 4-50　无穿孔固定示意图（1）
1—防水卷材；2—基层；3—自粘固定条带；4—固定件

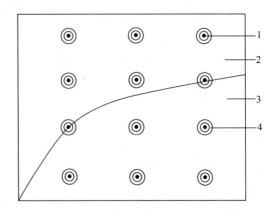

图 4-51　无穿孔固定示意图（2）
1—已与卷材焊接的固定件；2—防水卷材；
3—基层；4—带涂层的焊接垫片

（6）以压型钢板为基层的屋面设计为种植屋面时，耐根穿刺防水层选用的聚氯乙烯防水卷材、热塑性聚烯烃防水卷材的厚度不应小于 2.0mm，并应符合以下规定：①种植屋面设计应符合现行行业标准

《种植屋面工程技术规程》（JGJ 155）的相关规定；②种植屋面使用的单层防水卷材应具有耐根穿刺性能，并应符合现行行业标准《种植屋面用耐根穿刺防水卷材》（JC/T 1075）的相关规定。

以钢筋混凝土为基层的种植屋面在《种植屋面工程技术规程》（JGJ 155）中已有了具体的规定（见第7章种植屋面），这里主要针对以压型钢板为基层的情况，但选用的高分子防水卷材的厚度不应小于2.0mm。以压型钢板为基层的大跨度种植屋面，其种植类型应采用简单式种植或容器种植。

4.2.1.5 压铺层的设计

当防水卷材采用空铺压顶法工艺时，应根据屋面工程风荷载设计要求确定压顶荷重。压铺材料的荷重不宜小于设计值的2倍。

4.2.1.6 细部构造的设计

细部构造主要包括山墙、女儿墙、檐口、檐沟和天沟、泛水、水落口、变形缝、穿出屋面设施等部位。

细部构造的设计应遵循"多道设防、复合用材、连续密封、局部增强"的原则，并应满足使用功能、温差变形、施工环境条件和工艺的可操作性等要求。细部构造的设计要点如下：

（1）檐口、檐沟外侧下端及女儿墙压顶内侧下端等部位均应做滴水处理。

（2）采用机械固定法工艺的细部构造设计应符合下列规定：

1）山墙和女儿墙泛水卷材宜铺设至外墙顶部边缘（图4-52）；也可设置泛水，其高度不应小于250mm，并应采用金属压条收口后密封，墙体顶部应采用盖板覆盖（图4-53）。

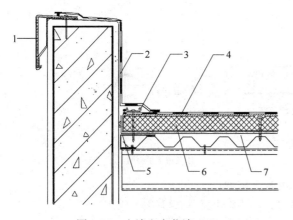
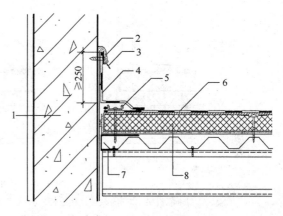

图 4-52 山墙和女儿墙（1）
1—复合成品压檐；2—泛水；3—固定件；4—防水卷材；
5—收边加强钢板；6—绝热层；7—隔汽层

图 4-53 山墙和女儿墙（2）
1—墙体；2—密封胶；3—收口压条及螺钉；4—泛水；
5—金属压条；6—防水卷材；7—收边加强钢板；8—绝热层

2）檐口部位应设置外包泛水，外包泛水应包至隔汽层下方（图4-54）。

3）穿出屋面设施构造应符合以下规定：①当穿出屋面设施开口尺寸小于500mm时，泛水应直接与屋面防水卷材焊接或粘结，泛水高度应大于250mm，并应采用不锈钢金属箍箍紧（图4-55）；②当穿出屋面设施开口尺寸大于或等于500mm时，穿出屋面设施开口四周的防水卷材应采用金属压条固定，每条金属压条的固定钉不应少于2个，泛水应直接与屋面防水卷材焊接或粘结，泛水高度应大于250mm，并应采用不锈钢金属箍箍紧（图4-56）。

4）变形缝内应填充泡沫塑料，缝口应放置聚乙烯或聚氨酯泡沫棒材，并应设置盖缝防水卷材（图4-57）。

5）水落口构造应符合下列规定：①直式水落口卷材覆盖条应与水落口和卷材粘结牢固（图4-58）；②横式水落口应伸出墙体，覆盖条与防水卷材和水落口连接处应粘结牢固（图4-59）。

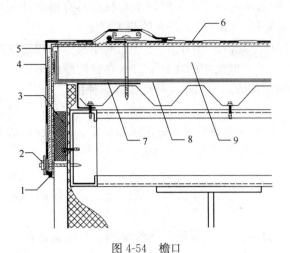

图 4-54　檐口

1—外墙填缝；2—收口压条及螺钉；3—泡沫堵头；
4—泛水；5—封边钢板；6—防水卷材；7—收边
加强钢板；8—隔汽层；9—绝热层

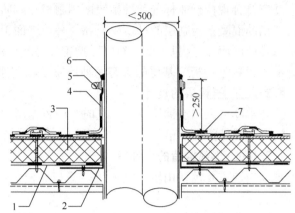

图 4-55　穿出屋面设施（1）

1—隔汽层；2—隔汽层连接胶带；3—绝热层；
4—成品泛水；5—不锈钢金属箍（密封）；
6—密封胶；7—热风焊接

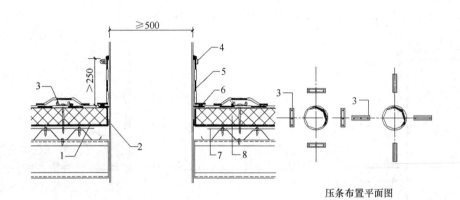

压条布置平面图

图 4-56　穿出屋面设施（2）

1—隔汽层；2—隔汽层连接胶带；3—金属压条；4—不锈钢金属箍或金属压条（密封）；
5—成品泛水；6—热风焊接；7—收边加强钢板；8—绝热层

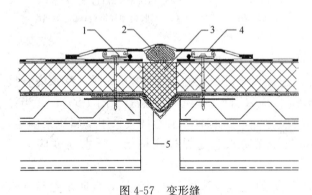

图 4-57　变形缝

1—金属压条；2—聚乙烯或聚氨酯泡沫棒材；3—发泡聚氨酯；
4—盖缝防水卷材；5—金属V形板

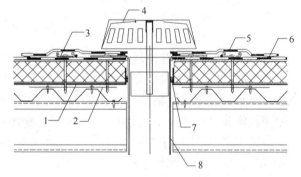

图 4-58　直式水落口

1—隔汽层；2—收边加强钢板；3—金属压条；4—雨箅子；
5—覆盖条；6—热风焊接；7—隔汽层连接胶带；8—成品水落口

（3）采用满粘法工艺的细部构造设计应符合下列规定：

1）墙体与屋面交接处的泛水部位应采用压条固定，并应采用覆盖条进行覆盖。

2）当山墙侧墙无泛水板时，宜在墙顶处收口，并应采用密封胶密封；当有泛水板时，则应在泛水板下方收口，并应采用密封胶进行密封（图4-60）。

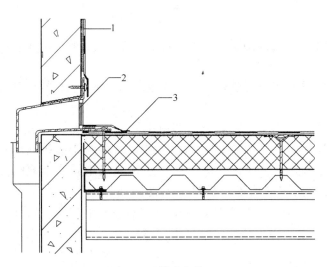

图4-59　横式水落口
1—胶粘剂；2—雨箅子；3—焊接接缝

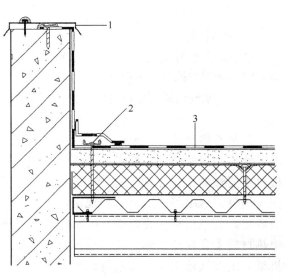

图4-60　山墙
1—金属板盖板及螺钉；2—压条及固定螺钉；3—防水卷材

3）高低跨变形缝（图4-61）应符合以下规定：①变形缝内应填充泡沫塑料，缝口应放置聚乙烯或聚氨酯泡沫棒材，并应设置盖缝防水卷材；②当变形缝两侧为墙体时，墙体应伸出绝热层不小于100mm。

（4）满粘法施工的檐口、女儿墙、穿出屋面设施、变形缝、水落口等细部构造设计宜按4.2.1.6节（3）的规定执行。

（5）采用空铺压顶法工艺的细部构造设计应符合4.2.1.6节（2）和4.2.1.6节（3）的规定。

4.2.2　单层防水卷材屋面对材料的要求

屋面采用的材料应符合以下规定：①材料的品种、规格、性能等应符合国家相关产品标准和设计规定，应满足屋面防水等级的要求，并应提供产品合格证书和性能检测报告；②宜采用绿色、节能和环保型材料；③材料进场后，应按规定抽样复验，并提供试验报告；④材料宜贮存在阴凉、干燥、通风处，不得日晒、雨淋和受潮，并应隔离火源；

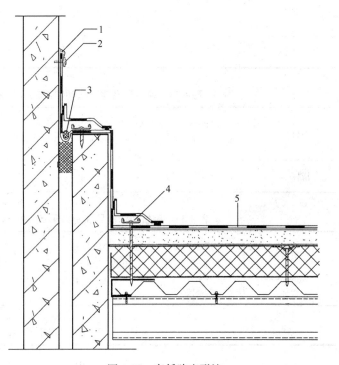

图4-61　高低跨变形缝
1—密封胶；2—收口压条及固定螺钉；3—聚乙烯泡沫棒；
4—压条及固定螺钉；5—防水卷材

⑤屋面使用的材料应符合国家有关建筑防火规定的要求。

1.隔汽材料

隔汽材料是指能阻挡水汽透过的材料。其主要有塑料薄膜、复合金属铝箔等类型。隔汽材料除了要达到一定的厚度外，还应满足水蒸气透气率等物理性能要求。

(1) 若采用聚乙烯膜、聚丙烯膜，其厚度不应小于 0.3mm；若采用复合金属铝箔，其厚度不应小于 0.1mm；若采用其他隔汽材料，则应符合其材料标准的规定。

(2) 隔汽材料的水蒸气透过量不应大于 25g/（m^2·24h）。

2. 绝热材料

单层防水卷材屋面采用的绝热材料主要包括聚苯乙烯泡沫塑料、硬质聚氨酯泡沫塑料、硬质泡沫聚异氰脲酸酯和岩棉等绝热板材。

单层防水卷材屋面采用的绝热材料应符合现行国家标准《建筑设计防火规范》（GB 50016）的相关规定。

聚苯乙烯泡沫塑料绝热板材主要性能指标应符合表 4-32 的规定，其他指标应符合现行国家标准《绝热用挤塑聚苯乙烯泡沫塑料（XPS）》（GB/T 10801.2）的规定；硬质聚氨酯泡沫塑料绝热板材主要性能指标应符合表 4-33 的规定，其他指标应符合现行国家标准《建筑绝热用硬质聚氨酯泡沫塑料》（GB/T 21558）的规定；硬质泡沫聚异氰脲酸酯绝热板材主要性能指标应符合表 4-34 的规定，其他指标应符合现行国家标准《绝热用聚异氰脲酸酯制品》（GB/T 25997）的规定，岩棉绝热材料主要性能指标应符合现行国家标准《建筑用岩棉绝热制品》（GB/T 19686）的规定，用于机械固定方式施工时，尚应符合表 4-35 的规定。

表 4-32 聚苯乙烯泡沫塑料绝热板材主要性能　　JGJ/T 316—2013

项目	压缩强度 （kPa）	导热系数 [W/（m·K）]	尺寸稳定性 （70℃，48h） （%）	透湿系数 [ng/（Pa·m·s）]	吸水率 （浸水 96h）（%）
指标	≥150	≤0.030	≤2.0	≤3.5	≤1.5

表 4-33 硬质聚氨酯泡沫塑料绝热板材主要性能　　JGJ/T 316—2013

项目	芯密度 （kg/m^3）	压缩强度 （kPa）	导热系数 [W/（m·K）]	尺寸稳定性 （70℃，48h）（%）	水蒸气透过系数 [ng/（Pa·m·s）]	吸水率 （%）
指标	≥30	≥120	≤0.024	≤2.0	≤6.5	≤4.0

表 4-34 硬质泡沫聚异氰脲酸酯绝热板材主要性能　　JGJ/T 316—2013

项目	压缩强度 （kPa）	导热系数 [W/（m·K）]	尺寸稳定性 （105℃，7h）（%）	透湿系数 [ng/（Pa·m·s）]	体积吸水率 （%）
指标	≥150	≤0.029	≤5.0	≤5.8	≤2.0

表 4-35 岩棉绝热材料主要性能　　JGJ/T 316—2013

项目	厚度 （mm）	压缩强度（压缩比 10%） （kPa）	点荷载强度（变形 5mm） （N）	导热系数 [平均温度 （25℃±2℃）] [W/（m·K）]	酸度系数	尺寸稳定性（长度、宽度和厚度的相对变化率）（%）	质量吸湿率（%）	憎水率（%）	短期吸水量（部分浸入）（kg/m^2）
指标	≥50	≥30 ≥60	≥200 ≥500	≤0.040	≥1.6	≤1.0	≤1	≥98	≤1.0

若绝热材料制品采用机械固定法工艺进行施工，其主要性能应符合以下规定：①在 60kPa 的压缩强度下，压缩比不应大于 10%；②当纤维状绝热材料采用单层铺设时，其压缩强度不应小于 60kPa，当

采用多层铺设时，每层的压缩强度不应小于 30kPa，防水层下方的绝热材料，压缩强度不应小于 60kPa；③在 500N 的点荷载作用下，变形量不应大于 5mm。

3. 防水材料

屋面防水层选用的防水卷材应进行人工气候老化试验，并应符合国家现行有关标准的规定，外露使用时的辐照时间不应小于 2500h。

单层防水卷材屋面采用的聚氯乙烯防水卷材、热塑性聚烯烃防水卷材、三元乙丙橡胶防水卷材、弹性体改性沥青防水卷材、塑性体改性沥青防水卷材等五种防水卷材，是经过工程实践检验质量可靠的产品。聚氯乙烯防水卷材主要性能指标应符合表 4-36 的规定，其他指标应符合现行国家标准《聚氯乙烯（PVC）防水卷材》（GB 12952）的规定；热塑性聚烯烃防水卷材主要性能指标应符合表 4-37 的规定，其他指标应符合现行国家标准《热塑性聚烯烃（TPO）防水卷材》（GB 27789）的规定；三元乙丙橡胶防水卷材主要性能指标应符合表 4-38 的规定，其他指标应符合现行国家标准《高分子防水材料 第 1 部分：片材》（GB 18173.1）的规定；弹性体改性沥青防水卷材主要性能指标应符合表 4-39 的规定，其他指标应符合现行国家标准《弹性体改性沥青防水卷材》（GB 18242）的规定；塑性体改性沥青防水卷材主要性能指标应符合表 4-40 的规定，其他指标应符合现行国家标准《塑性体改性沥青防水卷材》（GB 18243）的规定。

表 4-36　聚氯乙烯防水卷材主要性能　JGJ/T 316—2013

序号	项目			指标			
			H	L	P	G	GL
1	中间胎基上面树脂层厚度（mm）		—	≥0.40			
2	拉伸性能	最大拉力（N/cm）	—	≥120	≥250	—	≥120
		拉伸强度（MPa）	≥10.0	—	—	≥10.0	—
		最大拉力时伸长率（%）	—	—	≥15	—	—
		断裂伸长率（%）	≥200	≥150	—	≥200	≥100
3	热处理尺寸变化率（%）		≤2.0	≤1.0	≤0.5	≤0.1	≤0.1
4	低温弯折性（℃）		—25，无裂纹				
5	不透水性（0.3MPa，2h）		不透水				
6	抗冲击性能（0.5kg·m）		不渗水				
7	抗静态荷载（20kg）		—	—	不渗水		
8	接缝剥离强度（N/mm）		≥4.0 或卷材破坏		≥3.0		
9	直角撕裂强度（N/mm）		≥50	—	—	≥50	—
10	梯形撕裂强度（N）		—	≥150	≥250	—	≥220
11	吸水率（70℃，168h）（%）	浸水后	≤4.0				
		晾置后	≥—0.40				
12	热老化（80℃，672h）	外观	无起泡、裂纹、分层、粘结和孔洞				
		最大拉力保持率（%）	—	≥85	≥85		≥85
		拉伸强度保持率（%）	≥85	—	—	≥85	—
		最大拉力时伸长率保持率（%）			≥80		
		断裂伸长率保持率（%）	≥80	≥80	—	≥80	≥80
		低温弯折性（℃）	—20，无裂纹				

序号	项目		指标				
			H	L	P	G	GL
13	耐化学性	外观	无起泡、裂纹、分层、粘结和孔洞				
		最大拉力保持率（%）	—	≥85	≥85	—	≥85
		拉伸强度保持率（%）	≥85	—	—	≥85	—
		最大拉力时伸长率保持率（%）	—	—	≥80	—	—
		断裂伸长率保持率（%）	≥80	≥80	—	≥80	≥80
		低温弯折性（℃）	—20，无裂纹				
14	人工气候加速老化（2500h）	外观	无起泡、裂纹、分层、粘结和孔洞				
		最大拉力保持率（%）	—	≥85	≥85	—	≥85
		拉伸强度保持率（%）	≥85	—	—	≥85	—
		最大拉力时伸长率保持率（%）	—	—	≥80	—	—
		断裂伸长率保持率（%）	≥80	≥80	—	≥80	≥80
		低温弯折性（℃）	—20，无裂纹				

注：1. 抗静态荷载仅对用于压铺屋面的卷材要求。

2. 非外露使用的卷材不要求测定人工气候加速老化。

表 4-37　热塑性聚烯烃防水卷材主要性能　JGJ/T 316—2013

序号	项目		指标		
			H	L	P
1	中间胎基上面树脂层厚度（mm）		—		≥0.40
2	拉伸性能	最大拉力（N/cm）	—	≥200	≥250
		拉伸强度（MPa）	≥12.0	—	—
		最大拉力时伸长率（%）	—	—	≥15
		断裂伸长率（%）	≥500	≥250	—
3	热处理尺寸变化率（%）		≤2.0	≤1.0	≤0.5
4	低温弯折性（℃）		—40，无裂纹		
5	不透水性（0.3MPa，2h）		不透水		
6	抗冲击性能（0.5kg·m）		不渗水		
7	抗静态荷载（20kg）		—	—	不渗水
8	接缝剥离强度（N/mm）		≥4.0 或卷材破坏	≥3.0	
9	直角撕裂强度（N/mm）		≥60	—	—
10	梯形撕裂强度（N）		—	≥250	≥450
11	吸水率（70℃，168h）（%）		≤4.0		
12	热老化（115℃，672h）	外观	无起泡、裂纹、分层、粘结和孔洞		
		最大拉力保持率（%）	—	≥90	≥90
		拉伸强度保持率（%）	≥90	—	—
		最大拉力时伸长率保持率（%）	—	—	≥90
		断裂伸长率保持率（%）	≥90	≥90	—
		低温弯折性（℃）	—40，无裂纹		

序号	项目		指标		
			H	L	P
13	耐化学性	外观	无起泡、裂纹、分层、粘结和孔洞		
		最大拉力保持率（%）	—	≥90	≥90
		拉伸强度保持率（%）	≥90	—	—
		最大拉力时伸长率保持率（%）	—	—	≥90
		断裂伸长率保持率（%）	≥90	≥90	—
		低温弯折性（℃）	−40，无裂纹		
14	人工气候加速老化（2500h）	外观	无起泡、裂纹、分层、粘结和孔洞		
		最大拉力保持率（%）	—	≥90	≥90
		拉伸强度保持率（%）	≥90	—	—
		最大拉力时伸长率保持率（%）	—	—	≥90
		断裂伸长率保持率（%）	≥90	≥90	—
		低温弯折性（℃）	−40，无裂纹		

注：抗静态荷载仅适用于压铺屋面的卷材要求。

若聚氯乙烯防水卷材、热塑性聚烯烃防水卷材采用机械固定法工艺铺设，则应选用内增强型产品。改性沥青防水卷材应选用玻纤增强聚酯毡胎基产品，外露使用的防水卷材表面应覆有页岩片、粗矿物颗粒等耐候性、难燃性保护材料。

表 4-38　三元乙丙橡胶防水卷材主要性能　JGJ/T 316—2013

序号	试验项目		性能要求	
			无增强	内增强
1	最大拉力（N/10mm）		—	≥200
2	拉伸强度（MPa）	23℃	≥7.5	—
		60℃	≥2.3	—
3	最大拉力时伸长率（%）		—	≥15
4	断裂伸长率（%）	23℃	≥450	—
		−20℃	≥200	—
5	钉杆撕裂强度（横向）（N）		≥200	≥500
6	撕裂强度（kN/m）		≥25	
7	低温弯折性（℃）		−40，无裂纹	−40，无裂纹
8	臭氧老化（500pphm，40℃，50%，168h）		无裂纹（伸长率50%时）	无裂纹（伸长率0时）
9	热处理尺寸变化率（80℃，168h）（%）		≤1	≤1
10	接缝剥离强度（N/mm）		≥2.0 或卷材破坏	≥2.0 或卷材破坏
11	浸水后接缝剥离强度保持率（常温浸水，168h）（%）		≥70 或卷材破坏	≥70 或卷材破坏
12	热空气老化（80℃，168h）	拉力（强度）保持率（%）	≥80	≥80
		伸长率保持率（%）	≥70	≥70
		低温弯折性（℃）	−35	−35

序号	试验项目		性能要求	
			无增强	内增强
13	耐碱性 [饱和 Ca(OH)₂， 常温,168h]	拉力（强度）保持率（%）	≥80	≥80
		伸长率保持率（%）	≥80	≥80
14	人工气候 加速老化 （2500h）	拉力（强度）保持率（%）	≥80	≥80
		伸长率保持率（%）	≥70	≥70
		低温弯折性（℃）	－35	－35

表 4-39　弹性体改性沥青防水卷材主要性能　JGJ/T 316—2013

序号	项　　目		指　　标
			PYG
1	可溶物含量 （g/m²）	4mm	≥2900
		5mm	≥3500
2	耐热性（105℃）（mm）		无流淌、滴落，滑移≤2
3	低温柔性（℃）		－25，无裂缝
4	不透水性（30min，0.3MPa）		不透水
5	拉力	最大峰拉力（N/50mm）	≥900
		次高峰拉力（N/50mm）	≥800
		试验现象	拉伸过程中，试件中部无沥青涂盖层开裂或与胎基分离现象
6	第二峰时延伸率（%）		≥15
7	浸水后质量增加（%）	M	≤2.0
8	热老化	拉力保持率（%）	≥90
		延伸率保持率（%）	≥80
		低温柔性（℃）	－20，无裂缝
		尺寸变化率（%）	≤0.3
		质量损失（%）	≤1.0
9	渗油性	张数	≤2
10	接缝剥离强度（N/mm）		≥1.5
11	钉杆撕裂强度（N）		≥300
12	矿物粒料黏附性（g）		≤2.0
13	卷材下表面沥青涂盖层厚度（mm）		≥1.0
14	人工气候 加速老化 （2500h）	外观	无滑动、流淌、滴落
		拉力保持率（%）	≥80
		低温柔性（℃）	－20，无裂缝

注：1. 钉杆撕裂强度仅适用于单层机械固定法施工卷材。
　　2. 矿物粒料黏附性仅适用于矿物粒料表面的卷材。
　　3. 卷材下表面沥青涂盖层厚度仅适用于热熔施工的卷材。

表 4-40　塑性体改性沥青防水卷材主要性能　JGJ/T 316—2013

序号	项　目		指　标
			PYG
1	可溶物含量（g/m²）	4mm	≥2900
		5mm	≥3500
2	耐热性（130℃）（mm）		无流淌、滴落，滑移≤2
3	低温柔性（℃）		−15，无裂缝
4	不透水性（30min，0.3MPa）		不透水
5	拉力	最大峰拉力（N/50mm）	≥900
		次高峰拉力（N/50mm）	≥800
		试验现象	拉伸过程中，试件中部无沥青涂盖层开裂或与胎基分离现象
6	第二峰时延伸率（%）		≥15
7	浸水后质量增加（%）	M	≤2.0
8	热老化	拉力保持率（%）	≥90
		延伸率保持率（%）	≥80
		低温柔性（℃）	−10，无裂缝
		尺寸变化率（%）	≤0.3
		质量损失（%）	≤1.0
9	渗油性	张数	≤2
10	接缝剥离强度（N/mm）		≥1.0
11	钉杆撕裂强度（N）		≥300
12	矿物粒料粘附性（g）		≤2.0
13	卷材下表面沥青涂盖层厚度（mm）		≥1.0
14	人工气候加速老化（2500h）	外观	无滑动、流淌、滴落
		拉力保持率（%）	≥80
		低温柔性（℃）	−10，无裂缝

注：1. 钉杆撕裂强度仅适用于单层机械固定法施工卷材。

　　2. 矿物粒料黏附性仅适用于矿物粒料表面的卷材。

　　3. 卷材下表面沥青涂盖层厚度仅适用于热熔施工的卷材。

4. 固定件

固定件包括固定钉、垫片、套管和压条。

固定件、配件的规格及技术性能应符合相关标准的规定，并应满足屋面防水等级和安全的要求。固定件应具有耐腐蚀性能，当固定岩棉等纤维状绝热材料时，宜采用带塑料套管的固定件。在高湿、高温、腐蚀等环境条件下，或室内常年湿度大于70%时，应采用不锈钢钉。

固定件宜提供抗松脱测试报告，并应进行现场拉拔试验。

5. 胶粘材料

高分子防水卷材采用的胶粘剂，应符合现行行业标准《高分子防水卷材胶粘剂》（JC/T 863）的规定，三元乙丙橡胶防水卷材搭接胶带主要性能应符合表 4-41 的规定。

表 4-41　三元乙丙橡胶防水卷材搭接胶带主要性能　JGJ/T 316—2013

试验项目	性能要求
持粘性（min）	≥20
耐热性（80℃，2h）	无流淌、无龟裂、无变形
低温柔性（℃）	−40，无裂纹
剪切状态下粘合性（卷材）（N/mm）	≥2.0
剥离强度（卷材）（N/mm）	≥0.5
热处理剥离强度保持率（卷材，80℃，168h）（%）	≥80

隔汽材料搭接采用的胶粘材料性能应符合现行行业标准《丁基橡胶防水密封胶粘带》（JC/T 942）的规定。

6. 覆盖材料

单层防水卷材屋面工程所使用的覆盖材料，应按现行国家标准《建筑设计防火规范》（GB 50016）的规定。

B_1、B_2 级绝热材料的不燃覆盖层宜采用耐火石膏板、玻镁防火板和水泥加压板，其厚度不应小于 10mm。

当覆盖层采用配筋细石混凝土时，其强度等级不应小于 C20，厚度不应小于 40mm。

7. 压铺材料

压铺材料可以采用卵石或块体材料，压铺块体材料可采用细石混凝土、水泥砂浆、石材等材料预制而成。压铺材料也可以采用卵石，但应进行风荷载计算以确定其粒径和厚度等。

用于压铺材料的卵石直径宜为 25～50mm，密度不应小于 2650kg/m³。用于压铺材料的块体材料单位体积质量不应小于 1800kg/m³，厚度不应小于 30mm，单块面积不应小于 0.1m²。

块体压铺材料表面应平整，无裂纹、缺棱掉角等缺陷。

8. 其他材料

聚酯无纺布或丙纶无纺布等柔性隔离材料的单位面积质量不宜小于 120g/m²。

自粘泛水材料应符合现行行业标准《自粘聚合物沥青泛水带》（JC/T 1070）和《丁基橡胶防水密封胶粘带》（JC/T 942）的规定。

接缝密封防水应采用高弹性、低模量和耐老化的密封材料。

当防水卷材采用空铺压顶法工艺施工时，保护材料可采用单位面积质量不小于 300g/m² 的无纺布。

9. 进场材料的检验

进场材料的检验项目应符合表 4-42 提出的要求。进场材料应提供材料出厂检验报告，主要材料应按规定见证抽样复验，经法定检测单位复验合格后方可使用。

表 4-42　进场材料检验项目　JGJ/T 316—2013

材料类别	材料名称	现场抽检数量	外观质量检验	性能检验
防水材料	聚氯乙烯防水卷材 热塑性聚烯烃防水卷材	每 10000m² 卷材为一批，不足 10000m² 也可作为一批，每批抽 3 卷进行规格尺寸和外观质量检验。在外观质量检验合格的卷材中，任取一卷裁取样品进行物理性能检验	表面平整、边缘整齐，无裂纹、孔洞、粘结、气泡和疤痕，每卷卷材的接头	拉伸性能、热处理尺寸变化率、低温弯折性、不透水性、抗冲击性能、接缝剥离强度、直角撕裂强度、梯形撕裂强度、吸水率、热老化、耐化学性、人工气候加速老化
	三元乙丙橡胶防水卷材	每 8000m² 卷材为一批，不足 8000m² 也可作为一批，每批抽 3 卷进行规格尺寸和外观质量检验。在外观质量检验合格的卷材中，任取一卷裁取样品进行物理性能检验	表面平整，无影响使用性能的杂质、机械损伤、折痕及异常粘着等缺陷，气泡、凹痕	最大拉力、拉伸强度、最大拉力时伸长率、断裂伸长率、钉杆撕裂强度（横向）、撕裂强度、低温弯折性、臭氧老化、热处理尺寸变化率、接缝剥离强度、浸水后接缝剥离强度保持率、热空气老化、耐碱性、人工气候加速老化

续表

材料类别	材料名称	现场抽检数量	外观质量检验	性能检验
防水材料	弹性体改性沥青防水卷材 塑性体改性沥青防水卷材	每 10000m² 为一批，不足 10000m² 也可作为一批，每批抽 5 卷进行规格尺寸和外观质量检验。在外观质量检验合格的卷材中，任取一卷裁取样品进行物理性能检验	表面平整，无孔洞、缺边和裂口，疙瘩，矿物粒粒度，每卷卷材接头	可溶物含量、耐热性、低温柔性、不透水性、拉力、第二峰时延伸率、浸水后质量增加、热老化、渗油性、接缝剥离强度、钉杆撕裂强度、矿物粒黏附性、人工气候加速老化
绝热材料	绝热用挤塑聚苯乙烯泡沫塑料	同类型、同规格按 100m³ 为一批，不足 100m³ 按一批计 在每批产品中随机抽取 10 块进行规格尺寸和外观质量检验。从规格尺寸和外观质量检验合格的产品中，随机抽样进行性能检测	表面平整，无夹杂物，颜色均匀；无明显起泡、裂口、变形	压缩强度、导热系数、尺寸稳定性、渗湿系数、体积吸水率、绝热性能
	硬质聚氨酯泡沫塑料绝热板材	同原料、同配方、同工艺条件按 100m³ 为一批，不足 100m³ 按一批计 在每批产品中随机抽取 10 块进行规格尺寸和外观质量检验。从规格尺寸和外观质量检验合格的产品中，随机抽样进行性能检测	表面平整，无严重凹凸不平	芯密度、压缩强度、导热系数、尺寸稳定性、水蒸气渗透系数、吸水率、压缩蠕变
	硬质泡沫聚异氰脲酸酯绝热板材	同原料、同工艺、同品种按 2000m² 为一批，不足 2000m² 按一批计 在每批产品中随机抽取 10 块进行规格尺寸和外观质量检验。从规格尺寸和外观质量检验合格的产品中，随机抽样进行性能检测	表面平整，无伤痕、污迹、破损	压缩强度、导热系数、尺寸稳定性、透湿系数、体积吸水率
	岩棉	同原料、同工艺、同品种、同规格按 2000m² 为一批，不足 2000m² 按一批计 在每批产品中随机抽取 10 块进行规格尺寸和外观质量检验。从规格尺寸和外观质量检验合格的产品中，随机抽样进行性能检测	表面平整，无伤痕、污迹、破损，外覆层与基材粘贴	压缩强度、点荷载强度、导热系数、酸度系数、尺寸稳定性、质量吸湿率、憎水率、短期吸水量
胶粘材料	高分子防水卷材胶粘剂	每 5t 产品为一批，不足 5t 按一批抽样	均匀液体，无杂质、无分散颗粒或凝胶	黏度、不挥发物含量、剪切状态下的粘结性、剥离强度
	搭接胶带	每 1000m 为一批，不足 1000m 按一批抽样，抽取满足检验用量的样品	表面平整，无固团、杂物、空洞、外伤及色差	持粘性、耐热性、低温柔性、剪切状态下粘结性、剥离强度、剥离强度保持率

4.2.3 单层防水卷材屋面的施工

4.2.3.1 单层防水卷材屋面施工的一般规定

单层防水卷材屋面施工的一般规定如下：

（1）屋面工程施工前应进行图纸会审，对施工图中的细部构造进行审查，施工单位应编制施工方案、技术措施，并进行技术交底。屋面工程应由专业施工队伍进行施工，施工操作人员应持证上岗。

（2）屋面使用的材料应符合现行国家标准《建设工程施工现场消防安全技术规范》（GB 50720）的规定。

（3）每道工序完成后，应检查验收并有完整的检验记录，合格后方可进行下道工序的施工。相邻工序进行施工时，应对已完工的部分进行清理和保护。

（4）穿出屋面的设施、管道和预埋件等，应在防水层施工前安装固定完毕。

（5）隔汽层、绝热层、不燃材料覆盖层可采用机械固定法一次施工，无不燃材料覆盖层的绝热层施工完毕后，应及时进行防水层的施工。

（6）防水卷材的施工应符合以下规定：①基层应坚实、平整、干净、干燥、细石混凝土或水泥砂浆基层不应有疏松、开裂、空鼓等现象；②防水卷材在施工前，应进行试铺定位，所铺贴和固定的防水卷材应平整、顺直、松弛，不应扭曲、皱折；③防水卷材宜平行屋脊进行铺贴，平行屋脊方向的搭接宜顺流水方向，短边搭接缝相互错开不应小于 300mm；④卷材的搭接部位的表面应干净、干燥，搭接尺寸应准确；⑤防水卷材的收头部位则宜采用压条钉压固定，并对收头进行密封处理；⑥高分子防水卷材厚度大于或等于 1.5mm 时，T 形搭接处可采用做附加层或削切处理，附加层应采用同材质的匀质高分子防水卷材，附加层有圆形附加层和矩形附加层之分，圆形附加层的直径不应小于 200mm，矩形附加层的角应为光滑的圆角，削切处理则应采用修边刀将卷材边缘的焊缝前端切成斜面，削切区域应大于焊接区域；⑦当高分子防水卷材采用满粘法施工时，环境温度不宜低于 5℃，焊接施工时，不宜低于 -10℃。

（7）压铺材料的自重应符合建筑结构承载力要求，并应满足风荷载设计要求。

（8）在铺设屋面材料时，分批使用的材料在屋面上应均匀分散堆放。

（9）屋面工程安全施工必须符合以下规定：①屋面周边和预留孔洞部位，必须按临边、洞口防护规定设置安全护栏和安全网；②施工人员应戴安全帽、系安全带和穿防滑鞋；③严禁在雨雪天和五级风及其以上时施工；④施工现场应配备消防设施，并应加强火源管理。

4.2.3.2 单层防水卷材屋面的施工工艺

单层防水卷材屋面的施工工艺流程参见图 4-62。

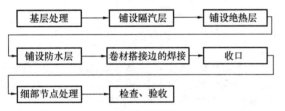

图 4-62 单层防水卷材屋面的施工工艺流程

1. 基层处理

以轻型钢结构单层防水卷材屋面为例，其基层处理方法如下：

屋面压型钢板及其他结构必须安装完毕并经现场验收合格之后，方可进行单层防水卷材屋面的施工。压型钢板应平整顺直，无翘曲、变形，应尽量减少或避免防水系统施工过程中或施工完毕后对钢制结构件的焊接。在清理压型钢板表面杂物时，应去除易对隔汽层和防水层产生破坏的尖角、毛刺。

2. 隔汽层的施工

隔汽材料的铺设方法可采用空铺法工艺、机械固定法工艺或粘结法工艺等。

若隔汽层采用聚乙烯膜、聚丙烯膜或复合金属铝箔时，则可采用空铺法工艺铺设于屋面板上，并应符合下列规定：①隔汽层在施工之前，其基层应清理干净；②隔汽层需连成一体方能起到整体隔汽作用，考虑到隔汽层材料的变形、施工误差以及踩踏等施工影响因素，隔汽材料的搭接宽度不应小于100mm，在搭接和收口部位、屋面开孔及周边部位的隔汽层应采用不小于 10mm 的防水密封胶粘带密封，密封胶粘带需要粘贴在接缝的中间；③隔汽层在铺设时，应自然平整、松弛、平顺，不得有扭曲皱折，切勿生拉硬拽，防止拉伤拉破，同时还应避免被尖锐物体扎破。所铺隔汽层应采用压辊压实，不得有气泡。

若采用防水垫层材料做隔汽层时，则可采用空铺法工艺或满粘法工艺进行铺设，其搭接缝应满粘。

防水涂膜边可以作为隔汽层使用，其厚度不宜小于 1mm，采用涂膜做隔汽层时，涂料应涂刷均匀，涂层应无堆积、起泡和露底现象。

当屋面有女儿墙、采光带基座立面时，其周边的隔汽层应折向立面铺设，其上端应高出保温层上表面 150mm，同时采用丁基胶带封边粘牢。

3. 绝热层的施工

绝热材料的铺设方法可采用机械固定法、空铺法或粘结法等工艺。板状绝热材料宜采用机械固定法工艺施工。

块状绝热材料在铺设之前，应设计好保温层的铺设方式，应尽可能地采用整张（块）铺设，必须裁切时，应测量好铺设尺寸，误差不超过 5mm。保温板的铺设应与卷材同步铺设，施工过程中若长期外露则应加以苫盖，避免淋雨。

板状绝热材料的施工应符合以下规定：①基层应平整、干燥、干净；②铺设应紧贴基层、铺平垫稳，拼缝严密，错缝铺设，固定牢固；③绝热板材若多层铺设时，上下层绝热板材之间的板缝不应贯穿；④绝热层上覆或下衬的保护板及构件的品种、规格应符合设计要求和相关标准的规定；⑤采用机械固定法工艺施工时，固定件的规格、布置方式和数量均应符合设计要求。

混凝土屋面板应采用混凝土专用螺钉。绝热板材的固定垫片应与绝热板材表面平齐，固定件应垂直固定在受力层上，固定件穿透钢板不应少于 20mm，嵌入混凝土基层不应少于 30mm，嵌入木板的有效深度不应小于 25mm。

当板状绝热材料采用机械固定法工艺施工时，不同绝热材料的规格和性能（如材料的尺寸、尺寸稳定性、变形应力等）所需的固定件数量和位置是有不同要求的，其要求应符合表 4-43 的规定。若不能满足固定件的数量及固定位置要求的固定，则势将引起绝热层变形甚至导致屋面系统的提前破坏。固定绝热材料的固定件数量除了与绝热材料的材质有关，也与屋面坡度和大小有关，当屋面坡度较大时，则宜适当增加固定件的数量。

表 4-43　板状绝热材料固定件数量和位置　JGJ/T 316—2013

绝热材料	每块板固定件最少数量		固定位置
挤塑聚苯板（XPS）聚异氰脲酸酯板硬泡聚氨酯板	各边长均≤1.2m	4 个	四个角及沿长向中线均匀布置，固定垫片距离板材边缘≤150mm
	任一边长＞1.2m	6 个	
岩棉板	—	2 个	沿长向中线均匀布置

注：其他类型绝热板材固定件布置设计由系统供应商提供。

4. 防水层的施工

单层防水卷材应平行于屋脊方向铺贴，搭接应顺水流方向。

卷材的长边搭接宽度宜为 120mm，短边搭接宽度宜为 80mm，长边搭接时，底部卷材采用螺钉加垫片固定，螺钉的固定位置应距卷材边缘 30mm 以上，间距则应按风荷载计算数据布置。

卷材搭接边可采用焊接法，对铺设固定好的单层防水卷材应尽快焊接，在焊接前应将焊接面擦拭干净，不得有水渍、油迹和杂质，焊接完后对其焊接质量应进行检查，出现虚焊、漏焊应做出标记，并及时进行修复。

水平变形缝处，可采用发泡聚氨酯进行填充，并嵌填聚乙烯泡沫棒，卷材层施工时，应留出足够的伸缩余量。各转角部位均需采用固定 U 形压条固定。

不同的防水卷材及其不同规格的产品，都有其适宜的施工方法，防水层的施工应根据基层条件及防水卷材品种而选择不同的施工方法，如 PVC 防水卷材宜采用机械固定法施工。

（1）防水层机械固定法工艺的施工。

单层防水卷材屋面防水层采用机械固定法工艺施工，其应符合以下规定：①固定件的数量和间距应符合设计要求，固定件应在压型钢板的波峰上固定，并应垂直于屋面板，与防水卷材结合紧密；在收边和开口部位，当固定件不能设置在波峰上时，应增设收边加强钢板，固定钉应固定在加强钢板上；②螺钉穿出金属屋面板的有效长度不应小于 20mm，当基层为混凝土时，嵌入混凝土的有效深度不应小于 30mm，当基层为木板时，嵌入木板的有效深度不应小于 25mm；③卷材的铺贴和固定方向宜垂直于屋面压型钢板的波峰方向；④当高分子防水卷材搭接部位采用热风焊接施工时，搭接部位不应漏焊或过焊；⑤当改性沥青防水卷材搭接部位采用热风焊接时，应均匀加热、满粘，不得漏焊或过焊，当采用热熔法焊接时，绝热材料的防火等级应为 A 级。

机械固定法工艺施工可采用点式固定或线性固定等方式。防水卷材的固定应采用专用固定件。在施工过程中不应采用点焊方式临时固定防水卷材。

（2）防水层满粘法工艺的施工。单层防水卷材屋面防水层采用满粘法工艺施工，细石混凝土、水泥砂浆、不燃材料覆盖板、复合绝热板材等可用作粘结基层，粘结基层应坚实、平整、干净、干燥。

采用满粘法工艺进行防水卷材铺贴施工，应符合以下规定：①防水卷材粘结面和粘结基层表面均应涂刷胶粘剂；②胶粘剂应涂刷均匀、不露底、不堆积；③防水卷材在铺贴时，应排除卷材与粘结面之间的空气，可采用辊压粘贴牢固；④当绝热材料覆有保护层时，可在保护层上用胶粘剂粘贴防水卷材；⑤三元乙丙橡胶防水卷材应采用密封胶带搭接。

满粘法施工防水卷材，在基层应力集中易开裂的部位，宜选用空铺、点粘、条粘或机械固定等施工方法；在坡度较大和垂直面上粘贴防水卷材时，宜先采用机械固定法工艺固定卷材，固定点应密封。

（3）防水层空铺压顶法工艺的施工。单层防水卷材屋面防水层采用空铺压顶法工艺施工，其基层包括现浇混凝土、水泥砂浆、硬质绝热板材等，基层应坚实、平整、干净、干燥，且不应有疏松、开裂、空鼓等缺陷。

防水卷材的收头部位、屋面周边及穿出屋面设施部位，则应采用压条或垫片与基层固定，或与基层满粘，其粘结宽度不应小于 800mm。

在压铺层铺设前，防水层上应设置保护层，保护层可空铺在防水层上面，其搭接宽度不应小于80mm，并应完全覆盖防水层。块体压铺材料的拼缝宽度宜为 10mm，板缝处理应先用砂浆填缝至一半高度，再用 1∶2 水泥砂浆勾成凹缝形式。

4.3 涂膜防水屋面

涂膜防水是指在自身具有一定防水能力的结构层表面，涂覆具有一定厚度的建筑防水涂料，经溶剂挥发、熔融、缩合、聚合等物理或化学作用而固化成膜形成具有一定坚韧性的整体涂膜防水层的一类建筑防水方法。

涂膜防水根据其防水基层的具体情况和适用部位，可将加固材料和缓冲材料铺设在防水层内，以达到提高涂膜防水效果，增强防水层厚度和耐久性的目的。涂膜防水由于防水效果好，施工简单、方便，特别适用于表面形状复杂的结构防水、因其优点，从而得到了广泛的应用，不仅适用于建筑物屋面防水，而且还广泛应用于墙面防水、地下工程防水以及其他工程的防水。

4.3.1 涂膜防水屋面的设计

涂膜防水屋面的具体做法视屋面构造和涂料本身性能要求而定。其典型的构造层次如图 4-63 所示，具体施工有哪些层次，应根据设计要求确定。

4.3.1.1 设计原则

鉴于涂料及涂膜防水技术的特殊性，涂膜防水设计应遵守下述原则。

1. 正确认识、合理使用

在进行涂膜防水工程设计时，首先要对防水涂料及其应用技术有一个正确、全面的认识。

（1）防水涂料与防水卷材同为当今国内外公认的并被广泛应用的新型防水材料。但是，由于防水涂料是一种液态材料，故特别适合形状复杂的施工基层，且能形成连续的防水层，不像卷材那样存在很多搭接缝。

（2）防水涂料在形成防水层的过程中，既是防水主体，又是胶粘剂，能使防水层与基层紧密相连，

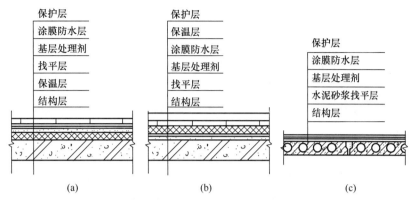

图 4-63　涂膜防水屋面构造

（a）正置式涂膜屋面；（b）倒置式涂膜屋面；（c）无保温层涂膜屋面

无防水层下"串水"之虞，且日后漏点易找，维修方便。

（3）涂膜防水层不能像卷材防水层那样在工厂加工成型，而是在施工现场由液态材料转变为固态材料而成。虽然有些种类的涂膜可以获得较高的延伸率，但其拉断强度、抗撕裂强度、耐摩擦、耐穿刺等指标都较同类防水卷材低，因此防水涂膜须加保护层，且不能引用防水卷材的"空铺""点铺"等施工方法。在防水层厚度方面，防水涂膜不像卷材那样能由工厂生产时准确控制，而是受工地、人为因素影响极大。

（4）不同品种的防水涂料，有截然不同的个性，使用时必须特别小心。例如，反应型涂料（如聚氨酯类）挥发成分极少，固体含量很高，性能也好，但价钱较贵，施工技术要求高；溶剂型涂料成膜比水乳型涂膜致密，耐水性亦较好，但固体含量低，溶剂有毒，易燃易爆；水乳型涂料固体含量适中，涂膜性能满足防水工程要求，无毒、不燃、价格低，能用于稍潮湿的基层，但其涂膜的致密性及耐长期泡水性则不如前两者。故此，设计人员必须掌握它们各自的特性。

（5）防水涂料多由有机高分子化合物、有机大分子化合物及各种复杂有机物组成，不少成分可能对人体有害，故在饮用水池、游泳池及冷库等防水防潮工程设计中，必须十分慎重地选用。对于含有煤焦油等有害物质的涂料，绝对不能用于上述工程。

（6）防水涂料不是万能材料，在防水工程中需与其他材料配合使用。设计中如何运用刚柔结合、多道设防等原则，是十分重要的问题。

2. 注意排水、加强保护

疏导积水、防排结合，是各种防水设计的原则之一，但对涂膜防水设计来说，有更深的含义。因为涂膜一般都较薄，长期泡在水中，会发生粘结力降低等现象。水乳型涂料自然蒸发固化形成的涂膜，长期泡水后还会出现溶胀、起皱甚至局部脱离基层等情况。因此，屋面防水设计时，对基层平整度、排水坡度和排水管道等方面要十分注意避免长期积水；设计水池等工程的内防水时，必须在防水涂膜表面加设保护层，以免涂膜长期浸泡在水中；设计地下工程涂膜外防水时，宜尽可能避免使用长期泡水后性能欠佳的水乳型防水涂料。

3. 保证涂膜厚度

为了确保防水工程质量，不同的工程和不同的涂料对涂膜的厚度有不同的要求。由于涂膜的厚度有很大的可变性，而且很难均匀，因而设计中只能确定一个平均厚度。涂膜厚度对涂膜防水工程的防水质量有着直接的影响，也是施工中最易出现偷工减料的环节。

确定涂膜厚度的三要素为：涂料固体物含量（质量百分比）、涂料密度（g/cm³）和涂料单位面积使用量（理论）（kg/m²）。涂膜厚度的均匀程度，则取决于施工基层的平整性和操作人员的技术水平。因此，设计人员应根据选用的涂料资料，在标明涂膜厚度要求的同时，要标明该涂料的固体含量、密度和单位面积使用量（理论）要求，并以设计的平均厚度作为工程验收标准。单位面积使用量（理论）可由各种防水涂料的有关标准和规程中查得，也可根据选用涂料的固体含量、密度和设计厚度计算而得。施工时可在理论用量的基础上再加适量合理损耗。

过去有些涂膜防水设计，沿用沥青卷材防水的"二毡三油"等概念，不规定涂料单位面积用量，只规定"×布×涂"，这种设计是不完善的。因为玻纤或化纤网格布等仅是加筋增强材料，而形成防水的主体厚度仍是涂料。涂膜的厚度与涂、刮的遍数并无严格的关系，全由涂料的黏度和操作人员的人为因素决定。因此，为了保证涂膜厚度，只规定选用涂料的单位面积使用量（还要规定其固体含量和密度）即可。

4. 局部增强

为了保证防水效果，在防水工程的各个薄弱环节应加强设防，这是防水设计时要遵循的原则。考虑到防水涂膜厚度难以绝对均匀等情况，设计涂膜防水时则更要重视。一般做法是：在这些部位增加一定面积、一定厚度的加筋增强涂膜，必要时，可配合密封、嵌缝材料实现局部增强的目的。

5. 节点部位复合密封处理

与密封、嵌缝材料复合使用，是涂膜防水应用的基本原则。如变形缝、预制构件接缝（尤其是端头缝）、穿透防水基层的管道或其他构件的根部等处的防水，单靠防水涂膜是不行的，特别是使用橡胶沥青类防水涂料的工程，更需坚持这项原则。

6. 要考虑涂料成膜因素

由液体状态的涂料转变为固体状态的涂膜，是涂膜防水施工的一个重要过程。这个成膜过程决定了防水涂膜的质量，即该防水工程的质量。因此，在设计时必须充分考虑施工中可能影响本工程涂料成膜的各种因素。

影响防水涂料成膜的因素很多，包括涂料质量、施工方法、施工环境以及施工人员的操作等。例如，反应型涂料大多数是由两个或更多的组分通过化学反应而固化成膜的，组分的配合比必须按规定准确称量、充分混合，才能反应完全，变成符合要求的固体涂膜。任何组分的超量或不足，搅拌不均匀等，都会导致涂膜质量下降，严重时甚至根本不能固化成膜。溶剂型涂料固化含量较低，成膜过程伴随有大量有毒、可燃的溶剂挥发，不宜用于施工环境空气流动差的工程（如洞库建筑等）。对于水乳型涂料，其施工及成膜对温度有较严格的要求，低于5℃便不能使用。水乳型涂料通过水分蒸发，使固体微粒聚集成膜，过程较慢，若中途遇雨或水冲刷，将会被冲走；成膜过程温度过低，膜的质量会下降；温度过高，涂膜将会起泡等。因此，设计人员必须熟悉各种涂料成膜的因素，根据工程的具体情况选择涂料，并对施工条件做出相应的规定。

7. 涂膜黏附条件的保证和涂膜保护层的设置

要使涂膜与基层黏附牢固，并在规定单位面积用量的情况下获得比较均匀的涂膜厚度，必须有一个比较平滑、结实的基层表面，当采用反应型及溶剂型涂料时，基层还需具备一定的干燥程度；当涂料与其他材料复合使用或在多道设防中与其他材料粘连时，设计人员必须事先了解这些材料之间的相容性，以保证防水材料之间黏附良好，从而保证防水工程的整体质量。

为了保证涂膜的长久防水效果，大多数防水涂膜都不宜直接外露使用，设计中应在涂膜上面设置相应的保护层。

4.3.1.2 设计要点

1. 涂膜防水层使用的防水等级

涂膜防水屋面主要适用于防水等级为Ⅰ级屋面多道防水设防中的一道防水层及Ⅱ级屋面的防水层。

2. 防水层次的选择

Ⅰ级屋面防水工程应有两道防水设防，其中必须有一道不应小于1.5mm的合成高分子防水涂膜或聚合物水泥防水涂膜，除此之外，可以选用一道不应小于2.0mm的高聚物改性沥青防水涂膜防水层。虽然高分子防水涂料也属高档防水材料，采用它可形成无接缝的防水层，并能适应各种基层的形状，但施工的保证率差，尤其对厚度的准确度控制较困难，因此规定只能设一道厚1.5mm合成高分子防水涂膜。

Ⅱ级屋面防水工程应有一道设防。涂膜防水可以作为第一道防水，可采用不应小于3mm厚的高聚物改性沥青防水涂料或不应小于2.0mm厚的合成高分子防水涂料或聚合物水泥防水涂料。

多道防水和复合防水选择材料时，要注意材性匹配和结合问题。原则上应将高性能、耐老化、耐刺穿性好的材料放在上部，对基层变形适应性好的材料放在下部，充分发挥各种材料性能的特点。

当涂膜防水与卷材防水配合时，应将卷材放在上层，涂膜防水放在下层。涂膜防水对复杂基层的适应性好，与基层的粘结力强，并能形成无接缝防水层。涂膜既是涂层，又是粘结层。卷材耐老化、耐刺穿性较好，厚度保证率高，弥补了涂膜不足。国内外有许多防水工程采用在高分子防水卷材上涂刷一层合成高分子彩色防水涂料，这层涂膜既弥补了卷材接缝较差的弱点，又可起到保护卷材的作用，若在耐用年限内涂膜老化，还可以重新刷涂修补，修补极为方便。

不同材性的材料复合使用时，还要注意相互间的相容性、粘结性，并保证不相互腐蚀。

按屋面防水等级和设防要求选择防水涂料。对易开裂、渗水的部位，应留凹槽嵌填密封材料，并增设一层或多层带有胎体增强材料的附加层。

涂膜防水层应沿找平层分格缝设带有胎体增强材料的空铺附加层，其空铺宽度宜为100mm。

防水涂膜应分遍涂布，待先涂布的涂料干燥成膜后，方可涂布后一遍涂料，且前后两遍涂料的涂布方向应相互垂直。

3. 防水涂料的选择

不同品种和不同规格的防水材料，往往具有不同的优点和弱点，相同材性的材料，它的技术性能指标也有高低之分，因而它们的应用范围和要求有一定差异。因此，应正确选择、合理使用防水材料，采取相应的技术措施，扬长避短，是保证防水工程质量的关键。

与其他防水材料比较，涂膜防水材料的性能特点见表4-44。

表 4-44 涂膜防水材料性能比较

性能项目	合成高分子防水涂料	高聚物改性沥青防水涂料	沥青基防水涂料	水泥基防水涂料	备注
抗拉强度	△	△	×	△	
延伸性	○	△	×	×	
厚薄均匀性	×	×	×	△	
搭接性	○	○	○	△	
基层粘结性	○	○	○	○	
背衬效应	△	△	△	—	
耐低温性	○	△	×	○	
耐热性	○	△	×	○	1. "○"表示良好；"△"表示一般；"×"表示较差
耐穿刺性（硬度）	×	×	△	○	
耐老化性	○	△	×	○	
施工性	△	△	△	△	2. 荷载增加程度是指自重大小
施工气候影响程度	×	×	×	○	
基层含水率要求	×	×	×	○	
质量保证率	△	×	×	△	
复杂基层适应性	○	○	○	△	
环境及人身污染	△	×	×	○	
荷载增加程度	○	○	△	×	
价格	高	高	中	低	
运贮	×	△	×	○	

涂膜防水材料的适用性见表 4-45。

表 4-45　涂膜防水材料的适用性

适应部位	合成高分子防水涂料	高聚物改性沥青防水涂料	沥青基防水涂料	水泥基防水涂料	备注
特别重要建筑屋面	○	×	×	×	
重要及高层建筑屋面	○	×	×	×	
一般建筑物屋面	△	※	※	※	"√"表示优先采用；"△"表示可以使用；"○"表示复合使用
有振动车间屋面	△	×	×	×	
恒温恒湿屋面	△	×	×	×	
蓄水种植屋面	○	○	×	△	
大跨度结构建筑屋面	※	※	※	×	
动水压作用的混凝土地下室	△	△	×	△	"※"表示有条件使用
静水压作用的混凝土地下室	√	△	△	△	
静水压砖墙体地下室	△	×	×	√	"×"表示不能或不宜使用
水池内防水	×	×	×	√	
水池外防水	√	√	√	√	
卫生间	√	√	△	○	
外墙面防水	√	×	×	√	

防水涂料可按合成高分子防水涂料、聚合物水泥防水涂料和高聚物改性沥青防水涂料选用，其外观质量和品种、型号应符合国家现行有关材料标准的规定。涂料品种应根据当地历年最高温度、最低温度、屋面坡度和使用条件等因素，选择与耐热度、低温柔性相适应的涂料；根据地基变形程度、结构形式、当地年温差、日温差和振动等因素，选择与拉伸性相适应的涂料；根据防水吐沫的暴露程度，选择与耐紫外线、热耐老化相适应的涂料。当屋面排水坡度大于 25％时，宜采用干燥成膜时间较短的涂料。

4. 排水坡度和排水设计

屋面的排水坡度和排水设计详见第 5 章。

5. 涂膜防水屋面构造层次的设计

涂膜防水屋面的构造层次有结构层、找平层、隔汽层、保温层、防水层、隔离层、保护层、架空隔热层及使用屋面的面层等。一般情况下，结构层在最下面，架空隔热层或使用屋面的面层在最上面，保温层与防水层的位置可根据需要相互交换。屋面防水层位于保温层之上叫正铺法，它可以分为暴露式和埋压式。埋压式根据其压埋材料不同，分为松散材料埋压、刚性块体或整浇埋压、柔性材料埋压和架空隔热板覆盖。倒置法是将防水层做在保温层下面，此时则要求保温层是憎水性的，上部上需再做一层刚性保护层。

建筑物常见的涂膜防水层的一般构造参见图 4-63。对于易开裂、渗水部位，应留凹槽嵌填密封材料，并增设一层或一层以上带有胎体增强材料的附加层。

（1）防水层基层设计。防水层的基层，一般是指结构层和找平层，结构层是防水层和整个屋面层的载体，找平层则是防水层直接依附的一个层次。

涂膜防水层对基层的要求同卷材防水层对基层的要求。

结构层的质量极其重要，要求结构层平整，有较大刚度，整体性好，变形小。结构层最宜采用整体现浇钢筋混凝土板，以防水钢筋混凝土板为最佳。当结构层采用预制装配式钢筋混凝土板，板缝应用 C20 细石混凝土填嵌密实，细石混凝土中掺少量微膨胀剂，有的还要在板缝中配置钢筋。对于大开间、跨度大的结构，应在板面增设 40mm 厚 C20 细石混凝土整浇层，并培植 $\phi4@200$ 双向钢筋网，以提高结构层的整体性。板缝上部应预留凹槽，并用密封材料嵌填严实。

找平层表面应压实平整，排水坡度应符合设计要求，当采用水泥砂浆找平层时，对水泥砂浆抹平收水后应二次压光和充分养护，不得有疏松、起砂、起皮现象。

找平层直接铺抹在结构层或保温层上。直接铺抹在结构层上的找平层，当结构层表面较平整时，找平层厚度可以设计薄一些，否则应适当增加找平层厚度。如果铺抹于轻质找坡层或保温层上，找平层应适当加厚，并要提高强度。找平层一般有水泥砂浆找平层、细石混凝土或配筋细石混凝土找平层以及沥青砂浆找平层等。找平层所适应的基层种类及厚度要求如表4-46所示。

表4-46　找平层的适应基层种类及厚度要求

找平层类型	技术要求	适应基层种类	厚度（mm）
水泥砂浆找平层	水泥：砂＝1：2～1：2.5（体积比）水泥砂浆，水泥强度等级不低于32.5级，砂为中粗砂	整浇钢筋混凝土板	15～20
		整浇或板状材料保温层	20～25
		装配式钢筋混凝土板、松散材料保温层	20～30
细石混凝土或配筋细石混凝土找平层	细石混凝土等级为C15～C20，钢筋为$\phi4@200$双向钢筋网	松散材料保温层	30～40
沥青砂浆找平层	乳化沥青：砂＝1：8（质量比）	整浇钢筋混凝土板	15～20
		装配式钢筋混凝土板、整浇或块状材料保温层	20～25

涂膜防水层的基层不但要求强度高、表面光滑平整，而且要避免产生裂缝，一旦基层开裂，很容易将涂膜拉裂。因此，水泥砂浆的配合比宜采用1：2～1：2.5（水泥：中粗砂），稠度控制在70mm以内，并适量掺加减水剂、抗裂外加剂，使之提高强度，表面平整、光滑、不起皮、不起砂。

为了避免或减少找平层拉裂，层面找平层应留设分格缝，分格缝应设在板端、屋面转折处、防水层与凸出屋面结构交接处。其纵横分格缝的最大间距：水泥砂浆找平层、细石混凝土及配筋细石混凝土找平层不宜大于6m；沥青砂浆找平层不宜大于4m，缝宽宜为20mm。分格缝设置如图4-64所示，分格缝内应填嵌密封材料或沿分格缝增设带胎体增强材料的空铺附加层，其宽度宜为200～300mm。目的是将结构变形和找平层干缩变形、温度变形集中于分格缝予以柔性处理。

屋面基层与凸出屋面结构（如女儿墙、立墙、天窗壁、烟囱以及变形缝）的交接处，以及基层的转角处（水落口、檐口、天沟、檐沟、屋脊等），均应做成圆弧，内部排水的水落口周围应做成略低的凹坑。

找平层的转角处所抹成的圆弧，其半径不宜小于50mm。

（2）找坡层的设计。为了排水流畅，平屋面需要有一定的坡度。找坡方法有结构找坡和材料找坡两种。当采用材料找坡方法时，应采用轻质材料或保温材料垫高形成坡度。目前采用较多的材料有：焦渣混凝土、乳化沥青珍珠岩、微孔沥青珍珠岩、微孔硅酸钙等。一般情况下，结构找坡不宜小于3%；材料找坡不宜小于2%；天沟纵向坡度不宜小于1%；卫生间地面排水坡应为3%～5%；水落口及地漏周围的排水坡度不宜小于5%。找坡层最薄处厚度应大于20～30mm。

（3）隔汽层的设计。在我国纬度40°以北地区且室内空气湿度大于75%，或其他地区室内空气湿度常年大于80%时，保温屋面和有恒温恒湿要求的建筑都应在结构层与保温层之间设置隔汽层，阻隔室内湿气通过结构层滞留在保温层结露为冷凝水，造成保温效果降低和涂膜层起鼓等。对于涂膜防水屋面，可以刷涂一层气密性较好的防水涂膜作为隔汽层。其涂料品种一般与防水层涂料相同，但薄质防水涂料由于气密性较差，不宜采用。

（4）保温层的设计。保温层的设计主要依据建筑物的保温功能要求，按照室内外温差和选用的保温材料导热系数计算确定其厚度。

（5）防水层构造及涂膜厚度的设计。

1）防水层构造可根据工程要求，采取单独涂膜防水形式或是复合防水形式。采取复合防水时，要确定防水涂膜与刚性防水层（包括结构自防水本体）、卷材、嵌缝密封材料等的复合形式和层次顺序。

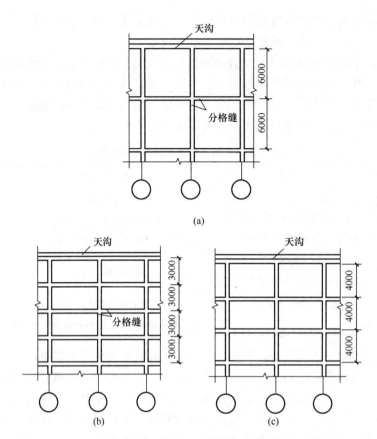

图 4-64　屋面找平层分格缝设置

（a）现浇钢筋混凝土屋面找平层分格缝；（b）大型屋面板屋面找平层分格缝；
（c）预制屋面板屋面找平层分格缝

2）当采用胎体增强涂膜时，胎体材料的铺贴须符合下述规定：

①在有坡度的屋面铺贴时，坡度小于 15% 者可平行屋脊铺贴；坡度大于 15% 者，应垂直于屋脊铺贴，并由屋面最低处向上操作。

②胎体长边搭接宽度不得小于 50mm；短边搭接宽度不得小于 70mm，采用两层胎体材料时，上下层不得互相垂直铺贴，搭接缝应错开，其间距不应小于 1/3 幅宽。

3）防水涂膜厚度的确定和单位面积涂料用量如下：

①涂膜厚度的确定。每道涂膜防水层的最小厚度应符合表 4-47 的规定。

表 4-47　每道涂膜防水层的最小厚度（mm）　GB 50345—2012

防水等级	合成高分子防水涂膜	聚合物水泥防水涂膜	高聚物改性沥青防水涂膜
Ⅰ级	1.5	1.5	2.0
Ⅱ级	2.0	2.0	3.0

②涂料单位面积理论用量的确定。防水涂料单位面积使用量可通过查阅各种涂料的有关规程获得，也可通过下列简易公式计算得出：

$$A = \frac{bd}{c} \times 100 \qquad (4-5)$$

式中　A——涂料单位面积理论用量（kg/m²）；

　　　b——涂膜设计厚度（mm）；

　　　d——涂料密度（g/cm³）；

　　　c——涂料固体质量百分含量（%）。

（6）胎体增强材料的设计。胎体增强材料的设计应符合以下规定：①胎体增强材料宜采用聚酯无纺布或化纤无纺布；②胎体增强材料长边搭接宽度不应小于 50mm，短边搭接宽度不应小于 70mm；③上下层胎体增强材料的长边搭接缝应错开，且不得小于幅宽的 1/3；④上下层胎体增强材料不得相互垂直铺设。

（7）局部加强处理。

1）屋面工程中的天沟、檐沟、檐口、泛水、阴阳角等部位，均应加铺有胎体增强材料的涂膜附加层。

2）涂膜防水层收头部位应用同品种涂料多遍涂刷并贴胎体增强材料进行处理，必要时应用密封材料封严。

3）水落口周围与屋面交接处应填密封材料，并加铺两层有胎体增强材料的涂膜附加层，涂膜伸入水落口的深度不得小于 50mm。其他类似的部位，亦可依照同法处理。

4）变形缝、构件接缝等部位，要根据具体情况确定合理的构造形式，应采用柔性材料密封。采取防排结合，材料防水与构造防水相结合及多道设防的措施。

5）当防水施工基层的设施基座与结构层相连时，防水层宜包裹覆盖设施基座，并在地脚螺栓及基底周围做密封处理。

（8）隔离层的设计。为减少保护层与涂膜防水层之间的粘结力、摩擦力，使两者变形互不影响，一般情况下，采用砂浆保护层、块体保护层、细石混凝土或配筋细石混凝土保护层，此时，应在涂膜层与保护层之间增设一层隔离层。隔离层一般采用空铺油毡、油布、塑料薄膜、无纺布或玻璃纤维布等。

（9）保护层的设计。保护层的设计和选用的材料与防水层材料的性能以及屋面使用功能，如非上人屋面、上人屋面和使用屋面等有关，应根据具体情况加以选择。涂膜防水屋面保护层的种类、特点及用途见表 4-48。

表 4-48　涂膜防水屋面保护层的种类、特点和用途

保护层名称	构成与施工方法	特 点	用 途
浅色、彩色涂料保护层	在涂膜防水层上直接涂刷浅色或彩色涂料保护层涂料应与防水层涂料具有相容性，以免腐蚀防水层或粘结不良	阻止紫外线、臭氧的作用，反射阳光，降低防水层表面温度，美化环境，施工方便，价格便宜，自重小，但使用寿命不长，仅 3～6 年，抗穿刺能力和抵抗外力的破坏能力较差	非上人屋面、大跨度结构屋面
反射膜保护层	将铝膜直接粘贴于防水涂膜的表面，反射涂膜则采用掺银粉的涂料直接涂刷于防水层的表面	反射阳光，降低防水层表面温度，阻止紫外线和臭氧的作用，施工方便，自重小，但寿命仅 4～7 年	非上人屋面、大跨度结构屋面
细砂保护层	在最后一层涂料刷涂后，立即用 0.5～3mm 细砂铺撒均匀并滚压	防止防水涂膜直接暴晒和雨水对防水涂膜的冲刷，但粘结不牢，易脱落	非上人屋面（厚质防水涂膜）
蛭石、云母粉保护层	在最后一层涂料刷涂后，立即铺撒蛭石或云母粉，并用胶辊滚压，使之粘牢	阻止阳光紫外线直接照射，有一定隔热作用，但蛭石和云母粉强度低，易被风雨冲刷	非上人屋面（薄质防水涂膜或厚质防水涂膜）
纤维纺织毯保护层	在防水层上直接铺设一层玻纤、化纤、聚酯纺织毯，铺放时只要四周与女儿墙粘结或钉压固定即可	免受阳光直接照射、雨水直接冲刷，防止涂膜磨损，施工简便	上人屋面、使用屋面

保护层名称	构成与施工方法	特 点	用 途
块体保护层	一般在防水涂膜上设置一层隔离层，然后在隔离层上铺贴预制混凝土或砂浆块、缸砖、黏土薄砖、黏土砖或泡沫塑料等	阻止紫外线照射，避免风雨冲刷、外力穿刺和人为损害，但自重大	上人屋面，不宜在大跨度屋面上使用
水泥砂浆保护层	1∶2 水泥砂浆，厚度为 20～25mm，大面积应分格，砂浆保护层与防水层之间应增设隔离层	与块体保护层相同	不上人屋面
细石混凝土或配筋细石混凝土保护层	40mm 厚 C20 细石混凝土或配筋细石混凝土，钢筋为 φ4@200 双向钢筋网，大面积应分格，保护层与防水层之间增隔离层	与块体保护层相同	上人屋面，不宜在大跨度屋面上使用

（10）架空隔热层的设计。由于架空隔热层具有阻止热量向室内传导和良好的通风散热作用，在南方地区广泛采用。架空隔热层由架空隔热板和支墩组成。架空隔热板有薄黏土砖、钢筋混凝土预制薄板和预应力钢筋混凝土薄板等。钢筋混凝土预制薄板的基本尺寸为 490mm×490mm×30mm。支墩一般用半砖砌成，高度 100～300mm，砌筑砂浆为 M2.5 混合砂浆，支墩与预制板连接处应坐灰。对于非上人屋面，一般用 1∶2 水泥砂浆将板缝灌实即可；对于上人屋面，应在其表面再铺抹一层 1∶2～1∶2.5 水泥砂浆，其厚度为 25～30mm。

4.3.1.3 涂膜防水节点的设计

1. 防水工程节点的特点及设计注意事项

防水工程节点多，如屋面檐口、天沟、水落口、泛水、压预以及所有防水工程的变形缝、分格穿过防水层管道、预埋件、出入孔、施工缝、地漏和防水层收头等。不同的部位、不同的节点类型、不同的材料和不同的要求，都应分别进行设计。应采用相应的防水构造、防水材料和施工方法，以满足防水要求。

节点部位大多数是变形集中表现的地方，即结构变形、干缩变形和温差变形集中的地方，因而容易开裂，导致渗漏。节点大多数都形状复杂、不规则、表面不平整、转弯抹角多、施工面狭小、操作困难和搭接缝多。因而防水设计、施工难度大，质量不易保证。

根据以上特点，在节点设计时，应充分考虑结构变形、温差变形、干缩变形和振动等，使节点设防能够满足基层变形的需要。在变形缝、分格缝、平面与立面交角等处，设置附加增强层，构造上采取空铺法，选用高弹性、高延性材料。水落口、地漏、穿过防水层管道部位及其周围要采用密封材料嵌缝、涂料密封和增加附加层等。应采用严密封闭、防排结合、材料防水与构造防水相结合的做法。对于可能造成渗漏的施工缝、变形缝、连接缝均应用密封材料嵌严实。保证排水畅通、及时。

采用防水涂料与卷材、密封材料、刚性防水相结合的互补设防体系，充分发扬各自的优点，弥补各自的弱点，使节点防水更加完善。

节点防水不能只顾眼前及短期效果，应采用比大面积防水材料性能更高的材料，以保证在耐用年限内不老化、不损坏，以达到与大面积防水具有相同耐久性的目的，使整体防水更加完善。

2. 主要节点的构造

涂膜防水的主要细部构造详见 3.2.5 节。

4.3.2 涂膜防水层对材料的要求

4.3.2.1 涂膜防水的组成材料

涂膜防水工程的组成材料主要有底涂料、防水涂料、胎体增强材料、隔热材料、保护材料等，参见表 4-49。

表 4-49　涂膜防水的组成材料

项次	项目	主要材料	作　用
1	底涂料	合成树脂、合成橡胶以及橡胶沥青（溶剂型或乳液型）材料	刷涂、喷涂或抹涂于基层表面，用作防水施工第一阶段的基层处理材料
2	防水涂料	聚氨酯类防水涂料、丙烯酸类防水涂料、橡胶沥青类防水涂料、氯丁橡胶类防水涂料、有机硅类防水涂料以及其他防水涂料	是构成涂膜防水的主要材料，使建筑物表面与水隔绝，对建筑物起到防水与密封作用；同时，还起到美化建筑物的装饰作用
3	胎体增强材料	玻璃纤维纺织物、合成纤维纺织物、合成纤维非纺织物等	增加涂膜防水层的强度，当基层发生龟裂时，可防止涂膜破裂或蠕变破裂；同时，还可防止涂料流坠
4	隔热材料	聚苯乙烯板等	起隔热保温作用
5	保护材料	装饰涂料、装饰材料、保护缓冲材料	保护防水涂膜免受破坏和装饰美化建筑物

4.3.2.2　建筑防水涂料

建筑防水涂料简称防水涂料，是单独或与胎体增强材料复合，分层涂刷或喷涂在需要进行防水处理的基层表面上，通过溶剂的挥发或水分的蒸发或反应固化而形成的一个连续、无缝的整体，且具有一定厚度的、坚韧的、能满足工业与民用建筑的屋面等部位防水渗漏要求的一类材料的总称。

1. 建筑防水涂料的分类

防水涂料按其成膜物质，可分为沥青类、高聚物改性沥青类（亦称橡胶沥青类）、合成高分子类（又可再分为合成树脂类、合成橡胶类）、无机水泥类、聚合物水泥类五大类；按其涂料状态与形式，大致可以分为溶剂型、反应型、乳液型三大类型。

防水涂料的分类参见图 4-65。

（1）乳液型防水涂料。乳液型防水涂料为单组分水乳型防水涂料，涂料涂刷在建筑物上以后，随着水分的挥发而成膜。

乳液型防水涂料的主要成膜物质高分子材料是以极微小的颗粒（而不是呈分子状态）稳定悬浮（而不是溶解）在水中，而成为乳液状涂料的。该类涂料施工工艺简单方便，成膜过程靠水分挥发和乳液颗粒融合完成，无有机溶剂逸出，不污染环境，不会燃烧，施工安全，其价格也较便宜，防水性能基本上能满足建筑工程的需要，是防水涂料发展的方向。

乳液型防水涂料的品种繁多，主要有：

1）水乳型阳离子氯丁橡胶沥青防水涂料。

2）水乳型再生橡胶沥青防水涂料。

3）聚丙烯酸酯乳液防水涂料。

4）EVA（乙烯-醋酸乙烯酯共聚物）乳液防水涂料。

5）水乳型聚氨酯防水涂料。

6）有机硅改性聚丙烯酸酯（硅丙）乳液防水涂料。

含沥青的防水涂料价格便宜，但涂膜较脆，耐老化性能亦差，其颜色只能是黑色的，不能适合现代建筑的要求；聚丙烯酸酯乳液防水涂料的品种有纯丙乳液防水涂料、苯丙乳液防水涂料等多种，其防水功能逊于聚氨酯防水涂料，但其价格适中，色彩多样，因此，目前仍是我国乳液防水涂料的主流；硅丙乳液防水涂料的综合性能良好，价格比较适中，且涂膜表面不易沾污，在进一步解决某些制备技术上的问题后，则很可能上升为水乳型防水涂料的主流；水乳型聚氨酯防水涂料的防水性能优于聚丙烯酸酯乳液防水涂料，但由于聚合技术的原因，水乳型聚氨酯乳液的稳定性有待进一步提高。

（2）溶剂型防水涂料。溶剂型防水涂料作为主要成膜物质的高分子材料是以溶解（以分子状态存在）于有机溶剂中所形成的溶液为基料，加入颜填料、助剂制备而成的，它是依靠溶剂的挥发或涂料组分间化学反应成膜的，因此施工基本上不受气温影响，可在较低温度下施工。涂膜结构紧密，强度高，

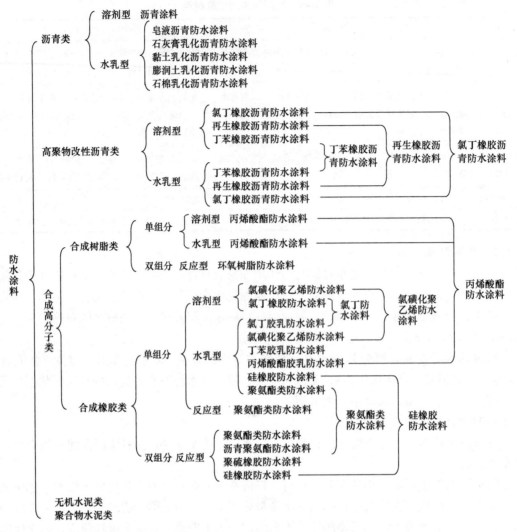

图 4-65　防水涂料的分类

弹性好，因此防水性能优于水乳型防水涂料，但在施工和使用中有大量的易燃、易爆、有毒的有机溶剂逸出，对人体和环境有较大的危害，因此近年来应用逐步受到限制。

　　溶剂型防水涂料的主要品种有溶剂型氯丁橡胶沥青防水涂料、溶剂型氯丁橡胶防水涂料、溶剂型氯磺化聚乙烯防水涂料等多种。

　　（3）反应型防水涂料。反应型防水涂料作为主要成膜物质的高分子材料是通过液态的高分子预聚物与相应的物质发生化学反应成膜的一类涂料。反应型防水涂料通常也属于溶剂型防水涂料范畴，但由于成膜过程具有特殊性，因此单独列为一类。反应型防水涂料通常为双组分包装，其中一个组分为主要成膜物质，另一组分一般为交联剂，施工时将两种组分混合后即可涂刷。在成膜过程中，成膜物质与固化剂发生反应而交联成膜。反应型防水涂料几乎不含溶剂，其涂膜的耐水性、弹性和耐老化性通常都较好，防水性能也是目前所有防水涂料中最好的。反应型防水涂料的主要品种有聚氨酯防水涂料和环氧树脂防水涂料两大类。其中环氧树脂防水涂料的防水性能良好，但涂膜较脆，用羧基丁腈橡胶改性后韧性增加，但价格较贵且耐老化性能不如聚氨酯防水涂料。反应型聚氨酯防水涂料的综合性能良好，是目前我国防水涂料诸品种中最佳的品种之一。反应型聚氨酯防水涂料有焦油型和非焦油型两种，焦油型聚氨酯防水涂料因其基料中含有对人体有害的煤焦油，目前已经禁止使用，非焦油性聚氨酯防水涂料是以聚醚和异氰酸酯预聚体为主要成分配合而成的，涂层的柔性、耐老化性和防水性能均较好。由 TDI 为原料制备的聚氨酯防水涂料在室外的耐候性较差，一般只能用于室内和地下工程的防水；用 MDI 等脂肪族异氰酸酯为原料的聚氨酯防水涂料的耐候性较好，主要应用于室外的防水工程。

乳液型、溶剂型和反应型等三类防水涂料的主要性能特点见表 4-50。

表 4-50　各类型防水涂料的性能特点

种类	成膜特点	施工特点	贮存及注意事项
乳液型	通过水分蒸发，高分子材料经过固体微粒靠近、接触、变形等过程而成膜，涂层干燥较慢，一次成膜的致密性较溶剂型防水涂料低	施工较安全，操作简单，不污染环境，可在较为潮湿的找平层上施工，一般不宜在 5℃ 以下的气温下施工，生产成本较低	贮存期一般不宜超过半年，产品无毒、不燃，生产及贮存使用均比较安全
溶剂型	通过溶剂的挥发，经过高分子材料的分子链接触、搭接等过程而成膜，涂层干燥快，结膜较薄而致密	溶剂苯有毒，对环境有污染，人体易受侵害，施工时，应具备良好的通风环境，以保证人身安全	涂料贮存的稳定性较好，应密封存放，产品易燃、易爆、有毒，生产、运输、贮存和施工时均应注意安全，注意防火
反应型	通过液态的高分子预聚物与固化剂等辅料发生化学反应而成膜，可一次形成致密的较厚的涂膜，几乎无收缩	施工时，需在现场按规定配方进行准确配料，搅拌应均匀，方可保证施工质量，价格较贵	双组分涂料每组分需分别桶装，密封存放，产品有异味，生产、运输、贮存和施工时均应注意防火

防水涂料根据其组分不同，一般可分为单组分防水涂料和双组分防水涂料两类。单组分防水涂料按液态不同，一般有溶剂型、水乳型两种；双组分防水涂料则以反应型为主。

防水涂料按其涂膜功能可分为防水涂膜和保护涂膜两大类。前者主要有聚氨酯、氯丁橡胶、丙烯酸、硅橡胶、改性沥青等；按涂膜厚度分为薄质涂膜和厚质涂膜；按施工方法分为刷涂法、喷涂法、抹压法和刮涂法；按防水层胎体分为单纯涂膜层和加胎体增强材料涂膜（加玻璃丝布、化纤、聚酯纤维毡）做成一布二涂、二布三涂、多布多涂。

建筑防水涂料按其防水物理性能可分为两类，其一为涂膜型；其二为憎水型。

建筑防水涂料按其在建筑物上的使用部位不同，可分为屋面防水涂料、立面防水涂料、地下工程防水涂料等几类。

由于建筑防水涂料品种繁多，应用部位广泛，因而各种习惯分类方法经常相互交叉地使用。

2. 建筑防水涂料的基本性能与技术要求

（1）防水涂料的基本性能。防水涂料的基本性能特点如下：

1）防水涂料在常温下呈黏稠状液体，经涂布固化后能形成无接缝的防水涂膜。防水涂料的这一性能特点决定了其不仅能在水平面上，而且能在立面、阴阳角以及穿结构层管道、凸起物、狭窄场所等各种复杂表面、细部构造处进行防水施工，并形成无接缝的完整的防水、防潮的防水膜。

2）涂膜防水层应具有良好的耐水、耐候、耐酸碱特性和优异的延伸性能，能适应基层局部变形的需要。对于基层裂缝，如损坏后亦易于修补，即可以在渗漏处进行局部修补；对于结构缝、管道根部等一些容易造成渗漏的部位，也极易进行增强、补强、维修处理。

3）涂膜防水层的拉伸强度可以通过加贴胎体增强材料来得到加强。

4）防水涂料可以刷涂、刮涂或机械喷涂，施工进度快，操作简单，以冷作业为主，劳动强度低、污染少，安全性能好。

5）防水涂料如与防水密封材料配合使用，则可较好地防止渗漏水，延长使用寿命。

6）涂膜防水工程一般均依靠人工来涂布，故其厚度很难做到均匀一致，因此在施工时，必须要严格按照操作工艺规程进行重复多遍的涂刷，以保证单位面积内的最低使用量，确保涂膜防水层的施工质量。

7）防水涂料固化后所形成的涂膜防水层自重小，故一些轻型、薄壳的异型屋面均采用涂膜防水。

（2）防水涂料的理化性能要求。防水涂料的理化性能，既表现在涂料本身，也表现在涂装施工过程之中和涂膜形成之后，这些性能的全部综合是评价一个涂料是否优越的科学依据。一般来说，防水涂料本身的理化性能是涂料的基本性能，涂装时施工性能是为了符合某种涂装工艺要求所必须具备的性能，而涂膜的性能则是人们对涂料的根本要求，只有具备了优良的涂膜性能，才能使涂料的使用价值得以实现。

《屋面工程技术规范》（GB 50345—2012）从建筑工程的具体应用角度出发，对各类防水涂料的理化性能提出了一系列要求。

高聚物改性沥青防水涂料的质量应符合表 2-8 的要求。

合成高分子防水涂料的质量应符合表 2-9 和表 2-10 的要求。

聚合物水泥防水涂料的质量应符合表 2-11 的要求。

胎体增强材料的质量应符合表 2-13 的要求。

3. 建筑防水涂料的贮运、保管和进场抽验

（1）进场的防水涂料和胎体增强材料抽样复验应符合下列规定：

1）同一规格、品种的防水涂料，每 10t 为一批，不足 10t 者按一批进行抽样。胎体增强材料，每 3000m² 为一批，不足 3000m² 者按一批进行抽样。

2）防水涂料和胎体增强材料的物理性能检验，全部指标达到标准规定时，即为合格。其中若有一项指标达不到要求，允许在受检产品中加倍取样进行该项复检，复检结果如仍不合格，则判定该产品为不合格。

（2）进场的防水涂料和胎体增强材料外观质量和物理性能应检验下列项目：

1）高聚物改性沥青防水涂料的外观质量检验项目：水乳型：无色差、凝胶、结块、明显沥青丝；溶剂型：黑色黏稠状、细腻、均匀胶状液体。合成高分子防水材料的外观质量检验项目：反应固化型：均匀黏稠状、无凝胶、结块；挥发固化型：经搅拌后无结块，呈均匀状态。聚合物水泥防水涂料的外观质量检验项目：液体组分：无杂质、无凝胶的均匀乳液；固体组分：无杂质、无结块的粉末。胎体增强材料的外观质量检验项目：表面平整、边缘整齐，无折痕、无孔洞、无污迹。

2）高聚物改性沥青防水涂料的物理性能检验项目：固体含量、耐热性、低温柔性、不透水性、断裂伸长率或抗裂性；合成高分子防水涂料、聚合物水泥防水涂料的物理性能检验项目：固体含量、拉伸强度、断裂伸长率、低温柔性、不透水性；胎体增强材料的物理性能检验项目：拉力、延伸率。

（3）防水涂料和胎体增强材料的贮运、保管应符合下列规定：

1）防水涂料包装容器必须密封，容器表面应标明涂料名称、生产厂名、执行标准号、生产日期和产品有效期，并应分类存放。

2）反应型和水乳型涂料贮运和保管环境温度不宜低于 5℃。

3）溶剂型涂料贮运和保管环境温度不宜低于 0℃，并不得日晒、碰撞和渗漏；保管环境应干燥、通风，并远离火源、热源。仓库内应有消防设施。

4）胎体增强材料贮运、保管环境应干燥、通风，并远离火源、热源。

4.3.3　涂膜防水屋面的施工

4.3.3.1　施工前的准备

1. 技术准备

涂膜防水屋面施工的技术准备主要有下列几项工作：

（1）熟悉和会审图纸，从而掌握和了解设计意图，编制屋面防水工程施工方案。

（2）收集设计中所述及的涂料产品等相关资料，了解其性能、施工要求。

（3）掌握施工气候条件要求。涂料施工时，对气温的要求也很高，不同的涂料对气温的要求也不同。例如，某些溶剂型防水涂料在 5℃ 以下溶剂挥发得很慢，使成膜时间延长；水乳型涂料在 10℃ 以

下，水分就不易蒸发干燥，特别是有些厚质涂料，在低温下仅在表面形成一层薄膜，气温降到0℃时，涂层内部水分结冰，就有将涂膜冻胀坏的危险。相反，如果气温过高，涂料中的溶剂很快挥发，涂料变稠，使施工操作困难，质量也就不易保证。

（4）确定质量目标和检验要求，提出施工记录的内容要求。

（5）向操作人员进行技术交底或进行培训。

2. 材料准备

材料准备包括下列几项工作：

（1）涂料产品及配套材料的用量应供足工程的使用量，做好安全防护用品的准备。

（2）进场涂料产品及配套材料进行抽样复检，技术性能要求必须符合质量标准方可使用。

（3）现场贮料库房应符合要求，设施完善。消防设施应齐全。

3. 机具准备

涂膜防水施工机具及用途见表4-51。

表4-51　涂膜防水施工机具及用途

序号	机具名称	用　途	备　注
1	棕扫帚	清扫基层	
2	钢丝刷	清理基层及管道	
3	衡器	配料称量	
4	搅拌器	拌合多组分材料用	电动、手动均可
5	容器	装混合料	铁桶或塑料桶
6	开罐刀	开涂料罐	
7	棕毛刷、圆滚刷	涂刷基层处理剂	
8	刮板	刮涂涂料	塑料板、胶皮板
9	喷涂机械	喷涂基层处理剂、涂料	根据黏度选用
10	剪刀	裁剪胎体增强材料	
11	卷尺	测量、检查	

4.3.3.2　涂膜防水屋面各层次的施工

1. 基层要求

基层是防水层赖以存在的基础，涂膜防水层依附于基层，基层质量的好坏直接影响防水涂膜的质量。与卷材防水层相比，涂膜防水对基层的要求更为严格。基层必须坚实、平整、清洁，应无空隙、起砂和裂缝。基层的干燥程度应根据多选用的防水涂料特性而确定。当采用溶剂型、热熔型和反应固化型防水涂料时，基层应干燥无严重滴漏水。因此涂膜施工前，必须对基层进行严格的检查，使之达到涂膜施工的要求。基层的质量主要包括结构层的刚度和整体性，找平层的刚度、强度、平整度、表面完善程度，以及基层含水率等。

（1）预制板的安装及灌缝。预制板应安装平整、牢固，靠非承重墙一侧应离开墙面20mm，以免三边受力而引起与相邻板变形不一致，相邻两块板面的高差应控制在10mm以内，缝口大小基本一致，上口缝不应小于20mm。板缝内应灌填C20细石混凝土，当板缝宽度大于40mm或上窄下宽时，应加设构造钢筋。灌缝的细石混凝土宜掺微膨胀剂。浇混凝土前，应将板缝内石屑残渣等剔除干净，并用水冲净。混凝土必须浇灌严实，不得有空洞、缝隙，同时应加强养护。板缝上部应留出20mm×20mm的凹槽，并用密封材料将凹槽嵌填严实。

（2）屋面坡度。屋面坡度过于平缓，容易造成积水，使涂膜长期浸泡在水中，对一些水乳型的涂膜就可能出现"再乳化"现象，降低了防水层的功能。屋面防水是一个完整的概念，它必须与排水相结合，只有在不积水的情况下，屋面才具有可靠性和耐久性。

采用涂膜防水的屋面坡度一般规定为：上人屋面在1%以上，不上人屋面在2%以上。

对上人屋面，屋面的块体料与涂膜防水层之间，宜用滑动材料（如细砂等）相互隔开，避免屋面产生温度应力而开裂。

（3）平整度。基层的平整度是保证涂膜防水层质量的关键。如果基层表面凸凹不平或局部隆起，在做涂膜防水层时就容易出现涂膜厚薄不匀，基层凸起的部位，使涂膜厚度减薄，影响了耐久性；基层凹陷部位，使涂膜厚度增厚，容易产生皱纹。找平层的平整度可用 2m 长直尺检查，缝隙不应超过 5mm。如果平整度超过规定要求，则应将凸起部位铲平，低凹处应用 1：2.5 水泥砂浆掺 15％（与水泥质量之比）的 108 胶补抹，较薄时应用掺 108 胶的水泥浆涂刷。找平层为沥青砂浆时，则可用热沥青胶结材料或沥青砂浆补抹。

（4）基层强度。基层强度一般应不小于 5MPa，表面疏松、不清洁或强度太低，裂缝过大，都容易使涂膜与基层粘结不牢。

基层强度的测试通常可采用砂浆或混凝土试块在压力机上进行。它代表的是基层的实际强度而不是基层砂浆或混凝土的设计强度。如基层起砂、起皮处应将表面清除，用掺入 15％的 108 胶的水泥浆涂刷，并抹平压光。

（5）含水率。基层含水率的大小，对不同类型的涂膜有着不同程度的影响，含水率过高会引起涂膜起鼓、粘结不牢。广义上讲，基层要求干燥。一般来说，溶剂型防水涂料对基层含水率的要求要比水乳型防水涂料严格。溶剂型涂料必须在干燥的基层上施工，以免产生涂膜鼓泡的质量问题。

（6）干燥程度。基层的干燥程度直接影响涂膜与基层的结合。如果基层不充分干燥，涂料渗不进去，施工后在水蒸气的压力下，就会使防水层与基层剥离、起鼓。特别是外露的防水层一旦发生起鼓，由于昼夜温差变化大，温差变形使防水层反复伸缩，产生疲劳，从而加速老化，起鼓范围也逐渐扩大。

（7）表面清洁。清除表面杂物、油污、灰尘、砂子，凸出表面的石子、砂浆疙瘩等应清除干净，清扫工作必须在施工中随时进行。

2. 找平层的施工

找平层的种类有水泥砂浆找平层、沥青砂浆找平层等多种类型。对找平层提出的质量要求参见表 4-52。

表 4-52　找平层的质量要求

项次	质　量　要　求
1	找平层必须具有足够的强度，以保证与防水涂膜粘结牢固，不致因找平层损坏而导致涂膜损坏
2	找平层的坡度必须与设计排水坡度一致
3	找平层表面必须平整，对于薄质防水涂膜，一般要求表面平整误差不超过 3mm，对于厚质防水涂膜，其平整度误差不宜超过 5mm
4	找平层不应起砂、起皮、空鼓、开裂，而且表面应光滑

（1）水泥砂浆找平层的施工。水泥砂浆找平层的施工要点如下：

1）应选择气温高于 0℃并且在水泥砂浆终凝前不会下雨的天气进行施工。

2）根据设计规定和现场材料由实验室试验确定水泥砂浆的配合比，以及减水剂、抗裂剂等外加剂的掺量。

3）检查、修补基层。检查屋面板安装是否牢固，局部是否有凹凸不平。凸出部分应凿去，凹坑较大处应用细石混凝土填平。检查保温层的厚度是否符合设计要求；排水坡度是否符合设计要求，如存在问题应及时进行处理，以消除隐患。

4）清理基层，湿润表面。基层表面应清理干净。清理后，应洒水湿润，洒水不宜过多，以免造成积水，特别是基层为保温层，以免保温层吸水过多，降低保温性能。

5）刷素水泥浆。在铺抹水泥砂浆前，先在基层上均匀地刷涂一遍素水泥浆，以便找平层与基层更好地粘结。

6）做灰饼、冲筋。根据设计的坡度要求，用与找平层相同的水泥砂浆做灰饼、冲筋。屋面大面上可四周拉线，天沟、檐沟由分水岭向水落口拉线。冲筋间距一般以1.0～1.5m为宜，应保证坡度准确。

7）安放分格条。在基层上先画出分格缝定位线，板端的分格线应与板缝对齐。然后沿定位线安放分格缝小木条。小木条安放要平直、连续，高度与找平层同高，宽度应符合设计要求，无设计规定时，一般以20mm宽为宜。木条上宽下窄，以便从找平层中顺利取出。取木条所造成的缺陷，应立即修复。

8）铺抹水泥砂浆。由远而近，逐个方格浇注水泥砂浆。铺满一格后，用2m长方木刮平，用木抹子压实泛浆或用微振动器振抹。待砂浆收水后，再用铁抹子压光一遍。天沟等处找平层厚度超过20mm的，一般应先用C20细石混凝土垫铺，然后再用水泥砂浆抹面。

9）找平层养护。找平层铺抹12h后，应及时洒水或刷冷底子油进行养护，尤其是高温季节，应防止水分蒸发过快，以免造成干裂、起砂、起皮和强度降低现象。对于保温层上的找平层，切不可洒水过多，以免渗入保温层，造成保温层含水率过高，降低保温性能，并会引起涂膜层起鼓。养护的初期2～3d内尤为重要，切不可使砂浆脱水。

（2）沥青砂浆找平层施工。沥青砂浆找平层的施工要点如下：

1）沥青砂浆的配制。沥青砂浆的矿物填充料，宜采用石灰石粉或白云石粉，细度为65％～80％，通过0.074mm的筛孔，砂子宜用粒径在2mm以内级配良好且洁净的天然砂或人工砂。调制砂浆时，先将矿物粉和砂子烘干加热至120～140℃，再按规定重量倒入已熬制脱水并已达规定温度的沥青中去，并不断搅拌均匀，使其颜色一致并且具有适当的操作稠度为止。沥青砂浆拌制和碾压时的温度必须严格控制，并应符合表4-53的规定，拌好的砂浆应尽快用完，以免降低温度。装盛砂浆的容器，应有较好的保温性能，如木箱等。

表 4-53　沥青砂浆拌制和碾压温度

作业项目	气温（℃） 砂浆温度（℃）	−10～+5	+5
拌制砂浆时		160～180	140～170
开始碾压时		100～130	90～100
压实完毕时		>60	>40

2）检查并清理基层。检查屋面板安装是否牢固，局部是否有凹凸不平。凸出部分应凿去，凹坑较大处应用细石混凝土填平，检查保温层厚薄是否符合设计要求，排水坡度是否符合设计要求，如发现问题，应及时处理，以消除隐患。表面的杂物、灰尘、污垢等均应清除干净，保持基层表面干净。

3）刷冷底子油。基层干燥后，满涂冷底子油1～2道，涂刷要薄而均匀，不得有气泡和空白，涂刷后要保持表面清洁。

4）安放分格条。在基层上先画出分格缝的定位线，板端的分格缝应与板缝对齐，分格缝间距一般按设计确定，无设计规定时，每3～4m设置一条分格缝。然后沿定位线安放分格条。小木条要平直、连续，高度与找平层同高，宽度应符合设计要求，无设计规定时，一般取宽度为20mm为宜。木条上宽下窄，以便从找平层中取出。取木条时所造成的缺陷，应立即修复。

5）铺设沥青砂浆。待冷底子油干燥后，即可铺抹沥青砂浆，其虚铺厚度为压实后厚度的1.3～1.4倍。铺设时宜采用倒铺法，避免操作人员在已铺砂浆上踩踏。待砂浆刮平后，即用火滚进行滚压，滚压至平整、密实，表面没有蜂窝，不出现压痕为止。为了保持滚筒清洁不黏附沥青，表面可涂刷柴油，滚筒内的炉火及灰烬不允许外泄到沥青砂浆上，滚压不到之处，应用烙铁烫压平整，施工完毕，短期内应避免在上面踩踏。

3. 保护层的施工

在涂膜防水层上应设置保护层，其目的是为了避免阳光直射，以免防水涂膜过早老化；另外，因一些涂膜防水层较薄，做上刚性保护层后，可以提高涂膜防水层的耐穿刺、耐外力损伤的能力，从而提高涂膜防水层的合理使用年限。

涂膜保护层的施工可参见卷材保护层的施工要求。此外，还应注意以下几点：

1）采用细砂等粒料做保护层时，应在刮涂最后一遍涂料时，边涂边撒布粒料，使细砂等粒料与防水层粘结牢固，并要求撒布均匀，不露底、不堆积。待涂膜干燥后，将多余的细砂等粒料及时清除掉。

2）在水乳型防水涂料防水层上用细砂等粒料做保护层时，撒布后应进行滚压。

3）采用浅色涂料做保护层时，应在涂膜固化后才能进行保护层涂刷。

4）保护层材料的选择应根据设计要求及所用防水涂料的特性而确定。一般薄质涂料可用浅色涂料或粒料做保护层，厚质涂料可用粉料或粒料做保护层。水泥砂浆、细石混凝土或板块保护层对这两类涂料均适用。

4.3.3.3 涂膜防水层的施工

1. 涂膜防水层的施工工艺流程

涂膜防水层施工工艺流程见图 4-66。

2. 涂膜防水施工的基本条件及要求

（1）涂膜防水工程必须按照建筑施工的程序和要求进行。屋面防水应在屋面结构工程施工完毕后方能进行。

（2）根据防水设计要求，确定防水等级，合理选用防水涂料和其他辅助材料，合理确定涂膜的总厚度、涂布遍数和胎体增强材料的遍数。

（3）注意胎体增强材料与涂料的配套。如果呈酸碱度（pH）<7 的酸性防水涂料，应选用低碱或中碱的玻璃纤维产品；若呈酸碱度（pH）>7 的碱性防水涂料，则应选用无碱玻璃纤维布，以免强碱防水涂料将中低碱玻璃纤维布腐蚀，使玻璃纤维布的强度降低。

（4）了解所选用防水涂料的基本特性和施工特点，确定涂布遍数、次序、涂布时间间隔等。

（5）了解防水涂料对基层的要求，包括基层的材性、坚硬程度、附着能力、清洁程度、干燥程度、平整度、酸碱度（pH）等，应按其要求进行基层处理。

（6）防水坡度符合设计要求。

（7）施工环境必须符合所选涂料的施工环境要求。环境温度不得低于涂料正常成膜温度的最低值，相对湿度也应符合涂料施工的行业要求。室外防水涂膜施工，应注意气候的变化，不宜在烈日曝晒下施工，如在实干时间内可能遇大风、雨天、雪及风沙等天气也不应施工。

（8）在涂膜防水施工中如使用两种以上不同的防水材料，应了解两种材料的亲和性能和相互有无侵蚀作用。如果两种材料相容，则可使用，否则就不能使用，以免造成相互损坏而使防水层在短期内失效。

（9）防水涂料在使用前制备或调配好。双组分涂料的施工，必须严格按照产品说明书规定的配合比，根据实际使用量情况分批混合，并在规定时间内用完。其他涂料应根据施工方法、施工季节温度、湿度等条件调整涂料的施工黏度或稠度。在整个施工过程中，涂料的黏度必须有专人负责，不得任意加入稀释剂或水。

（10）所用的涂料在施涂前或施涂过程中，必须充分搅拌，以免沉淀，影响施涂作业和施工质量。

（11）涂料施工前，可根据设计要求和操作规程先试做样板，用以确定涂膜实际厚度和实际涂刷遍数，经质检部门鉴定合格后再进行大面积施工。

（12）一般情况下，薄质防水涂料采用刷涂法和喷涂法施工；厚质涂料采用抹压法和刮涂法施工。涂料的性质不同，所采用的工艺和工具亦不相同，因而要根据实际情况准备好相应的施工机具和施工工具。

基层表面清理、修整

喷涂基层处理剂（底涂料）

特殊部位附加增强处理

涂布防水涂料及铺贴胎体增强材料

清理与检查修整

保护层施工

图 4-66 涂膜防水层施工
工艺流程

（13）大面积屋面应分段进行施工，一般应将施工段划分于结构变形缝处。

（14）涂膜防水的施工顺序必须按照"先高后低，先远后近，先檐口后屋脊"的原则进行，即遇到高低跨房屋，一般应先涂布高跨屋面，后涂布低跨屋面；相同高度的屋面，根据操作和运输方法安排先后顺序，在每段中要先涂布上料点远的部位，后涂布较近的屋面；先涂布排水较集中的水落口、天沟、檐口，再往高处涂至屋脊或天窗下。一般涂布走向为顺屋脊走向。

（15）大面积防水涂料涂布前，应先对节点进行处理，如进行密封材料的填嵌、有胎体增强材料的附加层铺设，这有利用于大面积施工顺利进行和保证整个施工质量。应先处理的主要节点有水落口、地漏、天沟、檐沟、反梁过水孔、穿过防水层的管道、分格缝、阴阳角等。对于防水层收头、变形缝等处，应在大面积防水层完成后再单独进行。

（16）分格缝应在浇筑找平层时预留，要求分格符合设计要求，并应与板端缝对齐，均匀顺直，对其清扫后嵌填密封材料。分格缝处应铺设带胎体增强材料的空铺附加层，其宽度为 200～300mm。

（17）需铺设胎体增强材料，且坡度小于 15% 时，可平行屋脊铺设；坡度大于 15% 时，应垂直屋脊铺设，并由屋面最低处向上施工。胎体增强材料长边搭接宽度不得小于 50mm，短边搭接宽度不得小于 70mm。采用两层胎体增强材料时，上下层不得互相垂直铺设，搭接缝应错开，其间距不应小于幅宽的 1/30。

（18）防水涂料应分层分遍涂布，待前一道涂层干燥成膜后，方可涂后一道涂料。

（19）涂料和卷材同时使用时，卷材和涂膜的接缝应顺水流方向，搭接宽度不得小于 100mm。

（20）坡屋面防水涂料涂刷时，如不小心踩踏尚未固化的涂层，很容易滑倒，甚至引起坠落事故。因此，在坡屋面涂刷防水涂料时，必须采取安全措施，如系安全带等。

（21）使用溶剂型涂料时，如果稀释剂和涂料与火种接触，会引起火灾，并且有爆炸的危险。因此施工时一定要特别注意防火。施工现场应设立"严禁烟火"的标志，并准备必要的消防设施。

（22）整个防水涂膜施工完成后，应有一个自然养护时间，一般不少于 7d，以使涂膜具有足够的粘结强度和抗裂性。在养护期间不得上人行走或在其上操作。

（23）涂膜防水层完工后，不得在其上直接堆放物品，以免刺穿或损坏涂层。

（24）涂膜防水层完工后，应及时进行保护层施工，以使涂膜层及时得到保护。

3. 涂料的配料比和搅拌

（1）双组分涂料的配料和搅拌。采用双组分或多组分防水涂料时，每个组分涂料在配料前必须先搅拌均匀。配料应根据生产厂家提供的配合比现场进行配制，配料时要求计量准确，主剂和固化剂的混合偏差不得大于 ±5%。双组分或多组分防水涂料应采用电动机具搅拌均匀，已配制好的涂料应及时使用，配料时可加入适量的缓凝剂或促凝剂调节固化时间，但不能混合已固化的涂料。

涂料混合时，应先将主剂放入搅拌容器或电动搅拌器内，然后放入固化剂，并立即开始搅拌。搅拌桶应选用圆桶，以便搅拌均匀。采用人工搅拌时，应注意将材料上下、前后、左右及各个角落都充分搅匀，搅拌时间一般在 3～5min。

搅拌的混合料以颜色均匀一致为标准。如涂料稠度太大涂布困难，可根据厂家提供的品种和数量掺加稀释剂，切忌任意使用稀释剂稀释，否则会影响涂料性能。

双组分涂料每次配制数量应根据每次涂刷面积计算确定，混合后的涂料存放时间不得超过规定的可使用时间。无规定时，以能涂刷为准。不得一次搅拌过多，以免因涂料发生凝聚或固化而无法使用造成浪费。夏天施工时尤需注意。

（2）单组分涂料的搅拌。单组分涂料一般用铁桶或塑料桶密闭包装，打开桶盖后即可施工。但应桶装量大，且防水涂料中均含有填充料，故易沉淀而产生不均匀现象，在使用前亦应进行搅拌。

单组分涂料一种较简便的搅拌方法是：在使用前应先将铁桶或塑料桶反复滚动，使桶内涂料混合均匀，达到浓度一致。最理想的方法是：将桶装涂料倒入开口的大容器中，机械搅拌均匀后再使用。没有用完的涂料，应加盖封严，桶内如有少量结膜现象，应清除或过滤后使用。

4. 基层处理剂的涂刷

基层处理剂的种类主要有水乳型防水涂料用基层处理剂、溶剂型防水涂料用基层处理剂、高聚物改性沥青防水涂料用基层处理剂等。基层处理剂的施工应符合 4.1.3.4 节 2(2) 中的有关规定。

水乳型防水涂料可用掺 0.2%～0.5% 乳化剂的水溶液或软化水将涂料稀释后作基层处理剂，其用量比例一般为：防水涂料：乳化剂水溶液(或软水)＝1：(0.5～1)。如无软化水，可用冷开水代替，切忌加入一般天然水或自来水。

若为溶剂型防水涂料，由于其渗透能力比水乳型防水涂料强，可直接用涂料薄涂作基层处理剂，如涂料较稠，可用相应的溶剂稀释涂料后作基层处理剂。

高聚物改性沥青防水涂料可用沥青溶液（即冷底子油）作为基层处理剂，或在现场以煤油：30 号沥青＝60：40 的比例配制而成的溶液作为基层处理剂。

基层处理剂涂刷时应用刷子用力薄涂，使基层处理剂尽量刷进基层表面的毛细孔中，并将基层可能留下来的少量灰尘等无机杂质，像填充料一样混入基层处理剂中，使之与基层牢固结合。这样即使屋面上灰尘不能完全清扫干净，也不会影响涂层与基层的牢固粘结。特别是在较为干燥的屋面上进行溶剂型防水涂料施工时，使用基层处理剂打底后再进行防水涂料涂刷，其效果是相当明显的。

5. 涂膜防水层的基本施工方法

(1) 防水涂料的涂布方法。防水涂料的涂布方法可分为刷涂法、喷涂法、滚涂法和刮涂法等多种，在具体施工过程中，应根据涂料的品种、性能、稠度以及不同的施工部位分别选用不同的施工方法。

厚质涂料宜采用铁抹子或胶皮板刮涂施工；薄质涂料可采用棕刷、长柄刷、圆滚刷等进行人工涂布，也可采用机械喷涂。

涂膜防水层的涂布方法及其适用范围参见表 4-54。

表 4-54　涂膜防水层的涂布方法及其适用范围

涂布方法	具体做法	适用范围
抹涂法	涂料用刮板刮平后，待其表面收水而尚未结膜时，再用铁抹子压实抹光	用于流平性差的沥青基厚质防水涂膜施工
刷涂法	用棕刷、长柄刷、圆滚刷蘸防水涂料进行涂刷	用于涂刷立面防水层和节点部位细部处理
滚涂法	用由羊毛或化纤等吸附性材料制成的可转动的滚筒（又称滚刷）在容器内滚蘸上涂料，然后轻微用力滚压在被涂物表面	滚涂适宜大面积施工，省时、省力，操作容易，在大面平面上施工效率比刷涂高 2 倍，在建筑涂装中，是应用较广的一种涂装方法。砂石面、混凝土面、粗抹灰面等被涂表面都适宜采用滚涂
机械喷涂法	将防水涂料倒入设备内，通过喷枪将防水涂料均匀喷出	用于黏度较小的高聚物改性沥青防水涂料和合成高分子防水涂料的大面积施工

1) 刷涂。用刷子涂刷一般采用蘸刷法，也可边倒涂料边用刷子刷匀，涂布垂直面层的涂料时，最好采用蘸刷法。涂刷应均匀一致，倒料时要注意控制涂料均匀倒洒，不可在一处倒得过多，否则涂料难以刷开，造成涂膜厚薄不均匀现象。涂刷时不能将气泡裹进涂层中，如遇气泡应立即消除。涂刷遍数必须按事先试验确定的遍数进行。切不可为了省事、省力而一遍涂刷过厚。前一遍涂料干燥后，方可进行下一层涂膜的涂刷。在前一遍涂层干燥后应将涂层上的灰尘、杂质清理干净后再进行后一遍涂层的涂刷，后遍涂料涂布前应严格检查前遍涂层是否有缺陷，如气泡、露底、漏刷、胎体增强材料皱翘边、杂物混入等现象，应先进行修补再涂布后遍涂层。

涂布时应先涂立面，后涂平面。在立面或平面涂布时，可采用分条或按顺序进行。分条进行时，每条宽度应与胎体增强材料宽度一致，以免操作人员踩踏刚涂好的涂层。流平性差的涂料，为便于抹压，加快施工进度，可以采用分条间隔施工的方法，参见图 4-67，待阴影处涂层干燥后，再抹空白处。

立面部位涂层应在平面涂布前进行，涂布次数应根据涂料的流平性好坏确定，流平性好的涂料应薄而多次进行，以不产生流坠现象为宜，以免涂层因流坠使上部涂层变薄，下部涂层变厚，影响涂膜的防水性能。

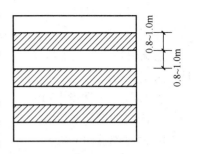

涂料涂布时涂刷致密是保证质量的关键。涂刷后续涂料则应按规定的涂层厚度（控制涂料的单方用量）均匀、仔细地涂刷。各道涂层之间的涂刷方向应相互垂直，以提高防水层的整体性和均匀性。涂层间的接槎，在每遍涂刷时应退槎 50～100mm，接槎时应超过 50～100mm，避免在搭接处发生渗漏。

图 4-67　涂料分条间隔施工

2）喷涂。喷涂是一种利用压力或压缩空气将防水涂料涂布于屋面、墙面等需做涂膜防水处理的物面的机械化施工方法。其特点为：涂膜质量好，工效高，适于大面积作业，劳动强度低等。

① 空气喷涂施工工艺。

a. 将涂料调至施工所需黏度，装入贮料罐或压力供料筒中，关闭所有开关。

b. 打开空气压缩机，进行调节，使空气压力达到施工压力。施工压力一般在 0.4～0.8MPa 范围内。

c. 喷涂作业时，手握喷枪要稳，涂料出口应与被涂面垂直，喷枪移动时应与喷涂面平行。喷枪运行速度应适宜且应保持一致，一般为 400～600mm/min。

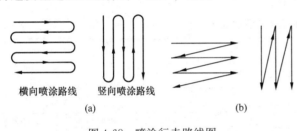

图 4-68　喷涂行走路线图
（a）正确的喷涂行走路线；（b）不正确的喷涂行走路线

d. 喷嘴与被涂面的距离一般应控制在 400～600mm，以便喷涂均匀。

e. 喷涂行走路线如图 4-68 所示。喷枪移动的范围不能太大，一般直线喷涂 800～1000mm 后，拐弯 180°向后喷下一行。根据施工条件可选择横向或竖向往返喷涂。

f. 喷涂面的搭接宽度，即第一行与第二行喷涂面的重叠宽度，一般应控制在喷涂宽度的 1/3～1/2，以使涂层厚度比较均匀一致。

g. 每一涂层一般要求两遍成活，横向喷涂一遍，再竖向喷涂一遍，两遍喷涂的时间间隔由防水涂料的品种及喷涂厚度而定。

h. 如有喷枪涂不到的地方，应用油刷刷涂。

i. 喷涂施工质量要求涂膜应厚薄均匀，平整光滑，无明显接槎，不应出现露底、皱纹、起皮、针孔、气泡等弊病。

② 涂料的冷喷涂施工。涂料的冷喷涂施工是将黏度较小的防水涂料放置于密闭的容器中，通过齿轮泵或空压泵，将涂料从容器中压出，通过输送管送至喷枪处，将涂料均匀喷涂于基面，从而形成一层均匀致密的防水涂膜。

喷涂法施工速度快、功效高，适用于各种屋面涂膜防水层的施工。施工时，操作人员要熟练掌握喷涂机械的操作，通过调整喷嘴的大小和喷料喷出的速度，使涂料成雾状均匀喷涂于基层上。由于喷涂施工速度快，应注意合理安排好涂料的配料、搅拌和运输工作，使喷涂能连续进行。

采用冷喷涂施工法，每次收工后应及时清洗喷涂机械，清洗设备时宜采用与涂料相同的溶剂。

③ 涂料的热喷涂施工。热涂料喷涂施工法常应用于高聚物改性沥青防水涂膜防水屋面工程施工。所采用的喷涂设备由加热搅拌容器、沥青泵、输油管、喷枪等组成。

将涂料加入热容器中，加热至 180～200℃，待全部熔化成流态后，操作工启动沥青泵开始输送并喷涂改性沥青涂料。喷涂时应注意枪头与基面成 45°，枪头与基面距离约 60cm。开始喷涂时，喷出量不宜太大，应在操作的过程中逐步将喷涂量调整至正常的喷涂量。一遍涂层厚度宜控制在 2.0mm 以内，如一次涂层太厚容易流动，出现厚薄不均匀现象。如喷涂过程中出现堆积现象，应在冷却前用刮板将涂料刮开刮匀。喷涂结束时，应将沥青泵倒转抽空枪体和输油管道内积存的涂料。

热涂料喷涂施工工具有施工速度快、涂层没有溶剂挥发等优点。但应注意安全，穿戴好劳动保护用具，防止烫伤。

④ 喷涂施工注意事项。

a. 涂料的稠度要适中，太稠不便施工，太稀则遮盖力较差，影响涂层厚度，而且容易流淌。

b. 根据喷涂时间需要，可适量加入缓凝剂或促凝剂，以调节防水涂料的凝结固化时间。

c. 涂料应充分搅匀。如发现不洁现象，要用 120 目铜丝筛或 200 目细绢筛过滤。使用过程中应不断搅拌。

d. 喷涂压力应适当，一般应根据防水涂料的品种、涂膜厚度要求等因素确定。

e. 对于不需喷涂的部位应用纸或其他物体将其遮盖，以免在喷涂过程中受污染。

3）滚涂。滚涂是采用滚筒将涂料轻微用力滚压在被涂物面上的一种涂装施工工艺。其滚涂施工工艺要点如下：

① 滚筒的选用要与涂饰面的状况和涂料的类型相适宜，主要从辊筒的宽度、筒套绒毛长度及筒套材料三方面去选择：不同宽度的滚筒与用途的关系见表 4-55；筒套绒毛长度与滚筒特点、用途及对涂料选用的关系见表 4-56；不同筒套材料的使用特性见表 4-57；不同类型的涂料和各类饰面对筒套材料的选择见表 4-58。

表 4-55 不同宽度的滚筒与用途关系

滚筒宽度（in）	用 途
18	工业厂房的墙面等特大面积的涂饰
7～9	做一般滚涂用，使用最广泛
2～3	门框、窗棂、踢脚板等小面积的滚涂或用于长边

表 4-56 筒套绒毛长度与滚筒特点、用途及对涂料选用的关系

绒毛长度（mm）	滚筒特点	用 途	适用涂料
约 6	吸附的涂料不多，滚涂的涂膜较薄且平滑，需经常蘸取涂料。泡沫橡胶、毡层的滚筒也属此类	用于光滑面上滚涂有光或半光涂料	磁漆（5～6mm） 无光漆（6～9mm）
12～19	一次能吸附较多的涂料，涂膜带有轻微的纹理，可使涂料渗进表面的毛孔或细缝中去	适宜滚涂无光墙面和顶棚，19mm 的适宜滚涂砖石面和其他粗糙面	磁漆（10mm） 无光漆（12～19mm）
25～30	一次吸附的涂料很多，滚涂的涂层较厚。滚涂铁网时，能将整根铁丝裹住	适宜滚涂粗糙面或铁网等特殊部位	磁漆（19mm） 无光漆（25～30mm）

表 4-57 不同筒套材料的使用特性

材料种类	使 用 特 性
羔羊毛	各种规格的长度都有，适宜在粗糙面上滚涂溶剂型涂料。滚涂水性涂料绒毛易缠结，不宜使用
马海毛	主要用安哥拉山羊毛制作。耐溶剂型只有短绒毛规格；适宜在光滑面上滚涂合成树脂磁漆。与羔羊毛不同，可滚涂水性涂料
丙烯酸系纤维	可在光滑面或粗糙面上滚涂溶剂型涂料和水性涂料，但不宜滚涂含酮等强溶剂的材料
聚酯纤维（涤纶）	绒毛很软，在光滑面上滚涂乳胶漆不易起泡，也适宜滚涂油性涂料，多用于室外场面
各种混杂纤维	制成毡层状，多用来滚涂黏稠的辅助材料或涂料，如玛琋脂、斑纹涂料等

表 4-58　不同类型的涂料和各类饰面对筒套材料的选择

涂料类型		光滑面	半糙面	糙面或有纹理的面
乳胶漆	无光或低光	羊毛或化纤的中长度绒毛	化纤的长绒毛	化纤特长绒毛
	半光	马海毛的短绒毛或化纤绒毛	化纤的中长绒毛	化纤特长绒毛
	有光	化纤的短绒毛	化纤的短绒毛	
溶剂型涂料	底漆	羊毛或化纤中的长度绒毛	化纤的长绒毛	
	中间涂层	短马海毛绒毛或中长羊毛绒毛	中长羊毛绒毛	
	无光面漆	中长羊毛绒毛或化纤绒毛	长化纤绒毛	特长化纤绒毛
	半光或全光面漆	短马海毛绒毛、化纤绒毛或泡沫塑料	中长羊毛绒毛	长化纤绒毛
特殊涂料	防水剂或水泥封闭底漆	短化纤绒毛或中长羊毛绒毛	长化纤绒毛	特长化纤绒毛
	油性着色料	中长化纤绒毛或羊毛绒毛	特长化纤绒毛	
	氯化橡胶涂漆、环氧涂漆、聚氨酯涂漆及地板、家具清漆	短马海毛绒毛或中长羊毛绒毛	中长羊毛绒毛	

注：特长绒毛为 40mm 左右。

② 为了有利于滚筒对涂料的吸附和清洗，在施工前必须先清除可影响涂膜质量的浮毛、灰尘、杂物，在进行滚涂前，应用稀料将滚筒清洗，或将滚筒浸湿后在废纸上滚去多余的稀料，然后再蘸取涂料。

③ 当滚筒压附在被涂物表面初期，压附用力要轻，随后逐渐加大压附用力，使滚筒所黏附的涂料能均匀地转移附着到被涂物的表面。

④ 滚涂时，其滚筒通常应按 W 形轨迹运行，如图 4-69(a) 所示，滚筒轨迹应纵横交错，相互重叠，使涂膜的厚度均匀。若滚涂快干型涂料或被涂物表面涂料浸渗强的场合，滚筒应按直线平行轨迹运行，如图 4-69(b) 所示。

⑤ 采用滚涂工艺滚涂平面（如地面、屋面）时，可将其平面分成若干 $1m^2$ 左右的小块，将涂料倒在中央，用滚筒将涂料摊开，平稳且缓慢地滚涂，要保持各块的边缘湿润，避免衔接痕迹。

⑥ 滚筒经过初步的滚动后，筒套上的绒毛会向一个方向倒伏，顺着倒伏方向进行滚涂，形成的涂膜最为平整，为此在滚涂几下之后，应查看一下滚筒的端部，确定一下绒毛倒伏的方向，用滚筒理油时，也最好顺着这一方向滚动。

⑦ 滚涂结束后，应清洗干净滚筒，晾干后妥为保存。

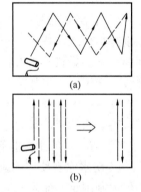

图 4-69　滚涂时滚筒的运行轨迹
(a) W 形运行轨迹；
(b) 直线平行运行轨迹

4) 刮涂。刮涂就是利用刮刀，将厚质防水涂料均匀地刮涂在防水基层上，形成厚度符合设计要求的防水涂膜。刮涂常用工具有牛角刀、油灰刀、橡皮刮刀等。

① 刮涂的施工工艺。刮涂施工时，一般先将涂料直接分散倒在屋面基层上，然后用刮板来回刮涂，使其厚薄均匀，不露底、无气泡、表面平整，然后待其干燥。流平性差的涂料待表面收水尚未结膜时，用铁抹子压实抹光。抹压时间应适当，过早抹压，起不到作用；过晚抹压，会使涂料粘住抹子，出现月牙形抹痕。

a. 刮涂时应用力按刀，使刮刀与被涂面的倾斜角为 $50°\sim60°$，按刀要用力均匀。

b. 涂层厚度控制，采用预先在刮板上固定铁丝（或木条）或在屋面上做好标志的方法。铁丝（或木条）的高度应与每遍涂层厚度要求一致。一般需刮涂 2～3 遍，总厚度为 4～8mm。

c. 刮涂时只能来回刮 1～2 次，不能往返多次刮涂，否则将会出现"皮干里不干"现象。

d. 遇有圆形、菱形基面，可用橡皮刮刀进行刮涂。

　　e. 为了加快施工进度，可采用分条间隔施工，待先批涂层干燥后，再抹后批空白处。分条宽度一般为 0.8～1.0m，以便抹压操作，并与胎体增强材料宽度相一致。

　　f. 待前一遍涂料完全干燥后可进行下一遍涂料施工。一般以脚踩不粘脚、不下陷（或下陷能回弹）时才进行下一道涂层施工，干燥时间不宜少于 12h。

　　g. 当涂膜出现气泡、皱折不平、凹陷、刮痕等情况，应立即进行修补。补好后才能进行下一道涂膜施工。

　　② 涂料的热熔刮涂施工。涂料热熔刮涂法适用于热熔型高聚物改性沥青防水涂料的施工。先将涂料加入带导热油的熔化釜中，逐渐加热至 190°左右，保温待用。涂布时，先将熔化的涂料倒在基面上，然后迅速用带齿的刮板刮涂，操作时一定要快速、准确，必须在涂料冷却前刮涂均匀，否则涂膜发粘，就无法将涂料刮开、刮匀。

　　控制好涂层的厚度是热熔刮涂施工的关键。施工时应采用带齿刮板刮涂，刮涂时刮板应略向刮涂前进方向倾斜，保持一定的倾斜角度平稳地向前刮涂，并应在涂料冷却发粘前将涂料刮涂均匀。当环境气温较低时，涂料冷却很快，尤其在摊铺到找平层上后，热量挥发快，一部分热量又被基层吸收，很容易出现涂料尚未刮匀即已冷却发粘而无法刮开，施工时应合理地控制好上料量，尽量缩短上料和刮涂的间隔时间。如温度过低，可将基层用喷灯烤热后再上料刮涂。如涂膜未刮匀已开始发粘，应采用喷灯加热涂膜表面，待涂膜表面成黑亮色时再用刮板刮涂均匀。

　　增设胎体材料的涂膜防水层施工时，涂料每遍涂刮的厚度控制在 1～1.5mm。铺贴胎体增强材料应采用分条间隔施工法，在涂料刮涂均匀后立即铺贴胎体增强材料，然后再刮涂第二遍至设计厚度。表面需做粒料保护层时，应在最后一遍涂刮的同时撒布粒料；如做涂膜保护层，宜在防水层完全固化后再涂刷保护层涂膜。

　　热熔涂料与防水卷材复合使用可以大大提高防水层的可靠性，既可以通过卷材保证防水层的厚度，又可以由涂料形成连续的防水涂层，弥补卷材接缝易渗漏的问题，尤其是采用压敏型蠕变热熔涂料，可以消除结构层、找平层开裂产生的拉应力对防水层的影响，并可将因卷材破损引起的渗漏限制在局部范围内，不会导致防水层整体失效。热熔涂料与卷材复合施工前应根据卷材宽度和卷材搭接宽度在基层上弹线，施工时，将加热至规定温度的热熔涂料按蛇形浇油法摊铺在基层上，并立即用带齿刮板刮涂均匀，随后一人按弹线滚铺卷材，一人用长柄压辊从中间向两边滚压，排出卷材下面的空气，使卷材粘实。待热熔涂料冷却后，进行卷材接缝的处理。

　　③ 刮涂施工注意事项。

　　a. 防水涂料使用前应特别注意搅拌均匀，因为厚质防水涂料内有较多的填充料，如搅拌不均匀，不仅涂刮困难，而且未搅匀的颗粒杂质残留在涂层中，将成为隐患。

　　b. 为了增加防水层与基层的结合力，可在基层上先涂刷一遍基层处理剂。当使用某些渗透力强的防水涂料，可不涂刷基层处理剂。

　　c. 防水涂料的稠度一般应根据施工条件、厚度要求等因素确定。

　　d. 待前一遍涂料完全干燥，缺陷修补完毕并干燥后，才能进行下一遍涂料施工。后一遍涂料的刮涂方向应与前一遍刮涂方向垂直。

　　e. 立面部位涂层应在平面涂层施工前进行，视涂料的流平性好坏确定涂刮遍数。流平性好的涂料应按照多遍薄刮的原则进行，以免产生流坠现象，使上部涂层变薄，下部涂层变厚，影响防水质量。

　　f. 防水涂层施工完毕，应注意养护和成品保护。

　　g. 刮涂施工质量要求。刮涂施工要求涂膜不卷边、不漏刮，厚薄均匀一致，不露底，无气泡，表面平整，无刮痕，无明显接槎。

　　（2）胎体增强材料的铺贴。为了增强涂层的抗拉强度，防止涂层下坠，在涂层中增加胎体增强材料。胎体增强材料铺贴位置一般由防水涂层设计确定，可在头遍涂料涂刷后，第二遍涂料涂刷时，或第三遍涂料涂刷前铺贴第一层胎体增强材料。胎体增强材料的铺贴方法有两种，即湿铺法和干铺法。

1) 湿铺法。湿铺法就是边倒料、边涂刷、边铺贴的一种操作工艺。施工时，先在已干燥的涂层上，用刷子或刮板将刚倒下的涂料刷涂均匀或刮平，然后将成卷的胎体增强材料平放于涂层面上，并逐渐推滚铺贴于刚涂刷的涂层面上，再用滚刷滚压一遍，或用刮板刮压一遍，亦可用抹子抹压一遍，务必使胎体材料的网眼（或毡面上）充满涂料，使上下两层涂料结合良好。为防止胎体增强材料出现皱折现象，可在布幅两边每隔 1.5～2m 的间距各剪 15mm 的小口，以利铺贴平整。铺贴好的胎体增强材料不应有皱折、翘边、空鼓、露白等现象。如出现露白，说明涂料用量不足，应再在上面涂刷涂料，使之均匀一致。待干燥后继续进行下一遍涂料施工。湿铺法的特点是操作工序少，但技术要求较高。

2) 干铺法。由于胎体增强材料质地柔软、容易变形，铺贴时不易展开，经常会出现皱折、翘边或空鼓现象，这势将影响防水层质量。为了避免这种现象，在无大风的情况下，可采用干铺法铺贴。

干铺法就是在上道涂层干燥后，边干铺胎体增强材料，边在已展开的表面上用刮板均匀满刮一道涂料。也可将胎体增强材料按要求在已干燥的涂层上展平后，用涂料将边缘部位点粘固定，然后再在上面满刮一道涂料，使涂料浸入网眼渗透到已固化的涂膜上。如采用干铺法铺贴的胎体增强材料表面有露白现象，即说明涂料用量不足，应立即补刷。由于干铺法施工时，上涂层的涂料是从胎体增强材料的网眼中渗透到已固化的涂膜上而形成整体，因此，当渗透性较差的涂料与比较密实的胎体增强材料配套使用时，不宜采用干铺法施工工艺。

胎体增强材料可以是单一品种的，也可以采用玻璃纤维布和聚酯纤维布混合使用。混合使用时，一般下层采用聚酯纤维布，上层采用玻璃纤维布。铺布时切忌拉伸过紧，因为胎体增强材料和防水涂膜干燥后都会有较大的收缩，否则涂膜防水层会出现转角处受拉脱开、布面错动、翘边或拉裂等现象。铺布也不能太松，过松会使布面出现皱折，网眼中的涂膜极易破碎而失去防水能力。

胎体增强材料铺设后，应严格检查表面是否有缺陷或搭接不足等现象，如发现上述情况，应及时修补完整，使其形成一个完整的防水层。然后才能在其上继续涂布涂料，面层涂料应至少涂刷两道以上，以增加涂膜的耐久性。如面层做粒料保护层，可在涂刷最后一遍涂料时，随涂随撒铺覆盖粒料。

3) 收头处理。为了防止收头部位出现翘边现象，所有收头均应用密封材料封边，封边宽度不得小于 10mm，收头处有胎体增强材料时，应将其剪齐，如有凹槽则应将其嵌入槽内，用密封材料嵌严，不得有翘边、皱折和露白等现象。如未预留凹槽时，可待涂膜固化后，将合成高分子卷材条用压条钉压作为盖板，盖板与立墙间用密封材料封固。一般浴厕间的涂膜防水施工，以采用预留凹槽方式为宜。

（3）防水涂料的施工工艺。涂膜防水涂料根据其涂膜厚度分为薄质防水涂料和厚质防水涂料。涂膜总厚度在 3mm 以内的涂料为薄质防水涂料，涂膜总厚度在 3mm 以上的涂料为厚质涂料。薄质防水涂料和厚质防水涂料在其施工工艺上有一定差异。

1) 涂膜防水层的施工应符合以下规定：①防水涂料应多遍均匀涂布，涂膜总厚度应符合设计要求。②涂膜间若夹铺胎体增强材料时，宜边涂布边铺胎体；胎体应铺贴平整，应排除气泡，并应与涂料粘结牢固。在胎体上涂布涂料时，应使涂料充分浸透胎体，并应覆盖完全，不得有胎体外露现象，最上面的涂膜厚度不应小于 1.0mm。③涂膜施工应先做好细部处理，再进行大面积涂布。④屋面转角及立面的涂膜应薄涂多遍，不得流淌和堆积。

2) 涂膜防水层的施工环境温度：水乳型及反应型涂料宜为 5～35℃；溶剂型涂料宜为 -5～35℃；热熔型涂料不宜低于 -10℃；聚合物水泥涂料宜为 5～35℃。

3) 水乳型及溶剂型防水涂料宜选用滚涂或喷涂工艺施工；反应固化型防水涂料宜选用刮涂或喷涂工艺施工；热熔型涂料宜选用刮涂工艺施工；聚合物水泥防水涂料宜选用刮涂工艺施工；所有防水涂料应用于细部构造时，宜选用刷涂或喷涂工艺施工。

4) 薄质防水涂料的施工工艺。薄质防水涂料一般有反应型、水乳型或溶剂型的高聚物改性沥青防水涂料或合成高分子防水涂料。由于涂料的品种不同，其性能、涂刷遍数和涂刷的时间间隔都有一定差异。薄质防水涂料的主要施工方法有刷涂法和刮涂法，结合层涂料可以采用喷涂法或滚涂法施工。薄质防水涂料的施工工艺如图 4-70 和图 4-71 所示。

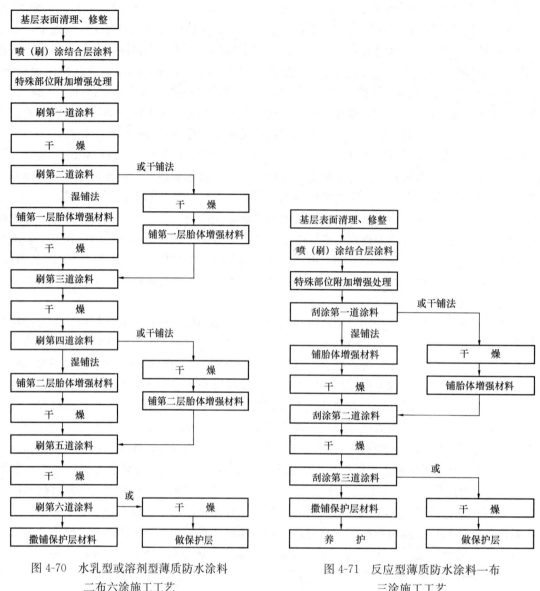

图 4-70 水乳型或溶剂型薄质防水涂料
二布六涂施工工艺

图 4-71 反应型薄质防水涂料—布
三涂施工工艺

防水涂料有单组分和双组分之分。单组分涂料开桶盖后将其搅拌均匀即可使用;双组分防水涂料每组分必须在配料前先搅拌均匀,然后按制造商提供的配合比进行现场配制并将两组分搅拌均匀后,方可使用。

涂层厚度是影响防水质量的关键问题之一,一般在涂膜防水施工前,必须根据设计要求的每平方米涂料用量、涂膜厚度及涂料材性,事先试验确定每道涂料的涂刷厚度以及每个涂层需要涂刷的遍(道)数。一般要求面层至少要刷涂胎体增强材料。

施工时先涂刷结合层涂料,即基层处理剂,刷涂时要求用力薄涂,使涂料充分进入基层表面的毛细孔中,并使之与基层牢固结合。

在大面积涂料涂布前,先要按设计要求做好特殊部位附加增强层,即在屋面细部节点(如水落管、檐沟、女儿墙根部、阴阳角、立管周围等)加铺有胎体增强材料的附加层。首先在该部位涂刷一遍涂料,随即铺贴事先剪好的胎体增强材料,用软刷反复干刷、贴实,干燥后再涂刷一道防水涂料。水落管口处四周与檐沟交接处应先用密封材料密封,再加铺有两层胎体增强材料的附加层,附加层涂膜伸入水落口杯的深度不少于50mm。在板端处应设置缓冲层,以增加防水层参加拉伸的长度。缓冲层用宽200~300mm的聚乙烯薄膜空铺在板缝上。为了不使薄膜被风刮起或位移,可用涂料临时点粘固定,塑料薄膜之上增铺有胎体增强材料的空铺附加层。

为了防止收头部位出现翘边现象，所有收头均应用密封材料封边，封边宽度不得小于 10mm。收头处有胎体增强材料时，应将其剪齐，如有凹槽则应将其嵌入槽内，用密封材料嵌严，不得有翘边、皱折和露白等现象。

5）厚质防水涂料的施工工艺。厚质防水涂料的涂层厚度一般为 4~8mm，有纯涂层，也有铺补一层胎体增强材料的涂层。一般采用抹压法或刮涂法施工，其工艺流程如图 4-72 所示。

厚质防水涂料施工时，应将涂料充分搅拌均匀，清除杂质。涂层厚度控制可采用预先在刮板上固定铁丝（或木条）或在屋面上做好标志的办法，铁丝（或木条）高度与每遍涂层刮涂厚度一致。涂层总厚度 4~8mm，分 2~3 遍刮涂。

涂层间隔时间以涂层干燥并能上人操作为准。脚踩不粘脚、不下陷（或下陷能回弹）时即可进行上一道涂层施工，一般干燥时间不少于 12h。

水落口、天沟、檐口、泛水及板端缝处等特殊部位常采用涂料增厚处理，即刮涂一层 2~3mm 厚的涂料，其宽度视具体情况而定。

收头部位胎体增强材料应裁齐，防水层收头应压入凹槽内，并用密封材料嵌严，待墙面抹灰时用水泥砂浆压封

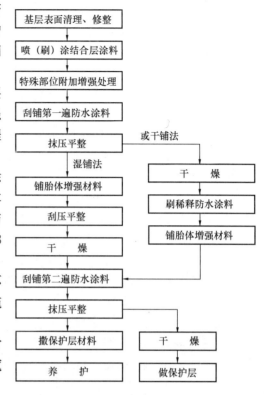

图 4-72　厚质防水涂料施工工艺流程

严密。如无预留凹槽内，可待涂膜固化后，用压条将其固定在墙面上，用密封材料封严，再将金属或合成高分子卷材条用压条钉压作盖板，盖板与立墙间用密封材料封固。

6. 高聚物改性沥青防水涂膜的施工

高聚物改性沥青防水涂膜施工的基本要求如下：

（1）屋面基层的干燥程度，应视所选用的涂料特性而定。当采用溶剂型、热熔型改性沥青防水涂料时，屋面基层应干燥、干净。

（2）屋面板缝处理应符合下列规定：

1）板缝应清理干净，细石混凝土应浇捣密实，板端缝中嵌填的密封材料应粘结牢固、封闭严密。无保温层屋面的板端缝和侧缝应预留凹槽，并嵌填密封材料。

2）抹找平层时，分格缝应与板端缝对齐、顺直，并嵌填密封材料。

3）涂膜施工时，板端缝部位空铺附加层的宽度宜为 100mm。

（3）基层处理剂应配比准确，充分搅拌，涂刷均匀，覆盖完全，干燥后方可进行涂膜施工。

（4）高聚物改性沥青防水涂膜施工应符合下列规定：

1）防水涂膜应多遍涂布，其总厚度应达到设计要求和符合表 4-30 的规定。

2）涂层的厚度应均匀，且表面平整。

3）涂层间铺胎体增强材料时，宜边涂布边铺胎体；胎体应铺贴平整，排除气泡，并与涂料粘结牢固。在胎体上涂布涂料时，应使涂料浸透胎体，覆盖完全，不得有胎体外露现象。最上面的涂层厚度不应小于 1.0mm。

4）涂膜施工应先做好节点处理，铺设带有胎体增强材料的附加层，然后再进行大面积涂布。

5）屋面转角及立面的涂膜应薄涂多遍，不得有流淌和堆积现象。

（5）当采用细砂、云母或蛭石等撒布材料做保护层时，应筛去粉料。在涂布最后一遍涂料时，应边涂边撒布均匀，不得露底，然后进行辊压粘牢，待干燥后将多余的撒布材料清除。当采用水泥砂浆、块

体材料或细石混凝土做保护层时，应符合下列规定：

1) 用水泥砂浆做保护层时，表面应抹平压光，并应设表面分格缝，分格面积宜为±1m²。

2) 用块体材料做保护层时，宜留设分格缝，其纵横间距不宜大于 10m，分格缝宽度不宜小于 20mm。

3) 用细石混凝土做保护层时，混凝土应振捣密实，表面抹平压光，并应留设分格缝，其纵横间距不宜大于 6m。

4) 水泥砂浆、块体材料或细石混凝土保护层与防水层之间应设置隔离层。

5) 水泥砂浆、块体材料或细石混凝土保护层与女儿墙之间应预留宽度为 30mm 的缝隙，并用密封材料嵌填严密。

7. 合成高分子防水涂膜的施工

(1) 合成高分子防水涂膜施工的基本要求。合成高分子防水涂膜施工的基本要求如下：

1) 屋面基层应干燥、干净、无孔隙、起砂和裂缝。

2) 屋面板缝处理剂和基层处理剂施工的要求与高聚物改性沥青防水涂膜的相关要求相同。

3) 合成高分子防水涂膜施工，除应符合高聚物改性沥青防水涂膜施工的规定外，尚应符合下列要求：

① 可采用涂刮或喷涂施工。当采用涂刮施工时，每遍涂刮的推进方向宜与前一遍相互垂直。

② 多组分涂料应按配合比准确计量，搅拌均匀，已配成的多组分涂料应及时使用。配料时，可加入适量的缓凝剂或促凝剂来调节固化时间，但不得混入已固化的涂料。

③ 在涂层间夹铺胎体增强材料时，位于胎体下面的涂层厚度不宜小于 1mm，最上层的涂层不应少于 2 层，其厚度不应小于 0.5mm。

4) 当采用浅色涂料做保护层时，应在涂膜固化后进行；当采用水泥砂浆、块体材料或细石混凝土做保护层时，应符合下列规定：

① 用水泥砂浆做保护层时，表面应抹平压光，并应设表面分格缝，分格面积宜为 1m²。

② 用块体材料做保护层时，宜留设分格缝，其纵横间距不宜大于 10m，分格缝宽度不宜小于 20mm。

③ 用细石混凝土做保护层时，混凝土应振捣密实，表面抹平压光，并应留设分格缝，其纵横间距不宜大于 6m。

④ 水泥砂浆、块体材料或细石混凝土保护层与防水层之间应设置隔离层。

⑤ 水泥砂浆、块体材料或细石混凝土保护层与女儿墙之间应预留宽度为 30mm 的缝隙，并用密封材料嵌填密实。

5) 合成高分子防水涂膜，严禁在雨天、雪天施工；五级风及其以上时不得施工。溶剂型涂料施工环境气温宜为−5～35℃；乳胶型涂料环境气温宜为 5～35℃；反应型涂料施工环境气温宜为 5～35℃。

(2) 非焦油聚氨酯防水涂料施工。

1) 材料准备。

① 涂料材料。聚氨酯防水涂料的用量应严格按照产品说明书执行。一般情况下，聚氨酯底漆为 0.2kg/m²，聚氨酯防水涂料为 2.5kg/m² 左右。

② 辅助材料。聚氨酯稀释料、108 胶、水泥、玻璃纤维布或化纤无纺布等。

③ 保护层材料。根据设计要求选用。

2) 基层要求及处理。

① 基层坡度符合设计要求。如不符合要求，用 1∶3 水泥砂浆找坡，其表面要抹平压光，不允许有凹凸不平、松动和起砂掉灰等缺陷存在。地漏部位应低于整个防水层，以便排除积水。有套管的管道部位应高出基层面 20mm 以上。阴阳角部位应做成小圆角，以便涂料施工。

② 所有管件等必须安装牢固，接缝严密，收头圆滑，不得有任何松动现象。

③ 施工时，基层应基本干燥，含水率不大于 9%。

④ 应用铲刀和扫帚将基层表面凸起物、砂浆疙瘩等异物铲除，将尘土、杂物、油污等清除干净。对阴阳角、管道根部和地漏等部位更应认真检查，如有油污、铁锈等，要用钢丝刷、砂纸和有机溶剂等将其清除干净。

⑤ 特殊部位处理。底涂料固化 4h 后，对阴阳角、管道根部和地漏等处，铺贴一层胎体增强材料。固化后再进行整体防水施工。

3）施工要点。非焦油聚氨酯防水涂料施工工艺流程参见图 4-73。

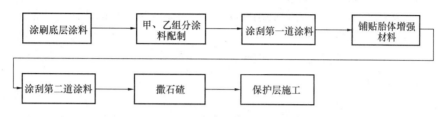

图 4-73　非焦油聚氨酯防水涂料施工工艺流程

① 涂刷底层涂料。涂布底层涂料（底漆）的目的是隔绝基层潮气，防止防水涂膜起鼓脱落，加固基层，提高防水涂膜与基层的粘结强度。

底层涂料的配制：将聚氨酯涂料的甲组分和专供底层涂料使用的乙组分按 1∶(3～4)（质量比）的配合比混合后用电动搅拌器搅拌均匀。也可将聚氨酯涂料的甲、乙两组分按规定比例混合均匀，再加入一定量的稀释剂搅拌均匀后使用。应当注意，选用的稀释料必须是聚氨酯涂料产品说明书指定的配套稀释料，不得使用其他稀释剂。

一般在基层面上涂刷一遍即可。小面积涂布时用油漆刷，大面积涂布时，先用油漆刷将阴阳角、管道根部等复杂部位均匀地涂刷一遍，然后再用长柄滚刷进行大面积涂布施工。涂布时，应满涂、薄涂，涂刷均匀，不得过厚或过薄，不得露白见底。一般底层涂料用量为 0.15～0.2kg/m²。底层涂料涂布后干燥 24h 以上，才能进行下一道工序施工。

② 涂料配制。根据施工用量，将涂料按照涂料产品说明书提供的配合比调配。先将甲组分涂料倒入搅拌桶中，再将乙组分涂料倒入搅拌桶，用转速为 100～500r/min 的电动搅拌器搅拌 5min 左右即可。

③ 涂刮第一道涂料。待局部处理部位的涂料干燥固化后，便可进行第一道涂料涂刮施工，将以搅拌均匀的拌合料分散倾倒于涂刷面上，用塑料或橡胶刮板均匀地刮涂一层涂料。刮涂时，要求均匀用力，使涂层均匀一致，不得过厚或过薄，涂刮厚度一般以 1.5mm 左右为宜，涂料的用量为 1.5kg/m² 左右。开始刮涂时，应根据施工面积大小、形状和环境，统一考虑刮涂顺序和施工退路。

④ 铺贴胎体增强材料。当防水层需要铺贴玻璃纤维或化纤无纺布等胎体增强材料时，则应在涂刮第二道涂料前进行粘贴。铺贴方法可采用湿铺法或干铺法。

⑤ 涂刮第二道涂料。待第一道涂料固化后，再在其上刮涂第二道防水涂料。涂刮的方法与第一道相同。第二道防水涂料厚度为 1mm 左右，涂料用量均为 1kg/m² 左右。涂刮方向应与第一道涂料的方向垂直。

⑥ 稀撒石碴。为了增加防水层与水泥砂浆保护层或其他贴面材料的水泥砂浆层之间的粘结力，在第二道涂料未固化前，在其表面稀撒干净的石碴一层。当采用浅色涂料保护层时，不应稀撒石碴。

⑦ 保护层施工。待涂膜固化后，便可进行刚性保护层施工或其他保护层施工。

4）施工注意事项。

① 当涂料黏度过大，不便进行涂刮施工时，可少量加入稀释剂。所用稀释剂必须是产品说明书指定的配套稀释剂或配方，不得使用其他稀释剂。

② 配料时必须严格产品说明书中提供的配合比准确称量，充分搅拌均匀，以免影响涂膜固化。

③ 施工温度以 0℃ 以上为宜，不能在雨天、雾天施工。

④ 施工环境应通风良好，施工现场严禁烟火。

⑤ 刮涂时，应厚薄均匀，不得过厚或过薄，不得露白见底。涂膜不得出现起鼓脱落、开裂翘边和收头密封不严等缺陷。

⑥ 若刮涂第一层涂料 24h 后仍有发粘现象时，可在第二遍涂料施工前，先涂上一些滑石粉后再上人施工，可以避免粘脚现象。这种做法对防水层质量并无不良影响。

⑦ 涂层施工完毕，尚未达到完全固化前，不允许踩踏，以免损坏防水层。

⑧ 刚性保护层与涂膜应粘结牢固，表面平整，不得有空鼓、松动脱落、翘边等缺陷。

⑨ 该涂料需在现场随配随用，混合料必须在 4h 以内用完，否则会固化而无法使用。

⑩ 用过的器皿及用具应清洗干净。

⑪ 涂料易燃、有毒，贮存时应密封，存放于阴凉、干燥、无强阳光直射的场所。

（3）丙烯酸酯防水涂料的施工。

1）基层要求及处理。

① 基层要坚固、平整，无起壳、起砂、蜂窝、孔洞、麻面及裂缝等，如遇上述缺陷，要用聚合物砂浆或聚合物净浆全面批刮平整。

② 对于较宽的裂缝或变形缝，则要用柔性密封防水材料嵌填。遇有局部渗漏，要找出漏点，并采用引、排、堵等方法，配合堵漏材料先加以解决。

2）施工要点及注意事项。

① 先涂刷底涂料一遍，以堵塞毛细孔。

② 采用一布二涂的方法，对阴阳角、墙缝、穿越基层的管件周围等部位，进行加强防水处理。

③ 根据工程对防水涂膜厚度的要求，可采取一布六涂的方法进行施工。

④ 施工时环境气温应在 5℃ 以上。对于户外露天作业的工程，如预计 24h 内有阵雨、霜冻时，应停止施工。

⑤ 涂料要及时使用，产品保存期仅为一年。

8. 聚合物水泥防水涂膜的施工

（1）聚合物水泥防水涂膜施工的基本要求。聚合物水泥防水涂膜施工的基本要求如下：

1）屋面基层应平整、干净，无孔隙、起砂和裂缝。

2）屋面板缝处理剂和基层处理剂施工的要求与高聚物改性沥青防水涂膜的相关要求相同。

3）聚合物水泥防水涂膜施工，除应符合高聚物改性沥青防水涂膜施工的规定外，尚应有专人配料、计量，搅拌均匀，不得混入已固化或结块的涂料。

4）当采用浅色涂料做保护层时，应待涂膜干燥后进行；当采用水泥砂浆、块体材料或细石混凝土做保护层时，其要求同合成高分子防水涂膜的相关要求。

5）严禁在雨天和雪天施工，五级风及其以上时不得施工，施工环境气温宜为 5～35℃。

（2）聚合物水泥防水涂料（JS 防水涂料）的施工。JS 防水涂料的施工方法（工法）有多种，表 4-59 为适用于屋面涂膜防水工程的 Q5 施工方法。

表 4-59　JS 防水涂料的施工方法

施工方法	Q5（增强层）施工方法
适用范围	一般用于屋面防水工程以及异型部位（如管根、墙根、雨水口、阴阳角）的增强
涂层结构简图	

续表

施工工序	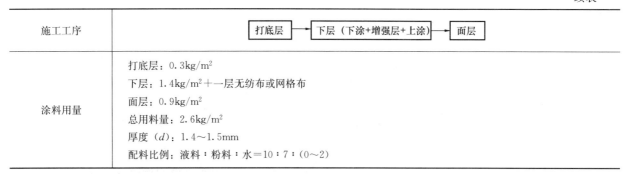
涂料用量	打底层：0.3kg/m² 下层：1.4kg/m²＋一层无纺布或网格布 面层：0.9kg/m² 总用料量：2.6kg/m² 厚度（d）：1.4～1.5mm 配料比例：液料：粉料：水＝10：7：(0～2)

注：1. 增强层可选50～100g的聚酯长纤维无纺布或优质玻纤网格布。

　　2. 下涂、增强层、上涂三道工序须连续作业。

JS防水涂料施工工艺流程见图4-74。

JS防水涂料的施工要点如下：

1）施工环境。不能在0℃以下或雨雪中施工，不宜在特别潮湿又不通风的环境中施工，否则影响其成膜。

宜在0℃以上的环境中贮存与施工，由于JS产品是水乳性的，必须避免结冰失效。

2）施工前期准备。认真检查电源的安全可靠性，检查高空作业的安全可靠性；准备好钢丝刷、吹风机等基面清理工具，搅拌桶、磅秤以及手提电动搅拌枪等配料工具，滚筒、刮刀、排刷等涂覆工具；检查JS涂料、胎体增强材料化纤无纺布等材料的质量状况。

3）基面处理。①清除基面表面的浮土、黄砂、石子等废料，保持施工面清洁、无灰尘、无油污（无霉斑）、无明水。②基面要求表面平整、光滑、牢固，并达到一定的强度、整体性和适应变形能力。基面严重不平处须先找平，不得有起砂、蜂窝麻面、砂眼、孔洞、裂缝、起壳和渗漏，如基面起砂可先涂一遍JS稀料，基面有裂缝可先在裂缝处涂一层抗裂胶，渗漏处须先采用"速凝型水不漏"进行堵漏处理，重要建筑物基面裂缝处理后，在沿裂缝两侧宽10mm范围内涂以嵌缝密封材料。③阴阳角应做成圆弧角。如基面与伸出基面的结构（女儿墙、山墙、变形缝、天窗），做嵌缝处理。

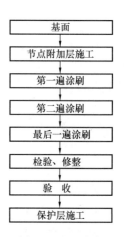

图4-74　JS防水涂料施工工艺流程

4）材料拌合。配制JS涂料的工作应在施工现场进行，按照设计要求注明的配料比准确计量，先将液料组分倒入搅拌桶内，用搅拌器进行搅拌，在搅拌状态下，慢慢加入粉料组分混合搅拌，直到搅拌均匀，料中不含粉团，无沉淀为止。搅拌一般使用机械搅拌，不宜采用手工搅拌，搅拌时间为5～10min，配料中可根据具体情况加入适量的水，以方便施工为准，加水量应在规定的配比范围内。在斜面、顶面或立面上施工，为了能保持足够的料，应不加或少加些水。平面施工，为了涂膜平整，可适量多加一些水，加水量控制在液料组分的5%以内。

5）涂料颜色。JS防水涂料一般均为白色，如客户需选择其他颜色时，宜用中性无机颜料（宜选用氧化铁系列颜料），其他颜料则须先试验确认无异常现象后，方可使用。颜色一般均由制造商按客户要求配浆，则可直接放入液料部分中，施工时只需将液料和粉料按配比要求称量拌合即可。

如在施工现场临时调制颜色，在按配比要求进行称量后，涂料所用颜料为粉末状固体者，应将粉末状固体颜料先放入液料中混合、溶解，然后方可与粉料搅拌均匀。彩色层涂料的加量为液料重量的10%以下。

6）涂覆。

① 施工者应按照JS防水涂料制造商所提供的施工方法，根据工程的特点和要求，选择一种或两种组合施工方法，并严格按照施工方法所规定的要求进行施工。

② 每层涂覆必须按工法规定的用量要求施工，切不能过多或过少，涂料有沉淀，尤其是打底料，应随时搅拌均匀。

③ 在阴阳角、天沟、泛水、水落口、管根等部位先涂刷一遍涂料，并立即粘贴胎体附加层，粘贴时，应用漆刷摊压平整，与下层涂料贴合紧密，胎体材料可选择聚酯无纺布或化纤无纺布，采用搭接（搭接宽度不小于100mm），表面再涂1～2遍防水涂料，使其达到设计厚度要求。水落口、穿墙管、管根周边、裂缝、分格缝、变形缝及其他接缝部位应先用密封胶胶完，应做到随配随用，在一般条件下涂料可用时间在40min～3h，涂层干固时间为4～6h。现场环境温度低、湿度大、通风不好时，其干固时间要长些，反之则会短些。

④ 等节点附加层干燥成膜后，即可进行大面积施工。涂覆可采用刮涂、滚涂或刷涂，第一遍涂覆最好用刮板刮涂，以与基面结合紧密，不留气泡，施工时，每遍涂刮的推进方向应与前一遍相互垂直、交叉进行，对于涂覆较稀的料和大面积平面施工，可采用滚涂和刮涂工艺施工，对于较稠的料及小面积局部施工宜采用刷涂工艺。

⑤ 按照选定的工法，按顺序逐序逐层完成。各层之间的间隔时间以前一层涂膜干固不粘为准。在温度在20℃的露天条件下，不上人施工约需3h，上人施工约需5h。若现场温度低、湿度大、通风条件差，干固时间应长些，反之则短些，待第一遍涂层表干后，即可进行第二遍涂覆，以此类推，直至涂层达到厚度的设计要求。

⑥ 每遍涂覆的厚度与气候条件、平立面状态均有关系，一般涂刷3～5遍即可达到规定的厚度，第一遍涂覆时应薄一些，可在配料对掺少量的水，把涂料略配稀些以满足薄涂的要求。

⑦ 涂覆时要均匀，不能有局部沉积，并要多次涂刮使涂料层次之间密实，不留气孔，粘结严实。

⑧ 涂料用量，主涂层每遍每平方米为0.3～0.4kg，每层涂覆必须按规定用量取料。

⑨ 在泛水、伸缩缝、檐沟等节点处需做增强防水处理，涂层收头处应反复多遍涂刷，以确保粘结强度和周边密封度。低于基面的结构如水落口等处的涂层应深入洞口不少于50mm。在末端收头处理中，涂膜防水层的收头应按规定或设计要求用密封材料封严，密封宽度不应小于10mm。涂料不宜过厚或过薄，否则将影响涂层的厚度，若最后涂层厚度不够，尤其是立面施工，可加涂一层或数层，以达到其标准。

7）胎体增强材料的铺贴。为了增强涂层的拉伸强度，防止涂层下坠，要在涂层中增加胎体增强材料。胎体增强材料铺贴位置一般由防水涂层设计确定，可在头遍涂料涂刷后、第二遍涂料涂刷时或第三遍涂料涂刷前铺贴第一层胎体增强材料。胎体增强材料的铺贴方法有两种，即干铺法和湿铺法。

8）防水层的保护层施工。室外及易碰触、易踩踏部位的防水层应做保护层，保护层（或装饰层）的施工，须在防水层完成2d后进行。

① 聚合物水泥防水涂料本身就含有水泥成分，易与水泥砂浆粘结，如做水泥砂浆保护层，可在其面层上直接抹刮粘结。抹砂浆时，为了方便施工，可在防水层最后一遍涂覆后，立即撒上干净的中粗砂，待涂层干燥后，即可直接抹刮水泥砂浆保护层。

② 在防水层上还可采用粘贴块体材料保护层，主要采用的块体材料有瓷砖、马赛克、大理石等，粘贴块体材料的胶粘剂可用JS防水涂料调试成腻子状来充当，JS涂料胶粘剂可按液料：粉料＝10：（15～20）调成腻子状即可。

4.4 复合防水屋面

复合防水屋面是指采用复合防水层组成一道防水设防的一类防水屋面技术系统。

4.4.1 复合防水的概念和表现形式

复合防水是指由彼此相容的两种或两种以上的防水材料组合而成防水层的一类屋面结构层次。相容性是指相邻的两种材料之间互不产生排斥的物理和化学作用的性能。在屋面防水层设计时，对于重要的建筑物可采用多道设防，而对于一般工业和民用建筑，则可采用一道设防，但亦同时允许采用两种材料复合使用。

多道设防有两层含义，一是指各种不同的防水材料都能独自构成防水层，二是指不同形态、不同材质的几种防水材料的复合使用，如采用防水卷材和防水涂料复合构成复合防水层。为了提高防水的整体性能，在不同部位采用复合防水做法，如在节点部位和表面复杂，不平整的基层上采用涂膜防水、密封材料嵌缝，而在平整的大面积上则采用铺贴卷材来防水，因而在多道设防中，实际上也包含了复合防水的做法。

复合防水的表现形式主要有以下几种：①不同类型的防水卷材或防水涂料的叠层复合；②不同类型的防水材料组合成一个复合防水层，例如，底层采用防水涂料，面层采用防水卷材，从而形成一种整体防水层；③刚性防水材料和柔性防水材料复合；④大面积使用防水卷材，特殊部位采用密封材料或防水涂料的复合；⑤防水材料与保温材料的复合。

复合防水可达到不同防水材料的优势互补，以提高防水的功能，从实际情况来看，复合防水效果是最好的，经济上又是较为合理的，且防水又有保证，只要设计合理，完全可以达到不同防水等级的要求，如果在节点部位采用复合防水，其优越性尤为明显。

在进行复合防水方案设计时，首先应注意的是所选材料的相容性，不同材料化学结构和极性的相似，溶解度参数的相近，是避免不同材料组合在一起产生脱离现象的关键所在。

1. 卷材与卷材叠层复合防水做法

（1）SBS 改性沥青防水卷材叠层做法（每层厚度不小于 3mm）。在水泥砂浆找平层上涂刷冷底子油或专用沥青底涂料，当底涂料干燥后用冷粘法或热熔法施工第一层 SBS 改性沥青防水卷材，第一层卷材全部施工完毕后再用粘贴法或热熔法在第一层卷材上施工第二层卷材。

（2）APP 改性沥青防水卷材叠层做法（每层厚度不小于 3mm）。APP 防水卷材叠层做法与 SBS 防水卷材叠层做法相当。

（3）自粘改性沥青防水卷材叠层做法。在水泥砂浆找平层上涂刷冷底子油或专用沥青底涂料，当底涂料干燥后施工第一层自粘卷材，接着在第一层上直接粘贴第二层自粘卷材，最后按设计要求施工保护层。

（4）聚氯乙烯（PVC）防水卷材叠层做法（每层厚度不小于 1.2mm）。PVC 防水卷材目前常用的施工做法主要是采用热风机焊接法施工，卷材大面积部分与基层的施工以空铺加金属压条固定为主，也有采用专用胶粘剂粘结施工的。如采用叠层做法，第一层 PVC 卷材边与边搭接、接头与接头搭接采用热风焊接法施工，加胶粘剂与基层粘结施工，第一层卷材施工完毕后就可以立即施工第二层卷材。第二层 PVC 卷材施工方法与第一层相当。

（5）三元乙丙（EPDM）防水卷材叠层做法（每层厚度不小于 1.2mm）。EPDM 防水卷材主要采用胶粘剂粘结施工，接头和异型部位用密封材料密封并固定，最终封边和封头采用金属压条固定架密封材料封闭，第一层卷材施工完毕后暂不用金属压条固定，待第二层卷材全部铺完后最终用金属压条固定封头和全部周边部位。

（6）氯化聚乙烯（CPE）防水卷材和 CPE 橡塑共混防水卷材叠层做法与 EPDM 防水卷材叠层做法相同。

（7）聚乙烯丙纶复合防水卷材叠层做法。聚乙烯丙纶复合防水卷材是采用水泥基材料加添加剂制成的胶粘剂作为无机粘结材料，为了达到国家防水规范的防水等级要求，有较多工程采用了（复合防水）叠层做法，具体做法是卷材与基层粘结、卷材与卷材之间的粘结均采用水泥基无机材料粘结，第二层卷材施工完毕后在上面施工 20～30mm 厚防水砂浆保护层，水泥砂浆上应留设分格缝。

2. 涂料与涂料叠层的复合防水做法

（1）聚合物水泥防水涂料与聚氨酯防水涂料复合防水做法（简称 JS＋PU）。先在水泥砂浆找平层上先施工聚合物水泥防水涂料到设计厚度，待第一种防水涂料经多遍施工干燥成膜成为一道防水层后，再涂刷聚氨酯防水涂料多遍达到设计厚度，最后按设计要求决定是否施工保护层。

（2）聚合物乳液防水涂料与聚氨酯防水涂料复合防水做法（简称 PM＋PU）与 JS＋PU 做法一样。

（3）其他防水涂料与聚氨酯防水涂料复合防水做法。应先将其他防水涂料施工到设计厚度，干燥成膜后在施工聚氨酯防水涂料，最后按设计要求决定是否施工保护层。

3. 卷材与涂料复合防水层的做法

卷材与涂料复合防水层的做法都是涂料先做，即先将涂料在几层上施工到设计厚度，待涂膜干燥成膜后，再施工防水卷材，如设计上有保护层，还要在卷材上施工保护层。详见 4.2 节。

4. 刚性防水材料与柔性防水材料复合防水层的做法

刚性防水材料一般是指无机防水堵漏材料、水泥基渗透结晶型防水材料。复合防水做法一般是先施工刚性防水材料，待刚性防水材料干燥后，在其上面施工柔性防水材料（涂料、卷材或其他柔性防水材料），如设计上有保护层，还要在柔性防水材料上施工细石混凝土、水泥砂浆等保护层。

5. 防水材料与保温材料复合防水层的做法

防水材料与保温材料复合防水层的做法有两种，一种是先做保温材料，然后在保温材料上做 20～30mm 砂浆找平层，最后在找平层上做防水层；另一种叫做倒置式做法，就是先在基层上做防水层，防水层干燥后，在其上做保温层，最后做保护层。现在国家提倡建筑节能政策，使用较多的是防水保温一体化材料，主要是在基层上喷涂聚氨酯硬泡体防水保温一体化材料，然后在聚氨酯泡沫层上施工 5～10mm 聚合物水泥防水砂浆。另外，还有使用挤塑板（XPS）、模塑板（EPS）及胶粉聚苯颗粒保温砂浆做保温材料的。

4.4.2　复合防水层的设计与施工

由防水涂料和防水卷材复合而形成的复合防水层是复合防水中的一种主要的施工工艺。防水涂料可形成无接缝的涂膜防水层，但其是在施工现场进行施工的，均匀性不好，强度不大，而防水卷材是由工厂生产的，不但均匀性好，强度高，而且厚度完全可以得到保证，但其接缝施工烦琐，工艺复杂，不能十全十美，如两者上下组合使用，形成复合防水层，则可弥补涂料和卷材各自的不足，从而使防水层的设防更可靠，尤其是在复杂的部位，卷材剪裁接缝多，转角处若能得到防水涂料的配合，则可大大提高防水质量。

目前有采用无溶剂聚氨酯涂料或单组分聚氨酯涂料上面复合合成高分子防水卷材的做法，聚氨酯涂料既是涂膜层，又是可靠的粘结层。另一种是热熔 SBS 改性沥青涂料，它的粘结力强，涂刮后上部可粘合成高分子卷材，也可以粘贴改性沥青卷材。如 SBS 改性沥青热熔卷材，热熔改性沥青涂料的固体含量接近 100％，又不含水分或挥发溶剂，对卷材不侵蚀，固化或冷却后与卷材牢固地粘结，卷材的接缝还可以采用原来的连接方法，即冷粘、焊接、热熔等，也可以采用涂膜材料进行粘结。施工时，热熔涂料应一次性涂厚，按照每幅卷材宽度涂足厚度并立即展开卷材进行滚铺/铺贴卷材时，应从一端开始粘牢，滚动平铺，及时将卷材下面空气挤出，但注意在涂膜固化前不能来回行走踩踏，如需行走得用垫板，以免表面不平整。待整个大面铺贴完毕，涂料固化时，再行粘结搭接缝。聚氨酯一般应在第二天进行，热熔改性沥青当温度下降后即可进行。

1. 复合防水层的设计

复合防水层是由彼此相容的卷材和涂料组合而成的一类防水层。

复合防水层的设计要点如下：

（1）复合防水层的设计应符合以下规定：①选用的防水卷材与防水涂料应具有相容性；②防水涂膜宜设置在防水卷材的下面；③挥发固化型防水涂料不得作为防水卷材的粘结材料使用；④水乳型或合成高分子类防水涂膜上面不得采用热熔型防水卷材；⑤水乳型或水泥基类防水涂料应待其涂膜实干之后，方可采用冷粘法工艺铺贴防水卷材。

（2）反应型涂料和热熔型改性沥青涂料，可作为铺贴材性相容的卷材胶粘剂并进行复合防水。

（3）复合防水层最小厚度应符合表 4-60 的规定。

表 4-60　复合防水层最小厚度（mm）　　GB 50345—2012

防水等级	合成高分子防水卷材＋合成高分子防水涂膜	自粘聚合物改性沥青防水卷材（无胎）＋合成高分子防水涂膜	高聚物改性沥青防水卷材＋高聚物改性沥青防水涂膜	聚乙烯丙纶卷材＋聚合物水泥防水胶结材料
Ⅰ级	1.2＋1.5	1.5＋1.5	3.0＋2.0	(0.7＋1.3)×2
Ⅱ级	1.0＋1.0	1.2＋1.0	3.0＋1.2	0.7＋1.3

2. 复合防水层对材料的要求

无论采用何种复合形式的防水层，其厚度都必须达到设计要求，才能保证其能形成一个独立的防水层。

卷材与涂膜复合使用时，涂膜防水层应设置在卷材防水层下面，防水卷材与防水涂膜的粘结剥离强度应符合以下要求：

（1）高聚物改性沥青防水卷材与高聚物改性沥青防水涂料不应小于 8N/10mm。

（2）合成高分子防水卷材与合成高分子防水涂料不应小于 15N/10mm，浸水 168h 后保持率不应小于 70%。

（3）自粘橡胶沥青防水卷材与合成高分子防水涂料不应小于 8N/10mm。

3. 复合防水层的施工

复合防水层在进行施工时，除卷材防水层施工应符合第 3 章的有关规定、涂膜防水层施工应符合第 4 章的有关规定外，复合防水层的施工还应注意以下要点：

（1）基层的质量应满足底层防水层的要求。

（2）不同胎体和性能的防水卷材在复合使用时，或夹铺不同胎体增强材料的涂膜复合使用时，其高性能的防水卷材或防水涂膜应作为面层。

（3）不同防水材料复合使用时，耐老化、耐穿刺的防水材料应设置在最上面。

（4）防水卷材和防水涂膜复合使用时，选用的防水卷材和防水涂膜应相容。

（5）挥发固化型防水涂料不得作为防水卷材粘结材料使用；水乳型或合成高分子类防水涂料不得与热熔型防水卷材复合使用；水乳型或水泥基类防水涂料应待涂膜实干后，方可铺贴卷材。

（6）防水涂料作为防水卷材粘结材料使用时，应按复合防水层进行整体验收，否则，应分别按涂膜防水层和卷材防水层验收。

4.5　屋面接缝密封防水

节点周围的水分在风压或温度应力的作用下沿着接缝间隙产生的"运动"过程叫做渗漏。建筑密封防水设计旨在科学方法指导下，对接缝间隙进行适当的处理，使水分无隙可乘，达到防水的目的；或对渗入的水分有组织排除，不让渗入的水分对周围环境造成任何影响。

屋面接缝密封防水就自身而言，不能作为一道防水层，但其是与各种防水屋面配套使用的一个重要部位。各种屋面防水层都将涉及接缝密封防水的内容，参见表 4-61。

表 4-61　屋面接缝密封防水部位

屋面类别	密封材料嵌填部位
卷材屋面	找平层分格缝内 高聚物改性沥青卷材、合成高分子卷材封边

续表

屋面类别	密封材料嵌填部位
涂膜屋面	找平层分格缝内 屋面的板端缝内和非保温屋面的板端缝和板侧缝内
刚性屋面	结构层板缝内 防水层与女儿墙、山墙、凸出屋面结构的交接处 刚性防水层分格缝内 防水层与天沟、檐沟、伸出屋面管道交接处
油毡瓦屋面	泛水上口与墙间的缝隙
金属板材屋面	相邻两块板搭接缝内
细部结构	泛水、檐口和伸出屋面管道处的卷材、涂膜收头 天沟、檐边与墙、板交接处 伸出屋面管道与找平层交接处 水落口杯周围与找平层、混凝土交接处

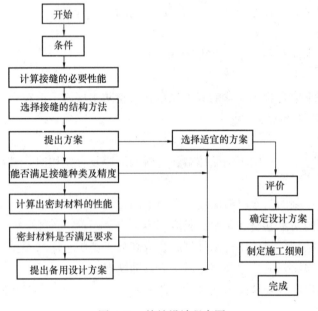

图 4-75 接缝设计程序图

4.5.1 屋面接缝密封防水的设计

屋面接缝密封防水的设计，其基本内容包括设计条件、接缝设计与密封材料的选择。接缝设计的程序参见图 4-75。

屋面接缝密封防水设计的要点如下：

1. 基本规定

屋面接缝密封防水适用于屋面防水工程的密封处理，其在设计上应保证密封部位不渗水，并且满足防水层合理使用年限的要求。对于重点防水的建筑物更应该是如此。为满足使用功能要求，必须从如下几方面着手：

（1）优化设计方案，充分体现出防水部位和防水要点。

（2）合理选材，选择合适界面，符合当地环境条件、接缝宽度、深度、接缝位移大小和特征、符合气候条件与构造特点相适应的材料。

（3）充分考虑其合理性和经济效益。

（4）材料易于购买，施工方便。

（5）保护环境对施工完后剩余的材料进行适当处理，对环境不造成污染。

2. 与其他防水工程相配套

建筑接缝密封防水是防水工程的最后一关，它是与其上的防水方法相配套的。屋面防水工程中的密封处理要与卷材防水屋面、涂膜防水屋面、刚性防水屋面等配套使用。目前，我国根据建筑物的类别规定了四个防水等级，确定了防水层耐用年限。一次接缝密封防水的设计也应满足其使用年限，从而达到与其上的防水工程相配套的目的。

3. 密封防水设计的要点

（1）屋面密封防水的接缝宽度宜为 5～30mm，接缝深度可取接缝宽度的 0.5～0.7 倍。

（2）屋面接缝应按密封材料的使用方式，分为位移接缝和非位移接缝。屋面接缝密封防水技术要求应符合表 4-62 的规定。

表 4-62　屋面接缝密封防水技术要求　GB 50345—2012

接缝种类	密封部位	密封材料
位移接缝	混凝土面层分格接缝	改性石油沥青密封材料、合成高分子密封材料
	块体面层分格缝	改性石油沥青密封材料、合成高分子密封材料
	采光顶玻璃接缝	硅酮耐候密封胶
	采光顶周边接缝	合成高分子密封材料
	采光顶隐框玻璃与金属框接缝	硅酮结构密封胶
	采光顶明框单元板块间接缝	硅酮耐候密封胶
非位移接缝	高聚物改性沥青卷材收头	改性石油沥青密封材料
	合成高分子卷材收头及接缝封边	合成高分子密封材料
	混凝土基层固定件周边接缝	改性石油沥青密封材料、合成高分子密封材料
	混凝土构件间接缝	改性石油沥青密封材料、合成高分子密封材料

（3）接缝密封防水设计应保证密封部位不渗水，并应做到接缝密封防水与主体防水层相匹配。

（4）密封材料品种选择应符合下列规定：①根据当地历年最高气温、最低气温、屋面构造特点和使用条件等因素，应选择耐热度、低温柔性相适应的密封材料；②根据屋面接缝变形位移的大小以及接缝的宽度，选择位移能力相适应的密封材料；③应根据屋面接缝粘结性要求，选择与基层材料相容的密封材料。④应根据屋面接缝的暴露程度，选择耐高低温、耐紫外线、耐老化和耐潮湿等性能相适应的密封材料。

（5）密封防水部位的基层应符合下列要求：①基层应牢固，表面应平整、密实，不得有裂缝、蜂窝、麻面、起皮和起砂现象；②嵌填密封材料前，基层应干净、干燥。

（6）位移接缝密封防水设计应符合下列规定：①接缝宽度应按屋面接缝位移计算确定；②接缝的相对位移量不应大于可供选择密封材料的位移能力；③密封材料的嵌填深度宜为接缝宽度的 50%～70%；④接缝处的密封材料底部应设置背衬材料，背衬材料宽度应比接缝宽度大 20%，嵌入深度应为密封材料的设计厚度；⑤背衬材料应选择与密封材料不粘结或粘结力弱的材料，并能适应基层的伸缩变形，复原率高和耐久性好等性能；⑥采用热灌法施工时，应选用耐热性好的背衬材料。

（7）密封防水处理连接部位的基层，应涂刷基层处理剂；基层处理剂应选用与密封材料材性相容的材料。

（8）对嵌填完毕的密封材料，应避免碰损及污染；固化前不得踩踏。

（9）接缝部位外露的密封材料上应设置保护层。

4. 注重细部处理

往往渗水部位就是这些处理不够的细部，在设计上如特别指出，那么施工时就可能克服。如下是几个细部处理措施：

（1）密封防水处理连接的部位和界面上部应涂刷基层处理剂。基层处理剂应与密封材料物理性质相近，化学结构和极性相似，满足其相互粘结性能的要求。

（2）接缝处、密封材料底部应设置背衬材料，背衬材料是防止接缝位移过大时密封材料向接缝中流淌。

（3）接缝处外露的密封材料上宜设置保护层，保护密封材料不被污染，其宽度不应小于 100mm。

（4）为了便于施工，在各细部需要密封防水部位应有详图说明。

5. 及时排水、加强构造防水

每个节点除密封防水外，还应加强构造防水，使大量的雨水按构造要求及时排走，减少对密封材料造成的压力。接缝宽度不符合要求时，对其进行一定的处理，达到接缝宽度范围内后再设密封防水。

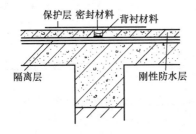

图 4-76 接缝密封防水处理

6. 屋面接缝密封防水细部构造的设计

结构层板缝中浇灌的细石混凝土上应填放背衬材料，上部嵌填密封材料，并应设置保护层。屋面接缝密封防水处理的典型构造参见图 4-76。屋面接缝密封防水的细部构造设计详见 3.2.5 节。

4.5.2 屋面接缝密封防水对材料的要求

密封防水主要用于屋面构件与构件、各种防水材料的接缝及收头的密封防水处理和卷材防水屋面、涂膜防水屋面、刚性防水屋面、保温隔热屋面等的配套密封防水处理。

密封防水的材料组成、作用及基本要求参见表 4-63。

表 4-63 密封防水的材料组成、作用及基本要求

组成部分	作　用	基　本　要　求
保护层	防止密封材料被污染、损坏	1. 宽度不小于 100mm 2. 自粘性要恰当 3. 能经受外界各种不利的环境因素的侵蚀 4. 美观性较好
建筑密封材料	防止雨水渗漏、节能、隔声	1. 具有良好的弹塑性 2. 具有良好的粘结性 3. 具有良好的施工性 4. 具有良好的耐候性 5. 具有良好的拉伸-压缩循环性 6. 具有良好的水密性 7. 具有良好的气密性 8. 具有较好的美观性
背衬材料	控制密封材料的嵌入深度、节约密封材料	1. 压缩复原性好 2. 不吸水 3. 不与密封材料粘结，并对密封材料无不良影响 4. 具有较好的耐久性

建筑密封材料是指能承受接缝位移以达到气密、水密目的而嵌入建筑接缝中的定形和非定形的材料。

建筑密封材料可分为定形和非定形密封材料两大类型。定形密封材料是指具有一定形状和尺寸的密封材料。

非定形密封材料（密封膏）又称密封胶、密封剂，是溶剂型、水乳型、化学反应型等黏稠状的密封材料。这类密封材料将其嵌填于缝隙内，具有良好的粘结性、弹性、耐老化性和温度适应性，能长期经受其黏附构件的伸缩与振动。

建筑密封材料的品种较多，众多密封材料的不同点主要表现在材质和形态两个方面，按材质的不同，一般可将密封材料分为合成高分子密封材料和改性沥青密封材料两大类。建筑密封材料的分类参见图 4-77。

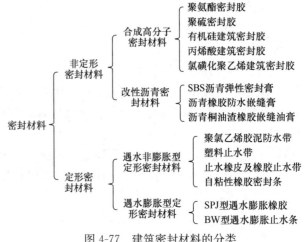

图 4-77 建筑密封材料的分类

常用建筑防水密封材料的特点及适用范围见表 4-64。

表 4-64 常用建筑防水密封材料的特点及适用范围

密封材料类别	密封材料名称	特点	适用范围	施工工艺
改性沥青密封材料	建筑防水沥青嵌缝油膏	以石油沥青为基料,加入改性材料及填充材料制备的一种嵌填建筑防水接缝的密封防水材料	一般要求的屋面接缝密封防水、防水层收头处理	热熔浇灌
合成高分子密封材料	水乳型丙烯酸建筑密封胶	具有良好的粘结性、延伸性、施工性、耐热性及抗大气老化性及优异的低温柔性,无毒、无溶剂污染,不燃,操作方便,并可与基层配色,调制成各种颜色	用于刚性防水层屋面混凝土或金属板封缝的密封	冷施工,以水为稀释剂,且可在潮湿基层上施工
	聚氨酯建筑密封胶	具有模量低、延伸率大、弹性高、粘结性好、耐低温、耐水、耐油、耐酸碱、耐疲劳及使用年限长等优点,价格适中	可用于中、高要求的屋面接缝密封防水	双组分,应按配合比拌合,避免在高温环境及潮湿基层上施工
	聚硫密封胶	具有良好的耐候、耐油、耐湿热、耐水和耐低温性能,使用范围为 $-40\sim90℃$,抗撕裂性强,粘结性好,不用溶剂,施工性好	适合屋面接缝活动量大的部位	双组分,按规定配合比混合均匀使用,要避免直接接触皮肤
	有机硅橡胶密封胶	具有优良的耐高低温性、柔韧性、耐疲劳性、粘结力强、延伸率大、耐腐蚀、耐老化,并能长期保持弹性,是一种高档密封材料,但价格昂贵	中等模量(醇型)的密封膏,可用于屋面各种接缝的密封处理	被粘结物表面温度不得高于 70℃

屋面接缝密封防水采用的密封材料应具有弹塑性、粘结性、施工性、耐候性、水密性、气密性和位移性。

密封材料的贮运、保管应符合下列规定:①密封材料的贮运、保管应避开火源、热源,避免日晒、雨淋,防止碰撞,保持包装完好无损;②密封材料应分类贮放在通风、阴凉的室内,环境温度不应高于 50℃。

1. 改性沥青密封材料

改性沥青密封材料是以石油沥青为基料,用适量的合成高分子聚合物进行改性,加入填充料和其他化学助剂配制而成的膏状密封材料。

改性石油沥青密封材料的物理性能应符合表 2-14 的要求。

进场的改性石油沥青密封材料抽样复验应符合下列规定:①同一规格、品种的材料应每 2t 为一批,不足 2t 者按一批进行抽样;②改性石油沥青密封材料的物理性能,应检验耐热度、低温柔性、拉伸粘结性和施工度。

2. 合成高分子密封材料

合成高分子密封材料是以合成高分子材料为主体,加入适量的化学助剂、填充材料和着色材料经过特定的生产工艺加工制成的膏状密封材料。

合成高分子密封材料的物理性能应符合表 2-15 的要求。

进场的合成高分子密封材料抽样复验应符合下列规定:①同一规格、品种的材料应每 1t 为一批,不足 1t 者按一批进行抽样;②合成高分子密封材料的物理性能,应检验拉伸模量、定伸粘结性和断裂伸长率。

3. 背衬材料和基层处理剂

为控制密封材料的嵌填深度,防止密封材料和接缝底部粘结,在接缝底部与密封材料之间设置的可变形的材料称为背衬材料。

背衬材料的品种有聚乙烯泡沫塑料棒、橡胶泡沫棒等。

采用的背衬材料应能适应基层的膨胀和收缩，具有施工时不变形、复原率高和耐久性好等性能。背衬材料与密封材料应不粘结或粘结力弱。

基层处理剂的主要作用是使被粘结表面受到渗透及湿润，从而改善密封材料和被粘结体的粘结性，并可以封闭混凝土及水泥砂浆基层表面，防止从其内部渗出碱性物及水分。因此，基层处理剂要符合下列要求：①有易于操作的黏度（流动性）；②对被粘结体有良好的浸润型和渗透性；③不含能溶化被粘结体表面的溶剂，与密封材料在化学结构上相近，不造成侵蚀，有良好的粘结性；④干燥时间短，调整幅度大。

基层处理剂一般采用密封材料生产厂家配套提供的或推荐的产品，如果采取自配或其他生产厂家时，应做粘结试验。

4.5.3　屋面接缝密封防水工程的施工

在接缝和密封材料确定之后，成功和可靠的密封完全依赖接缝施工和密封作业的质量。密封作业不仅需要正确熟练的操作技巧，而且必须认真负责、有耐心，从而避免发生缺陷。

建筑工程常用的嵌缝防水密封材料主要是改性沥青防水密封材料和合成高分子防水密封材料两大类。它们的性能差异较大，施工方法亦应根据具体材料而定。常用的施工方法有冷嵌法和热嵌法两大类。

4.5.3.1　屋面接缝密封防水的施工要求

（1）改性石油沥青密封材料防水施工的要求如下：

1）密封防水施工前，应检查接缝尺寸，符合设计要求后，方可进行下道工序施工。

2）密封防水部位的基层应牢固，表面应平整、密实，不得有裂缝、蜂窝、麻面、起皮和起砂等现象；基层应清洁、干燥，应无油污、无灰尘。

3）背衬材料的嵌入可使用专用压轮，压轮的深度应为密封材料的设计厚度，嵌入时背衬材料的搭接缝及其缝壁间不得留有空隙。

4）密封防水部位的基层宜涂刷基层处理剂，涂刷应均匀，不得漏涂。基层处理剂应配比准确，搅拌均匀。采用多组分基层处理剂时，应根据有效时间确定使用量。

5）改性石油沥青密封材料防水施工应符合下列规定：①采用热灌法施工时，应由下而上进行，尽量减少接头。垂直于屋脊的板缝宜先浇灌，同时在纵横交叉处宜沿平行于屋脊的两侧板缝各延伸浇灌150mm，并留成斜槎。密封材料熬制及浇灌温度应按不同材料要求严格控制。②采用冷嵌法施工时，应先将少量密封材料批刮在缝槽两侧，分次将密封材料嵌填在缝内，并防止裹入空气。接头应采用斜槎。

6）严禁在雨天、雪天施工；五级风及其以上时不得施工；施工环境气温宜为0～35℃。

（2）合成高分子密封材料防水施工的要求如下：

1）密封防水施工前，接缝尺寸的检查，背衬材料的嵌入，基层处理剂的配制、涂刷和开始嵌入时间，与改性石油沥青密封材料的施工要求相同。

2）合成高分子密封材料防水施工应符合下列规定：

① 单组分密封材料可直接使用。多组分密封材料应根据规定的比例准确计量，拌合均匀。每次拌合量、拌合时间和拌合温度，应按所用密封材料的要求严格控制。

② 密封材料可使用挤出枪或腻子刀嵌填，嵌填应饱和，不得有气泡和孔洞。

③ 采用挤出枪嵌填时，应根据接缝的宽度选用口径合适的挤出嘴，均匀挤出密封材料嵌填，并由底部逐渐充满整个接缝。

④ 一次嵌填或分次嵌填应根据密封材料的性能确定。

⑤ 采用腻子刀嵌填时，应符合相应规范规定。

⑥ 密封材料嵌填后，应在表干前用腻子刀进行修整。

⑦ 多组分密封材料拌合后，应在规定时间内用完，未混合的多组分密封材料和未用完的单组分密封材料应密封存放。

⑧ 嵌填的密封材料表干后，方可进行保护层施工。

3）合成高分子密封材料，严禁在雨天或雪天施工；五级风及其以上时不得施工；溶剂型合成高分子密封材料和改性沥青密封材料施工环境气温宜为 0～35℃，胶乳型及反应固化型合成高分子密封材料施工环境气温宜为 5～35℃。

（3）密封材料嵌填应密实、连续、饱满，应与基层粘结牢固；表面应平滑，缝边应顺直，不得有气泡、孔洞、开裂、剥离等现象，对于已嵌填完毕的密封材料，应避免碰损及污染，固化前不得踩踏。

（4）密封材料的贮运、保管应符合下列规定：①运输时应防止日晒、雨淋、撞击、挤压；②贮运、保管环境应通风、干燥，防止日光直接照射，并应远离火源、热源；乳胶型密封材料在冬季应采取防冻措施；③密封材料应按类别规格分别存放。

（5）改进石油沥青密封材料进场应检验耐热性、低温柔性、拉伸粘结性、施工度；合成高分子密封材料进场应检验拉伸模量、断裂伸长率、定伸粘结性。

4.5.3.2 屋面接缝密封防水的施工要点

密封防水施工的一般工艺流程参见图 4-78。

1. 施工前准备

密封防水施工前应熟悉有关技术资料、施工方法和施工要求，应充分做好施工机具、安全防护设施、施工用材料的准备工作，进场材料应按规定要求进行抽检，合格后方可使用。

密封材料严禁在雨天或雪天施工：五级风及其以上时不得施工。施工环境气温，改性沥青密封材料宜为 0～35℃，溶剂型合成高分子密封材料宜为 0～35℃，水乳型合成高分子密封材料宜为 5～35℃。

2. 施工前检查

施工前应进行接缝尺寸和基层平整性、密实性的检查，符合要求后方可施工。如果接缝宽度不符合要求，应进行调整或用聚合物水泥砂浆处理；基层出现缺陷时，亦可采用聚合物水泥砂浆进行修补。卷材搭接缝的密封应待接缝检查合格后才能进行。

3. 基层的清理

对基层上黏附的灰尘、砂粒、油污等均应清扫干净，接缝处浮浆可用钢丝刷刷除，然后宜采用小型电吹风器吹净。

4. 填塞背衬材料

背衬材料的形状有圆形、方形的棒状或片状，常用的有泡沫塑料棒或条、油毡以及现场喷灌的硬泡聚氨酯泡沫条等，可根据实际需要选用。

填塞时，圆形的背衬材料的直径应大于接缝宽度 1～2mm；方形背衬材料应与接缝

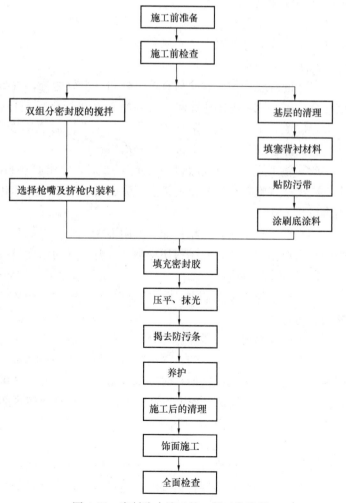

图 4-78 密封防水施工的一般工艺流程

宽度相同或略小，以保证背衬材料与接缝两侧紧密接触。如果接缝较浅时，则可用扁平的片状背衬材料作隔离条，一般隔离条设置在接缝的最底端，充填整个接缝的宽度，参见图 4-79。伸出屋面管道根部的隔离条，由于管道根部受温度应力影响，会出现起鼓，宜在根部设 L 形隔离条，参见图 4-80。硬泡聚氨酯为筒装材料，在现场喷涂发泡时，应根据发泡比例确定喷涂用量。填塞的高度以保证设计要求的最小接缝宽度为准。由于接缝口施工时难免一些误差，不可能完全与要求的形状一致，因此要备有各种规格的背衬材料，供施工使用。

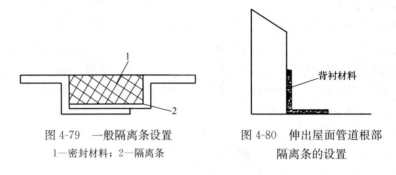

图 4-79　一般隔离条设置　　　　图 4-80　伸出屋面管道根部
1—密封材料；2—隔离条　　　　　　　隔离条的设置

5．贴防污带

防污带的主要作用是防止接缝周边受密封胶污染和保持密封胶伸出接缝宽度一致、外观整齐。施工时应该粘结牢固，不能让密封胶浸入其中，粘结要成直线，保持密封膏线条美观。

6．涂刷底涂料

底涂料的主要作用是提高密封材料的粘结性能，在背衬材料和防污带施工完成后进行，各种密封胶应选用相适应的底涂料。

施工时应注意以下项目：

（1）混合要均匀。底涂料有单组分和双组分之分，双组分混合时要严格按配合比进行，一般采用机械拌合。属于腻子型的底涂料，可采用人工在拌合板上拌合，拌合时间 10min 左右，每次拌合量不能过大，以免其中的有机溶剂挥发，影响施工，同时也不能太少，以免发挥不了功效，通常 2～3kg。经拌合后如颜色均匀一致，则说明拌合均匀。

（2）施工要均匀。底涂料一般涂 1～2 遍，涂刷底涂料时，先在接缝的周边涂刷薄薄的一层，界面上不应出现气泡，也不能出现斑点。涂刷的底涂料一旦固化，便应立即嵌入密封膏，超过 24h 就应重新刷涂料。

（3）现场施工时，底涂料如一次用不完，应密封保存。每次使用要摇均匀后方可使用，过期或已凝固的底涂料不得使用，底涂料切忌阳光直射，界面温度过高或过低对底涂料都有影响。

7．密封胶的搅拌

当采用双组分密封材料时，必须把 A、B 组分按规定的配合比准确配料并充分搅拌均匀后才能使用。

人工搅拌时可采用搅拌棒充分混合均匀，混合量不应过多，以免搅拌困难。搅拌过程中，应防止空气混入。搅拌混合是否均匀，可用腻子刀刮薄后检查，如色泽均匀一致，没有不同颜色的斑点、条纹，则为混合均匀。采用机械搅拌时，应选用功率大、旋转速度慢的机械，以免卷入空气。机械搅拌的搅拌时间为 2～3min，搅拌过程中须停机用刀刮下容器壁和底部的密封材料后继续搅拌，直至色泽均匀一致为止。

8．选择枪嘴及挤枪内装料

嵌填密封胶的嵌缝枪的枪嘴有多种，可根据接缝的部位和形状先选枪嘴。

一般专用的密封胶拌合机都附有装料装置，无条件的地方可采用人工装料，其方法有二：吸入法和灌入法。

9. 填充密封胶

密封材料的嵌填操作可分为热灌法和冷嵌法施工。改性沥青密封材料常用热灌法施工，而合成高分子密封材料常用冷嵌法施工。

（1）热灌法。采用热灌法工艺施工的密封材料需要在施工现场加热，使其具有流塑性后方可使用。热灌法适用于平面接缝的密封防水处理。

密封材料的加热设备采用导热油或保温的加热炉。将密封材料装入锅中，装锅容量以 2/3 为宜，用文火缓慢加热，使其熔化，并随时用棍棒进行搅拌，使锅内材料升温均匀，以免锅底材料温度过高而老化变质。在加热过程中，要注意温度变化，可用 200～300℃ 的棒式温度计测量温度。加热温度应由厂家提供，或根据材料的种类确定。若现场没有温度计时，温度控制以锅内材料液面发亮，不再起泡，并略有青烟冒出为度。

加热到规定温度后，即可在现场进行浇灌，灌缝时温度应保证密封材料具有良好的流动性。

当屋面坡度较小时，可采用特制的灌缝车灌缝，檐口、山墙等节点部位灌缝车无法使用或灌缝量不大时宜采用鸭嘴壶浇灌。灌缝应从最低标高处开始向上连续地进行，尽量减少接头。一般先灌垂直屋脊的板缝，后灌平行屋脊的板缝，纵横交叉处，在灌垂直屋脊时，应向平行屋脊缝两侧延伸 150mm，并留成斜槎，灌缝应饱满，略高出板缝，并浇出板缝两侧各 20mm 左右。灌垂直屋脊板缝时，应对准缝中部浇灌，灌平行屋脊板缝时，应靠近高侧浇灌，见图 4-81。

灌缝漫出两侧的多余材料，可切除回收利用，投入到加热炉中加热后重新使用，但一次加入量不能超过新材料的 10%。灌缝完毕后应立即检查密封材料与缝两侧面的粘结是否良好，有否存在气泡，若发现有脱开现象和气泡存在，则应用喷灯或电烙铁烘烤后压实。

（2）冷嵌法。冷嵌法施工大多采用手工操作，用腻子刀或刮刀嵌填，或采用电动或手动嵌缝挤出枪进行嵌填。用腻子刀嵌填密封胶时，应先用刀片将密封胶刮到接缝两侧的粘结面上，然后将密封胶填满整个接缝，嵌缝时应注意不要让气泡混入密封胶中，并要嵌填密实饱满。为了避免密封胶粘在腻子刀片上，嵌填前可先将腻子刀片在煤油中蘸一下。

采用挤出枪施工时，应根据接缝尺寸的宽度来选用合适的枪嘴。若采用筒装密封胶，可把包装筒的塑料嘴斜切开来作为枪嘴。嵌填时，把枪嘴贴近接缝底部，并朝移动方向倾斜一定角度，边挤边以缓慢均匀的速度使密封材料从底部充满整个接缝，见图 4-82。

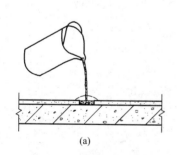

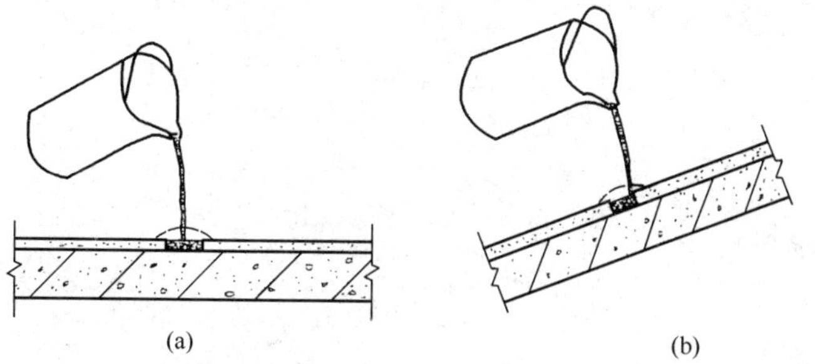

图 4-81　密封材料热灌法施工
（a）灌垂直屋脊板缝；（b）灌平行屋脊板缝

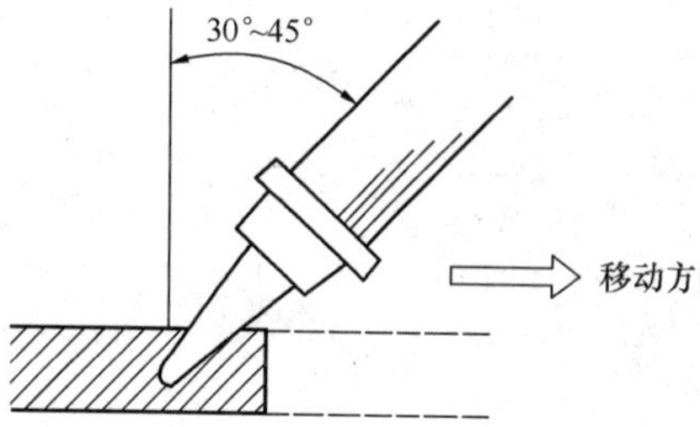

图 4-82　挤出枪嵌填

接缝的交叉部位嵌填时，应先填充一格方向的接缝，然后把枪嘴插进交叉部位已填充的密封材料内，填好另一个方向的接缝。密封材料相衔接部位的嵌填，应在密封材料固化前进行，嵌填时应将枪嘴移动到已嵌填好的密封材料内重新填充，以保证衔接部位的密实饱满。填充接缝端部时，只填到离顶端 200mm 处，然后从顶端往已填充好的方向填充，以保证接缝端部密封材料与基层粘结牢固。如接缝尺寸大，宽度超过 30mm，或接缝底部呈圆弧形时，宜采用二次填充法嵌填，即待先填充的密封材料固化后，再进行第二次填充。需要强调的是，允许一次嵌填的尽量一次性进行，以免嵌填的密封材料出现分层现象。

10. 压平、抹光

为了保证密封材料的嵌填质量，应在嵌填完的密封材料表干前，用刮刀压平、抹光和整修。压平应稍用力朝与嵌填时枪嘴移动相反的方向进行，不要来回揉压。压平一结束，即用刮刀朝压平的反方向缓慢刮压一遍，使密封材料表面平滑。

11. 揭去防污带（条）

为了防止污染接缝界面所设置的防污条，在确认嵌缝合格后可揭除，但在揭除时应注意一定的方法，以防胶粘剂及密封胶污染接缝界面，如发现污染应及时进行处理，直至接缝周边清洁为止。

12. 养护

已嵌填施工完成的密封材料，一般应养护 2～3d，接缝密封防水处理通常为隐蔽工程，在下一道工序施工前，必须对接缝部位的密封材料采取临时性或永久性的保护措施。在进行施工现场清扫，或进行找平层、保温隔热层施工时，对已嵌填的密封材料宜采用卷材或木板条保护，以防污染或碰损。嵌填的密封材料固化前不得踩踏，因为密封材料嵌填时构造尺寸和形状都有一定的要求，若未固化，密封材料尚未具有足够的弹性，踩踏后易产生塑性变形，从而导致其构造尺寸不符合设计要求。

4.5.3.3 屋面接缝密封防水保护层的施工

在接缝直接外露的密封材料的上面宜做保护层，以延长密封防水的耐用年限。保护层施工，必须待密封材料表干后方可进行，以免影响密封材料的固化过程及损坏密封防水部位。保护层的施工应根据设计要求进行，如设计无具体要求，一般可采用所用的密封材料稀释后作为涂料，加铺一层胎体增强材料，做成宽约 200mm 的一布二涂涂膜保护层。此外，还可以铺贴卷材、涂刷防水涂料或铺抹水泥砂浆做保护层，其宽度不应小于 100mm。

第 5 章 屋 面 排 水

设置于屋面上的建筑屋面雨水排水系统，是建筑物给排水系统的一个重要组成部分。它的任务是有组织地、系统地及时将降落在建筑物屋面的雨水、融化的冰雪水，尤其是突然降落的暴雨排到室外地面，避免滞留于屋面的雨水在短时间内形成积水，对屋顶增加荷载，造成威胁，或造成雨水溢流，屋面发生渗漏等水患事故，以保证人们的正常工作和生活。

5.1 建筑屋面雨水排水系统的类型和组成

建筑屋面雨水排水系统是指应能迅速及时地将屋面雨水、融化的雪水有组织地、系统地排至室外非下沉地面或雨水管渠，若设有雨水利用系统的蓄存池（箱），则可排至蓄存池（箱）内的一类屋面排水方式。

5.1.1 屋面的坡度

为了能迅速及时地排除屋面上的雨水，屋面必须设置有一定的坡度。屋面坡度的大小与当地降雨量和降雪量的大小、建筑物的造型以及屋顶的结构形式、屋面材料的类型和尺寸等因素有关，屋面坡度若太小，则容易漏水，屋面坡度若太大，则多用材料，浪费空间，故要综合考虑各方面的因素，方可合理确定屋面的坡度。

1. 屋面坡度的类型及表示方法

屋面坡度根据其形成方式的不同，可分为材料找坡和结构找坡两种类型（图 5-1）。材料找坡是指屋面坡度是由垫坡材料形成的，一般用于坡向长度较小的屋面，为了减轻屋面荷载，应选用轻质材料找坡，如石灰炉渣和焦渣混凝土等材料，当保温层为松散材料时，也可利用保温材料来找坡，找坡层的厚度最薄处不小于 20mm，材料找坡的坡度不宜过大，一般为 2% 左右。结构找坡是指屋面坡度是由结构层根据排水坡度要求搁置成倾斜而形成的，例如，在上表面倾斜的屋架或屋面梁上安放屋面板，屋顶表面即呈现倾斜坡面；又如，在顶面倾斜的山墙上搁置屋面板时，亦可形成结构找坡，结构找坡一般宜为 3%。

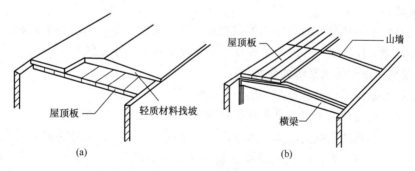

图 5-1 屋顶坡度的形成

（a）材料找坡；（b）结构找坡

常用的坡度表示方法有百分比法、斜率法和角度法（表 5-1）。百分比法是以屋顶倾斜面的垂直投影长度与水平投影长度之比的百分比值来表示的，如 $i=2\%$；斜率法是以屋顶倾斜面的垂直投影长度与水平投影长度的比值来表示的，如 $1:5$；角度法是以倾斜面与水平面所成夹角的大小来表示的，如 $30°$。屋面坡度较小时常用百分比法来表示，坡度较大时常用斜率法表示，角度法则较少应用。

表 5-1　屋顶坡度的表示方法

平屋顶	坡屋顶	
 百分比法 如 $i=2\%$、3%	 斜率法 如 $1:2$、$1:30$	1 $\frac{2}{}$（屋面坡度符号） 角度法 如 $30°$、$45°$

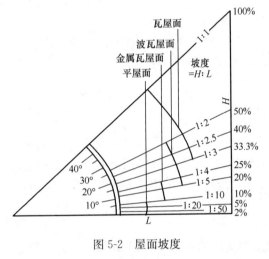

图 5-2　屋面坡度

2. 影响屋面坡度的因素

（1）排水坡度与屋面防水材料的关系。单块防水材料尺寸较小（如瓦材）者，其接缝必然较多，则容易产生缝隙渗漏，因而屋面就应有较大的排水坡度，以便及时将屋面积水排走；如果单块防水材料尺寸较大（如防水卷材），其防水材料的覆盖面积大，接缝则少且严密，不易发生渗漏，因而屋面的排水坡度相对就可以小一些，如图 5-2 所示。

（2）排水坡度与降雨量和降雪量的关系。降雨量和降雪量大的地区，屋面发生渗漏的可能性较大，故屋面的坡度亦应适当加大；反之，降雨量和降雪量小的地区，屋面发生渗漏的可能性相对要小些，故屋面的排水坡度则宜小一些。

（3）排水坡度与屋顶形式的关系。屋顶的结构形式和建筑造型与坡度关系尤为紧密，从结构方面考虑，要求坡度越小越好，但由于造型的需要，有时则要求屋面坡度大一些。

5.1.2　建筑屋面雨水排水系统的类型

建筑屋面雨水排水系统的排水方式有多种形式，这是与屋面的排水条件、排水管道的设置、排水管道内的压力和水流状态等有关。

在进行屋面雨水排水系统设计时，则应根据建筑物的性质和类型、结构的形式和特点、屋面面积的大小、当地的气候环境、使用要求等因素来选择，确定屋面雨水排水系统。

5.1.2.1　建筑屋面雨水排水系统的分类

建筑屋面雨水排水系统的分类参见图 5-3。

建筑屋面的排水方式可分为无组织排水系统和有组织排水系统两大类。

建筑屋面有组织排水系统根据其屋面排水条件（集水沟）的不同，可分为檐沟排水系统、天沟排水系统和无沟排水系统等三种方式；根据其排水管道的布置位置的不同，可分为建筑屋面雨水外排水系统、建筑屋面雨水内排水系统和建筑屋面雨水混合排水系统等三种方式；根据其雨水管中雨水水流的设计流态不同，可分为半有压流屋面雨水排水系统、压力流屋面雨水排水系统、重力流屋面雨水排水系统等三种方式；根据其雨水管道系统是否设置溢流设施，可分为雨水管道加溢流设施方式系统和雨水管道无溢流设置方式系统等两种方式。

外排水系统按屋面雨水汇集的方式不同，可分为檐沟外排水系统和天沟外排水系统等两种方式。

内排水系统按每根水落管（雨水立管）连接雨水斗的数量不同，可分为单斗雨水内排水系统和多斗

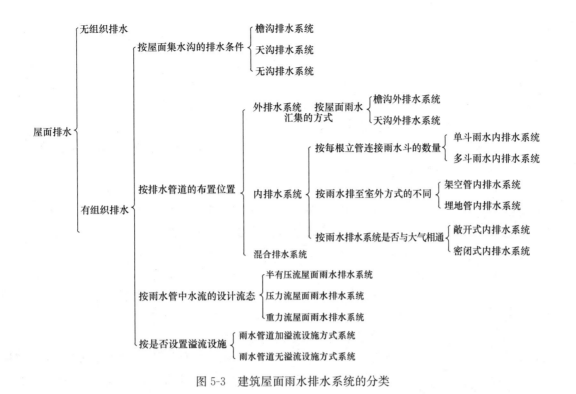

图 5-3　建筑屋面雨水排水系统的分类

雨水内排水系统；按其雨水排至室外方式的不同，可分为架空管内排水系统和埋地管内排水系统；按雨水排水系统是否与大气相通，可分为敞开式内排水系统和密闭式内排水系统。

5.1.2.2　无组织排水和有组织排水

无组织排水是指屋面雨水顺着屋面坡度流向屋面伸出外墙的屋檐，然后直接从檐口自由地泻落到室外地面的一类排水方式。因其不采用檐沟、水落管等排水构造疏导雨水，故其又称为自由落水。无组织排水系统构造简单、造价较低，但屋面雨水的自由落下则会溅湿墙面，外墙的墙脚亦常会被飞溅的雨水侵蚀，从而会影响到外墙的坚固性、耐久性，并有可能影响到人行道的交通。无组织排水系统适用于少雨地区、一般的低层住宅建筑、中小型的低层建筑物以及檐高不大于 10m 的屋面，不宜应用于临街的建筑和高度较高的建筑。

有组织排水是指将屋面划分成若干个区域，并按照一定的排水坡度，使屋面雨水通过檐沟或天沟、雨水斗、水落管等组成的排水系统，迅速而有组织地疏导排至地面的散水坡、雨水明沟或雨水管网中去的一类排水方式。有组织排水系统的构造相对于无组织排水系统而言，则较复杂，造价亦相对较高。有组织排水系统具有不妨碍人行交通、不易溅湿墙面的优点，故其在建筑工程中应用十分广泛，常应用于多层或高层建筑、高标准的低层建筑、临街建筑以及严寒地区的建筑。

有组织排水系统现已发布了国家标准《建筑给水排水设计规范（2009 版）》（GB 50015—2003）、行业标准《建筑屋面雨水排水系统技术规程》（CJJ 142—2014）、中国工程建设协会标准《虹吸式屋面雨水排水系统技术规程》（CECS 183：2015）等工程技术标准。

5.1.2.3　檐沟排水、天沟排水和无沟排水

1. 檐沟排水系统

檐沟排水系统是指当建筑屋面面积较小时，在屋檐下设置汇集屋面雨水的沟槽（檐沟），并将汇集的雨水由此通过水落管等排水设置排至室外地面的一类排水方式。

2. 天沟排水系统

天沟排水系统是指在面积较大且曲折的建筑屋面上设置汇集屋面雨水的沟槽（天沟），采用天沟收集雨水，通过沟内设置的雨水斗，将屋面雨水导入水落管等排水设置中，然后排至室外地面的一类排水

方式。这种排水方式适用于排出大型屋面的雨水。依据雨水斗、雨水管设置的位置（室外或室内）不同，天沟排水系统可分为建筑屋面雨水天沟外排水系统、建筑屋面雨水天沟内排水系统以及建筑屋面雨水天沟混合排水系统。

3. 无沟排水系统

无沟排水系统是指降落到屋面上的雨水沿屋面径流，直接流入水落管的一类排水方式。

5.1.2.4 外排水、内排水和混合排水系统

根据建筑物内部是否设置雨水管道，可将建筑屋面雨水排水系统分为建筑屋面雨水外排水系统、建筑屋面雨水内排水系统以及建筑屋面雨水混合排水系统等三种方式。

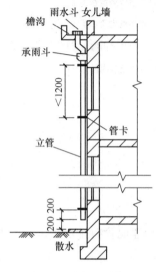

图 5-4　檐沟外排水

5.1.2.4.1　建筑屋面雨水外排水系统

建筑屋面雨水外排水系统（简称外排水系统），是指利用屋顶檐沟、天沟等集水沟，直接通过位于室外的水落管（雨水立管）将雨水排到散水或室外雨水管道中去的一类雨水排放系统。由于其在屋面不设置雨水斗、雨水立管等雨水排放系统，各部分均敷设在室外，建筑物内部没有雨水管道，故不会在建筑物室内发生管道漏水等水患。建筑屋面雨水外排水系统适用于一般的多层住宅、中高层住宅。

1. 建筑屋面雨水檐沟外排水系统

建筑屋面雨水檐沟外排水系统（简称檐沟外排水系统），又称普通外排水、水落管外排水，是指由檐沟、雨水斗（水落斗）、承雨斗、水落管（雨水立管）等组成的，首先使降落在屋面上的雨水沿着屋面坡度流入到檐沟内，成品檐沟或土建檐沟汇集屋面雨水后，再导入至每隔一定距离沿外墙设置的雨水斗及雨水立管内，并由雨水立管迅速排至室外的散水坡或地下管渠内（图 5-4）的一类排水方式。这种雨水排放方式适用于普通的住宅、一般屋面面积较小的公共建筑和小型单跨工业建筑。

檐沟常采用镀锌铁皮或水泥混凝土制品；雨水斗常采用重力流排水型雨水斗，雨水斗设置在檐沟内，雨水斗的分布间距应根据降雨量和雨水斗的排水负荷确定出 1 个雨水斗服务的屋面汇水面积，并结合建筑结构、屋面形状等情况而决定；水落管又称雨水立管，檐沟外排水系统可采用塑料管、镀锌铁皮管、铸铁管等塑料或金属材质的管材，镀锌铁皮管多采用镀锌铁皮制作，接口用锡焊，雨水立管的断面形式多为方形或圆形，其下游管段的管径不得小于上游管段的管径，若有埋地排出管时，则应在距地面以上 1m 处设置检查口，牢靠地固定在建筑物的外墙上，同一建筑屋面水落管的布置不应少于 2 根，水落管的布置间距在设计时，首先应根据所在地区降雨量和设计管道的通水能力，确定每根水落管的服务屋面面积，然后再根据屋面的形状和面积来确定。

2. 建筑屋面雨水天沟外排水系统

建筑屋面雨水天沟外排水系统（简称天沟外排水系统），是指由天沟、雨水斗、水落管（雨水立管）、排出管等组成的，首先使降落在屋面上的雨水沿着坡向天沟的屋面汇集到天沟，利用屋面构造上所形成的天沟本身容量和坡度，使雨水向建筑物两端（山墙、女儿墙方向）泄放，经雨水斗、外墙水落管、排出管排至地面或雨水管渠（图5-5）的一类排水方式。这类屋面雨水排水方式适用于大型屋面，尤其是长度不超过 100m 的多跨工业厂房的屋面排水，室内不允许进雨水及不允许设置雨水管道的场所。采用天沟外排水方式，不需要在屋面设置雨水斗，管道也不需要穿过屋面，雨水的排放安全、可靠。

天沟外排水系统是由天沟、雨水斗、水落管等部分组成的。①天沟是屋面在构造上形成的集水和排水沟槽，位于屋面两跨的中间，以

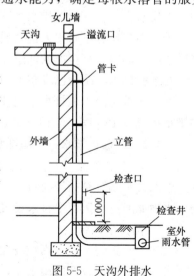

图 5-5　天沟外排水

伸缩缝为分水线，坡向端墙的雨水斗（图 5-6），坡度应符合设计要求，天沟应伸出山墙 0.4m。天沟的做法有二：其一，一般为在屋面板上铺设泡沫混凝土或炉渣，上面做防水层，再撒一层绿豆砂，天沟内可采用水泥砂浆抹面；其二，也可以采用预制钢筋混凝土槽，其表面用 1：2 水泥砂浆抹面。②雨水斗是天沟末端的排水口，其设在伸出山墙的天沟末端［图 5-6、图 5-7（b）］，也可以设在紧靠山墙的屋面（图 5-5），可使雨水能平稳地进入水落管。③水落管是用于排除天沟雨水的竖管，将雨水引到室外的雨水管道或排水明渠中去，一般应采用承压铸铁管或承压塑料管，其下游管段的管径不得小于上游管段的管径，雨水排水立管的固定应牢固，有埋地排出管时，在距地面以上 1m 处设置检查口。天沟与水落管的连接参见图 5-7。

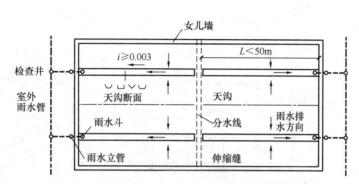

图 5-6 天沟布置示意图

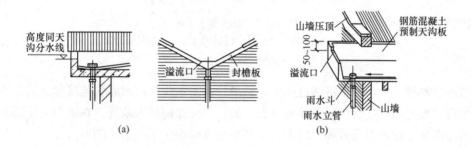

图 5-7 天沟与立管的连接
（a）山墙出水口；（b）天沟穿出山墙

3. 承雨斗外排水

承雨斗外排水是指在屋面女儿墙上贴屋面设侧排排水口，侧墙设集水斗承接雨水的一种排水方式。

5.1.2.4.2 建筑屋面雨水内排水系统

建筑屋面雨水内排水系统（简称内排水系统），是指由天沟、雨水斗、连接管、悬吊管、水落管（雨水立管）、排出管、埋地横干管和检查井等几个部分组成的，屋面设有雨水斗，且雨水立管敷设在建筑物室内的，首先使屋面雨水沿天沟流入雨水斗，经连接管、悬吊管流入雨水立管，再经排出管流入雨水检查井或经埋地干管排至室外的雨水管道（图 5-8）的一类雨水排水方式。内排水系统适用于屋面面积较大的工业厂房；跨度大、特别长的多跨建筑在屋面设天沟有困难的锯齿形、壳形屋面建筑；屋面有天窗的建筑；建筑立面处理要求较高的建筑；大屋面建筑及寒冷地区的建筑。若在墙外设置水落管有困难时，也可考虑采用内排水。

1. 单斗和多斗内排水系统

（1）单斗内排水系统。单斗内排水系统是指只连接单个雨水斗，一般不设悬吊管，雨水经雨水斗流入设在室内的雨水立管后，排至室外雨水管（渠）的一类内排水系统。

（2）多斗内排水系统。多斗内排水系统是指设有悬吊管，一根悬吊管上连接 1 个以上与大气连通的

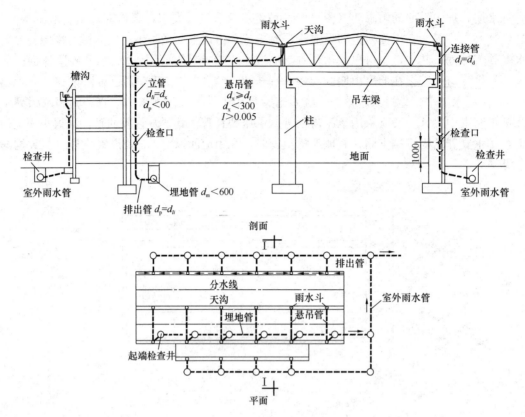

图 5-8　屋面内排水系统

d_d—雨水斗出水管管径；d_l—连接管管径；d_x—悬吊管管径；

d_{li}—立管管径；d_m—埋地管管径；d_p—排出管管径

雨水斗，一般不宜超过 2 个，最多不超过 4 个，悬吊管将雨水斗和雨水立管连接起来的，雨水由多个雨水斗流入悬吊管，再经雨水立管排至室外雨水管（渠）的一类内排水系统。在重力无压流和重力半有压流状态下，由于互相干扰，多斗系统中每个雨水斗的泄流量小于单斗系统的泄流量。

2. 架空管和埋地管内排水系统

按照内排水系统把屋面雨水排至室外的不同方法，内排水系统又可进一步分为架空管内排水系统和埋地管内排水系统。

（1）架空管内排水系统。架空管内排水系统是指屋面雨水通过室内架空管道（悬吊管）直接排至室外的排水管（渠），室内不设埋地管的一类内排水系统。

架空管内排水系统的特点：①雨水通过架空管道直接引入室外的排水管（渠）中，室内不设埋地管，可避免室内发生冒水现象；②排水能力较大；③系统为压力排水，管道系统内不能排入生产废水。

架空管内排水系统适用于地下管道或设备较多，设置埋地雨水管道困难的厂房。

（2）埋地管内排水系统。埋地管内排水系统是指屋面雨水通过室内埋地管道直接引入室外的排水管（渠），室内不设架空管的一类内排水系统。

3. 敞开式和密闭式内排水系统

根据雨水排水系统是否与大气相通（出户埋地横干管在室内部分是否存在自由水面，出户管是指室内立管的下端到出外墙的末端部分），内排水系统可分为敞开式内排水系统和密闭式内排水系统等两种方式。

（1）敞开式内排水系统。敞开式内排水系统是指雨水是经排出管进入设置在室内的检查井和埋地横干管的，埋地管内有自由水面的，属于非满流的重力流排水系统的一类内排水系统。

连接埋地干管的检查井是普通检查井，因雨水排水中负压抽吸会挟带大量的空气，若设计和施工不当，则在突降暴雨时会出现检查井冒水现象，雨水浸流室内地面而造成危害。如果在室内仅设置悬吊管，而埋地管和检查井均设置在室外，则可避免室内出现冒水的现象，但管材耗量大且悬吊管外壁易结露。敞开式内排水系统可接纳与雨水性质相近的生产废水，其可省去生产废水排水系统。

（2）密闭式内排水系统。密闭式内排水系统是指雨水经排出管进入室内埋地管，在室内无任何敞开口的，属于压力流排水系统的一类内排水系统。

密闭式内排水系统连接埋地干管的检查井是用密闭的三通连接的，当排水不畅时，室内也不会发生冒水现象；密闭式内排水系统不能接纳生产废水，故生产废水的排放尚需另设排水系统；从安全方面考虑，应多采用密闭式内排水系统，其适用于室内不允许出现冒水的建筑。

5.1.2.4.3　建筑屋面雨水混合排水系统

建筑屋面雨水混合排水系统是指在同一建筑物上采用几种不同形式的雨水排水系统，分别设置在屋面的不同部位，由此组成的一类能及时有效地排除屋面雨水的屋面雨水排水系统。此类排水系统适合屋面面积大、结构形式复杂或各部分工艺要求不同时，采用外排水或内排水系统中某一种单一形式的屋面雨水排水系统都不能较好地完成雨水排除任务，必须采用多种不同形式的混合排水系统的大型工业厂房和大型民用建筑。混合排水的形式有多种，如内外排水结合、重力流压力流结合等。

5.1.2.5　半有压流、压力流和重力流排水系统

屋面雨水管道中的水流状态是随着管道进口顶部的水面深度而变化的，而该水面深度又随着降雨强度而变化的，因此管道在输送雨水的过程中会出现压力流态、无压流态、过渡流态等多种流态，其中过渡流态在某种情况下可表现为半有压流态。屋面雨水排水系统根据雨水在管道中的流态分为半有压流屋面雨水排水系统（半有压屋面雨水排水系统）、压力流屋面雨水排水系统、重力流屋面雨水排水系统等三类。

1. 半有压流屋面雨水排水系统

半有压流屋面雨水排水系统又称87斗雨水系统，是指主要采用87（79）型、65型雨水斗或性能与之相当的雨水斗，系统设计流态处于重力输水无压流与有压流之间的过渡流态，管内气水混合，在重力和负压抽吸双重作用下流动的一类屋面雨水排水系统。

2. 压力流屋面雨水排水系统

压力流屋面雨水排水系统是指设置相应的专用雨水斗，系统设计流态处于重力输水有压流，管内充满雨水，主要在负压抽吸作用下流动的一类屋面雨水排水系统。

当采用虹吸式雨水斗时，可称之为虹吸式屋面雨水排水系统（简称虹吸式雨水系统），该系统雨水斗为下沉式，可使雨水斗的出口获得较大的淹没水深，可消除在设计流量下工作时的掺气现象，提高了雨水斗额定流量，屋面雨水的排水过程是一个虹吸排水过程。

3. 重力流屋面雨水排水系统

重力流屋面雨水排水系统又称堰斗流系统，是指采用重力流雨水斗，系统设计流态为重力输水无压力流态，系统的负荷能力确定中忽略水流压力的作用，雨水通过自由堰流入管道，在重力作用下附壁流动，管内压力等于正常大气压的一类屋面雨水排水系统。

5.1.3　建筑屋面雨水排水系统的组成

建筑屋面雨水排水系统是由屋面集水沟（檐沟、天沟、边沟）、雨水斗、承雨斗、溢流设置、连接管、悬吊管、水落管、排出管、埋地管（埋地横干管）、附属构筑物（检查井、检查口、排气井）等部分组成。

不同的排水系统的组成是各不相同的，如檐沟外排水系统一般由檐沟、雨水斗、承雨斗、水落管等组成；天沟外排水系统一般由天沟、雨水斗、水落管、排出管等组成；内排水系统一般由天沟、雨水斗、连接管、悬吊管、水落管、排出管、埋地管、检查井等组成。

5.1.3.1 集水沟

集水沟包括檐沟、天沟和边沟。集水沟据其集水长度的不同，可分为长沟和短沟，长沟是指集水长度大于 50 倍设计水深的一类屋面集水沟；短沟是指集水长度小于或等于 50 倍设计水深的一类屋面集水沟。

1. 檐沟

檐沟是沿沟长单边收集雨水且溢流雨水能沿沟边溢流到室外的、屋檐边横向的槽形集水沟。其与雨水斗、水落管等共同组成檐沟外排水系统，檐沟作用于收集、承接屋面的雨水，然后由水落管引导到地面上，有组织地将屋面雨水合理、高效地排离建筑物。檐沟在完成屋面雨水排放的同时，还起到了保护房屋的外立面和防止屋檐常年滴水而损坏地面的作用，尽量地延长了建筑物的使用寿命。檐沟大多采用金属材料、水泥混凝土材料制成，其尺寸的大小，应根据当地的气象资料、降水强度以及排水速度来确定。

2. 天沟

天沟是指建筑物屋面两跨之间的下凹部分，为屋面上沿沟长两侧收集雨水，用于引导屋面雨水径流的一类集水沟。若天沟为外檐天沟，此时天沟则为单侧收集雨水。

天沟的构造要求如下：①天沟的断面形式应视屋面情况而定，可以是矩形、梯形、半圆形等，一般为了增大天沟的泄流量，天沟的断面形式多采用水力半径大、湿周小的宽而浅的矩形或梯形，天沟断面具体尺寸应根据排水量、天沟汇水面积计算确定，对于粉尘较多的厂房，考虑到其积灰占去部分容积，应适当增大天沟断面，以保证天沟排水畅通；②天沟的坡度不宜太大，以免屋顶垫层过厚而增加结构荷载；但也不宜太小，坡度过小，可能在进行天沟抹面时局部出现倒坡，使雨水在天沟中积水，造成屋面渗漏，一般以 0.003～0.006 为宜；③天沟流水长度应根据地区暴雨强度、建筑物跨度（即汇水面积）、天沟断面形式、屋面结构形式等进行水力计算确定，天沟流水长度不宜大于 50m；④斗前天沟深度不宜小于 100mm。

天沟的设置要求如下：①为了防止天沟通过伸缩缝、沉降缝或变形缝导致漏水，按照屋面的构造，一般应将建筑物的伸缩缝、沉降缝或变形缝作为屋面天沟分水线，在分水线两侧分别设置天沟（图 5-6）；②在寒冷地区或不允许在外墙设立水落管时，水落管也可设在外墙内壁；③为了排水安全可靠，防止天沟末端处积水太深，可在山墙部分的天沟端壁设置溢流口 [图 5-7（b）]，用以排除超现期的降雨，溢流口应比天沟上檐低 50～100mm，天沟起点水深不小于 80mm。

3. 边沟

屋面上由沟的单侧收集雨水用于引导屋面雨水径流的集水沟。

5.1.3.2 雨水斗、承雨斗、溢流设置和雨水口

1. 雨水斗（水落斗）

雨水斗是指将建筑物屋面的雨水导入雨水立管的一类专用装置。其设置在屋面雨水由集水沟进入整个雨水管道系统的入口处，汇集屋面雨水，使流经的水流平稳、畅通，其作用是能最大限度地、迅速及时地排除屋面的雨、雪水。设有整流格栅装置的雨水斗，不仅能排除屋面雨水，而且格栅对进水具有整流、导流的作用，避免形成过大的旋涡，稳定斗前水位，减少渗气，并能有效地阻挡、拦截粗大的杂质，防止雨水管道被堵塞。

雨水斗种类繁多，可分为 87 型雨水斗、虹吸式雨水斗、重力流雨水斗（自由堰流式雨水斗）等三大类（图 5-9）。

重力流雨水斗是指自由堰流式且能控制系统雨水流态，用于重力流屋面雨水排水系统的一类雨水斗。

屋面雨水排水系统一般多采用 87 型和虹吸式雨水斗，在阳台、可供人活动的屋面、花台等处，可采用无格栅的平算式雨水斗 [图 5-9（b）]，其进出口面积比较小，在设计负荷范围内，其泄流状态为自由堰流。

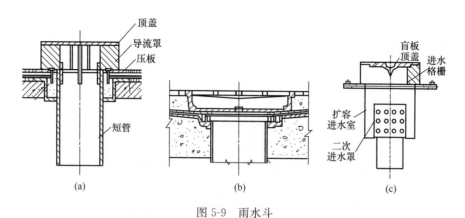

图 5-9　雨水斗

(a) 87 式（重力半有压流）；(b) 平算式（重力流）；(c) 虹吸式（压力流）

（1）87 型雨水斗系统。87 型雨水斗是指其排水流量达到最大值之前，斗前水位变化缓慢，排水流量达到最大值之后，斗前水位急剧上升的一类具有整流、阻气功能的雨水斗。87 型雨水斗是由顶盖、导流罩、压板、短管等组成，其构造参见图 5-9（a）。

半有压流屋面雨水排水系统采用的雨水斗有 87 型、87 改进型、65 型、79 型等多种类型，但常用的雨水斗为 87 型、87 改进型、65 型等几种类型。87 型雨水斗系统产品适用于各类工业和民用建筑物，是应用最为普遍、时间最久的屋面雨水排水系统，87 型雨水斗系统可分为外排水系统、内排水系统和混合式排水系统等几个大类，在选用 87 型雨水斗时，应根据生产性质、使用要求、建筑形式、结构特点以及气候条件等进行确定。

（2）虹吸式雨水斗。虹吸式雨水斗又称压力流雨水斗或有压流雨水斗，是指由斗体、格栅罩、出水短管、连接压板（或防水翼环）和反涡流装置等配件组成的，具有气水分离、阻气或防涡流等功能的，其斗前水深可通过计算控制，当斗前水位稳定达到设计水深时，系统内可形成满管流和产生负压的一类用于虹吸式屋面雨水排水系统的雨水斗。虹吸式雨水斗可分为带集水斗型虹吸式雨水斗和无集水斗型虹吸式雨水斗等两类。带集水斗型虹吸式雨水斗是指虹吸式雨水斗斗体部件为集水斗，一般斗深大于 60mm，设在屋面防水层下或屋面构造层内，反涡流装置设在集水斗中的一类虹吸式雨水斗；无集水斗型虹吸式雨水斗是指虹吸式雨水斗斗体部件为集水盘，集水盘与屋面防水层平齐，反涡流装置设在集水盘上的一类虹吸式雨水斗。两类虹吸式雨水斗的构造见图 5-10。

虹吸式雨水斗产品现已发布了城镇建设行业标准《虹吸雨水斗》（CJ/T 245—2007）。

虹吸式雨水斗产品的技术性能要求如下：

1）材料：①斗体材质宜采用铸铁、碳钢、不锈钢、铝合金、铜合金等金属材料，并应符合现行国家标准 GB/T 1173、GB/T 1176、GB/T 2100、GB/T 3280、GB/T 4237、GB/T 9438、GB/T 9439、GB/T 13819 的要求；②连接压板、防水翼环宜采用与斗体相同的材质；③反涡流装置、格栅罩宜采用与斗体相同的材质，也可采用具有防紫外线、抗老化的塑料材质；④出水短管应符合现行国家标准 GB/T 3091、GB/T 3420、GB/T 12771、GB/T 12716、GB/T

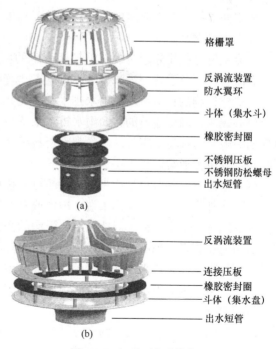

图 5-10　虹吸雨水斗的构造

(a) 带集水斗型虹吸式雨水斗；(b) 无集水斗型虹吸式雨水斗

12772、GB/T 13663、GB/T 14976 的要求；⑤虹吸雨水斗部件采用的螺栓、螺柱宜选用不锈钢材质，应符合现行国家标准 GB/T 3098.1 的要求；⑥材料应能承受安装和运行时发生的应力；⑦制造虹吸雨水斗的材料达不到防腐要求的，应进行防腐处理。

2）外观：内外表面应光滑、平整，不允许有气泡、裂口、夹渣、毛刺和明显的痕纹、凹陷，并应完整无缺，浇口及溢边应平整。

3）性能和构造：①虹吸雨水斗的各个部件除斗体和防水翼环外，应便于拆卸，虹吸雨水斗的出水短管可兼作清扫口；②虹吸雨水斗所有部件均应满足水平安装的要求；③虹吸雨水斗进水部件的过水断面面积不宜小于出水短管断面面积的 2 倍；④虹吸雨水斗应配有防止杂物进入管系的封堵件，并应在屋面工程竣工后拆除；⑤格栅罩的缝隙尺寸不应小于 6mm，且不宜大于 15mm，有级配砾石围护的可采用 25mm；⑥与柔性防水层粘合的防水翼环，其翼环最小有效宽度不宜小于 100mm，与金属屋面焊接的防水翼环，其最小有效宽度不宜小于 30mm，与屋面防水层或金属屋面相接带有橡胶密封垫的连接压板，其最小有效宽度不宜小于 35mm；⑦格栅罩的承受外荷载能力不应小于 0.75kN。

4）出水短管管径：①铸铁产品的承插连接尺寸应符合现行国家标准 GB/T 12772 的规定，卡箍式连接尺寸应符合现行行业标准 CJ/T 177 的规定；②铜、铝合金、铜合金、不锈钢或塑料产品的出水短管可采用焊接、管螺纹、法兰、卡箍和沟槽等方式与系统连接，其出水短管管径应符合相关管道标准，也可采用非标准设计。

5）密封性：①虹吸雨水斗斗体承受 0.01MPa 水压时应不渗不漏；②橡胶密封件应符合 HG/T 3091—2000 的规定。

6）耐气候性：虹吸雨水斗各部件应能耐 −20℃ 冰冻和不低于 80℃ 的高温。

7）水力特性：①虹吸雨水斗的水力特性包括：最大流量与对应的斗前水深，满流流量与斗前水深关系曲线，虹吸雨水斗局部阻力系数。②不同类型和规格的虹吸雨水斗应按 CJ/T 245—2007 中第 6 章的试验方法进行水力特性测试。③虹吸雨水斗的水力特征测试报告应提供下列试验参数及结果，见 CJ/T 245—2007 附录 B 和附录 C：a. 流量和斗前水深试验应提供 H、a、d_j，满流流量与斗前水深关系曲线；b. 局部阻力系数试验应提供 H、a、L_1、L_2、d_j、满流时的局部阻力系数 ζ；（不宜大于 1.5）。

2. 承雨斗

承雨斗是指安装在侧墙的一类外挂式雨水集水斗（图 5-4）。

3. 溢流设置

溢流系统是指排除超过设计重现期雨量的雨水系统。建筑屋面雨水排水系统应设置溢流口、溢流堰、溢流管等溢流设置，溢流排水不得危害建筑设施或行人安全。

一般建筑物的重力流屋面雨水排水系统与溢流设置的总排水能力不应小于 10 年重现期的雨水量，重要公共建筑、高层建筑的屋面雨水排水系统与溢流设置的总排水能力不应小于 50 年重现期的雨水量。重现期一般是指经过一定长的雨量观察资料统计分析，大于或等于某暴雨强度的降雨出现一次的平均间隔时间，其单位通常以年表示。

（1）溢流口。溢流口是指当降雨量超过系统设计排水能力时，用于溢水的孔口或装置（图 5-5）。

在天沟外排水系统的天沟末端，山墙或女儿墙上应设置溢流口，以排除超设计重现期的雨量或雨水斗发生故障时的积水。在一般情况下，天沟的溢流口应设在其两端，如计算的溢流口的数量大于 2，则需考虑用溢流管来实现溢流；在设置溢流口出现困难时，也可考虑采用溢流管来代替溢流口，甚至考虑另设一套虹吸溢流装置来保证系统的安全性。溢流口或溢流装置应设置在发生溢流时雨水能够畅通到达的部位。压力流屋面雨水排水系统必须设置溢流装置，以确保系统的安全性，溢流装置的设置应充分考虑高效的原则。

溢流口的溢流缘口宜比天沟上缘低 50～100mm，溢流口底面应水平，口上不得设格栅，溢流口下的落水地面应加以铺砌，以免水流冲刷。

溢流口以下的水深荷载应提供给结构专业人员计入屋面荷载。

（2）溢流管道系统。溢流管道系统是指为排除超过设计重现期雨量而设置的独立雨水管道系统。溢流管道系统的流态可以是虹吸式屋面雨水系统或半有压流屋面雨水系统。

4. 雨水口（水落口）

雨水口是指将地面雨水导入雨水管渠的带格栅的一类集水口。

5.1.3.3 屋面雨水排水管道系统和附属构筑物

1. 屋面雨水排水管道系统

屋面雨水排水管道是指将汇集的屋面雨水输送到地面雨水管渠的一类封闭通道。屋面雨水排水管道种类众多，按其材质，主要有高密度聚乙烯管（HDPE 管）、聚丙烯雨水管（PP 管）、不锈钢管、铸铁排水管、高抗冲雨水管（HRS 管）、涂塑复合管等；按其功能可分为干管和支管；按其布置方法有立管、横管、悬吊管、埋地管等。排水干（总）管是指输送污水、雨水的主要管渠；支管是指输送污水、雨水的支线管渠。立管是指布置呈垂直或与垂直线夹角小于45°的管道；横管是指布置呈水平或与水平线夹角小于45°的管道，其中连接器具排水管至排水立管的横管段称为横支管，连接若干根排水立管至排出管的横管段称为横干管；悬吊管是指悬吊在屋架、楼板、梁下或架空在柱子上的，与连接管相连的雨水横管；埋设管是指埋设于地下的雨水管道。

（1）连接管。连接管是指用于连接雨水斗至悬吊管之间的一段连接短竖管，作用于承接雨水斗流入的雨水，并将其引至悬吊管，通过改变连接管的管径、长度，可调节雨水斗的进水量和系统的阻力，在一般情况下，一根连接管上接一个雨水斗，其管径不得小于雨水斗短管的管径，连接管应牢固地固定在建筑物的承重结构（如梁桁架等）上，管材宜采用铸铁管、钢管和承压塑料管，连接管宜采用斜三通与悬吊管相连接，伸缩缝、变形缝两侧雨水斗的连接管如合并接入一根雨水立管或悬吊管上，应设置伸缩器或金属软管（图 5-11）。

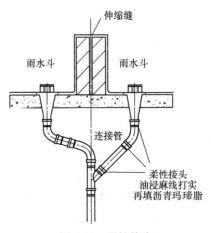

图 5-11　柔性接头

（2）悬吊管。悬吊管与连接管和雨水立管相连接，是屋面雨水内排水系统中架空布置的横向管道。对于一些重要的厂房，不允许室内检查井冒水，不能设置埋地横管时，则必须设置悬吊管。

悬吊管承接连接管流来的雨水并将其引至雨水立管，按悬吊管连接雨水斗的数量，可分为单斗悬吊管系统和多斗悬吊管系统（连接 2 个以及 2 个以上雨水斗的）。

悬吊管应沿墙、梁或柱间敷设，并应牢固地固定在其上。在工业厂房中，悬吊管常固定在厂房的桁架上；悬吊管在实际工作中为压力流，管材应采用铸铁管或塑料管，铸铁管的坡度不小于 0.01，塑料管的坡度不小于 0.005，悬吊管的管径不得小于雨水斗连接管的管径；一根悬吊管连接的雨水斗不宜超过 4 个，一根悬吊管上连接的几个雨水斗的汇水面积相等时，靠近主管处的雨水斗出水管可适当缩小，以均衡各斗的泄水流量；悬吊管的管径可按下游段的管径延伸到起点不变径，但不得小于其连接管管径，沿屋架悬吊时，其管径不宜大于 300mm；长度大于 15m 的雨水悬吊管，应设检查口或带法兰盲板的三通管，其间距不宜大于 20m，位置宜靠近墙柱，以便维修操作；悬吊管的敷设坡度不宜小于 0.005；悬吊管不得设置在遇水会引起燃烧、爆炸的原料、产品和设备的上方，以防管道产生凝结水或漏水而造成损失，当受条件限制不能避免时，应采取有效的防护措施；悬吊管与立管的连接，应采用两个 45°弯头或 90°斜三通；与雨水立管连接的悬吊管，不宜多于两根；雨水管道在工业厂房内一般为明装，在民用建筑中则可敷设在楼梯间、阁楼或吊顶内，并应采取防结露措施。

（3）雨水立管。雨水立管又称水落管、雨落管，是指敷设在建筑物外墙，用于排除屋面雨水的一类排水立管。雨水立管上端与雨水斗、悬吊管相连接，下端与埋设在地下的排出管相连接，接纳雨水斗或悬吊管中的雨水，通过排出管排至室外，将立管中的水输送到地下管道中，考虑到降雨过程中常有超过设计重现期的雨量或水流掺气占去一部分容积，所以在雨水管道设计时，要留有一定的余地。

在建筑屋面各汇水范围内，屋面雨水排水立管不宜少于 2 根；立管管径不得小于与其连接的悬吊管的管径，同时也不宜大于 30mm；立管宜沿墙、柱安装，一般为明装，若因建设或工艺有隐蔽要求时，则可敷设于墙槽或管井内，但必须考虑到安装和检修的方便，在设检查口处应设检修门；建筑高低跨的悬吊管，宜单独设置各自的雨水立管；有埋地排出管的屋面雨水排出管系，雨水立管的底部宜设检查口或在排出横管上设水平检查口，当横管有向大气的出口且横管长度小于 2m 的除外；在雨水立管的底部弯管处应设支墩或采取牢固的固定措施；阳台的雨水不应接入屋面雨水排水立管，检查口中心至地面的高度一般为 1m；雨水立管一般采用铸铁管或塑料管。

（4）排出管。排出管是指从建筑物内雨水立管到检查井之间的一段有较大坡度的横向管道，是将立管雨水引入检查井的一段埋地横管段。

排水管内的雨水的水流呈半有压流状态，封闭系统不得接入其他废水管道；在进行排水管将立管雨水输送到地下管渠中去的设计时，应考虑到降雨过程中时常会出现超过设计重现期的雨量，或水流掺气占去一部分容积，故在雨水排出管设计时，要留有一定的余地，排水管的管径一般与立管相同，管径不得小于立管的管径，若其加大一号管径，则可以改善管道的排水条件，减少压力损失，加大泄水能力；排出管穿越基础墙时应预留墙洞，洞口尺寸应保证建筑物沉陷时不压坏管道，在一般情况下管顶宜有不小于 150mm 的净空，若有地下水时，则应做防水套管；排水管与下游埋地干管在检查井中宜采用管顶平接，水流转角不得小于 135°。

（5）过渡段。过渡段是指水流流态由虹吸满管压力流向重力流过渡的管段。

过渡段设置在系统的排出管上，其出口压力应与当地大气压一致，过渡段为虹吸式屋面雨水排水系统水力计算的终点，在过渡段通常将系统的管径放大。

（6）埋地管。埋地管又称埋地横管、埋地横干管，是指敷设于室内地下的，承接雨水立管排来的雨水，并将其排至室外雨水管道的一类横管。埋地管的管径不得小于与其连接的雨水立管的管径，但不得大于 600mm，管道坡度应按工业废水管道坡度的规定执行，埋地管与雨水立管或排出管的连接可采用检查井，也可采用管道配件，埋地管可分为敞开式内排水系统和密闭式内排水系统。

敞开式内排水系统在室内设有检查井，各检查井之间的管道为埋地敷设，检查井的进出管道连接，应尽量使进出管的轴线成一直线，至少其交角不得小于 135°。埋地管可采用混凝土管、钢筋混凝土管、带轴的陶土管、塑料管等非金属管，敷设埋地暗管若受到限制或采用明渠有利于生产工艺时，则可采用设置有盖板的明渠排水，明渠排水有利于散放水中分离的空气，减少检查井冒水的可能性。

密闭式内排水系统一般采用悬吊管架空排至室外的雨水管渠，不设置埋地横管，其适用于对建筑物内部地面不允许设置检查井的建筑物。对于密闭式内排水系统的管道，应采用铸铁管、钢管或承压塑料管。密闭式内排水系统的埋地管为压力排水，其不得排入生产废水或其他废水。密闭式内排水系统在靠近排水立管处，应设水平检查口。

2. 排水管道附件

（1）固定件。固定件是指用于固定水平管（横管）和立管的装置，具有吸收管道振动，限制管道因热胀冷缩导致的位移，避免管道因悬挂受力而发生的变形，以及不影响管道水平受力等作用。

（2）清扫口。清扫口是指装设在排水横管始端或管段中间，带有内方外圆管堵作清通排水管的一类配件。管堵是指用于堵塞管道端部内螺纹的外螺纹管件。

3. 雨水管道的附属构筑物

屋面雨水排水系统雨水管道的附属构筑物包括检查井、检查口井、排气井等，其作用是用于埋地雨水管道的检修、清扫和排气等。

（1）检查井。检查井是指由井室、井筒、盖板、井盖等组成的，在给水排水管道系统中连接上下游管道的，为检查、清通和维护地下给水排水管道有出入口的一类井状构筑物。

在屋面雨水排水系统中，为了便于清通，室内排水立管或排出管在接入埋地管处，需设置检查井以连接，在长度超过 30m 的直管段上、管线的转弯和交叉处、坡度以及管径改变处均需要设置检查井。

屋面雨水排水系统中的室内检查井适用于敞开式内排水系统。接入室内检查井的排出管与下游的埋地管采用管顶平接，且水流转角不得小于135°（图5-12），检查井的进出水管应设置高流槽，槽顶应高出管顶200mm（图5-13）。砖砌或装配式混凝土检查井的直径不应小于1m，检查井的深度不应小于0.7m，以免冒水。起端检查井若无排气措施时，不宜接入其他废水管道，起端的几个检查井应考虑设置通气措施，以减小井中的压力，避免出现冒水。

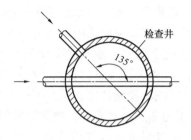

图5-12　检查井接管

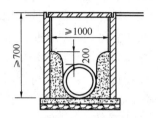

图5-13　检查井高流槽

（2）检查口井。检查口井是指装设在雨水立管以及较长横管段上的带有可开启检查盖的用以检查和清通管道的配件。在密闭式内排水系统的埋地管上应设检查口井，以备检修之用。

（3）排气井。为了降低掺气水流在检查井中分离空气所形成的空气压力，应在检查井前设置排气井，或在井中设排气孔、排气管。

在埋地管的起端几个检查井与排出管之间应设置排气井，使水流在井内消能放气，然后较平稳地流入检查井，可避免检查井发生冒水。

排气井的构造见图5-14。掺气水流由排出管流入排气井，与排气井内的溢流墙碰撞，经消能及能量转换，流速减小，水位上升，水气分离；水流溢过溢流

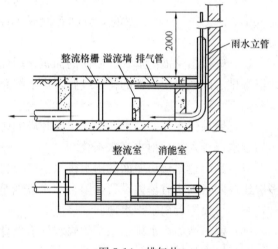

图5-14　排气井

墙，再经过整流格栅稳压后，平稳地流入检查井，而气体则由排气管放出，排气管应接至高出地面2m以上，其可沿墙敷设。

5.2　建筑屋面雨水排水系统的设计

屋面排水是屋面防水的另一方面，迅速地将屋面上的雨水排走可减少防水层的负担，从而避免渗漏的发生，故屋面防水必须执行防排结合的原则。

5.2.1　屋面排水设计的基本要求

建筑屋面雨水排水系统设计的基本要求如下：

（1）建筑屋面雨水排水系统应独立设置，其应能及时地将屋面雨水排至室外雨水管渠或地面。

（2）建筑屋面的雨水积水深度应控制在允许的负荷水深之内，其50年设计重现期降雨时，屋面积水不得超过允许的负荷水深。

（3）建筑屋面雨水排水方式的选择，应根据建筑物屋顶的形式、气候条件、使用功能等因素确定，建筑屋面雨水排水的方式可分为有组织排水和无组织排水，若采用有组织排水时，宜采用雨水收集系统。

1）建筑屋面雨水有组织排水，可采用管道系统加溢流设施排放或管道系统无溢流设施排放两种形

式。采取承雨斗排水或檐沟外排水系统方式的建筑宜采用管道系统无溢流设施排放方式进行屋面雨水的排放。

2）高层建筑屋面宜采用内排水；多层建筑屋面宜采用有组织外排水；低层建筑屋面以及檐高小于10m的屋面，则可采用无组织排水；多跨及汇水面积较大的屋面宜采用天沟排水，天沟找坡若较长时，则宜采用中间内排水和两端外排水的混合排水系统。由于高层建筑外排水系统的安装和维护均比较困难，故设计以内排水系统为宜，多跨厂房因相邻两坡屋面相交，故只能采用天沟内排水的方式来排出屋面的雨水。在进行天沟设计时，尽可能采用天沟外排水的方式，将屋面雨水从天沟两端排至室外，若天沟的长度较长时，为了满足沟底纵向坡度及沟底水落差的要求，一般沟底分水线距水落口的距离超过20m时，除两端外排水口外，可在天沟的中间增设水落口和内排水管。排水口的设置同时也确定了找坡分区的划分，当屋面找坡较长时，可以增设排水口，以减小找坡长度。

3）暴雨强度较大地区的大型屋面，宜采用虹吸式屋面雨水排水系统；严寒地区应采用内排水系统，寒冷地区宜采用内排水系统；湿陷性黄土地区宜采用有组织排水，并应将雨雪水直接排放到排水管网中。

（4）高跨屋面若为无组织排水时，其低跨屋面受水冲刷的部位应加铺一层防水卷材，并应设置40～50mm厚、300～500mm宽的C20细石混凝土保护层，高跨屋面为有组织排水时，水落管下应加设水簸箕。

（5）应根据屋面的形式、屋面的面积、屋面高低层的设置等情况，将屋面划分成若干个排水区域，并根据排水区域确定屋面的排水线路，排水线路的设置应简洁，在确保屋面排水通畅的前提下，做到长度合理。

（6）屋顶供水箱的溢水和泄水、冷却塔的排水、消防系统的检测排水、种植屋面的渗滤排水等较洁净的废水可排入屋面雨水排水系统。

（7）高层建筑裙房屋面的雨水排水系统应自成系统单独排放；高层建筑阳台排水系统应单独设置，多层建筑阳台雨水宜单独设置，阳台雨水立管底部应间接排水。当生活阳台设有生活排水设备及地漏时，可不另设阳台雨水排水地漏。

（8）建筑屋面雨水排水系统的雨水管道设计流态宜符合以下状态：①檐沟外排水系统宜按重力流设计；②长天沟外排水系统宜按满管压力流设计；③高层建筑屋面雨水排水系统宜按重力流设计；④工业厂房、库房、公共建筑的大型屋面雨水排水系统宜按满管压力流设计。

（9）屋面雨水排水系统设计所采用的雨水流量、暴雨强度、降雨历时、屋面汇水面积等参数，应符合现行国家标准《建筑给水排水设计规范》（GB 50015）的有关规定。首先应根据屋面的形式及其使用功能要求，确定屋面的排水方式及排水坡度，明确采用有组织排水还是无组织排水，若采用有组织排水系统时，则在设计时要根据所在地区的气候条件、雨水流量、暴雨强度、降雨历时及排水分区，确定屋面排水的走向，然后通过计算确定屋面檐沟、天沟等集水沟所需要的宽度和深度，根据屋面汇水面积和当地降雨历时，按照水落管的不同管径核定每根水管的屋面汇水面积以及所需水落管的数量，并根据檐沟、天沟的位置及屋面形状布置水落口及水落管。

1）设计雨水流量应按式（5-1）计算：

$$q_y = \frac{q_j \Psi F_w}{10000} \tag{5-1}$$

式中　q_y——设计雨水流量（L/s）；

　　　q_j——设计暴雨强度[L/(s·hm²)]；

　　　Ψ——径流系数；

　　　F_w——汇水面积（m²）。

注：当采用天沟集水且沟沿溢水会流入室内时，设计暴雨强度应乘以1.5的系数。

2）设计暴雨强度应按当地或相邻地区暴雨强度公式计算确定。

3）建筑屋面、小区雨水管道的设计降雨历时，可按下列规定确定：

① 屋面雨水排水管道设计降雨历时应按5min计算。

② 小区雨水管道设计降雨历时应按式（5-2）计算：

$$t = t_1 + Mt_2 \qquad (5-2)$$

式中　t——降雨历时（min）；

　　t_1——地面集水时间（min），视距离长短、地形坡度和地面铺盖情况而定，可选用5～10min；

　　M——折减系数，小区支管和接户管：$M=1$；小区干管：暗管$M=2$，明沟$M=1.2$；

　　t_2——排水管内雨水流行时间（min）。

4）屋面雨水排水管道的排水设计重现期应根据建筑物的重要程度、汇水区域性质、地形特点、气象特征等因素确定，各种汇水区域的设计重现期不宜小于表5-2的规定值。

表5-2　各种汇水区域的设计重现期　GB 50015—2003

汇水区域名称		设计重现期（年）
室外场地	小区	1～3
	车站、码头、机场的基地	2～5
	下沉式广场、地下车库坡道出入口	5～50
屋面	一般性建筑物屋面	2～5
	重要公共建筑屋面	≥10

注：1. 工业厂房屋面雨水排水设计重现期应根据生产工艺、重要程度等因素确定。

　　2. 下沉式广场设计重现期应根据广场的构造、重要程度、短期积水即能引起较严重后果等因素确定。

5）各种屋面、地面的雨水径流系数可按表5-3采用。

表5-3　径流系数　GB 50015—2003

屋面、地面种类	径流系数 Ψ
屋面	0.90～1.00
混凝土和沥青路面	0.90
块石路面	0.60
级配碎石路面	0.45
干砖及碎石路面	0.40
非铺砌地面	0.30
公园绿地	0.15

注：各种汇水面积的综合径流系数应加权平均计算。

6）雨水汇水面积应按地面、屋面水平投影面积计算，高出屋面的毗邻侧墙，应附加其最大受雨面正投影的一半作为有效汇水面积计算，窗井、贴近高层建筑外墙的地下汽车库出入口坡道应附加其高出部分侧墙面积的1/2。

（10）《建筑屋面雨水排水系统技术规程》（CJJ 142—2014）对雨水径流计算的规定如下：

1）汇水面雨水设计流量应按式（5-3）计算：

$$Q = k\Psi_m qF \qquad (5-3)$$

式中　Q——雨水设计流量（L/s）；

　　k——汇水系数，当采用天沟集水且沟沿在满水时水会向室内渗漏水时取1.5，其他情况取1.0；

　　Ψ_m——径流系数；

　　q——设计暴雨强度[L/(s·hm²)]；

　　F——汇水面面积（hm²）。

2）各种汇水面的径流系数宜按表 5-4 的规定确定，不同汇水面的平均径流系数应按加权平均进行计算。

表 5-4　各种汇水面的径流系数　CJJ 142—2014

汇水面种类	径流系数 Ψ_m
硬屋面、未铺石子的平屋面、沥青屋面	1.0
水面	1.0
混凝土和沥青地面	0.9
铺石子的平屋面	0.8
块石等铺砌地面	0.7
干砌砖、石及碎石地面	0.5
非铺砌的土地面	0.4
地下建筑覆土绿地（覆土厚度＜500mm）	0.4
绿地	0.25
地下建筑覆土绿地（覆土厚度≥500mm）	0.25

3）各汇水面积应按汇水面水平投影面积计算并应符合下列规定：

① 高出汇水面积有侧墙时，应附加侧墙的汇水面积，计算方法应符合现行国家标准《建筑给水排水设计规范》（GB 50015）的有关规定。

② 球形、抛物线形或斜坡较大的汇水面，其汇水面积应附加汇水面竖向投影面积的 50％。

4）设计暴雨强度应按式（5-4）计算：

$$q = \frac{167A(1 + c\lg P)}{(t + b)^n} \tag{5-4}$$

式中　　P——设计重现期（年）；

t——降雨历时（min）；

A、b、c、n——当地降雨参数。

5）建筑屋面雨水系统的设计重现期应根据建筑物的重要性、汇水区域性质、气象特征、溢流造成的危害程度等因素确定。建筑降雨设计重现期宜按表 5-5 中的数值确定。

表 5-5　建筑降雨设计重现期　CJJ 142—2014

建　筑　类　型	设计重现期（年）
采用外檐沟排水的建筑	1～2
一般性建筑物	3～5
重要公共建筑和工业厂房	10
窗井、地下室车库坡道	50
连接建筑出入口下沉地面、广场、庭院	10～50

注：表中设计重现期，半有压流系统可取低限值，虹吸式系统宜取高限值。

6）设计降雨历时的计算应符合下列规定：

① 雨水管渠的设计降雨历时应按式（5-5）计算：

$$t = t_1 + mt_2 \tag{5-5}$$

式中　t_1——汇水面汇水时间（min），根据距离长短、汇水面坡度和铺盖确定，可采用 5min；

m——折减系数，取 $m=1$；

t_2——管渠内雨水流行时间（mm）。

② 屋面雨水收集系统的设计降雨历时按屋面汇水时间计算，可取 5min。

（11）建筑屋面雨水排水系统设计计算的步骤要点如下：

1）普通外排水系统宜按重力无压流系统设计，其设计计算步骤如下：①按照屋面坡度和立面要求布置雨水立管（其间距为 8～12m）；②计算每根立管的汇水面积；③求每根立管的泄流量；④按照堰流式雨水斗查表确定雨水立管的管径。

2）天沟外排水系统宜按照重力半有压流系统设计。

① 天沟设计的计算步骤如下：a. 划分汇水面积；b. 求 5min 的暴雨流量；c. 以 5min 的暴雨流量确定天沟的尺寸。

② 已有天沟、校核设计重现期的设计计算步骤如下：a. 计算天沟过水断面面积；b. 求流速；c. 求天沟允许通过的流量；d. 计算汇水面积；e. 求 5min 的流量；f. 应使天沟的流量大于或等于 5min 的暴雨流量，且符合设计重现期的要求。

3）重力流和重力半有压流内排水系统按照重力流和重力半有压流系统计算，其设计计算步骤如下：①根据建筑内部情况划分为几个系统，并由此确定立管的数量和位置；②划分汇水面积，确立雨水斗的规格和数量；③计算系统各管道的管径。

4）压力流（虹吸式）内排水系统按压力流系统计算，其设计计算步骤如下：①划分汇水面积；②计算降雨量；③确定雨水斗的口径和数量；④布置雨水斗；⑤对系统进行压力管道的计算。

（12）坡屋面的排水设计应符合下列规定：

1）多雨地区的坡屋面应采用有组织排水，少雨地区的坡屋面可采用无组织排水，高低跨屋面的水落管出水口处应采取防冲刷措施。

2）坡屋面有组织排水方式和水落管的数量，应按现行国家标准《建筑给水排水设计规范》（GB 50015）的相关规定确定。

3）坡屋面檐口宜采用有组织排水，檐沟和水落斗（雨水斗）可采用金属或塑料成品。

5.2.2　排水系统的选型和排水设置的设计

建筑屋面雨水排水系统应根据屋面形态进行选择；屋面雨水排水系统的设计流态，应根据排水安全性、经济性、建筑竖向空间要求等因素综合比较确定。排水系统的选型和排水设置的设计要点如下：

（1）建筑屋面雨水排水系统的类型及适用场所应按表 5-6 的规定确定。

表 5-6　建筑屋面雨水排水系统的类型及适用场所　CJJ 142—2014

分类方法	排水系统	适　用　场　所
汇水方式	檐沟外排水系统	1. 屋面面积较小的单层、多层住宅或体量与之相似的一般民用建筑 2. 瓦屋面建筑或坡屋面建筑 3. 雨水管不允许进入室内的建筑
	承雨斗外排水系统	1. 屋面设有女儿墙的多层住宅或 7～9 层住宅 2. 屋面设有女儿墙且雨水管不允许进入室内的建筑
	天沟排水系统	1. 大型厂房 2. 轻质屋面 3. 大型复杂屋面 4. 绿化屋面 5. 雨篷
	阳台排水系统	敞开式阳台

分类方法	排水系统	适 用 场 所
设计流态	半有压流排水系统	1. 屋面楼板下允许设雨水管的各种建筑 2. 天沟排水 3. 无法设溢流的不规则屋面排水
	压力流排水系统	1. 屋面楼板下允许设雨水管的大型复杂建筑 2. 天沟排水 3. 需要节省室内竖向空间或排水管道设置位置受限的工业和民用建筑
	重力流排水系统	1. 阳台排水 2. 成品檐沟排水 3. 承雨斗排水 4. 排水高度小于3m的屋面排水

（2）集水沟的设计要点如下：

1）当坡度大于5%的建筑屋面采用雨水斗排水时，应设集水沟收集雨水。

2）下列情况宜设置集水沟收集雨水：①当需要屋面雨水径流长度和径流时间较短时；②当需要减少屋面的坡向距离时；③当需要降低屋面积水深度时；④当需要在坡屋面雨水流向的中途截留雨水时。

3）集水沟的设计应符合以下规定：①多跨厂房宜采用集水沟内排水或集水沟两端外排水，当集水沟较长时，宜采用两端外排水及中间内排水；②当瓦屋面有组织排水时，集水沟宜采用成品檐沟；③集水沟不应跨越伸缩缝、沉降缝、变形缝和防火墙。

4）天沟、边沟的结构应根据建筑、结构设计要求确定，可采用钢筋混凝土结构、金属结构。

5）檐沟、天沟的过水断面，应根据屋面汇水面积的雨水流量经计算确定。钢筋混凝土檐沟和天沟的净宽不应小于300mm，分水线处最小深度不应小于100mm，沟内纵向坡度不应小于1%，沟底水落差不得超过200mm；金属檐沟和天沟的纵向坡度宜为0.5%。

6）天沟布置应以伸缩缝、沉降缝和变形缝为分界。

7）雨水斗与天沟、边沟连接处应采取防水措施，并应符合以下规定：①当天沟、边沟为混凝土构造时，雨水斗应设置与防水卷材或防水涂料衔接的止水配件，雨水斗空气挡罩、底盘与结构层之间应采取防水措施；②当天沟、边沟为金属材质构造，且雨水斗底座与集水沟材质相同时，可采用焊接或密封圈连接方式；若雨水斗底座与集水沟材质不同时，则可采用密封圈连接，不应采用焊接；③密封圈应采用三元乙丙橡胶（EPDM）、氯丁橡胶等密封材料，不宜采用天然橡胶。

8）金属沟与屋面板的连接处应采取可靠的防水措施。

9）集水沟的计算应符合以下要求：

① 集水沟的过水断面面积应根据汇水面积的设计流量按式（5-6）计算：

$$\omega = \frac{Q}{v} \tag{5-6}$$

式中　ω——集水沟过水断面面积（m²）；

　　　Q——雨水设计流量（m³/s）；

　　　v——集水沟水流速度（m/s）。

② 集水沟的设计水深应根据屋面的汇水面积、沟的坡度及宽度、雨水斗的斗前水深来确定，排水系统的集水沟分水线处最小深度不应小于100mm。

③ 集水沟的沟宽和有效水深宜按水力最优矩形截面确定。沟的有效深度不应小于设计水深加保护高度，压力流排水系统的集水沟有效深度不宜小于250mm。

④ 集水沟的最小保护高度应符合表5-7的规定。

表 5-7　集水沟的最小保护高度　CJJ 142—2014

含保护高度在内的沟深 h_z（mm）	最小保护高度（mm）
100～250	$0.3h_z$
>250	75

⑤ 集水沟的净宽不宜小于 30mm，纵向坡度不宜小于 0.003；金属屋面的金属集水沟可无坡度。

⑥ 集水沟宽度应符合雨水斗的安装要求，压力流排水系统应保证雨水斗空气挡罩最外端距离沟壁的距离不小于 100mm，可在雨水斗处局部加宽集水沟；混凝土屋面集水沟沟底落差不应大于 200mm，金属屋面集水沟不可大于 100mm。

⑦ 集水沟内水流速度应按式（5-7）计算：

$$v = \frac{1}{n}R^{\frac{2}{3}}I^{\frac{1}{2}}$$　　（5-7）

式中　n——集水沟的粗糙系数，各种材料的 n 值可按表 5-8 的规定确定；

　　　R——水力半径（m）；

　　　I——集水沟坡度。

表 5-8　各种材料的 n 值　CJJ 142—2014

壁面材料的种类	n 值
钢板	0.012
不锈钢板	0.011
水泥砂浆抹面混凝土沟	0.012～0.013
混凝土及钢筋混凝土沟	0.013～0.014

⑧ 严寒地区不宜采用平坡集水沟。

⑨ 水平短沟设计排水流量可按式（5-8）计算：

$$q_{dg} = k_{dg}k_{df}A_z^{1.25}S_xX_x$$　　（5-8）

式中　q_{dg}——水平短沟的设计排水流量（L/s）；

　　　k_{dg}——折减系数，取 0.9；

　　　k_{df}——断面系数，各种沟形的断面系数应符合表 5-9 的规定；

　　　A_z——沟的有效断面面积（mm²），在屋面天沟或边沟中有固定障碍物时，有效断面面积应按沟的断面面积减去固定障碍物断面面积进行计算；

　　　S_x——深度系数，应根据图 5-15 的规定取值，半圆形或相似形状的短檐沟 $S_x=1.0$；

　　　X_x——形状系数，应根据图 5-15 的规定取值，半圆形或相似形状的短檐沟 $X_x=1.0$。

表 5-9　各种沟形的断面系数　CJJ 142—2014

沟形	半圆形或相似形状的檐沟	矩形、梯形或相似形状的檐沟	矩形、梯形或相似形状的天沟和边沟
k_{df}	2.78×10^{-5}	3.48×10^{-5}	3.89×10^{-5}

⑩ 水平长沟的设计排水流量可按式（5-9）计算：

$$q_{cg} = q_{dg}L_x$$　　（5-9）

式中　q_{cg}——水平长沟的设计排水流量（L/s）；

　　　L_x——长沟容量系数，平底或有坡度坡向出水口的长沟容量系数可按表 5-10 的规定确定。

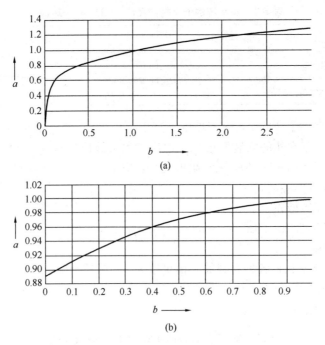

图 5-15　深度系数和形状系数曲线

（a）深度系数曲线

a—深度系数 S_x；b—h_d/B_d；

h_d—设计水深（mm）；B_d—设计水位处的沟宽（mm）

（b）形状系数曲线

a—形状系数 X_x；b—B/B_d；

B—沟底宽度（mm）；B_d—设计水位处的沟宽（mm）

表 5-10　平底或有坡度坡向出水口的长沟容量系数　CJJ 142—2014

$\dfrac{L_0}{h_d}$	容量系数 L_x				
	平底 0~3‰	坡度 4‰	坡度 6‰	坡度 8‰	坡度 10‰
50	1.00	1.00	1.00	1.00	1.00
75	0.97	1.02	1.04	1.07	1.09
100	0.93	1.03	1.08	1.13	1.18
125	0.90	1.05	1.12	1.20	1.27
150	0.86	1.07	1.17	1.27	1.37
175	0.83	1.08	1.21	1.33	1.46
200	0.80	1.10	1.25	1.40	1.55
225	0.78	1.10	1.25	1.40	1.55
250	0.77	1.10	1.25	1.40	1.55
275	0.75	1.10	1.25	1.40	1.55
300	0.73	1.10	1.25	1.40	1.55
325	0.72	1.10	1.25	1.40	1.55
350	0.70	1.10	1.25	1.40	1.55
375	0.68	1.10	1.25	1.40	1.55
400	0.67	1.10	1.25	1.40	1.55
425	0.65	1.10	1.25	1.40	1.55
450	0.63	1.10	1.25	1.40	1.55
475	0.62	1.10	1.25	1.40	1.55
500	0.60	1.10	1.25	1.40	1.55

注：L_0 为排水长度（mm）；h_d 为设计水深（mm）。

⑪ 当集水沟有大于 10°的转角时，计算的排水能力折减系数应取 0.85。

⑫ 当集水沟的坡度小于或等于 0.003 时，可按平沟设计。

(3) 建筑屋面雨水排水工程应设置溢流口、溢流堰、溢流管系等溢流设施。当设有溢流设施时，溢流排水不得危及建筑设施和行人的安全。一般建筑的重力流屋面雨水排水工程与溢流设置的总排水能力不应小于 10 年重现期的雨水量，重要公共建筑、高层建筑的屋面雨水排水工程与溢流设施的总排水能力不应小于 50 年重现期的雨水量。

溢流口的计算应符合以下要求：

1) 溢流口的最大溢流设计流量可按下列公式计算：

$$Q_q = 385b\sqrt{2g}h^{\frac{3}{2}} \tag{5-10}$$

$$h = h_{max} - h_b \tag{5-11}$$

式中　　Q_q——溢流口服务面积内的最大溢流水量（L/s）；

　　　　b——溢流口宽度（m）；

　　　　h——溢流口高度（m）；

　　　　g——重力加速度（m/s²），取 9.81（m/s²）；

　　　h_{max}——屋面最大设计积水高度（m）；

　　　　h_b——溢流口底部至屋面或雨水斗（平屋面时）的高差（m）。

2) 溢流口的宽度可按式（5-12）计算：

$$b = \frac{Q_q}{N}h_1^{\frac{3}{2}} \tag{5-12}$$

式中　　h_1——溢流口处的堰上水头（m），宽顶堰宜取 0.03m；

　　　　N——溢流口宽度计算系数，可取 1420～1680。

3) 溢流口处堰上水头之上的保护高度不宜小于 50mm。

4) 当溢流口采用薄壁堰时，其设计流量可按式（5-13）计算：

$$Q_q = Kb\sqrt{2g}h_1^{\frac{3}{2}} \tag{5-13}$$

式中　　K——堰流量系数。

(4) 采用重力流排水时，每个水落口的汇水面积宜为 150～200m²，在具体设计时，还应根据地区的暴雨强度以及当地的有关规定、常规做法来进行调整。在建筑屋面各个汇水区域内，雨水斗不宜少于 2 个，雨水立管不宜少于 2 根，以避免发生故障而导致屋面排水系统出现瘫痪。水落口和水落管（雨水立管）的位置，应根据建筑物的造型要求和屋面汇水情况等因素确定。

(5) 雨水斗设置的要点如下：

1) 屋面排水的雨水管道的进水口设置应符合以下规定：①屋面、天沟、土建檐沟的雨水系统进水口应设置雨水斗；②从女儿墙侧口排水的外排水管道进水口应在侧墙设置承雨斗；③成品檐沟雨水管道的进水口可不设雨水斗。

2) 屋面排水系统应设置雨水斗，不同设计排水流态、排水特征的屋面雨水排水系统应选用相应的雨水斗。

3) 建筑屋面雨水排水系统采用的雨水斗应符合以下规定：①可在雨水斗的顶端设置阻气隔板、控制隔板的高度，增强泄水能力；②对流入的雨水应进行稳流或整流；③应抑制入流雨水的掺气；④应拦阻雨水中的固体物。

4) 虹吸雨水斗应符合现行行业标准《虹吸雨水斗》（CJ/T 245）的有关规定，雨水斗格栅罩应采用细槽状或孔状。

5) 87 型雨水斗应符合以下规定：①雨水斗应由短管、导流罩（导流板和盖板）和压板等组成（图 5-16）；②导流板不应小于 8 片，进水孔的有效面积应为连接管横断面积的 2～2.5 倍，雨水斗各部件尺寸应符合表 5-11 的规定，导流板高度不宜大于表 5-11 中的数值；③盖板的直径不宜小于短管内径加

140mm；④雨水斗的材质宜采用碳钢、不锈钢、铸铁、铝合金、铜合金等金属材料。

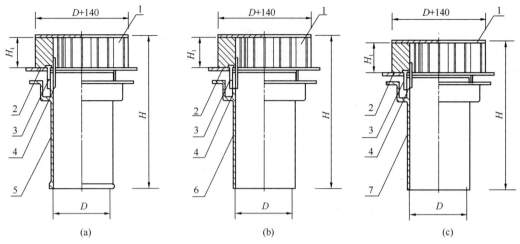

图 5-16　87 型雨水斗装配图

（a）铸铁短管雨水斗总装配图；（b）Ⅰ型钢制短管雨水斗总装配图；（c）Ⅱ型钢制短管雨水斗总装配图

1—导流罩；2—压板；3—固定螺栓；4—定位柱；5—铸铁短管；6—钢制短管（Ⅰ型）；7—钢制短管（Ⅱ型）

表 5-11　87 型雨水斗各部件尺寸（mm）　　CJJ 142—2014

序号	雨水斗规格	D		H		导流板高度 H_1
		铸铁短管	钢制短管	铸铁短管/Ⅰ型钢制短管	Ⅱ型钢制短管	
1	75（80）	75	79	397	377	60
2	100	100	104	407	387	70
3	150	150	154	432	412	95
4	200	200	207	447	427	110

6）半有压流屋面雨水系统宜采用 87 型雨水斗或性能类似的雨水斗，压力流屋面雨水系统应采用专用雨水斗。

7）雨水斗的流量特性应通过标准试验取得，标准试验应按《建筑屋面雨水排水系统技术规程》（CJJ 142—2014）附录 A 的规定进行，雨水斗最大排水流量宜符合表 5-12 的规定。

表 5-12　雨水斗最大排水流量　　CJJ 142—2014

雨水斗规格（mm）		50	75	100	150
87 型雨水斗	流量（L/s）	—	21.8	39.1	72
	斗前水深（mm）≤	—	68	93	—
虹吸雨水斗	流量（L/s）	12.6	18.8	40.9	89
	斗前水深（mm）≤	47.6	59.0	70.5	—

8）雨水斗最大设计排水流量取值应小于雨水斗最大排水流量，雨水斗最大设计排水流量宜符合表 5-13 的规定。

表 5-13　雨水斗最大设计排水流量（L/s）　　CJJ 142—2014

雨水斗规格（mm）		50	75	100	150
87 型雨水斗	半有压流系统	—	8	12~16	26~36
虹吸雨水斗	压力流系统	6	12	25	70

9）设有雨水斗的雨水排放设施的总排水能力应进行校核，并应符合以下规定：①校核雨水径流量

应按 50 年或以上重现期计算，屋面径流系数应取 1.0；②压力流屋面雨水排水系统的排水能力校核应进行水力计算，计算时雨水斗的校核径流量不得大于表 5-12 中的数值；③半有压流屋面雨水排水系统的排水能力校核中，当溢流水位或允许的负荷水位对应的斗前水深大于表 5-12 中的数值时，各雨水斗负担的校核流量可大于表 5-13 中的最大设计流量，但不应大于表 5-12 中规定的最大流量。

10）雨水斗的位置应根据屋面汇水结构承载、管道敷设等因素确定，雨水斗的设置应符合以下的规定：①雨水斗的汇水面积应与其排水能力相适应；②雨水斗的设置位置应根据屋面汇水情况并结合建筑结构承载、管道敷设等因素确定；③在不能以伸缩缝或者沉降缝为屋面雨水分水线时，应在缝的两侧分设雨水斗；④雨水斗应设于汇水面的最低处，且应水平安装；⑤雨水斗不宜布置在集水沟的转弯处；⑥在严寒和寒冷地区，雨水斗宜设在冬季易受室内温度影响的位置，否则宜选用带融雪装置的雨水斗；⑦绿化屋面的雨水斗可设置在雨水收集沟或收集井内。

11）当屋面雨水管道按满管压力流排水设计时，同一系统的雨水斗宜在同一水平面上。

（6）建筑屋面雨水排水系统管材的选用要点如下：

1）建筑屋面雨水排水系统管材的选用应符合下列规定：①重力流排水系统多层建筑宜采用建筑排水塑料管，高层建筑宜采用耐腐蚀的金属管、承压塑料管；②满管压力流排水系统宜采用内壁较光滑的带内衬的承压排水铸铁管、承压塑料管和钢塑复合管等，其管材工作压力应大于建筑物净高度产生的静水压。用于满管压力流排水的塑料管，其管材抗环变形外压力应大于 0.15MPa；③小区雨水排水系统可选用埋地塑料管、混凝土管或钢筋混凝土管、铸铁管等。

2）建筑屋面雨水排水系统管材的选用宜符合下列规定：①采用雨水斗的屋面雨水排水管道宜采用涂塑钢管、镀锌钢管、不锈钢管和承压塑料管，多层建筑外排水系统可采用排水铸铁管、非承压排水塑料管；②高度超过 250m 的雨水立管、雨水管材及配件承压能力可取 2.5MPa；③阳台雨水管道宜采用排水塑料管或排水铸铁管，檐沟排水管道和承雨斗排水管道可采用排水管材；④同一系统的管材和管件宜采用相同的材质。

3）当建筑屋面雨水斗系统采用涂塑钢管时，应符合下列规定：①涂塑钢管应符合现行行业标准《给水涂塑复合钢管》（CJ/T 120）的有关规定；②虹吸系统负压区除外的涂塑钢管连接可采用沟槽或法兰连接方式，当采用法兰连接时，应对法兰焊缝做防腐处理。

4）当建筑屋面雨水斗系统采用镀锌钢管时，应符合下列规定：①镀锌钢管应符合现行国家标准《低压流体输送用焊接钢管》（GB/T 3091）的有关规定；②虹吸系统负压区除外的镀锌钢管连接应采用丝扣或沟槽连接方式。

5）当建筑屋面雨水斗系统采用不锈钢管时，应符合下列规定：①不锈钢管应符合现行国家标准《流体输送用不锈钢焊接钢管》（GB/T 12771）的有关规定；②不锈钢管最小壁厚应符合表 5-14 的规定；③不锈钢管应采用耐腐蚀性能牌号不低于 S30408 的材料；④管道宜采用沟槽式连接或对接氩弧焊连接方式；⑤当采用对接氩弧焊连接时，应有惰性气体保护。

表 5-14 不锈钢管最小壁厚 （mm） CJJ 142—2014

公称尺寸	DN50	DN80	DN100	DN125	DN150	DN200	DN250	DN300	DN350
管外径	57	89	108	133	159	219	273	325	377
最小壁厚	2.0	2.0	2.0	3.0	3.0	4.0	4.0	4.5	4.5

6）当建筑屋面雨水斗系统采用高密度聚乙烯（HDPE）管时，应符合下列规定：①高密度聚乙烯（HDPE）管及管件应符合现行行业标准《建筑排水用高密度聚乙烯（HDPE）管材及管件》（CJ/T 250）的有关规定；②管材的规格不应低于 S12.5 管系列；③管道应采用对接焊连接、电熔管箍连接方式；④检查口管件可采用法兰连接方式。

7）采用排水铸铁管、排水塑料管时，管材及管件应符合国家现行有关标准的规定。

（7）建筑屋面雨水排水系统管材布置的设计要点如下：

1) 雨水管道敷设应符合以下规定：①不得敷设在遇水会引起燃烧、爆炸的原料、产品和设备的上面以及住宅套内；②不得敷设在精密机械、设备、遇水会产生危害的产品及原料的上空，否则应采取预防措施；③不得敷设在对生产工艺或卫生有特殊要求的生产厂房内，以及食品和贵重商品仓库、通风小室、电气机房和电梯机房内；④不宜穿过沉降缝、伸缩缝、变形缝、烟道和风道，当雨水管道需穿过沉降缝、伸缩缝和变形缝时，应采取相应的技术措施；⑤当埋地敷设时，不得布置在可能受重物压坏处或穿越生产设备基础；⑥塑料雨水排水管道不得布置在工业厂房的高温作业区。

2) 民用建筑雨水内排水应采用密闭系统，不得在建筑内或阳台上开口，且不得在室内设非密闭检查井。

3) 严寒地区宜采用内排水系统，在寒冷地区，雨水立管宜布置在室内，当寒冷地区采用外排水系统时，雨水排水管道不宜设置在建筑物的北侧。

4) 无特殊要求的工业厂房，雨水管道宜为明装，民用建筑中的雨水立管宜沿墙、柱明装，有隐蔽要求时，可暗装于管井内，并应留有检查口。

5) 塑料雨水排水管道穿墙、楼板或有防火要求的部位时，应按国家现行有关标准的规定设置防火措施。

6) 雨水管道应牢固地固定在建筑物的承重结构上。雨水立管的底部弯管处应设支墩或采取固定措施。

7) 设雨水斗的屋面雨水排水管道系统应能承受正压和负压，正压承受能力不应小于工程验收灌水高度产生的静水压力，塑料管的负压承受能力不应小于80kPa。

8) 各种雨水管道的最小管径和横管的最小设计坡度宜按表5-15确定。

表 5-15　雨水管道的最小管径和横管的最小设计坡度　GB 50015—2003

管　　别	最小管径（mm）	横管最小设计坡度	
		铸铁管、钢管	塑　料　管
建筑外墙雨落水管	75（75）	—	—
雨水排水立管	100（110）	—	—
重力流排水悬吊管、埋地管	100（110）	0.01	0.0050
满管压力流屋面排水悬吊管	50（50）	0.00	0.0000
小区建筑物周围雨水接户管	200（225）	—	0.0030
小区道路下干管、支管	300（315）	—	0.0015
13#沟头的雨水口的连接管	150（160）	—	0.0100

注：表中铸铁管管径为公称直径，括号内数据为塑料管外径。

9) 雨水管道的连接应符合以下规定：①管道的交汇处应做顺水连接，当压力流系统的连接管接入悬吊管时，可按局部阻力平衡需求确定连接方式；②悬吊管与立管、立管与排出管的连接弯头宜采用2个45°弯头，不应使用内径直角的90°弯头；③连接管与悬吊管的连接应采用45°三通。

10) 屋面排水管系应根据管道直线长度、工作环境、选用管材等情况设置必要的伸缩装置，当雨水横管和立管直线长度的伸缩量超过25mm时，应采取伸缩补偿措施。

11) 建筑屋面雨水系统的横管或悬吊管应具有自净能力，宜设有排空坡度，且1年重现期5min降雨历时的设计管道流速不应小于自净流速。

12) 高层建筑雨水管排水至散水或裙房屋面时，应采取防冲刷措施。当大于100m的高层建筑的排水管排水至室外时，应将水排至室外检查井，并应采取消声措施。

13) 重力流屋面雨水排水管系，其悬吊管的管径不得小于雨水斗连接管的管径，并应按非满流设计，其充满度不宜大于0.8，管内流速不宜小于0.75m/s；其立管管径不得小于悬吊管的管径，排水立管的最大设计泄流量应按表5-16确定；其埋地管可按满流排水设计，管内流速不宜小于0.75m/s。

表 5-16 重力流屋面雨水排水立管的泄流量 GB 50015—2003

铸 铁 管		塑 料 管		钢 管	
公称直径 mm	最大泄流量 （L/s）	公称外径×壁厚 （mm×mm）	最大泄流量 （L/s）	公称外径×壁厚 （mm×mm）	最大泄流量 （L/s）
75	4.30	75×2.3	4.50	108×4	9.40
100	9.50	90×3.2	7.40	133×4	17.10
		110×3.2	12.80		
125	17.00	125×3.2	18.30	159×4.5	27.80
		125×3.7	18.00	168×6	30.80
150	27.80	160×4.0	35.50	219×6	65.50
		160×4.7	34.70		
200	60.00	200×4.9	64.60	245×6	89.80
		200×5.9	62.80		
250	108.00	250×6.2	117.00	273×7	119.10
		250×7.3	114.10		
300	176.00	315×7.7	217.00	325×7	194.00
—		315×9.2	211.00	—	—

14）满管压力流屋面雨水排水管道管径应经过计算确定。满管压力流屋面雨水排水管系，其立管管径应经计算确定，可小于上游横管管径。满管压力流屋面雨水排水管道应符合以下规定：①悬吊管中心线与雨水斗出口的高差宜大于 1.0m；②悬吊管设计流速不宜小于 1m/s，立管设计流速不宜大于 10m/s；③雨水排水管道总水头损失与流出水头之和不得大于雨水管进、出口的几何高差；④悬吊管的水头损失不得大于 80kPa；⑤满管压力流排水管系各节点的上游不同支路的计算水头损失之差，在管径小于或等于 DN75 时，不应大于 10kPa；在管径大于或等于 DN100 时，不应大于 5kPa；⑥满管压力流排水管系出口应放大管径，其出口水流速度不宜大于 1.8m/s，当其出口水流速度大于 1.8m/s 时，则应采取消能措施。

（8）重力流雨水排水系统中长度大于 15m 的雨水悬吊管，应设检查口，其间距不宜大于 20m，且应布置在便于维修操作处。有埋地排出管的屋面雨水排出管系，立管底部宜设检查口。

（9）雨水检查井的最大间距可按表 5-17 的规定来确定。

表 5-17 雨水检查井的最大间距 GB 50015—2003

管 径（mm）	最大间距（m）
150（160）	30
200～300（200～315）	40
400（400）	50
≥500（500）	70

注：括号内数据为塑料管外径。

（10）小区雨水管道宜按满管重力流设计，管内流速不宜小于 0.75m/s。

（11）小区内雨水口的布置应根据地形、建筑物位置、沿道路布置，下列部位宜布置雨水口：①道路交汇处和路面最低处；②建筑物单元出入口与道路交界处；③建筑物落水管附近；④小区空地、绿地的低洼点；⑤地下坡道入口处（结合带格栅的排水沟一并处理）。

（12）下沉式广场地面排水、地下车库出入口的明沟排水，应设置雨水集水池和排水泵提升排至室外雨水检查井。雨水集水池和排水泵的设计应符合以下要求：①排水泵的流量应按排入集水池的设计雨水量确定；②排水泵不应少于 2 台，不宜大于 8 台，紧急情况下可同时使用；③雨水排水泵应有不间断的动力供应；④下沉式广场地面排水集水池的有效容积，不应小于最大一台排水泵 30s 的出水量；⑤地下车库出入口的明沟排水集水池的有效容积，不应小于最大一台排水泵 5min 的出水量。

5.2.3 不同流态排水系统的设计要点

5.2.3.1 半有压屋面雨水排水系统的设计要点

半有压屋面雨水排水系统（又称半有压流屋面雨水排水系统），其系统的设计流态是无压流和有压流之间的过渡状态，水流中掺有空气，为气、水两相流。系统的流量负荷、管材的选用、管道的布置等方面在设计时都应考虑水流压力的作用。

1. 半有压屋面雨水排水系统设置的设计

半有压流屋面雨水排水系统设置设计的要点如下：

（1）雨水斗的设置应符合以下规定：①雨水斗可设于天沟内或屋面上；②多斗雨水系统的雨水斗宜以立管为轴对称布置，且不得设置在立管的顶端；③当一根悬吊管上连接几个雨水斗的汇水面积相等时，靠近立管处的雨水斗的连接管管径可减少一号。

（2）天沟末端或屋面宜设溢流口。

（3）悬吊管的设置应符合以下规定：①同一悬吊管连接的雨水斗宜在同一高度上，且不宜超过 4 个，当管道同程或同阻布置时，连接的雨水斗数量可根据水力计算来确定；②当悬吊管长度超过 20m 时，宜设置检查口，检查口的位置宜靠近墙、柱。

（4）建筑物高、低跨的悬吊管，宜分别设置各自的雨水立管，当雨水立管的设计流量小于最大设计排水能力时，可将不同高度的雨水斗接入同一立管，且最低雨水斗应在雨水立管底端与最高雨水斗高差的 2/3。

（5）多根雨水立管可汇集到一个横干管中，且最低雨水斗的高度应大于横干管与最高雨水斗高差的 2/3。

（6）雨水立管的下端与横管连接时，应在雨水立管上设置检查口或在横管上设水平检查口，立管排出管埋地敷设时，应在立管上设置检查口。

2. 半有压屋面雨水排水系统的参数与计算

半有压屋面雨水排水系统的参数与计算的要点如下：

（1）雨水悬吊管和横管的最大排水能力宜按式（5-14）计算：

$$Q = vA_1 \tag{5-14}$$

式中　A_1——水流断面面积（m²）。

（2）悬吊管的水力坡度可按式（5-15）计算：

$$I = \frac{h_2 + \Delta h}{L} \tag{5-15}$$

式中　h_2——悬吊管末端的最大负压（mH₂O），取 0.5mH₂O；

　　　Δh——雨水斗和悬吊管末端的几何高差（m）；

　　　L——悬吊管的长度（m）。

（3）雨水横干管及排出管的水力坡度可按式（5-16）计算：

$$I = \frac{\Delta H + 1}{L} \tag{5-16}$$

式中　ΔH——当计算对象为排出管时，指室内地面与室外检查井处地面的高差；当计算对象为横干管时，指横干管的敷设坡度（m）。

（4）悬吊管的设计充满度宜取 0.8，横干管和排出管宜按满流计算。

（5）悬吊管和横管的敷设坡度宜取 0.005，且不应小于 0.003。

（6）悬吊管和横管的水流速度不应小于 0.75m/s，并不宜大于 3.0m/s。排出管接入室外检查井的流速不宜大于 1.8m/s，大于 1.8m/s 时应设置消能措施。

（7）雨水斗连接管的管径不宜小于 75mm，悬吊管的管径不应小于雨水斗连接管的管径，且下游管径不应小于上游管的管径。

（8）雨水横干管的管径不应小于所连接的雨水立管管径。

（9）雨水立管的最大设计排水流量应符合表 5-18 的规定。

表 5-18　立管的最大设计排水流量（L/s）　CJJ 142—2014

公称尺寸（mm）	DN75	DN100	DN150	DN200	DN250	DN300
建筑高度≤12m	10	19	42	75	135	220
建筑高度＞12m	12	25	55	90	155	240

5.2.3.2　重力流屋面雨水排水系统的设计要点

重力流屋面雨水排水系统的设计包括选择布置雨水进水口，布置并确定雨水斗连接管、悬吊管、排水立管、排出管和埋地管的管径。

重力流屋面雨水排水系统的设计流态是无压流，即在水力计算时，可忽略压力因素。排水横管、排水立管、雨水斗中的雨水水流都存在着自由水面，在流量计算中，其水面上的空气压力可忽略不计。系统中的流量负荷，各种管材、管道布置等对水流压力的作用对应措施较少。雨水斗采用重力流雨水斗（自由堰流式雨水斗）。

在进行重力流屋面雨水排水系统设计时，应根据屋面的坡向和建筑物内部墙、梁、柱的具体位置，合理布置雨水斗，在设计时需计算每个雨水斗的汇水面积，并应根据当地的 5min 降雨强度，确定雨水斗的直径。雨水斗的宣泄流量与雨水斗斗前水位有很大的关系，斗前水位越大，则其泄流量亦越大，因此，雨水斗的设计排水负荷应根据雨水排水系统采用的各种不同雨水斗的特性，并结合屋面排水条件等具体情况设计确定。

1. 重力流屋面雨水排水系统设置的设计要点

重力流屋面雨水排水系统设置的设计要点如下：

（1）重力流屋面雨水排水系统管材的选用应符合以下规定：①阳台、檐沟、承雨斗、雨水排水管道以及多层建筑外排水可采用排水铸铁管或排水塑料管；②建筑内排水系统的管材应采用镀锌钢管、涂（衬）塑镀锌钢管、承压塑料管；③高层建筑外排水系统的管材应采用镀锌钢管、涂（衬）塑镀锌钢管、排水塑料管。

（2）重力流屋面雨水排水系统的雨水进水口应符合以下规定：①当位于阳台时，宜采用平算雨水斗或无水封地漏；②当位于成品檐沟内时，可不设雨水斗；③当位于女儿墙外侧时，宜采用承雨斗。

（3）阳台雨水排水立管不应连接屋面排水口，且不应与屋面雨水排水系统相连接。

（4）阳台雨水排水立管底部应间接排水，檐沟排水、屋面承雨斗排水的管道排水口，宜排到室外散水或排水沟。

（5）阳台排水、檐沟排水可将不同高度的排水口接入同一立管。

（6）单个悬吊管连接的雨水进水口数量可按照水力计算确定。

2. 重力流屋面雨水排水系统的参数与计算

重力流屋面雨水排水系统的参数与计算的要点如下：

（1）悬吊管和横管的水力计算应按 5.2.3.1 节 2（2）、（3）进行，其中水力坡度采用管道的敷设坡度。

（2）悬吊管和横管的充满度不宜大于 0.8，排出管可按满流计算。

（3）悬吊管和其他横管的最小敷设坡度应符合以下规定：①塑料管应为 0.005；②金属管应为 0.01。

（4）悬吊管和横管的流速应大于 0.75m/s。

（5）排水立管的最大泄流量应根据排水立管的附壁膜流公式计算，过水断面应取立管断面的 1/4～

1/3，重力流系统雨水立管的最大设计泄流量可按表5-19的规定确定。

表5-19 重力流系统雨水立管的最大设计泄流量 CJJ 142—2014

铸铁管		钢管		塑料管	
公称直径 （mm）	最大泄流量 （L/s）	公称外径×壁厚 （mm×mm）	最大泄流量 （L/s）	公称外径×壁厚 （mm×mm）	最大泄流量 （L/s）
75	4.30	108×4.0	9.40	75×2.3	4.50
100	9.50	133×4.0	17.10	90×3.2	7.40
				110×3.2	12.80
125	17.00	159×4.5	27.80	125×3.2	18.30
		158×6.0	30.80	125×3.7	18.00
150	27.80	219×6.0	65.50	160×4.0	35.50
				160×4.7	34.70
200	60.00	245×6.0	89.80	200×4.9	54.60
				200×5.9	62.80
250	108.00	273×7.0	119.10	250×6.2	117.00
				250×7.3	114.10
300	176.00	325×7.0	194.00	315×7.7	217.00
				315×9.2	211.00

（6）重力流屋面雨水排水系统的最小管径应符合以下规定：①下游管的管径不得小于上游管的管径；②阳台雨水立管的管径不宜小于 DN50。

5.2.3.3 压力流屋面雨水排水系统的设计要点

压力流屋面雨水排水系统在于强调在设计降雨强度下屋面雨水排水系统内的有压状况。压力流屋面雨水排水系统采用有压流雨水斗，其排水能力有很大的提高，在符合水力设计的条件下，接入悬吊管的雨水斗的个数不受限制，从而减少了雨水立管和埋地管的数量，悬吊管不需坡度，安装方便、美观，系统按压力流计算，可减少选用管道的直径，由于单一系统的悬吊管的长度可达150m，雨水立管可以靠近外墙，建筑物内部可以不设置管道井，不埋设管道，对于建筑物内地面下管道较多或不宜设置管道井的场所尤为适宜。

1. 压力流屋面雨水排水系统设置的设计

压力流屋面雨水排水系统设置的设计计算时，为满足对流速和水头损失允许值的要求，系统应充分利用提供的可用水头，保障满管压力流屋面雨水排水系统能够维持正常压力流排水状态，压力流屋面雨水排水系统设置设计的要点如下：

（1）单个压力流雨水排水系统的最大设计汇水面积不宜大于2500m²。

（2）绿化屋面与非绿化屋面不应合用一套压力流雨水排水系统。当两个屋面共用排水天沟时，则可以合用一套压力流雨水排水系统。

（3）雨水斗应设置在天沟或集水槽内，当设置于屋面时，雨水斗的规格不应大于50mm。雨水斗在天沟内宜均匀布置，其最大间距不应大于20m，并能确保雨水能依自由水头均匀分配至各雨水斗，当天沟坡度大于0.01时，雨水斗应设在天沟的下沉小斗内，并宜在天沟末端加密布置。

（4）雨水斗顶面至过渡段的高差，当立管管径不大于 DN75 时，宜大于3m；当立管管径不小于 DN90 时，宜大于5m。

（5）同一系统的雨水斗宜设置在同一水平面上，且用于排除同一汇水区域的雨水。

（6）压力流雨水排水系统的屋面应设溢流设施，且应设置在溢流时雨水能通畅流达的场所，当采用金属屋面、水平金属长天沟，且沟檐溢水会进入室内时，宜在天沟两端设溢流口，若无法设置溢流口时，则可采用溢流管道系统。溢流设施的最大溢水高度应低于建筑屋面允许的最大积水深度，天沟溢流口不应高于天沟有效深度。当采用溢流管道系统溢流时，溢流水应排至室外地面，溢流管道系统不应直接排入市政雨水管网。

（7）雨水斗应设连接管和悬吊管与雨水立管相连接，多斗系统中雨水斗不得直接接在立管顶部，当悬吊管上连接多个雨水斗时，雨水斗宜对雨水立管做对称布置。连接管垂直管段的内径不宜大于雨水斗出水短管内径。

（8）雨水斗出水短管可采用焊接、螺纹、法兰等连接方式。当采用不同材质时，可采用法兰或卡箍连接；当采用相同材质时，可采用焊接或热熔连接。

（9）压力流排水系统应设置过渡段，立管底部应设置检查口。

（10）压力流排水系统排出管的雨水检查井宜采用钢筋混凝土检查井或消能井。检查井应能承受排出管水流的作用力，并宜采取排气措施。

2. 压力流屋面雨水排水系统的参数与计算

压力流屋面雨水排水系统的参数与计算的要点如下：

（1）压力流雨水排水系统的水力计算，应符合以下规定：①精确计算每一管路水力工况；②计算应包括设计暴雨强度、汇水面积、设计雨水流量；③应计算管段的管径、计算长度、流量、流速、节点压力等。

（2）雨水斗至过渡段总水头损失与过渡段流速水头之和不得大于雨水斗顶面至过渡段的几何高差，也不得大于雨水斗顶面至室外地面的几何高差。

（3）压力流雨水排水系统管路内的压力应按式（5-17）计算：

$$P_x = \Delta h_x \rho g - \frac{v_x^2 \rho}{2} - \sum 9.81 (lR + Z) \qquad (5\text{-}17)$$

式中　P_x——管路内任意断面 x 的压力（kPa）；

　　Δh_x——雨水斗顶面至管路内任意断面 x 的几何高差（m）；

　　v_x——计算点的流速（m/s）。

（4）压力流雨水排水管系的各雨水斗至系统过渡段的水斗损失允许误差应小于雨水斗顶面与过渡几何高差的 10%，且不应大于 10kPa。水头损失允许误差应按式（5-18）计算：

$$\Delta P = \Delta h_{ver} \rho g - \sum 9.81 (lR_1 + Z) \qquad (5\text{-}18)$$

式中　　　　　ΔP——水头损失允许误差（kPa）；

　　　　　Δh_{ver}——雨水斗顶面至排出管过渡段的几何高差（m）；

　　　　　　ρ——4℃时水的密度；

$\sum 9.81 (lR_1 + Z)$——雨水斗至计算点的总水头损失（kPa），lR_1 为沿程水头损失，Z 为局部水头损失；

　　　　　　l——管道长度（m）；

　　　　　R_1——水力坡降；

　　　　　Z——管道的局部水头损失（m）。

（5）管道的水力坡降应按式（5-19）计算：

$$R_1 = \lambda \frac{1}{d_j} \frac{v^2}{2g} \qquad (5\text{-}19)$$

$$\frac{1}{\sqrt{\lambda}} = -2\lg \left(\frac{K_n}{3.71 d_j} + \frac{2.51}{Re \sqrt{\lambda}} \right) \qquad (5\text{-}20)$$

式中　λ——摩阻系数；

　　d_j——管道的计算直径（m）；

　　Re——雷诺数；

K_n——绝对当量粗糙度。

（6）管道的局部水斗损失应按管道的连接方式，采用管（配）件当量长度法计算。当缺少管（配）件实验数据时，可按式（5-21）计算：

$$Z=\sum \xi \frac{v^2}{2g} \tag{5-21}$$

式中 ξ——局部阻力系数，管（配）件的局部阻力系数 ξ 应按表5-20的确定。

表5-20 管（配）件的局部阻力系数 ξ CJJ 142—2014

管件名称	15°弯头	30°弯头	45°弯头	70°弯头	90°弯头	三通	管道变径处
ξ	0.1	0.3	0.4	0.6	0.8	0.6	0.3

注：1. 虹吸系统到过渡段的转换处宜按 $\xi=1.8$ 估算。

2. 雨水斗的 ξ 值应由产品供应商提供，无资料时可按 $\xi=1.5$ 估算。

（7）连接管设计流速不应小于1.0m/s，悬吊管设计流速不宜小于1.0m/s。

（8）立管管径应经计算确定，可小于上游悬吊管管径，立管设计流速不宜小于2.2m/s，且不宜大于10m/s。

（9）过渡段下流的管道应按重力流进行设计、计算，流速不宜大于1.8m/s，否则应采取消能措施，且最大流速不应大于3.0m/s。

（10）过渡段的设置位置应通过计算确定，宜设在室外，且距检查井间距不宜小于3m。

（11）当雨水斗顶面与悬吊管中心的高差小于1m时，应按下列公式校核：

$$Q_A > 1.1 Q_{A,min} \tag{5-22}$$

$$Q_A = Q\sqrt{\frac{\Delta h}{\Delta h_{ver}}} \tag{5-23}$$

式中 Q_A——能在系统中形成虹吸的最小流量（L/s）；

$Q_{A,min}$——在单斗、单立管系统（立管高度大于4m）中形成虹吸的最小流量（L/s），应由产品供应商实测获得。

（12）系统的最大负压计算值应根据气象资料、管道及管件的材质、管材及管件的耐负压能力和耐气蚀能力确定，但不应小于-80kPa。

（13）压力流雨水排水系统应按其系统内所有雨水斗以最大实测流量运行的工况，复核计算系统的最大负压。系统最大负压值不应小于-90MPa，且不低于管材及管件的最大耐负压值，最大实测流量应按《建筑屋面雨水排水系统技术规程》（CJJ 142—2014）附录A规定的测试方法测定。

（14）当压力流雨水排水系统设置场所有可能发生雨水斗堵塞时，应按任一个雨水斗失效，系统中其他雨水斗以雨水斗最大实测流量运行的工况，复核计算系统的最大负压和天沟（或屋面）积水深度。

5.2.4 虹吸式屋面雨水排水系统的设计

虹吸式屋面雨水排水系统是指一般由虹吸式雨水斗、管道（连接管、悬吊管、立管、排出管）、管件、固定件组成的，按虹吸满管压力流原理设计、管道内雨水的流速、压力等可有效控制和平衡的一类屋面雨水排水系统。

虹吸满管压力流是指水充满管道（可有适量掺气、水气比不小于95%），水流运动可用不可压缩流体的伯努利方程描述、管道中有明显负压的一种流态。

5.2.4.1 虹吸式屋面雨水系统设计的原理和一般规定

1. 虹吸式屋面雨水系统设计的原理

虹吸式屋面雨水排水系统的排水原理是利用屋面的高度和雨水所具有的势能，产生虹吸现象，通过雨水管道变径，在该管道处形成负压，从而使屋面雨水在管道内负压的抽吸作用下，以较高的流速迅速排至室外。

虹吸式雨水排水系统在降雨初期，屋面雨水高度未超过雨水斗高度时，整个排水系统的工作状况与重力流排水系统是相同的，随着降雨的持续，屋面逐渐形成积水，由于采用了科学设计的、气水分流的虹吸式雨水斗，当屋面雨水高度超过雨水斗的高度，达到设计的斗前水位时，通过控制进入雨水斗的雨水流量，调整流态、减少旋涡，从而极大地减少了雨水进入雨水排水系统时所夹带的空气量，雨水连续通过连接管、水平悬吊管，转入雨水立管跌落时形成虹吸作用，并在该处管道内呈最大的负压，使雨水排水系统中的排水管道呈满管压力流状态，屋面雨水在管道内负压的抽吸作用下，以较高的流速迅速排至室外地面雨水管渠之中。虹吸式屋面雨水排水系统中的雨水在管内是依靠压力实现流动的，故虹吸式屋面雨水排水系统属压力流屋面雨水排水系统体系。压力流是指管内流体是依靠压力来实现流动的。

虽然虹吸式屋面雨水排水系统是按照虹吸满管压力流流态设计的，但其系统并不是始终在虹吸满管压力流流态下工作的，是以重力流方式开始，系统处于波浪流和脉冲流流态，随着雨量的增大，斗前水深逐步增大，系统流态逐步过渡到活塞流和泡沫流并间隙性地出现虹吸满管压力流流态，虹吸的形成可使系统排水能力突然增大，斗前水深又会回落，系统重新回到重力流方式（图5-17）。这种变换会持续一段时间直到降雨量进一步增大，使斗前水深

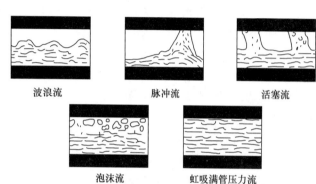

图5-17　虹吸式屋面雨水排水系统的五种流态

趋向稳定、系统渗气量进一步减少，进入稳定的虹吸满管压力流流态。判断虹吸满管压力流流态的水力特征是系统的最大负压值一般出现在雨水立管的顶端。

目前在屋面工程中大部分采用重力流排水系统，但是随着建筑技术的不断发展，一些超大型建筑正在不断地涌现，常规的重力流排水方式已很难满足屋面雨水排水的要求，相对于普通重力流排水系统，虹吸式雨水排水系统的排水管道均是按照满管有压流状态进行设计的，悬吊横管可以无坡度铺设。由于在产生虹吸作用时，管道内水流的流速很快，相对于同管径的重力流排水量大，故其可以减少排水立管的数量，同时又可减少屋面的雨水负荷，最大限度地满足建筑使用功能要求。

由于虹吸式雨水排水系统具有排水速度快、汇水面积大的特点，其设计具有一定的技术要求，排水口、排水管等部位和部件都有相应的系统要求，如未按照要求进行设计，则将起不到虹吸作用，故其虹吸式屋面雨水排水系统应按专项技术要求进行设计。

2. 虹吸式屋面雨水系统设计的一般规定

虹吸式屋面雨水排水系统设计的一般规定如下：

（1）虹吸式屋面雨水排水系统在进行设计时，所采用的降雨历时、降雨强度、径流系数、屋面汇水面积、设计雨水流量计算，均应符合现行国家标准《建筑给水排水设计规范》（GB 50015）的有关规定。

（2）虹吸式屋面雨水排水系统采用的设计重现期，应根据建筑物的重要程度、汇水区域性质、气象特征等因素确定。对于一般性建筑物屋面，其设计重现期宜采用3～5年；对于重要的公共建筑物屋面和不允许发生渗漏的工业厂房、仓库等场所的屋面，其设计重现期应根据建筑的重要性和溢流造成的危害程度确定，宜采用10年（注：大型屋面的设计重现期宜取上限值）。

（3）虹吸式屋面雨水排水系统应设置溢流口或溢流管道系统，虹吸式屋面雨水系统加溢流口或溢流管道系统的总排水能力，不应小于设计重现期为50年、降雨历时5min时设计雨水流量（屋面径流系数应取1.0）。

（4）不同高度天沟或不同汇水区域的雨水宜采用各自独立的虹吸式屋面雨水系统单独排出。为了防止因某个虹吸式雨水斗处于非虹吸满管压力流流态而导致整个系统不能以虹吸满管压力流流态工作，不同高度的屋面、不同屋面结构形式汇集的雨水是不宜采用同一套虹吸式屋面雨水排水系统的。塔楼与裙

房等不同高度的屋面汇集的雨水，均应采用独立的雨水排水系统单独排出。

（5）当绿化屋面（种植屋面）与非绿化屋面不共用天沟时，应分别设置各自独立的虹吸式屋面雨水系统。

（6）重力流、半有压屋面雨水排水系统的排水不得接入虹吸式屋面雨水排水系统内。虹吸式屋面雨水排水系统与非虹吸式屋面雨水排水系统的管道若混接，会导致虹吸式屋面雨水排水系统的负压管段失效，因此应引起足够的重视。

（7）与排出管连接的雨水检查井应能承受水流的冲击，应采用钢筋混凝土结构或者消能井，并宜有排气措施。

（8）虹吸式屋面雨水排水系统的雨水斗应采用经检测合格的虹吸式雨水斗。

（9）虹吸式屋面雨水排水系统中的每一个组成部分，如雨水斗、管道系统、固定系统，其计算方法及系统安装之间都是有互相影响的，不同材料的水力特性也是不同的。为了保证系统水力计算的精度，使水力计算结果与系统的实际水力工况一致，同时应确保设计、施工严格按照与不同材料相对应的设计、安装规范进行，虹吸式屋面雨水排水系统的计算参数应与所采用的系统组件的参数相一致。

（10）对于汇水面积大于 $2500m^2$ 的大型屋面，宜设置不少于 2 套独立的虹吸式屋面雨水排水系统。

5.2.4.2 虹吸式屋面雨水系统设计的要点

虹吸式屋面雨水排水系统的设计，通常可分为以下几个方面。

1. 天沟的设计

屋面天沟的设计应符合现行行业标准《建筑屋面雨水排水系统技术规程》（CJJ 142）的有关规定，其设计要点如下：

（1）天沟的过水断面应根据汇水面积的设计流量计算确定，雨水斗设置点的天沟宽度应保证雨水斗周边能均匀进水，并应保证雨水斗外边缘距天沟内壁间距不应小于100mm。

（2）天沟设计水深应根据汇水面积的设计流量、天沟坡度和虹吸式雨水斗的斗前水深确定，天沟坡度不宜小于0.003。金属屋面的金属天沟可无坡度。

（3）天沟有效深度应为设计水深加保护高度。天沟的有效水深不宜小于250mm，保护高度不得小于75mm。当采用金属屋面且雨水可能经天沟溢入室内时，其保护高度不得小于100mm。

（4）虹吸式屋面雨水排水系统的虹吸启动时间不宜大于60s。虹吸式屋面雨水排水系统的虹吸启动时间应按式（5-24）计算：

$$T_F = \frac{1.2V_p}{Q_{in,F}} \tag{5-24}$$

式中　T_F——虹吸启动时间（s）；

　　　V_p——过渡段上游管段的容积（L）；

　　　$Q_{in,F}$——虹吸启动流量（L/s），按5.2.4.3节3测得，当悬吊管上接多个虹吸雨水斗时，为悬吊管上所有虹吸雨水斗虹吸启动流量的总和。

式中的虹吸启动时间是指屋面初期雨水（以水-气混合流态）流经虹吸式雨水斗、连接管，在悬吊管与雨水立管的转弯处形成能充满整个管段断面的水跃所需的最小时间。

式中的虹吸启动流量是指屋面初期雨水（以水-气混合流态）流经虹吸式雨水斗、连接管，在悬吊管与雨水立管的转弯处形成能充满整个管段断面的水跃时的最小流量。

虹吸式屋面雨水排水系统在其系统尚未形成虹吸满管压力流流态之前，其系统的排水能力是远小于虹吸满管压力流流态时的排水能力的。当一套虹吸式屋面雨水排水系统接有多个雨水斗时，式（5-24）则可用于估算系统的虹吸形成时间。控制系统虹吸启动时间的目的是为了保证系统能在较短的时间内形成负压流态，以提高系统的初期排水能力。虹吸启动流量应由产品的供应商按照5.2.4.3节3的测试方法测得。

（5）天沟的有效蓄水容积不宜小于汇水面积雨水设计流量60s，而且不宜小于虹吸启动时间的降雨量。当屋面坡度大于2.5%，且天沟满水会溢入室内时，经计算若虹吸启动时间大于60s时，天沟的有效蓄水容积不宜小于汇水面积雨水设计流量2min，且不应小于虹吸启动时间的降雨量。

2. 虹吸式雨水斗设置的设计

虹吸式雨水斗设置的设计包括雨水斗的材质、设置的位置和数量等几方面的内容，其设计要点如下：

（1）虹吸式雨水斗应符合现行行业标准《虹吸雨水斗》（CJ/T 245）的有关规定。①虹吸式雨水斗的组成配件见5.1.3.2节1（2）；②虹吸式雨水斗进水部件的过水断面面积见5.1.3.2节1（2）3）③；③格栅罩的承受外荷载能力见5.1.3.2节1（2）3）⑦；④虹吸式雨水斗的斗体材质除宜采用5.1.3.2节1（2）1）①中的金属材料外，还宜采用高密度聚乙烯（HDPE）和聚丙烯（PP）等材料；⑤虹吸式雨水斗格栅罩间隙形状可采用孔状或细槽状，间隙尺寸不应小于6mm且不宜大于15mm，雨水斗周边有级配砾石围护的可不大于25mm。砾石直径宜为16~32mm；⑥虹吸式雨水斗的出水短管可采用焊接、法兰、卡箍等方式与连接管连接。

（2）虹吸式雨水斗设置的位置应符合以下要求：①虹吸式雨水斗宜沿天沟（屋面）均匀布置，且不应设在天沟转弯处，应确保天沟内水流畅通，雨水能依自由水头均匀分配至各个雨水斗；②虹吸式雨水斗应设置连接管和悬吊管与雨水立管连接，不得直接接在雨水立管的顶部。当连接有多个虹吸式雨水斗时，雨水斗宜对雨水立管做对称布置。

（3）每个汇水区域设置的虹吸式雨水斗的数量应根据雨水斗的最大设计流量计算确定，每个汇水区域的雨水斗数量不宜少于2个，2个雨水斗之间的间距不宜超过20m，设置在裙房屋面上的虹吸式雨水斗距裙房与塔楼交界处的距离不应小于1m，且不应大于10m。

3. 溢流设置的设计

虹吸式屋面雨水排水系统应设置溢流排水，溢流排水系统不应危及行人和地面设施，溢流设置的设计要点如下：

（1）溢流排水宜采用溢流口形式，当建筑物不允许设置溢流口排水时，也可采用溢流管道系统。

（2）溢流口应设置在溢流时雨水能畅通流达的位置。溢流口的设置高度应根据建筑屋面（或天沟）允许的最高溢流水位等因素确定。最高溢流水位应低于建筑屋面（或天沟）允许的最大积水水深。常见的溢流口设置形式见图5-18。

（3）长天沟除应在天沟两端设置溢流口外，宜在天沟中间设溢流管道系统。

（4）溢流管道系统可采用虹吸式屋面雨水排水系统或半有压流屋面雨水排水系统。溢流管道系统的设置应确保仅当降雨强度大于虹吸式屋面雨水系统的设计重现期雨量时，雨水可从溢流管道系统进行排水。溢流管道系统应当独立设置，不得与其他系统合用。当采用溢流管道系统进行溢流时，其溢流水应排至室外地面，溢流管道系统不应直接排入室外雨水管网。

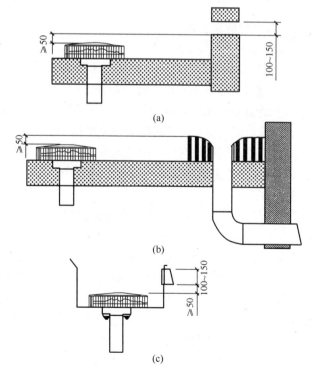

图5-18　常见的溢流口设置形式
(a) 侧墙设溢流口；(b) 屋面设溢流口；(c) 天沟一侧设溢流口

（5）溢流排水系统的雨水斗宜沿天沟（屋面）均匀布置，溢流排水系统的雨水斗与虹吸式屋面雨水排水系统的雨水斗间距不宜小于1.5m。

（6）溢流口的设计流量应根据溢流口形式计算确定，并符合以下规定：

1）当溢流口采用宽顶堰时，其设计流量可按以下公式计算：

$$Q_q = 385b\sqrt{2g}\Delta h^{\frac{3}{2}} \tag{5-25}$$

$$b = \frac{Q_q}{N}\Delta h^{\frac{3}{2}} \tag{5-26}$$

$$\Delta h = \Delta h_{max} - \Delta h_b \tag{5-27}$$

式中　Q_q——溢流口服务面积内的设计溢流流量（L/s）；

　　　　b——溢流口宽度（m）；

　　　　N——取 1420～1680；

　　　Δh——堰上水头（m）；

　　Δh_{max}——屋面最大设计积水高度（m）；

　　　Δh_b——溢流口底部与屋面或雨水斗（平屋面时）的高差（m）。

2）当溢流口采用薄壁堰时，其设计流量可按以下公式计算：

$$Q_q = 1000Kb\sqrt{2g}\Delta h^{\frac{3}{2}} \tag{5-28}$$

$$\Delta h = \Delta h_{max} - \Delta h_b \tag{5-29}$$

$$K = 0.40 + 0.05\frac{\Delta h}{\Delta h_b} \tag{5-30}$$

式中　K——堰流量系数。

4. 管道系统设置的设计

（1）管道的布置。虹吸式屋面雨水排水系统管道布置的要点如下：

1）虹吸式屋面雨水排水系统的管道的最小管径不应小于 DN50。

2）当管道暗敷时，管道可敷设在管道井（或管窿）、装饰墙或吊顶内，但应便于安装和检修。

① 管道不应敷设在建筑物的承重结构内。

② 管道不得敷设在遇水会引起燃烧爆炸的原料、产品和设备的上面；管道不得敷设在精密仪器、设备、对生产工艺或卫生有特殊要求的生产厂房内，以及贵重商品仓库、通风小室、电气机房和电梯机房内。

③ 管道不得穿过沉降缝、伸缩缝、变形缝、烟道和风道；若必须穿过时，则应采取相应的技术措施。

④ 管道不宜设置在对安静有较高要求的房间内，当受条件限制必须设置时，应有隔声措施。

⑤ 当排水管道外表面可能结露时，则应根据建筑物的性质和使用要求，采取防结露的措施。

3）连接管应垂直或水平设置，不宜倾斜设置，连接管的垂直管段直径不宜大于雨水斗出水短管的管径。

4）悬吊管可无坡度敷设，但不得倒坡。

5）立管管径应经计算确定，可小于上游的悬吊管管径，除过渡段外，立管下游管径不应大于上游管径。系统立管应垂直安装，当受到条件限制需倾斜安装时，其设计参数应通过试验验证。

6）悬吊管与立管、立管与排出管的连接宜采用 2 个 45°弯头或 45°顺水三通，不应使用弯曲半径小于 4 倍管径的 90°弯头。当悬吊管与立管的连接需要变径时，变径接头应设在 2 个 45°弯头或 45°顺水三通的下游（沿水流方向）。

7）悬吊管管道变径宜采用偏心变径接头，管顶平接；立管变径宜采用同心变径接头。

（2）管材、管件、紧固件的选用。虹吸式屋面雨水排水系统的管道应采用高密度聚乙烯（HDPE）管、不锈钢管、涂塑钢管、镀锌钢管、铸铁管等材料。用于同一系统的管材（包括与雨水斗相连接的连接管）与管件，宜采用相同的材质。管道材质的选择应根据当地的气象条件、建筑性质、建筑高度等特点和要求，综合考虑系统的工作压力、防火、降噪、安装方便、经济性等因素。

应用于虹吸式屋面雨水排水系统的管材，除承受正压外，还应能承受负压，管材的供应厂商应提供管材耐正压和负压的检测报告，并复核是否能满足设计要求。

1）高密度聚乙烯（HDPE）雨水管材与管件。高密度聚乙烯（HDPE）雨水管材与管件的选用应符合以下要求：

① 虹吸式屋面雨水排水系统所采用的高密度聚乙烯（HDPE）管道应符合现行行业标准《建筑排水用高密度聚乙烯（HDPE）管材及管件》（CJ/T 250）和现行中国工程建设协会标准《建筑排水高密度聚乙烯（HDPE）管道工程技术规程》（CECS 282）的规定。

② 用于虹吸式屋面雨水排水系统的 HDPE 管材应采用 S12.5 管系列，管件的壁厚不得小于配套管材的壁厚，管材与管件尚应符合以下要求：a. 管材和管件应采用以高密度聚乙烯树脂为基料的不低于"PE80"混配料，材料的密度应为 $0.941\sim0.965g/cm^3$；b. 管材和管件的物理力学性能应符合表 5-21 的要求；c. 管材和管件的颜色应为黑色，色泽应均匀一致，内外表面应清洁、光滑、壁厚应均匀，不允许有气泡，无明显的划伤、凹陷、杂质、颜色不均等缺陷；d. 管材和管件的端头应平整，并与管轴线垂直；e. 管材和管件的耐负压能力不应低于 $-80kPa$。

表 5-21　HDPE 管材、管件的物理力学性能　CECS 183：2015

项　　目	要　　求
管材纵向回缩率（110℃）	≤3% 管材无分层、开裂、起泡
熔体流动速率 MFR （5kg，190℃/10min）	0.2≤MFR≤1.1 管材、管件的 MFR 与原料颗粒的 MFR 相差值不应大于 0.2
氧化诱导时间 OIT（200℃）	OIT≥25
静液压强度试验（80℃，165h，4.6MPa）	在试验期间不破裂、不渗漏
管材环刚度 S_R（kN/m^2）	S_R≥4
管件加热试验（110℃±2℃，1h）	管件无分层、开裂和起泡

③ 管道连接时应采用对焊连接、电熔管箍连接方式，管道与雨水斗的连接应采用电熔连接方式。

④ 当虹吸式屋面雨水排水系统采用高密度聚乙烯（HDPE）塑料材质时，管道的敷设应符合国家现行防火标准的规定。

⑤ HDPE 管道穿越楼板、防火墙、管道井（或管窿）壁时，应按国家现行有关标准的要求设置专用阻火圈或阻火带。阻火圈或阻火带应通过国家防火建筑材料质量监督检验中心的测试，其耐火极限不应低于国家现行有关标准的防火等级要求，且该阻火圈或阻火带应适用于 HDPE 雨水管道。

⑥ HDPE 管道不得敷设在加热设备的上方，与热源的距离应确保管壁温度不得超过 60℃，当不能避免时，应采取隔热措施。

2）不锈钢管材与管件。不锈钢管材与管件的选用应符合以下要求：

① 虹吸式屋面雨水排水系统采用的不锈钢管应符合现行国家标准《流体输送用不锈钢焊接钢管》（GB/T 12771）的规定，管件应符合国家现行相关产品标准的规定。不锈钢管件应经固溶处理。不锈钢管材和管件应采用耐腐蚀性能不低于 S30408 的材料。不锈钢管的最小壁厚应符合表 5-22 的规定。表 5-22 中括号内的数据摘自 GB/T 12771，这些管外径规格在工程中也有采用。

表 5-22　不锈钢管的最小壁厚（mm）　　CECS 183：2015

公称尺寸	DN50	DN70	DN80	DN100	DN125	DN150	DN200	DN250	DN300	DN350
管外径	57	76.1	88.9	114.3 (101.6) (108)	133	159	219.1	273.1	323.9 (325)	377
最小壁厚	2.0	2.0	2.0	2.0	3.0	3.0	4.0	4.0	4.5	4.5

② 不锈钢管与管件的连接方式宜采用焊接式连接、沟槽式连接（用于虹吸式屋面雨水排水系统的正压段）、压接式连接、法兰式连接（局部）。当不锈钢管与其他金属管材、管件和附件连接时，应采取防止电化学腐蚀的措施。

③ 虹吸式屋面雨水排水系统的埋地管，若采用不锈钢管时，应采取防腐措施。不锈钢管道的防腐措施可参见现行国家标准《给水排水管道工程施工及验收规范》（GB 50268）。

3）涂塑复合钢管、镀锌钢管管材与管件。涂塑复合钢管、镀锌钢管的管材与管件其选用应符合以下要求：

① 虹吸式屋面雨水排水系统采用的涂塑复合钢管应符合现行国家标准《钢塑复合管》（GB/T 28897）的规定；镀锌钢管应符合现行国家标准《低压流体输送用焊接钢管》（GB/T 3091）的规定；管件的质量和尺寸应符合国家现行有关产品标准的要求。

② 管材和管件之间的连接可采用沟槽式机械连接（负压段应采用 E 形密封圈）、螺纹连接，局部采用法兰式连接。

4）铸铁管管材与管件。铸铁管管材与管件的选用应符合以下要求：

① 虹吸式屋面雨水排水系统采用的铸铁管材、管件应符合现行国家标准《排水用柔性接口铸铁管、管件及附件》（GB/T 12772）现行城镇建设行业标准《建筑排水用卡箍式铸铁管及管件》（CJ/T 177）、现行城镇建设行业标准《建筑排水用柔性接口承插式铸铁管及管件》（CJ/T 178）等的规定。

② 铸铁管管材和管件应符合以下要求：①材质应为铸铁，组织应致密，化学元素含量应符合国家现行有关产品标准的要求；②管材和管件之间的连接宜采用卡箍式、法兰式，长箍宜采用不锈钢卡箍件，且内衬三元乙丙橡胶（EPDM）密封圈。接口承压应满足《虹吸式屋面雨水排水系统技术规程》（CECS 183：2015）第 6.3.2 条灌水试验的耐压要求。

5）固定件。固定件是用于固定水平管和立管的装置，其具有吸收管道振动、限制管道因热胀冷缩导致的位移，避免管道因悬挂受力而导致变形，以及不影响管道水平受力等作用。

固定件的选用应符合以下要求：

① 虹吸式屋面雨水排水系统的管道应设置固定件，固定件应能承受满流管道的重量和高速水流产生的作用力及管道热胀冷缩产生的轴向应力。金属固定件的里、外层均应做防腐处理，并应符合国家现行有关标准的规定。管道支吊架应固定在承重结构上，位置应正确，埋设应牢固。不锈钢管道采用碳钢支架时，应绝缘处理。

② 采用高密度聚乙烯（HDPE）管材的虹吸式屋面雨水排水系统的固定件，其受力分析应符合《虹吸式屋面雨水排水系统技术规程》（CECS 183：2015）附录 D 的要求。

5. 消能措施

虹吸式屋面雨水排水系统的消能措施应符合以下要求：

（1）与排出管连接的雨水检查井应能承受水流的冲力，应采用钢筋混凝土检查井或者消能井。

（2）立管至检查井之间应设过渡管段。过渡管段是指水流流态由虹吸满管压力流向重力流过渡的管段，过渡段出口压力应与当地大气压一致，过渡段为虹吸式屋面雨水系统水力计算的终点。在过渡段通常将系统的管径放大。设置过渡段应符合以下要求：①过渡段宜设置在排出管上，当过渡段设在立管上时，高出地面的高度不宜大于 1.0m；②过渡段的长度不应小于 3.0m；③过渡段的长度若小于 3.0m 时，应设带排气功能的消能井。

（3）每个雨水检查井宜接一根排出管，接排出管的检查井的井盖宜开通气小孔或采用格栅井盖，通气孔的面积不宜小于检查井井筒截面面积的 30%。当同一检查井接多根排出管时，宜设带排气功能的消能井。

（4）当同一消能井接 3 根以上排出管，或排出管的流速大于 3.0m/s，或雨水立管高度大于 150m 时，消能井、排气装置的大小及消能井的强度，宜采用计算机模拟计算（CFD）确定。

6. 水力计算

虹吸式屋面雨水排水系统的水力计算，应包括对系统中每一管路的水力工况做精确的计算，其计算结果应包括设计暴雨强度、汇水面积、设计雨水流量、每一计算管段的管径、计算长度、流量、流速、压力等。在系统的规划阶段，也可按 5.2.4.3 节 4 进行估算。

虹吸式屋面雨水排水系统的计算参数应与所采用的系统组件相一致，用于虹吸式屋面雨水排水系统水力计算的计算软件应经过权威部门的鉴定。虹吸式屋面雨水排水系统的水力计算要点如下：

（1）在虹吸式屋面雨水排水系统中，虹吸式雨水斗的设计排水能力以及斗前水深应按照 5.2.4.3 节 1 的测试方法进行测试确定。雨水斗的最大设计流量不应大于按 5.2.4.3 节 1 测得的最大实测流量。虹吸式雨水斗最大斗前水深应通过计算排水量和排水管管径进行控制，其最大斗前水深不应大于 5.2.4.3 节 1 的测定值。斗前水深是指虹吸式雨水斗采用相关的测试方法测得的特定流量下，雨水水面至雨水斗斗面的水位高差。虹吸式雨水斗最大流量对应的斗前水深称为虹吸式雨水斗最大斗前水深。

虹吸式屋面雨水排水系统中的虹吸式雨水斗的斗前水深参见图 5-19。

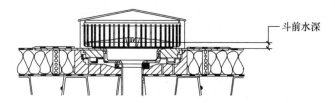

图 5-19 虹吸式雨水斗斗前水深示意图

《虹吸雨水斗》（CJ/T 245—2007）规定了虹吸式雨水斗的排水量及斗前水深的测定方法，该方法对虹吸式屋面雨水排水系统做了简化，其测试系统不含连接管和悬吊管，因此，在运行过程中不会像虹吸式屋面雨水排水系统那样在系统中形成负压。《虹吸式屋面雨水排水系统技术规程》（CECS 183：2015）附录 A1、A2（参见 5.2.4.3 节 1、5.2.4.3 节 2）的测试装置设有 1.0m 高的连接管和 2.0m 长度的悬吊管，其运行工况与虹吸式屋面雨水排水系统的实际工作条件相符。

（2）虹吸式屋面雨水排水系统中的过渡段，其设置的位置通过计算来确定。过渡段出口压力不宜大于 50kPa。屋面雨水水流在过渡段是由虹吸满管压力流逐步过渡到重力流流态的，故过渡段下游的管道应按重力流雨水排水系统设计，并应符合现行国家标准《建筑给水排水设计规范》（GB 50015）的规定。通过计算确定过渡段的设置位置能充分利用系统的动能，减少排出管占用的建筑空间。

（3）在虹吸式屋面雨水排水系统中，雨水斗至过渡段的总水头损失（包括沿程水头损失与局部水头损失）与过渡段流速水头之和不得大于雨水斗顶面至过渡段上游的几何高差。水头损失是指水通过管渠、设备、构筑物引起的能耗。

（4）悬吊管管中心与雨水斗斗面的高差不宜小于 0.80m，当小于 0.80m 时，为保证悬吊管内虹吸的形成，应按下列公式进行校核：

$$Q_A > 1.1Q_{A,min} \tag{5-31}$$

$$Q_A = Q_r \sqrt{\frac{\Delta h_x}{\Delta h_{ver}}} \tag{5-32}$$

式中　Q_A——在系统中形成虹吸的最小流量（L/s）；

$\quad Q_{A,min}$——连接管虹吸启动流量，按 5.2.4.3 节 3 测得。当悬吊管上接多个虹吸雨水斗时，为悬吊管上所有虹吸雨水斗连接管启动流量的总和（L/s）；

Q_r——设计雨水排水流量（L/s）；

Δh_x——雨水斗斗面至悬吊管管中心的几何高差（m）；

Δh_{ver}——雨水斗斗面至排出管过渡段管中心的几何高差（m）。

式中的连接管虹吸启动流量是指屋面初期雨水（以水-气混合流态）流经虹吸雨水斗进入连接管，在连接管管段形成能充满整个管段断面的水跃时的最小流量。应由虹吸式雨水斗供应商按 5.2.4.3 节 3 的测试方式实测提供。

（5）当雨水立管管径不大于 DN75 时，雨水斗斗面至过渡段的高差宜大于 3m；当雨水立管管径不小于 DN90 时，雨水斗斗面至过渡段的高差宜大于 5m。研究证明，当最小高差低于此规定值时，虹吸系统的效率较低。

（6）连接管是虹吸式雨水斗至悬吊管之间的连接短管，通过改变连接管的管径、长度，可调节雨水斗的进水量和系统的阻力。悬吊管是悬吊在屋架、楼板和梁下或架空在柱上的与连接管相连接的雨水横管。连接管的设计流速不应小于 1.0m/s，悬吊管的设计流速不宜小于 1.0m/s，雨水立管的设计流速不宜小于 2.2m/s，且不宜大于 10m/s。规定连接管、悬吊管的最小设计流速是为了保证悬吊管能在自清流速下工作。

（7）过渡段下游的流速不宜大于 1.8m/s，当流速大于 1.8m/s 时，则应采取消能措施。虹吸式屋面雨水管系的排出口流速应在设计中加以控制，以防过大的流速对室外雨水系统造成的破坏。

（8）当采用多斗系统时，各雨水斗至过渡段上游的水头损失允许误差应小于雨水斗斗面至过渡段上游几何高差的 10%，且不大于 10kPa。各节点水头损失误差也不应大于 10kPa。水头损失允许误差应按式（5-33）计算：

$$\Delta P = \Delta h_{ver} \cdot \rho \cdot g - \sum 9.81 (lR_1 + Z) \tag{5-33}$$

式中　　　　　ΔP——水头损失允许误差（kPa），$\Delta P \geqslant 0$；

Δh_{ver}——雨水斗斗面至排出管过渡段管中心的几何高差（m）；

ρ——4℃时水的密度；

g——重力加速度，取 9.81m/s²；

$\sum 9.81 (lR + Z)$——雨水斗至计算点的总水头损失（kPa），lR 为沿程水头损失，Z 为局部水头损失；

l——管道长度（m）；

R_1——水力坡降；

Z——管道的局部水头损失（m）。

（9）管路内的压强应按式（5-34）计算：

$$P_x = \Delta h_l \cdot \rho \cdot g - \frac{v_x^2 \rho}{2} - \sum 9.81 (lR + Z) \tag{5-34}$$

式中　P_x——系统内任意管段截面的压强（kPa）；

Δh_l——雨水斗斗面至系统内任意管段截面的几何高差（m）；

v_x——计算点的流速（m/s）。

（10）管道的水力坡度应按以下公式计算：

$$R = \lambda \frac{1}{d_j} \frac{v^2}{2g} \tag{5-35}$$

$$\frac{1}{\sqrt{\lambda}} = -2\lg \left(\frac{K_n}{3.71 d_j} + \frac{2.51}{Re \sqrt{\lambda}} \right) \tag{5-36}$$

式中　R——水力坡降；

λ——摩阻系数；

d_j——管道的计算直径（m）；

υ——流速（m/s）；

Re——雷诺数；

K_n——绝对当量粗糙度，由材料供应商提供或经试验测得。

（11）管道的局部水头损失应根据管道的连接方法，按式（5-37）计算，雨水斗及配件的局部阻力系数取值应通过产品实测确定。

$$Z = \sum \xi \frac{\upsilon^2}{2g} \tag{5-37}$$

式中　Z——管道的局部水头损失（m）；

ξ——管道的局部阻力系数。

水力计算应采用实际使用的管（配）件的实测局部阻力系数或当量长度法计算。若在管（配）件的局部阻力系数缺少实验数据时，可采用表 5-25 数据用于系统估算。

（12）管道内的最低负压计算值应根据管道内的流速、系统安装场所的气象资料（表 5-23、表 5-24）、管道的材质、管道和管件的最大、最小工作压力等确定，并应满足以下的要求：①当管中的流速小于或等于 6m/s 时，系统内的最低负压计算值不应低于（$15-P_a$）kPa，但不得低于-80kPa；②当管中流速小于或等于 6m/s 且管道抗气蚀能力较差时，系统内的最低负压计算值不应低于（$25-P_a$）kPa；③当管中流速大于 6m/s 时，系统内的最低负压计算值不应低于（$0.3\upsilon^2+P_{vp}-P_a$）kPa，但不得低于-80kPa。（P_a：大气压；υ：流速，P_{vp}：汽化压力）。

表 5-23　不同海拔高度下的大气压力　CECS 183：2015

海拔高度（m）	0	500	1000	1500	2000	3000
大气压 P_a（kPa）	100.7	94.9	90.0	84.1	82.2	71.4

表 5-24　不同水温的汽化压力　CECS 183：2015

水温（℃）	0	5	10	15	20	25	30
汽化压力 P_{vp}（kPa）	0.6	0.9	1.2	1.8	2.3	3.2	4.2

（13）系统校核的计算，应按系统内所有虹吸雨水斗以校核流量运行工况，复核计算系统的最低负压。系统的最低负压值不得低于-90kPa，且不低于管材及管件的允许最低负压值。虹吸式屋面雨水排水系统的校核流量应按系统在超设计重现期发生溢流时可能出现的最大斗前水深，根据 5.2.4.3 节 2 测得的虹吸式屋面雨水排水系统校核流量-斗前水深曲线确定。

（14）当虹吸式屋面雨水排水系统设置的场所有可能发生虹吸式雨水斗堵塞时，应按任一个虹吸雨水斗失效，失效虹吸雨水斗的设计流量均分给该系统的其他雨水斗的运行工况，复核计算系统的最低负压和天沟（或屋面）积水深度。

（15）虹吸式屋面雨水排水系统的悬吊管应具有自净能力，应按 1 年重现期 5min 降雨历时的设计流量，校核管道的对应设计流速不小于自净流速。

5.2.4.3　虹吸式屋面雨水系统水力测试的方法

1. 设计流量和斗前水深的测试方法

虹吸式屋面雨水排水系统设计流量和斗前水深的测试，其要点如下：

（1）试验装置应与图 5-20 一致；各部分的尺寸应符合图 5-20 的规定；测试水槽应均匀进水；安装虹吸式雨水斗的平板，其水平安装偏差不超过 4mm。

（2）试验装置中的连接管、悬吊管、立管内径应与虹吸式雨水斗出水短管的内径相等，连接管与悬吊管、悬吊管与立管之间的连接应采用 2 个 45°弯头，立管末端出口应为自由出流方式。

（3）斗前水深宜采用压力传感器测量，压力传感器的测量精度不低于 0.25 级，并同时采用液柱式水位计与之对比。传感器使用前应进行标定，计量误差不大于±2.5mmH$_2$O。

（4）流量计应安装在试验装置的供水管上，计量精度不应低于 1.0 级。

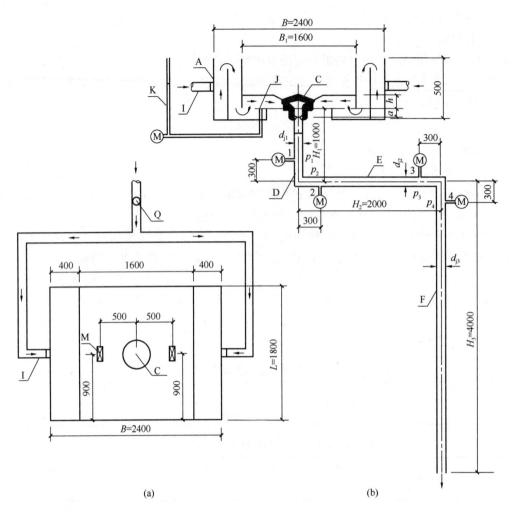

(a)　　　　　　　　　　　　(b)

A——测试水槽，槽底应水平安装；

B——测试水槽尺寸，图上标注尺寸为最小值；

C——虹吸雨水斗；

D——连接管；

E——悬吊管；

F——立管，自由出流；

H_1——虹吸雨水斗连接压板上缘与悬吊管中心线的高度差，即连接管高度；

H_2——尾管中心线与立管中心线的长度，即悬吊管长度；

H_3——悬吊管中心线与立管末端出口之间的高度差，即立管高度；

I——进水管，两根，在测试水槽两侧对称布置，且要求流量分配均匀；

J——斗前水深测试取压孔，距测试水槽中心 650mm；

K——玻璃水位计；

M——压力传感器；

Q——流量计；

p_1——测点 1 的相对压强（Pa）；

p_2——测点 2 的相对压强（Pa）；

p_3——测点 3 的相对压强（Pa）；

p_4——测点 4 的相对压强（Pa）；

d_{j1}——连接管内径（mm）；

d_{j2}——悬吊管内径（mm）；

d_{j3}——立管内径（mm）；

a——雨水斗深度（mm）；

h——斗前水深（mm）。

图 5-20　设计流量和斗前水深试验装置

（a）试验装置平面图；（b）试验装置立面图

（5）确定相对零水位的方法，启动供水泵，以一定流量循环供水 3min 后关闭供水泵，目测排水立管中无水流时，测试水槽内的水位为相对零水位。

（6）流量与水深的测量均应在流量计显示值和测试水槽水位稳定 10min 以后读取数据，测量的采样频率不应低于 100Hz，每个测点采样时间不应少于 3min，各测量数据应取测量时段内的平均值，流量以 L/s 计，水深以 mm 计。

（7）测量最大流量和对应的斗前水深方法可按下列步骤进行：

1）启动水泵，缓慢加大供水流量，直到虹吸式雨水斗达到满管流。

2）当继续加大流量，测试水槽内水位迅速上升时，应逐渐减小流量，直到水位稳定。

3）测量流量和斗前水深，此时的流量和斗前水深即为虹吸式雨水斗的最大流量和对应的斗前水深。

（8）测定测试流量与斗前水深关系可按下列步骤进行：

1）在最大流量和设定的最小流量区间内，预设不少于 10 个测试流量值。

2）缓慢调节供水流量，使流量接近预设的测试流量值后，待流量计显示值和测试水槽水位稳定 10min 后，此时的流量和斗前水深即为设定条件下测试流量和对应的斗前水深。

3）按照预设的流量值从大到小依次重复步骤 2）操作，以获得最大流量到设定的最小流量间一系列测试流量与之对应的斗前水深值。

4）关闭供水阀门、停水泵、放空测试水槽。

5）依据 2）获得的测试流量与其对应的斗前水深值，绘制虹吸式雨水斗测试流量-斗前水深曲线。

（9）系统设计流量和斗前水深应在同一条件下进行并且应至少测试 3 次，取平均值。当 3 次测试结果差值超过 10% 时，应重测。

（10）应根据 5.2.4.3 节 1 （8）条测得的数据，绘制虹吸式屋面雨水排水系统流量-斗前水深曲线。

2. 校核流量和斗前水深的测试方法

虹吸式屋面雨水排水系统校核流量和斗前水深的测试，其要点如下：

（1）试验装置应与图 5-20 一致，各部分的尺寸应符合图 5-20 的规定；测试水槽应均匀进水，安装虹吸式雨水斗的平板，其水平安装偏差不超过 4mm。测试仪表的安装及仪表精度应符合 5.2.4.3 节 1 （3）、（4）条的规定。

（2）试验装置中的连接管内径应与虹吸式雨水斗出水短管内径相同；悬吊管、立管内径应按系统供应商配套的设计软件经计算，优化配置确定（经计算的立管管径可小于悬吊管管径，但悬吊管、立管本身中间不得变径）。连接管与悬吊管、悬吊管与立管连接应采用 2 个 45°弯头，立管末端出口应为自由出流方式。

（3）按 5.2.4.3 节 1 （5）～（9）条的测试方法，测得不同流量下的斗前水深数据，绘制虹吸式屋面雨水排水系统校核流量-斗前水深曲线。

3. 虹吸启动流量的测试方法

虹吸式屋面雨水排水系统虹吸启动流量的测试，其要点如下：

（1）试验装置应与图 5-21 一致，各部分的尺寸应符合图 5-21 的规定；测试水槽应均匀进水；安装虹吸式雨水斗的平板，其水平安装偏差不超过 4mm。

（2）试验装置中的连接管、悬吊管、立管内径应与虹吸式雨水斗出水短管的内径相等，连接管与悬吊管、悬吊管与立管之间的连接应采用 2 个 45°弯头，立管末端出口应为自由出流方式。

（3）试验装置中的连接管、悬吊管、立管 45°弯头等均应采用透明材质的管材、管件，以便观察系统管道内的水流状态（若透明材质的管材、管件数量不足时，则至少应保证悬吊管、悬吊管始末端弯头处采用透明材质的管材、管件）。

（4）斗前水深宜采用压力传感器测量，压力传感器的测量精度不低于 0.25 级，并同时采用液柱式水位计与之对比，传感器在使用前应进行标定，其计量误差不大于 ±2.5mmH$_2$O，为保证测量结果的可靠，压力传感器的数量不应少于 4 个，并在测试水槽中均匀布置。

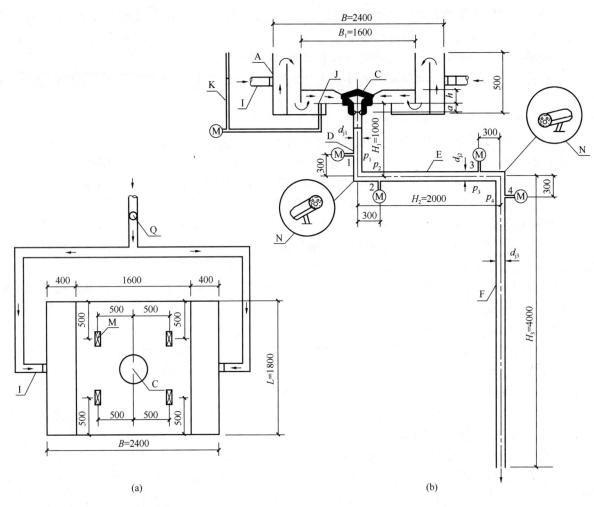

(a)   (b)

A——测试水槽,槽底应水平安装;

B——测试水槽尺寸,图上标注尺寸为最小值;

C——虹吸雨水斗;

D——连接管;

E——悬吊管;

F——立管,自由出流;

H_1——虹吸雨水斗连接压板上缘与悬吊管中心线的高度差,即连接管高度;

H_2——尾管中心线与立管中心线的长度,即悬吊管长度;

H_3——悬吊管中心线与立管末端出口之间的高度差,即立管高度;

 I——进水管,两根,在测试水槽两侧对称布置,且要求流量分配均匀;

 J——斗前水深测试取压孔,距测试水槽中心 650mm;

K——玻璃水位计;

M——压力传感器;

N——摄像头;

Q——流量计;

p_1——测点 1 的相对压强(Pa);

p_2——测点 2 的相对压强(Pa);

p_3——测点 3 的相对压强(Pa);

p_4——测点 4 的相对压强(Pa);

d_{j1}——连接管内径(mm);

d_{j2}——悬吊管内径(mm);

d_{j3}——立管内径(mm);

 a——雨水斗深度(mm);

 h——斗前水深(mm)。

图 5-21 虹吸启动流量试验装置

(a) 试验装置平面图;(b) 试验装置立面图

（5）流量计应安装在试验装置的供水管上，且靠近测试水槽的进水管处，其计量精度不应低于 1.0 级。

（6）摄像头应分别对准悬吊管始末端的弯头，以便能清晰拍摄到其管道内相应的水流状态，采集频率不应低于 25fps（即每秒拍摄 25 帧画面）。为能拍摄管道内清晰的水流图像，用于测试的水中可添加对测试系统水泵、管道、管件、仪表无影响的染色剂。

（7）相对零水位，可按下列方法确定：启动供水泵，以一定流量循环供水 3min 后关闭供水泵，目测排水立管中无水流时，测试水槽内的水位为相对零水位。

（8）流量、水深、负压的测量与录像的采集应在同一时间轴上同步进行，测量的采样频率不低于 100Hz，每次平行试验的采样时间不应少于 3min，流量以 L/s 计，水深以 mm 计，负压以 kPa 计。

（9）测定虹吸启动流量的数据采集可按下列方法进行：

1）以 5.2.4.3 节 1 测得的最大流量作为供水水泵的设计流量，水泵供水宜在开启后 20~25s 内达到设定流量。

2）同时开启摄像机，启动水泵，并且从 0 开始测量流量、水深、负压，记录悬吊管始末端弯头内的水流状态（如果流量、水深、负压的测量与录像的采集相互之间同步存在困难时，可先开启摄像机，待 30s 后启动水泵，并同步开始测量流量、水深、负压，同时向摄像部位用激光笔投射激光信号，以便后期数据处理可同步两者间的时间轴），直到测试系统形成稳定的虹吸满管流。

3）关闭供水阀门，停水泵，放空测试水槽。

（10）测定虹吸启动流量的数据处理可按下列方法进行：

1）将 4 个压力传感器测得的斗前水深值去掉最大值、最小值，取平均值作为相应的斗前水深值（mm）。

2）取 $N=60$，对进水流量、斗前水深、压力进行滑动平均滤波法处理，滑动平均滤波法可按式（5-38）计算：

$$y_n = \frac{1}{N}\sum_{i=0}^{N-1} x_{i-1} \tag{5-38}$$

式中　N——有效数据截取框的长度；

　　　y——输出数据；

　　　x——采集数据。

3）将进水流量（L/s）、斗前水深（mm）换算成相应体积后，计算得到对应的排水流量（L/s），取 $N=60$，按照滑动平均滤波法进行数据处理，并绘制系统排水流量-时间曲线。

$$V_{进水量} = \overline{Q}_{进水量}\Delta t \tag{5-39}$$

$$V_{斗前水深增加量} = (h_n - h_{n-1})BL \tag{5-40}$$

$$V_{排水量} = V_{进水量} - V_{斗前水深增加量} \tag{5-41}$$

$$Q = V_{排水量}/\Delta t \tag{5-42}$$

式中　$V_{进水量}$——天沟进水量；

　$V_{斗前水深增加量}$——天沟内斗前水深增加量；

　　$V_{排水量}$——天沟内雨水斗排水量；

　　$\overline{Q}_{进水量}$——天沟进水流量平均值；

　　　Δt——虹吸启动流量测试时间间隔。

4）每隔 0.5s 对摄像机采集的视频截取图像，通过前后视频截图对比判断连接管垂直管段弯头和悬吊管末端弯头处形成能充满整个管段断面的水跃时间。

5）在系统排水流量-时间曲线上，根据视频截图确定的时间点，得到相应的排水流量值。

6）按照 1）~5）条的步骤测得的连接管垂直管段弯头形成能充满整个管段断面的水跃时的排水流量为连接管虹吸启动流量 $Q_{A,sin}$，悬吊管末端弯头处形成能充满整个管段断面的水跃时的排水流量为虹吸启动流量 $Q_{in\cdot F}$。

（11）虹吸启动流量应在同一条件下进行并且应至少测试 10 次，取平均值。当 10 次测试结果差值超过 20% 时，则应重测。

4. 水力的简易估算方法

虹吸式屋面雨水排水系统水力的简易估算方法，其要点如下：

（1）虹吸式屋面雨水排水系统的水力估算，应按从雨水斗至出水管作为一条计算管路，多斗系统中每个雨水斗应有各自的计算管路。

（2）计算管路应划分若干管段，每一管段内的流量与流速视为不变，当排水管路中出现流量（三通）与流速（变径）的变化时，则可作为前后管段的节点。管段宜为长直管段，弯头可作为前后管段的节点。各种管件（三通、变径、弯头等）的局部水头损失，宜计算在前后管段节点的后一管段中。长直管段的长度不宜超过 10m，若管路长度大于 10m，则宜分为若干个小于 10m 的管段，以利准确计算。

（3）管段沿程水头损失应按以下公式计算：

$$h_i = lR \tag{5-43}$$

式中 h_i——沿程损失（m）；

   R——水力坡降；

   l——管道长度（m）。

1）当流速 $v < 3m/s$ 时，沿程阻力系数可按下式计算：

$$R = 105C^{-1.85}d_j^{-4.87}Q^{1.85} \tag{5-44}$$

式中 Q——排水流量（L/s）；

   d_j——管道的计算直径（mm）；

   C——Hazen-Willams 系数。

2）当流速 $v \geqslant 3m/s$ 时，可按下列公式计算：

$$R = \frac{\lambda}{d_j}\frac{v^2}{2g} \tag{5-45}$$

$$\lambda = \frac{0.25}{\left[\lg\left(\dfrac{K_n}{3.71d_j} + \dfrac{5.74}{Re^{0.9}}\right)\right]^2} \tag{5-46}$$

$$Re = 1265683\frac{Q}{d_j}(20℃, \gamma 取 1.006 \times 10^{-6}\text{m}^2/\text{s}) \tag{5-47}$$

式中 v——流速（m/s）；

   d_j——管道的计算直径（mm）；

   K_n——绝对当量粗糙度，由材料供应商提供或经试验测得；

   Re——雷诺数；

   Q——排水流量（L/s）。

（4）管道的局部水头损失，应根据管道的连接方式，采用管（配）件当量长度法计算。当缺少管（配）件的实验数据时，则可采用式（5-48）计算：

$$Z = \sum \xi \frac{v^2}{2g} \tag{5-48}$$

式中 Z——管道的局部水头损失（m）；

   ξ——管道的局部阻力系数，由试验测得，无资料时，可按表 5-25 确定。

表 5-25 管（配）件局部阻力系数 ξ CECS 183：2015

管件名称	15°弯头	30°弯头	45°弯头	70°弯头	90°弯头	三通	管道变径处
ξ	0.1	0.3	0.4	0.6	0.8	0.6	0.3

注：1. 从虹吸系统至过渡段的转换处宜按 $\xi = 1.8$ 估算。

   2. 雨水斗的 ξ 值应由产品供应厂提供，无资料时可按 $\xi = 1.5$ 估算。

（5）各管段始末端的静压值，可通过伯努利方程从屋面雨水斗开始计算各管段始末端压差得出，前一管段的末端静压值，即为后一管段始端的静压值。各管段末端的静压值应按以下公式计算：

$$P_2 = P_1 + \left(\frac{v_1^2 \rho}{2} - \frac{v_2^2 \rho}{2}\right) + \Delta z \rho g - \sum 9.81(lR + Z) \tag{5-49}$$

式中　P_2——管段末端静压值（kPa）；

　　　P_1——管段始端静压值（kPa）；

　　　Δz——管段始末端高差（m）。

对悬吊管的管段，若流速不变，高差为 0 时，末端静压值可按下式计算：

$$P_2 = P_1 - \sum 9.81(lR + Z) \tag{5-50}$$

（6）管路水力计算完成后，应检查其是否符合 5.2.4.2 节 6（8）条及 6（12）条的规定，若有任一条不符合，应调整管路管径或管线长度重新计算。

（7）虹吸式屋面雨水排水系统简易估算应按图 5-22 的步骤进行。

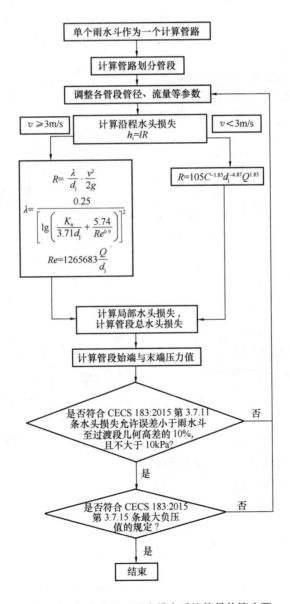

图 5-22　虹吸式屋面雨水排水系统简易估算步骤

5.3 建筑屋面雨水排水系统的安装施工

建筑屋面雨水排水系统安装施工工艺流程参见图 5-23。

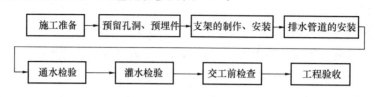

图 5-23 建筑屋面雨水排水系统安装施工工艺流程

建筑屋面雨水排水系统的安装施工，通常可按照屋面雨水斗、连接管、悬吊管（水平管）、雨水立管、排出管（出户管）的安装顺序进行施工，按照设计的管道长度和配件类型，逐段进行安装连接，并采用支吊架及时将管道固定牢固，并应按照设计的要求，固定关卡和阻火圈。亦可根据施工现场的具体作业条件，做出适当的调整，能够预制的构件应尽可能预制，以加快施工进度。

《国家建筑标准设计图集：平屋面建筑构造》（12J201）编制的虹吸式屋面雨水排水系统安装详图见图 5-24。

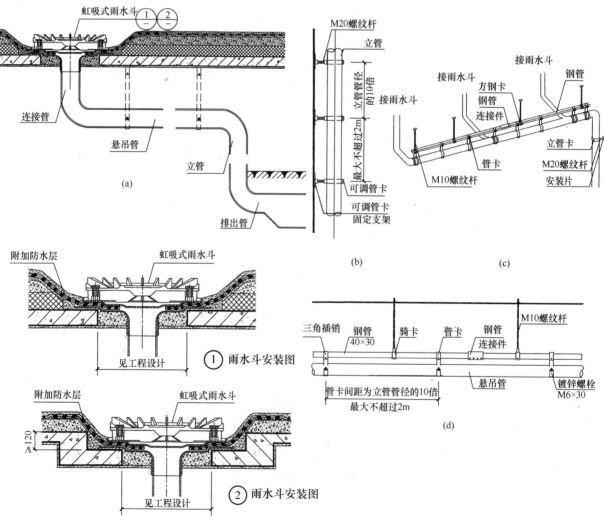

图 5-24 虹吸式屋面雨水排水系统安装详图

（a）虹吸式雨水排水系统示意图；（b）立管安装示意图；（c）固定系统示意图；（d）悬吊管安装示意图

5.3.1 建筑屋面雨水排水系统安装的一般规定

建筑屋面雨水排水系统安装的一般规定如下：

（1）建筑屋面雨水排水系统在进行施工安装之前应具备以下条件：①施工图纸和其他技术文件应齐全并经会审；②有批准的施工方案或施工工艺，并已进行技术交底；③参加施工的人员应经过屋面雨水排水系统安装的技术培训；④施工人员在施工前应充分了解建筑物的结构，并根据设计文件和施工方案制订与土建工种和其他工种的配合措施；⑤材料、机具和施工条件等准备就绪，已能保证正常施工。

（2）材料进场验收应符合以下规定：①雨水斗、管材、管件等材料的规格、型号及性能应符合设计要求，并应有质量合格证明文件。②管材、管件等材料的表面应完好无损；钢管和管件的表面应无裂纹、夹渣、重皮等缺陷；铸铁管和管件的表面应无裂纹、砂眼、飞刺、瘪陷等缺陷；高密度聚乙烯（HDPE）管等塑料管材和管件的表面应无裂纹、凹陷、分层和气泡等缺陷。

（3）材料的进场检验应符合以下规定：①雨水斗的主要管材及管件应进行进场检验；②雨水斗的外观应无损坏，组件应完整，产品说明书和产品合格证应齐全，雨水斗的材质、规格应符合设计的要求；③管道的材质、规格、管径应符合设计要求，各类管材和管件应符合国家现行有关标准的规定，塑料管材应进行燃烧性能试验。

（4）材料的储运应符合以下的规定：①管材、管件、雨水斗等应分类堆放：管材应水平堆放在平整的地面上；管件、雨水斗可以逐层堆码，但不应超过国家现行有关标准规定的堆码高度。②管材装卸时，严禁撞击和抛、摔、拖等。③高密度聚乙烯（HDPE）管等塑料管材在储存堆放时，不得长时间曝晒，且应远离明火、热源。

（5）屋面雨水排水系统应严格按照设计的要求进行施工，若有调整则应重新核对。

（6）管道的敷设应符合以下规定：①雨水管道的安装位置应符合设计要求；②虹吸式屋面雨水排水系统连接管与悬吊管的连接宜采用2个45°弯头，悬吊管与雨水立管、雨水立管与排出管的连接宜采用2个45°弯头或45°顺水三通；③雨水立管上应按设计要求设置检查口，虹吸式屋面雨水排水系统的雨水立管上的检查口中心宜距地面1.0m；④室内埋地管长度超过30m时，应设置检查口；⑤高密度聚乙烯（HDPE）管等塑料管道穿过墙壁、楼板或有防火要求的部位时，应按设计要求设置阻火圈、阻火带等防火措施；⑥当雨水管穿过墙壁和楼板时，应设置金属或塑料套管，公共卫生间和厨房内楼板的套管，其顶部应高出装饰地面50mm，其他区域内楼板的套管，顶部应高出装饰地面20mm，底部与楼底面齐平，墙壁内的套管两端应与饰面齐平，套管与管道之间的缝隙应采用阻燃密实材料填实；⑦在管道安装过程中，管道和雨水斗的敞开口应采取临时封堵措施。

（7）屋面雨水排水系统应按照设计文件进行施工，变更设计应经原设计单位同意。

5.3.2 建筑屋面雨水排水系统安装施工的要点

1. 安装施工的准备

安装施工的准备工作应在土建基础工程基本完毕时进行。此时，屋面集水沟等已按照施工图纸的要求施工完毕，其位置、标高经检查验收并合格，水落口的孔洞、管道穿越结构部位的预留孔洞以及相关的预埋件等均应预留完毕。

熟悉施工图纸和施工现场情况，按照图纸的设计要求，理顺施工顺序和雨水排水系统的技术要求。与相关的施工单位做好协调沟通工作，密切配合施工总进度提出的要求。

做好施工现场的清理工作，施工人员、机具、材料和施工设备进场到位，做好技术、质量、安全交底工作。

2. 雨水斗的安装

雨水斗的组成部件一般有斗体、整流装置和导流罩等。其安装工艺流程为：预留水落口孔洞→找线定位→安装雨水斗→固定雨水斗。

（1）雨水斗的安装要点。屋面雨水斗组合件的底部零件应埋设在结构层内，且在屋面防水层施工的同时，做好雨水斗周边的防渗漏水措施。其安装要点如下：

1）各种类型的雨水斗的安装施工应严格按照工程技术规程、标准设计图集、产品说明书以及屋面雨水排水系统设计图纸提出的要求和顺序进行安装。

2）在进行雨水斗安装施工时，其屋面部位必须采取有效的防护措施，以确保在进行雨水斗安装施工时的操作安全。

3）在屋面结构层施工完毕后，再在其上钻孔，减少其对屋面结构的损坏以及节约费用。在雨水斗安装之前，应根据屋面雨水排水系统设计的主体位置，雨水斗的形状、规格、尺寸等要求，配合好土建在屋面结构层施工时预留出符合雨水斗安装需要的水落口的预留孔洞。钢结构天沟可采用等离子切割或其他有效的切割方式直接取孔；如遇复合材料屋面，直接在屋面上安装时，屋面材料需在工厂预制生产而且在施工现场再进行开挖取孔会对其结构产生破坏结果的，则应采取预留孔洞，此时，须由设计单位向屋面材料供应商提供详细的屋面雨水斗斗体需安装的数量、位置尺寸以及斗体形状、规格尺寸等资料，以便供应商在集水沟等屋面材料上预留符合设计要求的孔洞。

4）水落口在雨水斗安装之前，应画出雨水斗的中心线。

5）雨水斗的标高要一致，雨水斗整体内外的表面要在一条直线上。

6）雨水斗的进水口应水平安装，进水口的高度应能保证集水沟内的雨水能通过雨水斗排净。

7）雨水斗的安装顺序是先进行斗体的安装，再进行整流装置、导流罩等部件的安装。

8）斗体在与建筑屋面板或混凝土天沟的连接，其安装的可靠性应牢固，连接必须紧密。斗体的固定可先将斗体临时固定在预留孔中，然后在斗体的周围浇灌细石混凝土或其他可将斗体与屋面板有效连接的材料凝固，并应填塞严密。若是带有安装片的雨水斗，则可将斗体先置于预留孔内，并使安装片紧密地贴在屋面上，然后将螺栓植入屋面板内将其固定或采用钢钉锚固植入板内固定，此种安装方式必须能保证雨水斗固定牢固，否则应采用其他的固定措施。

9）对于安装在钢板或不锈钢板天沟、檐沟内的雨水斗斗体，在取孔后可直接采用氩弧焊等与天沟、檐沟焊接连接，也可采用其他能确保防水要求的连接方法。

10）防水翼环、连接压板的材质应与屋面防水材料或金属天沟材质连接牢固。

11）与柔性防水层粘合的防水翼环，其翼环最小有效宽度不宜小于100mm，有连接压板的雨水斗，翼环最小有效宽度不宜小于30mm，与金属屋面焊接的防水翼环，其最小有效宽度不宜小于30mm，与屋面防水层或金属屋面相接的带有橡胶密封垫的连接压板，其最小有效宽度不宜小于35mm。

12）雨水斗安装时，所用的防水密封胶应采用符合国家有关标准的产品，并应与屋面防水层的材质相容。

13）雨水斗斗体固定牢固之后，应配合屋面防水层、保温隔热层、保护面层等层次的施工，防水层的施工必须保证所使用的防水材料与斗体粘结可靠，屋面保温隔热层、保护面层的施工应在雨水斗周围留出能保证雨水斗连接密闭，不渗不漏，均匀进水的空间范围。

14）当屋面防水施工完成之后，经确认雨水管道畅通，并在清除流入短管内的密封胶和其他杂物后，再安装整流装置、导流管等其他部件。

15）雨水斗安装之后，其边缘与屋面相连接处应密封严密，确保其不渗不漏。

16）雨水斗施工完成后，应在天沟或屋面上做闭水试验，以检查安装后的防水效果。

（2）国家建筑标准设计图集编制的部分雨水斗安装图及安装说明

《国家建筑标准设计图集：雨水斗选用及安装》（09S302）适用于工业与民用建筑屋面与天沟雨水斗的加工、选用和安装。主要内容包括了87型、65型、侧入式雨水斗的装配图、零件图和安装图，虹吸式雨水斗的外形图、安装图等内容。

1）87型和65型雨水斗的安装图。

① 87型雨水斗屋面（天沟）板上的安装图。87型雨水斗屋面（天沟）板上的安装图见图5-25。

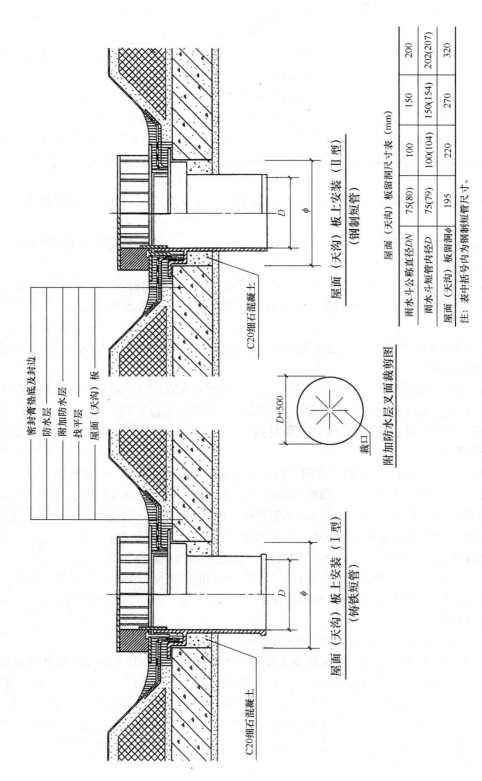

屋面（天沟）板留洞尺寸表 (mm)				
雨水斗公称直径DN	75(80)	100	150	200
雨水斗短管内径D	75(79)	100(104)	150(154)	202(207)
屋面（天沟）板留洞φ	195	220	270	320

注：表中括号内为钢制短管尺寸。

图 5-25　87 型雨水斗屋面（天沟）板上的安装图

安装说明：a. 本图适用于保温不上人屋面，安装在建筑物普通屋面（天沟）板上；b. 雨水斗的安装做法：在雨水斗安装时，将防水卷材弯入短管承口，填满防水密封胶后，即将压板盖上并插入螺栓使压板固定，压板底面应与短管顶面相平、密合；c. 附加防水层的做法：附加防水层可采用防水涂膜铺设两层胎体增强材料，共厚 2～3mm，铺贴时，应按图中所示方法裁剪。

② 87 型雨水斗下沉式屋面的安装图。87 型雨水斗下沉式屋面的安装图见图 5-26。

安装说明：a. 本图适用于上人屋面；b. 钢制短管雨水斗安装方法与本图相同；c. 铸铁（铸铝）箅子为成品件，也可用钢制雨水箅子代替；d. 雨水斗的安装做法和附加防水层的做法同图 5-25。

③ 87 型雨水斗轻钢结构屋面的安装图。87 型雨水斗轻钢结构屋面的安装图见图 5-27。

安装说明：a. 图中钢板天沟宽度应按工程设计，但不应小于表中数值；b. 安装雨水斗部位的钢板天沟长 3～6m，高度宜低于其他部位 20～50mm；c. 天沟应设溢流口，天沟的溢流口由建筑专业设计；d. 雨水斗的安装做法和附加防水层的做法同图 5-25。

④ 87 型雨水斗倒置式屋面的安装图（非架空）。87 型雨水斗倒置式屋面的安装图（非架空）见图 5-28。

安装说明：a. 本图适用于安装在倒置式屋面（天沟）板上；b. 雨水斗的安装做法和附加防水层的做法同图 5-25。

⑤ 87 型雨水斗倒置式屋面的安装图（架空）。87 型雨水斗倒置式屋面的安装图（架空）见图 5-29。

安装说明：a. 本图适用于安装在倒置式架空屋面（天沟）板上；b. 雨水斗的安装做法和附加防水层的做法同图 5-25。

⑥ 87 改进型雨水斗的安装图。87 改进型雨水斗的安装图见图 5-30。本图根据徐水县兴华铸造有限公司提供的技术参数编制。

安装说明：a. 屋面层做法根据土建工程设计施工；b. 在雨水斗安装时，将附加防水层涤纶布、防水卷材弯入斗座，用固定螺栓把防水压环压紧，并用防水密封胶做封边处理；c. 采用非预埋安装时，在雨水斗安装完后，斗体四周应用水泥砂浆或其他材料密实填充，并做屋面顶板找平；d. 其他形式的屋面安装同 87 型雨水斗。

⑦ 65 型雨水斗屋面（天沟）板上的安装图。65 型雨水斗屋面（天沟）板上的安装图见 5-31。

安装说明：a. 本图适用于安装在建筑物普通屋面（天沟）板上；b. 雨水斗的安装做法：雨水斗安装时，应先将防水卷材弯入短管承口内，满涂防水密封胶，再将环形筒插入短管承口并压紧，及时清除流入短管内的密封胶，然后放置导流罩和顶盖；c. 附加防水层的做法同图 5-25。

⑧ 65 型雨水斗下沉式屋面的安装图。65 型雨水斗下沉式屋面的安装图见图 5-32。

安装说明：a. 雨水斗的安装做法同图 5-31；b. 附加防水层的做法同图 5-25；c. 铸铁（铸铝）箅子同图 5-26；d. 其他屋面安装方法可参考 87 型雨水斗。

2）侧入式雨水斗的安装图。

① 侧入式雨水斗的安装图。侧入式雨水斗的安装图见图 5-33。

安装说明：a. 侧入式雨水斗仅用于建筑物女儿墙外排水，在安装时，应将雨水斗本体砌筑在墙体内；b. 在安装铁箅子之前，应先将防水卷材粘牢，再将箅子压入，必须对口严密；c. 当雨水立管为排水铸铁管或钢管时，采用本图的钢制水斗过渡，雨水立管为硬质聚氯乙烯塑料管时，采用塑料管厂生产的配套塑料水斗过渡；d. 钢制水斗及连接管采用 3mm 厚 Q235-A 钢板焊制，水斗制作完成后，先刷防锈漆两遍，再刷面漆两遍，面漆种类及颜色由工程设计设定；e. 侧入式雨水斗泄流量按重力流雨水斗立管流量确定；f. 墙厚包括保温层及外墙皮。

② 180°侧入式成品雨水斗的安装图。180°侧入式成品雨水斗的安装图见图 5-34。本图根据徐水县兴华铸造有限公司提供的技术参数编制。

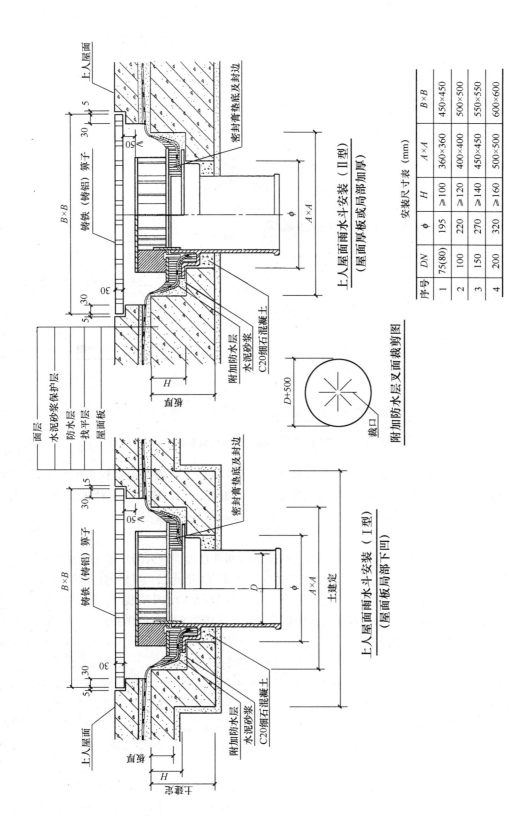

安装尺寸表 (mm)

序号	DN	φ	H	A×A	B×B
1	75(80)	195	≥100	360×360	450×450
2	100	220	≥120	400×400	500×500
3	150	270	≥140	450×450	550×550
4	200	320	≥160	500×500	600×600

图 5-26 87 型雨水斗下沉式屋面的安装图

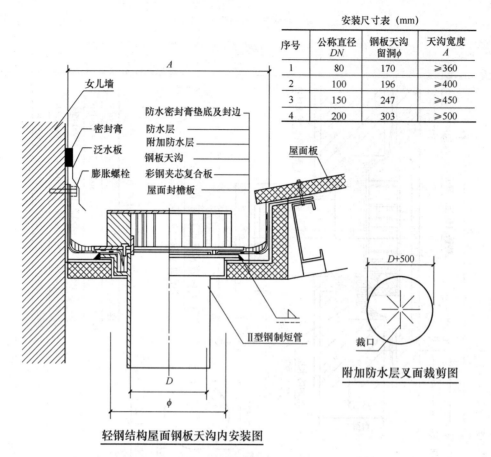

安装尺寸表（mm）

序号	公称直径 DN	钢板天沟留洞φ	天沟宽度 A
1	80	170	≥360
2	100	196	≥400
3	150	247	≥450
4	200	303	≥500

轻钢结构屋面钢板天沟内安装图

图 5-27　87 型雨水斗轻钢结构屋面的安装图

安装说明：a. 雨水斗安装时，应将防水卷材铺贴在雨水斗本体上，用固定螺栓把雨水斗箅子压紧，并用防水密封胶做封边处理；b. 采用非预埋安装时，雨水斗安装完后，雨水斗本体四周应采用水泥砂浆或其他材料密实填充，并做屋面顶板找平；c. 墙厚包括保温层以及外墙皮。

3）虹吸式雨水斗的安装图。

① 虹吸式雨水斗在屋面（天沟）板上的安装图。虹吸式雨水斗在屋面（天沟）板上的安装图见图 5-35。本图根据北京泰宁科创科技有限公司、众一盛时代新技术应用（北京）有限公司提供的技术参数编制。

安装说明：a. 屋面层做法应根据屋面工程设计施工。b. 图中 YG 型雨水斗安装时，将附加防水层、屋面防水层铺贴在雨水斗本体四周，用防水压板压紧并用螺栓固定，再用防水密封胶做封边处理；图中 ZR 型雨水斗安装时，将屋面防水层铺贴至雨水斗底盘喇叭口外边缘，再用防水压板压紧并用螺栓固定。c. 若采用非预埋安装时，雨水斗安装完后，斗体四周应采用水泥砂浆或其他材料密封填充，并做屋面顶板找平。

② 虹吸式雨水斗在上人屋面上的安装图。虹吸式雨水斗在上人屋面上的安装图见图 5-36。本图根据北京泰宁科创科技有限公司、众一盛时代新技术应用（北京）有限公司提供的技术参数编制。

安装说明：a. 屋面做法同图 5-35；b. 铸铁（铸铝）雨水箅子见图 5-26；c. 防水层做法参照图 5-35；d. 屋面厚板或屋面板局部加厚雨水斗的安装方法可参照图 5-26；e. 为保证雨水斗的安装以及其排水的效果，各相关尺寸应满足表中的数值。

③ 虹吸式雨水斗在轻钢屋面钢板天沟内的安装图。虹吸式雨水斗在轻钢屋面钢板天沟内的安装图见图 5-37。本图根据北京泰宁科创科技有限公司、众一盛时代新技术应用（北京）有限公司提供的技术参数编制。

安装说明：a. 屋面及天沟做法应根据屋面工程的设计施工；b. 雨水斗在钢制天沟内安装时，其底盘应采用电焊或氩弧焊直接与天沟焊接，焊口应做防腐处理；c. 防水层做法参照图 5-35；d. 为保证雨水斗的安装及排水效果，各相关尺寸应满足表中数值。

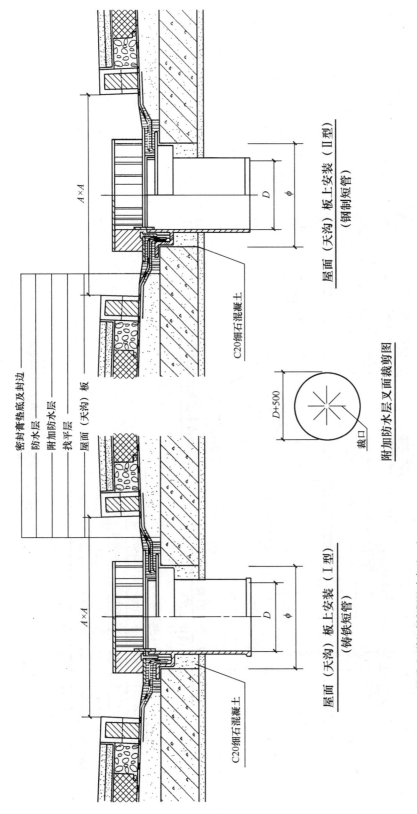

雨水斗公称直径DN	75(80)	100	150	200
雨水斗短管内径D	75(79)	100(104)	150(154)	202(207)
屋面（天沟）板留洞φ	195	220	270	320
屋面（天沟）板留洞A×A	≥400×400	≥450×450	≥500×500	≥550×550
保温层层留洞A×A				

注：表中括号内为钢制短管尺寸。

图 5-28　87 型雨水斗倒置式屋面的安装图（非架空）

屋面（天沟）板留洞尺寸表（mm）

附加防水层叉面裁剪图

屋面（天沟）板上安装（Ⅰ型）
（铸铁短管）

屋面（天沟）板上安装（Ⅱ型）
（钢制短管）

密封膏垫底及封边
防水层
附加防水层
找平层
屋面（天沟）板

C20细石混凝土

裁口

D+500

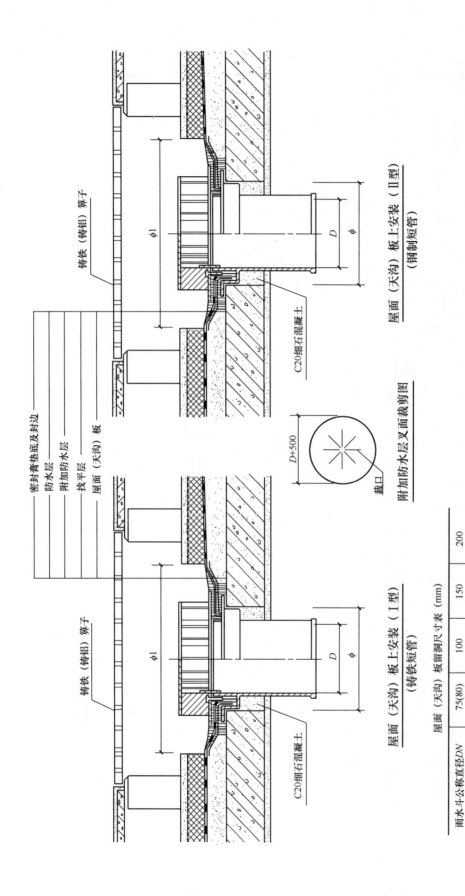

屋面（天沟）板上安装（Ⅱ型）
（钢制短管）

附加防水层叉面裁剪图

屋面（天沟）板上安装（Ⅰ型）
（铸铁短管）

屋面（天沟）板留洞尺寸表（mm）

雨水斗公称直径DN	75(80)	100	150	200
雨水斗短管内径D	75(79)	100(104)	150(154)	202(207)
屋面（天沟）板留洞φ	195	220	270	320
屋面（保温层）板留洞φ1	≥400	≥450	≥500	≥550

注：表中括号内为钢制短管尺寸。

图 5-29 87 型雨水斗倒置式屋面的安装图（架空）

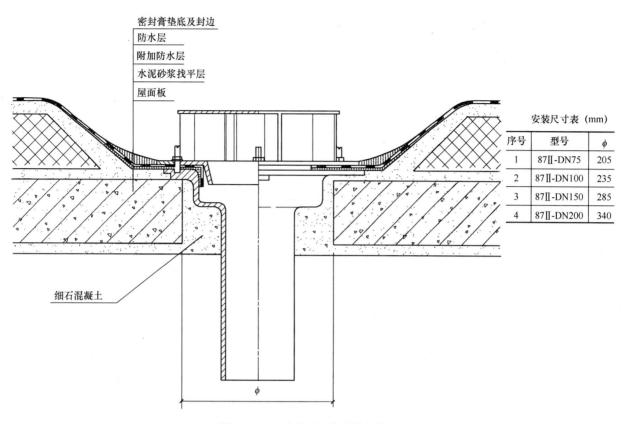

密封膏垫底及封边
防水层
附加防水层
水泥砂浆找平层
屋面板

细石混凝土

安装尺寸表（mm）		
序号	型号	φ
1	87Ⅱ-DN75	205
2	87Ⅱ-DN100	235
3	87Ⅱ-DN150	285
4	87Ⅱ-DN200	340

图 5-30　87 改进型雨水斗的安装图

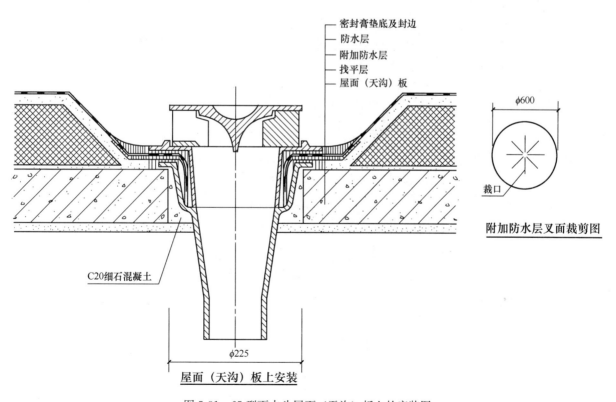

密封膏垫底及封边
防水层
附加防水层
找平层
屋面（天沟）板

φ600

裁口

附加防水层叉面裁剪图

C20细石混凝土

φ225

屋面（天沟）板上安装

图 5-31　65 型雨水斗屋面（天沟）板上的安装图

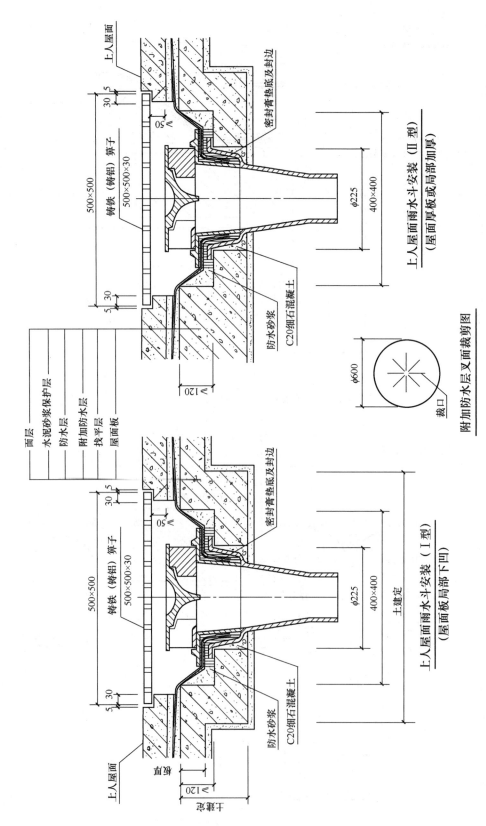

图 5-32 65 型雨水斗下沉式屋面安装图

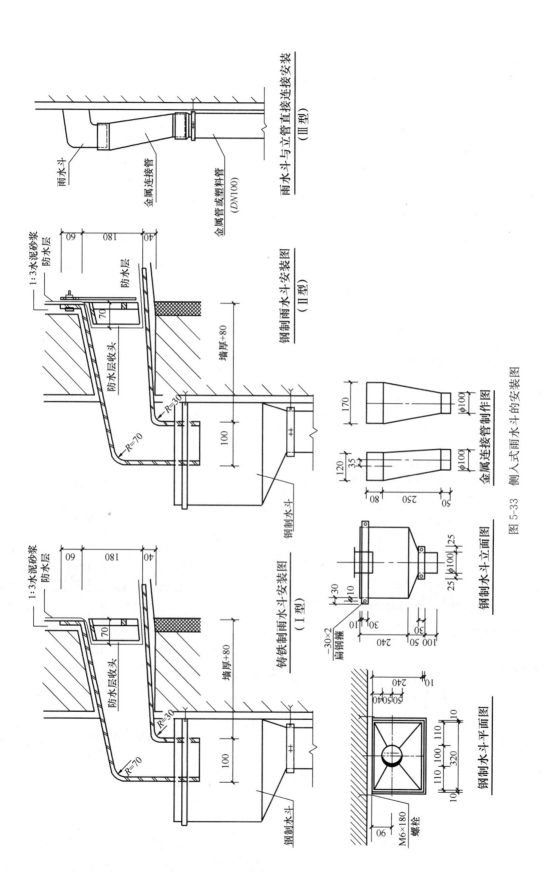

图 5-33　侧入式雨水斗的安装图

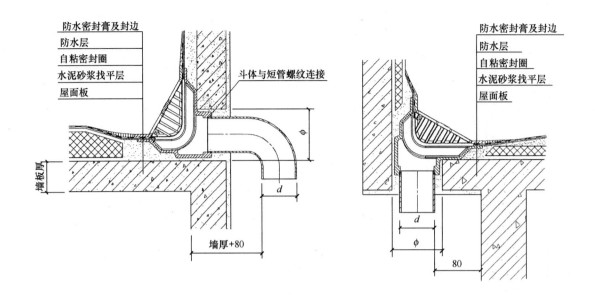

安装尺寸表(mm)			
序号	型　号	d	ϕ
1	CP–DN50	61	110
2	CP–DN75	86	130
3	CP–DN100	111	160

图 5-34　180°侧入式成品雨水斗的安装图

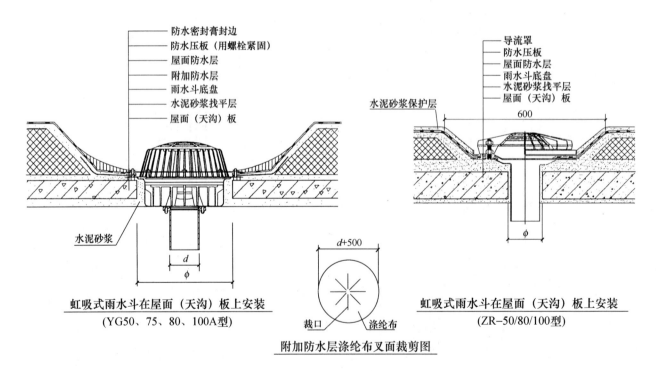

虹吸式雨水斗在屋面（天沟）板上安装
（YG50、75、80、100A型）

附加防水层涤纶布叉面裁剪图

虹吸式雨水斗在屋面（天沟）板上安装
（ZR-50/80/100型）

屋面（天沟）板留洞尺寸表（mm）

雨水斗型号	YG50	YG75(80)	YG100	ZR–50	ZR–80	ZR–100
屋面（天沟）板留洞ϕ	200	300	300	100	150	150

图 5-35　虹吸式雨水斗在屋面（天沟）板上的安装图

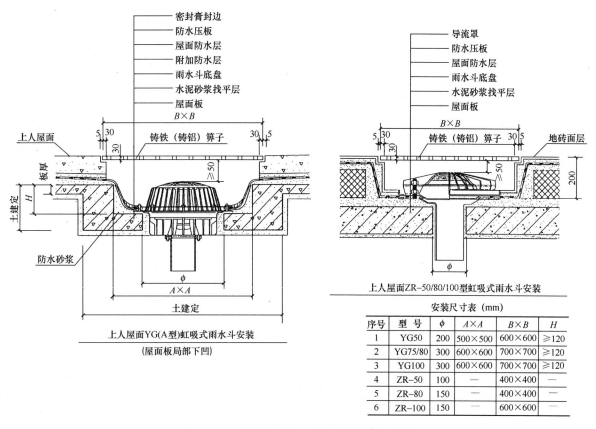

序号	型　号	φ	A×A	B×B	H
1	YG50	200	500×500	600×600	≥120
2	YG75/80	300	600×600	700×700	≥120
3	YG100	300	600×600	700×700	≥120
4	ZR-50	100	—	400×400	—
5	ZR-80	150	—	400×400	—
6	ZR-100	150	—	600×600	—

安装尺寸表（mm）

图 5-36　虹吸式雨水斗在上人屋面上的安装图

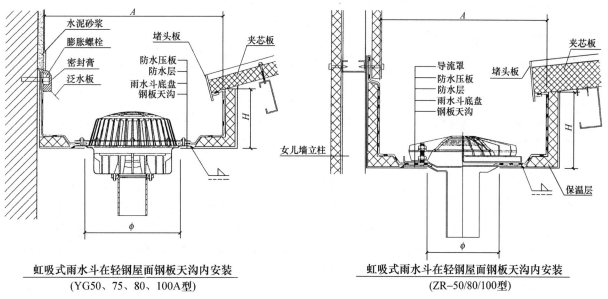

安装尺寸表(mm)

序号	型　号	φ	A	H
1	YG50	200	≥500	≥300
2	YG75/80	300	≥550	≥400
3	YG100	300	≥550	≥400
4	ZR-50	170	≥400	≥300
5	ZR-80	190	≥400	≥400
6	ZR-100	240	≥600	≥400

图 5-37　虹吸式雨水斗在轻钢屋面钢板天沟内的安装图

④ 虹吸式雨水斗在压型彩板外保温平屋面上的安装图。虹吸式雨水斗在压型彩板外保温平屋面上的安装图见图 5-38。本图根据北京泰宁科创科技有限公司提供的技术参数编制。

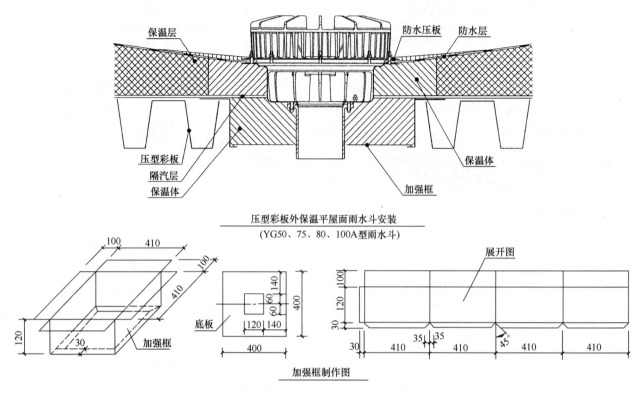

压型彩板外保温平屋面雨水斗安装
(YG50、75、80、100A型雨水斗)

加强框制作图

图 5-38　虹吸式雨水斗在压型彩板外保温平屋面上的安装图

安装说明：a. 压型钢板留洞尺寸为 420mm×420mm；b. 加强框直接承托保温体和雨水斗，并将载荷传至压型彩板；c. 保温体为硬质聚氨酯或聚苯乙烯泡沫块，其抗压强度应≥0.08MPa，阻燃氧指数＞32；d. 加强框用 1.5mm 厚热镀锌钢板制作，φ5×12 抽芯铝铆钉装配，铆钉间距 50mm；e. 加强框与压型彩板采用 φ5×12 抽芯铝铆钉固定，铆钉间距＜100mm。

⑤ 虹吸式雨水斗在钢制天沟集水槽内和虹吸式溢流斗在钢制天沟内的安装图。虹吸式雨水斗在钢制天沟集水槽内和虹吸式溢流斗在钢制天沟内的安装图见图 5-39。本图根据众一盛时代新技术应用（北京）有限公司提供的技术参数编制。

安装说明：a. 屋面及天沟做法同图 5-37；b. 钢制天沟集水槽内安装的方法在天沟有结构排水坡度（沟底倾斜）时采用；c. 集水槽的长度，在单斗安装时不小于其水槽宽度，在多斗安装时水槽加长并保障水斗间距 500mm；d. 表中水槽的深度为有效深度；e. 雨水斗在钢制天沟内安装时，其底盘应采用电焊或氩弧焊直接与天沟焊接连接，焊口应做防腐处理；f. 集水槽的支撑部件则由具体工程设计确定；g. 防水层做法参照图 5-35；h. 为保证雨水斗的安装及排水效果，各相关尺寸应满足表中数值；i. 虹吸式溢水斗用于屋面雨水溢流排水系统，溢流挡板由厂商统一供货，其高度由设计人根据屋面雨水排水系统的斗前水深等具体的因素来确定。

3. 管道的安装

随着屋面雨水斗的布置完毕，悬吊管的走向，排水立管的位置、排出管的方向、埋地管的走向得到确定，此时可通过屋面雨水排水系统设计软件绘出管道系统图，并按照设计参数进行计算，确定系统各管段的管径。

屋面雨水排水管道体系的安装工艺流程参见图 5-40。在需进行管道安装的位置进行放线定位，在施工现场测量实际尺寸后，进行屋面雨水排水系统管道的预制，HDPE 管道的预制应采用热熔焊接。按照先安装大管径的干管，后安装小管径的支管原则，分段进行管道的安装施工，将预制好的

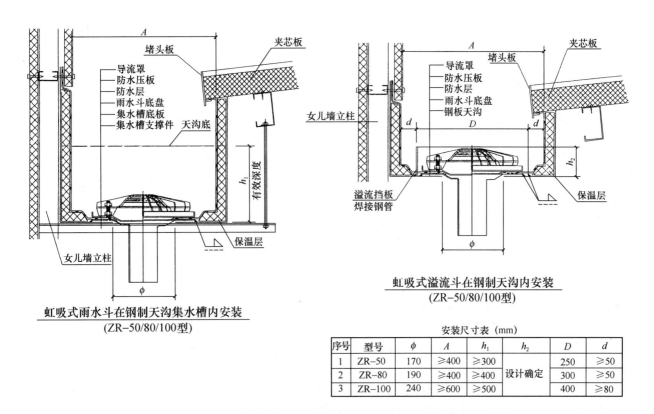

虹吸式雨水斗在钢制天沟集水槽内安装
(ZR-50/80/100型)

虹吸式溢流斗在钢制天沟内安装
(ZR-50/80/100型)

安装尺寸表（mm）

序号	型号	ϕ	A	h_1	h_2	D	d
1	ZR-50	170	≥400	≥300	设计确定	250	≥50
2	ZR-80	190	≥400	≥400		300	≥50
3	ZR-100	240	≥600	≥500		400	≥80

图 5-39　虹吸式雨水斗在钢制天沟集水槽内和虹吸式溢流斗在钢制天沟内的安装图

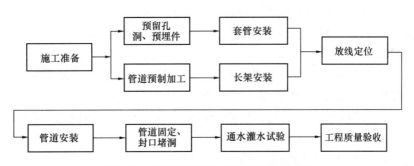

图 5-40　屋面雨水排水管道施工工艺流程

管段安装到固定系统上，支管连接到三通，连接雨水斗，管道系统安装完毕后，应进行通水试验和系统接驳。

（1）管道的安装要点。管道的安装要点如下：

1）施工人员应了解管材的性能，掌握操作要点和安全生产规定，应经过屋面雨水排水系统安装技术的培训。

2）按设计文件确定的管材、管道连接接口、附件、橡胶密封圈（套）及支承等材料，其产品质量应符合现行国家和行业标准要求，应具有质量合格证明，且需由同一供货商配套供货。管材、管件在运输、装卸及储存时，应避免碰伤摔坏，同一品牌、同一品种、同一规格的产品应码放成垛，排列整齐，堆放场地应松软、平坦、无污物接触，严禁管道随地滚动，端部宜用草绳捆扎保护，管材和管件内外污垢应清理干净方可供工程使用。

3）根据设计图纸，现场实测配管长度后下料，金属管道和塑料管道应采用相关标准规定的切割方法，垂直于管轴线沿圆周环绕切割，切割后，切口的端面应平整，管端切斜不得超过设计要求，且需将切口处打磨光滑。

4）钢管的安装应符合以下规定：

① 镀锌钢管和涂塑钢管应采用机械方法切割；碳素钢管宜采用机械切割，当采用火焰切割时，应先清除表面的氧化物；不锈钢管应采用机械或等离子方法切割；钢管切割后，其切口表面（端面）应平整，并应与管道中心线垂直。

② 镀锌钢管和涂塑钢管应采用螺纹连接、法兰连接或沟槽式连接；碳素钢管应采用法兰或沟槽式连接，其内外表面应镀锌；不锈钢管应采用焊接式连接、沟槽式连接（用于虹吸式屋面雨水排水系统的正压段）、压接式连接、法兰式连接（局部）。

③ 当采用钢管焊接时，其焊缝应按要求进行坡口处理，组对时内壁错边量不应超过壁厚的 10%，且不应大于 2mm；不锈钢管焊接前应打坡口，不锈钢管的焊接宜采用钨极氩弧焊接、焊条电弧焊方法、或氩弧焊打底、手工电弧焊盖面，管内需充氩气保护的焊接工艺。钢管焊接时，焊件温度低于 0℃应采取预热措施；当不锈钢管采用氩弧焊时，环境温度不应低于 -5℃，当温度过低时，应采取预热措施。不锈钢管焊接后，应根据设计要求及时对焊缝表面及周围进行酸洗钝化处理。

④ 当采用法兰连接时，法兰应垂直于管道中心线，两个法兰的表面应相互平行，紧固螺纹部分应做防腐处理，紧固螺纹的方向应一致，紧固后螺栓端部宜与螺母平齐；管径大于 DN100 的镀锌钢管应采用法兰或卡套式专用管件连接，镀锌钢管与法兰焊接处应二次镀锌。

⑤ 当采用螺纹连接时，管螺纹根部应有 2～3 扣的外露螺纹，多余的填料应清理干净并做防腐处理。

⑥ 当采用沟槽连接时，应检查沟槽加工的深度和宽度尺寸是否符合产品要求。安装橡胶密封圈时应检查是否有损伤，并应涂抹润滑剂。卡箍紧固后其内缘应卡进沟槽内。

5）铸铁管的安装应符合以下规定：

① 铸铁管应采用机械方法切割，其切口表面应平整无裂缝。

② 铸铁管应采用机械式接口连接或卡箍式连接，在进行连接时，应先清除连接部位的沥青、砂、毛刺等杂物。

③ 当采用机械式接口连接时，在插口端应先套入法兰压盖，再套入橡胶密封圈，然后，应将插口端推入承口内，应对称交叉地紧固法兰压盖上的螺栓。

④ 当采用卡箍式连接时，应将管道或管件的端口插入橡胶套筒和不锈钢节套内，然后拧紧节套上的螺栓。

6）高密度聚乙烯（HDPE）管的安装应符合以下规定：

① 高密度聚乙烯（HDPE）管应采用管道切割机切割，其切口应垂直于管中心。

② 高密度聚乙烯（HDPE）管应采用热熔对焊连接或电熔连接。

③ 预制管段不宜超过 10m，预制管段之间的连接应采用电熔连接、热熔对焊连接或法兰连接。

④ 在悬吊的水平管上宜采用电熔连接，且与固定件配合安装。

⑤ 当管道对焊连接时，焊接压力应根据壁厚确定，对焊压力宜为截面面积乘以 0.15MPa。

7）其他塑料管道的安装应符合国家现行相关标准的要求。

8）立管一般安装在竖井内，其安装要点如下：

① 根据施工图校对预留孔洞的位置和尺寸，若为预制混凝土楼板则在楼板上画出标记，可对准标记剔凿楼板，若需凿断钢筋，则须征得设计、监理等有关人员的同意，立管穿越楼层时，预埋套管，套管应比通过的立管管径大 50～100mm。

② 准确测量各层管道和管件的长度，以此确定与立管连接的管件位置。

③ 各层在进行安装之前，可将测量的长度及管件的位置进行预安装，待完全确定无误后，方可进行切管、管件组装并固定在设定的安装位置上。

④ 按规定用吊线及水平尺找出各支架的位置，将已预制加工好的支架进行就位固定，支架安装完

毕后，可进行立管安装。

⑤ 按图施工，立管在安装时其承口应朝上，安装时须两人上下配合，一人在上层从管洞口投下绳头，另一个人在下层将预制好的立管上半部拴牢，然后上拉下托，将立管下部插口插入下层管的承口内，立管插入承口之后，下层的人将甩口和立管检查口的方向找正，上层的人用木楔将立管与楼板洞处临时固定，复查立管的垂直度，合格后进行打口处理。

⑥ 设置有检查口的立管在安装时，应使检查口向外与墙体成 45°，以方便检修操作。

⑦ 立管在垂直方向转弯时，应采用乙字管或两个 45°弯头连接。

⑧ 立管应用管卡固定，管卡间距不得大于 3m，承插管一般每个接头处均应当设置管卡。

⑨ 布置在高层建筑管道井内的立管，必须每层楼面设置支撑支架，以免整根立管的重量下传至最低层。高层建筑如住宅、商业楼房等管井内的排水立管，不需每根单独排出，可在技术层内用水平管加以连接，分几路排出，连接多根排水立管的总横管必须按照坡度要求并以支架固定。

⑩ 立管沿墙设置，管道与墙面距离不得小于装卸管材和管件接口操作所需的最小净距离。管轴与墙面的距离参见表 5-26。

表 5-26　排水立管与墙面的距离 （mm）

排水立管直径	50	75	100	125	150	200
管轴与墙面距离	50	70	80	90	110	130

⑪ 高层建筑应考虑管道的胀缩补偿，可采用法兰柔性管件并留出胀缩补偿余量。

⑫ 立管安装完毕后，应配合土建用不低于楼板用强度等级的混凝土将孔洞灌满、堵实抹平，并拆除临时支架。

9）排出管的安装要求如下：

① 管材的选择及敷设应符合设计要求。

② 排出管安装必须严格控制质量。铸铁管可直接铺设在未经扰动的原土地基上，当不符合要求时，在管沟底部应铺设厚度不小于 100mm 的砂垫层；若立管转弯后的排出管悬吊在地下室顶板下面，除了应设置支墩外，还需在弯管处采取防脱加固措施。

③ 排出管与立管连接时，为防止堵塞应采用两个 45°弯头或弯曲半径大于 4 倍管径的 90°弯头，也可采用带清通口的弯头接出。

④ 排出管可经量尺法或比量法确定尺寸，预制成整体管段，穿过墙体预留洞或套管，经调整排出管位置、标高、坡度，达到设计要求后固定。

⑤ 排出管穿过地下室墙或地下构筑物的墙壁处，应设置防水套管，排出管穿过承重墙或基础处，应预留孔洞，管顶上部净空不得小于建筑物的沉降量，且不小于 150mm。

⑥ 与室外雨水管检查井连接时，排出管管顶标高不得低于室外雨水管的管顶标高，其连接水流槽不得小于 90°，当落差大于 300mm 时，可不受角度限制。

⑦ 埋地管道不宜采用不锈钢管等金属管，当采用不锈钢管等金属管时，应采取防腐措施。

⑧ 当埋地雨水管在穿入检查井时，与井壁接触的管端部位应涂刷两道胶粘剂，并滚上粗砂，然后用水泥砂浆砌入，以防漏水。

10）管道的安装应达到直线要求，立管垂直度偏差不得超过 3mm/m，横管坡向不得出现倒坡、下垂、弯曲现象。

11）雨水排水管道系统的施工宜由上而下进行，同时设支管、悬吊管并固定之，且应符合以下要求：

① 悬吊管与立管宜采用 2 个 45°弯头，立管与排出管底部的连接弯头宜采用鸭脚支撑弯头，不应使用内径直角的 90°弯头。

② 连接管与悬吊管的连接应采用40°斜三通。

12）排出管在隐蔽之前必须做灌水试验。

（2）国家建筑标准设计图集编制的部分屋面雨水排水系统安装示意图。

《国家建筑标准设计图集：屋面雨水排水管道安装》（15S412）适用于新建、扩建和改建的民用建筑和工业建筑屋面雨水排水管道的选用与安装。管径范围为工程尺寸 $DN50 \sim DN350$（金属管道）或公称外径 $dn50 \sim dn315$（塑料管道）。主要内容包括高密度聚乙烯管（HDPE）、聚丙烯（PP）、不锈钢管、涂塑复合管、高抗冲雨水管等建筑屋面雨水排水管道的主要技术性能。安装图及其注意事项、管道连接做法、管道附件和配件；室内密闭检查井，室外消能井安装做法。

不锈钢管雨水系统安装示意图见图5-41；A型B级柔性接口铸铁排水管压力流雨水系统安装示意图见图5-42；B-Ⅱ型柔性接口铸铁排水管压力流雨水系统安装示意图见图5-43；W型柔性接口铸铁排水管压力流雨水系统安装示意图见图5-44；HDPE管重力流屋面雨水排水系统示意图见图5-45。

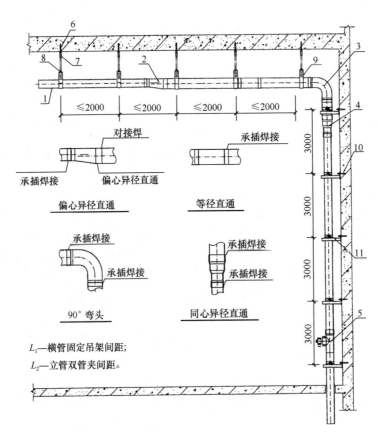

图 5-41　不锈钢管雨水系统安装示意图

1—不锈钢管；2—偏心异径直通；3—90°弯头；4—同心异径直通；
5—检查口；6—膨胀锚栓；7—六角连接器；8—螺纹吊杆；
9—U形管吊架；10—胀锚螺栓；11—立管管卡

4. 管道固定件的安装

屋面雨水排水系统雨水管道上的支吊架安装，按雨水管道所处位置的不同，可分为水平管道支吊架安装和垂直管道支架安装；水平管道支吊架有圆钢吊架和型钢减振支吊架，垂直管道支架有活动支架和固定支架。根据工程抗震（振）要求，吊有横主管的楼板上部若有防噪声要求的，则还应采用抗振吊环。雨水管道上的支吊架应固定在承重结构上。管道支吊架的正确选择和合理设置是保证管道安全运行的重要环节。

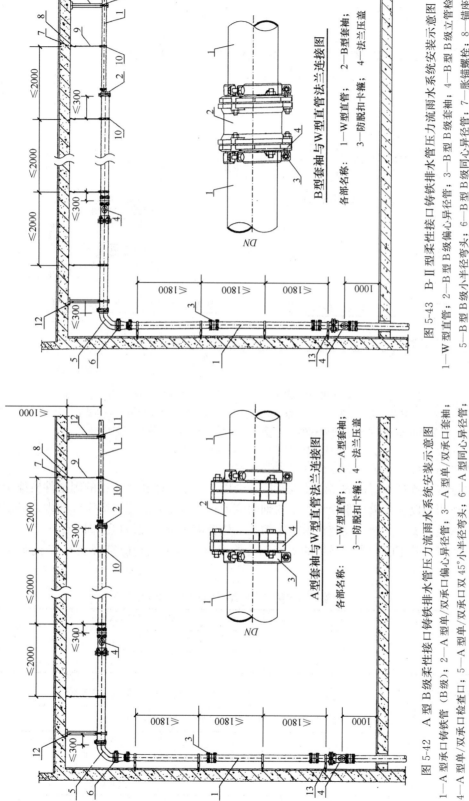

图 5-42　A 型 B 级柔性接口铸铁排水管压力流雨水系统安装示意图

1—A 型承口/双承口检查口；2—A 型单/双承口偏心异径管；3—A 型单/双承口套管；
4—A 型单/双承口双承口双承 45° 小半径弯头；5—A 型同心异径管；6—A 型同心异径管；
7—胀锚螺栓；8—锚座；9—螺纹吊杆；10—吊卡；11—管卡；12—防晃吊架；
13—立管墙卡

A 型套袖与 W 型直管法兰连接图

各部名称：　1—W 型直管；　2—A 型套袖；
3—防脱扣卡箍；　4—法兰压盖

图 5-43　B-Ⅱ型柔性接口铸铁排水管压力流雨水系统安装示意图

1—W 型直管；2—B 型 B 级偏心异径管；3—B 型 B 级偏心异径管；4—B 型 B 级立管检查口；
5—B 型 B 级小半径弯管；6—B 型 B 级同心异径管；7—胀锚螺栓；8—锚座；
9—螺纹吊杆；10—吊卡；11—管卡；12—防晃吊架；13—立管墙卡

B 型套袖与 W 型直管法兰连接图

各部名称：　1—W 型直管；　2—B 型套袖；
3—防脱扣卡箍；　4—法兰压盖

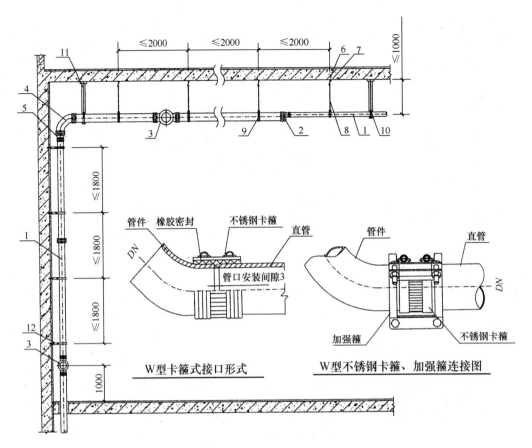

图 5-44 W 型柔性接口铸铁排水管压力流雨水系统安装示意图

1—W 型铸铁管；2—W 型偏心异径管；3—W 型检查口；4—W 型双 45°小半径弯头；
5—W 型同心异径管；6—胀锚螺栓；7—锚座；8—螺纹吊杆；9—吊卡；10—管卡；
11—防晃吊架；12—立管墙卡

管道支、吊架等固定件的安装要点应符合下列要求：

（1）屋面雨水排水系统排水管道的固定件设置应符合以下规定：①排水管道的固定件应能承受满流管道的重量和水流作用力以及管道热胀冷缩产生的轴向应力；②排水管道金属固定件的内、外层应采取防腐处理措施；③管道的支、吊架应固定在承重结构上，位置应正确，埋设应牢固。

（2）当采用钢管时，其钢管的支、吊架的横管钢管管道支架最大间距应符合表 5-27 的规定，立管则应每层设置 1 个。

表 5-27 钢管管道支架最大间距 CJJ 142—2014

公称尺寸（mm）	DN50	DN80	DN100	DN125	DN150	DN200	DN250	DN300
保温管（m）	3.0	4.0	4.5	6.0	7.0	7.0	8.0	8.5
不保温管（m）	5.0	6.0	6.5	7.0	8.0	9.5	11.0	12.0

（3）当采用不锈钢时，其不锈钢悬吊管的支、吊架最大间距应符合表 5-28 的规定。

表 5-28 不锈钢悬吊管的支、吊架最大间距 CJJ 142—2014

公称尺寸（mm）	DN50	DN80	DN100	DN125	DN150	DN200	DN250	DN300
保温管（m）	2.0	2.5	3.0	3.0	3.5	4.0	5.0	5.0
不保温管（m）	3.0	3.0	4.0	4.0	5.0	6.0	6.0	6.0

（4）当采用铸铁管时，其排水铸铁管的支、吊架的横管间距不应大于 2m，立管间距不应大于 3m，当楼层高度不大于 4m 时，立管可安装 1 个支架。

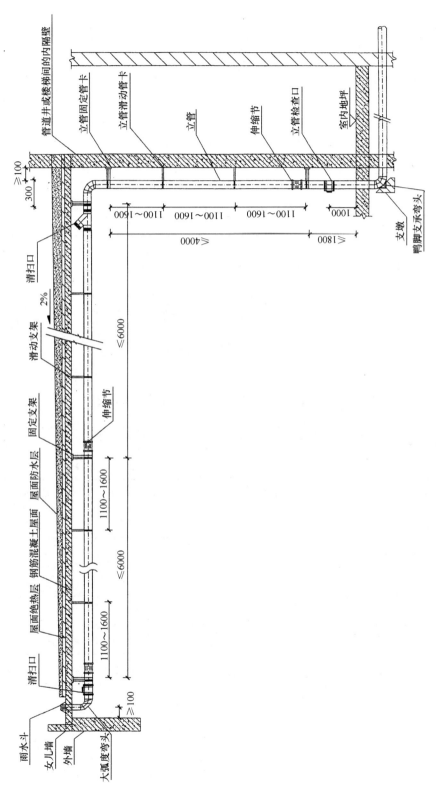

图 5-45　HDPE 管重力流屋面雨水排水系统示意图

（5）钢管沟槽式接口、排水铸铁管机械和卡箍接口，其支、吊架位置应靠近接口，但不得妨碍接口的拆装。

（6）卡箍接口的排水铸铁管在弯管处应安装拉杆装置进行固定。

（7）高密度聚乙烯（HDPE）悬吊管的固定应符合下列规定：①高密度聚乙烯（HDPE）悬吊管应采用方型钢导管进行固定，方型钢导管的尺寸应符合表 5-29 的规定；②方型钢导管应沿高密度聚乙烯（HDPE）悬吊管悬挂在建筑承重结构上，高密度聚乙烯（HDPE）悬吊管则宜采用导向管卡和锚固管卡连接在方型钢导管上；③方型钢导管悬挂点间距和导向管卡、锚固管卡的设置间距见图 5-46、图 5-47，HDPE 横管固定件最大间距应符合表 5-30 的规定。

表 5-29 方型钢导管尺寸（mm） CJJ 142—2014

HDPE 管外径	方型钢导管尺寸（A×B）
40～200	3×30
250～315	40×60

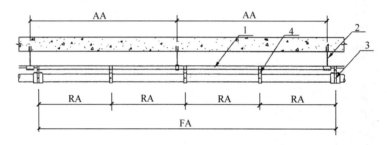

图 5-46 DN40～DN200 的 HDPE 管横管固定安装示意图
1—方型钢导管；2—悬挂点；3—锚固管卡；4—导向管卡
AA—悬挂点间距；FA—锚固管卡间距；RA—导向管卡间距

表 5-30 HDPE 横管固定件最大间距（mm） CJJ 142—2014

HDPE 管外径	悬挂点间距 AA	锚固管卡间距 FA	导向管卡间距 RA
40	2500	5000	800
50	2500	5000	800
56	2500	5000	800
63	2500	5000	800
75	2500	5000	800
90	2500	5000	800
110	2500	5000	1100
125	2500	5000	1200
160	2500	5000	1600
200	2500	5000	1700
250	2500	5000	1700
315	2500	5000	1700

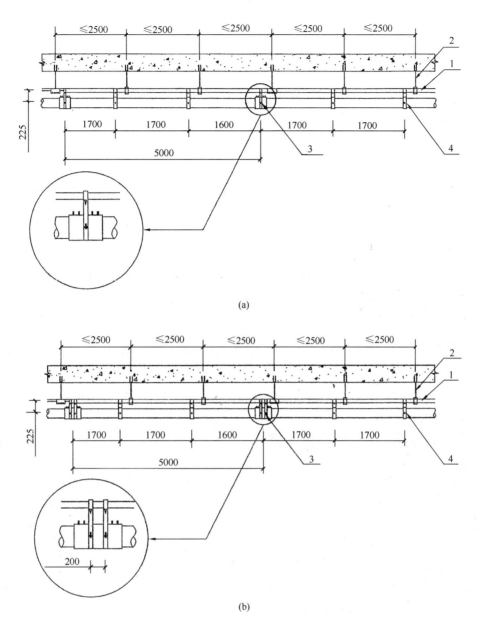

图 5-47　*DN*250、*DN*315 的 HDPE 管横管固定安装示意图

（a）*DN*250 的 HDPE 管横管固定安装示意图；（b）*DN*315 的 HDPE 管横管固定安装示意图

1—方型钢导管；2—悬挂点；3—锚固管卡；4—导向管卡

　　（8）高密度聚乙烯（HDPE）悬吊管的锚固卡设置应符合以下规定：①锚固管卡应安装在管道的起始端、末端以及 Y 形支管的三个分支上，锚固管卡的距离不应大于 5m；②当雨水斗与立管之间的悬吊管卡度大于 1m 时，应安装带有锚固管卡的固定件；③当高密度聚乙烯（HDPE）悬吊管的管径大于 *DN*200 时，每个固定点应使用 2 个锚固管卡；④当雨水斗下端与悬吊管的距离大于或等于 750mm 时，悬吊管或方型钢导管上应增加 2 个侧向锚固管卡。

　　（9）高密度聚乙烯（HDPE）管立管的锚固管卡的间距不应大于 5m，导向管卡的间距不应大于 15 倍管径（图 5-48）。

　　（10）高密度聚乙烯（HDPE）管的固定件应采用与该系统管材配套的专用管道固定系统。

　　（11）当虹吸式雨水斗的下端与悬吊管的距离不小于 750mm 时，在方型钢导管或悬吊管上应增加两个侧向管卡。

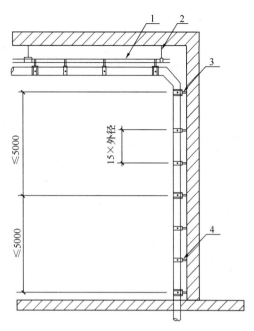

图 5-48　HDPE 管垂直固定安装示意图
1—方型钢导管；2—悬挂点；
3—锚固管卡；4—导向管卡

（12）在雨水立管的底部弯管处应按设计要求设置支墩或采取其他的固定措施。

5．通水和灌水试验工程验收

（1）通水和灌水试验的概念。通水试验是指根据建筑高度采用整段方式或分段方式对屋面雨水排水系统进行通水，观察管道及其所有连接处排水是否畅通无阻，是否存在渗漏现象的一种确认屋面雨水排水系统施工质量的试验方法。

灌水试验是指向屋顶或天沟灌水，水位淹没雨水斗，停止灌水，保持 1h 后，观察雨水斗边缘与屋面连接处、各管道接口处等是否存在渗漏水现象的一种确认屋面雨水排水系统施工质量的试验方法。

（2）工程验收。屋面雨水排水系统安装完毕后，应按《建筑给水排水及采暖工程施工质量验收规范》（GB 50242—2016）、《建筑屋面雨水排水系统技术规程》（CJJ 142—2014）的规定进行工程验收。

1）工程验收的一般规定。

① 工程验收时应具备下列文件：a. 竣工图和设计变更文件；b. 雨水斗、管材、管件等的质量合格证明文件；c. 主要器材的安装使用说明书；d. 中间试验和隐蔽工程验收记录。

② 压力流屋面雨水排水系统采用的塑料管材，应具备管材及管件耐正压和负压的检测报告。

2）安装验收。

① 天沟的安装验收应符合以下的规定：a. 天沟的位置、高度、宽度、坡度、溢流口以及水流断面应符合设计的要求；b. 天沟内不得遗留杂物、填充物等；c. 金属天沟应无影响有效积水深度和水流断面的明显变形。

② 雨水斗的安装验收应符合以下规定：a. 雨水斗的安装位置应符合设计要求，雨水斗边缘与屋面间连接处不应渗漏；b. 雨水斗内及周围不得遗留杂物、填充物或其他包装材料。

③ 溢流措施应符合以下的规定：a. 溢流口尺寸及设置的高度应符合设计要求；b. 溢流系统应采用专用溢流雨水斗或雨水斗配合溢流堰方式，以保证溢流系统在溢流工况下正常工作；c. 溢流措施周围不得遗留杂物、填充物等。

④ 室内雨水管道的安装验收应符合以下规定：室内雨水管道的安装偏差应符合现行国家标准《建筑给水排水及采暖工程施工质量验收规范》（GB 50242）的有关规定。

⑤ 固定件的安装验收应符合以下规定：a. 固定件的安装应符合《建筑屋面雨水排水系统技术规程》（CJJ 142—2014）第 9.6 节的规定；b. 管道固定件应固定在承重结构上；c. 固定件的防腐、防锈措施应完整。

3）密封性能验收。

① 密封性能验收应对所有的雨水斗进行封堵，并应向屋顶或天沟灌水，水位应淹没雨水斗并保持 1h 后，雨水斗周围屋面应无渗漏现象。

② 安装在室内的压力流，半有压系统雨水管道，应根据建筑高度进行灌水和通水试验。当立管高度小于或等于 250m 时，灌水高度应达到每个系统每个立管上部雨水斗位置；当立管高度大于 250m 时，应对下部 250m 高度管段进行灌水试验，其余部分应进行通水试验，灌水试验持续 1h 后，管道及其所有连接处应无渗漏现象。

4）竣工验收。

① 屋面和天沟应清理干净，不得留有杂物，雨水斗处亦不得留有杂物。

② 溢流口或溢流设施应符合设计要求。

③ 雨水管道系统应做通水试验，其排水应畅通、无堵塞。

④ 压力流屋面雨水排水系统做现场排水能力测试时，宜按照《建筑屋面雨水排水系统技术规程》（CJJ 142—2014）附录 C 的规定进行。

第6章 屋面保温

保温隔热屋面是一种集防水和保温隔热功能于一体的，在防水时能基本兼顾保温隔热的一种新型功能性屋面。保温隔热屋面可进一步细分为保温屋面和隔热屋面。根据我国的习惯，将防止室内热量散发出去的称为"保温"，将防止室外热量进入室内的称为"隔热"。保温层是减少屋面热交换作用的一类构造层，隔热层则是减少太阳辐射热向室内传递的一类构造层。

保温屋面根据其防水层所设置的位置不同，可分为正置式屋面和倒置式屋面，将防水层设置在保温层上面的称为正置式屋面，将防水层设置在保温层下面的称为倒置式屋面（图4-1）。

"保温"和"隔热"二者的做法和要求均有较大的差异，屋面保温可采用纤维材料保温层、板状材料保温层、整体现浇（喷）保温层；屋面隔热可采用架空隔热层、蓄水隔热层、种植隔热层（详见第7章）等。屋面保温层和隔热层的种类参见图6-1。

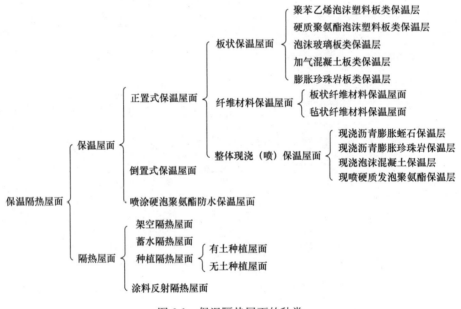

图 6-1 保温隔热屋面的种类

6.1 屋面保温隔热层

6.1.1 常用的保温隔热材料

1. 保温材料的类型及选用

保温隔热材料按材质可分为无机保温隔热材料、有机保温隔热材料和复合型保温隔热材料三大类；按形态可分为纤维状、微孔状、气泡状、膏（浆）状、粒状、复合增强型、层（片）状、块状等多种。保温隔热材料的分类见图6-2。保温隔热材料在屋面工程中的应用见表6-1。

在选择保温隔热材料时应充分考虑下列内容：

（1）按温度范围选择保温材料。如在建筑上应用时，应根据当地历年的最高气温、最低气温条件而决定。

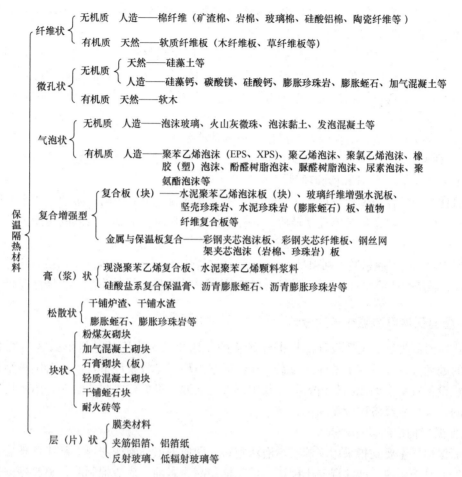

图 6-2　保温隔热材料的分类

表 6-1　保温隔热材料在屋面工程中的应用

屋面类型	应用
坡屋面	绝热层铺在吊顶板之上，不承受荷载
	绝热层在结构板底面
平屋面	绝热层在防水层之下，仅承受维修荷载
	架空屋面，绝热层在防水层之下，仅承受架空层荷载
	绝热层在防水层之下，承受轻型或重型交通或来自屋顶花园或蓄水的荷载（屋顶停车场、种植屋面、蓄水屋面等）
	倒置式屋面，绝热层在防水层之上

（2）优先选用具有最低热导率的保温材料。在满足保温隔热效果的条件下，应优先选用具有最小热导率的保温材料。

（3）保温材料应具有良好的化学稳定性。保温材料与化工气体直接接触的场合或被保温的基层有专用的防腐蚀涂料时，在施工时，保温材料不应被化工气体腐蚀，保温材料也不应腐蚀被保温的结构。

（4）保温材料应有足够的机械强度。保温材料应能承受一定荷载并能抵抗外力撞击。

（5）保温材料的性价比低。用保温材料的单位热阻价格比较来选用相对低价的保温材料。

（6）应优选阻燃型保温材料。在建筑结构中防火要求高的区域中使用，应优选阻燃型保温材料。

（7）应优选吸水率低或不吸水的型保温材料。避免增加保温材料的热导率，防止降低节能指标。

（8）应优选低容重的保温材料。减轻荷载，施工方便。

（9）保温材料应具有良好的施工性，并容易维修。保温材料施工应方便、操作简便、易保证质量要求，且维修方便，使用效果寿命符合规定。

（10）应选择有较长使用寿命的保温材料。建筑上外用保温材料常年经受自然界冻融循环的影响；在热力设备上的保温材料经常处于高温状态，随着时间的延长，保温材料的物理性能难免出现下降，降低节能效果，因此，应选择物理性能指标稳定、耐老化性好的保温材料，以保证节能效果，延长使用寿命。

2.《屋面工程技术规范》对保温材料提出的技术性能要求

《屋面工程技术规范》（GB 50345—2012）对保温材料提出的主要技术性能指标详见 2.1.2 节 2。

3. 保温材料的贮存、保管和检验项目

（1）保温材料的贮存、保管应符合下列规定：①保温材料应采取防雨、防潮、防水的措施，并应分类存放；②板状保温材料搬运时应轻拿轻放；③纤维保温材料应在干燥、通风的房屋内贮存，搬运时应轻拿轻放。

（2）进场的保温材料应检验下列项目：①板状保温材料应检验表观密度或干密度、压缩强度或抗压强度、导热系数、燃烧性能等项目；②纤维保温材料应检验表观密度、导热系数、燃烧性能等项目。

6.1.2　屋面保温层和隔热层的设计

保温隔热屋面的类型和构造设计应根据建筑物的使用要求、屋面的结构形式、当地的环境气候条件、防水层的处理方法以及施工条件等因素，在保证室内环境参数条件下，以改善围护结构保温隔热性能，提高建筑设备及系统的能源利用效率，利用可再生能源，降低建筑暖通空调，给水排水及电气系统的能耗为目的，经技术经济比较而确定。

1. 屋面保温层构造的设计要点

（1）屋面保温层主要是指采用聚苯乙烯泡沫塑料、硬质聚氨酯泡沫塑料、膨胀珍珠岩制品、泡沫玻璃制品、加气混凝土砌块、泡沫混凝土砌块、玻璃棉制品、岩棉、矿渣棉制品、喷涂硬泡聚氨酯、现浇泡沫混凝土等质量小、热导率小的保温材料所做的，用以在冬季防止建筑室内温度下降过快的一类屋面保温层次。保温层按其所采用的保温材料形状不同，可分为板状材料保温层、纤维材料保温层和整体材料保温层（整体现浇或现喷保温层）。保温层应根据屋面所需传热系数或热阻选择轻质、高效的保温材料。保温层及其保温材料应符合表 6-2 的规定。

表 6-2　保温层及其保温材料

保温层	保温材料
板状材料保温层	聚苯乙烯泡沫塑料、硬质聚氨酯泡沫塑料、膨胀珍珠岩制品、泡沫玻璃制品、加气混凝土砌块、泡沫混凝土砌块
纤维材料保温层	玻璃棉制品、岩棉、矿渣棉制品
整体材料保温层	喷涂硬泡聚氨酯、现浇泡沫混凝土

（2）屋面保温层应选用吸水率低、表观密度小、热导率小，具有憎水性和一定强度的保温材料。尤其是整体封闭式的保温层以及倒置式屋面必须选用吸水率低的保温材料。若采用封闭式保温层时，保温层的含水率应相当于该材料在当地自然风干状态下的平衡含水率，当采用有机胶结材料时，不得超过 5%；当采用无机胶结材料时，则不得超过 20%。易腐蚀的保温材料应做防腐处理。

（3）保温隔热屋面的结构层宜为普通防水钢筋混凝土、配筋微膨胀补偿收缩混凝土或预应力混凝土自防水结构，当保温隔热屋面的结构为装配式钢筋混凝土板时，其板缝应采用强度等级不小于 C20 的细石混凝土将板缝灌填密实；当板缝宽度大于 40mm 或上窄下宽时，应在缝中放置构造钢筋，板缝端应进行密封处理。

（4）屋面保温材料的强度应满足搬运和施工的要求，在屋面上只要求大于或等于 0.1MPa 的抗压强度就可以满足。若屋面为停车场等高荷载情况时，应根据计算确定保温材料的强度。若采用纤维材料做保温层时，则应采取防止压缩的措施。

（5）保温层若设置在防水层上部（倒置式屋面）时，保温层的上面应做保护层；保温层若设置在防水层下部（正置式屋面）时，保温层的上面则应做找平层。

（6）水泥膨胀珍珠岩等吸湿性保温材料不宜用于整体封闭式保温层，当需要采用时，宜采用排汽屋面的做法，排汽屋面的设计应符合下列规定：①找平层设置的分格缝可兼作排汽道，排汽道的宽度宜为40mm，铺贴卷材时宜采用空铺法、点粘法、条粘法等工艺；②排汽道应纵横贯通，并同与大气连通的排汽孔相通，排汽孔可设置在檐口下或屋面纵横排汽道的交叉处；③排汽道宜纵横设置，排汽道的纵横间距宜为6m，屋面面积每36m² 宜设置一个排汽孔，排汽孔应做防水处理；④在保温层下也可铺设带支点的塑料板，通过空腔层进行排水、排汽。

（7）封闭式保温层或保温层干燥有困难的卷材屋面，宜采取排汽构造措施。

（8）若屋面的坡度较大时，其保温层应采取防滑措施。

（9）屋面热桥部位，当内表面温度低于室内空气的露点温度时，均应做保温处理。

（10）保温屋面在与室内空间有关联的檐沟和天沟处，均应铺设保温层；天沟、檐沟、檐口与屋面交接处，屋面保温层的铺设应延伸到墙内，其伸入的长度不应小于墙厚的1/2。

（11）保温隔热层应在防水砂浆找平层施工后方可施工，对于正在施工或已施工结束的保温隔热层应采取保护措施。

2. 保温层厚度的设计

屋面保温层的厚度应根据所在地区现行建筑节能设计标准，经热工计算来确定，保温层厚度设计还应考虑在自然状态下，所选保温材料的含水率对保温性能降低的影响。

建筑热工设计应与地区气候相适应，根据现行国家标准《民用建筑热工设计规范》（GB 50176）的规定，我国建筑热工设计分为严寒地区、寒冷地区、夏热冬冷地区、夏热冬暖地区以及温和地区等五个气候区。在该分区的基础上，我国先后制定了《公共建筑节能设计标准》（GB 50189）、《严寒和寒冷地区居住建筑节能设计标准》（JGJ 26）、《夏热冬冷地区居住建筑节能设计标准》（JGJ 134）、《夏热冬暖地区居住建筑节能设计标准》（JGJ 75）等国家和行业标准。

严寒和寒冷地区居住建筑应进行冬季保温设计，保证内表面不结露；夏热冬冷地区居住建筑应进行冬季保温和夏季防热设计，保证保温、隔热性能符合规定的要求；夏热冬暖地区居住建筑应进行夏季防热设计，保证隔热性能符合规定的要求。并对冬季保温或夏季防热（隔热）做了具体的要求，在冬季需保温的地区，屋顶应做保温计算，此时屋顶传热阻应大于或等于建筑物所在地区要求的最小传热阻，传热阻 R_0 是传热系数 K 的倒数，即 $R_0 = 1/K$，单位是 $m^2 \cdot K/W$，围护结构的传热系数 K 值越小，或传热阻 R_0 值越大，其保温性能则越好。

建筑节能设计中的传热系数和热惰性指标，是围护结构的热工性能参数，根据建筑物所处城市的气候分区区属不同，公共建筑和居住建筑屋面的传热系数和热惰性指标不应大于表6-3至表6-5规定的限值。

表 6-3　甲类公共建筑屋面围护结构热工性能限值

气候分区	围护结构部位	体型系数≤0.30		0.3<体型系数≤0.50		传热系数 K [W/(m²·K)]	太阳得热系数 SHGC （东、南、 西向/北向）
		传热系数 K [W/(m²·K)]	太阳得热系数 SHGC （东、南、 西向/北向）	传热系数 K [W/(m²·K)]	太阳得热系数 SHGC （东、南、 西向/北向）		
严寒 A、 B 区	屋面	≤0.28		≤0.25			
	屋顶透光部分 （屋顶透光部分面积≤20%）	≤2.2		≤2.2			

气候分区	围护结构部位		体型系数≤0.30		0.3<体型系数≤0.50		传热系数 K [W/(m²·K)]	太阳得热系数 SHGC (东、南、西向/北向)
			传热系数 K [W/(m²·K)]	太阳得热系数 SHGC (东、南、西向/北向)	传热系数 K [W/(m²·K)]	太阳得热系数 SHGC (东、南、西向/北向)		
严寒 C 区	屋面		≤0.35		≤0.28			
	屋顶透光部分 (屋顶透光部分面积≤20%)		≤2.3		≤2.3			
寒冷地区	屋面		≤0.45	—	≤0.40	—		
	屋顶透光部分 (屋顶透光部分面积≤20%)		≤2.4	≤0.44	≤2.4	≤0.35		
夏热冬冷地区	屋面	围护结构热惰性指标 D≤2.5					≤0.40	—
		围护结构热惰性指标 D>2.5					≤0.50	
	屋顶透光部分 (屋顶透光部分面积≤20%)						≤2.6	≤0.30
夏热冬暖地区	屋面	围护结构热惰性指标 D≤2.5					≤0.50	—
		围护结构热惰性指标 D>2.5					≤0.80	
	屋顶透光部分 (屋顶透光部分面积≤20%)						≤3.0	≤0.30
温和地区	屋面	围护结构热惰性指标 D≤2.5					≤0.50	—
		围护结构热惰性指标 D>2.5					≤0.80	
	屋顶透光部分 (屋顶透光部分面积≤20%)						≤3.0	≤0.30

注：传热系数 K 只适用于温和 A 区，温和 B 区的传热系数 K 不做要求。

本表摘自《公共建筑节能设计标准》(GB 50189—2015)。

表 6-4　乙类公共建筑屋面围护结构热工性能限值

围护结构部位	传热系数 K[W/(m²·K)]					太阳得热系数 SHGC		
	严寒 A、B 区	严寒 C 区	寒冷地区	夏热冬冷地区	夏热冬暖地区	寒冷地区	夏热冬冷地区	夏热冬暖地区
屋面	≤0.35	≤0.45	≤0.55	≤0.70	≤0.90			
屋顶透光部分 (屋顶透光部分面积≤20%)	≤2.0	≤2.2	≤2.5	≤3.0	≤4.0	≤0.44	≤0.35	≤0.30

注：本表摘自《公共建筑节能设计标准》(GB 50189—2015)。

表 6-5　居住建筑不同气候区屋面的传热系数和热惰性指标限值

气候分区	传热系数 K[W/(m²·K)]		
	≤3 层建筑	4~8 层建筑	≥9 层建筑
严寒（A）区	0.20	0.25	0.25
严寒（B）区	0.25	0.30	0.30
严寒（C）区	0.30	0.40	0.40

气候分区		传热系数 $K[W/(m^2 \cdot K)]$		
		≤3层建筑	4~8层建筑	≥9层建筑
寒冷（A）区		0.35	0.45	0.45
寒冷（B）区		0.35	0.45	0.45
夏热冬冷地区	体型系数≤0.4	$D≤2.5，K≤0.8；D>2.5，K≤1.0$		
	体型系数>0.4	$D≤2.5，K≤0.5；D≤2.5，K≤0.6$		
夏热冬暖地区		$0.4<K≤0.9；D≥2.5$		
		$K≤0.4$		
备注	居住建筑屋面的传热系数和热惰性指标，应根据建筑所处城市的气候分区区属，符合该表的规定 夏热冬冷地区居住建筑屋面若传热系数 K 值满足要求，而热惰性指标 $D≤2.0$ 时，应按照现行国家标准《民用建筑热工设计规范》（GB 50176）进行隔热设计验算 夏热冬暖地区居住建筑 $D<2.5$ 的轻质屋顶，还应满足现行国家标准《民用建筑热工设计规范》（GB 50176）所规定的隔热要求			

注：本表摘自《严寒和寒冷地区居住建筑节能设计标准》（JGJ 26—2010）、《夏热冬冷地区居住建筑节能设计标准》（JGJ 134—2010）、《夏热冬暖地区居住建筑节能设计标准》（JGJ 75—2012）。

　　常用平屋面保温层的厚度及性能参见表3-14；常用种植平屋面保温层的厚度及性能见表3-15；常用蓄水屋面保温层的厚度及性能见表3-16；常用坡屋面保温层的厚度及热工性能参见表3-28。

　　保温层厚度的设计应根据地区的气候条件、使用要求、选用的保温材料，并根据所在地区按现行建筑节能设计标准，通过计算确定。

　　保温层的厚度可按下式计算：

$$\delta_x = \lambda_x(R_{0,min} - R_i - R - R_e) \tag{6-1}$$

式中　δ_x——所求保温厚度（m）；

　　　λ_x——保温材料的导热系数 $[W/(m \cdot K)]$；

　　$R_{0,min}$——屋盖系统的最小传热阻$(m^2 \cdot K/W)$；

　　　R_i——内表面换热阻$(m^2 \cdot K/W)$，取 $0.11(m^2 \cdot K/W)$；

　　　R——除保温层外，屋盖系统材料层热阻$(m^2 \cdot K/W)$；

　　　R_e——外表面换热阻$(m^2 \cdot K/W)$，取 $0.04(m^2 \cdot K/W)$；

　　屋盖系统的最小传热阻可按下式计算：

$$R_{0,min} = \frac{(t_i - t_e)n}{[\Delta t]}R_i \tag{6-2}$$

式中　t_i——冬季室内计算温度(℃)。一般居住建筑，取 $t_i=18℃$；高级居住建筑、医疗和福利建筑、托幼建筑，取 $t=20℃$；工业企业辅助建筑应按现行国家标准《工业企业设计卫生标准》（GBZ 1)确定。

　　　t_e——围护结构冬季室外计算温度(℃)，应根据围护结构热惰性指标 D 值，按表6-6确定。

　　　n——温差修正系数，按表6-7确定。

　　　R_i——围护结构内表面换热阻$(m^2 \cdot K/W)$，取 $0.11(m^2 \cdot K/W)$。

　　　Δt——室内空气与围护结构内表面之间允许温差(℃)，按表6-8确定。

表6-6　围护结构冬季室外计算温度 t_e(℃)

类型	热惰性指标 D	T_e 的取值方法	类型	热惰性指标 D	T_e 的取值方法
Ⅰ	>6.0	$t_e=t_w$	Ⅲ	1.6~4.0	$T_e=0.3, t_w+0.7t_{e,min}$
Ⅱ	4.1~6.0	$t_e=0.6t_w+0.4t_{e,min}$	Ⅳ	≤1.6	$T_e=t_{e,min}$

注：1. t_w 和 $t_{e,min}$ 分别为采暖室外计算温度和累年最低的一个日平均温度。

　　2. 对于实心砖墙，当 $D≤6.0$ 时，其冬季室外计算温度均按Ⅱ型取值。

　　3. 冬季室外计算温度 t_e 均取整数值。

表 6-7　温度修正系数 n 值

序号	围护结构及其所处情况	n
1	外墙，平屋顶及直接接触外空气的楼板等	1.00
2	带通风间的平屋顶，坡屋顶闷顶及与室外空气相通的不采暖地下室上面的楼板等	0.90
3	与有外墙的不采暖楼梯间相邻的隔墙： 　多层建筑物的底层部分 　多层建筑的顶层部分 　高层建筑的底层部分 　高层建筑的顶层部分	0.80 0.40 0.70 0.30
4	不采暖地下室上面的楼板： 　当外墙有窗户时 　当外墙上无窗户且位于室外地坪以上时 　当外墙上无窗户且位于室外地坪以下时	0.75 0.60 0.40
5	与有窗户的不采暖房间相邻的隔墙 与无窗户的不采暖房间相邻的隔墙	0.70 0.40
6	与有采暖管道的设备层相邻的顶板 与有采暖管道的设备层相邻的楼板	0.30 0.40
7	伸缩缝、沉降缝墙 抗震缝墙	0.30 0.40

表 6-8　室内空气与围护结构内表面之间允许温差 $\Delta t(℃)$

序号	建筑物和房间类型	外墙	平屋顶和闷顶楼板
1	居住建筑、医院和幼儿园等	6	4
2	办公楼，学校和门诊部等	6	4.5
3	公共建筑（除上述指明者外）	7	5.5
4	室内温度为 12～24℃，相对湿度＞65% 的房间： 　当不允许外墙和顶棚内表面结露时 　仅当不允许顶棚内表面结露时	$t_i - t_d$ 7	$0.8(t_i - t_d)$ $0.9(t_i - t_d)$

注：1. 表中 t_i、t_d 分别为室内温度和露点温度。

　　2. 对于直接接触室外的楼板和不采暖地下室上面的楼板，当有人长期停留时，取 $\Delta t = 2.5℃$；当无人长期停留时，取 $\Delta t = 5℃$。

屋盖系统是由多种材料组合而成的，不同材料的导热系数，热阻也不相同，所以还应计算保温层外，屋面系统各层材料热阻之和 R 可按下式计算：

$$R = \delta_1/\lambda_1 + \delta_2/\lambda_2 + \cdots + \delta_n/\lambda_n \tag{6-3}$$

式中　　　　R——除保温层外，屋盖系统材料层热阻（m²·K/W）；

δ_1，δ_2，…，δ_n——各层材料层厚度（m）；

λ_1，λ_2，…，λ_n——各层材料的导热系数 [W/(m·K)]；

围护结构热惰性指标 D 值可按下述方法计算：

（1）单一材料层的 D 值按下式计算：

$$D = R \cdot S \tag{6-4}$$

式中　R——材料层的热阻（m²·K/W）；

S——材料的蓄热系数 [W/(m²·K)]。

（2）多层围护结构的 D 值应按下式计算：

$$D = D_1 + D_2 + \cdots + D_n = R_1 S_1 + R_2 S_2 + \cdots + R_n S_n \tag{6-5}$$

式中　R_1，$R_2 \cdots$，R_n——各层材料的热阻（$\mathrm{m^2 \cdot K/W}$）；

　　　$S1$，$S_2 \cdots$，S_n——各层材料的蓄热系数 $[\mathrm{W/(m^2 \cdot K)}]$。

3.保温材料的配合比及配制方法

保温材料的品种繁多，其配制方法各有不同。表 6-9 介绍了沥青膨胀珍珠岩板的配合比及配制方法。

表 6-9　沥青膨胀珍珠岩板的配合比及配制方法

材料名称	配合比（质量比）	每立方米用料		配制方法
		单位	数量	
膨胀珍珠岩沥青	1 0.7～0.8	m³ kg	1.84 128	1. 将膨胀珍珠岩散料倒在锅内不断翻动，预热至 100～120℃，然后倒入已熬化的沥青中拌合均匀，沥青熬化温度不宜超过 200℃，拌合温度控制在 180℃以内 2. 将拌合物倒在铁板上，不断翻动，下降到成型温度 80～100℃ 3. 向钢模内撒滑石粉或用水泥袋做隔离层，将拌合物倒入钢模内压料成型

4.板状材料保温层的设计

板状保温材料适用于带有一定坡度的屋面。由于是事先加工预制，一般含水率较低，所以不仅保温效果好，而且对柔性防水层质量的影响小。低吸水率保温材料适用于整体封闭式保温层。

板状材料保温层所使用的主要材料有水泥膨胀蛭石板、水泥膨胀珍珠岩板、沥青膨胀蛭石板、沥青膨胀珍珠岩板、加气混凝土、泡沫混凝土、矿棉、岩棉板、聚苯板、聚氯乙烯泡沫塑料板、聚氨酯泡沫塑料板等。

板状保温材料屋面的构造及施工要点参见表 6-10。

表 6-10　板状保温材料屋面的构造及施工要点

类别	构造简图	施工要点
蛭石（珍珠岩）保温屋面	—油毡防水层 —1:3水泥砂浆找平层 —预制水泥（沥青）蛭石板或珍珠岩板 —钢筋混凝土层	基层清扫干净后，先刷1:1水泥蛭石（或珍珠岩）浆一道，以保证粘贴牢固 板状隔热保温层的胶结材料应与找平层所用材料一致，粘铺完后立即做好找平层，使之形成整体，防止雨淋受潮
预制珍珠岩板（下贴式）保温屋面	—防水层 —找平层 —钢筋混凝土基层 —预制珍珠岩板	先将珍珠岩板（或其他无机材料板材）铺平，再在其表面刷水泥与同类板材碎屑浆一道（比例为1:1），然后支模灌注混凝土

续表

类别	构造简图	施工要点
聚苯乙烯板保温屋面	防水层 找平层 找坡层 保温层（50mm聚苯乙烯板） 结构层	预制板安装完毕，用微膨胀细石混凝土灌缝，缝内混凝土强度达到设计要求后，方可继续施工 保温层直接铺贴在结构层上，为防止聚苯乙烯板在做找坡层时错位，应将聚苯乙烯板粘于结构层上 找坡层是直接在聚苯乙烯板上铺1∶6水泥焦渣，平均厚度在100mm，最薄处不应小于30mm，并应振捣密实，表面抹光 防水层一般为防水卷材和防水涂料
	保护层 保温层 防水层 结合层 找平层 找坡层	保护层可采用1∶3水泥砂浆30mm厚，或铺300mm×300mm×30mm预制素混凝土块 保温层可采用聚苯乙烯板或再生聚苯乙烯板，厚度按各地热工要求而定，一般为50mm 防水层采用防水卷材，也可采用防水涂料 结合层采用刷冷底子油一道 找平层采用20mm厚1∶3水泥砂浆，找坡层采用炉渣混凝土或水泥珍珠岩砂浆找坡，坡度不小于3%

5. 整体现浇保温层的设计

整体现浇（喷）保温层主要有现浇沥青膨胀珠岩、现浇沥青膨胀蛭石、现浇泡沫混凝土、喷涂硬泡聚氨酯等。整体现浇保温层的构造主要由防水层、砂浆找平层、现浇（喷）保温层所组成，详见图6-3。

6. 排汽空铺屋面的设计

排汽空铺屋面是指在保温层和找平层中设置排汽槽和排汽孔的一类屋面，其目的是防止基层水分受热产生的水蒸气使防水层产生空鼓现象而破换防水层的质量。排汽空铺屋面按排汽槽和排汽孔的位置不同可分为以下几种构造形式：

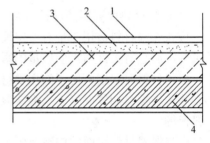

图6-3 整体现浇保温屋面构造示意图
1—防水层；2—砂浆找平层；
3—现浇（喷）保温层；4—结构层；

（1）架空屋面排汽式。当屋面有保温层时，可做成预制板找平层架空式或双层屋面板架空式，架空部分起隔热和排汽孔可在屋脊处每隔30～40m² 设一个，待2～3年后保温层中多余水分排出，可将排汽孔堵住。其构造形式参见图6-4。

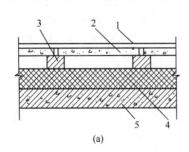 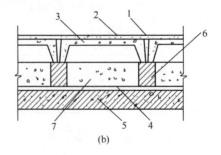

(a) (b)

图6-4 架空排汽式屋面示意图
（a）预制板找平层架空屋面
1—卷材防水层；2—预制平板找平层；
3—砖或混凝土垫块；4—隔热层；5—结构层
（b）双层屋面板架空屋面
1—卷材防水层；2—找平层；3—槽形板
4—隔汽层；5—结构层；6—砖墙；7—炉渣

（2）找平层排汽式。当有保温层时，可沿屋架或屋面梁的位置，在保温层的找平层上每隔 1.5～2.0mm 留设 30～40mm 宽的排汽槽，并在屋脊处设排汽干道和排汽孔，跨度不大时，也可在檐口设排汽孔，使排汽槽和外界连通。其构造形式参见图 6-5。

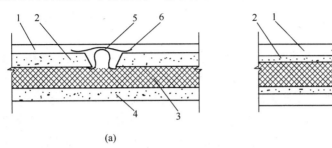

图 6-5　找平层排汽屋面示意图

（a）现浇结构层；（b）预制板结构层

1—防水层；2—找平层；3—保温层；4—结构层；

5—Ω形油毡条；6—油毡条点贴；7—排汽槽

（3）保温层排汽式。在保温层中，与山墙平行每隔 4～6m 留一道 4～6cm 宽的排汽槽，排汽槽中可放一些松散的大粒径炉渣等，并通过檐口处的排汽孔与大气连通。当屋面跨度较大时，还宜在屋脊处设排汽干道和排汽孔。其构造形式参见图 6-6。

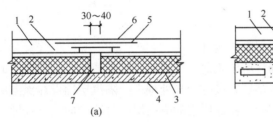

图 6-6　保温层排汽屋面示意图

1—防水层；2—找平层；3—保温层；4—结构层；5—油毡层；6—油毡条点贴；7—排汽槽

（4）排汽屋面的细部构造。屋面的排汽出口应埋设排汽管，排汽管宜设置在结构层上，穿过保温层及排汽道的管壁四周应打排汽孔，排汽管应做防水处理，参见图 6-7 和图 6-8。

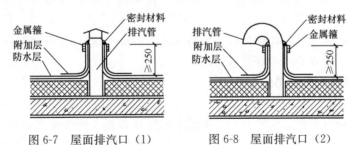

图 6-7　屋面排汽口（1）　　图 6-8　屋面排汽口（2）

7. 屋面隔热层构造的设计要点

屋面隔热层设计应根据地域、气候、屋面形式、建筑环境、使用功能等条件，采取种植架空和蓄水等隔热措施。

架空屋面宜在屋顶通风良好的建筑物上采用，不宜在寒冷地区采用；蓄水屋面不宜在寒冷地区、地震设防地区和振动较大的建筑物上采用；种植屋面应根据地域、气候、建筑环境、建筑功能等条件，选择相适应的屋面构造形式。

（1）种植屋面隔热层的设计详见 7.3 节。

（2）架空隔热层的设计应符合以下规定：①当采用混凝土板架空隔热层时，屋面坡度不宜大于5％；②架空隔热制品及其支座的质量应符合国家现行有关材料标准的规定；③架空隔热层的高度宜为180～300mm，架空板与女儿墙的距离不应小于250mm；④当屋面宽度大于10m时，架空隔热层中部应设置通风屋脊；⑤架空隔热层的进风口，宜设置在当地炎热季节最大频率风向的正压区，出风口宜设置在负压区。

（3）蓄水隔热层的设计应符合以下规定：①蓄水隔热层的蓄水池应采用强度等级不低于C5、抗渗等级不低于P6的现浇混凝土，蓄水池内宜采用20mm厚防水砂浆抹面；②蓄水隔热层的排水坡度不宜大于0.5％；③蓄水隔热层应划分为若干蓄水区，每区的边长不宜大于10m，在变形缝的两侧应分成两个互不连通的蓄水区，长度超过40m的蓄水隔热层应分仓设置，分仓隔墙可采用现浇混凝土或砌体；④蓄水池应设溢水口、排水管和给水管，排水管应与排水出口连通；⑤蓄水池的蓄水深度宜为150～200mm；⑥蓄水池溢水口距分仓墙顶面的高度不得小于100mm；⑦蓄水池应设置人行通道。

6.1.3 屋面保温层和隔热层的施工

严寒和寒冷地区屋面热桥部位，应按设计要求采取节能保温等隔断热桥措施。

保温层的施工环境温度应符合以下规定：①干铺的保温材料可在负温度下施工；②采用水泥砂浆粘贴的板状保温材料不宜低于5℃；③喷涂硬质聚氨酯泡沫塑料宜在15～35℃，空气相对湿度宜小于85％，风速不宜大于三级的环境条件下进行施工；④现浇泡沫混凝土宜为5～35℃。

6.1.3.1 隔汽层和排汽层的施工

1. 隔汽层的施工要点

隔汽层的设计见3.2.4节屋面各构造层次的设计。

隔汽层的施工应符合下列规定：①隔汽层施工前，应对基层进行清理，结构层上的松散杂物应清理干净，凸出基层表面的硬物应剔平扫净，基层宜进行找平处理；②隔汽层铺设在保温层之下，可采用一般的防水卷材或涂料，其做法与防水层相同，屋面周边的隔汽层应沿墙面向上连续铺设，高出保温层上表面不得小于150mm；③采用卷材做隔汽层时，卷材宜空铺，卷材的搭接缝应满粘，其搭接宽度不应小于80mm；采用涂膜做隔汽层时，涂料涂刷应均匀，涂层不得有堆积、起泡和露底现象；④凡穿过隔汽层的管道周围应进行密封处理。

2. 排汽层的施工要点

屋面排汽构造的施工要点如下：①排汽道及排汽孔的设置应符合6.1.2节1（6）的有关规定；②排汽道应与保温层连通，排汽道内可填入透气性好的材料；③施工时，排汽道及排汽孔均不得被堵塞；④屋面纵横排汽道的交叉处可埋设金属或塑料排汽管，排汽管道设置在结构层上，穿过保温层及排汽道的管壁四周应打孔，排汽管应做好防水处理。

6.1.3.2 板状（块体）保温层的施工

1. 常用的板状保温材料

常用的板状保温材料有水泥膨胀蛭石板、水泥膨胀珍珠岩板、沥青膨胀珍珠岩板、加气混凝土板、泡沫混凝土板、矿棉、岩棉板、聚苯板、聚氯乙烯泡沫塑料板、聚氨酯泡沫塑料板、泡沫玻璃等。

2. 板状材料保温层铺设的要求

（1）板状材料保温层的基层应平整、干燥和干净。

（2）板状保温材料应紧靠在需保温的基层表面上，并应铺平垫稳。

（3）分层铺设的板块上下层接缝应相互错开，板间缝隙应采用同类材料嵌填密实。

（4）采用干铺法施工时，板状保温材料应紧靠在需保温的基层表面上，并应铺平垫稳。分层铺设的块体上下层接缝应相互错开，接缝处应用同类材料碎屑填嵌密实。

（5）采用粘结法施工时，板状保温材料应贴严、铺平、粘牢，在胶粘剂固化之前，不得上人踩踏。粘贴所使用的胶粘剂应与保温材料的材性相容。分层铺设的板块上下层接缝应相互错开。板缝间或缺角处应采用同类材料填补严密。相邻板块应错缝拼接。

（6）用玛蹄脂及其他胶结材料粘贴时，板状保温材料相互之间及基层之间应满涂胶结材料，以便互相粘牢。玛蹄脂的加热不应高于240℃，使用温度不宜低于190℃；用水泥砂浆粘贴时，板间缝隙应用保温灰浆填实并勾缝。保温灰浆的配合比一般为1：1：10（水泥：石灰膏：同类保温材料的颗粒，体积比）。

（7）采用机械固定法施工时，固定件应固定在结构层上，固定件的间距应符合设计要求。

（8）干铺的保温层可在负温下施工，用沥青胶结材料粘贴的板状材料，可在气温低于−20℃时施工；用水泥砂浆铺贴的板状材料，可在气温不低于5℃时施工，如气温低于上述温度，应采取保温措施。

（9）粘贴的板状保温材料应贴严、粘牢。

板状保温材料屋面是指用泡沫混凝土板、矿物棉板、蛭石板、有机纤维板、木丝板等铺设而成的屋面。板状保温材料屋面的构造及施工要点见表6-10。

6.1.3.3 纤维材料保温层的施工

纤维材料保温层可分为板状和毡状两种。板状纤维保温材料多应用于金属压型板上面，常采用螺钉和垫片将保温板与压型板固定，其固定点应设在压型板的波峰上。毡状纤维保温材料若应用于混凝土基层上面时，常采用塑料钉先与基层粘牢固定，然后再放入保温毡，最后将塑料垫片与塑料钉端进行热熔焊接；毡状纤维保温材料若应用于金属压型板下面时，常采用不锈钢丝或铝板制成的承托网，将保温毡兜住并与檩条固定。

纤维材料保温层的施工应符合以下规定：①基层应平整、干燥、干净；②纤维保温材料的压缩强度很小，是无法与板状保温材料相提并论的，故其在施工时，应避免重压，并应采取防潮措施；③纤维保温材料铺设时，平面拼接缝应贴紧，上下层拼接缝应相互错开；④屋面坡度较大时，纤维保温材料宜采用机械固定法施工；⑤在铺设纤维保温材料时，应做好劳动保护工作。

6.1.3.4 整体现浇保温层的施工

水泥膨胀蛭石、水泥膨胀珍珠岩现浇保温层，由于施工时须加入大量的水来进行拌合，而其中的水分难以排除，常常导致防水层起鼓，降低了防水层的使用寿命，现已被淘汰。目前推广使用喷涂硬泡聚氨酯保温层、现浇泡沫混凝土保温层等，其中喷涂硬泡聚氨酯保温层尤其适用于屋面表面形式较复杂，或预埋件、支腿等较多的屋面工程。对于较小的屋面需要进行冬期施工时，还可采用现浇沥青膨胀蛭石、现浇沥青膨胀珍珠岩作为屋面保温层。

整体现浇沥青膨胀蛭石、现浇沥青膨胀珍珠岩保温层的施工要点如下：

（1）热沥青玛蹄脂的加热温度和使用温度与石油沥青低胎油毡施工方法中的熬制温度与使用温度相同。沥青膨胀珍珠岩所用的沥青宜采用10号建筑石油沥青。铺设前，将膨胀蛭石或膨胀珍珠岩在100～120℃的温度范围内进行预热，使其干燥并有利于粘结。

（2）沥青膨胀珍珠岩、沥青膨胀蛭石的搅拌。沥青膨胀珍珠岩、沥青膨胀蛭石在和热沥青玛蹄脂或冷沥青玛蹄脂拌合时黏性很大，不易搅拌均匀。所以，不采用人工搅拌，而应采用机械搅拌，搅拌的色泽应均匀一致，无沥青团。

（3）沥青膨胀珍珠岩、沥青膨胀蛭石的铺设厚度。沥青膨胀蛭石、沥青膨胀珍珠岩的铺设压实程度应根据试验确定，铺设的厚度应符合设计要求。施工前，用水平仪找好坡度，并做出标志；铺设时，用铁滚子反复滚压至设计规定的厚度；最后用木抹子找平抹光，使保温层表面平整。

6.1.3.5 架空隔热屋面的施工

架空隔热屋面的施工要点如下：

（1）架空隔热屋面的坡度不宜大于5%，架空隔热屋面的架空高度应按照屋面宽度或坡度的大小来确定，若设计尚无要求，一般以100～300mm为宜。

（2）架空墩砌成条形，成为通风道，不让风产生紊流，屋面过大，宽度超过10m时，则应在屋脊处开孔架高，形成中部通风孔，称为通风屋脊。

（3）架空隔热层的进风口，宜设置在当地炎热季节最大频率风向的正压区，出风口宜设置在负压区。

（4）架空隔热层在施工前，应将屋面清扫干净，并根据架空隔热制品的尺寸弹出支座中线。

（5）在架空隔热制品支座底面，应对卷材涂膜防水层采取加强措施，操作时不得损坏已完工的防水层。

（6）铺设架空隔热制品时，应随时清扫屋面防水层上的落灰、杂物等，保证架空隔热层气流畅通。

（7）架空隔热制品的铺设应平整、稳固，缝隙宜采用水泥砂浆或混合砂浆勾填密实，并应按设计要求留变形缝。

（8）架空隔热板距女儿墙不小于250mm，以保证屋面胀缩变形的同时，防止堵塞和便于清理。

6.1.3.6 蓄水隔热屋面的施工

蓄水屋面可分为深蓄水屋面、浅蓄水屋面和种植蓄水屋面。深蓄水屋面蓄水深宜为500mm，浅蓄水屋面蓄水深宜为200mm，种植蓄水屋面一般在水深150～200mm的浅水中种植浮萍、水浮莲等。蓄水屋面具有良好的保温隔热效果。

蓄水屋面的防水层，应采用耐腐蚀、耐霉烂的涂料或卷材，最佳方案应是涂膜防水层和卷材防水层的复合，然后在防水层上浇筑配筋防水混凝土底板层，防水层与底板层之间应设置隔离层，蓄水屋面的基本构造参见图6-9，其细部构造参见图6-10和图6-11。

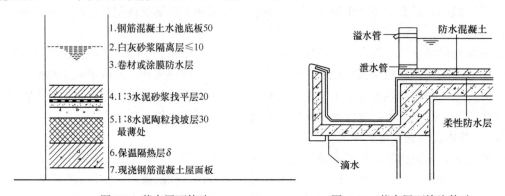

图6-9 蓄水屋面构造　　　　图6-10 蓄水屋面檐沟构造

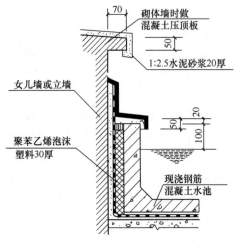

图6-11 女儿墙泛水

蓄水屋面的施工要点如下：

（1）蓄水屋面预埋管道及孔洞应在浇筑混凝土底板前预埋牢固和预留孔洞，不得事后打孔凿洞，所设置的溢水管、排水管和给水管等均应在混凝土施工前安装完毕。

（2）每个蓄水区的防水混凝土应一次浇筑完毕，不得留置施工缝，蓄水池的防水混凝土施工时，其环境气温宜为5～35℃，并应避免在冬期和高温期施工。

（3）蓄水池的防水混凝土必须机械搅拌，机械振捣，随捣随抹，抹压时不得洒水、撒干水泥或加水泥浆，混凝土收水后应进行二次压光，及时养护。

（4）蓄水池的防水混凝土养护时间不得少于14d，如放水养护应结合蓄水，不得再使之干涸。

（5）蓄水池的溢水口标高、数量、尺寸应符合设计要求，过水孔应设在分仓墙底部，排水管应与水落管连通。

6.2 倒置式屋面

倒置式屋面是指将保温层设置在防水层之上的一类屋面。众所周知，对保温卷材屋面的做法，一般是在结构基层上先做保温层，然后再做找平层和卷材或涂膜防水层，这种做法的卷材屋面，由于油毡防水层受到外界大气和温度的影响很大，容易产生防水层开裂、渗漏水，同时沥青胶结材料容易老化，防水层使用年限缩短。倒置式屋面与传统的卷材防水屋面构造相反，保温层不是设在卷材防水层的下面，而是设在卷材防水层的上面，故称"倒置式屋面"。倒置式屋面现已发布行业标准《倒置式屋面工程技术规程》（JGJ 230—2010）。

倒置式屋面的优点是：①延缓卷材防水层老化　倒置式屋面防水层由于受保温层的覆盖，避免了太阳光紫外线的直接照射，降低了表面温度，防止磨损和暴雨的冲刷，延缓了老化。②加速屋面内部水和水蒸气的蒸发。保温层屋面可做成排水坡度，雨水可自然排走，因此侵入屋面内部体系的水和水蒸气可通过多孔保温材料蒸发掉，不至于在冬季时产生冻结现象。

6.2.1　倒置式屋面的构造

倒置式屋面的基本构造是由结构层、找坡层、找平层、防水层、保温层以及保护层等组成的，见图6-12。

1. 结构层

倒置式屋面的结构层宜采用现浇钢筋混凝土。

2. 找坡层

为了保证屋面排水的畅通，倒置式屋面的坡度不宜小于3%，屋面找坡层宜采用结构找坡，屋面单向坡度＞9m时，应采用结构找坡层，且其坡度应≥3%。当倒置式屋面的坡度大于3%时，则应在结构层上采取防止防水层和保温层以及保护层下滑的措施，尤其是在坡度大于10%时，则应当在沿垂直于坡度的方向设置防滑条，防滑条应与结构层可靠连接。

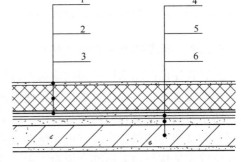

图6-12　倒置式屋面的基本构造
1—保护层；2—保温层；3—防水层；
4—找平层；5—找坡层；6—结构层

当采用材料找坡时，其坡度宜为3%，最薄处厚度不小于30mm，材料可选用轻质材料或保温材料。

3. 找平层

倒置式屋面在防水层下面应设置找平层。采用结构找坡的屋面，可采用原浆将结构面抹平、压光即可；采用材料找坡的屋面，则可采用水泥砂浆或细石混凝土找平层作为防水层的基层、其厚度宜为15～40mm。

若采用水泥砂浆做找平层，宜采用掺抗裂纤维或EVA、丙烯酸等聚合物水泥砂浆，抗裂纤维的掺量一般为0.7～1.2kg/m³，聚合物固体成分掺量应为水泥质量的3%，即当聚合物乳液的固体含量为50%时，乳液的掺量应为水泥质量的6%。也可以在水泥砂浆中配置耐碱玻纤网格布，这样可以使水泥砂浆的厚度减至5～10mm。

找平层应设置分格缝，缝宽宜为10～20mm，纵横缝的间距不宜大于6m，纵横缝应采用密封材料嵌填。

在凸出屋面结构的交接处以及基层的转角处，均应做成圆弧形，圆弧的半径应不宜小于130mm。

4. 防水层

根据在倒置式屋面中，雨水在保温层和防水层之间滞留时间较长的具体情况，防水层材料应选用有一定厚度，具有足够的耐穿刺性，耐霉烂，耐腐蚀性能好，适度基层变形能力优良、延伸性能好、接缝密封性能好，具有满足施工要求强度的柔性防水材料。由于在倒置式屋面中，防水层是长期在正温下工作的，其耐高温、低温柔性、耐紫外线能力则可以低一些，根据倒置式屋面的特点选择适当的防水材料，则可以提高防水层的经济性。防水材料的选用应符合现行国家标准《屋面工程技术规范》（GB 50345）的规定。

倒置式屋面的防水层宜采用涂料与卷材复合的柔性防水层，如采用 0.5～1mm 厚的聚氨酯防水涂料与 1～2mm 厚的再生橡胶防水卷材复合使用，涂膜层既是无接缝的防水层，又是防水卷材的粘结层，也可以采用聚合物改性沥青防水涂料和再生橡胶卷材复合。防水卷材如果采用合成高分子材料（如三元乙丙防水卷材、氯化聚乙烯防水卷材等）则更佳。

5. 保温层

倒置式屋面的保温层必须采用低吸水率（体积吸水率≤3%）且可以长期浸水不腐烂的保温材料，导热系数≤0.080W/(m·K)，压缩强度或抗压强度不应小于 150kPa。如干铺或粘贴挤压式聚苯乙烯泡沫塑料板（挤塑板）、泡沫玻璃保温板、硬质聚氨酯泡沫塑料板、硬质聚氨酯泡沫塑料防水保温复合板等板状保温材料，也可采用现喷硬质聚氨酯泡沫塑料。保温板的厚度应根据材料的导热系数由设计来决定，但不得小于 25mm。

6. 保护层

为了避免保温层直接暴露在外面而导致材料老化、机械损坏或者泡水后上浮，倒置式屋面的保温层上应设置保护层，保护层可根据需要选用细石混凝土、水泥砂浆、卵石、块体材料（如地砖、混凝土板材、金属板材等）以及人造草皮、种植植物等材料，但在选材时必须核算保护层的重量，使其应大于轻质保温层的浮力，以免保温材料被冲走，也可以先将保温材料粘于防水层上，再做覆盖层。

6.2.2 倒置式屋面的组成材料

倒置式屋面的防水层材料的耐久性应符合设计要求；保温层应选用表观密度小、压缩强度大、导热系数小、吸水率低的保温材料，不得使用松散保温材料。

防水材料和保温材料均应具有出厂合格证、质量检验报告和现场见证取样复验报告。倒置式屋面防水材料和试验方法应符合现行国家标准《屋面工程技术规范》（GB 50345）的相关规定；防水材料现场抽样检验应按现行国家标准《屋面工程质量验收规范》（GB 50207）的相关规定执行。倒置式屋面保温材料和试验方法标准应按表 6-11 的规定选用；保温材料现场抽样检验应符合表 6-12 的规定。

表 6-11　倒置式屋面保温材料和试验方法标准　JGJ 230—2010

类　别	标准名称	标准号
保温材料	绝热用挤塑聚苯乙烯泡沫塑料（XPS）	GB/T 10801.2
	绝热用模塑聚苯乙烯泡沫塑料	GB/T 10801.1
	喷涂聚氨酯硬泡体保温材料	JC/T 998
	建筑绝热用硬质聚氨酯泡沫塑料	GB/T 21558
	泡沫玻璃绝热制品	JC/T 647
试验方法	硬质泡沫塑料　压缩性能的测定	GB/T 8813
	绝热材料稳态热阻及有关特性的测定　防护热板法	GB/T 10294
	硬质泡沫塑料吸水率的测定	GB/T 8810
	泡沫塑料及橡胶　表观密度的测定	GB/T 6343
	硬质泡沫塑料　尺寸稳定性试验方法	GB/T 8811
	建筑材料及制品燃烧性能分级	GB 8624
	无机硬质绝热制品试验方法	GB/T 5486
	硬质泡沫塑料拉伸性能试验方法	GB/T 9641
	硬质泡沫塑料水蒸气透过性能的测定	QB/T 2411

表 6-12　保温材料现场抽样检验　JGJ 230—2010

序号	材料名称	现场抽样数量	外观质量检验	物理性能检验
1	挤塑型聚苯乙烯泡沫塑料板	同一生产厂家、同一品种、同一批号且不超过 200m³ 的产品为一批，每批抽样不少于一次	外形基本平整，无严重凹凸不平；厚度允许偏差为 5%，且不大于 4mm	导热系数、表观密度、压缩强度、燃烧性能、吸水率、尺寸稳定性
2	模塑型聚苯乙烯泡沫塑料板	同一生产厂家、同一品种、同一批号且不超过 200m³ 的产品为一批，每批抽样不少于一次	外形基本平整，无严重凹凸不平；厚度允许偏差为 5%，且不大于 4mm	导热系数、表观密度、压缩强度、燃烧性能、吸水率、尺寸稳定性
3	喷涂硬泡聚氨酯	按喷涂面积，500m² 以下取一组，500~1000m² 取两组，1000m² 以上每 1000m² 取一组	表面平整，无破损、脱层、起鼓、孔洞及缝隙，厚度均匀一致	导热系数、表观密度、压缩强度、燃烧性能、吸水率、尺寸稳定性
4	硬泡聚氨酯板	同一生产厂家、同一品种、同一批号且不超过 200m³ 的产品为一批，每批抽样不少于一次	外形基本平整，无严重凹凸不平；厚度允许偏差为 5%，且不大于 4mm	导热系数、表观密度、压缩强度、燃烧性能、吸水率、尺寸稳定性
5	泡沫玻璃	同一生产厂家、同一品种、同一批号且不超过 200m³ 的产品为一批，每批抽样不少于一次	外形基本平整，无严重凹凸不平；厚度允许偏差为 5%，且不大于 4mm	导热系数、表观密度、压缩强度、燃烧性能、吸水率、尺寸稳定性
6	屋面复合保温板	同一生产厂家、同一品种、同一批号且不超过 200m³ 的产品为一批，每批抽样不少于一次	表面洁净光滑、色彩一致、无松散颗粒，尺寸准确、缺棱掉角不超过 1 个、平面弯曲不得大于 3mm、无裂纹	导热系数、表观密度、压缩强度、燃烧性能、吸水率、尺寸稳定性

防水材料和保温材料应符合国家现行相关标准对有限物质限量的规定，不得对周围环境造成污染。

1. 防水材料

防水材料的物理性能和外观质量应符合现行国家标准《屋面工程技术规范》（GB 50345）的规定。防水材料的厚度应符合设计要求。

2. 保温材料

倒置式屋面的保温材料可选用挤塑聚苯乙烯泡沫塑料板、模塑聚苯乙烯泡沫塑料板、喷涂硬泡聚氨酯、硬泡聚氨酯板、硬泡聚氨酯防水保温复合板、泡沫玻璃保温板、屋面复合保温板等。

保温材料的性能应符合下列规定：①导热系数不应大于 0.080W/(m·K)；②使用寿命应满足设计要求；③压缩强度或抗压强度不应小于 150kPa；④体积吸水率不应大于 3%；⑤对于屋顶基层采用耐火极限不小于 1.00h 的不燃烧体的建筑，其屋顶保温材料的燃烧性能不应低于 B_2 级，其他情况，保温材料的燃烧性能不应低于 B_1 级。

（1）保温材料的物理性能要求。

1）挤塑聚苯乙烯泡沫塑料板（XPS）是以聚苯乙烯树脂或其共聚物为主要成分，添加少量添加剂，通过加热挤塑成型的一类具有闭孔结构的硬质泡沫塑料板，其主要物理性能应符合表 6-13 的规定。

2）模塑聚苯乙烯泡沫塑料板（EPS）是采用可发性聚苯乙烯珠粒经加热预发泡后，在模具中加热成型的一类具有闭孔结构的泡沫塑料板，其主要物理性能应符合表 6-14 的规定，其吸水率应符合设计要求。

表 6-13　挤塑聚苯乙烯泡沫塑料板主要物理性能　JGJ 230—2010

试验项目	性能指标				试验方法
	X150	X250	X350	X600	
压缩强度(kPa)	≥150	≥250	≥350	≥600	现行国家标准《硬质泡沫塑料 压缩性能的测定》(GB/T 8813)
导热系数(25℃) [W/(m·K)]	≤0.030	≤0.030	≤0.030	≤0.030	现行国家标准《绝热材料稳态热阻及有关特性的测定 防护热板法》(GB/T 10294)
吸水率(V/V,%)	≤1.5	≤1.0	≤1.0	≤1.0	现行国家标准《硬质泡沫塑料 吸水率的测定》(GB/T 8810)
表观密度(kg/m³)	≥20	≥25	≥30	≥40	现行国家标准《泡沫塑料及橡胶 表观密度的测定》(GB/T 6343)
尺寸稳定性 (70℃,48h,%)	≤1.5	≤1.5	≤1.5	≤1.5	现行国家标准《硬质泡沫塑料 尺寸稳定性试验方法》(GB/T 8811)
水蒸气渗透系数 [23℃,RH50%, ng/(m·s·Pa)]	≤3.5	≤3	≤3	≤2	现行行业标准《硬质泡沫塑料水蒸气透过性能的测定》(QB/T 2411)
燃烧性能等级	不低于 B₂ 级				现行国家标准《建筑材料及制品燃烧性能分级》(GB 8624)

表 6-14　模塑聚苯乙烯泡沫塑料板主要物理性能　JGJ 230—2010

试验项目	性能指标				试验方法
	Ⅲ型	Ⅳ型	Ⅴ型	Ⅵ型	
压缩强度 (kPa)	≥150	≥200	≥300	≥400	现行国家标准《硬质泡沫塑料 压缩性能的测定》(GB/T 8813)
导热系数(25℃) [W/(m·K)]	≤0.039	≤0.039	≤0.039	≤0.039	现行国家标准《绝热材料稳态热阻及有关特性的测定 防护热板法》(GB/T 10294)
吸水率(V/V,%)	≤2.0	≤2.0	≤2.0	≤2.0	现行国家标准《硬质泡沫塑料吸水率的测定》(GB/T 8810)
表观密度(kg/m³)	≥30	≥40	≥50	≥60	现行国家标准《泡沫塑料及橡胶 表观密度的测定》(GB/T 6343)
尺寸稳定性 (70℃,48h,%)	≤1.5	≤1.5	≤1.5	≤1.5	现行国家标准《硬质泡沫塑料 尺寸稳定性试验方法》(GB/T 8811)
水蒸气渗透系数 [23℃,RH50%, ng/(m·s·Pa)]	4.5	4	3	2	现行行业标准《硬质泡沫塑料水蒸气透过性能的测定》(QB/T 2411)
燃烧性能等级	不低于 B2 级				现行国家标准《建筑材料及制品燃烧性能分级》(GB 8624)

3）喷涂硬泡聚氨酯是指在施工现场使用专用喷涂设备连续多遍喷涂发泡聚氨酯形成的一类硬质泡沫体，其主要物理性能应符合表 6-15 的规定。

表 6-15　喷涂硬泡聚氨酯主要物理性能　JGJ 230—2010

试验项目	性能指标			试 验 方 法
	Ⅰ型	Ⅱ型	Ⅲ型	
表观密度 (kg/m³)	≥35	≥45	≥55	现行国家标准《泡沫塑料及橡胶 表观密度的测定》(GB/T 6343)
导热系数[W/(m·K)]	≤0.024	≤0.024	≤0.024	现行国家标准《绝热材料稳态热阻及有关特性的测定 防护热板法》(GB/T 10294)

续表

试验项目	性能指标			试 验 方 法
	Ⅰ型	Ⅱ型	Ⅲ型	
压缩强度（kPa）	≥150	≥200	≥300	现行国家标准《硬质泡沫塑料 压缩性能的测定》（GB/T 8813）
断裂延伸率（%）	≥7.0			现行国家标准《硬质泡沫塑料 拉伸性能试验方法》（GB/T 9641）
不透水性 （无结皮，0.2MPa，30min）	—	不透水	不透水	现行国家标准《硬泡聚氨酯保温防水工程技术规范》（GB 50404）
尺寸稳定性 （70℃，48h，%）	≤1.5	≤1.5	≤1.0	现行国家标准《硬质泡沫塑料 尺寸稳定性试验方法》（GB/T 8811）
吸水率（V/V，%）	≤3.0	≤2.0	≤1.0	现行国家标准《硬质泡沫塑料吸水率的测定》（GB/T 8810）
燃烧性能等级	不低于 B₂ 级			现行国家标准《建筑材料及制品燃烧性能分级》（GB 8624）

4）硬泡聚氨酯板是指在工厂生产的一类硬泡聚氨酯制品，其通常分为不带面层的硬泡聚氨酯板和双面复合增强材料的硬泡聚氨酯复合板。硬泡聚氨酯板的主要物理性能应符合表 6-16 的要求。

表 6-16 硬泡聚氨酯板主要物理性能 JGJ 230—2010

试验项目	性能指标		试 验 方 法
	A 型	B 型	
表观密度（kg/m³）	≥35	≥35	现行国家标准《泡沫塑料及橡胶 表观密度的测定》（GB/T 6343）
导热系数 [W/(m·K)]	≤0.024	≤0.024	现行国家标准《绝热材料稳态热阻及有关特性的测定 防护热板法》（GB/T 10294）
压缩强度（kPa）	≥150	≥200	现行国家标准《硬质泡沫塑料 压缩性能的测定》（GB/T 8813）
不透水性（无结皮， 0.2MPa，30min）	不透水	不透水	现行国家标准《硬泡聚氨酯保温防水工程技术规范》（GB 50404）
尺寸稳定性 （70℃，48h，%）	≤1.5	≤1.0	现行国家标准《硬质泡沫塑料 尺寸稳定性试验方法》（GB/T 8811）
芯材吸水率（V/V，%）	≤3.0	≤1.0	现行国家标准《硬质泡沫塑料吸水率的测定》（GB/T 8810）
燃烧性能等级	不低于 B₂ 级		现行国家标准《建筑材料及制品燃烧性能分级》（GB 8624）

5）硬泡聚氨酯防水保温复合板是指工厂生产的以硬泡聚氨酯为芯材，底层为易粘贴界面衬材，面层覆以防水卷材或涂膜，具有防水保温一体化功能的一类复合板。硬泡聚氨酯防水保温复合板的主要物理性能应符合表 6-17 的要求。

表 6-17 硬泡聚氨酯防水保温复合板主要物理性能 JGJ 230—2010

试验项目	性能指标	试 验 方 法
表观密度（kg/m³）	≥35	现行国家标准《泡沫塑料及橡胶 表观密度的测定》（GB/T 6343）
导热系数 [W/(m·K)]	≤0.024	现行国家标准《绝热材料稳态热阻及有关特性的测定 防护热板法》（GB/T 10294）
压缩强度（kPa）	≥200	现行国家标准《硬质泡沫塑料 压缩性能的测定》（GB/T 8813）
不透水性（无结皮， 0.2MPa，30min）	不透水	现行国家标准《硬泡聚氨酯保温防水工程技术规范》（GB 50404）
尺寸稳定性 （70℃，48h，%）	≤1.0	现行国家标准《硬质泡沫塑料 尺寸稳定性试验方法》（GB/T 8811）

试验项目	性能指标	试 验 方 法
芯材吸水率 (V/V,%)	≤1.0	现行国家标准《硬质泡沫塑料吸水率的测定》(GB/T 8810)
燃烧性能等级	不低于 B₂ 级	现行国家标准《建筑材料及制品燃烧性能分级》(GB 8624)
卷材或涂膜性能	满足现行国家标准《屋面工程技术规范》(GB 50345) 对防水材料的要求	

6)泡沫玻璃保温板的主要物理性能应符合表 6-18 的规定。泡沫玻璃是由碎玻璃，发泡剂、改性添加剂和发泡促进剂等，经过细粉碎和均匀混合、高温熔化、发泡、退火而制成的一类无机非金属玻璃材料。

表 6-18　泡沫玻璃保温板主要物理性能　JGJ 230—2010

试验项目	性能指标	试 验 方 法
表观密度（kg/m³）	≥150	现行国家标准《无机硬质绝热制品试验方法》(GB/T 5486)
导热系数[W/(m·K)]	≤0.062	现行国家标准《绝热材料稳态热阻及有关特性的测定　防护热板法》(GB/T 10294)
抗压强度（kPa）	≥400	现行国家标准《无机硬质绝热制品试验方法》(GB/T 5486)
吸水率（V/V,%）	≤0.5	现行国家标准《无机硬质绝热制品试验方法》(GB/T 5486)

7)屋面复合保温板的主要物理性能应符合表 6-19 的规定。

表 6-19　屋面复合保温板主要物理性能　JGJ 230—2010

试验项目	性能指标	试 验 方 法
表观密度（kg/m³）	≥180	现行国家标准《无机硬质绝热制品试验方法》(GB/T 5486)
导热系数［W/(m·K)]	≤0.070	现行国家标准《绝热材料稳态热阻及有关特性的测定　防护热板法》(GB/T 10294)
抗压强度（kPa）	≥200	现行国家标准《无机硬质绝热制品试验方法》(GB/T 5486)
吸水率（V/V,%）	≤3.0	现行国家标准《无机硬质绝热制品试验方法》(GB/T 5486)

8)保温材料所用的胶粘剂应与保温材料和防水材料相容，其粘结强度应符合设计要求。

(2) 保温材料的运输和贮存。

1)有机泡沫保温材料在运输和贮存中应远离火源和化学溶剂，避免日光暴晒、风吹雨淋，并应避免长期受压和其他机械损伤。

2)现场喷涂硬泡聚氨酯的原材料应密封包装，在贮运过程中严禁烟火，应通风、干燥，并防止暴晒、雨淋；不得接近热源、接触强氧化和腐蚀性化学品；进场后应分类存放。

3)泡沫玻璃板在运输过程中应有防振、防潮措施，进场后应在室内存放，其堆放场地应坚实、平整、干燥。

4)屋面复合保温板在运输和贮存的过程中，应将其保护层面相向侧立堆放、靠紧挤实，堆码整齐，堆放高度不得超过 1.8m，不得碰撞损坏和品种混杂。

6.2.3　倒置式屋面的设计

倒置式屋面的设计应包括下列内容：①屋面的防水等级、设防要求和保温要求；②屋面的构造；③屋面的节能；④防水材料的选用；⑤保温材料的选用；⑥屋面保护层及排水系统；⑦细部构造。

6.2.3.1　倒置式屋面设计的基本规定

(1) 倒置式屋面工程的防水等级应为Ⅰ级防水层的合理使用年限不得少于 20 年。

（2）倒置式屋面工程的保温层使用年限不宜低于防水层的使用年限。

（3）倒置式屋面应保持屋面排水畅通。

（4）倒置式屋面工程应根据工程特点、地区自然及气候条件等要求，进行防水、保温等构造设计，重要部位应有节点详图。

6.2.3.2 倒置式屋面构造层次的设计

（1）倒置式屋面找坡层的设计应符合6.2.1节2的规定。天沟、檐沟的纵向坡度不应小于1‰，沟底水落差不应超过200mm，檐沟排水不得流经变形缝和防火墙。

（2）倒置式屋面水落管的数量，应按现行国家标准《建筑给水排水设计规范》（GB 50015）的有关规定，通过计算确定。

（3）倒置式屋面找平层的设计应符合6.2.1节3的规定。

（4）防水材料的选用应符合6.2.1节4的规定。当防水层采用两道防水设防时，宜选用防水涂料作为其中的一道防水层；硬泡聚氨酯防水保温复合板可作为次防水层，用于两道防水设防屋面。

（5）倒置式屋面保温层的厚度确定应根据现行国家标准《民用建筑热工设计规范》（GB 50176）进行热工计算。倒置式屋面保温层的设计厚度应按计算厚度增加25％取值，且最小厚度不得小于25mm。

（6）屋顶与外墙交界处，屋顶开口部位四周的保温层，应采用宽度不小于500mm的A级保温材料设置水平防火隔离带。

（7）板状保温材料的下部纵向边缘应设排水凹缝，檐沟、水落口部位采用现浇混凝土堵头或砖砌堵头，并应做好保温层排水处理。

（8）保温层与防水层所采用的材料应相容匹配。

（9）倒置式屋面可不设置透汽孔或者排汽槽。

（10）保护层的设计应根据倒置式屋面的使用功能、自然条件、屋面坡度合理确定。倒置式屋面保护层的设计应符合下列要求：

1）保护层所采用的材料详见6.2.1节6。保温层上面宜采用块体材料或细石混凝土的保护层。保护层的类型参见图6-13。

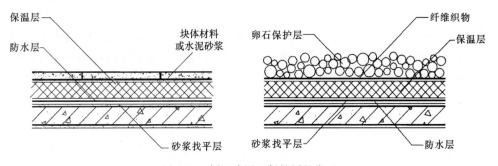

图6-13 倒置式屋面保护层的类型

2）保护层的质量应保证当地30年一遇最大风力时，其保温板不被刮起和保温层在积水状态下不浮起。

3）若采用板块材料、卵石做保护层时，在保温层与保护层之间应设置聚酯纤维无纺布隔离层进行隔离保护。

4）若采用卵石保护层时，其粒径宜为40～80mm。

5）若采用板块材料做上人屋面保护层时，板块材料应采用水泥砂浆坐浆平铺，板缝应采用砂浆勾缝处理；当屋面为非功能性上人屋面时，板块材料可干铺，厚度不应小于30mm。

6）若采用种植植物做保护层时，则应符合现行行业标准《种植屋面工程技术规程》（JGJ 155）的规定。

7）若采用水泥砂浆做保护层时，应设表面分格缝，分格面积宜为1m²。

8）若采用板块材料、细石混凝土做保护层时，应设分格缝，板块材料分格面积不宜大于 100m²；细石混凝土分格面积不宜大于 36m²，分格缝宽度不宜小于 20mm；分格缝应用密封材料嵌填。

9）细石混凝土保护层与山墙、凸出屋面墙体、女儿墙之间应预留宽度为 30mm 的缝隙。

10）若采用屋面复合保温板做保温层时，可不另设保护层。

6.2.3.3 倒置式屋面细部构造的设计

倒置式屋面细部构造的设计要点如下：

（1）屋面细部构造的设计应符合以下的规定：①檐口、檐沟和天沟、女儿墙和山墙、水落口、变形缝、伸出屋面的管道、屋面出入口、设施基座等细部节点部位应增设防水附加层，平面与立面交接处的卷材应空铺；②细部节点应采用高弹性、高延伸性的防水和密封材料；③细部节点的密封防水构造应使密封部位不渗水，并应满足防水层合理使用年限的要求；④在与室内空间有关联的细部节点处，应铺设保温层。

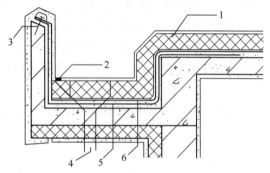

图 6-14　天沟、檐沟的防水保温构造
1—保温层；2—密封材料；3—压条钉压；4—水落口；
5—防水附加层；6—防水层

（2）天沟、檐沟的防水保温构造见图 6-14，并应符合以下规定：①檐沟、天沟及其与屋面板交接处应增设防水附加层；②防水层应由沟底翻上至沟外侧顶部，卷材收头应用金属压条钉压，并应采用密封材料封严，涂膜收头应用防水涂料涂刷 2～3 遍或用密封材料封严；③檐沟外侧顶部及侧面均应抹保温砂浆，其下端应做成鹰嘴或滴水槽；④保温层在天沟、檐沟的上、下两面应满铺或连续喷涂。

（3）女儿墙、山墙的防水保温构造应符合以下规定：①女儿墙和山墙泛水处的防水卷材应满粘，墙体和屋面转角处的卷材宜空铺，空铺的宽度不应小于 200mm；②低女儿墙和山墙，防水材料可直接铺至压顶下，泛水收头应采用水泥钉配垫片钉压固定和采用密封胶封严，涂料应直接涂刷至压顶下，泛水收头应采用防水涂料多遍涂刷，压顶应做防水处理（图 6-15）；③高女儿墙和山墙，防水材料应连续铺至泛水高度，泛水收头应采用水泥钉配垫片钉压牢固和采用密封胶封严，墙体顶部应做防水处理（图 6-16、图 6-17）；④低女儿墙和山墙的保温层应铺至压顶下，高女儿墙和山墙内侧的保温层应铺至女儿墙和山墙的顶部；⑤墙体根部与保温层之间应设置温度缝，缝宽宜为 15～20mm，并应采用密封材料封严。

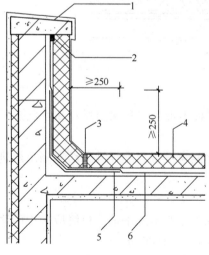

图 6-15　低女儿墙、山墙防水保温构造
1—压顶；2、3—密封材料；4—保温层；
5—防水附加层；6—防水层

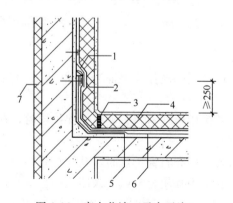

图 6-16　高女儿墙（无内天沟）、
山墙防水保温构造
1—金属盖板；2、3—密封材料；4—保温层；
5—防水附加层；6—防水层；7—外墙保温

（4）屋面变形缝处防水保温构造见图 6-18，并应符合以下规定：①屋面变形缝的泛水高度不应小于 250mm；②防水层和防水附加层应连续铺贴或涂刷覆盖变形缝两侧挡墙的顶部；③变形缝顶部应加扣混凝土或金属盖板，金属盖板应铺钉牢固，接缝应顺流水方向，并应做好防锈处理，变形缝内应填充泡沫塑料，上部应填放衬垫材料，并应采用卷材封盖；④保温材料应覆盖变形缝挡墙的两侧。

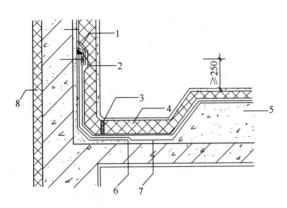

图 6-17　高女儿墙（有内天沟）、山墙防水保温构造
1—金属盖板；2、3—密封材料；4—保温层；
5—找坡层；6—防水附加层；7—防水层；8—外墙保温

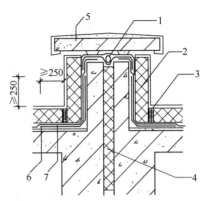

图 6-18　屋面变形缝处防水保温构造
1—衬垫材料；2—保温材料；3—密封材料；
4—泡沫塑料；5—盖板；6—防水附加层；
7—防水层

（5）屋面高低跨变形缝处防水保温构造见图 6-19，并应符合以下规定：①高低跨变形缝的泛水高度不应小于 250mm；②变形缝挡墙顶部水平段防水层和附加层不宜粘牢；③变形缝内应填充泡沫塑料，并应与墙体粘牢；④变形缝应采用金属盖板和卷材覆盖，金属盖板水平段宜采取泛水处理，接缝应用密封材料嵌填；⑤变形缝挡墙侧面和顶部以及高跨墙面应覆盖保温材料。

（6）屋面水落口处防水保温构造应符合以下规定：①水落口距女儿墙、山墙端部不宜小于 500mm，水落口杯上口的标高应设置在沟底的最低处；②以水落口为中心，直径 50mm 范围内，应增铺防水附加层，防水层贴入水落口杯内不应小于 50mm，并应采用防水涂料涂刷；③水落口杯与基层接触部位应留宽 20mm、深 20mm 的凹槽，并应采用密封材料封严（图 6-20、图 6-21）；④保温层应铺至水落口边，距水落口周围直径 500mm 的范围内均匀减薄，并应形成不小于 5% 的坡度。

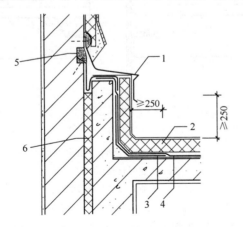

图 6-19　屋面高低跨变形缝处防水保温构造
1—金属盖板；2—保温层；3—防水附加层；
4—防水层；5—密封材料；6—泡沫塑料

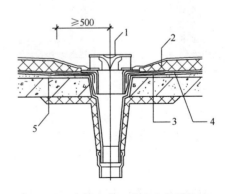

图 6-20　直排水落口处防水保温构造
1—水落口；2—保温层；3—防水附加层；
4—防水层；5—找坡层

（7）屋面出入口处防水保温构造应符合以下规定：①屋面出入口泛水距屋面高度不应小于 250mm；②屋面水平出入口防水层和附加层收头应压在混凝土踏步下，屋面踏步与屋面保护层接缝处应采用密封材料封严（图 6-22）；③屋面垂直出入口防水层和附加层收头应钉压固定在混凝土压顶圈梁下（图 6-23）；④屋面水平出入口保温层应连续铺设或喷涂至混凝土踏步处，立面处应粘牢；⑤屋面垂直出入口保温层应连续铺设或喷涂至混凝土压顶圈梁下。

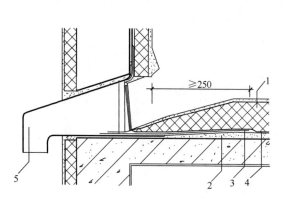

图 6-21 侧水落口处防水保温构造
1—保温层；2—找坡层；3—防水附加层；
4—防水层；5—水落口

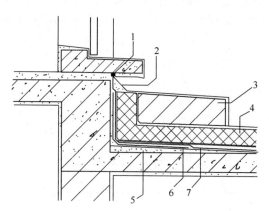

图 6-22 屋面水平出入口处防水保温构造
1—密封材料；2—保护层；3—踏步；4—保温层；
5—找坡层；6—防水附加层；7—防水层

（8）伸出屋面管道防水保温构造见图 6-24，并应符合以下规定：①伸出屋面管道泛水距屋面高度不应小于 250mm；②在管道根部外径不小于 100mm 范围内，保护层应形成高度不小于 30mm 的排水坡；③管道根部四周防水附加层的宽度和高度均不应小于 300mm，管道上防水层收头处应用金属箍紧固，并应采用密封材料封严；④板状保温层应铺至管道根部，现喷保温层应连续喷涂至管道泛水高度处，收头应采用金属箍将现喷保温层箍紧。

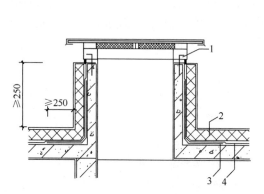

图 6-23 屋面垂直出入口处防水保温构造
1—上人孔盖及压顶圈梁；2—保温层；
3—防水附加层；4—防水层

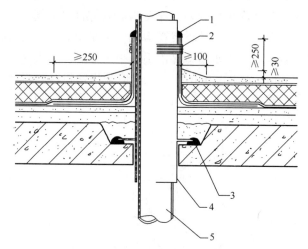

图 6-24 伸出屋面管道防水保温构造
1、3—密封材料；2—金属箍；
4—套管；5—伸出屋面管道

（9）屋面设施基座防水保温构造应符合以下规定：①设施基座与结构层相连时，防水层和保温层应包裹设施基座的上部，在地脚螺栓周围应做密封处理（图 6-25）；②在屋面保护层上放置设施时，设施基座区域保护层应采用细石混凝土覆盖，其厚度不应小于 50mm，设施下部的防水层应做卷材附加层。

（10）瓦屋面檐沟防水保温构造应符合以下规定：①檐沟处的防水附加层深入屋面的长度不宜小于 200mm；②保温层在天沟、檐沟上下两侧应满铺或连续喷涂；③应采取防止保温层下滑的措施，可在

屋面板内预埋多排 ϕ12 锚筋，锚筋间距宜为 1.5m，伸出保温层长度不宜小于 25mm，锚筋穿破防水层处应采用密封材料进行封严（图 6-26）。

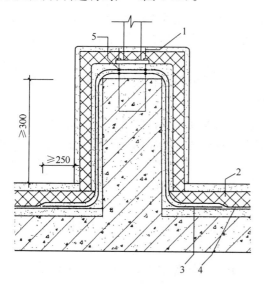 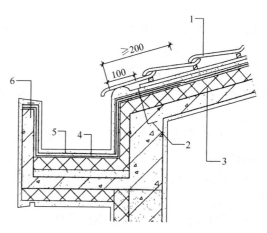

图 6-25　屋面设施基座防水保温构造　　　　图 6-26　瓦屋面檐沟防水保温构造
　1—预埋螺栓；2—保温层；3—防水附加层；　　　1—屋面瓦；2—锚筋；3—保温层；4—防水附加层；
　　　4—防水层；5—密封材料　　　　　　　　　　　5—防水层；6—压条钉压

　　（11）瓦屋面天沟防水保温构造应符合以下规定：①天沟底部沿天沟中心线应铺设附加防水层，每边宽度不应小于 450mm，并应深入平瓦下；②天沟部位应设置金属板瓦覆盖；在平瓦下应上翻，并应和平瓦结合严密（图 6-27）。

　　（12）硬泡聚氨酯防水保温复合板之间的板缝构造应符合以下规定：①在接缝底部应附加一层宽度不小于 300mm 的防水衬布，防水衬布上应满涂粘结密封胶（图 6-28）；②接缝应采用专用的防水密封胶进行填缝。

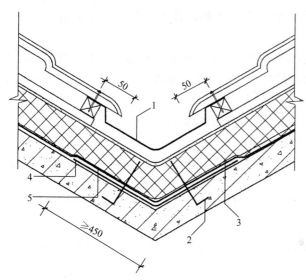 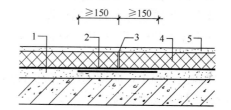

图 6-27　瓦屋面天沟防水保温构造　　　　图 6-28　硬泡聚氨酯防水保温复合板之间的板缝构造
　1—防水金属板瓦；2—预埋锚筋；3—保温层；　　　1—找平层；2—防水衬布；3—防水密封胶填板缝；
　　　4—防水附加层；5—防水层　　　　　　　　　4—聚氨酯防水保温复合板；5—保护层

6.2.3.4 既有建筑倒置式屋面改造的设计

既有建筑倒置式屋面改造的设计要点如下：

（1）既有建筑在对屋面进行改造前，应对屋面的结构、防水性能等情况进行勘查，并宜进行现场检测和采取加固措施。既有建筑的屋面勘查、鉴定、设计和施工，应由具有该资质的单位和专业技术人员承担。

（2）既有建筑屋面勘查时应具备以下资料：①房屋的原设计资料及相关竣工资料；②房屋装修及改造资料；③历年屋面修缮资料；④城市建设规划和市容要求。

（3）既有建筑屋面改造应重点勘查以下内容：①屋面荷载及使用条件的变化；②房屋地基基础、结构类型及重要结构构件的安全性状况；③屋面材料和基本构造做法；④屋面保温及热工缺陷状况；⑤屋面防水状况。

（4）既有建筑屋面改造工程宜选用对居民干扰小、工艺便捷、工期短、有利排水防水、节能减排、环境保护的技术。

（5）既有建筑屋面改造应核验防水层的有效性和保温层的完好程度，并宜根据工程实际需要进行结构的可靠性鉴定。

（6）既有建筑倒置式屋面改造工程设计，应由原设计单位或具备相应资质的设计单位承担，当增加屋面荷载或改变使用功能时，应先做设计方案或评估报告。

（7）既有建筑倒置式屋面改造设计应符合以下规定：①屋面改造设计应根据勘查报告或鉴定结论和建筑节能标准要求进行；②当原有屋面防水层有效或经修补可达到设计使用要求时，可作为一道防水层，并应再增设一道防水层；③当原有屋面防水层渗漏或保温层含水率较大时，则应彻底拆除并清理干净，再按正常倒置式屋面设计；④保温层宜选用聚苯乙烯泡沫塑料或硬泡聚氨酯等保温材料；⑤屋面改造设计与既有建筑外立面的装饰效果应具有统一性。

（8）既有建筑倒置式屋面改造设计文件应经审查合格。

6.2.4 倒置式屋面的施工

6.2.4.1 倒置式屋面施工的一般规定

（1）倒置式屋面防水工程应由具有相应资质的专业施工单位承担，其作业人员应经过培训后持证上岗。

（2）倒置式屋面工程施工，其施工单位应根据设计要求和工程实际编制专项施工方案，并应经施工单位技术负责人批准，监理单位总监理工程师或建设单位项目技术负责人审查认可后实施。在施工作业前，还应对施工操作人员进行技术交底。

（3）施工单位应对施工进行过程控制和质量检查，并应有完整的检查记录。

（4）采用倒置式屋面的建筑应建立管理、保养、维修制度。

（5）倒置式屋面防水层完成之后，平屋面应进行24h蓄水检验，坡屋面应进行持续2h淋水检验，并应在检验合格后再进行保温层的铺设。

（6）伸出屋面的管道、烟道、设备、设施或预埋件等，应在结构层固定，防水层和保温层应紧密包裹，并应做好密封处理。

（7）在施工过程中，应设置安全防护设施，当坡度大于15%的坡屋面施工时，应设有防滑梯、安全带和护身栏杆等安全设施。

（8）在倒置式屋面工程施工完成后，应进行成品保护，不得随意打孔、明火作业、运输或堆放重物等。

6.2.4.2 倒置式屋面各层次的施工

1. 找坡层和找平层的施工

找坡层和找平层的施工要点如下：

（1）屋面的找坡层、找平层应在结构层验收合格后再进行施工。

（2）找坡层、找平层的材料及配合比应符合设计要求。

（3）当找坡层、找平层采用水泥拌合的轻质材料，其施工环境温度若低于5℃时，则应采取冬期施工措施；

（4）找坡层、找平层施工前应将基层表面清理干净，并应进行浇水湿润，涂刷水泥浆或其他界面材料。

（5）找坡层、找平层施工应保证设计要求的平整度及坡度。

（6）找坡层、找平层的分格缝设置应符合设计要求。

（7）基层与女儿墙、变形缝、管道、山墙等凸出屋面结构的交接处应做成圆弧形，并应满足设计要求的圆弧半径，水落口周边应做成凹坑，并应采用密封材料密封。

（8）水泥砂浆或细石混凝土找平层完工之后，应进行覆盖湿润养护。

2. 防水层的施工

铺设防水层之前，应对基层进行验收，基层应平整、干净。屋面防水层的施工应符合现行国家标准《屋面工程技术规范》（GB 50345）的规定，屋面防水层的厚度应符合设计的要求。

防水层在女儿墙、变形缝、管道、山墙等凸出屋面结构部位处施工时，防水层的泛水高度在保温层和保护层施工后，不应小于250mm。

3. 保温层的施工

倒置式屋面保温层可以做成预制块体，亦可采用现场浇注，保温层的施工要点如下：

（1）已施工结束的防水层，应进行淋水或蓄水试验，并应在防水层验收合格后方可进行保温层的施工。

（2）屋面保温层不宜在雨天、雪天中进行施工，不得在五级以上大风环境中进行施工，屋面保温层的施工环境温度应符合表6-20的规定。

表6-20 屋面保温层的施工环境温度 JGJ 230—2010

项 目	施工环境温度
板块保温层	采用胶粘剂或水泥砂浆粘结施工时，不低于5℃
喷涂硬泡聚氨酯保温层	15～35℃

（3）屋面保温层的厚度应符合设计要求。

（4）在保温层施工时，应铺设临时保护层，以保护已完工的卷材防水层不受损坏，而在铺设卷材防水层时，亦必须铺贴平整，卷材的搭接长度应符合设计要求，避免产生积水现象，否则，积水长期处于防水层与保护层之间，这对屋面的防水和保温效果将会产生不良影响。

（5）坡屋面保温层应固定牢固，应有防止滑动、脱落的措施。

（6）块状保温材料的铺设应平稳、紧密，拼缝处应严密。相邻的预制板之间应用胶结材料填封密实，若有破损处应补好，碎块应采用胶结材料胶结后方可使用。

（7）一般上人屋面的保温层宜采用粘贴的方法，非上人的屋面的保温层可采用粘贴的方法，亦可采用不粘贴的方法。如在采用保温板材时，其坡度不大于3%的非上人屋面可采用干铺法，上人屋面宜采用粘贴法，坡度大于3%的屋面则应采用粘贴法，并应采取固定防滑措施。保温板材的粘贴，可采用水泥砂浆或其他胶结材料。

（8）保温板材的裁切应采用专用的裁切工具，其裁切边应垂直、平整。在凸出屋面管道、设备基座周围铺设保温板材时，其切割应准确。

（9）在水落口位置处，保温板材的铺设应保证水流畅通。

（10）当保温板材采用干铺法工艺铺设时，应符合以下规定：①铺设保温板材的基层应平整、干净；②相邻板材之间错缝拼接，板边的厚度应一致，分层铺设的板材上下层的接缝应相互错开，板与板之间的缝隙应采用同类材料填嵌密实；③保温层与基层连接的节点收口部位，应按表面形状修整保温板材，对于保温层周边与垂直面交汇处，应做过渡处理；④在施工过程中，应有防止板材被大风刮走、飘落的措施，并应保证板材的完整，防止损伤、断裂、缺棱。

(11) 当保温板材采用粘贴法工艺铺设时，应符合以下规定：①当采用专用胶粘剂粘贴保温板材时，保温板材与基层在天沟、檐沟、边角处应满涂胶结材料，其他部位可采用点粘或条粘，并应使其互相贴严、粘牢，缺角处应用碎屑加胶粘剂拌匀填补严密；②当采用有机胶粘剂粘贴保温板材时，施工环境温度应符合表 6-20 的规定；③胶粘剂的厚度不应小于 5mm；④保温板材铺设之后，在胶粘剂凝固之前不得上人踩踏；⑤保温层胶粘剂凝固后宜尽快施工保护层；若不能及时进行保护层施工时，应在保温板材上铺设压重材料。

(12) 采用沥青膨胀珍珠岩预制块体做保护层时，可将保温层和保护层一起做好，现场铺设，勾缝后即成。在施工现场用沥青膨胀珍珠岩做预制板时，应采用机械搅拌均匀，避免有大块的沥青团影响保温效果，沥青与膨胀珍珠岩搅拌均匀后，可采用 0.8～1.85 压缩比压模成型（具体的压缩比应经试验确定），每立方米珍珠岩可渗入 100kg 沥青。

(13) 硬泡聚氨酯防水保温复合板的施工应符合以下规定：①施工前应对基层质量进行验收，基层排水坡度应符合设计要求，表面应做到平整、坚实、干净；②硬泡聚氨酯防水保温复合板应采用专用的粘结砂浆点粘法和条粘法施工；③施工环境温度应符合表 6-20 的规定；④夏季粘贴保温板之前，其施工基层应采用清水润湿；⑤保温板材粘贴就位 24h 之后，应对接缝进行防水处理。

(14) 坡屋面保温板材的施工应符合以下规定：①保温板材的施工应自屋盖的檐口向上铺贴，阴角和阳角处的板块接槎时应割成角度，接槎应紧密，并应用钢丝网连接，钢丝网的宽度宜为 300mm；②屋面及檐口处的保温板材应采用预埋件固定牢固，固定点应采用密封材料密封；③泡沫玻璃做保温层时，应对泡沫玻璃表面加设玻纤布或聚酯毡保护膜。

(15) 喷涂硬泡聚氨酯保温层的施工应符合以下规定：①喷涂硬泡聚氨酯屋面保温施工应使用专用的喷涂设备；②喷涂硬泡聚氨酯的配合比应准确计量，发泡厚度应均匀一致；③施工前应对喷涂设备进行调试及材料性能检测，并宜喷涂三块 500mm×500mm、厚度不小于 500mm 的试块试验；④喷嘴与施工基层的间距宜为 200～400mm；⑤根据设计厚度，一个作业面应分层喷涂完成，每层厚度不宜大于 20mm，当日的施工作业面应于当日连续喷涂完毕；⑥在天沟、檐沟的连接处应连续喷涂，屋面与女儿墙、变形缝、管道、山墙等凸出屋面结构处应连续喷涂至泛水高度；⑦风力不宜大于三级，空气相对湿度宜小于 85％；⑧硬泡聚氨酯喷涂施工结束后不得将喷涂设备工具置于已喷涂层上，且 30min 内不得上人。

4. 保护层的施工

保护层的施工要点如下：

(1) 保护层的施工应在屋面保温层验收合格之后方可进行，保护层的施工应避免损坏保温层和防水层，保护层的施工应符合以下规定：①保护层与保温层之间的隔离层应满铺，不得露底，搭接宽度不应小于 100mm；②天沟、檐沟、凸出屋面管道和水落口处防水层的外露部分应采取有效的保护措施；③保护层的分格缝宜与找平层的分格缝对齐。

(2) 卵石保护层的施工应符合以下规定：①卵石直径应符合规定，卵石应满铺，铺设应均匀；②卵石的质（重）量应符合设计要求；③卵石下宜铺设带支点的塑料排水板，通过空腔层排水；④在卵石铺设之前，应在保温层上先铺设一层聚酯纤维无纺布等隔离材料，并应保持水落口和天沟等处的排水畅通，纤维织物应满铺不露底。然后再在其上均匀铺设卵石保护层。

(3) 板块材料保护层的施工应符合以下规定：①板块材料保护层的结合层可采用砂或水泥砂浆；②在板块铺砌时应根据排水坡度挂线，铺砌的板块应横平竖直，板块的接缝应对齐；③在砂结合层上铺砌板块时，砂结合层应洒水压实，并用刮尺刮平，板块对接铺砌，铺设平整，缝隙宽度宜为 10mm；④在板块铺砌完成后，宜洒水压平；⑤板缝宜用水泥砂浆勾缝；⑥在砂结合层四周 500mm 范围内，应采用水泥砂浆做结合层；⑦板块材料保护层宜留设分格缝，其纵横间距不宜大于10m，分格缝宽度不宜小于20mm。

（4）细石混凝土保护层的施工应符合以下规定：①混凝土的强度等级和厚度应符合设计要求，混凝土收水后应进行收浆压光；②混凝土应密实，表面应平整；③分格缝应按规定设置，一个分格内的混凝土应连续浇筑；④当采用钢筋网细石混凝土做保护层时，钢筋网片保护层厚度不应小于10mm，钢筋网片在分格缝处应断开；⑤混凝土保护层浇筑完工后应及时湿润养护，养护期不得少于7d，养护完后应将分格缝清理干净。

（5）分格缝的施工应符合以下规定：①分格缝应设置在屋面板的端头、凸出屋面交接处的根部和现浇屋面的转折处；②分格缝的纵横向交接处应当相互贯通，不宜形成T字形或者L字形缝；③屋脊处应设置纵向分格缝；④分格缝纵横向间距均不应大于6m；⑤分格缝宜与板缝位置一致，并应位于开间处，分格缝应延伸至挑檐、天沟内。

6.2.4.3 既有建筑倒置式屋面改造的施工

既有建筑倒置式屋面改造的施工要点如下：

（1）既有建筑倒置式屋面改造施工之前，施工单位应编制专项的施工方案，并应对施工人员进行技术交底和专业技术培训，做好安全防护措施，对施工过程应实行质量控制。

（2）既有建筑倒置式屋面改造施工的准备工作应包括以下内容：①对原屋面保护层进行清理；②对原防水层的损害部位修复或拆除；③屋面上面的设备、管道等应提前安装完毕，并预留出保温层的厚度；④安全防护设施应安装到位。

（3）在原屋面上增加保温层的倒置式屋面应符合以下内容：①若不拆除屋面原有排汽管时，施工中应采取保护措施，若拆除屋面原有排汽管时，拆除后原有防水层在排汽管洞口处应采取封口措施；②屋面应清理干净，表面应采用水泥砂浆或聚合物砂浆找平；③当屋面坡度不符合要求时，应加设找坡层；④原有屋面彻底拆除防水保温时，屋面改造应符合设计的要求。

6.3 喷涂硬泡聚氨酯防水保温屋面

硬泡聚氨酯材料应用于屋面防水保温体系的主要是采用现场整体喷涂，坡屋面还可以采用现场浇注，此外还可采用聚氨酯板材现场铺设等施工工艺，但喷涂硬泡聚氨酯施工工艺在屋面的防水、保温体系中应用较为广泛。

喷涂硬泡聚氨酯防水保温屋面是指其防水保温体系是在施工现场采用专用的喷涂设备使异氰酸酯、多元醇（组合聚醚或聚酯）、发泡剂等添加剂按一定的比例，在喷涂发泡机的压力和喷枪的混合作用下，直接喷涂至屋面基层外表面，随之其混合雾料经交联发泡固化固定于屋面基层外表面，从而形成无接缝的、硬质闭孔泡沫状的一类防水保温体系。

喷涂硬泡聚氨酯防水保温屋面的防水保温体系是由防水系统和保温系统共同构成的，防水和保温相辅相成，防水层的设计必须要考虑保温层应具有的功能，保温层的设计同样要考虑到防水层应具有的功能。其集优良的绝热性能和独特的防水效果于一体，具有屋面结构简单、荷载小、使用寿命长、工艺简单、施工灵活、工效高、对环境污染小等许多优异的性能，适用于各类工业、商业、民用建筑的新建屋面以及旧屋面的修复。

6.3.1 喷涂硬泡聚氨酯防水保温屋面对材料提出的性能要求

1. 屋面工程用喷涂硬泡聚氨酯的质量性能要求

《屋面工程技术规范》（GB 50345—2012）对其产品提出的物理性能要求见表2-22。

《硬泡聚氨酯保温防水工程技术规范》（GB 50404—2017）对产品提出的物理性能要求见表6-21。喷涂硬泡聚氨酯按其材料物理性能分为Ⅰ型、Ⅱ型、Ⅲ型3种类型。各类型喷涂硬泡聚氨酯的使用范围宜符合下列要求：Ⅰ型，具有优异保温性能，用于屋面和外墙保温层；Ⅱ型，除具有优异保温性能外，还具有一定的防水功能，用于屋面复合保温防水层，该型喷涂硬泡聚氨酯与抗裂聚合物水泥砂浆复合后构成的保温防水层，可作为一道防水层使用；Ⅲ型，除具有优异保温性能外，还具有良好的防水性能，是一种保温防水功能一体化的材料，可作为一道防水层使用，主要用于屋面，既做保温层，又可做防水层。

表 6-21　屋面用喷涂硬泡聚氨酯物理性能 GB 50404—2017

项目	性能要求			试验方法
	Ⅰ型	Ⅱ型	Ⅲ型	
表观密度（kg/m³）	≥35	≥45	≥55	GB/T 6343
导热系数（平均温度25℃）[W/（m·K）]	≤0.024	≤0.024	≤0.024	GB/T 10294 GB/T 10295
压缩性能（形变10%）(kPa)	≥150	≥200	≥300	GB/T 8813
不透水性（无结皮，0.2MPa，30min）	—	不透水	不透水	GB 50404 附录 A
尺寸稳定性（70℃，48h）（%）	≤1.5	≤1.5	≤1.0	GB/T 8811
闭孔率（%）	≥90	≥92	≥95	GB/T 10799
吸水率（V/V）（%）	≤3	≤2	≤1	GB/T 8810
燃烧性能等级	不低于B₂级	不低于B₂级	不低于B₂级	GB 8624

《聚氨酯硬泡体防水保温工程技术规程》（DGJ 32/TJ 95—2010）对屋面用喷涂硬泡聚氨酯硬泡体提出的物理性能要求见表 6-22。

表 6-22　屋面用喷涂硬泡聚氨酯硬泡体物理性能　DGJ 32/TJ 95—2010

项目	性能要求		试验方法
	Ⅰ型	Ⅱ型	
密度（kg/m³）	≥35	≥55	GB/T 6343
导热系数[W/（m·K）]	≤0.024	≤0.024	GB 3399
压缩强度(形变10%，kPa)	≥150	≥300	GB/T 8813
不透水性(无结皮，0.2MPa，30min)	—	不透水	
尺寸稳定性(70℃，48h，%)	≤1.5	≤1.0	GB/T 8811
断裂伸长率(%)	10	10	GB/T 9641
闭孔率(%)	≥90	≥95	GB/T 10799
吸水率(%)	≤3	≤1	GB 8810

2. 抗裂聚合物水泥砂浆

抗裂聚合物水泥砂浆是指由高分子聚合物与水泥、中细砂、辅料等混合，并掺入增强纤维，固化后具有抗裂性能的浆料。

《硬泡聚氨酯保温防水工程技术规范》（GB 50404—2017）对产品提出的物理性能要求见表 6-23。

表 6-23　抗裂聚合物水泥砂浆物理性能 GB 50404—2017

项目	性能要求	试验方法
粘结强度（MPa）	≥0.2	GB/T 29906
抗折强度（MPa）	≥7.0	GB/T 29906
压折比	≤3.0	GB/T 29906
吸水率（%）	≤6	JC 474
抗冻融性（−15℃～+20℃）25 次循环	无开裂，无剥落	GB/T 29906

3. 硬泡聚氨酯原材料的贮运

硬泡聚氨酯的原材料应密封包装，在贮运过程中严禁烟火，注意通风、干燥，防止曝晒、雨淋，不得接近热源和接触强氧化、腐蚀性化学品。与外墙和屋顶相贴邻的竖井、凹槽、平台等，不应堆放可燃物。

6.3.2　喷涂硬泡聚氨酯防水保温屋面的设计

6.3.2.1　喷涂硬泡聚氨酯防水保温屋面工程设计的基本要求

喷涂硬泡聚氨酯防水保温屋面工程设计的基本要求如下：

（1）有冬季保温和夏季隔热要求的建筑，当采用硬泡聚氨酯保温时，其屋面的热工性能应符合现行标准《民用建筑热工设计规范》（GB 50176）及《公共建筑节能设计标准》（GB 50189）、《夏热冬暖地区居住建筑节能设计标准》（JGJ 75）、《夏热冬冷地区居住建筑节能设计标准》（JGJ 134）、《严寒和寒冷地区居住建筑节能设计标准》（JGJ 26）、《既有居住建筑节能改造技术规程》（JGJ 129）等相关规定，并符合所在地区节能设计相关规范的规定。

（2）喷涂硬泡聚氨酯和硬泡聚氨酯板的燃烧性能等级不得低于 B_2 级，并应符合现行国家标准《建筑设计防火规范》（GB 50016）的有关规定。

（3）当屋面采用硬泡聚氨酯板时，应符合现行国家标准《屋面工程技术规范》（GB 50345）有关规定。

（4）喷涂硬泡聚氨酯同其他防水材料或防护涂料一起使用时，其材性应相容。在硬泡聚氨酯表面涂刷界面剂、刮抹抗裂聚合物水泥砂浆复合层、涂刷保护涂料或做其他防水层时，为使这些材料与硬泡聚氨酯粘结紧密，相邻材料之间应具有相容性，不得使用能溶解、腐蚀或与硬泡聚氨酯发生化学反应的材料。

（5）硬泡聚氨酯保温层上无可靠防火构造措施时，不得在其上进行防水材料的热熔、热粘结法施工。

（6）采用硬泡聚氨酯保温系统的建筑，电气线路不应穿越或敷设在保温材料中。如确需穿越或敷设，为防止电气线路、开关、插座等电器配件老化、超负荷运行、短路等引发火灾事故，必须采取必要的防火隔离保护措施。

（7）硬泡聚氨酯保温防水工程竣工时，应提供成品保护和正常维护的实施方案。成品保护是一项十分重要的环节，成品如遭损坏，会造成保温层老化，保温效果降低，防水层达不到防水要求出现渗漏现象。

（8）喷涂硬泡聚氨酯屋面保温防水工程的质量检查与验收除应符合《硬泡聚氨酯保温防水工程技术规范》（GB 50404）规定外，尚应符合现行国家标准《建筑节能工程施工质量验收规范》（GB 50411）和《屋面工程质量验收规范》（GB 50207）的有关规定。

6.3.2.2 喷涂硬泡聚氨酯防水保温屋面工程的设计要点

喷涂硬泡聚氨酯防水保温屋面工程的设计要点如下：

(1) 根据《硬泡聚氨酯保温防水工程技术规程》（GB 50404—2017）的基本规定，可将喷涂聚氨酯分为三种类型（各类型聚氨酯的性能见表 6-21）。

(2) 喷涂硬泡聚氨酯屋面保温层的设计厚度，应根据国家和当地现行建筑节能设计标准规定的屋面传热系数限值，通过热工计算确定。

(3) 喷涂硬泡聚氨酯保温防水屋面的基本构造应符合下列要求：

1) 喷涂Ⅰ型硬泡聚氨酯作为屋面保温层使用时，保温及防水构造应符合现行国家标准《屋面工程技术规范》（GB 50345）的有关规定。喷涂Ⅱ型、Ⅲ型作为屋面保温防水层使用时，可作为一道防水层。

2) 喷涂Ⅱ型硬泡聚氨酯作为复合保温防水层时，应在Ⅱ型硬泡聚氨酯的表面刮抹抗裂聚合物水泥砂浆，基本构造层次由结构层、找坡（找平）层、喷涂Ⅱ型硬泡聚氨酯层、抗裂聚合物水泥砂浆层组成（图 6-29）。

3) 喷涂Ⅲ型硬泡聚氨酯作为保温防水层时，不得直接暴露，应在Ⅲ型硬泡聚氨酯的表面做保护层，基本构造层次由结构层、找坡（找平）层、喷涂Ⅲ型硬泡聚氨酯层、保护层组成（图 6-30）。

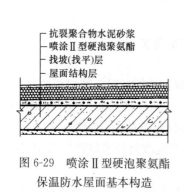

图 6-29 喷涂Ⅱ型硬泡聚氨酯
保温防水屋面基本构造

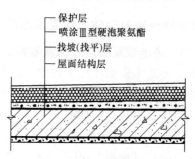

图 6-30 喷涂Ⅲ型硬泡聚氨酯
保温防水屋面基本构造

(4) 喷涂硬泡聚氨酯屋面找平层应符合下列要求：

1) 当现浇混凝土屋面板不平整时，应抹水泥砂浆找平层，厚度宜为 15~20mm。

2) 水泥砂浆的配合比宜为 1∶2.5。

3) 喷涂Ⅰ型硬泡聚氨酯保温层上的水泥砂浆找平层，为防止砂浆找平层开裂，拉坏硬泡聚氨酯，宜掺加增强纤维；找平层应留分格缝，缝宽宜为 10~20mm，纵、横缝的间距均不宜大于 6m。

4) 凸出屋面结构的交接处以及基层的转角处均应做成圆弧形，圆弧半径不应小于 50mm。

(5) 装配式混凝土屋面板的板缝，应用强度等级不小于 C20 的细石混凝土将板缝灌填密实；当缝宽大于 40mm 或上窄下宽时，应在缝中放置构造钢筋；板端缝应进行密封处理。

(6) 喷涂硬泡聚氨酯上人屋面宜采用细石混凝土（40mm 厚）、块体材料等刚性材料作为保护层。由于细石混凝土与硬泡聚氨酯的膨胀、收缩应力不同，还应在细石混凝土保护层与喷涂硬泡聚氨酯之间铺设隔离材料。细石混凝土保护层应留设分格缝，其纵向、横向间距均宜为 6m。

(7) 喷涂硬泡聚氨酯屋面的细部构造设计。

1) 檐沟、天沟保温防水构造应符合下列要求：①檐沟、天沟部位应直接连续喷涂硬泡聚氨酯；喷涂厚度不应小于 20mm；②檐沟外侧下端应做鹰嘴或滴水槽；檐沟外侧高于屋面结构板时，应设置溢水口。

2) 屋面为无组织排水时，应直接连续喷涂硬泡聚氨酯至檐口附近 100mm 处，喷涂厚度应逐步均匀减薄至 20mm；檐口下端应做鹰嘴和滴水槽。

3) 山墙、女儿墙泛水部位应直接连续喷涂硬泡聚氨酯，喷涂高度不应小于 250mm。

4）变形缝保温防水构造应符合下列要求：①应直接连续喷涂硬泡聚氨酯至变形缝顶部；②变形缝内应预填不燃保温材料，上部应采用防水卷材封盖，并放置衬垫材料，再在其上干铺一层防水卷材；③顶部应加扣混凝土盖板或金属盖板（图6-31）。

5）水落口保温防水构造（图6-32）应符合下列要求：①水落口埋设标高应考虑水落口设防时增加的硬泡聚氨酯厚度及排水坡度加大的尺寸；②水落口周围半径250mm范围内的坡度不应小于5％，喷涂硬泡聚氨酯厚度应逐渐均匀减薄；③水落口与基层接触处应留宽20mm、深20mm凹槽，嵌填密封材料。

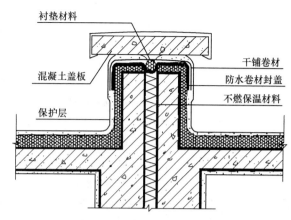

图6-31 喷涂硬泡聚氨酯屋面变形缝防水构造

6）伸出屋面管道保温防水构造（图6-33）应符合下列要求：①管道周围的找平层应抹出高度不小于30mm的排水坡；②管道泛水处应直接连续喷涂硬泡聚氨酯，喷涂高度不应小于250mm；③收头处宜采用金属盖板保护，并用金属箍箍紧盖板，缝隙用密封膏封严。

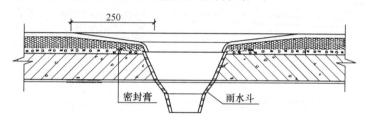

图6-32 喷涂硬泡聚氨酯屋面直式水落口防水构造

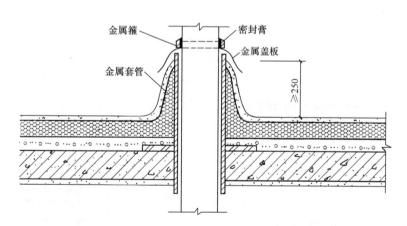

图6-33 喷涂硬泡聚氨酯屋面伸出屋面管道防水构造

7）屋面出入口保温防水构造应符合下列要求：①屋面垂直出入口：喷涂硬泡聚氨酯应直接连续喷涂至出入口顶部，防水层收头应在混凝土压顶圈下；②屋面水平出入口：喷涂硬泡聚氨酯应直接连续喷涂至出入口混凝土踏步下，并在硬泡聚氨酯外侧设置护墙。

（8）《聚氨酯硬泡体防水保温工程技术规程》（DGJ 32/TJ 95—2010）将聚氨酯硬泡体屋面防水保温系统分为平屋面和坡屋面两大类六小类，其基本构造和设计指标取值如下：

1）聚氨酯硬泡体平屋面防水保温系统包括Ⅰ型聚氨酯硬泡体上人平屋面、Ⅰ型聚氨酯硬泡体不上人平屋面、Ⅱ型聚氨酯硬泡体上人平屋面、Ⅱ型聚氨酯硬泡体不上人平屋面等四小类，其基本构造参见图6-34至图6-37。

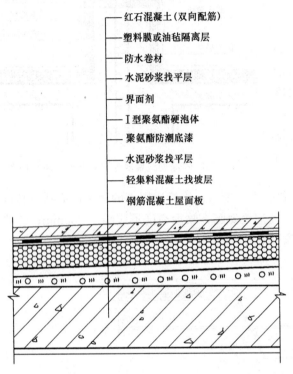

红石混凝土（双向配筋）
塑料膜或油毡隔离层
防水卷材
水泥砂浆找平层
界面剂
Ⅰ型聚氨酯硬泡体
聚氨酯防潮底漆
水泥砂浆找平层
轻集料混凝土找坡层
钢筋混凝土屋面板

图 6-34　Ⅰ型聚氨酯硬泡体上人平屋面的基本构造

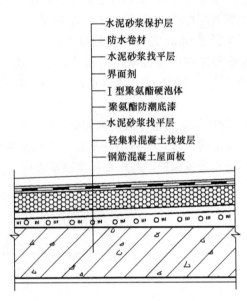

水泥砂浆保护层
防水卷材
水泥砂浆找平层
界面剂
Ⅰ型聚氨酯硬泡体
聚氨酯防潮底漆
水泥砂浆找平层
轻集料混凝土找坡层
钢筋混凝土屋面板

图 6-35　Ⅰ型聚氨酯硬泡体不上人平屋面的
基本构造

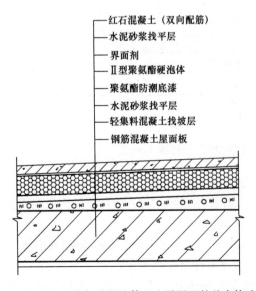

红石混凝土（双向配筋）
水泥砂浆找平层
界面剂
Ⅱ型聚氨酯硬泡体
聚氨酯防潮底漆
水泥砂浆找平层
轻集料混凝土找坡层
钢筋混凝土屋面板

图 6-36　Ⅱ型聚氨酯硬泡体上人平屋面的基本构造

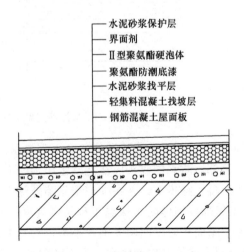

水泥砂浆保护层
界面剂
Ⅱ型聚氨酯硬泡体
聚氨酯防潮底漆
水泥砂浆找平层
轻集料混凝土找坡层
钢筋混凝土屋面板

图 6-37　Ⅱ型聚氨酯硬泡体不上
人平屋面的基本构造

2）聚氨酯硬泡体坡屋面防水保温系统包括Ⅱ-1 型聚氨酯硬泡体坡屋面（无整浇层，坡度≤50°）、Ⅱ-2 型聚氨酯硬泡体坡屋面（有整浇层，坡度≤30°）两小类，其基本构造参见图 6-38、图 6-39。

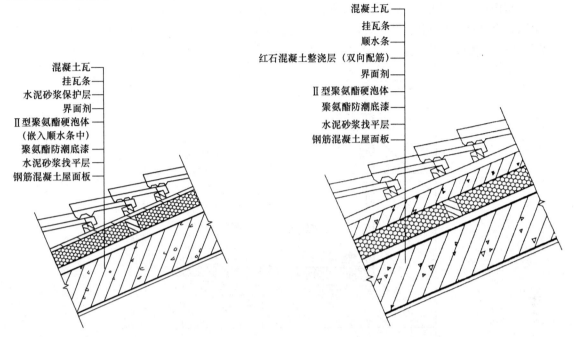

图 6-38 Ⅱ-1 型聚氨酯硬泡体坡屋面保温系统　　　图 6-39 Ⅱ-2 型聚氨酯硬泡体坡屋面保温系统
　　　（无整浇层，坡度≤50°）的基本构造　　　　　　　（有整浇层，坡度≤30°）的基本构造

3）聚氨酯硬泡体屋面防水保温系统的热工设计指标应按表 6-24 的要求取值。

表 6-24　聚氨酯硬泡体屋面防水保温系统的热工设计指标

保温层厚度（mm）	屋面形式 R_0、D	平屋面				坡屋面	
		Ⅰ型上人	Ⅰ型不上人	Ⅱ型上人	Ⅱ型不上人	Ⅱ-1型（无整浇层，坡度≤50°）	Ⅱ-2型（有整浇层，坡度≤30°）
35	R_0	1.45	1.43	1.43	1.41	1.35	1.35
	D	3.32	3.16	3.26	3.10	2.54	2.50
40	R_0	1.59	1.59	1.59	1.56	1.52	1.52
	D	3.43	3.27	3.38	3.21	2.66	2.62
45	R_0	1.75	1.75	1.72	1.72	1.67	1.67
	D	3.55	3.38	3.49	3.33	2.77	2.73
50	R_0	1.89	1.89	1.89	1.89	1.82	1.82
	D	3.66	3.50	3.60	3.44	2.88	2.84
55	R_0	2.04	2.04	2.04	2.04	1.96	1.96
	D	3.77	3.61	3.71	3.55	2.99	2.95
60	R_0	2.22	2.22	2.17	2.17	2.13	2.13
	D	3.88	3.72	3.83	3.66	3.10	3.07
65	R_0	2.38	2.38	2.33	2.33	2.27	2.27
	D	4.00	3.83	3.94	3.78	3.22	3.18
70	R_0	2.50	2.50	2.50	2.50	2.44	2.44
	D	4.11	3.95	4.05	3.89	3.33	3.29

注：1. 屋面传热阻 R 包括各构造层热阻和内外表面换热阻；计算时，水泥砂浆找平层厚度取 20mm，轻集料混凝土找坡层厚度取 30mm，水泥砂浆保护层取 20mm；当材料厚度变化时，应相应调整计算值。

　　2. 聚氨酯硬泡体导热系数和蓄热系数的修正系数取 1.35。

(9)《聚氨酯硬泡体防水保温工程技术规程》(DGJ 32/TJ 95—2010)对屋面细部构造要求如下：

1）平屋面的排水坡度不应小于 2％，天沟、檐沟的纵向排水坡度不应小于 1％。

2）屋面与山墙、女儿墙、管口等凸出部位的转角处应为圆弧形，其圆弧半径不宜小于 100mm。

3）山墙、女儿墙的内侧应设滴水线，聚氨酯硬泡体防水保温层应喷涂至滴水线下部收口，其具体做法参见图 6-40，滴水线以上部位应有可靠的防水设防措施。

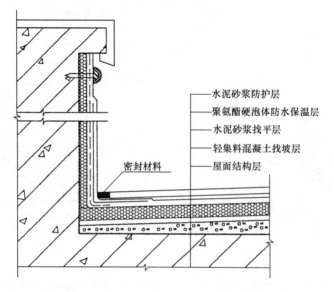

水泥砂浆防护层
聚氨酯硬泡体防水保温层
水泥砂浆找平层
轻集料混凝土找坡层
屋面结构层

密封材料

图 6-40　山墙、女儿墙泛水收头

4）无组织排水檐口处的聚氨酯硬泡体防水保温层收头应连续喷涂到檐口平面端部，喷涂厚度应逐渐减薄至不小于 25mm 为止，其具体做法参见图 6-41。

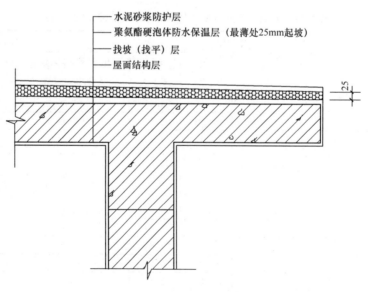

水泥砂浆防护层
聚氨酯硬泡体防水保温层（最薄处25mm起坡）
找坡（找平）层
屋面结构层

图 6-41　无组织排水檐口

5）聚氨酯硬泡体保温层在檐沟、天沟连接处应连续喷涂，如图 6-42 所示。

6）直式落水口周边 500mm 内的坡度不应小于 5％（图 6-43）；横式落水口在山墙、女儿墙上应根据泛水高度要求设置，聚氨酯硬泡体防水保温层应连续喷涂至落水口杯内（图 6-44）。

7）伸出屋面的各种管道均应根据泛水高度要求进行连续喷涂（图 6-45）。

8）屋面垂直出入口聚氨酯防水保温层应连续喷涂至压顶盖板下收头（图 6-46）。

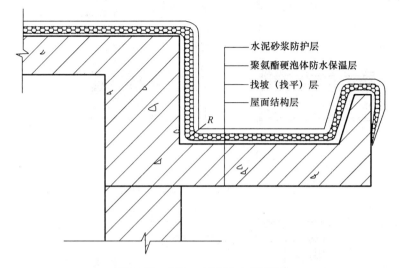

图 6-42　檐沟、天沟防水保温层

水泥砂浆防护层
聚氨酯硬泡体防水保温层
找坡（找平）层
屋面结构层

水泥砂浆防护层
聚氨酯硬泡体防水保温层
轻集料混凝土找平层
屋面结构层

≥50

50

密封膏　　雨水斗

图 6-43　直式落水口

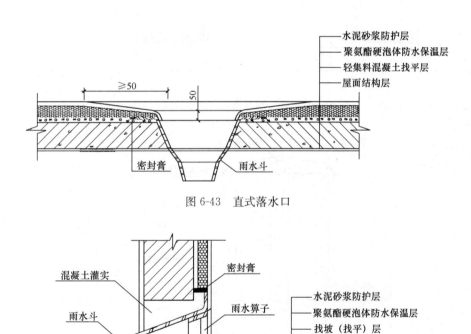

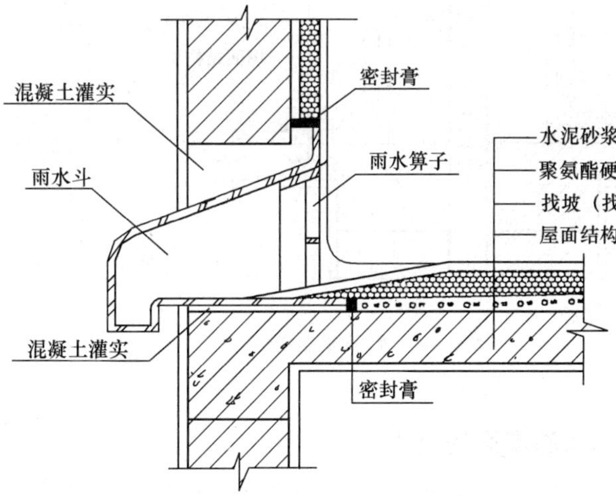

混凝土灌实

雨水斗

混凝土灌实

密封膏

雨水箅子

水泥砂浆防护层
聚氨酯硬泡体防水保温层
找坡（找平）层
屋面结构层

密封膏

图 6-44　横式落水口

9）结构变形缝处，缝口上部应采用喷涂聚氨酯硬泡体填充，下部可用防水卷材封盖，顶部扣压盖板（图6-47）。

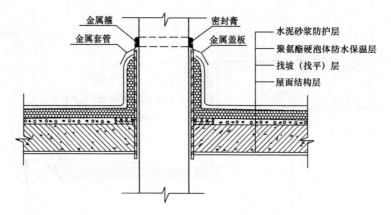

图 6-45　伸出屋面管道泛水收头

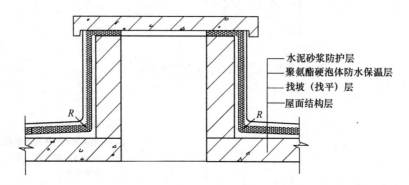

图 6-46　垂直出入口泛水收头

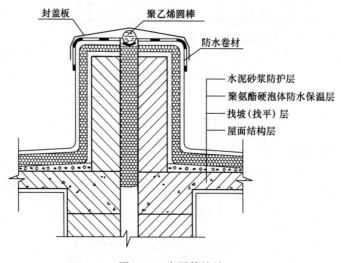

图 6-47　水平伸缩缝

6.3.3　喷涂硬泡聚氨酯防水保温屋面的施工

　　屋面聚氨酯硬泡体层的喷涂施工技术与外墙聚氨酯硬泡体层的喷涂施工操作是一种相同的施工法，屋面喷涂聚氨酯硬泡体是屋面防水保温工程中一种最普遍采用的成型工艺。就其在屋面喷涂施工与墙面喷涂施工相比较而言，屋面喷涂施工技术在操作手法上相对要容易一些，但其在整个屋面防水保温系统中所涉及屋面和细部节点防水系统的施工要求则更为严格一些。在墙体上喷涂聚氨酯硬泡体，其施工作业为垂直面，涉及聚氨酯硬泡体与基层墙体的粘结力、喷涂成型后的聚氨酯硬泡体自身表面的平整度、聚氨酯硬泡体与外装饰面层结合的牢固程度以及墙体承重等一系列问题，故要求对喷涂聚氨酯硬泡体的施工操作技术的掌握需更加熟练，相对要求喷涂聚氨酯硬泡的设备性能要要好些。

6.3.3.1 喷涂硬泡聚氨酯防水保温屋面工程施工的基本要求

喷涂硬泡聚氨酯防水保温屋面工程施工的基本要求如下：

（1）喷涂硬泡聚氨酯屋面的基层应符合下列要求：

1）为了保证喷涂硬泡聚氨酯保温防水层表面的平整度，基层应坚实、平整、干燥、干净。

2）屋面与山墙、女儿墙、天沟、檐沟及凸出屋面结构的交接处应符合细部构造设计要求。

3）对既有建筑屋面的基层应先进行处理，不能保证与喷涂硬泡聚氨酯粘结牢固的部分应清除干净，并修补缺陷和找平。由于硬泡聚氨酯对沥青类、高分子类防水卷材与防水涂料都有良好的粘结力，旧防水层只需清除起鼓、疏松部分，与基层结合牢固的部位可直接在其表面喷涂硬泡聚氨酯，这对旧屋面的修缮十分方便，也减少了垃圾清运量。

（2）喷涂硬泡聚氨酯屋面保温防水工程施工应符合下列要求：

1）为保证施工质量，喷涂硬泡聚氨酯屋面施工应使用专用喷涂设备。

2）施工前应对喷涂设备调试，进行试喷，并预留试块进行材料性能检测。

3）为了控制硬泡聚氨酯厚度均匀又不至于使材料飞散，喷涂作业时喷嘴与施工基面的间距宜为800～1200mm，并应采取防止污染的遮挡措施。

4）根据设计厚度，一个作业面应分遍喷涂完成，每遍厚度不宜大于15mm；当日的施工作业面必须于当日连续喷涂完毕。喷涂硬泡聚氨酯施工应多遍喷涂完成，一是为了能及时控制、调整喷涂层的厚度，减少收缩造成的影响；二是可以增加结皮层，提高防水效果。当日不能连续喷涂完成时，作业面宜留置踏步槎，以保证先后作业面搭接牢固。

5）硬泡聚氨酯喷涂后20min内严禁上人，以防止损坏保温层。

（3）用于喷涂Ⅱ型硬泡聚氨酯复合保温防水层的抗裂聚合物水泥砂浆施工应符合下列要求：

1）为保证上下层粘结牢固，抗裂聚合物水泥砂浆施工应在硬泡聚氨酯层检验合格并清扫干净后才能进行。

2）施工时严禁损坏已固化的喷涂硬泡聚氨酯层。

3）配制抗裂聚合物水泥砂浆应按照配合比，做到计量准确，搅拌均匀；一次配制量应控制在可操作时间内用完，且施工中不得任意加水。

4）抗裂聚合物水泥砂浆层应分2～3遍刮抹完成。

5）抗裂聚合物水泥砂浆刮抹完成后应及时养护，保持表面湿润。

（4）伸出屋面的管道、设备、基座或预埋件等，应在喷涂硬泡聚氨酯施工前安装牢固，并做好密封防水处理；喷涂硬泡聚氨酯施工完成后，不得在其上凿孔、打洞或重物撞击。

（5）喷涂硬泡聚氨酯表面不得长期裸露，硬泡聚氨酯喷涂后，应在7d内施工完成保护层。

6.3.3.2 喷涂硬泡聚氨酯防水保温屋面的施工要点

1. 施工准备

（1）技术准备。熟悉和会审图纸，掌握和了解设计意图、屋面构造、构造节点处的处理、坡度要求，在女儿墙泛水处控制喷涂规定高度全喷，根据喷涂厚度、面积和表观密度折算用料总量，并根据现场施工环境和具体技术要求预先调配出合格的小试配方，再按小试配方进行批次配料，以供给大面积喷涂施工使用。施工前应向操作人员进行技术交底，并须进行技术和安全的培训。确定质量目标和检验要求，提出施工记录的内容和要求。掌握天气预报资料，根据总体工程情况，制订出相应具体的喷涂硬泡聚氨酯屋面工程的施工方案。

（2）原料准备。

1）异氰酸酯组分（甲组分）的准备。异氰酸酯组分应存放在干燥、通风、阴凉处严格密封保存，不能吸潮，尤其是曾经开桶使用余下的原料，必须保证容器的干燥密封，有条件的最好充干燥的氮气进行保护。

2）树脂组分（乙组分）的准备。屋面喷涂所用的乙组分材料的准备有两种方式：一种方式是将乙组分配方中的各个组分均分别运至施工现场，现用现配（即后配）；另一种方式是将乙组分配方中的各个组分预先配好后再运进施工现场（即先配）。进入施工现场备用的各种原料应一律用镀锌铁桶或专用铁桶密封保存，待用。

① 后配树脂组分的准备。所用的原料运至施工现场后，应仔细检查其在运输过程中有无碰坏包装，桶盖是否封严，如出现泄漏应立即妥善处理。各种原料应按序摆放并标明材料名称，以免在现场配料时发生生用料错误。原料在贮存过程中不得淋雨，不得在高温或烈日下暴晒，远离火源，原料应存放在阴凉处，防止其蒸发。

根据施工现场环境等条件，随时调整配方，按工程进度或工程总用料量进行配制，按预先小试调配好的各单体原料的质量比进行计量，混合充分、搅拌均匀。现场随配随用树脂组分的优点是能够保持原有的化学活性不损失，根据施工现场环境等条件可随时调整配方，按工程用料进行配制，避免聚醚或聚酯组分的剩余；其缺点是容易增加配料时的计量误差，每个配料批次不易重复，并且不易搅拌均匀，易给喷涂施工带来质量问题，其次是占用场地面积较大，不利于进行现场管理。

② 先配树脂组分的准备。先配树脂组分进入施工现场后，即可与甲组分按规定配比后直接进行喷涂施工。其优点是如果计算好总用量，在工厂内预先配好，则可减少在施工现场随用随配、计量、搅拌等的不足环节，使用时亦比较方便；其缺点是要求使用的组合料不得超过贮存期，否则难以保证喷涂聚氨酯硬泡体成品的质量。工程剩余的组合料还须在有效贮存期内尽快用完，否则余料超过贮存期，硬泡体质量不合格。乙组分料在运到施工现场后，应存放在室温条件下，避免高温，包装桶应盖严。

（3）机具准备。高压或低压发泡机、空压机以及喷枪均应达到正常使用要求，送料管路应畅通且其长度够用。施工现场应具有安全、稳定的动力电源。

（4）现场喷涂的施工条件。基层屋面应牢固、干燥，基面应无锈、无油污、无浮尘、无污物；伸出屋面的管道等结构，其根部应填塞密实，应在施工前安装牢固；基层坡度、细部构造等应符合设计要求。

施工气温宜为 15～30℃，室外现场喷涂时，风力不宜大于 3 级，相对湿度宜小于 85%。

2. 喷涂硬泡聚氨酯屋面保温层以及防水保温一体化体系的施工

屋面喷涂聚氨酯硬泡体的施工，从使用功能上来划分，可分为普通保温层（Ⅰ型）和防水保温一体化体系（Ⅲ型），两者所要求具备的施工条件和操作技术要求是基本一致的，主要区别在于两者的功能不同，主要是通过改变聚氨酯硬泡体配方，使所喷涂成型制品的物理性能指标的高低不同。

喷涂硬泡聚氨酯屋面防水保温系统的构造可进一步细分为屋面基层、基层找坡（兼找平）层（聚氨酯防潮底漆层）、保温层或防水保温一体化体系（喷涂聚氨酯硬泡＋聚氨酯硬泡界面剂）、抗裂砂浆复合耐碱玻纤网格布防护层、防水层、饰面层等，参见图 6-48、图 6-49。

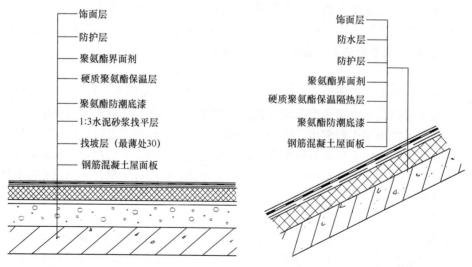

图 6-48　平屋面聚氨酯保温做法　　　　图 6-49　坡屋面聚氨酯保温做法

喷涂聚氨酯硬泡屋面防水保温系统的施工工艺流程参见图 6-50。

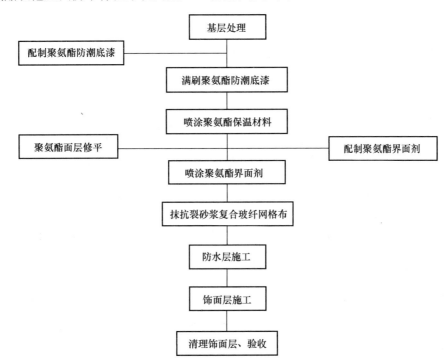

图 6-50　喷涂硬泡聚氨酯屋面防水保温系统的施工工艺流程

喷涂聚氨酯硬泡体屋面保温层和防水保温一体化体系的施工要点如下：

（1）基层处理。平屋面基层应除去各种油垢、浮灰、尘土，做好找坡找平层，排水坡度应达到要求；坡屋面除去基层油垢、浮灰、尘土及其他杂物，基层平整度达不到要求时应采用砂浆找平。对于屋面落水口、屋面管道等凸出部位应采用聚氨酯防水涂料做防水处理，涂料在施工前应搅拌均匀，厚度应一致，涂刷应分三遍实施，第一遍涂刷量以 0.8～1.0kg/m² 为宜，在第一层涂膜固化后再涂刷第二遍聚氨酯防水涂料，两次涂刷方向应互相垂直，第三遍聚氨酯防水涂料的涂刷量以 0.3～0.5kg/m² 为宜，当涂膜完全固化后应进行隐蔽工程验收，并做不少于 24h 的闭水试验测试，在验收合格后方可进行喷涂聚氨酯硬泡防水保温施工。

（2）聚氨酯防潮底漆的施工。待基层平整度验收合格后方可进行聚氨酯防潮底漆的施工，基层的含水率应小于 9%，将已稀释好的聚氨酯底漆用滚刷均匀地涂刷于基层屋面，涂刷两遍，时间间隔为 2h。阴雨天、大风天应避免施工，湿度大的天气应适当延长时间间隔，以第一遍表干为标准，注意应保证聚氨酯硬泡保温层的作业面覆盖完全，不能有漏刷之处。

（3）聚氨酯硬泡体防水保温层的施工。

1）做好遮挡，以防泡沫体污染相邻的部位。

2）在发泡机两个料罐内分别加入异氰酸酯组分和树脂组分（或将高压输料泵分别插入各自料桶内）后，先进行试喷，原料经恒定计量流入喷枪混合，瞬间经空气压力作用，将混合物料"雾化"喷涂在基层表面发泡成型，经试喷确定机械系统正常，喷涂聚氨酯硬泡试块合格后，方可进行大面积的正式喷涂施工。

3）在大面积喷涂聚氨酯硬泡施工时，应按设计坡度及流水方向，找出屋面坡度走向并弹线找坡，以确保防水保温层在规定的厚度范围。在无风天气环境下，原则上宜由远至近一遍接一遍连续地进行喷涂，第一遍喷涂的厚度宜控制在 10mm 左右，在喷涂第一遍之后可在喷涂硬泡层上插入与设计厚度相等的标准厚度标杆（钢针），所插标杆的间距以 300～400mm 为宜，并呈梅花状分布，插好标杆后方可继续进行喷涂施工，喷涂可多遍完成，每遍厚度宜控制在 20mm 之内，在喷涂施工时，应走速均匀，以达到泡体的连续均匀。

4）在喷涂过程中，应严格控制聚氨酯硬泡体的厚度和平整度，硬泡体的厚度应以刚好覆盖标杆头为宜（喷涂硬泡体表面应看到标杆头位置，但不能看到标杆）。对于聚氨酯硬泡体厚度超出部分，可用手锯将过厚处修平，若发现厚度不够，则应及时进行补喷，在逐遍喷涂的同时，还必须保证设计规定的排水坡度。

5）喷涂施工应注意防风，若风速超过 5m/s 时不应施工，以防风吹物料造成污染。

6）屋面细部是最容易出现质量问题的部位，主要涉及缝隙的密封技术、喷涂聚氨酯硬泡的高度或范围、屋面与外墙连接喷涂成整体、喷涂聚氨酯硬泡的排水坡度等，要求在达到节能效果的前提下，还必须达到不渗透水、排水顺畅，尤其在细部构造处喷涂聚氨酯硬泡时，必须使细部构造特点达到设计的具体技术要求。

7）在聚氨酯硬泡体基层喷涂 4h 之后，方可做聚氨酯界面处理，聚氨酯硬泡界面剂应均匀地涂刷在聚氨酯硬泡体基层上。

8）聚氨酯硬泡体成品的保护要点如下：

① 喷涂聚氨酯硬泡体施工结束后，不得在其上随意踩踏，严禁重物撞击和被锐物刮伤，应保持硬泡体表面清洁，不得堆放重物、凸出尖锐物及化学物品，聚氨酯硬泡体若不慎意外破损，则应及时进行修补。

② 严禁在聚氨酯硬泡体表面进行电焊、明火或其他高温接触作业，应采取绝对安全的防火有效保护措施。

③ 聚氨酯硬泡体若长时间暴露于阳光之下，其泡沫体会逐渐氧化，外观颜色从浅黄色变化到深黄色，聚氨酯硬泡导热系数、强度性能下降，还可导致其他物理性能指标下降，因此，在聚氨酯硬泡体施工结束后，应在最短时间内按其设计要求进行下步工序的施工。

④ 在做防护层施工时，应尽可能做到不损坏泡体表面光滑的致密层，尤其在采用涂料防护层时更应注意保护。

9）可影响聚氨酯硬泡体防水保温层质量的因素很多，为了便于掌握操作要领，表 6-25 列举了在施工中较为常见的一些质量通病及其原因和防治方法。

表 6-25　聚氨酯硬泡体防水保温材料施工中的常见问题与防治措施

常见问题	原因分析	防治措施
泡沫发脆、强度差	环境温度、料温低 水分掺入量大 催化剂加量不足 搅拌不充分	提高组分及被保温表面的温度 注意空气干燥和避免外界水分 适当提高催化剂用量 提高搅拌转速，延长搅拌时间
泡沫发软、熟化慢	回化剂量小 A 组分过量 料温或表面温度过低	提高有机锡含量 提高 B 组分含量 提高料温或加热工作表面
泡孔偏大、不均匀	稳泡小 反应温度低 搅拌不充分	补加稳泡剂 提高料温或增加催化剂、固化剂 提高搅拌速度或延长搅拌时间
闭孔率降低、通孔率增高	催化剂过量 稳泡剂量少 B 组分纯度过低 B 组分用量过少	提高有机锡含量，降低胺类含量 补加稳泡剂 更换 B 组分 提高 B 组分用量

续表

常见问题	原因分析	防治措施
塌泡、泡沫不稳定	稳泡剂失效 稳泡剂过量 固化剂量少	更换稳泡剂 减少稳泡剂 增加固化剂
表观密度偏大	发泡剂含量过少 料温或环境温度低 催化剂、固化剂量少 搅拌不充分 投料太多、内压过大	补加发泡剂 提高料温 增加催化剂、固化剂用量 提高搅拌速度或延长搅拌时间 准确计算投料量
收缩变形	反应不充分 A组分过量 阻燃剂过多	提高料温，延长搅拌时间 增加B组分用量 调节阻燃剂用量
泡沫开裂或中心发焦、发黄	固化剂过量 反应温度太高 发泡体积过大	减少有机锡用量 减少催化剂用量 减少发泡剂块体积

（4）抗裂砂浆复合耐碱玻纤网格布防护层的施工。耐碱玻纤网格布配筋的做法是待聚氨酯硬泡体施工完成 3～7d 后，即可进行抗裂砂浆层的施工。耐碱玻纤网格布长度 3m 左右，尺寸应预先裁好，抗裂砂浆一般分两遍完成，其总厚度约 5mm，抹面积与网格布相当的抗裂砂浆后，应立即用铁抹子压入耐碱网格布，耐碱网格布之间的搭接宽度不应小于 50mm，先压入一侧，再压入另一侧，严禁干搭，耐碱网格布应铺贴平整、无折皱，嵌入抗裂砂浆后，可隐约见网格，砂浆的饱满度达到 100%，局部不饱满处应随即补抹第二遍抗裂砂浆找平并压实。

（5）防水层的施工。喷涂聚氨酯硬泡体复合防水材料的体系，其采用的防水材料主要有防水涂料和防水卷材。

1）涂膜防水层的施工。聚氨酯硬泡体表面复合涂膜防水层，可连续喷（刷）快干型（快固化型）耐紫外线的浅色兼有防水功能的防护涂料，在聚氨酯硬泡体层上直接涂刷涂料时，所使用的涂料产品应与聚氨酯硬泡体有良好的相容性，即在涂膜固化后，不能出现起皮、胶皮等不良现象，涂膜还应具有保护聚氨酯硬泡体和防水的功能。下面侧重介绍非上人喷涂聚氨酯硬泡体防水保温屋面完成找平层后防水涂料的施工技术。

涂膜防水层的施工工艺流程参见图 6-51，其施工要点如下（以聚氨酯防水涂料为例）：

① 检查基层。已完成聚氨酯硬泡体施工的基层或已在聚氨酯硬泡体上做水泥砂浆找平等保护层的基层，经施工验收合格后，方可进行涂膜防水层的施工。若基层有灰渣、起砂、起皮、预埋件固定不牢固等缺陷，应及时进行修

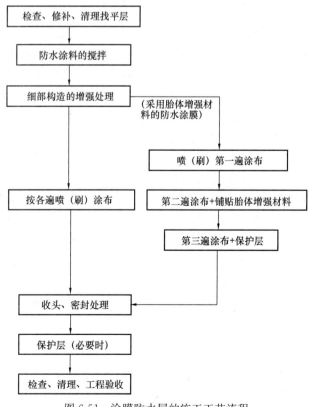

图 6-51　涂膜防水层的施工工艺流程

补并彻底清除干净。

基层的湿度应符合涂膜防水层施工的要求，尤其是采用反应固化型防水涂料时，如采用单组分、双（多）组分聚氨酯（或聚脲）防水涂料施工，其反应固化成膜是化学反应成膜，若基层含水分偏高或环境湿度过大，施工会使聚氨酯或聚脲防水涂料中的异氰酸根（—NCO）优先与水分、潮气发生反应，并放出二氧化碳，使聚氨酯或聚脲防水涂膜出现气孔或气泡，此时无论在聚氨酯硬泡体表面直接进行涂刷施工，还是在聚氨酯硬泡体找平层上施工，都会大大降低涂膜的防水功能；如采用挥发固化型防水涂料，其反应过程则是湿固化的反应过程，其对基层含水率可适当放宽，如采用聚合物水泥防水涂料或水泥基渗透结晶型防水涂料，要求水泥砂浆找平层基层应潮湿，即使基层干燥也必须进行润湿，但也不能有明水。找平层基层应干燥，一般基层含水率在9%以下时方可进行涂料施工，若在不具备测试基层含水率仪器的情况下，可采用经验测定基层含水率的简易方法，即用 $1m^2$ 胶板，在常温下平坦铺放在基面上 3～4h，掀开胶板后，若其上无水印就可视其基层含水率在9%以下，可以进行涂料施工。

涂料施工应避开雨雪天气和五级以上大风天，溶剂型涂料的施工环境温度应不低于 $-5℃$，水乳型涂料的施工环境温度应不低于 $5℃$。

② 防水涂料的搅拌。单组分聚氨酯防水涂料在施工前应稍加搅拌，以免物料出现沉淀。双组分聚氨酯防水涂料或聚脲防水涂料在施工前，应将两个组分的物料按供应商规定的质量比放入圆桶内（若放入方桶内进行搅拌则易产生死角，搅拌时间相对会延长），用带有叶片的搅拌设备充分混合均匀后，进行刮涂施工，若采用机械喷涂时，则应控制好各组分的计量比例，经混合搅拌后的双组分涂料应在尽可能短的时间内用完，物料应随拌随用。单组分涂料在开桶后也应该在规定的时间内尽快使用。

对于聚合物水泥防水涂料，首先应按质量配合比将液料倒入圆形容器内（如需加水，先在液料中加水），然后在液料搅拌时徐徐加入定量的粉料，边加料边搅拌，搅拌时间在5min左右，搅拌至混合物料中不含有料团、颗粒为止。

③ 防水涂料的施工。

a. 细部构造的增强处理。在大面积喷（刷）防水涂料施工前，首先应对细部构造（如节点、周边、拐角等）进行涂刷、做附加增强层等处理，细部构造是渗漏水的常见部位，一旦处理不妥，必然留下渗漏水的隐患，一般在进行防水涂料施工前，在喷涂聚氨酯硬泡体施工时已对细部构造按具体的技术措施要求做了处理，故在涂料施工时，仅需在聚氨酯硬泡体或聚氨酯硬泡体找平层的表面进行涂刷施工即可。若细部构造没有得到处理，则应按如下方法进行处理：

ⓐ 同一屋面上凸出屋面的管根、地漏、排水口（水落口）、变形缝、天沟、檐口、天窗下等细部构造部位应先做密封和附加增强防水层，同时应保证四周加宽大于200mm。

ⓑ 水落口周围与屋面交接处应做密封处理，并铺贴两层胎体增强材料做附加层，涂膜伸入水落口的深度应不得小于50mm。

ⓒ 泛水处的防水涂膜应沿女儿墙直接涂过压顶，在所有细部构造处理时，应增涂2～4遍防水涂料。

ⓓ 所有节点均应填充防水密封材料，在分格缝处应空铺胎体增强材料附加层，其铺设宽度为200～300mm，特殊部位附加增强处理可在涂布基层处理界面剂后进行，也可在涂布第一遍防水涂料后进行。

b. 大面积涂布防水涂料。防水涂料在进行大面积涂布施工时，首先应进行立面、节点的涂布，然后再进行平面的涂布，涂层可按分条间隔式或按顺序倒退方式进行涂布。

涂膜应采用分遍（分道）涂布来达到设计的厚度，不能一次涂成。应待先涂的涂层干燥成膜之后，再进行下一遍涂料的涂布，最后涂布至设计的涂膜厚度。凡防水涂料在涂布时，不论其是薄质涂料还是厚质涂料，防水涂膜在满足厚度要求的前提下，涂布的遍数越多其成膜的密实度越好，故在大面积涂布时，宜多遍涂布，不宜一次成膜。

同一层每道涂布宜按同一方向，前后两道涂布方向应垂直，如此不仅可增加与基层的粘结力，也可使涂层表面平整，减少渗漏机会，同层涂膜施工时，涂膜的先后搭槎宽度宜为30～50mm。在涂布时，涂料若出现交联反应，则应停止使用。

c. 胎体增强材料的施工。采用胎体增强材料的涂膜施工时，胎体增强材料的铺设可在涂布第二遍防水涂料的同时进行（简称湿铺法），即边涂布防水涂料边铺展胎体增强材料，并用滚刷滚压均匀；胎体增强材料也可在第二遍涂料干燥成膜后、第三遍涂料涂布前进行铺设（简称干铺法），即在前一遍涂层成膜后，直接铺设胎体材料，并在其已展平的表面用橡胶刮板均匀满刮一遍防水涂料。胎体长边搭接宽度不应小于 50mm，短边搭接宽度不应小于 70mm，胎体增强材料应加铺在涂层中间，下面的涂层厚度不小于 4mm，上面的涂层厚度不小于 0.5mm，在铺设胎体增强材料时，不应将胎体拉伸过紧或过松，也不得出现皱折、翘边。

d. 收头、密封处理。所有涂膜收头均应采用涂料多遍涂刷密实或用密封材料压边封固，压边宽度不得小于 10mm，收头处的胎体增强材料应裁剪整齐，如有凹槽则应压入凹槽内，不得有翘边、皱折、露白等缺陷。

④ 保护层的施工。一般聚氨酯防水涂膜的耐老化性能较差，故在其成膜后的表面，需设置保护层。若采用撒布材料做聚氨酯防水涂膜保护层时，则应在涂布最后一遍防水涂料的同时进行，即边涂布聚氨酯防水涂料边均匀撒布细砂、云母等撒布材料，使防水涂料和撒布材料两者间粘结牢固，并要求撒布均匀，不能露底，若有与聚氨酯防水层粘结不牢的细砂等粉料，应在涂膜干燥或固化之后，将尚未粘结牢固的细砂等粉料及时清扫干净，避免因雨水冲刷而堵塞水落口或因屋面积水而影响排水效果；若采用水泥砂浆做保护层时，则应在聚氨酯防水涂膜干燥固化后，方可进行水泥砂浆保护层的施工。

若喷涂聚氨酯硬泡复合聚脲防水涂料或其他类耐老化性能好的涂料，则可以不再在其表面另做保护层，但需对这些防水涂膜定期进行维护。

2）卷材防水层的施工。喷涂聚氨酯硬泡体的表面若不具备水泥砂浆找平层的压光稳固，则不可能实施合成高分子防水卷材的粘贴，又因为聚氨酯硬泡体的物理性能所决定，不能在硬泡体表面直接进行高聚物改性沥青防水卷材的热熔法工艺、热粘法工艺的施工，因此喷涂聚氨酯硬泡复合卷材防水材料体系的卷材防水层施工，必须在喷涂聚氨酯硬泡体上做好水泥砂浆找平层后方可进行施工。

① 高聚物改性沥青防水卷材防水层的施工。高聚物改性沥青防水卷材防水层的施工工艺流程参见图 6-52。高聚物改性沥青防水卷材防水层的施工工艺要点如下：

a. 施工条件及基层清理。施工应避开雨雪天和五级以上大风天，热熔法施工的气温应不低于 -5℃，环境温度不宜低于 -10℃。

基层表面应干净、平整、坚实、干燥，无尘土、杂物。找平层与凸出屋面的女儿墙、烟囱等相连的阴角处，应抹成光滑的圆角，找平层与檐口、排水沟等相连的转角，应抹成光滑一致的圆弧形，伸出屋面的管道、设备或预埋件，应在防水层施工前安设完毕。

b. 涂刷基层处理剂。在基层验收合格后，可将已搅拌均匀的基层处理剂用长柄辊刷涂刷在基层的表面，并要求涂刷均匀一致，切勿反复涂刷，当基层处理剂干燥后，方可铺贴防水卷材。

c. 细部构造的增强处理。基层处理剂干燥后，先对女儿墙、水落口、管根、檐口、阴阳角等细部做附加层，在其中心 200mm 范围内均匀涂刷 1mm 厚的胶粘剂，待胶粘剂干燥后粘贴一层聚酯纤维无纺布，然后在其上再涂刷 1mm 厚的胶粘剂，干燥后形成一层无接缝和弹塑性的整体附加层。在其他部位附加卷材每边宽度或高度不小于 250mm。

屋面与凸出屋面结构的连接处，铺贴在立墙上的卷材高度应不小于 250mm，应用叉接法与屋面卷材相互连接，将上端头固定在墙上，用薄钢板泛水覆盖上，然后做钢板泛水。

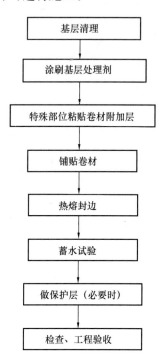

图 6-52 高聚物改性沥青防水卷材防水层的施工工艺流程

无组织排水口在 800mm 宽范围内卷材应满粘,卷材收头应固定封严。

水落口连接卷材应牢固地粘贴在杯口上,压接宽度不小于 100mm,水落口周围 500mm 范围。泛水坡度不小于 5%,基层与水落口杯接触处应留 20mm 宽、20mm 深凹槽,填嵌密封材料。

伸出屋面管道处,其防水层的收头处应用钢丝箍紧,并嵌密封材料。

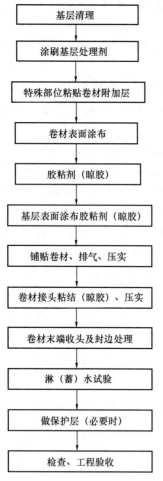

图 6-53 合成高分子防水卷材
防水层的施工工艺流程

d. 铺贴防水卷材。卷材的铺贴方向应从低坡度向高坡度,从历年主导风向的下风方向开始,铺贴卷材时,应随放卷随用火焰加热器加热基层和卷材的交界处,火焰加热器距加热面控制在 300mm 左右,经往返均匀加热至卷材表面发出光亮黑色,即卷材面熔化时,将卷材向前滚铺、粘贴,其搭接部位应满粘牢固,采用满粘法工艺,其长边搭接宽度应不小于 80mm,短边搭接宽度不小于 100mm。

e. 热熔封边。将卷材搭接处用火焰加热器加热,趁热使两者粘结牢固,以边缘溢出沥青为宜,末端收头可用密封胶嵌填严密。

② 合成高分子防水卷材防水层的施工。合成高分子防水卷材防水层的施工工艺流程参见图 6-53。合成高分子防水卷材防水层的施工工艺要点如下:

a. 施工条件及基层清理。施工时应避开雨雪天气和五级以上大风天,采用冷粘法工艺施工,其气温不低于 5℃,采用热风焊接法工艺施工,其气温不低于 -10℃。

基层清理同高聚物改性沥青防水卷材防水层施工的基层清理要求。

b. 涂刷基层处理剂。根据卷材性能选择基层处理剂,可采用喷涂或刷涂工艺,先在阴阳角、水落口、管道和伸出屋面结构的根部均匀涂布,然后再进行大面积涂布,涂布时应保持基层处理剂涂层厚度均匀一致,切勿反复来回涂刷,不得漏刷、露底。

c. 细部构造的增强处理。在山墙、天沟、凸出屋面的阴阳角、穿越屋面的管道根部等处,除了采用涂膜防水材料做增强处理外,还应采取以下相应措施:

ⓐ 卷材末端收头处须用与其配套的嵌缝胶封闭,檐口卷材收头处,可直接将卷材粘到距檐口边 200~300mm 处,采用密封胶封边或将卷材收头压入预留洼坑内用密封胶封固。

ⓑ 卷材在天沟处应顺天沟整幅铺贴,尽量减少接头且接头应顺流水方向进行搭接,卷材幅度不够时应尽量在天沟外侧搭接;外侧沟坡向檐口处,搭接缝和檐沟外侧卷材的末端均用密封胶封固,内侧应贴进檐口不小于 50mm,并压在屋面卷材底下。

ⓒ 水落口处的卷材在铺贴时,水落口杯嵌固稳定后,在与基层接触处所预留的凹槽内嵌填密封材料,并做成以水落口为中心比天沟低 30mm 的洼坑。在周围直径为 500mm 的范围内先涂刷基层处理剂,然后再涂 2mm 厚的密封胶,并宜加衬一层胎体增强材料,然后做一层卷材附加层,卷材附加层应深入水斗不少于 100mm,上部剪开将四周贴好,然后再铺贴天沟卷材层,并剪开卷材深入水落口,用密封胶进行封固处理。

ⓓ 阴阳角处,卷材铺贴时,应先在圆弧半径约 20mm 范围内涂刷底胶,然后再用密封胶进行涂封,其范围距转角每边宽 200mm,再增铺一层卷材附加层,其接缝处均应采用密封胶进行封固处理。

ⓔ 高低跨墙、女儿墙、天窗下泛水收头处、屋面与立墙交接处的圆弧形或钝角处,在涂布基层处理剂后,再涂 100mm 宽的密封胶一层,在铺贴大面卷材前,应顺交角方向铺贴一层 200mm 宽的卷材附加层,其搭接宽度应不少于 100mm。在高低跨墙、女儿墙、天窗下卷材泛水收头处应做滴水线及凹槽,卷材收头嵌入后,应用密封胶封固,若卷材垂直于山墙泛水铺贴时,山墙泛水部位应另用一平行于

山墙方向的卷材压贴，与屋面卷材向下搭接不少于 100mm。若女儿墙较低时，则应铺过女儿墙顶部，用压顶压封。

ⓕ 排汽管根部卷材铺贴和立墙交接处相同，转角处应按阴阳角做法处理，待大面积卷材铺贴完，再加铺两层卷材附加层，然后将端部绑扎后再用密封胶密封。

d. 铺贴防水卷材。采用冷粘法工艺铺贴合成高分子防水卷材，其操作要点如下：

ⓐ 在基层表面排好尺寸，画出卷材铺贴的标准线。

ⓑ 在基层和卷材背面均匀地涂刷胶粘剂，要求涂刷均匀、厚度一致，不能在一处反复涂刷，当涂刷的胶粘剂触干时，即可铺设卷材。满粘法工艺铺设卷材的短边搭接和长边搭接均不应小于 80mm。

ⓒ 将卷材反面展开摊铺在平整的基层上，在干净的卷材表面上均匀涂胶（若搭接缝采用专用胶时，在搭接缝 80～100mm 外不得涂胶），当涂胶达到触干时，即可对位粘贴（视使用胶粘剂类型而定，有的胶粘剂仅在基层表面均匀涂刮即可粘贴）。

ⓓ 在铺贴卷材时，依所画的标准线将卷材的一端固定，然后沿标准线向另一端铺展，铺展时不得将卷材拉得过紧，尤其在高温季节更应注意，应在松弛状态下铺贴，每隔 1000mm 左右对准标准线点粘一下，不得皱折，每铺完一幅卷材后，应立即用长柄压辊从卷材一端开始，顺卷材横向依次滚压，排除卷材粘结层间的空气，然后再用外包橡胶的大压辊进行滚压，从而使卷材与基层粘贴牢固。

ⓔ 在铺贴立面泛水卷材时，应先留出泛水高度足够的卷材，先贴平面，再统一由下往上铺贴立面，铺贴时切忌拉紧，随转角压紧压实往上粘贴，然后用手持压辊从上往下滚压，使其卷材粘牢。

ⓕ 卷材搭接缝粘贴的工艺有搭接法、对接法、增强搭接法以及增强对接法等，其中采用搭接法工艺时，应首先将搭接缝上层卷材表面每隔 500～1000mm 处点涂胶粘剂（如氯丁胶），待胶粘剂基本干燥后，将搭接缝卷材翻开临时反向粘贴固定在面层上，然后将接缝胶粘剂均匀涂布在翻开的卷材接缝的两个粘结面上，涂刷时要均匀，不堆积，胶面达到触干后，即可进行粘合，粘合从一端开始，边压合边驱除空气，然后用压辊依次滚压牢固，接缝口应采用密封胶封口，其宽度不小于 10mm。

ⓖ 为防止卷材收头翘边或发生渗漏，应在收头处再涂刷一遍涂膜防水层。

6.4 泡沫混凝土保温屋面

泡沫混凝土保温屋面是指采用物理方法将泡沫剂水溶液制成泡沫，再将泡沫加入到由胶凝材料、骨料、掺合料、外加剂和水等制成的料浆中，经混合搅拌、现场发泡成型、自然养护而成的轻质微孔混凝土做保温层的一类保温屋面。

6.4.1 泡沫混凝土的分类和性能

1. 泡沫混凝土的分类

泡沫混凝土按其组成的胶凝材料不同，可分为水泥泡沫混凝土、菱镁泡沫混凝土、石膏泡沫混凝土、碱矿渣泡沫混凝土等。其中水泥泡沫混凝土是泡沫混凝土的主导性产品，它的生产和应用最为广泛，可用于制备各种泡沫混凝土板材及现浇泡沫混凝土。

泡沫混凝土按其组成的填充料不同，则可分为几十种，如粉煤灰泡沫混凝土、煤矸石泡沫混凝土、矿渣泡沫混凝土等。

泡沫混凝土按其发泡方法的不同，亦可分为多种，主要有两大类，一是发泡混凝土，二是充气混凝土，后者使用较少。

泡沫混凝土按其施工工艺的不同，可分为现浇泡沫混凝土和泡沫混凝土制品两类，其中，现浇屋面和地暖发展较快，应用已迅速扩大，现浇泡沫混凝土和泡沫混凝土制品可分别用符号 S、P 表示。

泡沫混凝土按其干密度的不同，可分为 11 个等级，分别用符号 A03、A04、A05、A06、A07、A08、A09、A10、A12、A14、A16 表示。

泡沫混凝土按其强度等级的不同，可分为 11 个等级，分别用符号 C0.3、C0.5、C1、C2、C3、C4、C5、C7.5、C10、C15、C20 表示。

泡沫混凝土按其吸水率的不同，可分为 8 个等级，分别用符号 W5、W10、W15、W20、W25、W30、W40、W50 表示。

2. 泡沫混凝土的技术性能要求

泡沫混凝土产品现已发布了建筑工业行业标准《泡沫混凝土》（JC/T 266—2011），其现浇泡沫混凝土的技术性能要求如下：

（1）泡沫混凝土的干密度不应大于表 6-26 中的规定，其容许误差应为 +5%；导热系数不应大于表 6-26 中的规定。

表 6-26　泡沫混凝土的干密度和导热系数　JC/T 266—2011

干密度等级	A03	A04	A05	A06	A07	A08	A09	A10	A12	A14	A16
干密度（kg/m³）	300	400	500	600	700	800	900	1000	1200	1400	1600
导热系数/[W/(m·K)]	0.08	0.10	0.12	0.14	0.18	0.21	0.24	0.27	—	—	—

（2）泡沫混凝土每组立方体试件的强度平均值和单块强度最大值不应小于表 6-27 的规定。

表 6-27　泡沫混凝土强度等级（MPa）　JG/T 266—2011

强度等级		C0.3	C0.5	C1	C2	C3	C4	C5	C7.5	C10	C15	C20
强度	每组平均值	0.30	0.50	1.00	2.00	3.00	4.00	5.00	7.50	10.00	15.00	20.00
	单块最小值	0.225	0.425	0.850	1.700	2.550	3.400	4.250	6.375	8.500	12.760	17.000

注：泡沫混凝土干密度与强度的大致关系如下：

干密度等级	A03	A04	A05	A06	A07	A08	A09	A10	A12	A14	A16
强度	0.3~0.7	0.5~1.0	0.8~1.2	1.0~1.5	1.2~2.0	1.8~3.0	2.5~4.0	3.5~5.0	4.5~6.0	5.5~10.0	8.0~30.0

（3）泡沫混凝土的吸水率不应大于表 6-28 中的规定。

表 6-28　泡沫混凝土的吸水率（%）　JG/T 266—2011

吸水率等级	W5	W10	W15	W20	W25	W30	W40	W50
吸水率	5	10	15	20	25	30	40	50

（4）泡沫混凝土为不燃烧材料，其建筑构件的耐火极限应符合 GB 50016 的规定确定。

（5）现浇泡沫混凝土的尺寸偏差和外观质量应符合表 6-29 的规定。

表 6-29　现浇泡沫混凝土的尺寸偏差和外观质量　JG/T 266—2011

项　目			指　标
表面平整度允许偏差(mm)			±10
裂纹	裂纹长度率(mm/m²)	平面	≤400
		立面	≤350
	裂纹宽度(mm)		≤1
	厚度允许偏差(%)		±5
	表面油污、层裂、表面疏松		不允许

（6）泡沫混凝土制品不应有大于 30mm 的缺棱掉角；泡沫混凝土制品的尺寸允许偏差应符合表 6-30 的规定；泡沫混凝土制品的外观质量应符合表 6-29 中除厚度允许偏差、表面平整度允许偏差以外的

所有规定，表面平整度允许偏差不应大于 3mm。

表 6-30　泡沫混凝土制品的尺寸允许偏差 （mm）　　JG/T 266—2011

项目名称	指　标
长度	±4
宽度	±2
高度	±2

6.4.2　现浇轻质泡沫混凝土屋面保温层

长期以来，我国建筑物屋面的隔热多采用屋面结构混凝土架空大阶砖或隔热板的方法，其具有一定的隔热效果。随着科学技术的发展，各种新型的屋面隔热材料应运而生，现浇泡沫混凝土保温层即为众多的新型保温隔热材料产品之一。

现浇泡沫混凝土现已发布有江苏省工程建设标准《现浇轻质泡沫混凝土应用技术规程》（DGJ32/TJ 104—2010）等工程建设标准。

6.4.2.1　现浇轻质泡沫混凝土对材料提出的要求

1. 原材料

（1）现浇轻质泡沫混凝土应采用 32.5 级及以上强度等级的水泥，其性能应符合现行国家标准《通用硅酸盐水泥》（GB 175）提出的要求，不同等级、厂家、品种、出厂日期的水泥不得混存、混用。

（2）现浇轻质泡沫混凝土采用的发泡剂应质量可靠，性能良好，性能指标应符合表 6-31 提出的要求，严禁使用过期、变质的发泡剂。液体发泡剂应均匀，无明显的沉淀物。在采用发泡剂前，应检查其出厂合格证，如有疑问，应按有关标准规定的检验方法进行检验。发泡剂的稀释倍数应按照相关产品说明书执行，发泡均匀，泡沫直径宜小于 1.2mm，稳泡时间应大于 30min。

表 6-31　现浇轻质泡沫混凝土发泡剂的性能指标　　DGJ 32/TJ 104—2010

项　目	计量单位	指　标
发泡倍数		≥20
泡沫的沉降距（1h）	mm	≤10
泡沫的泌水量（1h）	mL	≤20

（3）现浇轻质泡沫混凝土，在掺入各类外加剂（如早强剂、防冻剂、憎水剂）时，外加剂的使用应符合现行国家标准《混凝土外加剂应用技术规范》（GB 50119）的要求。

（4）现浇轻质泡沫混凝土中掺入的粉煤灰应为Ⅰ级粉煤灰或Ⅱ级粉煤灰，其性能指标应符合现行国家标准《用于水泥和混凝土中的粉煤灰》（GB/T 1596）提出的要求。

（5）现浇轻质泡沫混凝土浆料中的各组分用量应根据其配合比设计确定，并确保料浆和泡沫充分混合均匀，保证其流动性和浇筑的高度。

（6）水泥的取样频率和试验方法应按照现行国家标准《通用硅酸盐水泥》（GB 175）执行。发泡剂的取样频率宜按 500kg 为一批次，不足 500kg 按一批次计，不同生产厂家、品种、批号的发泡剂不得混合取样；发泡剂的性能指标检测应每批不少于 1 组；用于检测发泡剂性能指标的泡沫应根据发泡剂的使用说明书进行配制；发泡剂的发泡倍数、1h 的沉降距、泌水量的试验方法应按有关标准规定的要求执行。

2. 现浇轻质泡沫混凝土的配合比设计

生产现浇轻质泡沫混凝土时，其配制流程是：先配制水泥浆液，后计算所需泡沫体积，最后将水泥浆和泡沫混合均匀。

现浇轻质泡沫混凝土的配合比应按照设计体积密度来配制，这是现浇轻质泡沫混凝土配合比设计的基本原则。泡沫混凝土的配合比设计采用根据泡沫混凝土的目标容重来设计的方法，这与普通混凝土配合比设计的方法是有本质区别的。

现浇轻质泡沫混凝土的配合比设计步骤宜符合下列规定：

（1）现浇轻质泡沫混凝土的配合比设计首先要确定目标泡沫混凝土的容重，然后计算所需的水泥用量。每立方米现浇轻质泡沫混凝土的水泥用量应按式（6-6）计算确定：

$$m_c = 0.812m \tag{6-6}$$

式中　m——拟配制泡沫混凝土每立方米的质量（kg/m³）；

　　　m_c——拟配制泡沫混凝土每立方米的水泥用量（kg/m³）。

（2）根据水泥用量计算出所需用水量（应注意，这里所计算出的用水量为配制水泥浆所需要的用水量，不包括配制发泡剂的用水量），每立方米现浇轻质泡沫混凝土用水量按式（6-7）计算确定：

$$m_w = 0.277m_c \tag{6-7}$$

式中　m_w——拟配制泡沫混凝土每立方米的用水量（kg/m³）；

　　　m_c——拟配制泡沫混凝土每立方米的水泥用量（kg/m³）。

（3）每立方米现浇轻质泡沫混凝土的泡沫体积按式（6-8）计算确定：

$$V_p = 1 - \frac{m_c}{\rho_c} - \frac{m_w}{\rho_w} \tag{6-8}$$

式中　V_p——拟配制泡沫混凝土的泡沫体积（m³）；

　　　m_c——拟配制泡沫混凝土每立方米的水泥用量（kg/m³）；

　　　m_w——拟配制泡沫混凝土每立方米的用水量（kg/m³）；

　　　ρ_c——水泥的表观密度（kg/m³）；

　　　ρ_w——水的密度（kg/m³）。

由于发泡剂的种类不同，其发泡的倍数也不一致，式（6-8）的计算是每立方米现浇轻质泡沫混凝土中需要的泡沫体积，泡沫的配制要根据发泡剂的使用说明书来确定。

（4）现浇浇筑的轻质泡沫混凝土宜采用纯水泥浆制得，当掺入粉煤灰时，其最大掺量应为水泥量的20%以下。

（5）配制现浇轻质泡沫混凝土应选择三个不同的配合比，其中一个为基准配合比，另外两个配合比的发泡剂用量则分别增减1%，每个配合比各取3组试件检测，经试验检测其工作性能后确定最终施工配合比。

6.4.2.2　现浇轻质泡沫混凝土的设计

1. 现浇轻质泡沫混凝土设计的一般规定

现浇轻质泡沫混凝土设计的一般规定如下：

（1）现浇轻质泡沫混凝土可在施工现场进行拌制或预拌，其技术性能指标应符合表6-32的要求。

表6-32　现浇轻质泡沫混凝土的技术性能指标　DGJ32/TJ 104—2010

项　目	指　标						
级别	300	400	500	600	700	800	900
干体积密度（kg/m³）	<350	350~450	450~550	550~650	650~750	750~850	850~950
抗压强度（MPa）	≥0.5	≥0.7	≥1.0	≥1.5	≥2.5	≥3.5	≥4.5
导热系数［W/（m·K）］	≤0.070	≤0.085	≤0.100	≤0.120	≤0.140	≤0.180	≤0.220
吸水率（%）	≤23			≤20			
燃烧性能	不燃烧体						

注：1. 用于屋面、地面的现浇轻质泡沫混凝土的导热系数修正系数 $\alpha=1.5$。

　　2. 用于楼面的现浇轻质泡沫混凝土的导热系数修正系数 $\alpha=1.3$。

（2）现浇轻质泡沫混凝土适用于现浇混凝土地面、楼面和屋面，对于其他吸水率、渗透性较大的基面，则需做相应的处理。

（3）现浇轻质泡沫混凝土保温层应保持干燥、封闭式保温层的含水率应小于该材料在当地自然风干状态下的平均含水率。

2. 现浇轻质泡沫混凝土屋面保温层的设计

现浇轻质泡沫混凝土由于其隔热效果显著，施工方便且造价不高，故其是目前屋面保温隔热层的首选材料之一。

现浇轻质泡沫混凝土保温层是通过特制的搅拌机，将发泡剂溶液与水泥砂浆按其所需堆积密度的一定比例均匀拌合，形成具有无数微小独立、均匀分布、封闭气孔的轻质泡沫混凝土，然后按照设计厚度要求浇制而成。一般可按照要求选用不同堆积密度和厚度，堆积密度可做成 500～1000kg/m³，厚度为 5～6cm，且可以代替结构找坡。完成的轻质泡沫混凝土保温层表面可做 1：2.5 水泥砂浆 2cm 厚（或做钢丝网细石混凝土 4cm 厚），然后按规范对水泥砂浆保护层及现浇轻质泡沫混凝土保温层设置分仓缝。

现浇轻质泡沫混凝土屋面保温层的设计要点如下：

（1）现浇轻质泡沫混凝土屋面保温层的厚度设计，除应根据所在地的建筑热工设计分区按现行建筑节能设计标准计算确定外，尚应符合现行国家标准《屋面工程技术规范》（GB 50345）对不同类型屋面的要求。

（2）保温层的设计，应根据建筑物的使用要求、屋面的结构形式、环境气候条件、防水处理方法和施工条件等因素确定。

（3）为了防止隔汽层的失效，导致现浇轻质泡沫混凝土的性能降低，有隔汽层要求的屋面结构，应先将基层表面进行处理，确保基层干净、平整、干燥，无松散、开裂起鼓等缺陷情况。

（4）在设计采用现浇轻质泡沫混凝土层面作保温层时，为了保证现浇轻质泡沫混凝土的性能，防水层应设置在保温层上部，以利阻止水汽进入轻质泡沫混凝土内部，提高保温层的耐久性。其基本构造参见图 6-54。

（5）现浇轻质泡沫混凝土也可应用于屋面的找坡层，其坡度应符合设计要求，若设计无规定时，其坡度宜为 2%～3%。

（6）现浇轻质泡沫混凝土当浇筑面积大于 36m² 时，应设置分仓缝，分仓缝的间隔不宜大于 6m，宽度宜为 2～3cm，深度宜为浇筑厚度的 1/3～2/3，并应按

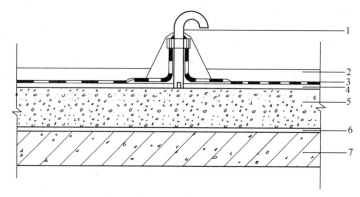

图 6-54　现浇轻质泡沫混凝土屋面保温层构造示意图
1—排汽管；2—保护层；3—防水层；4—砂浆找平层；
5—泡沫混凝土保温层；6—隔汽层；7—结构层

照设计要求设置排汽孔，排汽孔可采用 UPVC 管或镀锌管制作。

6.4.2.3 现浇轻质泡沫混凝土的施工

1. 现浇轻质泡沫混凝土施工的一般规定

（1）现浇轻质泡沫混凝土所使用的主要材料应保持干燥，施工时要做好避雨、防潮措施。原材料进场后，水泥和发泡剂应按规定抽样复检，严禁在工程中使用不合格的材料。

（2）现浇轻质泡沫混凝土施工控制要求比较高，应由有经验的专业施工队伍进行施工，从而保证其成品质量。

（3）现浇轻质泡沫混凝土时，其环境温度及基层表面温度不宜低于 0℃，风力不应大于 5 级，室外施工时，严禁在雨天、雪天和 5 级以上大风天进行。

（4）施工前应检查基层质量，凡基层有裂缝、蜂窝的地方，应采用水泥砂浆进行封闭处理，及时清扫浮灰，天气干燥时，应先润湿基层，基层不得有明显的积水。

（5）现浇轻质泡沫混凝土施工应使用专用设备制取，主要施工机械包括搅拌机、发泡机（泡沫生成器）、输送机（上料机）等。现浇轻质泡沫混凝土应随制随用，其留置时间不宜大于30min。

（6）水泥浆应按配合比配制，并搅拌均匀，不宜有团块及大颗粒存在，稠度合适，有较好的黏性和分散性。然后在浆料中加入制备好的泡沫，进行搅拌混合，混合应均匀，以使上部没有泡沫漂浮，下部没有泥浆块，稠度合适。具有一定的浇筑高度，且浇筑后不塌陷。

（7）现浇轻质泡沫混凝土在初凝前应采用刮板刮平。

2. 现浇轻质泡沫混凝土屋面的施工

现浇轻质泡沫混凝土屋面的施工要点如下：

（1）基层应清理干净，不得有油污、杂物、浮尘和积水，基层应平整，不得凸凹不平。

（2）找平层的厚度和技术要求应符合现行国家标准《屋面工程质量验收规范》（GB 50207）的有关规定。

（3）现浇轻质泡沫混凝土屋面所使用的各类防水材料（如防水卷材、防水涂料等），其外观质量和物理性能应符合现行国家标准《屋面工程质量验收规范》（GB 50207）的有关规定。

（4）现浇轻质泡沫混凝土的搅拌制浆与混泡。现浇轻质泡沫混凝土（水泥泡沫混凝土）的工艺流程中核心工艺主要有三个：搅拌制浆与混泡、浇注（浇筑）成型、养护，其他则为附属工艺，如计量、配料、二次搅拌、产品的后加工等，见图6-55。先将各种物料计量后，采用螺旋输送机送入搅拌机，加水制成水泥浆，然后将发泡剂加入发泡机中，由发泡机发泡并将泡沫计量后直接送入搅拌机中，与水泥浆混合成一体，制成泡沫水泥浆，泡沫水泥浆由搅拌机卸入二次搅拌储料机中，在搅拌下由输送泵将浆体泵送入模或进行现场浇筑，并最后进行保温保湿养护，硬化至一定强度时，即为成品（泡沫混凝土保温层）。

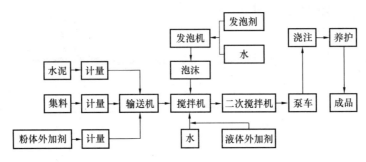

图6-55 水泥泡沫混凝土工艺流程

现浇轻质泡沫混凝土的搅拌制浆与混泡工艺要点如下：

1）水泥泡沫混凝土的配方组成参见图6-56。

2）水泥、微集料、轻集料、粉体外加剂等细轻类物料均有很大的扬尘，故其作业条件较差，考虑到上述情况，因而宜采用螺旋输送机封闭上料工艺，不宜采用带式输送上料工艺。各种粉体、颗粒体固体物料在计量之后混合在一起，由螺旋输送机上料，液体外加剂则可在计量之后全部自动流入加水管中，随水一起加入，此液体外加剂上料工艺不仅有利于液体外加剂在固体物料中能得到很好的分散均匀，而且加入方便，不需将多种液体外加剂一种种单独另加。

3）固体物料的计量可在各物料储料仓的出料口或输送机上加装电子秤或核子秤自动计量；液体外加剂和水可通过安装在储罐出料口或管道上的流量计进行计量，这有利于消除人为因素的误差，若生产规模较小时，也可采用人工计量，但一定要严格控制其计量误差。

4）在泡沫混凝土搅拌机上面的发泡机内，按一定的配合比，加入清水（1.6～10kg）和发泡剂（0.1～0.6kg），快速搅拌约3min，使其成为待用的泡沫晶体。

5）在搅拌泡沫晶体的同时，按照一定的配合比将清水（24～150kg）注入泡沫混凝土搅拌机内，依次加入水泥（48～150kg，强度等级为42.5级以上）和适量的细砂（可采用粉煤灰）、膨胀剂、助剂等细轻物料，慢速搅拌均匀，约2min。

6）将泡沫晶体加入至泡沫混凝土搅拌机中，与水泥混合物搅拌均匀，约2min后待用。

7）凝结速度较慢的六大通用水泥，在水泥浆搅拌时宜适当延长其搅拌时间1～2min，以使其混合更加均匀，反应更加充分，提高其水化凝结速度；凝结速度较快的双快硅酸盐水泥、快硬硫铝酸盐、低碱度硫铝酸盐水泥、氟铝酸盐

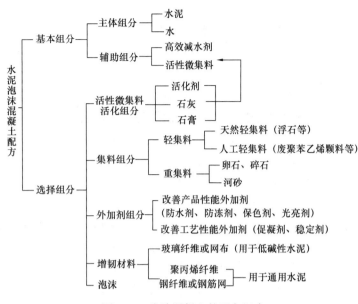

图6-56　泡沫混凝土的配方组成

水泥、快硬铁铝酸盐水泥等，可适当缩短其搅拌时间1min，尤其是双快硅酸盐水泥，其初凝只有10min，若搅拌时间过长，则可能来不及操作；为加快通用硅酸盐类水泥的凝结速度，可以在搅拌时间采用加入热水（50～60℃）的办法，最好能向搅拌机内通入蒸汽，热搅拌不但可以促凝，而且还会极大地提高拌合物的黏性，使泡沫的混入更为容易；快硬类水泥一次不宜搅拌量过多，宜采用小搅拌量多批次，以防来不及操作，导致浆料的浪费。

8）泡沫混凝土的泵送应符合以下要求：①一般制品生产规模不大时，可采用人工送料，但若料浆产量较大时，可采用泵送，在采用泵送时，要根据输送距离或高度、输送速度、泡沫泵送损失率等三个参数来选择输送泵的种类；②400kg/m³以下的超低密度泡沫混凝土，因为泡沫量太大，在泵送时泡沫的损失率较高，故不宜远距离（＞150m）、高度大（＞100m）的泵送，否则泡沫的损失较大；③凡泵送泡沫水泥混凝土，为了增加泵送性，宜加入高效减水剂或泵送剂，并配合5%～10%的粉煤灰润滑；④快硬快凝水泥类泵送周期不能太长，特别是双快硅酸盐水泥，泵送周期要尽量缩短，防止料浆初凝变稠；⑤砂石加量较大的水泥泡沫料浆易在泵送时离析，应在泵送时加入抗离析的外加剂并不能妨碍泵送。

（5）现浇轻质泡沫混凝土的浇筑成型。现浇轻质泡沫混凝土的浇筑成型工艺要点如下：

1）现浇泡沫混凝土浇筑应按一定的顺序操作，混凝土的自由倾落高度不宜超过1m，在大面积浇筑时，可采用分区逐片浇筑的工艺逐片施工。一次浇筑高度不宜超过20cm，若浇筑高度大于20cm时，应分层浇筑。

2）泡沫混凝土保温层浇筑时，应按设计的厚度用水泥砂浆打定点；找坡层浇筑时，宜采取挡板辅助措施，坡度宜为2%左右。

3）铺设φ2@150×150防裂钢丝网做增强。

4）将待用的泡沫混凝土运送至所需施工的基面，其表面应在初凝前用直尺按定点进行抹平，同时应检查设计排水坡道及平整度，如有偏差，需及时修正。

（6）现浇轻质泡沫混凝土的养护。现浇轻质泡沫混凝土的养护要点如下：

1）终凝前，现浇轻质泡沫混凝土表面不得扰动和上人，不得承重。

2）通用类硅酸盐水泥因其凝结较慢，浇筑的稳定性较差，在浇注后的1～2h内，应有促凝增稠措施，一般可采用以下方法：①浇筑后覆盖塑料布，塑料布上面再覆盖腈纶膨体棉保温被，使其在常温下加快升温；②若露天生产或现浇露天施工，可采用太阳罩集热太阳能养护，其罩以铝合金为架，上覆黑塑料膜吸热，黑塑料膜下为真空保温层，背面为普通塑料膜，集热罩可自制；③有条件时，制品可采用

干热室内升温养护或蒸汽湿热养护，其初养温度为 40～90℃，养护时间为 18～24h，干热养护时应在泡沫混凝土制品浇筑体上覆盖塑料薄膜保湿。

3）快硬类水泥因稠化速度快，浇筑稳定性较好，一般不需要采取升温保温措施，采用自然养护即可。

（7）现浇轻质泡沫混凝土保温层的后期加工。现浇轻质泡沫混凝土保温层的后期加工要点如下：

1）现浇轻质泡沫混凝土保温层终凝后，可采用切割机进行分仓缝的切割，待切割完毕后，应及时将槽内的杂物清理干净，用粒径不超过 16mm 的石子填平，或在槽口上覆盖封缝板条，防止找平砂浆渗入分仓缝内。

2）现浇轻质泡沫混凝土当其强度达到 0.5MPa 以上时，应及时进行上部砂浆找平层的施工，施工时，应预留 2cm 宽的分仓缝，其位置应与泡沫混凝土分仓缝相对应，砂浆和泡沫混凝土干燥后，应向分仓缝内浇灌防水油膏，方可进行下道工序施工。

3）现场浇筑的屋面，在硬化后需做保护层，保护层的厚度为 2～3cm，中间加钢筋网（通用水泥）或玻纤涂塑网（低碱度硫铝酸盐水泥）增强，水泥砂浆内可掺入少量聚丙烯纤维用作抗裂，并加入 1%～5% 的聚合物抗渗，若抗渗等级要求较高时，还可以加入防水剂。

4）用作上人的屋面，须在泡沫混凝土保温层和防水层上面铺设地砖。铺设地砖须在泡沫混凝土保温层、防水层施工之后能上人时方可进行。

6.4.3　乡村建筑屋面泡沫混凝土保温层

乡村建筑屋面泡沫混凝土保温层是指采用物理方法将泡沫剂水溶液制备成泡沫，再将泡沫加入到由胶凝材料、骨料、掺合料、外加剂和水等制成的料浆中，经混合搅拌、现场浇筑成型、自然养护而成的一类轻质多孔混凝土保温层。此类保温层现已发布了中国工程建设协会标准《乡村建筑屋面泡沫混凝土应用技术规程》（CECS299—2011）。

6.4.3.1　乡村建筑屋面泡沫混凝土保温层对材料的要求

1. 原材料的技术性能要求

乡村建筑屋面泡沫混凝土保温层对材料提出的要求如下：

（1）屋面现浇泡沫混凝土应采用 32.5 级及以上强度等级的水泥，并应符合现行国家标准《通用硅酸盐水泥》（GB 175）、《硫铝酸盐水泥》（GB 20472）的要求。不同等级、厂家、品种、出厂日期的水泥不得混存、混用。其他胶凝材料应符合国家现行有关标准的要求。

（2）泡沫混凝土用水应符合现行行业标准《混凝土用水标准》（JGJ 63）的规定。

（3）泡沫剂应选用专用泡沫剂，且应质量可靠、性能良好，其环保指标应符合国家现行有关标准的规定。泡沫剂应符合发泡要求，所制得的泡沫应具有良好的稳定性，且气泡独立微小，硬化后的泡沫混凝土性能应符合 6.4.3.1 节 2 的规定。

（4）泡沫混凝土中加入的轻集料应符合现行国家标准《轻集料及其试验方法　第 1 部分：轻集料》（GB/T 17341.1）的规定。泡沫混凝土中加入的砂应符合现行国家标准《建筑用砂》（GB/T 14684）的规定。

（5）粉煤灰应符合现行国家标准《用于水泥和混凝土中的粉煤灰》（GB/T 1596）的规定，粒化高炉矿渣应符合现行国家标准《用于水泥和混凝土中的粒化高炉矿渣粉》（GB/T 18046）的规定，生石灰应符合现行行业标准《硅酸盐建筑制品用生石灰》（JC/T 621）的规定，其他活性掺合料应符合国家现行有关标准的要求。

（6）泡沫混凝土中加入的各种外加剂应符合现行国家标准《混凝土外加剂》（GB 8076）及《混凝土外加剂应用技术规范》（GB 50119）的规定。

（7）其他材料也应符合国家现行有关标准的规定。

2. 乡村建筑屋面泡沫混凝土的技术性能要求

乡村建筑屋面泡沫混凝土的技术性能要求如下：

（1）屋面泡沫混凝土性能应满足屋面保温设计和施工要求。

（2）泡沫混凝土的干密度和导热系数应符合表 6-33 的规定；泡沫混凝土的吸水率应符合表 6-34 的规定；泡沫混凝土的强度等级应符合表 6-35 的规定。

表 6-33　泡沫混凝土的干密度和导热系数　CECS 299：2011

干密度（kg/m³）	≤300	≤400	≤500	≤600	≤700
导热系数[W/(m·K)]	≤0.08	≤0.10	≤0.12	≤0.14	≤0.18

表 6-34　泡沫混凝土的吸水率　CECS 299：2011

等　级	W5	W10	W15	W20
吸水率	5	10	15	20

表 6-35　泡沫混凝土的强度等级　CECS 299：2011

强度等级		C0.5	C1	C2	C3
抗压强度（MPa）	平均值	≥0.50	≥1.00	≥2.00	≥3.00
	单组最小值	≥0.43	≥0.85	≥1.70	≥2.55

（3）泡沫混凝土的燃烧性能应达到 A 级。

6.4.3.2　乡村建筑屋面泡沫混凝土保温层的设计

1. 乡村建筑屋面泡沫混凝土保温层设计的一般规定

乡村建筑屋面泡沫混凝土保温层设计的一般规定如下：①在设计泡沫混凝土保温层时，应先通过试制得到能满足导热系数、抗压强度等性能要求的泡沫混凝土，以保证工程质量；②试制的泡沫混凝土强度应略高于设计强度；③试制时应记录相应配合比泡沫混凝土的湿密度，用于施工过程中按时检查，避免在搅拌、泵送过程中产生密度不稳定而造成施工质量问题；④试制的泡沫混凝土在浇筑凝固之后，不得出现分层。

2. 乡村建筑屋面泡沫混凝土配合比的设计

乡村建筑屋面泡沫混凝土配合比的设计要点如下：

（1）屋面现浇泡沫混凝土的配合比应按照设计所需的干密度来进行配制，并按干密度来计算所需的各种材料用量。

（2）制作泡沫混凝土应按设计要求，先分别制备所需要的水泥料浆和一定体积的泡沫，然后将两者混合均匀后制成泡沫混凝土。

（3）若制作坡屋面现浇泡沫混凝土时，应调整配合比以确保其流动度能符合施工要求。

3. 乡村建筑屋面泡沫混凝土保温层的设计

乡村建筑屋面泡沫混凝土保温层的设计要点如下：

（1）泡沫混凝土保温层应符合现行国家标准《屋面工程技术规范》（GB 50345）对不同类型屋面的要求。

（2）保温层的设计应根据建筑物的使用要求、屋面的结构形式、基层材料、环境气候条件、防水处理方法和施工条件等因素确定。其设计内容应包括泡沫混凝土的抗压强度、导热系数、厚度、干密度等。

（3）屋面现浇泡沫混凝土保温层的厚度设计，应根据所在地区现行建筑节能设计标准来确定。

（4）屋面泡沫混凝土保温层的构造应符合以下规定：①保温层设置在防水层的上部时，保温层的上面应做防水层；②保温层设置在防水层的下部时，保温层的上面应做找平层；③屋面坡度较大时，保温层应采取防滑措施。

（5）对易于产生建筑热桥部位的节点构造，如屋面女儿墙、挑檐、变形缝等处的构造节点，应加强对保温构造处理，其具体构造见图 6-57。

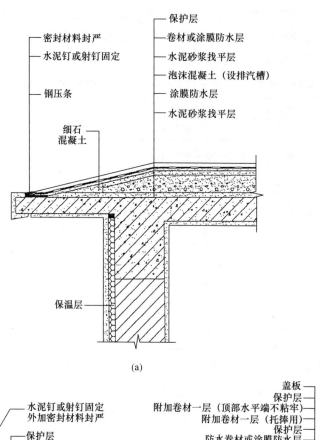

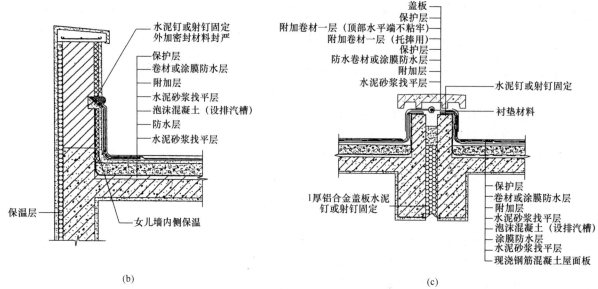

图 6-57 屋面挑檐、女儿墙、变形缝构造示意图
（a）屋面挑檐构造；（b）屋面女儿墙构造；（c）屋面变形缝构造

（6）基层与凸出屋面结构（如女儿墙、山墙、天窗壁、变形缝、烟囱等）的交接处和基层的转角处，保温层均应做成圆弧形；内部排水的水落口附近，找平层应做成略低的凹坑。

（7）平屋面当采用结构找坡时，其坡度不应小于 3%，当采用材料找坡时，坡度则宜为 2%；天沟、檐沟纵向找坡时，坡度不应小于 1%，沟底水落差不得超过 150mm。

（8）当防水层设置在保温层的上部时，其具体构造参见图 6-58；若保温层设置在防水层上面时，则应再在其上面做防水层（图 6-59）。屋面的檐沟、水落口等部位，应采用现浇混凝土或砖砌堵头，并做好排水处理。

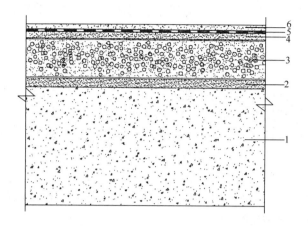

图 6-58　现浇泡沫混凝土屋面体系构造示意图

1—基层屋面；2—隔汽层；3—泡沫混凝土保温层；
4—砂浆找平层；5—防水层；6—保护层

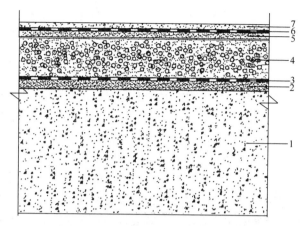

图 6-59　保温层在防水层之上屋面构造示意图

1—基层屋面；2—砂浆找平层；3—防水层；4—泡沫混凝土保温层；
5—砂浆找平层；6—防水层；7—保护层

（9）现浇泡沫混凝土亦可用于屋面找坡，其坡度应符合设计要求，若设计无规定时，坡度宜为 2%～3%。

（10）在基层防水材料或其铺设方向改变时，泡沫混凝土保温层应设置伸缩缝。

（11）坡屋面泡沫混凝土保温层可采用预制泡沫混凝土板和现场浇筑泡沫混凝土相结合的施工工艺。

6.4.3.3　乡村建筑屋面泡沫混凝土保温层的施工

乡村建筑屋面泡沫混凝土保温层的施工工艺流程参见图 6-60，其施工要点如下：

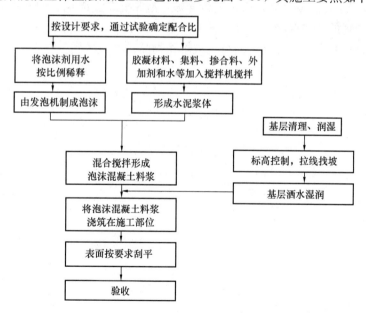

图 6-60　乡村建筑屋面泡沫混凝土保温层的施工工艺流程

（1）泡沫混凝土屋面保温系统使用的各类防水卷材的外观质量和物理性能、各类防水涂料的物理性能均应符合现行国家标准《屋面工程质量验收规范》（GB 50207）的有关规定。现浇泡沫混凝土所使用的主要材料应保持干燥，施工时应做好避雨、防潮措施。原材料进场后，应按规定抽样复检，严禁在工程中使用不合格的材料。

（2）现场浇筑泡沫混凝土时，环境温度及基层表面温度不宜低于 5℃，风力不应大于 5 级，室外施工时严禁在雨天、雪天时进行。屋面现浇泡沫混凝土保温工程应由专业施工队伍施工。

（3）施工前应检查基层质量，凡有裂缝、蜂窝的地方，应采用水泥砂浆进行封闭处理，并及时清扫浮尘；天气干燥时，应先润湿基层，但基层不能有明显积水。

（4）找平层的厚度和技术要求应符合现行国家标准《屋面工程质量验收规范》（GB 50207）的有关规定。

（5）现浇屋面泡沫混凝土应根据浇筑部位的工程情况编制具体的作业方法。

（6）泡沫混凝土施工应使用泡沫混凝土专用搅拌机和发泡机等设备，在泡沫混凝土制作前，应对搅拌机、发泡机等设备进行检查，且应在试运转正常之后方可开机工作。现浇泡沫混凝土应随制随用，留置时间不宜大于 30min。

（7）水泥浆体的配制应按设计的配合比进行搅拌，浆料应均匀，不得有结团及大颗粒存在。制备好的泡沫应加入水泥浆体中进行混合搅拌，混合应均匀，并应无明显的泡沫漂浮和泥浆块出现。采用泵送方式输送泡沫混凝土时，应采取低压泵送，防止泡沫大量破裂失水。

（8）泡沫混凝土浇筑时，出料口离基层不宜超过 1m；泡沫混凝土大面积浇筑时，可采用分区逐片浇筑的方法；现浇泡沫混凝土的一次浇筑高度不宜超过 20cm，当浇筑高度大于 20cm 时，则应分层浇筑，但必须待第一次浇筑终凝后，方可进行第二次浇筑；现浇泡沫混凝土在初凝前应采用专用刮板刮平，可用 2m 靠尺检查，空隙不应大于 5mm，并不得有疏松、起砂、起皮等现象；在浇筑过程中，应每隔 30～60min 检查泡沫混凝土的湿密度，以保证浇筑质量；当遇大雨、暴雨或持续时间较长的小雨天气，未硬化的泡沫混凝土表面应采取遮雨的措施；在施工中应制作同样条件的试块，用于监测浇筑分层。

（9）浇筑的泡沫混凝土刮平后，在终凝前不得扰动和上人，不应承重，在终凝之后，应及时做砂浆找平层；若屋面为上人屋面时，且需铺设地砖或铺设混凝土时，则可在泡沫混凝土终凝后进行。

（10）现浇泡沫混凝土在终凝之后，必须进行养护，泡沫混凝土浇筑后的养护时间不得少于 7d，对掺有外加剂或矿物掺合料的泡沫混凝土，其养护期限不得少于 14d，低温天气应采取保温养护。泡沫混凝土在养护的过程中，严禁振动、在其上面行走或堆积物品。

第7章 种植屋面

种植屋面是铺以种植土或在容器、种植模板中种植植物来覆盖建筑屋面或地下工程顶板的一种绿化形式。这一特定区域具有高出地面以上、周围不与自然土层相连接的特点。

种植屋面把屋面节能隔热、屋面防水、屋面绿化三者结合成一体，从而在技术上形成了一个完整的体系，其有利于室内环境的改善和提高，有利于增加城市大气中的氧气含量，吸收有害物质、减轻大气污染，有利于改善居住生态环境，美化城市景观，实现人与自然的和谐相处。

7.1 种植屋面的类型

种植屋面的类型参见图7-1。

种植屋面根据其所处位置和形式的不同，可分为简单式种植屋面、花园式种植屋面以及地下建筑顶板覆土种植等三种。简单式种植屋面又称地毯式种植屋面、屋顶草坪，是指仅种植地被植物和低矮灌木，草坪进行绿化的一类种植屋面；花园式种植屋面又称屋顶花园，是指种植乔灌木和地被植物，并设置园路、坐凳等休憩设施的一类种植屋面；地下建筑顶板覆土种植是指在地下车库、停车场、商场、人防工程等建筑设施顶板上实现绿化的一类种植屋面。

种植屋面按其屋面建筑结构的不同，可分为坡屋顶种植屋面和平屋顶种植屋面。坡屋顶种植屋面可分为人字形坡屋顶种植屋面和单斜坡屋顶种植屋面，在一些低层的坡顶建筑

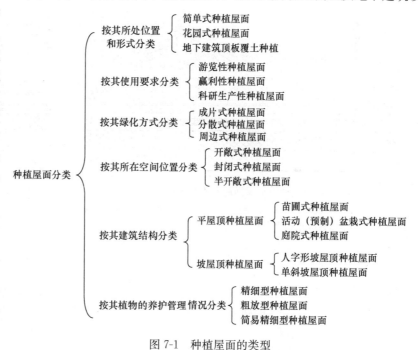

图 7-1 种植屋面的类型

上常采用葛藤、爬山虎、南瓜、葫芦等适应性强、栽培管理粗放的藤本植物，尤其是对于小别墅、屋面常与屋前屋后四周绿化结合，形成丰富的绿化景观。在现代建筑中，钢筋混凝土结构的平屋顶较为多见，这是开拓屋顶绿化的最好空间，其可分为苗圃式、庭院式、活动（预制）盆栽式等多种，其绿化一般多采用以草坪和灌木为主，图案多为几何构图，给人以简洁明快的视觉享受。

种植屋面按其使用要求的不同，可分为游览性种植屋面、赢利性种植屋面和科研生产性种植屋面；按其绿化方式的不同，可分为成片式种植屋面、分散式种植屋面和周边式种植屋面；按其植物的养护管理情况的不同，可分为精细型种植屋面、粗放型种植屋面和简易精细型种植屋面；按其所在空间位置的不同，可分为开敞式种植屋面、封闭式种植屋面和半开敞式种植屋面。

种植屋面现已发布了行业标准《种植屋面工程技术规程》（JGJ 155—2013）。

7.2 种植屋面的构造层次和组成材料

7.2.1 种植屋面的构造层次

种植平屋面的基本构造层次包括基层、绝热（保温）层、找坡（找平）层、普通防水层、耐根穿刺防水层、保护层、排（蓄）水层、过滤（滤水）层、种植土层和植被层等（图7-2）。根据各地区气候特点、屋面形式、植物种类等具体情况的不同，可增减屋面的构造层次。花园式种植屋面的防水构造参见图7-3；简单式种植屋面的防水构造参见图7-4；地下建筑顶板覆土种植的防水构造参见图7-5。

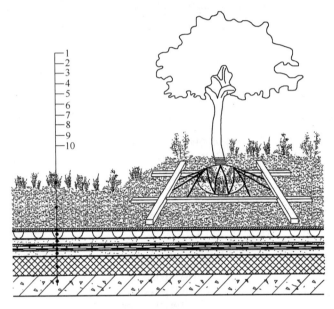

图 7-2　种植平屋面的基本构造层次

1—植被层；2—种植土层；3—过滤层；4—排（蓄）水层；5—保护层；
6—耐根穿刺防水层；7—普通防水层；8—找坡（找平）层；
9—绝热层；10—基层

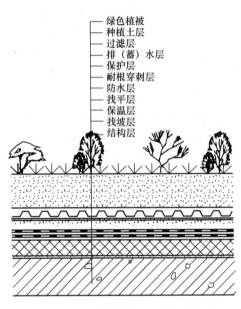

图 7-3　花园式种植屋面的防水构造

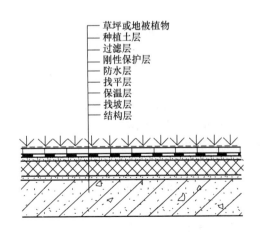

图 7-4　简单式种植屋面的防水构造

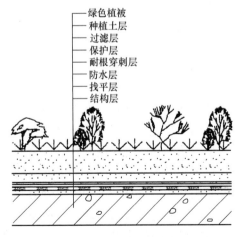

图 7-5　地下建筑顶板覆土种植的防水构造

注：过滤层、保护层之间可增加排水层，是否设置排水层要根据具体情况而定。例如，地下水位很低，地下建筑顶板上覆土与自然地坪不接壤时，则可设置排水层。

种植坡屋面的基本构造层次包括基层、绝热层、普通防水层、耐根穿刺防水层、保护层、排（蓄）水层、过滤层、种植土层和植被层等（图 7-6）。根据各地区的气候特点、屋面形式和植物种类等情况，可增减屋面的构造层次。

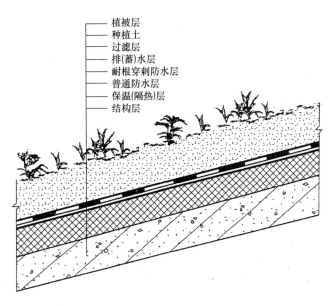

植被层
种植土
过滤层
排(蓄)水层
耐根穿刺防水层
普通防水层
保温(隔热)层
结构层

图 7-6　种植坡屋面的基本构造层次
注：过滤层、排（蓄）水层可取消，因为斜屋面很容易通过坡度将水直接排走；也可用蓄水保护毯来取代这两层。

7.2.2　种植屋面的组成材料

种植屋面的组成材料包括找坡层材料、绝热层材料、隔汽层材料、普通防水材料、耐根穿刺防水材料、防滑（分离）层材料、排（蓄）水层材料、过滤层材料、种植土、种植植物、种植容器、设施材料等。

种植屋面应按构造层次、种植要求选择材料，材料应配置合理、安全可靠。所选用的材料及植物等均应与当地气候条件相适应，并符合环境保护要求。其品种、规格、性能等应符合国家现行有关标准和设计要求，并应提供产品合格证书和检验报告。种植屋面使用的材料应符合有关建筑防火规范的规定。

1. 找坡材料

找坡材料的选用应符合现行国家标准《屋面工程技术规范》（GB 50345）、《坡屋面工程技术规范》（GB 50693）和《地下工程防水技术规范》（GB 50108）的有关规定。找坡材料还应符合下列要求：①找坡材料应选用密度小并具有一定抗压强度的材料；②当坡长小于 4m 时，宜采用水泥砂浆找坡；当坡长为 4～9m 时，可采用加气混凝土、轻质陶粒混凝土、水泥膨胀珍珠岩和水泥蛭石等材料找坡，也可采用结构找坡；当坡长大于 9m 时，应采用结构找坡。

2. 绝热层材料

种植屋面绝热层应选用密度小、压缩强度大、导热系数小、吸水率低的材料。其常用的材料有喷涂硬泡聚氨酯、硬泡聚氨酯板、挤塑聚苯乙烯泡沫塑料保温板、硬质聚异氰脲酸酯泡沫保温板、酚醛硬泡保温板等轻质绝热材料，不得采用散状绝热材料。上述各种绝热材料的技术性能要求如下：①喷涂硬泡聚氨酯和硬泡聚氨酯板的主要技术性能应符合现行国家标准《硬泡聚氨酯保温防水工程技术规范》（GB 50404）的有关规定；②挤塑聚苯乙烯泡沫塑料保温板的主要技术性能应符合现行国家标准《绝热用挤塑聚苯乙烯泡沫塑料（XPS）》（GB/T 10801.2）的有关规定；③硬质聚异氰脲酸酯泡沫保温板的主要技术性能应符合现行国家标准《绝热用聚异氰脲酸酯制品》（GB/T 25997）的规定；④酚醛硬泡保温板的主要技术性能应符合现行国家标准《绝热用硬质酚醛泡沫制品（PF）》（GB/T 20974）的规定。

种植屋面保温隔热材料的密度不宜大于 $100kg/m^3$，压缩强度不得低于 100kPa，100kPa 压缩强度下，压缩比不得大于 10%。

3. 隔汽层材料

正置式保温种植屋面为了防止室内水蒸气进入保温层并导致保温层破坏，可在保温层下设置隔汽层，常用作隔汽层材料的有气密性能好的防水卷材或防水涂料。

4. 普通防水材料

普通防水材料的选用应符合现行国家标准《屋面工程技术规范》（GB 50345）、《坡屋面工程技术规范》（GB 50693）和《地下工程防水技术规范》（GB 50108）的有关规定。

5. 耐根穿刺防水材料

由于植物根系具有向水性及向下发展性，其根系会由种植土层连续向下发展，且种植土层相对较浅，植物的根系会很快发展到普通防水层并产生巨大的压力，而普通防水层所采用的防水材料（如高聚物改性沥青防水卷材或高分子防水卷材）对植物根系的抵抗能力是有限的，植物根系可在短时间内就会穿过防水卷材从而破坏整个防水体系。因此，必须在普通防水层上面设置由耐根穿刺防水材料组成的耐根穿刺防水层。

《种植屋面用耐根穿刺防水卷材》（JC/T 1075—2008）对改性沥青类（B）、塑料类（P）、橡胶类（R）种植屋面用耐根穿刺防水卷材提出的技术要求见 2.2.1.3 节 10。

《种植屋面工程技术规程》（JGJ 155—2013）对耐根穿刺防水材料亦提出了技术性能要求。

耐根穿刺防水材料的选用应通过耐根穿刺性能试验，试验方法应符合现行行业标准《种植屋面用耐根穿刺防水卷材》（JC/T 1075）的规定，并由具有资质的检测机构出具合格检验报告。

耐根穿刺防水材料应具有耐霉菌腐蚀的性能，改性沥青类耐根穿刺防水材料应含有化学阻根剂。各种耐根穿刺防水材料的技术性能应符合下列要求：

（1）弹性体改性沥青防水卷材的厚度不应小于 4.0mm，产品包括复合铜胎基、聚酯胎基的卷材，应含有化学阻根剂，其主要性能应符合现行国家标准《弹性体改性沥青防水卷材》（GB 18242）及表 7-1 的规定。

表 7-1 弹性体改性沥青防水卷材主要性能 JGJ 155—2013

项目	耐根穿刺性能试验	可溶物含量（g/m²）	拉力（N/50mm）	延伸率（%）	耐热性（℃）	低温柔性（℃）
性能要求	通过	≥2900	≥800	≥40	105	−25

（2）塑性体改性沥青防水卷材的厚度不应小于 4.0mm，产品包括复合铜胎基、聚酯胎基的卷材，应含有化学阻根剂，其主要性能应符合现行国家标准《塑性体改性沥青防水卷材》（GB 18243）及表 7-2 的规定。

表 7-2 塑性体改性沥青防水卷材主要性能 JGJ 155—2013

项目	耐根穿刺性能试验	可溶物含量（g/m²）	拉力（N/50mm）	延伸率（%）	耐热性（℃）	低温柔性（℃）
性能要求	通过	≥2900	≥800	≥40	130	−15

（3）聚氯乙烯防水卷材的厚度不应小于 1.2mm，其主要性能应符合现行国家标准《聚氯乙烯（PVC）防水卷材》（GB 12952）及表 7-3 的规定。

表 7-3 聚氯乙烯防水卷材主要性能 JGJ 155—2013

类型	耐根穿刺性能试验	拉伸强度	断裂伸长率（%）	低温弯折性（℃）	热处理尺寸变化率（%）
匀质	通过	≥10MPa	≥200	−25	≤2.0
玻纤内增强	通过	≥10MPa	≥200	−25	≤0.1
织物内增强	通过	≥250N/cm	≥15（最大拉力时）	−25	≤0.5

（4）热塑性聚烯烃防水卷材的厚度不应小于 1.2mm，其主要性能应符合现行国家标准《热塑性聚烯烃（TPO）防水卷材》（GB 27789）及表 7-4 的规定。

表 7-4　热塑性聚烯烃防水卷材主要性能　JGJ 155—2013

类型	耐根穿刺性能试验	拉伸强度	断裂伸长率（%）	低温弯折性（℃）	热处理尺寸变化率（%）
匀质	通过	≥12MPa	≥500	−40	≤2.0
织物内增强	通过	≥250N/cm	≥15（最大拉力时）	−40	≤0.5

（5）高密度聚乙烯土工膜的厚度不应小于 1.2mm，其主要性能应符合现行国家标准《土工合成材料　聚乙烯土工膜》（GB/T 17643）和表 7-5 的规定。

表 7-5　高密度聚乙烯土工膜主要性能　JGJ 155—2013

项目	耐根穿刺性能试验	拉伸强度（MPa）	断裂伸长率（%）	低温弯折性（℃）	尺寸变化率（%，100℃，15min）
性能要求	通过	≥25	≥500	−30	≤1.5

（6）三元乙丙橡胶防水卷材的厚度不应小于 1.2mm，其主要性能应符合现行国家标准《高分子防水材料　第 1 部分：片材》（GB 18173.1）中 JL1 及表 7-6 的规定，其搭接胶带的主要性能应符合表 7-7 的规定。

表 7-6　三元乙丙橡胶防水卷材主要性能　JGJ 155—2013

项目	耐根穿刺性能试验	断裂拉伸强度（MPa）	扯断伸长率（%）	低温弯折性（℃）	加热伸缩量（mm）
性能要求	通过	≥7.5	≥450	−40	+2，−4

表 7-7　三元乙丙橡胶防水卷材搭接胶带主要性能　JGJ 155—2013

项目	持粘性（min）	耐热性（80℃，2h）	低温柔性（−40℃）	剪切状态下粘合性（卷材）（N/mm）	剥离强度（卷材）（N/mm）	热处理剥离强度保持率（卷材，80℃，168h）（%）
性能要求	≥20	无流淌、龟裂、变形	无裂纹	≥2.0	≥0.5	≥80

（7）聚乙烯丙纶防水卷材和聚合物水泥胶结料复合耐根穿刺防水材料，其中聚乙烯丙纶防水卷材的聚乙烯膜层的厚度不应小于 0.6mm，其主要性能应符合表 7-8 的规定；聚合物水泥胶结料的厚度不应小于 1.3mm，其主要性能应符合表 7-9 的规定。

表 7-8　聚乙烯丙纶防水卷材主要性能　JGJ 155—2013

项目	耐根穿刺性能试验	断裂拉伸强度（N/cm）	扯断伸长率（%）	低温弯折性（℃）	加热伸缩量（mm）
性能要求	通过	≥60	≥400	−20	+2，−4

表 7-9　聚合物水泥胶结料的主要性能　JGJ 155—2013

项目	与水泥基层粘结强度（MPa）	剪切状态下的粘合性（N/mm）		抗渗性能（MPa，7d）	抗压强度（MPa，7d）
		卷材-基层	卷材-卷材		
性能要求	≥0.4	≥1.8	≥2.0	≥1.0	≥9.0

(8) 喷涂聚脲防水涂料的厚度不应小于 2.0mm, 其主要性能应符合现行国家标准《喷涂聚脲防水涂料》(GB/T 23446) 及表 7-10 的规定; 喷涂聚脲防水涂料的配套底涂料、涂层修补材料和层间搭接剂的性能应符合现行行业标准《喷涂聚脲防水工程技术规程》(JGJ/T 200) 的相关规定。

表 7-10　喷涂聚脲防水涂料主要性能　JGJ 155—2013

项目	耐根穿刺性能试验	拉伸强度(MPa)	断裂伸长率(%)	低温弯折性(℃)	加热伸缩率(%)
性能要求	通过	≥16	≥450	−40	+1.0, −1.0

6. 防滑(分离)层材料

分离层的作用是分离滑动，保护防水层不受结冰所产生的应力影响，常采用的材料为聚乙烯膜(PE)。

7. 排(蓄)水层材料

排水是种植屋面的关键技术之一，其排水层主要是铺设排(蓄)水板，在边缘铺设卵石、陶粒等。排水板又称排疏板，是指在塑胶板材的凸台顶面上覆盖土工布滤层，用于渗水、疏水、排水和储水的一类排(蓄)水材料。

种植屋面排(蓄)水层应选用抗压强度大、耐久性好的轻质材料，排水板主要有用高密度聚乙烯(PE)、聚丙烯(PP)等材质制成的塑料排水板以及橡胶排水板。

排(蓄)水材料应符合下列规定：

(1) 凹凸型排(蓄)水板的主要性能应符合表 7-11 的规定；网状交织排水板的主要性能应符合表 7-12的规定。

表 7-11　凹凸型排(蓄)水板主要性能　JGJ 155—2013

项目	伸长率10%时拉力(N/100mm)	最大拉力(N/100mm)	断裂伸长率(%)	撕裂性能(N)	压缩性能		低温柔度	纵向通水量(侧压力 150kPa)(cm³/s)
					压缩率为20%时最大强度(kPa)	极限压缩现象		
性能要求	≥350	≥600	≥25	≥100	≥150	无破裂	−10℃无裂纹	≥10

表 7-12　网状交织排水板主要性能　JGJ 155—2013

项目	抗压强度(kN/m²)	表面开孔率(%)	空隙率(%)	通水量(cm³/s)	耐酸碱性
性能要求	≥50	≥95	85~90	≥380	稳定

(2) 级配碎石的粒径宜为 10~25mm, 卵石的粒径宜为 25~40mm, 铺设厚度均不宜小于 100mm。

(3) 陶粒的粒径宜为 10~25mm, 堆积密度不宜大于 500kg/m³, 铺设厚度不宜小于 100mm。

8. 过滤层材料

为了防止种植土层中的中、小颗粒及养料随着水分流失，流失的种植土会损害排水层，堵塞排水管道，造成植物死亡，严重的还将会造成屋面积水，从而引起严重的后果，故需在排(蓄)水层上面、种植土层下面铺设过滤层，以防种植土流失。过滤层材料宜选用聚酯无纺布，其单位面积质量不小于 200g/m³。

9. 种植土

种植介质层是指屋面种植的植物赖以生长的土壤层。种植土的选择是屋顶绿化的重点。考虑到屋顶承重的限制，故要求所选用的种植土应具有质量小、养分适度、清洁无毒和安全环保等特性。

常用种植土的主要性能应符合表 7-13 的规定。改良土有机材料体积掺入量不宜大于 30%；有机质材料应充分腐熟灭菌，常用改良土的配制宜符合表 7-14 的规定。

表 7-13　常用种植土性能　JGJ 155—2013

种植土类型	饱和水密度 (kg/m³)	有机质含量 (%)	总孔隙率 (%)	有效水分 (%)	排水速率 (mm/h)
田园土	1500~1800	≥5	45~50	20~25	≥42
改良土	750~1300	20~30	65~70	30~35	≥58
无机种植土	450~650	≤2	80~90	40~45	≥200

表 7-14　常用改良土配制　JGJ 155—2013

主要配比材料	配制比例	饱和水密度 (kg/m³)
田园土：轻集料	1:1	≤1200
腐叶土：蛭石：砂土	7:2:1	780~1000
田园土：草炭：（蛭石和肥料）	4:3:1	1100~1300
田园土：草炭：松针土：珍珠岩	1:1:1:1	780~1100
田园土：草炭：松针土	3:4:3	780~950
轻砂壤土：腐殖土：珍珠岩：蛭石	2.5:5:2:0.5	≤1100
轻砂壤土：腐殖土：蛭石	5:3:2	1100~1300

地下建筑顶板种植宜采用田园土为主，土壤质地要求疏松、不板结、土块易打碎，主要性能宜符合表 7-15 的规定。

表 7-15　田园土主要性能　JGJ 155—2013

项目	渗透系数 (cm/s)	饱和水密度 (kg/m³)	有机质含量 (%)	全盐含量 (%)	pH
性能要求	≥10⁻⁴	≤1100	≥5	<0.3	6.5~8.2

10. 种植植物

（1）乔灌木应符合下列规定：

1）胸径、株高、冠径、主枝长度和分枝点高度应符合现行行业标准《城市绿化和园林绿地用植物材料 木本苗》（CJ/T 24）的规定。

2）植株生长健壮、株形完整；枝干无机械损伤，无冻伤、无毒无害、少污染。

3）禁止使用入侵物种。

（2）绿篱、色块植物宜株形丰满，耐修剪。

（3）藤本植物宜覆盖、攀爬能力强。

（4）草坪块、草坪卷应符合下列规定：

1）规格一致，边缘平直，杂草数量不得多于 1%。

2）草坪块土厚度宜为 30mm，草坪卷土层厚度宜为 18~25mm。

（5）北方地区屋面种植的植物可按表 7-16 选用；南方地区屋面种植的植物可按表 7-17 选用。

表 7-16　北方地区种植屋面可选用植物　JGJ 155—2013

类别	中名	学名	科目	生物学习性
乔木类	侧柏	*Platycladus orientalis*	柏科	阳性，耐寒，耐干旱、瘠薄，抗污染
	洒金柏	*Platycladus orientalis cv. aurea. nana*		阳性，耐寒，耐干旱、瘠薄，抗污染
	铅笔柏	*Sabina chinensis var. pyramidalis*		中性，耐寒
	圆柏	*Sabina chinensis*		中性，耐寒，耐修剪
	龙柏	*Sabina chinensis cv. kaizuka*		中性，耐寒，耐修剪

类别	中名	学名	科目	生物学习性
乔木类	油松	*Pinus tabulae formis*	松科	强阳性，耐寒，耐干旱、瘠薄和碱土
	白皮松	*Pinus bungeana*		阳性，适应干冷气候，抗污染
	白杆	*Picea meyeri*		耐阴，喜湿润冷凉
	柿子树	*Diospyros kaki*	柿树科	阳性，耐寒，耐干旱
	枣树	*Ziziphus jujuba*	鼠李科	阳性，耐寒，耐干旱
	龙爪枣	*Ziziphus jujuba var. tortuosa*		阳性，耐干旱、瘠薄，耐寒
	龙爪槐	*Sophora japonica cv. pendula*	蝶形花科	阳性，耐寒
	金枝槐	*Sophora japonica "Golden Stem"*		阳性，浅根性，喜湿润肥沃土壤
	白玉兰	*Magnolia denudata*	木兰科	阳性，耐寒，稍耐阴
	紫玉兰	*Magnolia liliflora*		阳性，稍耐寒
	山桃	*Prunus davidiana*	蔷薇科	喜光，耐寒，耐干旱、瘠薄，怕涝
灌木类	小叶黄杨	*Buxus sinica var. parvifolia*	黄杨科	阳性，稍耐寒
	大叶黄杨	*Buxus megistophylla*	卫矛科	中性，耐修剪，抗污染
	凤尾丝兰	*Yucca gloriosa*	龙舌兰科	阳性，稍耐严寒
	丁香	*Syringa oblata*	木樨科	喜光，耐半阴，耐寒，耐旱，耐瘠薄
	黄栌	*Cotinus coggygria*	漆树科	喜光，耐寒，耐干旱、瘠薄
	红枫	*Acer palmatum "Atropurpureum"*	槭树科	弱阳性，喜湿凉，喜肥沃土壤，不耐寒
	鸡爪槭	*Acer palmatum*		弱阳性，喜湿凉，喜肥沃土壤，稍耐寒
	紫薇	*Lagerstroemia indica*	千屈菜科	耐旱，怕涝，喜温暖潮润，喜光，喜肥
	紫叶李	*Prunus cerasifera "Atropurpurea"*	蔷薇科	弱阳性，耐寒，耐干旱、瘠薄和盐碱
	紫叶矮樱	*Prunus cistena*		弱阳性，喜肥沃土壤，不耐寒
	海棠	*Malus. spectabilis*		阳性，耐寒，喜肥沃土壤
	樱花	*Prunus serrulata*		喜光，喜温暖湿润，不耐盐碱，忌积水
	榆叶梅	*Prunus triloba*		弱阳性，耐寒，耐干旱
	碧桃	*Prunus. persica "Duplex"*		喜光、耐旱、耐高温、较耐寒、畏涝怕碱
	紫荆	*Cercis chinensis*	豆科	阳性，耐寒，耐干旱、瘠薄
	锦鸡儿	*Caragana sinica*		中性，耐寒，耐干旱、瘠薄
	沙枣	*Elaeagnus angustifolia*	胡颓子科	阳性，耐干旱、水湿和盐碱
	木槿	*Hiriscus sytiacus*	锦葵科	阳性，稍耐寒
	蜡梅	*Chimonanthus praecox*	蜡梅科	阳性，耐寒
	迎春	*Jasminum nudiflorum*	木樨科	阳性，不耐寒
	金叶女贞	*Ligustrum vicaryi*		弱阳性，耐干旱、瘠薄和盐碱
	连翘	*Forsythia suspensa*		阳性，耐寒，耐干旱
	绣线菊	*Spiraea spp.*		中性，较耐寒
	珍珠梅	*Sorbaria kirilowii*		耐阴，耐寒，耐瘠薄
	月季	*Rosa chinensis*	蔷薇科	阳性，较耐寒
	黄刺玫	*Rosa xanthina*		阳性，耐寒，耐干旱
	寿星桃	*Prunus spp.*		阳性，耐寒，耐干旱
	棣棠	*Kerria japonica*		中性，较耐寒
	郁李	*Prunus japonica*		阳性，耐寒，耐干旱
	平枝栒子	*Cotoneaster horizontalis*		阳性，耐寒，耐干旱

续表

类别	中名	学名	科目	生物学习性
灌木类	金银木	*Lonicera maackii*	忍冬科	耐阴，耐寒，耐干旱
	天目琼花	*Viburnum sargentii*		阳性，耐寒
	锦带花	*Weigcla florida*		阳性，耐寒，耐干旱
	猥实	*Kolkwitzia amabilis*		阳性，耐寒，耐干旱、瘠薄
	荚蒾	*Viburmum farreri*		中性，耐寒，耐干旱
	红瑞木	*Cornus alba*	山茱萸科	中性，耐寒，耐干旱
	石榴	*Punica granatum*	石榴科	中性，耐寒，耐干旱、瘠薄
	紫叶小檗	*Berberis thunberggii* "Atroputpurea"	小檗科	中性，耐寒，耐修剪
	花椒	*Zanthoxylum bungeanum*	芸香科	阳性，耐寒，耐干旱、瘠薄
	枸杞	*Pocirus tirfoliata*	茄科	阳性，耐寒，耐干旱、瘠薄和盐碱
地被	沙地柏	*Sabina vulgaris*	柏科	阳性，耐寒，耐干旱、瘠薄
	萱草	*Hemerocallis fulva*	百合科	耐寒，喜湿润，耐旱，喜光，耐半阴
	玉簪	*Hosta plantaginea*		耐寒冷，性喜阴湿环境，不耐强烈日光照射
	麦冬	*Ophiopogon japonicus*		耐阴，耐寒
	假龙头	*Physostegia virginiana*	唇形科	喜肥沃、排水良好的沙壤，夏季干燥生长不良
	鼠尾草	*Salvia farinacea*		喜日光充足，通风良好
	百里香	*Thymus mongolicus*		喜光，耐干旱
	薄荷	*Mentha haplocalyx*		喜湿润环境
	藿香	*Wrinkled Gianthyssop*		喜温暖湿润气候，稍耐寒
	白三叶	*Trifolium repens*	豆科	阳性，耐寒
	苜蓿	*Medicago sativa*		耐干旱，耐冷热
	小冠花	*Coronilla varia*		喜光，不耐阴，喜温暖湿润气候，耐寒
	高羊茅	*Festuca arundinacea*	禾本科	耐热，耐践踏
	结缕草	*Zoysia japonica*		阳性，耐旱
	狼尾草	*Pennisetum alopecuroides*		耐寒，耐旱，耐砂土贫瘠土壤
	蓝羊茅	*Festuca glauca*		喜光，耐寒，耐旱，耐贫瘠
	斑叶芒	*Miscanthus sinensis Andress*		喜光，耐半阴，性强健，抗性强
	落新妇	*Astilbe chinensis*	虎耳草科	喜半阴、湿润环境，性强健，耐寒
	八宝景天	*Sedum spectabile*	景天科	极耐旱，耐寒
	三七景天	*sedum spetabiles*		极耐旱，耐寒，耐瘠薄
	胭脂红景天	*Sedum spurium* "Coccineum"		耐旱，稍耐瘠薄，稍耐寒
	反曲景天	*Sedum reflexum*		耐旱，稍耐瘠薄，稍耐寒
	佛甲草	*Sedum lineare*		极耐旱，耐瘠薄，稍耐寒
	垂盆草	*Sedum sarmentosum*		耐旱，耐瘠薄，稍耐寒
	风铃草	*Campanula punctata*	桔梗科	耐寒，忌酷暑
	桔梗	*Platycodon grandiflorum*		喜阳光，怕积水，抗干旱，耐严寒，怕风害
	蓍草	*Achillea sibirca*	菊科	耐寒，喜温暖湿润，耐半阴
	荷兰菊	*Aster novi-belgii*		喜温暖湿润，喜光，耐寒，耐炎热
	金鸡菊	*Coreopsis basalis*		耐寒耐旱，喜光，耐半阴
	黑心菊	*Rudbeckia hirta*		耐寒，耐旱，喜向阳通风的环境
	松果菊	*Echinacea purpurea*		稍耐寒，喜生于温暖向阳处
	亚菊	*Ajania trilobata*		阳性，耐干旱、瘠薄

类别	中名	学名	科目	生物学习性
地被	耧斗菜	*Aquilegia vulgaris*	毛茛科	炎夏宜半阴，耐寒
	委陵菜	*Potentilla aiscolor*	蔷薇科	喜光，耐干旱
	芍药	*Paeonia lactiflora*	芍药科	喜温耐寒，喜光照充足、干燥土壤环境
	常夏石竹	*Dianthus plumarius*	石竹科	阳性，耐半阴，耐寒，喜肥
	婆婆纳	*Veronica spicata*	玄参科	喜光，耐半阴，耐寒
	紫露草	*Tradescantia reflexa*	鸭跖草科	喜日照充足，耐半阴，性强健，耐寒
	马蔺	*Iris lactea var. chinensis*	鸢尾科	阳性，耐寒，耐干旱，耐重盐碱
	鸢尾	*Iris tenctorum*		喜阳光充足，耐寒，亦耐半阴
	紫藤	*Weateria sinensis*	豆科	阳性，耐寒
	葡萄	*Vitis vinifera*	葡萄科	阳性，耐旱
	爬山虎	*Parthenocissus tricuspidata*		耐阴，耐寒
	五叶地锦	*Parthenocissus quinquefolia*		耐阴，耐寒
	蔷薇	*Rosa multiflora*	蔷薇科	阳性，耐寒
	金银花	*Lonicera orbiculatus*	忍冬科	喜光，耐阴，耐寒
	台尔曼忍冬	*Lonicerra tellmanniana*		喜光，喜温湿环境，耐半阴
藤本植物	小叶扶芳藤	*Euonymus fortunei var. radicans*	卫矛科	喜阴湿环境，较耐寒
	常春藤	*Hedera helix*	五加科	阴性，不耐旱，常绿
	凌霄	*Campsis grandiflora*	紫葳科	中性，耐寒

表 7-17 南方地区种植屋面可选用植物 JGJ 155—2013

类别	中名	学名	科目	生物学习性
乔木类	云片柏	*Chamaecyparis obtusa* "Breviramea"	柏科	中性
	日本花柏	*Chamaecyparis pisifera*		中性
	圆柏	*Sabina chinensis*		中性，耐寒，耐修剪
	龙柏	*Sabina chinensis* "Kaizuka"		阳性，耐寒，耐干旱、瘠薄
	南洋杉	*Araucaria cunninghamii*	南洋杉科	阳性，喜暖热气候，不耐寒
	白皮松	*Pinus bungeana*	松科	阳性，适应干冷气候，抗污染
	苏铁	*Cycas revoluta*	苏铁科	中性，喜温湿气候，喜酸性土
	红背桂	*Excoecaria bicolor*	大戟科	喜光，喜肥沃沙壤
	刺桐	*Erythrina variegana*	蝶形花科	喜光，喜暖热气候，喜酸性土
	枫香	*Liquidanbar fromosana*	金缕梅科	喜光，耐旱、瘠薄
	罗汉松	*Podocarpus macrophyllus*	罗汉松科	半阴性，喜温暖湿润
	广玉兰	*Magnolia grandiflora*	木兰科	喜光，颇耐阴，抗烟尘
	白玉兰	*Magnolia denudata*		喜光，耐寒，耐旱
	紫玉兰	*M. liliflora*		喜光，喜湿润肥沃土壤
	含笑	*Michelia figo*		喜弱阴，喜酸性土，不耐暴晒和干旱
	雪柳	*Fontanesia fortunei*	木樨科	稍耐阴，较耐寒
	桂花	*Osmanthus fragrans*		稍耐阴，喜肥沃沙壤土，抗有毒气体
	芒果	*Mangifera persiciformis*	漆树科	阳性，喜暖湿肥沃土壤
	红枫	*Acer palmatum* "Atropurpureum"	槭树科	弱阳性，喜湿凉、肥沃土壤，耐寒性差
	元宝枫	*Acer truncatum*		弱阳性，喜湿凉、肥沃土壤

430

续表

类别	中名	学名	科目	生物学习性
乔木类	紫薇	*Lagerstroemia indica*	千屈菜科	稍耐阴，耐寒性差，喜排水良好石灰性土
	沙梨	*Pyrus pyrifolia*	蔷薇科	喜光，较耐寒，耐干旱
	枇杷	*Eriobotrya japonica*		稍耐阴，喜温暖湿润，宜微酸、肥沃土壤
	海棠	*Malus spectabilis*		喜光，较耐寒、耐干旱
	樱花	*Prunus serrulata*		喜光，较耐寒
	梅	*Prunus mume*		喜光，耐寒，喜温暖潮湿环境
	碧桃	*Prunus persica* "Duplex"		喜光，耐寒，耐旱
	榆叶梅	*Prunus triloba*		喜光，耐寒，耐旱，耐轻盐碱
	麦李	*Prunus glandulosa*		喜光，耐寒，耐旱
	紫叶李	*Prunus cerasifera* "Atropurpurea"		弱阳性，耐寒、干旱、瘠薄和盐碱
	石楠	*Photinia serrulata*		稍耐阴，较耐寒，耐干旱、瘠薄
	荔枝	*Litchi chinensis*	无患子科	喜光，喜肥沃深厚、酸性土
	龙眼	*Dimocarpus longan*		稍耐阴，喜肥沃深厚、酸性土
	金叶刺槐	*Robinia pseudoacacia* "Aurea"	云实科	耐干旱、瘠薄，生长快
	紫荆	*Cercis chinensis*		喜光，耐寒，耐修剪
	羊蹄甲	*Bauhinia variegata*		喜光，喜温暖气候、酸性土
	无忧花	*Saraca indica*		喜光，喜温暖气候、酸性土
	柚	*Citrus grandis*	芸香科	喜温暖湿润，宜微酸、肥沃土壤
	柠檬	*Citrus limon*		喜温暖湿润，宜微酸、肥沃土壤
灌木类	百里香	*Thymus mogolicus*	唇形科	喜光，耐旱
	变叶木	*Codiaeum variegatum*	大戟科	喜光，喜湿润环境
	杜鹃	*Rhododendron simsii*	杜鹃花科	喜光，耐寒，耐修剪
	番木瓜	*Carica papaya*	番木科	喜光，喜暖热多雨气候
	海桐	*Pittosporum tobira*	海桐花科	中性，抗海潮风
	山梅花	*Philadelphus coronarius*	虎耳草科	喜光，较耐寒，耐旱
	溲疏	*Deutzia scabra*		半耐阴，耐寒，耐旱，耐修剪，喜微酸土
	八仙花	*Hydrangea macrophylla*		喜阴，喜温暖气候，酸性土
	黄杨	*Buxus sinia*	黄杨科	中性，抗污染，耐修剪
	雀舌黄杨	*Buxus bodinieri*		中性，喜暖湿气候
	夹竹桃	*Nerium indicum*	夹竹桃科	喜光，耐旱，耐修剪，抗烟尘及有害气体
	红檵木	*Loropetalum chinense*	金缕梅科	耐半阴，喜酸性土，耐修剪
	木芙蓉	*Hibiscus mutabils*	锦葵科	喜光，适应酸性肥沃土壤
	木槿	*Hiriscus sytiacus*		喜光，耐寒，耐旱、瘠薄，耐修剪
	扶桑	*Hibiscus rosa-sinensis*		喜光，适应酸性肥沃土壤
	米兰	*Aglaria odorata*	楝科	喜光，半耐阴
	海州常山	*Clerodendrum trichotomum*	马鞭草科	喜光，喜温暖气候，喜酸性土
	紫珠	*Callicarpa japonica*		喜光，半耐阴
	流苏树	*Chionanthus*	木樨科	喜光，耐旱，耐寒
	云南黄馨	*Jasminum mesnyi*		喜光，喜湿润，不耐寒
	迎春	*Jasminum nudiflorum*		喜光，耐旱，较耐寒
	金叶女贞	*Ligustrum vicaryi*		弱阳性，耐干旱、瘠薄和盐碱
	女贞	*Ligustrun lucidum*		稍耐阴，抗污染，耐修剪
	小蜡	*Ligustrun sinense*		稍耐阴，耐寒，耐修剪
	小叶女贞	*Ligustrun quihoui*		稍耐阴，抗污染，耐修剪
	茉莉	*Jasminum sambac*		稍耐阴，喜肥沃沙壤土

类别	中名	学名	科目	生物学习性
灌木类	栀子	*Gardenia jasminoides*	茜草科	喜光也耐阴，耐干旱、瘠薄，耐修剪，抗 SO_2
	白鹃梅	*Exochorda racemosa*	蔷薇科	耐半阴，耐寒，喜肥沃土壤
	月季	*Rosa chinensis*		喜光，适应酸性肥沃土壤
	棣棠	*Kerria japonica*		喜半阴，喜略湿土壤
	郁李	*Prunus japonica*		喜光，耐寒，耐旱
	绣线菊	*Spiraea thunbergii*		喜光，喜温暖
	悬钩子	*Rubus chingii*		喜肥沃、湿润土壤
	平枝栒子	*Cotoneaster horizontalis*		喜光，耐寒，耐干旱、瘠薄
	火棘	*Puracantha*		喜光不耐寒，要求土壤排水良好
	猬实	*Kolkwitzia amabilis*	忍冬科	喜光，耐旱、瘠薄，颇耐寒
	海仙花	*Weigela coraeensis*		稍耐阴，喜湿润、肥沃土壤
	木本绣球	*Viburnum macrocephalum*		稍耐阴，喜湿润、肥沃土壤
	珊瑚树	*Viburnum awabuki*		稍耐阴，喜湿润、肥沃土壤
	天目琼花	*Viburnum sargentii*		喜光充足，半耐阴
	金银木	*Lonicera maackii*		喜光充足，半耐阴
	山茶花	*Camellia japonica*	山茶科	喜半阴，喜温暖湿润环境
	四照花	*Dentrobenthamia japonica*	山茱萸科	喜光，耐半阴，喜暖热湿润气候
	山茱萸	*Cornus officinalis*		喜光，耐旱，耐寒
	石榴	*Punica granatum*	石榴科	喜光，稍耐寒，土壤需排水良好石灰质土
	晚香玉	*Polianthes tuberose*	石蒜科	喜光，耐旱
	鹅掌柴	*Schefflera octophylla*	五加科	喜光，喜暖热湿润气候
	八角金盘	*Fatsia jiaponica*		喜阴，喜暖热湿润气候
	紫叶小檗	*Berberis thunberggii* "Atroputpurea"	小檗科	中性，耐寒，耐修剪
	佛手	*Citrus medica*	芸香科	喜光，喜暖热多雨气候
	胡椒木	*Zanthoxylum* "Odorum"		喜光，喜砂质壤土
	九里香	*Murraya paniculata*		较耐阴，耐旱
	叶子花	*Bougainvillea spectabilis*	紫茉莉科	喜光，耐旱、瘠薄，耐修剪
地被	沙地柏	*Sabina vulgaris*	柏科	阳性，耐寒，耐干旱、瘠薄
	萱草	*Hemerocallis fulva*	百合科	阳性，耐寒
	麦冬	*Ophiopogon japonicus*		喜阴湿温暖，常绿，耐阴，耐寒
	火炬花	*Kniphofia unavia*		半耐阴，较耐寒
	玉簪	*Hosta plantaginea*		耐阴，耐寒
	紫萼	*Hosta ventricosa*		耐阴，耐寒
	葡萄风信子	*Muscari botryoides*		半耐阴
	麦冬	*Ophiopogon japonicus*		耐阴，耐寒
	金叶过路黄	*Lysimachia nummlaria*	报春花科	阳性，耐寒
	薰衣草	*Lawandula officinalis*	唇形科	喜光，耐旱
	白三叶	*Trifolium repens*	蝶形花科	阳性，耐寒
	结缕草	*Zoysia japonica*	禾本科	阳性，耐旱
	狼尾草	*Pennisetum alopecuroides*		耐寒，耐旱，耐砂土贫瘠土壤
	蓝羊茅	*Festuca glauca*		喜光，耐寒，耐旱，耐贫瘠
	斑叶芒	*Miscanthus sinensis* "Andress"		喜光，耐半阴，性强健，抗性强

续表

类别	中名	学名	科目	生物学习性
地被	蜀葵	*Althaea rosea*	锦葵科	阳性，耐寒
	秋葵	*Hibiscus palustris*		阳性，耐寒
	罂粟葵	*Callirhoe involucrata*		阳性，较耐寒
	胭脂红景天	*Sedum spurium* "Coccineum"	景天科	耐旱，稍耐瘠薄，稍耐寒
	反曲景天	*Sedum reflexum*		耐旱，耐瘠薄，稍耐寒
	佛甲草	*Sedum lineare*		极耐旱，耐瘠薄，稍耐寒
	垂盆草	*Sedum sarmentosum*		耐旱，瘠薄，稍耐寒
	蓍草	*Achillea sibirica*	菊科	阳性，半耐阴，耐寒
	荷兰菊	*Aster novi-belgii*		阳性，喜温暖湿润，较耐寒
	金鸡菊	*Coreopsis lanceolata*		阳性，耐寒，耐瘠薄
	蛇鞭菊	*Liatris specata*		阳性，喜温暖湿润，较耐寒
	黑心菊	*Rudbeckia hybrida*		阳性，喜温暖湿润，较耐寒
	天人菊	*Gaillardia aristata*		阳性，喜温暖湿润，较耐寒
	亚菊	*Ajania pacifica*		阳性，喜温暖湿润，较耐寒
	月见草	*Oenothera biennis*	柳叶菜科	喜光，耐旱
	耧斗菜	*Aquilegia vulgaria*	毛茛科	半耐阴，耐寒
	美人蕉	*Canna indica*	美人蕉科	阳性，喜温暖湿润
	翻白草	*Potentilla discola*	蔷薇科	阳性，耐寒
	蛇莓	*Duchesnea indica*		阳性，耐寒
	石蒜	*Lycoris radiata*	石蒜科	阳性，喜温暖湿润
	百莲	*Agapanthus africanus*		阳性，喜温暖湿润
	葱兰	*Zephyranthes candida*		阳性，喜温暖湿润
	婆婆纳	*Veronica spicata*	玄参科	阳性，耐寒
	鸭跖草	*Setcreasea pallida*	鸭跖草科	半耐阴，较耐寒
	鸢尾	*Iris tectorum*	鸢尾科	半耐阴，耐寒
	蝴蝶花	*Iris japonica*		半耐阴，耐寒
	有髯鸢尾	*Iris Barbata*		半耐阴，耐寒
	射干	*Belamcanda chinensis*		阳性，较耐寒
藤本植物	紫藤	*Weateria sinensis*	蝶形花科	阳性，耐寒，落叶
	络石	*Trachelospermum jasminordes*	夹竹桃科	耐阴，不耐寒，常绿
	铁线莲	*Clematis florida*	毛茛科	中性，不耐寒，半常绿
	猕猴桃	*Actinidiaceae chinensis*	猕猴桃科	中性，落叶，耐寒弱
	木通	*Akebia quinata*	木通科	中性
	葡萄	*Vitis vinifera*	葡萄科	阳性，耐干旱
	爬山虎	*Parthenocissus tricuspidata*		耐阴，耐寒、干旱
	五叶地锦	*P. quinquefolia*		耐阴，耐寒
	蔷薇	*Rosa multiflora*	蔷薇科	阳性，较耐寒
	十姊妹	*Rosa multifolra* "Platyphylla"		阳性，较耐寒
	木香	*Rosa banksiana*		阳性，较耐寒，半常绿
	金银花	*Lonicera orbiculatus*	忍冬科	喜光，耐阴，耐寒，半常绿
	扶芳藤	*Euonymus fortunei*	卫矛科	耐阴，不耐寒，常绿
	胶东卫矛	*Euonymus kiautshovicus*		耐阴，稍耐寒，半常绿
	常春藤	*Hedera helix*	五加科	阳性，不耐寒，常绿
	凌霄	*Campsis grandiflora*	紫葳科	中性，耐寒

类别	中名	学名	科目	生物学习性
竹类与棕榈类	孝顺竹	*Bambusa multiplex*	禾本科	喜向阳凉爽，能耐阴
	凤尾竹	*Bambusa multiplex var. nana*		喜温暖湿润，耐寒稍差，不耐强光，怕渍水
	黄金间碧玉竹	*Bambusa vulgalis*		喜温暖湿润，耐寒稍差，怕渍水
	小琴丝竹	*Bambusa multiplex*		喜光，稍耐阴，喜温暖湿润
	罗汉竹	*Phyllostachys aures*		喜光，喜温暖湿润，不耐寒
	紫竹	*Phyllostachys nigra*		喜向阳凉爽的地方，喜温暖湿润，稍耐寒
	箬竹	*Indocalamun latifolius*		喜光，稍耐阴，不耐寒
	蒲葵	*Livistona chinensisi*	棕榈科	阳性，喜温暖湿润，不耐阴，较耐旱
	棕竹	*Rhapis excelsa*		喜温暖湿润，极耐阴，不耐积水
	加纳利海枣	*Phoenix canariensis*		阳性，喜温暖湿润，不耐阴
	鱼尾葵	*Caryota monostachya*		阳性，喜温暖湿润，较耐寒，较耐旱
	散尾葵	*Chrysalidocarpus lutescens*		阳性，喜温暖湿润，不耐寒，较耐阴
	狐尾棕	*Wodyetia bifurcata*		阳性，喜温暖湿润，耐寒，耐旱，抗风

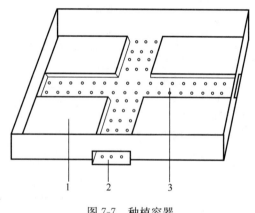

图 7-7 种植容器
1—种植土区域；2—连接口；3—排水孔

11. 种植容器

种植容器应具有排水、蓄水、阻根和过滤功能（图 7-7）。普通塑料种植容器的材质易老化破损，从安全、经济和使用寿命等方面考虑，应使用耐久性较好的工程塑料或玻璃钢材质的种植容器，种植容器的外观质量、物理机械性能、承载能力、排水能力、耐久性能等均应符合产品标准的要求，并由专业生产企业提供产品合格证书。种植容器的高度不应小于 100mm，使用年限不应低于 10 年。

12. 设施材料

种植屋面宜选用滴灌、喷灌和微灌设施，喷灌工程相关材料应符合现行国家标准《喷灌工程技术规范》（GB/T 50085）的规定；微灌工程相关材料应符合现行国家标准《微灌工程技术规范》（GB/T 50485）的规定。

电气和照明材料应符合现行国家标准《低压电气装置 第 7-705 部分：特殊装置或场所的要求 农业和园艺设施》（GB 16895.27）和现行行业标准《民用建筑电气设计规范》（JGJ 16）的规定。

7.3 种植屋面的设计

种植屋面的设计是对屋顶景观营造活动预先进行的计划，屋面种植与地面种植一样，其设计在于用自然的语言来表达人们心中的境界。

种植屋面设计应包括下列内容：计算屋面的结构荷载；确定屋面的构造层次；进行绝热层设计，确定绝热材料的品种规格和性能；进行防水层设计，确定耐根穿刺防水材料和普通防水材料的品种规格和性能；保护层设计；种植设计，确定种植土的类型、种植的形式和植物种类；灌溉及排水系统的设计；电气照明系统的设计；园林小品系统的设计；种植屋面细部构造的设计等。

7.3.1 种植屋面设计的基本规定

（1）种植屋面工程设计应遵循"防、排、蓄、植"并重和"安全、环保、节能、经济、因地制宜"的原则。

（2）种植屋面不宜设计为倒置式屋面。

（3）种植屋面工程结构设计时应计算种植荷载，既有建筑屋面改造为种植屋面前，应对原结构进行鉴定。种植屋面荷载取值应符合现行国家标准《建筑结构荷载规范》（GB 50009）的规定，屋顶花园若有特殊要求时，应单独计算结构荷载。

（4）种植屋面绝热层、找坡（找平）层、普通防水层和保护层的设计应符合现行国家标准《屋面工程技术规范》（GB 50345）、《地下工程防水技术规范》（GB 50108）的有关规定；屋面基层为压型金属板，采用单层防水卷材的种植屋面设计应符合国家现行有关标准的规定；地下建筑顶板种植设计应符合现行国家标准《地下工程防水技术规范》（GB 50108）的规定。

（5）种植屋面工程设计应符合现行国家标准《建筑设计防火规范》（GB 50016）的规定，大型种植屋面应设置消防设施；避雷装置设计应符合现行国家标准《建筑物防雷设计规范》（GB 50057）的规定。

（6）当屋面坡度大于20%时，绝热层、防水层、排（蓄）水层、种植土层等均应采取防滑措施；种植屋面应根据不同地区的风力因素和植物高度，采取植物抗风固定措施。

7.3.2 种植屋面的荷载设计

在屋顶上进行绿化、建造园林景观，其先决条件是建筑物的屋顶能否承受由于屋顶绿化的各项构造和园林工程所增加的荷载。荷载是衡量种植屋面单位面积上承受重量的指标，是建筑物安全和屋顶种植成功的保障。

种植屋面的设计荷载除应满足屋面结构荷载外，还应符合下列规定：①简单式种植屋面的荷载不应小于 $1.0kN/m^2$，花园式种植屋面的荷载不应小于 $3.0kN/m^2$，均应纳入屋面结构永久荷载；②种植土的荷重应按饱和水密度计算；③植物荷载应包括初栽植物荷重和植物生长期增加的可变荷载，初栽植物的荷重应符合表 7-18 的规定。

表 7-18 初栽植物荷重

项 目	小乔木（带土球）	大灌木	小灌木	地被植物
植物高度或面积	2.0～2.5m	1.5～2.0m	1.0～1.5m	1.0m²
植物荷重	0.8～1.2kN/株	0.6～0.8kN/株	0.3～0.6kN/株	0.15～0.3kN/m²

7.3.3 种植屋面构造层次的设计

种植屋面的构造层次见 7.2.1 节。各构造层次的设计要点如下：

（1）种植屋面的结构层宜采用现浇钢筋混凝土。

（2）为了便于排除种植屋面的积水，确保植物的正常生长，屋面优先采用结构找坡层。当单坡坡长＞9m时，应采用结构找坡；当坡长为4～9m时，如不采用结构找坡层，则需要采用材料找坡。采用材料找坡应选择密度小并且有一定抗压强度的轻质材料（如轻质陶粒混凝土、加气混凝土、水泥膨胀珍珠岩等）做找坡层。找坡层的坡度宜为1%～3%，在寒冷地区还可加厚找坡层，使其同时起到保温层的作用。

（3）保温层的设计必须满足国家的建筑节能标准，并应按照建筑节能标准的相关规定进行设计，保温层宜采用具有一定强度、热导率小、密度小、吸水率低的材料（如挤塑聚苯乙烯泡沫塑料保温板、喷涂硬泡聚氨酯等）。

（4）为了阻止建筑物内部的水蒸气经由屋面结构层进入保温层内造成保温性能下降，并杜绝因水蒸气凝结水的存在而导致植物根系突破防水层向保温层穿刺的诱因，在保温层下宜设计隔汽层。

（5）为了便于柔性防水层的施工（如铺设卷材防水层或涂膜防水层），宜在找坡层或保温层上面铺抹一层水泥砂浆找平层，找平层应密实平整，待找平层收水后，尚应进行二次压光和充分保湿养护。找平层不得有疏松、起砂、起皮和空鼓等现象出现，找平层是铺设普通防水层的基层，其质量应符合相关规范的规定。

（6）种植屋面防水层应满足一级防水等级设防要求，且必须至少设置一道具有耐根穿刺性能的防水材料。种植屋面防水层应采用不少于两道防水设防，上道应为耐根穿刺防水材料，两道防水层应相邻铺设且防水层的材料应具有相容性。普通防水层一道防水设防的最小厚度应符合表7-19的规定。

表7-19　普通防水层一道防水设防的最小厚度（mm）

材料名称	最小厚度	材料名称	最小厚度
改性沥青防水卷材	4.0	高分子防水涂料	2.0
高分子防水卷材	1.5	喷涂聚脲防水涂料	2.0
自粘聚合物改性沥青防水卷材	3.0		

（7）耐根穿刺防水层设计应符合下列规定：①耐根穿刺防水材料的技术性能要求应符合7.2.2节5的规定；②排（蓄）水材料不得作为耐根穿刺防水材料使用；③聚乙烯丙纶防水卷材和聚合物水泥胶粘剂复合而成的耐根穿刺防水材料应采用双层卷材复合作为一道耐根穿刺防水层。

（8）防水卷材的搭接缝应采用与卷材相容的密封材料封严，内增强高分子耐根穿刺防水卷材的搭接缝应采用密封胶封闭。

（9）耐根穿刺防水层上应设置保护层，保护层应符合下列规定：①简单式种植屋面和容器种植宜采用体积比为1：3，厚度为15～20mm的水泥砂浆做保护层；②花园式种植屋面宜采用厚度不小于40mm的细石混凝土做保护层；③地下建筑顶板种植应采用厚度不小于70mm的细石混凝土做保护层；④采用水泥砂浆和细石混凝土做保护层时，保护层下面应铺设隔离层；⑤采用土工布或聚酯无纺布做保护层时，单位面积质量不应小于300g/m²；⑥采用聚乙烯丙纶复合防水卷材做保护层时，芯材厚度不应小于0.4mm；⑦采用高密度聚乙烯土工膜做保护层时，其厚度不应小于0.4mm。

（10）种植屋面的屋面坡度如大于20%时，其排水层、种植土层均应采取防滑措施。

（11）排（蓄）水层的设计应符合下列规定：①排（蓄）水层材料的技术性能要求应符合7.2.2节7的规定，并应根据屋面的功能及环境、经济条件等进行选择；②排（蓄）水系统应结合找坡泛水设计；③年蒸发量大于降水量的地区，宜选用蓄水功能强的排（蓄）水材料；④排（蓄）水层应结合排水沟分区设置；⑤种植屋面应根据种植形式和汇水面积，确定水落口数量和水落管直径，并应设置雨水收集系统。

（12）过滤层的设计应符合下列规定：①过滤层材料的技术性能要求应符合7.2.2节8的规定，宜采用200～400g/m²的土工布；②过滤层应沿种植土周边挡墙向上铺设，与种植土高度一致；③过滤层材料的搭接宽度不应小于150mm。

（13）种植屋面宜根据屋面面积的大小、植物的种类和配置，结合园路、排水沟、变形缝、绿篱等环境布局的需要，进行分区布置，划分种植区，分区布置应设挡墙或挡板。

（14）根据建筑荷载和功能要求来确定种植屋面的形式，种植土层应根据所种植植物的要求选择综合性能良好的材料，种植土层的厚度则应根据不同的种植土材料和植物种类确定，并应符合表7-20的规定。种植土四周应设置挡墙，挡墙下部应设泄水孔，并应与排水出口连通。

表7-20　种植土厚度（mm）

植物种类	草坪、地被	小灌木	大灌木	小乔木	大乔木
种植土厚度	≥100	≥300	≥500	≥600	≥900

（15）种植屋面植被层设计应根据建筑物的高度、屋面荷载、屋面大小、坡度、风荷载、光照、功能要求和养护管理等因素确定。种植屋面的绿化指标宜符合表7-21的规定。

表 7-21　种植屋面的绿化指标（%）

种植屋面类型	项　目	指标
简单式	绿化屋顶面积占屋顶总面积	≥80
	绿化种植面积占绿化屋顶面积	≥90
花园式	绿化屋顶面积占屋顶总面积	≥60
	绿化种植面积占绿化屋顶面积	≥85
	铺装园路面积占绿化屋顶面积	≤12
	园林小品面积占绿化屋顶面积	≤3

（16）屋面种植植物应符合下列规定：①根据气候特点、建筑类型及区域文化的特点，宜选择适应当地气候条件的耐旱和滞尘能力强的植物，屋面种植植物宜按表 7-16、表 7-17 选用；②不宜种植高大的乔木、速生乔木；③不宜种植根系发达的植物和根状茎植物；④高层建筑屋面和坡屋面宜种植草坪和地被植物；⑤地下建筑顶板种植宜按地面绿化要求，种植植物不宜选用速生树种；⑥种植植物宜选用健康的苗木，乡土植物不宜小于 70%；⑦绿篱、色块、藤本植物宜选用三年生以上苗木；⑧地被植物宜选用多年生草本植物和覆盖能力强的木本植物；⑨树木定植点与边墙的安全距离应大于树高。

（17）屋面种植乔灌木高于 2m，地下建筑顶板种植乔灌木高于 4m 时，应采取固定措施，并应符合下列规定：①树木固定可选择地上支撑固定法（图 7-8）、地上牵引固定法（图 7-9）、预埋索固法（图 7-10）以及地下锚固法（图 7-11）；②树木应固定牢固，绑扎处应加软质衬垫。

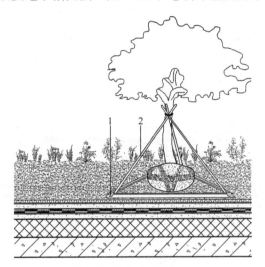

图 7-8　地上支撑固定法
1—稳固支架；2—支撑杆

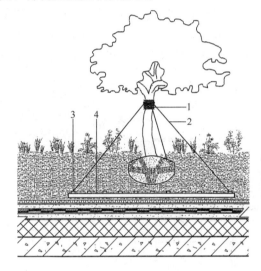

图 7-9　地上牵引固定法
1—软质衬垫；2—绳索牵引；3—螺栓铆固；4—固定网架

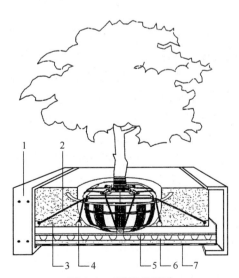

图 7-10　预埋索固法
1—种植池；2—绳索牵引；3—种植土；4—螺栓固定；
5—过滤层；6—排（蓄）水层；7—耐根穿刺防水层

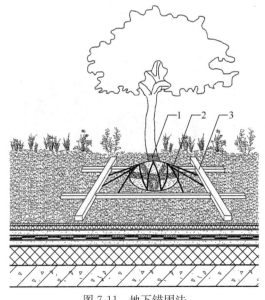

图 7-11　地下锚固法
1—软质衬垫；2—绳索牵引；3—固定支架

（18）花园式屋面种植的布局应与屋面结构相适应；乔木类植物和亭台、水池、假山等荷载较大的设施，应设在柱或墙的位置。

7.3.4　种植屋面细部构造的设计

种植屋面细部构造的设计要点如下：

（1）种植屋面的女儿墙、周边泛水部位和屋面檐口部位，应设置缓冲带，其宽度不应小于300mm。缓冲带可结合卵石带、园路或排水沟等设置。

（2）防水层的泛水高度应符合下列规定：①屋面防水层的泛水高度高出种植土不应小于250mm；②地下建筑顶板防水层的泛水高度高出种植土不应小于500mm。

（3）竖向穿过屋面的管道，应在结构层内预埋套管，套管高出种植土不应小于250mm。伸出屋面的管道和预埋件等应在防水工程施工前安装完成，后装的设备基座下应增加一道防水增强层，施工时应避免破坏防水层和保护层。

（4）坡屋面种植檐口（图7-12）应符合下列规定：①檐口顶部应设种植土挡墙；②挡墙应埋设排水管（孔）；③挡墙应铺设防水层，并与檐沟防水层连成一体。

（5）变形缝的设计应符合现行国家标准《屋面工程技术规范》（GB 50345）的规定，变形缝上不应种植植物，变形缝墙应高于种植土。可铺设盖板作为园路（图7-13）。

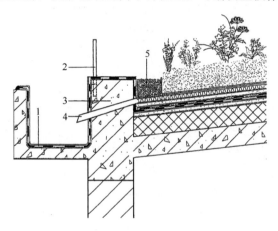

图7-12　檐口构造
1—防水层；2—防护栏杆；3—挡墙；
4—排水管；5—卵石缓冲带

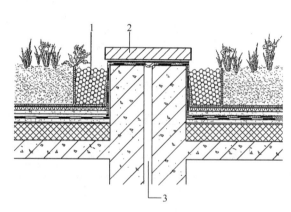

图7-13　变形缝铺设盖板
1—卵石缓冲带；2—盖板；3—变形缝

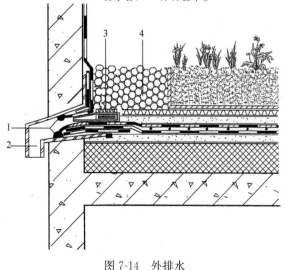

图7-14　外排水
1—密封胶；2—水落口；3—雨箅子；4—卵石缓冲带

（6）种植屋面宜采用外排水方式，水落口宜结合缓冲带设置（图7-14），排水系统的细部设计应符合下列规定：①水落口位于绿地内部，水落口上方应设置雨水观察井，并应在周边设置不小于300mm的卵石缓冲带（图7-15）；②水落口位于铺装层上时，基层应满铺排水板，上设雨箅子（图7-16）；③屋面排水沟上可铺设盖板作为园路，侧墙应设置排水孔（图7-17）。

（7）硬质铺装应向水落口处找坡，找坡应符合现行国家标准《屋面工程技术规范》（GB 50345）的规定，当种植挡墙高于铺装时，挡墙上应设置排水孔。

（8）根据植物种类、种植土的厚度，种植土层可采用起伏处理。

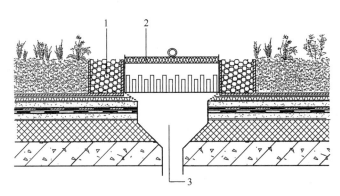

图 7-15　绿地内水落口
1—卵石缓冲带；2—井盖；3—雨水观察井

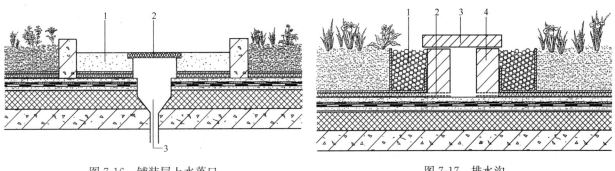

图 7-16　铺装层上水落口
1—铺装层；2—雨箅子；3—水落口

图 7-17　排水沟
1—卵石缓冲带；2—排水管（孔）；3—盖板；4—种植挡墙

7.3.5　种植屋面设施的设计

种植屋面设施的设计要点如下：

（1）种植屋面设施的设计除应符合园林设计要求外，尚应符合下列规定：①水电管线等宜铺设在防水层之上；②大面积种植宜采用固定式自动微喷或滴灌、渗灌等节水技术，并应设计雨水回收利用系统，小面积种植可设置取水点进行人工灌溉；③小型设施宜选用体量小、质量小的小型设施和园林小品。

（2）种植屋面上宜配置布局导引标识牌，并应标注进出口、紧急疏散口、取水点、雨水观察井、消防设施、水电警示等。

（3）种植屋面的透气孔高出种植土不应小于 250mm，并宜做装饰性保护；种植屋面在通风口或其他设备周围应设置装饰性遮挡。

（4）屋面设置花架、园亭等休闲设施时，应采取防风固定措施。

（5）屋面设置太阳能设备时，种植植物不应遮挡太阳能采光设施；屋面水池应增设防水、排水构造。

（6）电器和照明设计应符合下列规定：①种植屋面宜根据景观和使用要求选择照明电器和设施；②花园式种植屋面宜有照明设施；③景观灯宜选用太阳能灯具，并宜配置市政电路；④电缆线等设施应符合相关安全标准要求。

7.3.6　各类种植屋面的设计

（1）种植平屋面的设计要点如下：

1）种植平屋面的基本构造层次见 7.2.1 节。

2）种植平屋面的排水坡度不宜小于 2%；天沟、檐沟的排水坡度不宜小于 1%。

3）屋面采用种植池（图 7-18）种植高大植物时，种植池的设计应符合下列规定：①池内应设置耐

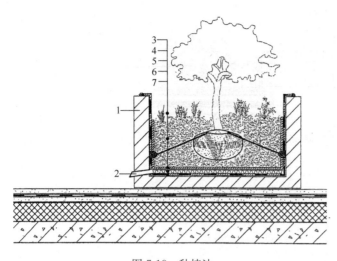

图 7-18 种植池

1—种植池；2—排水管（孔）；3—植被层；4—种植土层；

5—过滤层；6—排（蓄）水层；7—耐根穿刺防水层

根穿刺防水层、排（蓄）水层和过滤层；②种植池的池壁应设置排水口，并应设计有组织排水；③根据种植植物的高度，在池内设置固定植物用的预埋件。

（2）种植坡屋面的设计要点如下：

1）种植坡屋面的基本构造层次见 7.2.1 节。

2）屋面坡度不小于 10% 的种植坡屋面设计可按照 7.3.3 节（2）的要求执行。

3）屋面坡度大于或等于 20% 的种植坡屋面设计应设置防滑构造，并应符合下列规定：①满覆盖种植时可采取挡墙或挡板等防滑措施（图 7-19、图 7-20），若设置防滑挡墙时，防水层应满包挡墙，挡墙应设置排水通道；若设置防滑挡板时，防水层和过滤层应在挡板下连续铺设；②非满覆盖种植时可采用阶梯式或台地式种植，阶梯式种植设置防滑挡墙时，防水层应满包挡墙（图 7-21），台地式种植屋面应采用现浇钢筋混凝土结构，并应设置排水沟（图 7-22）。

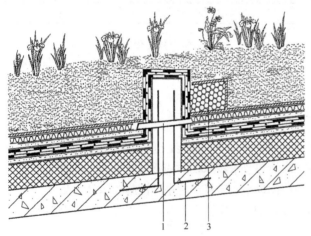

图 7-19 坡屋面防滑挡墙

1—排水管（孔）；2—预埋钢筋；3—卵石缓冲带

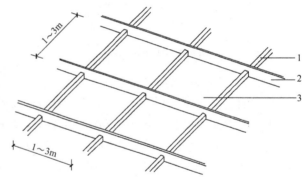

图 7-20 种植土防滑挡板

1—竖向支撑；2—横向挡板；3—种植土区域

4）屋面坡度大于 50% 时，不宜作种植屋面。

5）坡屋面满覆盖种植宜采用草坪地被植物。

6）种植坡屋面不宜采用土工布等软质保护层，屋面坡度大于 20% 时，保护层应采用细石钢筋混凝土。坡屋面种植在沿山墙和檐沟部位应设置安全防护栏杆。

（3）地下建筑顶板种植的设计要点如下：

1）地下建筑顶板的种植设计应符合下列规定：①顶板应为现浇防水混凝土，并应符

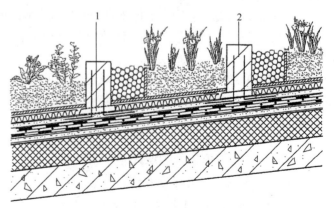

图 7-21 阶梯式种植

1—排水管（孔）；2—防滑挡墙

合现行国家标准《地下工程防水技术规范》（GB 50108）的规定；②顶板种植应按永久性绿化设计；③种植土与周边地面相连时，宜设置盲沟排水；④应设置过滤层和排水层；⑤采用下沉式种植时，应设自流排水系统；⑥顶板采用反梁结构或坡度不足时，应设置渗排水管或采用陶粒、级配碎石等渗排水措施。

2）顶板面积较大、放坡困难时，应分区设置水落口、盲沟、渗排水管等内排水及雨水收集系统。

3）种植土高于周边地坪时，应按屋面种植设计要求执行。

4）地下建筑顶板的耐根穿刺防水层、保护层、排（蓄）水层和过滤层的设计应按7.3.3节的有关规定执行。

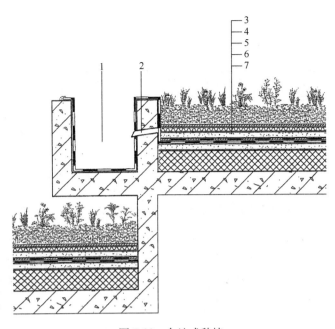

图 7-22　台地式种植

1—排水沟；2—排水管；3—植被层；4—种植土层；5—过滤层；
6—排（蓄）水层；7—细石混凝土保护层

（4）既有建筑屋面种植的设计要点如下：

1）屋面改造前必须检测鉴定结构的安全性，并应以结构鉴定报告作为设计依据，确定种植形式。既有建筑屋面改造为种植屋面，宜选用轻质种植土、地被植物。

2）既有建筑屋面改造为种植屋面，宜采用容器种植，当采用覆土种植时，设计应符合下列规定：①有檐沟的屋面应砌筑种植土挡墙，挡墙应高出种植土 50mm，挡墙距离檐沟边沿不宜小于 300mm（图 7-23）；②挡墙应设排水孔；③种植土与挡墙之间应设置卵石缓冲带，带宽度宜大于 300mm。

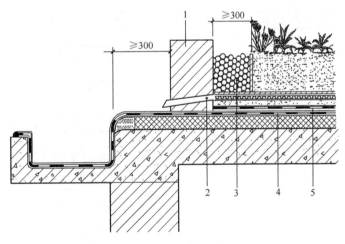

图 7-23　种植土挡墙构造

1—檐口种植挡墙；2—排水管（孔）；3—卵石缓冲带；
4—普通防水层；5—耐根穿刺防水层

3）采用覆土种植的防水层设计应符合下列规定：①原有防水层仍具有防水能力的，应在其上增加一道耐根穿刺防水层；②原有防水层若已无防水能力的，应拆除，并按7.3.3节的规定重做防水层。

4）既有建筑屋面的耐根穿刺防水层、保护层、排（蓄）水层和过滤层的设计应该按照7.3.3节的有关规定执行。

（5）容器种植的设计要点如下：

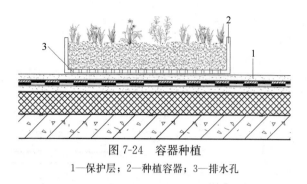

图 7-24 容器种植
1—保护层；2—种植容器；3—排水孔

1）应根据功能要求和植物种类确定种植容器（图 7-24）的形式、规格和荷重。容器种植的土层厚度应满足植物生存的营养需求，不宜小于 100mm。

2）容器种植的设计应符合以下规定：①种植容器应轻便、易搬移、连接点稳固且便于组装、维护；②种植容器宜设计有组织排水；③宜采用滴灌系统；④种植容器下面应设置保护层。

7.4 种植屋面的施工

种植屋面工程必须遵照种植屋面总体设计要求施工，施工前应编制施工方案，施工严禁使用不合格材料，施工应遵守过程控制和质量检验程序，并有完整的检查记录。

新建建筑屋面覆土种植施工宜按图 7-25 的工艺流程进行；既有建筑屋面覆土种植施工宜按图 7-26 的工艺流程进行。

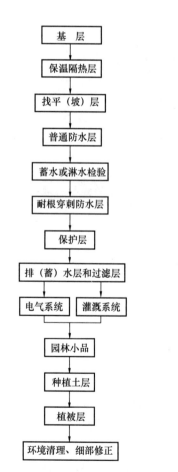

图 7-25 新建建筑屋面覆土种植
施工工艺流程

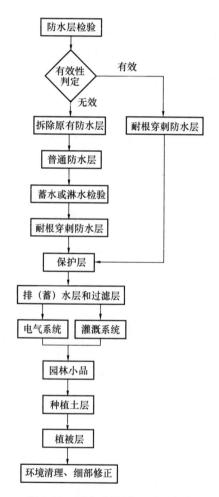

图 7-26 既有建筑屋面覆土种植
施工工艺流程
注：容器种植时，耐根穿刺防水层可为普通防水层。

7.4.1 种植屋面工程施工的一般规定

（1）施工前应通过图纸会审，明确细部构造和技术要求，并编制施工方案，进行技术交底和安全技术交底。

（2）进场的防水材料、排（蓄）水板、绝热材料和种植土等材料均应按规定抽样复验，并提供检验报告。非本地的植物应提供病虫害检疫报告。

（3）种植屋面防水工程和园林绿化工程的施工单位应有专业施工资质，主要作业人员应持证上岗，按照总体设计作业程序进行施工。

（4）种植屋面施工应符合现行国家标准《建设工程施工现场消防安全技术规范》（GB 50720）的规定。

（5）屋面施工现场应采取下列安全防护措施：①屋面周边和预留孔洞部位必须设置安全护栏和安全网或其他防止人员和物体坠落的防护措施；②屋面坡度大于20%时，应采取人员保护和防滑措施；③施工人员应戴安全帽、系安全带和穿防滑鞋；④雨天、雪天和五级风及以上时不得施工；⑤应设置消防设置，加强火源管理。

7.4.2 种植屋面各层次的施工

1. 结构层的施工

钢筋混凝土屋面板既是承重结构，也是防水防渗的最后一道防线。其混凝土的配合比（体积比）为：水泥∶水∶砂∶砾石∶UEA＝1∶0.47∶1.57∶3.67∶0.09。UEA 防水剂可保证抗渗等级为 P_8，混凝土强度等级为 C25。为防止板面开裂，在板的跨中、上部应配双向Φ6@200 钢筋网，以防受弯构件的上部钢筋被踩塌变形。

模板在浇筑混凝土前，应进行充分湿润，并正确掌握拆模时间（强度未达到 1.2kPa 时，不应上人或堆载）。浇筑混凝土前，及时检查钢筋的保护层厚度，不宜过大、过小，以保证混凝土的有效截面。

混凝土应一次性浇筑成型。混凝土浇筑从上向下，振捣从下向上进行。混凝土初凝前应安排进行两次压光，并用抹子拍打，压光后及时在混凝土表面覆盖麻袋，浇水养护。应尽可能避免在早龄期混凝土承受外加荷载，混凝土预留插筋等外露构件应不受撞击影响。严格控制施工荷载不超过设计荷载（即标准活荷载），屋面梁板与支撑应进行计算复核其刚度。

2. 找坡（平）层的施工

种植屋面的找坡（平）层以及保护层的施工应符合现行国家标准《屋面工程技术规范》（GB 50345）、《地下工程防水技术规范》（GB 50108）的有关规定。

找坡层材料配合比应符合设计要求，表面应平整。找坡层采用水泥拌合的轻质散状材料时，施工环境温度应在 5℃以上，当低于 5℃时应采取冬期施工措施。

找平层是铺贴卷材防水层的基层，应给防水卷材提供一个平整、密实、有强度、能粘结的构造基础。找平层应坚实平整，无疏松、起砂、麻面和凹凸现象。

当基层为整体混凝土时，可采用水泥砂浆找平层，其厚度为 20mm，水泥与砂浆比为 1∶25～1∶3（体积比），水泥强度不低于 32.5 级。找平层应设分格缝，并嵌填密封材料，方可避免或减少找平层出现开裂，造成渗漏。分格缝的缝宽为 20mm，纵向和横向间距应不大于 6mm，分格缝的位置应设在屋面板的支端、屋面转角处防水层与凸出屋面构件的交接处、防水层与女儿墙交接处等，且应与板端缝对齐，均匀顺直。屋面基层与凸出屋面结构的交接处以及基层的转角处均应做成圆弧。

水泥砂浆找平层施工时，先把屋面清理干净并洒水湿润，铺设砂浆时应按由远到近、由高到低的程序进行，每分格内必须一次连续铺成，并按设计控制好坡度，用 2m 以上长度刮杆刮平，待砂浆稍收水后，用抹子压实抹平，12h 后用草袋覆盖，浇水养护。对于凸出屋面上的结构和管道根部等节点应做成圆弧、圆锥台或方锥台，并用细石混凝土制成，以免节点部位卷材铺贴折裂，利于粘实粘牢。

水落口周围应做成凹坑，周围直径 500mm 范围内做成坡度≥5%，且应平滑；女儿墙、伸出屋面烟道、楼梯层的根部做成圆弧，半径为 80mm，用细石混凝土制成；伸出屋面管道根部周围，用细石混凝土做成方锥台，锥台底面宽 300mm、高 60mm，整平抹光。

3. 绝热层的施工

板状保温隔热层施工，其基层应平整、干燥和干净；干铺的板状保温隔热材料，应紧靠在需保温隔热的基层表面上，并铺平垫稳；分层铺设的板块上下层接缝应相互错开，并用同类材料嵌填密实；粘贴板状保温隔热材料时，胶粘剂应与保温隔热材料相容，并贴严、粘牢。

喷涂硬泡聚氨酯保温隔热层施工，其基层应平整、干燥和干净；伸出屋面的管道应在施工前安装牢固；喷涂硬泡聚氨酯的配合比应准确计算，发泡厚度均匀一致；其施工环境气温宜为 15~30℃，风力不宜大于三级，空气相对湿度宜小于 85%。

种植坡屋面的绝热层应采用粘贴法或机械固定法施工。

4. 普通防水层的施工

种植屋面的普通防水层可采用卷材防水层或涂膜防水层。

种植屋面采用防水卷材做防水层，其防水卷材长边和短边的最小搭接宽度均不应小于 100mm，卷材的收头部位宜采用金属压条钉压固定和密封材料封严。种植屋面采用喷涂聚脲防水涂料做涂膜防水层，喷涂聚脲防水涂料的施工应符合现行行业标准《喷涂聚脲防水工程技术规程》（JGJ/T 200）的规定。

防水材料的施工环境应符合下列规定：①合成高分子防水卷材的冷粘法施工，环境温度不宜低于 5℃；采用焊接法施工时，环境温度不宜低于−10℃；②高聚物改性沥青防水卷材的热熔法施工，环境温度不宜低于−10℃；③反应型合成高分子防水涂料的施工，环境温度宜为 5~35℃。

（1）普通防水层施工的基本要求。普通防水层的卷材与基层宜满粘施工，坡度大于 3% 时，不得空铺施工。采用热熔法满粘或胶粘剂满粘防水卷材防水层的基层应干燥、洁净。

当屋面坡度小于或等于 15% 时，卷材应平行屋脊铺贴；大于 15% 时，卷材应垂直屋脊铺贴。上下两层卷材不得互相垂直铺贴。防水卷材搭接接缝口应采用与基材相容的密封材料封严。卷材收头部位宜采用压条钉压固定。

阴阳角、水落口、凸出屋面管道根部、泛水、天沟、檐沟、变形缝等细部构造处，在防水层施工前应设防水增强层，其增强层的材料应与大面积防水层材料同质或相容；伸出屋面的管道和预埋件等，应在防水施工前完成安装。如后装的设备基座下应增加一道防水增强层，施工时不得破坏防水层和保护层。

对于防水材料的施工环境，合成高分子防水卷材在环境气温低于 5℃ 时不宜施工；高聚物改性沥青防水卷材的热熔法施工，环境气温不宜低于−10℃；反应型合成高分子涂料的施工，环境气温宜为 5~35℃；防水材料严禁在雨天、雪天施工，五级风及其以上时亦不得施工。

（2）高聚物改性沥青防水卷材的热熔法施工。其环境温度不应低于−10℃。铺贴卷材时应平整顺直，不得扭曲，长边和短边的搭接宽度均不应小于 100mm；火焰加热应均匀，并以卷材表面沥青熔融至光亮黑色为宜，不能欠火或过分加热卷材；卷材表面热熔后应立即滚铺，在滚铺时应立即排除卷材下面的空气，并辊压粘贴牢固；卷材搭接缝应以溢出热熔的改性沥青为宜，将溢出的 5~10mm 沥青胶封边，并均匀顺直；采用条粘法施工时，每幅卷材与基层粘结面不应少于两条，每条宽度不应小于 150mm。

APP、SBS 改性沥青防水卷材的热熔法施工要点如下：

1）水泥砂浆找平层必须坚实平整，不能有松动、起鼓、面层凸出或严重粗糙，若基层平整度不好或起砂时，必须进行剔凿处理；基层要求干燥，含水率应在 9% 以内；施工前要清扫干净基层；阴角部位应用水泥砂浆抹成"八"字形，管根、排水口等易渗水部位应进行增强处理。

2）在干燥的基层上涂刷基层处理剂，要求其均匀一致，一次涂好。

3）先把卷材按位置摆正，点燃喷灯（喷灯距卷材 0.3mm 左右），用喷灯加热卷材和基层，加热要均匀，待卷材表面熔化后，随即向前滚铺，细致地把接缝封好，尤其要注意边缘和复杂部位，防止翘边。双层做法施工工艺和单层做法施工工艺基本相同，但在铺贴第二层时应与卷材接缝错开，错开位置不得小于 0.3m。

4）防水卷材的热熔法施工要加强安全防护，预防火灾和工伤事故的发生。大风及气温低于−15℃不宜施工。应加强喷灯、汽油、煤油的管理。

（3）自粘防水卷材的施工。自粘防水卷材铺贴前，基层表面应均匀涂刷基层处理剂，干燥后应及时铺贴卷材；铺贴卷材时应将自粘胶底面的隔离纸撕净；铺贴卷材时应排除自粘卷材下面的空气，并采用辊压工艺粘贴牢固；铺贴的卷材应平整顺直，不能扭曲、皱折，长边和短边的搭接宽度均不应小于100mm；低温施工时，立面、大坡面及搭接部位宜采用热风机加热，并粘贴牢固。

采用湿铺法施工自粘类防水卷材应符合配套技术规定。

（4）合成高分子防水卷材的冷粘法施工。其环境温度不应低于 5℃。铺贴卷材时，应先将基层胶粘剂涂刷在基层及卷材底面，要求涂刷均匀、不露底、不堆积；铺贴卷材应顺直，不得皱折、扭曲、拉伸卷材；应采用辊压工艺排除卷材下面的空气，粘贴牢固；卷材长边和短边的搭接宽度均不应小于100mm；搭接缝口应用材性相容的密封材料封严。

PVC 防水卷材的施工要点如下：

1）卷材铺贴前要检查找平层质量要求，做到基层坚实、平整、干燥、无杂物，方可进行防水施工。

2）基层表面的涂刷应在干燥的基层上，均匀涂刷一层厚 1mm 左右的胶粘剂，涂刷时切忌在一处来回涂刷，以免形成凝胶而影响质量。涂刷基层胶粘剂时，尤其要注意阴阳角、平立面转角处、卷材收头处、排水口、伸出屋面管道根部等节点部位。

3）卷材的铺贴方向一律平行屋脊铺贴，平行屋脊的搭接缝按顺流水方向搭接，卷材的铺贴可采用滚铺粘贴工艺施工。

施工铺贴卷材时，先用墨线在找平层上弹好控制线，由檐口（屋面最低标高处）向屋脊施工，把卷材对准已弹好的粉线，并在铺贴好的卷材上弹出搭接宽度线。铺贴一幅卷材时，先用塑料管将卷材重新成卷，且涂刷胶粘剂的一面向外，成卷后用钢管穿入中心的塑料管，由两人分别持钢管两端，抬起卷材的端头，对准粉线，展开卷材，使卷材铺贴平整。贴第二幅卷材时，对准控制线铺贴，每铺完一幅卷材，立即用干净而松软的长柄压辊从卷材一端顺卷材横向顺序滚压一遍，彻底排除卷材粘结层间的空气，滚压从中间向两边移动，做到排气彻底。卷材铺好压粘后，用胶粘剂封边，封边要粘结牢固，封闭严密，且要均匀、连续、封满。

4）屋面节点部位是防水中的重要部位，处理的好坏对整个屋面的防水尤为重要，应做到细部附加层不外露，搭接缝位置顺当合理。

5）水落口周围直径 500mm 范围内，用防水涂料做附加层，厚度应大于 2mm。铺至水落口的各层卷材和附加层用剪刀按交叉线剪开，长度与水落口直径相同，再粘贴在杯口上，用雨水罩的底部将其压紧，底盘与卷材间用胶粘剂粘结，底盘周围用密封材料填封。

管道根部找平层应做成圆锥台，管道壁与找平层之间预留 20mm×20mm 的凹槽，用密封材料嵌填密实，再铺设附加层，最后铺贴防水层，卷材接口用胶粘剂封口，金属压条箍紧。

在凸出楼梯间墙处、女儿墙等部位，把卷材沿女儿墙、楼梯间墙往上卷，女儿墙做成现浇结构，厚120mm、高 1600mm，在 600mm 高度处侧面嵌 25mm×30mm 木条，待混凝土终凝后，取下木条，就形成一条凹槽，从凹槽处向下阴角贴一层附加卷材，主卷材在此收口，嵌性能良好的油膏。在浇筑上面刚性防水层时，注意保护好 PVC 卷材，绝不能损伤、撕裂。

（5）合成高分子防水涂料的施工。合成高分子防水涂料可采用涂刮法或喷涂法施工。当采用涂刮法施工时，两遍涂刮的方向宜相互垂直；涂覆厚度应均匀，不露底、不堆积；第一遍涂层干燥后，方可进行第二遍涂覆；当屋面坡度大于 15% 时，宜选用反应固化型高分子防水涂料。

5. 耐根穿刺防水层的施工

（1）耐根穿刺防水层施工的基本要求。

1）耐根穿刺防水层所采用的高分子防水卷材与普通防水层所采用的高分子防水卷材复合时，可采用冷粘法施工；耐根穿刺防水层所采用的改性沥青类防水卷材与普通防水层所采用的改性沥青类防水卷材复合时，应采用热熔法施工；若耐根穿刺防水材料与普通防水材料不能复合时，则可采用空铺法施工。耐根穿刺防水层若用于坡屋面时，则必须采取防滑的措施。

2）耐根穿刺防水卷材的耐根穿刺性能和施工方式是密切相关的，其包括卷材的施工方法、配件、工艺参数、搭接宽度、附加层、加强层和节点处理等内容，故耐根穿刺防水材料的现场施工方法应与其耐根穿刺防水材料的检测报告中所列明的施工方法相一致。

3）耐根穿刺防水卷材施工应符合下列规定：①改性沥青类耐根穿刺防水卷材搭接缝应一次性焊接完成，并溢出5～10mm的沥青胶用于封边，不得过火或欠火；②塑料类耐根穿刺防水卷材在施工前应进行试焊，检查搭接强度，调整工艺参数，必要时应进行表面处理；③高分子耐根穿刺防水卷材暴露内增强织物的边缘应密封处理，密封材料与防水卷材应相容，高分子耐根穿刺防水卷材T形搭接处应做附加层，附加层的直径（尺寸）不应小于200mm，附加层应为匀质的同材质高分子防水卷材，矩形附加层的角应为光滑的圆角；④不应采用溶剂型胶粘剂搭接。

（2）聚氯乙烯（PVC）防水卷材和热塑性聚烯烃（TPO）防水卷材的施工。卷材与基层宜采用冷粘法工艺进行铺贴，大面积采用空铺法施工时，距屋面周边800mm内的卷材应与基层满粘，或沿屋面周边对卷材进行机械固定。当搭接缝采用热风焊接施工，单焊缝的有效焊接宽度不应小于25mm，双焊缝的每条焊缝有效焊接宽度不应小于10mm。

（3）三元乙丙橡胶（EPDM）防水卷材的施工。卷材与基层宜采用冷粘法工艺进行铺贴，采用空铺法施工时，屋面周边800mm内卷材应与基层满粘，或沿屋面周边对卷材进行机械固定，搭接缝应采用专用的搭接胶带进行搭接，其搭接胶带的宽度不应小于75mm，搭接缝应采用密封材料进行密封处理。

（4）改性沥青类耐根穿刺防水卷材的施工。应采用热熔法进行铺贴，并应符合7.4.2节4的规定。下面以铜复合胎基改性沥青（SBS）耐根穿刺防水卷材的热熔法施工和金属铜胎基改性沥青耐根穿刺防水卷材与聚乙烯胎高聚物改性沥青防水卷材的复合施工为例，进一步介绍改性沥青类耐根穿刺防水卷材的施工工艺要点。

1）铜复合胎基改性沥青（SBS）耐根穿刺防水卷材热熔法施工工艺要点。

① 材料要求。

a. 耐根穿刺层兼防水层材料。铜复合胎基改性沥青（SBS）耐根穿刺防水卷材是以聚酯毡与铜的复合胎基，浸涂和涂盖加入根阻添加剂的苯乙烯-丁二烯-苯乙烯（SBS）热塑弹性体改性沥青，两面覆以隔离材料制成。

单层施工时卷材厚度应不小于4mm，双层施工时卷材厚度应不小于4mm（耐根穿刺防水卷材）+3mm（聚酯胎SBS改性沥青防水卷材）。

铜复合胎基改性沥青（SBS）耐根穿刺防水卷材按上表面隔离材料分为细纱（S）、矿物粒料或片状材料（M）两种，卷材胎基为聚酯-铜复合胎基。

卷材规格：宽度为1m，厚度为4.0mm、4.5mm；每卷面积为7.5m²。

b. 配套材料。

ⓐ 基层处理剂：以溶剂稀释橡胶改性沥青或沥青制成，外观为黑褐色均匀液体。易涂刷、易干燥，并具有一定的渗透型。

ⓑ 改性沥青密封胶：是以沥青为基料，用适量的合成高分子材料进行改性，并加填充剂和化学助剂配制而成的膏状密封材料。主要用于卷材末端收头的密封。

ⓒ 金属压条、固定件：用于固定卷材末端收头。

ⓓ 螺钉及垫片：用于屋面变形缝金属承压板固定等。

ⓔ 卷材隔离层：油毡、聚乙烯膜（PE）等。

② 施工工艺。铜复合胎基改性沥青（SBS）耐根穿刺防水卷材热熔法施工工艺流程如图 7-27 所示。

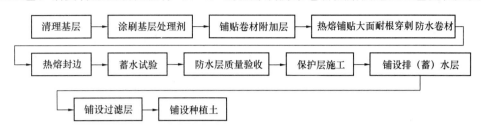

图 7-27 铜复合胎基改性沥青（SBS）耐根穿刺防水卷材热熔法施工工艺流程

a. 主要施工机具。清理基层工具有开刀、钢丝刷、扫帚、吸尘器等；铺贴卷材工具有剪刀、钢卷尺、壁纸刀、弹线盒、油漆刷、压辊、滚刷、橡胶刮板、嵌缝枪等；热熔施工机具有汽油喷灯、单头或多头火焰喷枪、单头专用热熔封边机等。

b. 作业条件。铜复合胎基改性沥青（SBS）根阻防水卷材的根阻性能应持有效试验报告。在防水施工前应申请点火证，进行卷材热熔施工前，现场不得有其他焊接或明火作业。

防水基层已验收合格，基层应干燥。下雨及雨后基层潮湿不得施工，五级风以上不得进行防水卷材热熔施工。施工环境温度－10℃以上即可进行卷材热熔施工。

c. 清理基层。将基层浮浆、杂物彻底清扫干净。

d. 涂刷基层处理剂。基层处理剂一般采用沥青基防水涂料，将基层处理剂在屋面基层满刷一遍。要求涂刷均匀，不能见白露底。

e. 铺贴卷材附加层。基层处理剂干燥后（约 4h），在细部构造部位（如平面与立面的转角处、女儿墙泛水、伸出屋面管道根、水落口、天沟、檐口等部位）铺贴一层附加层卷材，其宽度应不小于300mm，要求贴实、粘牢、无折皱。

f. 热熔铺贴大面耐根穿刺防水卷材。

ⓐ 先在基层弹好基准线，将卷材定位后，重新卷好。点燃喷灯，烘烤卷材底面与基层交界处，使卷材底边的改性沥青熔化。烘烤卷材要沿卷材宽度往返加热，边加热边沿卷材长边向前滚铺，并排除空气，使卷材与基层粘结牢固。

ⓑ 在热熔施工时，火焰加热要均匀，施工时要注意调节火焰大小及移动速度。喷枪与卷材地面的距离应控制在 0.3～0.5m。卷材接缝处必须溢出熔化的改性沥青胶，溢出的改性沥青胶宽度应为 2mm左右并以均匀顺直不间断为宜。

ⓒ 耐根穿刺防水卷材在屋面与立面转角处、女儿墙泛水处及穿墙管等部位要向上铺贴至种植土层面上 250mm 处才可进行末端收头处理。

ⓓ 当防水设防要求为两道或两道以上时，铜复合胎基改性沥青（SBS）耐根穿刺防水卷材必须作为最上面的一层，下层防水材料宜选用聚酯胎 SBS 改性沥青防水卷材。

g. 热熔封边。将卷材搭接缝处用喷灯烘烤，火焰的方向应与操作人员前进的方向相反。应先封长边，后封短边，最后用改性沥青密封胶将卷材收头处密封严实。

h. 蓄水试验。屋面防水层完工后，应做蓄水或淋水试验。有女儿墙的平屋面可做蓄水试验，蓄水24h 无渗漏为合格。坡屋面可做淋水试验，一般淋水 2h 无渗漏为合格。

i. 保护层施工。铺设一层聚乙烯膜（PE）或油毡保护层。

j. 铺设排（蓄）水层。排（蓄）水层采用专用排（蓄）水板或卵石、陶粒等。

k. 铺设过滤层。铺设一层 200～250g/m² 的聚酯纤维无纺布过滤层。搭接缝用线绳连接，四周上翻100mm，端部及收头 50mm 范围内用胶粘剂与基层粘牢。

l. 铺设种植土。根据设计要求铺设不同厚度的种植土。

2）金属铜胎基改性沥青耐根穿刺防水卷材与聚乙烯胎高聚物改性沥青防水卷材的复合施工要点。

① 材料要求。耐根穿刺层兼防水层材料为金属铜胎基改性沥青耐根穿刺防水卷材与聚乙烯胎高聚物改性沥青防水卷材。

a. 金属铜胎基改性沥青耐根穿刺防水卷材。卷材是以金属铜箔和聚酯无纺布为复合胎基（铜箔厚度为0.07mm）在两胎基里外层浸涂三层高聚物改性沥青面料，在上下两面覆盖面膜而制成的"双胎、三胶、两膜"防水卷材。由于金属铜箔具有耐根穿刺功能，故用于种植屋面中可集耐根穿刺及防水功能于一身。

卷材按面料分为自粘型（AA）、热熔型（BB）、复合型（AB或BA）三种。

卷材规格：幅宽1m，厚度3mm、4mm、5mm，长度10m，每卷面积10m²、7.5m²、5m²。

b. 聚乙烯胎高聚物改性沥青防水卷材。聚乙烯胎高聚物改性沥青防水卷材是以高分子聚乙烯材料为胎基，与高聚物改性沥青面料组成的防水卷材。由于胎基所固有的特性，使该卷材具有耐根穿刺性、耐碱性及高延伸性，集防水及耐根穿刺性能于一体。

金属铜胎基改性沥青耐根穿刺防水卷材与聚乙烯胎高聚物改性沥青防水卷材均为耐根穿刺层兼防水层，可互相配合作为两道防水设防的复合施工，当一道防水设防时也可单独使用。

聚乙烯胎高聚物改性沥青防水卷材按面料分为自粘型（AA）、热熔型（BB）、复合型（AB或BA）三种。

卷材规格：幅宽1100mm，厚度3mm、4mm，长度10m，每卷面积11m²。聚乙烯胎高聚物改性沥青防水卷材物理性能应符合表7-3的要求。

c. 配套材料。基层处理剂：丁苯橡胶改性沥青涂料；封边带：橡胶沥青密封胶带，宽100mm；密封胶。

② 施工工艺。

a. 防水构造。防水层为两道设防时，可采用金属铜胎基改性沥青耐根穿刺防水卷材与聚乙烯胎高聚物改性沥青防水卷材两种卷材的复合做法。前者为耐根穿刺层，4mm厚；后者为防水层，3mm厚。

防水层为一道设防时，耐根穿刺兼防水层可分别采用金属铜胎基改性沥青耐根穿刺防水卷材单层施工，或聚乙烯胎高聚物改性沥青防水卷材单层施工，其厚度均不小于4mm。

b. 工艺流程。采用金属铜胎基改性沥青耐根穿刺防水卷材与聚乙烯胎高聚物改性沥青防水卷材两种卷材复合施工的工艺流程参见图7-28。

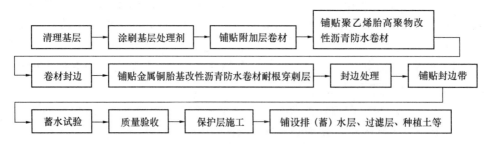

图7-28 金属铜胎基改性沥青耐根穿刺防水卷材与聚乙烯胎高聚物改性沥青防水卷材的复合施工工艺流程

c. 操作要点。

ⓐ 主要施工机具。清理基层工具有开刀、钢丝刷、扫帚等；铺贴卷材工具有剪刀、盒尺、弹线盒、滚刷、料桶、刮板、压辊等；热熔施工机具有汽油喷灯、火焰喷枪等。

ⓑ 作业条件。防水卷材进行热熔施工前应申请点火证，经批准后才能施工。现场不得有焊接或其他明火作业。基层应干燥，防水基层已验收合格。

ⓒ 清理基层。将基层杂物、尘土等均应清扫干净。

ⓓ 涂刷基层处理剂。满刷基层处理剂，涂刷要均匀、不露底。

ⓔ 铺贴附加层卷材。待基层处理剂干燥后，在细部构造部位（如女儿墙、阴阳角、管道根、水落口等部位）粘贴一层附加层卷材，宽度不小于300mm，粘贴牢固，表面应平整无皱折。

ⓕ 聚乙烯胎高聚物改性沥青防水卷材，其热熔型卷材可采用热熔法工艺铺贴，自粘型卷材可采用冷自粘法工艺铺贴。

大面铺贴卷材时，将卷材定位，撕掉卷材底面的隔离膜，将卷材粘贴于基层。粘贴时应排尽卷材底面的空气，并用压辊滚压，粘贴牢固。

ⓖ 卷材封边。卷材搭接缝可用辊子滚压，粘牢压实，当温度较低时，可用热风机烘热封边。

ⓗ 铺贴金属铜胎基改性沥青防水卷材耐根穿刺层。卷材宜用热熔法铺贴。将金属铜胎基改性沥青耐根穿刺防水卷材弹线定位，卷材搭接缝与底层冷自粘卷材错开幅宽的1/3。用汽油喷灯或火焰喷枪加热卷材底部，要往返加热，温度均匀，使卷材与基层满粘牢固。卷材搭接缝处应溢出不间断的改性沥青热熔胶。

ⓘ 封边处理。大面卷材在热熔法施工完毕后，搭接缝处亦需热熔封边，使之粘结牢固，无张口、翘边现象出现。

ⓙ 铺贴封边带。用100mm宽的专用封边带将卷材接缝处封盖粘牢。

ⓚ 蓄水试验。防水层及耐根穿刺层施工完成后，应进行蓄水试验，以24h无渗漏为合格。

ⓛ 保护层施工。防水层及耐根穿刺层完成，质量验收合格后，按设计要求做好保护层，然后再进行种植绿化各层次的施工。

（5）聚乙烯丙纶防水卷材和聚合物水泥胶结料复合防水的施工。聚乙烯丙纶防水卷材和聚合物水泥胶结料复合防水材料的施工工艺为：聚乙烯丙纶防水卷材应采用双层叠合铺设，每层由芯层厚度不小于0.6mm的聚乙烯丙纶防水卷材和厚度不小于1.3mm的聚合物水泥胶结料组成，聚合物水泥胶结料应按要求配制，宜采用刮涂法工艺施工；卷材长边和短边的搭接宽度均应不小于100mm；施工环境温度不应低于5℃，当环境温度低于5℃时，应采取防冻措施；保护层应采用1∶3（体积比）水泥砂浆，厚度应为15～20mm，施工环境温度应不低于5℃。

聚乙烯丙纶防水卷材和聚合物水泥胶结料复合防水的施工要点如下：

1）材料要求。

① 聚乙烯丙纶防水卷材。聚乙烯丙纶防水卷材是一类中间芯片为低密度聚乙烯片材，两面为热压一次成型的高强丙纶长丝无纺布制成的合成高分子防水卷材。聚乙烯丙纶防水卷材生产中使用的聚乙烯材料必须是成品原生原料，严禁使用再生原料；与其复合的无纺布应选用长丝无纺布。聚乙烯丙纶防水卷材应选用一次成型工艺生产的卷材，不得采用二次成型工艺生产的卷材。

② 聚合物水泥防水粘结料。聚合物水泥防水粘结料为双组分，具有防水性能及粘结性能。

聚乙烯丙纶防水卷材（厚度应不小于0.7mm）用聚合物水泥防水粘结料粘结，为冷作业施工，粘结料厚度为1.3mm，两者复合形成刚柔结合的防水层，总厚度应不小于2mm，具有防水、耐根穿刺双重功能。

2）施工工艺。

① 防水构造。聚乙烯丙纶防水卷材具有防水、耐根穿刺的双重功能，与聚合物水泥粘结料（具有粘结、防水双重功能）复合组成防水层。

聚乙烯丙纶防水卷材单层使用厚度应不小于0.9mm；双层使用时每层卷材厚度应不小于0.7mm（芯材厚度不小于0.5mm）。聚合物水泥粘结料厚度应不小于1.3mm；复合后防水层厚度应不小于2mm。

种植屋面采用两道防水设防时，复合防水层厚度为4mm(2mm＋2mm)。

② 工艺流程。聚乙烯丙纶防水卷材-聚合物水泥粘结料复合防水施工的工艺流程参见图7-29。

③ 操作要点。

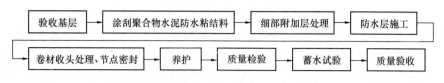

图 7-29 聚乙烯丙纶防水卷材-聚合物水泥粘结料复合防水施工工艺流程

a. 主要施工工具。应按施工人员和工程需要配备施工机具和劳动安全设施。施工机具包括清理基层机具有铁锹、扫帚、锤子、凿子、扁平铲等；配制聚合物水泥防水粘结料机具有电动搅拌器、计量器具、配料桶等；铺贴卷材工具有铁抹子、刮板、剪刀、卷尺、线盒等。

b. 作业条件。卷材铺贴前基层应清理干净，水泥砂浆基层可湿润但无明水。施工环境温度宜为5℃以上，当低于5℃时应采取保温措施。

c. 验收基层。水泥砂浆基层应坚实平整，潮湿而无明水，验收应合格。

d. 涂刮聚合物水泥防水粘结料。聚合物水泥防水粘结料的配合比为：胶：水：水泥＝1：1.25：5。当冬季气温在5℃以下、−5℃以上时，可在聚合物水泥防水粘结料中加入3%～5%的防冻剂。聚合物水泥防水粘结料内不允许有硬性颗粒和杂质，搅拌应均匀，稠度应一致。

e. 细部附加层处理。阴阳角应做一层卷材附加层；管道根部应做一层附加层，剪口附近应做缝条搭接，待主防水层做完后，剪出围边，围在管根处并用聚合物水泥防水粘结料封边。

f. 防水层施工。铺贴聚乙烯丙纶防水卷材时，将聚合物水泥防水粘结料均匀涂刮在基层上，把防水卷材粘铺在上面，用刮板推压平整，使卷材下面的气泡和多余的粘结料推压下来。

防水层的粘结应满粘，使其平整、均匀，粘结牢固、无翘边。

g. 养护。防水层完工后，夏季气温在25℃以上应及时在卷材表面喷水养护或用湿阻燃草帘覆盖。冬季气温在5℃以下、−5℃以上时应在防水层上覆盖阻燃保温被或塑料布。

h. 蓄水试验。防水层完工后应做蓄水试验或雨后检验，蓄水24h观察无渗漏为合格。

（6）高密度聚乙烯土工膜的施工。高密度聚乙烯土工膜的施工宜采用空铺法工艺施工，单焊缝的有效焊接宽度不应小于25mm，双焊缝的每条焊缝有效焊接宽度不应小于10mm；焊接应严密，不应焊焦、焊穿，焊接卷材应铺平、顺直；变截面部位卷材接缝施工应采用手工或机械焊接，若采用机械焊接时，应使用与焊机配套的焊条。

1）高聚物改性沥青防水卷材与高密度聚乙烯（HDPE）土工膜的复合施工要点。

① 材料要求。

a. 防水层材料。防水层材料采用高聚物改性沥青防水卷材，其技术性能要求应符合《弹性体改性沥青防水卷材》（GB 18242—2008）中聚酯胎（PY）的要求。该卷材作为防水层，采用热熔法施工。

高聚物改性沥青防水卷材单层使用厚度应不小于4mm，双层使用厚度应不小于6mm（3mm＋3mm）。

b. 耐根穿刺层材料。耐根穿刺层材料采用高密度聚乙烯（HDPE）土工膜。高密度聚乙烯土工膜又称高密度聚乙烯防水卷材，是由97.5%的高密度聚乙烯和2.5%的炭黑、抗氧化剂、热稳定剂构成的，卷材强度高、硬度大，具有优异的耐植物根系穿刺性能及耐化学腐蚀性能。

高密度聚乙烯（HDPE）土工膜用于耐根穿刺层，厚度应不小于1.0mm。施工时，大面采用空铺法，搭接缝采用焊接法。

② 施工工艺。高聚物改性沥青防水卷材热熔施工工艺见7.4.2节4(2)，这里仅介绍高密度聚乙烯（HDPE）土工膜热焊接施工工艺。

高密度聚乙烯土工膜的热焊接方式有两种，即热合焊接（用楔焊机）和热熔焊接。当工程大面积施工时采用"自行式热合焊机"施工，形成带空腔的热合双焊缝，并用充气做正压检漏试验检查焊缝质量。在异型部位施工，如管根、水落口、预埋件等细部构造部位则采用"自控式挤压热熔焊机"施工，用同材质焊条焊接，形成挤压熔焊的单焊缝，用真空负压检漏试验检查焊缝质量。

　　a. 工艺流程。高聚物改性沥青防水卷材和高密度聚乙烯土工膜复合施工工艺流程参见图 7-30。

　　b. 消防准备。粉末灭火器材或砂袋等。

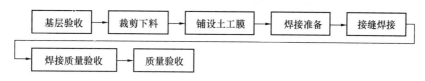

图 7-30　高聚物改性沥青防水卷材和高密度聚乙烯土工膜复合施工工艺流程

　　c. 操作要点。

　　ⓐ 主要施工机具。卷材焊接机具有自行式热合焊机（楔焊机）、自控式挤压热熔焊机、热风机、打毛机；现场检验设备有材料及焊件拉伸机、正压检验设备、负压检验设备。

　　ⓑ 作业条件。高密度聚乙烯土工膜的作业基层为高聚物改性沥青卷材防水层，要求在底层防水层施工完毕并已验收合格后方可进行作业。

　　施工现场不得有其他焊接等明火作业。雨、雪天气不得施工，五级风以上不得进行卷材焊接施工。施工环境温度不受季节限制。

　　ⓒ 基层验收。基层为高聚物改性沥青卷材防水层，应铺贴完成，质量检验合格，经蓄水试验无渗漏后方可进行施工；为使高密度聚乙烯土工膜焊接安全、方便，宜在防水层上面空铺一层油毡保护层，以保护已完工的防水层不受损坏。

　　ⓓ 剪裁下料。根据工程实际情况，按照需铺设卷材尺寸及搭接量进行下料。

　　ⓔ 铺设土工膜。铺设高密度聚乙烯土工膜时力求焊缝最少。要求土工膜干燥、清洁，应避免折皱，冬季铺设时应铺平，夏季铺设时应适当放松，并留有收缩余量。

　　ⓕ 焊接准备。搭接宽度要满足要求，双缝焊（热合焊接）时搭接宽度应不小于 80mm，有效焊接宽度 10mm×2＋空腔宽；单缝焊（热熔焊接）时搭接宽度应不小于 60mm，有效焊接宽度不小于 25mm。

　　焊接前应将接缝处上下土工膜擦拭干净，不得有泥、土、油污和杂物。焊缝处宜进行打毛处理。

　　在正式焊接前必须根据土工膜的厚度、气温、风速及焊机速度调整设备参数，应取 300mm×600mm 的小块土工膜做试件进行试焊。试焊后切取试样在拉力机上进行剪切、剥离试验，并应符合下列规定方可视为合格：试件破坏的位置在母材上，不在焊缝处；试件剪切强度和剥离强度符合要求；检验合格后，可锁定参数，依次焊接。

　　ⓖ 接缝焊接。热合焊接工艺（楔焊机双缝焊）：焊接时宜先焊长边，后焊短边。焊接程序参见图 7-31。

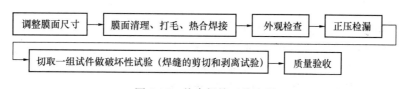

图 7-31　热合焊接工艺流程

　　热熔焊接工艺（挤压焊机单缝焊）：焊接程序参见图 7-32。

　　ⓗ 焊缝质量验收。施工质量检验的重点是接缝的焊接质量，按如下方法检验：

　　焊缝的非破坏性检验：做充气检验。检验时用特制针头刺入双焊缝空腔，两端密封，用空压机充气，达到 0.2MPa 正压时停泵，维持 5min，不降压为合格；或保持 5min 后，最大压力差不超过停泵压力的 10% 为合格。

　　焊缝的破坏性检验：检验焊缝处的剪切强度（拉伸试验）。自检时，要在每 150～250mm 长焊缝切

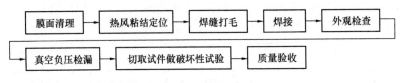

图 7-32 热熔焊接工艺流程

取试件，现场在拉伸机上试验。工程验收时为 3000～4000m² 取一块试件。取样尺寸为：宽 0.2m，长 0.3m，测试小条宽为 10mm。其标准为在焊缝剪切拉伸试验时，断在母材上，而焊缝完好为合格。

① 焊缝的修补。对初检不合格的部位，可在取样部位附近重新取样测试，以确定有问题的范围，用补焊或加覆一块等办法修补，直至合格为止。

2）湿铺法双面自粘防水卷材与高密度聚乙烯（HDPE）土工膜的复合施工。

① 材料要求。

a. 防水层材料。防水层采用湿铺法双面自粘防水卷材。

双面自粘防水卷材产品厚度为：单层施工应不小于 3mm，双层施工应不小于 4mm(2mm＋2mm)。

b. 耐根穿刺层材料。耐根穿刺层采用高密度聚乙烯土工膜。高密度聚乙烯（HDPE）土工膜作为耐根穿刺层，大面采用与湿铺法双面自粘防水卷材，其可采用空铺，搭接缝采用热焊接法施工，厚度应不小于 1.0mm。

c. 辅助材料。附加自粘封口条（120mm 宽）、专用密封胶、普通硅酸盐水泥、硅酸盐水泥、水、砂子等。

② 施工工艺。

a. 工艺流程。BAC 与 HDPE 复合施工工艺流程见图 7-33。

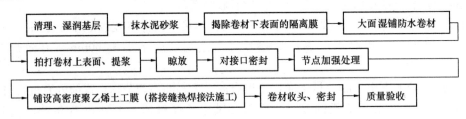

图 7-33 BAC 与 HDPE 复合施工工艺流程

b. 操作要点。

ⓐ 主要施工机具。清理基层工具有扫帚、开刀、钢丝刷等；铺抹水泥（砂）浆工具有水桶、铁锹、刮杠、抹子等；铺贴卷材工具有盒尺、壁纸刀、剪刀、刮板、压辊等；铺设聚乙烯土工膜机具有挤压焊机、热熔焊枪等。

ⓑ 作业条件。湿铺法双面自粘防水卷材在施工前其基层验收应合格，要求基层无明水，可潮湿。湿铺法双面自粘防水卷材（BAC）铺贴时，环境温度宜为 5℃以上。

ⓒ 清理、湿润基层。基层表面的灰尘、杂物应清除干净，并充分湿润但无积水。

ⓓ 抹水泥（砂）浆。当采用水泥砂浆时，其厚度宜为 10～20mm，铺抹时应压实、抹平；当采用水泥浆时，其厚度宜为 3～5mm。在阴角处，应用水泥砂浆分层抹成圆弧形。

ⓔ 揭隔离膜。揭除卷材下表面的隔离膜。

ⓕ 大面湿铺防水卷材。卷材铺贴时，采用对接法施工，将卷材平铺在水泥（砂）浆上。卷材与相邻卷材之间为平行对接，对接缝宽度宜控制在 0～5mm。

ⓖ 拍打卷材上表面、提浆。用木抹子或橡胶板拍打卷材上表面，提浆，排出卷材下表面的空气，使卷材与水泥（砂）浆紧密贴合。

ⓗ 晾放。晾放 24～48h（具体时间应视环境温度而定），一般情况下，温度越高所需时间越短。

ⓘ 对接口密封。可采用 120mm 宽附加自粘封口条密封，对接口密封时，先将卷材搭接部位上表面的隔离膜揭掉，再粘贴附加自粘封口条。

ⓙ 节点加强处理。节点处在大面卷材铺贴完毕后，按规范要求进行加强处理。

ⓚ 铺设高密度聚乙烯土工膜（搭接缝热焊接法施工）。双面自粘防水卷材上表面隔离膜不得揭掉，高密度聚乙烯土工膜施工大面采用空铺法，搭接缝采用热焊接法。

ⓛ 卷材收头、密封。卷材收头部位采用密封胶密封处理。

（7）喷涂聚脲防水涂料的施工。喷涂聚脲防水涂料的施工应符合下列规定：①基层表面应坚固、密实、平整和干燥；基层表面正拉粘结强度不宜小于 2.0MPa；②喷涂聚脲防水工程所采用的材料相互之间应具有相容性；③采用专用的喷涂设备，并由经过培训的施工人员操作；④两次喷涂作业面的搭接宽度不应小于 150mm，间隔 6h 以上应进行表面处理；⑤喷涂聚脲作业的环境温度应小于 5℃，相对湿度应小于 85%，且在基层表面温度比露点温度至少高 3℃的条件下进行。

（8）合金防水卷材的施工。合金防水卷材是以铅、锡、锑等为基础，经加工而成的一类金属防水卷材。此类防水卷材具有良好的抗穿孔性和耐植物根系穿刺性能，耐腐蚀，抗老化性能强，延展性好，卷材使用寿命长等优点。接缝采用焊接。该类卷材集耐根穿刺及防水功能于一身，综合经济效果好。

合金防水卷材可采用空铺工艺施工，当用于坡屋面时，宜与双面自粘防水卷材复合粘结，双面自粘防水卷材可作为一道普通防水层；在铺设合金防水卷材前，应将普通防水层表面清扫干净并弹线，当搭接缝采用焊条焊接法施工时，搭接宽度应不小于 5mm，焊缝必须均匀，不得过焊或漏焊，在铺贴保护层前，防水层表面不得留有砂粒等尖状物。其施工要点如下：

1）工艺流程。合金防水卷材与双面自粘防水卷材复合施工工艺流程参见图 7-34。

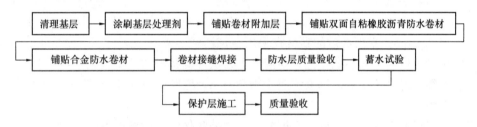

图 7-34　合金防水卷材与双面自粘防水卷材复合施工工艺流程

2）消防准备。防水施工前先申请点火证，施工现场备好灭火器材。

3）操作要点。

① 主要施工机具。清理基层工具有开刀、钢丝刷、扫帚等；铺贴卷材工具有弹线盒、盒尺、刮板、压辊、剪刀、料桶、焊枪等。

② 作业条件。基层要求坚实、平整、压光、干燥、干净。

③ 清理基层。在双面自粘橡胶沥青防水卷材铺贴之前，应彻底清除基层上的灰浆、油污等杂物。

④ 涂刷基层处理剂。将基层处理剂均匀地涂刷在基层表面，要求薄厚均匀、不露底、不堆积。

⑤ 铺贴卷材附加层。在细部构造部位，如阴阳角、管根、水落口、女儿墙泛水、天沟等处先铺贴一层附加层卷材。附加层卷材应采用双面自粘橡胶沥青防水卷材，粘贴牢固并用压辊压实。

⑥ 铺贴双面自粘橡胶沥青防水卷材。在基层弹好基准线。将双面自粘橡胶沥青防水卷材展开并定位，然后由低处向高处铺贴。铺贴时，边撕开底层隔离纸，边展开卷材粘贴于基层，并用压辊压实卷材，使卷材与基层粘结牢固。

⑦ 铺贴合金防水卷材。在双面自粘橡胶沥青防水卷材上面铺贴一层合金防水卷材防根穿刺层，首先使合金防水卷材就位，铺贴时，边展开合金防水卷材，边撕开双面自粘橡胶沥青防水卷材的面层隔离纸，并用压辊滚压卷材，使合金防水卷材与双面自粘橡胶沥青防水卷材粘结牢固。

⑧ 卷材接缝焊接。合金防水卷材的搭接宽度不应小于 5mm，搭接缝采用焊接法。焊接时，将卷材

焊缝两侧 5mm 内先清除氧化层，涂上饱和松香酒精焊剂，用橡皮刮板压紧，然后可进行焊接作业。在焊接过程中，两卷材不得脱开，焊缝要求平直、均匀、饱满，不得有凹陷、漏焊等缺陷。

合金防水卷材在檐口、泛水等立面收头处应用金属压条固定，然后用粘结密封胶带密封处理。

⑨ 防水层质量验收。双面自粘橡胶沥青防水卷材及合金防水卷材（PSS）全部铺贴完毕，应按照《屋面工程质量验收规范》（GB 50207—2012）检查防水层质量。

⑩ 蓄水试验。种植屋面防水层及耐根穿刺层铺贴完毕，即可进行蓄水试验，蓄水 24h 无渗漏为合格。

⑪ 保护层施工。铺设保护层前可先铺一层隔离层。

合金防水卷材的表面必须做水泥砂浆或细石混凝土刚性保护层。做水泥砂浆保护层时，其厚度应不小于 15mm；做细石混凝土保护层时，厚度应不小于 10mm，且应设分格缝，间距不大于 6m，缝宽20mm，缝内嵌密封胶。

防水保护层施工完毕，需进行湿养护 15d。

（9）地下建筑顶板的耐根穿刺卷材的施工。地下建筑顶板的绿化系统与一般的种植屋面一样，也都包括荷载、耐根穿刺防水层、排水和种植层等构造层次。其中耐根穿刺防水层尤为重要。

地下工程防水的设计与施工应遵循"防、排、截、堵相结合，刚柔相济，因地制宜，综合治理"的原则。地下室应采用"外防外贴"或"外防内贴"法工艺构成全封闭和全外包的防水层。对于地下室的变形缝、施工缝、诱导缝、后浇带、穿墙管（盒）、预埋件、预留通道接头、桩头等细部构造，应采取加强防水构造的措施。

地下建筑顶板防水层可采用卷材防水层或涂膜防水层。

卷材防水层的铺贴要求如下：卷材防水层为 1～2 层，高聚物改性沥青卷材的厚度要求单层使用不应小于 4mm，双层使用每层不应小于 3mm，高分子卷材的厚度要求单层使用不应小于 1.5mm，双层使用总厚度不应小于 2.4mm；平面部位的卷材宜采用空铺法或点粘法工艺施工，从底面折向立面的卷材与永久保护墙的接触部位应采用空铺工艺，与混凝土结构外墙接触的部位应满粘，采用满粘法工艺；底板卷材防水层上的细石混凝土保护层厚度不应小于 50mm，侧墙卷材防水层宜采用 6mm 厚的聚乙烯泡沫塑料片材做软保护层。

涂膜防水层的铺设要点如下：涂膜防水层应采用"外防外涂"的施工方法。所选用的涂膜防水材料应具有优良的耐久性、耐腐蚀性、耐霉菌性以及耐水性，有机防水涂膜的厚度宜为 1.2～2.0mm。

种植屋面中的耐根穿刺防水层的设置是十分重要的，选择什么样的阻根材料和如何选择以及应用到种植屋面系统中去，这些问题都需要进行认真研究和探讨。因为并不是所有可以阻根的材料都适用在种植屋面系统中的，除满足阻根性能以外，材料要具有环保、易施工、承重小等特点，并要做到与系统相匹配。

6. 保护层的施工

种植屋面的耐根穿刺防水层上面宜采取保护措施，耐根穿刺防水层的保护措施应符合下列要求：①采用水泥砂浆保护层时，应抹平压实，厚度均匀，并应设置分格缝、分格缝的间距宜为 6m；②采用聚乙烯膜、聚酯无纺布或油毡做保护层时，宜采用空铺法施工，其搭接宽度应不小于 200mm；③采用细石混凝土做保护层时，保护层下面应铺设隔离层。

7. 排（蓄）水层的施工

隔离过滤层的下部为排（蓄）水层，其作用是用于改善基质的通气状况，将通过过滤层的多余水分迅速排出，从而有效缓解瞬时的压力，但其仍可蓄存少量的水分。

排（蓄）水层的不同排水形式有：①专用的、留有足够空隙并具有一定承载能力的塑料或橡胶排（蓄）水板排水层；②粒径为 20～40mm，厚度为 80mm 以上的陶粒排水层（此类排水层应在荷载允许的范围内使用）；③软式透水管排水层（适用于屋面排水坡度比较大的环境中使用）。

排（蓄）水设施在施工前应根据屋面坡向确定其整体排水方向；排（蓄）水层应与排水系统连通，

以保证排水畅通；排（蓄）水层应铺设至排水沟边缘或水落口周边，铺设方法如图 7-35 所示。铺设排（蓄）水材料时，不应破坏耐根穿刺防水层。

凹凸塑料排（蓄）水板宜采用搭接法施工，其搭接宽度应视产品的具体规格而确定，但不应小于100mm；网状交织、块状塑料排水板宜采用对接法施工，并应接槎齐整；采用卵石、陶粒等材料做排水层时，铺设时粒径应大小均匀，铺设应平整，铺设厚度应符合设计要求。

施工时，各个花坛、园路的出水孔必须与女儿墙排水口或屋顶天沟连接成整体，使雨水或灌溉多余的水分能够及时顺利地排走，减轻屋顶的荷重且防止渗漏；还应根据排水口设置排水观察井，并定期检查屋顶排水系统的通畅情况。及时清理枯枝落叶，防止排水口堵塞造成壅水倒流。

屋面的排水系统和屋面的防水层一样，是保护屋面不漏水的关键所在。屋顶多采用屋面找坡、设排水沟和排水管的方式解决排水问题，避免积水造成植物根系腐烂。传统的疏排水方式，使用最多的是采用河砾石或碎石作为滤水层，将水疏排到指定地点，如采用轻质陶粒做排水层时，铺设应平整，厚度应一致。在屋顶绿化中现常采用排（蓄）水板、软式透水管这两种排水方法。

（1）排（蓄）水板。采用排（蓄）水板排水省时、省力并可节省投资。屋顶的承重也可大大减轻。其滤水层的面质量仅为

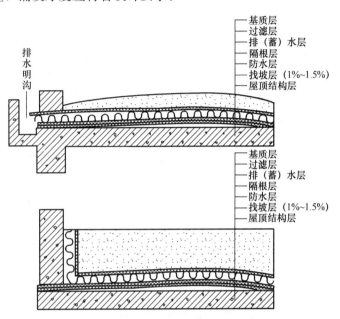

图 7-35　屋顶绿化排（蓄）水板铺设方法示意图
注：挡土墙可砌筑在排（蓄）水板上方，多余水分可通过排（蓄）水板排至四周明沟。

1.30kg/m² 。排（蓄）水板具有渗水、疏水和排水功能。它可以多方向性排水，受压强度高，有良好的交接咬合，接缝处排水畅通、不渗漏。用于种植屋面，可以有效排出土壤多余水分，保持土壤的自然含水量，促进屋顶草木生长繁茂，满足大面积屋面绿化的疏水、排水要求。

排（蓄）水板与渗水管组成一个有效的疏排水系统，圆柱形的多孔排（蓄）水板与无纺布也组成一个排水系统，从而形成一个具有渗水、储水和排水功能的系统。

排（蓄）水板主要由两部分组成：圆锥凸台（或中空圆柱形多孔）的塑胶底板和滤层无纺布。前者由高抗冲聚乙烯制成，后者胶接在圆锥凸台顶面上（或圆柱孔顶面上），其作用是防止泥土微粒通过，避免通道阻塞，从而使孔道排水畅通。其铺设方法如下：

排（蓄）水板可按水平方向和竖直方向铺设。应先清理基层，水平方向应先进行结构找坡，沿垂直找坡方向铺设，按设计要求边铺覆土或在浇混凝土时，应逐批向前或向后施工。铺设完毕后，应在排水板上铺设施工通道，然后方可覆土或浇混凝土。

排水板与排水板长边在竖直方向相接时，应拉开土工布，使上下片底板在圆锥凸台处重叠，再覆盖上土工布。连接部位的高低、形成的坡度，应和水流方向一致。排水板在转角处折弯即可，也可以两块搭接。从挡土墙角向上铺设时，边铺边填土，接近上缘时，铺设第二批排水板，以此类推向上铺设。当遇到斜坡面时，竖直方向上的排水板在上，斜坡面的在下面直接搭接后，竖直面上的土工布压在斜坡面土工布上面。

模块式排水板铺设时，先将排水板按照交接口拼装成片，再大面积铺设土工布，在其上覆盖粗砂，回填种植土并绿化。也可将模块式排水板叠成双层固定，在大面积排水板边缘作为排水管排水。

塑料排（蓄）水板宜采用搭接法施工，搭接宽度应不小于 100mm，网状交织排（蓄）水板宜采用

对接法施工。

排水板底板搭接方法：凸台向下时，小凸台套入大凸台，凸台向上时，大凸台套入小凸台，地板平面采用粘结连接。排水板采用粘结固定时，应用相容性、干固较快的胶水粘结。排水板采用钢钉固定时，用射钉枪把排水板钉在结构面层上，按两排布置。排水板平铺时，采用大凸台套入小凸台固定。

（2）软式透水管。软式透水管表面上看就是螺旋钢丝圈外包过滤布，柔软可自由弯曲，其构造如图7-36所示。这种透水管在土壤改良工程，护坡、护堤工程，特殊用途草坪（如足球场、高尔夫球场）等的排水工程中早有应用，在普通绿地排水工程中现也得到广泛应用。软式透水管用于绿化排水工程，具有耐腐蚀性和抗微生物侵蚀性能，并有较高的抗拉耐压强度，使用寿命长，可全方位透水，渗透性好，质量小，可连续铺设且接头少，衔接方便，可直接埋入土壤中，施工迅速，并可减小覆土厚度等特点。软式透水管的这些特点，决定了它完全可用于"板面绿化"排水。

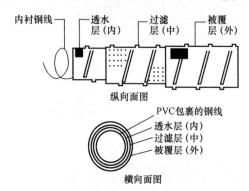

图 7-36 软式透水管详细构造

软式透水管有多种规格，小管径多用于渗水，大管径多用于通水。作为渗水用的排水支管的间距同覆土深度、是否设过滤层等因素有关。用于"板面绿化"排水的支管，宜选用较小的管径和采用较密的布置，因为排水管上面的覆土一般只有30～40cm，土壤的横向渗水性差，每根排水支管所负担的汇水面积小，建议采用ϕ50mm的管径、1‰的排水坡度和2.0m的布置间距。

8. 过滤层的施工

为了防止种植土中小颗粒及养料随水流失，堵塞排水管道，需在植被层与排（蓄）水层之间，采用面质量不低于250g/m² 的聚酯纤维无纺布做一道隔离过滤层，用于阻止基质进入排水层，以起到保水和滤水的作用。其目的是将种植介质层中因下雨或浇水后多余的水及时通过过滤后排出去，以防植物烂根，同时可将植物介质保留下来，以免发生流失。

过滤层空铺于排（蓄）水层之上时，铺设应平整、无皱折，搭接宽度应不小于150mm。过滤层无纺布的搭接，应采用粘合或缝合固定，无纺布边缘应沿种植土挡墙向上铺设至种植土高度。

种植土挡墙或挡板施工时，留设的泄水孔位置应准确，并不得堵塞。

9. 种植土层的施工

种植土层是指满足植物生长条件，具有一定渗透能力、蓄水能力和空间稳定性的一类轻质材料层。种植土层的荷载应符合设计要求。

种植土进场后不得集中码放，应及时摊平铺设，均匀堆放、分层踏实，平整度和坡度应符合竖向设计要求，且不得损坏防水层。厚度500mm以下的种植土不得采取机械回填。

进场后的种植土应避免雨淋，散装种植土应有防止扬尘的措施，摊铺后的种植土表面应采取覆盖或洒水措施防止扬尘。

10. 植被层的施工

进场的植物宜在6h之内栽植完毕，未栽植完毕的植物应及时喷水保湿，或采取假植措施。植被层的施工要点如下：

（1）乔灌木、地被植物的栽植宜根据植物的习性在冬季休眠期或春季萌芽期前进行。

（2）植被层的种植应符合以下要求：

1）乔灌木种植施工应符合下列规定：①种植带土球的树木在入穴之前，穴底松土应踏实，待土球放稳之后，应拆除不易腐烂的包装物；②树木根系应舒展，填土应分层踏实；③常绿树栽植时其土球宜高出地面50mm，乔灌木的种植深度应与原种植线持平，易生不定根的树种栽深宜为50～100mm。

2）草本植物种植施工应符合下列规定：①根据植株高低、分蘖多少、冠丛大小确定栽植的株行距；②种植深度应为原苗种植深度，并保持根系完整，不得损伤茎叶和根系；③高矮不同品种混植，应按先高后矮的顺序种植。

3）草坪块、草坪卷铺设施工应符合下列规定：①周边应平直整齐、高度一致，并与种植土紧密衔接，不留空隙；②铺设施工结束后，应及时浇水，并应滚压、拍打、踏实，并保持土壤湿润。

（3）植被层的灌溉应符合下列规定：①根据植物种类确定灌溉方式、频率和用水量；②乔灌木种植穴周围应做灌水围堰，直径应大于种植穴直径200mm，高度宜为150～200mm；③新种植的植物宜在当日浇透第一遍水，三日内浇透第二遍水，以后依气候情况适时进行灌溉。

（4）树木的防风固定可根据设计要求采用地上固定法或地下固定法工艺施工，树木的绑扎处宜加软质保护衬垫，以防损伤树干。

（5）应根据设计和当地的气候条件，对植物采取防冻、防晒、降温以及保湿等措施。

11. 容器种植的施工

（1）容器种植的基层应按现行国家标准《屋面工程技术规范》（GB 50345）中一级防水等级的要求施工。

（2）容器种植施工前，应按设计要求铺设灌溉系统。

（3）种植容器置于防水层上应设置保护层。

（4）种植容器应按要求进行组装，放置平稳，固定牢固，与屋面排水系统连通，种植容器的排水方向应与屋面排水方向相同，并由种植容器排水口内直接引向排水沟排出。

（5）种植容器应避开水落口、檐沟等部位，不得放置在女儿墙上和檐口部位。

12. 种植屋面设施的施工

（1）铺装施工应符合下列规定：①基层应坚实、平整、结合层应粘结牢固，无空鼓现象；②木铺装所用的面材及垫木等应选用防腐、防蛀材料，固定所用的螺钉、螺栓等配件应做防锈处理，其安装应紧固、无松动，螺钉顶部不得高出铺装表面；③透水砖的规格尺寸应符合设计要求，边角整齐，铺设后应采用细砂扫缝；④嵌草砖铺设应以砂土、砂壤土为结合层，其厚度不应低于30mm，湿铺砂浆应饱满严实，干铺应采用细砂扫缝；⑤卵石面层应无明显坑洼、隆起和积水等现象，石子与基层应结合牢固，石子宜采用立铺方式，镶嵌深度应大于粒径的1/2，带状卵石的铺装长度大于6m时，应设伸缩缝；⑥铺装踏步的高度不应大于160mm，宽度不应小于300mm；⑦路缘石底部应设置基层，其应砌筑稳固，直线段顺直，曲线段顺滑，衔接无折角，顶面应平整，无明显错牙，勾缝应严密。

（2）园林小品的施工应符合下列规定：①花架应做防腐防锈处理，立柱垂直且偏差应小于5mm；②园亭整体应安装稳固，顶部应采取防风揭的措施；③景观桥表面应做防滑和排水处理；④水景应设置水循环系统，并定期消毒，池壁类型应配置合理，砌筑牢固，并单独做防排水处理；⑤护栏应做防腐防锈处理，安装应紧实牢固，整体应垂直平顺。

（3）灌溉用水不应喷洒至防水层的泛水部位，不应超过绿地种植区域，灌溉设施管道的套箍接口应牢固紧密，对口严密，并应设置泄水设施。电线、电缆应采用暗埋式铺设，连接应紧密、牢固、接头不应在套管内，接头连接处应做好绝缘处理。

13. 既有建筑屋面的施工

既有建筑屋面的防水层完整连续且仍有防水能力时，其施工应符合下列规定：①覆土种植时，应增铺一道耐根穿刺防水层，其施工方法见7.4.2节5；②容器种植时，应在原防水层上增设保护层。

既有建筑屋面的防水层已丧失防水能力时，应拆除原有防水层及其上部构造，增做普通防水层、耐根穿刺防水层及其他构造层次。

第8章 坡 屋 面

坡屋面是指坡度大于或等于3%的屋面，是与平屋面相对而言的，坡度低于3%的屋面一般称为平屋面，坡度不小于3%的屋面称为坡屋面。弧形屋顶的拱顶坡度虽小于3%，但也属于坡屋面范畴。

坡屋面是建筑屋面设计的一种独特的风格，按其采用的材料不同，可分为块瓦屋面、沥青瓦屋面、波形瓦屋面、金属板屋面、防水卷材屋面、装配式轻型坡屋面、膜结构屋面、玻璃采光顶等多种类型。

坡屋面使用的屋面材料种类各异，设计复杂，构造变化多，施工难度大。在总结国内坡屋面工程的设计、施工和验收经验并参考国内外先进技术的基础上，现已发布了国家标准《坡屋面工程技术规范》（GB 50693—2011）。

8.1 坡屋面工程的设计

作为围护结构，坡屋面的构造设计是解决防水问题。

8.1.1 坡屋面工程设计的基本规定

坡屋面工程设计的基本规定如下：

（1）坡屋面工程的设计应遵循"技术可靠、因地制宜、经济适用"的原则。其设计应包括以下内容：①确定屋面的防水等级和坡度；②选择屋面工程材料；③防水和排水系统的设计；④保温、隔热设计和节能措施；⑤通风系统的设计。

（2）坡屋面工程设计应根据建筑物的性质、重要程度、地域环境、使用功能要求以及依据屋面防水层设计使用年限，分为一级防水和二级防水，并应符合表8-1的规定。坡屋面的防水等级分为两级，较为重要的建筑屋面的防水等级为一级，如大型公共建筑、博物馆、医院、学校等的建筑屋面，一般工业民用建筑屋面为二级，可根据业主要求增强防水功能及设计使用年限。

表8-1 坡屋面的防水等级 GB 50693—2011

项 目	防 水 等 级	
	一级	二级
防水层设计使用年限（年）	≥20	≥10

注：1. 大型公共建筑、医院、学校等重要建筑屋面的防水等级为一级，其他为二级。

2. 工业建筑屋面的防水等级按使用要求确定。

（3）根据建筑物的高度、风力、环境等因素，确定坡屋面的类型、坡度和防水垫层，并应符合表8-2的规定。屋面材料的品种是按照坡屋面的主要类型分列的，坡度是根据屋面的构造特点和排水能力确定的，防水垫层的选择是考虑了屋面构造和屋面材料自身的防水能力。

表8-2 屋面的类型、坡度和防水垫层 GB 50693—2011

坡度与垫层	屋 面 类 型						
	沥青瓦屋面	块瓦屋面	波形瓦屋面	金属板屋面		防水卷材屋面	装配式轻型坡屋面
				压型金属板屋面	夹芯板屋面		
适用坡度（%）	≥20	≥30	≥20	≥5	≥5	≥3	≥20
防水垫层	应选	应选	应选	一级应选 二级宜选	—	—	应选

（4）瓦材是一类不封闭连续铺设的防水材料，其属于搭接构造，依靠物理排水满足防水功能，但会因风雨或毛细等情况引起屋面渗漏，因此必须设置辅助防水层，以达到防水的效果。故坡屋面若采用块瓦、沥青瓦、波形瓦和一级设防的压型金属板时，应设置防水垫层构造。

（5）坡屋面防水构造等重要部位应有节点构造详图。

（6）坡屋面的保温隔热层应通过建筑热工设计确定，并应符合相关规定。保温隔热层若铺设在装配式屋面板上时，宜设置隔汽层。屋面板是指用于坡屋面承托保温隔热层和防水层的承重板，装配式屋面板包括混凝土预制屋面板、压型钢板、木屋面板等。当屋面采用装配式屋面板时，室内的水汽会通过屋面板的缝隙进入保温隔热层，从而影响保温隔热效果，故宜设置能阻滞水蒸气进入保温隔热材料中的构造层次——隔汽层，且隔汽层应是连续的、封闭的。

（7）坡屋面应按照现行国家标准《建筑结构荷载规范》（GB 50009）的有关规定进行风荷载计算。沥青瓦屋面、金属板屋面和防水卷材屋面应按设计要求提供抗风揭试验检测报告。

（8）屋面坡度大于100％以及大风和抗震设防烈度为7度以上的地区，应采取加强瓦材固定等防止瓦材下滑的措施。

（9）持钉层是指瓦屋面中能够握裹固定钉的构造层次，如细石混凝土层和屋面板等。持钉层的厚度应符合以下规定：①持钉层为木板时，厚度不应小于20mm；②持钉层为胶合板或定向刨花板时，厚度不应小于11mm；③持钉层为结构用胶合板时，厚度不应小于9.5mm；④持钉层为细石混凝土时，厚度不应小于35mm。

（10）细石混凝土找平层、持钉层或保护层中的钢筋网应与屋脊、檐口预埋的钢筋连接。

（11）在夏热冬冷地区、夏热冬暖地区和温和地区，坡屋面的节能措施宜采用通风屋面、热反射屋面、带铝箔的封闭空气间层或屋面种植等，并应符合现行国家标准《民用建筑热工设计规范》（GB 50176）的相关规定。

（12）当屋面坡度大于100％时，保温隔热材料很难固定，易发生滑动而造成安全事故，故宜采用内保温隔热方式。

（13）坡屋面工程设计应符合相关建筑防火设计规范的规定。

（14）冬季最冷月平均气温低于−4℃的地区或檐口结冰严重的地区，檐口部位应增设一层防冰坝返水的自粘或满粘防水垫层，增设的防水垫层应从檐口向上延伸，并超过外墙中心线不少于1000mm。严寒和寒冷地区的坡屋面檐口部位应采取防冰雪隔坠的安全措施。

（15）钢筋混凝土檐沟的纵向坡度不宜小于1％，檐沟内应做防水。

（16）坡屋面的排水：多雨地区应采用有组织排水，少雨地区可采用无组织排水，高低跨屋面的水落管出水口处应采取防冲刷措施。坡屋面有组织排水方式和水落管的数量，应按照现行国家标准《建筑给水排水设计规范》（GB 50015）的相关规定确定。

（17）坡屋面的种植设计应符合现行行业标准《种植屋面工程技术规程》（JGJ 155）的有关规定，并参见第7章。

（18）屋面设有太阳能热水器、太阳能光伏电池板、避雷装置和电视天线等附属设施时，应符合以下规定：①应计算屋面结构承受附属设施的荷载；②应计算屋面附属设施的风荷载；③附属设施的安装应符合设计要求；④附属设施的支撑预埋件与屋面防水层的连接处应采取防水密封措施。

（19）光伏瓦和光伏防水卷材是国家倡导发展的新型屋面材料，光伏瓦是指太阳能光伏电视与瓦材的复合体，光伏防水卷材是指太阳能光伏薄膜电池与防水卷材的复合体，光伏瓦和光伏卷材与本章的块瓦和防水卷材的形状类似，其构造的设计与施工可按照8.1.3.1节、8.1.6节、8.3.3.1节和8.3.6节执行。

（20）采光天窗的设计应符合以下规定：①采用排水板时，应有防雨措施；②采光天窗与屋面连接处应做两道防水设防；③应有结露水泻流的措施；④天窗所采用的玻璃应符合相关安全的要求；⑤采光天窗的抗风压性能、水密性、气密性等应符合相关标准的规定。

（21）坡屋面上应设置施工和维修时使用的安全扣环等设施。

8.1.2 坡屋面防水垫层的设计

8.1.2.1 坡屋面防水垫层构造设计的一般规定

坡屋面防水垫层构造设计的一般规定如下：

（1）应根据坡屋面的防水等级、屋面的类型、屋面的坡度和采用的瓦材或板材等选择防水垫层材料。铝箔隔热防水垫层材料具有热反射隔热作用，应使用在设置有空气间层的通风构造屋面中；透汽防水垫层材料具有透气的作用，在瓦屋面中，宜用在潮湿环境中和纤维状保温隔热材料之上，并宜与其他防水垫层材料同时使用，在金属屋面中，则可以单独作为防水垫层使用。

（2）防水垫层材料的性能应满足屋面防水层设计使用年限的要求。

（3）防水垫层可采用空铺、满粘或机械固定等方式。厚度在2mm以下的聚合物改性沥青防水垫层材料，不可采用明火热熔法施工。当屋面坡度大于50%时，防水垫层宜采用机械固定法或满粘法施工，以防因重力产生滑动。防水垫层材料的搭接宽度不得小于100mm。

（4）对于屋面防水等级为一级的瓦屋面，通常选用自粘防水垫层材料，由于自粘防水垫层材料对钉子有握裹力，若固定钉穿透非自粘防水垫层，钉孔部位则应采取密封措施。

8.1.2.2 坡屋面防水垫层构造的设计要点

防水垫层构造的设计要点如下：

（1）防水垫层在瓦屋面构造层次中的位置应符合下列规定：

1）防水垫层设置在瓦材和屋面板之间（图8-1），屋面应为内保温隔热构造。

2）防水垫层铺设在持钉层和保温隔热层之间（图8-2），应在防水垫层上铺设配筋细石混凝土持钉层。

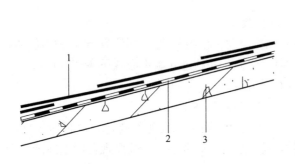
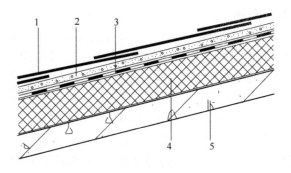

图8-1　防水垫层位置（1）　　　　　　　图8-2　防水垫层位置（2）
1—瓦材；2—防水垫层；3—屋面板　　　　1—瓦材；2—持钉层；3—防水垫层；4—保温隔热层；
　　　　　　　　　　　　　　　　　　　　　　　　　　　5—屋面板

3）防水垫层铺设在保温隔热层和屋面板之间（图8-3），瓦材应固定在配筋细石混凝土持钉层上。

4）防水垫层或隔热防水垫层铺设在挂瓦条和顺水条之间（图8-4），防水垫层宜呈下垂凹形。

5）波形沥青通风防水垫层应铺设在挂瓦条和保温隔热层之间（图8-5）。

（2）坡屋面细部节点部位的防水垫层应增设附加层，宽度不宜小于500mm。

8.1.2.3 坡屋面防水垫层细部构造的设计要点

防水垫层细部构造的设计要点如下：

（1）屋脊部位的构造（图8-6）应符合以下规定：①屋脊部位应增设防水垫层附加层，宽度不应小于500mm；②防水垫层应顺流水方向铺设和搭接。

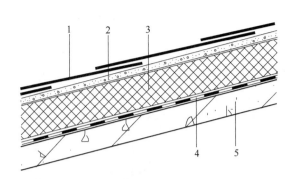

图 8-3　防水垫层位置（3）
1—瓦材；2—持钉层；3—保温隔热层；
4—防水垫层；5—屋面板

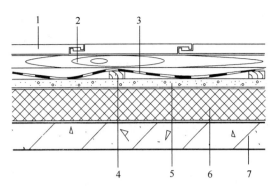

图 8-4　防水垫层位置（4）
1—瓦材；2—挂瓦条；3—防水垫层；4—顺水条；
5—持钉层；6—保温隔热层；7—屋面板

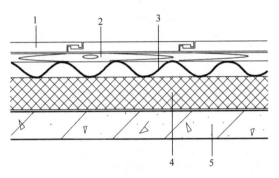

图 8-5　防水垫层位置（5）
1—瓦材；2—挂瓦条；3—波形沥青通风防水垫层；
4—保温隔热层；5—屋面板

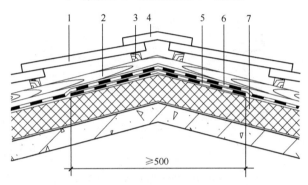

图 8-6　屋脊
1—瓦；2—顺水条；3—挂瓦条；4—脊瓦；5—防水垫层附加层；
6—防水垫层；7—保温隔热层

（2）檐口部位的构造（图 8-7）应符合以下规定：①檐口部位应增设防水垫层附加层。严寒地区或大风区域应采用自粘聚合物沥青防水垫层加强，下翻宽度不应小于 100mm，屋面铺设宽度不应小于 900mm。②金属泛水板应铺设在防水垫层的附加层上，并伸入檐口内。③在金属泛水板上应铺设防水垫层。

（3）钢筋混凝土檐沟部位的构造（图 8-8）应符合以下规定：①檐沟部位应增设防水垫层附加层；②檐口部位防水垫层的附加层应延展铺设到混凝土檐沟内。

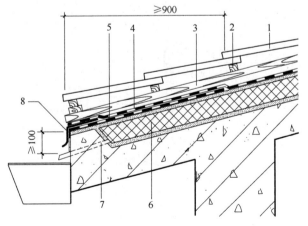

图 8-7　檐口
1—瓦；2—挂瓦条；3—顺水条；4—防水垫层；
5—防水垫层附加层；6—保温隔热层；
7—排水管；8—金属泛水板

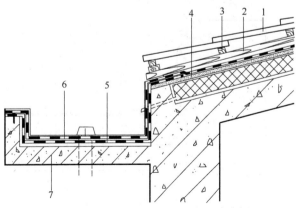

图 8-8　钢筋混凝土檐沟
1—瓦；2—顺水条；3—挂瓦条；4—保护层（持钉层）；
5—防水垫层附加层；6—防水垫层；
7—钢筋混凝土檐沟

（4）天沟部位的构造（图 8-9）应符合以下规定：①天沟部位应沿天沟中心线增设防水垫层附加层，宽度不应小于 1000mm；②铺设防水垫层和瓦材应顺流水方向进行。

（5）立墙部位的构造（图 8-10）应符合以下规定：①阴角部位应增设防水垫层附加层；②防水垫层应满粘铺设，沿立墙向上延伸不少于 250mm；③金属泛水板或耐候型泛水带覆盖在防水垫层上，泛水带与瓦之间应采用胶粘剂进行满粘，泛水带与瓦搭接应不小于 150mm，并应粘结在下一排瓦的顶部；④非外露型泛水的立面防水垫层宜采用钢丝网聚合物水泥砂浆层保护，并用密封材料封边。

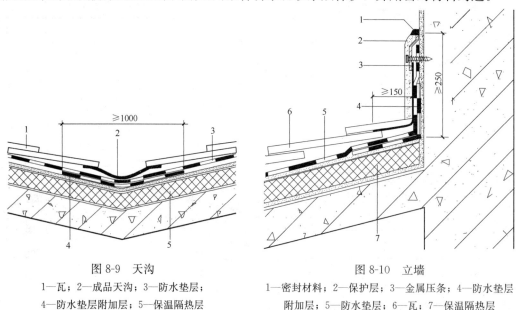

图 8-9　天沟
1—瓦；2—成品天沟；3—防水垫层；
4—防水垫层附加层；5—保温隔热层

图 8-10　立墙
1—密封材料；2—保护层；3—金属压条；4—防水垫层
附加层；5—防水垫层；6—瓦；7—保温隔热层

（6）山墙部位的构造（图 8-11）应符合以下规定：①阴角部位应增设防水垫层附加层；②防水垫层应满粘铺设，沿立墙向上延伸不少于 250mm；③金属泛水板或耐候型泛水带覆盖在瓦上，用密封材料封边，泛水带与瓦搭接应不小于 150mm。

（7）女儿墙部位的构造（图 8-12）应符合以下规定：①阴角部位应增设防水垫层附加层；②防水垫层应满粘铺设，沿立墙向上延伸不应少于 250mm；③金属泛水板或耐候型自粘柔性泛水带覆盖在防水垫层或瓦上，泛水带与防水垫层或瓦搭接应不小于 300mm，并应压入上一排瓦的底部；④宜采用金属压条固定，并进行密封处理。

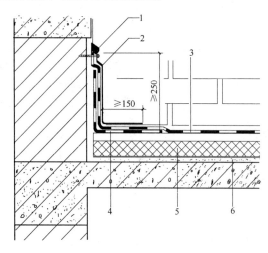
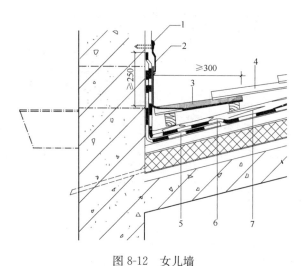

图 8-11　山墙
1—密封材料；2—泛水；3—防水垫层；4—防水垫层附加层；
5—保温隔热层；6—找平层

图 8-12　女儿墙
1—耐候密封胶；2—金属压条；3—耐候型自粘柔性泛水带；
4—瓦；5—防水垫层附加层；6—防水垫层；7—顺水条

（8）穿出屋面管道的构造（图8-13）应符合以下规定：①阴角处应满粘铺设防水垫层附加层，附加层应沿立墙和屋面铺设，其宽度均不应少于250mm；②防水垫层应满粘铺设，沿立墙向上延伸不应少于250mm；③金属泛水板耐候型自粘柔性泛水带覆盖在防水垫层上，上部迎水面泛水带与瓦搭接应大于300mm，并应压入上一排瓦的底部；下部背水面泛水带与瓦搭接应大于150mm；④金属泛水板、耐候型自粘柔性泛水带表面可覆盖瓦材或其他装饰材料；⑤应采用密封材料封边。

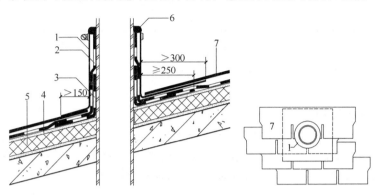

图8-13　穿出屋面管道
1—成品泛水件；2—防水垫层；3—防水垫层附加层；4—保护层（持钉层）；
5—保温隔热层；6—密封材料；7—瓦

（9）变形缝部位的防水构造（图8-14）应符合以下规定：①变形缝两侧墙高出防水垫层不应少于100mm；②防水垫层应包过变形缝，变形缝上宜覆盖金属盖板。

8.1.3　块瓦屋面和沥青瓦屋面的设计

瓦材防水屋面是采用具有一定防水能力的瓦片搭接而成进行防水的，并在10%～50%的屋面坡度下以排水为主的，迅速将雨水排走的一种传统的防水屋面。瓦材屋面种类繁多，块瓦屋面和沥青瓦屋面是目前较为常用的两种瓦材品种。

瓦材屋面的排水坡度应根据屋架形式、屋面基层种类、防水构造形式、材料性能以及当地气候条件等因素，经技术经济比较后确定。

瓦屋面的防水等级和防水做法应符合

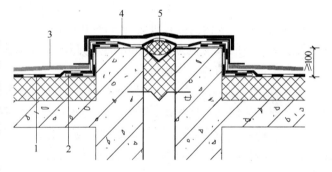

图8-14　变形缝
1—防水垫层；2—防水垫层附加层；3—瓦；
4—金属盖板；5—聚乙烯泡沫棒

表8-3的规定。瓦屋面应根据瓦的类型和基层种类采取相应的构造做法，可铺设在钢筋混凝土或木基层上。瓦屋面与山墙及凸出屋面结构的交接处，均应做不小于250mm高的泛水处理。在大风及地震设防地区或屋面坡度大于100%时，瓦片应采取固定加强措施。在严寒及寒冷地区的瓦屋面，檐口部位应采取防止冰雪融化下坠和冰坝（在屋面檐口部位结冰形成的挡水的冰体）形成等措施。

表8-3　瓦屋面的防水等级和防水做法　GB 50345—2012

防水等级	防水做法
Ⅰ级	瓦＋防水层
Ⅱ级	瓦＋防水垫层

注：防水层厚度应符合表4-1Ⅱ级防水的规定或表4-47Ⅱ级防水的规定。

瓦屋面的防水垫层宜采用自粘聚合物沥青防水垫层。聚合物改性沥青防水垫层，其最小厚度和搭接宽度应符合表 8-4 的规定。瓦屋面檐沟、天沟的防水层，可以采用防水卷材或防水涂膜，也可以采用金属板材。

表 8-4 防水垫层的最小厚度和搭接宽度（mm） GB 50345—2012

防水垫层品种	最小厚度	搭接宽度
自粘聚合物沥青防水垫层	1.0	80
聚合物改性沥青防水垫层	2.0	100

在满足屋面荷载的前提下，瓦屋面的持钉层厚度应符合下列规定：①持钉层为木板时，厚度不应小于 20mm；②持钉层为人造板时，厚度不应小于 16mm；③持钉层为细石混凝土时，厚度不应小于 35mm。

8.1.3.1 块瓦屋面的设计

块瓦包括烧结瓦、混凝土瓦等，其适用于防水等级为一级和二级的坡屋面，其中有防水设计（如搭接边设计）的瓦材方可应用在防水等级为一级的屋面。本章所述的块瓦不含各类不防水的装饰瓦及木瓦，也不适用于石板瓦、琉璃瓦、小青瓦等屋面。块瓦屋面的设计要点如下：

（1）块瓦屋面的坡度不应小于 30%。

（2）块瓦屋面的屋面板可为钢筋混凝土板、木板或增强纤维板。

（3）采用的木质基层、顺水条、挂瓦条均应做防腐、防火和防蛀处理；采用的金属顺水条、挂瓦条均应做防锈处理。

（4）块瓦屋面应采用干法挂瓦，瓦与屋面基层应固定牢固，檐口部位应采取防风揭的措施。

（5）块瓦铺装的有关尺寸应符合以下的规定：①瓦屋面檐口挑出墙面的长度不宜小于 300mm；②脊瓦在两坡面瓦上的搭盖宽度，每边不应小于 40mm；③脊瓦下端距坡面瓦的高度不宜大于 80mm；④瓦头伸入檐沟、天沟内的长度宜为 50～70mm；⑤金属檐沟、天沟伸入瓦内的宽度不应小于 150mm；⑥瓦头挑出檐口的长度宜为 50～70mm；⑦凸出屋面结构的侧面瓦伸入泛水的宽度不应小于 50mm。

（6）块瓦屋面的各类构造层次如下：

1）块瓦屋面保温隔热层上铺设细石混凝土保护层作持钉层时，防水垫层应铺设在持钉层上面，其构造层次依次为块瓦、挂瓦条、顺水条、防水垫层、持钉层、保温隔热层、屋面板（图 8-15）。

2）保温隔热层若镶嵌在顺水条之间，应在保温隔热层上铺设防水垫层，其构造层次依次为块瓦、挂瓦条、防水垫层或隔热防水垫层、保温隔热层、顺水条、屋面板（图 8-16）。

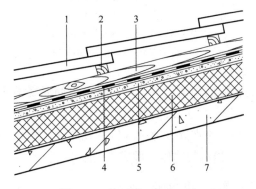

图 8-15 块瓦屋面构造（1）
1—瓦材；2—挂瓦条；3—顺水条；4—防水垫层；
5—持钉层；6—保温隔热层；
7—屋面板

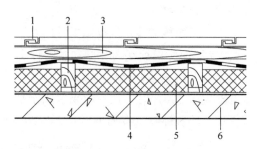

图 8-16 块瓦屋面构造（2）
1—块瓦；2—顺水条；3—挂瓦条；
4—防水垫层或隔热防水垫层；
5—保温隔热层；6—屋面板

3）屋面为内保温隔热构造时，防水垫层应铺设在屋面板上，其构造层次依次为块瓦、挂瓦条、顺水条、防水垫层、屋面板（图 8-17）。

4）采用具有挂瓦功能的保温隔热层时，在屋面板上做水泥砂浆找平层，防水垫层应铺设在找平层上，保温板应固定在防水垫层上，其构造层次依次为块瓦、有挂瓦功能的保温隔热层、防水垫层、找平层（兼作持钉层）、屋面板（图8-18）；

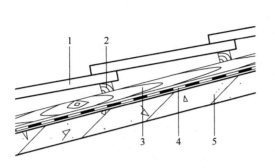 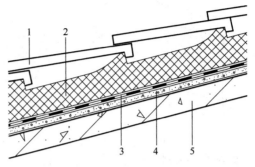

图8-17　块瓦屋面构造（3）
1—块瓦；2—挂瓦条；3—顺水条；
4—防水垫层；5—屋面板

图8-18　块瓦屋面构造（4）
1—块瓦；2—带挂瓦条的保温板；3—防水垫层；
4—找平层；5—屋面板

5）采用波形沥青通风防水垫层时，通风防水沥青垫层应铺设在挂瓦条和保温隔热层之间，其构造层次依次为块瓦、挂瓦条、波形沥青通风防水垫层、保温隔热层、屋面板（图8-5）。

（7）通风屋面的檐口部位宜设置格栅进气口，屋脊部位宜做通风构造设计。

（8）屋面排水系统可采用混凝土檐沟、成品檐沟、成品天沟；斜天沟宜采用混凝土排水沟瓦或金属排水沟。

（9）块瓦屋面挂瓦条、顺水条的安装应符合以下规定：①木挂瓦条应钉在顺水条上，顺水条用固定钉钉入持钉层内；②钢挂瓦条与钢顺水条应焊接连接，钢顺水条用固定钉钉入持钉层内；③通风防水垫层可替代顺水条，挂瓦条应固定在通风防水垫层上，固定钉应钉在波峰上。

（10）檐沟宽度应根据屋面的集水区面积来确定。

（11）屋面坡度大于100%或处于大风区时，块瓦固定应采取以下加强措施：①檐口部位应有防风揭和防落瓦的安全措施；②每片瓦应采用螺钉和金属搭扣固定。

（12）块瓦屋面的细部构造要点如下：

1）通风屋脊的构造（图8-19）应符合以下规定：①防水垫层的做法应按8.1.2.3节（1）的规定执行；②屋脊瓦应采用与主瓦相配套的配件脊瓦；③托木支架和支撑木应固定在屋面板上，脊瓦应固定在支撑木上；④耐候型通风防水自粘胶带应铺设在脊瓦和块瓦之间。

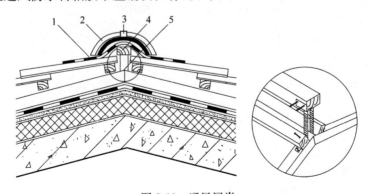

图8-19　通风屋脊
1—通风防水自粘胶带；2—脊瓦；3—脊瓦搭扣；4—支撑木；5—托木支架

2）通风檐口部位的构造（图8-20）应符合以下规定：①泛水板和防水垫层的做法应按8.1.2.3节（2）的规定执行；②块瓦挑入檐沟的长度宜为50~70mm；③在屋檐最下排的挂瓦条上应设置托瓦木

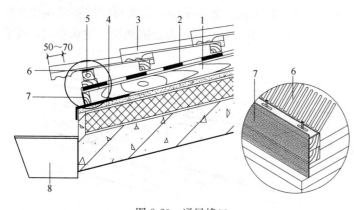

图 8-20　通风檐口

1—顺水条；2—防水垫层；3—瓦；4—金属泛水板；5—托瓦木条；
6—檐口挡箅；7—檐口通风条；8—檐沟

条；④通风檐口处宜设置半封闭状的檐口挡箅。

3）钢筋混凝土檐沟部位的构造做法应按 8.1.2.3 节（3）的规定执行。

4）天沟部位的构造应符合以下规定：①防水垫层的做法应按 8.1.2.3 节（4）的规定执行；②混凝土屋面天沟如采用防水卷材时，防水卷材应由沟底上翻，垂直高度不应小于 150mm；③天沟宽度和深度应根据屋面集水区面积确定。

5）山墙部位的构造（图 8-21）应符合以下规定：① 防水垫层做法应按 8.1.2.3 节（6）的规定执行；②檐口封边瓦宜采用卧浆工艺做法，并采用水泥砂浆勾缝处理；③檐口封边瓦应采用固定钉固定在木条或持钉层上。

6）女儿墙部位的构造应符合以下规定：①防水垫层和泛水做法应按 8.1.2.3 节（7）的规定执行；②屋面和山墙连接部位的防水垫层上应铺设自粘聚合物沥青泛水带；③在沿墙屋面瓦上应做耐候型泛水材料；④泛水宜采用金属压条固定，并密封处理。

7）穿出屋面管道部位的构造（图 8-22）应符合以下规定：①穿出屋面管道上坡方向，应采用耐候型自粘泛水与屋面瓦搭接，其宽度应大于 300mm，并应压入上一排瓦片的底部；②穿出屋面管道下坡方向，应采用耐候型自粘泛水与屋面瓦搭接，其宽度应大于 150mm，并应粘结在下一排瓦片的上部，与左右面的搭接宽度应大于 150mm；③穿出屋面管道的泛水上部应采用密封材料封边。

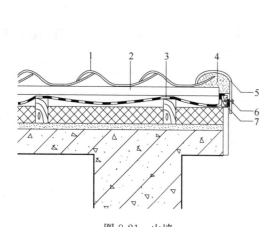

图 8-21　山墙

1—瓦；2—挂瓦条；3—防水垫层；4—水泥砂浆封边；
5—檐口封边瓦；6—镀锌钢钉；7—木条

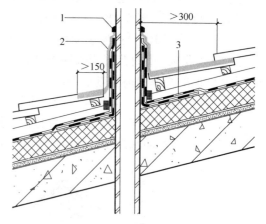

图 8-22　穿出屋面管道

1—耐候密封胶；2—柔性泛水；
3—防水垫层

8）变形缝部位的防水做法应按照 8.1.2.3 节（9）的规定执行。

8.1.3.2　沥青瓦屋面的设计

沥青瓦可分为平面沥青瓦（平瓦）和叠合沥青瓦（叠瓦）。平面沥青瓦适用于防水等级为二级的坡屋面，叠合沥青瓦适用于防水等级为一级和二级的坡屋面。沥青瓦屋面的设计要点如下：

（1）沥青瓦屋面的坡度不应小于 20%。

（2）沥青瓦屋面的屋面板宜为钢筋混凝土屋面板或木屋面板，板面应坚实、平整、干燥、牢固。

（3）沥青瓦应具有自粘胶带或相互搭接的连锁构造，矿物粒料或片料覆面沥青瓦的厚度不应小于

2.6mm，金属箔面沥青瓦的厚度不应小于2mm。

（4）沥青瓦屋面的保温隔热层设置在屋面板之上时，应采用压缩强度不小于150kPa的硬质保温隔热板材。

（5）铺设沥青瓦应采用固定钉固定，在屋面周边及泛水部位应满粘。

（6）沥青瓦屋面的各类构造层次如下：

1）沥青瓦屋面为外保温隔热构造时，保温隔热层上应铺设防水垫层，且防水垫层上应做35mm厚配筋细石混凝土持钉层，其构造层次依次宜为沥青瓦、持钉层、防水垫层、保温隔热层、屋面板（图8-2）。

2）沥青瓦屋面为内保温隔热构造时，其构造层次依次宜为沥青瓦、防水垫层、屋面板（图8-1）。

3）防水垫层铺设在保温隔热层之下时，其构造层次依次为沥青瓦、持钉层、保温隔热层、防水垫层、屋面板（图8-3），其构造做法应按照8.1.2.2节（1）3）的规定执行。

（7）沥青瓦屋面的构造设计应符合以下规定：①沥青瓦的固定方式以钉为主、粘结为辅，木屋面板上铺设沥青瓦，每张瓦片不应少于4个固定钉，细石混凝土基层上铺设沥青瓦，每张瓦片不应少于6个固定钉；②细石混凝土持钉层可兼作找平层或防水垫层的保护层。

（8）屋面坡度大于100%或处于大风地区，沥青瓦固定应采取下列加强措施：①每张瓦片应增加固定钉数量，不得少于6个固定钉；②上下沥青瓦之间应采用全自粘粘结或沥青基胶粘材料（图8-23）加强。

（9）沥青瓦铺装的有关尺寸应符合以下规定：①脊瓦在两坡面瓦上的搭盖宽度，每边不应小于150mm；②脊瓦与脊瓦的压盖面不应小于脊瓦面积的1/2；③沥青瓦挑出檐口的长度宜为10～20mm；④金属泛水板与沥青瓦的搭盖宽度不应小于100mm；⑤金属泛水板与凸出屋面墙体的搭接高度不应小于250mm；⑥金属滴水板伸入沥青瓦下的宽度不应小于80mm。

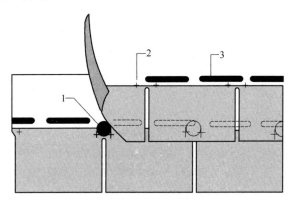

图8-23 沥青基胶粘材料加强做法
1—沥青基胶粘材料；2—固定钉；3—沥青瓦自粘胶条

（10）沥青瓦坡屋面可采用通风屋脊。

（11）沥青瓦屋面的细部构造要点如下：

1）沥青瓦屋面的屋脊构造应符合以下规定：①防水垫层的做法应按8.1.2.3节（1）的规定执行；②屋脊瓦可采用与主瓦相配套的专用脊瓦或采用平面沥青瓦裁制而成；③正脊脊瓦外露搭接边宜顺常年风向一侧；④每张屋脊瓦片的两侧应各采用一颗固定钉固定，固定钉距离侧边宜为25mm；⑤外露的固定钉钉帽应采用沥青基胶粘材料涂盖。

2）沥青瓦屋面天沟的铺设方法有三：搭接式、编织式和敞开式。天沟是屋面排水的集中部位，为确保其防水的性能，天沟部位应增铺防水垫层附加层，金属泛水的做法应设置适应金属变形的构造，以防金属泛水的变形破坏。

① 搭接式天沟的构造参见图8-24，其应符合以下规定：a. 沿天沟中心线铺设一层宽度不应小于1000mm的防水垫层，将外边缘固定在天沟两侧，且防水垫层铺过中心线不应小于100mm，相互搭接满粘在附加层上；b. 应从一侧铺设沥青瓦并跨过天沟中心线不小于300mm，应在天沟两侧距离中心线不小于150mm处将沥青瓦用固定钉固定；c. 一侧沥青瓦铺设完后，应在屋面弹出一条平行天沟的中心线和一条距中心线50mm的施工辅助线，将另一侧屋面的沥青瓦铺设至施工辅助线处；d. 修剪沥青瓦上部的边角，并用沥青基胶粘材料固定。

② 编织式天沟的构造参见图8-25，其应符合以下规定：a. 沿天沟中心线铺设一层宽度不应小于

1000mm 的防水垫层附加层，将外边缘固定在天沟两侧；防水垫层铺过中心线不应小于 100mm，相互搭接满粘在附加层上；b. 在两个相互衔接的屋面上同时向天沟方向铺设沥青瓦至距天沟中心线 75mm 处，再铺设天沟上的沥青瓦，交叉搭接。搭接的沥青瓦应延伸至相邻屋面 300mm，并在距天沟中心线 150mm 处用固定钉固定。

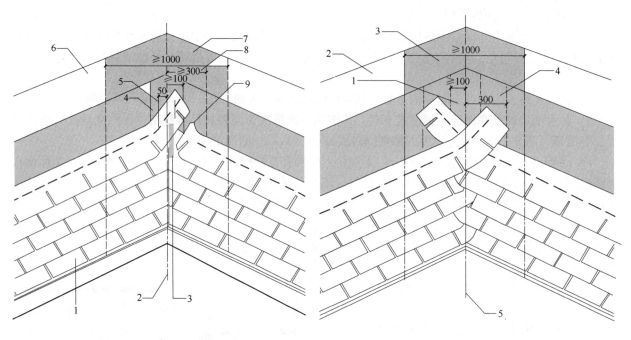

图 8-24　搭接式天沟
1—沥青瓦；2—天沟中心线；3—沥青胶粘结；
4—防水垫层搭接；5—施工辅助线；6—屋面板；
7—防水垫层附加层；8—沥青瓦伸过中心线；
9—剪 45°切角

图 8-25　编织式天沟
1—防水垫层搭接；2—屋面板；3—防水垫层
附加层；4—沥青瓦延伸过中心线；
5—天沟中心线

③ 敞开式天沟的构造参见图 8-26，其应符合以下规定：a. 防水垫层铺过中心线不应小于 100mm，相互搭接满粘在屋面板上；b. 铺设敞开式天沟部位的泛水材料，应采用不小于 0.45mm 厚的镀锌金属板或性能相近的防锈金属材料，铺设在防水垫层上；c. 沥青瓦与金属泛水用沥青基胶粘材料粘结，搭接宽度不应小于 100mm，沿天沟泛水处的固定钉应密封覆盖。

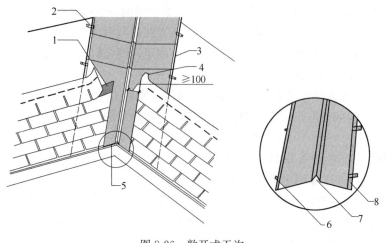

图 8-26　敞开式天沟
1—沥青胶粘结；2、6—金属天沟固定件；3—金属泛水板搭接；4—剪 45°切角；
5—金属泛水板；7—V 形褶边引导水流；8—可滑动卷边固定件

3）檐口部位的构造应符合以下要求：①防水垫层和泛水板的做法应按照 8.1.2.3 节（2）的规定执行；②应将起始瓦覆盖在塑料泛水板或金属泛水板的上方，并应在底边满涂沥青基胶粘材料；③檐口部位沥青瓦和起始瓦之间，应满涂沥青基胶粘材料。

4）钢筋混凝土檐沟部位的构造应符合以下要求：①防水垫层的做法应按照 8.1.2.3 节（3）的规定执行；②铺设沥青瓦初始层，初始层沥青瓦宜采用裁减掉外露部分的平面沥青瓦，自粘胶条部位靠近檐口铺设，初始层沥青瓦应伸出檐口不小于 10mm；③从檐口向上铺设沥青瓦，第一道沥青瓦与初始层沥青瓦边缘应对齐。

5）悬山部位的构造参见图 8-27，其应符合以下规定：①防水垫层应铺设至悬山边缘；②悬山部位宜采用泛水板，金属泛水板应固定在防水垫层上，并向屋面伸进不少于 100mm，端部应向下弯曲；③沥青瓦应覆盖在泛水板上方，悬山部位的沥青瓦应采用沥青基胶粘材料满粘处理。

6）立墙部位的构造应符合以下要求：①防水垫层的做法应按照 8.1.2.3 节（5）的规定执行；②沥青瓦应采用沥青基胶粘材料满粘。

7）女儿墙部位的构造应符合以下要求：①泛水板和防水垫层的做法应按 8.1.2.3 节（7）的规定执行；②将瓦片翻至立面 150mm 高度，在平面和立面上用沥青基胶粘材料，满粘于下层沥青瓦和立面防止垫层上；③立面应铺设外露耐候性改性沥青防水卷材或自粘防水卷材，不具备外露耐候性能的防水卷材应采用钢丝网聚合物水泥砂浆保护层进行保护。

8）穿出屋面管道的构造应符合以下规定：①泛水板和防水垫层的做法应按 8.1.2.3 节（8）的规定执行；②穿出屋面管道泛水可采用防水卷材或成品泛水件；③管道穿过沥青瓦时，应在管道周边 100mm 范围内用沥青基胶粘材料将沥青瓦满粘；④泛水卷材铺设完毕后，应在其表面用沥青基胶粘材料满粘一层沥青瓦。

9）变形缝部位的防水做法见 8.1.2.3 节（9）。

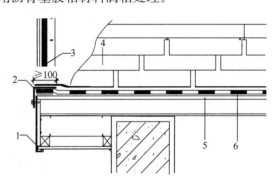

图 8-27　悬山
1—封檐板；2—金属泛水板；3—胶粘材料；
4—沥青瓦；5—屋面板；6—防水垫层

8.1.4　波形瓦屋面的设计

波形瓦屋面包括沥青波形瓦屋面和树脂波形瓦屋面等。波形瓦屋面适用于防水等级为二级的坡屋面。波形瓦屋面的设计要点如下：

（1）波形瓦屋面的坡度不应小于 20%。

（2）波形瓦屋面的承重层为混凝土屋面板和木屋面板时，宜设置外保温隔热层，不设置屋面板的屋面，则可设置内保温隔热层。

（3）波形瓦屋面的各类构造层次如下：

1）屋面板上铺设保温隔热层、保温隔热层上做细石混凝土持钉层时，防水垫层应铺设在持钉层上，波形瓦应固定在持钉层上，其构造层次依次为波形瓦、防水垫层、持钉层、保温隔热层、屋面板，参见图 8-28。

2）采用有屋面板的内保温隔热时，屋面板铺设在木檩条上，防水垫层应铺设在屋面板上，木檩条固定在钢屋架上，角钢固定件长度应为 100～150mm，波形瓦固定在屋面板上，其构造层次依次为波形瓦、防水垫层、屋面板、木檩条、屋架，参见图 8-29。

（4）波形瓦的固定间距应按照瓦材规格、尺寸而确定。

（5）波形瓦可固定在檩条和屋面板上。

（6）沥青波形瓦和树脂波形瓦的搭接宽（长）度和固定点数量应符合表 8-5 的规定。

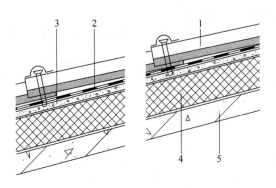

图 8-28　波形瓦屋面构造（1）

1—波形瓦；2—防水垫层；3—持钉层；

4—保温隔热层；5—屋面板

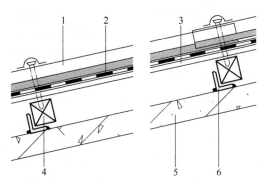

图 8-29　波形瓦屋面构造（2）

1—波形瓦；2—防水垫层；3—屋面板；

4—檩条；5—屋架；6—角钢固定件

表 8-5　波形瓦的搭接宽（长）度和固定点数量　GB 50693—2011

屋面坡度(%)	20～30			＞30		
类型	上下搭接长度（mm）	水平搭接宽度	固定点数（个/m²）	上下搭接长度（mm）	水平搭接宽度	固定点数（个/m²）
沥青波形瓦	150	至少一个波形且不小于100mm	9	100	至少一个波形且不小于100mm	9～12
树脂波形瓦			10			≥12

（7）波形瓦细部构造的设计要点如下：

1）屋脊的构造见图 8-30，并应符合以下要求：①防水垫层和泛水的做法应按 8.1.2.3 节（1）的规定；②屋脊宜采用成品脊瓦，脊瓦下部宜设置木质支撑，铺设脊瓦应顺年最大频率风向铺设，搭接宽度不应小于表 8-5 的规定。

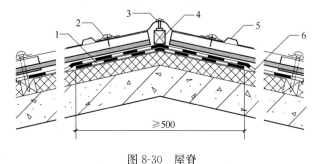

图 8-30　屋脊

1—防水垫层附加层；2—固定钉；3—密封胶；4—支撑木；

5—成品脊瓦；6—防水垫层

2）檐口部位的构造应符合以下规定：①防水垫层和泛水的做法应按照 8.1.2.3 节（2）的规定执行；②波形瓦挑出檐口宜为 50～70mm。

3）钢筋混凝土檐沟的构造应符合以下规定：①防水垫层的做法应按照 8.1.2.3 节（3）的规定执行；②波形瓦挑入檐沟宜为 50～70mm。

4）天沟的构造应符合以下规定：①防水垫层和泛水的做法应按 8.1.2.3 节（4）的规定执行；②成品天沟应由下向上铺设，搭接宽度不应小于表 8-5 规定的上下搭接长度；③主瓦伸入成品天沟的宽度不应小于 100mm。

5）山墙部位的构造见图 8-31，其应符合以下规定：①阴角部位应增设防水垫层附加层；②瓦材与墙体的连接处应铺设耐候型自粘泛水胶带或金属泛水板，泛水上翻山墙高度不应小于 250mm，水平方向与波形瓦搭接不应少于两个波峰且不小于 150mm；③上翻山墙的耐候型自粘泛水胶带顶端应采用金属压条固定，并做密封处理。

6）穿出屋面设施的构造见图 8-32，其应符合以下规定：①瓦材与穿出屋面设施的构造连接处应铺设 500mm 宽耐候型自粘泛水胶带，上翻高度不应小于 250mm，与波形瓦搭接宽度不应小于 250mm；②上翻泛水顶端应采用密封胶封严并用金属泛水带遮盖。

7）变形缝部位的防水做法应按 8.1.2.3 节（9）的规定执行。

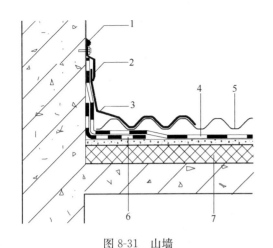
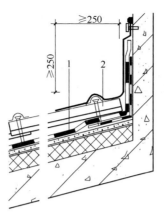
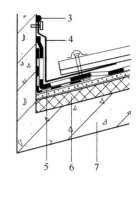

图 8-31　山墙　　　　　　　　　　　　　　　图 8-32　穿出屋面设施

1—密封胶；2—金属压条；3—泛水；4—防水垫层；　　　　1—防水垫层；2—波形瓦；3—密封材料；4—耐候型自粘泛水胶带；

5—波形瓦；6—防水垫层附加层；7—保温隔热层　　　　　　5—防水垫层附加层；6—保温隔热层；7—屋面板

8.1.5　装配式轻型坡屋面的设计

装配式轻型坡屋面采用的屋面材料是以沥青瓦和波形瓦为主的，适用于防水等级为一级和二级的新建屋面和平改坡屋面。平改坡屋面因其原有屋面已有防水层，后加的屋面防水层可按二级防水设计。装配式轻型坡屋面的设计要点如下：

（1）装配式轻型坡屋面的坡度不应小于 20%。

（2）平改坡屋面应根据既有建筑的进度、承载能力确定承载结构和选择屋面材料。鉴于原有建筑物的情况多种多样，为了保证平改坡屋面工程的安全，应对原有建筑物的承载能力和结构安全性做审核或验算。

（3）装配式轻型坡屋面结构构件和连接件的荷载计算应符合现行国家标准《建筑结构荷载规范》（GB 50009）的有关规定；抗震设计应符合现行国家标准《建筑抗震设计规范》（GB 50011）的有关规定。装配式轻型坡屋面采用的瓦材和金属板应满足屋面设计要求，并应符合现行国家标准《坡屋面工程技术规范》（GB 50693）相关章节的规定。

（4）平改坡屋面的结构设计应符合以下要求：①屋架上弦支撑在原屋面板上时，应做结构验算；②增加圈梁和卧梁时，应与既有建筑墙体连接牢固；③屋面宜设檐沟；④烟道、排汽道穿出坡屋面不应小于 600mm，交接处应做防水密封处理；⑤屋面宜设置上人孔。

（5）装配式轻型坡屋面保温隔热层和通风层的设计应符合以下要求：①保温隔热层宜做内保温设计；②通风口面积不宜小于屋顶投影面积的 1/150，通风间层的高度不应小于 50mm，屋面通风口处应设置格栅或防护网；③穿过顶棚板的设施应进行密封处理；④保温隔热层下宜设置隔汽层。

（6）防水垫层应符合 8.1.2 节的规定。

（7）装配式轻型坡屋面细部构造的设计要点如下：

1）檐沟部位的构造见图 8-33，其应符合以下规定：①新建装配式轻型坡屋面宜采用成品轻型檐沟；②檐口部位构造应按 8.1.3.2 节（11）中 3）的规定执行。

2）平改坡屋面的构造层次宜为瓦材、防水垫层和屋面板，参见图 8-34，防水垫层应铺设在屋面板上，瓦材则应铺设在防水垫层上并固定在屋面板上。

3）既有屋面新增的钢筋混凝土或钢结构构件的两端，应搁置在原有承重结构位置上，平改坡屋面檐沟可利用既有建筑的檐沟或新设置的檐沟，参见图 8-35。

4）装配式轻型坡屋面的山墙宜采用轻质外挂板材封堵。

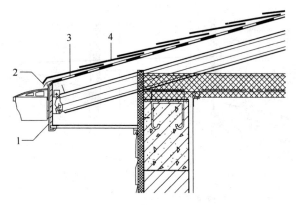

图 8-33　新建房屋装配式轻型坡屋面檐口
1—封檐板；2—金属泛水板；3—防水垫层；4—轻质瓦

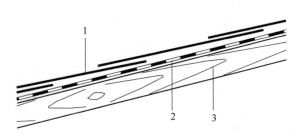

图 8-34　平改坡屋面构造
1—瓦材；2—防水垫层；3—屋面板

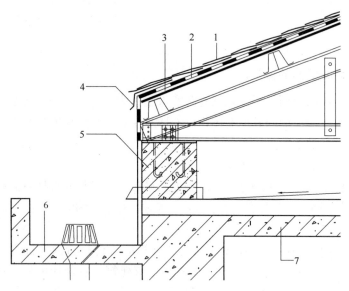

图 8-35　平改坡屋面檐沟
1—轻质瓦；2—防水垫层；3—屋面板；4—金属泛水板；
5—现浇钢筋混凝土卧梁；6—原有檐沟；7—原有屋面

8.1.6　单层防水卷材坡屋面的设计

　　单层防水卷材坡屋面适用于防水等级为一级和二级的，采用单层防水卷材设防的坡屋面。所谓单层防水卷材，是指这一层防水卷材的性能必须达到相应防水层设计使用年限的要求。单层防水卷材坡屋面的设计要点如下：

　　（1）单层防水卷材坡屋面的坡度不应小于 3%。

　　（2）单层防水卷材坡屋面的屋面板可采用压型钢板或现浇钢筋混凝土板等；单层防水卷材坡屋面采用的防水卷材主要包括：聚氯乙烯（PVC）防水卷材、三元乙丙橡胶（EPDM）防水卷材、热塑性聚烯烃（TPO）防水卷材、弹性体（SBS）改性沥青防水卷材、塑性体（APP）改性沥青防水卷材等；单层防水卷材坡屋面采用的保温隔热材料主要包括硬质岩棉板、硬质矿渣棉板、硬质玻璃棉板、硬质泡沫聚氨酯保温板以及硬质泡沫聚苯乙烯保温板等板材，并应符合防水设计规范的相关要求。

　　（3）保温隔热层应设置在屋面板上，单层防水卷材和保温隔热材料构成的屋面系统可采用机械固定法、满粘法或空铺压顶法工艺铺设，屋面应严格控制明火施工，并应采取相应的安全措施。

　　（4）单层防水卷材的厚度和搭接宽度应符合表 8-6 和表 8-7 的规定。选用的防水卷材的性能除应符合相关的材料标准外，还应具有适用于工程所在区域的环境条件、耐紫外线和环保等特性。防水卷材的搭接宜采用热风焊接、热熔粘结、胶粘剂粘贴及胶粘带粘贴等方式。

表 8-6　单层防水卷材的厚度（mm）　GB 50693—2011

防水卷材名称	一级防水厚度	二级防水厚度
高分子防水卷材	≥1.5	≥1.2
弹性体、塑性体改性沥青防水卷材	≥5	

表 8-7　单层防水卷材的搭接宽度（mm）　GB 50693—2011

防水卷材名称	长边、短边搭接方式				
	满粘法	机械固定法			
		热风焊接		搭接胶带	
		无覆盖机械固定垫片	有覆盖机械固定垫片	无覆盖机械固定垫片	有覆盖机械固定垫片
高分子防水卷材	≥80	≥80 且有效焊缝宽度≥25	≥120 且有效焊缝宽度≥25	≥120 且有效粘结宽度≥75	≥200 且有效粘结宽度≥150
弹性体、塑性体改性沥青防水卷材	≥100	≥80 且有效焊缝宽度≥40	≥120 且有效焊缝宽度≥40	—	

（5）机械固定屋面系统的风荷载设计应符合以下要求：①根据工程所在地区的最大风力、建筑物高度、屋面坡度、基层状态、卷材性能、建筑环境、建筑形式等因素，按照现行国家标准《建筑结构荷载规范》（GB 50009）的有关规定进行风荷载计算；②应对设计选定的由防水卷材、保温隔热材料、隔汽材料和机械固定件等组成的屋面系统进行抗风揭试验，试验结果应满足风荷载设计要求；③应根据风荷载设计计算和试验数据，确定屋面檐角区、檐边区、中间区固定件的布置间距。

（6）采用机械固定法工艺施工，屋面持钉层的厚度应符合以下要求：①压型钢板基板的厚度不宜小于 0.75mm，基板最小厚度不得小于 0.63mm，当基板厚度为 0.63～0.75mm 时，应通过拉拔试验验证钢板的强度；②钢筋混凝土板的厚度不应小于 40mm。

（7）屋面保温隔热层的设计应符合以下要求：①保温隔热层所采用的保温隔热材料的厚度应根据建筑设计计算确定；②保温隔热材料应具有良好的物理性能和尺寸稳定性；③防火等级应符合国家的相关规定；④屋面设置内檐沟时，内檐沟处不得降低保温隔热效果。

（8）采用机械固定施工方法时，保温隔热材料的主要性能应符合以下要求：①在 60kPa 的压缩强度下，压缩比不得大于 10%。②在 500N 的点荷载作用下，变形不得大于 5mm。③若采用单层岩棉、矿渣棉铺设时，压缩强度不得低于 60kPa；若采用多层岩棉、矿渣棉铺设时，每层压缩强度不得低于 40kPa，与防水层直接接触的岩棉、矿渣棉，其压缩强度不得低于 60kPa。板状保温隔热材料采用机械固定时，固定件的数量和位置应符合表 8-8 的规定。

表 8-8　保温隔热材料固定件数量和位置　GB 50693—2011

保温隔热材料	每块板机械固定件最少数量		固定位置
挤塑聚苯板（XPS）模塑聚苯板（EPS）硬泡聚氨酯板	各边长均≤1.2m	4 个	四个角及沿长向中心线均匀布置，固定垫片距离板材边缘≤150mm
	任一边长>1.2m	6 个	
岩棉、矿渣棉板、玻璃棉板	—	2 个	沿长向中心线均匀布置

注：其他类型的保温隔热板材机械固定件的布置设计由系统供应商提供。

（9）屋面保温隔热层若干燥有困难时，则宜采用排汽屋面。

（10）屋面系统构造层次中相邻的不同产品应具有相容性，若不相容时，则应设置隔离层，隔离层应与相邻的材料相容。含有增塑剂的高分子防水卷材与泡沫保温材料之间应增设隔离层。

（11）单层防水卷材坡屋面细部构造的设计要点如下：

1）内檐沟的构造宜增设附加防水层，其防水层应铺设至内檐沟的外沿。山墙顶部泛水处的卷材应铺设至外墙边缘（图 8-36）。

2）檐口部位的构造见图 8-37，其应设置外包泛水，外包泛水应包至隔汽层下且不应小于 50mm。

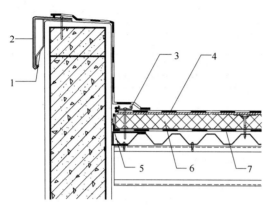

图 8-36　山墙顶

1—钢板连接件；2—复合钢板；3—固定件；
4—防水卷材；5—收边加强钢板；
6—保温隔热层；7—隔汽层

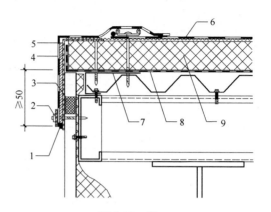

图 8-37　檐口

1—外墙填缝；2—收口压条及螺钉；3—泡沫堵头；
4—外包泛水；5—钢板封边；6—防水卷材；
7—收边加强钢板；8—隔汽层；9—保温隔热层

3）女儿墙部位的构造见图 8-38，其泛水高度不应小于 250mm，并应采用金属压条收口与密封；女儿墙顶部应采用盖板进行覆盖。

4）穿墙屋面设施的构造见图 8-39 和图 8-40。当穿出屋面设施开口尺寸小于 500mm 时，泛水应直接与屋面防水卷材焊接或粘结，泛水高度应大于 250mm；当穿出屋面设施开口尺寸不小于 500mm 时，穿出屋面设施开口四周的防水卷材应采用金属压条固定，每条金属压条的固定钉不应少于 2 个，泛水应直接与屋面防水卷材焊接或粘结，泛水高度应不小于 250mm。

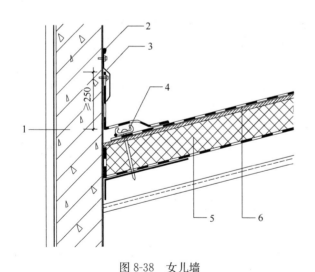

图 8-38　女儿墙

1—墙体；2—密封胶；3—收口压条及螺钉；4—金属压条；
5—保温隔热层；6—防水卷材

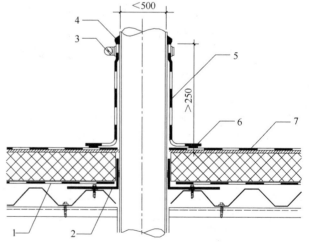

图 8-39　穿出屋面管道（1）

1—隔汽层；2—隔汽层连接胶带；3—不锈钢金属箍（密封）；
4—密封胶；5—防水卷材；6—热熔焊接；7—保温隔热层

5）变形缝（图 8-41）内应填充泡沫塑料，缝口放置聚乙烯或聚氨酯泡沫棒材，并应设置盖缝防水卷材；若变形缝（图 8-42）两侧为墙体时，墙体应伸出保温隔热层不小于 100mm，阴角处抹水泥砂浆做缓坡，其坡长不小于 250mm。

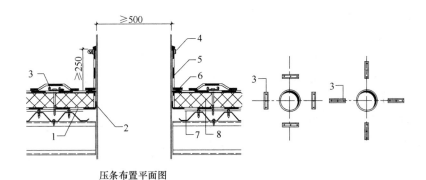

压条布置平面图

图 8-40　穿出屋面管道（2）

1—隔汽层；2—隔汽层连接胶带；3—金属压条；4—不锈钢金属箍或金属压条（密封）；

5—防水卷材；6—热熔焊接；7—收边加强钢板；8—保温隔热层

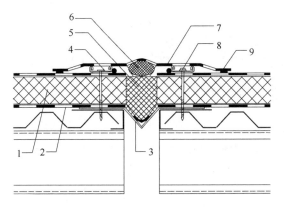

图 8-41　变形缝（1）

1—保温隔热层；2—隔汽层；3—V形底板；4—金属压条；

5—发泡聚氨酯；6—聚乙烯或聚氨酯棒材；7—盖缝防水卷材；

8—固定件；9—热风焊接

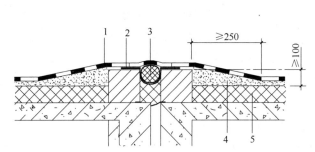

图 8-42　变形缝（2）

1—防水层；2—U形金属板；3—聚乙烯或聚氨酯棒材；

4—保护层；5—保温隔热层

　　6）水落口卷材覆盖条应与水落口和卷材粘结牢固（图 8-43 和图 8-44），横向水落口应伸出墙体，覆盖条与卷材和水落口连接处应粘结牢固。

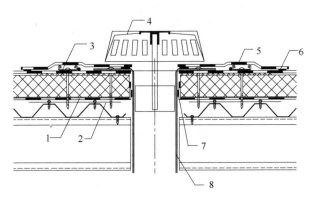

图 8-43　水落口（1）

1—隔汽层；2—收边加强钢板；3—金属压条；4—雨水口挡叶器；

5—覆盖条；6—热风焊接；7—隔汽层连接胶带；8—预制水落口

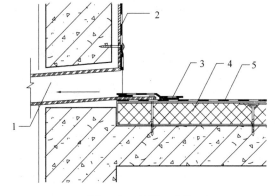

图 8-44　水落口（2）

1—水落口；2—胶粘剂；3—焊接接缝；

4—保温隔热层；5—防水卷材

8.2　坡屋面工程对材料的要求

　　坡屋面应按构造层次、环境条件和功能要求选择屋面工程材料，材料应配置合理，安全可靠。配置合理是指防水材料（瓦材、防水卷材）和防水垫层、保温隔热材料、泛水材料、密封材料、固定件及配件等应相互配套，符合设计、施工要求。

坡屋面工程采用的材料应符合以下规定：①材料的品种、规格、性能等应符合国家相关产品标准和设计规定，满足屋面设计使用年限的要求，并应提供产品合格证书和检测报告；②设计文件应标明材料的品种、型号、规格及其主要技术性能；③坡屋面工程宜采用节能环保型材料；④材料进场后，应按规定抽样复验，提出试验报告；⑤坡屋面采用的材料应符合相关建筑防火规范的规定；⑥坡屋面使用的材料宜贮存在阴凉、干燥、通风处，避免日晒、雨淋和受潮，严禁接近火源，运输应符合相关标准的规定；⑦严禁在坡屋面工程中使用不合格的材料。

8.2.1 防水垫层材料

防水垫层材料是指坡屋面中通常铺设在瓦材或金属板下面的一类防水材料。坡屋面由于坡度较大，特别是表面潮湿时，存在着安全隐患，为了保证施工人员的安全，防水垫层材料的表面应有防滑性能或采取防滑措施。

坡屋面的防水垫层应采用柔性材料，其主要采用的是沥青类防水垫层材料和高分子类防水垫层材料。沥青类防水垫层材料的主要品种有：自粘聚合物沥青防水垫层、聚合物改性沥青防水垫层、波形沥青通风防水垫层等；高分子类防水垫层材料的主要品种有：铝箔复合隔热防水垫层、塑料防水垫层、透汽防水垫层以及聚乙烯丙纶防水垫层等。应用于坡屋面的防水垫层材料的技术性能要求如下：

（1）防水等级为二级设防的沥青瓦屋面、块瓦屋面和波形瓦屋面，其主要防水垫层种类和最小厚度应符合表 8-9 的规定。表中所列的防水垫层具有较高的防水能力和耐用年限，主要用于防水等级为一级设防的瓦屋面，也可以用于防水等级为二级设防的瓦屋面，未列出的防水垫层产品可用于防水等级为二级设防的瓦屋面。

表 8-9　一级设防瓦屋面的主要防水垫层种类和最小厚度　GB 50693—2011

防水垫层种类	最小厚度（mm）
自粘聚合物沥青防水垫层	1.0
聚合物改性沥青防水垫层	2.0
波形沥青通风防水垫层	2.2
SBS、APP 改性沥青防水卷材	3.0
自粘聚合物改性沥青防水卷材	1.5
高分子类防水卷材	1.2
高分子类防水涂料	1.5
沥青类防水涂料	2.0
复合防水垫层（聚乙烯丙纶防水垫层＋聚合物水泥防水胶粘材料）	2.0（0.7＋1.3）

（2）自粘聚合物沥青防水垫层应符合现行行业标准《坡屋面用防水材料　自粘聚合物沥青防水垫层》（JC/T 1068）的有关规定。

（3）聚合物改性沥青防水垫层应符合现行行业标准《坡屋面用防水材料　聚合物改性沥青防水垫层》（JC/T 1067）的有关规定。

（4）波形沥青通风防水垫层的主要性能应符合表 8-10 的规定。

（5）铝箔复合隔热防水垫层的主要性能应符合表 8-11 的规定。

表 8-10　波形沥青通风防水垫层主要性能　GB 50693—2011

项　目		性能要求
标称厚度（mm）		标称值±10%
弯曲强度（跨距 620mm，弯曲位移 1/200）（N/m²）		≥700
撕裂强度（N）		≥150
抗冲击性（跨距 620mm，40kg 砂袋，250mm 落差）		不得穿透试件
抗渗性（100mmH₂O，48h）		无渗漏
沥青含量（%）		≥40
吸水率（%）		≤20
耐候性	冻融后撕裂强度（N）	≥150
	冻融后抗渗性（100mmH₂O，48h）	无渗漏

表 8-11　铝箔复合隔热防水垫层主要性能　GB 50693—2011

项　目		性能要求
单位面积质量（g/m²）		≥90
断裂拉伸强度（MPa）		≥20
断裂伸长率（%）		≥10
不透水性（0.3MPa，30min）		无渗漏
低温弯折性		−20℃，无裂纹
加热伸缩量（mm）	延伸	≤2
	收缩	≤4
钉杆撕裂强度（N）		≥50
热空气老化（80℃，168h）	断裂拉伸强度保持率（%）	≥80
	断裂伸长率保持率（%）	≥70
反射率（%）		≥80

（6）聚乙烯丙纶防水垫层应用于一级设防的瓦屋面时，应采用复合做法，复合防水垫层的总厚度不应小于 2.0mm，其中聚乙烯丙纶防水垫层的厚度不应小于 0.7mm，聚合物水泥胶粘材料的厚度不应小于 1.3mm；聚乙烯丙纶防水垫层应用于二级设防的瓦屋面时，聚乙烯丙纶防水垫层的厚度不应小于 0.7mm，可采用空铺或满粘做法。聚乙烯丙纶防水垫层的厚度和主要性能应符合表 8-12 的规定，用于粘结聚乙烯丙纶防水垫层的聚合物水泥防水胶粘材料的主要性能应符合表 8-13 的规定。

表 8-12　聚乙烯丙纶防水垫层厚度和主要性能指标　GB 50693—2011

项　目		性能要求
主体材料厚度（mm）		≥0.7
断裂拉伸强度（N/cm）		≥60
断裂伸长率（%）［常温（纵/横）］		≥300
不透水性（0.3MPa，30min）		无渗漏
低温弯折性		−20℃，无裂纹
加热伸缩量（mm）	延伸	≤2
	收缩	≤4
撕裂强度（N）		≥50
热空气老化（80℃，168h）	断裂拉伸强度保持率（%）	≥80
	断裂伸长率保持率（%）	≥70

表 8-13　聚合物水泥防水胶粘材料主要性能　GB 50693—2011

项　　　目		性能要求
剪切状态下的粘合性	卷材与卷材	≥2.0 或卷材断裂
（N/mm，常温）	卷材与基层	≥1.8 或卷材断裂

（7）透汽防水垫层的主要性能应符合表 8-14 的规定。《屋面工程技术规范》（GB 50345—2012）对防水透气膜提出的主要性能指标见表 2-19。

表 8-14　透汽防水垫层主要性能　GB 50693—2011

项　　　目		性能要求
单位面积质量（g/m²）		≥50
拉力（N/50mm）	瓦屋面	≥260
	金属屋面	≥180
延伸率（%）		≥5
低温柔度		−25℃，无裂纹
抗渗性	瓦屋面（1500mmH₂O，2h）	无渗漏
	金属屋面（1000mmH₂O，2h）	无渗漏
钉杆撕裂强度（N）	瓦屋面	≥120
	金属屋面	≥35
水蒸气透过量（g/m²·24h）		≥200

（8）用于防水垫层的防水卷材和防水涂料的主要性能应符合相关产品标准提出的技术性能要求，采用高分子类防水涂料时，其涂膜厚度不应小于 1.5mm，采用沥青类防水涂料时，涂膜厚度不应小于 2.0mm。

8.2.2　保温隔热材料

坡屋面可采用的保温隔热材料种类很多，常用的保温隔热材料有硬质聚苯乙烯泡沫塑料保温板、硬质聚氨酯泡沫保温板、喷涂硬泡聚氨酯、岩棉、矿渣棉或玻璃棉等，保温隔热板材也可以选用酚醛泡沫板、聚异氰脲酸酯泡沫板（PIR）等阻燃性能较好、发达国家普遍使用的保温隔热材料。由于是坡屋面，散状保温隔热材料易滑动，不能保证厚度的均匀性，故不宜采用。

保温隔热材料的种类、型号、规格繁多，但其品种和厚度应满足屋面系统传热系数的要求，传热系数应符合现行国家标准《公共建筑节能设计标准》（GB 50189）等规定。

大跨度屋面都是轻型结构，为了保证保温隔热效果和满足荷载要求，保温隔热材料的表观密度不应大于 250kg/m³，装配式轻型坡屋面宜采用轻质保温隔热材料，表观密度不宜大于 70kg/m³。

应用于坡屋面的保温隔热材料的技术性能要求如下：

（1）模塑聚苯乙烯泡沫塑料应符合现行国家标准《绝热用模塑聚苯乙烯泡沫塑料》（GB/T 10801.1）的有关规定；挤塑聚苯乙烯泡沫塑料应符合现行国家标准《绝热用挤塑聚苯乙烯泡沫塑料（XPS）》（GB/T 10801.2）的有关规定。

（2）硬质聚氨酯泡沫保温板应符合现行国家标准《建筑绝热用硬质聚氨酯泡沫塑料》（GB/T 21558）的有关规定。

（3）喷涂硬泡聚氨酯保温隔热材料的主要性能应符合现行国家标准《硬泡聚氨酯保温防水工程技术规范》（GB 50404）的有关规定。

（4）绝热玻璃棉应符合现行国家标准《建筑绝热用玻璃棉制品》（GB/T 17795）的有关规定。

（5）岩棉、矿渣棉保温隔热材料的主要性能应符合现行国家标准《建筑用岩棉绝热制品》（GB/T

19686）的规定，若用于机械固定法施工时，应符合表 8-15 的有关规定。

表 8-15　岩棉、矿渣棉保温隔热材料主要性能　GB 50693—2011

厚度 （mm）	压缩强度 （压缩比 10%，kPa）	点荷载强度 （变形 5mm，N）	导热系数［W/(m·K)］ ［平均温度(25℃±1℃)］	酸度系数
≥50	≥40	≥200	≤0.040	≥1.6
	≥60	≥500		
	≥80	≥700		

热阻 R(m²·K/W) ［平均温度(25℃±1℃)］	尺寸稳定性	质量吸湿率 （%）	憎水率 （%）	短期吸水量（部分浸入） （kg/m²）
≥1.25	长度、宽度和厚度的相对变化率均 不大于 1.0%	≤1	≥98	≤1.0

8.2.3　块瓦

块瓦是指由黏土、混凝土和树脂等材料制成的一类块状硬质屋面瓦材，其包括烧结瓦、混凝土瓦等。

烧结瓦和配件瓦的主要性能应符合现行国家标准《烧结瓦》（GB/T 21149）的有关规定；混凝土瓦和配件瓦的主要性能应符合现行行业标准《混凝土瓦》（JC/T 746）的有关规定。烧结瓦、混凝土瓦屋面结构中使用的配件的规格和技术性能应符合有关标准的规定。

《屋面工程技术规范》（GB 50345—2012）对烧结瓦提出的主要性能指标见表 8-16；对混凝土瓦提出的主要性能指标见表 8-17。

表 8-16　沥青波形瓦主要性能　GB 50693—2011

项　　目		性能要求
标称厚度（mm）		标称值±10%
弯曲强度（跨距 620mm，弯曲位移 1/200）（N/m²）		≥1400
撕裂强度（N）		≥200
抗冲击性（跨距 620mm，40kg 砂袋，400mm 落差）		不得穿透试件
抗渗性（100mmH₂O，48h）		无渗漏
沥青含量（%）		≥40
吸水率（%）		≤20
耐候性	冻融后撕裂强度（N）	≥200
	冻融后抗渗性（100mmH₂O，48h）	无渗漏

表 8-17　聚氯乙烯（PVC）防水卷材主要性能　GB 50693—2011

试验项目		性能要求
最大拉力（N/cm）		≥250
最大拉力时延伸率（%）		≥15
热处理尺寸变化率（%）		≤0.5
低温弯折性		−25℃，无裂纹
不透水性（0.3MPa，2h）		不透水
接缝剥离强度（N/mm）		≥3.0
钉杆撕裂强度（横向）（N）		≥600
人工气候加速老化 （2500h）	最大拉力保持率（%）	≥85
	伸长率保持率（%）	≥80
	低温弯折性（−20℃）	无裂纹

8.2.4 沥青瓦

沥青瓦的规格和主要性能应符合现行国家标准《玻纤胎沥青瓦》（GB/T 20474）的有关规定。沥青瓦屋面使用的配件产品的规格和技术性能应符合相关标准的规定。

《屋面工程技术规范》（GB 50345—2012）对沥青瓦提出的主要性能指标见表 8-18。

表 8-18　三元乙丙橡胶（EPDM）防水卷材主要性能　GB 50693—2011

试验项目		性能要求	
		无增强	内增强
最大拉力（N/10mm）		—	≥200
拉伸强度（MPa）		≥7.5	—
最大拉力时延伸率（%）		—	≥15
断裂延伸率（%）		≥450	—
不透水性（0.3MPa，30min）		无渗漏	
钉杆撕裂强度（横向）（N）		≥200	≥500
低温弯折性		−40℃，无裂纹	
臭氧老化（500pphm，50%，168h）		无裂纹	
热处理尺寸变化率（%）		≤1	
接缝剥离强度（N/mm）		≥2.0 或卷材破坏	
人工气候加速老化（2500h）	拉力（强度）保持率（%）	≥80	
	延伸率保持率（%）	≥70	
	低温弯折性（℃）	−35	

8.2.5 波形瓦

波形瓦根据材质的不同，可分为沥青波形瓦、树脂波形瓦等类型。

沥青波形瓦是指由植物纤维浸渍沥青而成型的一类波形瓦材。其主要性能应符合表 8-16 的规定，规格、尺寸应符合有关标准的规定。

树脂波形瓦是指以合成树脂和纤维增强材料为原料制成的一类波形瓦材。树脂波形瓦的表面应平整、厚度均匀，无裂纹、裂口、破孔、烧焦、气泡、明显麻点、异色点，其主要性能应符合有关标准的规定。

波形瓦屋面使用的配件产品的规格和技术性能应符合有关标准的规定。

8.2.6 单层防水卷材坡屋面用防水卷材

单层防水卷材坡屋面所采用的防水卷材，其品种有聚氯乙烯（PVC）防水卷材、三元乙丙橡胶（EPDM）防水卷材、热塑性聚烯烃（TPO）防水卷材、弹性体（SBS）改性沥青防水卷材、塑性体（APP）改性沥青防水卷材等五种。由于单层防水卷材坡屋面所采用的防水卷材均为单层使用，因此对这类防水卷材的物理性能提出了更高的要求，特别是耐老化性和耐久性，所以将防水卷材人工气候老化试验的辐照时间定为 2500h，辐照强度约为 5250MJ/m²。采用机械固定的单层防水卷材应选用具有内增强的产品。

（1）聚氯乙烯（PVC）防水卷材的主要性能应符合现行国家标准《聚氯乙烯（PVC）防水卷材》（GB 12952）的有关规定。采用机械固定法铺设时，应选用具有织物内增强的产品，其主要性能应符合表 8-17 的规定。

（2）三元乙丙橡胶（EPDM）防水卷材的主要性能应符合表 8-18 的规定，采用机械固定法铺设时，应选用具有织物内增强的产品。

（3）热塑性聚烯烃（TPO）防水卷材采用机械固定法铺设时，应选用具有织物内增强的产品，其主要性能应符合表 8-19 的规定。

表 8-19 热塑性聚烯烃（TPO）防水卷材主要性能 GB 50693—2011

试验项目		性能要求
最大拉力（N/cm）		≥250
最大拉力时延伸率（%）		≥15
热处理尺寸变化率（%）		≤0.5
低温弯折性		−40℃，无裂纹
不透水性（0.3MPa，2h）		不透水
臭氧老化（500pphm，168h）		无裂纹
接缝剥离强度（N/mm）		≥3.0
钉杆撕裂强度（横向）（N）		≥600
人工气候加速老化 （2500h）	最大拉力保持率（%）	≥90
	伸长率保持率（%）	≥90
	低温弯折性（℃）	−40，无裂纹

（4）弹性体（SBS）改性沥青防水卷材的主要性能应符合现行国家标准《弹性体改性沥青防水卷材》（GB 18242）的有关规定。采用机械固定法铺设时，应选用具有玻纤增强聚酯毡胎基的产品，外露卷材的表面应覆有页岩片、粗矿物颗粒等耐候性保护材料。

（5）塑性体（APP）改性沥青防水卷材的主要性能应符合现行国家标准《塑性体改性沥青防水卷材》（GB 18243）的有关规定。采用机械固定法铺设时，应选用具有玻纤增强聚酯毡胎基的产品，外露卷材的表面应覆有页岩片、粗矿物颗粒等耐候性保护材料。

（6）屋面防水层应采用耐候性防水卷材。选用的防水卷材人工气候老化试验辐照时间不应少于 2500h。

（7）三元乙丙橡胶防水卷材搭接胶带的主要性能应符合表 8-20 的规定。

表 8-20 搭接胶带主要性能 GB 50693—2011

试验项目	性能要求
持粘性（min）	≥20
耐热性（80℃，2h）	无流淌、龟裂、变形
低温柔性	−40℃，无裂纹
剪切状态下粘合性（卷材，N/mm）	≥2.0
剥离强度（卷材，N/mm）	≥0.5
热处理剥离强度保持率（卷材，80℃，168h，%）	≥80

8.2.7 装配式轻型坡屋面材料

装配式轻型坡屋面是指以冷弯薄壁型钢屋架或木屋架为承重结构，轻质保温隔热材料、轻质瓦材等装配组成的一类坡屋面系统。

装配式轻型坡屋面宜采用工业化生产的轻质构件。其特点是工业化程度高，施工速度快，所选择的材料应便于工业化生产，并满足国家节能环保的政策法规，在选择材料的同时，应注意各种材料之间的相容性，防止附属材料对主体钢结构或木结构的腐蚀。

（1）冷弯薄壁型钢应采用热浸镀锌板（卷）直接进行冷弯成型，承重冷弯薄壁型钢采用的热浸镀锌板应符合相关标准规定，镀锌板的双面镀锌层重量不应小于 $180g/m^2$。

（2）冷弯薄壁型钢所采用的连接件应符合相关标准的规定。

装配式轻型坡屋面冷弯薄壁型钢通常采用的连接件（连接材料）的相关标准如下：

1）普通螺栓的相关标准有《六角头螺栓 C 级》（GB/T 5780）、《紧固件机械性能 螺栓、螺钉和螺柱》（GB/T 3098.1）等。

2）高强度螺栓的相关标准有《钢结构用高强度大六角头螺栓》（GB/T 1228）、《钢结构用高强度大六角螺母》（GB/T 1229）、《钢结构用高强度垫圈》（GB/T 1230）、《钢结构用高强度大六角头螺栓、大六角螺母、垫圈技术条件》（GB/T 1231）、《钢结构用扭剪型高强度螺栓连接副》（GB/T 3632）等。

3）连接薄钢板、其他金属板或其他板材采用的自攻、自钻螺钉的相关标准有《十字槽盘头自钻自攻螺钉》（GB/T 15856.1）、《十字槽沉头自钻自攻螺钉》（GB/T 15856.2）、《十字槽半沉头自钻自攻螺钉》（GB/T 15856.3）、《六角法兰面自攻螺钉》（GB/T 16824.2）、《开槽盘头自攻螺钉》（GB/T 5282）、《开槽沉头自攻螺钉》（GB/T 5283）、《开槽半沉头自攻螺钉》（GB/T 5284）、《六角头自攻螺钉》（GB/T 5285）等。

4）抽芯铆钉相关标准有以下几种：

《封闭型平圆头抽芯铆钉　11 级》（GB/T 12615.1）；

《封闭型平圆头抽芯铆钉　30 级》（GB/T 12615.2）；

《封闭型平圆头抽芯铆钉　06 级》（GB/T 12615.3）；

《封闭型平圆头抽芯铆钉　51 级》（GB/T 12615.4）；

《封闭型沉头抽芯铆钉　11 级》（GB/T 12616.1）；

《开口型沉头抽芯铆钉　10、11 级》（GB/T 12617.1）；

《开口型沉头抽芯铆钉　30 级》（GB/T 12617.2）；

《开口型沉头抽芯铆钉　12 级》（GB/T 12617.3）；

《开口型沉头抽芯铆钉　51 级》（GB/T 12617.4）；

《开口型平圆头抽芯铆钉　10、11 级》（GB/T 12618.1）；

《开口型平圆头抽芯铆钉　30 级》（GB/T 12618.2）；

《开口型平圆头抽芯铆钉　12 级》（GB/T 12618.3）；

《开口型平圆头抽芯铆钉　51 级》（GB/T 12618.4）；

《开口型平圆头抽芯铆钉　20、21、22 级》（GB/T 12618.5）；

《开口型平圆头抽芯铆钉　40、41 级》（GB/T 12618.6）。

5）射钉的相关标准有《射钉》（GB/T 18981）。

6）锚栓的相关标准有《碳素结构钢》（GB/T 700）、《低合金高强度结构钢》（GB/T 1591）规定的Q345 等。

（3）用于装配式轻型坡屋面的承重木结构用材、木结构用胶及配件，应符合现行国家标准《木结构设计规范》（GB 50005）的有关规定。

（4）新建屋面、平改坡屋面的屋面板（用于坡屋面承托保温隔热层和防水层的承重板）宜采用定向刨花板（OSB 板）、结构胶合板、普通木板及人造复合板等材料。结构用定向刨花板的规格和性能相关标准有《定向刨花板》（LY/T 1580），定向刨花板宜采用 3 级以上的板材；结构胶合板的相关标准有《普通胶合板》（GB/T 9846）。新建屋面、平改坡屋面若采用波形瓦时，可不设屋面板。

（5）木屋面板材的主要性能应符合现行国家标准《木结构工程施工质量验收规范》（GB 50206）的有关规定，其规格应符合表 8-21 的规定。

表 8-21　木屋面板材规格（mm）　　GB 50693—2011

屋面板	厚　度
定向刨花板（OSB 板）	≥11.0
结构胶合板	≥9.5
普通木板	≥20

（6）新建屋面、平改坡屋面的屋面瓦，宜采用沥青瓦、沥青波形瓦、树脂波形瓦等轻质瓦材，所采用的屋面瓦的材质应符合 8.2.3 节、8.2.4 节、8.2.5 节的规定和设计的要求。

8.2.8　泛水材料

坡屋面所使用的泛水材料主要包括自粘泛水带、金属泛水带和防水涂料等。

自粘聚合物沥青泛水带应符合现行行业标准《自粘聚合物沥青泛水带》（JC/T 1070）的有关规定；自粘丁基胶带泛水应符合现行行业标准《丁基橡胶防水密封胶粘带》（JC/T 942）的有关规定，防水涂料应符合相关标准的规定。在外露环境中使用的泛水材料应具有耐候性能。

8.2.9　机械固定件

机械固定件是指应用于机械固定保温隔热材料，防水卷材的固定钉、垫片、套管和压条等配件。机械固定件的技术性能要求如下：

（1）机械固定件应符合以下规定：①固定件、配件的规格和技术性能应符合相关标准的规定，并应满足屋面防水层设计使用年限和安全的要求；②固定件应具有抗腐蚀涂层；③固定件应选用具有抗松脱功能螺纹的螺钉；④应按设计要求提供固定件拉拔力性能的检测报告；⑤使用机械固定岩棉等纤维状保温隔热材料时，宜采用带套管的固定件。

（2）机械固定件在高湿、高温、腐蚀等环境下使用时，应符合以下规定：①室内保持湿度大于70％时，应采用不锈钢螺钉；②在高温化学腐蚀等环境下使用时，应采用不锈钢螺钉。

（3）保温板垫片的边长或直径不应小于 70mm。

（4）机械固定件宜做抗松脱测试。

（5）固定钉宜进行现场拉拔试验。

8.2.10　顺水条和挂瓦条

木质顺水条和挂瓦条应采用等级为Ⅰ级或Ⅱ级的木材，含水率不应大于 18％，并应做防腐防蛀处理；金属材质顺水条、挂瓦条应做防锈处理。

顺水条的断面尺寸宜为 40mm×20mm；挂瓦条的断面尺寸宜为 30mm×30mm。

8.2.11　其他材料

隔汽层采用的材料应具有隔绝水蒸气、耐热老化、抗撕裂和抗拉伸等性能。

接缝密封防水应采用高弹性、低模量、耐老化的密封材料。

坡屋面工程材料的生产企业应提供配件，以及安装说明书或操作规程等文件。

8.3　坡屋面工程的施工

在坡屋面工程施工前，应通过图纸会审对施工图中的细部构造进行重点审查，施工单位则应编制施工方案、技术措施和技术交底。坡屋面工程应由具有相应资质的专业队伍进行施工，施工操作人员应持证上岗。

8.3.1　坡屋面工程施工的基本规定

坡屋面工程施工的基本规定如下：

（1）穿出屋面的管道、设施和预埋件等，应在防水层施工之前进行安装。

（2）防水垫层施工完成后，应及时铺设瓦材或屋面材料，铺设瓦材时，瓦材应在屋面上均匀分散堆放，自下而上作业，瓦材宜顺工程所在地年最大频率风向铺设。坡屋面的种植施工应符合现行行业标准

《种植屋面工程技术规程》（JGJ 155）的有关规定。

（3）保温隔热材料的施工应符合以下规定：①保温隔热材料应按照设计要求进行铺设；②板状保温隔热材料铺设应紧贴基层，铺平垫稳，拼缝严密，固定牢固；③板状保温隔热材料可镶嵌在顺水条之间；④喷涂硬泡聚氨酯保温隔热层的厚度应符合设计要求，并应符合现行国家标准《硬泡聚氨酯保温防水工程技术规范》（GB 50404）的有关规定；⑤内保温隔热屋面所采用的保温隔热材料的施工应符合设计要求。

（4）采光天窗与结构框架连接处应采用耐候密封材料封严；结构框架与屋面连接部位的泛水应按顺水方向自下而上铺设。

（5）屋面转角处、屋面与穿出屋面设施的交接处，应设置防水垫层附加层，并应加强防水密封措施。

（6）装配式屋面板应采取下列接缝密封措施：①混凝土板的对接缝宜采用水泥砂浆或细石混凝土灌填密实；②轻型屋面板的对接缝宜采用自粘胶条盖缝。

（7）施工的每道工序完成后，应检查验收并有完整的检查记录，合格之后方可进行下道工序的施工，下道工序或相邻工程施工时，应对已完成的部分做好清理和保护。

（8）坡屋面工程施工应符合以下规定：①屋面周边和预留孔洞部位必须设置安全护栏和安全网或其他防止坠落的防护措施；②屋面坡度大于30%时，应采取防滑措施；③施工人员应戴安全帽、系安全带和穿防滑鞋；④雨天、雪天和五级风及以上时不得施工；⑤施工现场应设置消防设施，并应加强火源管理。

8.3.2 防水垫层的施工

铺设防水垫层的基层应平整、干净、干燥，铺设防水垫层时，应平行于屋脊自下而上进行铺贴，平行屋脊方向的搭接应顺流水方向，垂直屋脊方向的搭接宜顺年最大频率风向，搭接缝应交错排列。铺设防水垫层的最小搭接宽度应符合表 8-22 的规定。

表 8-22 防水垫层最小搭接宽度（mm）　　GB 50693—2011

防水垫层	最小搭接宽度
自粘聚合物沥青防水垫层 自粘聚合物改性沥青防水卷材	75
聚合物改性沥青防水垫层（满粘） 高分子类防水垫层（满粘） SBS、APP 改性沥青防水卷材（满粘）	100
聚合物改性沥青防水垫层（空铺） 高分子类防水垫层（空铺）	上下搭接：100 左右搭接：300
波形沥青通风防水垫层	上下搭接：100 左右搭接：至少一个波形且不小于 100

铝箔复合隔热防水垫层宜设置在顺水条与挂瓦条之间，并在两条顺水条之间形成凹曲。

波形沥青通风防水垫层采用机械固定施工时，固定件应固定在压型钢板波峰或混凝土层上；固定钉与垫片应咬合紧密；固定件的分布应符合设计要求。

8.3.3 块瓦和沥青瓦屋面的施工

瓦屋面所采用的木质基层、顺水条、挂瓦条的防腐、防火及防蛀处理，以及金属顺水条、挂瓦条的防锈蚀处理，均应符合设计要求。屋面木基层应铺钉牢固、表面平整；屋面钢筋混凝土基层的表面应平整、干净、干燥。

防水垫层的铺设应符合以下规定：①防水垫层的铺设可采用空铺、满粘或机械固定等工艺；②防水垫层在瓦屋面构造层中的位置应符合设计要求；③防水垫层宜自下而上平行于屋脊铺设；④防水垫层应顺流水方向搭接，搭接宽度应符合表8-4的要求；⑤防水垫层应铺设平整，下道工序施工时，不得损坏已铺设完成的防水垫层。

持钉层的铺设应符合以下规定：①若屋面无保温层，木基层或钢筋混凝土基层不平整时，宜用1∶2.5的水泥砂浆进行找平。②若屋面设置有保温层时，保温层上应按设计要求做细石混凝土持钉层，内配钢筋网应骑跨屋脊，并应绷直，与屋脊和檐口、檐沟部位的预埋锚筋连牢；预埋锚筋穿过防水层或防水垫层时，破损处应进行局部密封处理。③水泥砂浆或细石混凝土持钉层可不设分格缝，持钉层与凸出屋面结构的交接处应预留30mm宽的缝隙。

8.3.3.1 块瓦屋面的施工

块瓦屋面的施工工艺流程参见图8-45。

1. 清理基层

屋面基层或持钉层应平整、牢固。木基层上的灰尘、杂物必须清除干净。

检查檩条、椽条、封檐板等材料的施工是否符合设计要求。

2. 保温层的施工

采用不同类型的保温材料，其施工要求是不同的。

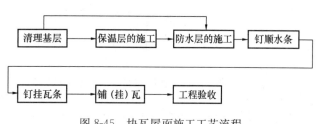

图8-45 块瓦屋面施工工艺流程

(1) 板状保温隔热材料的施工应符合以下要求：①基层应平整、干燥、干净；②应紧贴基层铺设，铺平垫稳，固定牢固，拼缝严密；③保温板多层铺设时，上下层保温板应错缝铺设；④保温隔热层上覆或下衬的保温板及构件等，其品种、规格应符合设计要求和相关标准的规定；⑤保温隔热材料采用机械固定工艺进行施工时，保温隔热板材的压缩强度和点荷载强度应符合设计要求；⑥机械固定施工时，固定件的规格、布置方式和数量应符合设计要求。

(2) 喷涂硬泡聚氨酯保温隔热材料的施工应符合以下要求：①基层应平整、干净、干燥；②喷涂硬泡聚氨酯保温隔热层的厚度应符合设计要求，喷涂应平整；③应使用专用喷涂设备施工，施工环境温度宜为15～30℃，相对湿度小于85%，不宜在风力大于三级时施工；④穿出屋面的管道、设备、预埋件等，应在喷涂硬泡聚氨酯保温隔热层施工前安装完毕，并做密封处理。

3. 防水层的施工

平瓦屋面如为木基层，为了防止雨水沿瓦间的缝隙流入瓦下，导致雨水浸湿木基层面，发生渗漏，在铺平瓦之前，应先在木基层上铺设一层防水卷材。在木基层上铺设防水卷材，应自下而上平行于屋脊进行铺贴，檐口处卷材应盖过封檐板上边口10～20mm，卷材的搭接应顺流水方向，长边搭接不少于100mm，短边搭接不少于150mm，搭边要钉住，不得翘边，卷材铺设时应压实铺平，防止缺边破洞，在施工时亦不得损坏卷材。

防水层若采用防水垫层材料，其施工则应符合8.3.2节的相关规定。

4. 钉顺水条

设防水层后，应按设计要求的间距在防水层上顺流水（垂直屋脊）方向钉顺水条，顺水条一般为25mm×25mm，其表面应平整，间距不宜大于500mm。顺水条应铺钉牢固、平整。

5. 钉挂瓦条

挂瓦条断面一般为30mm×30mm，长度一般不少于3根椽条间距，挂瓦条必须平直（特别是保证挂瓦条上边口的平直），接头在椽木上，钉置牢固，不得漏钉，接头要错开，同一椽木条上不得有3个接头；钉置檐口条（或封檐板）时，要比挂瓦条高 20～30mm，以保证檐口第一块瓦的平直；钉挂瓦一般从檐口开始向上至屋脊，钉置时，要随时校核挂瓦条间距尺寸的一致。为保证尺寸准确，可在一个坡面两端准确量出瓦条间距，通长拉线钉挂瓦条。

在顺水条上钉挂瓦条时应拉通线，挂瓦条的间距应根据瓦片的规格和屋面坡面的长度经计算确定，黏土平瓦一般间距为 280～330mm。

檐口第一根挂瓦条，要保证瓦头出檐（或出封檐板外）50～70mm，参见图 8-46 和图 8-47；上下排平瓦的瓦头和瓦尾的搭扣长度为 50～70mm；屋脊处两个坡面上最上两根挂瓦条，要保证挂瓦后，两个瓦尾的间距在搭盖脊瓦时，脊瓦搭接瓦尾的宽度每边不小于 40mm。

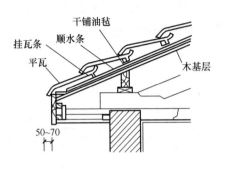

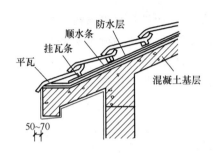

图 8-46　平瓦屋面檐口（木基层）　　　　图 8-47　平瓦屋面檐口（混凝土基层）

钉置檐口条或封檐板时，要比挂瓦条高 20～30mm，以保证檐口第一块瓦的平直。

挂瓦条应铺钉平整、牢固，上棱应成一直线。

现浇钢筋混凝土屋面板基层时，在基层找坡找平后，按挂瓦条间距弹出挂瓦条位置线，按 500mm 间距打 1.5″ 水泥钉，拉 ϕ4mm 钢筋与水泥钉绑扎，然后嵌引条抹 1∶2.5 水泥砂浆（加 108 胶）做出挂瓦条，挂瓦条每 1.5m 留出 20mm 缝隙，以防胀缩。

现浇钢筋混凝土屋面板基层及砂浆挂瓦条宜涂刷一层防水涂料或批抹防水净浆一道，以提高屋面防水能力。

顺水条与持钉层的连接、挂瓦条与顺水条的连接、块瓦与挂瓦条的连接应固定牢固。

6. 铺（挂）瓦

（1）平瓦铺（挂）前的准备工作包括堆瓦、选瓦、上瓦、摆瓦等。

堆瓦：平瓦运输堆放应尽可能避免多次倒运。要求平瓦长边侧立堆放，最好一顺一倒合拢靠紧，堆放成长条形，高度以 5～6 层为宜，堆放、运瓦时，要稳拿轻放。

选瓦：平瓦的质量应符合要求，铺挂瓦前要进行选瓦。凡缺边、掉角、裂缝、砂眼、少爪、翘曲不平的瓦均不宜使用，但半边瓦和掉角、缺边的平瓦可用于山檐边、斜沟或斜背处，其使用部分的表面不得有缺损或裂缝。通过铺瓦预排，山墙或天沟处如有半瓦，应预先锯好。

上瓦：待基层检验合格后方可上瓦，上瓦时，应特别注意安全，如在屋架承重的屋面上，上瓦必须前后两坡同时同一方向进行，严禁单坡上瓦，以防屋架受力不均匀导致变形。

摆瓦：一般可分为"条摆"和"堆摆"两种，"条摆"要求隔 3 根挂瓦，条摆一条瓦，每米约 22 块；"堆摆"要求一堆 9 块瓦，间距为左右隔 2 块瓦宽，上下隔 2 根挂瓦条，均匀错开，摆置稳妥。在钢筋混凝土挂瓦板上，最好随运随铺，如需先摆瓦时，要求均匀分散平摆在板上，不得在一块板上堆放过多，更不能在板的中间部位堆放过多，以免荷载集中而发生板断裂。

（2）铺（挂）瓦的施工要求。平瓦应铺成整齐的行列，彼此应紧密搭接，并应瓦榫落槽、瓦脚挂牢、瓦头排齐，檐口应成一直线，且无翘角和张口现象。在铺设瓦屋面时，瓦片应均匀分散堆放在两坡屋面上，不得集中堆放。铺瓦时，应由两坡从下向上同时对称铺设。

屋面端头用半瓦错缝。瓦要与挂瓦条挂牢，瓦爪与瓦槽要搭接紧密，并保证搭接长度。檐口瓦要用镀锌铁丝拴牢于檐口挂瓦条上。在屋面坡度大于50％、大风和地震地区，每片瓦均需用镀锌铁丝固定于挂瓦条上。瓦搭接要避开主导风向，以防漏水。檐口要铺成一条直线，瓦头挑出檐口长度为50～70mm。天沟处的瓦要根据宽度及斜度弹线锯料，沟边瓦要按设计规定伸入天沟内50～70mm。靠近屋脊瓦处的一排瓦应用水泥石灰砂浆固定牢固。但切忌灰浆凸出瓦外，以防此处渗漏。整坡瓦面应平整，行列横平竖直，无翘角和张口现象。

脊瓦要在平瓦铺挂完后拉线铺放。接口需顺主导风向，脊瓦搭盖间距应均匀。脊瓦与坡瓦之间的缝隙，应采用掺有聚合物的水泥砂浆填实抹平；屋脊与斜脊应平直，无起伏现象，脊瓦搭盖间距应均匀。沿山墙封檐的一行瓦，宜用1:2.5的聚合物水泥砂浆做出坡水线，将瓦封固。

在基层上采用泥背铺设平瓦时，泥背应分两层铺抹，待第一层干燥后再铺抹第二层，并随铺平瓦；在混凝土基层上铺设平瓦时，应在基层表面抹1:3水泥砂浆找平层，钉设挂瓦条挂瓦。

当设有卷材或涂膜防水层时，防水层应铺设在找平层上；当设有保温层时，保温层应铺设在防水层上。

平瓦屋面节点泛水的施工要求如下：

(1) 山墙边泛水做法见图8-48。

(2) 天沟、檐沟的防水层宜采用1.2mm厚的合成高分子防水卷材、3mm厚的高聚物改性沥青防水卷材铺设，或采用1.2mm合成高分子防水涂料涂刷设防，亦可用镀锌薄钢板铺设。

施工的注意事项如下：

(1) 平瓦屋面的横、竖缝，一般不得用砂浆封堵。如需封缝时，封堵砂浆不应露出缝口之外，可将砂浆嵌入瓦下，避免砂浆干缩开裂后，水从裂缝中渗入漏水。

(2) 挂瓦时，操作人员应避免在瓦上行走。如必需时，脚应踩在瓦的端头，使瓦不被踩断。挂瓦过程中发现坏瓦，应及时剔除更换。

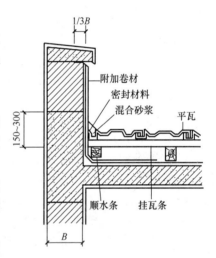

图8-48　山墙泛水做法

(3) 檐口第一根挂瓦线应保证瓦头出檐口50～70mm；屋脊两坡最上面的一根挂瓦线，应保证脊瓦在坡面瓦上的搭盖宽度不小于40mm；钉檐口条或封檐板时，均应高出挂瓦条20～30mm。通风屋面屋脊和檐口的施工应符合设计要求。

(4) 烧结瓦、混凝土瓦屋面完工后，应避免屋面受物体冲击，严禁堆放物件。

(5) 烧结瓦、混凝土瓦在运输时应轻放，不得抛扔、碰撞，进入施工场地后，则应堆垛整齐。进场的烧结瓦、混凝土瓦应边缘整齐、表面光洁，不得有分层、裂纹和露砂等缺陷，进场的瓦材应检验抗渗性、抗冻性和吸水性等项目。

8.3.3.2 沥青瓦屋面的施工

沥青瓦屋面的施工环境温度宜为5～35℃，若环境温度低于5℃时，则应采取加强粘结的措施。

不同类型、规格的沥青瓦产品应分别堆放；贮存温度不应高于45℃，并应平放贮存；沥青瓦产品的贮存，应避免雨淋、日晒、受潮，并应注意通风和避免接近火源。进场的沥青瓦产品应检验可溶物含量、拉力、耐热度、柔度、不透水性、叠层剥离强度等项目。

油毡瓦屋面若与卷材或涂膜防水层复合使用时，防水层应铺设在找平层之上，防水层之上再做细石混凝土找平层，然后铺设卷材垫毡和油毡瓦；当油毡瓦屋面设有保温层时，保温层可做成正置式屋面，也可做成倒置式屋面。

1. 基层清理

沥青瓦屋面的基层可分为木基层、水泥砂浆基层、钢筋混凝土基层等多种，但无论何种基层都要求平整、坚固，具有足够的强度，以保证油毡瓦在铺贴施工后屋面的平整，在阳光照射下获得最佳的装饰效果。屋面坡度应符合设计的要求（油毡瓦屋面的坡度宜为 20％～85％）。

屋面基层应清除杂物、灰尘，确保干净，无起砂、起皮等缺陷。

2. 保温层的施工

板状保温隔热材料和喷涂硬泡聚氨酯保温隔热材料的施工见 8.3.3.1 节 2。

3. 防水层的施工

防水垫层材料的施工应符合 8.3.2 的相关规定。

防水垫层铺设完工之后，方可进行沥青瓦的铺设。

4. 铺钉垫毡

沥青瓦在铺设时，应在基层上先铺设一层沥青防水卷材（油毡）作为垫层，其铺设方法可从檐口往上用固定钉铺钉，为了防止钉帽外露锈蚀而影响固定，钉帽必须盖在搭接层内，两块垫毡之间的搭接宽度不应小于 50mm。垫层的铺设方法参见图 8-49。

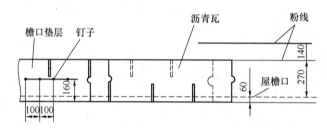

图 8-49 铺设檐口垫层的施工方法

5. 铺钉油毡瓦

（1）弹基准线。在铺设沥青瓦之前，应在屋面基层上弹出水平基准线和垂直基准线，并应按线进行沥青瓦的铺设。

（2）沥青瓦的外露尺寸。宽度规格为 333mm 的沥青瓦，每张瓦片的外露部分不应大于 143mm，其他沥青瓦应符合制造商规定的外露尺寸要求。

（3）沥青瓦的固定方法。沥青瓦是一类轻而薄的片状材料，瓦片之间相互搭接点粘，为防止大风将沥青瓦掀起，必须将沥青瓦紧贴在基层上，以使瓦面平整。

沥青瓦铺设在木基层上时，可采用固定钉固定；若铺设在混凝土基层上时，可采用射钉固定，也可以采用冷玛瑞脂或胶粘剂固定，参见图 8-50。

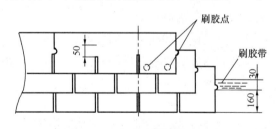

图 8-50 沥青瓦的固定方法

在沥青瓦上钉固定钉时，应将钉垂直钉入持钉层内，固定钉穿入细石混凝土持钉层的深度不应小于 20mm，穿入木质持钉层的深度不应小于 15mm，固定钉钉入沥青瓦，钉帽应与沥青瓦表面齐平，不得外露在沥青瓦表面。

每片沥青瓦用于固定的固定钉不应少于 4 个，固定钉应垂直钉入，当屋面坡度大于 150％时，则应增加固定钉的数量或采用沥青胶粘贴，以防下滑。沥青瓦的施工方法参见图 8-51。檐口、屋脊等屋面边缘部位的沥青瓦之间、起始层沥青瓦与基层之间，均应采用沥青基胶粘剂满粘牢固。

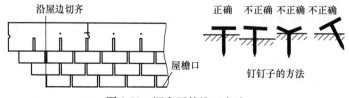

图 8-51 沥青瓦的施工方法

（4）沥青瓦的铺设方法。

1）檐口部位宜先铺设金属滴水板或双层檐口瓦，并应将其固定在基层上，再铺设防水垫层材料和起始瓦片。

2）沥青瓦应自檐口向上铺设，起始层瓦应由瓦片经切除垂片部分后制得，且起始层瓦沿檐口应平行铺设并伸入檐口 10mm，再用沥青基胶粘剂和基层粘结；第一层瓦应与起始层瓦叠合，但瓦切口应向下指向檐口；第二层瓦应压在第一层瓦上且露出瓦切口，但不得超过切口长度，相邻两层沥青瓦的拼缝及切口应均匀错开。

3）铺设沥青瓦屋面的檐沟、天沟应顺直，瓦片应粘结牢固，搭接缝应密封严密，排水应通畅。

（5）脊瓦的铺设方法。当铺设脊瓦时，应将沥青瓦沿切槽剪开，分成四片脊瓦，每片脊瓦应用两个固定钉固定；脊瓦应顺年最大频率风向搭接，并应搭盖住两坡面沥青瓦每边不小于 150mm；脊瓦与脊瓦之间的压盖面不应小于脊瓦面积的 1/2，参见图 8-52。

屋脊部位的施工应符合以下规定：①应在斜屋脊的屋檐处开始铺设并向上直到正脊；②斜屋脊铺设完成后再铺设正脊，从常年的主导风向的下风侧开始铺设；③应在屋脊处弯折沥青瓦，并将沥青瓦的两侧固定，采用沥青基胶粘剂涂盖暴露的钉帽。

（6）屋面与凸出屋面结构连接处的铺贴方法。屋面与凸出屋面结构的连接处是防水的关键部位，应有可靠的防水措施。沥青瓦屋面与立墙或伸出屋面的烟囱、管道的交接处应做泛水，在其周边与立面 250mm 的范围内应铺设附加层，然后在其表面用沥青基胶粘剂满粘一层沥青瓦片。

（7）排水沟的施工方法。排水沟的施工方法有多种，如"编织"型、暴露型、搭接型等。

"编织"型屋面排水沟的施工方法：首先在排水沟处铺设 1～2 层卷材做附加防水层，然后再安装沥青瓦；沥青瓦的铺设采用相互覆盖"编织"方法，参见图 8-53。

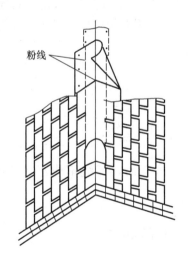 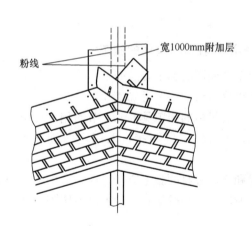

图 8-52　脊瓦的铺设方法　　图 8-53　"编织"型屋面
排水沟的施工方法

暴露型屋面排水沟的施工方法是沿屋面排水沟自下向上铺一层宽为 500mm 的防水卷材，在卷材两边相距 25mm 处钉钉子进行固定。在屋檐口处切齐防水卷材。需要纵向搭接时，上面一层与下面一层的搭接宽度不少于 200mm，并在搭接处涂刷橡胶沥青冷胶粘剂。沥青瓦用钉子固定在卷材上，一层一层由下向上安装，参见图 8-54。

搭接型屋面排水沟的施工方法是将沥青瓦相互衔接，首先同样是铺卷材，随后在排水沟中心线两侧 150mm 处分别弹两条线，铺沥青瓦时先铺主部位，每一层沥青瓦都要铺过屋面排水沟中心线 300mm，钉子钉在线外侧 25mm 处，完成主部位后再铺辅部位，参见图 8-55。

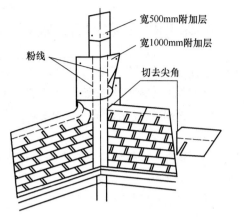
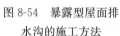
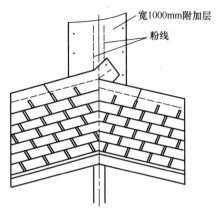

图 8-54 暴露型屋面排   图 8-55 搭接型屋面排水沟的施工方法
水沟的施工方法

8.3.4 波形瓦屋面的施工

波形瓦屋面的施工要点如下：

（1）板状保温隔热材料和喷涂硬泡聚氨酯保温隔热材料的施工见 8.3.3.1 节 2。

（2）防水垫层材料的施工应符合 8.3.2 节的相关规定。

（3）带挂瓦条的基层应平整、牢固。

（4）铺设波形瓦应在屋面上弹出水平基准线和垂直基准线，并应按线铺设。

（5）波形瓦的固定，其瓦钉应沿弹线固定在波峰上，檐口部位的瓦材应增加固定钉的数量。

（6）波形瓦与山墙、天沟、天窗、烟囱等节点连接部位，应采用密封材料、耐候型自粘泛水带等进行密封处理。

8.3.5 装配式轻型坡屋面的施工

装配式轻型坡屋面的施工要点如下：

（1）保温隔热材料的施工见 8.3.3.1 节 2。

（2）防水垫层材料的施工见 8.3.2 节的相关规定。

（3）屋面板铺装宜错缝对接，采用定向刨花板或结构胶合板时，板缝不应小于 3mm，不宜大于 6.5mm。

（4）瓦材和金属板材的施工应按 8.3.3 节中相关的规定执行。

（5）平改坡屋面安装屋架和构件不得破坏既有建筑防水层和保温隔热层。

8.3.6 单层防水卷材坡屋面的施工

单层防水卷材坡屋面的施工要点如下：

（1）隔汽层可空铺于压型钢板或装配式屋面板之上，采用机械固定法施工时，应与保温隔热层同时固定；隔汽材料的搭接宽度不应小于 100mm，并应采用密封胶带连接，屋面开孔及周边部位的隔汽层应采用密封措施。

（2）采用机械固定的保温隔热层的施工应符合以下要求：①基层应平整、干燥；②保温板多层铺设时，上下层保温板之间应错缝铺设；③保温隔热层上覆或下衬的保护板及构件等，其品种、规格应符合设计要求和相关标准的规定；④机械固定施工时，保温板材的压缩强度和点荷载强度应符合设计要求和 8.1.6 节（8）的规定；⑤固定件的规格、布置方式和数量应符合设计要求和表 8-8 的规定。

（3）保温隔热层与防水层的材性若不相容时，其间应设置隔离层，隔离层的搭接宽度不应小于 100mm。

（4）采用机械固定法施工防水卷材时，应符合以下规定：①固定件的数量和间距应符合设计要求；螺钉固定件必须固定在压型钢板的波峰上，并应垂直于屋面板，与防水卷材结合紧密；在屋面收边和开口部位，当固定钉不能固定在波峰上时，则应增设收边加强钢板，固定钉固定在收边加强钢板上。②螺钉穿出钢屋面板的有效长度不得小于 20mm，当底板为混凝土屋面板时，嵌入混凝土屋面板的有效长度不得小于 30mm。③铺贴和固定卷材应平整、顺直、松弛，不得折皱。④卷材铺贴和固定的方向宜垂直于屋面压型钢板波峰，坡度大于 25％时，宜垂直屋脊铺贴。⑤高分子防水卷材搭接边采用焊接法施工，接缝不得漏焊或过焊。⑥改性沥青防水卷材搭接边采用热熔法工艺施工，应加热均匀，不得过熔或漏熔，搭接缝的沥青溢出宽度宜为 10～15mm。⑦保温隔热层采用聚苯乙烯等可燃材料制作的保温板时，其卷材搭接边施工不得采用明火热熔。

（5）用于屋面机械固定系统的卷材搭接，螺栓中心距卷材边缘的距离不应小于 30mm，搭接处不得露出钉帽，搭接缝应进行密封处理。

（6）采用热熔法或胶粘剂满粘法工艺进行施工的防水卷材应符合以下规定：①基层应当坚实、平整、干净、干燥。细石混凝土基层不得有疏松、开裂、空鼓等现象，并应涂刷基层处理剂，基层处理剂应与卷材的材性相容。②不得直接在保温隔热层表面采用明火热熔法和热沥青粘贴沥青基防水卷材；不得直接在保温隔热层材料表面采用胶粘剂粘贴防水卷材；③采用满粘法工艺施工时，胶粘剂与防水卷材的材性应相容。④若保温隔热材料上覆有保护层材料时，则可直接在保护层材料上面用胶粘剂粘贴防水卷材。

第9章 金属屋面和采光顶

随着科学技术的不断发展，建筑物的围护结构的用材、设计、制作、安装等诸多方面正在朝着多元化方向发展，建筑幕墙、金属屋面和采光顶已成为重要的建筑围护结构。就屋面围护结构而言，与钢结构建筑物相配套的屋面，最多的就是采用金属屋面和采光顶屋面形式，其中金属屋面主要以金属面板为主，而采光顶屋面则以玻璃采光顶为主，在一些建筑空间中各种阳光板也被大量使用。

金属屋面的构造也是以防水构造为主，此外还要考虑到保温、隔热、隔声、防火等功能，金属屋面属于结构自防水屋面，其关键在于金属板之间的连接。采光顶屋面的构造除了应考虑到普通屋面的各种构造要求外，还应考虑屋面的防结露构造。

9.1 金属屋面和采光顶概述

9.1.1 金属屋面

金属屋面又称金属板屋面、金属屋面系统，是指采用具有轻质、高强、耐久和防腐性能较好的金属薄板（金属平板、压型金属板或金属夹芯板）配以保温、防水、隔热、吸声、隔声等材料组装而成的，依靠固定支架、紧固件与支承结构体系连接，通过支承体系将屋面荷载传递至主体结构，不分担主体结构所受作用且与水平方向夹角小于75°的，其构成能够满足屋面系统的各项功能要求的一类建筑围护系统。

金属屋面系统一般由主次檩条、金属底板、吸声层、隔汽层、保温层、防水层、金属面板等构造层次所组成。金属屋面所采用的金属面板材料主要有彩色涂层钢板、镀锌钢板、不锈钢板、铝合金板（宜选用铝镁锰合金板）、铝塑复合板、铝蜂窝复合铝板、锌合金板、钛合金板、铜合金板等，板材的表面一般可进行涂装处理，由于材质及涂层质量的不同，有的板材使用寿命可长达50年以上。金属屋面是将结构层和防水层合二为一的一类屋盖形式。

金属屋面的技术分类是多层面的，按其使用功能的不同，可分为非保温隔热型金属屋面、保温隔热型金属屋面、隔声型金属屋面、防水型金属屋面、卷材防水型金属屋面、种植型金属屋面、太阳能金属屋面等多种类型；按其面板采用的材质不同，可分为涂层钢板金属屋面、铝合金板金属屋面、特种金属板金属屋面等；按其所使用的面板形状的不同，可分为金属平板屋面、压型金属板屋面，按其压型板的构成不同，可分为单层压型板（单层板）金属屋面和复合压型板（复合板）金属屋面，复合板又称夹芯板，即将保温层等功能层次复合在两层金属面板之间的一类金属屋面用板材，复合板根据其采用的芯材不同，可分为保温夹芯板金属屋面、卷材防水压型钢板复合保温屋面等，复合板根据其构造的不同，可分为双层压型板复合保温屋面、多层压型板复合保温屋面等；按其屋面系统受力体系的不同，可分为有檩体系金属屋面和无檩体系金属屋面。金属屋面的分类参见图9-1。

金属屋面板材的施工工艺亦有多种，有的板材是在工厂加工好后再运送到施工现场进行组装的，也有的板材是根据屋面的具体需要，在施工现场进行制作的。

金属屋面是近几年来大量应用的一类屋面系统，已由开始的金属平板类建筑幕墙系统发展到专业压型板（连续板材）类系统，在技术方面实现了很大的飞跃，采用建筑幕墙构造的金属屋面可以参考幕墙类规范执行，技术方面亦相对成熟，采用压型板的金属屋面构造设计方面比较成熟，但在计算理论方面尚需进一步研究。

压型板金属屋面可以分为直立锁边屋面系统、直立卷边屋面系统、转角立边双咬合屋面系统和古典

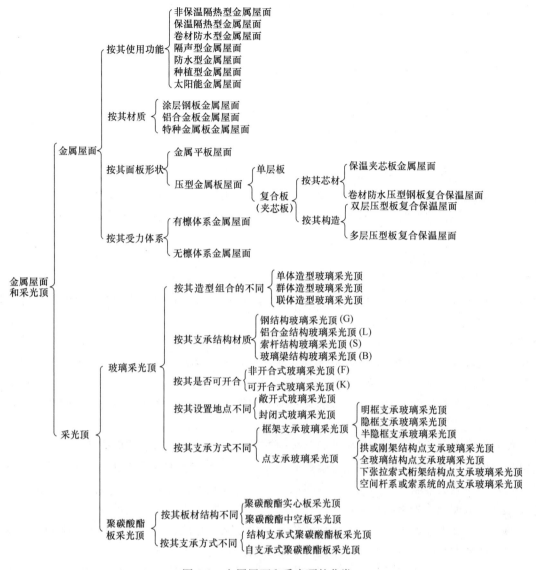

图 9-1　金属屋面和采光顶的分类

式扣盖屋面系统等四类。直立锁边点支承屋面系统是通过专用设备或手工咬合工艺，将直立锁边板和 T 形支座咬合并连接到屋面支承结构的金属屋面系统，其主要用于大跨度建筑屋面，其特点是：T 形支座通过咬合方式连接，屋面板上不设置穿孔，防水性能好；U 形直立锁边板自身形成相互独立的排水槽，使屋面能够有效地进行排水，排水性能佳；在面板和支座之间能够实现滑动，有效吸收屋面板因热胀冷缩等产生的温差变形，使得该系统在纵向超长尺寸面板的应用中有明显的优势。直立卷边咬合系统则采用了压型金属板的三维弯弧，并进行立边卷边咬合，其能满足特异造型的需要，其通常应用于倾斜小于25°的屋面、球面及弧形屋面，其在建筑外观要求比较时尚的建筑中应用较为广泛，此系统还具有立边高度小、板材损耗小、质量小、施工安装方便等优点。转角立边双咬合屋面系统和古典式扣盖屋面系统则应用较少。

金属屋面在大型公共建筑、厂房、库房、旅舍、住宅等处均有应用。其中压型金属板屋面适用于防水等级为一级和二级的坡屋面，金属面绝热夹芯板屋面适用于防水等级为二级的坡屋面。

9.1.2　采光顶

采光顶是指由透明面板与支承结构体系组成的，不分担立体结构所受作用且与水平方向夹角小于

75°的一类建筑围护结构。采光顶根据所采用的面板材料的材质不同，可分为玻璃采光顶和聚碳酸酯板采光顶等。

1. 玻璃采光顶和玻璃雨篷

玻璃采光顶是指由能直接承受屋面荷载和作用的玻璃透光面板与支承结构体系组成的一类屋盖形式。

玻璃采光顶最早是以房屋采光为目的，其主要是为了解决室内的采光，之后逐渐发展成为以装饰和采光为目的的一种新的屋盖形式。随着科学技术的发展和新材料的涌现，其设计形式也势将越来越新颖。

随着经济的不断发展，人们对生产环境的要求也越来越多样化，在一些环境中需要有良好的建筑自然采光，随之玻璃采光顶得到了广泛的应用，人们要求玻璃采光顶造型别致，能与丰富多彩的建筑艺术相匹配，于是带坡的、圆形的、锥形的等各种外形的采光顶纷纷展现在人们眼前，以适应建筑造型的需要。

玻璃采光顶根据其造型组合的不同可分为单体造型（即单个玻璃采光顶）、群体造型（即在一个屋盖系统上，有若干单个玻璃采光顶在钢结构或者钢筋混凝土结构支承体系上组合成一个玻璃采光顶群）、联体造型（即由几种玻璃采光顶和玻璃幕墙以共用杆件连成一个整体的玻璃顶和墙面系统）等。

玻璃采光顶其分类方法有多种。按其支承结构材质的不同，可分为钢结构玻璃采光顶（G）、铝合金结构玻璃采光顶（L）、索杆结构玻璃采光顶（S）、玻璃梁结构玻璃采光顶（B）等；按其是否可开合分为非开合式玻璃采光顶（F）和可开合式玻璃采光顶（K）等；按其设置地点的不同，可分为敞开式玻璃采光顶（指设置在通廊或雨篷上的玻璃采光顶）和封闭式玻璃采光顶（指设置在封闭空间的顶盖或屋盖上的玻璃采光顶）。

玻璃采光顶最常用的分类方法是按玻璃面板的支承方式进行分类。按照玻璃面板的支承方式，玻璃采光顶可分为框架支承玻璃采光顶和点支承玻璃采光顶。框架支承玻璃采光顶的支承包括三边、四边、多边等方式，其与玻璃幕墙类似，又可分为明框支承玻璃采光顶、隐框支承玻璃采光顶和半隐框支承玻璃采光顶；点支承玻璃采光顶的支承包括三点、四点、六点等方式，通过钢爪或夹板固定玻璃，又可分为拱或钢架结构点支承玻璃采光顶、全玻璃结构点支承玻璃采光顶、下张拉索式桁架结构点支承玻璃采光顶和空间杆系或索系的点支承玻璃采光顶。玻璃采光顶的分类见图9-1。

玻璃采光顶的支承形式包括桁架、网架、拱壳、圆穹等。采光顶的支承结构通常采用钢结构、铝合金结构和玻璃梁结构等，钢结构包括刚性结构（梁、拱、树状、支柱、桁架和网架、单层和双层网壳等）、柔性结构（张拉索杆体系、自平衡索杆体系、索网和整体张拉索穹顶等）和混合结构（同时采用刚性结构和柔性结构的支承体系）等。

玻璃雨篷是指面板采用玻璃的，建筑物外门顶部具有遮阳、挡雨和保护门扇作用的一类建筑结构。

玻璃采光顶现已发布了适用于建筑玻璃采光顶、建筑玻璃雨篷的建筑工业行业标准《建筑玻璃采光顶》（JG/T 231）。

2. 聚碳酸酯板采光顶

聚碳酸酯板采光顶是指由直接承受屋面荷载和作用的聚碳酸酯透光面板与支承结构组成的一类屋盖形式。

聚碳酸酯（PC）是最常用的工程塑料之一，用其制成的板材不仅具有良好的透光性、抗冲击性及耐紫外线辐射性能，而且制品具有尺寸稳定性和良好的加工性能，是一种良好的屋面采光材料。

聚碳酸酯板材按其结构形式的不同，可分为聚碳酸酯实心板和聚碳酸酯中空板。聚碳酸酯中空板按其产品的结构不同，可分为双层板、三层板、多层板、飞翼板、锁扣板等；按其产品是否含防紫外线共挤层，可分为含UV共挤层防紫外线中空板和不含UV共挤层的普通型中空板。聚碳酸酯板采光顶可采用聚碳酸酯平板、聚碳酸酯多层中空板等材料，其中 U 形中空板结构设计合理，防水性能良好。

聚碳酸酯采光顶按其支承方式可分为结构支承式和自支承式两大类。

结构支承式即通过与主体钢结构相连接的主龙骨和次龙骨的支承来固定面板，以承受荷载及其效应的组合作用，其支承结构形式可以与玻璃采光顶相同，可以是钢梁、拱和组合拱、穹顶、平面桁架、空间桁架、网架、网壳，也可以是钢拉索、钢拉杆或其组合的索杆结构；可以是双层网索、单层网索、单网索和索网结构，也可以是明框、半隐框、隐框、框架、半单元、全单元的铝结构，还可以是张弦梁、张弦桁架、张弦穹顶、预应力网架、预应力网壳等预应力结构。

自支承式即通过聚碳酸酯板自身具有的强度，通过一定的附属构件来达到承受外界荷载及其组合效应的连接形式，此类支承形式大多应用于跨度不大的弓形采光顶。

聚碳酸酯板采光顶的分类参见图 9-1。

9.1.3　光伏金属屋面和光伏采光顶

光伏金属屋面是指与光伏系统具有结合关系的金属屋面，光伏采光顶是指与光伏系统具有结合关系的采光顶。

太阳能光伏系统作为一种新型的绿色能源技术，是国家重点支持的新能源领域，光伏建筑一体化是光伏系统应用的重要形式，为了更好地获得太阳能资源，通常将光伏系统与金属屋面和采光顶结合设计。

9.1.4　金属屋面和采光顶的施工技术规范

现行国家标准《屋面工程技术规范》（GB 50345）对金属板屋面和玻璃采光顶的设计和施工提出了规定；现行国家标准《屋面工程质量验收规范》（GB 50207）对金属板屋面和玻璃采光顶的质量验收提出了规定；现行国家标准《坡屋面工程技术规范》（GB 50693）对金属板屋面的设计、施工和质量验收提出了规定。

金属屋面和采光顶现已发布了行业标准《采光顶与金属屋面技术规程》（JGJ 255）。此标准适用于民用建筑采光顶与金属屋面工程的材料选用、设计、制作、安装施工、工程验收以及维修和保养，非抗震设计采光顶与金属屋面工程、抗震设防烈度为 6、7、8 度的采光顶工程和抗震设防烈度为 6、7、8 和 9 度的金属屋面工程。

压型金属板工程现已发布了适用于新建、扩建和改建的工业与民用建筑压型金属板系统的设计、施工、验收和维护的国家标准《压型金属板工程应用技术规范》（GB 50896）。

9.2　金属屋面和采光顶的常用材料

屋面材料不仅要考虑到屋面的防水、保温、隔热等功能，还应考虑到一定的承重能力。金属屋面和采光顶所使用的材料基本上可以分为五大类型：支承框架材料、面板材料、密封填缝材料、结构粘结材料和其他辅助材料（如保温材料、隔声材料和隔汽材料等）。对于光伏金属屋面和光伏采光顶，则还需要大量的电气材料、设备和附件。

9.2.1　金属屋面和采光顶对材料的一般要求

金属屋面和采光顶对材料的一般要求如下：

（1）金属屋面和采光顶所采用的材料应符合国家现行标准提出的有关规定和设计要求。

（2）金属屋面和采光顶处于建筑物的外面，经常受到日晒、雨淋、积雪、积灰、风沙等自然环境不利因素的影响，因此，应选用耐候性能好的材料，除不锈钢和轻金属材料外，其他金属材料应采取适当的防护措施，进行热镀锌或其他有效的防腐处理，并应满足设计要求。

（3）面板材料应采用不燃性材料或难燃性材料；防火密封构造应采用防火密封材料。

（4）砖酮类、聚氨酯类密封胶与所接触材料、被粘结材料的相容性和剥离粘结性能应符合相关规定和设计要求。

（5）硅酮结构密封胶和硅酮建筑密封胶必须在有效期内使用。

（6）采光顶与金属屋面工程的隔热、保温材料，应采用不燃性材料或难燃性材料。

（7）玻璃采光顶所采用的支承构件、透光面板及其配套的紧固件、连接件、密封材料等，其材料的品种、规格和性能等均应符合国家现行有关材料标准的规定。玻璃采光顶支承结构所选用的金属材料必须做防腐处理，铝合金型材应做表面处理，型材已做表面处理的可不再做防腐处理。铝合金型材与其他金属材料接触、紧固时，容易产生电化学腐蚀，因此在铝合金材料与其他金属材料之间、不同金属构件接触面之间均应采取隔离措施。

（8）压型金属板所采用的固定支架及紧固件应符合以下要求：①固定支架宜选用与压型金属板同材质材料制成；②压型金属板配套使用的钢质连接件和固定支架表面应进行镀层处理，镀层种类、重量应使固定支架使用年限不低于压型金属板；③碳钢固定支架钢材牌号宜为 Q345，不锈钢固定支架材质宜为奥氏体不锈钢 316 型，铝合金固定支架应符合现行国家标准《铝合金建筑型材　第 1 部分：基材》（GB 5237.1）的有关规定，材质宜采用 6061/T6 型；④当围护系统有保温隔热要求时，压型金属板系统的金属类固定支架应配置绝热垫片；⑤当选用结构用紧固件、连接用紧固件时，紧固件各项性能指标应符合设计要求；⑥紧固件材质宜与被连接件材质相同，当材质不同时，应采取绝缘隔离措施；⑦碳钢材质的紧固件，表面应采用镀层；⑧当紧固件头部外露且使用环境腐蚀性等级在 C4 级及以上时，应采用不锈钢材质或具有更好耐腐蚀性材质的紧固件。

（9）压型金属板系统材料的防腐蚀性应符合以下规定：①压型金属板系统应根据使用环境腐蚀性等级，合理选择压型金属板材料、表面的镀层和涂层，压型金属板的使用环境腐蚀性等级应符合现行国家标准《压型金属板工程应用技术规范》（GB 50896）的规定（表 9-1），其镀层、表面涂层耐久性能宜符合现行国家标准《压型金属板工程应用技术规范》（GB 50896）的规定（表 9-2 至表 9-4）；②压型钢板公称镀层重量应根据不同腐蚀性环境，按照现行国家标准《压型金属板工程应用技术规范》（GB 50896）的规定（表 9-5）选用；③压型钢板表面涂层类别、厚度及其他性能技术要求及检验方法应符合现行国家标准《彩色涂层钢板及钢带》（GB/T 12754）的有关规定，涂层耐久性试验应符合现行国家标准《压型金属板工程应用技术规范》（GB 50896）的规定（表 9-6、表 9-7）；④压型铝合金板表面涂层的类别、性能、厚度及其他性能技术要求及检验方法应符合现行行业标准《铝及铝合金彩色涂层板、带材》（YS/T 431）的有关规定；⑤当采用压型金属板时，不得与不相容的材料接触，当不可避免时，应采取绝缘隔离措施。

表 9-1　压型金属板使用环境腐蚀性等级　GB 50896—2013

腐蚀性	腐蚀性等级	典型大气环境示例	典型内部环境示例
很低	C1	—	干燥清洁的室内场所，如办公室、学校、住宅、宾馆
低	C2	大部分乡村地区、污染较轻城市	室内体育馆、超级市场、剧院
中	C3	污染较重城市、一般工业区、低盐度海滨地区	厨房、浴室、面包烘烤房
高	C4	污染较重工业区、中等盐度海滨地区	游泳池、洗衣房、酿酒车间、海鲜加工车间、蘑菇栽培场
很高	C5	高湿度和腐蚀性工业区、高盐度海滨地区	酸洗车间、电镀车间、造纸车间、制革车间、染房

表 9-2　金属镀锌层耐腐蚀性及腐蚀速度　GB 50896—2013

环境腐蚀性等级	环境腐蚀性描述	环境腐蚀性程度	腐蚀速率每年镀锌层厚度损失（μm/年）
C1	室内：干燥	很低	≤0.1
C2	室内：偶尔冷凝 室外：农村地区室外暴露	低	0.1～0.7
C3	室内：高湿度，略有污染空气 室外：城市地区或一般沿海地区	中	0.7～2
C4	室内：游泳池、化工厂等 室外：工业地区或城市沿海地区	高	2～4
C5	室外：高湿度工业地区或高盐沿海地区	很高	4～8

表 9-3　铝合金表面有机涂层相对使用寿命　GB 50896—2013

表面涂层	年限（年）典型外部环境条件		
	高	中	低
聚酯	10	10	15
硅改性聚酯	15	10	20
耐磨型聚酯/聚氨酯	15	15	20
聚偏氟乙烯（PVF2/PVDF）	20	20	30

表 9-4　热镀锌钢板表面有机涂层相对使用寿命　GB 50896—2013

表面涂层	年限（年）典型外部环境条件		
	高	中	低
聚酯	10	10	15
硅改性聚酯	10	10	15
聚偏氟乙烯（PVF2/PVDF）	10	15	15
带聚偏氟乙烯多道涂层系统（75μm）	20	20	20

表 9-5　压型钢板基板在不同腐蚀性环境中推荐使用的公称镀层重量　GB 50896—2013

基板类型	公称镀层重量（g/m²）使用环境的腐蚀性		
	低	中	高
热镀锌基板	90/90	125/125	140/140
热镀锌铁合金基板	60/60	75/75	90/90
热镀铝锌合金基板	50/50	60/60	75/75
热镀锌铝合金基板	65/65	90/90	110/110

注：1. 使用环境的腐蚀性可参照表 B.0.1，腐蚀性很低和很高时，镀层重量由供需双方在订货合同中约定。

2. 表中分子、分母值分别表示正面、反面的镀层重量。

表 9-6　压型钢板涂层耐中性盐雾试验时间　GB 50896—2013

面漆种类	耐中性盐雾试验时间（h）
聚酯	≥480
硅改性聚酯	≥600
高耐久性聚酯	≥720
聚偏氟乙烯	≥960

注：1. 耐中性盐雾试验 3 个试样值均应符合表值的相应规定。

2. 在表中规定的时间内，试样起泡密度等级和起泡大小等级不应大于现行国家标准《色漆和清漆　涂层老化的评级方法》（GB/T 1766）中规定的 3 级，但不允许起泡密度和起泡大小等级同时为 3 级。

表 9-7　压型钢板涂层紫外灯加速老化试验时间　GB 50896—2013

面漆种类	试验时间（h）	
	UVA-340	UVB-313
聚酯	≥600	≥400
硅改性聚酯	≥720	≥480
高耐久性聚酯	≥960	≥600
聚偏氟乙烯	≥1800	≥1000

注：1. 紫外灯加速老化试验 3 个试样均值应符合表值的相应规定。

2. 在表中规定的时间内，试样应无起泡、开裂，粉化不应大于现行国家标准《色漆和清漆　涂层老化的评级方法》（GB/T 1766）中规定的 1 级。

3. 面漆为聚酯和硅改性聚酯时通常用 UVA-340 进行评价，如用 UVB-313 进行评价应在订货时说明；面漆为高耐久性聚酯和聚偏氟乙烯时通常用 UVB-313 进行评价，如用 UVA-340 进行评价应在订货时说明。

（10）采用于金属屋面和采光顶的材料，应具有产品合格证书和性能检测报告。

9.2.2　铝合金材料

铝合金材料是金属屋面和采光顶的主要材料，其选材要根据当地的气候情况，并应兼顾到美观、实用、耐久等诸多因素。铝合金材料的选材应符合以下要求：

（1）铝合金材料的牌号、状态应符合现行国家标准《变形铝及铝合金化学成分》（GB/T 3190）的有关规定。铝合金型材的精度有普通级、高精级和超高精级之分，金属屋面和采光顶对材料的要求较高，为保证其承载力、变形和美观的要求，应采用高精级或超高精级的铝合金型材，铝合金型材应符合现行国家标准《铝合金建筑型材》（GB 5237）的规定，其型材尺寸的允许偏差应满足高精级或超高精级的要求。

（2）铝合金型材如采用阳极氧化、电泳涂漆、粉末喷涂、氟碳漆喷涂等工艺进行表面处理，应符合现行国家标准《铝合金建筑型材》（GB 5237）的规定，表面处理层厚度应满足表 9-8 提出的要求。现行行业标准《建筑玻璃采光顶》（JG/T 231）对玻璃采光顶用铝合金型材的表面处理提出的要求见表 9-9。

（3）玻璃采光顶采用的铝合金隔热型材的隔热条应符合现行行业标准《建筑铝合金型材用聚酰胺隔热条》（JG/T 174）的要求。

表 9-8　铝合金型材表面处理层厚度　JGJ 255—2012

表面处理方法		膜厚级别（涂层种类）	厚度 t（μm）	
			平均膜厚	局部膜厚
阳极氧化		不低于 AA15	$t \geq 15$	$t \geq 12$
电泳涂漆	阳极氧化膜	B	—	$t \geq 9$
	漆膜	B	—	$t \geq 7$
	复合膜	B	—	$t \geq 16$

续表

表面处理方法		膜厚级别 （涂层种类）	厚度 t（μm）	
			平均膜厚	局部膜厚
粉末喷涂		—	—	$t \geqslant 40$
氟碳喷涂	二涂	—	$t \geqslant 30$	$t \geqslant 25$
	三涂	—	$t \geqslant 40$	$t \geqslant 34$
	四涂	—	$t \geqslant 65$	$t \geqslant 55$

注：由于挤压型材横截面形状的复杂性，在型材某些表面（如内角、横沟等）的漆膜厚度允许低于本表的规定，但不允许出现露底现象。

表 9-9　铝合金型材表面处理层的要求（μm）JG/T 231—2007

表面处理方式		膜厚级别	膜厚 t	
			平均膜厚	局部膜厚
阳极氧化		不低于 AA15	$t \geqslant 15$	$t \geqslant 12$
电泳涂漆	阳极氧化膜	B	$t \geqslant 10$	$t \geqslant 8$
	漆膜		—	$t \geqslant 7$
	复合膜		—	$t \geqslant 16$
粉末喷涂		—		$40 \leqslant t \leqslant 120$
氟碳喷涂	二涂	—	$t \geqslant 30$	$t \geqslant 25$
	三涂	—	$t \geqslant 40$	$t \geqslant 35$

9.2.3　钢材及五金材料

采光顶和金属屋面所使用的钢材及五金材料应符合以下要求：

（1）碳素结构钢和低合金高强度结构钢的种类、牌号和质量等级应符合现行国家标准《优质碳素结构钢》（GB/T 699）、《碳素结构钢》（GB/T 700）《低合金高强度结构钢》（GB/T 1591）、《合金结构钢》（GB/T 3077）、《碳素结构钢和低合金结构钢热轧钢板和钢带》（GB/T 3274）、《结构用无缝钢管》（GB/T 8162）等相关产品标准的规定。

（2）碳素结构钢和低合金高强度结构钢应采取有效的防腐处理；①若采用热浸镀锌防腐蚀处理，锌膜厚度应符合现行国家标准《金属覆盖层　钢铁制件热浸镀锌层　技术要求及试验方法》（GB/T 13912）的规定；②若采用防腐涂料，涂层厚度应满足防腐设计要求，且应完全覆盖钢材表面和无端部封板的闭口型材的内侧，闭口型材宜进行端部封口处理；③若采用氟碳漆喷涂或聚氨酯漆喷涂，涂膜的厚度不宜小于 $35\mu m$，在空气污染严重及海滨地区，其涂膜厚度不宜小于 $45\mu m$。

（3）耐候钢应符合现行国家标准《耐候结构钢》（GB/T 4171）的规定。

（4）焊接材料应与被焊接金属的性能匹配，并且应符合现行国家标准《非合金钢及细晶粒钢焊条》（GB/T 5117）、《热强钢焊条》（GB/T 5118）以及《钢结构焊接规范》（GB 50661）等相关标准的规定。

（5）主要受力构件和连接件宜采用壁厚不小于 4mm 的钢板、壁厚不小于 2.5mm 的热轧钢管、尺寸不小于 L45×4 和 L56×36×4 的角钢以及壁厚不小于 2mm 的冷成型薄壁型钢。

（6）采光顶和金属屋面用不锈钢应采用奥氏体型不锈钢，其化学成分应符合现行国家标准《不锈钢和耐热钢　牌号及化学成分》（GB/T 20878）等的规定。不锈钢材的防锈能力与其铬和镍的含量有关，目前常用的不锈钢型材有：304 系列：S30408（06Cr19Ni10）、S30458（06Cr19Ni10N）、S30403（022Cr19Ni10），含镍铬总量为 27% ～ 29%，镍含量 9% ～ 10%；316 系列：S31608（06Cr17Ni12Mo2）、S31658（06Cr17Ni12Mo2N）、S31603（022Cr17Ni12Mo2），含镍铬总量为 29%～31%，含镍量为 12%～14%。316

系列型材防锈性能优于304系列，更适用于耐腐蚀性能要求较高的环境。采光顶和金属屋面采用的奥氏体不锈钢尚应符合现行国家标准《不锈钢棒》（GB/T 1220）、《不锈钢冷加工钢棒》（GB/T 4226）、《不锈钢冷轧钢板和钢带》（GB/T 3280）、《不锈钢热轧钢带》（YB/T 5090）、《不锈钢热轧钢板和钢带》（GB/T 4237）的规定。

（7）与采光顶和金属屋面配套使用的附件及紧固件应符合设计要求，并应符合现行国家和行业标准《建筑幕墙用钢索压管接头》（JG/T 201）、《建筑门窗五金件　旋压执手》（JG/T 213）、《建筑门窗五金件　传动机构用执手》（JG/T 124）、《建筑门窗五金件　滑撑》（JG/T 127）、《建筑门窗五金件　多点锁闭器》（JG/T 215）、《铝合金窗锁》（QB/T 3890）、《紧固件　螺栓和螺钉通孔》（GB/T 5277）、《十字槽盘头螺钉》（GB/T 818）、《不锈钢自攻螺钉》（GB 3098.21）、《紧固件机械性能　螺栓、螺钉和螺柱》（GB/T 3098.1）、《紧固件机械性能　螺母》（GB/T 3098.2）、《紧固件机械性能　自攻螺钉》（GB/T 3098.5）、《紧固件机械性能　不锈钢螺栓、螺钉和螺柱》（GB/T 3098.6）、《紧固件机械性能　不锈钢螺母》（GB/T 3098.15）等的规定。

（8）玻璃采光顶采用的钢索压管接头应采用经固溶处理的奥氏体不锈钢、钢索压管接头应符合现行行业标准《建筑幕墙用钢索压管接头》（JG/T 201）的规定；玻璃采光顶使用的钢索应采用钢绞线，并应符合（JG/T 200）的规定，钢索的公称直径不宜小于12mm，成品钢索应有化学成分报告及产品质量保证书，当生产厂家订购非标准拉索时，应有其极限拉力试验合格报告。

（9）玻璃采光顶所有五金附件均应符合国家现行有关标准，选用的五金附件除不锈钢外，均应进行防腐处理，五金件的承载力和使用寿命应能满足设计要求，主要受力五金件应进行承载力验算。

9.2.4　金属屋面和采光顶的面板

金属屋面和采光顶的面板可以采用金属面板、玻璃、采光板等材料。

9.2.4.1　金属屋面的面板

金属屋面的面板类型有平板、压型金属屋面板、金属绝热夹芯板等。随着金属屋面的广泛使用，其防水和保温隔热的功能已得到了不断的改进和完善，如在防水方面，已从原先的低波纹屋面板发展到了现在的高波纹屋面板，从原先的采用自攻螺钉的连接方法发展到了现在的暗扣式连接方法；又如，在保温隔热方面，已从单板发展到了复合板（夹芯板）。由此可见，金属屋面板的技术发展，逐步满足了业主对选择金属屋面板的要求，从而进一步推动了金属屋面的应用和发展。

1. 金属屋面面板材料的技术性能要求

金属屋面面板材料的技术性能要求如下：

（1）金属屋面的面板通常可按建筑设计的要求，选用平板或压型板制作。金属屋面平板材料通常可选用铝合金板、铝塑复合板、铝蜂窝复合铝板、彩色钢板、不锈钢板、锌合金板、钛合金板、铜合金板等；金属屋面压型板材料通常可选用铝合金板、彩色涂层铝合金板、镀锌钢板、镀铝锌钢板、彩色钢板（彩色涂层钢板）、不锈钢板、锌合金板、钛合金板、铜合金板等。在我国，目前较常用的面板材料为铝合金板、铝塑复合板、彩色钢板。近年来，锌合金板、钛合金板在屋面上也有较多的应用，并取得了较好的建筑装饰效果，但由于单片实心板一般厚度较薄，平整度较差，故一些金属屋面面板较多地采用复合材料。

（2）金属屋面压型板材料应具备良好的折弯性能，其折弯半径和表面处理层延伸率应满足板型冷辊压成型的规定。

（3）屋面泛水板、包角等配件宜选用与屋面板相同材质、使用寿命相近的金属材料。与屋面金属板直接连接的附件、配件的材质不得对屋面金属板及其涂层造成腐蚀。

（4）由于3×××、5×××系合金的铝锰、铝镁合金板具有强度高、延伸率大、塑性变形范围较大等优点，铝合金面板宜选用铝镁锰合金板材为基板，材料性能应符合现行行业标准《铝幕墙板　第1部分：板基》（YS/T 429.1）的要求，辊涂用的铝卷材材料性能应符合现行行业标准《铝及铝合金彩色涂层板、带材》（YS/T 431）的规定。铝合金屋面板材的表面宜采用氟碳喷涂处理，且应符合现行行业标准《铝幕墙板　第 2 部分：有机聚合物喷涂铝单板》（YS/T 429.2）的规定。

（5）铝塑复合板应符合现行国家标准《建筑幕墙用铝塑复合板》（GB/T 17748）的规定，铝塑复合板用铝带还应符合现行行业标准《铝塑复合板用铝带》（YS/T 432）的规定，并优先选用 3×××系合金及 5×××系铝合金板材或耐腐蚀性及力学性能更好的其他系列铝合金。为提高屋面的防火性能，铝塑复合板所用芯材应采用难燃材料。

（6）铝蜂窝复合铝板具有较好的表面平整度和刚度。当面板面积较大时，通常考虑选用铝蜂窝复合铝板作为金属屋面的面板。铝蜂窝复合铝板的表面平整度和刚度主要依靠铝蜂窝芯的结构。铝蜂窝复合铝板应符合国家现行相关产品标准的规定。铝蜂窝芯应为近似正六边形结构，其边长不宜大于 9.53mm，壁厚不小于 0.07mm。

（7）金属屋面采用的钢板应符合以下规定：①彩色涂层钢板应符合现行国家标准《彩色涂层钢板及钢带》（GB/T 12754）的规定；②镀锌钢板应符合现行国家标准《连续热镀锌钢板及钢带》（GB/T 2518）的规定。

（8）不锈钢压型金属板的主要性能应符合相关标准的有关规定。

（9）铝合金压型板应符合现行国家标准《铝及铝合金压型板》（GB/T 6891）的规定；压型钢板应符合现行国家标准《建筑用压型钢板》（GB/T 12755）的规定。其他金属压型板材的品种、规格及色泽应符合设计要求，金属板材表面处理层厚度应符合设计要求。

（10）锌合金板表面应光滑、无水泡、无裂纹，其化学成分应符合表 9-10 的规定。

表 9-10　锌合金板的化学成分（m/m）（%）　　JGJ 255—2012

铜（Cu）	钛（Ti）	铝（Al）	锌（Zn）
0.08～1.0	0.06～0.2	≤0.015	余留部分含锌量不低于 99.995

（11）钛合金板应符合现行国家标准《钛及钛合金板材》（GB/T 3621）的规定，钛合金板具有强度高、耐腐蚀性好、热膨胀系数低，且耐高低温性能好，抗疲劳强度高等优点，在许多尖端行业都得到了应用。近几年以来，钛合金板在建筑行业中也得到了应用，由于钛合金板的价格较昂贵，所以通常选用钛合金复合板，复合板面层的钛合金板厚度为 0.3mm，底层面板可采用不锈钢板或铝板。

（12）铜合金板应符合现行国家标准《铜及铜合金板材》（GB/T 2040）的规定，宜选用 TU1、TU2 牌号的无氧铜。

（13）金属板材应外形规则，边缘整齐，色泽匀匀，表面光洁，不得有扭曲、翘边和锈蚀等缺陷。

（14）在选择金属屋面板的材质时，应充分考虑到当地环境对所使用材料的腐蚀程度以及使用者对建筑物的具体要求。

2. 金属屋面板的类型

（1）金属屋面板的分类。金属屋面板的形式和种类很多，有金属屋面平板和金属屋面压型板之分。所谓压型板，是指金属薄板经过专用的连续轧机轧制成具有一定截面形状的瓦型板。

金属屋面压型板根据其是否具有保温的功能，可分为单层压型板和复合压型板（夹芯板）；根据采用的基板材质不同，可分为彩钢板压型板和有色金属压型板，有色金属压型板可以进一步分为铝合金压型板、不锈钢压型板、锌合金压型板、钛合金压型板、铜合金压型板等；根据其波形截面不同，可分为低波纹压型板、中波纹压型板和高波纹压型板；根据其相互连接方法的不同，可分为搭接型板、咬合型板（180°或360°）、扣合型板等，亦可分为螺钉暴露式屋面板和暗扣式屋面板等类型。

金属屋面板的分类参见图 9-2。

（2）单层压型钢板和复合板（夹芯板）。压型钢板是目前轻钢结构最常用的屋面材料，采用热涂锌钢板或彩色涂锌钢板经辊压冷弯成各种波形，具有轻质、高强、抗震、防火、施工方便等优点。但单层压型钢板很薄，包括涂层在内，厚度也仅为 0.5～0.6mm，其常见的形式就是低波纹屋面板和高波纹屋面板（图 9-5），这类板是不能满足保温隔热要求的，若在设计时选用这类屋面板，那么，必须在屋面板底下另设保温层、下再托不锈钢丝网片或再设置一层屋面内板，在屋面内外板之间设置的保温材料一般为玻璃纤维保温棉、岩棉等材料，一般保温棉的容重为 $12 \sim 20 \mathrm{kg/m^2}$，厚度应根据保温要求由热工计算确定。

　　满足保温隔热的另一个措施是直接选择保温隔热比较好的复合板。复合板有工字铝连接式和企口插入式两种（图 9-3）。复合板材外层是高强度的镀锌彩板或镀铝锌彩色钢板，芯材为阻燃性聚苯乙烯、玻璃棉或岩棉，通过自动成型机，用高强度胶粘剂将二者粘合成一体，经加压、修边、开槽、落料而形成的复合板。这类板材具有一般建筑材料所不能具备的优良性能，既具有隔热、隔声等物理性能，又具备较好的抗弯和抗剪的力学性能。

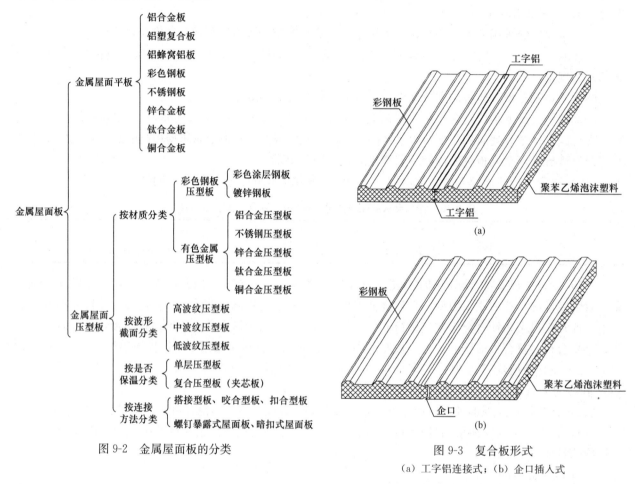

图 9-2　金属屋面板的分类

图 9-3　复合板形式
（a）工字铝连接式；（b）企口插入式

　　复合板根据具体的制作地点，又可分为工厂复合和施工现场复合。复合金属屋面板，在一般情况下都在工厂内进行制作，以尽量减少施工现场安装的工作量，但在有些情况下，则必须采用现场复合工艺，如须把檩条夹在内外板之间，由于檩条是现场安装的，这就要求复合板也要在现场制作（图 9-4）。在施工现场复合夹芯板与在工厂中复合夹芯板相比较，有以下几方面的优点：①檩条不外露，内部显得比较整齐；②保温效果好。但由于在施工现场复合工作量大，且高空作业，施工难度大，故多数制作单位选择工厂复合工艺。

　　复合板（夹芯板）现已发布了国家标准《建筑用金属面绝热夹芯板》（GB/T 23932—2009）（详见 9.2.4.1 节 5）。

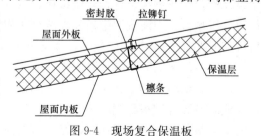

图 9-4　现场复合保温板

（3）低波纹屋面板和高波纹屋面板。按板型的构造分类，金属屋面板可分为低波纹屋面板和高波纹屋面板，两者的不同在于肋高不同。从而其排水效果也不同。高波纹屋面板由于板肋较高，排水通畅，一般适用于屋面坡度比较平缓的屋面，通常屋面坡度为1：20左右，最小坡度可以做到1：40；低波纹屋面板一般用于屋面坡度较陡的屋面，常见的屋面坡度在1：10左右。为了防止金属屋面板的漏水，宜采用高波纹屋面板或尽量使屋面坡度大些。金属屋面低波纹屋面板和高波纹屋面板的常见形式参见图9-5。

（4）各种连接形式的金属屋面板。按照连接固定形式，金属屋面板可分为螺钉暴露式屋面板和暗扣式屋面板（图9-6）。

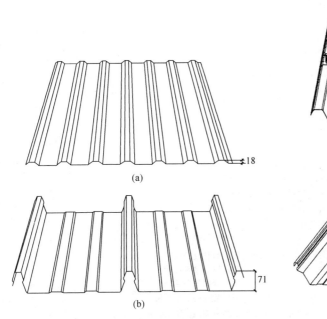

图 9-5　金属屋面板的常见形式
（a）低波纹屋面板；（b）高波纹屋面板

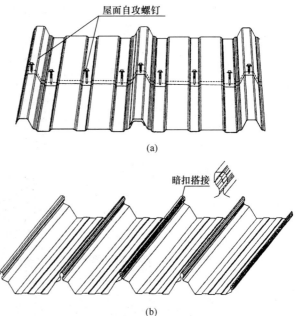

图 9-6　屋面板常用的施工方法
（a）螺钉暴露式屋面板；（b）暗扣式屋面板

螺钉暴露式屋面板是通过自攻螺钉与檩条固定在一起，并在自攻螺钉周围涂上密封胶，这种连接方式存在的问题是出现漏水现象。为避免漏水，最近几年出现了暗扣式连接的屋面板，此类屋面板侧向连接直接用配件将金属屋面板固定于檩条上，而板与板之间以及板与配件之间则通过夹具来夹紧，从而基本可消除金属屋面板漏水的隐患，已得到了广泛的采用。

按照连接形式的不同，金属屋面板可分为搭接型板、咬合型板和扣合型板。

搭接型板是指成型板纵向边为可相互搭合的压型边，板与板在自然搭接后通过紧固件与结构连接的一类压型金属板。咬合型板是指成型板纵向边为可相互搭接的压型边，板与板在自然搭接后，经专用机具沿长度方向卷边咬合并通过固定支架与结构连接的一类压型金属板。扣合型板是指成型板纵向边为可相互搭接的压型边，板与板安装时经扣压结合并通过固定支架与结构连接的一类压型金属板。

3．铝及铝合金压型板

铝合金压型板是一种将相关规格、品种的薄铝及铝合金板材、带材经辊压冷弯成型加工成波形、V形、U形、T形、槽形等形状或类似上述形状，并用作建筑物屋面或墙面的一类建筑构件，其具有轻质、高强、致密的基本特性，可同其他金属和非金属材料进行有效组合，满足房屋建筑对屋面承重、防水、保温、隔热隔声、吸声、防渗透、装饰性等功能要求。

铝合金压型板的类型参见图9-7。

（1）《压型金属板工程应用技术规范》（GB 50896）对铝合金压型板材料提出的技术要求。

现行国家标准《压型金属板工程应用技术规范》（GB 50896）对铝合金压型板材料提出的技术性能

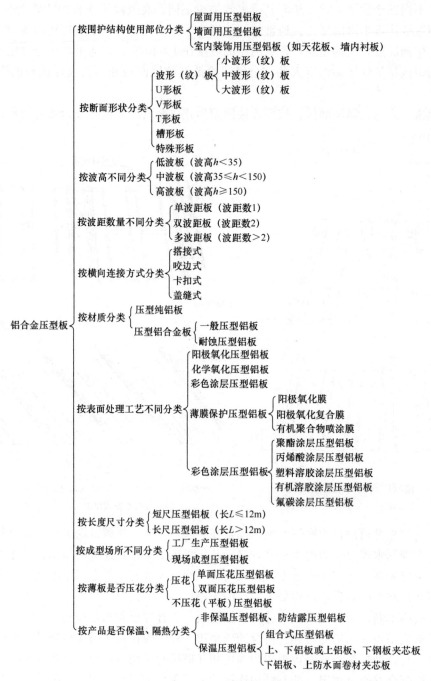

图 9-7　铝合金压型板的类型

要求如下：

1）铝合金压型板应符合国家现行标准《变形铝及铝合金化学成分》（GB/T 3190）、《一般工业用铝及铝合金板、带材》（GB/T 3880）和《铝及铝合金彩色涂层板、带材》（YS/T 431）的有关规定。铝合金压型板常用材料的化学成分与力学性能应符合本规范附录 A 的规定（表 9-11、表 9-12）。

2）铝合金压型板的板材宜采用牌号为 3××× 系列的铝合金板。

3）屋面及墙面用压型铝合金板的厚度应通过计算确定，重要建筑的外层板公称厚度不应小于 1.0mm，一般建筑的外层板公称厚度不宜小于 0.9mm；内层板公称厚度不宜小于 0.9mm。

表 9-11　常用铝合金板化学成分表　GB 50896—2013

牌号	化学成分（质量分数）（%）									其他	
	Si	Fe	Cu	Mn	Mg	Cr	Zn	指定的其他元素	Ti	单个	合计
3003	0.6	0.7	0.05~0.20	1.0~1.5	—	—	0.10	—	—	0.05	0.15
3004	0.3	0.7	0.25	1.0~1.5	0.8~1.3	—	0.25	—	—	0.05	0.15
3005	0.6	0.7	0.3	1.0~1.5	0.2~0.6	0.10	0.25	—	0.10	0.05	0.15
3104	0.6	0.8	0.05~0.25	0.8~1.4	0.8~1.3	—	0.25	0.05Ga, 0.05V	0.10	0.05	0.15
3105	0.6	0.7	0.30	0.3~0.8	0.2~0.8	0.20	0.40	—	0.10	0.05	0.15
5005	0.30	0.7	0.20	0.20	0.5~1.1	0.10	0.25	—	—	0.05	0.15
6061	0.4~0.8	0.7	0.15~0.4	0.15	0.8~1.2	0.04~0.35	0.25	—	0.15	0.05	0.15

表 9-12　常用铝合金板力学性能表[①]　GB 50896—2013

牌号	状态	抗拉强度 R_m（MPa）	规定非比例延伸强度 $R_{P0.2}$（MPa）	断后伸长率 A_{50mm}（%）	弯曲半径[②]
3003	H14	145~185	125	2	1.0t
	H24	145~185	115	4	1.0t
	H16	170~210	150	2	1.5t
	H26	170~210	140	3	1.5t
3004	H14	220~265	180	2	1.0t
	H24	220~265	170	4	1.0t
	H16	240~285	200	1	1.5t
	H26	240~285	190	3	1.5t
3005	H16	195~240	175	2	1.5t
	H26	195~240	160	3	1.5t
	H14	220~265	180	2	1.0t
	H24	220~265	170	4	1.0t
3104	H16	240~285	200	1	1.5t
	H26	240~285	190	3	1.5t
	H14	150~200	130	2	2.5t
	H24	150~200	120	4	2.5t
3105	H16	175~225	160	2	—
	H26	175~225	150	3	—
	H14	148~185	120	2	1.0t
	H24	148~185	110	4	1.0t

牌号	状态	抗拉强度 R_m（MPa）	规定非比例延伸强度 $R_{P0.2}$（MPa）	断后伸长率 A_{50mm}（％）	弯曲半径[2]
5005	H16	165～205	145	2	1.5t
	H26	165～205	135	3	1.5t
	O	≤145	≤85	≥14	1.0t
	O	≤145	≤85	≥14	1.0t
6061	O	≤145	≤85	≥14	1.0t

①本表铝合金板厚为 0.5～1.5mm。

②3105 板、带材弯曲 180°，其他板、带材弯曲 90°。t 为板或带材的厚度（mm）。

（2）铝及铝合金压型板。铝及铝合金压型板已发布了国家标准《铝及铝合金压型板》（GB/T 6891）。铝及铝合金压型板产品的型号、板型、牌号、供应状态及规格见表 9-13；铝及铝合金压型板的断面形状和尺寸见图 9-8。

表 9-13　压型板的型号、板型、牌号、供应状态、规格　GB/T 6891—2006

型号	板型	牌号	供应状态	规格（mm）				
				波高	波距	坯料厚度	宽度	长度
V25-150 Ⅰ	见图 9-8（a）	1050A、1050、1060、1070A、1100、1200、3003、5005	H18	25	150	0.6～1.0	635	1700～6200
V25-150 Ⅱ	见图 9-8（b）						935	
V25-150 Ⅲ	见图 9-8（c）						970	
V25-150 Ⅳ	见图 9-8（d）						1170	
V60-187.5	见图 9-8（e）		H16、H18	60	187.5	0.9～1.2	826	1700～6200
V25-300	见图 9-8（f）		H16	25	300	0.6～1.0	985	1700～5000
V35-115 Ⅰ	见图 9-8（g）		H16、H18	35	115	0.7～1.2	720	≥1700
V35-115 Ⅱ	见图 9-8（h）		H16、H18	35	115	0.7～1.2	710	≥1700
V35-125	见图 9-8（i）		H16、H18	35	125	0.7～1.2	807	≥1700
V130-550	见图 9-8（j）		H16、H18	130	550	1.0～1.2	625	≥6000
V173	见图 9-8（k）		H16、H18	173	—	0.9～1.2	387	≥1700
Z295	见图 9-8（l）		H18	—	—	0.6～1.0	295	1200～2500

注：1. 新旧牌号、状态代号对照见表 9-14。

　　2. 需方需要其他规格或板型的压型板时，供需双方协商。

铝及铝合金压型板的技术要求如下：

1）压型板的化学成分应符合 GB/T 3190 的规定。

2）其产品相关尺寸的允许偏差要求如下：①压型板坯料（压型板成形前的板材）的厚度允许偏差应符合 GB/T 3880 的规定；②压型板的宽度允许偏差为 $^{+25}_{-5}$ mm；③压型板的长度允许偏差为 $^{+25}_{-5}$ mm；④压型板的波高、波距偏差应符合表 9-15 的规定；⑤压型板边部波浪高度每米长度内不大于 5mm；⑥压型板纵向弯曲每米长度内不大于 5mm（距端部 250mm 内除外）；⑦压型板侧向弯曲每米长度内不大于 4mm，任意 10m 长度内的侧向弯曲不大于 20mm；⑧压型板对角线长度偏差不大于 20mm。

3）压型板的坯料的室温拉伸力学性能应符合 GB/T 3880 的规定。

4）压型板的外观质量应符合以下规定：①压型板边部应整齐，不允许有裂边；②压型板表面应清洁，不允许有裂纹、腐蚀、起皮及穿通气孔等影响使用的缺陷。

（3）直立锁边型压型铝板。此类产品高度 $H=65\sim75$mm，有效宽度 $B=294\sim600$mm，其部分断面形状和尺寸见图 9-9。产品相关尺寸的允许偏差同铝和铝合金压型板的相关尺寸的允许偏差。

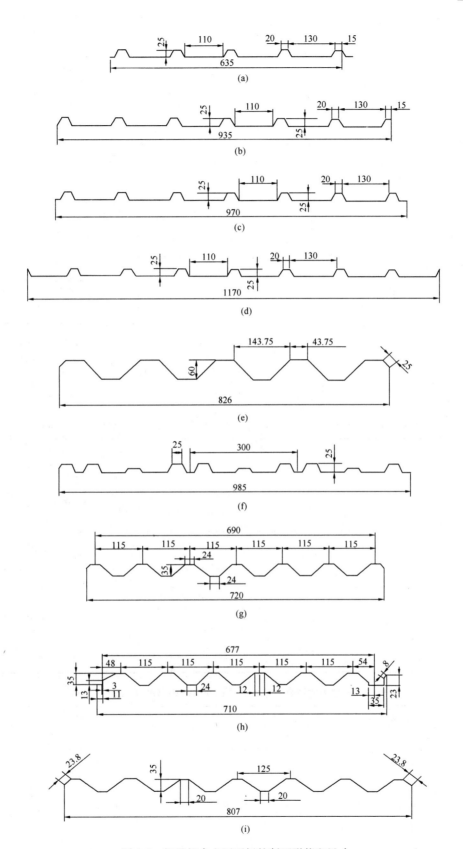

图 9-8 铝及铝合金压型板的断面形状和尺寸

（a）V25-150Ⅰ型压型板；（b）V25-150Ⅱ型压型板；（c）V25-150Ⅲ型压型板；（d）V25-150Ⅳ型压型板；

（e）V60-187.5 型压型板；（f）V25-300 型压型板；（g）V35-150Ⅰ型压型板；（h）V35-115Ⅱ型压型板；

（i）V35-125 型压型板

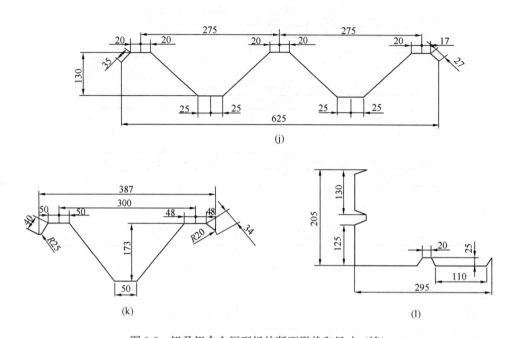

图 9-8　铝及铝合金压型板的断面形状和尺寸（续）

(j) V130-550 型压型板；(k) V173 型压型板；(l) Z295 型压型板

表 9-14　铝及铝合金压型板新、旧牌号和状态代号对照表　GB/T 6891—2006

	新牌号	旧牌号
新旧牌号对照	1050	—
	1050A	L3
	1060	L2
	1070A	L1
	1100	L5-1
	1200	L5
	3003	LF21
	5005	—
	新状态代号	旧状态代号
新旧状态代号对照	H16	Y1
	H18	Y

表 9-15　压型板的波高、波距允许偏差（mm）GB/T 6891—2006

波高允许偏差	波距允许偏差
±3	±3

注：波高波距偏差为 3～5 个波的平均尺寸与其公称尺寸的差。

4. 屋面压型钢板

屋面压型钢板是指采用镀层板或涂层板经辊压冷弯工艺加工，沿板宽方向形成各种肋形或波纹形截面的，应用于屋面围护结构的一类成型钢板。

压型钢板现已发布了国家标准《建筑用压型钢板》（GB/T 12755），此标准适用于在连续式机组上经辊压冷弯成型的建筑用压型钢板，包括用于屋面、墙面与楼盖等部位的各类型板。

（1）压型钢板的加工制作。金属屋面压型钢板的加工制作要点如下：

1）钢坯经过热连轧和冷连轧工艺或仅采用热连轧工艺，从而制成冷轧或热轧钢板、钢带，用于制

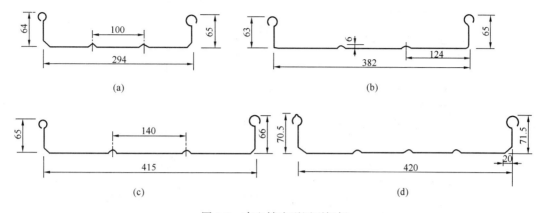

图 9-9　直立锁边型压型铝板

(a) $\dfrac{YX64\text{-}294}{有效宽度\ 300}$；(b) $\dfrac{YX63\text{-}124\text{-}382}{有效宽度\ 400}$；(c) $\dfrac{HV64\text{-}415}{有效宽度\ 430}$ (d) $\dfrac{YX71\text{-}420}{有效宽度\ 440}$

作镀层板的各类薄钢板或钢带称为原板。

2）通过热镀等特殊工艺将锌层或其他金属镀层附着于原板表面，使其形成表面有镀层的薄钢板或钢带，具有表面镀层的薄钢板或钢带称为镀层板，又称基板。常见的镀层板主要有热镀锌板、热镀铝锌合金板、热镀锌铝合金板等，镀层板（基板）可直接辊压成型为压型钢板，也可进一步做表面处理制作成涂层板。

3）在已经过表面预处理的基板（镀层板）上，以连续辊涂的方式涂覆有机涂料（正面至少为两层），然后经过高温烘烤的方法固化而成彩色涂层钢板（涂层板）。彩色涂层钢板是将成卷钢板在涂层生产线上连续生产而成的，因此亦称为"卷涂钢板"，由于其具有色彩鲜艳的表面，故常被简称为"彩钢板"或"彩涂钢板"。彩色涂层钢板采用的底漆一般有环氧树脂、聚酯树脂、丙烯酸树脂和聚氨酯树脂等，其中前两种最为常用，一般根据产品的用途、使用场合、加工程度以及面漆的配套来选择底漆，最常用的面漆有聚酯树脂面漆、硅改性聚酯树脂面漆、高耐久性聚酯树脂面漆、聚偏氯乙烯面漆等。彩色涂层钢板是一种复合材料，兼有钢板和有机材料二者的优点，其既具有钢板的机械强度和易成型性能，又具有有机材料良好的装饰性和耐腐蚀性。

4）压型钢板的制作一般采用镀层板或涂层板，厚度一般为 0.6～3mm，采用冷弯加工辊压成型工艺，加工制成沿板宽方向形成波纹截面的压型钢板，其截面波高一般为 25～200mm。镀层板及涂层板的上表面或压型钢板的外表面称为正面，镀层板及涂层板的下表面或压型钢板的内表面则称为反面。

（2）屋面压型钢板的板型及连接构造。压型金属板的典型板型见图 9-10，其连接构造见图 9-11；金属屋面板型的连接分类见图 9-12。

屋面压型钢板板型的设计要求及适用条件如下：①压型钢板的波高、波距应满足承重强度、稳定与刚度要求，其板宽宜有较大的覆盖宽度并符合建筑模数的要求，屋面压型钢板的板型设计应满足防水、承载、抗风及整体连接等功能要求；②屋面压型钢板宜采用紧固件隐藏的咬合板或扣合板，当采用紧固件外露的搭接板时，其搭接板边形状宜形成防水空腔式构造 ［图 9-11 (a)］。

建筑用压型钢板的型号由压型代号、用途代号与板型特征代号三部分组成。建筑用压型钢板分为屋面用板、墙面用板与楼盖用板三类，压型代号以"压"字汉语拼音的第一个字母"Y"表示；屋面板用途代号以"屋"字汉语拼音第一个字母"W"表示；板型特征代号由压型钢板的波高尺寸（mm）与覆盖宽度（mm）组合表示，覆盖宽度是指压型钢板的有效利用宽度。压型钢板型号表示示列如下：波高 51mm，覆盖宽度 760mm 的屋面用压型钢板，其代号为 YW51-760。

（3）屋面压型钢板的技术要求

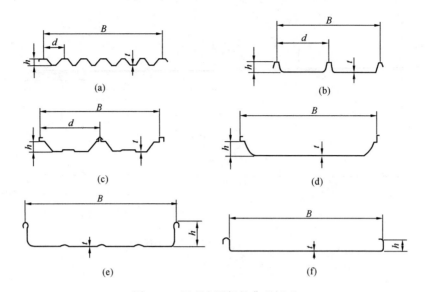

图 9-10 压型金属板的典型板型
(a) 搭接型屋面板；(b) 扣合型屋面板；(c) 咬合型屋面板（180°）；
(d) 咬合型屋面板（360°）；(e) 咬合型屋面板（270°）；(f) 咬合型屋面板（360°）
B—板宽（覆盖宽度）；d—波距；h—波高；t—板厚

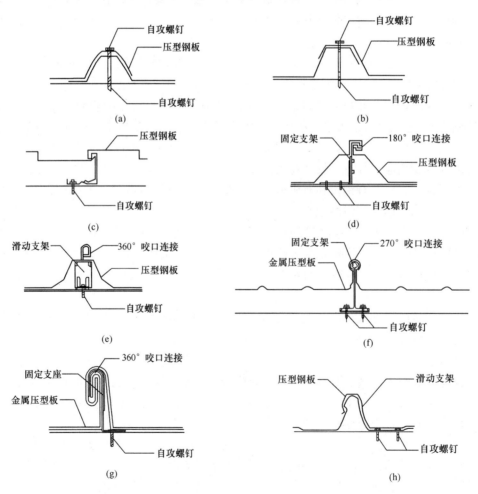

图 9-11 压型金属板的典型连接构造
(a) 搭接板屋面连接构造（带防水空腔，紧固件外露）；(b) 搭接板墙面连接构造一（紧固件外露）；(c) 搭接板墙面连接构造二
（紧固件隐藏）；(d) 咬合板屋面连接构造一（180°）；(e) 咬合板层面连接构造二（360°）；(f) 咬合板屋面连接构造三（270°）；
(g) 咬合板屋面连接构造四（360°）；(h) 扣合板连接构造

1) 《压型金属板工程应用技术规范》（GB 50896）对压型钢板材料提出的技术要求。

现行国家标准《压型金属板工程应用技术规范》（GB 50896）对压型钢板材料提出的技术性能要求如下：

① 压型钢板应符合现行国家标准《连续热镀锌钢板及钢带》（GB/T 2518）、《连续热镀铝锌合金镀层钢板及钢带》（GB/T 14978）、《彩色涂层钢板及钢带》（GB/T 12754）和《建筑用压型钢板》（GB/T 12755）的有关规定。压型钢板常用材料的化学成分与力学性能应符合本规范附录 A 的规定（表 9-16 至表 9-19）。

② 压型钢板用钢材按屈服强度级别宜选用 250MPa 与 350MPa 结构用钢。

③ 屋面及墙面压型钢板，重要建筑宜采用彩色涂层钢板，一般建筑可采用热镀铝锌合金或热镀锌镀层钢板，压型钢板厚度应通过设计计算确定，外层板公称厚度重要建筑不应小于 0.6mm，一般建筑不宜小于 0.6mm，内层板公称厚度重要建筑不应小于 0.5mm，一般建筑不宜小于 0.5mm。

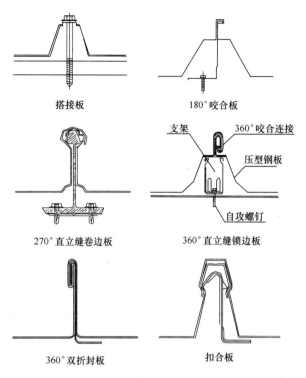

图 9-12　金属屋面板型的连接分类

表 9-16　热镀锌、镀铝锌钢板基板的化学成分　GB 50896—2013

结构钢强度级别（MPa）	化学成分（熔炼分析）（质量分数）（%）				
	C	Si	Mn	P	S
250	≤0.20	≤0.60	≤1.70	≤0.10	≤0.045
280					
300					
320					
350					
550					

表 9-17　热镀锌、镀铝锌钢板基板的力学性能[①]　GB 50896—2013

结构钢强度级别（MPa）	屈服强度[②] R_{eH}或$R_{p0.2}$（MPa）	抗拉强度 R_m（MPa）	断后伸长率（$L_0=80mm$，$b=20mm$）（%）	
			公称厚度（mm）	
			≤0.7	>0.7
250	≥250	≥330	≥17	≥19
280	≥280	≥360	≥16	≥18
300[③]	≥300	≥380	≥16	≥18
320	≥320	≥390	≥15	≥17
350	≥350	≥420	≥14	≥16
550	≥550	≥560	—	—

① 拉伸试验样的方向为纵向（沿轧制方向）。

② 屈服现象不明显时采用$R_{p0.2}$，否则采用R_{eH}。

③ 结构钢强度级别 300MPa 仅限于热镀铝锌钢板。

表 9-18　常用不锈钢板化学成分表　GB 50896—2013

不锈钢牌号	C	Si	Mn	P	S	Ni	Cr	Mo	Cu	N	其他元素
06Cr19Ni10	0.08	0.75	2.00	0.045	0.03	8.00~10.50	18.00~20.00	—	—	0.10	—
06Cr17Ni12Mo2	0.08	0.75	2.00	0.045	0.03	10.00~14.00	16.00~18.00	2.00~3.00	—	0.10	

表 9-19　常用不锈钢板力学性能表　GB 50896—2013

不锈钢牌号	ANSI牌号	规定非比例延伸强度 $R_{p0.2}$（MPa）	抗拉强度 R_m（MPa）	断后伸长率 A（%）	硬度值		
					HBW	HRB	HV
06Cr19Ni10	304	≥205	≥515	≥40	≤201	≤92	≤210
06Cr17Ni12Mo2	316	≥205	≥515	≥40	≤217	≤95	≤220

④ 压型钢板板型展开宽度（基板宽度）宜符合 600mm、1000mm 或 1200mm 系列基本尺寸的要求。

2)《建筑用压型钢板》（GB/T 12755）对建筑用压型钢板提出的技术要求、质量检验与允许偏差。

《建筑用压型钢板》（GB/T 12755—2008）对建筑用压型钢板提出的技术要求、质量检验与允许偏差，其要点如下：

① 原板：a. 原板应采用冷轧、热轧板或钢带，其尺寸外形及允许偏差应符合现行国家标准《冷轧钢板和钢带的尺寸、外形、重量及允许偏差》（GB/T 708）或《热轧钢板和钢带的尺寸、外形、重量及允许偏差》（GB/T 709）的规定；b. 压型钢板板型的展开宽度（基板宽度）宜符合 600mm、1000mm 或 1200mm 系列基本尺寸的要求，常用宽度尺寸宜为 1000mm。

② 基板与涂层板：a. 基板（镀层板）与涂层板均可直接辊压成型为压型钢板使用，热镀锌基板与热镀铝锌基板的化学成分、力学性能应分别符合表 9-20、表 9-21 的规定；b. 基板钢材按其屈服强度级别宜选用 250 级（MPa）与 350 级（MPa）结构级钢，其强度设计值等计算指标可参照现行国家标准《冷弯薄壁型钢结构技术规范》（GB 50018）的规定取值，当有技术经济依据时，压型钢板基板钢材可采用更高强度的钢材；c. 工程中屋面压型钢板基板的公称厚度不宜小于 0.6mm，基板厚度（包括镀层厚度在内）的允许偏差应符合表 9-22、表 9-23 的规定，负偏差大于表 9-22、表 9-23 规定的板段不得用于加工压型钢板；d. 基板的镀层（锌、锌铝、铝锌）应采用热浸镀方法，镀层重量应按需方要求作为供货条件予以保证，并在订货合同中注明。当需方无要求时，镀层重量（双面）应分别不小于 90/90g/m²（热镀锌基板）、50/50g/m²（镀铝锌合金基板）及 65/65g/m²（镀锌铝合金基板）。不同腐蚀介质环境中应用时推荐镀层重量见表 9-24 至表 9-26，环境腐蚀条件的分类见表 9-27。

表 9-20　热镀锌、铝锌基板的化学成分（熔炼分析）　GB/T 12755—2008

钢种	化学成分（%）（质量分数）			
	C	Mn	Pa	S
结构级钢	0.25	1.7	0.05	0.035

a　350 以上级别的磷含量不应大于 0.2%。

表 9-21　热镀锌、铝锌基板的力学性能a　GB/T 12755—2008

结构钢强度级别（MPa）	上屈服强度b R_{ett}（MPa），不小于	抗拉强度 R_m（MPa），不小于	断后伸长率（L_s=80mm，b=20mm）（%），不小于	
			公称厚度（mm）	
			≤0.70	>0.70
250	250	330	17	19

续表

结构钢强度级别 （MPa）	上屈服强度[b]R_{ett} （MPa），不小于	抗拉强度 R_m （MPa），不小于	断后伸长率（L_s＝80mm, b＝20mm）（％），不小于	
			公称厚度（mm）	
			≤0.70	＞0.70
280	280	360	16	18
320	320	390	15	17
350	350	420	14	16
550	550	560	—	—

a 拉伸试验样的方向为纵向（延轧制方向）。

b 屈服现象不明显时采用 $R_{p0.2}$。

表 9-22　热镀锌基板的厚度允许偏差[a]（mm）　GB/T 12755—2008

公称宽度	公称厚度							
	≤0.6	＞0.6 ≤0.8	＞0.8 ≤1.0	＞1.0 ≤1.2	＞1.2 ≤1.6	＞1.6 ≤2.0	＞2.0 ≤2.5	＞2.5 ≤3.0
≤1200	±0.05	±0.06	±0.07	±0.08	±0.11	±0.14	±0.16	±0.19
＞1200 ≤1500	±0.06	±0.07	±0.08	±0.09	±0.13	±0.15	±0.17	±0.20
＞1500	±0.07	±0.08	±0.09	±0.11	±0.14	±0.16	±0.18	±0.20

a 成卷供货钢带的头、尾总长度 30m 内的厚度偏差允许比表中规定值大 50％，焊缝区 15m 内的厚度允许偏差允许比表中规定值大 60％。

表 9-23　热镀铝锌基板的厚度允许偏差[a]（mm）　GB/T 12755—2008

公称宽度	公称厚度							
	≤0.6	＞0.6 ≤0.8	＞0.8 ≤1.0	＞1.0 ≤1.2	＞1.2 ≤1.6	＞1.6 ≤2.0	＞2.0 ≤2.5	＞2.5 ≤3.0
≤1200	±0.05	±0.06	±0.07	±0.08	±0.11	±0.14	±0.16	±0.19
＞1200 ≤1500	±0.06	±0.07	±0.08	±0.09	±0.13	±0.15	±0.17	±0.20
＞1500	±0.07	±0.08	±0.09	±0.11	±0.14	±0.16	±0.18	±0.20

a 成卷供货钢带的头、尾总长度 30m 内的厚度偏差允许比表中规定值大 50％，焊缝区 15m 内的厚度允许偏差允许比表中规定值大 60％。

③ 涂层板：a. 压型钢板用涂层板的涂层类别、性能、质量等技术要求及检验方法均应符合现行国家标准《彩色涂层钢板及钢带》（GB/T 12754）的规定，彩涂板的牌号、用途及分类与代号见表 9-29、表 9-30，其镀层、涂层与耐久性试验应符合表 9-24 至表 9-26 的规定；b. 压型钢板用涂层板的涂层种类与涂层结构均应按需方要求作为供货条件予以保证，并在订货合同中约定与明示。当需方无要求时，涂层结构可按面漆正面二层、反面一层的做法交货。

④ 其他：a. 建筑用压型钢板不应采用电镀锌钢板或无任何镀层与涂层的钢板（带）；b. 组合楼盖用压型钢板应采用热镀锌钢板；c. 压型钢板复合屋面的下板为穿孔吸声板时，其孔径、孔距等应专门设计确定；d. 同一屋面工程或同一墙面工程的压型钢板，宜按同一批号彩涂板订货与供货，以免有色差。

⑤ 质量检验：a. 压型钢板的质量检查与验收要求应符合《建筑用压型钢板》（GB/T 12755—2008）及现行国家标准《钢结构工程施工质量验收规范》（GB 50205）的规定；b. 压型钢板质量检查项目与方法应符合表 9-31 的规定。

⑥ 压型钢板制作的允许偏差应符合表 9-32 的规定。

表 9-24　热镀基板在各类侵蚀性环境中推荐使用的最小公称镀层重量（g/m²）　GB/T 12755—2008

基板类型	公称镀层重量		
	使用环境的腐蚀性		
	低	中	高
热镀锌基板	90/90	125/125	140/140
热镀锌铁合金基板	60/60	75/75	90/90
热镀铝锌合金基板	50/50	60/60	75/75
热镀锌铝合金基板	65/65	90/90	110/110

注：1. 使用环境的侵蚀程度分类可参照表 9-27 和表 9-28。

　　2. 表中分子、分母值分别表示正面、反面的镀层重量。

　　3. 使用环境的腐蚀性很低和很高时，镀层重量由供需双方在订货时协商。

表 9-25　涂层耐中性盐雾试验时限（h）　GB/T 12755—2008

面漆的种类	耐中性盐雾试验时间，不小于
聚酯（PE）	480
硅改性聚酯（SMP）	600
高耐久性聚酯（HDP）	720
聚偏氟乙烯（PVDF）	960

注：1. 耐中性盐雾试验三个试样值均应符合表值的相应规定。

　　2. 在表中规定的时间内，试样起泡密度等级和起泡大小等级应不大于 GB/T 1766 中规定的 3 级，但不允许起泡密度等级和起泡大小等级同时为 3 级。

表 9-26　涂层耐紫外灯老化试验时限（h）　GB/T 12755—2008

面漆的种类	试验时间，不小于	
	UVA-340	UVB-313
聚酯	600	400
硅改性聚酯	720	480
高耐久性聚酯	960	600
聚偏氟乙烯	1800	1000

注：1. 紫外灯加速老化试验三个试样均值应符合表值的相应规定。

　　2. 在表中的规定时间内，试样应无起泡、开裂，粉化应不大于 GB/T 1766 中规定的 1 级。

　　3. 面漆为聚酯和硅改性聚酯时通常用 UVA-340 进行评价，如用 UVB-313 进行评价应在订货时说明。面漆为高耐久性聚酯和聚偏氟乙烯时通常用 UVB-313 进行评价，如用 UVA-340 进行评价应在订货时说明。

表 9-27　外界条件对冷弯薄壁型钢结构的侵蚀作用分类　GB/T 12755—2008

序号	地区	相对湿度（%）	对结构的侵蚀作用分类		
			室内（采暖房屋）	室内（非采暖房屋）	露天
1	农村、一般城市的商业区及住宅	干燥，<60	无侵蚀性	无侵蚀性	弱侵蚀性
2		普通，60～75	无侵蚀性	弱侵蚀性	中等侵蚀性
3		潮湿，>75	弱侵蚀性	弱侵蚀性	中等侵蚀性
4	工业区、沿海地区	干燥，<60	弱侵蚀性	中等侵蚀性	中等侵蚀性
5		普通，60～75	弱侵蚀性	中等侵蚀性	中等侵蚀性
6		潮湿，>75	中等侵蚀性	中等侵蚀性	中等侵蚀性

注：1. 表中的相对湿度是指当地的年平均相对湿度，对于恒温恒湿或有相对湿度指标的建筑物，则按室内相对湿度采用。

　　2. 一般城市的商业区及住宅区泛指无侵蚀性介质的地区，工业区是包括受侵蚀介质影响及散发轻微侵蚀性介质的地区。

表 9-28　彩涂板使用环境腐蚀性的等级　GB/T 12755—2008

腐蚀性	腐蚀性等级	典型大气环境示例	典型内部气氛示例
很低	C1	—	干燥清洁的室内场所,如办公室、学校、住宅、宾馆
低	C2	大部分乡村地区、污染较轻的城市	室内体育场、超级市场、剧院
中	C3	污染较重的城市、一般工业区、低盐度海滨地区	厨房、浴室、面包烘烤房
高	C4	污染较重的工业区、中等盐度海滨地区	游泳池、洗衣房、酿酒车间、海鲜加工车间、鲜菇栽培场
很高	C5	高湿度和腐蚀性工业区、高盐度海滨地区	酸洗车间、电镀车间、造纸车间、制革车间、染房

表 9-29　涂层板的牌号及用途　GB/T 12755—2008

涂层板的牌号					用　途
热镀锌基板	热镀锌铁合金基板	热镀铝锌合金基板	热镀锌铝合金基板	电镀锌基板	
TDC51D+Z	TDC51D+ZF	TDC51D+AZ	TDC51D+ZA	TDC01+ZE	一般用
TDC52D+Z	TDC52D+ZF	TDC52D+AZ	TDC52D+ZA	TDC03+ZE	冲压用
TDC53D+Z	TDC53D+ZF	TDC53D+AZ	TDC53D+ZA	TDC04+ZE	深冲压用
TDC54D+Z	TDC54D+ZF	TDC54D+AZ	TDC54D+ZA	—	特深冲压用
TS250GD+Z	TS250GD+ZF	TS250GD+AZ	TS250GD+ZA	—	结构用
TS280GD+Z	TS280GD+ZF	TS280GD+AZ	TS280GD+ZA	—	
—	—	TS300GD+AZ	—	—	
TS320GD+Z	TS320GD+ZF	TS320GD+AZ	TS320GD+ZA	—	
TS350GD+Z	TS350GD+ZF	TS350GD+AZ	TS350GD+ZA	—	
TS550GD+Z	TS550GD+ZF	TS550GD+AZ	TS550GD+ZA	—	

注:结构板牌号中 250、280、320、350、550 分别表示其屈服强度的级别;Z、ZF、AZ、ZA 分别表示镀层种类为锌、锌铁、铝锌与锌铝。

表 9-30　涂层板的分类及代号　GB/T 12755—2008

分　类	项　目	代　号
用途	建筑外用	JW
	建筑内用	JN
	家电	JD
	其他	QT
基板类型	热镀锌基板	Z
	热镀锌铁合金基板	ZF
	热镀铝锌合金基板	AZ
	热镀锌铝合金基板	ZA
	电镀锌基板	ZE
涂层表面状态	涂层板	TC
	压花板	YA
	印花板	YI

分 类	项 目	代 号
面漆种类	聚酯	PE
	硅改性聚酯	SMP
	高耐久性聚酯	HDP
	聚偏氟乙烯	PVDF
涂层结构	正面二层、反面一层	2/1
	正面二层、反面二层	2/2
热镀锌基板表面结构	光整小锌花	MS
	光整无锌花	FS

表 9-31　压型钢板质量检查项目　GB/T 12755—2008

序号	检查内容与要求	检查数量	检查方法
1	所用镀层板、涂层板的原板、镀层、涂层的性能和材质是否符合相应材料标准	同牌号、同板型、同规格、同镀层重量及涂层厚度、涂料种类和颜色相同的镀层板或涂层板为一批，每批重量不超过 30t	对镀层板或涂层板产品的全部质量报告书（化学成分、力学性能、厚度偏差、镀层重量、涂层厚度等）进行检查
2	压型板成型部位的基板不应有裂纹	按计件数抽查5%，且不应少于10件	观察和用10倍放大镜检查
3	压型钢板成型后，涂层、镀层不应有肉眼可见的裂纹，剥落和擦痕等缺陷		观察检查
4	压型板成型后，应板面平直、无明显翘曲；表面清洁，无油污、明显划痕、磕伤等。切口平直，切面整齐，板边无明显翘角、凹凸与波浪形，并不应有皱折	按计件数抽查5%，且不应少于10件	观察检查
5	压型板尺寸允许偏差应符合表 9-35 的要求		用拉线和钢尺检查
			用钢尺和角尺检查

表 9-32　压型钢板制作的允许偏差（mm）　GB/T 12755—2008

项 目		允许偏差
波高	截面高度≤70	±1.5
	截面高度＞70	±2.0
覆盖宽度	截面高度≤70	+10.0 −2.0
	截面高度＞70	+6.0 −2.0
板长		+9.0 −0.0
波距		±2.0
横向剪切偏差（沿截面全宽）		1/100 或 6.0
侧向弯曲	在测量长度 L_1 范围内	20.0

注：L_1 为测量长度，指板长扣除两端各 0.5m 后的实际长度（小于 10m）或扣除后任选的 10m 长度。

5. 建筑用金属面绝热夹芯板

金属面绝热夹芯板是指由双金属面板和粘结于两金属面板之间的绝热芯材组成的一类自支撑的复合板材。其产品根据芯材的材质不同，可分为聚苯乙烯夹芯板、硬质聚氨酯夹芯板、岩棉或矿渣棉夹芯板、玻璃棉夹芯板等四类。此类产品已发布了适用于工厂化生产的工业与民用建筑外墙、隔墙、屋面、天花板等夹芯板的国家标准《建筑用金属面绝热夹芯板》GB/T 23932。此标准对金属面绝热夹芯板提出的产品技术性能要求如下：

（1）原材料要求。

1）金属面材：彩色涂层钢板应符合现行国家标准《彩色涂层钢板及钢带》（GB/T 12754）的要求，其中基板公称厚度不得小于 0.5mm；压型钢板应符合现行国家标准《建筑用压型钢板》（GB/T 12755）的要求，其中板的公称厚度不得小于 0.5mm；其他金属面材应符合相关标准的规定。

2）芯材：①聚苯乙烯泡沫塑料：EPS 应符合现行国家标准《绝热用模塑聚苯乙烯泡沫塑料》（GB/T 10801.1）的规定，其中 EPS 为阻燃型，并且密度不得小于 $18kg/m^3$，导热系数不得大于 $0.038W/(m \cdot K)$；XPS 应符合现行国家标准《绝热用挤塑聚苯乙烯泡沫塑料（XPS）》（GB/T 10801.2）的规定；②硬质聚氨酯泡沫塑料应符合现行国家标准《建筑绝热用硬质聚氨酯泡沫塑料》（GB/T 21558）的规定，其中物理力学性能应符合类型Ⅱ的规定，并且密度不得小于 $38kg/m^3$；③岩棉、矿物棉除热荷重收缩温度外，应符合现行国家标准《绝热用玻璃棉及其制品》（GB/T 13350）的规定，并且密度不得小于 $64kg/m^3$。

3）粘结剂：应符合相关标准的规定。

（2）产品的外观质量应符合表 9-33 的规定。

（3）产品的主要规格尺寸见表 9-34；尺寸的允许偏差应符合表 9-35 的规定。

（4）产品的物理力学性能要求如下：①产品的传热系数应符合表 9-36 的规定；②产品的粘结强度应符合表 9-37 的规定；③产品的剥离性能要求：粘结在金属面材上的芯材应均匀分布，并且每个剥离面的粘结面积应不小于 85%；④产品的抗弯承载力：夹芯板为屋面板，夹芯板挠度为 $L_0/200$（L_0 为 3500mm）时，均布荷载应不小于 $0.5kN/m^2$；夹芯板为墙板，夹芯板挠度为 $L_0/150$（L_0 为 3500mm）时，均布荷载应不小于 $0.5kN/m^2$。

表 9-33　夹芯板的外观质量　GB/T 23932—2009

项目	要　求
板面	板面平整；无明显凹凸、翘曲、变形；表面清洁、色泽均匀；无胶痕、油污；无明显划痕、磕碰、伤痕等
切口	切口平直、切面整齐、无毛刺、面材与芯材之间粘结牢固、芯材密度
芯板	芯板切面应整齐，无大块剥落，块与块之间接缝无明显间隙

表 9-34　夹芯板的主要规格尺寸（mm）　GB/T 23932—2009

项目	聚苯乙烯夹芯板		硬质聚氨酯夹芯板	岩棉、矿渣棉夹芯板	玻璃棉夹芯板
	EPS	XPS			
厚度	50	50	50	50	50
	75	75	75	80	80
	100	100	100	100	100
	150			120	120
	200			150	150
宽度	900～1200				
长度	≤12000				

注：其他规格由供需双方商定。

表 9-35　夹芯板的尺寸允许偏差　GB/T 23932—2009

项目		尺寸（mm）	允许偏差
厚度		≤100	±2mm
		>100	±2%
宽度		900～1200	±2mm
长度		≤3000	±5mm
		>3000	±10mm
对角线差	长度	≤3000	≤4mm
	长度	>3000	≤6mm

表 9-36　夹芯板的传热系数　GB/T 23932—2009

名　　称	标称厚度（mm）	传热系数 U [W/（m²·K）] ≤
聚苯乙烯夹芯板	EPS 50	0.68
	75	0.47
	100	0.36
	150	0.24
	200	0.18
	XPS 50	0.63
	75	0.44
	100	0.33
硬质聚氨酯夹芯板	PU 50	0.45
	75	0.30
	100	0.23
岩棉、矿渣棉夹芯板	RW/SW 50	0.85
	80	0.56
	100	0.46
	120	0.38
	150	0.31
玻璃棉夹芯板	CW 50	0.90
	80	0.59
	100	0.48
	120	0.41
	150	0.33

注：其他规格可由供需双方商定，其传热系数指标按标称厚度以内差法确定。

表 9-37　夹芯板的粘结强度（MPa）　GB/T 23932—2009

类别	聚苯乙烯夹芯板		硬质聚氨酯夹芯板	岩棉、砂渣棉夹芯板	玻璃棉夹芯板
	EPS	XPS			
粘结强度 ≥	0.10	0.10	0.10	0.06	0.03

　　当有下列情况之一者时，则应符合相关结构设计规范的规定：①L_0 大于 3500mm；②屋面坡度小于 1/20；③夹芯板作为承重结构件使用时。

　　《建筑用金属面绝热夹芯板》（GB/T 23932—2009）附录 A 可作为挠度设计的参考。

（5）产品的燃烧性能，应按照《建筑材料及制品燃烧性能分级》（GB 8624—2006）分级。

（6）岩棉、矿渣棉夹芯板，当夹芯板厚度小于或等于80mm时，耐火极限应大于或等于30min；当夹芯板厚度大于80mm时，耐火极限应大于或等于60min。

现行国家标准《屋面工程技术规范》（GB 50345）对金属面绝热夹芯板提出的主要性能指标见表2-24。

9.2.4.2 采光顶面板

采光顶面板主要有玻璃、聚碳酸酯板等材料。

1. 玻璃

玻璃是玻璃采光顶的主要材料之一，玻璃要承受荷载，必须具备一定的力学性能，采光顶所采用玻璃的机械、光学及热工性能、尺寸偏差等均应符合国家现行相关产品标准的规定。

国家现行相关产品标准包括《平板玻璃》（GB 11614）、《半钢化玻璃》（GB/T 17841）、《建筑用安全玻璃　第1部分：防火玻璃》（GB 15763.1）、《建筑用安全玻璃　第2部分：钢化玻璃》（GB 15763.2）、《建筑用安全玻璃　第3部分：夹层玻璃》（GB 15763.3）、《建筑用安全玻璃　第4部分：均质钢化玻璃》（GB 15763.4）、《镀膜玻璃　第1部分：阳光控制镀膜玻璃》（GB/T 18915.1）、《镀膜玻璃　第2部分：低辐射镀膜玻璃》（GB/T 18915.2）、《中空玻璃》（GB/T 11944）等标准。

采光顶所使用的玻璃应符合以下要求：

（1）采光顶的玻璃应采用安全玻璃，宜采用夹层玻璃和夹层中空玻璃，其玻璃原片可根据设计要求选用，且单片玻璃的厚度不宜小于6mm，夹层玻璃的玻璃原片厚度不宜小于5mm，上人的玻璃采光顶应采用夹层玻璃，点支承玻璃采光顶应采用钢化夹层玻璃，所有采光顶的玻璃均应进行磨边倒角处理。

（2）玻璃采光顶所采用的夹层玻璃除应符合现行国家标准《建筑用安全玻璃　第3部分：夹层玻璃》（GB 15763.3）中规定的Ⅱ-1和Ⅱ-2产品要求外，尚应符合以下要求：①夹层玻璃宜为干法加工合成，夹层玻璃的两片玻璃厚度相差不宜大于2mm，②夹层玻璃的胶片宜采用聚乙烯醇缩丁醛（PVB）胶片，PVB胶片的厚度不应小于0.76mm，若有特殊要求，可采用聚乙烯甲基丙烯酸酯胶片（离子性胶片），其性能应符合设计要求；③暴露在空气中的夹层玻璃的边缘应进行密封处理。

（3）玻璃采光顶所采用的夹层中空玻璃，除应符合9.2.4.2节1（2）条和现行国家标准《中空玻璃》（GB/T 11944）的有关规定外，尚应符合以下规定：①中空玻璃气体层的厚度应依据节能要求计算确定，且不宜小于12mm；②中空玻璃应采用双道密封结构，一道密封胶宜采用丁基热熔密封胶，隐框、半隐框及点支承式采光顶所用中空玻璃二道密封胶应采用硅酮结构密封胶，其性能应符合现行国家标准《建筑用硅酮结构密封胶》（GB 16776）的规定；③中空玻璃的夹层面应在中空玻璃的下表面；④中空玻璃产地与使用地或与运输途经地的海拔高度相差超过1000m时，宜加装毛细管或呼吸管平衡内外气压差。

（4）采光顶钢化玻璃应采用均质钢化玻璃，以降低玻璃的自爆率，提高采光顶的安全性。采光顶当采用钢化玻璃时应满足现行国家标准《建筑用安全玻璃　第2部分：钢化玻璃》（GB 15763.2）提出的要求，半钢化玻璃应满足现行国家标准《半钢化玻璃》（GB 17841）提出的要求，钢化玻璃宜经过二次均质处理。

（5）当采光顶玻璃最高点到地面或楼面距离大于3m时，应采用夹层玻璃或夹层中空玻璃，且夹胶层位于下侧。

（6）玻璃面板的面积不宜大于2.5m²，长边边长不宜大于2m。

2. 聚碳酸酯板

聚碳酸酯（PC）板是一种新型透光性强，可弯曲的有机建筑板材。聚碳酸酯采光板具有优良的耐冲击性能、保温隔热性能、隔声性能、光学性能和难燃性能，特别是该种板材还具有良好的可加工性能，可锯、可钻、可刨、可弯曲和可粘结。又因其密度小、质量很小，因而施工极为简便，被广泛地应用于各种建筑之中。聚碳酸酯采光板按其截面形状可分为平板、波纹板和压型板；按其结构可分为中空板和实心板。聚碳酸酯板中空板应符合现行行业标准《聚碳酸酯（PC）中空板》（JG/T 116）的要求，聚碳酸酯板实心板应符合现行行业标准《聚碳酸酯（PC）实心板》（JG/T 347）的要求。

采光顶用聚碳酸酯板宜采用直立式 U 形板、梯形飞翼板，可采用聚碳酸酯平板。聚碳酸酯板黄色指数变化不应大于 1。聚碳酸酯板的燃烧性能等级不应低于现行国家标准《建筑材料及制品燃烧性能分级》（GB 8624）中规定的 B-s2、d1、t1 级。

（1）聚碳酸酯中空板的技术性能要求。适用于工业与民用等一般用途的聚碳酸酯（PC）中空板已发布了建筑工业行业标准《聚碳酸酯（PC）中空板》（JG/T 116），其提出的技术性能要求如下：

1）外观：中空板表面应光滑、平整、不允许有气泡、裂纹和明显的痕纹、凹陷、色差和其他影响性能的缺陷。

2）尺寸和极限偏差：①中空板的长度为 6000mm、宽度为 2100mm，也可根据实际情况由供需双方商定；②中空板的厚度为 4mm、5mm、6mm、8mm、10mm、25mm、30mm、40mm、50mm、60mm。其他厚度可由供需双方商定，中空板的厚度极限偏差应符合表 9-38 的规定；③中空板两对角线长度之差 Δl 应按式（9-1）计算：

$$\Delta l \leqslant 3.5 \times 10^{-3} \times b \tag{9-1}$$

式中　b——板材的宽度（mm）；

　　　Δl——对角线长度之差（mm）。

3）中空板的物理力学性能应符合表 9-39 的规定。

4）中空板的遮阳系数、隔声性能和承载性能应按《建筑玻璃采光顶》（JG/T 231—2007）第 7 章进行分级。

表 9-38　聚碳酸酯（PC）中空板的厚度极限偏差（mm）　　JG/T 116—2012

总厚度 d	极限偏差	上、下壁厚最小值 d_1
4.0	±0.3	0.22
5.0	±0.3	0.24
6.0	±0.3	0.30
8.0	±0.5	0.38
10.0	±0.5	0.40
25.0	±0.5	0.45
30.0	±0.5	0.45
40.0	±0.5	0.45
50.0	±0.5	0.45
60.0	±0.5	0.45

表 9-39　聚碳酸酯（PC）中空板的物理力学性能要求　　JG/T 116—2012

序号	项　目		单位	技术要求
1	落锤冲击（穿孔特性）	最大穿透力	N	≥600
		最大穿透能量	J	≥5
2	落锤冲击（50%冲击破坏能）		J	≥15
3	热膨胀系数		℃⁻¹	≤3.5×10⁻⁵
4	透光率[a]	$d=4mm$	%	≥75
		$d=5mm$		≥70
		$d=6mm$		≥70
		$d=8mm$		≥70
		$d=10mm$		≥70

续表

序号	项 目		单位	技术要求
5	雾度b		%	≤5.0
6	耐候性能（2000h）	色差	—	≤5.0
		黄色指数变化	—	≤3.0
		落锤冲击（穿孔特性）性能保持率	%	≥60
7	传热系数	d=4mm（双层）	W/（m²·K）	≤3.8
		d=6mm（双层）		≤3.5
		d=8mm（双层）		≤3.3
		d=10mm（双层）		≤3.0
		d=10mm（三层）		≤2.8
8	紫外线透射比		%	≤0.001
9	燃烧性能		级	不低于B

a　只适用于B级产品，其他厚度数据由供需双方商定。

b　只适用于透明板材。

（2）聚碳酸酯实心板的技术性能要求。适用于工业与民用等一般用途的聚碳酸酯（PC）实心板已发布了建筑工业行业标准《聚碳酸酯（PC）实心板》（JG/T 347），其提出的技术性能要求如下：

1）外观：实心板表面应光滑、平整，不应有气泡、裂纹和明显的痕纹、凹陷、色差和其他影响性能的缺陷。

2）尺寸和极限偏差：①实心板的长度为6000mm，宽度为2100mm，也可根据实际情况由供需双方商定。实心板长度允许偏差为±3‰，宽度允许偏差为±2.5‰。②实心板的厚度一般为4mm、5mm、6mm、8mm、10mm。其他厚度可由供需双方商定，实心板的厚度极限偏差应符合表9-40的规定。③实心板两对角线长度之差 Δl 应按式（9-1）计算。

3）实心板的物理力学性能应符合表9-41的规定。

4）实心板的承载性能应按《建筑玻璃采光顶》（JG/T 231—2007）第7章进行分级。

表9-40　聚碳酸酯（PC）实心板的厚度极限偏差（mm）JG/T 347—2012

总厚度 d	极限偏差
4.0	±0.3
5.0	±0.3
6.0	±0.3
8.0	±0.5
10.0	±0.5

表9-41　聚碳酸酯（PC）实心板的物理力学性能要求　JG/T 347—2012

序号	项目		单位	技术要求
1	拉伸性能	拉伸屈服应力	MPa	≥55
2		断裂标称应变	%	≥60
3		拉伸弹性模量	MPa	≥2200
4	简支梁缺口冲击强度		kJ/m²	≥6
5	拉伸冲击强度		kJ/m²	≥150

序号	项目		单位	技术要求
6	落锤冲击 (穿孔特性)	最大穿透力	N	≥600
		最大弹性模量	J	≥5
7	维卡软化温度		℃	≥145
8	热变形温度		℃	≥130
9	加热尺寸变化率	$1.5 \leqslant d \leqslant 5$	%	≤10
		$d > 5$		≤5
10	热膨胀系数		$℃^{-1}$	$\leqslant 7.5 \times 10^{-5}$
11	透光率(B)[a]	$d = 1.5mm$	%	≥85
		$d = 3mm$		≥83
		$d = 4mm$		≥82
		$d = 6mm$		≥80
		$d = 12mm$		≥75
12	雾度[b]		%	≤5.0
13	耐候性能(2000h)	色差	—	≤5.0
		黄色指数变化	—	≤3.0
		落锤冲击(穿孔特性)性能保留率	%	≥60
14	紫外线透射比		%	≤0.001
15	燃烧性能		级	B

a 只适用于 B 级产品。

b 只适用于透明板材检测。

9.2.5 建筑密封材料和粘结材料

《采光顶与金属屋面技术规程》(JGJ 255—2012)、《建筑玻璃采光顶》(JG/T 231—2007)等对金属屋面和采光顶使用的建筑密封材料和粘结材料提出的要求要点如下:

(1)金属屋面和采光顶工程的接缝用密封胶应采用中性硅酮密封胶,其物理力学性能应符合现行行业标准《幕墙玻璃接缝用密封胶》(JC/T 882)中密封胶 20 级或 25 级的要求,并应符合现行国家标准《建筑密封胶分级和要求》(GB/T 22083)的规定。

(2)中性硅酮密封胶的位移能力应满足工程接缝的变形要求,采光顶支承结构等所使用的基材一般具有较大的线膨胀系数,由此造成面板之间接缝的位移变化较大,因此密封胶应能适应板缝的变形要求,通常采光顶的接缝变化比普通玻璃幕墙要大些,因此应优先选用位移能力较高的中性硅酮建筑密封胶。

(3)橡胶密封制品应符合现行国家标准《工业用橡胶板》(GB/T 5574)、现行行业标准《硫化橡胶和热塑性橡胶 建筑用预成型密封条的分类、要求和试验方法》(GB/T 23654)的规定,宜采用硅橡胶、三元乙丙橡胶或氯丁橡胶。

(4)密封胶条应符合现行标准《建筑门窗、幕墙用密封胶条》(GB/T 24498)和《工业用橡胶板》(GB/T 5574)的规定。

(5)接缝用密封胶应与面板材料相容,与夹层玻璃胶片不相容时,应采取措施避免与其相接触。

(6)玻璃接缝密封胶的选用。应注明产品的位移能力级别和模量级别,产品进场验收时,应检查产品级别和模量的符合性,使用前应进行剥离粘结性试验。

(7)玻璃采光顶所采用的中空玻璃用一道密封胶应符合现行行业标准《中空玻璃用丁基热熔密封

胶》（JC/T 914）的规定，两道密封胶应符合现行行业标准《中空玻璃用弹性密封胶》（GB/T 29755）的规定，两道密封胶应相容，隐框玻璃梁结构采光顶用的中空玻璃用弹性密封胶还应符合现行国家标准《建筑用硅酮结构密封胶》（GB 16776）的规定。

（8）与单组分硅酮结构密封胶配合使用的低发泡间隔双面胶带，应具有透气性。

（9）金属屋面和采光顶应采用中性硅酮结构密封胶，其性能应符合现行国家标准《建筑用硅酮结构密封胶》（GB 16776）的规定，硅酮结构密封胶的生产商应提供其结构密封胶的位移承受能力数据和质量保证书。

（10）硅酮结构密封胶在使用前，应经国家认可的检测机构（实验室）进行与其相接触材料、被粘结材料的相容性和粘结性试验，并应对结构密封胶的邵氏硬度、标准状态下的拉伸粘结性进行复验和确认，试验不合格的产品不得使用。

9.2.6 光伏系统用材料及光伏组件

光伏系统用材料及光伏组件的要求如下：

（1）连接用电线、电缆应符合现行国家标准《光伏（PV）组件安全鉴定 第 1 部分：结构要求》（GB/T 20047.1）的相关规定。

（2）薄膜光伏组件应满足现行国家标准《地面用薄膜光伏组件 设计鉴定和定型》（GB/T 18911）的相关规定。

（3）晶体硅光伏组件应满足现行国家标准《地面用晶体硅光伏组件 设计鉴定和定型》（GB/T 9535）的相关规定。

（4）光伏组件的外观质量除应符合玻璃产品标准要求外，尚应满足以下要求：①薄膜类电池玻璃不应有直径大于 3mm 的斑点、明显的彩虹和色差；②光伏组件上应标有电极标识。

（5）光伏组件接线盒、快速接头、逆变器、集线箱、传感器、并网设备、数据采集器和通信监控系统应符合现行行业标准《民用建筑太阳能光伏系统应用技术规范》（JGJ 203）的规定，并应满足设计要求。

9.2.7 其他材料

（1）金属屋面和采光顶工程的接缝部位所采用的聚乙烯泡沫棒填充衬垫材料的密度不应大于 $37kg/m^3$。

（2）防水卷材应符合现行国家标准《屋面工程技术规范》（GB 50345）的规定，宜采用聚氯乙烯、氯化聚乙烯、氯丁橡胶或三元乙丙橡胶等防水卷材，防水卷材的厚度一般不宜小于 1.2mm。

（3）采光顶用天篷帘、软卷帘应分别符合现行行业标准《建筑用遮阳天篷帘》（JG/T 252）和《建筑用遮阳软卷帘》（JG/T 254）的规定。

9.3 金属屋面和采光顶的设计

屋面的用途是为了遮雨和挡风雪，屋面的造型因建筑的种类、规模的大小、气候、地方特色、个人爱好等不同而有多种，只有适合屋面用途和屋顶造型及施工方法的屋面系统，才是和谐的建筑屋面。

9.3.1 金属屋面和采光顶的建筑设计

建筑设计是指为满足一定的建造目的（如人们对它的使用功能要求、视觉感受要求等）而进行的设计，金属屋面和采光顶的建筑设计应由具有相应资质的设计单位的建筑师和屋面（幕墙）专业设计师来共同完成。

金属屋面和采光顶建筑设计的主要任务是确定其线条、色调、构图、虚实组合和协调围护结构与建筑整体以及与环境的关系，根据金属屋面和采光顶的功能特点和环境条件，合理选择材料、板型、构造层次、制作工艺，并应根据建筑物的使用功能、造价、环境、能耗、施工技术条件进行设计，金属屋面和采光顶的系统设计应进行详图设计。

9.3.1.1　金属屋面和采光顶建筑设计的一般规定

金属屋面和采光顶建筑设计的一般规定如下：

（1）金属屋面和采光顶应根据建筑物的使用功能、外观设计、使用年限等要求，通过综合技术经济分析，选择其造型、结构形式、面板材料和五金附件，并能方便制作、安装、维修和保养。

（2）金属屋面和采光顶应与建筑物整体及周围环境相协调，尤其是外观造型和颜色方面的协调。

（3）玻璃采光顶的设计应根据建筑物的屋面形式、使用功能和美观要求，确定合适的结构类型、材料以及合理的细部构造。

（4）光伏金属屋面与光伏采光顶的设计应考虑工程所在地的地理位置、气候及太阳能资源条件，合理确定光伏系统的布局、朝向、间距、群体组合和空间环境，应满足光伏系统的设计、安装和正常运行要求。光伏组件面板玻璃宜按光伏系统全年日照最多的倾角设计，宜满足光伏组件冬至日全天有 3h 以上建筑日照时数的要求，并应避免景观环境或建筑自身对光伏组件的遮挡。集成型金属屋面和采光顶的光伏系统具有整体性，因此需要考虑坡度的设计，以便获得最佳日照效果；独立安装型金属屋面和采光顶的光伏系统可根据设计的需要进行布置，能够通过安装支架进行调整。光伏金属屋面和光伏采光顶宜针对晶体硅光伏电池采取降温措施。

（5）压型金属板屋面系统的设计应符合以下规定：①压型金属板屋面系统是指压型金属板通过固定支架、紧固件与支承结构连接的一类屋面系统。压型金属板屋面系统应根据当地气象条件、建筑等级、建筑造型、使用功能要求等进行系统设计。②压型金属板屋面系统的设计内容包括：压型金属板屋面系统构造层次的设计；压型金属板屋面系统的抗风揭、防水排水、防火、防雷、保温隔热等功能的设计；确定压型金属板选用的材料、厚度、规格、板型及其他主要性能，确定压型金属板配套使用的连接件材料、规格及其他主要性能。③压型金属板系统的受力性能应通过计算确定，特殊情况下应通过试验验证。④压型金属板系统设计时，应考虑温度变化的影响，合理选择压型金属板板型及连接构造。⑤压型金属板系统应防止外部水渗漏，并应防止系统构造层内的冷凝水集结和渗漏。⑥压型金属板屋面系统应进行排水验算。

（6）采光顶分格宜与整体结构相协调，玻璃面板的尺寸选择宜有利于提高玻璃的出材率。若为光伏玻璃面板的尺寸，则应尽可能与光伏组件、光伏电池的模数相协调，并综合考虑透光性能、发电效率、电气安全和结构安全。

（7）严寒和寒冷地区的采光顶宜采取冷凝水排放措施，可设置融雪和除冰装置。

（8）金属屋面和采光顶的透光部分以及开启窗的设置应满足使用功能和建筑效果的要求。有消防要求的开启窗应实现与消防系统联动。

（9）采光顶的设计应考虑维护和清洗的要求，可按需要设置清洗装置或清洗用安全通道，并应便于维护和清洗操作。

（10）金属屋面应设置上人爬梯或屋面上人孔，对于屋面四周没有女儿墙或女儿墙（或屋面上翻檐口）低于 500mm 的屋面，宜设置防坠落装置。

（11）压型金属板屋面若变形较大，则应进行变形计算，并宜设置金属屋面板的滑动连接构造。金属板的伸缩变形除应满足咬口锁边连接或紧固件连接的要求外，还应满足檩条、檐口及天沟等使用要求，且金属板最大伸缩变形量不应超过 100mm。金属板在主体结构的变形缝处宜断开，变形缝上部应加扣带伸缩的金属盖板。

（12）采光顶面板不宜跨越主体结构的变形缝，若必须跨越，则应采取可靠的构造措施，以适应主体结构的变形。

（13）玻璃采光顶支承结构选用的金属材料应做防腐处理，铝合金型材应做表面处理，不同金属构件接触面之间应采取隔离措施。

9.3.1.2 金属屋面和采光顶的物理性能及检测要求

金属屋面和采光顶的物理性能及检测要求如下：

（1）金属屋面和采光顶的物理性能等级应根据建筑物的类别、高度、体形、功能以及建筑物所在的地理位置、气候和环境条件进行设计。

（2）金属屋面和采光顶的承载力应符合下列规定：①金属屋面和采光顶所受荷载与作用应符合9.3.2.3 节 1 和 9.3.2.3 节 2 的相关规定；②在自重作用下，面板支承构件的挠度宜小于其跨距的1/500，玻璃面板挠度不超过长边的 1/120；③金属屋面和采光顶的支承构件、面板的最大相对挠度应符合表 9-42 的规定。

表 9-42　采光顶与金属屋面的支承构件、面板的最大相对挠度　JGJ 255—2012

支承构件或面板			最大相对挠度（L 为跨距）
支承构件	单根金属构件	铝合金型材	L/180
		钢型材	L/250
玻璃面板 （包括光伏玻璃）	简支矩形		短边/60
	简支三角形		长边对应的高/60
	点支承矩形		长边支承点跨距/60
	点支承三角形		长边对应的高/60
独立安装的 光伏玻璃	简支矩形		短边/40
	点支承矩形		长边/40
金属面板	金属压型板	铝合金板	L/180
		钢板，坡度≤1/20	L/250
		钢板，坡度>1/20	L/200
	金属平板		L/60
	金属平板中肋		L/120

注：悬臂构件的跨距 L 可取其悬挑长度的 2 倍。

（3）金属屋面应按照围护结构进行设计，并应具有相应的承载力、刚度、稳定性和变形能力；金属屋面的设计应根据当地的风荷载、结构形体、热工性能、屋面坡度等具体情况，采用相应的压型金属板板型及构造系统；金属板与屋面承重构件的固定应根据风荷载确定。

（4）金属屋面与采光顶的抗风压、水密、气密、热工、空气声隔声和采光等性能分级应符合现行国家标准《建筑幕墙》（GB/T 21086）的规定。金属屋面的性能试验应符合现行行业标准《采光顶与金属屋面技术规程》（JGJ 255）附录 A 的规定；采光顶的性能试验应符合现行国家标准《建筑幕墙气密、水密、抗风压性能检测方法》（GB/T 15227）的规定。有采暖、空气调节和通风要求的建筑物，其金属屋面和采光顶的气密性能应符合现行国家标准《公共建筑节能设计标准》（GB 50189）和《建筑幕墙》（GB/T 21086）的相关规定。

（5）金属屋面和采光顶的水密性能可按下列方法确定：

1）易受热带风暴和台风袭击的地区，其水密性能设计取值应按式（9-2）计算，且取值不应小于 200Pa：

$$P = 1000\mu_z\mu_s w_0 \tag{9-2}$$

式中　P——水密性能设计取值（Pa）；

　　　w_0——基本风压（kN/m^2）；

　　　μ_z——风压高度变化系数，应按现行国家标准《建筑结构荷载规范》（GB 50009）的规定采用，当高度小于 10m 时，应按 10m 高度处的数值采用；

　　　μ_s——体型系数，应按照现行国家标准《建筑结构荷载规范》（GB 50009）的规定采用。

2）其他地区，其水密性能可按式（9-2）计算值的 75% 进行设计，且取值不宜低于 150Pa。

3）开启部分的水密性能按与固定部分相同等级采用。

（6）采光顶的采光设计应符合现行国家标准《建筑采光设计标准》（GB/T 50033）的规定，并应满足建筑设计要求。

（7）金属屋面和采光顶的空气声隔声性能应符合现行国家标准《民用建筑隔声设计规范》（GB 50118）的规定，并应满足建筑物的隔声设计要求，对声环境要求高的屋面宜采用构造措施，宜进行雨噪声测试。测试结果应满足设计的要求。

（8）金属屋面和采光顶的光伏系统的各项性能和检测应符合现行行业标准《民用建筑太阳能光伏系统应用技术规范》（JGJ 203）的相关规定。

（9）沿海地区或承受较大负风压的金属屋面，应进行抗风掀检测，其性能应符合设计要求，试验应符合现行行业标准《采光顶与金属屋面技术规程》（JGJ 255）附录 B 的规定。

（10）金属屋面和采光顶的物理性能检测应包括抗风压性能、气密性能和水密性能的检测，对于有建筑节能要求的建筑，尚应进行热工性能的检测。金属屋面和采光顶的性能检测应由国家认可的检测机构实施，检测试件的结构、材质、构造、安装施工方法应与实际工作相一致。

（11）金属屋面和采光顶性能检测过程中，由于非设计原因致使某项性能未能达到设计要求时，可进行适当修补和改进后重新进行检测；由于设计原因或材料原因致使某项性能未能达到设计要求时，应停止本次检测，在对设计或材料进行更改后再另行检测。在检测报告中应注明修补或更改的内容。

（12）玻璃采光顶的性能要求。玻璃采光顶的物理性能主要包括承载性能、气密性能、水密性能、热工性能、隔声性能和采光性能。性能要求的高低和建筑物的功能性质、重要性等有关，不同的建筑在很多性能上是有所不同的，玻璃采光顶的物理性能应根据建筑物的类别、高度、体形、功能以及建筑物所在的地理位置、气候和环境条件进行设计。如沿海或经常有台风的地区，要求玻璃采光顶的风压变形性能和雨水渗漏性能高些，风沙较大地区，要求玻璃采光顶的风压变形性能和空气渗透性能高些；而在寒冷地区和炎热地区，则要求玻璃采光顶的保温隔热性能良好。玻璃采光顶的物理性能分级指标应符合现行行业标准《建筑玻璃采光顶》（JG/T 231）的有关规定。

玻璃采光顶按其功能的不同，可分为密封型和非密封型两种，密封型是用于封闭空间的玻璃采光顶，非密封型是用于敞开空间的玻璃采光顶。密封型和非密封型玻璃采光顶的共同性能是结构性能（承载性能），密封型玻璃采光顶还要有气密性、水密性、保温性能、隔声性能的要求。

1）玻璃采光顶的承载性能分级指标值 S 应符合表 9-43 的规定。玻璃采光顶的结构性能指标应按现行国家标准《建筑结构荷载规范》（GB 50009）和《建筑抗震设计规范》（GB 50011）规定的方法计算确定。玻璃采光顶还应承受可能出现的积水荷载、雪荷载、冰荷载以及其他特殊荷载。玻璃采光顶应能适应主体结构的变形，并应能够承受可能出现的温度作用。遭受指定荷载标准值时，任何结构构件在垂直于玻璃平面的平面内变形应符合国家现行规范要求，任何单件玻璃板垂直于玻璃平面的挠度不应超过计算边长的 1/60。

表 9-43　承载性能分级指标值 S　JG/T 231—2007

分级代号	1	2	3	4	5	6	7	8	9
分级指标值 S（kPa）	$1.0{\leqslant}S$ <1.5	$1.5{\leqslant}S$ <2.0	$2.0{\leqslant}S$ <2.5	$2.5{\leqslant}S$ <3.0	$3.0{\leqslant}S$ <3.5	$3.5{\leqslant}S$ <4.0	$4.0{\leqslant}S$ <4.5	$4.5{\leqslant}S$ <5.0	$S{\geqslant}5.0$

注：1. 9级时需同时标注 S 的实测值。

2. S 值为按 GB/T 15227—2007 进行试验时的安全检测压力差。

3. S 值为最不利荷载效应组合值。

4. 分级指标值 S 为绝对值。

2）玻璃采光顶的气密性能，其采光顶开启部分采用压力差为 10Pa 时的开启缝长空气渗透量 q_L 作为分级指标，分级指标应符合表 9-44 的规定；其采光顶整体（含开启部分）采用压力差为 10Pa 时的单位面积空气渗透量 q_A 作为分级指标，分级指标应符合表 9-45 的规定。

3）玻璃采光顶的水密性能，当采光顶所受风压取正值时，水密性能的分级指标 ΔP 应符合表 9-46

的规定。

  4）玻璃采光顶的热工性能要求如下：①采光顶的保温性能以传热系数 K 进行分级，其分级指标值应符合表 9-47 的规定；②遮阳系数分级指标值 SC 应符合表 9-48 的规定。

  5）玻璃采光顶的隔声性能则以空气计权隔声量 R_w 进行分级，其分级指标应符合表 9-49 的规定。

  6）玻璃采光顶的采光性能采用透光折减系数 T_r 作为分级指标，其分级指标应符合表 9-50 的规定。

表 9-44　采光顶开启部分气密性能分级　JG/T 231—2007

分级代号	1	2	3	4
分级指标值 q_L [m³/ (m·h)]	$4.0 \geqslant q_L > 2.5$	$2.5 \geqslant q_L > 1.5$	$1.5 \geqslant q_L > 0.5$	$q_L \leqslant 0.5$

表 9-45　采光顶整体气密性能分级　JG/T 231—2007

分级代号	1	2	3	4
分级指标值 q_A [m³/ (m·h)]	$4.0 \geqslant q_A > 2.0$	$2.0 \geqslant q_A > 1.2$	$1.2 \geqslant q_A > 0.5$	$q_A \leqslant 0.5$

表 9-46　采光顶水密性能分级　JG/T 231—2007

分级代号		3	4	5
分级指标值 ΔP (Pa)	固定部分	$1000 \leqslant \Delta P < 1500$	$1500 \leqslant \Delta P < 2000$	$\Delta P \geqslant 2000$
	可开启部分	$500 \leqslant \Delta P < 700$	$700 \leqslant \Delta P < 1000$	$\Delta P \geqslant 1000$

注：1. ΔP 为水密性能试验中，严重渗漏压力差的前一级压力差。

  2. 5 级时需同时标注 ΔP 的实测值。

表 9-47　采光顶的保温性能分级　JG/T 231—2007

分级代号	1	2	3	4	5
分级指标值 K [W/ (m²·K)]	$K > 4.0$	$4.0 \geqslant K > 3.0$	$3.0 \geqslant K > 2.0$	$2.0 \geqslant K > 1.5$	$K \leqslant 1.5$

注：需同时标注 K 的实测值。

表 9-48　采光顶的遮阳系数分级　JG/T 231—2007

分级代号	1	2	3	4	5	6
分级指标值 SC	$0.9 \geqslant SC > 0.7$	$0.7 \geqslant SC > 0.6$	$0.6 \geqslant SC > 0.5$	$0.5 \geqslant SC > 0.4$	$0.4 \geqslant SC > 0.3$	$0.3 \geqslant SC > 0.2$

表 9-49　采光顶的空气声隔声性能分级　JG/T 231—2007

分级代号	2	3	4
分级指标值 R_w (dB)	$30 \leqslant R_w < 35$	$35 \leqslant R_w < 40$	$R_w \geqslant 40$

注：4 级时需同时标注 R_w 的实测值。

表 9-50　采光顶采光性能分级　JG/T 231—2007

分级代号	1	2	3	4	5
分级指标值 T_r	$0.2 \leqslant T_r < 0.3$	$0.3 \leqslant T_r < 0.4$	$0.4 \leqslant T_r < 0.5$	$0.5 \leqslant T_r < 0.6$	$T_r \geqslant 0.6$

注：T_r 为透射漫射光照度与漫射光照度之比。5 级时需同时标注 T_r 的实测值。

9.3.1.3　金属屋面和采光顶的防水设计和排水设计

  金属屋面与采光顶的防水等级、防水设防要求应符合现行国家标准《屋面工程质量验收规范》（GB 50207）和《屋面工程技术规范》（GB 50345）的规定。屋面排水系统应能及时地将雨水排至雨水管道或室外。采光顶应采取合理的排水措施。

1. 金属屋面和采光顶的防水设计

金属屋面和采光顶的防水设计要点如下：

（1）防水等级为一级的压型金属板屋面应采用防水垫层，防水等级为二级的压型金属板屋面宜采用防水垫层。金属板屋面的防水等级和防水做法应符合表 9-51 的规定。

表 9-51　金属板屋面防水等级和防水做法　GB 50345—2012

防水等级	防水做法
Ⅰ级	压型金属板＋防水垫层
Ⅱ级	压型金属板、金属面绝热夹芯板

注：1. 当防水等级为Ⅰ级时，压型铝合金板基板厚度不应小于 0.9mm；压型钢板基板厚度不应小于 0.6mm。

2. 当防水等级为Ⅰ级时，压型金属板应采用 360°咬口锁边连接方式。

3. 在Ⅰ级屋面防水做法中，仅做压型金属板时，应符合《金属压型板应用技术规范》等相关技术的规定。

（2）金属板屋面防水垫层的设计以及防水垫层的细部构造可按照现行国家标准《坡屋面工程技术规范》（GB 50693）第 5.2 节和第 5.3 节的规定执行。金属板屋面防水垫层的施工可按照现行国家标准《坡屋面工程技术规范》（GB 50693）第 5.4 节的规定执行。

（3）金属板屋面工程设计应根据建筑物的性质和功能要求，确定其防水性质，选用其金属板材以及所配套的紧固件、建筑防水密封材料。

（4）防水等级为一级的压型金属板屋面不应采用明钉固定方式，应采用大于 180°咬边连接的固定方式，防水等级为二级的压型金属板屋面采用明钉或金属螺钉固定方式时，钉帽应有防水密封措施。金属面绝热夹芯板的四周接缝则均应采用耐候丁基橡胶防水密封胶带进行密封处理。压型金属板和金属面绝热夹芯板的外露自攻螺钉、拉铆钉等均应采用硅酮耐候密封胶进行密封处理。

（5）玻璃采光顶玻璃之间的接缝宽度应能满足玻璃和密封胶的变形要求，且不应小于 10mm，密封胶的嵌填深度宜为接缝密度的 50%～70%，较深的密封槽口底部应采用聚乙烯发泡材料填塞。玻璃接缝密封宜选用位移能力级别为 25 级的硅酮耐候密封胶，密封胶应符合现行行业标准《幕墙玻璃接缝用密封胶》（JC/T 882）的有关规定。

2. 金属屋面和采光顶的排水设计

金属屋面和采光顶的排水设计要点如下：

（1）排水系统总排水能力采用的设计重现期应根据建筑物的重要程度、汇水区域性质、气象特征等因素确定。对于一般建筑物屋面，其设计重现期宜为 10 年；对于重要的公共建筑物屋面，其设计重现期应根据建筑的重要性和溢流造成的危害程度来确定，不宜小于 50 年。

（2）排水系统设计所采用的降雨历时、降雨强度、屋面汇水面积和雨水流量应符合现行国家标准《建筑给水排水设计规范》（GB 50015）的有关规定。

（3）对于汇水面积大于 5000m² 的大型屋面，宜设置不少于 2 组独立的屋面雨水排水系统。必要时应采用虹吸式屋面雨水排水系统。

（4）排水设计应综合考虑其排水坡度、排水组织、防水等因素，应尽可能地减少屋面的积水和积雪，必要时应设置防封堵设施，并方便进行清除、维护。

（5）压型金属板屋面的排水坡度，应根据屋面结构形式、屋面板的板型、连接构造、排水方式以及当地的气候条件等因素来确定。压型金属板采用咬口锁边连接时，屋面的排水坡度不宜小于 5%；压型金属板采用紧固件连接时，屋面的排水坡度不宜小于 10%；在腐蚀性粉尘环境中，压型金属板屋面坡度不宜小于 10%，当腐蚀性等级为强、中环境时，压型金属板屋面坡度不宜小于 8%；排水坡度应根据工程实际情况确定，采光顶、金属平板屋面和直立锁边金属屋面的坡度不应小于 3%。当确定压型金属板的屋面坡度时，应考虑压型金属板波高与排水能力的关系，当屋面坡度较缓时，宜选用高波板。玻璃采光顶大多以特有的倾斜屋面效果来满足建筑物的使用功能和美观要求。玻璃采光顶应采用结构找坡，由采光顶的支承结构与主体结构结合而形成排水坡度，考虑保证单片玻璃挠度所产生的积水可以及时排除，玻璃采光顶应采用支承结构找坡，其排水坡度不宜小于5%。

（6）排水系统可选择有组织排水系统或无组织排水系统，要求较高时应选择有组织排水系统。排水系统的设计尚应符合以下规定：①排水方向应顺直、无转折，宜采用内排水或外排水落水排放系统；②在建筑物人流密集处和对落水噪声有限制的屋面，应避免采用无组织排水系统；③在严寒地区，金属屋面和采光顶的檐口和集水、排水天沟处宜设置冰雪融化装置，在严寒和寒冷地区应采取措施防止积雪融化后在屋面檐口处产生冰凌现象；④当金属屋面和采光顶采取无组织排水系统时，应在屋檐设置滴水构造。

（7）天沟底板的排水坡度宜大于1%，天沟设计尚应符合以下规定：①天沟断面宽、高应根据建筑物当地雨水量和汇水面积进行计算，排水天沟材料宜采用不锈钢板，厚度不应小于2mm；②天沟室内侧宜设置柔性防水层，宜布设在两侧板1/3高度以下处和底板下部；③较长天沟应考虑设置伸缩缝，顺直天沟连续长度不宜大于30m，非顺直天沟应根据计算确定，但连续长度不宜大于20m；④较长天沟采用分段排水时，其间隔处宜设置溢流口。

（8）当直立锁边金属屋面坡度较大且下水坡长度大于50m时，宜选用咬合部位具有密封功能的金属屋面系统。

9.3.1.4 金属屋面和采光顶的节能设计

金属屋面和采光顶的节能设计要点如下：

（1）有热工性能要求时，公共建筑金属屋面的传热系数和采光顶的传热系数、遮阳系数应符合表9-52的规定，居住建筑金属屋面的传热系数应符合表9-53的规定。

表9-52　公共建筑金属屋面传热系数和采光顶的传热系数、遮阳系数限值　JGJ 255—2012

围护结构	区域	传热系数[W/(m²·K)]		遮阳系数 SC
		体型系数≤0.3	0.3≤体型系数≤0.4	
金属屋面	严寒地区A区	≤0.35	≤0.30	—
	严寒地区B区	≤0.45	≤0.35	—
	寒冷地区	≤0.55	≤0.45	—
	夏热冬冷	≤0.7		—
	夏热冬暖	≤0.9		—
采光顶	严寒地区A区	≤2.5		—
	严寒地区B区	≤2.6		—
	寒冷地区	≤2.7		≤0.50
	夏热冬冷	≤3.0		≤0.40
	夏热冬暖	≤3.5		≤0.35

表9-53　居住建筑金属屋面传热系数限值　JGJ 255—2012

区域	传热系数[W/(m²·K)]						
	3层及3层以下	3层以上	体型系数≤0.4		体型系数>0.4		D<2.5	D≥2.5
			D≤2.5	D>2.5	D≤2.5	D>2.5		
严寒地区A区	0.20	0.25	—	—	—	—	—	—
严寒地区B区	0.25	0.30	—	—	—	—	—	—
严寒地区C区	0.30	0.40	—	—	—	—	—	—
寒冷地区A区 寒冷地区B区	0.35	0.45	—	—	—	—	—	—
夏热冬冷	—	—	≤0.8	≤1.0	≤0.5	≤0.6	—	—
夏热冬暖	—	—	—	—	—	—	≤0.5	≤1.0

注：D为热惰性系数。

（2）当室内湿度较大或采用纤维状保温材料时，压型金属板屋面的设计应符合以下要求：①金属屋面板在保温隔热层下面应设置隔汽层；②防水等级为一级时，保温隔热层上面应设置透汽防水垫层（防水透汽膜）；③防水等级为二级时，其保温隔热层上面宜设置透汽防水垫层。

（3）有保温隔热要求的压型金属板屋面，保温隔热层应设置在金属屋面板下方。

（4）采光顶宜采用夹层中空玻璃或夹层低辐射镀膜中空玻璃，明框支承采光顶宜采用隔热铝合金型材或隔热钢型材。金属屋面应设置保温隔热层，其厚度应经计算确定。

（5）金属屋面和采光顶的热桥部位应进行隔热处理，在严寒和寒冷地区，热桥部位不应出现结露现象。

（6）采光顶的传热系数、遮阳系数和可见光透射比可按现行行业标准《建筑门窗玻璃幕墙热工计算规程》（JGJ/T 151）的规定进行计算。金属屋面应按现行国家标准《民用建筑热工设计规范》（GB 50176）的规定进行热工计算。

（7）封闭式金属屋面保温层下部应设置隔汽层。

（8）寒冷及严寒地区的金属屋面和采光顶应进行防结露设计：

1）金属屋面的防结露设计应符合现行国家标准《民用建筑热工设计规范》（GB 50176）的有关规定。

2）玻璃采光顶的防结露设计应符合现行国家标准《民用建筑热工设计规范》（GB 50176）的有关规定，对玻璃采光顶内侧的冷凝水，应采取控制、收集和排除的措施。

（9）采光顶宜进行遮阳设计，有遮阳要求的采光顶，可采用遮阳型低辐射镀膜夹层中空玻璃，必要时也可设置遮阳系统。

9.3.1.5　金属屋面和采光顶的防雷、防火与通风设计

1. 金属屋面和采光顶的防雷设计

金属屋面和采光顶的防雷设计要点如下：

（1）金属屋面和采光顶的防雷设计应符合现行国家标准《建筑物防雷设计规范》（GB 50057）和现行行业标准《民用建筑电气设计规范》（JGJ 16）的有关规定。

（2）金属框架与主体结构的防雷系统应可靠连接。当采光顶未处于主体结构防雷保护范围时，应在采光顶的尖顶部位、屋脊部位、檐口部位设避雷带，并与其金属框架形成可靠连接；金属屋面可按要求设置接闪器，可采用面板作为接闪器，并与金属框架、主体结构可靠连接。连接部位应清除非导电保护层。

2. 金属屋面和采光顶的防火设计

金属屋面和采光顶的防火设计要点如下：

（1）金属屋面和采光顶的防火设计应符合现行国家标准《建筑设计防火规范》（GB 50016）的有关规定和有关法规的规定。

（2）金属屋面或采光顶与外墙交界处、屋顶开口部位四周的保温层，应采用宽度不小于500mm的燃烧性能为 A 级保温材料设置水平防火隔离带。金属屋面或采光顶与防火分隔构件间的缝隙应进行防火封堵。

（3）防烟、防火封堵构造系统的填充材料及其保护性面层材料，应采用耐火极限符合设计要求的不燃烧材料或难燃烧材料。在正常使用条件下，封堵构造系统应具有密封性和耐久性，并应满足伸缩变形的要求；在遇火状态下，应在规定的耐火时限内，不发生开裂或脱落，保持相对稳定性。

（4）采光顶的同一玻璃面板不宜跨越两个防火分区，防火分区间设置通透隔断时，应采用防火玻璃或防火玻璃制品，其耐火极限应符合设计要求。

3. 金属屋面和采光顶的通风设计

对于有通风、排烟设计功能的金属屋面和采光顶，其通风和排烟有效面积应满足建筑设计要求。通风设计可采用自然通风和机械通风，自然通风可采用气动、电动和手动的可开启窗形式，机械通风应与

建筑主体通风一并考虑。

9.3.1.6 金属屋面和采光顶的光伏系统设计

金属屋面和采光顶的光伏系统设计要点如下：

（1）金属屋面和采光顶光伏系统的设计应符合现行行业标准《民用建筑太阳能光伏系统应用技术规范》（JGJ 203）的相关规定。

（2）应根据建筑物的使用功能、电网条件、负荷性质和系统运行方式等因素，确定光伏系统的类型，可选择并网光伏系统或独立光伏系统。

（3）光伏系统宜由光伏方阵、光伏接线箱、逆变器、蓄电池及其充电控制装置（限于带有储能装置系统）、电能表和显示电能相关参数仪表等组成。

（4）光伏组件应具有带电警告标识及相应的电气安全防护措施，在人员有可能接触或接近光伏系统的位置，应设置防触电警示标识。

（5）单晶硅光伏组件有效面积的光电转换效率应大于15%，多晶硅光伏组件有效面积的光电转换效率应大于14%，薄膜电池光伏组件有效面积的光电转换效率应大于5%，光伏组件有效面积的光电转换效率可按下式规定计算：

$$\eta = 0.97\eta_1\eta_2 \tag{9-3}$$

式中　　η——光伏组件有效面积的光电转换效率；

　　η_1——电池片转化效率最低值，其最低值宜符合表9-54的规定；

　　η_2——超白玻璃太阳光透射率。

表 9-54　电池片转化效率最低值 η_1　JGJ 255—2012

	单晶硅	多晶硅	薄膜
电池片转化效率最低值	17%	16%	6%

（6）在标准测试条件下，光伏组件盐雾腐蚀试验、紫外试验后的最大输出功率衰减不应大于试验前测试值的5%。

9.3.2 金属屋面和采光顶结构设计的基本规定

建筑结构设计一般是指建筑结构设计人员对所要施工建筑进行的表达。建筑结构设计要解决的根本问题是：在结构的可靠与经济之间选择一种合理的平衡，力求以最经济的途径，使所建造的结构以适当的可靠度满足各种预定的功能要求。

结构计算是根据所拟定的结构方案以及构造，按所承受的作用进行内力计算，确定其杆件的内力，再根据所用材料的特性，对整个结构及其连接进行核算，看它是否符合经济、可靠、适用等方面的要求。

9.3.2.1 金属屋面和采光顶结构设计的一般规定

金属屋面和采光顶结构设计的一般规定如下：

（1）金属屋面和采光顶是建筑物的外围护结构的一部分，主要承受直接作用其上的风荷载、重力荷载（如积灰荷载、雪荷载、活荷载和自重）、地震作用、温度作用等，不分担主体结构承受的荷载和地震作用。金属屋面和采光顶的面板与支承结构之间、支承结构与主体结构之间，应具有足够的变形能力，以适应主体结构的变形，当主体结构在外荷载作用下产生变形时，不应使构件产生强度破坏和不能允许的变形。故金属屋面和采光顶应按照围护结构进行设计，并应具有规定的承载能力、刚度、稳定性和变形协调能力，应满足承载能力极限状态和正常使用极限状态的要求。

有关金属屋面和采光顶的主体结构（如大梁、屋架、桁架、板架、网架、索结构等）设计则应符合国家现行有关标准的要求。

（2）金属屋面和采光顶的面板和直接连接面板的支承结构（主梁、次梁等）的结构设计使用年限不应低于 25 年，间接支承面板的主要支承结构是大跨度、重载的屋面主要结构（如支承檩条的大梁、屋架、网架、索结构），因其基本属于主体结构的范畴，故其设计使用年限应与主体结构的设计使用年限相同。

（3）直接连接面板的支承结构，一般是钢结构构件或铝合金结构构件，故其结构设计应符合现行国家标准《钢结构设计规范》（GB 50017）、《冷弯薄壁型钢结构技术规范》（GB 50018）和《铝合金结构设计规范》（GB 50429）的规定。

（4）金属屋面和采光顶应进行重力荷载、风荷载作用的计算分析（重力荷载和风荷载是屋面结构承受的最主要荷载，在结构设计时，应考虑这些荷载的组合及效应计算）；抗震设计时，应考虑地震作用的影响，并应采取适宜的构造措施；当温度作用不可忽略时，结构设计应考虑温度效应的影响。

（5）结构设计时，应分别考虑施工阶段和正常使用阶段的作用和作用效应，可按弹性方法进行结构计算分析；当构件挠度较大时，结构分析应考虑几何非线性的影响，应按现行行业标准《采光顶与金属屋面技术规程》（JGJ 255）第 5.4 节（参见 9.3.2.3 节 2）的规定进行作用或作用效应组合，并应按最不利组合进行结构设计。

（6）金属屋面和采光顶的结构构件类型较多，主要承受重力荷载（活荷载、雪荷载、自重荷载等）、风荷载和温度作用，应分别进行承载力和挠度的分析和设计。结构构件应按下列规定验算承载力和挠度：

1）承载力应符合式（9-4）的要求：

$$\gamma_0 S \leqslant R \tag{9-4}$$

式中　S——作用效应组合的设计值；

　　　R——构件承载力设计值；

　　　γ_0——结构构件重要性系数，可取 1.0。

2）在荷载作用方向上，挠度应符合式（9-5）的要求：

$$d_{\mathrm{f}} \leqslant d_{\mathrm{f,lim}} \tag{9-5}$$

式中　d_{f}——作用标准组合下构件的挠度值；

　　　$d_{\mathrm{f,lim}}$——构件挠度限值。

（7）压型金属板结构设计的一般规定要求如下：①压型金属板的结构设计应采用以概率理论为基础的极限状态设计方法，应以分项系数设计表达式进行设计计算。②压型金属板构件应按承载力极限状态和正常使用极限状态进行设计。当按照承载力极限状态设计压型金属板构件时，应考虑荷载效应的基本组合或偶然组合，并应采用荷载设计值和强度设计值进行计算；当按照正常使用极限状态设计压型金属板构件时，则应考虑荷载效应的标准组合，并应采取荷载标准值和变形限值进行计算。当进行设计计算时，相应取值应符合现行国家标准《建筑结构荷载规范》（GB 50009）的有关规定。③压型金属板屋面系统宜经抗风揭试验验证系统的整体抗风揭能力。④压型金属板屋面、墙面边部和角部区域，应根据设计计算加密支撑结构及连接。⑤压型金属板屋面、墙面的连接及紧固件选择应通过设计计算确定。⑥压型金属板穿孔板不宜作为受力构件使用。

9.3.2.2　金属屋面和采光顶的材料力学性能

金属屋面和采光顶所使用的材料，其力学性能要求如下：

（1）热轧钢材、冷成型薄壁型钢材料强度设计值及连接强度设计值应分别按照现行国家标准《钢结构设计规范》（GB 50017）和《冷弯薄壁型钢结构技术规范》（GB 50018）的规定采用；不锈钢抗拉强度标准值 f_{sk1} 可取其屈服强度 $\sigma_{0.2}$，不锈钢抗拉强度设计值 f_{s1} 可按其抗拉强度标准值 f_{sk1} 除以系数 1.15 后采用，其抗剪强度设计值 $f_{\mathrm{s1}}^{\mathrm{v}}$ 可按其抗拉强度标准值 f_{sk1} 的一半采用；彩钢板抗拉强度设计值可按其

屈服强度 $\sigma_{0.2}$ 除以系数 1.15 采用。

（2）铝合金型材、铝合金板材的强度设计值及连接强度设计值应按照现行国家标准《铝合金结构设计规范》（GB 50429）的相关规定采用；铝塑复合板的等效截面模量和等效刚度应根据实际情况通过计算或试验确定，当铝塑复合板的面板和背板厚度符合现行行业标准《采光顶与金属屋面技术规程》（JGJ 255）第 3.6.3 条规定［参见 9.2.4.1 节 1（5）条］时，其等效截面模量 W_e 可参考表 9-55 采用，其等效弯曲刚度 D_e 可参考表 9-56 采用；铝蜂窝复合板的等效截面模量和等效刚度应根据实际情况通过计算或试验确定，当铝蜂窝复合板的面板和背板厚度符合现行行业标准《采光顶与金属屋面技术规程》（JGJ 255）第 3.6.4 条规定［参见 9.2.4.1 节 1（6）条］时，其等效截面模量 W_e 可参考表 9-57 采用，其等效弯曲刚度 D_e 可参考表 9-58 采用。

表 9-55 铝塑复合板的等效截面模量 W_e JGJ 255—2012

厚度（mm）	4	5	6
W_e（mm³）	1.6	2.0	2.7

表 9-56 铝塑复合板的等效弯曲刚度 D_e JGJ 255—2012

厚度（mm）	4	5	6
D_e（N·mm）	2.4×10^5	4.0×10^5	5.9×10^5

表 9-57 铝蜂窝复合板的等效截面模量 W_e JGJ 255—2012

厚度（mm）	10	15	20	25
W_e（mm³）	4.5	14.0	19.0	24.0

表 9-58 铝蜂窝复合板的等效弯曲刚度 D_e JGJ 255—2012

厚度（mm）	10	15	20	25
D_e（N·mm）	0.2×10^7	0.7×10^7	1.3×10^7	2.2×10^7

（3）采光顶用玻璃的强度设计值应按表 9-59 的有关规定采用，夹层玻璃和中空玻璃的各片玻璃强度设计值可分别按所采用的玻璃类型确定。当钢化玻璃强度设计值达不到平板玻璃强度设计值的 3 倍，半钢化玻璃强度设计值达不到平板玻璃强度设计值的 2 倍时，表中数值则应按照现行行业标准《建筑玻璃应用技术规程》（JGJ 113）的规定进行调整。

（4）聚碳酸酯板的强度设计值可按表 9-60 的规定采用。

（5）材料的弹性模量可按表 9-61 采用；材料的泊松比可按表 9-62 采用；材料的线膨胀系数可按表 9-63 采用。

表 9-59 采光顶用玻璃的强度设计值 f_g 和 f_{g2}（N/mm²） JGJ 255—2012

种类	厚度（mm）	中部强度 f_g	边缘强度	端面强度 f_{g2}
平板玻璃	5～12	9	7	6
	15～19	7	6	5
	≥20	6	5	4
半钢化玻璃	5～12	28	22	20
	15～19	24	19	17
	≥20	20	16	14
钢化玻璃	5～12	42	34	30
	15～19	36	29	26
	≥20	30	24	21

表 9-60 聚碳酸酯板强度设计值（N/mm²） JGJ 255—2012

板材种类	抗拉强度	抗压强度	抗弯强度
中空板	30	40	40
实心板	60	—	90

表 9-61　材料的弹性模量 E（N/mm²）JGJ 255—2012

材　料		E
铝合金型材、单层铝板		0.70×10^5
钢、不锈钢		2.06×10^5
铝塑复合板	厚度 4mm	0.20×10^5
	厚度 6mm	0.30×10^5
铝蜂窝复合板	厚度 10mm	0.35×10^5
	厚度 15mm	0.27×10^5
	厚度 20mm	0.21×10^5
玻璃		0.72×10^5
消除应力的高强钢丝		2.05×10^5
不锈钢绞线		$1.20 \times 10^5 \sim 1.50 \times 10^5$
高强钢绞线		1.95×10^5
钢丝绳		$0.80 \times 10^5 \sim 1.00 \times 10^5$
聚碳酸酯板		1370

表 9-62　材料的泊松比 ν　JGJ 255—2012

材　料	ν	材　料	ν
铝合金型材、单层铝板	0.30	高强钢丝、钢绞线	0.30
钢、不锈钢	0.30	铝蜂窝复合板	0.25
铝塑复合板	0.25	聚碳酸酯板	0.28
玻璃	0.20		

表 9-63　材料的线膨胀系数 α（1/℃）　JGJ 255—2012

材　料	α	材　料	α
铝合金型材、单层铝板	2.30×10^{-5}	混凝土	1.00×10^{-5}
铝塑复合板	$2.40 \times 10^{-5} \sim 4.00 \times 10^{-5}$	玻璃	$0.80 \times 10^{-5} \sim 1.00 \times 10^{-5}$
铝蜂窝复合板	2.40×10^{-5}	砖砌体	0.50×10^{-5}
钢　材	1.20×10^{-5}	聚碳酸酯中空板	6.50×10^{-5}
不锈钢板	1.80×10^{-5}	聚碳酸酯实心板	7.00×10^{-5}

（6）材料的自重标准值可按表 9-64 的规定采用；铝塑复合板和铝蜂窝复合板的自重标准值可按表 9-65 采用；聚碳酸酯中空板的自重标准值可按表 9-66 采用；聚碳酸酯实心板的自重标准值可按表 9-67 采用。

表 9-64　材料的自重标准值 γ_{gk}（kN/m³）　JGJ 255—2012

材　料	γ_{gk}	材　料	γ_{gk}
钢材、不锈钢	78.5	玻璃棉	$0.5 \sim 1.0$
铝合金	27.0	岩棉	$0.5 \sim 2.5$
玻璃	25.6	矿渣棉	$1.2 \sim 1.5$

表 9-65　铝塑复合板和铝蜂窝复合板的自重标准值 q_k（kN/m²）　JGJ 255—2012

类　型	铝塑复合板			铝蜂窝复合板			
厚度（mm）	4	5	6	10	15	20	25
q_k	0.055	0.065	0.073	0.052	0.070	0.073	0.077

表 9-66　聚碳酸酯中空板的自重标准值 q_k（N/m²）　JGJ 255—2012

类　型	双　　层					三　层
厚度（mm）	4	5	6	8	10	10
q_k	9.5	11.5	13.5	16.0	18.0	21.0

表 9-67　聚碳酸酯实心板的自重标准值 q_k（N/m²）　JGJ 255—2012

厚度（mm）	2	3	4	5	6	8	9.5	12
q_k	24	36	48	60	72	96	114	144

（7）压型金属板的材料性能要求如下：

1）钢板的强度设计值和铝合金的强度设计值应分别符合表 9-68 和表 9-69 的规定。

2）钢材的物理性能、铝合金材料和不锈钢材料的物理性能应分别符合表 9-70、表 9-71 和表 9-72 的规定。

3）压型金属板的挠度与跨度之比应符合下列规定且不宜超过下列限值：①压型金属板屋面挠度与跨度之比不宜超过 1/150；②压型金属板墙面挠度与跨度之比不宜超过 1/100。

4）压型金属板（图 9-13）受压翼缘板件的最大

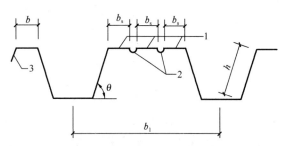

图 9-13　压型金属板的截面形状

1—子件件；2—中间加劲肋；3—边加劲肋；

b—边加劲板件的宽度；b_s—子板件的宽度；

b_1—压型金属板的波距；h—腹板的宽度；θ—腹板倾角

宽厚比限值应符合表 9-73 的规定，压型钢板非加劲腹板的宽厚比不宜超过 $250\sqrt{235/f_y}$，压型铝合金板非加劲腹板的宽厚比不宜超过 $0.5E/f_{0.2}$。

表 9-68　钢材的强度设计值（N/mm²）　GB 50896—2013

钢板强度级别（MPa）	抗拉、抗压和抗弯 f	抗剪 f_v	端面承压（磨平顶紧）f_{ce}
250	215	125	270
350	300	175	345

表 9-69　铝合金的强度设计值（N/mm²）　GB 50896—2013

铝合金材料			抗拉、抗压和抗弯 f	抗剪 f_v	局部承压 f_{ce}	焊件热影响区抗拉、抗压和抗弯 $f_{u,haz}$	焊件热影响区抗剪 $f_{v,haz}$
牌号	状态	厚度（mm）					
6061	T6	所有	200	115	205	100	60
3003	H24	≤4	100	60	110	20	10
3004	H34	≤4	145	85	175	35	20
	H36	≤3	160	95	190	40	20

表 9-70　钢材的物理性能　GB 50896—2013

弹性模量 E（N/mm²）	剪变模量 G（N/mm²）	线膨胀系数 α（以每℃计）	质量密度 ρ（kg/m³）
206×10^3	79×10^3	12×10^{-6}	7850

表 9-71　铝合金材料的物理性能　GB 50896—2013

弹性模量 E（N/mm²）	泊松比 ν	剪变模量 G（N/mm²）	线膨胀系数 α（以每℃计）	质量密度 ρ（kg/m³）
70×10^3	0.3	27×10^3	23×10^{-6}	2700

表 9-72　不锈钢材料的物理性能　GB 50896—2013

不锈钢牌号	弹性模量 E (N/mm²)	剪变模量 G (N/mm²)	线膨胀系数 α （以每℃计）	质量密度 ρ （kg/m³）
06Cr19Ni10	200×10^3	78.0×10^3	16.8×10^{-6}	7900
06Cr17Ni12Mo2	198×10^3	77.3×10^3	15.7×10^{-6}	8000

表 9-73　受压翼缘板件的最大宽厚比限值　GB 50896—2013

板件类别	金属板强度级别	钢板 250MPa	钢板 350MPa	铝合金
非加劲板件		45	35	45 $(0.583\sqrt{235/f_{0.2}})$
部分加劲板件		60	50	60 $(0.583\sqrt{235/f_{0.2}})$
加劲板件	无中间加劲肋	250	200	250 $(0.583\sqrt{235/f_{0.2}})$
	有中间加劲肋	400	350	

5）当进行压型金属板的强度和刚度计算时，受压板件的局部屈曲应按有效截面计算。压型钢板应采用有效宽度法，压型铝合金板应采用有效厚度法。

6）当两纵边均与腹板相连且中间有加劲肋的翼缘计算有效截面时，加劲肋多于两个的，可忽略中间部分加劲肋的有利作用，最多只考虑两个边部加劲肋。

9.3.2.3　金属屋面和采光顶所承受的作用

金属屋面和采光顶是建筑物的外围护构件，其要承受外界施加给它的各种作用。结构上的作用是指施加在结构上的集中或分布荷载，以及引起结构外加变形或约束变形的原因。引起结构外加变形或约束变形的原因是指地震、基础沉降、温度变化、焊接等作用。由此可知，作用是指能使结构产生效应（内力、变形、应力、应变、裂缝等）的各种原因的总称，其中包括施加在结构上的集中力和分布力系以及形成结构外加变形或约束变形的原因。前一种作用是力（包括集中力和分布力）在结构上的集结，也就是通常所说的荷载，后一种作用（如温度变化、材料的收缩与徐变、地基变形、地震等）则是以变形的形式出现的。

现行国家标准《建筑结构可靠度设计统一标准》（GB 50068）将这两类作用按其形式分为直接作用和间接作用，而荷载则等同于直接作用，现行国家标准《建筑结构荷载规范》（GB 50009）对直接作用已做了规定，而间接作用，其地震作用已由现行国家标准《建筑抗震设计规范》（GB 50011）做出了规定。

1. 金属屋面和采光顶作用的设计

金属屋面和采光顶作用的设计应符合下列规定：

（1）风荷载是作用于金属屋面和采光顶表面的一种主要的直接作用。金属屋面的风荷载设计应根据工程所在地区的最大风力、建筑物高度、屋面坡度、基层状况、建筑环境和建筑形式等因素，按照现行国家标准《建筑结构荷载规范》（GB 50009）的有关规定计算风荷载，并按照设计要求提供抗风揭试验检测报告。金属屋面和采光顶风荷载应按以下规定确定：①面板直接连接面板的屋面支承构件的风荷载标准值应按现行国家标准《建筑结构荷载规范》（GB 50009）的有关规定计算确定；②跨度大、形状或风荷载环境复杂的金属屋面和采光顶宜通过风洞试验确定风荷载；③风荷载负压标准值不应小于 1.0kN/m²，正压标准值不应小于 0.5kN/m²。

（2）雪荷载是金属屋面和采光顶的主要荷载之一，尤其是在寒冷和大雪地区、玻璃采光顶对雪荷载更为敏感。金属屋面和采光顶的雪荷载应按现行国家标准《建筑结构荷载规范》（GB 50009）的规定采用。

（3）雨水荷载可按现行行业标准《采光顶与金属屋面技术规程》（JGJ 255）第 4.3.3 条规定的最大雨量扣除排水量后确定，重要建筑宜按排水系统出现障碍时的最不利情况进行设计。

（4）金属屋面和采光顶的施工检修荷载应按现行国家标准《建筑结构荷载规范》（GB 50009）的规定采用。

（5）采光顶玻璃能够承受的活荷载应符合现行行业标准《建筑玻璃应用技术规程》（JGJ 113）的规定，金属屋面应能在 300mm×300mm 的区域内承受 1.0kN 的活荷载，并不得出现任何缝隙、永久屈曲变形等破坏现象。

（6）面板及与其直接相连接的支承结构构件，作用于水平方向的水平地震作用标准值可按式（9-6）计算：

$$P_{EK} = \beta_E \alpha_{max} G_k \qquad (9-6)$$

式中　P_{EK}——水平地震作用标准值（kN）；

　　　　β_E——地震作用动力放大系数，可取不小于 5.0；

　　　　α_{max}——水平地震影响系数最大值，应符合表 9-74 的规定。

　　　　G_k——构件（包括面板和框架）的重力荷载标准值（kN）。

（7）水平地震影响系数最大值应按表 9-74 采用。

表 9-74　水平地震影响系数最大值 α_{max}　JGJ 255—2012

抗震设防烈度	6 度	7 度	8 度
α_{max}	0.04	0.08（0.12）	0.16（0.24）

注：7、8 度时括号内数值分别用于设计基本地震加速度为 0.15g 和 0.30g 的地区。

（8）计算竖向地震作用时，地震影响系数最大值可按水平地震作用的 65％ 采用。

（9）支承结构构件以及连接件、锚固件所承受的地震作用，应包括依附于其上的构件传递的地震作用和其结构自重产生的地震作用。

2. 金属屋面和采光顶各种作用组合的设计

金属屋面和采光顶各种作用组合的设计要点如下：

（1）面板及与其直接相连接的结构构件按极限状态设计时，当作用和作用效应按线性关系考虑时，其作用效应组合的设计值应符合以下规定：①无地震作用组合效应时，应按式（9-7）进行计算；②有地震作用组合效应时，应按式（9-8）进行计算。

$$S = \gamma_G S_{Gk} + \psi_Q \gamma_Q S_{Qk} + \psi_w \gamma_w S_{wk} \qquad (9-7)$$

$$S = \gamma_G S_{GE} + \gamma_E S_{Ek} + \psi_w \gamma_w S_{wk} \qquad (9-8)$$

式中　S——作用效应组合的设计值；

　　　　S_{Gk}——永久重力荷载效应标准值；

　　　　S_{GE}——重力荷载代表值的效应，重力荷载代表值的取值应符合现行国家标准《建筑抗震设计规范》（GB 50011）的规定；

　　　　S_{Qk}——可变重力荷载效应标准值；

　　　　S_{wk}——风荷载效应标准值；

　　　　S_{Ek}——地震作用效应标准值；

　　　　γ_G——永久重力荷载分项系数；

　　　　γ_Q——可变重力荷载分项系数；

　　　　γ_w——风荷载分项系数；

　　　　γ_E——地震作用分项系数；

　　　　ψ_w——风荷载作用效应的组合值系数；

　　　　ψ_Q——可变重力荷载的组合值系数。

（2）在进行构件的承载力设计时，作用分项系数应按以下规定取值：①在一般情况下，永久重力荷载、可变重力荷载、风荷载和地震作用的分项系数 γ_G、γ_Q、γ_w、γ_E 应分别取 1.2、1.4、1.4 和 1.3；

②当永久重力荷载的效应起控制作用时，其分项系数 γ_G 应取 1.35；③当永久重力荷载的效应对构件有利时，其分项系数 γ_G 应取 1.0。

（3）可变作用的组合值系数应按以下规定采用：①无地震作用组合时，当风荷载为第一可变作用时，其组合值系数 ψ_w 应取 1.0，此时可变重力荷载组合值系数 γ_Q 应取 0.7；当可变重力荷载为第一可变作用时，其组合值系数 ψ_Q 应取 1.0，此时风荷载组合值系数 ψ_w 应取 0.6；当永久重力荷载起控制作用时，风荷载组合值系数 ψ_w 和可变重力荷载组合值系数 ψ_Q 应分别取 0.6 和 0.7。②有地震作用组合时，一般情况下，风荷载组合值系数 ψ_w 可取 0；当风荷载起控制作用时，风荷载组合值系数 ψ_w 应取为 0.2。

（4）进行构件的挠度验算时，应采用荷载标准组合，现行行业标准《采光顶与金属屋面技术规程》（JGJ 255）第 5.4.1 条［参见 9.3.2.3 节 2（1）条］规定各项作用的分项系数均应取 1.0。

（5）作用在倾斜面板上的作用，应分解成垂直于面板和平行于面板的分量，并应按分量方向分别进行作用或作用效应组合。

9.3.3 金属屋面和采光顶面板及支承构件的设计

9.3.3.1 金属屋面面板的设计

金属屋面的面板主要有金属平板和压型金属板。

1. 金属平板屋面面板的设计

金属平板屋面面板的设计要点如下：

（1）单层金属板和铝塑复合板宜四周折边或设置边肋，其折边高度不宜小于 20mm；铝蜂窝复合板可折边或将面板弯折后包封板边。铝塑复合板开槽时不得触及铝板，开槽后剩余的板芯厚度不应小于 0.3mm，铝蜂窝复合板背板刻槽后剩余的铝板厚度不应小于 0.5mm。铝蜂窝复合板和铝塑复合板的芯材不宜直接暴露于室外，不折边的铝塑复合板和铝蜂窝复合板宜在其周边采用铝型材镶嵌固定。

（2）金属平板可根据受力要求设置加强肋，铝塑复合板折边处应设边肋。加强肋可采用金属方管、槽形或角形型材，加强肋的截面厚度不应小于 1.5mm。加强肋应与面板有可靠的连接，并应有防腐措施。金属平板中起支承边作用的中肋应与边肋或单层铝板的折边可靠连接。支承金属面板区格的中肋与其他相交中肋的连接应满足传力要求。

（3）金属平板的应力和挠度计算应符合以下规定：①边和肋所形成的面板区格，四周边缘可按简支边考虑，中肋支撑线可按固定边考虑；②在垂直于面板的均布荷载作用下，面板最大应力宜采用考虑几何非线性的有限元方法计算，规则面板的单层金属屋面板可按式（9-9）、式（9-10）计算；规则面板的铝塑复合板和铝蜂窝复合板可按式（9-11）、式（9-12）计算；③中肋支撑线上的弯曲应力可取两侧板格固端弯矩计算结果的平均值；④金属面板荷载基本组合的最大应力设计值不应超过金属面板的强度设计值。

$$\sigma = \frac{6mql_x^2}{t^2}\eta \tag{9-9}$$

$$\theta = \frac{ql_x^4}{Et^4} \tag{9-10}$$

$$\sigma = \frac{ql_x^2}{W_e}\eta \tag{9-11}$$

$$\theta = \frac{ql_x^4}{11.2D_e t_e} \tag{9-12}$$

式中 σ——在均布荷载作用下面板中最大应力（N/mm²）；

q——垂直于面板的均布荷载（N/mm²）；

l_x——金属平板区格的计算边长（mm），可按 JGJ 255 附录 C 的规定采用；

E——面板弹性模量（N/mm²），可按表 9-61 采用；

t——面板厚度（mm）；

t_e——面板折算厚度，铝塑复合板可取 $0.8t$，铝蜂窝复合板可取 $0.6t$；

W_e——铝塑复合板或铝蜂窝复合板的等效截面模量（mm³），可分别按表 9-55、表 9-57 采用；

D_e——铝塑复合板或铝蜂窝复合板的等效弯曲刚度（N·mm），可分别按表 9-56、表 9-58 采用；

θ——参数；

m——弯矩系数，根据面板的边界条件和计算位置，可按 JGJ 255 附录 C 分别按 m、m_x^0、m_y^0 查取；

η——折减系数，可由参数 θ 按表 9-75 采用。

表 9-75　折减系数 η　JGJ 255—2012

θ	≤5	10	20	40	60	80	100
η	1.00	0.95	0.90	0.81	0.74	0.69	0.64
θ	120	150	200	250	300	350	≥400
η	0.61	0.54	0.50	0.46	0.43	0.41	0.40

（4）在均布荷载作用下，金属平板屋面的挠度应符合以下规定：①单层金属平板每区格的跨中挠度可采用考虑几何非线性的有限元方法计算，可按式（9-13）、式（9-14）计算；②铝塑复合板和铝蜂窝复合板的跨中挠度可按有限元方法计算，可按式（9-15）计算。

$$d_f = \frac{\mu q_k l_x^4}{D} \eta \qquad (9\text{-}13)$$

$$D = \frac{Et^3}{12(1-\nu^2)} \qquad (9\text{-}14)$$

式中　d_f——在荷载标准组合值作用下挠度最大值（mm）；

　　　q_k——垂直于面板荷载标准组合值（N/mm²）；

　　　l_x——板区格的计算边长（mm），可按 JGJ 255 附录 C 的规定采用；

　　　t——板的厚度（mm）；

　　　D——板的弯曲刚度（N·mm）；

　　　ν——泊松比，可按表 9-62 采用；

　　　E——弹性模量（N/mm²），可按表 9-61 采用；

　　　η——折减系数，可按表 9-75 采用，q 值采用 q_k 值计算。

$$d_f = \frac{\mu q_k l_x^4}{D_e} \eta \qquad (9\text{-}15)$$

式中　D_e——等效弯曲刚度（N·mm），可分别按表 9-56、表 9-58 采用。

（5）方形或矩形金属面板上作用的荷载可按三角形或梯形分布传递到板肋上，其他多边形可按角分线原则划分荷载（图 9-14），板肋上作用的荷载可按照等弯矩原则简化为等效均布荷载。

 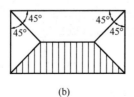 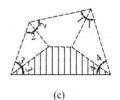

(a)　　　　　　　　　(b)　　　　　　　　　(c)

图 9-14　面板荷载向肋的传递

(a) 方板；(b) 矩形板；(c) 任意四边形

（6）金属屋面板材的边肋截面尺寸可按照构造要求设计，单跨中肋可按简支梁设计，多跨交叉肋可采用梁系进行计算。

2. 压型金属屋面板的设计

压型金属屋面面板的设计要求如下：

（1）压型金属屋面面板可根据设计要求选用直立锁边板、卷边板或暗扣板。

（2）压型金属板的强度和挠度，可取一个波距或整块压型板的有效截面，并应按受弯构件计算。

（3）铝合金面板中腹板和受压翼缘的有效厚度应按现行国家标准《铝合金结构设计规范》（GB 50429）的规定计算。钢面板中腹板和受压翼缘的有效厚度应按现行国家标准《冷弯薄壁型钢结构技术规范》（GB 50018）的规定计算。

（4）在一个波距的面板上作用集中荷载 F 时［图 9-15（a）］，可按式（9-16）将集中荷载 F 折算成沿板宽方向的均布荷载 q_{re}［图 9-15（b）］，并按 q_{re} 进行单个波距的有效截面的受弯计算。

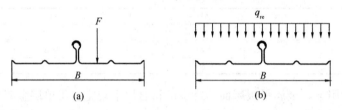

图 9-15　集中荷载下屋面面板的简化计算模型

$$q_{re} = \eta \frac{F}{B} \tag{9-16}$$

式中　F——集中荷载（N）；

　　　B——波距（mm）；

　　　η——折算系数，由试验确定；无试验依据时，可取 0.5。

（5）金属屋面板的强度可取一个波距的有效截面，以檩条或 T 形支座为梁的支座，按受弯构件进行计算，公式如下：

$$M/M_u \leqslant 1 \tag{9-17}$$
$$M_u = W_e f \tag{9-18}$$

式中　M——截面所承受的最大弯矩（N·mm），可按图 9-16 的面板计算模型求得；

　　　M_u——截面的受弯承载力设计值（N·mm）；

　　　W_e——有效截面模量，应按现行国家标准《铝合金结构设计规范》（GB 50429）或《冷弯薄壁型钢结构技术规范》（GB 50018）的规定计算。

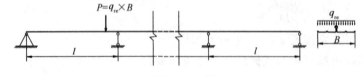

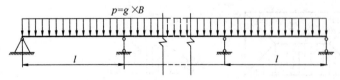

图 9-16　屋面面板的强度计算模型
P—集中荷载产生的作用于面板计算模型上的集中力；
B—波距（mm）；g—板面均布荷载（N/mm²）；
p—由 g 产生的作用于面板计算模型上的线
均布力（N/mm）；l—跨距（mm）

（6）压型金属板和 T 形支座的受压和受拉连接强度应进行验算，必要时可按试验确定。T 形支座的间距应经计算确定，并不宜超过 1600mm。

（7）压型金属板中腹板的剪切屈曲应按下列公式进行计算：

1）铝合金面板应符合下列规定：

当 $h/t \leqslant \dfrac{875}{\sqrt{f_{0.2}}}$ 时：

$$\begin{cases} \tau \leqslant \tau_{cr} = \dfrac{320}{h/t}\sqrt{f_{0.2}} \\ \tau \leqslant f_v \end{cases} \tag{9-19}$$

当 $h/t \geqslant \dfrac{875}{\sqrt{f_{0.2}}}$ 时：

$$\tau \leqslant \tau_{cr} = \frac{280000}{(h/t)^2} \tag{9-20}$$

式中　τ——腹板平均剪应力（N/mm²）；

　　　τ_{cr}——腹板的剪切屈曲临界应力（N/mm²）；

　　　f_v——抗剪强度设计值（N/mm²），应按现行国家标准《铝合金结构设计规范》（GB 50429）取用；

　　　$f_{0.2}$——名义屈服强度（N/mm²），应按现行国家标准《铝合金结构设计规范》（GB 50429）取用；

　　　h/t——腹板高厚比。

2）钢面板应符合下列规定：

当 $h/t < 100$ 时：

$$\begin{cases} \tau \leqslant \tau_{cr} = \dfrac{8550}{h/t} \\ \\ \tau \leqslant f_v \end{cases} \tag{9-21}$$

当 $h/t \geqslant 100$ 时：

$$\tau \leqslant \tau_{cr} = \frac{855000}{(h/t)^2} \tag{9-22}$$

式中　τ——腹板平均剪应力（N/mm²）；

　　　τ_{cr}——腹板的剪切屈曲临界应力（N/mm²）；

　　　h/t——腹板高厚比。

（8）铝合金面板和钢面板支座处腹板的局部受压承载力，应按照式（9-23）、式（9-24）进行验算：

$$R/R_w \leqslant 1 \tag{9-23}$$

$$R_w = at^2 \sqrt{fE}(0.5 + \sqrt{0.02l_c/t})[2.4 + (\theta/90°)^2] \tag{9-24}$$

式中　R——支座反力（N）；

　　　R_w——一块腹板的局部受压承载力设计值（N）；

　　　a——系数，中间支座取 0.12，端部支座取 0.06；

　　　t——腹板厚度（mm）；

　　　l_c——支座处的支承长度（mm），$10mm < l_c < 200mm$，端部支座可取 $l_c = 10mm$；

　　　θ——腹板倾角（°）（$45° \leqslant \theta \leqslant 90°$）；

　　　f——面板材料的抗压强度设计值（N/mm²）。

（9）屋面板同时承受弯矩 M 和支座反力 R 的截面，应满足以下要求：①铝合金面板应符合式（9-25）规定；②钢面板应符合式（9-26）规定。

$$\begin{cases} M/M_u \leqslant 1 \\ R/R_w \leqslant 1 \\ 0.94(M/M_u)^2 + (R/R_w)^2 \leqslant 1 \end{cases} \tag{9-25}$$

$$\begin{cases} M/M_u \leqslant 1 \\ R/R_w \leqslant 1 \\ (M/M_u) + (R/R_w) \leqslant 1.25 \end{cases} \tag{9-26}$$

式中　M_u——截面的弯曲承载力设计值（N·mm），$M_u = W_e f$；

　　　W_e——有效截面模量，按现行国家标准《铝合金结构设计规范》（GB 50429）或《冷弯薄壁型钢结构技术规范》（GB 50018）的规定计算；

　　　R_w——腹板的局部受压承载力设计值（N），应按式（9-24）计算。

（10）金属屋面板同时承受弯矩 M 和剪力 V 的截面，应满足下列要求：

$$(M/M_u)^2 + (V/V_u)^2 \leqslant 1 \tag{9-27}$$

式中　V_u——腹板的受剪承载力设计值（N/mm²），铝合金面板取 $(ht \cdot \sin\theta) \tau_{cr}$ 和 $(ht \cdot \sin\theta) f_v$ 中较小值，钢面板取 $(ht \cdot \sin\theta) \tau_{cr}$，$\tau_{cr}$ 应按 9.3.3.1 节 2（6）条分别计算。

（11）屋面板 T 形支座的强度应按式（9-28）、式（9-29）计算：

$$\sigma = \frac{R}{A_{en}} \leqslant f \tag{9-28}$$

$$A_{en} = t_1 L_s \tag{9-29}$$

式中　σ——正应力设计值（N/mm²）；

　　　f——支座材料的抗拉和抗压强度设计值（N/mm²）；

　　　R——支座反力（N）；

　　A_{en}——有效净截面面积（mm²）；

　　　t_1——支座腹板最小厚度（mm）；

　　　L_s——支座长度（mm）。

（12）屋面板 T 形支座的稳定性可简化为等截面柱模型（图 9-17），其计算可按照式（9-30）进行：

$$\frac{R}{\varphi A} \leqslant f \tag{9-30}$$

式中　R——支座反力（N）；

　　　φ——轴心受压构件的稳定系数，应根据构件的长细比、铝合金材料的强度标准值 $f_{0.2}$ 按现行国家标准《铝合金结构设计规范》（GB 50429）取用；

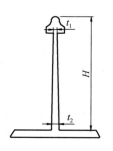
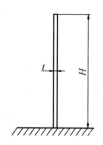

图 9-17　支座的简化模型
H—T 形支座高度

　　　A——毛截面面积（mm²），$A=tL_s$；

　　　t——T 形支座等效厚度（mm），按 $(t_1+t_2)/2$ 取值；

　　　t_1——支座腹板最小厚度（mm）；

　　　t_2——支座腹板最大厚度（mm）。

（13）计算屋面板 T 形支座的稳定系数时，其计算长度应按式（9-31）计算：

$$l_0 = \mu H \tag{9-31}$$

式中　μ——支座计算长度系数，可取 1.0 或由试验确定；

　　　l_0——支座计算长度（mm）。

（14）均布荷载作用下压型金属板构件跨中或悬臂端的挠度可按下列公式进行计算：

悬臂时：

$$\omega = \frac{q_k l^4}{8EI_e} \tag{9-32}$$

简支时：

$$\omega = \frac{5q_k l^4}{384EI_e} \tag{9-33}$$

多跨或跨度相差不超过 15% 的多跨连续压型金属板：

$$\omega = \frac{3q_k l^4}{384EI_e} \tag{9-34}$$

式中　ω——跨中或悬臂端的最大挠度；

　　　l——跨度或悬臂长度；

　　　q_k——均布荷载标准值；

E——压型金属板材料的弹性模量；

I_e——压型金属板有效截面绕弯曲轴的惯性矩。

9.3.3.2 采光顶面板的设计

根据采光顶所采用的面板材质不同，可分为玻璃采光顶和聚碳酸酯板采光顶，玻璃采光顶面板根据其支承方式的不同，又可分为框支承玻璃面板和点支承玻璃面板。

1. 框支承玻璃面板的设计

框支承玻璃面板的设计要点如下：

（1）采光顶用框支承玻璃面板单片玻璃厚度和中空玻璃的单片厚度不应小于 6mm，夹层玻璃的单片厚度不宜小于 5mm，夹层玻璃和中空玻璃的各片玻璃厚度相差不宜大于 3mm。

（2）框支承用夹层玻璃可采用平板玻璃、半钢化玻璃或钢化玻璃。

（3）框支承玻璃面板的边缘应进行精磨处理，边缘倒棱不宜小于 0.5mm。

（4）玻璃面板应按照现行行业标准《建筑玻璃应用技术规程》（JGJ 113）进行热应力、热变形设计计算。

（5）板边支承的单片玻璃，在垂直于面板方向的均布荷载作用下，最大应力应符合以下规定：①最大应力可按考虑几何非线性的有限元法计算，规则面板可按式（9-35）、式（9-36）计算；②玻璃面板荷载基本组合最大应力设计值不应超过玻璃中部强度设计值 f_g。

$$\sigma = \frac{6mqa^2}{t^2}\eta \tag{9-35}$$

$$\theta = \frac{qa^4}{Et^4} \tag{9-36}$$

式中 σ——在均布荷载作用下面板最大应力（N/mm²）；

  q——垂直于面板的均布荷载（N/mm²）；

  a——面板的特征长度，矩形面板四边支承时为短边边长，对边支承时为其跨度，三角形面板为长边（mm）；

  t——面板厚度（mm）；

  θ——参数；

  E——面板弹性模量（N/mm²）；

  m——弯矩系数，可按面板的材质、形状和荷载形式由 JGJ 255 附录 C 查取；

  η——折减系数，可由参数 θ 按表 9-75 采用。

（6）单片玻璃在垂直于面板的均布荷载作用下，其跨中最大挠度应符合下列规定：①面板的弯曲刚度 D 可按式（9-37）进行计算；②在荷载标准组合值作用下，面板跨中最大挠度宜采用考虑几何非线性的有限元法计算。规则面板可按式（9-38）进行计算。

$$D = \frac{Et^3}{12(1-\nu^2)} \tag{9-37}$$

式中 D——面板弯曲刚度（N·mm）；

  t——面板厚度（mm）；

  ν——泊松比。

$$d_f = \frac{\mu q_k a^4}{D}\eta \tag{9-38}$$

式中 d_f——在荷载标准组合值作用下的最大挠度值（mm）；

  q_k——垂直于面板的荷载标准组合值（N/mm²）；

a——面板特征长度（mm），矩形面板为短边，三角形面板为长边；

μ——挠度系数，可按面板的材质、形状及荷载类型由 JGJ 255 附录 C 查取；

η——折减系数，可按表 9-66 采用，q 值采用 q_k 计算。

（7）采用 PVB 的夹层玻璃可按以下规定进行计算：①作用在夹层玻璃上的均布荷载可按式（9-39）分配到各片玻璃上；②PVB 夹层玻璃的等效厚度可按式（9-40）计算；③各片玻璃可分别按照 9.3.3.2 节 1（5）条的规定进行应力计算；④PVB 夹层玻璃可按照第 9.3.3.2 节 1（6）条的规定进行挠度计算，在计算玻璃刚度 D 时应采用等效厚度 t_e。

$$q_i = q \frac{t_i^3}{t_e^3} \tag{9-39}$$

式中　q——作用于夹层玻璃上的均布荷载（N/mm²）；

　　　q_i——分配到第 i 片玻璃的均布荷载（N/mm²）；

　　　t_i——第 i 片玻璃的厚度（mm）；

　　　t_e——夹层玻璃的等效厚度（mm）。

$$t_e = \sqrt[3]{t_1^3 + t_2^3 + \cdots + t_n^3} \tag{9-40}$$

式中　　　　　t_e——夹层玻璃的等效厚度（mm）；

　t_1，t_2，$\cdots$，t_n——各片玻璃的厚度（mm）；

　　　　　　　n——夹层玻璃的玻璃层数。

（8）中空玻璃可按照下列规定进行计算：①作用于中空玻璃上均布荷载可按以下公式分配到各片玻璃上：直接承受荷载的单片玻璃见式（9-41），不直接承受荷载的单片玻璃见式（9-42）；②中空玻璃的等效厚度可按式（9-43）计算；③各片玻璃可分别按 9.3.3.2 节 1（5）条的规定进行应力计算；④中空玻璃可按 9.3.3.2 节 1（6）条的规定进行挠度计算，在计算玻璃的刚度 D 时，应采用式（9-43）计算的等效厚度 t_e。

$$q_1 = 1.1q \frac{t_1^3}{t_e^3} \tag{9-41}$$

$$q_i = q \frac{t_i^3}{t_e^3} \tag{9-42}$$

$$t_e = 0.95 \sqrt[3]{t_1^3 + t_2^3 + \cdots + t_n^3} \tag{9-43}$$

式中　　　　　t_e——中空玻璃的等效厚度（mm）；

　t_1，t_2，$\cdots$，t_n——各片玻璃的厚度（mm）。

2. 点支承玻璃面板的设计

点支承玻璃面板的设计要点如下：

（1）矩形玻璃面板宜采用四点支承，三角形玻璃面板宜采用三点支承。相邻支承点间的板边距离，不宜大于 1.5m。点支承玻璃可采用钢爪支承装置或夹板支承装置。采用钢爪支承时，孔边至板边的距离不宜小于 70mm。

（2）点支承玻璃面板采用浮头式连接件支承时，其厚度不应小于 6mm；采用沉头式连接件支承时，其厚度不应小于 8mm。夹层玻璃和中空玻璃中，安装连接件的单片玻璃厚度也应符合本条规定，钢板夹持的点支承玻璃，单片厚度不应小于 6mm。

（3）点支承中空玻璃孔洞周边应采取多道密封。

（4）在垂直于玻璃面板的均布荷载作用下，点支承面板的应力和挠度应符合以下规定：①单片玻璃面板的最大应力和最大挠度可按照考虑几何非线性的有限元方法进行计算，规则形状面板也可按式（9-44）至式（9-46）计算；②夹层玻璃和中空玻璃点支承面板的均布荷载的分配，可按 9.3.3.2 节 1（7）条、9.3.3.2 节 1（8）条的规定计算；③玻璃面板荷载基本组合最大应力设计值不应超过玻璃中部强度设计值 f_g。

$$\sigma = \frac{6mqb^2}{t^2}\eta \qquad (9\text{-}44)$$

$$d_{\mathrm{f}} = \frac{\mu q_{\mathrm{k}} b^4}{D}\eta \qquad (9\text{-}45)$$

$$\theta = \frac{qb^4}{Et^4} \text{ 或 } \theta = \frac{q_{\mathrm{k}} b^4}{Et^4} \qquad (9\text{-}46)$$

式中　σ——在均布荷载作用下面板的最大应力（N/mm²）；

d_{f}——在荷载标准组合值作用下面板的最大挠度（mm）；

q、q_{k}——垂直于面板的均布荷载、荷载标准组合值（N/mm²）；

D——面板弯曲刚度（N·mm），可按式（9-37）计算；

b——点支承面板特征长度，矩形面板为长边边长（mm）；

t——面板厚度（mm）；

θ——参数；

m——弯矩系数，四角点支承板可按 JGJ 255 附录 C 中跨中弯矩系数 m_{x}、m_{y} 和自由边中点弯矩系数 $m_{0\mathrm{x}}$、$m_{0\mathrm{y}}$ 分别采用，四点跨中支承板可按 JGJ 255 附录 C 中弯矩系数 m 采用；

μ——挠度系数，可按 JGJ 255 附录 C 采用；

η——折减系数，可由参数 θ 按表 9-75 取用。

3. 聚碳酸酯板的设计

聚碳酸酯采光板的设计要点如下：

（1）聚碳酸酯板的最大应力和挠度可按照考虑几何非线性的有限元方法进行计算。

（2）聚碳酸酯板可冷弯成型，中空平板的弯曲半径不宜小于板材厚度的 175 倍，U 形中空板的最小弯曲半径不宜小于厚度的 200 倍，实心板的弯曲半径不宜小于板材厚度的 100 倍。

9.3.3.3　支承结构的设计

支承结构的设计要点如下：

（1）支承结构应符合国家现行标准《钢结构设计规范》（GB 50017）、《冷弯薄壁型钢结构技术规范》（GB 50018）、《铝合金结构设计规范》（GB 50429）、《空间网格结构技术规程》（JGJ 7）等相关规定。

（2）单根支承构件截面有效受力部位的厚度应符合以下要求：①截面自由挑出的板件和双侧加肋的板件的宽厚比应符合设计要求；②铝合金型材有效截面部位的厚度不应小于 2.5mm，型材孔壁与螺钉之间由螺纹直接受拉、受压连接时型材应局部加厚，局部壁厚不应小于螺钉的公称直径，宽度不应小于螺钉公称直径的 1.6 倍；③热轧钢型材有效截面部位的壁厚不应小于 2.5mm，冷成型薄壁型钢截面厚度不应小于 2.0mm。型材孔壁与螺钉之间由螺纹直接受拉、受压连接时，应验算螺纹强度。

（3）根据面板在构件上的支承情况决定其荷载和地震作用，并计算构件的双向弯矩、剪力、扭矩。大跨度开口截面宜考虑约束扭转产生的双力矩。

9.3.3.4　硅酮结构密封胶的设计

硅酮结构密封胶的设计要点如下：

（1）硅酮结构密封胶的粘结宽度应符合 9.3.3.4 节（3）的规定，且不应小于 7mm，其粘结厚度应符合 9.3.3.4 节（4）的规定，且不应小于 6mm。硅酮结构密封胶的粘结宽度应大于厚度，但不宜大于厚度的 2 倍。

（2）硅酮结构密封胶应根据不同受力情况进行承载力验算。在风荷载、雪荷载、积灰荷载、活荷载和地震作用下，其拉应力或剪应力不应大于其强度设计值 f_1；在永久荷载作用下，其拉应力或剪应力则不应大于其强度设计值 f_2。

拉伸粘结强度标准值应符合现行国家标准《建筑用硅酮结构密封胶》（GB 16776）的规定，f_1 可取为 0.2N/mm²，f_2 可取为 0.01N/mm²。

（3）隐框玻璃面板与副框间硅酮结构密封胶的粘结宽度 C_s 应符合以下规定：①当玻璃面板为刚性板时，应按式（9-47）计算；②当玻璃面板为柔性板时，应按式（9-48）计算；③粘结宽度 C_s 尚应符合式（9-49）要求。

$$C_s = \frac{q_k A}{S f_1} \tag{9-47}$$

$$C_s = \frac{q_k a}{2 f_1} \tag{9-48}$$

式中　C_s——硅酮结构胶粘结宽度（mm）；

　　　q_k——作用于面板的均布荷载标准值（N/mm²）；

　　　S——玻璃面板周长，即硅酮结构密封胶缝的总长度（mm）；

　　　A——面板面积（mm²）；

　　　a——面板特征长度（mm），矩形为短边长，狭长梯形为高，圆形为半径，三角形为内心到边的距离的 2 倍。

$$C_s \geqslant \frac{G_2}{S f_2} \tag{9-49}$$

式中　G_2——平行于玻璃板面的重力荷载设计值（N）。

（4）隐框玻璃面板与副框间硅酮结构密封胶的粘结厚度 t_s 应符合式（9-50）要求。

$$t_s \geqslant \frac{\mu_s}{\sqrt{\delta(2+\delta)}} \tag{9-50}$$

式中　μ_s——玻璃与铝合金框的相对位移（mm），主要考虑玻璃与铝合金框之间因温度变化产生的相对位移，必要时还须考虑结构变形产生的相对位移；

　　　δ——硅酮结构密封胶在拉应力为 $0.7f_1$ 时的伸长率。

（5）隐框、半隐框采光顶用中空玻璃二道密封胶应采用符合现行国家标准《建筑用硅酮结构密封胶》（GB 16776）的结构密封胶，其粘结宽度 C_{s1} 应按式（9-51）计算，且不应小于 6mm。

$$C_{s1} \geqslant \beta C_s \tag{9-51}$$

式中　C_{s1}——中空玻璃二道密封胶粘结宽度（mm）；

　　　C_s——玻璃面板与副框间硅酮结构密封胶的粘结宽度（mm），可按 9.3.3.4 节（3）条进行计算；

　　　β——外层玻璃荷载系数，当外层玻璃厚度大于内层玻璃厚度时，$\beta=1.0$，否则 $\beta=0.5$。

9.3.4　金属屋面和采光顶的构造及连接设计

9.3.4.1　金属屋面和采光顶构造及连接设计的一般规定

金属屋面和采光顶构造及连接设计的一般规定如下：

（1）金属屋面和采光顶与主体结构之间的连接应能够承受并可靠传递其受到的荷载作用，并应适应主体结构的变形。

（2）金属屋面和采光顶与主体结构可采用螺栓连接或焊接，采用螺栓连接、挂接或插接的结构构件，应采取可靠的防松动、防滑移、防脱离措施。

（3）当连接件与所接触材料可能产生双金属接触腐蚀时，应采用绝缘垫片分隔或采取其他有效措施防止腐蚀。

（4）与主体结构相对应的变形缝应能够适应主体结构的变形，并不得降低金属屋面和采光顶该部位的主要性能要求。

（5）连接构造应采取措施防止因结构变形、风力、温度变化等产生噪声，杆件间的连接处可设置柔性垫片或采取其他有效构造措施。

(6) 金属屋面和采光顶配套使用的铝合金窗、塑料窗、玻璃钢窗等应分别符合国家现行标准《铝合金门窗》（GB/T 8478）、《塑料门窗设计及组装技术规程》（JGJ 362）和《玻璃纤维增强塑料（玻璃钢）窗》（JG/T 186）等规定，并应符合设计要求。

(7) 清洗装置或维护装置用穿过金属屋面和采光顶的金属构件宜选用不锈钢，且应在穿透面板部位采取可靠的防水措施。

(8) 排烟窗应进行外排水设计，其顶面可高出金属屋面和采光顶，且宜设置排水构造。

(9) 连接光伏系统的支架、双层金属屋面系统中用于支承装饰层或其他辅助层的连接构件不宜穿透金属面板，如果确有必要穿透时，应采取柔性防水构造措施进行防水。

(10) 连接光伏系统的支架承载力应满足设计和使用要求，应易于实现光伏电池的拆装。

(11) 点支承光伏组件的电池片（电池板）至孔边的距离不宜小于50mm；框支承光伏组件的电池片（电池板）至玻璃边的距离不宜小于30mm。

(12) 光伏采光顶电线（缆）、电气设备的连接设计应统筹安排，安全、隐蔽、集中布置，应满足安装维护要求。型材断面结构和支承构件设计应考虑光伏系统导线的隐蔽走线。

(13) 预埋件与后置锚固件的设计应符合以下要求：

1) 支承构件与主体结构应通过预埋件进行连接；当没有条件采用预埋件进行连接时，应采用其他可靠的连接措施，并宜通过试验验证其可靠性。

2) 屋面与主体结构采用后加锚栓连接时，应采取措施保证连接的可靠性，应满足现行行业标准《混凝土结构后锚固技术规程》（JGJ 145）的规定，并应符合以下规定：①碳素钢锚栓应经过防腐处理；②应进行承载力现场检验；③锚栓直径应通过承载力计算确定，并且不应小于10mm；④与化学锚栓接触的连接件，在其热影响区范围内不宜进行连续焊缝的焊接操作。

9.3.4.2 金属屋面构造及连接的设计

金属屋面系统是采用金属屋面板配以防水保温隔热、吸声、隔声等功能性材料组装而成的一类屋面围护系统，其常见形式参见图 9-18。

1. 金属屋面系统的构造

(1) 金属屋面系统的基本构造。金属屋面系统是由屋面檩条系统和压型金属板组合式屋面板系统等两部分组成的（图 9-19）。现主要以压型铝板金属屋面为例，介绍其组成。

1) 屋面檩条系统。金属屋面的承重结构包括主、次结构系统。主结构系统即为屋架、屋面梁系统；刚架、排架、框架横梁系统；网架、网壳、张弦梁、悬索等系统。次结构系统即为屋面的檩条系统。

檩条系统相对于屋面主要承重结构的杆件，其承受荷载面积小，跨度也不大，断面亦比较小，常采用工字钢、槽钢或为 C 形、Z 形的冷弯薄壁型钢等实腹式构件，相对于屋面主要承重结构而言，故将其称为屋面次结构系统。檩条系统有时也是主结构系统的一个组成部分（如檩条成为屋架上弦杆平面外支点），有时也是独立的部分（如网架球节点立柱上的檩条）。屋面檩条系统视主结构布置情况有时分为主檩、次檩、衬檩等不同层次，从受力合理出发应尽量减少层次，使构件直接传递荷载，但压型铝板的跨度有限，必须通过不同层次的支承，方可满足面板的跨度要求。国内常将檩条系统划入屋面组成部分。

压型金属板屋面系统按其屋面系统的构造不同，可分为无檩系统（图 9-20）和有檩系统，有檩系统又可进一步分为檩条暗藏型（图 9-21）和檩条露明型（图 9-22）。檩条暗藏型体系常应用于公共建筑屋面，檩条露明型体系则常应用于工业建筑屋面。

2) 压型铝板组合式屋面板系统。压型铝板屋面使用的屋面板主要是槽形断面的直立锁边压型铝板，为了满足屋面的使用功能，其常做成多层组合形式，从而形成压型铝板组合式屋面板系统（图 9-23）。

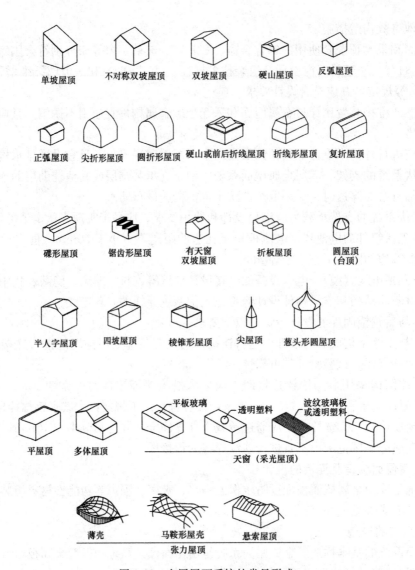

图 9-18　金属屋面系统的常见形式

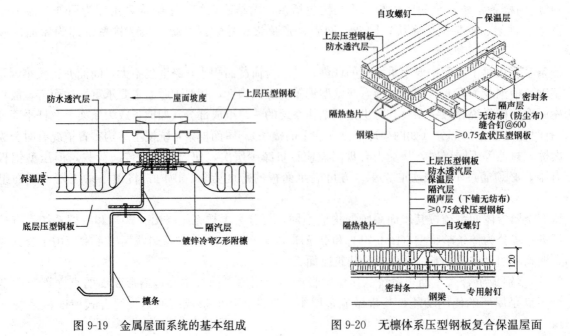

图 9-19　金属屋面系统的基本组成　　　　　图 9-20　无檩体系压型钢板复合保温屋面

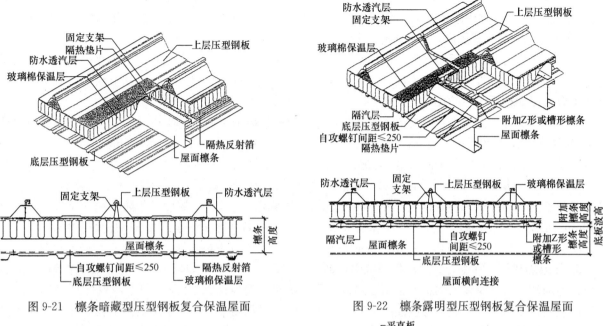

图 9-21 檩条暗藏型压型钢板复合保温屋面　　　　图 9-22 檩条露明型压型钢板复合保温屋面

图 9-23 压型铝板组合式屋面板系统的组成

压型铝板组合式屋面板系统从上而下由压型铝板面板、组合式屋面中间层、组合式屋面底板等三个部分组成。但由于对屋面功能要求的不同，压型铝板组合式屋面板系统可以由面板、中间层、底板等三个部分组成（如功能要求较多时）；也可以由面板、中间层等两个部分组成；还可以仅由面板一个部分组成（仅满足屋面的承重、防水功能）。但从工程的实际情况来看，大部分公共建筑虽层次多少不一，但均由面板、中间层、底板等三个部分组成。

①压型铝板组合式屋面板系统的底板。压型铝板组合式屋面板系统的底板常为压型金属板，根据其材质的不同，可分为压型钢板和压型铝板，压型钢板可应用于一般空气介质环境中，压型铝板则应用于潮湿、有一定腐蚀性气体的场所（如游泳馆）等。同时，又可根据对音质要求的不同，分为穿孔板和不穿孔板，穿孔板应用于对音质要求高的吸声措施，不穿孔板用于一般音质要求的建筑。若对压型铝板组合式屋

面既要提高耐久性，又要起到吸声作用，则以采用穿孔压型铝板为好。热镀锌钢板、彩色涂层钢板、铝及铝合金彩色涂层板等常用作有檩体系的底板，而无檩体系的底板则多采用大跨度组合箱形压型钢板。

② 压型铝板组合式屋面板系统的中间层

压型铝板组合式屋面板系统的中间层常由隔声层、防水透汽层、保温隔热层、隔热反射层、隔汽层等组成，因其功能和设计要求的不同，故设置的层次不完全相同，但材料多样、功能众多，故中间层在整个组合式屋面板系统中的作用尤为重要。

a. 隔声层：主要是防止暴雨雨滴、冰雹等对金属面板的撞击声或室外噪声等传入室内，使室内保持一个安静的环境，其设置的位置常在金属面板的下方、保温隔热层的上方。其常采用的材料有防水板、防水石膏板、挤塑板、压缩玻璃棉、水泥刨花板、增强水泥加压板以及玻璃纤维水泥板等致密性板材。

b. 防水透汽层：具有防风、防水透汽功能，将外界水与空气气流阻挡在建筑外部，阻止冷风渗透，同时能将室内及墙体中的潮气排到室外，其设置在屋面保温层的外侧。屋面用的防水透汽层材料有：$\geq$0.49mm 纺粘聚乙烯和聚乙烯膜（屋面加强型）、$\geq$0.17mm 高密度纺粘聚乙烯膜（屋面标准型）等。

c. 防水层：除压型铝板可直接用作屋面防水层外，还可在其下再设置一道防水卷材做卷材防水层。

d. 保温隔热层：在组合式屋面板系统中，通常采用纤维状材料（如岩棉、矿棉、玻璃棉等）、硅酸钙板、泡沫塑料板（聚苯乙烯板、聚氯乙烯板、聚氨酯板、聚异氰脲酸酯板等）等材料做保温隔热层。保温层应铺设于檩条上表面，并应连续铺设，接头处应有可靠连接，禁止采用对接；玻璃棉卷毡的搭接处应采用专用胶带粘结并使用固定钉连接牢固；硬制挤塑聚苯乙烯板和岩棉板应采用错缝搭接或榫槽插接，以保证连接处不松开，从而防止热桥现象。檩条等固定玻璃棉卷毡处，因玻璃棉卷毡厚度被压缩，易产生热桥，从而发生结露，故檩条与玻璃棉卷毡结合处宜根据工程情况附加聚氨酯保温胶带，以增加此处的保温效果。

e. 隔热反射层：作用是阻隔辐射热，通过反射$\geq$90％的红外线达到隔热的功能，同时以其优良的防水防潮性能使其可以在隔热的同时起到隔汽层的作用。隔热反射层材料主要采用由多层金属箔组合后经特殊静电处理而成的隔热反射铝箔。其一般设置于保温层室内一侧。

f. 隔汽层：作用是阻止水蒸气进入保温层，以免保温材料在含水率增加后出现的热阻下降以及结露现象。隔汽层宜设置在保温层室内一侧。独立设置隔汽层的材料有聚酯膜、聚烯烃涂层粘聚乙烯膜、SBS 改性沥青防水卷材等；玻璃棉卷毡防潮贴面可起隔汽层作用，防潮贴面种类有纸基夹筋铝箔贴面、纸基聚丙烯塑料贴面、纸基金属化聚丙烯塑料贴面等。

g. 吸声层：一般采用多孔材料（如泡沫塑料、膨胀珍珠岩等）吸声、松散材料（如玻璃棉、岩棉等纤维状材料）吸声、穿孔或不穿孔组合式屋面板系统的底板共振吸声。

③ 压型铝板组合式屋面板系统的面板。压型铝板屋面板系统的面板根据其使用部位的不同，可分为基本板、异型板和零配件。

a. 基本板。基本板可分为矩形板、扇形板、折皱板等三大类。

基本板依据水平投影形状可分为矩形板（水平投影为矩形）和扇形板（水平投影为梯形）；矩形板和扇形板再按其是否弯曲成弧形状可分为平直板、反弧形板（拱起）、正弧形板（中间凹下）、平直扇形板、反弧扇形板（拱起）、正弧扇形板（中间凹下）等板型。

弧形板和扇形板是为了适应屋面形状的需要，将直线形压型铝板进行再加工而得到的板型，图9-24为直立锁边压型铝板的 6 种外形。弧形板适用于单向弯曲、双向弯曲、波浪状等空间曲面的屋面，扇形板则适用于圆锥形、棱锥形、扇形、球形、双曲扁壳形等空间曲面屋面。通过不同途径获得不同弯曲程度的弧形矩形投影或弧形梯形投影的压型铝板，可为各种优美曲率的复杂空间曲面屋面的安装创造了重要的条件。

折皱弧形板是指当曲率半径比预先弯曲半径还小时，通过专用的折弯、折皱机械地进行有规律的弯折，最小曲率半径可达 0.5m 的一类面板。其基本原理是在板底部形成弧坑，两侧的腹板成锥形坑的局部弯曲，使板下部线长度收缩，上部线长度不变而达到折皱弯曲目标的。

b. 异型板。压型铝板作为屋面主要板材提供了最基本的板型。但在屋面的屋脊、檐口、挑檐、女

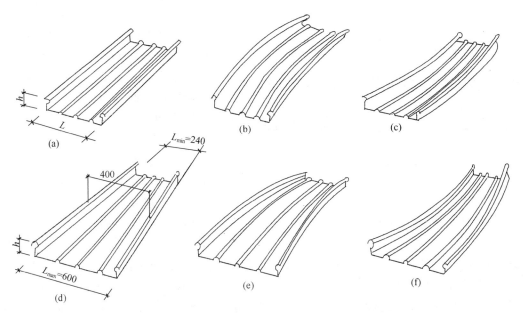

图 9-24　弧形板和扇形板
（a）平直板；（b）反弧形板（拱起）；（c）正弧形板（凹下）；（d）平直扇形板；
（e）反弧扇形板（拱起）；（f）正弧扇形板（凹下）
h—波高；L—有效宽度

儿墙、山墙、出屋面管道、屋面出入口、檐沟、采光窗等部位，基本板都会同这些设施部件相接触，为了保证屋面防水、保温、隔热等要求在这些相接处不会出现削弱，就需要采用断面各异、长短不一、连接不同的异型板来解决。压型铝板屋面异型板的断面形状和尺寸由节点设计详图决定。

c. 零配件。不同型号的直立锁边压型铝板的零配件是不尽相同的，但相当一部分零配件是共同使用的，其功能、用途是一致的，但规格则不完全相同。

2. 金属平板屋面的构造设计

金属平板屋面的构造设计要点如下：

（1）金属平板屋面的构造与连接宜符合现行行业标准《金属与石材幕墙工程技术规范》（JGJ 133）的相关规定。

（2）面板周边可采用螺栓或挂钩与支承构件连接，且螺栓直径不宜小于 4mm，螺栓的数量应根据板材所承受的荷载或作用进行计算而确定，铆钉或锚栓孔中心至板边缘的距离不应小于 2 倍的孔径，孔中心距不应小于 3 倍的孔径。挂钩宜设置防噪声垫片。

（3）金属平板屋面系统的板缝构造应符合下列规定：

1）注胶式板缝应符合以下要求：①板缝底部宜采用泡沫条充填，中性硅酮密封胶密封，胶缝厚度不宜小于 6mm，宽度不宜小于厚度的 2 倍，应采取措施避免密封胶三面粘结；②用于氟碳涂层表面的硅酮密封胶应进行粘结性试验，必要时可加涂底胶。

2）封闭嵌条式板缝宜采用密封胶条密封，且密封条交叉处应可靠封接，宜采用压敏粘结材料进行粘结，板缝宜采用多道密封的防水措施。

（4）开放式板缝构造应符合以下规定：①背部空间应防止积水，并采取措施顺畅排水；②保温材料外表应有可靠的防水措施，可采用镀锌钢板，铝板为防水衬板；③背部空间应保持通风；④支承构件和金属连接件应采取有效的防腐措施。

3. 压型金属板屋面的构造设计

压型金属板屋面的构造设计要点如下：

（1）金属屋面的构造层次应包括金属屋面板、固定支架、透汽防水垫层、保温隔热层和承托网（图 9-25）。

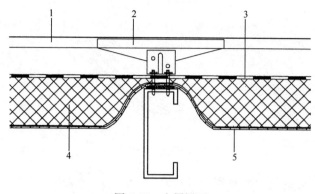

图 9-25　金属屋面
1—金属屋面板；2—固定支架；3—透汽防水垫层；
4—保温隔热层；5—承托网

（2）压型金属板系统设计应符合以下规定：①压型金属板系统应设置其他构造层，以满足系统的水密性和气密性要求；②当压型金属板系统有保温隔热要求时，应采用防热桥构造；③压型金属板屋面与墙面围护系统的伸缩缝设置宜与结构伸缩缝一致；④压型金属板屋面和墙面板应设置固定式连接点，扣合型和咬合型屋面板，除应按照设计要求设置的固定式连接点以外，屋面板在其他部位不得与固定支架或支承结构直接连接固定；⑤在风荷载大的地区，屋脊、檐口、山墙转角、门窗、勒脚处应加密固定点或增加其他固定措施，对开敞建筑、屋面有较大负风压时，应采取加强连接的构造措施；⑥压型金属板屋面与墙面系统均不宜开洞，当必须开设时，则应采取可靠的构造措施，以保证不产生渗漏；⑦压型金属板屋面宜设置防坠落的安全设施。

（3）压型金属板的板型按连接方式的不同，可分为搭接型板、扣合型板和咬合型板等三大类型，屋面板宜采用搭接、扣合、咬合连接方式进行连接。

（4）压型金属板屋面板型的选择应符合以下规定：①压型金属板屋面防水等级和构造应符合表9-76的规定；②应根据当地的积雪厚度、暴雨强度、风荷载及屋面形状等选择板型；③屋面用外层板宜采用波高大于50mm的高波板，屋面用内层板可采用波高小于或等于50mm的低波板；④搭接型及扣合型压型金属板不宜用于形状复杂的屋面；⑤曲型屋面宜采用扇形或弧形板布置。

表 9-76　压型金属板屋面防水等级和构造　GB 50896—2013

防水等级	防水层设计使用年限（年）	防水层构造要求
一级	≥20	应设非明钉固定且咬边连接大于180°的压型金属板和防水垫层或防水透汽层
二级	≥10	压型金属板宜设防水垫层或防水透汽层

（5）压型屋面板所采用的铝合金板、钢板的厚度宜为0.6～1.2mm，且宜采用长尺寸的板材，以减少板长方向的搭接接头数量，直立锁边铝合金板的基板厚度不应小于0.9mm。

（6）压型金属板的连接有固定式连接和滑动式连接之分。固定式连接是指压型金属板通过固定支架或紧固件与支承结构进行连接，不具有位移能力的一种连接方式；滑动式连接是指压型金属板通过固定支架与支承结构进行连接，具有位移能力的一种连接方式。采用固定式连接的压型金属屋面板，其单板长度不宜超过36m；采用滑动式连接的压型金属板屋面，其压型钢板单板长度不宜超过75m，压型铝合金单板长度不宜超过50m。

（7）金属板屋面铺装的有关尺寸要求如下：①金属板檐口挑出墙面的长度不应小于200mm；②金属板伸入檐沟、天沟内的长度不应小于100mm；③金属泛水板与凸出屋面墙体的搭接高度不应小于250mm；④金属泛水板、变形缝盖板与金属板的搭盖宽度不应小于200mm；⑤金属屋脊盖板在两坡面金属板上的搭盖宽度不应小于250mm。

（8）作为承力板使用的压型金属板屋面底板和墙面内层板的长度方向搭接长度不宜小于80mm。

（9）当屋面压型金属板的长度方向连接采用搭接工艺连接时，其上下两块板的搭接端应设置在支承构件上，并应与支承构件有可靠的连接，使其下部得到可靠的硬质支撑，但由于屋面金属板热胀冷缩的原因，故上下两块压型金属板的搭接端不能与下部的支承构件固定连接。上下两块板的搭接处可采用焊接或泛水板等进行可靠连接，若采用螺钉或铆钉等非焊接搭接，上下两块板的搭接处应设置防水密封胶带、防水堵头，以保证搭接部位的结构性能和防水性能。搭接部分长度方向中心宜与支承构件中心一致，搭接长度应符合设计要求，且不宜小于表9-77规定的限值，当采用焊接搭接时，压型金属板的搭接长度不宜小于 50mm。

(10) 压型金属屋面板的典型板型见图 9-10。压型金属屋面板的板型按照连接方式的不同，可分为搭接型板、扣合型板和咬合型板。压型金属屋面板的侧向连接可采用搭接、扣合和咬合等方式进行（图 9-12），并应符合以下规定：①当侧向采用搭接式连接时，连接件宜采用带有防水密封胶垫的自攻螺钉，宜搭接一波，若有特殊要求时则可搭接两波，搭接处应用连接件紧固，连接件应设置在波峰上，对于高波铝合金板，连接件间距宜为 700~800mm，对于低波屋面板，连接件间距宜为 300~400mm；②采用扣合式或咬合式连接时，应在檩条上设置与屋面板波形板相配套的固定支座，固定支座和檩条宜采用机制自攻螺钉或螺栓连接，且在边缘区域数量不应少于 4 个，相邻两金属面板应与固定支座可靠扣合或咬合连接。

表 9-77　金属屋面板长度方向最小搭接长度（mm）　　JGJ 255—2012

项　　目		搭接长度 a
波高＞70		375
波高≤70	屋面坡度＜1/10	250
	屋面坡度≥1/10	200
面板过渡到立面墙面后		120

金属屋面板搭接示意图

(11) 压型金属板采用咬口锁边连接的构造应符合以下规定：①在檩条上应设置与压型金属板波形相配套的专用固定支座，并应采用自攻螺钉与檩条连接；②压型金属板应搁置在固定支座上，两片金属板的侧边应确保在风吸力等因素作用下扣合或咬合连接可靠；③在大风地区或高度大于 30m 的屋面，压型金属板应采用 360°咬口锁边连接；④大面积屋面和弧状或组合弧状屋面，压型金属板的立边咬合宜采用暗扣直立锁边屋面系统；⑤单坡尺寸过长或环境温差过大的屋面，压型金属板宜采用滑动式支座的 360°咬口锁边连接。

(12) 梯形板、正弦波纹板的连接应符合以下要求：①横向搭接不应小于一个波，纵向搭接不应小于 200mm；②挑出墙面的长度不应小于 200mm；③压型板伸入檐沟内的长度不应小于 150mm；④压型板与泛水的搭接宽度不应小于 200mm。

(13) 压型金属板屋面的支架宜采用钢、铝合金或不锈钢材质的材料制作，选择固定支架及紧固件时应符合以下规定：①压型金属板系统应根据被固定构件的材质和厚度选择相应规格和型号的固定支架及紧固件；②固定支架及紧固件应采用能避免与其他构件连接时产生电化学腐蚀作用的材质；③固定支架应选用与支承构件相同材质的金属材料，若选用不同材质金属材料并易产生电化学腐蚀时，固定支架与支承构件之间应采用绝缘垫片或采取其他防腐蚀的措施。

(14) 压型金属板采用紧固件连接的构造应符合以下规定：①铺设屋面压型金属板搭接板中的高波板、扣合型板及咬合型板时，在檩条上应设置固定支架，固定支架应采用自攻螺钉与檩条连接，连接件宜每波设置一个；②铺设屋面压型金属板搭接板中的低波板时，可不设固定支架，应在压型金属板波峰处采用带防水密封胶垫的自攻螺钉与檩条连接，连接件可在压型金属板每波或隔波设置一个，但每块板不得少于 3 个；③压型金属板的纵向搭接应位于檩条处，搭接端应与檩条有可靠的连接，搭接部位应设置防水密封胶带，压型金属板的纵向最小搭接长度应符合表 9-77 的规定；④压型金属板的横向搭接方向宜与主导风向一致，搭接不应小于一个波，搭接部位应设置防水密封胶带，搭接处用连接件紧固时，连接件应采用带防水密封胶垫的自攻螺钉设置在波峰上，外露螺栓均应进行密封处理；⑤固定支架与屋面压型金属板的连接处应采用密封处理，屋面压型金属板所用紧固件应采用带有防水密封垫圈的自攻螺钉。

（15）压型金属屋面胶缝的连接应采用中性硅酮密封胶。

（16）泛水板是指金属板通过辊压或机械折弯后形成一定形状的构件，用于对屋面及墙面压型金属板铺装后缝隙的封边封堵，以防雨水渗漏。泛水板应采用与压型金属板相同材质制作，宜采用辊压成型的产品。

（17）金属屋面与立墙及凸出屋面结构等交接处，应做泛水处理，屋面板与凸出构件间预留伸缩缝隙或具备伸缩能力。

（18）压型金属板屋面采光通风天窗及凸出屋面构件宜设置在屋面的最高部位，且宜高出屋面板 250mm。

（19）当压型金属板屋面采用有组织排水时，不得将高跨屋面的雨水直接排放到低跨屋面上。

（20）压型金属板屋面的细部节点若处理不好，则会严重影响金属围护系统的使用，因此压型金属板屋面应进行详细的细部节点设计，细部节点设计应保证其构造、防水、耐久性及与其他系统的协调连接。细部设计应包括下列内容：①屋面系统的节点：屋脊、采光带、檐口、山墙、女儿墙、高低跨、天沟、檐沟；②凸出屋面节点、天窗、排烟窗、屋面检修走道、凸出屋面设备管道洞口、防雷设施、防坠落设施、挡雪设施、其他附加设施；③屋面变形缝；④屋面排水系统：天沟、檐沟、雨落管、溢流管等。

1）压型金属板屋面的屋脊构造见图 9-26，屋脊节点构造应有相应封堵构件或封堵措施（图 9-27），以防雨水渗入屋面板。其屋脊部位应采用屋脊盖板并应做防水处理，屋脊盖板应依据屋面的热胀冷缩设计，屋脊盖板应设置保温隔热层。

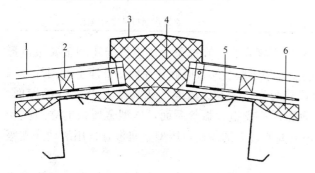

图 9-26　屋脊
1—金属屋面板；2—屋面板连接；3—屋脊盖板；
4—填充保温棉；5—防水垫层；6—保温隔热层

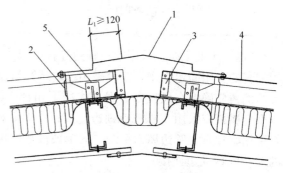

图 9-27　屋脊节点构造
1—屋脊泛水板；2—屋脊挡水板；3—屋脊堵头板；
4—压型屋面板；5—支承构件
L_1—悬挑长度

2）屋面板最高端（屋脊）及侧部（山墙）与建筑其他部位应采用泛水板交接。泛水板下部应通过转接头（屋脊堵头、山墙配件等）固定而不得直接与屋面板连接固定，转接系统应确保屋面系统的防水性并不得影响屋面板伸缩，如图 9-28 所示。屋面边部及天沟等人容易行走的部位，为防止屋面板被踩压变形，应在其下部设置硬质保温层。

3）采光带设置宜高出金属板屋面 250mm，采光带的四周与金属板屋面的交接处，均应做泛水处理。金属屋面板与采光天窗四周连接时，应进行密封处理。

4）檐口部位的构造见图 9-29，屋面金属板的挑檐长度宜为 200～300mm，或根据设计要求，按工程所在地风荷载计算确定，金属板与檐沟之间应设置防水密封堵头和金属封边板等封堵措施（图9-30），屋面金属板挑入檐沟内的长度不宜小于 100mm；墙面宜在相应位置设置檐口堵头；屋面和墙面保温隔热层应当连接。严寒和寒冷地区的屋面檐口部位应采取防冰雪融坠的安全措施。

5）山墙部位的构造见图 9-31，其应按建筑物热胀冷缩因素设计，屋面和墙面的保温隔热层应连接。

6）凸出屋面山墙部位构造（图 9-32）中，金属板屋面与墙相交处泛水的高度不应小于 250mm。

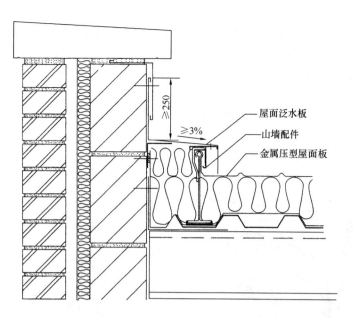

图 9-28　压型金属板屋面山墙节点图

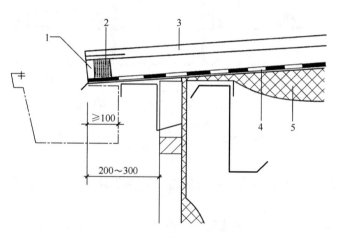

图 9-29　檐口构造

1—封边板；2—防水堵头；3—金属屋面板；
4—防水垫层；5—保温隔热层

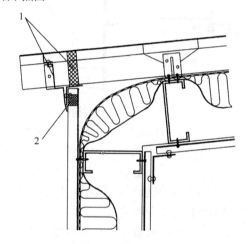

图 9-30　封堵构件

1—檐口封堵构件；2—墙面封堵构件

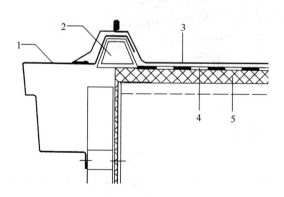

图 9-31　山墙构造

1—山墙饰边；2—温度应力隔离组件；3—金属屋面板；
4—防水垫层；5—保温隔热层

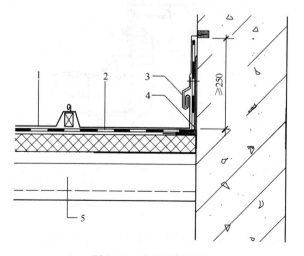

图 9-32　凸出屋面山墙

1—金属屋面板；2—防水垫层；3—泛水及温度应力组件；
4—支撑角钢；5—檩条

7）压型金属板屋面板的出挑长度及伸出固定支架的悬挑长度应符合以下要求：①屋面压型金属板应伸入天沟内或伸出檐口外，出挑长度应通过计算确定且不小于120mm（图9-33）；②屋面压型金属板伸出固定支架的悬挑长度应通过计算确定。

8）在压型金属板屋面与凸出屋面设施相交处，应考虑屋面板断开、伸缩等构造处理。连接构造应设置泛水板，泛水板应有向上折弯部分，泛水板立边高度不得小于250mm（图9-34）。

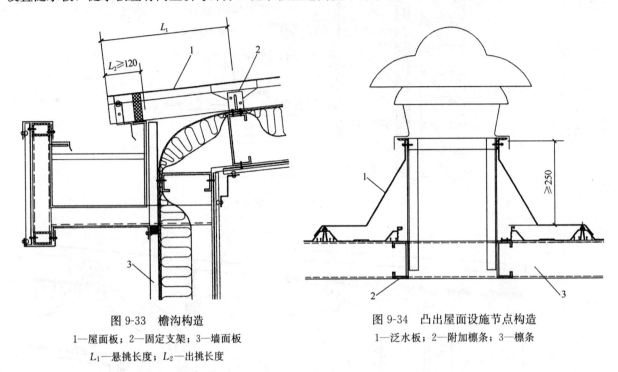

图9-33　檐沟构造
1—屋面板；2—固定支架；3—墙面板
L_1—悬挑长度；L_2—出挑长度

图9-34　凸出屋面设施节点构造
1—泛水板；2—附加檩条；3—檩条

9）压型金属板屋面系统设计时应设置检修口、上人通道、检修通道及防坠落设施，对上人屋面，应在屋面上设置专用通道。

10）屋面泛水板立边有效高度应不小于250mm，并应有可靠连接（图9-35）。

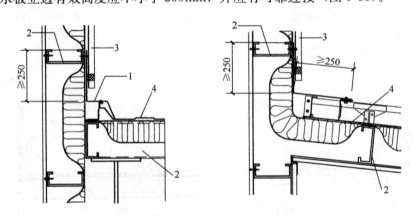

图9-35　屋面与墙体立边泛水构造
1—立边泛水板；2—支撑结构；3—墙面板；4—屋面板

11）压型金属板系统泛水板设计应符合以下规定：①泛水板宜采用与屋面板、墙面板相同材质的材料制作；②泛水板与屋面板、墙面板及其他设施的连接应固定牢固、密封防水，并应采取措施适应屋面板、墙面板的伸缩变形；③当设置泛水板时，下部应有硬质支撑；④采用滑动式连接的屋面压型金属板，沿板型长度方向与墙面间的泛水板应为滑动式连接，并宜符合构造要求（图9-36）。

12）金属板在主体结构的变形缝处宜断开，变形缝上部应加扣带伸缩的金属盖板。

13）金属天沟、檐沟应设置伸缩缝，伸缩缝的间隔不宜大于 30m；内檐沟及内天沟应设置溢流口或溢流系统，沟内宜按 0.5％找坡。

14）屋面天沟、檐沟应设置溢流孔；金属天沟、内檐沟下面宜设置保温隔热层；金属天沟、檐沟应具有防腐措施；天沟、檐沟与金属屋面板材的连接应采用密封的节点设计；金属板天沟伸入屋面金属板下面的宽度不应小于 100mm。

15）直立锁边屋面板的构造参见图 9-37 至图 9-42。

4. 金属面绝热夹芯板屋面的构造设计

金属面绝热夹芯板屋面的构造设计要点如下：

（1）金属面绝热夹芯板屋面的设计应符合以下规定：①夹芯板顺坡长向搭接，坡度小于 10％时，搭接长度不应小于 300mm；坡度大于或等于 10％时，搭接长度不应小于 250mm；②包边钢板、泛水板的搭接长度不应小于 60mm，铆钉中距不应大于 300mm；③夹芯板横向相连应为拼接式或搭接式，连接处应密封；④夹芯板纵横向的接缝、外露铆钉钉头以及细部构造均应采用密封材料封严。

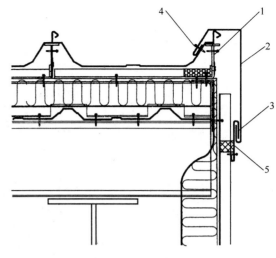

图 9-36 滑动连接构造
1—滑动支座；2—山墙封边板；3—滑动连接；4—固定
连接；5—山墙封边板支撑

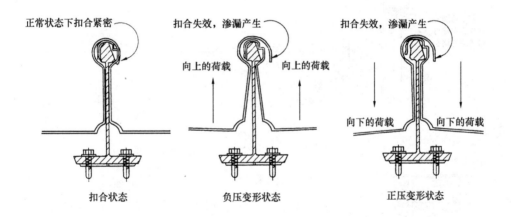

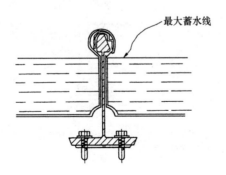

图 9-37 直立锁边屋面板扣合示意图

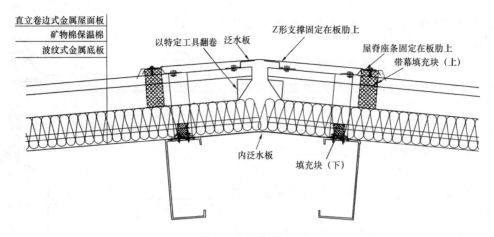

图 9-38　屋脊节点

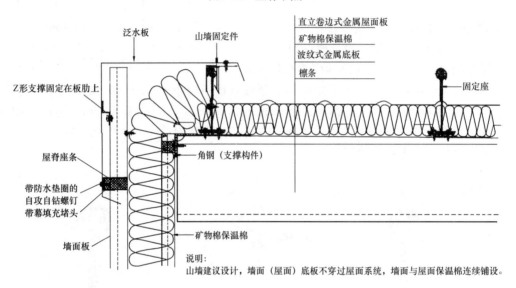

图 9-39　山墙节点

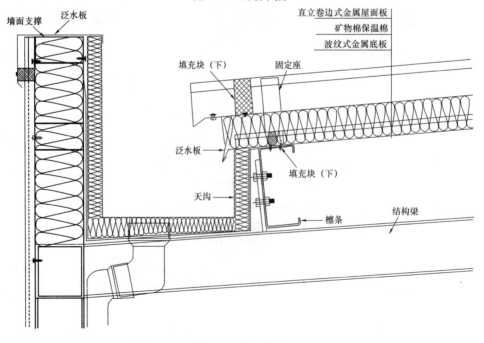

图 9-40　檐口节点

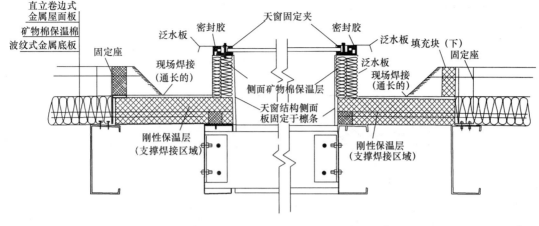

图 9-41　天窗节点 1

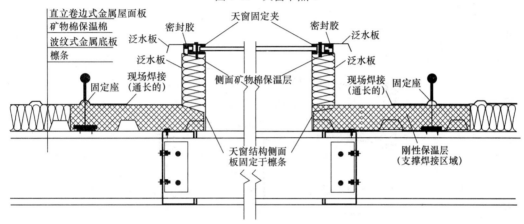

图 9-42　天窗节点 2

（2）金属面绝热夹芯板采用紧固件连接的构造应符合以下规定：①应采用屋面板压盖和带防水密封胶垫的自攻螺钉，将夹芯板固定在檩条上；②夹芯板的纵向搭接应位于檩条处，每块板的支座宽度不应小于50mm，支撑处宜采用双檩或檩条一侧加焊通长角钢；③夹芯板的纵向搭接应顺流水方向，纵向搭接长度不应小于200mm，搭接部位均应设置防水密封胶带，并应用拉铆钉连接；④夹芯板的横向搭接方向宜与主导风向一致，搭接尺寸应按照具体板型确定，连接部位均应设置防水密封胶带，并应用拉铆钉连接。

（3）金属面绝热夹芯板屋面的构造要点如下：

1）金属面绝热夹芯板屋面屋脊构造参见图 9-43，其包括屋脊盖板、屋脊盖板支架、夹芯屋面板等，屋脊处应设置屋脊盖板支架，屋脊板与屋脊盖板支架连接，连接处和固定部位应采用密封胶封严。

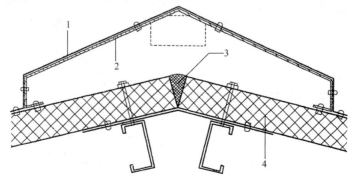

图 9-43　金属面绝热夹芯板屋面屋脊构造

1—屋脊盖板；2—屋脊盖板支架；3—聚苯乙烯泡沫条；4—夹芯屋面板

2）拼接式屋面板防水扣槽的构造应包括防水扣槽、夹芯板翻边、夹芯屋面板和螺钉，参见图9-44。

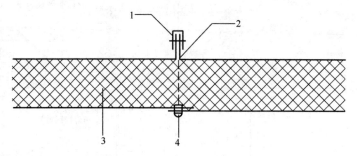

图9-44　拼接式屋面板防水扣槽构造
1—防水扣槽；2—夹芯板翻边；3—夹芯屋面板；4—螺钉

3）檐口宜挑出外墙150～500mm，檐口部位应采用封檐板封堵，固定螺栓的螺母应采用密封胶封严，参见图9-45。

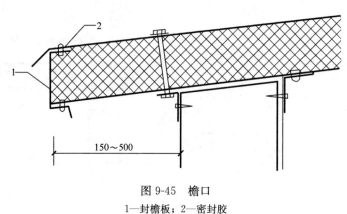

图9-45　檐口
1—封檐板；2—密封胶

4）山墙应采用槽形泛水板封盖，并固定牢固，固定钉处应采用密封胶封严（图9-46）。

5）采用法兰盘固定屋面排气管，并与屋面板连接，法兰盘上应设置金属泛水板，连接处采用密封材料封严，参见图9-47。

5.压型金属板屋面的连接计算

压型金属板屋面的连接计算要求如下：

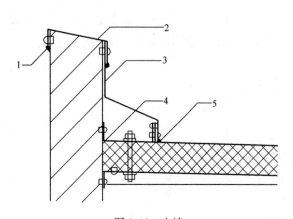

图9-46　山墙
1、5—密封胶；2—槽形泛水板；3—金属泛水板；
4—金属U形件

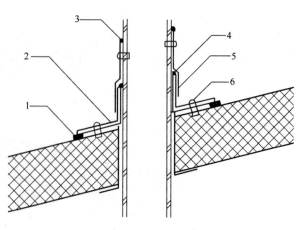

图9-47　排气管
1、3—密封胶；2—法兰盘；4—密封胶条；
5—金属泛水板；6—铆钉

（1）用于压型金属板之间或者压型金属板与檩条、支承构件之间紧密连接的螺栓、铆钉、自攻螺钉的承载力设计值应由生产企业通过试验确定。

压型金属板的连接如图 9-48 所示。用于压型钢板之间或压型钢板与檩条、支承构件之间紧密连接的铆钉、自攻螺钉以及射钉的连接所承受的拉力不应大于连接的抗拉承载力设计值，抗拉承载力设计值应当按照下列公式进行计算。

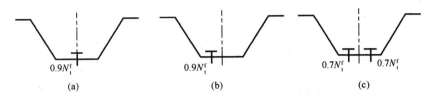

图 9-48　压型金属板连接示意图

1）自攻螺钉的抗拉承载力设计值取下式计算的较小值：

当只受静荷载作用时：

$$N_t^f = 17tf \tag{9-52}$$

当受含有风荷载的组合荷载作用时：

$$N_t^f = 8.5tf \tag{9-53}$$

式中　N_t^f——一个连接件的抗拉承载力设计值（N）；

　　　　t——紧挨钉头侧的压型板厚度（mm），应满足 $0.5\text{mm} \leqslant t \leqslant 1.5\text{mm}$；

　　　　f——被连接压型板的抗拉强度设计值（N/mm²）。

当连接件位于压型金属板波谷的一个四分点时[图 9-48(b)]，抗拉承载力设计值应乘以 0.9 的折减系数；当两个四分点均设置连接件时[图 9-48(c)]，则应乘以 0.7 的折减系数。

自攻螺钉在基材中的抗拉承载力设计值按下式计算：

$$N_t^f = 8.75t_c df \tag{9-54}$$

式中　t_c——钉杆的圆柱状螺纹部分钻入基材中的深度（mm），应大于 0.9mm；

　　　　d——自攻螺钉的直径（mm）；

　　　　f——基材的抗拉强度设计值（N/mm²）。

2）抽芯铆钉、自攻螺钉和射钉的抗剪承载力设计值应按下列公式进行计算：

① 抽芯铆钉、自攻螺钉的抗剪承载力设计值：

当 $t_1 = t$ 时：

$$N_v^f = 3.7\sqrt{t^3 df} \tag{9-55}$$

且

$$N_v^f \leqslant 2.4tdf \tag{9-56}$$

当 $t_1 \geqslant 2.5t$ 时：

$$N_t^f = 2.4tdf \tag{9-57}$$

当 $t < t_1 < 2.5t$ 时，N_v^f 由式（9-55）和式（9-57）用线性插值法插值求得。

式中　N_v^f——一个连接件的抗剪承载力设计值（N）；

　　　　d——铆钉或螺钉直径（mm）；

　　　　t——较薄板（钉头接触侧的钢板）的厚度（mm）；

　　　　t_1——较厚板（在现场形成钉头一侧的板或钉头侧的板）的厚度（mm）；

　　　　f——被连接板材的抗拉强度设计值（N/mm²）。

② 射钉的抗剪承载力设计值：

$$N_v^f = 3.7tdf \tag{9-58}$$

式中　t——被固定的单层板厚度（mm）；

d——射钉的直径（mm）；

f——被固定板材的抗拉强度设计值（N/mm²）。

当抽芯铆钉或自攻螺钉用于压型板端部与支承构件（如檩条）的连接时，其抗剪承载力设计值应乘以折减系数 0.8。

3）同时承受剪力和拉力作用的自攻螺钉或射钉连接，抗剪和抗拉承载力设计值应按照下式进行计算：

$$\sqrt{\left(\frac{N_v}{N_v^f}\right)^2 + \left(\frac{N_t}{N_t^f}\right)^2} \leqslant 1 \tag{9-59}$$

式中　N_v、N_t——一个连接件所承受的剪力和拉力；

N_v^f、N_t^f——一个连接件所承受的抗剪和抗拉承载力设计值。

（2）连接的构造应符合现行国家标准《冷弯薄壁型钢结构技术规范》（GB 50018）和《铝合金结构设计规范》（GB 50429）的有关规定。

（3）扣合型和咬合型屋面板与固定支架的受压和受拉连接强度应根据试验确定。

（4）固定式连接受力应综合考虑压型金属板的温度变化、重力、雪荷载及上部附属物重力等荷载作用进行设计。

（5）压型金属板连接固定用檩条、支承结构的设计计算应符合现行国家标准《钢结构设计规范》（GB 50017）和《冷弯薄壁型钢结构技术规范》（GB 50018）的有关规定。

9.3.4.3　采光顶的构造及连接设计

采光顶是指将屋面板或雨篷板采用玻璃、塑料、玻璃钢等透光材料代替，从而形成既能采光又具有装饰性的屋顶构件，其特点是创造出了室内光影的变化效果，自然采光，节约了能源，造型丰富，构造形式呈多样化，建筑艺术感强。常见的采光顶形式见图 9-49。

9.3.4.3.1　玻璃采光顶的构造及连接设计

1. 玻璃采光顶构造及连接的设计要点

玻璃采光顶构造及连接的设计要点如下：

（1）常见的玻璃采光顶构造参见图 9-50。

（2）支承玻璃或光伏玻璃组件的金属构件应按照现行行业标准《玻璃幕墙工程技术规范》（JGJ 102）的有关规定进行设计；点支承爪件应按照现行行业标准《建筑玻璃点支承装置》（JG/T 138）的有关规定进行承载力验算。

（3）严寒和寒冷地区采用半隐框或明框采光顶构造时，宜根据建筑物功能需要，在室内侧支承构件上设置冷凝水收集和排放系统。

（4）框支承玻璃面板可采用注胶板缝或嵌条板缝。明框采光顶面板应有足够的排水坡度或设置外部排水构造，半隐框采光顶的明框部分宜顺排水方向布置。

（5）隐框玻璃采光顶的玻璃悬挑尺寸应符合设计要求，且不宜超过 200mm。

（6）采光顶玻璃的组装方式有镶嵌、胶粘、点支组装等。

1）采光顶玻璃组装采用镶嵌方式时，应采取防止玻璃整体脱落的措施，玻璃与构件槽口的配合尺寸应符合现行行业标准《建筑玻璃采光顶》（JG/T 231）的有关规定；玻璃四周应采用密封胶条镶嵌，其性能应符合现行国家标准《硫化橡胶和热塑性橡胶　建筑用预成型密封条的分类、要求和试验方法》（GB/T 23654）和《工业用橡胶板》（GB/T 5574）的有关规定。

2）采光顶玻璃组装采用胶粘方式时，隐框和半隐框构件的玻璃与金属框之间，应采用与接触材料相容的硅酮结构密封胶粘结，其粘结宽度及厚度应符合强度要求。硅酮结构密封胶应符合现行国家标准《建筑用硅酮结构密封胶》（GB 16776）的有关规定。

3）采光顶玻璃采用点支组装方式时，连接件的钢制驳接爪与玻璃之间应设置衬垫材料，衬垫材料

图 9-49 常见的采光顶形式

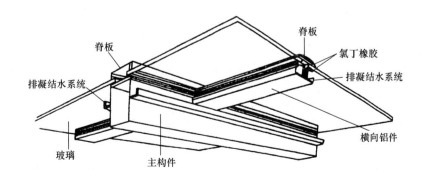

图 9-50 常见的玻璃采光顶构造示意图

的厚度不宜小于 1mm，面积不应小于支承装置与玻璃的结合面。

（7）点支承玻璃采用穿孔式连接时，宜采用浮头连接件，连接件与面板贯穿部位宜采用密封胶进行密封。点支式玻璃平顶宜采用采光顶专用爪件。

（8）点式支承装置应能适应玻璃面板在支承点处的转动变形要求。钢爪支承头与玻璃之间宜设置具有弹性的衬垫或衬套，其厚度不宜小于 1mm，且应具有足够的抗老化能力。夹板式点支承装置应设置衬垫承受玻璃重量。

（9）除承受玻璃面板所传递的荷载或作用外，点支承装置不应兼作其他用途的支承构件。

（10）采光顶倒挂隐框玻璃、倾斜隐框玻璃应设置金属承重构件，承重构件与玻璃之间应采用硬质橡胶垫片进行有效隔离。倒挂点支玻璃不宜采用沉头式连接件。

（11）采光顶玻璃与屋面连接部位应进行可靠密封，连接处采光顶面板宜高出屋面。

（12）支承采光顶的自平衡索结构、大跨度桁架与主体结构的连接部位应具备适应结构变形的能力。

（13）玻璃采光顶板缝构造应符合以下规定：①注胶式板缝应采用中性硅酮建筑密封胶进行密封，且应满足接缝处位移变化的要求，板缝宽度不宜小于 10mm。在接缝变形较大时，应采用位移能力较高的中性硅酮密封胶。②嵌条式板缝可采用密封条进行密封，且密封条交叉处应可靠封接，连接构造上宜进行多腔设计，并宜设置导水、排水系统。③开放式板缝宜在面板的背部空间设置防水层，并应设置可靠的导水、排水系统和有效的通风除湿构造措施，内部支承的金属结构应采取防腐措施。

（14）玻璃采光顶的高低跨处泛水、采光板的板缝以及单元体构造缝、天沟、檐沟、水落口、采光顶周边的交接部位、洞口及局部凸出体收头、其他复杂的构造部位均应进行细部构造设计。

（15）单体造型玻璃采光顶外形的造型有单坡、双坡、四坡、半圆、1/4 圆、多锥体、圆锥、圆穹、折线型、异型等多种。

1）单坡（锯齿形）玻璃采光顶是指其杆件按照一定间距并以单坡形式架设在主支承系统上，玻璃安放在杆件上并采用密封处理，由一个方向进行排水的一类玻璃采光顶。按其坡形的不同，可分为直线型和曲面型两个形式（图 9-51）；按其设置部位可分为整片式和嵌入式两种类型，整片式是指整个坡面全部为玻璃采光顶，嵌入式是指在普通屋面整个坡面的局部区域嵌入采光顶。

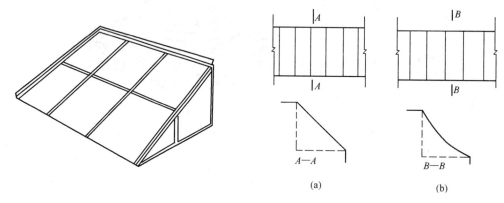

图 9-51　单坡玻璃采光顶的坡形
(a) 直线型；(b) 曲面型

2）双坡（"人"字形）玻璃采光顶是指以同一屋脊向两个方向起坡的一类玻璃采光顶。其坡形有平面和曲面两种形式，平面形状的又有等跨度和变跨度两种形式。按与屋盖（雨篷）的关系，其可分为独立式、嵌入式与骑脊式三种形式，如图 9-52 所示。独立式是指双坡玻璃采光顶是独立的屋面系统；嵌入式是指屋面或雨篷局部区域嵌入的采光顶；骑脊式是指在大型双坡屋面的屋脊局部或全长上采用玻璃采光顶做的一类采光罩。

3）四坡玻璃采光顶是双坡采光顶的一种特殊形式，即双坡玻璃采光顶的两山头由垂直的竖壁改为坡顶。其平面形式有等跨度和变跨度两种（图 9-53）。按设置部位，其可分独立式和嵌入式。

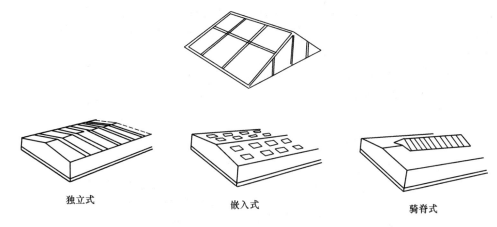

独立式　　　　　　嵌入式　　　　　　骑脊式

图 9-52　双坡玻璃采光顶的类型

4）半圆玻璃采光顶是指杆件与玻璃以一个同心圆为基准弯成半圆形，再组合而成的一类玻璃采光顶。其平面可分为等跨度和变跨度两种，但变跨度工艺复杂，每段玻璃均要开模成型，成本昂贵，也有一些半圆玻璃采光顶在两山头不用立壁而采用球体封头的（图 9-54）。半圆玻璃采光顶按其设置部位，可分为独立式和嵌入式。

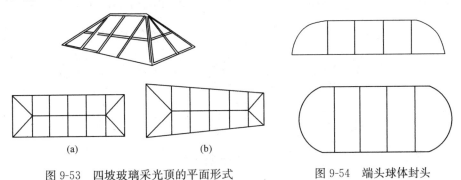

（a）　　　　　　　　（b）

图 9-53　四坡玻璃采光顶的平面形式　　　　　　图 9-54　端头球体封头
（a）四坡等跨度；（b）四坡变跨度

5）1/4 圆玻璃采光顶是指杆件与玻璃按同心圆各自弯曲成型，再组合成四分之一圆外形的一类采光顶（图 9-55），其一般嵌在屋面下跌的某些部位上。

6）锥体型玻璃采光顶通常采用的形式有三角锥、四角锥、五角锥、六角锥、八角锥等。锥体型玻璃采光顶是指由杆件组合成锥形，玻璃按照分块形状（如矩形、梯形、三角形）及尺寸分别制作后安装在杆件上而形成的一类玻璃采光顶。按其设置部位有独立式和嵌入式两类，独立式多用于入口门廊或中庭，嵌入式多用于屋盖或雨篷上。锥体型玻璃采光顶造型参见图 9-56。

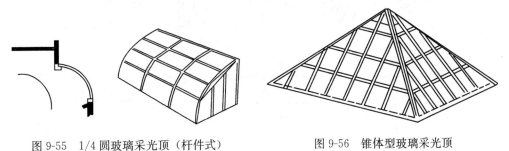

图 9-55　1/4 圆玻璃采光顶（杆件式）　　　　　　图 9-56　锥体型玻璃采光顶

7）圆锥体玻璃采光顶是指平面为圆形锥的一类玻璃采光顶，其一般均镶嵌在屋盖的某一部位中。

8）圆穹型（半球体）玻璃采光顶是指以一个同心圆将杆件和玻璃弯曲成符合各自所在部位的圆曲形，再组合成圆穹的一类采光顶。其所采用的玻璃需用符合各自部位的各种模具热压成型，故制作工艺复杂，成本也较高，大多数镶嵌在屋盖上。

9）折线型玻璃采光顶一般采用半圆或1/4圆内接折线（图9-57），折线分为等弦长折线和不等弦长折线两种，杆件组合成折线形，玻璃则采用平面划块，其实质上是半圆或1/4圆的简单施工方法，造型则逊于半圆或1/4圆。

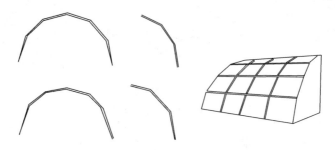

图9-57 折线型玻璃采光顶

10）异型玻璃采光顶有贝壳形[图9-58(a)]、宝石形[图9-58(b)]、三心拱折线形并配月牙形球网架[图9-58(c)]等多种，随着建筑风格的多样化，异型玻璃采光顶造型将越来越丰富。

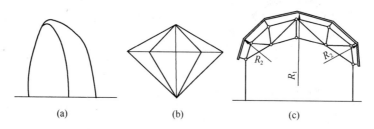

图9-58 异型玻璃采光顶

（16）玻璃采光顶群是指在一个屋盖单元上，由若干个单体采光顶组合而成的一类采光顶群，其按平面布置方式可分为连续式（图9-59）和间隔式（图9-60）。在一个玻璃采光顶群中可以是一种形式、一种尺寸的玻璃采光顶组合成群体，也可以是一种形式、不同尺寸的玻璃采光顶组合成群体，还可以是

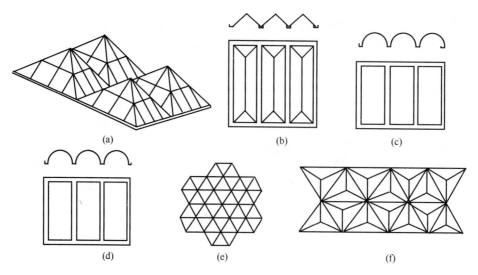

图9-59 玻璃采光顶群连续式

(a) 四角锥群；(b) 四坡顶群；(c) 半圆顶群；(d) 折线顶群；(e) 六角锥群；(f) 三角锥群

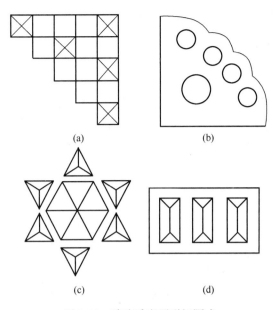

图 9-60　玻璃采光顶群间隔式
(a) 间隔布置四角锥群；(b) 间隔布置圆穹群；(c) 六角锥与三角锥群；(d) 间隔布置四坡顶群

不同形式、不同尺寸的玻璃采光顶组合成群体。

（17）联体玻璃采光顶是指几种不同形式的单体玻璃采光顶以共同的杆件组合成一个联体的玻璃采光顶，或玻璃采光顶与玻璃幕墙以共用的杆件组合成一个联体采光顶与幕墙体系，如图 9-61 所示。其随着建筑造型的不同而千变万化。此类采光顶在组合时要特别注意排水设计与连接设计，即所有交接部位必须用平脊或斜脊以及直通外部带坡的平沟或斜沟连接形成外排水系统，采用内排水则不应形成凹坑。

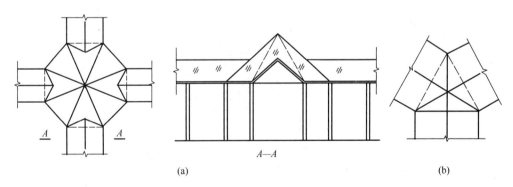

图 9-61　联体玻璃采光顶
(a) 八角锥与双坡组合通廊；(b) 三向双坡采光顶的组合

2. 框架支承玻璃采光顶的构造设计

按照玻璃面板支承方法的不同，玻璃采光顶可分为框架支承玻璃采光顶和点支承玻璃采光顶，框架支承玻璃采光顶根据支承结构用料的不同，可分为钢结构玻璃采光顶、铝合金结构玻璃采光顶、索杆结构玻璃采光顶、玻璃梁结构玻璃采光顶。限于篇幅，现以铝合金结构玻璃采光顶为例介绍框架结构玻璃采光顶的构造设计。

铝合金玻璃采光顶根据其玻璃安装工艺的不同，可分为铝合金明框玻璃采光顶和铝合金隐框玻璃采光顶，铝合金明框玻璃采光顶的玻璃安装采用的是传统的机械夹持玻璃的方法，而铝合金隐框玻璃采光顶的玻璃安装采用了结构性玻璃安装方法。

（1）铝合金明框玻璃采光顶的构造设计。铝合金明框玻璃采光顶的构造设计主要包括构件构造、杆件与杆件的连接构造、玻璃与玻璃的连接构造、玻璃与杆件的连接构造以及玻璃采光顶与建筑物的连接构造等几个方面。其构造设计要点如下：

1）铝合金玻璃采光顶用杆件（含明框、隐框两种）除了同幕墙用杆件一样要进行截面力学性能与固定玻璃（玻璃框）的构造设计外，它的最大特点是在杆件的底（中）部带有集水槽（图 9-62），这是使凝聚在玻璃表面（内侧）的结露汇集之后排出的最重要措施，若不设置集水槽，则玻璃上的结露在沿玻璃底面下泄时，碰到杆件（尤其是横杆）受阻聚集，就会沿杆件侧面下落，这样室内就会出现滴水点，有了集水槽后，下泄到杆件侧边时，结露就会进入集水槽中，有组织地进行外排。

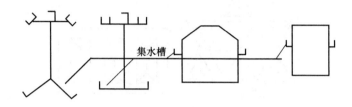

图 9-62　铝合金玻璃采光顶用杆件示意图

2）单体铝合金玻璃采光顶形式多样，有单坡、双坡、三坡、四坡、半圆、1/4 圆、多角锥、圆锥、圆穹等，其中单坡、双坡、三坡和四坡多为直线组成，施工比较简单，特别是单坡应用最广泛。

① 单坡玻璃采光顶的脊部构造见图 9-63；其细部构造见图 9-64。

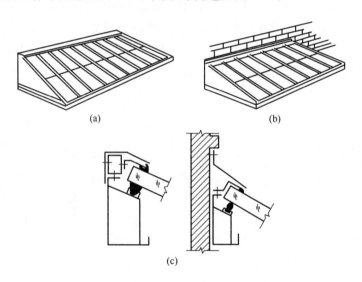

图 9-63　单坡玻璃采光顶的脊部构造
（a）独立单坡式；（b）附墙面坡式；（c）剖面

② 双坡玻璃采光顶的脊部构造见图 9-65、图 9-66；中部节点和檐口节点与单坡相同。

③ 锥体玻璃采光顶的顶部构造要比单坡、双坡采光顶复杂，因为其在顶部节点相交的不只是两根杆，而是三根（三角锥）、四根（四角锥）、五根（五角锥）等多种，因此，其不能再采用杆与杆直接连接，必须采用专用的连接件进行连接，典型的做法是用一个实心（或空心）专用连接件，将锥体的一根根斜杆与专用连接件连接在一起，从而形成设计的锥体形状，这类锥体玻璃采光顶在防水构造上要设置专用泛水。锥体玻璃采光顶的顶部构造及连接见图 9-67；锥体玻璃采光顶的横杆与斜杆连接构造参见图 9-68；其斜杆连接构造参见图 9-69；其次斜杆的连接构造参见图 9-70；其横杆与斜杆的连接构造参见图 9-71。

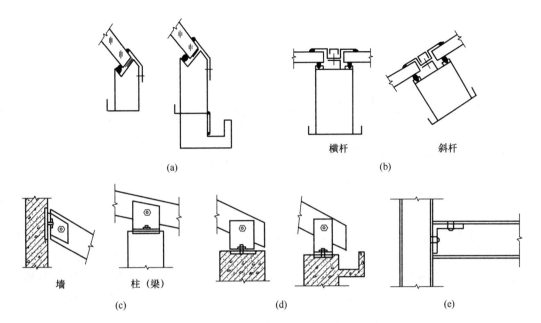

图 9-64　单坡玻璃采光顶的细部构造
(a) 单坡玻璃采光顶檐口构造；(b) 单坡玻璃采光顶中间节点构造；(c) 脊部主杆与主支承系统连接构造；
(d) 檐口主杆与主支承系统连接构造；(e) 单坡玻璃采光顶横杆与斜杆连接构造

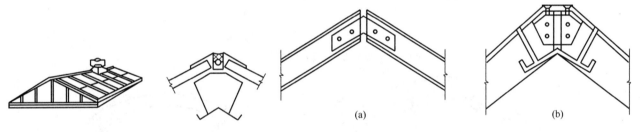

图 9-65　双坡玻璃采光顶的脊部构造（1）　　　　　图 9-66　双坡玻璃采光顶的脊部构造（2）

（a）两斜杆连接；（b）横杆与斜杆连接

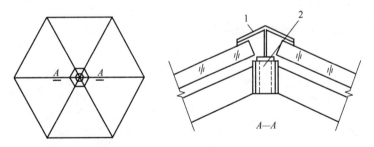

图 9-67　锥体玻璃采光顶的顶部构造及连接
1—泛水；2—专用连接件

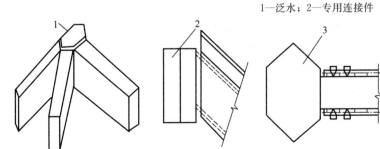

图 9-68　锥体玻璃采光顶的横杆与斜杆连接构造
1—泛水；2、3—专用连接件

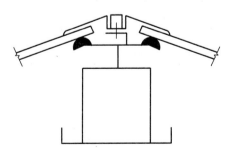

图 9-69　锥体玻璃采光顶的斜杆连接构造

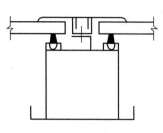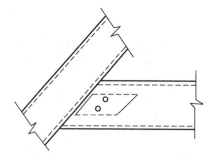

图 9-70　锥体玻璃采光顶的　　　　　　图 9-71　锥体玻璃采光顶的横杆与
　　　　次斜杆连接构造　　　　　　　　　　　　　斜杆连接构造

　　④ 半圆采光顶横向分格杆一般沿圆周方向弯曲成形，小型的中间不断，大型的由等分的圆弧或折线连接而成。纵向分格有两种做法，其一在顶部设置分格杆，其二在顶部不设置分格杆（图 9-72）。设置分格杆的半圆玻璃采光顶的顶部构造如图 9-73 所示，不设置分格杆的半圆采光顶的顶部构造如图 9-74 所示；半圆玻璃采光顶的顶部连接构造如图 9-75 所示；半圆玻璃采光顶的横杆构造参见图 9-76。

　　　　　　(a)　　　　　　　　　　　　　　(b)

图 9-72　半圆采光顶纵向分格的做法
(a) 顶部设置分格杆；(b) 顶部不设置分格杆

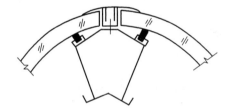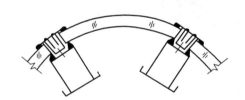

图 9-73　设置分格杆的半圆玻璃采光顶的顶部构造　　　图 9-74　不设置分格杆的半圆玻璃
　　　　　　　　　　　　　　　　　　　　　　　　　　　　　采光顶的顶部构造

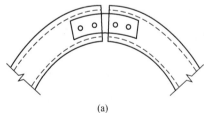

　　　　　　(a)　　　　　　　　　　　　　　(b)

图 9-75　半圆玻璃采光顶的顶部连接构造
(a) 两个 1/4 圆杆连接；(b) 半圆与横杆连接

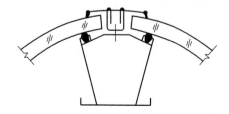

图 9-76　半圆玻璃采光顶的横杆构造

（2）铝合金隐框玻璃采光顶的构造设计。铝合金隐框玻璃采光顶可分为单元式和整体式（构件式）两大类。整体式又称构件式，是指将玻璃直接粘结在框架杆件上的一类玻璃采光顶；单元式是指将玻璃粘结在玻璃副框上，而后再将玻璃副框固定在主框杆件上的一类玻璃采光顶。

铝合金隐框玻璃采光顶是随着结构玻璃装配技术的出现而发展起来的一种新型铝合金玻璃采光顶，由于其采用了结构玻璃装配工艺安装玻璃，不需要用压板夹持固定玻璃，在玻璃的外表面没有凸出玻璃表面的铝合金杆件，这样就使采光顶上形成一平直（无凸出物）的表面，雨水亦可无阻挡地畅流，而外观上则是一整片玻璃，形成壮观的场景。

铝合金隐框玻璃采光顶的构造设计要点如下：

1）整体式（构件式）铝合金隐框玻璃采光顶平面直线相交构造参见图9-77；其平面折线相交构造参见图9-78；其曲面相交构造参见图9-79。

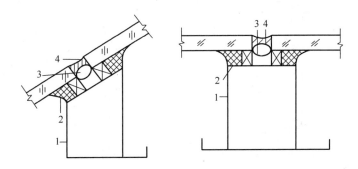

图9-77　整体式铝合金隐框玻璃采光顶平面直线相交构造

1—铝型材；2—结构胶；3—垫杆；4—耐候胶

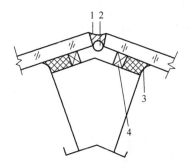

图9-78　整体式铝合金隐框玻璃采光顶
平面折线相交构造

1—耐候胶；2—垫杆；3—结构胶；4—垫条

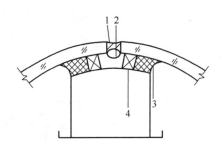

图9-79　整体式铝合金隐框玻璃
采光顶曲面相交构造

1—耐候胶；2—垫杆；3—结构胶；4—垫条

2）单元式玻璃采光顶的构造是玻璃与框架分离，即玻璃不是直接粘结在框架杆件上，而是将玻璃粘结在玻璃副框上，制作成单元板块，然后再用固定片将单元板块固定在框架杆件上，随着玻璃框固定在框架上的固定方法不同，可进一步分为内嵌式、外挂内装固定式和外挂外装固定式。

① 内嵌式是将玻璃单元板块直接嵌入框架格内，用螺栓将玻璃框直接固定在框架上。内嵌式玻璃采光顶的构造节点参见图9-80、图9-81。

② 外挂内装固定式是将玻璃单元板块的上框挂在框架横梁上，竖框及下框用固定片固定在框架立杆及横梁上，固定片在内侧安装固定。外挂内装固定片式的构造节点参见图9-82、图9-83。

③ 外挂外装固定式是将玻璃单元板块的下框放在框架横梁上，上框卡在横梁上，竖框用固定片在外侧安装固定在框架斜杆上，这时只有玻璃是采用结构玻璃装配方法安装在玻璃框上的，而玻璃框则是采用机械固定方法固定在框架杆件上的。外挂外装固定式的构造节点参见图9-84。

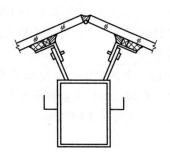

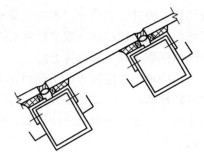

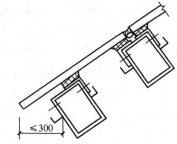

图 9-80　内嵌式玻璃采光顶顶部节点　　　　　　　图 9-81　内嵌式玻璃采光顶横梁节点

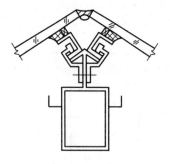

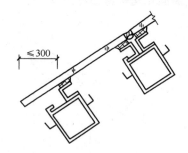

图 9-82　外挂内装固定片顶部节点　　　　　　　图 9-83　外挂内装固定片横梁节点

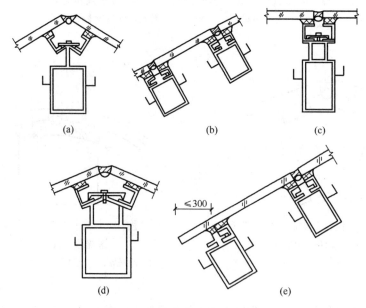

图 9-84　外挂外装固定式节点

（a）双坡屋脊节点；（b）横梁中间节点；（c）斜杆平面直线相交；（d）斜杆平面折线相交；（e）檐口节点

3. 点支承玻璃采光顶的构造设计

点支承玻璃采光顶是一种采用点支承玻璃技术应用于建筑屋面的形式，点支承玻璃采光顶的名称是根据玻璃面板的支承方式而命名的，其面板的全部荷载是通过各个支点传递给支承结构的。在实际应用中，点支承玻璃采光顶的支承结构形式很多，常见的有钢结构支承（如钢桁架支承、钢网架支承、钢梁支承、钢拱架支承等）、索结构支承（如鱼腹式索桁架支承、轮辐式索结构支承、马鞍形索结构支承、张弦梁拱结构支承、空间索网支承、单层索网结构支承等）、玻璃梁支承（如钢结构与玻璃梁复合支承、索结构与玻璃梁复合支承、玻璃梁与其他材质的梁复合支承等）等形式。

点支承玻璃采光顶的设计要点如下：

（1）在进行玻璃面板的设计时，首先应从安全性能、使用性能方面考虑，在设计有保温隔热性能要求的采光顶时，应选择保温隔热性能好的钢化中空玻璃，其传热系数 K 值指标应符合现行国家标准《建筑玻璃应用技术规程》（JGJ 113）的有关规定，采光顶中所使用的玻璃必须是安全玻璃。当屋面玻璃最高点离地面的高度大于 3m 时，必须使用夹层玻璃。用于屋面的夹层玻璃，其胶片厚度不应小于 0.76mm，采用中空玻璃时，中空玻璃应由夹胶玻璃和钢化玻璃组成，而且夹胶玻璃应位于室内侧。

（2）在设计平顶玻璃采光顶时，玻璃的排水坡度不应小于 3%，否则会出现排水不畅和局部积水。

（3）玻璃面板与支承结构的连接方法主要有两种，其一为采用钢爪支承装置的穿孔式连接，其二为采用夹板支承装置的夹板式连接。

1）穿孔式连接是一种在玻璃面板上打孔，采用不锈钢驳接头固定玻璃面板，通过钢爪件将玻璃面板与支承结构连接的一种连接方式。采用穿孔式连接玻璃面板时，玻璃打孔处的尺寸和精度应符合设计要求，孔洞边至板边的距离应符合设计要求，点支承面板的边缘应进行细磨或精磨，倒棱不应小于 1mm，孔洞内应进行细磨，倒棱不小于 1mm。当屋面玻璃使用钢化玻璃时，钢化玻璃应进行均质处理，中空钢化夹胶玻璃的钻孔、驳接头的使用要考虑到水密性、气密性的有效保障，在造型时，应尽量使用浮头驳接头作为连接件（图 9-85、图 9-86），在钢爪件的选型时，要充分考虑到玻璃在受力变形和在热变形及适应结构变形的能力，在平顶点支承玻璃采光顶上，应尽量采用全部是大孔的配件，来适应玻璃平面内的变形量。采用浮头式连接件的钢爪点支承时，玻璃厚度不应小于 6mm，采用沉头式连接件的钢爪点支承时，其玻璃厚度不应小于 8mm。

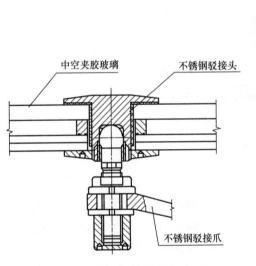

图 9-85　穿孔式连接驳接头节点

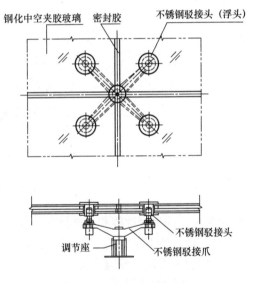

图 9-86　穿孔式连接节点

2）采用夹板式连接的玻璃采光顶，其夹板在玻璃面板上的分布形式可分为多片玻璃交叉点夹板式和两片玻璃之间胶缝夹板式。其夹板固定点，多片玻璃交叉点夹板式是在面板玻璃的角部，两片玻璃之间胶缝夹板式则是在面板玻璃的边缘（图 9-87）。钢板夹持的点支承玻璃，其单片厚度不应小于 6mm；在金属夹板与玻璃面板之间要留有足够的间隙量，允许玻璃在受到平面处荷载作用时变形有足够的空间。若面板玻璃为中空夹胶钢化玻璃，夹板对玻璃可以采用整体夹紧的方式，也可以采用只夹紧中空玻璃下面的两片夹胶玻璃，对上片玻璃采用隐框打胶的处理方法，此方法称为"隐形夹板式连接装置"，其专利号为 ZL200820033541.4。

（4）两片面板玻璃之间胶缝节点的处理应符合以下要求：

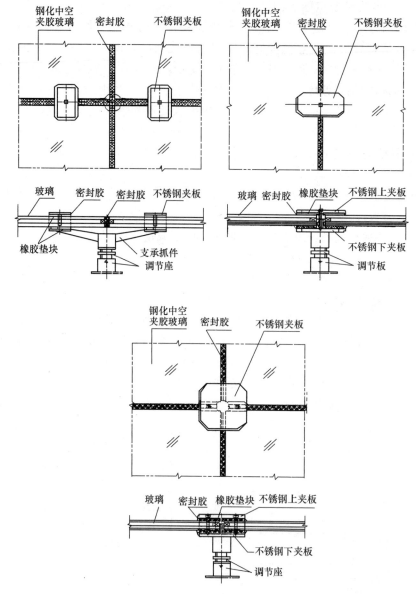

图 9-87 夹板式连接节点

1）玻璃采光顶的气密性能和水密性能主要是由玻璃面板之间的胶缝来保证的，为了保证采光顶的使用功能可在各种条件下正常地工作，两片玻璃面板之间、玻璃面板与山墙之间以及玻璃面板与立面幕墙之间等处常规的采光顶胶缝宽度设定为：穿孔式连接，12～15mm；夹板式连接，15～18mm。

2）玻璃采光顶的构造形式决定了其防水渗漏的关键在于接缝处的处理，而建筑防水密封胶的选择则又是保证这一性能的关键。接缝密封胶的选用，首先要按照《玻璃幕墙接缝用密封胶》（JC/T 882—2001）的规定选材。在此标准中只规定了两个位移能力级别 20 级和 25 级，在同一级别中有低模量（LM）和高模量（HM）两个级别，为适应采光顶玻璃面板的工作状态，在进行接缝密封胶的选用时，宜尽可能选用高位移能力的产品。

3）玻璃面板接缝密封胶的断面形状一般为凹弧形（图 9-88），这样的断面形状有利于胶缝的变形收缩，同时就屋面而言，每一个接缝的水平高度要低于玻璃面板，形成凹槽，以利排水导流。考虑到接缝的涂胶是在施工现场进行的、对其质量很难控制的具体情况，有关专家总结出了一种新的打胶工艺，改变了胶缝断面的形状（图 9-89），使每一道胶缝都能可靠地起到防水防漏的作用。其具体方法是：采用在一条胶缝上分两次涂胶的工艺，先按常规的打胶法工艺进行接缝处理，待第一道胶固化后，再在其上面打一道胶，并将第二道的形状修整为凸弧形，并使其宽于第一道胶缝，让第二道胶的两边粘结在接缝两侧的玻璃面板上，这种形式的打胶既可扩大粘结面和密封宽度，又有利于减缓局部应力（尤其是十字接口处），同时覆盖了第一道密封胶施工时可能出现的气泡、夹层、脱层、夹杂等缺陷。如采用凸形打胶玻璃接缝，在设计时应考虑到在局部凸起面上留有排水通道。

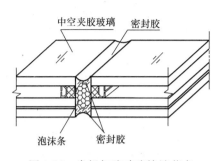

图 9-88　常规打胶玻璃接缝节点

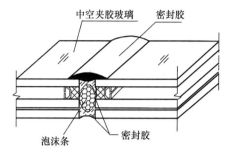

图 9-89　凸形打胶玻璃接缝节点

（5）点支承玻璃采光顶天沟节点处理应符合以下规定：

1）点支承玻璃采光顶的排水系统可选择有组织排水或无组织排水，有条件的建筑应选择有组织排水系统。设计时，排水方向应直接明确，檐口应设置集水、排水天沟，宜采用内排水和外排水落水排放系统，在建筑的人流密集处和对落水噪声有限制的地方，应避免采用无组织排水系统，在严寒和寒冷地区应采取措施防止积雪融化后在屋面檐口处产生冰凌，严寒地区采光顶的檐口和集水、排水天沟处宜设置冰雪融化装置。

2）天沟槽的设计要点如下：①排水天沟宜采用防腐性能好的金属材料，其厚度应不小于 2.0mm；②防水系统宜采用两道以上的防水构造，并应具备吸收温度变化等所产生的位移能力；③排水天沟的截面尺寸应根据排水计算确定，并在长度方向上应考虑设置伸缩缝，天沟连续长度不大于 20m；④在设计时，除应充分考虑到天沟槽的自身排水、引水功能外，还要考虑到排水天沟是整个采光顶系统的一个组成部分，其功能必须完整。尤其是在保温、隔热、隔声及装饰性能上，要根据不同的项目进行专门的设计，一般要求在天沟金属槽的室内部分设置填充保温棉，在可视部分包饰装面层；在天沟金属槽的室外部分则涂防水油膏加防水卷材，这样有利于减少噪声，提高沟槽的防腐能力，以延长其使用寿命（图 9-90）。

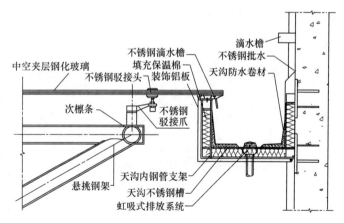

图 9-90　点支式玻璃采光顶天沟节点

3）排水天沟断面节点设计时，其构造处理应考虑到天沟的槽口与采光顶玻璃面板交接处以及槽口与混凝土立面墙体、金属屋面板交接处的处理，使其能够适应由于温度或不利荷载所引起的变形，以保证其使用性能（图 9-91）。天沟、檐沟与屋面交接处的变形集中，容易开裂，为增强抗裂能力，应采用能够吸收大变形量的密封胶，并进行柔性连接。

4）当雨水、雪水按设计要求汇入天沟内后，就进入了有组织排水过程。在一般情况下，从天沟内向外排水的方案有两种：其一是通过水的重力和天沟内的排水坡度使雨水汇聚到落水斗处，并通过排水管道有组织地排出，此方法较为简单且易于维修，已广泛应用于建筑上；其二是采用虹吸排水系统技术，当天沟积水深度逐渐加大并超过雨水斗上表面高度时，掺气比值则迅速下降为零，雨斗内水流形成负压或压力流，泄流量迅速增大，从而形成饱和的排水状态，进行大流量排水。

5）在设计时应充分考虑到使用环境，必要时应在落水处增设防封堵构造或溢流装置，以防雨水在

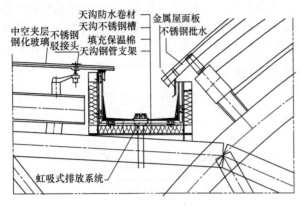

图 9-91　排水天沟与金属屋面板交接处节点

不能及时排出的情况下向外溢出。在设计坡度较大的排水天沟时，应详细计算最大汇水量和水流速，必要时可在天沟内设置阻水板、集水池等装置来保证排水的顺畅。

（6）不上人屋面活荷载除应符合现行国家标准《建筑结构荷载规范》（GB 50009）的有关规定外，尚应符合以下规定：①与水平面夹角小于30°的屋面玻璃，在玻璃板中心点直径为150mm的区域内，应能承受垂直于玻璃为1.1kN的活荷载标准值；②与水平面夹角大于或等于30°的屋面玻璃，在玻璃板中心点直径为150mm的区域内，应能承受垂直于玻璃为0.5kN的活荷载标准值；③点支承玻璃面板的相对挠度最大限值为长边跨距的1/60，当屋面玻璃采用中空玻璃时，集中活荷载应只作用于中空玻璃上片玻璃。

（7）上人屋面玻璃应按现行行业标准《建筑玻璃应用技术规程》（JGJ 113）规定的地板玻璃设计。

（8）计算玻璃承载能力极限状态，应根据荷载效应的基本组合进行荷载（效应）组合，并应按照有关公式进行设计。

9.3.4.3.2　聚碳酸酯板采光顶的构造及连接设计

1. 聚碳酸酯板采光顶构造及连接的设计要点

聚碳酸酯板采光顶构造及连接参见图9-92，其设计要点如下：

（1）U形聚碳酸酯板应通过奥氏体型不锈钢连接件与支承构件连接，并宜采用聚碳酸酯扣盖勾接。U形聚碳酸酯板与扣盖间的空隙宜采用发泡胶条进行密封（图9-93），若采光顶较长，U形聚碳酸酯板则可采用错台搭接方法进行搭接。

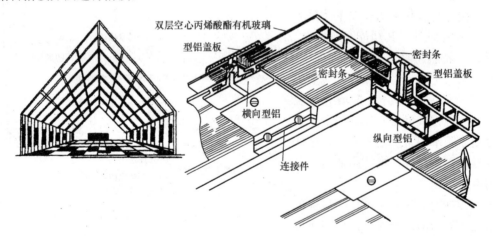

图 9-92　聚碳酸酯片与骨连接的构造

（2）聚碳酸酯板的支承结构宜以横檩为主，其间距经计算确定，范围宜为1000～1500mm。

（3）采用硅酮密封胶作密封材料时，应进行粘结性试验，若已发生化学反应的密封胶则不得使用。

（4）U形聚碳酸酯板采光顶的收边构件宜采用聚碳酸酯型材配件。

2. 聚碳酸酯板采光顶的结构形式

聚碳酸酯板采光顶按其支承形式的不同，可分为结构支承式和自支承式两大类。

结构支承式即通过与主体钢结构相连接的主龙骨和次龙骨的支承来固定板面，以承受荷载及其效应的组合作用。其支承结构形式可以与玻璃采光顶相同，可以是钢梁、拱和组合拱、穹顶、平面桁架、空间桁架、网架、网壳，也可以是钢拉索、钢拉杆或其组合的索杆结构；可以是双层网索、单层网索、单网索和索网结构，也可以是明框、半隐框、隐框、框架、半单元、全单元的铝结构，还可以是张弦梁、张弦桁架、张弦穹顶、预应力网架、预应力网壳等预应力结构。

自支承式即通过聚碳酸酯板自身具有的强度，通过一定的附属构件来达到承受外界荷载及其组合效应的连接形式，这种类型的结构形式一般应用于跨度不大的弓形采光顶。

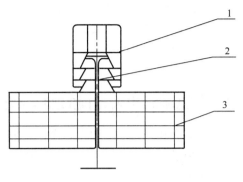

图 9-93 U形聚碳酸酯板的连接
1—扣盖；2—连接件；3—U形聚碳酸酯板

3. 聚碳酸酯板采光顶节点的连接形式

聚碳酸酯板采光顶节点的连接形式主要可分为干法连接和湿法连接两种形式。

（1）干法连接形式是指板面与龙骨之间通过弹性密封件进行连接，而不是采用密封胶或结构胶进行连接，因为聚碳酸酯板在温度变化范围内的膨胀或收缩，可能会超出密封胶的弹性伸缩范围。另外，从美观角度考虑，干法连接形式若能设计合理，可以实现100％的防水和防漏，且能同时满足其他设计要求，是一种比较理想的节点连接形式。在干法连接安装中，最常用的弹性密封件是氯丁橡胶或三元乙丙橡胶密封垫或密封条，其嵌入金属型材或框架内通过机械压紧力而实现与板材的密封（图 9-94）。在防水要求较高的聚碳酸酯板采光顶设计中，支承型材或框架通常带有排水功能，将由于机械压紧力不均匀而导致的少量渗漏水排到室外。

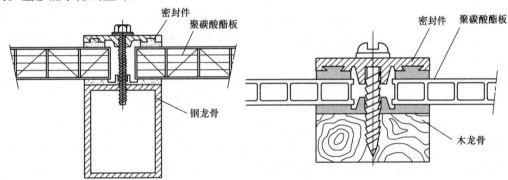

图 9-94 干法连接安装典型节点示意图

（2）湿法连接形式是指在板材与龙骨之间采用中性硅酮胶等密封胶进行密封，以达到节点密封的目的。湿法连接安装典型节点如图 9-95 所示。湿法连接安装主要用于小型家庭仓库、停车场、温室等其他替代玻璃的地方，用标准金属型材或木质部件和压条配件，可以组合成很多不同的构造形式。在设计

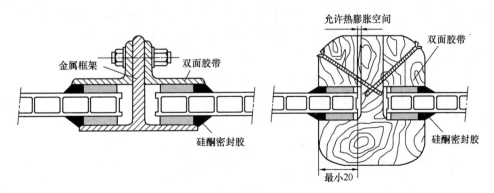

图 9-95 湿法连接安装典型节点示意图

湿法连接节点时，密封系统要既能容许一定程度的热膨胀移动，又要求不至于失去板材对骨架的黏附力。聚碳酸酯板的密封不要使用含胺或苯酰胺的硅酮密封胶，因为这些密封胶与聚碳酸酯板的相容性较差，会对板材产生腐蚀破坏，引起板材的开裂，特别是存在应力的部位则更加严重。

9.4 金属屋面和采光顶的加工制作

金属屋面和采光顶的加工制作在整个金属屋面和采光顶工程中占有重要的地位，金属屋面和采光顶能否达到预期的功能，在很大程度上取决于加工制作和安装施工。因此，建造一个高性能、高质量的金属屋面或采光顶，首先要出色地完成加工制作、安装施工任务。

9.4.1 金属屋面和采光顶加工制作的一般规定

金属屋面和采光顶加工制作的一般规定如下：

（1）采光顶、金属屋面在进行加工制作之前，应按照建筑设计和结构设计施工图的要求对已建的主体结构进行复测，在实测结果满足相关验收规范的前提下，对采光顶、金属屋面的设计进行必要的调整。

（2）硅酮结构密封胶应在洁净、通风的室内进行注胶，且环境温度、湿度条件应符合结构胶产品的规定，注胶宽度和注胶厚度应符合设计要求，不应在现场打注硅酮结构密封胶。

（3）低辐射镀膜玻璃应根据其镀膜材料的粘结性能和其他技术要求，确定加工制作的工艺，离线低辐射镀膜玻璃边部应进行除膜处理。

（4）钢构件加工应符合现行国家标准《钢结构工程施工质量验收规范》（GB 50205）和《冷弯薄壁型钢结构技术规范》（GB 50018）的有关规定。钢构件表面处理应符合现行国家标准《钢结构工程施工质量验收规范》（GB 50205）的有关规定。

（5）钢构件焊接、螺栓连接应符合现行国家标准《钢结构设计规范》（GB 50017）、《冷弯薄壁型钢结构技术规范》（GB 50018）及《钢结构焊接规范》（GB 50661）的有关规定。

（6）金属屋面和采光顶的光伏系统应符合以下规定：①电池板的正负电极应与接线盒可靠连接，接线盒的安装应牢固、无松动现象，并采用专用密封胶密封；②汇流条、互联条应焊接牢固、平直，无凸出、毛刺等缺陷；③电池板在封装过程中，应严格控制各项加工参数，并在出厂前贴标签，注明电池板的各项性能参数。

9.4.2 金属构件的加工制作

1. 钢结构构件

钢结构构件的加工制作应符合以下规定：①平板型预埋件、槽形预埋件加工精度及表面要求应符合现行行业标准《玻璃幕墙工程技术规范》（JGJ 102）的有关规定；②钢型材主支承构件及次支承构件的加工应符合现行国家标准《钢结构工程施工质量验收规范》（GB 50205）的有关规定。

2. 铝合金构件

铝合金构件的加工制作应符合以下规定：

（1）采光顶的铝合金构件的加工应符合下列要求：

1）型材构件尺寸的允许偏差应符合表 9-78 的规定。

表 9-78　型材构件尺寸的允许偏差　JGJ 255—2012

部　位	主支承构件长度（mm）	次支承构件长度（mm）	端头斜度（′）
允许偏差	±1.0	±0.5	—15

2）截料的端头处不应有加工变形，并应去除毛刺。

3）孔位的允许偏差为 0.5mm，孔距的允许偏差为 ±0.5mm，孔距累计偏差为 ±1.0mm。

4）铆钉的通孔尺寸偏差应符合现行国家标准《紧固件　铆钉用通孔》（GB 152.1）的规定。

5）沉头螺钉的沉孔尺寸偏差应符合现行国家标准《紧固件　沉头螺钉用沉孔》（GB 152.2）的规定。

6）圆柱头螺栓的沉孔尺寸应符合现行国家标准《紧固件　圆柱头用沉孔》（GB 152.3）的规定。

（2）铝合金构件中槽、豁、榫的加工应符合现行行业标准《玻璃幕墙工程技术规范》（JGJ 102）的有关规定。

（3）铝合金构件的弯加工应符合以下要求：①铝合金构件宜采用拉弯设备进行弯加工；②经弯加工后的构件表面应光滑，不得有皱折、凹凸、裂纹。

9.4.3　金属屋面板的加工制作、运输和贮存

压型金属屋面板的制作是采用金属板压型机将热镀锌钢板、彩色涂层钢板、铝合金板等金属板材，进行连续的开卷、剪切、辊压成型，加工而成波纹形、V 形、U 形、W 形及梯形或类似这些形状的一类轻型建筑板材的过程。单层压型金属板的加工一般在工厂内加工，也可以在施工现场加工，对于使用大于 10m 长的单层压型金属板的项目，使用面积较大时，多采用施工现场加工的方案。

1. 金属屋面板的加工制作

压型金属屋面板加工制作的一般规定及要点如下：

（1）压型金属屋面板一般宜采用热镀锌钢板、镀铝锌钢板、建筑外用彩色涂层钢板、铝合金板辊压成型。加工压型金属屋面板的原材料应符合相应原材料的产品标准要求，并应具有生产厂的质量证明书。

（2）压型金属屋面板宜在工厂加工，若受运输条件所限，则可在施工现场加工。施工现场的加工场地应合理规划，平整、坚固，有防雨雪的措施。

（3）压型金属屋面板在加工前，应具备加工清单，加工清单中应注明板型、板厚、板长、块数、色彩及色彩所在正面与反面，需斜切时，应注明斜切的角度或始末点的距离。当几块板连在一起压型时，应说明连压的每块的长度和总长度。

（4）压型金属屋面板在加工前应进行加工设备的固定和调试，并应保持加工设备处于完好状态，加工设备应有维护、检修及检测记录。原材料在装卸过程中应采用专用设备及布带进行吊装。

（5）压型金属屋面板产品应符合现行国家标准《建筑用压型钢板》（GB/T 12755）和《铝及铝合金压型板》（GB/T 6891）的有关规定。压型金属屋面板表面宜贴保护膜。

（6）金属平板的加工精度应符合现行行业标准《金属与石材幕墙工程技术规范》（JGJ 133）的规定。

（7）压型金属屋面板宜采用长尺寸板材，以减少压型金属屋面板在长度方向的搭接。

（8）当压型金属屋面板端部进行切割时，应切割整齐、干净；对于有弧度的屋面板，应根据板型和弯弧半径选择自然成弧或机械预弯成弧，外观应平整、顺滑。

（9）压型金属屋面板的基板尺寸允许偏差应符合表 9-79 的规定。

表 9-79　基板尺寸允许偏差（mm）　　JGJ 255—2012

项　目	允许偏差		检测要求
	钢卷板	铝卷板	
镰刀弯	25	75	测量标距为 10m
波高	8	15	波峰与波谷平面的竖向距离

（10）压型金属屋面板和泛水板加工成型后应符合以下规定：①不得出现基板开裂现象；②无大面积明显的凹凸和皱折，表面应清洁；③涂层或镀层应无肉眼可见裂纹、剥落和擦痕等缺陷。

（11）压型金属板材加工（图 9-96）允许偏差应符合表 9-80 的规定。

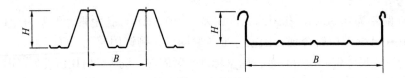

图 9-96　压型金属板材加工

H—波高（mm）；*B*—波距（mm）

表 9-80　屋面压型金属板材加工允许偏差（mm）　JGJ 255—2012

项　目　内　容			允　许　偏　差
波距		≤200	±1.0
		>200	±1.5
波高	钢板、钛锌板	$H \leq 70$	±1.5
		$H > 70$	±2.0
	铝合金板		±2.0
侧向弯曲（在长度范围内）		铝合金板钢板	20.0
		铝、钛锌等合金板	25.0
覆盖宽度	钢板、钛锌板	$H \leq 70$	+8.0，−2.0
		$H > 70$	+5.0，−2.0
	铝合金板	$H \leq 70$	+10.0，−2.0
		$H > 70$	+7.0，−2.0
板长			+9.0，0
横向剪切偏差			5.0

（12）泛水板、包角板、排水沟几何尺寸的允许偏差应符合表 9-81 的规定。

表 9-81　泛水板、包角板、排水沟几何尺寸加工允许偏差　JGJ 255—2012

项　目	下料长度（mm）	下料宽度（mm）	弯折面宽度（mm）	弯折面夹角（°）
允许偏差	±5.0	±2.0	±2.0	2

注：表中的允许偏差适用于弯板机成型的产品。用其他方法成型的产品也可参照执行。

（13）压型金属屋面板在加工过程中应随时检查加工产品的质量，并应做好加工质量的记录。

（14）当压型金属屋面板现场加工时，应按照设计要求进行分类、编号。

（15）现行国家标准《压型金属板工程应用技术规范》（GB 50896）对压型金属屋面板提出的质量标准如下：①当采用新型压型金属板或设计有特殊要求时，压型金属板生产企业应制定相应的技术、质量标准，但不得低于本规范的规定；②压型钢板质量检查项目与方法应符合表 9-82 的规定，制作的允许偏差应符合表 9-83 的规定；③压型铝合金板质量检查项目与方法应符合表 9-84 的规定，压型铝合金板尺寸的允许偏差应符合表 9-85 的规定；④泛水板几何尺寸的允许偏差不得超过表 9-86 的规定。

表 9-82　压型钢板质量检查项目与方法　GB 50896—2013

序号	检查项目与要求	检查数量	检验方法
1	所用镀层板、彩涂层的原板、镀层、涂层的性能和材质应符合相应材料标准	同牌号、同板型、同规格、同镀层重量及涂层厚度、涂料种类和颜色相同的镀层板或涂层板为一批，每批重量不超过 30t	对镀层板或涂层板产品的全部质量报告书（化学成分、力学性能、厚度偏差、镀层重量、涂层厚度等）进行检查

序号	检查项目与要求	检查数量	检验方法
2	压型钢板成型部位的基板不应有裂纹	按计件数抽查 5%，且不应少于 10 件	观察并用 10 倍放大镜检查
3	压型钢板成型后，涂层、镀层不应有两眼可见的裂纹、剥落和擦痕等缺陷		观察检查
4	压型钢板成型后，应板面平直，无明显翘曲；表面清洁，无油污、明显划痕、磕伤等。切口平直，切面整齐，半边无明显翘角、凹凸与波浪形，并不应有皱褶		观察检查
5	压型钢板尺寸允许偏差应符合要求		断面尺寸应用精度不低于 0.02mm 的量具进行测量，其他尺寸可用直尺、米尺、卷尺等能保证精度的量具进行测量

表 9-83　压型钢板制作的允许偏差（mm）　　GB 50896—2013

项　　目		允　许　偏　差	
波高	截面高度≤70	±1.5	
	截面高度>70	±2.0	
覆盖宽度	截面高度≤70	+10.0① −2.0	+3.0② −2.0
	截面高度>70	+6.0① −2.0	
板长		+9.0 0	
波距		±2.0	
横向剪切偏差（沿截面全宽）		1/100 或 6.0	
侧向弯曲	在测量长度 L_1 范围内	20.0	

注：1. L_1 为测量长度，指板长扣除两端各 0.5m 后的实际长度（小于 10m）或扣除后任选 10m 的长度。

　　2. ①是搭接型压型钢板偏差，②是扣合型、咬合型压型钢板偏差。

表 9-84　压型铝合金板质量检查项目与方法　　GB 50896—2013

序号	检查项目与要求	检查数量	检验方法
1	化学成分应符合现行国家标准《变形铝及铝合金化学成分》(GB/T 3190) 的规定	按现行国家标准《变形铝及铝合金化学成分分析取样方法》(GB/T 17432) 的规定执行	符合现行国家标准《铝及铝合金化学分析方法》(GB/T 20975) 的相关规定 符合现行国家标准《铝及铝合金光电直读发射光谱分析方法》(GB/T 7999) 的相关规定
2	力学性能符合现行国家标准《一般工业用铝及铝合金板、带材　第 2 部分：力学性能》(GB/T 3880.2) 的规定	坯料每批 2%，但不少于 2 张。每张取 1 个试样。其他要求应符合现行国家标准《变形铝、镁及其合金加工制品拉伸试验用试样及方法》(GB/T 16865) 的规定	室温拉伸试验方法应符合现行国家标准《金属材料　拉伸试验　第 1 部分：室温试验方法》(GB/T 228) 的有关规定

序号	检查项目与要求	检查数量	检验方法
3	压型铝合金板边部整齐，不允许有裂边；表面应清洁，不允许有裂纹、腐蚀、起皮及穿通气孔等影响使用的缺陷	逐级检验	目视检验
4	尺寸偏差符合尺寸允许偏差要求	每批5%，但不少于3张	断面尺寸应用精度不低于0.02mm的量具进行测量，其他尺寸可用直尺、米尺、卷尺等能保证精度的量具进行测量

表 9-85　压型铝合金板的尺寸允许偏差（mm）　GB 50896—2013

序号	项　目		允许偏差	
1	波高		±3.0	
2	覆盖宽度		+10.0① −2.0	+3.0② −2.0
3	板长		+25.0 −5.0	
4	波距		±3.0	
5	压型铝合金板边缘波浪高度	每米长度内	≤5.0	
6	压型铝合金板纵向弯曲	每米长度内 （距端部250mm内除外）	≤5.0	
7	压型铝合金板侧向弯曲	每米长度内	≤4.0	
		任意10m长度内	≤20.0	

注：1. 波高、波距偏差为3～5个波的平均尺寸与其公称尺寸的差。
　　2. ①是搭接型压型铝合金板偏差，②是咬合型压型铝合金板偏差。

表 9-86　泛水板几何尺寸允许偏差　GB 50896—2013

项目	允许偏差	项目	允许偏差	项目	允许偏差
板长	±6.0mm	折弯面宽度	±2.0mm	折弯面夹角	≤2.0°

2. 金属屋面板的运输和贮存

压型金属屋面板可采用汽车、火车或船舶等交通工具进行运输。当采用汽车运输时，可捆装运输；当采用其他运输工具时，宜箱装运输。当采用汽车运输捆装压型金属屋面板时，应在车辆上设置衬有橡胶类或其他柔性衬垫的枕木，其间距不宜大于3m，压型金属屋面板应在车上设置刚性支撑胎架，压型金属屋面板装载的悬伸长度不应大于1.5m，压型金属板应与车身或刚性台架捆扎牢固并覆盖。当装卸压型金属屋面板时，不得直接使用钢丝绳进行捆扎、起吊。

压型金属屋面板的原材料与成品宜在干燥、通风的仓库内贮存，其贮存应远离热源，不得与化学药品或有污染的物品接触；贮存场地应坚实、平整、不易积水；压型金属屋面板散装堆放的高度不应使其变形，底部应采用衬有橡胶类柔性衬垫的架空枕木铺垫，枕木间距不宜大于3m；当压型金属屋面板在工地短期露天贮存时，应采用衬有橡胶类柔性衬垫的架空枕木堆放，架空枕木要保持约5%的倾斜度，应堆放在不妨碍交通、不被高空重物撞击的安全地带，并应采取防雨措施；压型金属屋面板应按材质、板型规格分别叠置堆放，当工地堆放时，板型规格的堆放顺序应与施工安装顺序相配合；不得在压型金属屋面板上堆放重物，不得在压型铝合金板上堆放铁件。

9.4.4　采光顶面板的加工制作

9.4.4.1　采光顶面板的加工制作要求

1. 玻璃面板的加工制作要求

（1）《采光顶与金属屋面技术规程》（JGJ 255—2012）对玻璃面板提出的技术要求如下：

1）采光顶用单片玻璃、夹层玻璃、中空玻璃的加工精度除应符合国家现行相关标准的规定外，还应符合下列要求：①玻璃边长尺寸允许偏差应符合表 9-87 的要求；②钢化玻璃与半钢化玻璃的弯曲度应符合表 9-88 的要求；③夹层玻璃尺寸允许偏差应符合表 9-89 的要求；④中空玻璃尺寸允许偏差应符合表 9-90 的要求。

表 9-87　玻璃尺寸允许偏差（mm）　　JGJ 255—2012

项　目	玻璃厚度	长度 L≤2000	长度 L>2000
边长	5，6，8，10，12	±1.5	±2.0
	15，19	±2.0	±3.0
对角线差（矩形、等腰梯形）	5，6，8，10，12	2.0	3.0
	15，19	3.0	3.5
三角形、梯形的高	5，6，8，10，12	±1.5	±2.0
	15，19	±2.0	±3.0
菱形、平行四边形、任意梯形对角线	5，6，8，10，12	±1.5	±2.0
	15，19	±2.0	±3.0

表 9-88　钢化玻璃与半钢化玻璃的弯曲度　　JGJ 255—2012

项　目	最　大　值	
	水平法	垂直法
弓形变形（mm/mm）	0.3%	0.5%
波形变形（mm/300mm）	0.2%	0.3%

表 9-89　夹层玻璃尺寸允许偏差（mm）　　JGJ 255—2012

项　目	允许偏差（L 为测量长度）	
边长	L≤2000	±2.0
	L>2000	±2.5
对角线差（矩形、等腰梯形）	L≤2000	2.5
	L>2000	3.5
三角形、梯形的高	L≤2000	±2.5
	L>2000	±3.5
菱形、平行四边形、任意梯形对角线	L≤2000	±2.5
	L>2000	±3.5
叠差	L<1000	2.0
	1000≤L<2000	3.0
	L≥2000	4.0

表 9-90　中空玻璃尺寸允许偏差（mm）　JGJ 255—2012

项　目	允许偏差（L 为测量长度）	
边长	L<1000	±2.0
	1000≤L<2000	+2.0，−3.0
	L≥2000	±3.0
对角线差（矩形、等腰梯形）	L≤2000	2.5
	L>2000	3.5
三角形、梯形的高	L≤2000	±2.5
	L>2000	±3.5
菱形、平行四边形、任意梯形对角线	L≤2000	±2.5
	L>2000	±3.5
厚度	t<17	±1.0
	17≤t<22	±1.5
	t≥22	±2.0
叠差	L<1000	2.0
	1000≤L<2000	3.0
	L≥2000	4.0

2）热弯玻璃尺寸允许偏差、弧面扭曲允许偏差应分别符合表 9-91 和表 9-92 的要求。

表 9-91　热弯玻璃尺寸允许偏差（mm）　JGJ 255—2012

项　目	允　许　偏　差	
高度 H	H≤2000	±3.0
	H>2000	±5.0
弧长 D	D≤1500	±3.0
	D>1500	±5.0
弧长吻合度	D≤2400	3.0
	D>2400	5.0
弧面弯曲	D≤1200	2.0
	1200<D≤2400	3.0
	D>2400	5.0

表 9-92　热弯玻璃弧面扭曲允许偏差（mm）　JGJ 255—2012

高度 H	弧长 D	
	D≤2400	D>2400
H≤1800	3.0	5.0
1800<H≤2400	5.0	5.0
H>2400	5.0	6.0

3）点支承玻璃加工应符合下列要求：①面板及其孔洞边缘应倒棱和磨边，倒棱宽度不应小于 1mm，边缘应进行细磨或精度；②裁切、钻孔、磨边应在钢化前进行；③加工允许偏差除应符合 9.4.4.1 节 1（1）1）条规定外，还应符合表 9-93 的规定；④孔边处第二道密封胶应为硅酮结构密封胶；⑤夹层玻璃、中空玻璃的钻孔可采用大、小孔相配的方式。

4）中空玻璃合片加工时，应考虑制作地点和安装地点不同气压的影响，应采取措施防止玻璃大面变形。

表 9-93　点支承玻璃加工允许偏差　JGJ 255—2012

项　目	孔　位	孔中心距	孔轴与玻璃平面垂直度
允许偏差	0.5mm	±1.0mm	12′

（2）《建筑玻璃采光顶》（JG/T 231—2007）对玻璃面板制作提出的技术要求如下：

1）矩形钢化玻璃加工尺寸及其允许偏差应符合表 9-94 的要求。

2）矩形半钢化玻璃加工尺寸及其允许偏差应符合表 9-95 的要求。

3）矩形夹层玻璃加工尺寸及其允许偏差、最大允许叠差分别符合表 9-96 和表 9-97 的要求。

4）矩形中空玻璃面板的边长允许偏差、对角线差、厚度允许偏差及叠差应符合表 9-98 的要求。

5）三角形、菱形、平行四边形、梯形、圆形面板尺寸允许偏差应满足表 9-99 的要求。

6）单曲面热弯玻璃的尺寸和形状允许偏差应符合现行行业标准《热弯玻璃》（JC/T 915）的规定。

表 9-94　单片矩形钢化玻璃加工尺寸及其允许偏差（mm）　JG/T 231—2007

项目	玻璃厚度	边长（L）允许偏差				检测方法（仪器）
		L≤1000	1000<L≤2000	2000<L≤3000	L>3000	
边长	5、6	−2，+1	±3	±4	±5	钢卷尺
	8、10、12	−3，+2				
	15	±4	±4			
	19	±5	±5	±6	±7	
对角线差	5、6	3.0		4.0	5.0	
	8、10、12	4.0		5.0	6.0	
	15、19	5.0		6.0	7.0	
弯曲度	平面钢化玻璃的弯曲度，弓形时不应超过 0.3%，波形时不应超过 0.2%					直尺或金属线、塞尺

表 9-95　矩形半钢化玻璃加工尺寸及其允许偏差（mm）　JG/T 231—2007

项目	玻璃厚度	L≤1000	1000<L≤2000	2000<L≤3000	检测方法（仪器）
边长 L	5、6	±1.0	+1.0，−2.0	+1.0，−3.0	钢卷尺
	8、10、12	+1.0，−2.0	+1.0，−3.0	+2.0，−4.0	
对角线差	5、6	≤3.0		≤4.0	
	8、10、12	≤3.5		≤4.5	
弯曲度	弓形时：水平法 0.3%；垂直法 0.5%				直尺或金属线、塞尺
	波形时：水平法 0.2%；垂直法 0.3%				

表 9-96　矩形夹层玻璃加工尺寸及其允许偏差（mm）　JG/T 231—2007

项目	L≤2000	L>2000	检测方法（仪器）
边长 L	±2.0	±2.5	钢卷尺
对角线差	≤2.5	≤3.5	
弯曲度	平面夹层玻璃的弯曲度不应超过 0.3%		钢直尺或金属线、塞尺

表 9-97　平面夹层玻璃最大允许叠差（mm）　JG/T 231—2007

长度或宽度 L	L<1000	1000≤L<2000	2000≤L<4000	检测方法（仪器）
最大允许叠差	2.0	3.0	4.0	钢直尺

表 9-98 矩形中空玻璃面板的边长允许偏差、对角线差、厚度允许偏差及叠差（mm） JG/T 231—2007

项　目		允许偏差	检测方法（仪器）
边长 L	L<1000	±2.0	钢卷尺
	1000≤L<2000	+2.0，−3.0	
	L≥2000	+2.0，−4.0	
对角线差	L≤2000	2.5	钢卷尺
	L>2000	3.5	
厚度	t<17	±1.0	千分尺
	17≤t<22	±1.5	
	t≥22	±2.0	
叠差	L<1000	2.0	钢卷尺
	1000≤L<2000	3.0	
	2000≤L<4000	4.0	

表 9-99 三角形、菱形、平行四边形、梯形、圆形面板尺寸允许偏差（mm） JG/T 231—2007

形状	尺寸	允许偏差							检测方法（仪器）
		半径 r	底边 b	高 h	夹角 α	对角线 L_1	对角线 L_2	对角线差	
等腰三角形	≤2000	—	±2.0	±1.0	—	—	—	—	钢卷尺、钢直尺、角度尺
	>2000	—	±3.0	±1.5	—	—	—	—	
直角三角形	≤2000	—	±2.0	±1.0	90°±10′	—	—	—	
	>2000	—	±3.0	±1.5		—	—	—	
任意三角形	≤2000	—	±2.0	±1.0	—	—	—	—	
	>2000	—	±3.0	±1.5	—	—	—	—	
平行四边形	≤2000	—	±2.0	±1.0	—	±2.0	±2.0	—	
	>2000	—	±3.0	±1.5	—	±3.0	±3.0	—	
菱形	≤2000	—	±2.0	±1.0	—	±2.0	±2.0	—	
	>2000	—	±3.0	±1.5	—	±2.0	±3.0	—	
平行四边形	≤2000	—	±2.0	±1.0	—	±3.0	±3.0	—	
	>2000	—	±3.0	±1.5	—	±4.0	±4.0	—	
等腰梯形	≤2000	—	±2.0	±1.0	—	—	—	≤1.5	
	>2000	—	±3.0	±1.5	—	—	—	≤2.0	
任意梯形	≤2000	—	±2.0	±1.0	—	±3.0	±3.0	—	
	>2000	—	±3.0	±1.5	—	±4.0	±4.0	—	
扇形	≤2000	±2.0	—	—	—	±3.0	±3.0	—	
	>2000	±3.0	—	—	—	±4.0	±4.0	—	

　　7）点支承玻璃面板的加工应符合以下要求：①玻璃面板边缘和孔洞边缘应进行磨边及倒角处理，磨边宜用精磨，倒角宽度不应小于 1mm；②玻璃边缘至孔中心的距离不应小于 2.5d（d 为玻璃孔直径）并且玻璃边缘与孔边的距离不应小于 70mm；中空玻璃钻孔周边应采取多道密封措施，精度应符合设计要求；③玻璃钻孔的允许偏差为：孔位 ±1.0mm，孔距 ±2.0mm，钻孔直径（0，＋1mm），夹层玻璃两孔同轴度允许偏差为 2.0mm。

　　8）采光顶玻璃梁加工后的允许偏差应满足表 9-100 的要求。

表 9-100　采光顶玻璃梁加工后的允许偏差（mm）　JG/T 231—2007

项　目		允许偏差	检测方法（仪器）
边长	≥2000	±2.0	钢卷尺
	<2000	±1.5	钢卷尺
对角线（角到对边垂线）差	≥3000	≤3.0	钢卷尺
	<3000	≤2.0	钢卷尺
圆曲率半径 r	≥2000	±2.0	钢卷尺
	<2000	±1.5	钢卷尺

2. 聚碳酸酯板面板的加工制作要求

聚碳酸酯板的加工应符合以下规定：①加工允许偏差应符合表 9-101 的规定；②板材可冷弯成型，也可采用真空成型，不得采用板材胶粘成型。

聚碳酸酯板的加工，其表面不得出现灼伤，直接暴露的加工表面宜采取抗紫外线老化的防护措施。

表 9-101　聚碳酸酯板加工允许偏差（mm）　JGJ 255—2012

项　目	$L≤2000$	$L>2000$
边长 L	±1.5	±2.0
对角线差（矩形、等腰梯形）	2.0	3.0
菱形、平行四边形、任意梯形的对角线	±2.0	±3.0
边直度	1.5	2.0
钻孔位置	0.5	0.5
孔的中心距	±1.0	±1.0
三角形、菱形、平行四边形、梯形的高	±2.5	±3.5

9.4.4.2　采光顶构件的组装

1. 《采光顶与金属屋面技术规程》（JGJ 255—2012）对采光顶构件组装提出的技术要求如下：

(1) 明框采光顶组件的组装。

1) 夹层玻璃、聚碳酸酯板与槽口的配合尺寸（图 9-97）应符合表 9-102 的要求。

2) 夹层中空玻璃与槽口的配合尺寸（图 9-98）宜符合表 9-103 的要求。

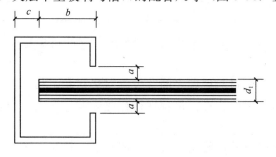

图 9-97　夹层玻璃、聚碳酸酯板
与槽口的配合示意图

a、c—间隙；b—嵌入深度；d_1—夹层玻璃或
聚碳酸酯板厚度

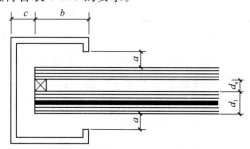

图 9-98　夹层中空玻璃与槽口的配合示意图

a、c—间隙；b—嵌入深度；d_1—夹层中空玻璃厚度；
d_a—空气层厚度

3) 明框玻璃采光顶组件导气孔及排水通道的形状、位置应符合设计要求，组装时应保证通道畅通。

(2) 隐框采光顶组件的组装。

1) 硅酮结构密封胶固化期间，不应使结构胶处于单独受力状态，组件在硅酮结构密封胶固化并达到足够承载力前不应搬运。

2) 硅酮结构密封胶完全固化后，隐框玻璃采光顶装配组件的尺寸偏差应符合表 9-104 的规定。

表 9-102 夹层玻璃、聚碳酸酯板与槽口的配合尺寸 (mm)　JGJ 255—2012

总厚度 d_1		a	b	c
玻璃	10~12	≥4.5	≥22	≥5
	>12	≥5.5	≥24	≥5
聚碳酸酯板（实心板）	≤10	≥4.5	≥25	≥22
	>10	≥5.5	≥25	≥24

表 9-103 夹层中空玻璃与槽口的配合尺寸 (mm)　JGJ 255—2012

夹层中空玻璃总厚度	d_1	a	b	c		
				下边	上边	侧边
$6+d_a+d_1$	5+PVB+5	≥5	≥19	≥7	≥5	≥5
$8+d_a+d_1$ 及以上	6+PVB+6	≥6	≥22	≥7	≥5	≥5

表 9-104 结构胶完全固化后隐框玻璃采光顶装配组件的尺寸允许偏差 (mm)　JGJ 255—2012

序号	项　　目	尺寸范围	允许偏差
1	框长、宽	—	±1.0
2	组件长、宽	—	±2.5
3	框内侧对角线差及组件对角线差（矩形和等腰梯形）	长度≤2000	2.5
		长度>2000	3.5
4	三角形、菱形、平行四边形、梯形的高	—	±3.5
5	菱形、平行四边形、任意梯形对角线	—	±3.0
6	组件平面度	—	3.0
7	组件厚度	—	±1.5
8	胶缝宽度	—	+2.0，0
9	胶缝厚度	—	+0.5，0
10	框组装间隙	—	0.5
11	框接缝高度差	—	0.5
12	组件周边玻璃与铝框位置差	—	±1.0

2.《建筑玻璃采光顶》（JG/T 231—2007）对采光顶构件组装以及支承构件提出的技术要求如下：

（1）对玻璃组件的组装提出的技术要求如下：

1）采光顶玻璃采用点支承组装方式时，连接件的钢材与玻璃之间宜设置衬垫衬套，其厚度不宜小于 1mm，选用的材料在设计使用年限内不应失效，点支承装置应符合现行行业标准《点支式玻璃幕墙支承装置》（JG 138）的规定。

2）采光顶玻璃组装采用镶嵌形式时，玻璃应采取有效措施防止玻璃整体脱框，其配合尺寸（图 9-99 和图 9-100）应符合表 9-105 和表 9-106 的规定。

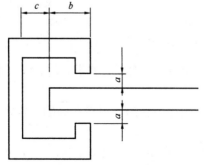

图 9-99　单片玻璃与槽口配合尺寸

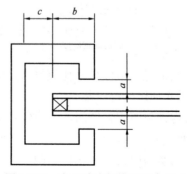

图 9-100　中空玻璃与槽口配合尺寸

表 9-105　单片玻璃与槽口的配合尺寸允许偏差（mm）　JG/T 231—2007

项　目	允许偏差	检测方法（仪器）
前部余隙或后部余隙 a	≥6	钢直尺
嵌入深度 b	≥18	钢直尺
边缘余隙 c	≥6	钢直尺

表 9-106　中空玻璃与槽口的配合尺寸允许偏差（mm）　JG/T 231—2007

项　目	允许偏差	检测方法（仪器）
前部余隙或后部余隙 a	≥7	钢直尺
嵌入深度 b	≥20	钢直尺
边缘余隙 c	≥7	钢直尺

3）采光顶玻璃组装采用胶粘方式时，应进行剥离试验，其方法应符合现行国家标准《建筑用硅酮结构密封胶》（GB 16776）的要求；当采用结构密封胶粘结组装时，应按照 GB 16776 进行相容性试验和剥离性试验。

4）隐框玻璃采光顶组件尺寸及组装允许偏差见表 9-107 和表 9-108。

表 9-107　隐框玻璃采光顶组件尺寸允许偏差（mm）　JG/T 231—2007

项　目		允许偏差	检测方法（仪器）
铝合金框长、宽尺寸		±1	钢卷尺
组件长、宽尺寸		±1.5	钢卷尺
铝合金框（组件）对角线（角到对边垂高）差	≥2000	≤3	钢卷尺
	<2000	≤2	钢卷尺
铝合金框接缝高度差		≤0.3	深度尺
铝合金框接缝间隙		≤0.4	卡尺或钢直尺
胶粘结宽度		0，+2.0	卡尺或钢直尺
胶粘结厚度		0，+0.5	卡尺或钢直尺

注：隐框玻璃采光顶胶缝宜为平缝。

表 9-108　隐框玻璃采光顶组件组装允许偏差（mm）　JG/T 231—2007

项　目		允许偏差	检测方法（仪器）
檐口位置差	相邻两组件	≤2	钢直尺或钢卷尺
	长度≤10000	≤5	
	长度>10000	≤9	
	全长方向	≤15	
组件上缘接缝的位置差	相邻两组件	≤2	钢直尺或钢卷尺
	长度≤15	≤3	
	长度≤30	≤6	
	全长方向	≤10	
屋脊位置差	相邻两组件	≤3	钢直尺或钢卷尺
	长度≤10000	≤4	
	长度>10000	≤8	
	全长方向	≤12	

项　目		允许偏差	检测方法（仪器）
板缝宽度差		≤4	钢直尺或钢卷尺
同一平面内平面度	接缝处	≤1	2m靠尺，钢直尺
	相邻两组件	≤3	

（2）对支承结构提出的技术要求如下：

1）当采用钢结构支承时，应合理选用材料和构造措施，满足结构构件在运输、安装和使用过程中应有的强度、稳定性和刚度要求，并符合防腐蚀要求；钢型材的加工应符合现行国家标准《钢结构工程施工质量验收规范》（GB 50205）的有关规定，构件允许偏差应满足表9-109的要求，曲杆尺寸允许偏差应满足表9-110的要求；组件应按设计图的要求，严格控制尺寸，杆件长、宽、高度的尺寸误差，同时应符合表9-111的要求。

2）当采用索杆结构支承时，钢拉索的外观应符合设计要求，表面无锈斑，钢绞线不允许有断丝及其他明显的机械损伤，索（杆）结构构件加工的允许偏差应符合表9-112的要求。

3）当采用铝合金结构支承时，组装时应按照设计图，严格控制尺寸，杆件长、宽、高度的尺寸误差应符合表9-113的要求。

4）当采用玻璃梁结构支承时，采光顶装配组件尺寸及组装的允许偏差应分别符合表9-114和表9-115的要求。

表 9-109　采光顶钢型材构件尺寸允许偏差　JG/T 231—2007

部　位	允许偏差	检测方法（仪器）
长度	$L/2000$ 且 ± 2.0mm	钢卷尺
端头斜度	$-15'$	角度尺

表 9-110　曲杆尺寸允许偏差（mm）　JG/T 231—2007

项　目	允许偏差	检测方法（仪器）
中心线长度	≤$L/2000$ 且 2.0	钢卷尺
弦长	± 1.5	钢卷尺
圆弧吻合度	± 1.5	钢卷尺
端头角度（与设计值比）	± 1.5	钢卷尺

表 9-111　采光顶构件的组装允许偏差　JG/T 231—2007

项　目	尺寸范围	允许偏差	检测方法（仪器）
相邻两构件间距尺寸	间距≤2000mm	± 2.5mm	钢卷尺
	间距>2000mm	± 3.0mm	
分格对角线差	对角线长≤2000mm	3.5mm	钢卷尺或伸缩尺
	对角线长>2000mm	4.5mm	
构件水平度	构件长≤2000mm	3.0mm	水平仪或水平尺
	构件长>2000mm	4.0mm	
构件直线度	—	4.0mm	2m靠尺
同高度内主要横向构件的高度差	长度≤35m	5.0mm	水平仪
	长度>35m	7.0mm	
底（中间杆）标高	—	± 1.0mm	钢卷尺
顶标高	—	± 2.0mm	钢卷尺

续表

项　目	尺寸范围	允许偏差	检测方法（仪器）
斜杆与水平夹角	—	±30′	角度尺
双坡（锥体）斜杆夹角	—	±45′	角度尺
锥体底部高低差	—	±2.0mm	钢卷尺
锥体底部横杆夹角	—	±30′	角度尺
圆弧曲率半径	—	±2.0mm	钢卷尺

表 9-112　构件加工的允许偏差　JG/T 231—2007

名　称	项　目	内　容			检测方法
钢拉索	钢索压管接头	表面粗糙度不宜大于 Ra3.2			—
拉杆	长度允许偏差	±2mm	组装允许偏差	±2mm	用钢卷尺
螺纹	螺纹精度	内外螺纹为 6H/6g			—
其他钢构件	长度及外观	符合 GB 50205 的规定			用钢卷尺、目测

表 9-113　采光顶铝合金型材构件尺寸允许偏差　JG/T 231—2007

部　位	允许偏差	检测方法
主檩条长度	±1.0mm	用钢卷尺
次檩条长度	±0.5mm	用钢卷尺
端头斜度	−15′	用角度尺

表 9-114　玻璃梁结构采光顶装配组件尺寸允许偏差（mm）　JG/T 231—2007

项　目		允许偏差	检测方法（仪器）
组件边长	≤2000	±1.5	钢卷尺
	≤3000	±2.0	
	≤4000	±3.0	
	>4000	±4.0	
组件对角线（角到对边垂线长）	≤3000	±2.0	钢卷尺
	≤4000	±3.0	
	≤5000	±5.0	
	>5000	±7.0	
组件垂高	≤1500	±1.0	钢卷尺
	≤2000	±1.5	
	≤3000	±2.5	
	>3000	±3.5	
接缝高低差	—	≤0.5	深度尺
胶缝底宽度	—	0，+2	卡尺或钢直尺

表 9-115　玻璃梁结构采光顶装配组件组装允许偏差（mm）　JG/T 231—2007

项　目	允许偏差	检测方法（仪器）
脊（顶）水平高差	±3.0	钢直尺
脊（顶）水平错位	±2.0	钢直尺
檐口水平高差	±3.0	钢直尺
檐口水平错位	±2.0	钢直尺

项　目		允许偏差	检测方法（仪器）
跨度（对角线或 角到对边垂高）差	≤3000	±3.0	钢直尺
	≤4000	±4.0	钢直尺
	≤5000	±6.0	钢直尺
	>5000	±9.0	钢直尺
上表面平直	≤2000	±1.0	金属线，塞尺或钢直尺
	≤3000	±3.0	金属线，塞尺或钢直尺
	>3000	±5.0	金属线，塞尺或钢直尺
胶缝宽度	与设计值相比	0，+2	卡尺或钢直尺
胶缝厚度	同一胶缝	0，+0.5	卡尺或钢直尺

9.5　金属屋面和采光顶的安装施工

9.5.1　金属屋面和采光顶安装施工的一般规定

金属屋面和采光顶安装施工的一般规定如下：

（1）金属屋面和采光顶在安装之前，应对主体结构进行测量，经验收合格之后方可进行安装施工。

（2）金属屋面和采光顶的安装施工应编制施工组织设计，其应包括以下内容：①金属屋面和采光顶的工程概况、组织机构、责任和权利、施工进度计划和施工顺序安排（包括技术规则、现场施工准备、施工队伍以及有关的组织机构等）；②材料质量标准和技术要求；③与主体结构施工、设备安装、装饰装修的协调配合方案；④搬运方法、吊装方法、测量方法及注意事项；⑤试验样品设计、制作要求和物理性能检验要求；⑥安装顺序、安装方法及允许偏差要求，关键部位、重点难点部位的施工要求，嵌缝收口要求；⑦构件、组件和成品的现场保护方法；⑧质量要求及检查验收计划；⑨安全措施及劳动保护计划；⑩光伏系统安装、调试、运行和验收方案；⑪相关各方交叉配合的方案。

（3）金属屋面和采光顶工程的施工测量放线应符合以下要求：①分格轴线的测量应与主体结构测量相配合，及时调整、分配、消化测量偏差，不得积累；放线时，应进行多次校正；②应定期对安装定位基准进行校核；③测量应在风力不大于4级时进行。

（4）在安装的过程中，应及时对金属屋面和采光顶半成品、成品进行保护；在构件存放搬运、吊装时不得碰撞、损坏和污染构件。构件储存时，应依照金属屋面和采光顶安装的顺序放置，储存架应有足够的承载力和刚度，在室外储存时，应采取有效的保护措施。

（5）金属屋面和采光顶在安装施工之前，应检查现场的清洁情况，脚手架和起重运输设备等应具备安装施工条件。

（6）金属屋面和采光顶与主体结构连接的预埋件，应在主体结构施工时按照设计要求进行埋设，预埋件的位置偏差不应大于20mm，采用后置埋件时，其方案应经确认之后，方可实施。

（7）金属屋面和采光顶的支承构件在安装之前，应进行检验与校正。

9.5.2　金属屋面和采光顶安装施工的安全规定

金属屋面和采光顶安装施工的安全规定如下：

（1）金属屋面与采光顶的安装施工除应符合现行行业标准《建筑施工高处作业安全技术规范》（JGJ 80）、《建筑机械使用安全技术规程》（JGJ 33）、《施工现场临时用电安全技术规范》（JGJ 46）的有关规定外，还应符合施工组织设计中规定的各项要求。

（2）安装施工机具在使用前，应进行安全检查，电动工具还应进行绝缘电压试验。手持玻璃吸盘及玻璃吸盘机应进行吸附重量和吸附持续时间试验。

（3）采用脚手架施工时，脚手架应经过设计，并应与主体结构可靠连接。与主体结构施工交叉作业时，在金属屋面和采光顶的施工层下方应设置防护网。

（4）现场焊接作业时，应采取可靠的防火措施。

（5）采用吊篮、马道施工时，则应符合以下要求：①施工吊篮、马道应进行设计，使用前应进行严格的安全检查，在符合要求之后方可使用；马道两侧的护栏高度不得小于1100mm，底部应铺厚度不小于3mm的防滑钢板，并应连接可靠；②施工吊篮、马道不宜用作垂直运输工具，并不得超载；③不宜在空中进行施工吊篮、马道的检修；④不宜在施工马道内放置带电设备，不得利用施工马道构件作为焊接的地线；⑤施工工人应戴安全帽，佩带安全带。

9.5.3 金属屋面和采光顶支承结构的安装施工

金属屋面和采光顶支承结构安装施工的要点如下：

（1）金属屋面和采光顶支承结构的施工应符合国家现行相关标准的规定，钢结构安装过程中，制孔、组装、焊接和涂装等工序应符合现行国家标准《钢结构工程施工质量验收规范》（GB 50205）的有关规定。

（2）大型钢结构构件应进行吊装设计，并宜进行试吊，钢结构安装就位，调整后应及时紧固，并应进行隐蔽工程验收。

（3）钢构件在运输、存放和安装的过程中被损坏的涂层及未涂装的安装连接部位，应按照现行国家标准《钢结构工程施工质量验收规范》（GB 50205）的有关规定补涂。

9.5.4 金属屋面的安装

金属屋面工程的种类较多，且各有不同的安装工艺特点，但其基本特点是相同的。金属屋面工程施工的基本工艺流程参见图 9-101。

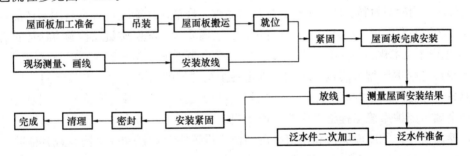

图 9-101 金属屋面工程施工的基本工艺流程

9.5.4.1 金属屋面安装的基本要点

金属屋面安装的基本要点如下：

（1）屋面基层在符合设计要求后方可进行铺设，金属板屋面的施工应在主体结构和支承结构验收合格后进行。

（2）压型金属板屋面系统安装前应完成详图设计，并应完成确认。金属板屋面在施工前应根据施工图纸进行深化排板图设计，金属板在铺设时，应根据金属板板型技术要求和深化设计的排板图进行铺设。

（3）金属屋面在施工前，应做好以下安装准备工作：①应按照设计图纸进行图纸会审、施工方案编制、人员组织、材料与机具准备以及安装现场准备工作；②应按照工程的特点，确定工程的重点和难点以及解决措施，并应按照相关规定编制专项安装方案；③应根据专项安装方案对施工人员进行技术培训和交底；④安装前，应复核压型金属板的支承结构施工安装精度并应有复核记录；⑤检查安装前的结构安装是否满足金属屋面的安装条件。

（4）金属板材的吊运、保管和进场检验的要求如下：①金属板材应使用专用的吊装工具进行吊装，在吊装和运输的过程中，应注意不得使金属板材发生变形和损伤；②金属板材堆放的地点宜选择在安装施工现场附近，其堆放场地应平整、坚实且便于排除地面水；金属面绝热夹芯板的保管应采取防雨、防潮、防火措施，夹芯板之间应采用衬垫隔离，并应分类堆放，应避免受压或机械损伤；③进场的彩色涂层钢板及钢带应检验屈服强度、抗拉强度、断后伸长率、镀层重量、涂层厚度等项目；进场的金属面绝热夹芯板应检验剥离性能、抗弯承载力、防火性能等项目。

（5）金属板屋面的构件及配件应有产品合格证和性能检测报告，其材料的品种、规格、性能等应符合设计要求和产品标准的规定；金属板的长度应根据屋面的排水坡度、板型连接构造、环境温差及吊装运输条件等综合确定，其单坡最大长度宜符合表 9-116 的规定；铺设金属板的固定件应符合设计要求；金属泛水板的长度不宜小于 2m，安装应顺直。

表 9-116　金属板的单坡最大长度（m）　GB 50345—2012

金属板种类	连接方式	单坡最大长度
压型铝合金板	咬口锁边	50
压型钢板	咬口锁边	75
	紧固件固定	面板 12
		底板 25
夹芯板	紧固件固定	12
泛水板	紧固件固定	6

（6）压型金属板进场后进行检查应符合以下规定：①应检查产品的质量证明书、中文标志及其检验报告；压型金属板所采用的原材料、泛水板和零配件的品种、规格、性能应符合现行国家产品标准的相关规定和设计要求。②压型金属板的规格尺寸、允许偏差、表面质量、涂层质量及检验方法应符合设计要求和《压型金属板工程应用技术规范》（GB 50896—2013）第 7.3 节［见 9.4.3 节（15）］的有关规定。

（7）安装单位应根据压型金属板系统构造确定各个构造层的安装工序，在安装过程中，应按照相应的技术标准对各工序进行质量控制，相关工序之间应进行交接检验，并应有完整的记录。

（8）压型金属板围护系统工程施工应符合以下规定：①施工人员应戴安全帽，穿防护鞋，高空作业应系安全带，穿防滑鞋；②屋面周边和预留孔洞部位应设置安全护栏和安全网，或其他防止坠落的防护措施；③雨天、雪天和五级以上风时严禁施工。

（9）在进行压型金属板或固定支架安装前，在支承结构上应先标出基准线和安装控制点。

（10）金属板材铺设时，应先在檩条上安装固定支架，板材和支架的连接应按所采用板材的质量要求确定。固定支架是指压型金属板与其固定、咬合或扣合并通过其将荷载传递至支承结构的一类金属屋面构件。

（11）压型金属板的固定支架施工完成后，应严格检查压型金属板固定支架的安装质量，压型金属板固定支架的安装要求及允许偏差应符合表 9-117 的规定，验收合格后方可进行压型金属板的安装。

（12）金属屋面工程的主要施工机具有起重设备（如汽车吊、吊盘、滑轮、拔杆、卷扬机等）、测量机具（如经纬仪、水平仪、钢尺、盒尺、钢板直尺、钢直角尺、水平标尺、游标卡尺、墨斗、塞尺、铁圆规、角度尺等）、施工工具（如压型金属板电焊机、手提式或其他小型焊机、空气等离子弧切割机、电钻、手提圆盘锯、手提式砂轮机、自攻枪、拉铆枪、钣金工剪刀、钳子、螺钉旋具、铁剪、手提工具袋等）、脚手架、跳板、安全防护网等。

表 9-117　压型金属板固定支架的安装要求及允许偏差　GB 50896—2013

序号	项目	安装要求及允许偏差	图　示	检查方法	检查数量
1	固定支架固定	固定支架紧固、无松动，密贴檩条或支承结构	—	观察或用小锤敲击检查	按固定支架数抽查 5%，且不得少于 20 处
2	沿板长方向，相邻支架横向偏差	±2.0mm		用拉线和钢尺检查	
3	沿板宽方向，相邻支架纵向偏差	±5.0mm		用拉线和钢尺检查	
4	沿板宽方向，相邻支架横向间距偏差	+3.0mm −2.0mm		用拉线和钢尺检查	
5	相邻支架高度偏差	±4.0mm		用拉线和钢尺检查	
6	支架纵倾角	±1.0°		钢尺、角尺检查	
7	支架横倾角	±1.0°		钢尺检查、角尺检查	

　　（13）板材的吊装应符合以下要求：①压型金属板在装卸、安装中严禁采用钢丝绳捆绑直接起吊，运输及堆放应有足够的支点，以防其变形；②若压型金属板为厂家供货时，其应以安装单元为单位或捆运至施工现场，每捆压型金属板应按照厂家提供的布置图，将其按照铺装顺序叠放整齐；③压型金属板起吊前，需按设计施工图核对其板型、尺寸、块数和所在部位，在确认配料无误后，分别随主体结构安装顺序和进度，吊运到各施工部位成叠堆放，堆放应成条分散，压型金属板在吊放于梁上时应缓慢速度下放；④若是无外包装的压型金属板，装卸时应采用吊具，起吊要平稳，以防倾斜滑落伤人；⑤为防止压型金属板在吊运时变形，应使用软吊索或在钢丝绳与板接触的转角处加胶皮或在钢板下使用垫木，但必须捆绑牢固，以防垫木滑移，导致金属板倾斜滑落伤人；⑥压型金属板若采用汽车吊吊升，应多点起吊；⑦压型金属板成捆堆置，应横跨多根钢梁，单跨置于两根梁之间时，应注意两端的支承宽度，避免倾斜而造成坠落事故；⑧施工现场若风速≥6m/s时禁止施工，已拆开的压型金属板应重新捆扎，以防

其被大风刮起,造成安全事故或压型金属板被损坏;⑨使用卷扬机提升的方法,每次提升数量少,但屋面运距短,提升特长板宜采用钢丝滑升法。

(14)安装放线是对已有建筑基面进行测量,对达不到安装要求的部分基面应提出修改,对施工偏差做出记录,并针对偏差提出相应的安装措施。安装放线的要点如下:①屋面低波压型金属板的安装基准线一般设在山墙端屋脊线的垂线上,以此为基准,在每根檩条的横向标示出每块或若干块压型金属板的截面有效覆盖宽度的定位线;②在安装压型金属板之前,应在梁上标出板材铺放的位置线,铺放压型金属板时,相邻两排压型金属板端头的波形槽口应对准,板材吊装就位后,先从钢梁已弹出的起铺线开始,沿铺设方向单块就位,到控制线后应适当调整板缝;③板材应按照图纸要求放线铺设、调直、压实,铺设时,变截面梁处,一般可从梁中间向两端进行,至端部调整补缺,等截面梁处,则可以从一端开始,至另一端调整补缺;④实测所安装板材的实际长度,按照实测长度核对对应板号的板材长度,必要时则应对该板材进行剪裁;⑤应严格按照图纸和规范的要求来散板与调整位置,板的直线度为单跨最大偏差10mm,板的错口要求<5mm,检验合格后方可与主梁连接;⑥根据排板设计确定排板起始点的位置,先在檩条上标出起始点,即沿跨度方向在每个檩条上标出排板起始点,各个点的连线应与建筑物的纵轴线相垂直,然后在板的宽度方向每隔几块板继续标注一次,以限制和检查板的宽度安装偏差积累[图9-102(a)],若放线不合格,可出现锯齿或超宽现象[图9-102(b)];⑦屋面金属板安装完毕后,应对配件的安装做二次放线,以保证檐口线、屋脊、窗口、门口和转角线等的水平直线度和垂直度;⑧金属屋面的施工测量应与主体结构的测量相配合,其误差应及时调整,不得积累,在施工的过程中,应定期对压型金属板的安装定位基准点进行校核。

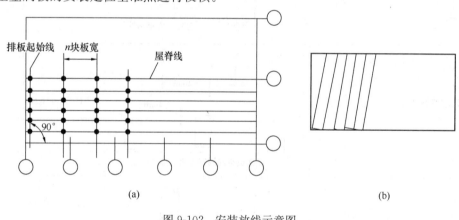

图9-102 安装放线示意图
(a)正确放线;(b)非正确放线

(15)压型金属板的铺设和固定应符合以下规定:①压型金属板应从屋面安装基准线开始铺设,并应分区安装;②屋面压型金属板宜逆主导风向铺设;③当铺设屋面压型金属板时,宜在压型金属板上设置临时人行走道板以及物料运送通道;④压型金属板的每道工序在安装完成后,应对已完成部分采取保护措施;⑤屋面底板未经计算校核,不得作为安装及维护时的行走通道。

(16)金属屋面板的铺设,其顺序为先自左(右)至右(左)从一端开始,往另一端铺设,后自下而上向屋脊方向进行铺设,见图9-103。

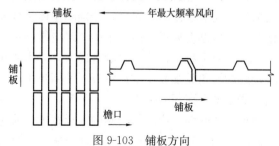

图9-103 铺板方向

(17)在铺设金属板材屋面时,相邻两块金属板的横向搭接方向宜顺主导风向,当在多维曲面上雨水可能翻越金属板板肋横流时,金属板的纵向搭接应顺流水方向。

(18)屋面压型金属板侧向(横向)可采用搭接式、咬合式或扣合式等连接方式。当侧向采用搭接式连接时,一般搭接一波,如有特殊要求时,则亦可搭接两波，搭接处采用连接件紧固，连接件应设置在波峰上，连接件应采用带有防水密封胶垫的自攻螺钉，对于高波压型金属板，其连接件间距一般为700～800mm；对于低波压型金属板，其连接件间距一般为300～400mm；当侧向采用咬合式或扣合式连接时，应在檩条上设置与压型金属板波形相配套的专用固定支架，固定支架与檩条之间采用自攻螺钉或射钉连接，压型金属板搁置在固定支架上，两块压型金属板的侧边应确保在风吸力等因素作用下的咬合或扣合连接可靠。两块压型金属板侧边之间的搭接，在其搭接处应贴有防水密封条，搭接缝应采用自攻缝合钉将其板缝缝合（图9-104）。

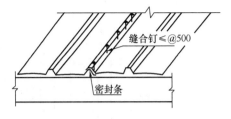

图9-104　普通压型金属板侧边的搭接

压型金属板侧向连接的典型做法（图9-11）如下：①搭接式（带防水空腔）连接做法参见图9-11（a），其是在两个扣合边处形成一个4mm左右的空腔，此空腔的作用是切断了两块金属板相附着时会造成的毛细管通路，同时空腔内的水柱还会平衡室内外大气静压差造成的雨水渗入室内的现象。此连接做法的连接件外露，是在压型金属板上用自攻螺钉将板材与屋面的轻型钢檩条等构件连在一起，凡是外露连接的紧固件必须配以寿命长、防水性能可靠的密封垫、金属帽和装饰彩色盖。②图9-11（d）、图9-11（e）为180°和360°两种咬合（咬口）连接，咬合连接是利用咬边机将板材的两搭接边咬合在一起的一种连接方法，180°咬边是一种非紧密式咬合，而360°是一种紧密式咬合，因此其具有一定的气密作用，是一种理想可靠的防水板型，但造价亦较高。③图9-11（h）为扣合连接，是两个边对称设置，并在两边部位做出卡口构造边，安装完毕后再在其上扣以扣盖，这种连接方法利用了空腔式的原理设置扣盖，防水可靠，但板材用量偏多。

（19）屋面压型金属板长度方向的搭接端必须与支承构件（如檩条等构件）有着可靠的连接，搭接部位应设置防水密封胶带，其搭接长度不宜小于以下限值：波高＞70mm的高波屋面压型金属板为350mm，波高≤70mm的低波屋面板，其屋面坡度≤1/10时为250mm，其屋面坡度＞1/10时为200mm。可见，搭接长度与屋面坡度有关。

压型金属板屋面长度方向板材端处的连接做法有直接连接法和压板挤紧法等两种（图9-105）。直接连接法是将上下两块压型金属板间设置两道防水密封条，在防水密封条处采用自攻螺钉或拉铆钉将其紧固在一起；压板挤紧法是一种应用广泛的上下板搭接连接方法，施工时在所需进行搭接的两块压型金属板的上面和下面各设置一块与压型金属板相同厚度的镀锌钢板，两块压型金属板中间设置防水胶条，采用紧固螺栓将其紧密挤压连接在一起，这种方法零配件较多且施工工序多，但防水可靠。

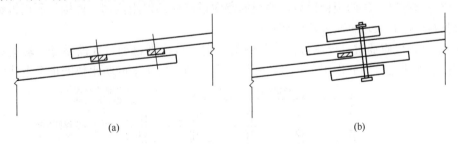

(a)　　　　　　　　　　　　　　(b)

图9-105　压型金属板上下板连接方法示意图
(a) 直接连接法；(b) 压板挤紧法

金属屋面板若采用切边铺法时，上下两块压型金属板的板缝应对齐，若采用不切边铺法时，上下两块压型金属板的板缝则应错开一波，如图9-106所示。当搭接线在一条水平线上时，出现四块压型金属板的板边互相搭接现象，则可采用图9-107所示位置切除2、3块压型金属板的搭接斜角，这种方法会改善板间的搭接密合程度。

（20）搭接处的密封宜采用双面粘贴的密封带，不宜采用密封胶，因两块压型金属板搭接处的空隙很小，连接后的密封胶被挤压后其厚度很小，且其固化时间较长，而在这段时间里由于施工人员的走动等原因，则可造成搭接处的搭接板间开合频繁，从而使密封胶失效，密封带则宜靠近紧固位置。

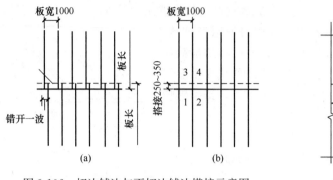
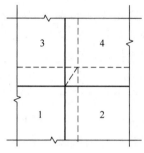

图 9-106　切边铺法与不切边铺法搭接示意图　　　　图 9-107　搭接示意图
(a) 不切边铺法；(b) 切边铺法

(21) 压型金属板的固定应符合下列要求：

1) 压型金属板固定的一般规定如下：①第一块压型金属板用紧固件紧固两端后，再安装第二块压型金属板，其安装顺序应先自左（右）至右（左），后自下而上。②安装到下一放线标志点处，应复查板材安装的偏差，若能满足设计要求时，则可进行板材的全面紧固；若不能满足设计要求时，应在下一标志段内进行调正，当在本标志段内可调正时，则可调整本标志段后再全面紧固，依次全面展开安装。③拉铆钉和自攻螺钉的钉头部分应靠在较薄的板件一侧。连接件的中距和端距不得少于 3 倍连接件的直径，边距不得小于 1.5 倍的连接件的直径。受力连接中连接件的数量不宜少于两件。拉铆钉的直径一般为 2.6～6.4mm，在受力蒙皮结构中不宜小于 4mm；自攻螺钉的直径一般为 3.0～8.0mm，在受力蒙皮结构中不宜小于 5mm。自攻螺钉连接的板件上的预制孔径 $d_0=0.7d+0.2t_1$，且 $d_0 \leqslant 0.9d$，其中：d 为自攻螺钉的公称直径（mm），t_1 为被连接板的总厚度（mm）。④射钉只用于薄板与檩条等构件的连接，射钉的间距不得小于 4.5 倍射钉直径，且其中距不得小于 20mm，端距和边距不得小于 15mm，射钉的直径一般为 3.7～6.0mm，射钉的穿透深度不应小于 10mm。⑤在抗拉连接中自攻螺钉和射钉的钉头或垫圈直径不得小于 14mm；而且应通过试验保证连接件从基材中拔出强度不小于连接件的抗拉承载力设计值。⑥每块压型金属板两端支承处的板缝若采用自攻螺钉和檩条固定（图 9-108），钻孔时应垂直不偏斜，将压型金属板与檩条一起钻穿，在螺钉固定前应先垫好长短边的密封条，套上橡胶密封垫圈和不锈钢压盖，然后一起拧紧。⑦两板铺设后，两板的侧向搭接处还得用拉铆钉连接，所用铆钉均应用丙烯酸或硅酮密封胶封严，并采用金属或塑料杯盖保护。

2) 普通压型金属板应通过自攻螺钉直接与檩条固定，自攻螺钉如钉在波谷处，蒙皮效应高，但屋面压型金属板在室外热胀冷缩的作用下，自攻螺钉必会松动，钉头下的防水垫圈也会老化，因此，宜将

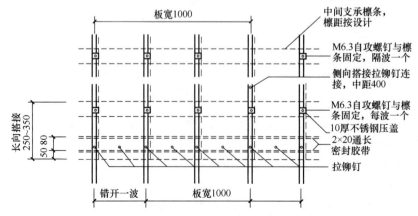

图 9-108　金属压型夹芯板铺设檩条布置

自攻螺钉钉在波峰上以利防水（图 9-109），在檐口处，风荷载有周边效应，故应在每个波峰两侧的波谷处再加设自攻螺钉以防风吸力作用下将板掀起。在紧固自攻螺钉时，应掌握紧固的程度，不可过度，否则会使密封垫圈上翻，甚至将板面压得下凹而积水，反之，紧固过松会使密封不到位而出现漏水（图 9-110）。新一代自攻螺钉则在接近紧固完毕时可发出一响声，能直接有效地控制紧固的程度。

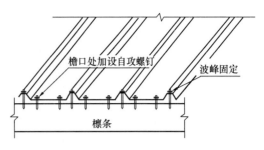

图 9-109　自攻螺钉布置

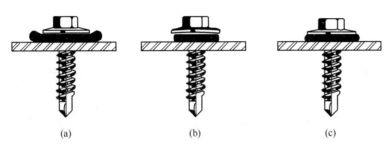

图 9-110　自攻螺钉紧固程度

(a) 紧固过紧；(b) 紧固过松；(c) 正确的紧固

　　3）在铺设高波压型金属板屋面时，应在檩条上设置固定支架，檩条上翼缘宽度应比固定支架密度大 10mm，固定支架用自攻螺钉或射钉与檩条连接，每波设置一个；低波压型金属板可不设固定支架，宜在波峰处采用带有防水密封胶垫的自攻螺钉或射钉与檩条连接，连接件可每波或隔波设置一个，但每块低波压型金属板不得小于 3 个连接件。扣合板通过其下的卡座扣紧板以防其被风掀掉，卡座由自攻螺钉固定在檩条上，在檐口处则必须加设自攻螺钉以防风吹力作用下将板欣起（图 9-111）。

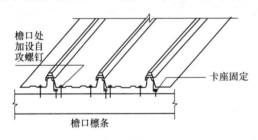

图 9-111　扣合板檐口处加自攻螺钉

　　(22) 压型金属板屋面的细部构造安装要点如下：

　　1）檐口可分为外排水天沟檐口、内排水天沟槽口和自由落水檐口三种形式，在条件允许时应优先采用自由落水檐口和外排水天沟檐口的檐口形式。檐口的做法如下：① 檐口压型金属板上、下边缘的弯折：面板在屋脊处的板边应采用撬杆工具将其上撬以利挡水，在檐口处的板边向下弯以利排水（图 9-112）；②外排水天沟，有不带封檐的和带封檐的两类（图 9-113）；③内排水天沟参见图 9-114；④天沟用金属板材制作时，伸入屋面的金属板材应不小于 100mm；当有檐沟时，屋面金属板材应伸入檐沟内，其长度不应小于 50mm；檐口应用异型金属板材的包角板和固定支架封严。

　　2）压型金属板的泛水板等连接节点应按设计要求施工，安装前应先放线，然后安装和固定，固定应牢固可靠，密封材料应敷设完好，每块泛水板的长度不宜大于 2m，泛水板的安装应顺直，泛水板与金属板材的搭接宽度应符合不同板型的要求。

　　3）屋脊通常有两种做法，一种是屋脊处的压型金属板不断开，多用在跨度不大，屋面坡度小于 1/20 时，其优点是构造简单，防水可靠，节省材料，见图 9-115 (a)；另一种是屋面压型金属板只做到屋脊处，这种做法必须设置上屋脊、下屋脊、挡水板、泛水翻边（高波时应有泛水板）等多种配件，以形成严密的防水构造，见图 9-115 (b)。

　　4）山墙与屋面交接处的构造可分为山墙处屋面压型金属板出

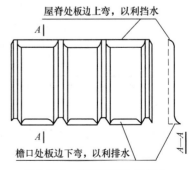

图 9-112　檐口压型金属板上、下边缘的弯折

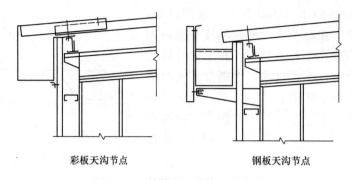

彩板天沟节点　　　　　　钢板天沟节点

图 9-113　外排水天沟檐口示意图

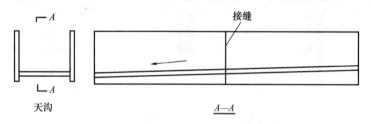

天沟　　　　　　　　　　A—A

图 9-114　内排水天沟示意图

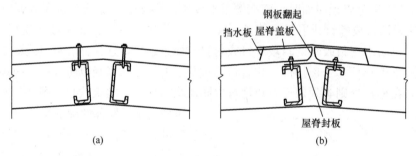

(a)　　　　　　　　　　(b)

图 9-115　屋脊做法示意图

(a) 整体屋脊；(b) 分体屋脊

檐、山墙随屋面坡度设置和山墙高出屋面且上沿线成水平线等三类，参见图 9-116。

（23）压型金属板安装的允许偏差应符合表 9-118 的规定。

表 9-118　压型金属板安装的允许偏差 (mm)　　GB 50896—2013

序号	项　目	允许偏差
1	檐口、屋脊与山墙收边的直线度 檐口与屋脊的平行度	12.0
2	压型金属板板肋或波峰直线度 压型金属板板肋对屋脊的垂直度	$L/800$ 且不应大于 25.0
3	檐口相邻两块压型金属板端部错位	6.0
4	压型金属板卷边板件最大波浪高	4.0

注：L 为屋面半坡或单坡长度 (mm)。

（24）压型金属板在铺设过程中，应对金属板采取临时固定措施，运输至屋面上并就位的压型金属板和泛水板应当天就位并完成连接固定，未就位的材料，应用非金属绳具与屋面结构绑扎固定。

（25）压型金属板安装时，现场剪裁的压型金属板应切割整齐、干净。金属板的安装应平整、顺滑，板面不应有施工残留物，檐口线、屋脊线应顺直，不得有起伏不平现象。

（26）当压型金属板安装时，应根据设计要求进行防雷节点安装，并应按照现行国家标准《建筑物

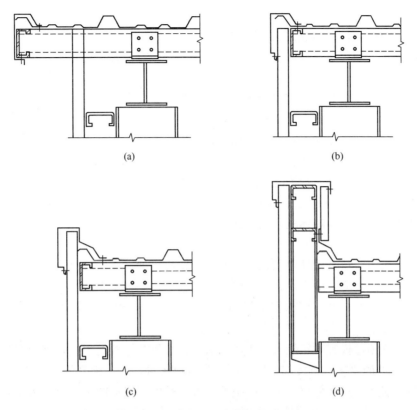

图 9-116　山墙与屋面交接处构造示意图

(a) 山墙处屋面压型金属板出檐构造；(b) 山墙与屋面压型金属板等高随屋面坡度构造；
(c) 山墙高出屋面压型金属板随屋面坡度构造；(d) 山墙高出屋面压型金属板构造

防雷工程施工与质量验收规范》（GB 50601）进行验收。

（27）防坠落设施应按设计要求进行布置和安装，防坠落设施是指为高空作业人员提供保护，防止高空坠落并能在意外坠落过程中提供安全缓冲的一类设施或装置。防坠落系统、各组件及与压型金属板系统或结构的连接应安全可靠，防坠落设施必须具备安全性能的检测报告。

（28）在压型金属屋面板的安装过程中，应对已安装完毕的压型金属板采取有效的保护措施，其成品保护应符合以下相关规定：①在金属屋面板屋面完工后，应保护压型金属板免受坠落物体的冲击，不得在屋面上任意行走或堆放物件；②不宜对金属面板进行焊接、开孔等作业，当使用电焊时，应采取防止损坏压型金属板的措施；③金属板屋面的封边包角在施工过程中不得踩踏，当在已经安装好的屋面板上施工时，应在作业面、行车通道等部位铺设木板等临时跳板，当搬运和安装屋面板时，施工人员不得在已安装完的节点部位和泛水板上行走，且不得踏踩采光板；④如遇有大风或恶劣气候，则应采取临时固定和保护措施；⑤安装完成的压型金属板表面应保持清洁，不应堆放重物和留有杂物。

（29）金属屋面隔汽层、保温隔热层、防水垫层等屋面层次的施工应符合下列要求：

1）隔汽层材料的搭接密度不应小于 100mm，并应采用密封胶带连接，屋面开孔及周边部位的隔汽层应采取密封措施。

2）保温隔热材料的施工应与金属板材、防水垫层、隔汽层等同步铺设；铺设应顺直、平整、紧密；屋脊、檐口、山墙等部位的保温隔热层应与屋面保温隔热层连为一体。

3）金属板屋面的吸声材料和隔声材料的施工应符合相关标准的规定。

4）金属板屋面防水垫层的施工详见 8.3.2 节的有关规定。

（30）金属屋面在施工完毕之后，必须进行雨后观察、整体或局部淋水试验，檐沟、天沟应进行蓄水试验，并应填写淋水和蓄水试验记录。金属板应边缘整齐、表面光滑、色泽均匀、外形规则，不得有扭翘、脱模和锈蚀等缺陷。

9.5.4.2 金属平板、直立锁边板屋面的安装

现行行业标准《采光顶与金属屋面技术规程》（JGJ 255）对金属平板、直立锁边板屋面的安装提出的要求如下：

（1）金属平板屋面的安装和运输应符合现行行业标准《金属与石材幕墙工程技术规范》（JGJ 133）的相关规定。

（2）直立锁边板应根据板型和设计的配板图铺设；铺设时，应先在檩条上安装固定支座，板材和支座的连接应按所采用板材的要求确定。

（3）直立锁边板的肋高和板宽应符合设计要求，顺水流方向设置；沿坡度方向（纵向）宜为一整体，无接口，无螺钉连接；压型面板长度不宜大于 25m，且应设置相应变形导向控制点。

（4）直立锁边屋面板与立面墙体及凸出屋面结构等交接处应做泛水处理，固定就位后搭接口处应采用密封材料密封。

（5）直立锁边板咬口应符合设计要求，平行咬口间距应准确、立边高度应一致。咬口顶部不得有裂纹，咬口连接处直径（或高度）应满足系统供应商技术要求，偏差不得超过 2mm。

（6）直立锁边屋面的檐口线、泛水段应顺直，无起伏现象。檐口与屋脊局部起伏 5m 长度内不大于 10mm。

（7）相邻两块直立锁边板宜顺年最大频率风向搭接；上下两排板的搭接长度应根据板型和屋面坡长确定，并应符合表 9-78 的要求，搭接部位应采用密封材料密封；对接拼缝与外露螺钉应做密封处理。

（8）在天沟与金属面板搭接部位，金属面板伸入天沟长度应根据施工季节等因素计算确定，且不宜小于 150mm；当有檐沟时，金属面板应伸入檐沟内，其长度不宜小于 50mm；檐口端部应采用专用封檐板封堵；山墙应采用专用包角板封严。无檐沟屋面金属面板挑出长度不宜小于 120mm，无组织排水屋面且无檐沟时金属面板挑出长度不宜小于 200mm。

（9）泛水板单体长度不宜大于 2m，泛水板的安装应顺直；泛水板与直立锁边板的搭接宽度应符合不同板型的设计要求。

（10）直立锁边系统板缝咬合方向应符合设计要求，平行流水方向板缝宜采用立咬口，咬口折边方向应按顺水流方向或主导风向设置。垂直流水方向的板缝可采用平咬口。

（11）金属面板与凸出屋面结构的连接处，金属面板应向上弯起固定后做成泛水，其弯起高度不宜小于 200mm。

（12）底泛水与面泛水安装位置及工艺应满足设计要求，接口应紧密。面泛水板与面板之间、收口板与面板之间应采用泡沫塑料封条密封，底泛水板与面板搭接处应采用硅酮密封胶粘结牢靠。

（13）直立锁边金属屋面构件安装允许偏差（图 9-117）应符合表 9-119 的规定。

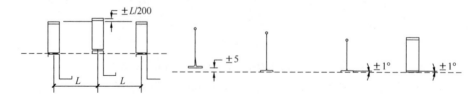

图 9-117　直立锁边金属屋面构件安装

表 9-119　直立锁边金属屋面构件安装允许偏差　JGJ 255—2012

序号	项　目	允许偏差
1	支座直线度	$\pm L/200$mm
2	支座与连接表面垂直度	$\pm 1.0°$
3	横向相邻支座位置差	± 5.0mm

9.5.4.3 梯形、正弦波纹压型金属屋面的安装

现行行业标准《采光顶与金属屋面技术规程》(JGJ 255)对梯形、正弦波纹压型金属屋面的安装提出的要求如下:

(1) 采用压板固定式金属板材时,应采用带防水垫圈的螺栓固定,固定点应设在波峰上,外露螺栓应采用密封胶密封,螺栓数量在波瓦四周的每一搭接边上,均不应少于3个,波中央不少于6个。

(2) 压型板挑出部分应符合设计规定,且无檐沟时,挑出墙面不应小于200mm;有檐沟时,伸入檐沟长度不应小于150mm,檐口应采用专用堵头封檐板封堵,山墙应采用专用包角板封严。

(3) 铺设压型板宜从檐口开始,相邻两块应顺主导风向搭接,搭接宽度横向不少于一个波,纵向搭接长度不应小于200mm。搭接部位应采用密封材料密封,对接拼缝与外露螺钉应做密封处理。

(4) 屋脊、斜脊、天沟和凸出屋面结构等与屋面连接处应采用泛水板连接,每块泛水板的长度不宜大于2m,泛水板的安装应顺直,其与压型板的搭接宽度不少于200mm,泛水板高度不应小于150mm。

(5) 金属屋面的收边、收口和变形缝安装应符合设计要求。

9.5.4.4 夹芯板屋面的安装

夹芯板屋面的安装要点如下:

(1) 夹芯板纵向搭接缝的细部构造参见图9-118;屋脊的细部构造参见图9-119;檐沟的细部构造参见图9-120;檐口的细部构造参见图9-121;山墙包角的细部构造参见图9-122。

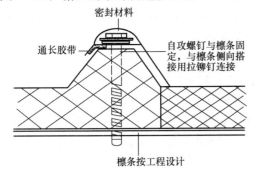

图 9-118　金属夹芯板纵向搭接的细部构造

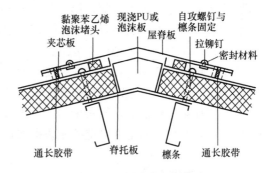

图 9-119　屋脊的细部构造

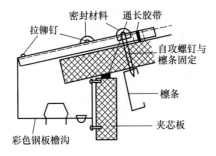

图 9-120　檐沟的细部构造

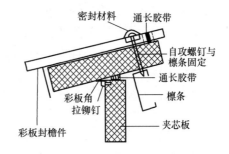

图 9-121　檐口的细部构造

(2) 屋面夹芯板安装时,首先要确定安装的起始点,该点是根据设计图纸及现场情况确定的,一般从一侧山墙往另一侧山墙安装。安装时还应用拉线拉出檐口控制基准线,并应每隔12m设一控制网线。

(3) 在确定好安装方向后,先把山墙边的封口板安装固定好,接着将第一块屋面夹芯板安装就位,并用自攻螺钉将其紧固于檩条上,并应保证与檩条垂直。第一块板安装完毕后,接着安装第二、第三块屋面夹芯板,屋面夹芯板的具体

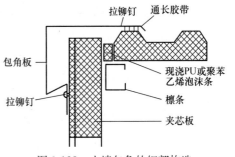

图 9-122　山墙包角的细部构造

安装应按以下要求进行：①先把板材放平放直并搭接好，然后采用自攻螺钉与檩条紧固，自攻螺钉必须垂直于板面，纵横向的螺钉必须成一直线，并必须安装到位，松紧程度适当。②两块平行板的边缘应完全接触，并且平直，从而保证良好的防水性能。③若屋面板沿长度方向超过一块板长，则应分排安装，首先安装第一排（沿排水方向最下面一排），施工时按前述要求从左到右进行。④第一排屋面夹芯板安装完毕后，再安装第二排屋面夹芯板，第二排屋面夹芯板（靠屋脊）的安装方法与第一排屋面夹芯板安装一样，但与第一排搭接处应把下底板割掉300mm，安装时再把留下的上板与第一排板搭接，搭接处应采用拉铆钉拉住，在安装过程中，要充分注意搭接部分的防水处理，板的搭接长度不小于200～300mm，取决于排水距离及排水坡度，采用铆钉紧固，铆钉间距不大于300mm。继续采用同样方法安装后面的屋面夹芯板。⑤当屋面坡度较小时，需要用下弯扳手将钢板下缘（即紧接着天沟的钢板）的平板部分向下弯，以免雨水沿着钢板逆流。

（4）屋脊堵头及屋脊板的安装要点如下：①放线定位第一块屋脊板的起始基准线，沿安装方向定出屋脊堵头及屋脊堵头两边线的安装控制线；②安装屋脊堵头板，堵头板与压型金属板的接触部位应满涂防水胶，然后安装定位并用拉铆钉固定，用密封胶将固定件密封以防止渗漏发生，然后依次安装后续堵头；③依起始基准线和安装控制线，安装第一块屋脊板并调整定位；在屋脊板上测量画出弯折挡水板的定位线，用剪刀剪口，将屋脊板用规定的拉铆钉固定于压型金属板上，用防水密封材料将其固定密封，依画出的弯折定位线弯折挡水板；④安装第二块屋脊板：在第一块压型板上量测出第一块的搭接定位线，在板的搭接部位涂防水胶，安装第二块屋脊板调整定位，并在第二块板上量出弯折挡水板的定位线，并用剪刀剪口，将第二块屋脊板用拉铆钉固定在压型金属板上，用防水胶将其固定密封，依画出的弯折定位线弯折挡水板；⑤采用以上方法逐步安装其余屋脊板。

（5）泛水、包角、伸缩缝盖板的安装要点如下：①放线定出第一块板的起始基准线，沿安装方向确定板两边线的控制线；②依基准线和控制线安装第一块板并调整定位、固定，然后用防水胶将固定件密封以防渗漏；③在第一块板上量测画出第二块板与第一块板的搭接定位线，在板的搭接部位涂防水胶，安装第二块板调整定位，固定件固定并涂防水密封胶密封；④依次安装后续板。

9.5.5　采光顶的安装

9.5.5.1　玻璃采光顶的安装施工

玻璃采光顶的施工应在钢结构、钢筋混凝土结构以及砖混结构等主体结构验收合格，符合有关结构施工及验收规范要求后方可进行，其安装施工的工艺流程参见图9-123，其施工要点如下：

（1）采光顶的支承构造与主体结构连接的预埋件应按设计要求埋设。

（2）安装玻璃采光顶的支承构件、玻璃组件及零附件的材料的品种、规格、色泽和性能应符合设计要求和技术标准的规定；大型玻璃采光顶工程的安装施工，应单独编制施工组织设计方案，并应制定安全生产、文明施工等制度。

（3）玻璃采光顶的施工测量应与主体结构的测量相配合，测量的偏差应及时进行调整，不得积累，在施工过程中应定期对采光顶的安装定位基准点进行校核。

（4）玻璃采光顶安装施工的基本要求如下：

1）根据玻璃采光顶的形状，确定施工放线的基点，找出定位基准线，并以基准线为定位点，根据采光顶的分格测量，确定采光顶各分格点的空间定位；支座的安装应定位准确；支承结构的安装，应按照预定的安装顺序进行安装；采光顶的框架组件、点支承装置在安装调整就位后，应及时紧固，不同金属材料的接触面应采用隔离材料。

2）框支承玻璃采光顶的安装施工应符合以下要求：①采光顶的周边封堵收口、屋脊处压边收口、支座处封口处理，均应铺设平整且可靠固定，并应符合设计要求；②采光顶的天沟、排水槽、通气槽、雨水排出口及隐蔽节点等细部构造的施工应符合设计要求；③装饰压板应顺水流方向设置，表面应平整，接缝应符合设计要求。

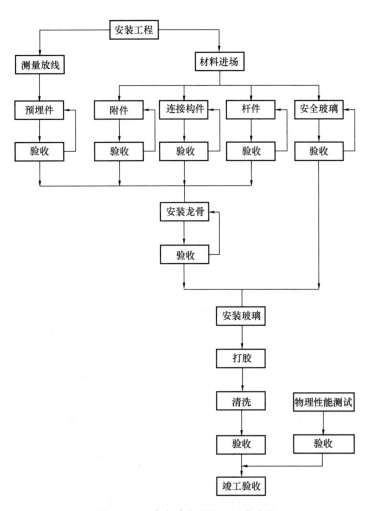

图 9-123　玻璃采光顶施工工艺流程

　　3）点支承玻璃采光顶的安装施工应符合以下要求：①钢桁架及网架结构安装就位、调整之后应及时紧固，钢索杆结构的拉索、拉杆预应力施加应符合设计要求；②玻璃采光顶应采用不锈钢驳接组件装配，爪件在安装之前应精确定出其安装的位置；③玻璃宜采用机械吸盘来安装，并应采取必要的安全措施；④玻璃的接缝应采用硅酮耐候密封胶；⑤中空玻璃钻孔周边应采取多道密封措施。

　　4）玻璃采光顶防雷体系的设置应符合设计要求。

　　5）保温材料应铺设平整且可靠固定，拼接处不应留有缝隙。

　　（5）玻璃框架玻璃采光顶的檐口做法有明框、隐框和半隐框等多种，其组装规定如下：

　　1）明框玻璃组件的组装包括单元和配件，其组装应符合以下规定：①玻璃与型材构件槽口的配合尺寸应符合设计要求和技术标准的规定；②玻璃四周密封胶条的材质、型号应符合设计要求，镶嵌应平整、密实，胶条的长度宜大于边框内槽口长度 1.5%～2.0%，胶条在转角处应斜面断开，并应采用胶粘剂粘结牢固；③明框玻璃组件中的导气孔及排水孔的设置应符合设计要求，其是实现等压设计及排水功能的关键，在组装时应特别注意保持孔道的通畅，使金属框和玻璃因结露而产生的冷凝水得以控制、收集和排出；④明框玻璃组件应拼装严密，框缝的密封应采用硅酮耐候密封胶。

　　2）隐框玻璃组件的组装主要考虑玻璃组装采用的胶粘方式和要求，隐框及半隐框玻璃组件的组装应符合以下规定：①硅酮结构密封胶在使用之前，应进行相容性和剥离粘结性试验；②玻璃及金属框粘结表面的尘埃、油渍和其他污物，应分别使用带溶剂的擦布和干擦布清除干净，并应在清洁 1h 内及时嵌填密封胶；③所采用的结构粘结材料是硅酮结构密封胶，其性能应符合现行国家标准《建筑用硅酮结构密封胶》（GB 16776）的有关规定，硅酮结构密封胶应在有效期内使用；④硅酮结构密封胶应嵌填饱满，并应在温度 15～30℃、相对湿度 50％以上洁净的室内进行，不得在现场嵌填；⑤硅酮结构密封胶的粘结宽度和厚度应符合设计要求，胶缝表面应平整光滑，不得出现气泡；⑥硅酮结构密封胶在固化期间，组件不得长期处于单独受力状态，不应使胶处于工作状态，以保证其粘结强度。

（6）玻璃采光顶在安装时，采用的临时紧固件应在构件紧固之后及时拆除；采用现场焊接或高强度螺栓紧固的构件，在安装就位之后应及时进行防锈处理。

（7）采光顶玻璃安装应按以下要求进行：①安装之前应对玻璃进行表面清洁，擦拭干净，热反射玻璃安装应将镀膜面朝向室内、非镀膜面朝向室外，安装时，玻璃四周嵌入量要符合设计要求，使之能保证在建筑变形及温度变化时消除对玻璃的影响；②采用橡胶条密封时，胶条长度宜比边框内槽口长 1.5％～2.0％，橡胶条斜面断开后应拼成预定的设计角度，并应粘结牢固、镶嵌平整；③球形或椭球形采光顶玻璃安装宜按从中心向四周辐射的方法进行施工。

（8）玻璃安装完成后的打胶工作的质量，是保证采光顶密封性的重要步骤，要切合实际保证玻璃采光顶接口处密封胶的施工质量。玻璃接缝密封胶的施工应符合以下规定：①玻璃接缝密封应采用硅酮耐候密封胶，其性能应符合现行行业标准《幕墙玻璃接缝用密封胶》（JG/T 882）的有关规定，密封胶的级别和模量应符合设计要求；②密封胶的嵌填应密实、连续、饱满，胶缝应平整光滑、缝边顺直；③玻璃间的接缝宽度和密封胶的嵌填深度应符合设计要求；④不宜在夜晚、雨天嵌填密封胶，其嵌填温度应符合产品说明书规定，嵌填密封胶的基面应清洁、干燥；⑤硅酮建筑密封胶施工环境温度应符合产品要求和设计要求；⑥采光顶玻璃若较厚，可采用上下两面分别注胶。

（9）做好采光顶与上部女儿墙、下部窗台、左右与主体结构等处的连接处理，应保证连接的牢固、密封、防水等要求。

（10）框支承玻璃采光顶构件安装的允许偏差应符合表 9-120 的规定；点支承玻璃采光顶安装的允许偏差应符合表 9-121 的规定。

（11）玻璃采光顶施工完毕后，应进行雨后观察、整体或局部淋水试验，檐沟、天沟应进行蓄水试验，并应填写淋水和蓄水试验记录。

（12）玻璃采光顶材料的贮运、保管应符合以下规定：①采光顶部件在搬运时应轻拿轻放，严禁发生互相碰撞；②采光玻璃在运输中应采用有足够承载力和刚度的专用货架，部件之间应用衬垫固定，并应相互隔开；③采光顶部件应放在专用货架上，存放场地应平整、坚实、通风、干燥，并严禁与酸碱等类的物质接触。

表 9-120　框支承玻璃采光顶构件安装的允许偏差　JGJ 255—2012

序号	项　　目	尺寸范围	允许偏差（mm）
1	水平通长构件吻合度	构件总长度≤30m	10.0
		30m＜构件总长度≤60m	15.0
		60m＜构件总长度≤90m	20.0
		构件总长度＞90m	25.0
2	采光顶坡度	坡起长度≤30m	＋10
		30m＜坡起长度≤60m	＋15
		60m＜坡起长度≤90m	＋20
		坡起长度＞90m	＋25
3	单一纵向、横向构件直线度	构件长度≤2000mm	2.0
		构件长度＞2000mm	3.0
4	横向、纵向构件直线度	采光顶长度或宽度≤35m	5.0
		采光顶长度或宽度＞35m	7.0
5	分格框对角线差	对角线长度≤2000mm	3.0
		对角线长度＞2000mm	3.5

续表

序号	项 目	尺寸范围	允许偏差（mm）
6	檐口位置差	相邻两组件	2.0
		长度≤10m	3.0
		长度＞10m	6.0
		全长方向	10.0
7	组件上缘接缝的位置差	相邻两组件	2.0
		长度≤15m	3.0
		长度＞30m	6.0
		全长方向	10.0
8	屋脊位置差	相邻两组件	3.0
		长度≤10m	4.0
		长度＞10m	8.0
		全长方向	12.0
9	同一缝隙宽度差	与设计值相比	±2.0

表 9-121　点支承玻璃采光顶安装的允许偏差　JGJ 255—2012

序号	项 目	尺寸范围	允许偏差（mm）
1	脊（顶）水平高差	—	±3.0
2	脊（顶）水平错位	—	±2.0
3	檐口水平高差	—	±3.0
4	檐口水平错位	—	±2.0
5	跨度（对角线或角到对边垂高）差	≤3000mm	3.0
		≤4000mm	4.0
		≤5000mm	6.0
		＞5000mm	9.0
6	胶缝宽度	与设计值相比	0，＋2.0
7	胶缝厚度	同一胶缝	0，＋0.5
8	采光顶接缝及大面玻璃水平度	采光顶长度≤30m	±10.0
		30m＜采光顶长度≤60m	±15.0
9	采光顶接缝直线度	采光顶长度或宽度≤35m	±5.0
		采光顶长度或宽度＞35m	±7.0
10	相邻面板平面高低差	—	2.5

9.5.5.2　聚碳酸酯板采光顶的安装施工

聚碳酸酯板采光顶工程的安装工艺流程参见图 9-124。由于具体工程的屋面构造不同，其安装工艺也会有所区别，故应合理确定安装工艺过程。在一般情况下，聚碳酸酯板安装施工要点及注意事项如下：

（1）材料、零配件和构件在搬运和吊装时不得碰撞、刮磨，并应有相应的保护措施。

（2）构件现场拼装和安装中对连接附件进行辅助加工时，其位置、尺寸应符合设计要求。

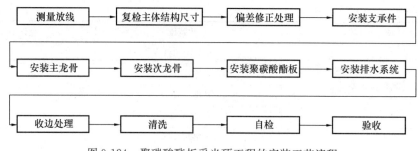

图 9-124　聚碳酸酯板采光顶工程的安装工艺流程

（3）聚碳酸酯板的安装宜采用干法施工，可采用湿法进行施工。

（4）聚碳酸酯 U 形板的安装应符合以下规定：①板材边缘应去毛刺，孔内应保持干净；②可采用型材盖板、金属盖板、端部 U 形保护盖，对 U 形板进行密封，U 形板边部不得外露；③预安装件与支承结构安装之前应检查胶带有无损坏，检查合格后加盖板材端口板；④中空板材不宜进行横向弯曲。

（5）聚碳酸酯中空平板边缘安装应符合以下规定：①板材与型材或镶嵌框的槽口应留出有效间隙，板材受热膨胀或在荷载作用下发生位移时不应有卡死现象；②板材边部被夹持部分至少含有一条筋肋。

（6）安装时，面积较大的屋面工程应划分安装单元区域，当安装完一个区域时，应及时进行检查、校正和固定，调整构件位置偏差在允许范围之内。

（7）聚碳酸酯板在下料时要将定制板材切割成所需的尺寸和形状，加工成屋面安装所需的构件，必然会涉及切割和钻孔等加工工艺。聚碳酸酯板的切割和钻孔工艺要求如下：①聚碳酸酯板可以用标准的木材或金属加工设备进行切割，采用为塑料板特别设计的锯片则可具有最佳的效果，圆锯、带锯或曲线锯都可以使用，但在切割时要注意慢速进锯，手工钢锯也可以应用于聚碳酸酯板的切割；②走锯时一定要固定好板材，采用空气压缩机或真空泵随时清理切割时产生的碎屑和灰尘。

（8）聚碳酸酯板安装施工要点如下：①聚碳酸酯板应顺骨架方向安装，使水滴下滑，板顶边应用防滑、防尘铝箔带密封，板底边应采用特制的有孔透水式铝箔带封底，可使冷凝水外流；②板材带有 UV 保护层的一面朝向室外；③必须为板材的热膨胀预留空间，并确保足够的槽深；④密封系统可分为干式系统（使用 EPDM 或其他相容性胶条）和湿式系统（使用认可的中性硅酮密封胶）两种，聚碳酸酯板不可以用 PVC 材料进行密封或者使用 PVC 垫圈，因为从 PVC 材料中析出的添加剂会使板材表面出现裂纹，甚至破裂；⑤用剪刀或钻孔工具按照设计尺寸剪裁后，再沿每边揭去大约 50mm 的保护膜，以便用专用胶带进行封口，其余的待完工后再撕去，还应注意的是，所有敞开的边缘应封上适当的胶膜，以免水、灰尘或其他杂质侵入，如果工厂采用临时胶带封口，则应先撕去后再贴专用胶带；⑥沿板材长边揭起保护膜 80～100mm，以便板材边部固定在型材系统时不会压住保护膜；⑦应在安装板材前再揭去板材下面的保护膜，过早揭掉保护膜可能会导致加工过程中损坏板材，整个采光顶工程安装完毕后，应立即揭掉板材外面的保护膜或者只短暂保留，因为保护膜在阳光的曝晒情况下，有可能熔化而粘连在板材表面，导致无法揭掉，影响板材质量；⑧确保根据具体应用情况使用适当的封口胶带；⑨聚碳酸酯板的弯曲，不能小于其最小弯曲半径，中空板材只能冷弯、不能热弯，6mm 以下厚度的实心板材可以冷弯或热弯成形，8mm 以上厚度则需要热弯；⑩聚碳酸酯板安装应先进行试拼，并将聚碳酸酯板临时固定在支承结构上，检查尺寸是否合适并满足要求，待检查合格之后，再进行正式固定，检查的重点是板材下料的精度和板肋能否满足受力要求；⑪聚碳酸酯板材的固定顺序应先横向后纵向，固定方式应从左（右）向右（左）进行固定，固定所采用的自攻螺钉的长度应满足牢固要求，固定间距为 200～300mm，在固定自攻螺钉时应用力均匀，检查时可采用肉眼观察的方法，观察铝型材是否有翘起现象，同时应当注意，自攻螺钉严禁穿过聚碳酸酯板，为此，应在铝型材上刻画出中心线，使上扣盖中心线与下扣盖中心线重合。

（9）聚碳酸酯板材的质量较小，故在所有板材安装就位尚未固定之前，要考虑到阵风的影响，防止板材被风掀掉造成损失或人员伤害。

（10）安装施工时不要站在檩条间或采光框架中间的板材上，应尽量站在有支承骨架的地方，因为集中荷载导致的变形可能会使板材从型板中抽出；在安装屋面聚碳酸酯板时，应在屋面上设置梯子或防滑踏板，不能直接站在聚碳酸酯板上。

9.5.6　光伏系统的施工

光伏系统的安装施工要点如下：

（1）设备的合格证、说明书、测试记录、附件备件均应齐全；按设计要求检查太阳能电池组件的型号、规格、数量和完好程度，应无漏气、漏水、裂缝等缺陷；在安装光伏组件前应根据组件参数对每个太阳能电池组件进行检查测试，其参数值应符合产品出厂指标，测试项目除开路电压、短路电流外，还应包括安全检测；应将工作参数接近的组件装在同一子方阵中。

（2）光伏组件的安装应符合以下规定：①安装时组件表面应铺遮光板，遮挡阳光，防止电击危险；②光伏组件在存放、搬运、吊装等过程中不得碰撞受损；光伏组件吊装时，其底部应衬垫木，背面不得受到任何碰撞和重压；③组件在支承构件上的安装位置和排列方式应符合设计要求；④光伏组件的输出电缆不得非正常短路。

（3）布线应符合以下规定：①电缆宜隐藏在支承构件中，并应便于维修；②布线施工应符合现行国家标准《电气装置安装工程电缆线路施工及验收规范》（GB 50168）的相关规定；③组件方阵的布线应有支撑、紧固、防护等措施，导线应留有适当余量；④方阵的输出端应有明显的极性标志和子方阵的编号标志；⑤电缆线穿过屋面处应预埋防水套管，并做防水密封处理；防水套管应在屋面防水层施工前埋设。

（4）辅助系统、电气设备安装应符合以下规定：①电气设备安装应符合现行国家标准《建筑电气工程施工质量验收规范》（GB 50303）的相关规定；②电气系统接地应符合现行国家标准《电气装置安装工程　接地装置施工及验收规范》（GB 50169）的相关规定；③带蓄能装置的光伏系统、蓄电池安装应符合现行国家标准《电气装置安装工程　蓄电池施工及验收规范》（GB 50172）的相关规定；④在逆变器、控制器的表面，不得设置其他电气设备和堆放杂物，保证设备的通风环境；⑤光伏系统并网的电器连接方式应采用与电网相同的方式，并应符合现行国家标准《光伏系统并网技术要求》（GB/T 19939）的相关规定；⑥光伏系统和电网的专用开关柜应有醒目标识；标识应标明"警告""双电源"等提示性文字和符号。

（5）系统调试应符合下列要求：

1）系统调试前应检查以下项目：①接线应无碰地、短路、虚焊等，设备及布线对地绝缘电阻应符合产品设计要求；②接地保护安全可靠；③光伏组件表面应清洁。

2）光伏系统调试和检测应符合国家现行标准的相关规定。

3）光伏系统应按设计要求进行调试，内容包括方阵、配电系统、数据采集系统及整体系统调试。

第 10 章　屋面渗漏修缮技术

10.1　屋面渗漏水产生的部位及原因

屋面渗漏水产生的部位及原因主要有以下几个方面：

（1）山墙、女儿墙和凸出屋面的烟囱等墙体与防水层相交部位渗漏水。其原因是节点做法过于简单，垂直面卷材与屋面卷材没有很好地分层搭接，卷材收口处开裂，水由开裂处进入，尤其在冬季不断冻结、溶化，使开口增大，并延伸至屋面基层，造成漏水。此外，由于卷材转角处未能做成圆弧形、钝角或角太小，女儿墙顶砂浆强度等级低，未做成滴水线或没有做好等，也会造成渗漏。

（2）天沟漏水。由于天沟长度大，纵向坡度小，雨水口少，雨水斗四周卷材粘贴不严，排水不畅，造成天沟漏水。

（3）屋面变形缝（伸缩缝、沉降缝）处理不当，如铁皮凸棱安反、铁皮安装不牢、泛水坡度不等造成渗水。

（4）挑檐、檐口处漏水。由于檐口砂浆未压住卷材，封口处卷材张口，檐口砂浆开裂，下口滴水线或鹰嘴未做好而造成漏水。

（5）由于雨水口处水斗安装过高，泛水坡度不够，使雨水沿雨水斗外侧流入室内，造成渗漏。

（6）厕所、厨房的通气管管根处，由于油毡未盖严，包管高度不够，在油毡上口未缠麻或铅丝，油毡没有做成压毡保护层，使雨水沿出气管进入室内，造成渗漏。

（7）屋面防水层找坡不够，表面凹凸不平，造成屋面积水而渗漏。

（8）加气混凝土条板屋面，由于条板强度刚度差，轻者造成挠度过大，积水渗水，重者加气板开裂而漏水。

10.2　屋面渗漏的修缮

屋面渗漏修缮是指对屋面已发生渗漏的部位进行维修和翻修等防渗封堵的工作。维修是对房屋局部不能满足正常使用要求的防水层采取定期检查更换、整修等措施进行修复的工作，翻修是对房屋不能满足正常使用要求的防水层以及相关的其他构造层采取重新设计、施工等恢复防水功能的工作。不同类型的屋面，其渗漏修缮技术是各不相同的，本章依据《房屋渗漏修缮技术规程》（JGJ/T 53—2011），侧重介绍卷材防水屋面、涂膜防水屋面以及瓦屋面的渗漏修缮技术。

10.2.1　屋面渗漏修缮的一般要求

屋面渗漏修缮的一般要求如下：

（1）屋面渗漏修缮应遵循因地制宜、防排结合、合理选材、综合治理的原则，并应做到安全可靠、技术先进、经济合理、节能环保。

（2）屋面渗漏修缮工程应根据房屋的重要程度、防水设计等级、使用要求，结合查勘结果，找准渗漏部位，综合分析渗漏的原因，编制修缮方案。屋面渗漏修缮方案的主要内容包括施工组织与管理、防水材料的使用、施工操作要求、施工质量要求和安全措施等。

（3）屋面渗漏修缮过程中，不得随意增加屋面荷载或改变原屋面的使用功能。

（4）屋面渗漏局部维修时，应采取分隔措施，并宜在背水面设置导排水设施。

（5）屋面渗漏修缮工程的基层处理宜符合以下规定：① 基层疏松、起砂、起皮和凸起物等应清除，表面应平整、牢固、密实、干净、干燥。排水坡硬度和设计要求。②基层与伸出屋面结构（如女儿墙、山墙、变形缝、天窗壁、烟囱和管道等）的交接处以及基层的转角处（如檐口、天沟和水落口等），均应做成圆弧。内部排水的水落口周围 500mm 范围内的坡度不应小于 5%，应做成略低的凹坑。

（6）修缮屋面保温层时，应采用自然晾晒或加热烘烤干燥的保温隔热材料。保温层如需铲除重做时，基层应清理干净、平整、干燥，铺设的新保温层应平整并留出排水坡度。

（7）应依据屋面防水设防的要求、建筑物的结构特点、渗漏部位及施工条件选用与原防水层材料相容、耐用年限相匹配、具有良好性能的防水材料，并可采用多种防水材料复合使用技术。

1）卷材防水层渗漏修缮应采用高聚物改性沥青防水卷材或合成高分子卷材。所选用的基层处理剂、接缝胶粘剂、密封胶等配套材料应与铺贴的卷材材性相容。

2）涂膜防水屋面渗漏修缮应根据气温条件、屋面坡度、使用条件及渗漏部位，采用不同材性的高聚物改性沥青防水涂料或合成高分子防水涂料，以及聚酯无纺布、化纤无纺布和玻纤网布等胎体增强材料。

3）屋面渗漏宜从迎水面进行修缮。

4）所用材料均应有产品合格证书和性能检测报告，材料的品种、规格、性能等应符合现行国家产品标准技术规范和修缮方案的要求。

（8）严禁在雨天、雪天和五级风及其以上时进行屋面修缮施工。施工的环境气温应符合表 10-1 的要求。

表 10-1　屋面修缮施工的环境气温要求

项　目			气温要求（℃）
粘结保温层	热沥青	不低于	−10
	水泥砂浆	不低于	5
卷材防水层	高聚物改性沥青防水卷材	冷粘法　不低于	5
		热熔法　不低于	−10
	合成高分子防水卷材	冷粘法　不低于	5
		热风焊接法　不低于	−10
涂膜防水层	高聚物改性沥青防水卷材	溶剂型　不低于	−5
		水乳型　不低于	5
	合成高分子防水卷材	溶剂型　不低于	−5
		水乳型　不低于	5

（9）屋面渗漏修缮施工应符合下列规定：①应按修缮方案和施工工艺进行施工；②防水层施工时，应先做好节点附加层的处理；③防水层的收头应采取密封加强措施；④每道工序完成后，必须经检验合格方可进行下道工序的施工；⑤在施工过程中，应做好防水层等的保护工作；⑥雨期修缮施工应做好防雨遮盖和排水措施，冬期施工应采取防冻保温措施。

（10）渗漏施工过程中的隐蔽工程，应在隐蔽之前进行验收。

（11）重新铺设的卷材防水层应符合国家现行有关标准的规定，新旧防水层之间的搭接宽度不应小于 100mm，翻修时，铺设卷材的搭接宽度应按现行国家标准《屋面工程技术规范》（GB 50345）的规定执行。采用涂膜防水修缮时，其涂膜防水层应符合国家现行有关标准的规定，新旧涂膜防水层的搭接宽度不应小于 100mm。保温隔热层浸水渗漏修缮，应根据其面积的大小，进行局部或全部翻修，若保温层浸水不易排除时，宜增设排水措施，若保温层潮湿时，宜增设排汽措施，再做防水层。

（12）屋面发生大面积渗漏，防水层丧失防水功能时，应进行翻修，并应按照现行国家标准《屋面工程技术规范》（GB 50345）的规定重新设计。

10.2.2　屋面渗漏的查勘

屋面渗漏的查勘是指采用实地调查、观察或仪器检测的形式，寻找屋面渗漏原因和渗漏范围的一项工作。

屋面渗漏修缮施工之前，应进行现场查勘，并编制现场查勘书面报告，现场勘查后，应根据查勘结果编制渗漏修缮方案。

1. 屋面渗漏的查勘内容和规定

屋面渗漏的现场查勘宜包括以下内容：工程所在位置周围的环境、使用条件、气候变化对工程的影响；渗漏水发生的部位、现状；渗漏水的变化规律；渗漏部位防水层质量现状及破坏程度，细部防水构造的现状；渗漏原因、影响的范围、房屋结构的安全和其他功能的损害程度。

屋面渗漏的现场查勘宜采用走访、观察、仪器检测等方法，并宜符合以下规定：①对屋顶、外墙的渗漏部位，宜在雨天进行反复观察，画出标记，做好记录；②对于卷材防水层和涂膜防水层，宜直接观察其裂缝、翘边、龟裂、剥落、腐烂、积水及细部节点部位损坏等现状，并宜在雨后观察或蓄水检查防水层大面及细部节点部位的渗漏现象；③对瓦件，宜直接观察其裂纹、风化、接缝及细部节点部位的现状，并宜在雨后观察瓦件及细部节点部位的渗漏现象。

2. 屋面渗漏的查勘要点

（1）卷材防水屋面应检查并确定防水层平面、立面卷材面产生裂缝、空鼓、流淌、翘边、龟裂、断离、张口和破损、剥落、腐烂、积水的位置和范围。检查并找准檐口、天沟、女儿墙、屋脊、水落口、变形缝、阴阳角（转角）、伸出屋面管道、檐沟泛水、立墙等部位防水层泛水构造渗漏的位置和原因。

（2）对暴露式的涂膜防水层，应检查平面、立面、阴阳角和收头部位涂膜的剥离、裂缝、翘边、龟裂、流淌、腐烂、开裂、起鼓、老化和积水等情况；对有保护层的涂膜防水层，应检查保护层开裂、分格缝嵌填材料剥离和断裂等情况；涂膜防水层的细部构造应检查女儿墙、山墙等高出屋面结构泛水部位的涂膜剥离、断裂及老化等情况；检查女儿墙压顶部位开裂、脱落及缺损等情况；应检查水落口、天沟和檐沟、檐口泛水、立墙阴阳角、变形缝等部位的破损、封堵而排水不畅等情况；应检查伸出屋面管道根部是否有涂膜脱落及缺损现象。

（3）瓦材屋面渗漏修缮查勘应包括以下内容：瓦件裂纹、缺角、破碎、风化、老化、锈蚀、变形等状况；瓦件的搭接宽度、搭接顺序、接缝的密封性、平整度、牢固程度等；屋脊、泛水、上人孔、老虎窗、天窗等部位的状况；防水基层开裂、损坏等状况。

（4）屋面渗漏修缮查勘应全面检查屋面防水层大面及细部构造出现的弊病及渗漏现象，并应对排水系统及细部构造重点检查。

10.2.3　屋面渗漏修缮的方案设计

编制屋面渗漏修缮方案时，应根据房屋使用的要求、防水等级，结合现场查勘书面报告，确定采用局部维修或整体翻修措施。屋面渗漏修缮方案宜包括以下内容：细部修缮措施；排水系统设计及选材；所采用的防水材料的主要物理力学性能；基层处理措施；施工工艺及注意事项；防水层的相关构造与功能恢复；保温隔热层的相关构造与功能恢复；完好防水层、保温隔热层、饰面层等保护措施。

在编制屋面渗漏修缮方案之前，应收集以下资料：原防水设计文件；原防水系统使用的构配件、防水材料及其性能指标；原施工组织设计、施工方案及验收资料；历次修缮的技术资料。

屋面渗漏修缮方案设计应符合下列规定：因结构损害所造成的渗漏水应先进行结构的修复；渗漏修缮不得采用损害结构安全的施工工艺及材料；渗漏修缮中宜改善、提高渗漏部位的导水功能；渗漏修缮应统筹考虑保温隔热和防水的要求；施工应符合国家有关安全、劳动保护和环境保护的规定。

10.2.3.1　材料的选用

屋面渗漏修缮时，其材料的选用要点如下：

（1）修缮所用的材料应按工程环境条件和施工工艺的可操作性进行选择，并应符合以下规定：①应满足施工环境条件的要求，且应配置合理、安全可靠、节能环保；②应与原防水层具有相容性，耐用年限相匹配；③对于外露使用的防水材料，其耐老化、耐穿刺等性能应满足使用要求；④应满足由温差等引起的变形要求。

（2）屋面渗漏修缮所用的防水材料和密封材料应符合以下规定：①防水卷材宜选用高聚物改性沥青防水卷材、合成高分子防水卷材等，并宜热熔或胶粘铺贴；②柔性防水涂料宜选用聚氨酯防水涂料、喷涂聚脲防水涂料、聚合物水泥防水涂料、高聚物改性沥青防水涂料、丙烯酸酯乳液防水涂料等，并宜涂布（喷涂）施工；③刚性防水涂料宜选用高渗透性渗透型改性环氧树脂防水涂料、无机防水涂料等，并宜涂布施工；④密封材料宜选用合成高分子密封材料、自粘聚合物沥青泛水带、丁基橡胶防水密封胶带、改性沥青嵌缝油膏等，并宜嵌填施工；⑤抹面材料宜选用聚合物水泥防水砂浆或掺防水剂的水泥砂浆等，并宜抹压施工；⑥刚性、柔性防水材料宜复合使用。

（3）渗漏修缮所选用材料的质量、性能指标、试验方法等应符合国家现行有关标准的规定，进场材料应合格。

（4）整体翻修或大面积维修时，应对防水材料进行现场见证抽样复验；局部维修时，应根据用量及工程重要程度，由委托方和施工方协商防水材料的复验。

（5）屋面渗漏修缮选用的防水材料应依据屋面防水设防要求、建筑结构特点、渗漏部位及施工条件选定，并应符合以下规定：①防水层外露的屋面应选用耐紫外线、耐老化、耐腐蚀、耐酸雨性能优良的防水材料；外露屋面沥青卷材防水层宜选用上表面覆有矿物粒料保护的防水卷材；②上人屋面应选用耐水、耐霉菌性能优良的材料，种植屋面还应选用耐根穿刺的防水卷材；③薄壳、装配式结构、钢结构等大跨度变形较大的建筑屋面应选用延伸性好、适应变形能力优良的防水材料；④屋面接缝密封防水，应选用粘结力强、延伸率大、耐久性能好的密封材料。

（6）在屋面渗漏修缮中，若采用多种材料复合使用时，耐老化、耐穿刺的防水层宜设置在最上面，不同材料之间应具有相容性；合成高分子类防水卷材或防水涂膜的上部不得采用热熔型卷材。

（7）瓦件及配套材料的产品规格宜统一；平瓦及其脊瓦应边缘整齐、表面光洁，不得有剥离、裂纹等缺陷，平瓦的瓦爪与瓦槽的尺寸应准确；沥青瓦应边缘整齐、切槽清晰、厚薄均匀，表面无孔洞、楞伤、裂纹、折皱和起泡等缺陷。

（8）柔性防水层的破损及裂缝，其修缮宜采用与其类型、品种相同或相容性好的卷材、涂料及密封材料；涂膜防水层的开裂部位，其修缮宜涂布带有胎体增强材料的防水涂料；瓦屋面的修缮所需更换的瓦件应采取固定加强措施，多雨地区的坡屋面檐口的修缮宜更换制品型檐沟及水落管；混凝土微细结构裂缝的修缮宜根据其宽度、深度、漏水状况，采用低压化学灌浆。

（9）粘贴防水卷材应使用与卷材相容的胶粘材料，其粘结性能应符合表10-2的规定。

表10-2 防水卷材粘结性能 JGJ/T 53—2011

项 目		自粘聚合物沥青防水卷材粘合面		三元乙丙橡胶和聚氯乙烯防水卷材胶粘剂	丁基橡胶自粘胶带
		PY类	N类		
剪切状态下的粘合性（卷材-卷材）	标准试验条件（N/mm）	≥4或卷材断裂	≥2或卷材断裂	≥2或卷材断裂	≥2或卷材断裂
粘结剥离强度（卷材-卷材）	标准试验条件（N/mm）	≥1.5或卷材断裂		≥1.5或卷材断裂	≥0.4或卷材断裂
	浸水168h后保持率（%）	≥70		≥70	≥80
与混凝土粘结强度（卷材-混凝土）	标准试验条件（N/mm）	≥1.5或卷材断裂		≥1.5或卷材断裂	≥0.6或卷材断裂

10.2.3.2 卷材防水屋面渗漏修缮的设计

1. 卷材防水层渗漏修缮的设计

卷材防水屋面卷材防水层渗漏修缮的设计要点如下：

（1）卷材防水屋面出现的裂缝可分为有规则的裂缝和无规则的裂缝。维修应符合以下要求：①采用卷材维修卷材防水层上面有规则的裂缝时，应先将基层清理干净，再沿裂缝单边点粘宽度不小于100mm卷材隔离层，然后在原防水层上铺设宽度不小于300mm卷材覆盖层，覆盖层与原防水层的粘结宽度不应小于100mm；②若采用防水涂料维修卷材防水层上面有规则的裂缝时，应先沿裂缝清理面层浮灰、杂物，再沿裂缝铺设隔离层，其宽度不应小于100mm，然后在面层涂布带有胎体增强材料的防水涂料，形成防水涂膜，收头处应密封严密；③对于卷材防水层上面的无规则裂缝，宜沿裂缝铺设宽度不小于300mm卷材或涂布带有胎体增强材料的防水涂料，维修前应沿裂缝清理面层浮灰、杂物。防水层应满粘满涂，新旧防水层应搭接严密；④对于分格缝或变形缝部位的卷材裂缝，应清除缝内失效的密封材料，重新铺设衬垫材料和嵌填密封材料，密封材料应饱满、密实，施工中不得裹入空气。

（2）卷材防水层接缝开口、翘边的维修应符合以下要求：①清理原粘结面的胶粘材料、密封材料、尘土，并应保持粘结面的干净、干燥；②应依据设计要求或施工方案，采用热熔或胶粘方法将卷材接缝粘牢，并应沿接缝覆盖一层宽度不小于200mm的卷材密封严密；③接缝开口处老化严重的卷材应割除，并应重新铺设卷材防水层，接缝处应采用密封材料密封严密、粘结牢固。

（3）卷材防水层起鼓维修时，应先将卷材防水层的鼓泡用刀割除，并清除原胶粘材料，基层应干净、干燥，再重新铺设防水卷材，防水卷材的接缝处应粘结牢固、密封严密。

（4）卷材防水层局部出现龟裂、发脆、腐烂等现象时，其维修应符合以下规定：①清除已破损的防水层，并应将基层清理干净，修补平整；②若采用防水卷材进行维修时，则应按照修缮方案要求，重新铺设卷材防水层，其搭接缝应粘结牢固、密封严密；③若采用防水涂料进行维修时，则应按照修缮方案要求，重新涂布防水层，收头处应多遍涂刷并密封严密。

（5）若卷材防水层出现大面积的皱折、卷材拉开脱空和搭接错动，应先将皱折、脱空的卷材切除，修整找平层，然后用耐热性相适应的卷材维修，按原防水层卷材铺设层数重新铺设卷材，铺设卷材应垂直于屋脊，避免卷材短边搭接；新铺卷材应与找平层粘牢，与原卷材依层搭接，搭接缝应粘牢封严，卷材之间亦粘结牢固、平整；防水层卷材脱空、耸肩部位的维修如图10-1所示，应先切开脱空卷材，清除原有胶粘材料及杂物，然后将切开的下部卷材重新粘贴，增铺一层卷材压盖下部卷材，将上部卷材覆盖，与新铺卷材搭接不小于150mm，压实封严；卷材皱折、成团部位的维修如图10-2所示，应先切除皱折、成团的卷材，清除原有胶粘材料及基层污物，然后再用卷材重新铺贴并压入原防水层卷材150mm，搭接处压实封严。

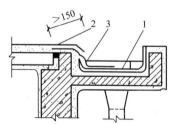 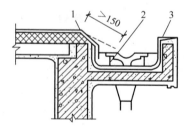

图 10-1 卷材脱空、耸肩部位的维修　　　图 10-2 卷材皱折、成团部位的维修

1—原防水层卷材（下部）；2—揭开原防水　　1—揭开原防水层卷材；2—新铺卷材；3—卷

层卷材；3—加铺卷材　　　　　　　　　　材收头封固

（6）卷材防水层大面积渗漏、丧失防水功能时，可全部铲除或保留原防水层进行翻修，并应符合以下规定：①防水层大面积老化、破损时，应全部铲除，并应修整找平层及保温层，铺设卷材防水层时，

应先做附加层增强处理，并应符合现行国家标准《屋面工程技术规范》（GB 50345）的规定，再重新施工防水层及其保护层；②防水层大面积老化、局部破损时，在屋面荷载允许的条件下，宜在保留原防水层的基础上，增做面层防水层，防水卷材破损部分应铲除，面层应清理干净，必要时应用水冲刷干净，在局部修补、增强处理之后，方可铺设面层防水层，防水卷材的铺设应符合现行国家标准《屋面工程技术规范》（GB 50345）的规定。

2. 卷材防水层细部构造渗漏修缮的设计

卷材防水层细部构造渗漏修缮的设计要点如下：

（1）天沟、檐沟卷材开裂渗漏的修缮应符合以下规定：①当渗漏点较少或分布零散时，应拆除开裂破损处已失效的防水材料，重新进行防水处理，修缮后应与原防水层衔接形成整体，且不得积水（图10-3）；②当渗漏部位严重时，在进行翻修时宜先将已起鼓、破损的原防水层铲除、清理干净，并修补基层，方可再铺设卷材或涂布防水涂料附加层，然后重新铺设防水层，卷材的收头部位应固定、密封。

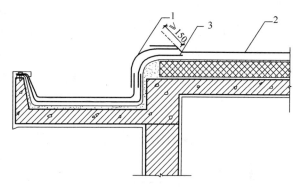

图 10-3　天沟、檐沟与屋面交接处渗漏维修

1—新铺卷材或涂膜防水层；2—原防水层；3—新铺附加层

（2）泛水处卷材开裂、张口、脱落的维修应符合以下规定：①女儿墙、立墙等高出屋面结构与屋面基层的连接处卷材开裂时，应先将裂缝处清洗干净，再重新铺设卷材或涂布防水涂料，新旧防水层应形成整体（图10-4），卷材收头可压入凹槽内固定密封，凹槽距屋面找平层高度不应小于250mm，上部墙体应做防水处理；②女儿墙泛水处卷材张口、脱落尚不严重时，应先清除原有的胶粘及密封材料，再重新满粘卷材，其上部应覆盖一层卷材，并应将卷材收头铺至女儿墙压顶下，同时应采用压条钉压固定并采用密封材料封闭严密，压顶应做防水处理（图10-5），张口、脱落若严重，则应割除原有卷材，重新铺设新卷材；③混凝土墙体泛水处收头卷材张口、脱落时，应先清除原有的胶粘和密封材料，水泥砂浆层至结构层再次涂刷基层处理剂，然后重新满粘卷材，卷材的收头端部应裁齐，并应采用金属压条钉压固定，最大钉距不应大于300mm，并应采用密封材料封严，上部应采用金属板材进行覆盖，并应钉压固定，用密封材料封严（图10-6）。

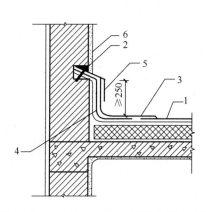

图 10-4　女儿墙、立墙与屋面基层连接处开裂维修

1—原防水层；2—密封材料；3—新铺卷材或涂膜防水层；4—新铺附加层；5—压盖原防水层卷材；6—防水处理

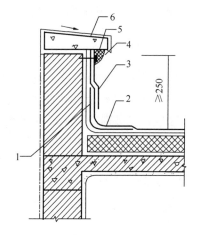

图 10-5　女儿墙泛水处收头卷材张口、脱落渗漏维修

1—原附加层；2—原卷材防水层；3—增铺一层卷材防水层；4—密封材料；5—金属压条钉压固定；6—防水处理

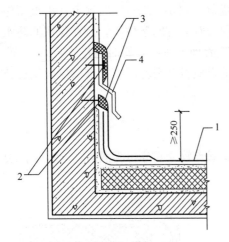

图 10-6　混凝土墙体泛水处收头卷材
张口、脱落渗漏维修

1—原卷材防水层；2—金属压条钉压固定；

3—密封材料；4—增铺金属板材或高分子卷材

（3）女儿墙、立墙和女儿墙压顶开裂、剥落的维修应符合以下规定：①压顶砂浆若局部出现开裂、剥落，应先剔除局部砂浆后，再铺抹聚合物水泥防水砂浆或浇筑 C20 细石混凝土；②压顶开裂、剥落若严重，应先凿除疏松的砂浆，再修补基层，然后在顶部加扣金属盖板，金属盖板应做防锈蚀处理。

（4）变形缝渗漏的维修应符合以下规定：①屋面水平变形缝若出现渗漏，应先清除变形缝内原有卷材防水层、胶粘和密封材料，且基层应保持干净、干燥，再涂刷基层处理剂，缝内填充衬垫材料，并用卷材封盖严密，然后在顶部加扣混凝土盖板或金属盖板，金属盖板应做防腐蚀处理（图 10-7）；②屋面高低跨变形缝若出现渗漏，应先按①的规定进行清理及卷材铺设，卷材应在立墙收头处用金属压条钉压固定和密封处理，上部再用金属板或合成高分子卷材覆盖，其收头部位应固定密封（图 10-8）；③变形缝挡墙根部渗漏应按本节 2（2）①的规定进行处理。

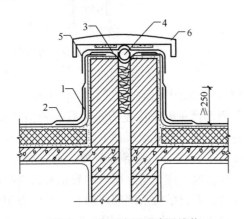

图 10-7　水平变形缝渗漏维修

1—原附加层；2—原卷材防水层；3—新铺卷材；

4—新嵌衬垫材料；5—新铺卷材封盖；6—新铺
金属盖板

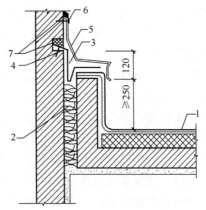

图 10-8　高低跨变形缝渗漏维修

1—原卷材防水层；2—新铺泡沫塑料；3—新
铺卷材封盖；4—水泥钉；5—新铺金属板材
或合成高分子卷材；6—金属压条钉压固定；
7—新嵌密封材料

（5）横式水落口卷材收头处张口、脱落而导致渗漏时，应拆除原有的防水层，清理干净，嵌填密封材料，再铺设卷材或涂布防水涂料附加层，然后再铺设防水层（图 10-9）；直式水落口与基层接触处出现渗漏时，应清除周边已破损的防水层和凹槽内原密封材料，基层处理后重新嵌填密封材料，面层涂布防水涂料，厚度不应小于 2mm（图 10-10）。

（6）伸出屋面的管道根部出现渗漏时，应先将管道周围的卷材、胶粘和密封材料清除干净至结构层，再在管道根部重做水泥砂浆圆台，上部增设防水附加层，面层采用卷材覆盖，其搭接宽度不应小于 200mm，并应粘结牢固、封闭严密。卷材防水层收头高度不应小于 250mm，并应先用金属箍箍紧，再用密封材料封严（图 10-11）。

10.2.3.3　涂膜防水屋面渗漏修缮的设计

涂膜防水屋面涂膜防水层渗漏修缮的设计要点如下：

（1）涂膜防水层裂缝的维修应符合以下规定：①对于有规则裂缝维修，应先清除裂缝部位的防水涂膜，并将基层清理干净，再沿缝干铺或单边点粘空铺隔离层，然后在面层涂布涂膜防水层，新旧防水层的搭接应严密（图 10-12）；②对于无规则裂缝维修，应先铲除损坏的涂膜防水层，并清除裂缝周围的浮灰及杂物，再沿裂缝涂布涂膜防水层，新旧防水层的搭接应严密。

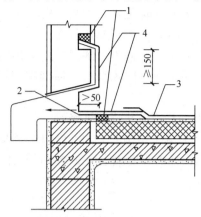
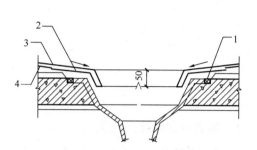

图 10-9　横式水落口与基层接触处
渗漏维修

1—新嵌密封材料；2—新铺附加层；3—原
防水层；4—新铺卷材或涂膜防水层

图 10-10　直式水落口与基层接触处渗漏维修
1—新嵌密封材料；2—新铺附加层；3—新涂膜
防水层；4—原防水层

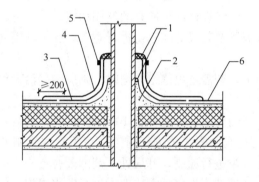
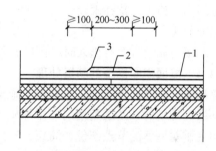

图 10-11　伸出屋面管道根部渗漏维修
1—新嵌密封材料；2—新做防水砂浆圆台；3—新铺附
加层；4—新铺面层卷材；5—金属箍；6—原防水层

图 10-12　涂膜防水层裂缝维修
1—原涂膜防水层；2—新铺隔离层；3—新涂
布有胎体增强材料的涂膜防水层

　　（2）涂膜防水层起鼓、老化、腐烂等现象维修时，应先铲除已破损的防水层，然后修整或重做找平层，找平层应抹平压光，再涂刷基层处理剂，然后涂布涂膜防水层，其边缘应多遍涂刷涂膜。

　　（3）涂膜防水屋面泛水部位渗漏维修时，应先清理泛水部位的原有涂膜防水层，且面层应干燥、干净，泛水部位应先增设涂膜防水附加层，再涂布防水涂料，涂膜防水层的有效泛水高度不应小于 250mm。

　　（4）天沟、水落口维修时，应清理防水层及基层，天沟应无积水且干燥，水落口杯应与基层锚固，施工时，应先做水落口的密封防水处理及增强附加层，其直径应比水落口大 200mm，然后再在面层涂布防水涂料。

　　（5）涂膜防水层的翻修应符合以下规定：①保留原有防水层时，应将起鼓、腐烂、开裂及老化部位的涂膜防水层清除，局部维修之后，面层应涂布涂膜防水层，且涂布应符合现行国家标准《屋面工程技术规范》（GB 50345）的规定；②全部铲除原有防水层时，应修整或重做找平层，水泥砂浆找平层应顺坡抹平压光，面层应牢固。面层应涂布涂膜防水层，且涂布应符合现行国家标准《屋面工程技术规范》（GB 50345）的规定。

10.2.3.4　瓦屋面渗漏修缮的设计

　　瓦屋面渗漏修缮的设计要点如下：

（1）黏土瓦、水泥瓦等块瓦屋面以及陶瓦屋面的渗漏维修应符合以下规定：①少量瓦件产生裂纹、缺角、破碎、风化时，应拆除破损的瓦件，并选用同一规格的瓦件予以更换；②瓦件松动时，应拆除松动的瓦件，重新铺挂瓦件；③块瓦若大面积破损时，应清除全部瓦件，进行整体翻修。

（2）沥青瓦屋面的渗漏维修应符合以下规定：①沥青瓦局部老化、破裂、缺损时，应更换同一规格的沥青瓦；②若沥青瓦大面积老化时，应全部拆除沥青瓦，并按现行国家标准《屋面工程技术规范》（GB 50345）的规定重新铺设防水垫层及沥青瓦。

（3）屋面瓦与山墙交接部位渗漏时，应按女儿墙泛水渗漏的修缮方法进行维修。

（4）瓦屋面的天沟、檐沟的渗漏维修应符合下列规定：①混凝土结构的天沟、檐沟渗漏水的修缮应符合10.2.3.2节2（1）的规定；②预制的天沟、檐沟应根据损坏的程度决定局部维修或整体更换。

10.2.4　屋面渗漏修缮的施工

屋面渗漏修缮施工应由具有资质的专业施工队伍承担，作业施工人员应持证上岗。

屋面渗漏修缮施工应符合以下规定：①施工前应根据修缮方案进行技术、安全交底；②潮湿基层应进行处理，并应符合修缮方案要求；③在铲除原有防水层时，应预留新旧防水层之间的搭接宽度；④应认真做好新旧防水层的搭接密封处理，从而使两者成为一体；⑤不得破坏原有仍完好的防水层和保温层；⑥在施工的过程中，应随时检查修缮效果，并应做好隐蔽工程施工记录；⑦对已经完成渗漏修缮的部位，应采取保护措施；⑧屋面渗漏修缮完工之后，应恢复该部位原有的使用功能。

屋面渗漏修缮施工严禁在雨天、雪天进行，五级风及其以上时不得进行施工，施工环境气温应符合现行国家标准的规定。

当工程现场与修缮方案有出入时，则应暂停施工，若需变更修缮方案时，则应做好洽商记录。

10.2.4.1　屋面渗漏修缮的基层处理

屋面渗漏修缮的基层处理应满足材料及施工工艺的要求，并应符合10.2.1节（5）的规定。

采用基层处理剂时，基层处理剂可采取喷涂工艺或涂刷工艺进行施工，在喷涂或涂刷基层处理剂前，应先用毛刷对屋面的节点部位、周边、转角等部位进行涂刷，基层处理剂的配合比应准确，搅拌应充分，喷涂和涂刷应均匀一致，覆盖完全，待基层处理剂干燥之后，应及时进行防水层施工。

10.2.4.2　卷材防水屋面的渗漏修缮施工

卷材防水屋面的渗漏修缮施工要点如下：

（1）屋面防水卷材出现渗漏，若采用卷材修缮时，其施工应符合下列规定：①铺设卷材的基层处理应符合修缮方案的要求，其干燥程度应根据卷材的品种与施工要求确定；②在防水层破损或细部构造及阴阳角、转角部位，应铺设卷材加强层；③卷材铺设宜采用满粘法工艺进行施工；④卷材搭接缝部位应粘结牢固、封闭严密，铺设完成的卷材防水层应平整，搭接尺寸应符合设计要求；⑤卷材防水层应先沿裂缝单边点粘或空铺一层宽度不小于100mm的卷材，或采取其他能增大防水层适应变形的措施，然后再进行大面积铺设卷材。

（2）屋面防水卷材出现渗漏，若采用高聚物改性沥青防水卷材热熔修缮时，其施工应符合下列规定：①火焰加热器的喷嘴距卷材面的距离应适中，幅宽内加热应均匀，以卷材表面熔融至光亮黑色为度，不得过分加热卷材；②厚度小于3mm的高聚物改性沥青防水卷材，严禁采用热熔法施工；③卷材表面热熔后应立即铺设卷材，铺设时应排除卷材下面的空气，使之平展并粘贴牢固；④搭接缝部位宜以溢出热熔的改性沥青为度，溢出的改性沥青宽度以2mm左右并均匀顺直为宜；当接缝处的卷材有铝箔或矿物粒（片）料时，应清除干净后再进行热熔和接缝处理；⑤重新铺设卷材时，应平整顺直，搭接尺寸准确，不得扭曲。

（3）屋面防水卷材出现渗漏，若采用合成高分子防水卷材冷粘法工艺修缮时，其施工应符合以下规定：①基层胶粘剂可涂刷在基层或卷材底面，涂刷应均匀、不露底、不堆积，卷材空铺、点粘、条粘时，应按规定的位置及面积涂刷胶粘剂；②根据胶粘剂的性能，应控制胶粘剂涂刷与卷材铺设的间隔时间；③铺设卷材时不得皱折，也不得用力拉伸卷材，并应排除卷材下面的空气，辊压粘贴牢固；④铺设的卷材应平整顺直，搭接尺寸准确，不得扭曲；⑤卷材铺好压粘后，应将搭接部位的粘合面清理干净，并应采用与卷材配套的接缝专用胶粘剂粘贴牢固；⑥搭接缝口应采用与防水卷材相容的密封材料封严；⑦卷材搭接部位采用胶粘带粘结时，粘合面应清理干净，撕去胶粘带隔离纸后应及时粘合上层卷材，并辊压粘牢，低温施工时，宜采用热风机加热，使其粘贴牢固、封闭严密。

（4）屋面防水卷材出现渗漏，若采用合成高分子防水卷材焊接法工艺和机械固定法工艺修缮时，其施工应符合以下规定：①对于热塑性卷材的搭接缝宜采用单缝焊或双缝焊，焊接应严密，焊接前，卷材应铺放平整、顺直，搭接尺寸准确，焊接缝的结合面应清扫干净，应先焊长边搭接缝，后焊短边搭接缝；②卷材若采用机械固定工艺固定时，固定件应与结构层固定牢固，固定件间距应根据当地的使用环境与条件确定，并不宜大于600mm，距周边800mm范围内的卷材应满粘。

（5）屋面水落口、天沟、檐沟、檐口及立面卷材收头等渗漏的修缮施工应符合以下规定：①重新安装的水落口应牢固固定在承重结构上，若采用金属制品时，则应做防锈处理；②天沟、檐沟重新铺设的卷材应从沟底开始，当沟底过宽，卷材需纵向搭接时，搭接缝应用密封材料封口；③混凝土立面的卷材收头应裁齐后压入凹槽，并用压条或带垫片钉子固定，最大钉距不应大于30mm，凹槽内用密封材料嵌填封严；④立面铺设高聚物改性沥青防水卷材时，应采用满粘法工艺，并宜减少短边搭接。

（6）屋面防水卷材出现渗漏，若采用防水涂膜修缮时，其施工应符合10.2.4.3节的有关规定。

10.2.4.3　涂膜防水屋面的渗漏修缮施工

涂膜防水屋面的渗漏修缮施工要点如下：

（1）涂膜防水层渗漏修缮施工应符合以下规定：①基层处理应符合修缮方案的要求，基层的干燥程度，应视所选用的涂料特性而定；②涂膜防水层的厚度应符合国家现行有关标准的规定；③涂膜防水层在修缮时，应先做带有胎体增强材料的涂膜附加层，新旧涂膜防水层的搭接宽度不应小于100mm；④涂膜防水层应采用涂布法工艺或喷涂法工艺进行施工；⑤在涂膜防水层维修或翻修时，天沟、檐沟的坡度应符合设计要求；⑥防水涂膜应分遍涂布，应待先涂布的涂料干燥成膜之后，方可再涂布后一遍涂料，且前后两遍涂料的涂布方向应相互垂直；⑦涂膜防水层的收头，应采用多遍涂刷防水涂料或用密封材料封严；⑧对已开裂、渗水的部位，应凿出凹槽后再嵌填密封材料，并增设一层或多层带有胎体增强材料的附加层；⑨涂膜防水层应沿裂缝增设带有胎体增强材料的空铺附加层，其空铺宽度宜为100mm。

（2）涂膜防水层渗漏若采用高聚物改性沥青防水涂膜修缮时，其施工要点如下：①防水涂膜应多遍涂布，其总厚度应达到设计的要求；②涂层的厚度应均匀，且表面平整；③涂层间铺设带有胎体增强材料时，宜边涂布边铺胎体增强材料，胎体增强材料应铺设平整，排除气泡，并与涂料粘结牢固，在胎体增强材料上涂布涂料时，应使涂料浸透胎体，覆盖完全，不得有胎体外露现象；④涂膜施工前应先做好节点处理，铺设带有胎体增强材料的附加层，然后再进行大面积涂布；⑤屋面转角及立面的涂膜应薄涂多遍，不得有流淌和堆积现象。

（3）涂膜防水层渗漏若采用合成高分子防水涂膜修缮时，其施工要点如下：①可采用涂布或喷涂施工，当采用涂布工艺施工时，每遍涂布的推进方向宜与前一遍相互垂直；②多组分涂料的施工，应按配合比准确计量，搅拌均匀，已配制好的多组分涂料应及时使用，配料时，可加入适量的缓凝剂或促凝剂来调节固化时间，但不能混入已固化的涂料；③在涂层间铺设胎体增强材料时，位于胎体下面的涂层厚度不宜小于1mm，最上层的涂层不应少于两遍，其厚度不应小于0.5mm。

（4）涂膜防水层渗漏若采用聚合物水泥防水涂膜修缮时，应有专人配料、计量，液料和粉料搅拌应均匀，不得混入已固化或结块的涂料。

10.2.4.4　块瓦屋面的渗漏修缮施工

更换的平瓦应铺设整齐，彼此紧密搭接，并应瓦榫落槽，瓦脚挂牢，瓦头排齐。

更换的沥青瓦应自檐口向上铺设，相邻两层沥青瓦的拼缝及瓦槽应均匀错开，每片沥青瓦不应少于4个固定钉，固定钉应垂直钉入，钉帽不得外露沥青瓦表面；当屋面坡度大于150％时，则应增加固定钉或采用沥青胶粘贴。

10.2.4.5　合成高分子密封材料的施工

屋面防水层渗漏采用合成高分子密封材料修缮时，其施工应符合以下规定：①单组分密封材料可以直接使用，多组分密封材料应根据规定的比例准确计量，拌合均匀，每次拌合量、拌合时间和拌合温度，应按所用密封材料的要求严格控制；②密封材料可使用挤出枪或腻子刀嵌填，嵌填应饱满，不得有气泡和孔洞；③采用挤出枪进行嵌填时，应根据接缝的宽度选用口径合适的挤出嘴，均匀挤出密封材料嵌缝，并由底部逐渐充满整个接缝；④一次嵌填或分次嵌填应根据密封材料的具体性能要求确定；⑤采用腻子刀嵌填时，应先将少量密封材料批刮在缝槽两侧，分次将密封材料嵌填在缝内，并防止裹入空气，接头应采用斜槎；⑥密封材料嵌填之后，应在表干之前用腻子刀进行修整；⑦多组分密封材料在拌合之后，应在规定的时间内使用完毕，尚未混合的多组分密封材料和未用完的单组分密封材料应密封存放；⑧嵌填的密封材料表干后，方可进行保护层的施工；⑨对嵌填完毕的密封材料，应避免碰损及污染，固化前不得踩踏。

10.2.4.6　屋面大面积渗漏的修缮施工

屋面出现大面积渗漏进行翻修时，其基层处理应符合修缮方案要求。若采用防水卷材修缮时，应符合 10.2.4.2 节的要求，并应符合现行国家标准《屋面工程技术规范》（GB 50345）的规定；若采用防水涂膜修缮时，应符合 10.2.4.3 节的要求，并应符合现行国家标准《屋面工程技术规范》（GB 50345）的规定。

附录 屋面工程建设标准强制性条文及条文说明

一、《屋面工程技术规范》中的强制性条文及条文说明

《屋面工程技术规范》（GB 50345—2012）中含有 8 条强制性条文，其条文及条文说明如下。

（一）**3.0.5❶** 屋面防水工程应根据建筑物的类别、重要程度、使用功能要求确定防水等级，并应按相应等级进行防水设防；对防水有特殊要求的建筑屋面，应进行专项防水设计。屋面防水等级和设防要求应符合表 3.0.5 的规定。

表 3.0.5 屋面防水等级和设防要求

防水等级	建筑类别	设防要求
Ⅰ级	重要建筑和高层建筑	两道防水设防
Ⅱ级	一般建筑	一道防水设防

条文说明

3.0.5 本条对屋面防水等级和设防要求做了较大的修订。原规范对屋面防水等级分为四级，Ⅰ级为特别重要或对防水有特殊要求的建筑，由于这类建筑极少采用，本次修订做了"对防水有特殊要求的建筑屋面，应进行专项防水设计"的规定；原规范Ⅳ级为非永久性建筑，由于这类建筑防水要求很低，本次修订给予删除，故本条根据建筑物的类别、重要程度、使用功能要求，将屋面防水等级分为Ⅰ级和Ⅱ级，设防要求分别为两道防水设防和一道防水设防。

本规范征求意见稿和送审稿中，都曾明确将屋面防水等级分为Ⅰ级和Ⅱ级，防水层的合理使用年限分别定为 20 年和 10 年，设防要求分别为两道防水设防和一道防水设防。关于防水层合理使用年限的确定，主要是根据建设部《关于治理屋面渗漏的若干规定》（1991）370 号文中"……选材要考虑其耐久性能保证 10 年"的要求，以及考虑我国的经济发展水平、防水材料的质量和建设部《关于提高防水工程质量的若干规定》（1991）837 号中有关精神提出的。考虑近年来新型防水材料的门类齐全、品种繁多，防水技术也由过去的沥青防水卷材叠层做法向多道设防、复合防水、单层防水等形式转变。对于屋面的防水功能，不仅要看防水材料本身的材性，还要看不同防水材料组合后的整体防水效果，这一点从历次的工程调研报告中已得到了证实。由于对防水层的合理使用年限的确定，目前尚缺乏相关的实验数据，根据本规范审查专家建议，取消对防水层合理使用年限的规定。

（二）**4.5.1** 卷材、涂膜屋面防水等级和防水做法应符合表 4.5.1 的规定。

表 4.5.1 卷材、涂膜屋面防水等级和防水做法

防水等级	防 水 做 法
Ⅰ级	卷材防水层和卷材防水层、卷材防水层和涂膜防水层、复合防水层
Ⅱ级	卷材防水层、涂膜防水层、复合防水层

注：在Ⅰ级屋面防水做法中，防水层仅做单层卷材时，应符合有关单层防水卷材屋面技术的规定。

条文说明

4.5.1 本条对卷材及涂膜防水屋面不同的防水等级，提出了相应的防水做法。当防水等级为Ⅰ级时，设防要求为两道防水设防，可采用卷材防水层和卷材防水层、卷材防水层和涂膜防水层、复合防水层的

---

❶ 章节序号为此工程建设标准中的原序号。

防水做法；当防水等级为Ⅱ级时，设防要求为一道防水设防，可采用卷材防水层、涂膜防水层、复合防水层的防水做法。

（三）**4.5.5** 每道卷材防水层最小厚度应符合表 4.5.5 的规定。

表 4.5.5 每道卷材防水层最小厚度（mm）

防水等级	合成高分子防水卷材	高聚物改性沥青防水卷材		
		聚酯胎、玻纤胎、聚乙烯胎	自粘聚酯胎	自粘无胎
Ⅰ级	1.2	3.0	2.0	1.5
Ⅱ级	1.5	4.0	3.0	2.0

（四）**4.5.6** 每道涂膜防水层最小厚度应符合表 4.5.6 的规定。

表 4.5.6 每道涂膜防水层最小厚度（mm）

防水等级	合成高分子防水涂膜	聚合物水泥防水涂膜	高聚物改性沥青防水涂膜
Ⅰ级	1.5	1.5	2.0
Ⅱ级	2.0	2.0	3.0

条文说明

4.5.5、4.5.6 防水层的使用年限，主要取决于防水材料物理性能、防水层厚度、环境因素和使用条件四个方面，而防水层厚度是影响防水层使用年限的主要因素之一。本条对卷材防水层及涂膜防水层厚度的规定是以合理工程造价为前提，同时又结合国内外的工程应用的情况和现有防水材料的技术水平综合得出的量化指标。卷材防水层及涂膜防水层的厚度若按本条规定的厚度选择，满足相应防水等级是切实可靠的。

（五）**4.5.7** 复合防水层最小厚度应符合表 4.5.7 的规定。

表 4.5.7 复合防水层最小厚度（mm）

防水等级	合成高分子防水卷材＋合成高分子防水涂膜	自粘聚合物改性沥青防水卷材（无胎）＋合成高分子防水涂膜	高聚物改性沥青防水卷材＋高聚物改性沥青防水涂膜	聚乙烯丙纶卷材＋聚合物水泥防水胶结材料
Ⅰ级	1.2＋1.5	1.5＋1.5	3.0＋2.0	(0.7＋1.3)×2
Ⅱ级	1.0＋1.0	1.2＋1.0	3.0＋1.2	0.7＋1.3

条文说明

4.5.7 复合防水层是屋面防水工程中积极推广的一种防水技术，本条对防水等级为Ⅰ、Ⅱ级复合防水层最小厚度做出明确规定。需要说明的是：聚乙烯丙纶卷材物理性能除符合《高分子防水材料 第1部分：片材》（GB 18173.1）中 FS2 的技术要求外，其生产原料聚乙烯应是原生料，不得使用再生的聚乙烯；粘贴聚乙烯丙纶卷材的聚合物水泥防水胶结材料主要性能指标，应符合本规范附录第 B.1.8 条的要求。

（六）**4.8.1** 瓦屋面防水等级和防水做法应符合表 4.8.1 的规定。

表 4.8.1 瓦屋面防水等级和防水做法

防水等级	防水做法
Ⅰ级	瓦＋防水层
Ⅱ级	瓦＋防水垫层

注：防水层厚度应符合本规范第 4.5.5 条或第 4.5.6 条Ⅱ级防水的规定。

条文说明

4.8.1 本条中所指的瓦屋面，包括烧结瓦屋面、混凝土瓦屋面和沥青瓦屋面。近年来随着建筑设计的多样化，为了满足造型和艺术的要求，对有较大坡度的屋面工程也越来越多地采用了瓦屋面。

本次修订规范时将屋面防水等级划分为Ⅰ、Ⅱ两级，本条规定防水等级为Ⅰ级的瓦屋面，防水做法采用瓦＋防水层；防水等级为Ⅱ级的瓦屋面，防水做法采用瓦＋防水垫层。这就使瓦屋面能在一般建筑和重要建筑的屋面工程中均可以使用，扩大了瓦屋面的使用范围。

（七）**4.9.1** 金属板屋面防水等级和防水做法应符合表4.9.1的规定。

表4.9.1 金属板屋面防水等级和防水做法

防水等级	防水做法
Ⅰ级	压型金属板＋防水垫层
Ⅱ级	压型金属板、金属面绝热夹芯板

注：1. 当防水等级为Ⅰ级时，压型铝合金板基板厚度不应小于0.9mm；压型钢板基板厚度不应小于0.6mm；

2. 当防水等级为Ⅰ级时，压型金属板应采用360°咬口锁边连接方式；

3. 在Ⅰ级屋面防水做法中，仅作压型金属板时，应符合《金属压型板应用技术规范》等相关技术的规定。

条文说明

4.9.1 近几年，大量公共建筑的涌现使得金属板屋面迅猛发展，大量新材料应用及细部构造和施工工艺的创新，对金属板屋面设计提出了更高的要求。

金属板屋面是由金属面板与支承结构组成的，金属板屋面的耐久年限与金属板的材质有密切的关系，按现行国家标准《冷弯薄壁型钢结构技术规范》（GB 50018）的规定，屋面压型钢板厚度不宜小于0.5mm。参照奥运工程金属板屋面防水工程质量控制技术指导意见中对金属板的技术要求，本条规定当防水等级为Ⅰ级时，压型铝合金板基板厚度不应小于0.9mm；压型钢板基板厚度不应小于0.6mm，同时压型金属板应采用360°咬口锁边连接方式。

尽管金属板屋面所使用的金属板材料具有良好的防腐蚀性，但由于金属板的伸缩变形受板型连接构造、施工安装工艺和冬夏季温差等因素影响，使得金属板屋面渗漏水情况比较普遍。根据本规范规定屋面Ⅰ级防水需两道防水设防的原则，同时考虑金属板屋面有一定的坡度和泄水能力好的特点，本条规定Ⅰ级金属板屋面应采用压型金属板＋防水垫层的防水做法；Ⅱ级金属板屋面应采用紧固件连接或咬口锁边连接的压型金属板以及金属面绝热夹芯板的防水做法。

（八）**5.1.6** 屋面工程施工必须符合下列安全规定：

1 严禁在雨天、雪天和五级风及其以上时施工；

2 屋面周边和预留孔洞部位，必须按临边、洞口防护规定设置安全护栏和安全网；

3 屋面坡度大于30％时，应采取防滑措施；

4 施工人员应穿防滑鞋，特殊情况下无可靠安全措施时，操作人员必须系好安全带并扣好保险钩。

条文说明

5.1.6 施工单位应遵守有关施工安全、劳动保护、防火和防毒的法律法规，建立相应的管理制度，并应配备必要的设备、器具和标识。

本条是针对屋面工程的施工范围和特点，着重进行危险源的识别、风险评价和实施必要的措施。屋面工程施工前，对危险性较大的工程作业，应编制专项施工方案，并进行安全交底。坚持安全第一、预防为主和综合治理的方针，积极防范和遏制建筑施工生产安全事故的发生。

二、《屋面工程质量验收规范》中的强制性条文及条文说明

《屋面工程质量验收规范》（GB 50207—2012）中含有4条强制性条文，其条文及条文说明如下。

（一）**3.0.6** 屋面工程所用的防水、保温材料应有产品合格证书和性能检测报告，材料的品种、规格、性能等必须符合国家现行产品标准和设计要求。产品质量应由经过省级以上建设行政主管部门对其资质认可和质量技术监督部门对其计量认证的质量检测单位进行检测。

条文说明

3.0.6 防水、保温材料除有产品合格证和性能检测报告等出厂质量证明文件外，还应有经当地建设行

政主管部门所指定的检测单位对该产品本年度抽样检验认证的试验报告，其质量必须符合国家现行产品标准和设计要求。

（二）**3.0.12** 屋面防水工程完工后，应进行观感质量检查和雨后观察或淋水、蓄水试验，不得有渗漏和积水现象。

条文说明

3.0.12 屋面渗漏是当前房屋建筑中最为突出的质量问题之一，群众对此反映极为强烈。为使房屋建筑工程，特别是量大面广的住宅工程的屋面渗漏问题得到较好的解决，将本条列为强制性条文。屋面工程必须做到无渗漏，才能保证功能要求。无论是屋面防水层的本身还是细部构造，通过外观质量检验只能看到表面的特征是否符合设计和规范的要求，肉眼很难判断是否会渗漏。只有经过雨后或持续淋水 2h，使屋面处于工作状态下经受实际考验，才能观察出屋面是否有渗漏。有可能蓄水试验的屋面，还规定其蓄水时间不得少于 24h。

（三）**5.1.7** 保温材料的导热系数、表观密度或干密度、抗压强度或压缩强度、燃烧性能，必须符合设计要求。

条文说明

5.1.7 建筑围护结构热工性能直接影响建筑采暖和空调的负荷与能耗，必须予以严格控制。保温材料的导热系数随材料的密度提高而增加，并且与材料的孔隙大小和构造特征有密切关系。一般是多孔材料的导热系数较小，但当其孔隙中所充满的空气、水、冰不同时，材料的导热性能就会发生变化。因此，要保证材料优良的保温性能，就要求材料尽量干燥不受潮，而吸水受潮后尽量不受冰冻，这对施工和使用都有很现实的意义。

保温材料的抗压强度或压缩强度，是材料主要的力学性能。一般是材料使用时会受到外力的作用，当材料内部产生应力增大到超过材料本身所能承受的极限值时，材料就会产生破坏。因此，必须根据材料的主要力学性能因材使用，才能更好地发挥材料的优势。

保温材料的燃烧性能，是可燃性建筑材料分级的一个重要判定。建筑防火关系到人民财产及生命安全和社会稳定，国家给予高度重视，出台了一系列规定，相关标准规范也即将颁布。因此，保温材料的燃烧性能是防止火灾隐患的重要条件。

（四）**7.2.7** 瓦片必须铺置牢固。在大风及地震设防地区或屋面坡度大于 100% 时，应按设计要求采取固定加强措施。

检验方法：观察或手扳检查。

条文说明

7.2.7 为了确保安全，针对大风及地震设防地区或坡度大于 100% 的块瓦屋面，应采用固定加强措施。有时几种因素应综合考虑，应由设计给出具体规定。

三、《坡屋面工程技术规范》中的强制性条文及条文说明

《坡屋面工程技术规范》（GB 50693—2011）中含有 4 条强制性条文，其条文及条文说明如下。

（一）**3.2.10** 屋面坡度大于 100% 以及大风和抗震设防烈度为 7 度以上的地区，应采取加强瓦材固定等防止瓦材下滑的措施。

条文说明

3.2.10 由于瓦材在此环境下容易脱落，产生安全隐患，必须采取加固措施。块瓦和波形瓦一般用金属件锁固，沥青瓦一般用满粘和增加固定钉的措施。

（二）**3.2.17** 严寒和寒冷地区的坡屋面檐口部位应采取防冰雪融坠的安全措施。

条文说明

3.2.17 严寒和寒冷地区冬季屋顶积雪较大，当气温升高时，屋顶的冰雪下部融化，大片的冰雪会沿屋顶坡度方向下坠，易造成安全事故。因此应采取相应的安全措施，如在临近檐口的屋面上增设挡雪栅栏或加宽檐沟等措施。

（三）**3.3.12** 坡屋面工程施工应符合下列规定：

1 屋面周边和预留孔洞部位必须设置安全护栏和安全网或其他防止坠落的防护措施；

2 屋面坡度大于30％时，应采取防滑措施；

3 施工人员应戴安全帽、系安全带和穿防滑鞋；

4 雨天、雪天和五级风及以上时不得施工；

5 施工现场应设置消防设施，并应加强火源管理。

条文说明

3.3.12 坡屋面施工时，由于屋面具有一定坡度，易发生施工人员安全事故，所以本条作为强制性条文。

2 当坡度大于30％时，人和物易滑落，故应采取防滑措施。

（四）**10.2.1** 单层防水卷材的厚度和搭接宽度应符合表10.2.1-1和表10.2.1-2的规定。

表 10.2.1-1　单层防水卷材厚度（mm）

防水卷材名称	一级防水厚度	二级防水厚度
高分子防水卷材	≥1.5	≥1.2
弹性体、塑性体改性沥青防水卷材	≥5	

表 10.2.1-2　单层防水卷材搭接宽度（mm）

防水卷材名称	长边、短边搭接方式				
	满粘法	机械固定法			
		热风焊接		搭接胶带	
		无覆盖机械固定垫片	有覆盖机械固定垫片	无覆盖机械固定垫片	有覆盖机械固定垫片
高分子防水卷材	≥80	≥80且有效焊缝宽度≥25	≥120且有效焊缝宽度≥25	≥120且有效粘结宽度≥75	≥200且有效粘结宽度≥150
弹性体、塑性体改性沥青防水卷材	≥100	≥80且有效焊缝宽度≥40	≥120且有效焊缝宽度≥40	—	

条文说明

10.2.1　单层防水卷材的屋面对防水卷材的材料要求高于平屋面用防水卷材，特别是对其耐候性、机械强度和尺寸稳定性等指标有较高要求。并非所有防水卷材都能单层使用。单层防水卷材应满足使用年限的要求，还应达到表10.2.1-1要求的厚度，不得折减。尤其是改性沥青防水卷材，不管是一级还是二级都要达到5mm的厚度。

单层防水卷材搭接宽度既与搭接处防水质量有关，也与抗风揭有关。采用满粘法施工时，由于防水卷材全面积粘结在基层上，可起到抗风揭作用，此时高分子防水卷材长短边搭接宽度不应小于80mm、改性沥青防水卷材长短边搭接宽度不应小于100mm。

采用机械固定法施工热风焊接防水卷材时，大面积是空铺的，为起到抗风揭作用和确保防水质量，高分子防水卷材长短边搭接宽度不应小于80mm，有效焊缝不应小于25mm；改性沥青防水卷材长短边搭接宽度不应小于80mm，有效焊缝不应小于40mm。当搭接部位需要覆盖机械固定垫片时，搭接宽度应按表10.2.1-2的要求增加搭接宽度。

一般情况下，PVC、TPO等高分子防水卷材既可以采用热风焊接搭接，也可以采用双面自粘搭接胶带搭接；三元乙丙橡胶（EPDM）防水卷材不能采用热风焊接方式搭接，只能采用双面自粘搭接胶带搭接，搭接宽度应按表10.2.1-2的规定执行。

四、《种植屋面工程技术规程》中的强制性条文及条文说明

《种植屋面工程技术规程》（JGJ 155—2013）中含有 2 条强制性条文，其条文及条文说明如下。

（一）**3.2.3** 种植屋面工程结构设计时应计算种植荷载。既有建筑屋面改造为种植屋面前，应对原结构进行鉴定。

条文说明

3.2.3 建筑荷载涉及建筑结构安全，新建种植屋面工程的设计应首先确定种植屋面基本构造层次，根据各层次的荷载进行结构计算。既有建筑屋面改造成种植屋面，应首先对其原结构安全性进行检测鉴定，必要时还应进行检测，以确定是否适宜种植及种植形式。种植荷载主要包括植物荷重和饱和水状态下种植土荷重。

（二）**5.1.7** 种植屋面防水层应满足一级防水等级设防要求，且必须至少设置一道具有耐根穿刺性能的防水材料。

条文说明

5.1.7 鉴于种植屋面工程一次性投资大，维修费用高，若发生渗漏则不易查找与修缮，国外一般要求种植屋面防水层的使用寿命至少 20 年，因此本规程规定屋面防水层应满足《屋面工程技术规范》（GB 50345—2012）中Ⅰ级防水等级要求。为防止植物根系对防水层的穿刺破坏，因此必须设置一道耐根穿刺防水层。

五、《倒置式屋面工程技术规程》中的强制性条文及条文说明

《倒置式屋面工程技术规程》（JGJ 230—2010）中含有 4 条强制性条文，其条文及条文说明如下。

（一）**3.0.1** 倒置式屋面工程的防水等级应为Ⅰ级，防水层合理使用年限不得少于 20 年。

条文说明

3.0.1 现行国家标准《屋面工程技术规范》（GB 50345）中将倒置式屋面定义为"将保温层设置在防水层上的屋面"，随着挤塑型聚苯乙烯泡沫塑料板（XPS）等憎水性保温材料的大量应用，由于防水层得到保护，避免拉应力、紫外线以及其他因素对防水层的破坏，从而延长了防水层使用寿命和加强了屋面的实际防水效果。新的《屋面工程质量验收规范》（征求意见稿）将屋面防水等级划分为两级，一级屋面防水层合理使用年限为 20 年，根据国内外大量的工程实践证明，倒置式屋面能够达到这一要求，并且符合新的国家标准《屋面工程技术规范》（GB 50345）（征求意见稿）对防水等级所做的调整。

为充分发挥倒置式屋面防水、保温耐久性的优势，维护公共利益和经济效益，有必要将本条做出强制性规定。

（二）**4.3.1** 保温材料的性能应符合下列规定：

1 导热系数不应大于 0.080W/(m·K)；

2 使用寿命应满足设计要求；

3 压缩强度或抗压强度不应小于 150kPa；

4 体积吸水率不应大于 3%；

5 对于屋顶基层采用耐火极限不小于 1.00h 的不燃烧体的建筑，其屋顶保温材料的燃烧性能不应低于 B_2 级；其他情况，保温材料的燃烧性能不应低于 B_1 级。

条文说明

4.3.1 保温材料要有较低的导热系数，是为了保证屋面系统具有良好的保温性能，在目前的各种保温材料中，适用于倒置式屋面工程的保温材料的导热系数不应大于 0.080W/(m·K)，否则屋面保温层将过厚，从而影响屋面系统的整体性能。保温材料要求具有较高的强度，主要是为了运输、搬运、施工时及保护层压置后不易损坏，保证屋面工程质量。材料的含水率对导热系数的影响较大，特别是负温度下更使导热系数增大，因此根据倒置式屋面的特点规定应当采用低吸水率的材料。

倒置式屋面将保温材料置于屋面系统的上层，所以保温材料相对于防水材料受到的自然侵蚀更直接

更严重，所以对保温材料应有使用寿命的要求。目前已有的国内外工程实践证明，本规程中采用的倒置式屋面保温材料及系统构造是能够满足不低于 20 年使用寿命，保温材料可以做到不低于防水材料使用寿命的最低要求。

根据公安部公通字〔2009〕46 号文发布的《民用建筑外保温系统及外墙装饰防火暂行规定》对屋面用保温材料的燃烧性能要求：对于屋顶基层采用耐火极限不小于 1.00h 的不燃烧体的建筑，其屋顶的保温材料不应低于 B_2 级；其他情况，保温材料的燃烧性能不应低于 B_1 级。

与普通正置式屋面相比，倒置式屋面对保温材料的性能要求很高，为充分体现倒置式屋面节能保温和耐久性好的优点，提高屋面的经济和社会效益，有必要将保温材料的性能做强制性规定。

（三）**5.2.5** 倒置式屋面保温层的设计厚度应按计算厚度增加 25% 取值，且最小厚度不得小于 25mm。

条文说明

5.2.5 对于开敞式保护层的倒置式屋面，当有雨水进入保温材料下部时，一般情况可完全蒸发掉，而进入封闭式保护层屋面保温层中的雨水可能蒸发不完全；当室外气温低，会在保护层与保温材料交界面及保温材料内部出现结露；保温材料的长期使用老化，吸水率增大。因此，应考虑 10～20 年后，保温层的导热系数会比初期增大。所以，实际应用中应控制保温层湿度，并适当增大保温层厚度作为补偿；另外，保温层受保护层压置后厚度也会减小。故本规程规定保温层的设计厚度按计算厚度增加不低于 25% 取值。保温层的厚度如果太薄，不能对防水层形成有效的保护作用，失去了倒置式屋面最根本的意义，而且在施工中和保护层压置后保温层容易损坏，故保温层应保证一定的厚度，本规程规定不得小于 25mm。

为确保倒置式屋面的保温性能在保温层积水、吸水、结露、长期使用老化、保护层压置等复杂条件下持续满足屋面节能的要求，有必要将此条列为强制性条文。

（四）**7.2.1** 既有建筑倒置式屋面改造工程设计，应由原设计单位或具备相应资质的设计单位承担。当增加屋面荷载或改变使用功能时，应先做设计方案或评估报告。

条文说明

7.2.1 在勘查的基础上，应尽量由原设计单位做屋面改造工程设计，以便更好地掌握既有建筑的基本情况。当需要增加屋面荷载或改变使用功能时，会对原有结构体系和受力状况产生影响，设计单位应先做方案，进行可行性研究，必要时进行结构可靠性鉴定。

既有建筑情况各异，而且进行倒置式屋面改造涉及既有建筑物的结构安全性问题，特别是增加屋面荷载或改变屋面使用功能的情况下，因此有必要对本条做出强制性规定。

六、《采光顶与金属屋面技术规程》中的强制性条文及条文说明

《采光顶与金属屋面技术规程》（JGJ 255—2012）中含有 3 条强制性条文，其条文及条文说明如下。

（一）**3.1.6** 采光顶与金属屋面工程的隔热、保温材料，应采用不燃性或难燃性材料。

条文说明

3.1.6 近些年，由于对节能性能有较高要求，使得保温、隔热材料在建筑上获得普遍应用。但一些采用易燃或可燃隔热、保温材料的工程，发生严重的火灾，造成很大损失。因此考虑到采光顶与金属屋面的重要性，对隔热、保温材料应提高防火性能要求，应采用岩棉、矿棉、玻璃棉、防火板等不燃性或难燃性材料。岩棉、矿棉应符合现行国家标准《建筑用岩棉、矿渣棉绝热制品》（GB/T 19686）的规定，玻璃棉应符合现行国家标准《建筑绝热用玻璃棉制品》（GB/T 17795）的规定。根据公安部、住房和城乡建设部联合发布的《民用建筑外保温系统及外墙装饰防火暂行规定》（公通字〔2009〕46 号）的文件精神："对于屋顶基层采用耐火极限不小于 1.00h 的不燃烧体的建筑，其屋顶的保温材料不应低于 B_2 级；其他情况，保温材料的燃烧性能不应低于 B_1 级。"制定本条文。

（二）**4.5.1** 有热工性能要求时，公共建筑金属屋面的传热系数和采光顶的传热系数、遮阳系数应符合表 4.5.1-1 的规定，居住建筑金属屋面的传热系数应符合表 4.5.1-2 的规定。

表 4.5.1-1　公共建筑金属屋面的传热系数和采光顶的传热系数、遮阳系数限值

围护结构	区 域	传热系数[W/(m²·K)]		遮阳系数 SC
		体型系数≤0.3	0.3≤体型系数≤0.4	
金属屋面	严寒地区 A 区	≤0.35	≤0.30	—
	严寒地区 B 区	≤0.45	≤0.35	—
	寒冷地区	≤0.55	≤0.45	—
	夏热冬冷	≤0.7		—
	夏热冬暖	≤0.9		—
采光顶	严寒地区 A 区	≤2.5		—
	严寒地区 B 区	≤2.6		—
	寒冷地区	≤2.7		≤0.50
	夏热冬冷	≤3.0		≤0.40
	夏热冬暖	≤3.5		≤0.35

表 4.5.1-2　居住建筑金属屋面的传热系数限值

区域	传热系数[W/(m²·K)]						
	3层及3层以下	3层以上	体型系数≤0.4		体型系数>0.4		D<2.5	D≥2.5
			D≤2.5	D>2.5	D≤2.5	D>2.5		
严寒地区 A 区	0.20	0.25	—	—	—	—	—	—
严寒地区 B 区	0.25	0.30	—	—	—	—	—	—
严寒地区 C 区	0.30	0.40	—	—	—	—	—	—
寒冷地区 A 区 寒冷地区 B 区	0.35	0.45	—	—	—	—	—	—
夏热冬冷	—	—	≤0.8	≤1.0	≤0.5	≤0.6	—	—
夏热冬暖	—	—	—	—	—	—	≤0.5	≤1.0

注：D 为热惰性系数。

条文说明

4.5.1　现行国家标准《公共建筑节能设计标准》（GB 50189）针对公共建筑围护结构包括屋面、屋面透明部分提出强制规定，因此公共建筑采光顶与金属屋面的热工设计必须符合其要求。

居住建筑较少采用采光顶、金属屋面，因此在现行行业标准《严寒和寒冷地区居住建筑节能设计标准》（JGJ 26）、《夏热冬冷地区居住建筑节能设计标准》（JGJ 134）、《夏热冬暖地区居住建筑节能设计标准》（JGJ 75）尚未对透明屋面（采光顶）做出具体规定，但针对屋面提出较高要求。金属屋面是比较理想的屋面围护结构，性能优异，应满足不同地区居住建筑节能设计标准的要求。

（三）**4.6.4**　光伏组件应具有带电警告标识及相应的电气安全防护措施，在人员有可能接触或接近光伏系统的位置，应设置防触电警示标识。

条文说明

4.6.4　人员有可能接触或接近的、高于直流 50V 或 240W 以上的系统属于应用等级 A，适用于应用等级 A 的设备被认为是满足安全等级 Ⅱ 要求的设备，即 Ⅱ 类设备。当光伏系统从交流侧断开后，直流侧的设备仍有可能带电，因此，光伏系统直流侧应设置必要的触电警示和防止触电的安全措施。

参 考 文 献

[1] GB 50345—2012 屋面工程技术规范 [S]. 北京：中国建筑工业出版社，2012.

[2] GB 50207—2012 屋面工程质量验收规范 [S]. 北京：中国建筑工业出版社，2012.

[3] JGJ/T 104—2011 建筑工程冬期施工规程 [S]. 北京：中国建筑工业出版社 2011.

[4] GB 50300—2013 建筑工程施工质量验收统一标准 [S]. 北京：中国建筑工业出版社，2014.

[5] GB 50404—2017 硬泡聚氨酯保温防水工程技术规范 [S]. 北京：中国计划出版社，2017.

[6] GB/T 50319—2013 建设工程监理规范 [S]. 北京：中国建筑工业出版社，2013.

[7] JGJ/T 200—2010 喷涂聚脲防水工程技术规程 [S]. 北京：中国建筑工业出版社，2010.

[8] GB 50693—2011 坡屋面工程技术规范 [S]. 北京：中国计划出版社，2011.

[9] JGJ155—2013 种植屋面工程技术规程 [S]. 北京：中国建筑工业出版社，2013.

[10] JGJ 230—2010 倒置式屋面工程技术规程 [S]. 北京：中国建筑工业出版社，2011.

[11] JGJ 255—2012 采光顶与金属屋面技术规程 [S]. 北京：中国建筑工业出版社，2012.

[12] JGJ/T 316—2013 单层防水卷材屋面工程技术规程 [S]. 北京：中国建筑工业出版社，2014.

[13] JGJ/T 53—2011 房屋渗漏修缮技术规程 [S]. 北京：中国建筑工业出版社，2011.

[14] GB 50896—2013 压型金属板工程应用技术规范 [S]. 北京：中国计划出版社，2013.

[15] JGJ/T 341—2014 泡沫混凝土应用技术规程 [S]. 北京：中国建筑工业出版社，2014.

[16] GB 50429—2007 铝合金结构设计规范 [S]. 北京：中国计划出版社，2008.

[17] GB50018—2002 冷弯薄壁型钢结构技术规范 [S]. 北京：中国标准出版社，2002.

[18] JGJ 113—2015 建筑玻璃应用技术规程 [S]. 北京：中国建筑工业出版社，2016.

[19] JGJ/T 299—2013 建筑防水工程现场检测技术规范 [S]. 北京：中国建筑工业出版社，2013.

[20] GB 50189—2015 公共建筑节能设计标准 [S]. 北京：中国建筑工业出版社，2015.

[21] GB 50015—2003 建筑给水排水设计规范（2009 年版）[S]. 北京：中国计划出版社，2010.

[22] GB 50014—2006 室外排水设计规范（2016 年版）[S]. 北京：中国计划出版社，2012.

[23] GB/T 50125—2010 给水排水工程基本术语标准 [S]. 北京：中国计划出版社，2010.

[24] CJJ 142—2014 建筑屋面雨水排水系统技术规程 [S]. 北京：中国建筑工业出版社，2014.

[25] GB 50400—2016 建筑与小区雨水控制及利用工程技术规范 [S]. 北京：中国建筑工业出版社，2016.

[26] CJJ 82—2012 园林绿化工程施工及验收规范 [S]. 北京：中国建筑工业出版社，2012.

[27] DB 11/366—2006 种植屋面防水施工技术规程 [S]. 北京：北京城建科技促进会，2006.

[28] CJ/T 245—2007 虹吸雨水斗 [S]. 北京：中国标准出版社，2007.

[29] GB/T 12755—2008 建筑用压型钢板 [S]. 北京：中国标准出版社，2009.

[30] GB/T 12754—2006 彩色涂层钢板及钢带 [S]. 北京：中国标准出版社，2006.

[31] GB/T 2518—2008 连续热镀锌钢板及钢带 [S]. 北京：中国标准出版社，2009.

[32] GB/T 6891—2006 铝及铝合金压型板 [S]. 北京：中国标准出版社，2006.

[33] JG/T 231—2007 建筑玻璃采光顶 [S]. 北京：中国建筑工业出版社，2008.

[34] JG/T 116—2012 聚碳酸酯（PC）中空板 [S]. 北京：中国标准出版社，2013.

[35] JG/T 347—2012 聚碳酸酯（PC）实心板 [S]. 北京：中国标准出版社，2013.

［36］ JG/T 266—2011 泡沫混凝土［S］. 北京：中国标准出版社，2011.

［37］ CECS299：2011 乡村建筑屋面泡沫混凝土应用技术规程［S］. 北京：中国计划出版社，2011.

［38］ CECS183：2015 虹吸式屋面雨水排水系统技术规程［S］. 北京：中国计划出版社，2015.

［39］ DGJ32/TJ 104—2010 现浇轻质泡沫混凝土应用技术规程［S］. 南京：凤凰出版传媒集团，江苏科学技术出版社，2010.

［40］ DGJ32/TJ 95—2010 聚氨酯硬泡体防水保温工程技术规程［S］. 南京：凤凰出版传媒集团，江苏科学技术出版社，2010.

［41］ DBJ 15—19—2006 建筑防水工程技术规程［S］. 广东省建设委员会，2006.

［42］ GB/T 4132—2015 绝热材料及相关术语［S］. 北京：中国标准出版社，2015.

［43］ GB/T 21558—2008 建筑绝热用硬质聚氨酯泡沫塑料［S］. 北京：中国标准出版社，2008.

［44］ GB/T 17795—2008 建筑绝热用玻璃棉制品［S］. 北京：中国标准出版社，2008.

［45］ GB 18173. 1—2012 高分子防水材料 第 1 部分：片材［S］. 北京：中国标准出版社，2013.

［46］ GB18173. 2—2014 高分子防水材料 第 2 部分：止水带［S］. 北京：中国标准出版社，2014.

［47］ GB/T 18173. 3—2014 高分子防水材料 第 3 部分：遇水膨胀橡胶［S］. 北京：中国标准出版，2015.

［48］ GB/T 20474—2015 玻纤胎沥青瓦［S］. 北京：中国标准出版社，2016.

［49］ JGJ 75—2012 夏热冬暖地区居住建筑节能设计标准［S］. 北京：中国建筑工业出版社，2012.

［50］ JGJ 26—2010 严寒和寒冷地区居住建筑节能设计标准［S］. 北京：中国建筑工业出版社，2010.

［51］ JGJ 134—2010 夏热冬冷地区居住建筑节能设计标准［S］. 北京：中国建筑工业出版社，2010.

［52］ 苏州非金属矿工业设计研究院防水材料设计研究所，中国标准出版社第五编辑室. 建筑防水材料标准汇编：基础及产品卷［M］. 北京：中国标准出版社，2007.

［53］ 苏州非金属矿工业设计研究院防水材料设计研究所，中国标准出版社第五编辑室. 建筑防水材料标准汇编：试验方法及施工技术卷［M］. 北京：中国标准出版社，2007.

［54］ 苏州非金属矿工业设计研究院防水材料设计研究所，中国标准出版社第五编辑室. 建筑防水材料标准汇编：基础及产品卷［M］. 2 版. 北京：中国标准出版社，2009.

［55］ 苏州非金属矿工业设计研究院防水材料设计研究所，中国标准出版社第五编辑室. 建筑防水材料标准汇编：试验方法及施工技术卷［M］. 2 版. 北京：中国标准出版社，2009.

［56］ 苏州非金属矿工业设计研究院防水材料设计研究所，建筑材料工业技术监督研究中心，中国标准出版社. 建筑材料标准汇编：防水材料基础及产品卷［M］. 北京：中国标准出版社，2013.

［57］ 苏州非金属矿工业设计研究院防水材料设计研究所，建筑材料工业技术监督研究中心，中国标准出版社. 建筑材料标准汇编：防水材料试验方法及施工技术卷［M］. 北京：中国标准出版社，2013.

［58］ 苏州非金属矿工业设计研究院防水材料设计研究所，建筑材料工业技术监督研究中心，中国标准出版社. 建筑材料标准汇编：建筑节能保温材料标准及施工规范汇编［M］. 2 版. 北京：中国标准出版社，2013.

［59］ 中国建筑标准设计研究院. 12J201 国家建筑标准设计图集：平屋面建筑构造［S］. 北京：中国计划出版社 2012.

［60］ 中国建筑标准设计研究院. 09J202－1 国家建筑标准设计图集：坡屋面建筑构造（一）［S］. 北京：中国计划出版社 2010.

［61］ 中国建筑标准设计研究院. 14J206 国家建筑标准设计图集：种植屋面建筑构造［S］. 北京：中国计划出版社 2014.

［62］ 中国建筑标准设计研究院. 15J207—1 国家建筑标准设计图集：单层防水卷材屋面建筑构造（一）金属屋面［S］. 北京：中国计划出版社，2016.

[63] 中国建筑标准设计研究院. 07J205 国家建筑标准设计图集：玻璃采光顶 [S]. 北京：中国计划出版社，2008.

[64] 中国建筑标准设计研究院. 09S302 国家建筑标准设计图集：雨水斗选用及安装 [S]. 北京：中国计划出版社，2009.

[65] 中国建筑标准设计研究院. 15S412 国家建筑标准设计图集：屋面雨水排水管道安装 [S]. 北京：中国计划出版社，2016.

[66] 中国建筑标准设计研究院. 13CJ40—1 国家建筑标准设计图集：建筑防水系统构造（一）　参考图集 [S]. 北京：中国计划出版社，2013.

[67] 王寿华. 屋面工程技术规范理解与应用 [M]. 北京：中国建筑工业出版社，2005.

[68] 张文华，项桦太. 屋面工程施工质量验收规范培训讲座 [M]. 北京：中国建筑工业出版社，2002.

[69] 中国建筑工程总公司. 屋面工程施工工艺标准 [S]. 北京：中国建筑工业出版社，2003.

[70] 《防水工程施工与质量验收实用手册》编委会. 防水工程施工与质量验收实用手册 [M]. 北京：中国建材工业出版社，2004.

[71] 王朝熙. 简明防水工程手册 [M]. 北京：中国建筑工业出版社，1999.

[72] 中国建筑防水材料工业协会. 建筑防水手册 [M]. 北京：中国建筑工业出版社，2001.

[73] 《建筑施工手册（第四版）》编写组. 建筑施工手册 [M]. 4 版. 北京：中国建筑工业出版社，2003.

[74] 叶琳昌. 防水工手册 [M]. 3 版. 北京：中国建筑工业出版社，2005.

[75] 王寿华，王比君. 屋面工程设计与施工手册 [M]. 2 版. 北京：中国建筑工业出版社，2003.

[76] 俞宾辉. 建筑防水工程施工手册 [M]. 济南：山东科学技术出版社，2004.

[77] 徐文彩，宋伏麟. 怎样做好屋面工程和屋面防水 [M]. 上海：同济大学出版社，1999.

[78] 北京土木建筑学会. 屋面工程施工操作手册 [M]. 北京：经济科学出版社，2004.

[79] 薛莉敏. 建筑屋面与地下工程防水施工技术 [M]. 北京：机械工业出版社，2004.

[80] 劳动和社会保障部中国就业培训技术指导中心. 国家职业资格培训教材：防水工基础知识（初级　中级　高级　技师）[M]. 北京：中国城市出版社，2003.

[81] 《建筑工程防水设计与施工手册》编写组. 建筑工程防水设计与施工手册 [M]. 北京：中国建筑工业出版社，1999.

[82] 上海市建筑工程质量监督总站，上海市工程建设监督研究会. 建筑安装工程质量工程师手册 [M]. 上海：上海科学技术文献出版社，2001.

[83] 孙加保. 新编建筑施工工程师手册 [M]. 哈尔滨：黑龙江科学技术出版社，2000.

[84] 张智强，杨斧钟，陈明凤. 化学建材 [M]. 重庆：重庆大学出版社，2000.

[85] 陈长明，刘程. 化学建筑材料手册 [M]. 南昌：江西科学技术出版社；北京：北京科学技术出版社，1997.

[86] 张海梅. 建筑材料 [M]. 北京：科学出版社，2001.

[87] 杨生茂. 防水材料与屋面材料分册 [M]. 北京：中国计划出版社，1998.

[88] 朱馥林. 建筑防水新材料及防水施工新技术 [M]. 北京：中国建筑工业出版社，1997.

[89] 金孝权，杨承忠. 建筑防水 [M]. 2 版. 南京：东南大学出版社，1998.

[90] 姜继圣，杨慧玲. 建筑功能材料及应用技术 [M]. 北京：中国建筑工业出版社，1998.

[91] 陈世霖，邓钫印. 建筑材料手册 [M]. 4 版. 北京：中国建筑工业出版社，1997.

[92] 邓钫印. 建筑工程防水材料手册 [M]. 2 版. 北京：中国建筑工业出版社，2001.

[93] 陈巧珍. 建筑材料试验计算手册 [M]. 广州：广东科技出版社，1992.

[94] 潘长华. 实用小化工生产大全（第二卷）[M]. 北京：化学工业出版社，1997.

[95] 赵世荣，顾秀云．实用化学配方手册 ［M］．哈尔滨：黑龙江科学技术出版社，1988.

[96] 建筑工程常用数据系列手册编写组．建筑设计常用数据手册 ［M］．北京：中国建筑工业出版社，1997.

[97] 中国建筑防水材料工业协会．建筑防水设计教材（试用本），2000.

[98] 马清浩．混凝土外加剂及建筑防水材料应用指南 ［M］．北京：中国建材工业出版社，1998.

[99] 叶琳昌，薛绍祖．防水工程 ［M］．2 版．北京：中国建筑工业出版社，1996.

[100] 朱维益．防水工操作技术指南 ［M］．北京：中国计划出版社，2000.

[101] 北京城建集团一公司．建筑防水施工工艺与技术 ［M］．北京：中国建筑工业出版社，1998.

[102] 建设部人事教育劳动司．土木建筑职业技能岗位培训教材：防水工（中高级工）［M］．北京：中国建筑工业出版社，1998.

[103] 刘民强．防水工考核应知 ［M］．北京：北京工业大学出版社，1992.

[104] 朱维益，张晓钟，张先权．建筑工程识图与预算 ［M］．北京：中国建筑工业出版社，1999.

[105] 《建筑安装工程质量保证资料管理手册》编写组．建筑安装工程质量保证资料管理手册 ［M］．北京：机械工业出版社，1999.

[106] 李金星．建筑·装饰工程施工技术资料编写指南 ［M］．合肥：安徽科学技术出版社，1999.

[107] 尹辉．民用建筑房屋防渗漏技术措施 ［M］．北京：中国建筑工业出版社，1996.

[108] 张承志．建筑混凝土 ［M］．北京：化学工业出版社，2001.

[109] 韩喜林．新型建筑绝热保温材料应用设计施工 ［M］．北京：中国建材工业出版社，2005.

[110] 靳玉芳．房屋建筑学 ［M］．北京：中国建材工业出版社，2004.

[111] 刘昭如．房屋建筑构成与构造 ［M］．上海：同济大学出版社，2005.

[112] 山西建筑工程（集团）总公司．建筑屋面工程施工工艺标准 ［M］．太原：山西科学技术出版社，2007.

[113] 提军科，李书田．建筑屋面瓦（板）及施工技术 ［M］．北京：中国建材工业出版社，2004.

[114] 唐明，徐立新．泡沫混凝土材料与工程应用 ［M］．北京：中国建筑工业出版社，2013.

[115] 闫振甲，何艳君．泡沫混凝土实用生产技术 ［M］．北京：化学工业出版社，2006.

[116] 黄金锜．屋顶花园设计与营造 ［M］．北京：中国林业出版社，1994.

[117] 徐峰，封蕾，郭子一．屋顶花园设计与施工 ［M］．北京：化学工业出版社，2007.

[118] 王仙民．屋顶绿化 ［M］．武汉：华中科技大学出版社，2007.

[119] 张芹．建筑幕墙与采光顶设计施工手册 ［M］．3 版．北京：中国建筑工业出版社，2012.

[120] 张芹．采光顶与金属屋面技术规程理解和应用 ［M］．北京：中国建筑工业出版社，2013.

[121] 胡琳琳．幕墙与采光顶施工问答实例 ［M］．北京：化学工业出版社，2012.

[122] 孙韬，李继才．轻钢及围护结构工程施工 ［M］．北京：中国建筑工业出版社，2012.

[123] 葛连福．铝板和特种金属板围护结构手册 ［M］．北京：中国建筑工业出版社，2012.

[124] 陈至诚，等．建筑钢结构安装工 ［M］．北京：机械工业出版社，2013.

[125] 孟健，于忠伟，王景文．图解建筑钢结构安装 ［M］．南京：江苏科学技术出版社，2013.

[126] 张艳敏，王燕华．轻型钢结构制作安装实用手册 ［M］．北京：北京知识产权出版社，2006.

[127] 罗忆，黄圻，刘忠伟．建筑幕墙设计与施工 ［M］．2 版．北京：化学工业出版社，2012.

[128] 靳晓勇，高润峰．钢结构工程施工——专业技能入门与精通 ［M］．北京：机械工业出版社，2014.

[129] 许成祥，何培玲．荷载与结构设计方法 ［M］．2 版．北京：北京大学出版社，2012.

[130] 乐嘉龙，本勇．轻钢结构墙面屋面设计手册 ［M］．北京：中国电力出版社，2014.

[131] 《建筑施工手册（第五版）》编委会．建筑施工手册（3）［M］．5 版．北京：中国建筑工业出版社，2012.

[132] 李全运，杨平印. 建筑结构 [M]. 北京：中国建筑工业出版社，2014.

[133] 胡习兵. 张再华. 钢结构设计原理 [M]. 北京：北京大学出版社，2012.

[134] 李少红. 房屋建筑构造 [M]. 北京：北京大学出版社，2012.

[135] 李铮生. 城市园林绿地规划与设计 [M]. 2版. 北京：中国建筑工业出版社，2006.

[136] 雍本. 特种混凝土设计与施工 [M]. 北京：中国建筑工业出版社，2005.

[137] 高纯. 斜屋面施工新技术 [M]. 北京：中国电力出版社，2011.

[138] 《建筑施工手册（第五版）》编委会. 建筑施工手册（4）[M]. 5版. 北京：中国建筑工业出版社，2012.

[139] 《建筑施工手册（第五版）》编委会. 建筑施工手册（5）[M]. 5版. 北京：中国建筑工业出版社，2012.

[140] 刘祥顺. 建筑材料 [M]. 4版. 北京：中国建筑工业出版社，2015.

[141] 中国核电工程有限公司. 给水排水设计手册（第2册）：建筑给水排水 [M]. 3版. 北京：中国建筑工业出版社，2012.

[142] 朴芬淑. 建筑给水排水设计与施工问答实录 [M]. 2版. 北京：机械工业出版社，2016.

[143] 谢兵. 建筑给水排水工程 [M]. 北京：中国建筑工业出版社，2016.

[144] 陈朝东. 建筑给排水及暖通系统施工问答 [M]. 2版. 北京：化学工业出版社，2015.

[145] 《手把手教你给水排水设计》编委会. 手把手教你给水排水设计 [M]. 北京：中国建筑工业出版社，2016.

[146] 沈春林，苏立荣，岳志俊. 建筑防水材料 [M]. 北京：化学工业出版社，2000.

[147] 沈春林，苏立荣，李芳. 建筑涂料 [M]. 北京：化学工业出版社，2001.

[148] 沈春林. 防水工程手册 [M]. 北京：中国建筑工业出版社，1998.

[149] 沈春林. 防水技术手册 [M]. 北京：中国建材工业出版社，1993.

[150] 沈春琳. 建筑防水工程师手册 [M]. 北京：化学工业出版社，2002.

[151] 沈春林. 建筑防水设计与施工手册 [M]. 北京：中国电力出版社，2011.

[152] 沈春林，苏立荣，李芳，等. 屋面防水设计与施工 [M]. 北京：化学工业出版社，2006.

[153] 沈春林. 屋面工程防水设计与施工 [M]. 2版. 北京：化学工业出版社，2016.

[154] 沈春林. 新型屋面设计与施工技术 [M]. 北京：中国电力出版社，2016.

[155] 沈春林，李伶. 种植屋面的设计与施工技术 [M]. 北京：中国建材工业出版社，2016.

[156] 沈春林，李伶. 种植屋面的设计与施工 [M]. 北京：化学工业出版社，2009.

[157] 沈春林. 防水堵漏工程技术手册 [M]. 北京：中国建材工业出版社，2010.

[158] 李利平. 聚碳酸酯板采光屋面设计与施工 [J]. 中国建筑防水，2012（19）.

[159] 季静静. 单层卷材屋面防水应用技术 [C] //中国硅酸盐学会房建材料分会，防水材料专业委员会，中国中材集团苏州非矿院防水材料设计研究所. 全国第十六届防水材料技术交流大会论文集，2014.

[160] 朱志远. 单层卷材屋面系统关键技术及其标准体系 [J]. 中国建筑防水，2012（15）.

[161] 尚华胜，陈岳. 工程行标《单层防水卷材屋面工程技术规程》解读 [J]. 中国建筑防水，2014（3）.

[162] 殷敏，王磊刚，袁毅宏，等. 虹吸式屋面雨水排水系统设计 [J]. 中国建筑防水，2011（7）.

[163] 关博文，刘开平，赵秀峰. 泡沫混凝土研究及应用新进展 [J]. 新型墙材，2008（7）.

[164] 张磊，杨鼎宜. 轻质泡沫混凝土的研究及应用 [J]. 现状混凝土，2005（8）.

[165] 王武祥. 泡沫混凝土节能屋面复合层 [J]. 新型建筑材料，2000（5）.

[166] 鲁海梅，徐斌，孟国强. 屋面现浇水泥发泡混凝土 [J]. 新型建筑材料，2003（12）.

[167] 蔡昭昀. 现代金属屋面建筑系统技术探讨 [J]. 中国建筑防水，2011（3）.

［168］ 王德勤. 点支式玻璃采光顶设计探讨［J］. 中国建筑防水，2010（11-15）.

［169］ 关金山. 大型屋面虹吸式雨水排放系统设计与安装施工技术探讨［J］. 四川建材，2009（3）.

［170］ 颜全福. 虹吸式雨水排放系统施工技术［J］. 广东建材，2006（12）.

［171］ 李克江，王辉. 虹吸式雨水排水系统施工技术［J］. 天津建设科技，2007（增刊）.

Company
PROFILE 欣城企业简介

　　云南欣城防水科技有限公司始建于 2005 年，是一家集防水、堵漏、保温、防腐、装饰材料研发、生产、销售和防水施工服务于一体的综合性科技型企业。欣城是通过原铁道部认证的铁路防水企业，为国内防水行业 20 强企业。

　　欣城防水作为国内整体防水解决方案、功能性建筑系统材料的防水产品供应商，始终以为人类安居生活提供专业防护为己任，与国内多所大学、科研机构在产品研发、技术创新方面建立了产、学、研合作关系，致力为中国建筑防水事业提供专业防护的整体解决方案。目前，公司相继通过了ISO9001:2015质量体系认证、GB/T 50430—2007 工程建设施工企业质量管理规范、ISO14001：2004 环境管理体系认证和 GB/T 18002—2008 职业健康安全管理体系认证，已取得产品、技术国家专利授权 17 项。

　　公司不仅建有自己的生产基地和现代化办公场所，还拥有雄厚的技术实力及出色的防水施工团队。基地坐落于古滇国都邑—昆明·晋城（工业园），依托先进的生产设备和工艺流程，由国内知名防水专家领衔的"整体防水实验室"，采用正离子高聚合防水技术，自主研发和生产的360⁺"工程整体防水系统"和"家装整体防水系统"两大产品系统，"铁防""聚固""防固""家德宝"多个传统及新型环保类防水产品系列，实现了产品的多元化和系列化，可满足各种类型建筑对防水、新型节能材料的需求。产品广泛应用于房屋建筑、工业建筑、交通工程、市政工程、水利工程、桥梁隧道、地矿设施、垃圾填埋场、国家粮食储备库、海绵城市、综合管廊、特种工程等众多领域。

　　公司拥有国家建筑防水防腐保温工程专业承包壹级资质及建筑装饰装修工程专业承包二级资质，秉承"生产质优产品，提供整体服务"的品牌精神，按照"深耕西部、布局全国、面向东南亚"的战略部署，在全国以及东南亚地区成立了十多家分公司，100 多个销售网点，形成了庞大的销售、服务网络。同时，公司凭借过硬的产品质量、规范的施工技术、科学严谨的项目管理，先后承接了国内外数千项建筑防水、防腐、保温、装饰安装工程，还在环氧地坪、泡沫混凝土方面大范围开展施工，承接过众多如垃圾填埋厂、水力发电厂、保温防腐建筑等众多领域大型建筑防水工程，并荣获政府主管单位授予的"南省高新技术企业""云南省建筑防水施工先进企业""云南省成长型企业"等诸多殊荣。

　　"滴水不漏万家欣，整体防护天下城"。展望未来，欣城防水作为中国整体防水的佼佼者，将全面践行"为人类安居生活提供专业防护"的使命，沿着专业化、网络化、国际化的发展方向，以更加开放的姿态，不断创新的精神，积极主动的作为，实现全面发展，为中国防水技术和产品的进步，为万千家庭、基础建设提供整体防水支持，为构建和谐社会作出杰出的贡献。

地址：云南省昆明市晋宁区晋城工业园通力路　　服务热线：400-6277123
官网：www.xcfskj.com　　传真：1871-67818661

欣城防水科技有限公司的产品名录

FG360⁺-SBS弹性体改性沥青防水卷材

FG360⁺-APP塑性体改性沥青防水卷材

FG360⁺-非沥青基自粘高分子防水卷材

FG360⁺-带自粘层的SBS改性沥青防水卷材

FG360⁺-MAC高分子自粘橡胶复合防水卷材

FG360⁺-自粘聚合物改性沥青防水卷材

FG360⁺-预铺聚合物改性沥青防水卷材

FG360⁺-湿铺聚合物改性沥青防水卷材

FG360⁺-EPDM三元乙丙橡胶防水卷材

FG360⁺-PET自粘沥青防水卷材

FG360⁺-反应粘防水卷材

FG360⁺-TPO防水卷材

FG360⁺-EVA防水卷材

FG360⁺-耐根穿刺防水卷材

FG360⁺-PVC聚氯乙烯防水卷材

JG360⁺-CCCW水泥基渗透结晶型防水涂料

JG360⁺-非固化橡胶沥青防水涂料

JG360⁺-聚合物水泥防水灰浆（K11柔韧型）

JG360⁺-聚合物水泥防水灰浆（K11通用型）

JG360⁺-JS（复合）聚合物水泥防水涂料

JG360⁺-HEA高弹丙烯酸防水涂料

JG360⁺-MR金属屋面高弹丙烯酸防水涂料

JG360⁺-SPUA喷涂聚脲弹性防水涂料

JG360⁺-SPUA刮涂聚脲弹性防水涂料

JG360⁺-水不漏

JG360⁺-乳化沥青

JG360⁺-无色外墙防水剂

JG360⁺-聚氨酯防水涂料

FG360⁺-PSB排水板

欣城防水在国内外的典型案例

老挝第29届东南亚运动会体育场

中央储备粮库景洪直属库

昆明滇池国际会展中心（中国南亚博览会展览馆）

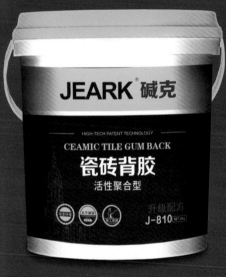

   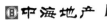